SIXTH EDITION

COMPUTER ORGANIZATION AND DESIGN MIPS EDITION
THE HARDWARE/SOFTWARE INTERFACE

計算機組織與設計

硬體／軟體介面　　　第 6 版

David A. Patterson · John L. Hennessy 著

鍾崇斌・楊惠親　譯

ELSEVIER TAIWAN LLC ・ 東華書局　合作出版

Computer Organization And Design: The Hardware/Software Interface, Sixth Edition

MIPS Edition

David A. Patterson
John L. Hennessy

Original English language edition published by Elsevier, Morgan Kaufmann
Copyright © 2021 **by Elsevier, Inc.** All rights reserved, including those for text and data mining, AI training, and similar technologies.
ISBN: 978-012-820109-1

This edition of Computer Organization And Design MIPS Edition, 6e by David A. Patterson and John L. Hennessy is published by arrangement with Elsevier Inc.

Publisher's note: Elsevier takes a neutral position with respect to territorial disputes or jurisdictional claims in its published content, including in maps and institutional affiliations.

繁體中文版譯自 David A. Patterson 和 John L. Hennessy 所著的 Computer Organization and Design, MIPS Edition, 9780128201091，由 Elsevier Inc. 授權出版。

翻譯工作由台灣東華書局股份有限公司全權負責。執業人員與研究人員必須隨時依照自身經驗和知識以評估和使用本書描述的任何資訊、做法、化合物或實驗。在最大法律規範內，對於本書中包含的任何方法、產品、說明或想法的任何使用或操作，愛思唯爾、作者、編輯或翻譯者對翻譯因產品責任、疏忽或其他原因造成的任何人身傷害、損害或財產損失不承擔任何責任。

國家圖書館出版品預行編目資料

計算機組織與設計：硬體/軟體介面/David A. Patterson, John L. Hennessy 原著；鍾崇斌, 楊惠親譯. -- 3 版. -- 臺北市：台灣東華書局股份有限公司, 臺灣愛思唯爾有限公司, 2023.07
840 面 ; 19x26 公分
譯自：Computer Organization and Design: The Hardware/Software Interface, 6th Ed.
ISBN 978-626-7130-68-1 (平裝)
1.CST: 電腦結構 2.CST: 電腦工程 3.CST: 電腦界面
312.122   112011127

本書任何部份之文字及圖片，如未獲得本公司之書面同意，
不得用任何方式抄襲、節錄或翻印。

2029 28 27 26 25 JW 9 8 7 6 5 4 3 2

Printed in Taiwan

譯者序

謝謝各位讀者閱讀本書，希望各位在閱讀的過程中，能夠感覺譯文清晰易讀以及內容正確完整。

自從從事本書第四版的中譯，之後中間經過原文書第五版亞洲版的編修工作以及接著的中譯，這次已是譯者第三次翻譯這本教科書。

譯者在國內外大學從事這個領域的教學研究已逾四十年，在此跟各位先進與學子們分享一些對於本書的看法：這一本教科書的定位是希望對認真使用計算機、特別是設計計算機系統的人，提供基礎且必要的計算機系統、並且側重於硬體方面，的知識。以開車為例，一般我們使用汽車並不會太在意汽車的基本原理、結構與技術；然而對於專業汽車駕駛人而言，瞭解汽車的操控特性、油電規格、配重方式、承載能力、甚至於磨擦與阻力係數、機械結構與保養修護、防護性駕駛等，都屬必要。本書許多讀者將會是今日或者未來的計算機專業設計人士，因此對於他們，從計算的理論、應用的方向、問題的建模、處理過程的編排、物理與電子、電路到元件、功能單元到系統、計算機實體與機器語言、高階語言的編譯解譯聯結載入、如何有效操作整個計算機網絡與應用組成的數位世界裡的各個面向、將來這個數位世界又應該融入哪些改革性的新科技、處理哪些新問題、創造哪些變革、...，本書內容都是上述所有事項的必備基礎。所以相關的課程已經在全球所有重要大學相關的理工甚至商管科系中開授；而本書的原文書正是這類大學教材中最廣受採用的一本。謝謝出版商對譯者長期以來委以翻譯這本重要教本的任務，也謝謝讀者們在過去這兩版中譯本發行至今未曾給予譯文嚴厲的指教。謝謝各位過去的包容，不過相信即使是翻譯、校稿、排版再戒慎，疏漏一定仍多，謬誤亦所難免，希望各位繼續給予包涵，並且遇有疑義能夠自行體察大意融會貫通，也敬請不吝賜教，以便本書日後再刷、改版時提供讀者們更好的服務。謹先致謝。

接下來希望與各位討論使用中譯本教科書的一些觀念：第一個要思考的觀念，是中英語文之間的差異。世界上幾乎沒有任何兩種主要語言可以毫無差異地互相轉換；中英文之間亦是如此。因此談到語文翻譯的時候一定都會提到「信雅達」這三個字，其優先次序則是「信、達、雅」。譯者在翻譯的時候曾經想以文學的筆觸來做內容的介紹；然而最後覺得儘量以口語方式來敘事可能更能真實呈現、方便閱讀，因此對「雅」這個字做了相當程度的取捨。為了確保「信」與「達」，中譯文字中有時會採取不同的敘事方式、有時刻意遮掩原文書中的瑕疵、有時對原文書中的內容做進一步的演繹，在在都是希望幫助讀者更容易掌握知識的意旨，瞭解學術的內涵。遇有專有名詞或領域中習慣用語時，則大量使用中英文並呈的方式，以便讀者在運用專業術語或專業社交辭令時，不至與領域中的同儕們扞格難入。突然憶及曾與各國學者閒聊間談到一位牛津大學三一學院的朋友，一時間突然想不出三一學院的英文名

稱是甚麼？Thirty-one College？有點像冰淇淋的品牌；Three-in-One College？像是開瓶器；Three-and-One College？偶像團體嗎；…是 Trinity College！全名是 The College of the Holy & Undivided Trinity。這個領域裡的一個例子則是很常用的詞 bus，中譯是匯流排，大陸的用語是信息轉移通路、悔（匯？）流條、或母線／總線。不知道的話還真不容易推敲出來。

　　使用中譯本第二個要思考的觀念，是專業上的適格性。任何一種專業領域都有它最重要的語文或是所謂的母語文，譬如研究中國文學最恰當的語文工具當然就是中文。譯者曾經英譯三民主義與論語這兩本不同屬性的經典，結果是備極艱辛還難見公婆。近代計算機與數位領域的母語文毫無疑問就是英文，所有重要文獻也必不可免會以英文呈現，各位如果將這方面定位為自己的專業領域，那麼熟習這個領域中的英文是絕對必須的。所以希望各位在透過中譯本學習的時候，同時也培養起並強化以英文來接收、表達專業內涵的能力。

　　接著希望與各位讀者溝通的觀念是：那，英文難不難？我給各位兩個截然不同的答案。第一個答案是：是的，英文很難！除了英文是我們文化環境裡頭並不常用的語文以外，英文本身也是一門足以讓許多大智慧人士畢生追逐的學術。英國前首相邱吉爾說：寧可失去一百個印度，也不願失去一個莎士比亞。所以我說英文很難，猶如我也會說要把中文運用得好很難一般。接著是我的第二個答案：不，英文一點都不難！我這麼說的原因是英文除了文法與中文稍有不同以外，再無難處。而文法方面不論中英文，在理工學科的文字運用中，須要熟習的規則恐怕不出十條即已足夠。哪十條呢？舉例而言，主詞動詞受詞，而且是多麼地簡單易懂易用！需要用到的就是這些最簡單最基本的文法。在這個領域裡我們可以容許避免用到任何曲折繁複華麗艱澀的文法與句型。那麼大家要擔憂的另一個顧慮也許就是：我英語文的詞彙不足，也不知道什麼是領域裡英語文慣用的語詞與敘事方式。這一點更是不用擔憂：只要你開始進入這個領域的英語文環境，領域的常用詞彙、句型與敘事方式自然會不斷呈現，深植你心。沒有比這樣更自然更容易的解決方法，當然也不存在什麼維他命大力丸等等可以讓你速成的方式。這裡我再舉一個例子：有一對在日常生活中經常用到，在專業領域中譬如軍事與醫學、檢測、判決這些要求嚴謹的場合中，更是經常出現的英文單字，叫做 positive 與 negative。我們把這一對單字譯作「陽性」與「陰性」，特別是在專業領域中使用時。想想看這兩個字的意思究竟是什麼？其實它們在口語裡頭代表的就是「是」與「否」，較為嚴謹的說法就是「肯定的」、「否定的」等等。我初次扎扎實實接觸到這兩個字的中譯就是在醫事檢驗中，當時看到檢出是「陰性」、「陽性」時還真的不清楚到底結果是有還是沒有檢出，是好消息還是壞消習。積習成俗，如果我在英翻中時遇到這兩個字時，究竟應該把它們翻成陰性陽性還是什麼？歡迎早日踏入這個專業領域的英語文環境！

　　最後談一個無關乎是否中譯，而是如何輕鬆又有效教好、學好本書內容的觀念。計算機設計應用與數位技術這個學術領域不屬於自然科學，少有涉及深奧的學理，是應用導向的工程領域。領域中最重要的成就不外乎：發現問題（或需求）、描述問題、解決問題、並且確

認解法的適切性。因此我認為：沒有人有資格可以在閱讀本書時告訴自己「我沒有基礎」、「我學不會」、「這太困難了」、「我不知道我在做什麼」。記得：領域裡頭描述的任何內容都在為了解決明確的問題，不論是基於真實的需要還是對未知的好奇；你一定要先真正瞭解這個問題是甚麼，然後很自然就可以提出解決的辦法——即使是不怎麼聰明的解法，同時也很容易就可以瞭解現有的其他解法、甚至於品評欣賞各種解法了。各位師長也請秉持這個觀念來傳授知識，讓學生由 "知所求" 來很自然地瞭解 "怎麼做" 與 "為什麼"，如此將非常容易激發學習興趣，提升學習效果，避免把學生帶向機械式背誦、雖能解題但卻不明所以的歧途。據說有過這樣一件事：一羣教授被邀請來坐在一架飛機上，當艙門關閉，飛機宣布即將起飛，教授們並且被告知這架飛機是他們的學生設計的，他們是被請來試飛首航的「嘉賓」。突然，幾乎所有教授都驚叫著衝向艙門，不顧阻攔試圖逃脫，除了一個教授仍然平靜地安坐在座位上。有人忍不住問他：「你為什麼不趕快逃出去？」「我確信，這架飛機飛不起來。」這個教授自信地回答：「因為他們是我教出來的學生。」騷亂果然很快平息！

本書的兩名譯者中，楊惠親在第四版中參與了大約三分之一內容的中文譯著；之後在第五版與第六版的中譯工作中該位譯者已經因為生涯另有發展而沒有參與。其所貢獻的中譯內容則在第五版亞洲版的中譯以及本版的中譯中，除了對原中譯內容已作部分必要校正外，也隨著這兩版後續版本原文書內容的增刪而作了相應的變動。

謝謝各位讀者閱讀本書，如有任何有助提升本書品質的高見，也請不吝與出版商或我聯繫賜教，無任感激！

敬祝各位

閱讀愉快成功！

鍾崇斌 謹誌

中華民國一一二年七月，於國立陽明交通大學資訊工程學系

前言

> 我們所能體驗到的最美的事物是神秘，
> 它是所有真正的藝術和科學的起源。
>
> Albert Einstein，我所相信，1930

關於本書

我們相信計算機科學與工程的學習內容應反映該領域的目前狀況，以及介紹導致這些計算方式的相關原理。我們也覺得每一種計算機專長領域的讀者都需要瞭解能夠決定計算機運算能量、效能、耗能狀況以及最終其是否恰當的組織方式。

現代計算機科技要求每一種計算專長的專業人士對硬體及軟體均有所瞭解。各種階層上的硬體、軟體相互關係對計算的基礎知識的瞭解也提供了一個主體架構。不論你的主要興趣在硬體或軟體、計算機科學或電機工程，所需要具備的計算機組織與設計的中心概念都是一樣的。因此，本書中我們強調的是說明硬體與軟體間的關係，以及專注於現今計算機中採用的基礎概念。

由單處理器到多核微處理器的轉換以及邇來對特定領域架構的強調，印證了本書自第一版以來，這個觀點的允當。曾經，程式師可以忽略這個勸告而僅依賴計算機架構師、編譯器寫作者以及半導體工程師來使得他們的程式可以不需改變而執行得更快或更有能源效率，但是那個時代已經結束了。我們的看法是至少在未來 10 年，大部分程式師如果要讓他們的程式在新式的計算機上有效率地執行，必將需要瞭解硬體／軟體的介面與關聯。

適合本書的讀者包括那些不太具有組合語言和邏輯設計經驗而又需要瞭解基本計算機組織的人，或者是具有組合語言與／或邏輯設計經驗並且希望學習如何設計一部計算機的人，或者是希望瞭解這個系統如何運作以及它這樣運作為什麼可以得出這種運算效能的原因的人。

關於另一本書

有些讀者可能熟悉《計算機架構：計量方法 (Computer Architecture: A Quantitative approach)》這本書，習稱 Hennessy 與 Patterson 書 (本書因此也經常被稱為 Patterson 與 Hennessy 書)。我們寫前面那本書的動機是希望以紮實的工程基礎與根據數據的成本／效能關係來說明計算機架構應遵循的原則。我們根據在一些實際商轉的系統上取得的數據，使用一個結合例證與實際測量的方式，來建立實際的設計經驗。我們的目的是希望表達計算機架

構也能經由計量的方法而不必是敘述性的方式來學習。這個觀點僅提供給想要深入瞭解計算機的嚴謹計算領域專業人士參考。

這本書的大部分讀者並不打算成為計算機架構師。然而，未來軟體系統的效能和能源效率會大大受到軟體設計者對系統中基本硬體技術與運作瞭解程度的影響。因此，無論是編譯器寫作者、作業系統設計者、資料庫程式師，以及大部分其他軟體工程師，都需要具備本書中介紹的各項原則的紮實基礎。同樣地，硬體設計者也一定需要清楚瞭解他們的設計對各種軟體應用的影響。

因此，我們知道本書內容一定需要包含遠不止於計算機架構教材所需的部分內容，書中內容也都已經經過大量修訂來適合各種類型的讀者。我們對持續幾次修訂計算機架構的各個版本裡已經移除大部分的介紹性教材這個結果感到高興；因為這個緣故，現在這兩本書在新版中內容的重疊已經遠較它們在第一個版本中大大地減少了。

第六版中的改變

在第五版之後，這次改版可以說較之前的五個版本，做了在計算機架構上對技術以及商業影響方面更多的改變：

- 摩爾定律 (Moore's Law) 的放緩：經過了 50 年的每半年晶片上電晶體數目倍增的過程 (譯註：應該是每一年半而非每半年)，Gordon Moore 的預測已經不再準確。半導體技術仍將進步，但是進程將會比過去更緩慢且較難預測。

- 特定應用領域架構的出現：部分由於摩爾定律的放緩以及部分由於丹納德縮放比例 (Dennard Scaling) 的結束，通用型處理器的改善程度僅剩下每年幾個百分點。此外安朵定律 (Amdahl's Law) 也限制了增加每個晶片上處理器數量所能實際帶來的好處。在 2020 年，人們普遍相信繼續進步最有機會的途徑是 DSA。它不像通用型處理器那樣想要把所有事情都做得好，而是專注於在執行某一個領域中的程式時比傳統中央處理器表現得好得多。

- 以微架構作為安全性攻擊的承受面：Spectre 顯示投機性的亂序執行以及硬體多緒執行造成了基於時序的邊緣通道攻擊成為可行。不止於此，這些並不是由於可以彌補的錯誤，而是因為這種類型的處理器設計方法的基礎困難所造成的。

- 開放式指令集與開放式源碼的實作：開放式源碼軟體的機會與衝擊也擴及到計算機架構領域。像 RISC-V 的開放指令集使得機構們可以建造他們自己的處理器而不需要先協商許可，這使得開放源碼的實作可以給大家分享來自由下載和使用，以及產出擁有所有權的 RISC-V 實作。開放源碼軟體與硬體對學術研究與教學是一項好處，能讓學生因此瞭解並增強工業傾向的技術。

- 對資訊技術工業的重新虛擬化：雲計算造成提供計算基礎建設給任何人來使用的公司總數量不超過半打。就像是 1960 年代與 1970 年代的 IBM，這些公司決定他們如何部署他

章或附錄	節	軟體焦點	硬體焦點
1. 計算機抽象化與科技	1.1 至 1.12	仔細閱讀	仔細閱讀
	🌐 1.13 (歷史)	參考	參考
2. 指令：計算機的語言	2.1 至 2.14	仔細閱讀	仔細閱讀
	🌐 2.15 (編譯器及 Java)	時間足夠時閱讀	
	2.16 至 2.22	評論或閱讀	仔細閱讀
	🌐 2.23 (歷史)	參考	參考
E. 精簡指令集計算機指令集架構	🌐 E.1 至 E.6	參考	
3. 計算機的算術	3.1 至 3.5	仔細閱讀	仔細閱讀
	3.6 至 3.8 (部分字平行性)	仔細閱讀	仔細閱讀
	3.9 至 3.10 (謬誤)	時間足夠時閱讀	時間足夠時閱讀
	🌐 3.11 (歷史)	參考	參考
B. 邏輯設計的基礎	B.1 至 B.13		仔細閱讀
4. 處理器	4.1 (概觀)	仔細閱讀	仔細閱讀
	4.2 (邏輯慣例)		仔細閱讀
	4.3 至 4.4 (簡單的實作)	時間足夠時閱讀	仔細閱讀
	4.5 (多週期的實作)		時間足夠時閱讀
	4.6 (管道化處理概觀)	仔細閱讀	仔細閱讀
	4.7 (管道化數據通道)	時間足夠時閱讀	仔細閱讀
	4.8 至 4.10 (危障，例外)		仔細閱讀
	4.11 至 4.13 (平行，實例)		時間足夠時閱讀
	🌐 4.14 (Verilog 管道控制)		時間足夠時閱讀
	4.15 至 4.16 (謬誤)	仔細閱讀	仔細閱讀
	🌐 4.17 (歷史)	參考	參考
D. 將控制製作成硬體	🌐 D.1 至 D.6		
5. 大且快：利用記憶體階層	5.1 至 5.10	仔細閱讀	仔細閱讀
	🌐 5.11 (冗餘廉價磁碟陣列)	時間足夠時閱讀	時間足夠時閱讀
	🌐 5.12 (Verilog 快取控制器)		時間足夠時閱讀
	5.13 至 5.16	仔細閱讀	仔細閱讀
	🌐 5.17 (歷史)	參考	參考
6. 從客戶端到雲端的平行處理器	6.1 至 6.9	仔細閱讀	仔細閱讀
	🌐 6.10 (聯網)	時間足夠時閱讀	時間足夠時閱讀
	6.11 至 6.15	仔細閱讀	仔細閱讀
	🌐 6.16 (歷史)	參考	參考
A. 組譯器、聯結器與 SPIM 模擬器	A.1 至 A.11	參考	參考
C. 圖學處理器單元	🌐 C.1 至 C.11	閱讀以增進認知	閱讀以增進認知

仔細閱讀　　　　時間足夠時閱讀　　　　參考

評論或閱讀　　　閱讀以增進認知

們的軟體堆疊與硬體。上述的改變造成一些這種超尺度的公司去發展他們自己的 DSA 與 RISC-V 晶片以部署在他們的雲中。

COD (Computer Organization and Design) 的第六版內容反映了這些近期的改變，更新了所有的例題與圖形，回應了教師們的需求，以及加入了我在使用教本幫助我的孫兒們學習數學課程時所激發的教學方式的改進。

- 現在每一章都加入了執行得更快的一節。由第 1 章中的 Python 版本開始，它的低下的效能激發了第 2 章中學習 C 以及之後以 C 來重寫矩陣乘法這件事。之後的各章經由利用新進伺服器中的數據方面的平行性、指令方面的平行性、執行緒方面的平行性，以及透過調整記憶體存取順序來配合記憶體階層以加速矩陣乘法。這個計算機具有 512- 位元的運作能力，投機性的亂序執行，三層的快取記憶體，以及 48 個核。所有四種優化的方法只增加了 21 行的 C 程式碼，但是可以將矩陣乘法加速約略 50,000 倍，使它從 Python 版本的約略 6 小時執行時間減少到優化過的 C 版本中的少於 1 秒。如果我再回到學生時代，這個連貫性的例題將會激勵我去使用 C 並認真學習本書中的實際相關的各種硬體觀念。
- 這個版本中，每一章都有一個提問各種能刺激思考的問題的自我學習節，並於之後提供解答來幫助你評估自己是否掌握到學習的內容。
- 除了說明摩爾定律與丹納德縮放比例已不再成立，我們也已將第五版中摩爾定律作為促成改變因素的顯眼角色這個身分淡化。
- 第 2 章中含有較多的初學者不易理解的觀念，強調了二進位數據並不具備任何與生俱來的意義——而是由程式決定了數據的型態——的相關內容。
- 第 2 章也包含了對不同於 MIPS 以及 ARMv7，ARMv8 與 x86 的 RISC-V 的簡短描述。(本書另有一本根據 RISC-V 而非 MIPS 來編寫的相關版本，我們也正在將其他的改變更新到其中。)
- 第 2 章中的測試程式例子已由 SPEC2006 更新到 SPEC2017。
- 基於教師們的要求，我們已經在第 4 章中以單一週期執行的實作 MIPS 與管道化的處理的實作兩節之間，將以多個週期執行的實作的內容以線上的節的方式重新置入。一些教師覺得經由這三個步驟是教授管道式處理的容易的途徑。
- 第 4、5 章中綜合整理裡的實例已經更新為與新進的 ARM A53 與 Intel i7 6700 Skyelake 微架構相關。
- 第 5 章與第 6 章的謬誤與陷阱節中加入了與 Row Hammer 和 Spectre 的硬體安全攻擊相關的陷阱內容。
- 第 6 章中有一個使用谷歌 Tensor Processing Unit (TPU) 第一個版本來介紹 DSAs 的新節。第 6 章的綜合整理節更新為比較谷歌 TPUv3 DSA 超級計算機與 NVIDIA Volta GPUs 叢集。

最後，我們更新了書中的所有習題。

我們保留了之前各版本中有用的元素，也變動了其中的一些。為使本書更易於參閱，我們仍然在新名詞首次出現時將其定義置於頁邊。書中稱為「瞭解程式效能」的各節這種元素能夠幫助讀者瞭解其程式的效能以及如何提升之，正如同「硬體／軟體介面」這種元素能夠幫助讀者在設計上瞭解如何在軟硬體間做取捨。「大印象」各節一如之前，以便讀者能夠見林而非許多各別的樹。「自我檢查」各節以及附於各章最後的答案能夠幫助讀者確認第一次就能真正理解教材。這個版本仍附有 MIPS 參考數據頁，其做法源自 IBM System/360 的綠卡。該數據於寫作 MIPS 組合語言程式時應該會是方便的參考資料。

給教師的支援

我們收集了大量的資料來幫助使用本書的教師進行授課。出版商採用本書的教師提供了許多習題的解答、書中的圖形、講解用的投影片，以及其他材料。請查看出版商的網頁來獲取更多資訊：

https://textbooks.elsevier.com/web/manuals.aspx?isbm=9780128201091

結語

如果你閱讀了之下的致謝文字 (譯註：中文譯文中省略了這些內容)，你會發現我們經歷了非常冗長的過程來改正錯誤。因為這本書還會經歷多次的印刷，我們仍有機會進行更多的更正。如果你發現了任何一些留下來的頑強錯誤，請聯繫這家出版商。

本版是自 1989 年起，Hennessy 與 Patterson 間長久的合作裡第三次的中斷。運作一個全球重要的大學校務的工作負擔使得 Hennessy 校長不再能為創作新版作出重大承諾。另一作者再次感覺像是一個在沒有安全網的情形下走鋼索的人。因此誌謝中所提諸人以及柏克萊同事們在完成本書內容時扮演了更為重要的角色。不過，這次對你所將讀到的新內容，要歸責的話就只有我這一個作者。

David A. Patterson

MIPS 參考數據

核心指令集

名稱，助憶詞		格式	運作(以 VERILOG 表示)	運作碼 / 功能 (十六進位表示)
Add	add	R	R[rd] = R[rs] + R[rt]	(1) $0 / 20_{hex}$
Add Immediate	addi	I	R[rt] = R[rs] + SignExtImm	(1,2) 8_{hex}
Add Imm. Unsigned	addiu	I	R[rt] = R[rs] + SignExtImm	(2) 9_{hex}
Add Unsigned	addu	R	R[rd] = R[rs] + R[rt]	$0 / 21_{hex}$
And	and	R	R[rd] = R[rs] & R[rt]	$0 / 24_{hex}$
And Immediate	andi	I	R[rt] = R[rs] & ZeroExtImm	(3) c_{hex}
Branch On Equal	beq	I	if(R[rs]==R[rt]) PC=PC+4+BranchAddr	(4) 4_{hex}
Branch On Not Equal	bne	I	if(R[rs]!=R[rt]) PC=PC+4+BranchAddr	(4) 5_{hex}
Jump	j	J	PC=JumpAddr	(5) 2_{hex}
Jump And Link	jal	J	R[31]=PC+8;PC=JumpAddr	(5) 3_{hex}
Jump Register	jr	R	PC=R[rs]	$0 / 08_{hex}$
Load Byte Unsigned	lbu	I	R[rt]={24'b0,M[R[rs]+SignExtImm](7:0)}	(2) 24_{hex}
Load Halfword Unsigned	lhu	I	R[rt]={16'b0,M[R[rs]+SignExtImm](15:0)}	(2) 25_{hex}
Load Linked	ll	I	R[rt] = M[R[rs]+SignExtImm]	(2,7) 30_{hex}
Load Upper Imm.	lui	I	R[rt] = {imm, 16'b0}	f_{hex}
Load Word	lw	I	R[rt] = M[R[rs]+SignExtImm]	(2) 23_{hex}
Nor	nor	R	R[rd] = ~ (R[rs] | R[rt])	$0 / 27_{hex}$
Or	or	R	R[rd] = R[rs] | R[rt]	$0 / 25_{hex}$
Or Immediate	ori	I	R[rt] = R[rs] | ZeroExtImm	(3) d_{hex}
Set Less Than	slt	R	R[rd] = (R[rs] < R[rt]) ? 1 : 0	$0 / 2a_{hex}$
Set Less Than Imm.	slti	I	R[rt] = (R[rs] < SignExtImm)? 1 : 0	(2) a_{hex}
Set Less Than Imm. Unsigned	sltiu	I	R[rt] = (R[rs] < SignExtImm) ? 1 : 0	(2,6) b_{hex}
Set Less Than Unsig.	sltu	R	R[rd] = (R[rs] < R[rt]) ? 1 : 0	(6) $0 / 2b_{hex}$
Shift Left Logical	sll	R	R[rd] = R[rt] << shamt	$0 / 00_{hex}$
Shift Right Logical	srl	R	R[rd] = R[rt] >>> shamt	$0 / 02_{hex}$
Store Byte	sb	I	M[R[rs]+SignExtImm](7:0) = R[rt](7:0)	(2) 28_{hex}
Store Conditional	sc	I	M[R[rs]+SignExtImm] = R[rt]; R[rt] = (*atomic*) ? 1 : 0	(2,7) 38_{hex}
Store Halfword	sh	I	M[R[rs]+SignExtImm](15:0) = R[rt](15:0)	(2) 29_{hex}
Store Word	sw	I	M[R[rs]+SignExtImm] = R[rt]	(2) $2b_{hex}$
Subtract	sub	R	R[rd] = R[rs] - R[rt]	(1) $0 / 22_{hex}$
Subtract Unsigned	subu	R	R[rd] = R[rs] - R[rt]	$0 / 23_{hex}$

(1) 可能導致滿溢例外
(2) SignExtImm={16{立即值[15]}, 立即值}
(3) ZeroExtImm={16{1b'0}, 立即值}
(4) BranchAddr={14{立即值[15]}, 立即值, 2'b0}
(5) JumpAddr={PC+4[31:28], 址址, 2'b0}
(6) 各運算元視為無符號的數字(而非2的補數)
(7) 不可分割的一對 test&set 動作；R[rt]=1 如其為不可分割，反之為0

基本指令格式

R	opcode	rs	rt	rd	shamt	funct
	31 26	25 21	20 16	15 11	10 6	5 0

I	opcode	rs	rt	immediate
	31 26	25 21	20 16	15 0

J	opcode	address
	31 26	25 0

算術核心指令集

名稱，助憶詞		格式	運作	運作碼 / 格式 / 真偽 / 功能 (十六進位表示)
Branch On FP True	bc1t	FI	if(FPcond)PC=PC+4+BranchAddr	(4) 11/8/1/--
Branch On FP False	bc1f	FI	if(!FPcond)PC=PC+4+BranchAddr	(4) 11/8/0/--
Divide	div	R	Lo=R[rs]/R[rt]; Hi=R[rs]%R[rt]	0/--/--/1a
Divide Unsigned	divu	R	Lo=R[rs]/R[rt]; Hi=R[rs]%R[rt]	(6) 0/--/--/1b
FP Add Single	add.s	FR	F[fd] = F[fs] + F[ft]	11/10/--/0
FP Add Double	add.d	FR	{F[fd],F[fd+1]} = {F[fs],F[fs+1]} + {F[ft],F[ft+1]}	11/11/--/0
FP Compare Single	c.x.s*	FR	FPcond = (F[fs] op F[ft]) ? 1 : 0	11/10/--/y
FP Compare Double	c.x.d*	FR	FPcond = ({F[fs],F[fs+1]} op {F[ft],F[ft+1]}) ? 1 : 0	11/11/--/y
* (*x* is eq, lt, or le) (*op* is ==, <, or <=) (*y* is 32, 3c, or 3e)				
FP Divide Single	div.s	FR	F[fd] = F[fs] / F[ft]	11/10/--/3
FP Divide Double	div.d	FR	{F[fd],F[fd+1]} = {F[fs],F[fs+1]}/{F[ft],F[ft+1]}	11/11/--/3
FP Multiply Single	mul.s	FR	F[fd] = F[fs] * F[ft]	11/10/--/2
FP Multiply Double	mul.d	FR	{F[fd],F[fd+1]} = {F[fs],F[fs+1]} * {F[ft],F[ft+1]}	11/11/--/2
FP Subtract Single	sub.s	FR	F[fd]= F[fs] - F[ft]	11/10/--/1
FP Subtract Double	sub.d	FR	{F[fd],F[fd+1]} = {F[fs],F[fs+1]} - {F[ft],F[ft+1]}	11/11/--/1
Load FP Single	lwc1	I	F[rt]=M[R[rs]+SignExtImm]	(2) 31/--/--/--
Load FP Double	ldc1	I	F[rt]=M[R[rs]+SignExtImm]; F[rt+1]=M[R[rs]+SignExtImm+4]	(2) 35/--/--/--
Move From Hi	mfhi	R	R[rd] = Hi	0/--/--/10
Move From Lo	mflo	R	R[rd] = Lo	0 /--/--/12
Move From Control	mfc0	R	R[rd] = CR[rs]	10/0/--/0
Multiply	mult	R	{Hi,Lo} = R[rs] * R[rt]	0/--/--/18
Multiply Unsigned	multu	R	{Hi,Lo} = R[rs] * R[rt]	(6) 0/--/--/19
Shift Right Arith.	sra	R	R[rd] = R[rt] >> shamt	0/--/--/3
Store FP Single	swc1	I	M[R[rs]+SignExtImm] = F[rt]	(2) 39/--/--/--
Store FP Double	sdc1	I	M[R[rs]+SignExtImm] = F[rt]; M[R[rs]+SignExtImm+4] = F[rt+1]	(2) 3d/--/--/--

浮點指令格式

FR	opcode	fmt	ft	fs	fd	funct
	31 26	25 21	20 16	15 11	10 6	5 0

FI	opcode	fmt	ft	immediate
	31 26	25 21	20 16	15 0

假指令集

名稱	助憶詞	運作
Branch Less Than	blt	if(R[rs]<R[rt]) PC = Label
Branch Greater Than	bgt	if(R[rs]>R[rt]) PC = Label
Branch Less Than or Equal	ble	if(R[rs]<=R[rt]) PC = Label
Branch Greater Than or Equal	bge	if(R[rs]>=R[rt]) PC = Label
Load Immediate	li	R[rd] = immediate
Move	move	R[rd] = R[rs]

暫存器名稱，編號，用途，程序呼叫處置慣例

名詞	編號	用途	跨越呼叫是否保存？
$zero	0	The Constant Value 0	N.A.
$at	1	Assembler Temporary	No
$v0-$v1	2-3	Values for Function Results and Expression Evaluation	No
$a0-$a3	4-7	Arguments	No
$t0-$t7	8-15	Temporaries	No
$s0-$s7	16-23	Saved Temporaries	Yes
$t8-$t9	24-25	Temporaries	No
$k0-$k1	26-27	Reserved for OS Kernel	No
$gp	28	Global Pointer	Yes
$sp	29	Stack Pointer	Yes
$fp	30	Frame Pointer	Yes
$ra	31	Return Address	Yes

© 2021 版權屬Elsevier 公司，並保留所有權利。出自Patterson 及Hennessy，計算機組織與設計，第六版。

③

MIPS 運作碼 (31:26)	(1) MIPS 功能 (5:0)	(2) MIPS 功能 (5:0)	二進數	十進數	十六進數	ASCII 字符	十進數	十六進數	ASCII 字符
(1)	sll	add.f	00 0000	0	0	NUL	64	40	@
		sub.f	00 0001	1	1	SOH	65	41	A
j	srl	mul.f	00 0010	2	2	STX	66	42	B
jal	sra	div.f	00 0011	3	3	ETX	67	43	C
beq	sllv	sqrt.f	00 0100	4	4	EOT	68	44	D
bne		abs.f	00 0101	5	5	ENQ	69	45	E
blez	srlv	mov.f	00 0110	6	6	ACK	70	46	F
bgtz	srav	neg.f	00 0111	7	7	BEL	71	47	G
addi	jr		00 1000	8	8	BS	72	48	H
addiu	jalr		00 1001	9	9	HT	73	49	I
slti	movz		00 1010	10	a	LF	74	4a	J
sltiu	movn		00 1011	11	b	VT	75	4b	K
andi	syscall	round.w.f	00 1100	12	c	FF	76	4c	L
ori	break	trunc.w.f	00 1101	13	d	CR	77	4d	M
xori		ceil.w.f	00 1110	14	e	SO	78	4e	N
lui	sync	floor.w.f	00 1111	15	f	SI	79	4f	O
	mfhi		01 0000	16	10	DLE	80	50	P
(2)	mthi		01 0001	17	11	DC1	81	51	Q
	mflo	movz.f	01 0010	18	12	DC2	82	52	R
	mtlo	movn.f	01 0011	19	13	DC3	83	53	S
			01 0100	20	14	DC4	84	54	T
			01 0101	21	15	NAK	85	55	U
			01 0110	22	16	SYN	86	56	V
			01 0111	23	17	ETB	87	57	W
	mult		01 1000	24	18	CAN	88	58	X
	multu		01 1001	25	19	EM	89	59	Y
	div		01 1010	26	1a	SUB	90	5a	Z
	divu		01 1011	27	1b	ESC	91	5b	[
			01 1100	28	1c	FS	92	5c	\
			01 1101	29	1d	GS	93	5d	]
			01 1110	30	1e	RS	94	5e	^
			01 1111	31	1f	US	95	5f	_
lb	add	cvt.s.f	10 0000	32	20	Space	96	60	`
lh	addu	cvt.d.f	10 0001	33	21	!	97	61	a
lwl	sub		10 0010	34	22	"	98	62	b
lw	subu		10 0011	35	23	#	99	63	c
lbu	and	cvt.w.f	10 0100	36	24	$	100	64	d
lhu	or		10 0101	37	25	%	101	65	e
lwr	xor		10 0110	38	26	&	102	66	f
	nor		10 0111	39	27	'	103	67	g
sb			10 1000	40	28	(	104	68	h
sh			10 1001	41	29	)	105	69	i
swl	slt		10 1010	42	2a	*	106	6a	j
sw	sltu		10 1011	43	2b	+	107	6b	k
			10 1100	44	2c	,	108	6c	l
			10 1101	45	2d	-	109	6d	m
swr			10 1110	46	2e	.	110	6e	n
cache			10 1111	47	2f	/	111	6f	o
ll	tge	c.f.f	11 0000	48	30	0	112	70	p
lwc1	tgeu	c.un.f	11 0001	49	31	1	113	71	q
lwc2	tlt	c.eq.f	11 0010	50	32	2	114	72	r
pref	tltu	c.ueq.f	11 0011	51	33	3	115	73	s
	teq	c.olt.f	11 0100	52	34	4	116	74	t
ldc1		c.ult.f	11 0101	53	35	5	117	75	u
ldc2	tne	c.ole.f	11 0110	54	36	6	118	76	v
		c.ule.f	11 0111	55	37	7	119	77	w
sc		c.sf.f	11 1000	56	38	8	120	78	x
swc1		c.ngle.f	11 1001	57	39	9	121	79	y
swc2		c.seq.f	11 1010	58	3a	:	122	7a	z
		c.ngl.f	11 1011	59	3b	;	123	7b	{
		c.lt.f	11 1100	60	3c	<	124	7c		
sdc1		c.nge.f	11 1101	61	3d	=	125	7d	}
sdc2		c.le.f	11 1110	62	3e	>	126	7e	~
		c.ngt.f	11 1111	63	3f	?	127	7f	DEL

(1) opcode(31:26) == 0

(2) opcode(31:26) == 17_{ten} (11_{hex}); if fmt(25:21)==16_{ten} (10_{hex}) f = s (single);
if fmt(25:21)==17_{ten} (11_{hex}) f = d (double)

IEEE 754 核心指令集

$(-1)^S \times (1 + \text{Fraction}) \times 2^{(\text{Exponent - Bias})}$

其中單精確度偏移值 = 127,
雙精確度偏移值 = 1023

IEEE 核心指
雙精確度格式：

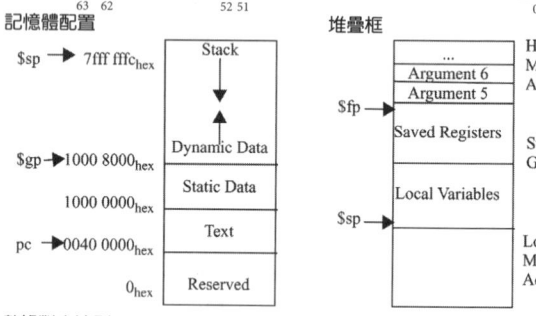

記憶體配置

$sp → 7fff fffc_{hex}$ Stack
                          ↓
                          ↑
                        Dynamic Data
$gp → 1000 8000_{hex}$
                        Static Data
     1000 0000_{hex}
                          Text
pc → 0040 0000_{hex}
     0_{hex} Reserved

數據對齊法則

Double Word								
Word				Word			
Halfword		Halfword		Halfword		Halfword	
Byte	Byte	Byte	Byte	Byte	Byte	Byte	Byte
0	1	2	3	4	5	6	7

Value of three least significant bits of byte address (Big Endian)

例外控制暫存器：成因與狀態

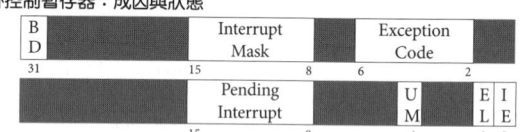

BD = Branch Delay, UM = User Mode, EL = Exception Level, IE = Interrupt Enable

例外情形編碼

數字	名稱	例外原因	數字	名稱	例外原因
0	Int	Interrupt (hardware)	9	Bp	Breakpoint Exception
4	AdEL	Address Error Exception (load or instruction fetch)	10	RI	Reserved Instruction Exception
5	AdES	Address Error Exception (store)	11	CpU	Coprocessor Unimplemented
6	IBE	Bus Error on Instruction Fetch	12	Ov	Arithmetic Overflow Exception
7	DBE	Bus Error on Load or Store	13	Tr	Trap
8	Sys	Syscall Exception	15	FPE	Floating Point Exception

④

IEEE 754 符號

指數	小數	數字
0	0	± 0
0	≠ 0	± Denorm
1 to MAX - 1	anything	± Fl. Pt. Num.
MAX	0	± ∞
MAX	≠ 0	NaN

單精確度 = 255，雙精確度 = 2047

堆疊框

           ...
       Argument 6
       Argument 5
$fp
       Saved Registers   Higher Memory Addresses

       Local Variables   Stack Grows
$sp   ↓
                          Lower Memory Addresses

大小表示法前綴詞

大小	前綴詞	符號	大小	前綴詞	符號	大小	前綴詞	SYMBOL	大小	前綴詞	符號
1000^1	Kilo-	K	2^{10}	Kibi-	Ki	1000^6	Exa-	E	2^{60}	Exbi-	Ei
1000^2	Mega-	M	2^{20}	Mebi-	Mi	1000^7	Zetta-	Z	2^{70}	Zebi-	Zi
1000^3	Giga-	G	2^{30}	Gibi-	Gi	1000^8	Yotta-	Y	2^{80}	Yobi-	Yi
1000^4	Tera-	T	2^{40}	Tebi-	Ti	1000^9	Ronna-	R	2^{90}	Robi-	Ri
1000^5	Peta-	P	2^{50}	Pebi-	Pi	1000^{10}	Quecca-	Q	2^{100}	Quebi-	Qi

© 2021 版權屬Elsevier 公司，並保留所有權利。出自Patterson 及Hennessy，計算機組織與設計，第六版。

目錄

1 計算機抽象化與科技　1

- 1.1 介紹　2
- 1.2 計算機架構中的七大理念　9
- 1.3 你的程式之下　11
- 1.4 機殼內部　15
- 1.5 建構處理器與記憶體的技術　24
- 1.6 效能　28
- 1.7 功耗障壁　40
- 1.8 巨變：由單處理器轉移至多處理器　42
- 1.9 實例：測試 Intel Core i7　46
- 1.10 執行得更快：以 Python 撰寫的矩陣乘法　49
- 1.11 謬誤與陷阱　51
- 1.12 總結評論　54
- 1.13 歷史觀點與進一步閱讀　56
- 1.14 自我學習　56
- 1.15 習題　60

2 指令：計算機的語言　67

- 2.1 介紹　68
- 2.2 計算機硬體的運作　70
- 2.3 計算機硬體的運算元　73
- 2.4 有號及無號數字　80
- 2.5 在計算機中表示指令　87
- 2.6 邏輯運算　94
- 2.7 能作決定的指令　97
- 2.8 以計算機硬體來幫助程序呼叫　103
- 2.9 與人們溝通　114
- 2.10 MIPS 對 32-位元立即值及位址的定址法　120
- 2.11 平行性與指令：同步　129
- 2.12 翻譯與啟動一個程式　132
- 2.13 一個結合所有觀念的 C 排序程式例　142
- 2.14 陣列與指標的對比　151
- 2.15 進階教材：編譯 C 語言與解釋 Java 語言　156
- 2.16 實例：ARMv7 (32 位元) 指令　156
- 2.17 實例：ARMv8 (64 位元) 指令　161
- 2.18 實例：RISC-V 指令　162
- 2.19 實例：x86 指令　162
- 2.20 執行得更快：以 C 撰寫的矩陣乘法　173
- 2.21 謬誤與陷阱　174
- 2.22 總結評論　176
- 2.23 歷史觀點與進一步閱讀　179
- 2.24 自我學習　179
- 2.25 習題　182

3 計算機的算術　193

- 3.1 介紹　194
- 3.2 加法與減法　195
- 3.3 乘法　200
- 3.4 除法　206

3.5	浮點	214
3.6	平行性與計算機算術：部分字的平行性	241
3.7	實例：x86 中串流式 SIMD 延伸與先進的向量 (處理) 延伸	243
3.8	執行得更快：部分字平行性與矩陣乘法	244
3.9	謬誤與陷阱	246
3.10	總結評論	250
3.11	歷史觀點與進一步閱讀	255
3.12	自我學習	255
3.13	習題	258

4　處理器　265

4.1	介紹	266
4.2	邏輯設計常規	271
4.3	建構數據通道	274
4.4	簡單的實作方案	283
4.5	多週期的實作	296
4.6	管道化處理概觀	297
4.6	管道化數據通道及控制	311
4.8	數據危障：前饋或停滯	329
4.9	控制危障	342
4.10	例外	352
4.11	指令的平行性	358
4.12	綜合整理：Intel Core i7 6700 與 ARM Cortex-A53	372
4.13	執行得更快：指令階層平行性與矩陣乘法	382
4.14	進階題目：使用硬體設計語言以描述及構模管道的數位設計介紹與更多管道處理舉例	384

4.15	謬誤與陷阱	385
4.16	總結評論	386
4.17	歷史觀點與進一步閱讀	387
4.18	自我學習	387
4.19	習題	389

5　大且快：利用記憶體階層　409

5.1	介紹	410
5.2	記憶體技術	415
5.3	快取的基礎	421
5.4	衡量和改善快取效能	436
5.5	可靠的記憶體階層	456
5.6	虛擬機器	463
5.7	虛擬記憶體	467
5.8	記憶體階層的常用架構	495
5.9	以有限狀態機來控制簡單快取	502
5.10	平行性與記憶體階層：快取一致性	507
5.11	平行性與記憶體階層：冗餘廉價磁碟陣列	511
5.12	進階教材：實作快取控制器	512
5.13	實例：ARM Cortex-A53 與 Intel Core i7 的記憶體階層	512
5.14	執行得更快：快取區塊分割與矩陣乘法	516
5.15	謬誤與陷阱	519
5.16	總結評論	525
5.17	歷史觀點與進一步閱讀	526
5.18	自我學習	526
5.19	習題	531

6 從客戶端到雲端的平行處理器　551

- 6.1 介紹　552
- 6.2 創作平行處理程式的困難　555
- 6.3 SISD、MIMD、SIMD、SPMD 與向量　560
- 6.4 硬體多緒處理　568
- 6.5 多核與其他共享記憶體的處理器　571
- 6.6 圖形處理器介紹　576
- 6.7 領域特定的架構　582
- 6.8 叢集系統、庫房規模計算機與其他訊息傳遞式多處理器　588
- 6.9 多處理器網路拓撲介紹　593
- 6.10 和外界通訊：叢集系統的聯網　597
- 6.11 多處理器測試程式與效能模型　597
- 6.12 實例：Google TPUv3 超級計算機與 NVIDIA Volta GPU 叢集的程式測試　609
- 6.13 執行得更快：多個處理器與矩陣乘法　620
- 6.14 謬誤與陷阱　623
- 6.15 總結評論　626
- 6.16 歷史觀點與進一步閱讀　628
- 6.17 自我學習　628
- 6.18 習題　630

附錄 A　組譯器、聯結器與 SPIM 模擬器　647

- A.1 介紹　648
- A.2 組譯器　655
- A.3 聯結器　662
- A.4 載入　664
- A.5 記憶體的使用　664
- A.6 程序呼叫慣例　666
- A.7 例外與插斷　677
- A.8 輸入與輸出　682
- A.9 SPIM　684
- A.10 MIPS R2000 組合語言　689
- A.11 總結評論　722
- A.12 習題　723

附錄 B　邏輯設計的基礎　727

- B.1 介紹　728
- B.2 閘、真值表與邏輯方程式　729
- B.3 組合邏輯　733
- B.4 使用硬體描述語言　746
- B.5 建構基本的算術邏輯單元　752
- B.6 快些的加法運算：進位的向前看　764
- B.7 各種時脈方法　774
- B.8 記憶元件：正反器、閂鎖與暫存器　777
- B.9 記憶元件：靜態隨機存取記憶體與動態隨機存取記憶體　786
- B.10 有限狀態機　796
- B.11 時序控制方法　801
- B.12 現場可程式化設備　806
- B.13 總結評論　808
- B.14 習題　809

索引　819

1

計算機抽象化與科技

1.1　介 紹
1.2　計算機架構中的七大理念
1.3　你的程式之下
1.4　機殼內部
1.5　建構處理器與記憶體的技術
1.6　效能
1.7　功耗障壁
1.8　巨變：由單處理器轉移至多處理器

1.9　實例：測試 Intel Core i7
1.10　執行得更快：以 Python 撰寫的矩陣乘法
1.11　謬誤與陷阱
1.12　總結評論
⊕ 1.13　歷史觀點與進一步閱讀
1.14　自我學習
1.15　習題

文明因我們可以不加思慮即可從事的重要行動的數目增加而進展。

Alfred North Whitehead 數學的介紹，1911

 介紹

歡迎使用本書！我們很高興能有這個機會來傳達計算機 (computer) 系統世界裡令人興奮的知識。這並非一個進步緩慢、新想法因輕忽而萎縮的枯燥而沉悶的領域。不！計算機是極為快速變化的資訊科技工業中的產物，其相關產業共約佔美國生產毛額的近 10%，這個經濟領域並且部分與快速的資訊科技進展相關。這個不尋常的工業以令人驚異的速度接納創意。過去 40 年間，許多新計算機的推出幾乎顛覆了計算工業；而這些顛覆又因別人設計出更好的計算機很快再被推翻。

自從 1940 年代晚期電子計算機初現以來，創意的競速即已形成空前的進展。舉例而言，如果運輸工業也有計算機工業的進展速度，今天我們將大約可以花幾分錢以一秒鐘的時間由紐約去到倫敦。深思片刻這種進步能如何改變社會——住在大溪地而在舊金山工作，晚上去莫斯科欣賞 Bolshoi 芭蕾舞表演——你才能體認這種改變的意義。

計算機導致了文明化的第三次革命，而此資訊革命乃延續之前的農業革命以及工業革命。其所造成的人類智能及見聞的增長自然深深地影響我們的日常生活，以及改變我們探索新知識的方法。現在的科學探索有了一個新的派別，其在探索諸如太空、生物、化學、物理等領域的新境界時，均有計算科學家加入理論及實驗科學家的陣容。

計算機革命仍在進行。每當計算的成本下降成 1/10，使用計算機的機會即大增。原本不符經濟效益的應用突然成為可行。不久之前，以下應用曾是「計算機科學的空想」：

- **計算機在汽車中**：直到 1980 年代前期微處理器在價格及效能都獲得極大改善前，以計算機控制汽車仍是笑話。今日，計算機在汽車中透過引擎控制降低污染以及改善燃油效率，並且透過幾乎全自動駕駛以及在撞擊中氣囊充氣保護乘員來提高安全性。
- **手機**：誰會想到計算機系統的進步會實現行動電話，使得人與人之間可在世界上任何地方通訊？
- **人類基因組計畫**：用以繪製及分析人類 DNA 序列的計算機設備價值以數億計。如果計算機如 15 至 25 年前般較今日貴上 10 至 100 倍，可能沒有人會考慮這個計畫。而且，成本繼續下探；你可能可

以取得你的基因，量身訂做你的醫療照護。
- **全球網路**：其在本書第一版時仍不存在，而如今已使我們的社會改觀。對很多人而言，全球網路已取代了圖書館。
- **搜尋引擎**：隨著全球網路的內容在數量及價值上的成長，於其上尋找相關資料變得益形重要。今日，許多人生活中極大的一部分倚賴搜尋引擎，沒有它將極為艱困。

顯然地，這個科技的進步已經影響到我們社會的幾乎每一個層面。硬體的進步使得程式師可以創作驚人地有用的軟體，這也說明了何以計算機無所不在。今日的科學幻想揭示了已經浮現的重大應用，包括擴增實境的眼鏡、無現金社會，以及可自動駕駛的汽車。

計算應用的種類與它們的特性

雖然計算機不論其應用於智慧家電到手機到最大的超級電腦，所使用的都是相同的一組硬體技術 (參見 1.4 及 1.5 節)，這些不同應用有不同的設計需求並且以不同的方式來運用這些核心硬體技術。大體而言，計算機被運用在三個不同種類的應用：

膝上型 (譯註：目前應該是筆記型或平板型) 的**個人型計算機** (Personal computers, PCs) 可能是最為人熟知的計算型式，本書讀者可能已大量使用它。個人型計算機強調的特性是以低成本提供單一使用者不錯的效能並且通常能執行第三方 (意即不同公司) 的軟體。許多計算科技的演進都是受這類計算所驅動，而其歷史僅約 40 年！

個人型計算機 (PC)
設計給個人使用的計算機，通常包含圖像顯示器、鍵盤及滑鼠。

伺服器 (servers) 是昔日大型主機、迷你計算機及超級電腦的現代版，通常經由網路來使用。伺服器是為了執行大型工作，其可能僅含一個複雜應用，通常是一個科學或工程應用，或許多小工作，譬如建構一個大型網路伺服器時所會遇見者。這些應用大多基於來自他處的軟體 (例如資料庫或模擬系統)，但也經常對某一特定功能做修正或客製化。伺服器建構於與桌上型計算機相同的基本技術上，然而提供計算及輸出入容量上更大的擴充性。一般而言，伺服器也強調可靠度，因為其當機的代價通常高於單一使用者的個人電腦。

伺服器
用以為許多使用者、且通常是同時來執行大型的程式，一般為經過網路來使用的計算機。

伺服器在成本與容量的範圍最廣。其最低階者較桌上型計算機相去不多且沒有螢幕或鍵盤，要價仟美元上下。這些低階伺服器一般用於檔案儲存、小型商業應用或簡單網路服務 (參見 6.11 節)。另一極端為**超級電腦** (supercomputers)，其現今可包含多至數十萬個處理器

超級電腦
最高效能和成本的計算機類型；它們被配置成伺服器，一般要價數百萬美元。

兆位元組 (TB) 原指 1,099,511,627,776 (2^{40}) 位元組，然而有些通訊及次儲存系統中另訂其義為 1,000,000,000,000 (10^{12}) 位元組。為避免混淆，我們現在以 tebibyte (TiB) 表示 2^{40} 個位元組，並定義 *terabyte* (TB) 表示 10^{12} 個位元組。圖 1.1 顯示完整範圍的十進與二進值與名稱。

嵌入式計算機 為置於另一個裝置中、用以執行一個事先決定好的應用或一組軟體的計算機。

以及數兆 (兆 = 10^{12} = 1000^4，稱 tera) 個**位元組** (terabytes) 的記憶體，要價數千萬至數億美元。超級電腦一般用於高階科學及工程計算，例如天氣預測、石油探勘、蛋白質結構判定及其他大型問題。雖然該等超級電腦代表計算能力的巔峰，它們只佔了所有伺服器數量中的一小部分以及整體計算機市場中營業額的一小部分。

嵌入式計算機 (embedded computers) 是計算機中最大的一個族群，在應用與效能的範圍也最廣。嵌入式計算機的種類包括汽車中的微處理器、電視機中的計算機，以及控制現代化飛機或貨輪的以網路聯結在一起的許多處理器。現在流行的一個名詞稱為物聯網 (Internet of Things, IoT)，其所指的就是許多以無線方式透過網際網路彼此做通訊的小設備。嵌入式計算系統是設計來執行單一應用或一組相關的應用，這種系統一般是與其所連結與控制的硬體整合在一起，以單一系統的型態呈現；因此雖然有非常多的嵌入式計算機存在，大部分使用者從不知道或感覺他們正在使用計算機！

嵌入式應用通常有其獨特的應用需求以及最低效能和嚴格的成本與功耗限制。舉例而言，考慮一個音樂播放器：處理器僅需夠快到足以處理其有限的功能，除此之外，最重要的目的即是使其成本及功耗降至最低。雖然嵌入式計算機成本低，它們通常卻更不能容忍失效，因為其結果從不舒適 (當你的新電視壞掉時) 到毀壞 (例如當飛機或貨

十進制名	縮寫	值	二進制名	縮寫	值	大於的 %
kilobyte	KB	1000^1	kibibyte	KiB	2^{10}	2%
megabyte	MB	1000^2	mebibyte	MiB	2^{20}	5%
gigabyte	GB	1000^3	gibibyte	GiB	2^{30}	7%
terabyte	TB	1000^4	tebibyte	TiB	2^{40}	10%
petabyte	PB	1000^5	pebibyte	PiB	2^{50}	13%
exabyte	EB	1000^6	exbibyte	EiB	2^{60}	15%
zettabyte	ZB	1000^7	zebibyte	ZiB	2^{70}	18%
yottabyte	YB	1000^8	yobibyte	YiB	2^{80}	21%
ronnabyte	RB	1000^9	robibyte	RiB	2^{90}	24%
queccabyte	QB	1000^{10}	quebibyte	QiB	2^{100}	27%

圖 1.1 以 2^X 相對於 10^Y 來表示位元組數量的模糊不清之處已可經由加入所有常用的大小稱呼的二進制標記法來解決。

在最後一列中我們註明二進制的稱呼比它對應的十進制稱呼大上多少，這個差異在表中的越下方會越形加大。這些前置詞對位元或者位元組都能適用，因此 *gigabits* (Gb) 是 10^9 個位元而 *gibibits* (Gib) 是 2^{30} 個位元。推動公制的社群制定了十進制的字首，上述最後兩個是因為預期儲存系統整體容量的增長才於 2019 年加上去的。所有名稱都是由拉丁文中對代表 1000 的不同次方的字源而訂定。

輪上的計算機壞掉所可能發生的事) 都有。在消費性嵌入式應用如數位家電之中，可靠度主要是經由簡單化來達成，其要旨即是儘可能只完美地執行單一功能。在大型嵌入式系統中，則經常運用到學自伺服器世界的冗餘技術。雖然本書專注於通用型計算機，大部分觀念可以直接或經小幅修改後，應用於嵌入式計算機。

仔細深思 仔細深思是全文中對可能有興趣的特定題材提供更多細節的簡短片段。不感興趣的讀者可以跳過它，因為之後的內容絕不會植基於仔細深思的內容。

許多嵌入式處理器是用處理器核心來設計的，其為處理器的一種以例如 Verilog 或 VHDL (參見第 4 章) 的硬體描述語言所表示的形式。處理器核心讓設計者可以將之與其他特定應用的硬體整合而製作於一片晶片上。

歡迎來到後個人電腦時代

持續不斷的技術進步帶來了使得整個資訊技術業界震撼的計算機硬體世代遞嬗。自從本書第四版發行以來，我們又經歷了有如 40 年前對個人電腦做出的轉變所帶來的劇變。取代個人電腦的是**個人行動裝置** (personal mobile device, PMD)。個人行動裝置由電池驅動、無線聯線至網際網路且一般售價為數百美元，並且也和個人電腦一樣，使用者可於其上執行可下載的軟體 ("apps")。不同於個人電腦的是，它們不再有鍵盤與滑鼠，而更可能使用觸控螢幕甚或語音輸入。目前的個人行動裝置是智慧型手機或平板電腦，不久可能還包括電子眼鏡。圖 1.2 顯示平板電腦與智慧型手機對比於個人電腦與傳統手機的快速成長時期。

取代伺服器的是植基於稱為*庫房規模計算機* (*Warehouse Scale Computers*, WSCs) 的巨大數據中心的**雲計算** (Cloud Computing)。像亞馬遜與谷歌這些公司建立這種包含 50,000 個伺服器的庫房規模計算機，並讓其他公司租用其中的一些以便其能夠提供個人行動裝置軟體服務而不必建置自己的庫房規模計算機。的確，由雲端提供的**軟體即服務** (Software as a Service, SaaS) 正如同個人行動裝置與庫房規模計算機造成硬體工業革命般引起了軟體工業的革命。今天的軟體寫作者常常會將他們的應用程式一部分執行於個人行動裝置上而一部分執行於雲中。

個人行動裝置 (PMDs) 是聯網至網際網路的小型無線裝置；它們靠電池供電，軟體則透過下載應用程式來取得。常見的實例有智慧型手機與平板電腦。

雲計算 是透過網際網路來提供服務的一大群伺服器；有些供應商以公用設施的方式隨時出租任意數目的伺服器。

軟體即服務 (SaaS) 在網際網路上以服務的形式傳送軟體及數據，其通常是透過一個在現場客戶端裝置上執行的如同瀏覽器的小程式來進行；而非一定要以二進碼並安裝且完全執行於該裝置上的形式為之。例證包括網上搜索與社交聯網。

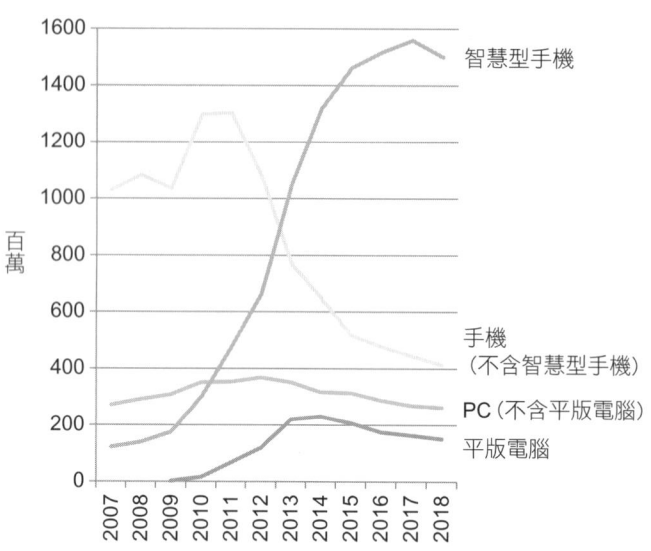

圖 1.2　每年生產的代表後 PC 時代來臨的平板電腦和智慧型手機，與個人電腦和功能性手機在數量上的比較。
智慧型手機代表手機工業近期的演進，它們的量在 2011 年這一年超越了 PCs。個人電腦、平板電腦與傳統型手機這些種類的數量在遞減中。尖峰數量的年份對傳統手機而言出現在 2011 年，對個人電腦是 2013 年，對平板電腦則是 2014 年。個人電腦的出貨量從 2007 年的下降 20% 到 2018 年的下降 10%。

你可以在本書中學到什麼

　　成功的程式設計師總是在意他們程式的效能，因為創作成功的軟體很重要的一點就是能快速提供結果給使用者。在 1960 及 1970 年代，計算機的效能主要受限於其記憶體的大小。於是程式設計師經常遵從一個簡單信條：使用最小的記憶體空間以使程式更快。過去 20 年間，計算機設計與記憶體科技的進步已大大降低了除了嵌入式計算系統以外，大部分應用中儘量少用記憶體的重要性。

　　現在重視效能的程式設計師需要瞭解一個已取代了 1960 年代簡單記憶體模型的新議題：處理器的平行本質以及記憶體的階層性本質。另外，如我們在 1.7 節中說明的，現在的程式設計師需要顧慮到他們執行在個人移動裝置或者雲中的程式的能源效率，這也需要他們對程式之下運作的方式與過程的瞭解。希望撰寫出具競爭力軟體的程式設計師也因此需要增加他們計算機組織方面的知識。

　　我們很榮幸有這個機會來說明這種革新的機器的內涵，解釋在你的程式之下的軟體以及你的計算機機殼內部的硬體。當你讀完這本書後，我們相信你當能回答以下問題：

- 高階語言如 C 或 Java 所寫的程式如何被翻譯成硬體的語言，以及硬體如何執行這個硬體語言的程式？對這些觀念的理解將成為瞭解硬體與軟體如何影響程式效能的基礎。
- 硬體與軟體的介面與關聯是什麼，以及軟體如何指使硬體來執行所需的功能？這些觀念對瞭解如何撰寫很多種類型的軟體都是極其重要的。
- 什麼因素決定程式的效能，以及程式如何可改善其效能？我們將會看到，這取決於原始程式、程式轉換為計算機語言的軟體轉譯以及硬體執行該程式的有效性。
- 硬體設計師可用以改善效能的技術有哪些？本書將介紹現代化計算機設計的基本概念。有興趣的讀者可以在我們的進階書「計算機架構：計量方法」中找到這個主題相關的更多的教材。
- 硬體設計師可以運用哪些技術來改善能源效率？程式設計師又可以做什麼來幫助或者傷害能源效率？
- 最近由循序處理轉為平行處理的理由以及結果是什麼？本書提供其肇因，敘述現有支援平行性的硬體機制以及檢視新一代的**多核微處理器** (multicore microprocessors) (參見第 6 章)。
- 自從第一台商用計算機在 1951 年面世以來，計算機架構師提出過哪些奠定現代計算基礎的大理念？

如果不瞭解這些問題的答案，想要改善你的程式在現代化計算機上的效能或評估對一個特定應用而言什麼機器特性會使得一個計算機較另外一個優越，將會是一個繁複的反覆嘗試過程，而非一個基於洞察及分析的科學方法。

本書第 1 章奠下了本書其餘部分的基礎。它介紹基本觀念與定義，定位主要軟硬體元件的觀念，說明如何評估效能與功耗，介紹積體電路 (其為促使計算機改革的驅動技術) 以及解釋何以會走向多核心。

在本章以及以下數章中，你可能會看到許多新字、或聽說過但不確定其意涵的字。別慌！是的，是有許多用於描述現代化計算機的術語，然而這些術語實際上是有助於我們更精確地描述一個功能或能力。此外，計算機設計師 (包括你的作者們) 也喜歡使用**頭字詞** (acronyms)，一旦你知道其中各字母代表什麼字，其即不難理解。為了幫助你記憶及尋找各名詞，我們在每一個名詞第一次出現在文字中

多核微處理器
一個在單一積體電路中包含多個處理器 (「內核」) 的微處理器。

頭字詞
由一個字串中取各字的開頭字母所組成的字。例如：RAM 是隨機存取記憶體 (Random Access Memory) 的頭字詞，而 CPU 是中央處理單元 (Central Processing Unit) 的頭字詞 (譯註：其非縮寫字)。

時，將其**強調** (highlighted) 並賦以定義置於頁邊。在使用這些術語一段時間後，你將揮灑自如，你的同儕們也將因你正確使用如 BIOS、CPU、DIMM、DRAM、PCIe、SATA 及許多其他術語而印象深刻。

為了強調用以執行程式的軟體及硬體系統如何會影響效能，我們在本書各處加入一個特殊小節，「瞭解程式效能」，來歸納程式效能的重要意涵。以下是其第一次出現。

瞭解程式效能

一個程式的效能取決於其使用的演算法、用以創作它及翻譯它成機器指令的軟體系統的有效性，以及執行該等機器指令的計算機 (其可能包含輸入／出動作) 的有效性的組合。下表歸納了硬體及軟體如何影響效能。

硬體或軟體元件	該元件如何影響效能	該主題見於何處？
演算法	決定了原始碼行數及執行的輸入／輸出動作數	其他書本！
程式語言、編譯器與架構	決定原始碼中每一敘述句對應的計算機指令數目	第 2 及 3 章
處理器與記憶體系統	決定指令可以被執行得多快	第 4、5 及 6 章
輸入／輸出系統 (硬體與作業系統)	決定輸入／輸出動作可能被執行得多快	第 4、5 及 6 章

「自我檢查」小節是設計來協助讀者評估他們是否理解各章介紹的主要觀念以及瞭解這些觀念的相關引申。有些「自我檢查」的問題有簡單的答案；有些則可作為群體討論用。各題的答案可以在每章最後找到。「自我檢查」的問題只會在各節的最後出現，方便你自信瞭解該內容時跳過它們。

1. 每年銷售的嵌入式處理器多於桌上型處理器。你能否根據你自己的經驗來確認或否定這個真相？試著計算你家中的嵌入式處理器。該數目較之你家中桌上型計算機的數目如何？
2. 如前所述，軟體與硬體均影響程式效能。你能否想出針對下列各項，其應為形成效能瓶頸的例證？

- 選用之演算法
- 程式語言或編譯器
- 作業系統

- 處理器
- 輸入 / 輸出系統及裝置

1.2 計算機架構中的七大理念

我們現在介紹過去 60 年的計算機設計過程中計算機架構師所發明的七大理念。這些理念是如此有力量，使它們在首先採行的計算機之後仍長久存在，之後的架構師也模仿原先設計來表達欽佩之意。這些大理念也是我們將用來編排貫穿本章及以下各章中所舉實例強調的主題。為了便於指出它們的影響，本節中我們介紹用以代表這些大理念的插圖符號與強調出的名詞，並且用它們來標示本書中近 100 個使用到各大理念的章節。

用抽象化來簡化設計

計算機架構師與程式設計師均需想出使自己更有產能的方法，否則其 花費在設計上的時間將有如資源量膨脹般劇增。一個硬體與軟體中的主要產能技巧就是如何恰當使用**抽象化 (abstraction)** 來代表在不同層次中的設計；下方各層的瑣碎可因而隱藏住來提供一個簡潔的模型予上方各層。我們將用抽象化的插圖符號代表這項第一個大理念。

抽象化

使經常的情形變快

使經常的情形變快應會比對較少見的情形作最佳化更有助提升效能。出乎意料地，經常的情形往往也比較少見者為單純且易於改良。這個常識般的忠告指出你應當已經知道經常的情形是什麼，然仍需透過仔細的實驗與測量以求確保 (參見 1.6 節)。我們用跑車作為代表使經常的情形變快的插圖符號，因為大部分的情況是車子裡都只有一至兩個乘客，而且造一輛快的跑車一定比造一輛快的小客貨車容易！

使經常的情形變快

經由平行性提升效能

自計算領域發軔以來，計算機架構師即不斷構想出各種經由平行運算以提升效能的設計。我們將會在本書中看到許多平行性的例子。我們以飛機的多個噴射引擎作為**平行性 (parallel performance)** 所導致性能提出的插圖符號。

平行性

管道化處理

經由管道處理提升效能

在計算機架構中有一種特別形式的平行性因為是如此常見，所以就以它的原始名稱——**管道化處理 (pipelining)**——來命名。例如，在有消防車之前，許多牛仔電影中在壞人的卑鄙放火後人們以人龍接力傳遞水桶來救火。鎮民形成人龍聯接水源及火場，因為他們可以比每個人跑來跑去更迅速地傳遞水桶。我們的管道化插圖符號是串接的一組管道，每一節代表管道中的一個階段。

經由預測提升效能

基於俚語所謂請求原諒可能比請求允許更好，下一個大理念即是**預測 (prediction)**。在一些情況下假設你的預測已經夠準確並且由錯誤的預測中回復的機制不會太昂貴的話，平均而言，猜測結果後就據以開始繼續執行下去會比等到確知結果才繼續更快。我們用預言家的水晶球作為我們的預測插圖符號。

預測

記憶體的階層

程式設計師希望記憶體要容量大、速度快且價廉，因為記憶體的速度會影響效能、容量又限制可以處理問題的規模，而且目前計算機價格的主要部分來自於記憶體的成本。架構師發現他們可以用**階層式的不同記憶體 (hierarchy of memories)** 來滿足這些互相牴觸的需求，其方式是將最快最小和每位元單價最貴的記憶體置於頂層 (即最接近處理器處)，而最慢最大和每位元單價最便宜的記憶體置於底層。我們將於第 5 章中看到，快取讓程式設計師感覺主記憶體幾乎與階層中的頂層一樣快並且與底層一樣大和便宜的假象。我們用有好幾層的三角形插圖符號代表記憶體階層。其形狀指出了速度、成本與大小：越在上層的記憶體越快且每位元越貴；底部越寬該層記憶體也越大。

階層

可靠性

經由冗餘提升可靠性

計算機不只要快，還要可靠。因為物理裝置難免失效，於是我們以加入額外組件以便失效發生時接手及幫助檢出失效情況的方式，使系統成為**可靠 (dependable)**。我們以拖車車尾作為插圖符號，因為它後車軸兩側的雙輪胎可容許其中一個輪胎失效時仍可行駛。(然而卡車應該立即前往維修站修理輪胎來恢復該有的冗餘！)

在上一個版本中，我們有列出稱為「配合摩爾定律做設計」的第八個大理念。英特爾的創立者之一，在 1965 年做出了這個有名的預測：積體電路上的資源將每年倍增。十年之後，他修正了他的預測為每兩年倍增。

他的預測是準確的，摩爾定律造就了計算機的進步。由於一部計算機的設計可能歷時數年，晶片上可運用的資源 (亦即「電晶體數量」；見第 24 頁) 從計畫的開始到結束時輕易可達兩倍或三倍之多。計算機架構師要如同一個飛靶射擊者一般，需要預知技術在設計完成時已經會進步到什麼地步，而非根據設計開始時的技術狀況做設計。

可惜，沒有任何指數型的成長型態能永久持續，摩爾定律也已不再準確。摩爾定律的放緩對長久以來依賴它的計算機設計者造成震撼。有些人不願相信其已成過去，縱使充分的證據已顯示出不同的事實。造成的部分原因是指稱摩爾預測的一年兩次（譯註：應是兩年一次）資源倍增的增速已不正確，以及聲稱半導體已難再進步，這兩者之間的模糊。半導體技術將會持續進步，但會比過去緩慢許多。從本書這個版本開始，特別是在第 6 章中，我們會討論摩爾定律放緩所帶來的各項影響。

仔細深思 在摩爾定律很準確的期間，晶片上每項資源的成本都會隨著新的技術世代而下降。而在現在最新的技術中，由於新設備的價格，使晶片中電路能夠在更精細的尺寸上運作所開發的細緻工序，以及能夠投資在新些新科技上來推進技術水平的公司數量的減少，使得每項資源的成本可能持平甚至上升。而其減少了的競爭自然會導致價格上升。

1.3 你的程式之下

一個典型的應用如文字處理或大型資料庫系統，可能包含數百萬行的程式碼以及仰賴具複雜功能的龐大軟體程式庫來支援該應用。我們即將瞭解，計算機中的硬體僅能執行極為簡單的低階指令。從複雜的應用落實到這些簡單硬體指令，過程中牽涉到許多層的軟體將高階的動作以直譯 (interpret) 或翻譯 (translate) 的方式轉換成簡單的計算機指令，這就是**抽象化**這個大理念的一個例證。

在巴黎，當我用法語向人們說話時，他們只是瞪眼呆視；我總是沒辦法讓那些傻瓜聽懂他們的語言。

Mark Twain
天真單純的人出國記，1869

抽象化

系統軟體
提供一般常用的服務的軟體，含作業系統、編譯器、載入器及組譯器(但不止於此)。

作業系統
一個為了在計算機上更恰當地運行各種程式來管理計算機資源的管控程式。

編譯器
翻譯高階語言的敘述句組至組合語言敘述句組的程式。

圖 1.3 顯示該各層軟體被安排成階層式，其中應用處於最外圈，介於其與硬體之間則為各種**系統軟體** (systems software)。

系統軟體有許多種類，然而現在每一個計算機中最重要的有兩類：**作業系統** (operating system) 與編譯器。作業系統將使用者應用與硬體關聯上，並提供各種服務與管控的功能。其最重要的功能如：

- 處理基本輸出入的動作配置
- 儲存體與記憶體
- 在多個應用同時使用計算機時提供有保護的分享。

現行作業系統的例子有 Linux、iOS、Android，以及 Windows。

編譯器 (compilers) 執行另一重要功能：將高階語言如 C、C++、Java 或 Visual Basic 所寫的程式翻譯成硬體可執行的一群指令。既然現在的程式語言是如此複雜而硬體能執行的指令又如此簡單，由高階語言程式翻譯至硬體指令是很複雜的。我們在此簡要概述其過程，並於第 2 章及附錄 A 中再深入探討之。

由高階語言到硬體的語言

若欲真正與電子硬體溝通，則需使用電氣訊號。最容易讓計算機瞭解的訊號即是「開」與「關」，所以計算機硬體的字母僅有兩個。如同英語的 26 個字母並不限制能寫出的東西有多少，計算機的二個字母也不會限制計算機能做的事。這兩個字母所使用的符號是數字 0 與 1，我們因此想像成計算機的語言即為以 2 為基底的數字或稱為

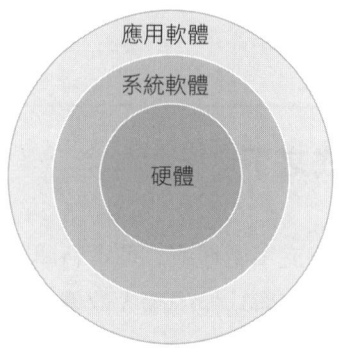

圖 1.3 以硬體為中心而應用軟體在最外的同心圓表示的簡化硬體軟體階層圖。

在複雜的應用情形下，也常會用到多層的應用軟體。例如，一個資料庫系統可能會在管理應用程式的系統軟體上執行，而這個應用程式又在該資料庫系統上執行。

二進制數字所組成。我們稱呼其每個「字母」為**二進制數元** (binary digit) 或**位元** (bit)。計算機受我們稱之為**指令** (instruction) 的命令所役使。指令不過是一組計算機所能瞭解並遵從的位元，其亦可被視為數字。例如，位元串：

    1000110010100000

告知計算機將兩個數字相加。第 2 章說明我們可以使用數字來表示指令及數據；我們不欲在此先作說明，然而以數字來表示指令及數據是計算的基礎。

    最早的程式以二進制數字與計算機溝通，但這樣太過繁瑣，因此標記符號是以人工方式翻譯成二進制形式，但是這個過程還是很累人。於是先驅們發明了能將符號標記翻譯成二進制形態的程式，能夠利用計算機來協助編程計算機。第一個這種程式被命名為**組譯器** (assembler)。該程式將一道以符號表示的指令翻譯成二進形式。例如，程式設計師可以寫：

    add   A,B

組譯器則將該表示法翻譯成：

    1000110010100000

該指令告知計算機將數字 A 與 B 相加。當初被訂為稱呼這種符號式語言、且沿用至今的名稱是**組合語言** (assembly language)。相對地，機器所能瞭解的二進式語言稱為**機器語言** (machine language)。

    雖然組合語言已有極大進步了，其標記符號仍遠不如科學家在模擬流體流動或會計師在平衡帳簿時所欲使用的形式那樣。組合語言要求程式設計師對每個計算機可遵循的指令寫出一行，有如強迫程式設計師如同計算機般地思考。

    體認到我們可以寫一個程式來將一種更有效力的語言翻譯成計算機指令是早期計算領域的重大突破之一。今日程式設計師應將他們的生產力以及他們可以更清楚思考歸功於**高階程式語言** (high-level programming languages)，以及可以將以其編撰的程式翻譯成組合指令的編譯器。圖 1.4 表示該等程式與語言間的關係，這些也是**抽象化**效力的更多實例。

    編譯器允許程式設計師寫出如下高階語言表示式：

二進制數元
亦稱為位元。是資訊的組成物且為二進制的兩個數字 (0 與 1) 之一。

指令
一個計算機硬體能瞭解並遵從的命令。

組譯器
一個將一群符號形式的指令翻譯成二進形式的程式。

組合語言
一種機器指令的符號表示法。

機器語言
一種機器指令的二進制表示法。

高階程式語言
一個可移植的如 C、C++、Java 或 Visual Basic，由文字及算術表示式組成，可被編譯器翻譯成組合語言的語言。

抽象化

14 計算機 組織 與 設計

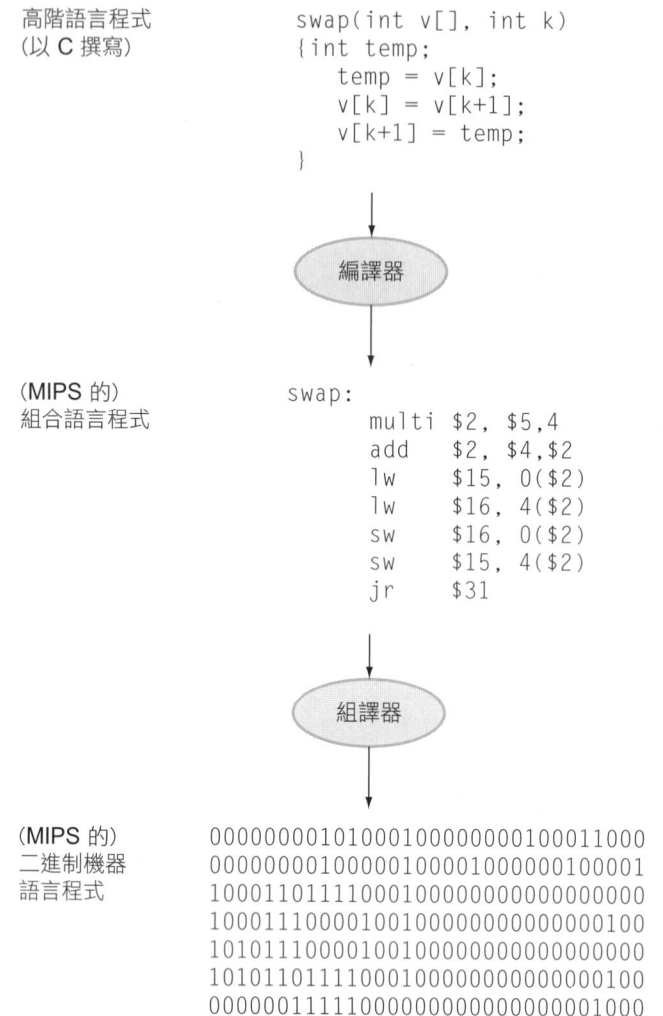

圖 1.4 C 程式編譯成組合語言再組譯成二進制機器語言。
雖然由高階語言轉譯成二進制機器語言在此表示為兩個步驟，有些編譯器省去中間過程而直接產出二進制機器語言。這些語言以及這個程式將在**第 2 章**中有更深入的討論。

    A + B

編譯器會將之編譯成以下組合語言敘述句：

    add A,B

如上所示，組譯器會將該句再翻譯成可告知計算機去將數字 A 與 B 相加的二進式指令。

高階程式語言提供許多重要的好處。第一，它們使用英語文字與

算術表示法，容許程式設計師以更自然的語言思考，也使得程式看起來更像文字而非艱澀難懂的符號表 (參見圖 1.4)。再者，它們允許語言被設計成符合它們的應用所需。因此，Fortran 乃為科學計算而設計、Cobol 為了商業資料處理、Lisp 為了符號運算等等。也有為了更少的使用者團體設計的特定領域語言，例如，對那些有志於流體模擬的人。

(高階) 程式語言的第二個優勢是更好的程式設計師生產力。軟體開發領域裡少有的共識之一，就是當程式開發時如果能採用可以用更少行來表達一個思想的語言，則所需時間較少。簡潔顯為高階語言相較於組合語言之優勢。

(高階) 程式語言最後一個優勢就是它使得程式不需與開發它們時所使用的計算機相關，此乃因為編譯器與組譯器可將高階語言程式翻譯成任何計算機的二進指令。以上三種優勢如此有力，因此今日已少有直接使用組合語言編程者。

1.4 機殼內部

既然我們已經看過了你的程式之下來檢視其下相關的軟體，讓我們再來打開你的計算機的機殼來瞭解其內的硬體。所有計算機內的硬體都執行以下的基本功能：輸入資料、輸出資料、處理資料，以及儲存資料。本書主題即在瞭解這些功能如何達成，以下各章將分別探討這四項工作的不同部分。

每當我們在本書中論及一個重要的論點，一個重要得我們希望你能永遠記得的論點，我們會將它標示為一個「大印象」項目。全書有十幾個「大印象」，第一個是計算機用以執行輸入、輸出、處理、儲存資料等工作的五大要件。

計算機的兩種關鍵組件是**輸入裝置** (input devices)，例如麥克風，以及**輸出裝置** (output devices)，例如揚聲器。如其名稱所指，輸入是給予計算機資料，輸出則是給予使用者的計算結果。有些裝置譬如無線網路可同時提供計算機輸入與輸出。

第 5 章及第 6 章將更詳細地描述輸入／輸出 (I/O) 裝置，現在先讓我們展開計算機硬體的介紹之旅，並由外部的 I/O 裝置開始。

輸入裝置
一個計算機可經由其而輸入資訊的機制，例如鍵盤或滑鼠。

輸出裝置
一個傳遞計算結果給使用者或另一個計算機的機制。

> **大印象** *The BIG picture*
>
> 計算機的五大傳統標準要件是輸入、輸出、記憶體、數據通道，以及控制，而最後兩項有時會併稱為處理器。圖 1.5 顯示計算機的標準組織。該組織不受硬體技術影響：你可以將過去以及現在的每一個計算機的任何一部分歸類到這五者之一中。為了幫助你建立這個觀念，該計算機五大要件的圖將會出現在以下每一章的首頁中，並特別標明該章所探討的部分。

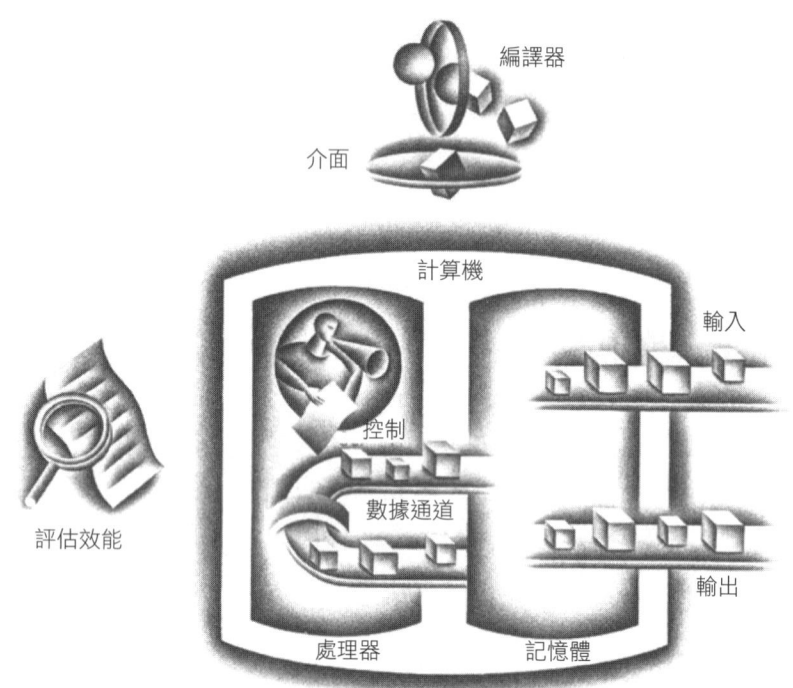

圖 1.5 表示出五大標準要件的計算機組織。
處理器由記憶體取得指令與資料。輸入將資料寫入記憶體，而輸出由記憶體讀取資料。控制送出決定數據通道、記憶體、輸入和輸出應如何運作的訊號。

透過螢幕玻璃

最吸引人的輸入/輸出裝置可能是圖形顯示器。所有的膝上型及手持式計算機、計算器、手機，以及幾乎所有桌上型計算機現在都使用薄而省電的**液晶顯示器** (liquid crystal displays, LCDs)。液晶顯示器並不發光；它只是控制光線的通過。典型的液晶顯示器在液體中含

液晶顯示器
一個使用薄層液態聚合物的顯示技術，其可以根據電場變化來透光或阻隔光線。

有形成扭曲螺旋狀的棒狀分子,其會將顯示器後方光源或偶有使用環境反射光的進入光線折曲。當有電流流過時,棒狀物會伸直而不再折曲光線。由於液晶物質處於兩片具有 90 度極化相差的偏光玻璃間,光線若不被折曲則無法通過。如今大部分液晶顯示器使用所謂的**主動式矩陣** (active matrix),其位於每一像素均有一微小電晶體開關以精準控制電流,呈現更清晰影像。顯示器上每一個點的位置有一個紅-綠-藍光罩以決定影像上該位置三種光成分的強度;在彩色主動式矩陣液晶顯示器中,每一個點的位置共有三個電晶體開關。

影像是由稱為**像素** (pixels) 的圖像元素的陣列所組成,其可以用稱之為**位元圖** (*bit map*) 的位元矩陣表示。隨著螢幕大小以及解析度的不同,在一般平板電腦中的顯示器的矩陣大小約為 2008 年時由 1024×768 至 2048×1536。彩色顯示器可能分別以 8 個位元來表示紅綠藍三種顏色,每一個像素可有 24 個位元,來顯示數百萬種不同的色彩。

計算機硬體對圖學的支援主要為一個用以儲存位元圖的細線更新緩衝區 (*raster refresh buffer*) 或畫面緩衝區 (*frame buffer*)。該畫面緩衝區儲存螢幕即將顯示的影像,而其中的代表每個像素的位元樣式會全部以畫面更新的速度讀出至圖形顯示器上。圖 1.6 表示一個簡化了的、每個像素僅以 4 位元表示的畫面緩衝區。

位元圖的目的是忠實地代表螢幕所要呈現者。而圖學系統的挑戰來自於人眼極易於感知螢幕上細微的變化。

主動式矩陣顯示器
一個位於每個像素上均使用一個電晶體,以控制光線通透性的液晶顯示器。

像素
最小的圖像獨立元素。螢幕為由數十萬至數百萬像素以矩陣的形式組成。

透過計算機顯示器,我將飛機降落在一個移動中航空母艦的甲板上,觀察核子在電位井中的運動,在接近光速的火箭上飛行,也注視著計算機顯示其深入內部的工作情況。

Ivan Sutherland,計算機圖學之「父」,
Scientific American, 1984

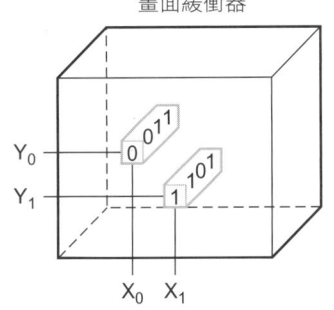
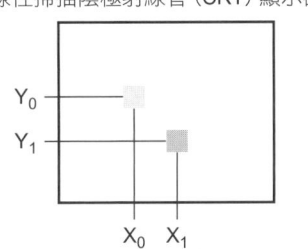

圖 1.6 左方畫面緩衝器中每一座標點決定了右方線性掃描陰極射線管顯示器上對應座標點的顏色。

像素 (X₀, Y₀) 含有位元樣式 0011,代表在螢幕上較像素 (X₁, Y₁) 中位元樣式 1101 為淡的顏色。

觸控螢幕

雖然個人電腦也使用 LCD (液晶顯示器) 顯示器，後個人電腦時代的平板電腦與智慧型手機已將鍵盤與滑鼠用具有很棒的使用者介面優勢——使用者可以直接點選所欲選項而不必間接透過滑鼠——的觸控顯示器來取代。

製作觸控螢幕雖然有不同的方式，目前許多平板電腦採用的是電容感應式。由於人本身是電導體，如果像玻璃這種絕緣體上面覆以透明的導體，人體碰觸會改變屏幕的靜電場，也因而改變了電容。這種技術可以容許同時多點接觸，因此可以辨識姿勢並因此發展許多有趣的使用者介面方式。

開箱

圖 1.7 顯示 Apple iPhone Xs Max 智慧型手機的內部組件。如預期地，在計算機五大典型組件中，輸出入裝置 I/O 在這個機器中佔比最大。I/O 裝置包含電容式多點觸控 LCD 顯示器、面向前方的照相鏡頭、面向後方的照相鏡頭、麥克風、耳機插孔、揚聲器、加速度計、

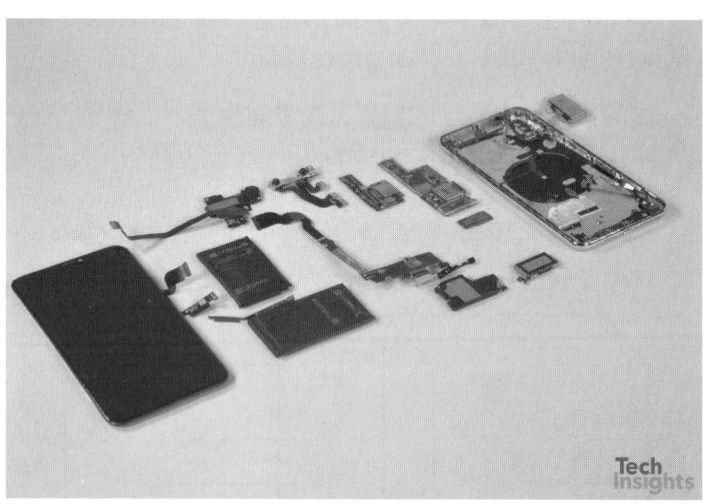

圖 1.7

Apple iPhone Xs Max 手機的部件。位於左側的是電容性多點觸控螢幕與 LCD 顯示器。它的旁邊的是電池。最右方的是將 LCD 固定在 iPhone 背面的金屬框。位於中間區域的各個小部件是我們認為像是一部計算機的相關部件；它們未必是單純的矩形以便緊密地置於機殼內電池的旁邊。圖 1.8 是金屬框左邊電路板的近距離照片，它是一片包含了處理器以及記憶體的邏輯元件印刷電路板 (由 TechInsights, www.techInsights.com 惠予提供)。

迴轉儀、Wi-Fi 網路，以及藍芽網路。數據通道、控制以及記憶體不過是佔用所有組件中極小部分的空間。

圖 1.8 中的一些小矩形中含有驅動我們技術進步的裝置，稱為**積體電路** (integrated circuits)，俗名**晶片 (chips)**。在圖 1.8 中間的 A12 封裝含有以 2.5 GHz (十億赫茲) 時脈速度運作的兩顆大的 ARM 處理器以及四顆小的 ARM 處理器。處理器是計算機中的主動零件，依照計算機程式中的指令動作。其可以計算數字、測試數字，以及通知 I/O 裝置啟動等等。人們偶爾稱處理器為 **CPU**，來代替聽來稍嫌官腔的**中央處理器單元** (central processor unit；譯註亦稱 central processing unit)。

繼續往下看到硬體內部，圖 1.9 顯示了微處理器的細節。處理器概念上包含兩個主要部分：數據通道與控制，分別是處理器的體力與大腦。**數據通道** (datapath) 處理算術運算，而**控制** (control) 依據程式中的指令所示告知數據通道、記憶體及 I/O 裝置該做什麼。第 4 章說明一個具有較高效能的數據通道與控制的運作。

圖 1.8 中的 iPhone Xs Max 也包含一個具有 32 gibibits (2^{30}) 位元或

積體電路
也稱晶片。一個包含數十至數百萬電晶體的裝置 (譯註：今天電晶體數已可高達數十上百億個)。

中央處理器單元(CPU)
亦稱處理器。是計算機的主動部分，包含數據通道與控制兩部分，可加數字、測試數字、通知輸入 / 輸出裝置動作等等。

數據通道
處理器內執行算術運算的部分。

控制
處理器內根據程式中各指令來下命令給數據通道、記憶體、輸入 / 輸出裝置的部分。

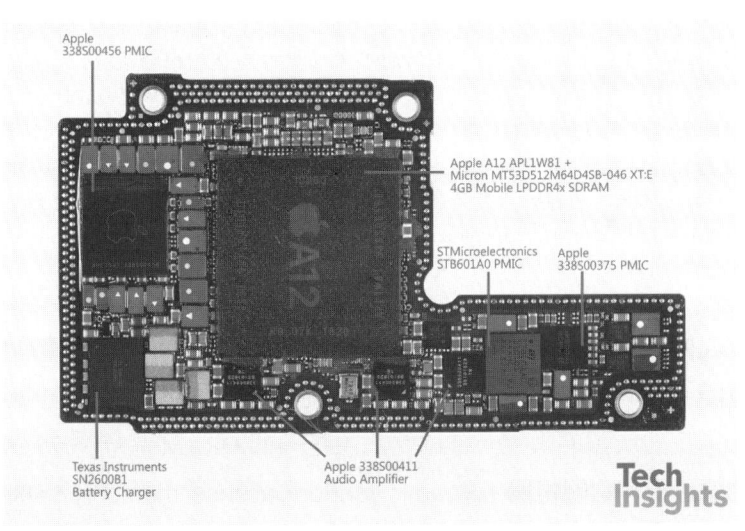

圖 1.8
圖 1.7 中 Apple iPhone Xs Max 的邏輯元件板。中間大片的積體電路是 Apple A12，其封裝內有以 2.5 GHz 運作的兩個大的 ARM 處理器核和四個小的 ARM 處理器核，以及 2 GiB 的主記憶體。圖 1.9 是 A12 封裝內處理器晶片的照片。在形狀與邏輯元件板約略對稱、附著於其後的電路板上有一個尺寸相似的晶片，是作為非揮發性儲存體的 64 GiB 快閃記憶體晶片。板上的其他晶片包括功率管理整合性控制器與聲音放大器 (由 TechInsights, www.techInsights.com 惠予提供)。

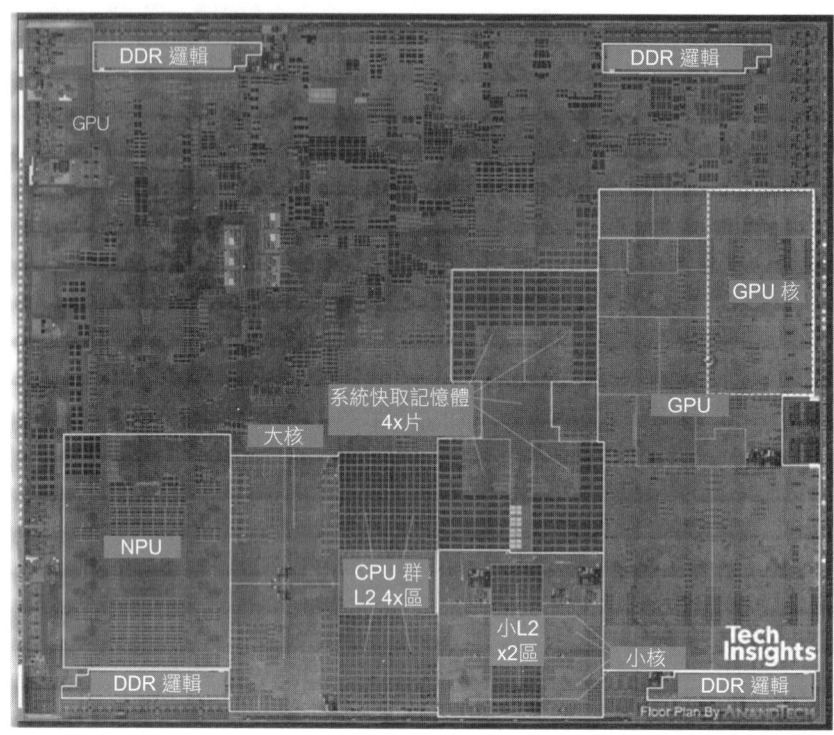

圖 1.9

A12 封裝中的處理器積體電路。晶片大小是 8.4 乘以 9.91mm，其原本是以 7-nm 製程製作的 (參見 1.5 節)。其在中間的下方處具有兩個相同的 ARM 大處理器或大核，右邊下方處具有四個小核，右邊具有一個圖形處理器單元 (GPU)(參見 6.6 節)，以及左邊下方一個為了類神經網路而設的稱為 NPU 的領域特定加速器 (參見 6.7 節)。位於中間的是給大、小核使用的各個第二層的快取記憶體 (L2) (參見 5 章)。晶片的最上方與最下方是與主記憶體 (使用的是 DDR DRAM) 的各個介面 (由 TechInsights，www.techInsights.com 與 AnandTech，www.anandtech.com 惠予提供)。

記憶體
一個保存正在執行中的各程式以及該等程式所需數據的儲存區域。

動態隨機存取記憶體 (DRAM)
做成積體電路的記憶體；其對任何位置提供隨機存取。存取時間是 50 奈秒而每十億位元組 (gigabyte) 成本在 2020 年是 $3 至 $6。

快取記憶體
一個小而快速、被當成較大且慢的記憶體的緩衝區的記憶體。

稱 2 GiB (譯註：應是 4 GiB，其中 B 表位元組) 容量的記憶體晶片。**記憶體** (memory) 是程式於執行時存放它們自己的地方；它也存放了執行中程式所需的數據。這個記憶體是一個 DRAM 晶片。*DRAM* 代表**動態隨機存取記憶體** (dynamic random access memory)。DRAMs 是用來一起存放程式的指令與數據的。相對於像是磁帶這類循序存取的記憶體，*DRAM* 名稱中的 *RAM* (譯註：RAM 是 Random Access Memory 的頭字詞) 這個部分表示不論要存取的記憶體位置為何，所有記憶體的存取基本上需要的時間都相同。

往下到任一硬體組件的更深層可看到計算機更深的意涵。處理器內部有另一類記憶體——快取記憶體。**快取記憶體** (cache memory)

是一個做為 DRAM 記憶體緩衝儲存器的小而快的記憶體 (快取的非技術性定義是一個藏東西的安全處所)。快取以另一種記憶體技術**靜態隨機存取記憶體** (static random access memory, SRAM) 建構。SRAM 較 DRAM 快但線路較大，因此也較貴 (參見第 5 章)。SRAM 和 DRAM 屬於**記憶體階層**中的兩層。

如前所述，有助於改善設計的幾個大理念中有一個是使用抽象化。最重要的**抽象化 (abstroctions)** 方法之一是如何將硬體和最低階的軟體有效地介接起來。這種軟體透過一套字彙來和硬體進行溝通。字彙中的字稱為指令，字彙本身則稱為一個計算機的**指令集架構** (instruction set architecture)，或簡稱為**架構** (architecture)。指令集架構應該包含程式設計師所需要知道以撰寫出可以正確執行的二進位機器語言程式的任何資訊，包括有哪些可以使用的指令、輸出入裝置等等。通常作業系統會將處理輸出入、配置記憶體及其他低階系統功能的細節包裝成簡單易用的指令，以免程式設計師需另外顧及這些細節。這些可供應用程式師使用的基本指令集以及作業系統相關功能的介面合併稱之為**應用的二進式介面** (application binary interface, ABI)。

指令集架構的觀念使得計算機設計師可以在定義功能時不需顧及真正執行該等功能的硬體應是什麼。舉例而言，我們可以談論一個數位時鐘的功能 (計時、顯示、訂鬧鐘) 而不需涉及其硬體 (石英、發光二極體、塑膠按鈕)。計算機設計者以相同的方式區別架構以及該架構之**實現** (implementation)：一個實現方法僅為遵循架構抽象概念的硬體。這些想法帶出另一個「大印象」。

> ### 大印象 *The BIG picture*
>
> 硬體與軟體均包含多個階層，每一個較低階層均為其上各階層隱藏掉許多細節。這個抽象法的原則是硬體以及軟體設計師面對計算機系統複雜性的方法。各抽象階層間一個關鍵的介面是指令集架構——其為硬體與低階軟體間的介面。這種抽象介面可使許多不同成本與效能的**實現**方式均能執行相同的軟體。

儲存資料的安全地方

目前我們已知如何輸入資料，以之進行計算以及顯示資料。但是

靜態隨機存取記憶體 (SRAM)
如同動態隨機存取記憶體，也是記憶體且為積體電路型式，但較快而線路較大。

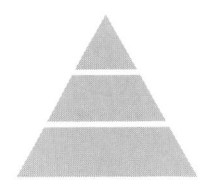

階層

抽象化

指令集架構
亦稱**架構**。是硬體與低階軟體之間的抽象介面，包含了指令、暫存器、記憶體存取、輸入／輸出等所有為了寫出可正確執行的機器語言程式所必需的資訊。

應用的二進式介面 (ABI)
應用程式設計師所使用的指令集中一般身分使用者可用的部分，加上作業系統的功能介面。定義了不同計算機間二進式可攜性的標準。

實現方法
遵循架構抽象概念的硬體。

揮發性記憶體
如 DRAM，只能在供電時保存資料的儲存體。

非揮發性記憶體
一種用於儲存各次執行之間的程式 (與數據)的記憶體，在不供電時也能保存資料的記憶體形式。DVD 即為非揮發性。

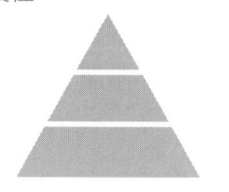

階層

主記憶體
用以保存正在執行中的程式 (及數據) 的記憶體；在現在的計算機中經常以 DRAM 組成之。

次級記憶體
用於儲存各次執行之間的程式與數據的非揮發性記憶體；在現今的 PMDs 中經常以快閃記憶體，以及計算機中經常以磁碟組成之。

磁碟
也稱為硬碟。一種由旋轉的、表面塗布磁性記錄物質的碟片組所組成的非揮發性次級記憶體的型態。因為它們是轉動的機械裝置，存取時間約為 5 至 20 毫秒並且在 2020 年的每十億位元組 (gigabyte) 成本是 $0.01 至 $0.02。

一旦計算機失去電力，所有資訊將會遺失，因為計算機內的記憶體是**揮發性的** (volatile)，亦即其一旦失去電力就會忘記。相對地，數位影音碟 (DVD) 並不因你切斷其播放機的電力而失去所記錄的影片，因此其為一種**非揮發性記憶體** (nonvolatile memory) 技術。

為了區別用以保存正在執行中的數據及程式的揮發性記憶體以及用以保存執行之間 (譯註：其實應包含所有執行中或非執行中) 的數據及程式的非揮發性記憶體，我們以**主記憶體** (main memory 或 primary memory) 這個名稱來代表前者，以及**次級記憶體** (secondary memory) 這個名稱來代表後者。次級記憶體用於**記憶體階層 (memory hierachy)** 中下一個較低的階層。動態隨機存取記憶體 (DRAM) 自 1975 年以來即為最主要的主記憶體元件，而**磁碟** (magnetic disks) 甚至更早就成為最主要的次級記憶體元件。但是因為磁碟的大小與形狀並不適用於個人行動裝置，於是個人行動裝置採用另一種稱為**快閃記憶體** (flash memory) 的非揮發性半導體記憶體，而不採用磁碟，作為其次級記憶體。圖 1.8 標示了 iPhone Xs 中 64 GiB 快閃記憶體的晶片。它們雖然比 DRAM 慢，卻具有非揮發性以及遠比 DRAM 便宜的優點。快閃記憶體雖然每位元成本高於磁碟，但是它們相較於磁碟體積比較小、容量一般也小很多、更堅固耐用、也更有能耗效率。因此快閃記憶體已成為 PMDs 的標準次級記憶體。但是，不同於磁碟與 DRAM，快閃記憶體內的位元在 100,000 至 1,000,000 次寫入之後就會耗損。因此，檔案系統必須追蹤寫入的次數，並且採取避免這種儲存體耗損的策略，例如在恰當的時機將常用的數據移動一下位置。第 5 章中會更詳細敘述磁碟與快閃記憶體。

與其他計算機溝通

我們已說明如何輸入、計算、顯示及保存數據，但於今日計算機中仍有一個未述及處：計算機網路。如同圖 1.5 中所示的處理器聯接至記憶體與輸入 / 輸出裝置，網路聯結了很多計算機，使得使用者得以經由機器間通訊而擴展其計算能力。網路已如此普及，成為現今計算機系統的骨幹；一個沒有網路介面選配的新個人行動裝置或是伺服器是可笑的。但聯網的計算機有許多主要優勢：

■ 通訊：資訊可在計算機間以高速交換。
■ 資源分享：與其每個計算機擁有自己的輸入 / 輸出 (I/O) 裝置，同

一網路上的計算機可共享這些裝置。

■ **非本地存取**：聯結遠距離的計算機，使用者即可使用遠方的計算機。

各種網路具有長度與效能的不同，通訊成本也隨通訊的速度以及資訊傳送的距離而不同。最廣為使用的網路類型也許就是乙太網 (*Ethernet*)，其可達仟米長並每秒傳送高達 10 百億位元 (100 gigabits)。該等規格使得乙太網適用於聯結建築物中同一樓層的計算機；因此它是一般所稱**區域網路** (local area network) 的一個例子。區域網路之間則可由兼具尋徑 (routing) 服務與安全 (security) 性的交換器 (switches) 來互相聯接。**廣域網路** (wide area network) 可橫跨各大洲，也是支援全球資訊網 (World Wide Web, WWW) 的網際網路 (Internet) 的骨幹。其通常是建構在向通訊公司租用的光纖上。

網路在過去 40 年間改變了計算的樣貌，乃因其越來越無所不在以及效能劇烈提升。1970 年代時極少數人可以使用電子郵件，網際網路及資訊網並不存在，以及在兩地間傳送大量資料的方法主要為實際寄送碟帶。區域網路極為稀有，且少有的廣域網路其容量有限並不廣為開放。

隨著網路技術的進步，其價格及容量均大幅改善。舉例而言，40 年前開發的第一個標準化的區域網路技術，是一個最大容量 (亦稱頻寬，bandwidth) 每秒一千萬位元、通常可聯結數十至頂多百台計算機的一種乙太網路。時至今日，區域網路提供每秒 1 至 100 十億位元 (gigabits) 的容量，並可被數百台計算機共用。光學通訊技術在廣域網路上造成類似的容量成長，由每秒數十萬至數十億位元，並可聯結數百至數百萬台計算機至一個廣域網路。戲劇性成長的聯網發展加上容量增長，使得網路技術成為過去 30 年間資訊革命的核心。

過去 15 年來，另一個網路的創新改變了計算機通訊的方式。無線技術盛行，並已為膝上型計算機採用。半導體 (互補金氧半導體，CMOS) 技術已能如對記憶體或微處理器般以低成本製造無線元件，使得價錢顯著下降，造成其應用暴增。一種目前可用的稱為 IEEE 802.11ac 標準的無線技術提供每秒 1 至 1300 百萬位元的傳輸速率。無線技術與有線網路有一點明顯的差異：在緊鄰的區域內的所有使用者會共用空間中的電波。

快閃記憶體
一種非揮發性半導體記憶體。其較 DRAM 為便宜為慢，然較磁碟為貴為快。存取時間約為 5 至 50 微秒並且在 2020 年的每十億位元組 (gigabyte) 成本是 $0.06 至 $0.12。

區域網路 (LAN)
一個設計在地理上有限的區域內，典型如一個建物內，用以傳輸資料的網路。

廣域網路 (WAN)
一個廣達數百公里可橫跨大陸的網路。

> ■ 半導體的 DRAM 記憶體、快閃記憶體和磁碟儲存體相當不同。列舉每一種技術的揮發性，以及相對於 DRAM 的約略存取時間和成本。

自我檢查

1.5 建構處理器與記憶體的技術

計算機設計者長久以來擁抱最新電子技術以求在設計更好的計算機的競賽中勝出，使得處理器以及記憶體以不可置信的速度進步。圖 1.10 表示過去不同時期所使用的技術，並對每一種技術估計其單位成本的對應效能。由於這種技術形塑了計算機的能力以及它們演進的速度，我們相信所有計算機專業人士都應熟悉「積體電路」的基礎。

電晶體 (transistor) 只不過是一個以電氣控制的開關。**積體電路** (*integrated circuit*, IC) 整合了數十至數百個電晶體至一個晶片內。為了說明晶片中電晶體數目由數百至數百萬的劇增，我們為這個名詞增加了**非常大規模** (*very large scale*) 這個形容詞，而創造出 VLSI 這個簡稱，代表**超大型積體電路** (very large-scale integrated circuit)。

這個增加整合性的速度一直以來非常穩定。圖 1.11 表示動態隨機記憶體容量自 1977 年以來的增長。數十年來，工業界固定地每三年即增加其容量四倍，致使其容量共增長超過 16,000 倍！圖 1.11 也顯示出因為摩爾定律放緩導致的增速放緩；邇來四倍的增速需時六年。

為了瞭解積體電路是如何製造的，我們由開頭說起。晶片的製造由**矽** (silicon) 開始，其來自於砂中。矽因導電性不佳而被稱為**半導體**

電晶體
以電訊號控制的開關。

超大型積體電路
包含數十萬至數百萬（或以上）電晶體的裝置。

矽
一個半導體自然元素。

半導體
一個導電性不佳的物質。

年度	計算機使用的技術	相對的效能／單位成本
1951	**真空管** (vacuum tube)	1
1965	電晶體	35
1975	積體電路	900
1995	超大型積體電路	2,400,000
2020	極大型 (Ultra large-scale) 積體電路	500,000,000,000

圖 1.10 不同年代計算機中所使用技術的每單位成本的相對效能。

資料來源：Computer Museum，美國 Boston，而 2020 年的數據是由作者依外插的方式得出。見 🌐 1.13 節。

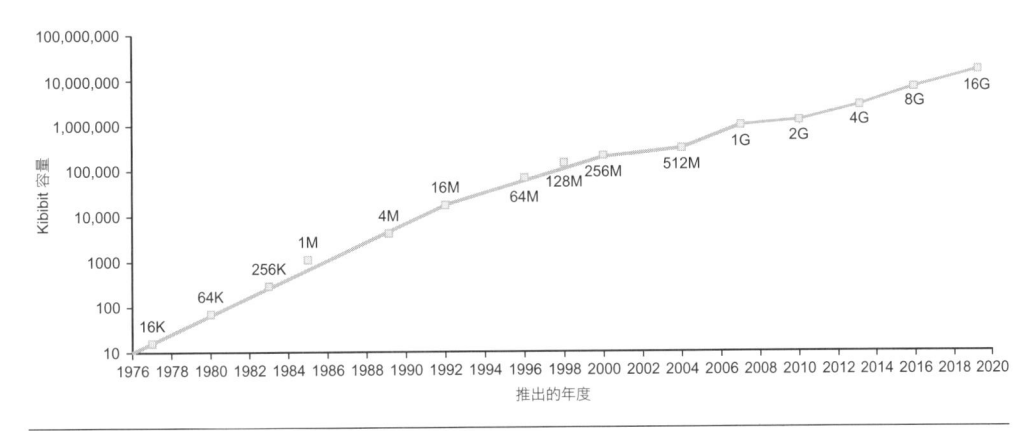

圖 1.11　DRAM 晶片容量隨著時間的成長曲線。

y 軸以 kibibits (2^{10} bits) 作為單位。DRAM 業界在過去 20 年來幾乎每三年就將容量提高四倍，也就是每年提升 60%。近年來，這個增加速度已經緩慢下來，漸漸變成約略每三年才將容量加倍。這是由於摩爾定律的放緩，以及在三維結構下電路細胞具挑戰性的高度寬度比造成的有效製作更細小 DRAM 細胞的困難所導致。

(semiconductor)。經由特殊化學處理，於矽中添加物質可使各個小區域轉變成為以下三種裝置之一：

- 極佳電導體 (使用的是極微小的銅或鋁線)
- 極佳電絕緣體 (有如塑膠護皮或玻璃)
- 特定條件下可傳導或絕緣的區域 (當作開關)

電晶體屬於最後一類。一個超大型積體 (VLSI) 電路其實就是製作在一個小小封裝內的數十億個導體、絕緣體與開關所組成的電路。

積體電路製程對成本極為關鍵，因此對計算機設計者很重要。圖 1.12 表示其製程。製程始於看起來像是巨大香腸的**矽晶磊** (silicon crystal ingot)。目前晶磊約有 8~12 吋的直徑及 12~24 吋的長度。然後晶磊被細片成不超過 0.1 吋厚的**晶圓** (wafers)。這些晶圓接著經過一連串的處理步驟，過程中每片晶圓會根據布局加入不同的化合物，於其上形成前述的電晶體、導體及絕緣體。目前的積體電路只有一層的電晶體，但是可以有二至八層以絕緣體隔開的金屬導體。

在晶圓本身上或數十個根據布局的處理步驟過程中，只要一個極微小的瑕疵就可以導致該區域失效。這些所謂的**缺陷** (defects) 使得製作一個完美的晶圓成為幾乎不可能。面對這種不完美可以有幾種對策，但是最簡單的就是在每個晶圓上劃分成許多獨立的元件。製作完成的晶圓會被依照各個獨立元件分切成各個**晶粒** (dies) 或較不正式

矽晶磊
一個直徑 8 至 12 吋、長度 12 至 24 吋的矽晶體棒。

晶圓
由矽晶磊切下厚度不超過 0.1 吋的薄片，用以製造晶片。

缺陷
在晶圓上或布局處理步驟中產生的極微小瑕疵，並會導致其所在的晶粒失效者。

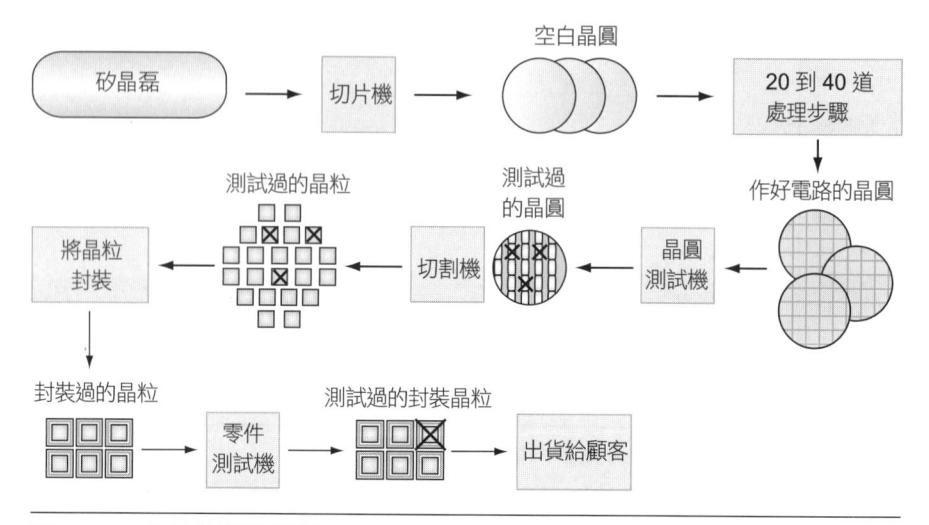

圖 1.12 晶片的製造過程。

空白晶圓從矽晶磊切片下來後，經過 20 到 40 道處理步驟後成為作好電路的晶圓（參見圖 1.13）。之後這些作好電路的晶圓經過晶圓測試機測試以產生良好部分的對照圖。之後晶圓被切割成晶粒（參見圖 1.9）。本圖中，一片晶圓產出 20 個晶粒，其中 17 個通過測試（X 表示晶粒損壞）。本例中良好晶粒的良率（產出率，yield）是 17/20 或 85%。這些好的晶粒接著被連結在封裝中並於出貨給顧客之前再作一次測試。在這個最後的測試中又發現一個壞掉的封裝好的零件。

晶粒
一個從晶圓切出的長方形個體，較不正式的稱之為**晶片** (chips)。

良率
一個晶圓上好的晶粒數佔所有晶粒數的百分比。

地稱為**晶片** (chips)。圖 1.13 是一個包含很多微處理器的晶圓在分切成晶粒前的照片；稍早的圖 1.9 則是一個微處理器晶粒及其主要元件的圖示。

晶粒切割使我們可以只丟棄那些不幸包含缺陷的晶粒，而非整個晶圓。這個概念可以量化為一個製程的**良率** (yield)，其定義是一個晶圓上好晶粒佔所有晶粒數量的百分率。

積體電路的成本隨著其晶粒大小而快速上升，這是由於較低的良率和晶圓上較少的晶粒數。為求降低成本，可以使用下世代製程提供的較小的電晶體及導線尺寸來縮小晶粒面積。這點改善了良率並且增加晶圓上的晶粒數量。7-奈米 (nm) 製程是 2020 年的製程技術水平，其意為基本上晶粒最小的特徵尺寸是 7 nm。

好的晶粒會經由稱為**黏結** (*bonding*) 的處理過程聯結到封裝的輸出／入接腳。這些封裝好的零件經過最後一次測試以確認封裝過程沒有出錯之後，即可出貨給顧客。

我們已經討論過晶片的成本，而成本與售價之間還是有差異的。公司會收取市場願意接受的最高價格以極大化投資的回報，來償付像

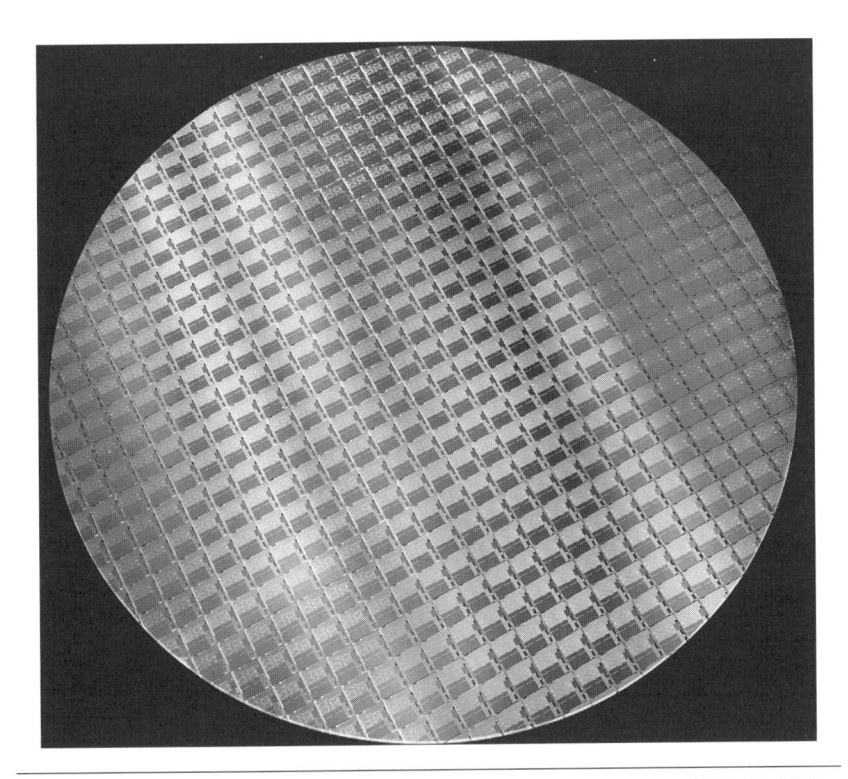

圖 1.13 一片 12 英寸 (300 mm) 的晶圓。這片以 10 nm 製作的晶圓，是第十代的 Intel® Core™ 處理器，代號是 "Ice Lake" (由 Intel 惠予提供)。

這片 300 mm (12 英寸) 的晶圓上的晶粒數在 100% 良率時是 506。根據 AnandTech[1]，Ice Lake 晶粒的大小是 11.4 乘以 10.7 mm。晶圓上數十個在邊緣上少了一部分面積的晶粒是沒有用的；它們之所以還是被製造，是因為這樣的話用以在矽晶圓上描繪電路的光罩會比較容易製作。這顆晶粒使用 10 nm 的製程，意思是最小的形狀其精細度約可準確至 10 nm 的範圍，雖然一般精細的程度會要求略超過真正需要的，也就是在「描繪」電晶體時會比實際製成品還要精準 (譯註：以便能容許製作過程中難免會產生的誤差)。

是公司的研究開發 (R&D)、行銷、出售、生產設備維護、建物租賃、融資、稅前收益、稅款等的所需。相對於像是 DRAMs 這種許多公司都可以生產的一般商品，來自於單一公司的獨特晶片，像是微處理器，其產生的利潤就可以更高一些。售價會隨供應與需求比例的變化而波動，而多家公司就更可輕易生產出多於市場所需的晶片。

---

[1] Ian Cutress, "I Ran Off with Intel's Tiger Lake Wafer. Who Wants a Die Shot?" January 13, 2020, https://www.anandtech.com/show/15380/i-ran-off-with-intels-tiger-lake-wafer-who-wants-a-die-shot

仔細深思 積體電路的成本可以三個簡單式子表示之：

$$每晶粒成本 = \frac{每晶圓成本}{晶圓上晶粒數 \times 良率}$$

$$晶圓上晶粒數 \approx \frac{晶圓面積}{晶粒面積}$$

$$良率 = \frac{1}{(1+(每單位面積缺陷 \times 晶粒面積))^n}$$

第一個式子甚為直覺。第二個式子是個近似式，因為它並沒有排除晶圓邊緣不能放下整個方型晶粒的部分 (參見圖 1.13)。最後一個式子則是由各積體電路工廠中實際觀察良率所得，其中冪次方的數字與製程中關鍵步驟的數目有關。

因此，在不同缺陷發生率與晶圓、晶粒面積下，成本與晶粒面積一般並不呈線性關係。

自我檢查 決定積體電路成本的一個關鍵因素是量 (volume)。下列敘述中何者足以說明為何大量生產的晶片成本較低？

1. 由於量大，生產過程可以針對特定設計而調整，故能提高良率。
2. 設計高產量零件的工作量較低產量者為少。
3. 用以製作晶片的光罩 (masks) 很貴，所以產量高時每晶片的成本較低。
4. 工程開發的成本很高且大部分與產量無關；因此，產量高的零件其每晶片開發成本較低。
5. 高產量零件通常較低產量者有較小的晶粒面積，因此每晶圓的良率較高。

1.6 效能

如何評斷計算機的效能極具挑戰性。現今軟體系統的規模以及錯綜複雜，加上硬體設計師採用的駁雜的效能改進技術，使得效能的評斷更為艱困。

面對不同計算機的選擇時，效能屬其一重要特質。準確地量測並比較不同的計算機對購買者以及因此對設計者都極為重要。銷售計算

機的人也知道這點。經常，銷售員都會希望你看到他們計算機最好的一面，不論其是否反映你的應用的需求。因此選用計算機時，明瞭如何最恰當地量測效能以及效能量測的極限何在是非常重要的。

本節以下介紹決定效能的不同方法。然後我們由計算機使用者和設計者觀點來介紹各個量測效能的單位。我們也說明這些單位如何彼此關聯，以及介紹一個我們將在全書中使用的典型處理器效能計算式。

定義效能

當我們說一台計算機效能好於另者，代表何意？該問題看似單純，然一個類似的客機例子可說明效能問題的精微之處。圖 1.14 表出一些典型客機，含巡航速度、航程及載客量。我們如欲得知表中何者效能最好，則必須先定義效能。例如，考慮不同的效能參數，那麼具有最高巡航速度的是協和客機 Concorde (已於 2003 年停止服務)，航程最遠的是波音 Boeing 777-200LR，以及載客量最大的是空中巴士 Airbus A380-800 型客機。

假設我們以速度定義效能。然其定義仍有二種可能：你可以因飛航最快的飛機將一位旅客在最短時間內由甲地載送至乙地而稱其為最快；但是如果你想載送的旅客有 500 位，則 A380-800 明顯最快，如圖中最後一列所示。相同地，我們也可以用不同方法定義計算機的效能。

如果你在兩台不同的桌上型計算機上執行同一個程式，你會說先執行完程式者即為較快。如果你經營數據中心並有數台伺服器以執行眾多使用者提交的工作，你會說一天中能完成最多工作者即為較快。身為計算機使用者的個人，你關心的是降低**反應時間**

反應時間
亦稱**執行時間**。計算機完成一件工作所需的總時間，含硬碟存取、記憶體存取、輸出入動作、作業系統額外花費以及中央處理單元執行時間等等。

客機型號	載客量	巡航範圍 (哩)	巡航速度 (哩每小時)	載客處理量 (載客量×哩每小時)
Boeing 737	240	3000	564	135,360
BAC/Sud Concorde	132	4000	1350	178,200
Boeing 777-200LR	301	9395	554	166,761
Airbus A380-800	853	8477	587	500,711

圖 1.14　一些商用客機的載客量巡航範圍及速度。
最後一欄表示飛機載運乘客的速率，亦即載客量乘以巡航速度 (忽略距離以及起飛、降落時間)。

處理量
亦稱**頻寬**。效能的另一種量測單位，其為單位時間內完成的工作數。

(response time) ── 一件工作由開始至結束的時間，亦稱為**執行時間** (execution time)。數據中心管理員則常關心**處理量** (throughput) 或**頻寬** (bandwidth) ── 在給定時間內所完成的工作量。因此在大部分情形下，我們會需要對較注重反應時間的個人移動裝置以及較注重處理量的伺服器，使用不同的效能單位以及不同的應用程式集來實測之。

範例

處理量與反應時間

以下對計算機系統的改變可否提升處理量、降低反應時間或兼得之？

1. 以較快的處理器置換於計算機中
2. 在使用多個處理器來分別處理各個工作──例如在全球資訊網中搜尋──的系統中加入額外的處理器

解答 降低反應時間幾乎永遠可提升處理量。因此在情況 1 中，反應時間及處理量均獲改善。在情況 2 中，沒有任何工作可更快完成，故僅處理量有提升。

唯當情況 2 中對處理的需求大到幾乎與處理量相同時，可能造成系統不得不將一些工作需求暫時貯存起來等待處理。在這種情況下，由於增加處理量可降低工作需求在貯列中的等待時間，故可同時改善反應時間。因此，在許多實際的計算機系統中，改變執行時間或處理量通常會影響另一者。

在計算機效能的討論中，本書前幾章主要關心的對象是反應時間。為了使某件工作的執行效能最大，我們希望其反應時間或執行時間最小。於是我們表示計算機 X 的效能與執行時間關係如下：

$$效能_X = \frac{1}{執行時間_X}$$

這表示對兩台計算機 X 及 Y，如果 X 的效能大於 Y，則：

$$效能_X > 效能_Y$$
$$\frac{1}{執行時間_X} > \frac{1}{執行時間_Y}$$
$$執行時間_Y > 執行時間_X$$

亦即，若 X 快於 Y，則 Y 的執行時間較 X 者長。

在討論計算機設計時，我們常希望以數字來表示不同計算機間效能的關係。我們將以片語「X 較 Y 快 n 倍」── 或相同地「X 有如

Y 的 n 倍快」──來表示：

$$\frac{效能_X}{效能_Y}=n$$

如果 X 較 Y 快 n 倍，則 Y 的執行時間是 X 的 n 倍長：

$$\frac{效能_X}{效能_Y}=\frac{執行時間_Y}{執行時間_X}=n$$

範例

相對效能

如果計算機 A 執行一個程式需時 10 秒而計算機 B 執行相同程式需時 15 秒，則 A 較 B 快多少？

解答

若 A 較 B 快 n 倍，則：

$$\frac{效能_A}{效能_B}=\frac{執行時間_B}{執行時間_A}=n$$

因此效能比率是：

$$\frac{15}{10}=1.5$$

A 因此較 B 快 1.5 倍。

上例中，我們亦可稱計算機 B 較計算機 A 慢 1.5 倍。因為

$$\frac{效能_A}{效能_B}=1.5$$

意為

$$\frac{效能_A}{1.5}=效能_B$$

為求簡單，我們在以量化方法比較計算機時通常使用「較快」一詞。由於效能與執行時間互為倒數，增加效能即需減少執行時間。為免「增加」和「減少」造成混淆，我們通常以「改善效能」或「改善執行時間」來表示「增加效能」或「減少執行時間」。

量測效能

時間是量測計算機效能的依據；能在最短時間內完成相同工作量的那一台計算機就是最快的。程式執行時間是以每程式多少秒來測量。然而，時間可以隨我們計算方法的不同而以不同的方式定義。最直覺的時間定義是時鐘時間、反應時間或經過時間 (*elapsed time*)。這些名詞均表完成一件工作的總時間，內含硬碟存取、記憶體存取、輸入/輸出 (I/O) 動作、作業系統額外花費——所有東西。

然而計算機通常是被分享的，其處理器可能同時需處理數個程式。此時系統可能嘗試提高處理量而較不在意降低某一程式的經過時間。因此我們常需分辨我們程式的經過時間以及處理器真正花在處理它的時間。**中央處理器執行時間** (CPU execution time) 或**中央處理器時間** (CPU time) 可用以認清這個分別；其為中央處理器用於執行此工作的時間，並不包括等待輸出入或執行其他程式的時間 (但是請記住：使用者所體認到的反應時間將會是程式的經過時間，而非中央處理器時間)。中央處理器時間又可再細分為花在程式上的中央處理器時間，稱為**使用者中央處理器時間** (user CPU time) 以及花在作業系統為了該程式而工作的時間，稱為**系統中央處理器時間** (system CPU time)。區分系統和使用者的中央處理器時間很難達到精確，因為通常我們很難確認作業系統的某些動作究竟是為了哪一個使用者程式而執行，以及各種作業系統間功能性的不同。

為了維持一貫性，我們將指出基於經過時間以及基於中央處理器執行時間的效能間的不同。我們將使用系統效能 (*system performance*) 來表示一個空載系統上執行程式的經過時間，以及中央處理器效能 (*CPU performance*) 來表示使用者中央處理器時間。本章中我們將專注在中央處理器效能上，然而我們對如何歸納效能的討論應用於經過時間或中央處理器時間的量測上同樣有效。

中央處理器執行時間
亦稱**中央處理器時間**。中央處理器實際用來執行一件工作的時間。

使用者中央處理器時間
中央處理器花在該程式的時間。

系統中央處理器時間
中央處理器花在作業系統為了使用者程式而工作的時間。

瞭解程式效能

不同程式對計算機效能的不同面向，其敏感度也不同。許多應用，特別是伺服器上所使用的，極為依賴輸出入效能，也因而與硬體及軟體皆有關。以時鐘測得的總經過時間是大家關心的一個量測。在某些應用環境中，使用者關心的可能是處理量、反應時間或是兩者的某種複雜組合 (例如：最大處理量但需符合容許的最糟反應時間)。欲

改善程式效能，我們必須清楚界定有關的效能衡量標準為何，之後再據以觀測程式執行過程並找出可能的效能瓶頸。之後數章將說明如何在系統中各不同部分尋找瓶頸並改善效能。

雖然身為計算機使用者的我們在意的是執行時間，當我們檢視計算機的細節時，將效能以其他衡量標準表示會更便利。特別是計算機設計者常會以與硬體執行基本功能的速度相關的量測來反映效能。幾乎所有計算機都是基於一個決定硬體中事件發生時間點的時脈信號而構建。其一個個的時間間隔稱為**時脈週期** (clock cycles) 或**滴噠** (ticks, clock ticks) 或**時脈** (clocks) 或**時脈週期** (clock periods) 或**週期** (cycles)。設計者會以二種方式表達時脈週期 (clock period) 的長度：完整時脈週期 (clock cycle) 的時間 (如 250×10^{-12} 秒，或 250 ps) 以及時脈速度 (clock rate) (如 4×10^9 赫茲或 4 GHz)，且兩者互為倒數。下個小節中，我們將正式介紹硬體設計者慣用的時脈週期與使用者關心的秒數之間的關係。

時脈週期
亦稱**滴噠**、**時脈**、**週期**。為一個時脈週期所經時間。該時脈常指處理器所用者；其以固定速率運行。

時脈週期長度
每一個時脈週期的時間長度。

1. 假設已知一應用會使用到個人移動裝置以及雲計算，其執行受限於網路效能。說明以下改變是否會僅改善處理量、兼可改善反應時間及處理量或並不改善任何一者。
    a. 於個人移動裝置以及雲之間加入一條額外網路頻道，以增加總網路處理量並降低取得網路使用權的等待時間 (因為現在有了兩個頻道)。
    b. 改善網路軟體，因此降低網路通訊延遲，但並不增加處理量。
    c. 於計算機內加入更多記憶體。
2. 計算機 C 的效能是可於 28 秒執行完某一程式的計算機 B 的 4 倍快。則計算機 C 執行該程式需時若干？

中央處理器效能及其因素

使用者與設計者經常是以不同的衡量單位來檢測計算機效能。如果我們將這些不同的單位關聯起來，則可得知設計改變造成使用者感受效能改變的影響。由於我們目前僅探討 CPU 的效能，其最基本的量測單位是 CPU 執行時間。一個簡單式子可將最基本的單位 (時脈週期數與時脈週期) 用來反映 CPU 時間：

$$\text{CPU 執行某程式需時} = \text{CPU 執行某程式所需時脈數} \times \text{時脈週期時間}$$

或者，由於時脈速率與時脈週期時間互為倒數，

$$\text{CPU 執行某程式需時} = \frac{\text{CPU 執行某程式所需時脈數}}{\text{時脈速率}}$$

此式清楚顯示硬體設計師可經由降低執行程式所需時脈數或時脈週期時間以改善效能。我們將在未來幾章看到，設計者經常需面對程式所需時脈數及時脈週期長短之間的權衡。許多降低時脈數的技術可能也導致時脈時間的增加。

> **範例** **改善效能**
>
> 我們喜愛的程式在計算機 A 上執行需時 10 秒，其時脈為 2 GHz。我們擬協助設計師建構另一計算機 B，以在 6 秒內執行此程式。該設計師已確知時脈速率可大幅增加，但因此會影響中央處理器其他設計，致使計算機 B 需使用 A 的 1.2 倍時脈數以執行該程式。我們應告知該設計師以何時脈速率為目標？

> **解答**
>
> 我們先求得該程式在 A 上所需時脈數：
>
> $$\text{中央處理器時間}_A = \frac{\text{中央處理器時脈數}_A}{\text{時脈速率}_A}$$
>
> $$10 \text{ 秒} = \frac{\text{中央處理器時脈數}_A}{2 \times 10^9 \frac{\text{時脈數}}{\text{秒}}}$$
>
> $$\text{中央處理器時脈數}_A = 10 \text{ 秒} \times 2 \times 10^9 \frac{\text{時脈數}}{\text{秒}} = 20 \times 10^9 \text{ 時脈數}$$
>
> 中央處理器 B 的執行時間可以此式求得：
>
> $$\text{中央處理器時間}_B = \frac{1.2 \times \text{中央處理器時脈數}_A}{\text{時脈速率}_B}$$
>
> $$6 \text{ 秒} = \frac{1.2 \times 20 \times 10^9 \text{ 時脈數}}{\text{時脈速率}_B}$$
>
> $$\text{時脈速率}_B = \frac{1.2 \times 20 \times 10^9 \text{ 時脈數}}{6 \text{ 秒}} = \frac{0.2 \times 20 \times 10^9 \text{ 時脈數}}{\text{秒}} = \frac{4 \times 10^9 \text{ 時脈數}}{\text{秒}} = 4 \text{ GHz}$$
>
> 為了要在 6 秒內執行完該程式，B 的時脈速率需為 A 的兩倍。

指令效能

上述的效能計算式並未參考到執行程式所需的指令數。然而，由於編譯器明確地產出所應執行的指令，且計算機需要執行該等指令以進行程式執行，因此執行時間必定與程式中的指令數有關。一個計算執行時間的方法，就是將執行的指令數乘以平均的指令耗時。因此，程式所需時脈數可表為：

CPU 時脈數＝程式所需指令數×指令平均時脈數

用以表示平均每道指令執行所需的時脈數的名詞稱為**每指令時脈數** (clock cycles per instruction)，通常簡稱為 **CPI**。由於不同指令根據其行為而會耗用不同時間，因此 CPI 指的是該程式中所有被執行的指令的平均時脈數。由於一個程式執行時，其所會執行的指令數當然是固定的，因此 CPI 提供一種比較同一指令集架構下不同實作方式的方法。

> **每指令時脈數**
> 程式或程式片段中的平均每指令時脈數。

使用效能計算式　　　　　　　　　　　　　　　　　　　　　　　　　　**範例**

假設我們有對於同一指令集架構的兩種實作方式。計算機 A 的時脈週期為 250 ps 且對某一程式其 CPI 為 2.0，而計算機 B 的時脈週期為 500 ps 且對該程式其 CPI 為 1.2。對該程式而言，哪一台計算機較快，以及快多少？

解答

我們已知對該程式而言兩台計算機所執行的指令數均同；設此數為 I。首先，求出各計算機的處理器時脈數：

$$\text{CPU 時脈數}_A = I \times 2.0$$
$$\text{CPU 時脈數}_B = I \times 1.2$$

於是我們可求出各計算機的中央處理器時間：

$$\text{CPU 時間}_A = \text{CPU 時脈數}_A \times \text{時脈週期}_A = I \times 2.0 \times 250 \text{ ps} = 500 \times I \text{ ps}$$
$$\text{CPU 時間}_B = \text{CPU 時脈數}_B \times \text{時脈週期}_B = I \times 1.2 \times 500 \text{ ps} = 600 \times I \text{ ps}$$

顯然地，計算機 A 較快。其快上多少等於執行時間的比值：

$$\frac{\text{中央處理器效能}_A}{\text{中央處理器效能}_B} = \frac{\text{執行時間}_B}{\text{執行時間}_A} = \frac{600 \times I \text{ ps}}{500 \times I \text{ ps}} = 1.2$$

我們論定對於該程式而言，計算機 A 是計算機 B 的 1.2 倍快。

典型 CPU 效能計算式

指令數
程式所需執行的指令數。

我們現在可以將此基本的效能計算式以**指令數**(instruction count，程式所需執行的指令的數目)、CPI，以及時脈週期表示之：

$$\text{CPU 時間} = \text{指令數} \times \text{CPI} \times \text{時脈週期}$$

或者，由於時脈速率即為時脈週期的倒數：

$$\text{CPU 時間} = \frac{\text{指令數} \times \text{CPI}}{\text{時脈速率}}$$

這些公式由於明白指出影響效能的三個關鍵因素，因此特別有用。我們可以用它們來比較兩種實作方式，或者基於某個設計方案對該三個參數的影響來評估它。

範例 比較程式碼片段

某編譯器設計者正擬對特定計算機擇定兩種程式碼序列之一。硬體設計師已提供下列資訊：

	各指令類別的 CPI		
	A	B	C
CPI	1	2	3

對某一高階語言敘述句，編譯器設計者正考慮二種程式碼序列，其各需求下述的指令數：

程式碼序列	每類指令的指令數		
	A	B	C
1	2	1	2
2	4	1	1

哪一個程式碼序列執行最多道指令？哪一個會較快？各序列的 CPI 為何？

解答
序列 1 執行 2+1+2=5 道指令。序列 2 執行 4+1+1=6 道指令。因此，序列 2 執行較多道指令。

我們可以用基於指令數以及 CPI 的計算中央處理器時脈數的式子來求各序列的總時脈數：

$$\text{CPU 時脈數} = \sum_{i=1}^{n}(\text{CPI}_i \times \text{C}_i)$$

由此可得

$$\text{CPU 時脈數}_1 = (2 \times 1) + (1 \times 2) + (2 \times 3) = 2 + 2 + 6 = 10 \text{ 時脈}$$
$$\text{CPU 時脈數}_2 = (4 \times 1) + (1 \times 2) + (1 \times 3) = 4 + 2 + 3 = 9 \text{ 時脈}$$

因此序列 2 較快,雖然其多執行一道指令。由於序列 2 耗費較少時脈數卻包含更多指令,其必具有較低的 CPI。各 CPI 值計算如下:

$$\text{CPI} = \frac{\text{中央處理器時脈數}}{\text{指令數}}$$

$$\text{CPI}_1 = \frac{\text{中央處理器時脈數}_1}{\text{指令數}_1} = \frac{10}{5} = 2.0$$

$$\text{CPI}_2 = \frac{\text{中央處理器時脈數}_2}{\text{指令數}_2} = \frac{9}{6} = 1.5$$

大印象 — The BIG picture

圖 1.15 表示計算機中不同層次的量測參數以及各情形中所量測者為何。因此可知該等因素如何結合以得知程式的執行時間:

$$\text{時間} = \text{秒} / \text{程式} = \frac{\text{指令數}}{\text{程式}} \times \frac{\text{時脈數}}{\text{指令}} \times \frac{\text{秒}}{\text{時脈}}$$

請牢記唯一完整而可靠的計算機效能量測就是時間。例如,改變指令集以求降低指令數可能導致一種會提高時脈週期或 CPI 的組織方法,因而抵銷了指令數降低的好處。同樣地,因為 CPI 與所執行的指令種類有關,因此執行最少指令數的程式碼未必是最快的。

效能的組成元素	量測的單位
程式的 CPU 執行時間	該程式所需秒數
指令數	該程式執行的指令數
每指令時脈週期數 (CPI)	平均每指令時脈週期數
時脈週期時間	每時脈週期秒數

圖 1.15 效能的基本組成元素以及各為如何測得。

我們如何決定效能計算式中各因素的值？我們可以執行一程式以量度其中央處理器執行時間，以及時脈週期通常會包含於一個計算機印行的文件中。指令數以及 CPI 可能較難得知。當然，如果我們已知時脈速率以及中央處理器執行時間，則我們僅需指令數或 CPI 的其中之一以求得另一者。

我們可以使用能描繪執行過程的軟體工具或計算機架構的模擬器來量測指令數。或者，我們也可以利用大部分處理器中已具有的硬體計數器來記錄包括執行過的指令數、平均 CPI，以及經常也包含各種效能損失的來源等等的量測數據。由於指令數僅與架構有關而與確實的製作無關，因此我們不需知道各種製作的細節即可量測指令數。然而，CPI 與許多不同的計算機設計細節有關，包括記憶體系統與處理器結構兩方面(我們將於第 4 章和第 5 章中論及)，以及應用程式中所執行的指令類別混合比。因此，同一個指令集的 CPI 將因應用以及不同的製作方式而不同。

上述範例顯示了以單一因素 (例如指令數) 來推論效能的不妥。當比較兩個計算機時，你一定要考慮組成執行時間的所有三個要素。如果其中有些要素相等，譬如上例中的時脈速率，則效能可經由比較所有其他不相等的要素而決定。由於 CPI 會因不同的**指令混合比** (instruction mix) 而異，即使時脈速率相同，指令數與 CPI 兩者均需列入比較。本章後面有好幾個習題會要求你評估一系列的會影響時脈速率、CPI 與指令數的計算機，以及編譯器相關的改善方法。在 🌐 1.13 節中，我們將檢視一個因為並沒有包含所有這些項目而可能造成誤導的常用的效能量測方法。

指令混合比
各種指令在一或多個程式中動態頻率的量度。

瞭解程式效能

一個程式的效能與演算法、語言、編譯器、架構，以及實際的硬體有關。下表整理了這些要素如何影響中央處理器效能計算式中的因素：

硬體或軟體要素	影響什麼？	如何影響？
演算法	指令數，可能影響 CPI	演算法決定執行的高階程式指令數目，也因此決定執行的處理器指令數目。演算法對較快或較慢指令的偏好也可能影響 CPI。舉例而言，若演算法使用較多的浮點運算，則可能導致更高的 CPI。

硬體或軟體要素	影響什麼？	如何影響？
程式語言	指令數，CPI	程式語言當然影響指令數，因為其敘述句將被轉譯成處理器指令，因而決定指令數。語言的特性也可能影響 CPI；舉例而言，一個大量支援資料抽象化 (data abstraction) 的語言 (例如 Java) 將需要間接呼叫的功能，如此將使用 CPI 較高的指令。
編譯器	指令數，CPI	由於編譯器決定將高階語言指令轉換成計算機的指令，其效率會影響指令數及每指令平均週期數。編譯器的角色可以相當複雜，並以複雜的方式影響 CPI。
指令集架構	指令數，時脈速率，CPI	由於指令集架構影響一個功能所需的指令、每道指令的時脈數以及處理器整體時脈速率，因此其影響中央處理器效能相關的所有方面。

仔細深思 雖然你可能期望最低的 CPI 是 1.0，我們將在**第 4 章**中看到，有些處理器每時脈週期擷取及執行多道指令。為反映該作法，有些設計者倒轉 CPI 以表為 *IPC*，或每時脈指令數 (*instructions per clock cycle*)。若某處理器平均每時脈執行二道指令，則其具有 IPC＝2 亦即 CPI＝0.5。

仔細深思 雖然時脈週期時間一般是固定的，然而為了省能或是短暫地加強效能，現在的許多處理器可以變化它們的時脈速率，因此我們對一個程式會需要知道其平均的時脈速率。例如，Intel Core i7 可短暫地提高時脈速率約 10% 直到晶片溫度過高為止。Intel 稱呼這種做法叫渦輪模式 (*Turbo mode*)。

某個 Java 撰寫的應用程式在桌上型處理器執行需時 15 秒。一個新發表的 Java 編譯器僅需原編譯器所使用指令數的 0.6 倍。不幸地，其亦提升 CPI 至 1.1 倍。我們可以期待該應用在使用新編譯器時執行得多快？由下列三者中選出正確答案：

a. $\dfrac{15 \times 0.6}{1.1} = 8.2$ sec

b. $15 \times 0.6 \times 1.1 = 9.9$ sec

c. $\dfrac{15 \times 1.1}{0.6} = 27.5$ sec

1.7 功耗障壁

圖 1.16 顯示過去 36 年來 Intel 微處理器九個世代的時脈速率及功耗增長情形。過去數個十年間時脈速率及功耗兩者均快速增加，最近則趨緩。其同時成長的原因是因彼此相關，其最近趨緩則是因我們在商用微處理器的功耗上已到達可行冷卻方法的極限。

雖然功耗形成了冷卻能力的最低要求，在後個人電腦時代中真正關鍵的資源是能源。不但在個人行動裝置中電池續航力較效能更受重視，在庫房規模計算機中，架構師也努力降低在這種十萬個伺服器的規模下極高的供電以及冷卻成本。如同對程式效能而言，量測時間較諸計算譬如 MIPS (每秒可執行的指令數，參見 1.11 節) 更為可靠，對能源而言，焦耳這個能量單位也比譬如瓦數的耗能率更為恰當。

最廣為使用的積體電路技術稱為 CMOS (互補金氧半導體，complementary metal oxide semiconductor)。CMOS 中主要的能耗因素稱為動態能耗——亦即電晶體在狀態 0 與 1 之間變動時所耗的能量。動態能耗與每個電晶體所連接的電容性負載以及供應電壓有關：

$$能耗 \propto 電容性負載 \times 電壓^2$$

上式表示一個邏輯轉換 $0 \to 1 \to 0$ 或 $1 \to 0 \to 1$ 所形成的脈衝造成的能耗。因此 0/1 轉換一次的能耗是

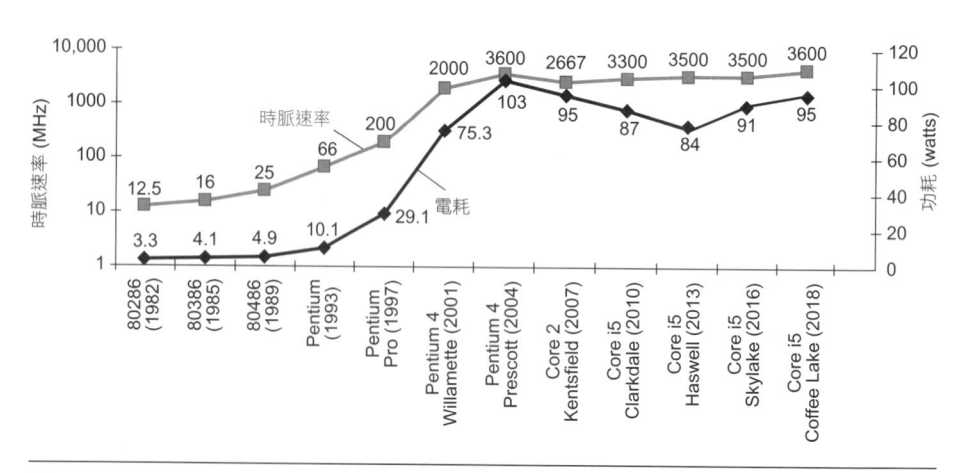

圖 1.16　Intel x86 微處理器在歷時 36 年的九個世代中的時脈速率與能耗。
Pentium 4 在時脈速率與能耗上有戲劇性的躍升，然而在效能提升上相對不足。Prescott 的溫度問題導致對 Pentium 4 產品線的放棄。Core 2 產品線回到使用較簡單且時脈速率較低的管道設計但是在每個晶片中置入多個處理器的作法。Core i5 的管道設計遵循了同樣的作法。

$$能耗 \propto \frac{1}{2} \times 電容性負載 \times 電壓^2$$

每個電晶體所需功耗就是每個電晶體的能耗和切換頻率的乘積：

$$功耗 \propto \frac{1}{2} \times 電容性負載 \times 電壓^2 \times 切換頻率$$

切換頻率是時脈速率的函數。每個電晶體的電容性負載是接在該輸出 (called the *fanout*) 上的電晶體 (的閘極) 數 [稱為扇出 (fanout)]，以及決定了導線與電晶體 (閘極) 電容值的製程技術兩者的函數。

在圖 1.16 中，時脈速率增加了 1000 倍時功耗怎麼能只增加 30 倍？能耗與功耗可因降低電壓——其在每一新製程世代中都會發生——而降低，而功耗是電壓平方的函數。一般電壓在每個新世代中下降大約 15%。20 年來，電壓已從 5 V 降到 1 V，這就是為什麼功耗只上升了 30 倍。

相對功耗

　　假設我們開發了一個新的、較簡單的處理器，其僅有原較複雜處理器的 85% 電容負載。另外，假設其具可調電壓，可將電壓較原處理器調降 15%，而此亦將導致頻率下降 15%。如此對動態功率的影響為何？

$$\frac{功耗_{新}}{功耗_{舊}} = \frac{(電容負載 \times 0.85) \times (電壓 \times 0.85)^2 \times (切換頻率 \times 0.85)}{電容負載 \times 電壓^2 \times 切換頻率}$$

因此功耗比率為：

$$0.85^4 = 0.52$$

故新處理器耗用大約原處理器一半的功耗。

今日的問題是更加降低電壓，將會使得電晶體漏電太多，有如水龍頭無法關緊。甚至於今天電耗中已有 40% 來自於漏電。如果電晶體漏更多電，則整個製程將難以使用。

為了處理功率問題，設計師們已經用上了大型裝置以增強冷卻，並將晶片上在某時脈內用不到的部分關閉。雖然有許多更昂貴的冷卻晶片的方法，然而它們同時也會提高晶片的功耗到譬如說 300 瓦，這些方法對桌上型計算機而言都太昂貴了。

自從計算機設計者遇上功耗障壁後,他們需要有一個新方法以繼續前進。他們選擇了一個與他們在第一個 30 年中設計微處理器時不同的方法。

仔細深思 雖然互補金氧半導體中的主要功耗來源是動態功耗,靜態功耗也因漏電流甚至在電晶體處於關閉的狀態下仍然流動而發生。在伺服器中,漏電流造成的靜態能源損耗一般會佔了能源消耗裡的 40%。因此,增加電晶體數目時即使這些電晶體一直處於關閉狀態,也會增加功耗。各種設計技術及製程創意已被應用於控制漏電,但是要更進一步降低電壓已經極為困難。

仔細深思 兩個理由使功耗成為積體電路設計的難題。第一,功耗必須由外部引入且分送至晶片各處;新近的微處理器光為了電壓及地線就用了數百個接腳!同樣的理由,只為了分送電壓和地線到晶片上各處就用了晶片上好幾層的聯線。第二,功耗以熱的形式消散然後必須被移除。幾個晶片就可消耗 100 瓦以上;將晶片和周遭的系統冷卻是庫房規模計算機的一項主要花費 (參見第 6 章)。

1.8 巨變:由單處理器轉移至多處理器

「截至今日,大部分軟體都像是寫給獨唱者的音樂;由於這一代的晶片,我們正得到一些二重唱、四重唱以及小型合唱的經驗;但是為交響樂團或合唱團譜曲是一種不同的挑戰。」

Brian Hayes,在平行的宇宙中計算 (*Computing in a Parallel Universe*),2007

功耗限制導致微處理器設計上的巨大變化。圖 1.17 顯示桌上型微處理器在程式反應時間上隨著年代的改善。2002 年起,改善速率由每年 1.5 倍減緩至每年低於 1.03 倍。

有別於繼續在單一處理器上降低其執行單一程式的反應時間,2006 年時所有桌上型及伺服器公司都推出每一晶片具有多個處理器的微處理器,其所帶來在處理量上的好處更甚於反應時間。為減少處理器與微處理器兩者的混淆,該等公司稱處理器為內核,而這種微處理器一般稱之為多核微處理器。因此,一個「四核」微處理器是一個包含四個處理器或四個內核的晶片。

過去,程式師不需要更改程式碼即可依賴硬體、架構及編譯器的創新而在 18 個月中倍增其程式的效能。今天,程式師如欲獲致重大的時間改善,則需要重新編程以善用多個處理器。此外,為獲得如同過去在新的微處理器上可以跑得更快的好處,程式師在內核的數目倍增後將必須持續改進其程式碼的效能。

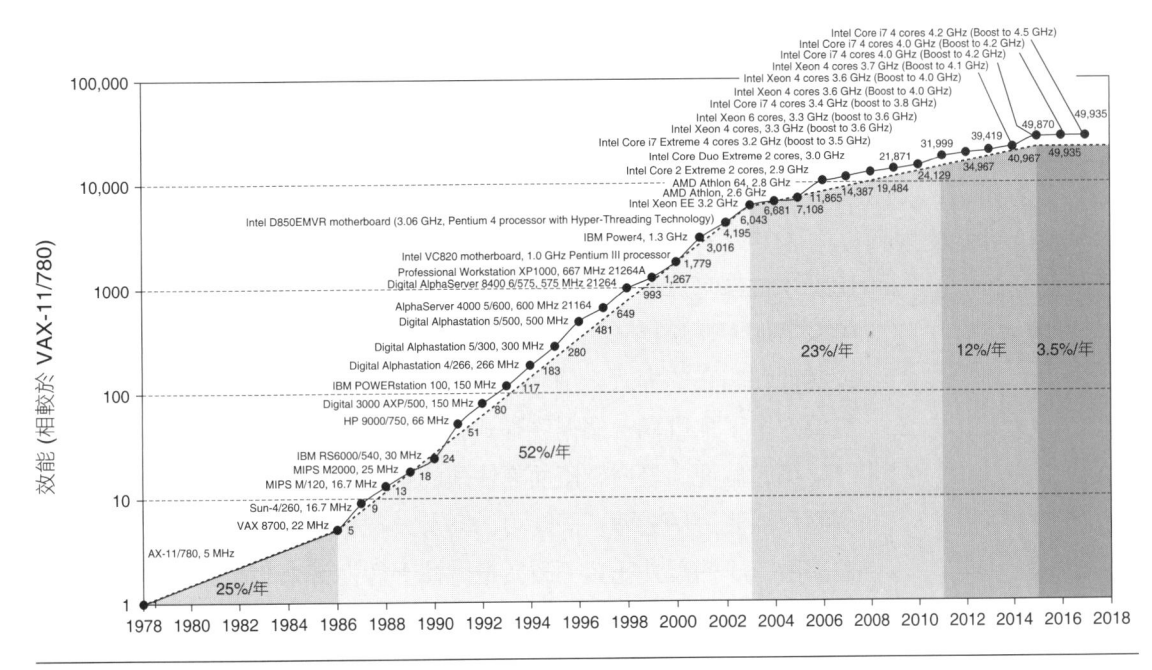

圖 1.17 自 1980 年代中期以來的處理器效能增進情形。

這個表描繪出以 SPECint 測試程式 (參見 1.11 節) 測得的相對於 VAX 11/780 的效能。在 1980 年代中期以前，處理器效能增進的動力主要是來自半導體技術，並且平均每年提升約 25%。之後增進的速度提高到大約 52% 則是受惠於更為進步的架構與組織的觀念。這個自 1980 年代中期以來更高的 52% 效能增速表示：較之如果維持在每年 25% 的效能增速的話，到了 2002 年效能又多高出了七倍。自從 2002 年以來，功耗造成的各種限制、可用的指令階層平行度，以及相對很長的記憶體延遲減緩了週來的單一處理器效能增速，到了約略每年只有 3.5% 的增速 (摘自 Hennessy JL, Patterson DA, *Computer Architecture: A Quantitative Approach*, ed 6, Waltham, MA: Elsevier, 2017)。

為了強調軟體與硬體系統如何攜手合作，我們在整本書中用了一個特別的小節：硬體／軟體介面，其中第一個即如下述。這些要素概述在這個關鍵介面的重要深意。

平行性

硬體／軟體介面

平行處理的機制對計算的效能一直都極為關鍵，但是卻不容易被察覺和利用到。第 4 章將說明管道化處理，那是一種經由重疊指令的執行以求更快速執行程式的優雅技術。這是指令階層平行性 (*instruction-level parallelism*) 的一例，其硬體的平行本質可透過抽象化的方法把它隱藏起來，於是程式師和編譯器可以把硬體視作是在循序地執行指令，簡化使用這種硬體的方法。

要求程式師須瞭解平行硬體的構造並且明確地重寫其程式成平行執行的模式這件事，在過去就曾經被證明不是恰當的計算機架構

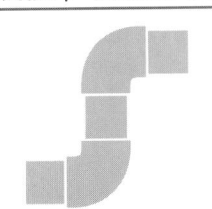

管道化處理

方法，因為過去倚賴這種行為上的改變的公司都失敗了 (參見 ◉ 6.16 節)。基於這個歷史觀點，現在整個資訊技術 (IT) 工業將其未來賭注在程式師終將轉為撰寫明確的平行程式的作法實在令人驚訝。

為什麼對程式設計師而言撰寫明確的平行程式這麼難？第一個理由是平行程式撰寫當然就是追求效能的程式寫作，本來就會造成其困難度增加。這類程式不僅需要正確、解決一個重要問題、及提供人類或其他呼叫它的程式一個有用的介面，還需要快速。否則，如果你不需要效率，那就寫一個循序程式就好了。

第二個理由是對硬體而言快速的意義是：程式設計師必須分割一個應用以使每個處理器同時可以擁有大約相同的工作量，以及排程和協調所造成的額外花費不致於抵銷掉平行性帶來的潛在效能好處。

舉一個類似的例子，假設有一新聞故事寫作的工作。八位記者投入這件工作可能使得寫作變成八倍快。欲達成這種加速，我們需要分配該工作以使各記者同時都有工作可做。如果任何事情不順遂，只要有一個記者花費較其他七人為多的時間，八個人合作的好處就會降低。因此，我們需要均勻地平衡負載 (*balance the load*) 以獲致所欲的加速。另一個影響來自於記者們可能需要花費很多時間彼此交換意見後才能寫作各自的部分。你也可能因其他部分未完成而無法寫作文章中的某部分，譬如說結論。因此，一定要注意如何降低通訊 (*communication*) 與同步 (*synchronization*) 的額外花費 (*overhead*)。對這個例子以及平行程式寫作而言，其挑戰包括排程、平衡負載、同步的時間，以及各部分間通訊的額外花費。你應能想像，當寫作新聞故事的記者更多、或是平行程式使用的處理器更多時，挑戰將更為嚴峻。

為了反映這個工業的巨變，本書這一版的以下五章均包含了一個有關平行革命對於該章涵意的小節：

- 第 2 章，2.11 節：平行性與指令：同步。通常獨立的平行工作不時需要彼此協調，譬如告知彼此何時已完成工作。本章說明用於多核處理器以同步各工作的一些指令。

- 第 3 章，3.6 節：平行性與計算機算術：部分字 (*subword*，如半個或 1/4 個字長度的數字) 的平行性。也許最簡單的實現平行性的形

式就是像兩個向量相乘中，將各部分平行 (同時) 作計算。部分字平行性的達成需要依賴一些能同時對多個運算元作運算的更寬的算術單元 (譯註：以對一筆寬大的數據將其切分成多個獨立的部分字運算元來同時處理)。

- 第 4 章，4.11 節：經由指令的平行性。由於撰寫明確平行程式的困難，1990 年代有大量的研發投入如何設計能發掘既有但不需經由程式明確指出的平行性的硬體與編譯器，最早的成果就是**管道化 (pipelining)** 的處理技術。本章說明一些這類的積極做法，包括同時擷取和執行多道指令、猜測判斷的結果，以及投機地根據**預測 (prediction)** 即繼續執行指令。

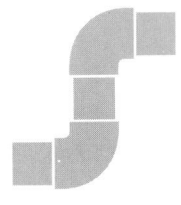

管道化處理

- 第 5 章，5.10 節：平行性與記憶體階層 (*memory hierarchy*)：快取一致性。降低通訊成本的一個方法是強制所有處理器都使用相同的定址空間，如此則所有處理器都可以讀或寫任何一筆資料。由於目前所有的處理器都會使用快取來將資料的臨時複本存放在靠近處理器的快速記憶體中，不難想像如果每一個處理器身邊的快取對共用的資料竟然都可能有不同的內容時，則平行程式的編程將更為困難。本章說明在所有快取中將資料保持一致的各種機制。

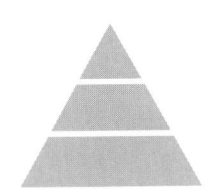

預測

- 第 5 章，5.11 節：平行性與記憶體階層：冗餘廉價磁碟陣列。本節說明如何使用許多磁碟來共同提供相對極高的處理量，而這也是**冗餘廉價磁碟陣列 (*Redundant Arrays of Inexpensive Disks*, RAID)** 當初的發想。真正使 RAID 普及的原因是納入適當數量冗餘磁碟所能帶來的高很多的可靠度。本節說明不同 RAID 層次在效能、成本以及可靠度上的差異。

階層

除了這些章節，另有一整章討論平行處理。第 6 章深入討論平行程式的挑戰；介紹共用位址 (shared addressing) 及明確訊息傳遞 (explicit message passing) 這兩種不同的通訊方法；描述一個較易於寫作程式的侷限的平行性模型；討論以標竿程式測試平行處理器的困難；介紹一個多核微處理器的新的簡易效能模型，以及最後使用這個模型來描述及評估四個多核微處理器的實例。

平行性

　　如上所述，第 3 至 6 章透過矩陣向量相乘的實例來說明各種類型的平行性如何可以大大提升效能。

　　🌐 **附錄 C** 敘述圖形處理器 (*graphic processing unit*, GPU)，一個逐

漸廣為使用於桌上型計算機的元件。雖然當初是被發明來加速圖形處理的，GPUs 目前也逐漸地因為它的特性成了一般編程的平台。經過之前的閱讀後，你應可猜想 GPU 的效能有賴高度的**平行度**。

🌐 **附錄** C 說明 NVIDIA 的圖形處理器並強調其中平行編程環境相關的部分。

1.9 實例：測試 Intel Core i7

> 我認為[計算機]將是一個普遍可用的觀念，就像是書本一詞一樣。但是我沒想到它會發展得那麼快，因為我沒能預見我們已能把這麼多零件放在一個晶片上。電晶體也意外地出現。這些都遠比我們預期的發生得更快。
>
> J. Presper Eckert, ENIAC 計算機共同發明人，於 1991 年的談話。

每章均有一個名稱是「實例」，用以連結書中的觀念以及你每日所使用的計算機的小節。這些小節述及現代計算機所使用的技術。在這第一個「實例」小節中，我們說明積體電路是如何製造的，以及效能和功耗是如何測量的，所使用的例子是 Intel Core i7。

SPEC CPU 測試程式

一個一天到晚都在跑同樣一組程式的人會是評估一台新計算機的最佳人選。一組被執行的程式即可形成一個**工作負載** (workload)。評估兩台計算機系統時，使用者僅需比較該工作負載在這兩台計算機上的執行時間。然而，這個情境並不適用於大多數使用者。他們必須依賴其他方法來測量受測計算機的效能，並期待該方法足以反映某一計算機對他們的工作負載表現有多好。這個替代方法通常是以一組**測試程式** (benchmarks)——特別挑選來量測效能的程式——來評量計算機。測試程式集組成一個使用者希望足以預測真實工作負載效能表現的工作負載。如我們之前提過的，如果要**使經常的情形變快**，你首先必須準確知道什麼是經常的情形，因此測試程式在計算機架構中扮演相當關鍵的角色。

工作負載
計算機上所執行的一組程式，其可能是使用者執行的真實應用程式的集合，或是由真實程式重新建構來類擬其組成。典型工作負載同時會指出程式有哪些，以及各別的使用頻率。

測試程式
一個被選用來比較計算機效能的程式。

使經常的情形變快

SPEC (系統效能評估合作組織；*System Performance Evaluation Cooperative*) 是許多計算機業者為了建立現代計算機系統各種標準測試程式集而建立及支持的組織。1989 年 SPEC 初次提出針對處理器效能的測試程式集 (稱為 SPEC89)，至今並已經過了五個世代的演進。最新的一代稱為 SPEC CPU 2017，其包含了一組 10 個的整數測試程式 (SPECspeed 2017 Integer) 以及 13 個的浮點測試程式 (SPECspeed 2017 Floating Point)。整數測試程式中涵蓋了部分的 C 語言編譯器、棋賽程式，以及量子計算機模擬等等。浮點測試程式包括有限元素建

說明	名稱	指令數 ×10^9	每指令時脈週期數	時脈週期時間 (秒×10^{-9})	執行時間 (秒)	參考時間 (秒)	SPEC 比值
Perl 解譯器	perlbench	2684	0.42	0.556	627	1774	2.83
GNU C 編譯器	gcc	2322	0.67	0.556	863	3976	4.61
組合式最佳化	mcf	1786	1.22	0.556	1215	4721	3.89
離散事件模擬程式庫	omnetpp	1107	0.82	0.556	507	1630	3.21
XML 經由 XSLT 至 HTML 的轉換	xalancbmk	1314	0.75	0.556	549	1417	2.58
視訊壓縮	x264	4488	0.32	0.556	813	1763	2.17
人工智慧：alpha-beta 樹搜尋 (棋局 Chess)	deepsjeng	2216	0.57	0.556	698	1432	2.05
人工智慧：蒙地卡羅樹搜尋 (Go)	leela	2236	0.79	0.556	987	1703	1.73
人工智慧：遞迴式解答產生器 (Sudoku)	exchange2	6683	0.46	0.556	1718	2939	1.71
一般性數據壓縮	xz	8533	1.32	0.556	6290	6182	0.98
幾何平均							2.36

圖 1.18　SPECspeed 2017 測試程式執行於 1.8 GHz 的 Intel Xeon E5-2650L 上。 如同第 35 頁中的式子所表達的，執行時間是這個表中的三個因素：以 billions 計算的指令數量、每指令所需時脈數 (CPI)，以及以 nanoseconds 計算的時脈週期時間，的乘積。SPEC 比值不過是一個由 SPEC 提供的參考時間值除以測得的執行時間來得到的。說明為 SPECspeed 2017 Integer [譯註：指的應是「幾何平均 (Geometric mean)」] 的那個數字是各 SPEC 比值的幾何平均值。SPECspeed 2017 中的 perlbench、gcc、x264 與 xz 具有多個輸入檔案。在本圖中，這些程式的執行時間與總時脈週期數是對所有輸入檔案執行後加的結果。

模的結構性格狀碼、分子動力學的粒子方法碼，以及流體力學的稀疏線性代數碼等等。

圖 1.18 說明 SPEC 整數測試程式以及它們在 Intel Core i7 上的執行時間，並列出與執行時間有關的各個因素：指令數、每指令週期數，及時脈週期時間。注意每指令週期數的差異可高達 4 倍以上。

為了簡化計算機的市場宣傳，SPEC 決定以一個數字來歸納 10 個整數測試程式的表現。首先將各執行時間正規化 (normalize)，其方法是將一個對照用的處理器的執行時間除以受測機的執行時間；正規化的結果產出一個稱為 *SPEC 比值 (SPECratio)* 的比值，其便利處在於較大的比值即表示較佳的效能。也就是，SPECratio 是執行時間比的倒數。而 SPECspeed 2017 的一個整體量測則是經由計算各 SPECratios 的幾何平均 (geometric mean) 而得。

仔細深思　以 SPECratios 來評比二計算機時，使用幾何平均則不論所採用以計算 SPECratios 的參考計算機為何均不會影響結果。但如果我

們改以算術平均 (arithmetic mean) 來平均正規化後的各執行時間，則結果將因所採用的參考計算機不同而異。

幾何平均的公式是：

$$\sqrt[n]{\prod_{i=1}^{n} 執行時間比_i}$$

其中執行時間比$_i$是在總程式數為 n 的工作負載中，第 i 個程式的相對於參考計算機的正規化後的執行時間，而 $\prod_{i=1}^{n} a_i$ 意為 $a_1 \times a_2 \times \cdots \times a_n$。

SPEC 功耗測試程式

由於能耗與功耗日受重視，SPEC 提出了一套測試功耗的程式。它測出伺服器在一段時間裡以 10% 為區間的負載情況下的功耗。圖 1.19 顯示一個使用 Intel Nehalem 處理器的伺服器在類似上述情況下所得的結果。

SPECpower 的發展與 SPEC 對 Java 商業應用的測試程式 SPECJBB2005 同時開始，該測試程式集測試處理器、快取記憶體、主記憶體以及 Java 虛擬機器、編譯器、垃圾收集器 (garbage collector) 以及作業系統的一些部分。效能是以處理量來量測，所採單位是每秒多少個商業運算。再次地，為了簡化計算機的市場宣傳，SPEC 將這

目標負載 %	效能 (ssj_ops)	平均電耗 (watts)
100%	4,864,136	347
90%	4,389,196	312
80%	3,905,724	278
70%	3,418,737	241
60%	2,925,811	212
50%	2,439,017	183
40%	1,951,394	160
30%	1,461,411	141
20%	974,045	128
10%	485,973	115
0%	0	48
總和	26,815,444	2,165
∑ssj_ 運算數 /∑功耗 =		12,385

圖 1.19 SPECpower_ssj2008 執行於具有 **192 GiB DRAM** 與一個 **80 GB SSD** 硬碟的雙插座 **2.2 GHz Intel Xeon Platinum 8276L** 的效能與平均功耗。

些數字整理成一個單一數字,稱為「整體每瓦 ssj_ 運算數」(overall ssj_ops per watt)。這個單一的整體性量度的公式是:

$$\text{整體每瓦 ssj\_運算數} = \left(\sum_{i=0}^{10} \text{ssj\_運算數}_i\right) \bigg/ \left(\sum_{i=0}^{10} \text{功耗}_i\right)$$

其中 ssj_ 運算數$_i$ 是每增加 10% 負載時的效能,而 power$_i$ 是各相對效能等級所耗的功。

1.10 執行得更快:以 Python 撰寫的矩陣乘法

為了說明本書中各理念的重要意義,每一章中都有一個對將兩個矩陣相乘的程式,進一步改進得更快的「執行得更快」的小節。我們由以下的 Python 程式開始:

```
for i in xrange(n):
    for j in xrange(n):
        for k in xrange(n):
            C[i][j] += A[i][k] * B[k][j]
```

我們使用的是具有兩顆 Intel Skylake Xeon 晶片、每晶片內有 24 個處理器或稱核、執行 Python 3.1 版的 Google Cloud Engine 內的 n1-standard-96 伺服器。如果矩陣大小是 960×960,使用 Python 2.7 來執行需時約為 5 分鐘。由於浮點計算的工作量以矩陣大小的三次方增加,如果矩陣大小是 4096×4096 時將會需時六個小時來執行。雖然很快就可以把 Python 的矩陣乘法程式寫完,但是誰會願意等那麼久來得到解答?

在第 2 章中,我們會把矩陣乘法的 Python 版本改成能夠將效能提升 200 倍的 C 的版本。在 C 語言編程的概念中,其與硬體的相關性遠較 Python 為高,這就是本書於編程範例中採用 C 語言的原因。光是降低語言概念與硬體間的隔閡這一點就能夠使 C 程式執行得比 Python 更快 [Leiserson, 2020]。

- 在數據階層平行性這個類別項下,於第 3 章中,我們使用 C 本身具備的功能來發揮部分字平行性以增加約 8 倍的效能。
- 在指令階層平行性這個類別項下,於第 4 章中,我們透過迴圈展開來利用多指令派發與亂序執行的硬體,以再將效能提升約略 2 倍。

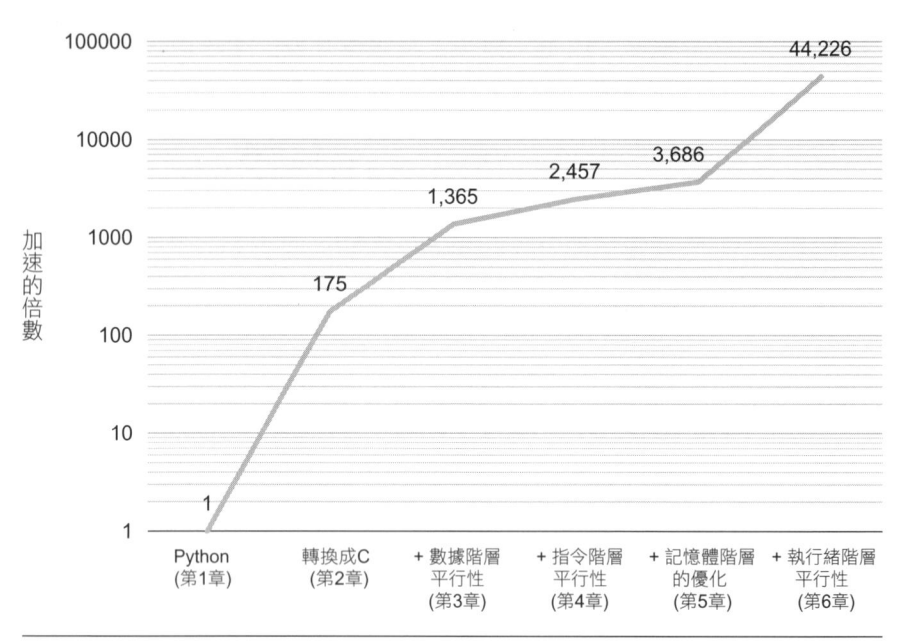

[圖表：加速的倍數（對數尺度）對應各章優化階段 — Python(第1章): 1；轉換成C(第2章): 175；+ 數據階層平行性(第3章): 1,365；+ 指令階層平行性(第4章): 2,457；+ 記憶體階層的優化(第5章): 3,686；+ 執行緒階層平行性(第6章): 44,226]

圖 1.20 本書中在接下來的五章中對 Python 矩陣乘法程式進行各項優化。

- 在記憶體階層優化這個類別項下，於第 5 章中，我們以快取劃分區塊的方式，來再將處理大型矩陣時的效能提升約略 1.5 倍。
- 在執行緒階層平行性這個類別項下，於第 6 章中，我們透過 OpenMP 中對迴圈的平行化能力來利用多核的硬體，以再次提高效能 12~17 倍。

　　最後的四個優化方法用上了對所使用的新形態的微處理器硬體真正運作情形的瞭解，而且一共只需要增加 21 行的 C 程式碼。圖 1.20 顯示對數尺度的相較於原來 Python 程式的將近 50,000 倍的加速情形。如此則只需不到一秒鐘，不再需要等待幾乎 6 個小時！

仔細深思 要加速 Python 程式時，程式師一般會呼叫經過高度優化的函式庫中的函式，而不是自己進行編碼。因為我們的目的是要說明 Python 本身的執行速度來與 C 語言做比較，所以我們檢視了 Python 本身矩陣乘法的速度。但是如果我們使用了 NumPy 函式庫，960×960 的矩陣乘法會在 1 秒鐘之內完成，而不是 5 分鐘。

1.11 謬誤與陷阱

在每章中均能找到的謬誤與陷阱這個小節的目的，是為了闡明一些你可能遇到的普遍的錯誤認知。我們稱這些誤信為謬誤 (fallacies)。當討論謬誤時，我們嘗試提出一個反例。我們也談論陷阱 (pitfalls)，即易犯的錯誤。陷阱常來自於將僅在限定的環境下成立的原則作過度的延伸。這些小節的目的即是幫助你在設計或使用計算機時避免這些錯誤。成本／效能相關的謬誤或陷阱曾經絆倒過很多計算機架構師，包括我們。因此，本小節不乏相關例證。我們首先提出一個陷溺了許多設計者的陷阱，並指出一個計算機設計中重要的關聯性。

科學必然始於想像 (myths) 以及對想像的評論。
Sir Karl Popper，科學的哲學，1957

陷阱：期望計算機某一方面的改善可以提升整體效能到等同於該改善的幅度。

使經常的情形變快這個大理念有一個讓硬體和軟體設計者都苦惱且令人洩氣的推論。它提醒我們改善的機會受該情形佔執行時間的多少影響。

使經常的情形變快

一個簡單的設計問題即可清楚說明它：設某程式在一計算機上執行需時 100 秒，且乘法運算耗用了其中的 80 秒。請問該如何改善乘法的速度以使該程式跑得 5 倍快？

改善後的程式執行時間可用下列稱為**安朵定律** (Amdahl's Law) 的簡單公式得知：

Amdahl's 定律
一個說明某一已知改善所可能帶來的效能提升將受限於該改善方法應用的範圍的定律。其為回較遞減定律的計量化版本。

$$\text{改善後的執行時間} = \frac{\text{受改善影響的執行時間}}{\text{改善的幅度}} + \text{不受影響的執行時間}$$

就本題而言：

$$\text{改善的執行時間} = \frac{80\ \text{秒}}{n} + (100 - 80)\ \text{秒}$$

由於我們希望效能成為 5 倍快，新的執行時間應為 20 秒，表示：

$$20\ \text{秒} = \frac{80\ \text{秒}}{n} + 20\ \text{秒}$$

$$0\ \text{秒} = \frac{80\ \text{秒}}{n}$$

亦即，如果乘法只佔了工作負擔的 80%，我們**無法**經由改善乘法以取得 5 倍的效能提升。某一特定改善所可能帶來的效能提升將受限於該改善方法應用的範圍。這個觀念也導致了我們日常生活中所稱的回報遞減定律 (the law of diminishing returns)。

當我們知道某功能所耗時間及其可能的加速，我們可以用 Amdahl 定律來估計效能改善。Amdahl 定律與中央處理機效能計算式二者是評估各種可能改善方法的便利工具。在習題中，我們會更進一步探討 Amdahl 定律。

Amdahl 定律也被用來辯證平行處理器數目的務實上限。我們檢視第 6 章中「謬誤與陷阱」的這個論點。

謬誤：低利用率的計算機幾乎不耗電。

由於伺服器的工作負載經常變動，其在低利用率時的功耗效率關係重大。例如 Google 伺服器的 CPU 的利用率大多介於 10% 至 50% 間且僅有 1% 的使用時間能達到 100%。即使有了五年時間來學習如何將 SPECpower 測試程式執行得更好，時至 2020 年經過特殊建構的計算機的最好結果在負載為 10% 時仍會使用到 33% 的峰值能耗，與 2012 年當時的結果相同。其他運作中的並沒有對 SPECpower 測試程式作調校的系統一定表現得更糟。

由於伺服器的負載經常變動但總是耗用峰值負載的相當比例，Luiz Barroso 及 Urs Hölzle [2007] 宣稱我們應重新設計硬體以達「與能量成比例的計算」。如果未來的伺服器在工作負載為 10% 時使用了譬如說 10% 的峰值功耗，我們即可降低資料中心的電費並且在日益重視二氧化碳排放量的時代成為一個好企業公民。

謬誤：為了效能而設計以及為了能量效益而設計是不相關的目標。

由於能源消耗是功率消耗乘以時間，往往對一些硬體或者軟體優化的方式而言，即便是這個優化方式在執行時使用了多一點的能源，不過他節省了一些時間因此也節省了整體的能源消耗。其中一個原因是：當優化的程式正在執行時，計算機中的所有其他部分仍然在消耗能源；所以就算是優化的部分用了比原來更多的能源，減少了的時間還是足以降低整體系統的能源消耗。

陷阱：使用效能計算式的一部分作為效能衡量標準。

我們已經說明過僅以時脈速率、指令數或 CPI 三者之一來預測效能的謬誤。另一種常見錯誤是僅以三者中之二來比較效能。雖然使用三者中之二在限定的環境中可能有效，這個觀念卻容易被誤用。的確，幾乎所有以其他參數取代時間來作為效能衡量標準的建議最終都導致誤導的推斷、扭曲的結果、或是錯誤的解釋。

一個時間的替代參數是 MIPS (**百萬指令每秒**，million instructions per second)。對特定程式而言，其 MIPS 即為

$$\text{MIPS} = \frac{\text{指令數}}{\text{執行時間} \times 10^6}$$

MIPS (百萬指令每秒) 一個基於百萬指令的數量的程式執行速度量測結果。MIPS 是以指令數除以執行時間與 10^6 的積求得。

由於 MIPS 是指令執行速率，其以執行時間相反的方式來表示效能；較快的計算機會有較高的 MIPS 值。MIPS 的好處是其易懂，較快的計算機有較大的 MIPS，符合直覺。

不過使用 MIPS 作為比較計算機的量測參數有三個問題。第一，MIPS 說明指令執行速率然而未考慮指令的能力。由於不同指令集的執行指令數當然不同，我們無法使用 MIPS 來比較該等計算機。第二，即使在同一計算機上，MIPS 也隨程式而異；因此，無法給計算機一個明確的 MIPS 值。舉例而言，上式中代入執行時間計算式後，可得 MIPS、時脈速率及 CPI 的關係式：

$$\text{MIPS} = \frac{\text{指令數}}{\frac{\text{指令數} \times \text{CPI}}{\text{時脈速率}} \times 10^6} = \frac{\text{時脈速率}}{\text{CPI} \times 10^6}$$

由圖 1.18 可看出 SPECspeed 2017 整數在以 Intel Xeon 作處理器的計算機上其 CPI 值的變異高達 4 倍，因此 MIPS 值的差異度也是如此。最後，也是最重要的一點是，如果對某件工作一個不同的程式執行更多的指令然而這些指令也都更快，MIPS 值與效能之間是未必有關聯性的！

考慮下列某程式的效能測量結果：

測量值	計算機 A	計算機 B
指令數	10B (billion)	8B
時脈速率	4 GHz	4 GHz
CPI	1.0	1.1

自我檢查

a. 哪一台計算機的 MIPS 值較高？

b. 哪一台計算機較快？

1.12 總結評論

在……ENIAC 中配置了 18,000 個真空管且重達 30 噸，未來的計算機可能僅有 1,000 個真空管及 1.5 噸重。

Popular Mechanics，1949 年 3 月

抽象化

雖然準確預測未來計算機將具有何等成本／效能比值並不容易，但它們一定會比今日更好。想要參與這些進步的計算機設計者與程式師一定要對廣泛的不同議題有所瞭解。

硬體與軟體的設計者都以階層式的方法建構計算機系統，階層中每一個較低的層級為其上的層級隱藏掉各種細節。這個**抽象方法**的原則是瞭解今日計算機系統的基礎，但這也不表示設計者可以只瞭解其中一種抽象層次而滿足。最重要的一個抽象方法的例證也許就是硬體與低階軟體間稱為**指令集架構** (*instruction set architecture*) 的介面。維持指令集恆常不變可允許許多該架構的實現方式──假設在不同的成本及效能下──以執行相同的軟體。負面的則是，該架構可能因而妨礙需要對這個介面做改變的新創意。

有一種使用真實程式執行時間作為衡量標準的判斷以及表示效能的可靠方法。這個執行時間可經由其他我們可以測得的重要數據表示：

$$\frac{秒}{程式} = \frac{指令數}{程式} \times \frac{時脈數}{指令} \times \frac{秒}{時脈週期}$$

我們將經常使用本公式以及其所含因素。但是，切記，這些因素個別無法決定效能：唯獨其乘積，亦即執行時間，才是可靠的效能量度。

大印象　　　　　　　　　　　　　　　　　　The BIG picture

執行時間是唯一有效且無可懷疑的效能量度。許多其他衡量標準被提出卻發現有所不足。有時這些標準因不能反映執行時間而自始即有缺憾；其他則因只在有限的環境下有效，卻被延伸至允許的環境外引用，或者缺乏附加的其可以有效的條件的說明。

現代處理器的關鍵硬體技術是矽技術。與瞭解積體電路技術同

樣重要的是瞭解該技術預期的改變速度。在矽技術推動硬體快速進步的同時，計算機組織的新方法也改善了成本／效能比。這類關鍵想法中的兩個，分別是開發程式中的平行性、目前一般是以使用多個處理器來達成，以及開發對**記憶體階層**存取的區域性、一般則是以透過使用快取記憶體來實現。

能源效率已取代晶片面積成為微處理器設計最關鍵的資源。節省用電並且同時努力提升效能已驅使硬體工業走向多核微處理器設計，也因此驅使軟體工業走向平行硬體上面的程式寫作。發揮**平行性**已成為追求效能時必要的做法。

計算機設計一直以來都受到成本、效能，以及其他重要因素如功耗、可靠度、擁有成本及可縮放性等的評價。雖然本章專注在成本、效能及功耗，一個最好的設計當會就市場需求顧及所有因素的恰當平衡。

本書鋪陳說明

在各種抽象概念的最下層是一個計算機的五個標準組件：數據通道、控制、記憶體、輸入與輸出 (參見圖 1.5)。這五個組件也勾勒出本書往後各章的結構：

- 數據通道：第 3 章、第 4 章、第 6 章以及 ⊕**附錄** C
- 控　制：第 4 章、第 6 章以及 ⊕**附錄** C
- 記憶體：第 5 章
- 輸　入：第 5 及 6 章
- 輸　出：第 5 及 6 章

如上所述，第 4 章說明處理器如何開發隱含的平行性。第 6 章說明平行化革命的中心所在的、明確的平行多核微處理器；⊕**附錄** C 描述具高度平行性的圖學處理器晶片。第 5 章描述記憶體階層如何開發區域性。第 2 章描述指令集──編譯器與計算機間的介面──並強調在使用指令集的特性時編譯器與程式語言所扮演的角色。附錄 A 提供了第 2 章的指令集的參考資料。第 3 章說明計算機如何處理算術數據。附錄 B 介紹邏輯設計。

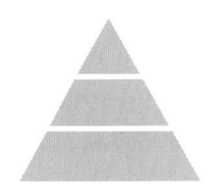

> 一個活躍的科學領域如同一個具大的蟻丘；在大量翻滾沖激、資訊以光速到處遞送傳播的非常多思維與觀念中，個人幾乎都被湮滅不見。
>
> Lewis Thomas，「自然科學」，細胞的生命，1974

1.13 歷史觀點與進一步閱讀

本書文中每一章均可在一個線上的網站中找到一專注於歷史觀點的小節。我們可追溯一個想法如何經過一系列的計算機的實證而發展，或描述一些重要的計畫案，我們並為可能有興趣深入探究的讀者提供參考資料。

本章的歷史觀點中有這開始的一章中提到的各項關鍵概念的背景說明。其目的是述說技術進展的背後相關人物的故事，並在他們的歷史環境中定位他們的成就。經由對歷史的瞭解，你應該可以更深切瞭解塑造未來計算的動力。每個線上的歷史觀點 (Historical Perspective) 節都會以進一步閱讀的一些建議——這些進一步閱讀的文獻也是在「**進一步閱讀**」(Further Reading) 節中經由線上個別收集而來的——作結束。🌐1.13 節的其餘內容請見線上的資訊。

1.14 自我學習

從第六版開始，我們會在每一章中加入一個新的節，其中會包含幾個希望能激發思考的練習題並附上瞭解答，以幫助讀者檢視他們是否瞭解這部分的教材。

將架構設計中的大理念應用到實際製作中。指出計算機架構中七大理念與實際世界中例證的最吻合的配對：

1. 清潔衣物中在烘乾一批衣物的同時進行下一批衣物的清洗。
2. 為了預防弄丟鑰匙而藏起一把備用的在某處。
3. 在冬天決定了一條長程開車旅行路線時查看經過地點的天氣預報。
4. 在賣場中設置的購買 10 個品項以內可使用的快速結賬通道。
5. 大城市圖書館系統下的地區分館。
6. 所有四個輪子都有電動馬達驅動的車輛。
7. 需要額外購買自動停駐與導航選項的可選配自動駕駛車輛。

如何去測量怎樣是最快？思考有三個能執行相同指令集的不同處理器 P1、P2 與 P3 (譯註：表示能夠執行的機器語言程式都相同，而且這裡應該是假設比較是在執行完全相同的特定程式下進行)。P1 具

有 0.33 ns 的時脈週期時間以及 CPI 是 1.5；P2 具有 0.40 ns 的時脈週期時間以及 CPI 是 1.0；P3 具有 0.25 ns 的時脈週期時間以及 CPI 是 2.2。

1. 哪一個的時脈速率最快？是多快？
2. 哪一個計算機最快？如果答案與上一題中的不同，說明其原因。又，哪一個最慢？
3. 第 1、2 題的答案如何反映出測試程式的重要性？

安朵定律 (Amdahl's Law) 和兄弟間的一件事。安朵定律基本上是一個說明效果會減弱的定律，可應用於一般的投資或是計算機架構中。以下是一個有助說明這個定律的例子——你的兄弟參與了一個新創公司並且試圖要你將一些積蓄投資進來，因為，他聲稱，「這是一件有把握的事！」

1. 你決定投資你的積蓄的 10%。如果要將你的積蓄變成現在的兩倍，假設這是你做的唯一一項投資，這項新創公司的投資需要達到幾倍的回報？
2. 假設這項新創公司投資的結果獲得了你在 1. 中算出的回報率，那如果要獲得該等回報率的 90%，你應該投入積蓄的多少？
3. 這樣的結果如何與安朵對計算機的觀察相關？它對這件兄弟投資的事又是怎麼說的？

DRAM 的價格與成本。圖 1.21 畫出了從 1975 到 2020 年的 DRAM 晶片價格，以及圖 1.11 畫出了同時期間的晶片容量變化。內容顯示了容量上 1,000,000 倍的增長 (從 16 Kbit 到 16 Gbit) 以及每十億位元組 (gigabyte) 價格上 25,000,000 分之一的下降(從 $1 億元到 $4 元)。注意每 GiB 的價格會隨不同時間震盪，而單一晶片容量的增加曲線則是穩定向上。

1. 你可以從圖 1.21 中看出摩爾定律放緩的痕跡嗎？
2. 為什麼價格下降的程度可以是一個晶片中容量增加程度的 25 倍？還有什麼除了晶片容量增加以外的其他原因？
3. 你認為每十億位元組的單價不時在 3~5 年期間震盪的原因是什麼？它是否與第 28 頁上的晶片成本計算式或是其他市場上的影響相關？

不同時期的 DRAM 記憶體價格

圖 1.21　1975 至 2020 年間記憶體每十億位元組的價格。

(來源：https://jcmit.net/memoryprice.htm)

自我學習的解答

將架構設計中的大理念應用到實際製作中：

1. 經由管道處理提升效能
2. 經由冗餘提升可靠性 (雖然你可以說它使用的也是經由平行性提升效能)
3. 經由預測提升效能
4. 使經常的情形變快
5. 記憶體的階層
6. 經由平行性提升效能 (雖然你可以說它使用的也是經由冗餘提升可靠性)
7. 用抽象化來簡化設計

最快的計算機

1. 時脈速率是時脈週期時間的倒數。P1 = $1/(0.33 \times 10^{-9}$ seconds$)$ = 3 GHz；P2 = $1/(0.40 \times 10^{-9}$ seconds$)$ = 2.5 GHz；P3 = $1/(0.25 \times 10^{-9}$ seconds$)$ = 4 GHz。P3 具有最高的時脈速率。

2. 因為它們都具有相同的指令集架構，它們執行的程式都會有一樣的指令數量，所以我們可以將平均的每道指令週期數 (CPI) 乘以時脈

週期時間，也就是每道指令的平均耗時，來代表效能。

a. P1＝1.5×0.33 ns＝0.495 ns。

(你也可以用 CPI/ 時脈速率 計算平均的每首指令需時，也就是 1.5/3.0 GHz＝0.495 ns)

b. P2＝1.0×0.40 ns＝0.400 ns (或 1.0/2.5 GHz＝0.400 ns)

c. P3＝2.2×0.25 ns＝0.550 ns (或 1.0/4.0 GHz＝0.550 ns)

P2 是最快的以及 P3 是最慢的。P3 即便具有最快的時脈速率，它卻需要更多的時脈週期來執行，以致於失去了時脈速率較快帶來的優勢。

3. CPI 的計算是根據執行一些測試程式得來的。如果這些測試程式能代表真實的日常工作，以上的解答就是可靠的。若是測試程式並不實際，所得的結果也就不足信。像是時脈速率這種易於宣揚的事，其與真實效能間可能存在的鉅大差異，更說明了採用好的測試程式的重要性。

兄弟間的一件事和安朵定律

1. 投資上 11X 的回報來倍增你的積蓄：90 %×1＋10%×11＝2.0。

2. 你必須要投資你積蓄的 89% 才能獲取全部回報的的 90%。

    11X 的 90%＝9.9X 然後 11%×2＋89%×11＝9.9。

    你必須要投資你積蓄的 94.5% 才能獲取全部回報的的 95%。

    11X 的 95%＝10.45X 然後 5.5%×1＋94.5%×11＝10.45。

3. 就如同即使對成功新創公司的高回報，你積蓄中沒有投資的部分限縮了你投資所得到的回報，不論你對計算中的某一部分做了多大的加速，沒有被加速的其他部分會限縮了整體的加速效果。你投資的程度會受你對你兄弟判斷力的信賴度影響，尤其是所有新創公司中 90% 都不會成功的。

記憶體的價格與成本

1. 雖然價格會波動，2013 年起卻顯示出價格逐漸趨於穩定，這現象與摩爾定律的趨緩呼應。譬如 DRAM 的價格在 2013 和 2016 以及 2019 年都是 $4/GB。過去這麼長時間的價格持平未曾發生過。

2. 兩張圖中都沒有提到能夠解釋為什麼價格的改善能夠好於容量改善的原因：DRAM 晶片的銷量。典型的製造學習曲線顯示每增加 10 倍的產量就可以獲得譬如成本減半的結果。在這段長時間裡還有在

封裝晶片等方面的創新也能降低成本以及價格。
3. 因為已經有多家公司都能夠生產類似的 DRAM 晶片而使它成為一般性的商品，因此會因市場情況而有價格波動。需求高於供給時價格上升，反之價格下跌。這個產業曾有一些時期 DRAMS 的利潤很好，於是大家增加更多生產線，直到供過於求價格下挫，於是大家停止蓋生產線並減產。

1.15 習題

各習題相對需時的程度以方括號表示於每一題號之後。平均而言，一個程度為 [10] 的習題會需要花費程度為 [5] 者兩倍的時間。解題前應該讀的課文章節會以角括號表示；例如 <§1.4> 表示你應先讀完 1.4 節「機殼內部」，以幫助你求解該題。

1.1 [2] <§1.1> 列舉並說明有哪三種不同類型的計算機。

1.2 [5] <§1.2> 計算機架構的七大理念與其他領域的理念類似。將這七個計算機架構的理念：「用抽象化來簡化設計」、「使經常的情形變快」、「經由平行性提升效能」、「經由管道處理提升效能」、「經由預測提升效能」、「記憶體的階層」及「經由冗餘提升可靠性」與其他領域中的理念做匹配：

a. 汽車製造中的組裝線
b. 懸吊橋的纜繩
c. 考慮了風的因素的航空與航海導航系統
d. 建築物中的直達昇降機
e. 圖書館中預約借書的櫃檯
f. 增加 CMOS 電晶體的閘極面積以降低切換時間
g. 建造出其控制系統局部利用了原本車輛既有的例如偏離車道系統及智慧巡航控制系統等感測系統的自我駕駛車輛

1.3 [2] <§1.3> 說明將像是 C 的高階語言所寫的程式轉換為可直接被計算機的處理器執行的表示型式其所經過的步驟。

1.4 [2] <§1.4> 設有一以 8 位元表示每一像素的每一原色 (紅、綠、藍) 之彩色顯示器，且畫框大小為 1280×1024。

a. 用以儲存一個畫面的畫框緩衝器其以位元組表示的最小容量為何？

b. 以 100 Mbit/s 的網路傳送一個畫面所需的最少時間為何？

1.5 [4] <§1.6>　有三個不同的處理器 P1、P2 及 P3 可執行同樣的指令集。P1 的時脈速率是 3 GHz，CPI 是 1.5。P2 的時脈速率是 2.5 GHz，CPI 是 1.0。P3 的時脈速率是 4.0 GHz，CPI 是 2.2。

a. 以每秒指令數表示時，哪一個處理器有最高的效能？

b. 假設每個處理器都執行程式 10 秒鐘，試求每個處理器執行的週期數以及指令數。

c. 我們希望降低執行時間 30% 但是這會導致 CPI 上升 20%。應該用哪種時脈速率來達成這樣的時間縮減？

1.6 [5]　思考下列追蹤自 2010 年以來，英特爾桌上型處理器數項效能指標的表格如下：

桌上型處理器	年份	技術	最大時脈速率 (GHz)	整數的 IPC/核	核數量	最大的 DRAM 頻寬 (GB/s)	單精確度浮點效能 (Gflop/s)	L3 快取 (MiB)
Westmere i7-620	2010	32	3.33	4	2	17.1	107	4
Ivy Bridge i7-3770K	2013	22	3.90	6	4	25.6	250	8
Broadwell i7-6700K	2015	14	4.20	8	4	34.1	269	8
Kaby Lake i7-7700K	2017	14	4.50	8	4	38.4	288	8
Coffee Lake i7-9700K	2019	14	4.90	8	8	42.7	627	12
改善/年		_%	_%	_%	_%	_%	_%	_%
每若干年倍增		_years	_years	_years	_years	_years	_years	_years

「技術」欄位表示的是每一個處理器製程使用的最小特徵尺寸。假設晶粒的大小維持相對固定，同時構成每一個處理器的電晶體數量以 $(1/t)^2$ 的比例變化，其中 $t = $ 最小的特徵尺寸。

對每一項效能指標，計算從 2010 到 2019 年的平均改善速率，以及每一種指標在這種改善速率之下各需要多少年來將之加倍。

1.7 [20] <§1.6>　考慮同一指令集架構的兩種實作方式。指令根據它們的 CPIs 可被分成四類。P1 的時脈速率是 2.5 GHz 以及 CPIs 是 1、2、

3 和 3。P2 的時脈速率是 3 GHz 以及 CPIs 是 2、2、2 和 2。

若有一程式其動態指令數是 1.0E6 道指令，四類指令比重如下：10% 的 A 類、20% 的 B 類、50% 的 C 類以及 20% 的 D 類，則哪種實作方法較快？

a. 兩種實作方法的整體 CPI 各為何？

b. 試求兩種方法所需的時脈週期數各為若干。

1.8 [15] <§1.6>　編譯器對應用程式的效能可以有重大的影響。假設對一個程式而言，編譯器 A 造成的動態指令數是 1.0E9 並且有 1.1 s 的執行時間，而編譯器 B 造成的動態指令數是 1.2E9 並且有 1.5 s 的執行時間。

a. 若處理器的時脈週期時間是 1 ns，試求每一個程式的平均 CPI 各為若干。

b. 假設編譯後的程式執行於兩個不同的處理器上。若兩個處理器的執行時間相同，則執行編譯器 A 產出碼的處理器其時脈速度較執行編譯器 B 產出碼的處理器者快上若干？

c. 一個新的只使用了 6.0E8 道指令並且有平均 CPI 是 1.1 的編譯器做出來了。在原來的處理器上這個新編譯器相對於編譯器 A 和編譯器 B 的加速分別是多少？

1.9　Pentium 4 Prescott 處理器於 2004 年上市，其使用 3.6 GHz 的時脈速度以及 1.25 V 的供應電壓。假設其平均消耗 10 W 的靜態功率以及 90 W 的動態功率。

Core i5 Ivy Bridge 於 2012 年上市，其使用 3.4 GHz 的時脈速度以及 0.9 V 的供應電壓。假設其平均消耗 30 W 的靜態功率以及 40 W 的動態功率。

1.9.1 [5] <§1.7>　對每一個處理器試求其平均電容負載各為若干。

1.9.2 [5] <§1.7>　試分別求解對兩種技術，靜態功率佔總消耗功率的百分比以及靜態功率對動態功率的百分比各為若干。

1.9.3 [15] <§1.7>　若欲降低總功率 10%，則電壓應降低多少以維持同樣的漏電電流？注意：功率的定義是電壓乘以電流。

1.10　假設對算術、load/store 和分支指令，處理器的 CPI 分別是 1、12 和 5。又假設在單一處理器上程式需要執行 2.56E9 道算術指令、1.28E9 道 load/store 指令和 2 億 5 千 6 百萬道分支指令。假設每一個

處理器的時脈頻率是 2 GHz。

如果程式平行化後執行於多個核心上時，每個處理器上執行的算術及 load/store 指令數是原有該等指令數除以 $0.7 \times p$ (其中 p 是處理器的數量) 然而每個處理器上執行的分支指令數量維持不變。

1.10.1 [5] <§1.7>　試求該程式在 1、2、4 及 8 個處理器上的執行時間，並計算 2、4 及 8 個處理器的結果相對於一個處理器結果的加速為若干。

1.10.2 [10] <§§1.6, 1.8>　若算術指令的 CPI 加倍，則對該程式在 1、2、4 或 8 個處理器上執行時間的影響為何？

1.10.3 [10] <§§1.6, 1.8>　使用單一處理器時它的 load/store 指令的 CPI 應該要降低到什麼值，才能使它的效能和使用四個處理器以及使用原來的各種 CPI 值者相同？

1.11　假設直徑 15 cm 的晶圓成本為 12，可容納 84 個晶粒，並有 0.020 個缺陷 /cm²。假設直徑 20 cm 的晶圓成本為 15，可容納 100 個晶粒，並有 0.031 個缺陷 /cm²。

1.11.1 [10] <§1.5>　計算兩種晶圓的良率為若干。

1.11.2 [5] <§1.5>　計算兩種晶圓的每晶粒成本為若干。

1.11.3 [5] <§1.5>　若每晶圓的晶粒數增加 10% 以及每單位面積的缺陷數增加 15%，試求晶粒面積以及良率各為若干。

1.11.4 [5] <§1.5>　假設製程將良率從 0.92 改善至 0.95。若晶粒面積是 200 mm²，試求不同製程技術的每單位缺陷數各為若干。

1.12　SPEC CPU2006 bzip2 測試程式在 AMD Barcelona 上執行時的指令數目是 2.389E12，執行時間是 750 s，以及參考時間是 9650 s。

1.12.1 [5] <§§1.6, 1.9>　當時脈週期是 0.333 ns 時，計算其 CPI 為若干。

1.12.2 [5] <§1.9>　試求 SPECratio。

1.12.3 [5] <§§1.6, 1.9>　若測試程式的指令數增加 10% 且不影響 CPI，試求增加的 CPU 時間為若干。

1.12.4 [5] <§§1.6, 1.9>　若測試程式的指令數增加 10% 且 CPI 增加

5%，試求增加的 CPU 時間為若干。

1.12.5 [5] <§§1.6, 1.9>　試求這個改變帶來的 SPECratio 改變為若干。

1.12.6 [10] <§1.6>　假設我們要開發一個時脈速率為 4 GHz 的新版 AMD Barcelona 處理器。我們對指令集加入一些額外的指令以使執行的指令數量能夠減少 15%。執行時間減少到了 700 s 而且新的 SPECratio 是 13.7。試求新的 CPI 為若干。

1.12.7 [10] <§1.6>　這個 CPI 值因為時脈速率由 3 GHz 增加到 4 GHz 而比 1.11.1 中求得者為大。檢查 CPI 的增加是否和時脈速率的增加相近？若否，則理由為何？

1.12.8 [5] <§1.6> CPU 的時間減少了多少？

1.12.9 [10] <§1.6> 對第二個測試程式 libquantum，假設執行時間是 960 ns、CPI 是 1.61、時脈速率是 3 GHz。若執行時間額外再減少 10% 且不影響 CPI 以及時脈速率是 4 GHz，試求指令的數目為若干？

1.12.10 [10] <§1.6>　要再降低 10% 的 CPU 時間而不改變指令的數目以及 CPI，試求所需的時脈速率為若干。

1.12.11 [10] <§1.6>　要再降低 CPI 15% 以及 CPU 時間 20% 而不改變指令的數目，試求所需的時脈速率為若干。

1.13　1.11 節中提到一個陷阱是使用效能方程式其中的一部分來當作效能指標。為了說明這點，考慮下面兩個處理器。P1 的時脈頻率是 4 GHz，平均 CPI 是 0.9，並且需要執行的指令數是 5.0E9。P2 的時脈頻率是 3 GHz，平均 CPI 是 0.75，並且需要執行的指令數是 1.0E9。

1.13.1 [5] <§§1.6, 1.11>　一個經常的謬誤是以為有最大時脈頻率的計算機就有最高的效能。檢查看看這個對 P1 與 P2 是不是對的。

1.13.2 [10] <§§1.6, 1.11>　另一個謬誤是認為處理器執行的指令數越多就會需要更多 CPU 時間。假設處理器 P1 執行一連串共有 1.0E9 道的指令，以及處理器 P1 以及 P2 的 CPI 都沒有改變。試求在 P1 執行 1.0E9 道指令的時間內，P2 可以執行的指令數為何。

1.13.3 [10] <§§1.6, 1.11>　一個經常的謬誤是以 MIPS (millions of instructions per second) 來比較兩個不同處理器的效能，並且以具有較高 MIPS 數值的處理器為具有較高的效能。檢查看看這個對 P1 與 P2

是不是對的。

1.13.4 [10] <§1.11> 另一個表示效能常用的量測值是 MFLOPS (millions of floating-point operations per second，每秒若干個百萬浮點運作數)，其定義為

MFLOPS＝FP 運作的數量 /(執行時間×1E6)

但是這個量測值與 MIPS 具有同樣的問題。假設 P1 與 P2 上面執行的指令中有 40% 是浮點指令。試求這些程式的 MFLOPS 量測值各為若干。

1.14 1.11 節中提到的另一個陷阱是只經由改善計算機中某一方面的效能並且希望得到整體效能的提升。假設計算機正在執行一個需時 250 s 的程式，其中 70 s 用於執行浮點指令、85 s 用於執行載入 / 儲存 (L/S) 指令、40 s 用於執行分支指令。

1.14.1 [5] <§1.11> 若將浮點運作的時間減少 20%，整體的執行時間會減少多少？

1.14.2 [5] <§1.11> 若將整體的執行時間減少 20%，INT 運作的執行時間會減少多少？(譯註：問題或解答中應先定義整數運作，亦即 INT 運作，包含哪些指令類別。這裡指的應是包含了載入 / 儲存 (L/S) 指令、分支指令，以及 ALU 指令；而本題中未提及 ALU 指令。)

1.14.3 [5] <§1.11> 整體時間可以只經由降低分支指令的執行時間而降低 20% 嗎？

1.15 設有一程式需要執行 50×10^6 道浮點指令、110×10^6 道 INT 指令、80×10^6 道 L/S 指令，以及 16×10^6 道分支指令。每一類指令的 CPI 值分別為 1、1、4 及 2。假設處理器的時脈速率是 2 GHz。

1.15.1 [10] <§1.11> 如果我們要程式執行得兩倍快，則我們要改善 FP 指令的 CPI 到多少？

1.15.2 [10] <§1.11> 如果我們要程式執行得兩倍快，則我們要改善 L/S 指令的 CPI 到多少？

1.15.3 [5] <§1.11> 如果 INT 與 FP 指令的 CPI 分別都降低 40%。以及 L/S 與分支的 CPI 分別都降低 30%，則程式的執行時間將改善多少？

1.16 [5] <§1.8> 當一個程式調整成於多處理器系統中在多個處理器上執行時，每一個處理器上的執行時間包含了計算時間，以及用於鎖定的關鍵區段 (locked critical section) 及／或在處理器間傳送數據所需的時間。

假設某個程式在一個處理器上需要 t＝100 s 的執行時間。當使用 p 個處理器時，每個處理器需要 t/p s，以及不論使用多少個處理器都需要另外加上 4 s 的額外時間。計算對 2、4、8、16、32、64 和 128 個處理器的每處理器執行時間。對每一種情形，列出相對於單一處理器的加速，以及真正加速與理想加速 (若沒有額外負擔時的加速) 的比值各為若干。

自我檢查的答案

§1.1，第 8 頁：討論型問題：很多種答案都可接受。

§1.4，第 24 頁：DRAM 記憶體：揮發性，50 至 70 ns 的短存取時間，及每 GB 成本是 $5 至 $10。磁碟記憶體：非揮發性，存取時間比 DRAM 慢 100,000 至 400,000 倍，以及每 GB 成本比 DRAM 便宜 100 倍。快閃記憶體：非揮發性，存取時間比 DRAM 慢 100 至 1000 倍，以及每 GB 成本比 DRAM 便宜 7 至 10 倍。

§1.5，第 28 頁：1、3 及 4 是正確的理由。答案 5 在一般的情況下可以成立，因為很高的產量可以使得額外投資來降低晶粒面積，譬如 10% 看起來是一個好的經濟決策，但是這也不一定絕對是對的。

§1.6，第 33 頁：1. a：兩者，b：延遲，c：均非。7 秒。

§1.6，第 39 頁：b。

§1.11，第 53 頁：a. 計算機 A 有較高的 MIPS 額定值。b. 計算機 B 較快。

2

指令：計算機的語言

2.1 介 紹
2.2 計算機硬體的運作
2.3 計算機硬體的運算元
2.4 有號及無號數字
2.5 在計算機中表示指令
2.6 邏輯運算
2.7 能作決定的指令
2.8 以計算機硬體來幫助程序呼叫
2.9 與人們溝通
2.10 MIPS 對 32-位元立即值及位址的定址法
2.11 平行性與指令：同步
2.12 翻譯與啟動一個程式
2.13 一個結合所有觀念的 C 排序程式例

2.14 陣列與指標的對比
🌐 2.15 進階教材：編譯 C 語言與解譯 Java 語言
2.16 實例：ARMv7 (32 位元) 指令
2.17 實例：ARMv8 (64 位元) 指令
2.18 實例：RISC-V 指令
2.19 實例：x86 指令
2.20 執行得更快：以 C 撰寫的矩陣乘法
2.21 謬誤與陷阱
2.22 總結評論
🌐 2.23 歷史觀點與進一步閱讀
2.24 自我學習
2.25 習 題

計算機的五大標準要件

我對上帝用西班牙文說話，對女人用義大利文，對男人用法文，對我的馬用德文。

查禮士五世，神聖羅馬皇帝 (1500~1558)

指令集

特定架構所能瞭解的命令形成的字彙。

2.1 介紹

要指揮計算機的硬體，你必須使用它的語言。計算機語言中的單字稱為指令 (*instructions*)，而它的字彙稱為一個**指令集** (instruction set)。本章中，你將會以人們書寫的以及計算機所讀取的兩種形式，看到一個真實計算機的指令集。我們以由上而下的方式介紹指令。由一種看似受限制的程式語言的標記符號開始，我們一步步改良使之成為一個真正計算機的真正語言。第 3 章中我們繼續向下層走，說明算術運算的硬體以及浮點數字的表示法。

你可能認為各種計算機的語言會如同人類語言般多樣；但事實上計算機的語言都相當類似，彼此有如區域性的方言，而較不像獨立的語言。因此，一旦你學會一種，其他的即可輕易上手。

所選的指令集源自於 MIPS Technologies 公司，是自從 1980 年代

以來所設計出的指令集中一個優雅的例子。為了說明透過它多容易瞭解其他指令集，我們先很快地看一下其他三個廣受採用的指令集：

1. ARMv7 類似於 MIPS。2017 至 2020 年間有不只一兆個使用 ARM 處理器的晶片生產出來，使得 ARMv7 成為全世界最廣受採用的指令集。
2. 第二的例子是 Intel x86，其在後個人電腦時代提供個人電腦及雲端的運算能力。
3. 第三的例子是 ARMv8，其將 ARMv7 的定址空間由 32 位元擴展到 64 位元。諷刺的是，如我們將看見，這個 2013 年的指令集與 MIPS 比與 ARMv7 更為相似。

計算機語言間的相似性來自於所有計算機都是建構在基於相同基礎原則的硬體技術上，以及所有計算機都必須提供的基本運算為數並不多。此外，計算機設計者還有一個共同目標：尋找一種能夠使得硬體及編譯器容易建構，同時又可以得到最高效能以及最低成本和電耗的語言。這個目標歷久而不變；下列引述的文字寫於你能買到任何計算機之前，而時至今日其仍與 1946 年當時一樣真實：

> 由正規-邏輯的方法很容易得知必有某些在概念上適用於控制以及執行任意運算順序的 [指令集] 存在……以目前觀之，在選定一個 [指令集] 時，真正具決定性的考慮，基本上即為可行性：[指示集] 所需求的設備的簡單性、其所用以計算的真正重要問題的明確性，以及其處理該等問題的速度。
>
> Burks, Goldstine, and von Neumann, 1946

「設備的簡單性」對今日的計算機與對 1940 年代的計算機是同樣重要的考慮。本章的目的是教授一個遵循這個建議的指令集，並同時說明它如何反映在硬體設計上以及高階程式語言與這個較低階語言間的關係。我們的例子是以 C 語言表示；⊕2.15 節說明這些考慮對有如 Java 等的物件導向語言會有何不同。

藉由學習如何表示指令，你會同時發現計算的秘密：**內儲程式的觀念** (stored-program concept)。此外，你會運用你的「外語」能力來書寫計算機語言的程式並於此書所附的模擬器上執行它們。你也將

內儲程式的觀念
指令以及各種型態的數據均可以數字的形式儲存於記憶體的這個想法，因而導致內儲程式計算機設計。

看見程式語言與編譯器最佳化對效能的衝擊。我們以回顧指令集的歷史演進及其他計算機方言的概觀來做總結。

我們一次介紹一道指令，同時說明其與計算機結構間關聯性的基本原理，來瞭解 MIPS 指令集。以這種由上而下、按部就班的引導方式將各組件說明並編串起來，使得計算機語言更易瞭解。在圖 2.1 中可先一窺本章所涵蓋的指令集。

2.2 計算機硬體的運作

> 一定絕對要有執行基本算術運算的指令。
> Burks, Goldstine, and von Neumann, 1946

每一台計算機一定要能做算術。MIPS 組合語言的符號

```
add a,b,c
```

指示計算機去加兩個變數 b 及 c，並將其和置於 a 中。

這種標記法非常嚴格，其規定了每一道 MIPS 算術指令只能執行一種運算且永遠一定使用三個變數。例如，假設我們欲將四個變數 b、c、d、e 的和置入變數 a 中 (本節中我故意不明確地說明何謂「變數」；下節中我們再做解釋)。

以下指令序累加該四個變數：

```
add a,b,c     # b 與 c 的和被置入 a 中
add a,a,d     # 現在 b,c 與 d 的和在 a 中
add a,a,e     # 現在 b,c,d 與 e 的和在 a 中
```

因此，累加四個變數需用到三道指令。

以上各指令中在升半音符號 (#) 後的文字是給人類閱讀的**註解** (*comments*)，計算機會忽略它們。注意與其他程式語言不同的是這種語言每行最多包含一道指令。另一與 C 不同的是註解必須在一行內結束。

對於像加這種運算最自然的運算元數目是三：要被加在一起的兩個數字以及放置和的地方。要求每道指令都具有正好三個運算元、不多也不少的這種規定符合保持體簡單的原則：運算元數目不定的硬體設計較數目固定的硬體更為複雜。該情況說明了硬體設計四個基本原則中的第一個：

設計原則 1：規律性易導致簡單的設計 (simplicity favors regularity)。

MIPS 運算元

名稱	舉例	註解
32 個暫存器	$s0-$s7, $t0-$t9, $zero, $a0-$a3, $v0-$v1, $gp, $fp, $sp, $ra, $at	快速存取資料的地方。在 MIPS 中，資料必須要在暫存器裡才能執行運算，暫存器 $zero 恆等於 0，而暫存器 $at 則是保留給組譯器來處理值很大的常數。
2^{30} 記憶體字組	Memory[0], Memory[4], ..., Memory[4294967292]	在 MIPS 裡，記憶體只能由資料傳輸指令來存取。MIPS 使用位元組位址，所以連續的字組位址相差 4。記憶體裡儲存資料結構、陣列和溢出暫存器 (spilled registers)。

MIPS 組合語言

分類	指令	舉例	意義	註解
算術	加法	add $s1,$s2,$s3	$s1=$s2+$s3	三個暫存器運算元
	減法	sub $s1,$s2,$s3	$s1=$s2-$s3	三個暫存器運算元
	加立即值	addi $s1,$s2,20	$s1=$s2+20	加上常數
資料傳輸	載入字組	lw $s1,20($s2)	$s1=Memory[$s2+20]	字組由記憶體載入至暫存器
	儲存字組	sw $s1,20($s2)	Memory[$s2+20]=$s1	字組由暫存器儲存至記憶體
	載入半字組	lh $s1,20($s2)	$s1=Memory[$s2+20]	半字組由記憶體載入至暫存器
	載入無號半字組	lhu $s1,20($s2)	$s1=Memory[$s2+20]	無號的半字組由記憶體載入至暫存器
	儲存半字組	sh $s1,20($s2)	Memory[$s2+20]=$s1	半字組由暫存器儲存至記憶體
	載入位元組	lb $s1,20($s2)	$s1=Memory[$s2+20]	位元組由記憶體載入至暫存器
	載入無號位元組	lbu $s1,20($s2)	$s1=Memory[$s2+20]	無號的位元組由記憶體載入至暫存器
	儲存位元組	sb $s1,20($s2)	Memory[$s2+20]=$s1	位元組由暫存器儲存至記憶體
	載入連結的字元組	ll $s1,20($s2)	$s1=Memory[$s2+20]	作為不可分割的 (記憶體與儲存器內容) 交換中第一部分的載入字元組
	條件式儲存字元組	sc $s1,20($s2)	Memory[$s2+20]=$s1; $s1=0 或 1	作為不可分割的 (記憶體與暫存器內容) 交換中第二部分的儲存字組
	載入上半部立即值	lui $s1,20	$s1=20*$2^{16}$	載入常數至較高的 16 位元
邏輯	及	and $s1,$s2,$s3	$s1=$s2 & $s3	三個暫存器運算元；逐位元的及運算
	或	or $s1,$s2,$s3	$s1=$s2 | $s3	三個暫存器運算元；逐位元的或運算
	反或	nor $s1,$s2,$s3	$s1=~($s2|$s3)	三個暫存器運算元；逐位元的反或運算
	及立即值	andi $s1,$s2,20	$s1=$s2 & 20	暫存器與常數做逐位元的及運算
	或立即值	ori $s1,$s2,20	$s1=$s2|20	暫存器與常數做逐位元的或運算
	邏輯左移	sll $s1,$s2,10	$s1=$s2<<10	左移常數個位元位置
	邏輯右移	srl $s1,$s2,10	$s1=$s2>>10	右移常數個位元位置
條件式分支	若等於則分支	beq $s1,$s2,25	若($s1==$s2) 則前往 PC+4+100	等於測試；PC 相對的分支
	若不等於則分支	bne $s1,$s2,25	若($s1!=$s2) 則前往 PC+4+100	不等於測試；PC 相對的分支
	若小於則設定	slt $s1,$s2,$s3	若($s2<$s3) $s1=1; 否則 $s1=0	小於比較；用於 beq、bne
	無號若小於則設定	sltu $s1,$s2,$s3	若($s2<$s3) $s1=1; 否則 $s1=0	無號數的小於比較
	若小於立即值則設定	slti $s1,$s2,20	若($s2<20) $s1=1; 否則 $s1=0	小於某常數的比較
	無號若小於立即值則設定	sltiu $s1,S2,20	若($s2<20) $s1=1; 否則 $s1=0	無號數的小於某常數的比較
非條件式跳躍	跳躍	j 2500	前往 10000	跳至目的位址
	透過暫存器跳躍	jr $ra	前往 $ra	用於 switch 敘述、程序返回
	跳躍並連結	jal 2500	$ra=PC+4；前往 10000	用於程序呼叫

圖 2.1 本章中會出現的 MIPS 組合語言指令。
這些資訊也可見於本書開頭處的 MIPS 參考數據頁裡第一個直排中。

我們現在可以以下面兩個範例來說明高階語言程式與這種低階符號寫成的程式之間的關係。

> **範例** 將兩道 C 的賦值 (assignment) 敘述編譯成 MIPS 碼
>
> 以下一段 C 程式包含了 a、b、c、d、e 五個變數。由於 Java 是從 C 演化而來，本例及以下數例適用於該二種高階程式語言：
>
> ```
> a=b+c;
> d=a-e;
> ```
>
> 編譯器執行將 C 翻譯為 MIPS 組合語言指令的工作。試寫出編譯器產出的 MIPS 碼。
>
> **解答** 一道 MIPS 指令對兩個來源運算元作運算並將結果置入一個目的運算元中。因此，上述二簡單敘述句可直接編譯成以下兩道 MIPS 組合語言指令：
>
> ```
> add a,b,c
> sub d,a,e
> ```

> **範例** 將一道複雜的 C 賦值敘述編譯成 MIPS 碼
>
> 一個稍微複雜的敘述包含了 f、g、h、i、j 五個變數：
>
> ```
> f=(g+h)-(i+j);
> ```
>
> C 編譯器可能會產出什麼結果？
>
> **解答** 由於每道 MIPS 指令只能執行一個運算，編譯器一定需要將此敘述分解成數個組合語言指令。第一道 MIPS 指令計算 g 與 h 的和。我們一定要將結果放置在某處，因此編譯器創造了一個稱為 t0 的暫時變數：
>
> ```
> add t0,g,h        #暫時變數 t0 內含 g+h
> ```
>
> 雖然下一個運算是減，我們需要在減之前計算 i 及 j 的和。因此，第二道指令將 i 及 j 的和置入編譯器所創造稱為 t1 的暫時變數中：
>
> ```
> add t1,i,j        #暫時變數 t1 內含 i+j
> ```
>
> 最後，減的指令將第二個和由第一個和中減去並將差存入變數 f 中，以完成編譯出來的程式碼：
>
> ```
> sub f,t0,t1       #f 得到 t0-t1，亦即 (g+h)-(i+j)
> ```

自我檢查

對一已知功能，哪種程式語言可能需要最多行的程式碼？將下列三種表示法依序列出。

1. Java
2. C
3. MIPS 組合語言

仔細深思 為了增加其可攜性，Java 原本即預想為以軟體直譯器 (interpreter) 來執行。該直譯器使用的指令集稱為 *Java bytecode* (參見 🌐2.15 節)，其與 MIPS 指令集甚為不同。現今的 Java 系統經常將 *Java bytecode* 編譯成有如 MIPS 的真實執行的機器上的本土 (native) 指令集碼，以求得到與相同功能的 C 程式近似的效能。由於該編譯工作的時機一般均較對 C 程式者遠為晚 (譯註：編譯的時機是在 Java bytecode 直譯過程中針對經常被執行的程式片段進行編譯，以求在此處可以得到更好的效能；而這項編譯工作是在執行中插入來進行，因此需要被計入執行時間中)，這類 Java 編譯器經常被稱為及時 (*Just In Time*, JIT) 編譯器。2.12 節說明 JIT 如何 C 編譯器比較晚地在啟始程序 (start-up process) 中被使用，以及 2.13 節說明編譯相對於直譯 Java 程式的效能結果。

2.3 計算機硬體的運算元

不同於高階語言程式，算術指令的運算元有其限制；它們必須是由直接建構在硬體中數量有限的特定地方、稱之為暫存器 (registers) 者而來。暫存器是硬體設計中的基本元件，並於計算機設計完成後程式師可以知道它們的存在，所以其猶如建構計算機的一些磚塊。MIPS 架構中暫存器的大小是 32 位元；一群群的 32 位元如此經常地被使用，因此它們也在 MIPS 架構中被稱為**字組** (word)。

程式語言中使用的變數與暫存器間存在的一個主要差異是暫存器的數量有限，在現今計算機中通常是 32 個，例如在 MIPS 中 (參見 🌐2.23 節中暫存器數目的歷史演進)。因此，延續我們的 MIPS 語言中符號表示法的由上而下、逐步的演進，本節中我們再加入「MIPS 算術指令中的三個運算元均必須為 32 個 32 位元的暫存器之一」的限制。

字組
計算機中資料存取的自然單位，通常是 32 位元的一群；在 MIPS 架構中即對應於暫存器的大小。

限制暫存器數目為 32 個的理由應可由我們四個硬體設計的基本原則中的第二個得知：

設計原則 2：愈小愈快 (smaller is faster)。

很大數量的暫存器單純地由於其內部的電子訊號必須傳遞更遠而需時更久、可能導致時脈週期時間增加。

諸如「愈小就愈快」這種準則並非絕對；31 個暫存器就未必快於 32 個暫存器。然而，該等觀察背後代表的真相使得計算機設計者必須審慎面對它們。在此例中，設計者必得平衡程式強烈希望能有更多暫存器及設計者希望保持時脈快速的這兩種想法。另一個不使用多於 32 個暫存器的理由是因為其在指令格式中需使用的位元數，如第 2.5 節中所示。

第 4 章說明暫存器在硬體建構中扮演的重要角色；本章中我們將瞭解暫存器的有效運用對效能極為關鍵。

雖然我們可以簡單地用 0 到 31 的數字代表暫存器來寫指令，MIPS 的慣用法是以 $ 後接二個符號的名稱來表示一個暫存器。第 2.8 節將說明這些名稱的來由。目前，我們就以 $s0、$s1… 來代表相對於 C 及 Java 中變數的暫存器以及 $t0、$t1… 來代表編譯成 MIPS 指令時所需的暫時暫存器。

範例 使用暫存器來編譯 C 賦值敘述

將程式中的變數與暫存器關聯起來的工作是由編譯器負責。例如，在先前例題中的賦值敘述：

```
f = (g+h)-(i+j);
```

令變數 f、g、h、i、j 分別存於暫存器 $s0、$s1、$s2、$s3、$s4 中。編譯出來的 MIPS 碼為何？

解答

編譯出來的程式與前例中極相似，差異僅在於以上述暫存器名稱取代了各變數，以及兩個暫時暫存器即相對於之前的兩個暫時變數：

```
add $t0,$s1,$s2      #暫存器 $t0 內含 g+h
add $t1,$s3,$s4      #暫存器 $t1 內含 i+j
sub $s0,$t0,$t1      #f 得到 $t0-$t1，亦即 (g+h)-(i+j)
```

記憶體運算元

程式語言具有內含單一數據元素 (data element) 的簡單變數，如以上各例中所見；然而也有較複雜的資料結構——陣列 (array) 與結構 (structure)。該等複雜資料結構可包含較計算機中所具有的暫存器數目更多的數據元素。計算機如何表示以及存取如此的龐大結構呢？

回想第 1 章所介紹的以及本章開頭於第 68 頁再次提及的計算機的五大標準要件。處理器僅能保存少量資料於暫存器中，然而計算機的記憶體卻可包含萬億個數據。因此，資料結構 (例如陣列與結構) 一般是保存於記憶體中。

如上所述，MIPS 指令的算術運算僅在暫存器上運作；因此 MIPS 也必須具有能在暫存器及記憶體間轉移資料的指令。該類指令稱為**資料轉移指令** (data transfer instructions)。存取記憶體中的字組時，指令必須提供記憶體的**位址** (address)。記憶體是一個很大的一維陣列，並以由 0 開始的、稱為位址者作為其索引。例如在圖 2.2 中，第三個數據元素的位址為 2，且該 Memory [2] 的值為 10。

傳統上稱呼「將記憶體中的值複製至暫存器中的資料轉移指令」為載入 (load)。載入指令的格式包含運作名稱、後接將被載入值的暫存器、之後是用以存取記憶體的一個常數以及另一個暫存器。記憶體位址由該常數加上第二個暫存器的內容而得。實際的 MIPS 該指令稱為 lw，表示載入字組 (load word)。

資料轉移指令
在記憶體及暫存器間搬移資料的命令。

位址
用以描述特定資料元素在記憶體陣列中位置的數值。

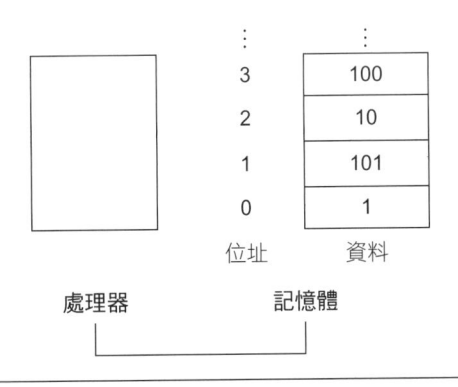

圖 2.2 記憶體位址及在這些位址的內容。

如果這些項目是字組，則這些位址會是錯的，因為 MIPS 採用位元組的位址，以及每個字組含有四個位元組。圖 2.3 表示連續字組的記憶體定址法。

> **範例**
>
> **編譯有一個運算元在記憶體中的賦值敘述**
>
> 假設 A 為含有 100 個字組的陣列,且編譯器已如前述將 g 與 h 存於 $s1 及 $s2 中。另設陣列的開始位址,或稱基底位址 (*base address*),存於 $s3 中。編譯下述 C 賦值敘述:
>
>   g=h+A[8];
>
> **解答**
>
> 雖然該敘述僅有一個運算,但其中一個運算元位於記憶體中,因此我們首先必須將 A[8] 轉移至暫存器中。該陣列元素的位址為存於 $s3 中的陣列基底加上選取第 8 個元素的位址差值。該數據需先置入暫時暫存器中以便之後的運算。參考圖 2.2,編譯出來的第一道指令是:
>
>   lw $t0,8($s3)   #暫時暫存器 $t0 取得 A[8] 的值
>
> (下面我們將稍微調整該指令;目前我們暫時使用這個簡化的版本) 之後的指令即可於已置於暫存器 $t0 中的值 (亦即 A[8]) 上做運算。該指令將 h (含於 $s2 中) 及 A[8] (含於 $t0 中) 相加並將結果置於存放 g 的暫存器 ($s1) 中:
>
>   add $s1,$s2,$t0   #g=h+A[8]
>
> 資料轉移指令中的常數 (本例中的 8) 稱為差量 (*offset*),而被用來相加以得位址的暫存器 ($s3) 稱為基底暫存器 (*base register*)。

硬體 / 軟體介面

編譯器除了要將變數指定到各暫存器中外,還要將如同陣列及結構等資料結構配置 (allocate) 到記憶體的不同位置中。之後編譯器即可在資料轉移指令中置入恰當的開始位址。

由於許多程式中 8 位元的**位元組**用途廣泛,大部分架構都以位元組為定址的單位。因此字組的位址與其中一個位元組的地址相同,而連續的字組其位址值的差為 4。例如,圖 2.3 表出圖 2.2 中各字組的實際 MIPS 位址;第三個字組的位元組位址為 8。

對齊限制

資料在記憶體中須對齊於自然的邊界的規定。

在 MIPS 中,字組的位址需由 4 的倍數處開始。這個規定稱為**對齊限制** (alignment restriction),其可見於許多架構中 (第 4 章會說明為何對齊可造成較快的資料轉移)。

計算機的字組定址可分為兩種:以最左邊或「大的端」,或是最右邊或「小的端」的位元組位址作為字組的位址。MIPS 屬於「大的端」(*big-endian*) 陣營 (附錄 A 說明兩種選擇對字組中各位元組編號的方式)。

以位元組為定址單位 (byte addressing) 也影響到陣列索引。上述程式碼中為求取得正確的位元組位址，加到基底暫存器的差量需為 4 × 8 = 32，才能正確載入 A[8] 而非 A[8/4] (相關的陷阱參見 2.21 節中的第 175 頁)。

相對於載入的指令傳統上稱為*儲存 (store)*；其能將暫存器中的值複製至記憶體中。儲存的指令格式與載入相似：運作名稱、後接其值將被儲存的暫存器、之後為選擇陣列元素的差量、最後是基底暫存器。再次強調，MIPS 的位址是由一個常數加上一個暫存器內含值所組成。該指令的名稱是 sw，表示*儲存字組 (store word)*。

硬體 / 軟體介面

因為 loads 與 stores 指令中的位址以二進位數字呈現，我們可想見為何作為主記憶體元件的 DRAM 以二進相關而非十進的大小來製造。亦即，採用 gebi (2^{30}) 個位元組或 tebi (2^{40}) 個位元組，而非 giga (10^9) 或 tera (10^{12}) 個；見圖 1.1。

在編譯中使用載入及儲存   範例

設變數 h 存於暫存器 $s2 中且陣列 A 的基底位址存於 $s3 中。下述 C 賦值敘述的 MIPS 組合語言碼為何？

    A[12]=h+A[8];

解答

雖然 C 敘述中僅有一個運作，由於有兩個運算元在記憶體中，因此我們需要較多的 MIPS 指令。前兩道指令除了在載入字組指令中使用適當的位元組定址差量以選取 A[8] 以及加法指令將結果置入 $t0 外，與前例中相同：

    lw $t0,32($s3)   #暫時暫存器 $t0 得到 A[8] 的值
    add $t0,$s2,$t0   #暫時暫存器 $t0 得到 h+A[8] 的值

最後一道指令將和存入以 48 (4×12) 為差量及暫存器 $s3 為基底暫存器的 A[12] 中：

    sw $t0,48($s3)   #將 h+A[8] 儲存回 A[12] 中

載入字組與儲存字組是 MIPS 架構中在記憶體與暫存器間複製字組的指令。其他廠牌的計算機 (可能) 使用其他指令配合載入與儲存來傳送資料。一個使用這種不同做法的架構是會在 2.19 節中說明的 Intel x86。

硬體／軟體介面

許多程式具有比計算機中暫存器數目還要多的變數。因此編譯器嘗試將最常使用的變數存於暫存器中而將其他置於記憶體中,並以載入及儲存指令將變數在暫存器及記憶體間搬動。將較不常用到(或較晚才需要)的變數放入記憶體中的過程稱為將暫存器溢出 (*spilling*)。

硬體原則的大小與速度的關係說明了由於暫存器數量較少,記憶體一定慢於暫存器。情況確實如此;資料若存在於暫存器中而非記憶體中,其存取較快速。

此外,資料在暫存器中更為有用。MIPS 算術指令可以讀取兩個暫存器,在該等值上運算,並將結果寫入暫存器中。MIPS 資料轉移指令只能讀或寫一個運算元,且不能對其運算。

因此,暫存器存取耗時較短並且一次可以存取多個,使得資料在暫存器中較在記憶體中既快且使用起來也方便些。存取暫存器也較存取記憶體省電。欲獲得更高的效能及省能,編譯器一定要有效率地使用暫存器。

常數或立即運算元

程式常需在運算中使用常數──例如,遞增索引值以指向陣列的下一個元素。事實上,執行 SPEC CPU2006 測試程式時,超過一半的 MIPS 算術指令都會有一個常數的運算元。

單以我們至今所見的指令而言,我們使用常數時必須先將其由記憶體載入(且各常數應於程式載入時即已先置於記憶體中)。例如,我們可以用:

```
lw $t0,AddrConstant4($s1)    # $t0 = 常數 4
add $s3,$s3,$t0              # $s3 = $s3 + $t0 ($t0 == 4)
```

將常數 4 加到暫存器 $s3 中,以上我們假設 $s1 + AddrConstant 4 是常數 4 的記憶體位址。

避免上述載入指令的另一可能性是提供另一種可具有一個常數運算元的算術指令。這種具有一個常數運算元的快速加法指令稱為**加立即值** (*add immediate*) 或 addi。欲將 4 加至 $s3,我們僅需作

```
addi $s3,$s3,4               # $s3 = $s3 + 4
```

常數經常需要被當做運算元，因此將常數納入算術指令中，將比常數是由記憶體中載入時，運算起來更快且更節能。

常數 0 另有角色，其可提供指令集有用的變化並而簡化設計。例如，(暫存器間的) 搬移運作實為運算元之一等於 0 的加法運算。因此 MIPS 將一個暫存器 $zero 以線路將其值固定為 0 (可能如你所猜的，其即為第 0 個暫存器)。以使用的頻繁程度來佐證加入可表示常數的能力是**使經常的情形變快**這個大理念的另一個例證。

使經常的情形變快

既然知道了暫存器的重要性，晶片中暫存器數目隨時間的增加速度為何？

自我檢查

1. 很快：它們有如 Moore's Law 般快速增加，該法則預言晶片上的電晶體數量每 24 個月將倍增。
2. 很慢：因為程式是以計算機 (組合) 語言的形式來表示及散播，以及指令集架構的變化保守且緩慢，因此暫存器數目增加的速度只像實用的新指令集出現的速度一般快速。

仔細深思 雖然本書中的 MIPS 暫存器寬度為 32 位元，另有一個 64 位元版本的 MIPS 指令集具有 32 個 64 位元的暫存器。為了明確區別它們，它們的正式名稱分別是 MIPS-32 與 MIPS-64。本章中，我們使用 MIPS-32 的 部分內容。⊕**附錄 E** 說明 MIPS-32 及 MIPS-64 間的差異。2.16 節和 2.17 節說明 32 位元位址的 ARMv7 和它的 64- 位元位址的後繼者 ARMv8 間的更巨大的差異。

仔細深思 MIPS 的位移值加上基底暫存器的定址法和資料型態中的結構與數列都是極佳的搭配，因為該基底暫存器的值可以指向結構的開頭而位移值可以用來選擇所欲存取的元素。我們將在 2.13 節中見到相關例題。

仔細深思 在資料傳遞類的指令中的暫存器原為用以存放數列的索引值、而位移值用以存放數列的起始位址。因此基底暫存器亦稱為**索引暫存器** (*index register*)。今天的記憶體已經較當年演變得遠為大，加上資料配置相關的軟體模型變得更加複雜，因此基底位址一般已放不進位移值欄位中而更適於放在暫存器中，如以下說明。

仔細深思 由於 MIPS 支援負值的常數，因此不需增加減去立即值的功能。

2.4 有號及無號數字

首先，讓我們快速回顧計算機如何表示數字。人們被教導以十進制來思考，然而數字可以用任何基底 (base) 來表示。以 10 為基底的 123 = 以 2 為基底的 1111011。

在計算機硬體中數字是以一串高以及低的電子訊號來保存，因此可以被想成是以 2 為基底的數字 (如同以 10 為基底的數字被稱為十進數字，以 2 為基底的數字可被稱為二進數字)。

由於所有資訊均為由**二進制數元** (binary digits) 或位元 (bits) 所組成，因此二進數字的單獨一個位數 (digit) 即是計算的最基本單位。這個基本的建構單元具有兩種可能值，該等值可被分別視為高或低，開或關，真或偽，或者 1 或 0。

將這個觀念推廣之，任何數字基底下，第 i 個數元代表的值是：

$$d \times 基底^{i}$$

其中 i 的值由 0 開始，並由右至左逐位加 1。這樣的表示法形成一種顯而易見的對一個數字中各個位元計算其權重的方法：單純地使用基底的 [該位元位置編號的] 指數次方。我們以下標 *ten* 表示十進數字，下標 *two* 表示二進數字。例如，

$$1011_{two}$$

表示

$$(1 \times 2^3) + (0 \times 2^2) + (1 \times 2^1) + (1 \times 2^0)_{ten}$$
$$= (1 \times 8) + (0 \times 4) + (1 \times 2) + (1 \times 1)_{ten}$$
$$= 8 + 0 + 2 + 1_{ten}$$
$$= 11_{ten}$$

在一個數字中我們將各位元**由右至左**編號為 0、1、2、3、……。以下圖示是 MIPS 的字組中位元的編號方法以及 1011_{two} 的放置法：

31 30 29 28	27 26 25 24	23 22 21 20	19 18 17 16	15 14 13 12	11 10 9 8	7 6 5 4	3 2 1 0
0 0 0 0	0 0 0 0	0 0 0 0	0 0 0 0	0 0 0 0	0 0 0 0	0 0 0 0	1 0 1 1

(32 位元寬)

二進制數元
亦稱**二進制位元**。在 2 為基底下可為 0 或 1，此二者即為資訊的元件。

由於字組可能會以垂直或水平的方式表示，最左或最右或許並不明確。因此，**最不重要位元** (least significant bit) 被用以表示最右側的位元 (上圖的位元 0)，而**最重要位元** (most significant bit) 被用以表示最左側的位元 (位元 31)。

MIPS 字組的長度為 32 個位元，故能表達 2^{32} 種不同的 32 位元樣式。很自然地這些組合可用以表示 0 到 $2^{32} - 1$ ($4,294,967,295_{ten}$) 的數目：

```
0000 0000 0000 0000 0000 0000 0000 0000₂ = 0₁₀
0000 0000 0000 0000 0000 0000 0000 0001₂ = 1₁₀
0000 0000 0000 0000 0000 0000 0000 0010₂ = 2₁₀
...                                         ...
1111 1111 1111 1111 1111 1111 1111 1101₂
 = 4,294,967,293₁₀
1111 1111 1111 1111 1111 1111 1111 1110₂
 = 4,294,967,294₁₀
1111 1111 1111 1111 1111 1111 1111 1111₂
 = 4,294,967,295₁₀
```

亦即，32-位元二進數字可用各位元的值乘以各自的 2 的冪次方來表示 (以 xi 表 x 的第 i 個位元)：

$$(x31 \times 2^{31}) + (x30 \times 2^{30}) + (x29 \times 2^{29}) + ... + (x1 \times 2^{1}) + (x0 \times 2^{0})$$

如我們將看到的，這些正數稱為無號數。

最不重要位元
MIPS 字組中最右方的位元。

最重要位元
MIPS 字組中最左方的位元。

硬體 / 軟體介面

基底 2 的數字系統對人類並不自然；我們有十個手指因此覺得基底 10 很自然。為什麼計算機不用十進位？事實上最早的計算機的確提供十進算術運算。問題是這些計算機的運算仍是基於開與關的訊號，因此一個十進位數其實還是以數個二進位元來表達。事實上十進計算是如此的沒有效率，因此之後的計算機轉而回去使用純二進制，只在較少用到的輸入 / 出情形之下方才轉換成十進形式。

注意以上的二進表示法樣式不過是表示數字的一些例子。數字其實具有無限多個位數 (digits)，其中除了最右邊少數幾個位數外幾乎全為 0。一般我們並不表出高位的 0。

二進制數字的加、減、乘、除可以用硬體來設計。若該等運

滿溢
當一個運作得到的結果大於暫存器所能容納的數據大小時。

算的結果無法以這些最右側的硬體位元表示，則稱之為發生了滿溢 (*overflow*)。當有滿溢發生時，如何處理端視程式語言、作業系統以及該程式而定。

計算機程式可對正數以及負數作計算，因此我們需要一種可區分正負數的表示法。最淺顯的方法是另外加上一個符號，其可輕易地以一個位元表之；此稱之為符號大小 (*sign and magnitude*) 表示法。

不幸地，符號大小表示法有若干缺點。第一，符號該置於何處並不明顯。右邊？還是左邊？早期的計算機兩者都嘗試過。第二，該表示法的加法器可能需要一個額外步驟來設定符號，因為我們無法事前看出正確的符號是什麼。最後，單獨分開的符號位元意謂符號大小表示法具有正 0 及負 0，這對不小心的程式師可能導致問題。這些缺失導致的結果，是符號大小表示法很快地就被捨棄不用了。

在尋找更好替代方案的過程中，發生了一個疑問，就是在無號表示法中，以一個小的數減去一個大的數其結果會如何？答案是其會嘗試向之前的一串 0 借位，故其結果應具有一串前置的 1。

既然沒有明顯較佳的方法，最後的解法取決於何種表示法可以使得硬體簡單：一串前置的 0 表示數字是正數，一串前置的 1 則表示是負數。這種表示有號二進數字的方法稱為 2 的補數 (*two's complement*) 表示法 (在第 86 頁中的仔細深思會說明這個特別的名稱)：

```
0000 0000 0000 0000 0000 0000 0000 0000_two = 0_ten
0000 0000 0000 0000 0000 0000 0000 0001_two = 1_ten
0000 0000 0000 0000 0000 0000 0000 0010_two = 2_ten
...                                           ...
0111 1111 1111 1111 1111 1111 1111 1101_two
    = 2,147,483,645_ten
0111 1111 1111 1111 1111 1111 1111 1110_two
    = 2,147,483,646_ten
0111 1111 1111 1111 1111 1111 1111 1111_two
    = 2,147,483,647_ten
1000 0000 0000 0000 0000 0000 0000 0000_two
    = -2,147,483,648_ten
1000 0000 0000 0000 0000 0000 0000 0001_two
    = -2,147,483,647_ten
1000 0000 0000 0000 0000 0000 0000 0010_two
    = -2,147,483,646_ten
```

...　　　　　　　　　　　　　　　　　...
1111 1111 1111 1111 1111 1111 1111 1101$_{two}$ = -3_{ten}
1111 1111 1111 1111 1111 1111 1111 1110$_{two}$ = -2_{ten}
1111 1111 1111 1111 1111 1111 1111 1111$_{two}$ = -1_{ten}

數字中從 0 到 2,147,483,647$_{ten}$ ($2^{31}-1$) 的一半的正數，其表示法同前。位元樣式 (1000...0000$_{two}$) 表示最負的值 $-2,147,483,648_{ten}$ (-2^{31})。其後接著的是一串逐漸變小的負數：$-2,147,483,647_{ten}$ (1000...0001$_{two}$) 下降到 -1_{ten} (1111...1111$_{two}$)。

2 的補數具有一個沒有對應正值的負數，$-2,147,483,648_{ten}$。這種不平衡對不小心的程式師也是一個隱憂，然而符號大小表示法對程式師以及硬體設計師都造成問題。因此，目前所有計算機都使用 2 的補數二進制表示法來表示有號數。

2 的補數表示法具有所有負數其最重要 (即最左邊) 位元必定為 1 的優勢。硬體僅需檢視此位元來決定一個數字的正負 (而 0 這個值也歸類為正數)。此位元稱為 **符號位元** (*sign bit*)。瞭解符號位元的角色後，我們可以將正或負的 32 位元數字依下式以位元值乘以對應的 2 的冪次方來表示：

$$(x31 \times -2^{31}) + (x30 \times 2^{30}) + (x29 \times 2^{29}) + ... + (x1 \times 2^1) + (x0 \times 2^0)$$

符號位元被乘以 -2^{31}，而其他位元則被乘以它們相對應權值的正值。

二進制至十進制轉換　　　　　　　　　　　　　　　　　　　　　　　　　　　**範例**

以下 32 位元 2 的補數的十進制值為何？

1111 1111 1111 1111 1111 1111 1111 1100$_{two}$

將該數各位元的值代入上式：　　　　　　　　　　　　　　　　　　　　　　　　**解答**

$(1 \times -2^{31}) + (1 \times 2^{30}) + (1 \times 2^{29}) + ... + (1 \times 2^2) + (0 \times 2^1) + (0 \times 2^0)$
$= -2^{31} + 2^{30} + 2^{29} + ... + 2^2 + 0 + 0$
$= -2,147,483,648_{ten} + 2,147,483,644_{ten}$
$= -4_{ten}$

我們即將看到一個簡化負數至正數轉換的捷徑。

如同無號數的運算其結果可能會滿溢出用以存放其結果的硬體的

容量，2 的補數的運算也會。當所保存的位元串其最左方位元與其左方的無限多個位元不同時 (意為符號位元不正確)：當該數為負而其位元串最左方位元為 0 或為正而該位元為 1，即為發生滿溢。

硬體 / 軟體介面

Loads 以及算術指令均須分辨運算元是否為有號數。有號數載入指令的作用是將暫存器中沒用到的位元全部複製成數字的符號來填滿 —— 稱為**符號延伸** (*sign extension*)，其目的是將正確的該數字表示法完整地置入暫存器中。無號數載入僅在數字左方空位上填滿 0，因為所要表示的數字是無號的。

將 32 位元的字載入 32 位元暫存器中時，上述作法無特別意義；使用有號數或無號數載入的結果均同。另外 MIPS 的確提供兩種不同的位元組載入指令：**位元組載入** (lb) 視該位元組為有號數並因此作符號延伸以填滿暫存器中最左的 24 個位元，而**無號位元組載入** (lbu) 視該位元組為無號數。由於 C 程式幾乎都以位元組來表示字母符號而少有用於表示非常短的有號整數，因此位元組的載入指令幾乎全為 lbu。

硬體 / 軟體介面

不同於以上所討論的數字，記憶體位址通常為由 0 開始並一直遞增至最大位址。亦即，位址不應為負。因此程式有時要處理正或負號的數字、有時要處理只能是正值的數字。有些程式語言反映了兩者的差異。例如 C 稱呼前者為**整數** (在程式中宣稱其為 int) 以及後者為**無號整數** (unsigned int)。一些 C 類型的手冊甚至建議將前者宣告為 signed int 以使差異明顯。

我們探討在處理 2 的補數時兩個有用的快速方法。第一個是快速的取其負值的方法。只要將每一個 0 變 1、1 變 0，再將結果加 1。該法是基於觀察某數與其反相 (inverted) 之數的和必為 $111...111_{two}$，亦即 -1。因為 $x+\bar{x}=-1$，故 $x+\bar{x}+1=0$ 或 $\bar{x}+1=-x$ (我們使用 $\bar{x}$ 這個表示法來表示將 x 中的所有位元從 0 改為 1 或是反之)。

取負值的捷徑

取 2_{ten} 的負值並取 -2_{ten} 的負值以檢查其結果。

$2_{ten} = 0000\ 0000\ 0000\ 0000\ 0000\ 0000\ 0000\ 0010_{two}$

反轉各位元並加 1 以求其負值，

$$\begin{aligned}&1111\ 1111\ 1111\ 1111\ 1111\ 1111\ 1111\ 1101_{two}\\+&\underline{\hspace{20em}1_{two}}\\=&1111\ 1111\ 1111\ 1111\ 1111\ 1111\ 1111\ 1110_{two}\\=&-2_{ten}\end{aligned}$$

反方向來做，

$1111\ 1111\ 1111\ 1111\ 1111\ 1111\ 1111\ 1110_{two}$

先被反相再加 1：

$$\begin{aligned}&0000\ 0000\ 0000\ 0000\ 0000\ 0000\ 0000\ 0001_{two}\\+&\underline{\hspace{20em}1_{two}}\\=&0000\ 0000\ 0000\ 0000\ 0000\ 0000\ 0000\ 0010_{two}\\=&2_{ten}\end{aligned}$$

我們的下一個捷徑告訴我們如何將一個 n 位元的二進數字轉換為以多於 n 個位元來表示。例如，在 load、store、branch、add 及 set on less than 指令中的立即值欄位含有一個 16 位元的 2 的補救，可表示 $-32,768_{ten}$ (-2^{15}) 至 $32,767_{ten}$ ($2^{15}-1$)。欲將此立即值加至 32 位元的暫存器中時，計算機需將該 16 位元數字轉換成等值的 32 位元數字。捷徑是將較短數字的最重要位元 —— 符號位元 —— 複製以填滿較長數字新增出來的位元。其他位元照樣寫入較大數字的右側部分即可。此法一般即稱為 **符號延伸** (*sign extension*)。

符號延伸捷徑

將 16 位元的 2_{ten} 及 -2_{ten} 轉換為 32 位元的數字。

16 位元的 2 是

$0000\ 0000\ 0000\ 0010_{two} = 2_{ten}$

複製 16 份其最重要位元 (0) 並將之置於 16 個位元的左方即可將該數字轉換為 32 位元的數字。該數字右半部與原 16 位元數字相同：

```
            0000 0000 0000 0000 0000 0000 0000 0010₂ = 2₁₀
```

若用之前的捷徑取此 16 位元 2 的負值,因此

```
            0000 0000 0000 0010₂
```

成為

```
            1111 1111 1111 1101₂
          +                   1₂
          = 1111 1111 1111 1110₂
```

轉換該負數成為 32-位元形式即為將符號複製 16 份並置於左側:

```
1111 1111 1111 1111 1111 1111 1111 1110₂ = -2₁₀
```

這個技巧可行的原因在於 2 補數的正數其左側實有無限個 0,而負數其左側實有無限個 1。表示數字時為了配合硬體的寬度因而隱藏了一些前頭的位元;符號延伸不過是將它們中的一些恢復回來。

總結

本節要點是我們需能於計算機字組中表示正的以及負的整數,以及雖然每種選擇都有其優劣,自 1965 年以來 2 的補數即為壓倒性的選擇。

仔細深思 對有號十進位數,我們因為數字的字元數可以有無限個而採取以 "–" 表某數為負。假設數字的位數有限,二進及十六進的數字 (參見圖 2.4) 位元串可將符號編碼於其中;因此我們通常不在二進及十六進碼中使用 "+" 或 "–" 符號。

自我檢查 此 64 位元 2 補數的十進位值是多少?

```
1111 1111 1111 1111 1111 1111 1111 1111 1111 1111
1111 1111 1111 1111 1111 1000₂
```

1. -4_{ten}
2. -8_{ten}
3. -16_{ten}
4. $18,446,744,073,709,551,608_{ten}$

如果其被視為 64 位元的無號數時,它以十進制表示的數值是多少?

仔細深思 2 的補數得名於任一 n 位元數字及其負值相加的和以無號的方式觀之即為 2^n 的規則；因此一個 2 的補數數字 x 其補數或負值即為 $2^n - x$。

除了 2 的補數以及符號－大小外第三種可能的表示法是 **1 的補數** (one's complement)。一個 1 的補數的負值可由反轉其每一位元，由 0 變 1 及由 1 變 0，而得；此有助於解釋其名稱，因為 x 的補數為 $2^n - x - 1$。其亦為追求較符號－大小更佳方式的一種提案，早期亦有若干科學計算機使用該表示法。此表示法與 2 的補數法相近，不過其仍具有二個零：$00...00_{two}$ 為正 0 而 $11...11_{two}$ 為負 0。最負的數 $10...000_{two}$ 表示 $-2,147,483,647_{ten}$，因此正負方向的數字是對稱的。1 的補數加法器在做減法時需要一個額外的步驟，因此 2 的補數加法器是今日的主流。

將於第 3 章討論浮點數時見到的最後一種表示法，是以 $00...000_{two}$ 表示最負的值、$11...11_{two}$ 表示最正的值，而 0 通常表為 $10...00_{two}$ 的表示法。此法稱為**偏移表示法** (biased notation)，因為它將一個數字偏移成該值加上偏移量 (bias) 的結果不為負的表示法。

2.5 在計算機中表示指令

我們現在可以開始解釋人們指揮計算機以及計算機看待指令兩者間有何不同。

指令以一連串高及低的電子訊號的形式儲存於計算機中，其亦能以數字表示之。其實指令中每一部分亦可被視為一個各別數字，而將這些數字排在一起即形成指令。

由於幾乎所有指令都會引用到暫存器，因此一定要有一個將暫存器名稱映對到數字的慣用法。在 MIPS 組合語言中，暫存器 $s0 至 $s7 映對到 16 至 23，$t0 至 $t7 到 8 至 15。因此，$s0 意謂暫存器 16，$s1 意謂 17，$s2 意謂 18, ..., $t0 意謂 8，$t1 意謂 9，餘類推。我們將在以下各節中說明 32 個暫存器中其他幾個的慣用法。

1 的補數
一個以 $10...000_{two}$ 表最負的值以及 $01...11_{two}$ 表最正的值，使得正負數字的數目相等、但卻造成兩個零其正者為 ($00...00_{two}$)，而其負者為 ($11...11_{two}$) 的表示法。該稱呼也用來表示將一位元串中所有位元作 0、1 反轉之意。

偏移表示法
一個以 $00...000_{two}$ 表最負的值以及 $11...11_{two}$ 表最正的值，而 0 通常表為 $10...00_{two}$，因而所有數字都因偏移而使得數字加偏移量的結果恆不為負的表示法。

> **範例**
>
> **將一道 MIPS 指令轉換成機器指令**
>
> 讓我們再進一步以下例說明 MIPS 語言的改進。我們將表出以符號形式表示的指令：
>
> ```
> add  $t0,$s1,$s2
> ```
>
> 在真實 MIPS 語言中的十進位以及二進位的表示法。
>
> **解答**
>
> 十進位表示法是：
>
> | 0 | 17 | 18 | 8 | 0 | 32 |
> |---|----|----|---|---|----|
>
> 一指令中每一該等片段稱為一個欄位 (*field*)。第一以及最後一個欄位 (上例中的 0 以及 32) 合併起來告知 MIPS 計算機該指令為加。第二欄位指出加法運算的第一個來源運算元 (source operand) 的暫存器編號 (17=$s1)，以及第三欄位指出另一個來源運算元 (18=$s2)。第四欄位指出將接受和的暫存器的編號 (8=$t0)。第五欄位在該指令中沒有用到，因此被給予 0 這個值。因此，該指令將暫存器 $s1 及 $s2 相加並將和置於暫存器 $t0 中。
>
> 該指令相對於十進表示法，亦可將各欄位以二進數字表示之：
>
> | 000000 | 10001 | 10010 | 01000 | 00000 | 100000 |
> |--------|-------|-------|-------|-------|--------|
> | 6 個位元 | 5 個位元 | 5 個位元 | 5 個位元 | 5 個位元 | 6 個位元 |

指令格式
一種由多個二進數字的欄位組成的指令的表達形式。

機器語言
用於計算機系統中訊息溝通的二進制表示法。

十六進位
以 16 為基底的數字。

這種指令的擺置方式稱為**指令格式** (instruction format)。如果計算其位元數，你將可知該 MIPS 指令共佔用了正好 32 個位元 —— 其大小與數據的字組相同。遵循「規律性易導致簡單的設計」的設計原則，所有 MIPS 指令的長度均為 32 個位元。

為了與組合語言作區別，我們稱呼該種數字形式的指令為**機器語言** (machine language) 以及一串該等指令為**機器碼**。

看起來似乎你現在要閱讀以及書寫冗長而且瑣碎的位元串。我們使用一種較二進表示法略高階且可輕易轉換成二進表示法的方式來省卻這種繁瑣。由於幾乎所有計算機的資料大小都是 4 個位元的倍數，因此**十六進位** (hexadecimal) 表示法很風行。也由於 16 這個基底是 2 的指數次方，因此我們可輕易地以一個十六進制位元來取代四個二進制位元，或者反之。圖 2.4 表示了二進以及十六進數字的轉換。

由於我們經常需處理不同的數字基底，為了避免混淆，我們將以下標 *ten*、*two* 以及 *hex* 來分別代表十進、二進以及十六進的數字 (若無下標，則該不表示之意為基底 10)。順便一提，C 及 Java 以 0x*nnnn* 標記表示十六進制數字。

十六進位	二進位	十六進位	二進位	十六進位	二進位	十六進位	二進位
0_{hex}	0000_{two}	4_{hex}	0100_{two}	8_{hex}	1000_{two}	c_{hex}	1100_{two}
1_{hex}	0001_{two}	5_{hex}	0101_{two}	9_{hex}	1001_{two}	d_{hex}	1101_{two}
2_{hex}	0010_{two}	6_{hex}	0110_{two}	a_{hex}	1010_{two}	e_{hex}	1110_{two}
3_{hex}	0011_{two}	7_{hex}	0111_{two}	b_{hex}	1011_{two}	f_{hex}	1111_{two}

圖 2.4　16 進制-二進制表示法的轉換表。
只要將十六進制中一個位數以四個二進制的位數來取代，或是反之。如果二進制數字的位數不是 4 的倍數的話，則規則就是從右向左放置各個位元。

範例

二進制到十六進制再回到二進制

將下列十六進及二進數字轉換為另一基底的表示法：

eca8 6420_{hex}
0001 0011 0101 0111 1001 1011 1101 1111_{two}

解答

依據圖 2.4，本解答不過是某一方向的查表：

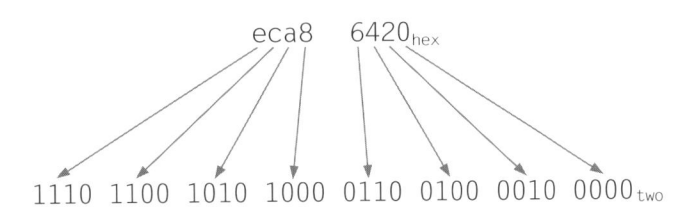

eca8　　6420_{hex}

1110 1100 1010 1000 0110 0100 0010 0000_{two}

以及反方向的查表：

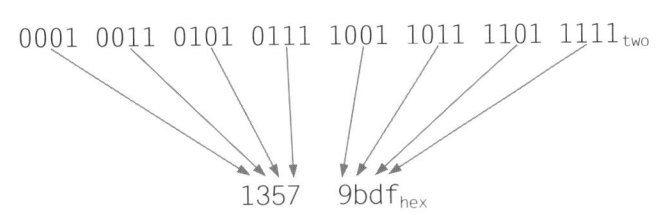

0001 0011 0101 0111 1001 1011 1101 1111_{two}

1357　　$9bdf_{hex}$

MIPS 欄位

我們對 MIPS 各欄位均給予名稱，以方便對它們做討論：

op	rs	rt	rd	shamt	funct
6 個位元	5 個位元	5 個位元	5 個位元	5 個位元	6 個位元

以下是 MIPS 指令中各欄位每一個名稱的意義：

- *op*：該指令的基本運作，傳統上稱其為**運作碼** (opcode)。
- *rs*：第一個來源運算元暫存器。

運作碼
標示指令的運作以及格式的欄位。

- *rt*：第二個來源運算元暫存器。
- *rd*：目的運算元暫存器。其會得到運作的結果。
- *shamt*：位移量 (shift amount) (2.6 節說明位移指令及本名詞；其在該節之前將不會被使用到，因此本節中該欄位內均含 0)。
- *funct*：功能。本欄位常被稱之為*功能碼* (*function code*)，用以選取 op 欄位的運作的特定變型 (variant)。

當指令需要較上述各欄位更長的欄位時將會產生問題。例如，載入字元指令必須指明二個暫存器以及一個常數。若該代表位址的常數使用各該格式中的 5 位元欄位，該常數將受限為 2^5 或 32。該常數為用於選擇陣列或資料結構中的元素，其通常需遠大於 32。5 位元的欄位距離有用仍甚遠。

因此，我們在希望保持所有指令的長度相同及希望使用單一指令格式之間有了衝突。這個引導出我們的最後一個硬體設計原則：

設計原則 3：好的設計需要有好的折衷 (good design demands good compromises)。

MIPS 設計者選擇的折衷是保持所有指令長度相同，因此對不同種類的指令有不同格式的需求。例如，上述格式稱為 *R* 型 (指暫存器 register) 或 *R* 格式。第二種指令格式稱為 *I* 型 (指立即值 immediate) 或 *I* 格式，其用於立即值及數據轉移指令。I 格式的欄位為：

op	rs	rt	constant or address
6 個位元	5 個位元	5 個位元	16 個位元

16 位元的位址意謂一個載入字組指令可載入其基底位址暫存器內位址 $\pm 2^{15}$ 或 32,768 位元組 ($\pm 2^{13}$ 或 8192 字組) 範圍內的任何字組。同樣地，立即值加法指令的常數值不可超過 $\pm 2^{15}$。我們可以看出對這種格式而言多於 32 個暫存器會造成困擾，因為 rs 及 rt 各會因而需要更多位元，使得將所有東西安排進一個字組更加困難。

我們檢視第 77 頁的載入字組指令：

```
lw    $t0,32($s3)    #暫時暫存器 $t0 得到 A[8] 的值
```

此處，19 (即為 $s3) 被置入 rs 欄位、8 (即為 $t0) 被置入 rt 欄位以及 32 被置入位址欄位。注意 rt 欄的意義對該指令已有改變：在載入字組指令中，rt 欄位指出目的暫存器，其將接受載入的結果。

指令	型式	op	rs	rt	rd	shamt	funct	address
add(加法)	R	0	reg	reg	reg	0	32$_{ten}$	n.a.
sub(減法)	R	0	reg	reg	reg	0	34$_{ten}$	n.a.
add immediate (加立即值)	I	8$_{ten}$	reg	reg	n.a.	n.a.	n.a.	常數
lw(載入字組)	I	35$_{ten}$	reg	reg	n.a.	n.a.	n.a.	位址
sw(儲存字組)	I	43$_{ten}$	reg	reg	n.a.	n.a.	n.a.	位址

圖 2.5　MIPS 指令的編碼。

在以上的表格中，"reg"代表暫存器，數字在 0 到 31 之間。「位址」代表 16 位元的位址，"n.a."(沒用上)代表這個欄位在這指令格式裡沒有使用。要注意加法和減法的 op 欄位的值相同，硬體用 funct 欄位來決定不同的運算：加法 (32) 或減法 (34)。

雖然多種指令格式會使硬體更複雜，我們仍可藉著使各格式近似來降低硬體複雜性。例如 R 型及 I 型格式的前三個欄位其大小及名稱均同；I 型第四個欄位的長度與 R 型最後三個欄位長度的總和相同。

如果你想知道的話，第一個欄位的內容決定了所採用的格式：每一種格式都被指定了一個第一欄位 (亦即 op) 的特定值的集合，由此硬體即可得知如何解讀指令的後半，究竟是 R 型的三個欄位、還是 I 型的一個欄位。圖 2.5 表示了這裡所論及的 MIPS 指令各欄位中的數字。

將 MIPS 組合語言翻譯為機器語言

現在我們可以舉一例說明從程式師所寫的敘述直到計算機所執行的指令的變化。設 $t1 含有陣列 A 的基底位址且 $s2 包含 h，以下賦值敘述：

```
    A[300]=h+A[300] ;
```

會被編譯成：

```
    lw    $t0,1200($t1)    #暫時暫存器 $t0 得到 A[300] 的值
    add   $t0,$s2,$t0      #暫時暫存器 $t0 得到 h+A[300] 的值
    sw    $t0,1200($t1)    #將 h+A[300] 的值存回 A[300] 位址
```

此三道指令的 MIPS 機器語言碼是什麼呢？

為方便起見，我們首先以十進數字來代表機器語言指令。根據圖 2.5，我們即可得知該三道機器語言指令：

op	rs	rt	rd	address/shamt	funct
35	9	8		1200	
0	18	8	8	0	32
43	9	8		1200	

lw 指令可由第一個欄位 (op) 的內容為 35 (參見圖 2.5) 來辨識。基底位址 (base) 暫存器 9 ($t1) 由第二個欄位 (rs) 指定，而目的地 (destination) 暫存器 8 ($t0) 由第三個欄位 (rt) 指定。用以選擇 A[300] 的位移值 (offset)(1200＝300×4) 則置於最後一個欄位 (位址) 中。

其後的 add 指令是由第一個欄位 (op) 為 0 以及最後一個欄位 (funct) 為 32 來指定。其三個暫存器運算元 (18、8 及 8) 則存於第二、三、四個欄位中並分別對映到 $s2、$t0 及 $t0。

sw 指令可由第一個欄位為 43 來辨識。這最後一道指令的其他欄位則與 lw 指令相同。

由於 1200_{ten} ＝ 0000 0100 1011 0000_{two}，上述各 10 進位形式相對的二進位表示法為：

100011	01001	01000	0000 0100 1011 0000		
000000	10010	01000	01000	00000	100000
101011	01001	01000	0000 0100 1011 0000		

注意第一道及最後一道指令間的相似性。其唯一的不同在於由左算來第三個位元，特在此指出。

硬體／軟體介面　希望所有指令大小一樣與希望有越多暫存器越好彼此牴觸。任何暫存器數目的增加會在指令格式中的每一個暫存器欄位中多用掉至少一個位元。考慮這些限制以及小些就會快些的設計原則，今天大部分的指令集使用的一般用途暫存器數目是 16 到 32 個。

圖 2.6 歸納了本節所述及的部分 MIPS 機器語言。如我們即將於第 4 章中所見，相關指令的二進表示法間的相似性可簡化硬體設計。這些相似性亦是 MIPS 架構中規律性的另一例證。

MIPS 機器語言

名稱	型式	舉例						註解
加法	R	0	18	19	17	0	32	add $s1,$s2,$s3
減法	R	0	18	19	17	0	34	sub $s1,$s2,$s3
加立即值	I	8	18	17	100			addi $s1,$s2,100
載入字組	I	35	18	17	100			lw $s1,100($s2)
儲存字組	I	43	18	17	100			sw $s1,100($s2)
欄位大小		6 位元	5 位元	5 位元	5 位元	5 位元	6 位元	所有 MIPS 指令的長度都是 32
R 型式	R	op	rs	rt	rd	shamt	funct	算術指令型式
I 型式	I	op	rs	rt	address			資料傳輸型式

圖 2.6 到第 **2.5** 節為止出現過的 **MIPS** 架構。
R 和 I 是到目前為止的二種 MIPS 指令型式。這兩種指令格式前十六位元相同；兩者都包含 *op* 欄位，說明是哪一種運算；*rs* 欄位，指出一個來源運算元及 *rt* 欄位是另一個來源運算元，而在載入字組指令 *rt* 則是目的運算元。R 型式將後十六位元分成 *rd* 欄位，指出目的暫存器；*shamt* 欄位會在第 2.6 節解釋；*funct* 欄位指出 R 型式指令的運作。I 格式則將後十六位元當作 *address* 欄位。

大印象　　　　　　　　　The BIG picture

現今計算機均根據二個主要原則來建構：

1. 指令均以數字來代表。
2. 程式儲存於可以被讀或寫的記憶體中，如同數字一般。

此等原則導引出內儲程式 (*stored-program*) 的概念；這個發明讓計算的精靈由瓶子中跑出來 (譯註：指各種技術因而得以發展)。圖 2.7 表示該概念的威力；具體而言，記憶體可存放編輯 (editor) 程式的原始碼、相對應的編譯過的 (compiled) 機器碼、該編譯過的程式所使用的文字 (text)，甚至於產生該機器碼的編譯器。

指令以數字來呈現的一種結果即是程式經常以二進數字檔的方式來傳送。商業上的意義是：計算機如果相容於現存的指令集，則其可沿用既有的軟體。這種「二進碼相容性」(binary compatibility) 經常使得業界專注在少數幾種指令集架構上發揮。

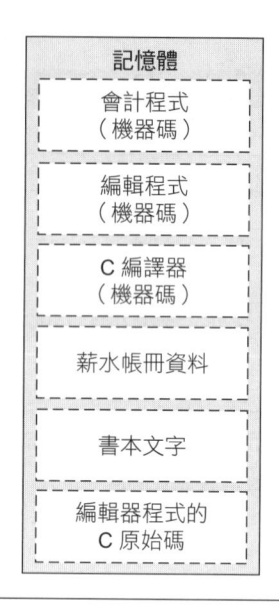

```
                ┌─────────────┐
                │    記憶體    │
                │ ┌─────────┐ │
                │ │ 會計程式 │ │
                │ │(機器碼) │ │
                │ └─────────┘ │
                │ ┌─────────┐ │
                │ │ 編輯程式 │ │
   ┌──────┐     │ │(機器碼) │ │
   │      │     │ └─────────┘ │
   │處理器 │     │ ┌─────────┐ │
   │      │     │ │ C 編譯器 │ │
   │      │     │ │(機器碼) │ │
   └──────┘     │ └─────────┘ │
                │ ┌─────────┐ │
                │ │薪水帳冊資料│ │
                │ └─────────┘ │
                │ ┌─────────┐ │
                │ │ 書本文字 │ │
                │ └─────────┘ │
                │ ┌─────────┐ │
                │ │編輯器程式的│ │
                │ │ C 原始碼 │ │
                │ └─────────┘ │
                └─────────────┘
```

圖 2.7 內儲程式的觀念。

內儲程式讓計算機可以從執行會計程式在一瞬間轉換成幫助作家撰寫書籍。計算機之所以可以這樣轉換,僅需將記憶體載入不同的程式與資料,然後視需要告訴計算機從哪個位置開始執行程式。將指令與資料一視同仁大大簡化記憶體硬體和計算機系統的軟體。更仔細地講,資料所需要的記憶體技術也能使用在程式上,而且,例如編譯器程式能夠將使用方便人類閱讀的符號所寫成的程式,轉換成計算機所能瞭解的程式碼。

自我檢查

這個代表什麼 MIPS 指令?選擇以下四個選項之一。

op	rs	rt	rd	shamt	funct
0	8	9	10	0	34

1. add $t0, $t1, $t2
2. add $t2, $t0, $t1
3. sub $t2, $t1, $t0
4. sub $t2, $t0, $t1

若有某人年紀是 40_{ten},如何以十六進位數字表示其年紀?

> 「相反地,」Tweedledee 繼續說:「如果曾是如此,則可能會如此;而如果假設曾是如此,則應該會如此;但因為它不是,所以它不會如此。這就是邏輯。」
>
> Lewis Carroll,《愛麗絲夢遊仙境》,1865

2.6 邏輯運算

雖然最初的計算機是對整個字組 (full word) 做運算,但是很快地人們就瞭解到能夠對字組中某些欄位甚至個別位元做運算也很有用。檢視字組中以 8 個位元儲存的各個字母或符號 (character),就是這種

邏輯運算	C 運算子	Java 運算子	MIPS 指令
向左位移	<<	<<	sll
向右位移	>>	>>>	srl
逐位元的 AND	&	&	and, andi
逐位元的 OR	|	|	or, ori
逐位元的 NOT	~	~	nor

圖 2.8　C 和 JAVA 的邏輯運算子及與之對應的 MIPS 指令。
MIPS 使用其中一個運算元為 0 的 NOR 來實現 NOT。

運算其中一個應用的例證 (參見 2.9 節)。因此相關的運作即被加入到程式語言及指令集架構中以簡化如打包 (packing) 或取出 (unpacking) 字組中各個位元或是其他類似的運作。該類運作稱為邏輯運算。圖 2.8 表示了 C、Java 以及 MIPS 的邏輯運算。

第一類該等指令稱為*移位 (shifts)*。它們將字組中所有位元向左或右移，並以 0 填補空出來的位元。例如，若 $s0 含有：

0000 0000 0000 0000 0000 0000 0000 1001$_{two}$ = 9$_{ten}$

且對其執行左移 4 位的運作，則其新值將為：

0000 0000 0000 0000 0000 0000 1001 0000$_{two}$ = 144$_{ten}$

相對於左移的對稱指令是右移。該二 MIPS 移位指令的真正名稱是*邏輯左移 (shift left logical*, sll) 及*邏輯右移 (shift right logical*, srl)。假設原始值在 $s0 中且結果應存於 $t2 中，則下列指令可執行上例之運作：

　　sll　$t2,$s0,4　　#reg $t2 = reg $s0 << 4 位元

我們尚未解釋 R 格式中的 *shamt* 欄位。其用於移位指令中，代表移位的量 (*shift amount*)。因此，上述指令的機器語言表示法是：

op	rs	rt	rd	shamt	funct
0	0	16	10	4	0

sll 的編碼在 op 及 funct 欄位均為 0，rd 內容為 10 (指暫存器 $t2)，rt 內容為 16 (暫存器 $s0)，而 shamt 內容為 4。rs 欄位並未用到，故將其設為 0。

邏輯左移具有一額外的好處。左移 *i* 個位元的結果與乘以 2*i* 相同，猶如將十進位數左移 *i* 個位置即等於乘以 10*i*。例如，上述 sll 指令移位 4 位元，其結果即等於乘以 2^4 或 16。原先的運算元代表 9，而結果即代表 9 × 16 = 144。

AND
一種逐個位元的邏輯運算，具二個運算元，並於兩個運算元的對應位元均為 1 時得出 1。

另一個有用的、可將欄位分別獨立出來 (isolates) 的指令是 AND (在原文中為免與英文中的連接詞 and 混淆，此處我們特別用英文大寫來代表該運作)。AND 是一種逐個位元的運算，其結果僅在兩個運算元的相對位元均為 1 時方為 1。例如，若暫存器 $t2 內含：

0000 0000 0000 0000 0000 1101 1100 0000$_{two}$

且暫存器 $t1 內含

0000 0000 0000 0000 0011 1100 0000 0000$_{two}$

則在執行 MIPS 指令

  and $t0,$t1,$t2 #暫存器 $t0 =暫存器 $t1 & 暫存器 $t2

之後暫存器 $t0 的值將為

0000 0000 0000 0000 0000 1100 0000 0000$_{two}$

由上可知，AND 可對一組位元運用一個位元樣式來強制該組位元相對於該位元樣式為 0 的位置被設定為 0。如此的位元樣式連同 AND 運作傳統上即稱為一個遮罩 (*mask*)，因為遮罩可「遮蔽」掉一些位元。

OR
一種逐個位元的邏輯運算，具二個運算元，並於任一運算元的對應位元為 1 時得出 1。

有一個 AND 的對應指令稱為 OR，可將一個值置入一大群的 0 之中，其為一種逐個位元的運算，並於二個運算元之任一的該位元為 1 時將結果訂為 1。仔細地說，假設暫存器 $t1 及 $t2 的值如同上述，則 MIPS 指令：

  or $t0,$t1,$t2 #暫存器 $t0 =暫存器 $t1|暫存器 $t2

的結果即為暫存器 $t0 中的值：

0000 0000 0000 0000 0011 1101 1100 0000$_{two}$

NOT
一種逐個位元、具一個運算元，且將所有位元反相的邏輯運算；亦即，其將所有 1 替換為 0 以及所有 0 替換為 1。

最後一個邏輯運作是反相運作 (contrarian)。NOT 使用一個運算元，各該運算元的位元值若為 0 則運算的結果中對應的位元值為 1，或反之依照我們之前採用的標註法，它的功能就是逐位元計算 $\bar{x}$。

為了要維持三個運算元的格式，MIPS 的設計者決定以 NOR (NOT OR) 指令來取代 NOT。NOR 在一個運算元為 0 時的行為與 NOT 相同：A NOR 0 = NOT (A OR 0) = NOT (A)。

NOR
一種逐個位元的邏輯運算，具二個運算元，並計算其 OR 的 NOT。亦即，其僅在兩個運算元的位元值均為 0 時得出 1。

設暫存器 $t1 的值如同上述且暫存器 $t3 的值為 0，則 MIPS 指令

  nor $t0,$t1,$t3 #暫存器 $t0 =~（暫存器 $t1|暫存器 $t3）

的結果即為暫存器 $t0 中的值：

1111 1111 1111 1111 1100 0011 1111 1111$_{two}$

之前的圖 2.8 中曾表出 C、Java 的運算子 (operators) 與 MIPS 指令的關係。由於在 AND 及 OR 邏輯運作中，常數一如其在算術運算中有用，因此 MIPS 也提供了 *and immediate* (`andi`) 及 *or immediate* (`ori`) 指令。NOR 則主要用於對單一運算元所有位元反相，而少有用到其他常數，因此 MIPS 指令集架構中並無 NOR immediate。

仔細深思 完整的 MIPS 指令集亦包含了互斥或 (exclusive or, XOR)，其在兩運算元位元值不同時將結果設定為 1，否則即設定為 0。C 語言允許在字組中定義位元的欄位 (*bit fields*) 或欄位 (*fields*)，兩者均可將多個物件打包至一個字組中並且同時符合如輸出入裝置等外界所制定的介面規格。所有欄位均要能置入一個字組中。各欄位均為無號的整數，至短可為一個位元。C 的編輯器使用 MIPS 的 `and`、`or`、`sll` 及 `srl` 來插入或取出各欄位。

仔細深思 邏輯 AND 立即值與邏輯 OR 立即值指令將 16 個 0 放在高位元位置以形成 32 位元的常數，不像立即值加法指令是對立即值作符號延伸。

哪個運作可以將字組中的一個欄位獨立出來？

1. AND
2. 一個向左移位之後再一個向右移位。

2.7 能作決定的指令

　　計算機與簡單計算器的分野在於其具有作決定的能力。其根據輸入的數據以及計算過程中產生的值，而可執行不同的指令。在程式語言中作決定的指令一般以 *if* 敘述來表示，並經常與 *go to* 敘述及標籤 (labels) 合併使用。MIPS 組合語言包含了兩個作決定的指令，二者均與 *if* 且含有 *go to* 的敘述類似。第一個指令是：

```
beq    register1, register2, L1
```

該指令意謂若 register1 內含的值與 register2 內含的值相等，則接下來執行被標記為 (labeled) L1 的敘述。助憶詞 beq 代表 *branch if equal* (若相等則分支)。第二個指令是：

自動化計算機之所以有用，在於其能夠重複地執行一個指令序列，其重複執行的次數可以由計算的結果來決定……這個決定可以是根據一個數字的符號 (因為機器設計的考慮，0 被視為正數)。基於此，我們採用了一道可以根據某數字的符號來選擇兩種程序中之恰當的一個來執行的 [指令] (條件式的轉移 [指令])。

Burks, Goldstine, 及 von Neumann, 1947

條件式分支指令
一個需要比較兩數值，並允許基於比較結果而改變接下來的執行流程至程式中另一新位址的指令。

```
bne  register1, register2, L1
```

其意謂若 register1 內含的值與 register2 內含的值不等，則接下來執行被標記為 L1 的敘述。這兩道指令傳統上稱為**條件式分支指令** (conditional branches)。

範例 將 *if-then-else* 編譯為條件式分支指令

下列程式片段中，f、g、h、i 及 j 為變數。若該五變數 f 至 j 對應至五個暫存器 $s0 至 $s4，該 C *if* 敘述編譯成的 MIPS 碼為何？

```
if (i == j) f=g+h; else f=g -h;
```

解答 圖 2.9 為 MIPS 碼應有行為的流程圖。第一個表示式作相等的比較，因此似乎我們會要使用若暫存器值相等則分支 (beq) 的指令。通常我們若做相反情況的測試來跳到用以運算 *then* 部分的程式碼 *if* (以下會定義標籤 Else) 則程式會更有效率，因此我們使用若暫存器值不等則分支 (bne) 的指令：

```
bne  $s3,$s4,Else       #若 i ≠ j 則跳躍至 Else
```

之下的賦值敘述執行一個運算，且若所有運算元都已配置於暫存器中，其僅為單一的組合指令：

```
add  $s0,$s1,$s2        #f=g+h（若 i ≠ j 則被跳過）
```

我們現在需要走到 *if* 敘述的最尾端。本例中介紹另一種通常稱為**無條件分支** (*unconditional branch*) 的分支指令。該指令使處理器永遠執行分支。為了區隔條件式與無條件式分支，MIPS 稱該類無條件分支指令為 *jump*，簡稱作 j (以下會定義標籤 Exit)。

```
j Exit                  #跳躍至 Exit
```

該 *if* 敘述的 *else* 部分中的賦值敘述同樣地可被編譯成單一組合指令。我們僅需在這指令上附加標籤 Else。我們也在這道指令之後寫出表示 *if-then-else* 編譯後程式碼結尾處的 Exit 標籤：

```
Else: sub $s0,$s1,$s2   #f=g-h（若 i=j 則被跳過）
Exit:
```

注意：組譯器可以免除編譯器或者組合語言程式師計算跳躍位址的麻煩，一如其可以計算載入及儲存指令中的數據位址一般 (參見 2.12 節)。

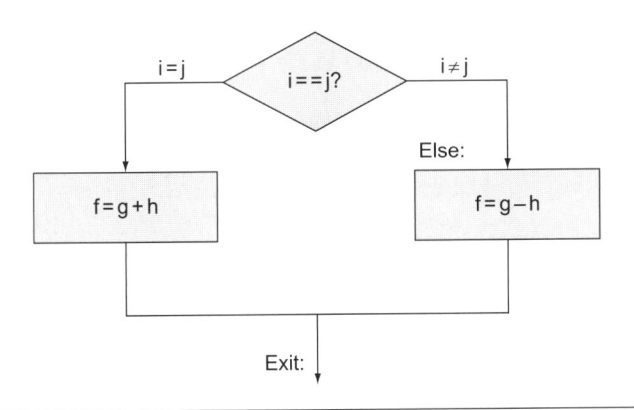

圖 2.9　圖示說明在以上 if 敘述中的選擇。
左邊方框代表 if 敘述中 then 的部分，右邊方框代表 if 敘述中 else 的部分。

> **硬體／軟體介面**

編譯器常會產生不見於 (高階) 程式語言中的分支指令及標籤。以高階程式語言編寫程式的好處之一即在可免於明確寫出標籤及分支指令，其亦為高階編程速度較快的一個原因。

迴圈

做決定的指令對選擇二可能性之一 —— 如 if 敘述中所見者 —— 以及反覆執行計算 —— 如迴圈中所見者。兩種情況中的基本建構指令均為相同的組合指令。

> **範例**
>
> **編譯 C 中的一個 while 迴圈**
> 此為一個傳統的 C 迴圈：
>
> ```
> while (save[i] == k)
>     i+=i;
> ```
>
> 設 i 及 k 在暫存器 $s3 及 $s5 中且 save 數列的基底位址在 $s6 中。相對於此 C 片段的 MIPS 組合碼為何？
>
> **解答**
>
> 第一步是將 save[i] 載入一個暫時暫存器中。在將 save[i] 載入一個暫時暫存器之前，我們需要先得到其位址。在將 i 加到數列 save 的基底 (位址) 以得知該位址之前，由於位址是以位元組 (byte) 作單位來訂定，我們需要將 i 乘以 4。幸運地，我們可以採用邏輯左移，因為左移二位元就等於乘以 2^2 或是 4 (參見前節中的第 95 頁)。為了在迴圈的最後能夠分支回迴圈的第一道指令，我們需要將 Loop 這個標籤加到迴圈的第一道指令上：

```
      Loop: sll   $t1,$s3,2      #暫時暫存器 $t1=i * 4
```

為求 save[i] 的位址，我們需要將 $t1 加至 $s6 中的 save 的基底位址：

```
            Add   $t1,$t1,$s6    #$t1=save[i] 的位址
```

現在我們可用該位址來將 save[i] 載入一個暫時暫存器：

```
            lw    $t0,0($t1)     #暫時暫存器 $t0=save[i]
```

下一道指令處理迴圈測試，若於 save[i] ≠ k 時則離開 (exit)：

```
            bne   $t0,$s5,Exit   #若 save[i] ≠ k 則前往 Exit
```

下一道指令將 i 加 1：

```
            addi  $s3,$s3,1      #i=i+1
```

迴圈的最後分支回迴圈最上方的 *while* 測試。我們僅在其後再加上 Exit 標籤，即完成工作：

```
            j     Loop           #前往 Loop
      Exit:
```

(習題中有此指令序的最佳化。)

硬體 / 軟體介面

基本區塊

一串 (除了可能最後之外) 沒有分支指令以及 (除了可能在開頭之外) 沒有分支目的地或分支的標籤的指令。

這種以分支做結尾的指令序在編譯中極為基本且重要，因而其具有一專有名詞：**基本區塊** (basic block) 是一串除了可能在結尾處以外不會有分支指令，以及除了可能在開頭處以外不會有分支目的地或分支的標籤的指令。編譯工作最初的階段 (phases) 之一即是將程式分解為各個基本區塊。

相等或不等的測試可能是最常用的測試，但有時檢查一個變數是否小於另一者亦很有用。例如，*for* 迴圈可能要測試其索引 (index) 變數是否小於 0。這種比較在 MIPS 組合語言中是以一道比較二暫存器中的值且若前者小於後者則將第三個暫存器值設為 1，否則設為 0 的指令來達成。該 MIPS 指令稱為*在小於時設定* (*set on less than*)，或 slt。例如：

```
            slt $t0,$s3,$s4   #若 $s3<$s4 則 $t0=1
```

意為若暫存器 $s3 中的值小於暫存器 $s4 中的值，則暫存器 $t0 被

設定為 1；否則暫存器 $t0 被設定為 0。

常數運算元在比較中很常用到，因此該在小於時設定指令具有一立即值版本。若欲測試暫存器 $s2 是否小於常數 10，我們僅需使用：

```
slti $t0,$s2,10   #若 $s2<10 則 $t0=1
```

硬體／軟體介面

MIPS 編譯器使用 slt、slti、beq、bne 以及一個固定的數值 0 (永遠可經由讀取暫存器 $zero 而得) 來產生各種相關的條件：相等、不相等、小於、小或等於、大於、大或等於。

遵循 von Neumann 對「設施」應予簡化的提示，MIPS 架構因顧慮小於則分支指令過於複雜而不將其設計進來；其或者會拉長時脈週期，或者使用更多的時脈週期。以兩個快些的指令來完成之將更為好用。

硬體／軟體介面

比較類指令能分辨有 (正負) 號及無號的數字。有時在最高位為 1 的位元樣式表示的是負數，且當然，其小於任何一個以在最高位元為 0 來表示的正數。另一方面，對無號的數字，若一數字在其最高位元為 1 則表示其大於任一最高位元為 0 者 (我們即將利用最高位元的兩種意義來降低數列邊界檢查的成本)。

MIPS 提供兩種在小於時設定的比較指令版本來因應不同情況。在小於時設定 (slt) 及在小於立即值時設定 (slti) 用於有號整數。無號整數則以無號的在小於時設定 (sltu) 及無號的在小於立即值時設定 (sltiu) 來比較。

範例

有號及無號的比較

設暫存器 $s0 內含二進數字

1111 1111 1111 1111 1111 1111 1111 1111$_{two}$

及暫存器 $s1 內含二進數字

0000 0000 0000 0000 0000 0000 0000 0001$_{two}$

則下列二指令執行後暫存器 $t0 及 $t1 的值各為何？

```
slt   $t0,$s0,$s1        #有號的比較
sltu  $t1,$s0,$s1        #無號的比較
```

解答　暫存器 $s0 的值若為有號整數時為 -1_{ten}，若為無號整數時則為 $4{,}294{,}967{,}295_{ten}$。暫存器 $s1 的值在任一情況下均為 1_{ten}。故由於 $-1_{ten} < 1_{ten}$，暫存器 $t0 得值為 1；另由於 $4{,}294{,}967{,}295_{ten} > 1_{ten}$，暫存器 $t1 得值為 0。

將有號數字視為有如無號數字給予我們一個檢測 $0 \le x < y$ ── 其符合數列索引的超過邊界檢測 (out-of-bounds check) ── 的低成本方法。關鍵即為 2 的補數表示法中的負值看似無號表示法中的大數字；亦即，數字的最高位元在前者中為符號位元而在後者中為數值中的一大部分。因此 $x < y$ 的無號比較也可檢測 x 是否為負以及 x 是否小於 y。

範例　邊界檢測捷徑

使用這個捷徑來簡化索引超過邊界的檢測：若 $s1 ≥ $t2 或者 $s1 為負則分支至 IndexOutOfBounds。

解答　檢測碼僅使用 sltu 即可做到該二項檢測：

```
sltu  $t0,$s1,$t2                #若 $s1>= 長度 或 $s1<0 則 $t0=0
beq   $t0,$zero,IndexOutOfBounds #若不對，前往處理錯誤
```

Case/Switch（情況／轉向）敘述

大部分的程式語言包含一個可讓程式師根據某數來就多種可能性擇一執行的 *case* 或 *switch* 敘述。實現 *switch* 最簡單的方式是經由一連串的條件測試，將該 *switch* 敘述轉換為連續的 *if-then-else* 敘述。

在有些情況下，各種的可能處理方法其所對應各指令序列的位址可以有效率地被編排在一個所謂的**跳躍位址表** (jump address table) 或**跳躍表** (jump table) 中，如此程式僅需索引該表即可跳到適當的指令序列。因此跳躍表不過是一組對應於程式碼中一些標籤的位址的字組數列。程式自跳躍表中將適當的項目 (entry) 載入暫存器中，之後其必須根據此暫存器中的位址來跳躍。為了支援該情況，計算機如 MIPS 者含有一暫存器跳躍 (*jump register*, jr) 指令，意為無條件跳

跳躍位址表
亦稱**跳躍表**。一個含有多種可能性的指令串的位址的表格。

躍至暫存器內容所示之位址處。於是計算機使用該指令跳躍至恰當位址，詳如下節所述。

硬體 / 軟體介面

雖然如 C 及 Java 等程式語言中有許多關於做決定以及迴圈的敘述句，在指令集階層用以實現它們的基本敘述即為條件分支。

仔細深思 如果你聽過第 4 章中會論及的延遲的分支 (delayed branch)，不必擔心：MIPS 組譯器會使得組合語言程式師不需過問這件事。

自我檢查

I. C 中有許多關於做決定以及迴圈的敘述句，然而 MIPS 幾乎沒有。下列各說明是否解釋了這種不平衡的現象？為什麼？
1. 更多做決定的敘述使得程式碼更易閱讀及瞭解。
2. 更少做決定的敘述簡化需負執行責任的最底層的工作。
3. 更多做決定的敘述意謂較少行的程式碼，通常可縮短編程時間。
4. 更多做決定的敘述意謂較少行的程式碼，通常可減少執行時的運算次數。

II. 為何 C 提供兩組 AND 運算子 (& 以及 &&) 以及兩組 OR 運算子 (| 以及 ||)，而 MIPS 卻不如此？
1. 邏輯運算 AND 及 OR 可處理 & 及 |，而條件式分支可處理 && 及 ||。
2. 上列敘述的相反：&& 及 || 為邏輯運算，而 & 及 | 為條件式分支。
3. 它們是重複的且意謂相同的事：&& 及 || 不過是由 C 的前身 B 中沿用而來。

2.8 以計算機硬體來幫助程序呼叫

程序 (procedure) 或函式 (function) 是程式師可用以建構程式，以使程式更易於瞭解以及允許程式碼重用的工具。程序這種構造使得

程序
一個內儲於計算機中，可根據提供給它的參數來執行特定工作的副程式 (subroutine)。

程式師可以一次僅需專注在整件工作的一部分上；由於程序的參數可用於傳遞參數值以及回傳結果，因此它們可做為程序和程式的其他部分以及數據之間的介面。我們在 ⊕2.15 節中說明 Java 中相當於程序的東西，而且 Java 需要用到所有 C 所需要用到的計算機中的支援。程序就是在軟體中實現**抽象化**的一種方法的體現。

你可以把程序想像成一個帶著秘密任務出發的間諜，取得資源、進行工作、湮滅其足跡，之後帶著所欲得的結果回到原處。直到任務完成，也不會驚擾別的事情。另外，間諜行事應僅限於其行動相關範圍，因此間碟不應對其雇主交代的事以外做任何假設。

依照上述類比，程式在執行一個程序時，必須遵循以下六個步驟：

1. 將參數置於程序可存取的位置。
2. 將控制權移轉給程序。
3. 取得程序所需的儲存資源。
4. 執行所需的工作。
5. 將結果的值置於呼叫的程式可取得的地方。
6. 將控制交回原來呼叫的地方，原因是一個程序可以在程式中許多個點被呼叫。

如前述及，暫存器是計算機中可存放數據最快的地方，於是我們希望儘可能多使用它們。MIPS 軟體在程序呼叫時對 32 個暫存器的配置遵循下列的慣例：

- `$a0-$a3`：用以傳遞參數的 4 個參數 (argument) 暫存器。
- `$v0-$v1`：用以回傳值的 2 個值 (value) 暫存器。
- `$ra`：用以回到呼叫原點的 1 個返回位址 (return address) 暫存器。

跳躍並鏈結
一道跳躍至一個位址並同時將下一道指令的位址保留於 `$ra` 中的指令。

除了這些暫存器的配置，MIPS 也納入了一道專為程序呼叫的指令：其跳躍至一個位址並同時將下一道指令的位址保留於暫存器 `$ra` 中。該**跳躍並鏈結** (jump-and-link, `jal`) 指令的寫法是：

```
jal   ProcedureAddress
```

返回位址
一個能讓程序回到恰當位址的鏈結；在 MIPS 中其被儲存於暫存器 `$ra` 中。

名稱中鏈結部分意為一個能讓程序返回恰當位址的、指向呼叫點的位址或鏈結被保存。該儲存於暫存器 `$ra` (暫存器 31) 中的「鏈結」(link) 稱為**返回位址** (return address)。由於同一程序可被程式從多處呼叫，因此需要有此返回位址。

為了支援返回的情況，一些計算機如 MIPS 等使用如前曾述及的用以協助 case 敘述的**暫存器跳躍** (*jump register*, jr) 指令，意謂無條件跳躍至暫存器中所指定的位址：

```
jr    $ra
```

暫存器跳躍指令跳躍至暫存器 $ra 所儲存的位址 —— 恰如我們所欲。因此，呼叫的程式或稱**呼叫者** (caller) 將參數值置於 $a0-$a3 中並經由 jal X 來跳躍至程序 X，有時稱為**被呼叫者** (callee)。被呼叫者於是執行計算，將結果置入 $v0 及 $v1，並以 jr $ra 將控制權返還給呼叫者。

內儲式程式概念所帶來的是需要有一個暫存器，用以記錄目前正在被執行的指令的位址。基於歷史原因，該暫存器幾乎總是被稱作**程式計數器** (program counter)，在 MIPS 架構中簡稱 *PC*，雖然其更合理的名稱應為指令位址暫存器。指令 jal 其實是在 $ra 暫存器中保存 PC＋4 來鏈結到下一道指令以妥善安排程序的返回。

使用更多暫存器

假設編譯器需要用到多於四個參數暫存器及二個回傳值暫存器來編譯一個程序。由於程序完成其任務後一定要掩蓋其留下的足跡，因此所有呼叫者會用到的暫存器 (譯註：特指需被讀取者) 均需恢復其內含的值為程序被叫喚前的值。該情況即為我們需要將暫存器溢出 (spill，指存放到他處) 到記憶體的例子之一，如前曾於**硬體／軟體介面**小節中所述。

用以處理暫存器溢出的理想資料結構是**堆疊** (stack) —— 一個後進先出的貯列 (queue)。堆疊需要有一個指向其最近被配置的位址的指標 (pointer) 來表示下一個程序應該擺放溢出暫存器的地方或是能找到原來的暫存器值的地方。**堆疊指標** (stack pointer) 在每一個暫存器被保留或回存時即被調動一個字組位置。MIPS 軟體預留第 29 個暫存器作堆疊指標，並給予它顯然的名稱 $sp。堆疊的使用極為普遍，因此其資料傳遞上有其專用術語：將資料置入堆疊稱為**推入** (push)，而將資料自堆疊移出稱為**爆出** (pop)。

基於過去的用法，堆疊一般是由高位址處向低位址處「最大」。這個慣例意謂你以將堆疊指標減某數來 push 數值堆疊。將堆疊指標加上某數會使堆疊縮小，亦即可將數值由堆疊中 pop 出來。

呼叫者
叫起程序並提供其所需參數值的程式。

被呼叫者
一個根據呼叫者所提供的參數來執行一連串內儲指令且之後將控制權交回給呼叫者的程序。

程式計數器 (PC)
內含程式中正在被執行的指令其位址的暫存器。

堆疊
一個結構成後進先出的用以處理暫存器溢出的貯列資料結構。

堆疊指標
一個用以指出堆疊中可將暫存器溢出的地方或是能找到原來的暫存器值的地方、亦即其最近被配置的位址值。其在 MIPS 中為暫存器 $sp。

推入
向堆疊加入元素 (element)。

爆出
自堆疊取出元素。

範例

編譯一個並不呼叫其他程序的 C 程序

讓我們將 2.3 節中第 74 頁上的例題改寫成 C 的程序

```
int leaf_example (int g,int h,int i,int j)
{
    int f;
    f=(g+h)-(i+j);
    return f;
}
```

其編譯成的 MIPS 組合碼為何？

解答

參數變數 g、h、i 及 j 對應到參數暫存器 $a0、$a1、$a2 及 $a3，且 f 對應到 $s0。編譯成的程式在開頭具有該程序的標籤：

```
leaf_example：
```

之後的步驟是保存程序會用到的暫存器。程式中的 C 賦值敘述與第 74 頁例題中者相同，其使用到兩個暫時暫存器。因此我們需要保存三個暫存器：$s0、$t0 及 $t1。我們經由在堆疊上產生三個字組 (12 位元) 的空間來 "push" 這些既有值入堆疊以保存之：

```
addi $sp, $sp, -12      #調整堆疊來空出三個物件的空間
sw $t1,8($sp)           #保存暫存器 $t1 以備未來之需
sw $t0,4($sp)           #保存暫存器 $t0 以備未來之需
sw $s0,0($sp)           #保存暫存器 $s0 以備未來之需
```

圖 2.10 表示了堆疊在程序呼叫之前、之間及之後的情形。

之後的三句敘述對應於程序的本體，其作法與第 74 頁例題中一樣：

```
add $t0,$a0,$a1         #暫存器 $t0 內含 g+h
add $t1,$a2,$a3         #暫存器 $t1 內含 i+j
sub $s0,$t0,$t1         #f=$t0-$t1，亦即 (g+h)-(i+j)
```

為了返回 f 的值，我們將其複製入返回值暫存器中：

```
add $v0,$s0,$zero       #返回 f ($v0=$s0+0)
```

程序返回前，我們將三個之前保存的暫存器值由堆疊中 "pop" 出來並放回原處：

```
lw $s0, 0($sp)          #為呼叫者恢復暫存器 $s0 的值
lw $t0, 4($sp)          #為呼叫者恢復暫存器 $t0 的值
lw $t1, 8($sp)          #為呼叫者恢復暫存器 $t1 的值
addi $sp,$sp,12         #調整堆疊以刪除三個物件
```

程序以利用返回地址的暫存器跳躍結束：

```
jr    $ra                    #跳躍回呼叫程序
```

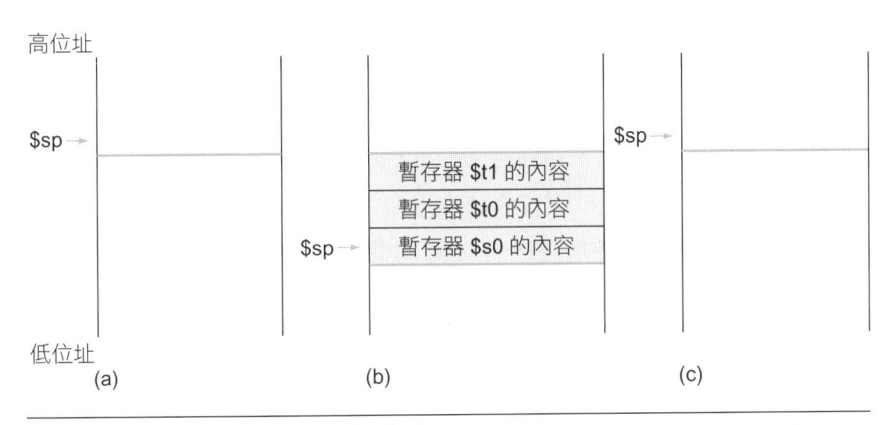

圖 2.10 堆疊指標的值與程序呼叫。
之前 (a)、期間 (b) 和之後 (c) 堆疊的情形。在這張圖裡，堆疊指標永遠指向堆疊的「頂」或是最後一個字組。

在上例中，我們使用了一些暫時暫存器並假設它們原來的值需要保留及恢復。為了避免可能會發生的保留及恢復了某個值永遠不會被用到的作為暫時暫存器的暫存器，MIPS 軟體將暫存器中的 18 個分為兩組：

- $t0-$t9：10 個在程序呼叫時不會受被呼叫者 (callee) 保存的暫時暫存器
- $s0-$s7：8 個在程序呼叫時一定會受到保存的被保存的暫存器 (saved registers)(被呼叫者若使用它們，才會保留及恢復其值)

這個簡單的慣例減輕了暫存器溢出。在上例中，若因為呼叫者不期待在呼叫的前後 $t0 和 $t1 會被保存，我們可以節省程式碼中兩道儲存與兩道載入。由於被呼叫者必須假設呼叫者仍需 $s0 的值，我們一定要保留並恢復 $s0。

巢狀的程序

不呼叫別人的程序稱為末端 (leaf，又譯葉) 程序。若所有程序均為末端程序，事情就簡單了，但事實不然。如同一個間諜在任務中的一部分可能是雇用其他的間諜，而他們又同樣地雇用了更多的間諜，程序也可能呼喚其他程序。此外，遞迴的 (recursive) 程序甚至會呼叫

他們自己的翻版 (clones)。如同我們在程序中使用暫存器時要謹慎，當呼叫非末端程序時，尤需更為謹慎。

舉例而言，假設主程式呼叫一個使用到參數值為 3 的程序 A，其會將 3 這個值置入 $a0 然後執行 jal A。接著假設程序 A 使用到參數值為 7 的程序 B 時也使用 jal B 且該參數值也是放在 $a0 中。因 A 本身尚未完成工作，故此時 $a0 的使用發生牴觸。同理，因現在 $ra 已存入 B 的返回位址，A 的返回位址已不復存在。除非我們採取措施來防止這些問題，該牴觸會導致程序 A 無法返回至其呼叫者。

有一種解決方法是將所有相關的需要被保存的暫存器均推入堆疊中：呼叫者負責將任何呼叫完成後仍需使用到的參數暫存器 ($a0-$a3) 及暫時暫存器 ($t0-$t9) 推入堆疊；而被呼叫者負責將返回位址及任何其會使用到的被保存的暫存器 (saved registers, $s0-$s7) 推入堆疊。堆疊指標將隨置入堆疊中的暫存器值個數而做調整。程序返回時，暫存器值將由記憶體取回以復原之且堆疊指標重新調整好。

範例 **編譯一個遞迴 C 程序以表示巢狀程序間的鏈結**

讓我們研究一個計算階乘的程序：

```
int fact (int n)
{
    if (n<1) return (1);
        else return (n*fact (n-1));
}
```

其 MIPS 組合碼為何？

解答 設參數變數 n 對應至參數暫存器 $a0。編譯成的程式以程式的標籤開始，之後將返回位址及 $a0 這兩個暫存器的值保留於堆疊上：

```
fact:
     addi  $sp, $sp,-8    #將堆疊調整成可置入二個物件
     sw    $ra, 4($sp)    #保留返回位置
     sw    $a0, 0($sp)    #保留參數 n
```

fact 第一次被呼叫時，sw 保留了程式中呼叫 fact 處的位址。之後二道指令檢查 n 是否小於 1，若 n ≥ 1 則前往 L1：

```
     slti  $t0,$a0,1      #檢查是否 n<1
     beq   $t0,$zero,L1   #若 n >= 1，則前往 L1
```

若 n 小於 1，fact 以將 1 置入一個值暫存器來回覆 1：其將 1 與 0 相加並將結果置於 $v0 中。然後其將兩個保存於堆疊中的值取出並跳躍至返回位址：

```
    addi    $v0,$zero,1     #回覆結果為 1
    addi    $sp,$sp,8       #自堆疊中 pop 出二個物件
    jr      $ra             #返回呼叫者
```

在自堆疊中 pop 出二個物件前，我們可能已在 $a0 及 $ra 中載入新值。由於在 n 小於 1 時 $a0 及 $ra 不會改變，我們可忽略該等指令。

若 n 不小於 1，該參數 n 會遞減然後再以此遞減後的 n 呼叫 fact：

```
L1: addi    $a0,$a0,-1      #n >= 1：參數調整成 (n-1)
    jal     fact            #以 (n-1) 呼叫 fact
```

下一道指令將是 fact 返回的地方。現在我們則需恢復原來的返回地址及參數，並調整堆疊指標：

```
    lw      $a0, 0($sp)     #由 jal 返回此處：恢復 n 原有值
    lw      $ra, 4($sp)     #恢復原有返回地址
    addi    $sp, $sp,8      #取出二個物件後調整堆疊指標
```

之後，值暫存器 $v0 將得到原有參數 $a0 和目前值暫存器中內容的乘積。我們假設有一道乘法指令可用，雖然其要到第 3 章中才會被提及：

```
    mul     $v0,$a0,$v0     #回覆結果為 n * fact(n-1)
```

最後，fact 如前跳躍至返回地址：

```
    jr      $ra             #返回呼叫者
```

硬體 / 軟體介面

一個 C 的變數通常是記憶體中的一個位置，它的涵義與其型態 (*type*) 及儲存類別 (*storage class*) 二者有關。舉例，如整數 (integers) 與字母符號 (characters)（參見 2.9 節）。C 有二種儲存類別：自動 (*automatic*) 與靜態 (*static*)。自動變數僅在程序的範圍內有意義，且於程序退出時即被拋棄。靜態變數則在跨越程序的進出時均會持續存在。在所有程序之外所宣稱的 (declared，意即定義新變數) 的 C 變數如同任何以關鍵字 *static* 所宣稱者一樣，均視為靜態。其餘變數則均為自動變數。為了簡化靜態數據的存取，MIPS 軟體為此保留了一個暫存器，將之稱為**全域指標** (global pointer) 或稱 $gp。

全域指標
保留來指向靜態變數區域的暫存器。

會被保存	不會被保存
被保存的暫存器：$s0-$s7	暫時暫存器：$t0-$t9
堆疊指標暫存器：$sp	參數暫存器：$a0-$a3
返回位址暫存器：$ra	(回值)值暫存器：$v0-$v1
在堆疊指標位址以上的堆疊位址	在堆疊指標位址以下的堆疊位址

圖 2.11　在程序呼叫時什麼會被保存和什麼不會被保存。
如果軟體使用到下個小節中將會討論到的程序框指標暫存器 (frame pointer register) 或全域指標暫存器，那麼它們也需要被保留。

圖 2.11 歸納了跨越程序呼叫時會被保存的事物。注意，有些做法可用以保存堆疊以保證呼叫者 (在呼叫前後) 都能向堆疊讀回其前所存入的數據。要保存堆疊在 $sp 之上 (即有數據) 的部分，則僅需確定被呼叫者不會寫到 $sp 之上的位置；如果要保存 $sp 本身的值，則僅需由被呼叫者視使用了多少堆疊空間 ($sp 因而被減少) 就再加回多少值至 $sp；而其他暫存器則經由 (若被用到則) 將其存入堆疊並於程序退出時由堆疊恢復其值來保存。

為新數據在堆疊中配置空間

最後的一種複雜性在於堆疊也用於儲存程序中無法放得進暫存器中的區域性變數如區域的陣列 (array) 或結構 (structure) 等。堆疊中放置程序的保存的暫存器及區域變數的部分稱為**程序框** (procedure frame) 或**啟動記錄** (activation record)。圖 2.12 表示堆疊在程序呼叫之前、之間與之後的狀態。

程序框
又稱**啟動記錄**。堆疊中放置程序的保存的暫存器及區域變數的部分。

框指標
一個表示某特定程序的保存的暫存器及區域變數所在位置的值。

有些 MIPS 軟體使用一個**框指標** (frame pointer, $fp) 來指向一程序其框中的第一個字組。在程序中堆疊指標的值可以隨著執行過程而改變，因此在對記憶體中某一個區域變數做各次參考 (即存取) 時，由於不同參考點在程序中的位置不同而可能具有 (相對於 $sp 的) 不同的偏移值，導致程序不易看懂。在另一方面，框指標提供了在程序中區域性記憶體存取時一個穩定的基底位址。請注意不論是否明確地使用框指標這個東西，啟動記錄都存在於堆疊中。我們之前曾避免在一個程序中對 $sp 做改變來避免使用 $fp：在之前各例中，堆疊 (指標) 僅在進入以及離開程序時作調整。

第 2 章 指令：計算機的語言 **111**

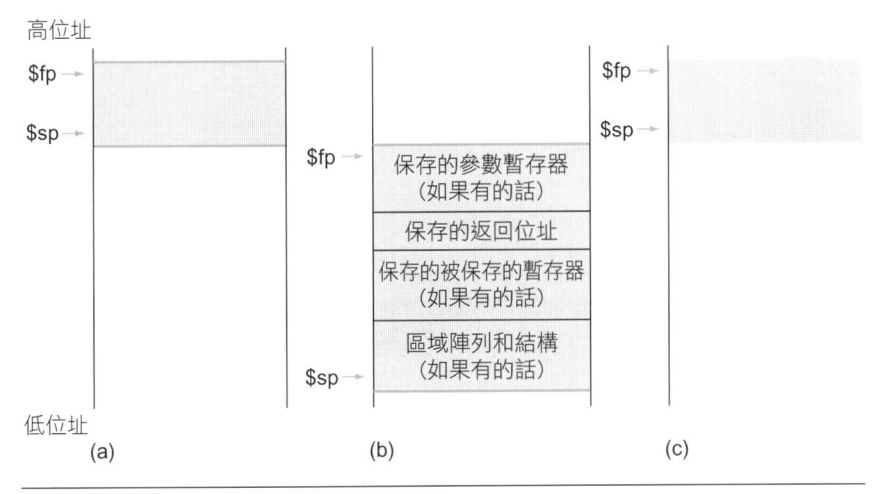

圖 2.12 堆疊在程序呼叫之前 (a)、期間 (b) 和之後 (c) 的配置情形。
程序框指標 ($fp) 指向程序框的第一個字組，其通常是一個被保存的參數暫存器；堆疊指標 ($sp) 指到堆疊的頂。堆疊經調整以挪出空間來保存暫存器的值和常駐記憶體的區域變數。因為堆疊指標在程序執行期間會變動，雖然可以使用堆疊指標以及一些計算來參考變數，程式師使用固定的程序框指標來參考變數會較為簡單。如果程序裡面沒有區域變數放在堆疊上，那麼編譯器就不會去設定和恢復程序框指標以節省時間，當使用 $fp 時，在呼叫時是用 $sp 裡的位址來初始化 $fp，而用 $fp 來恢復 $sp 原來的數值。這些資訊也可見於本書開頭處的 MIPS 參考數據頁第四個直排中。

為新數據在堆積（Heap）中配置空間

除了自動變動這種程序的區域變數之外，C 語言的程式師另需記憶體空間來存放靜態變數以及動態的資料結構。圖 2.13 表示 MIPS 對記憶體配置的慣用法。堆疊始於記憶體最高處並向下延伸。記憶體的最低處是保留區，之後為 MIPS 機器碼所在處，傳統上稱之為**文字部分** (text segment)。程式碼之上是靜態數據部分 (*static data segment*)，其為放置常數以及其他靜態變數的地方。雖然數列一般具有固定長度並因此適合置於靜態數據部分，但如鏈結串列 (linked lists) 等資料結構卻會在其生命期中改變其長度。為這類資料結構而設置的部分傳統上稱為**堆積** (*heap*)，其置於記憶體的下一區中。注意這種配置可使堆疊和堆積向對方的方向延伸，因此可隨此二部分彼此的消長而有效率地使用記憶體。

C 以明確的函式 (functions) 來配置及釋放堆積內的空間。malloc() 在堆積內配置空間並回傳一個指向它的指標，而 free() 則釋放指標指向的該堆積內的空間。記憶體配置是由 C 程式所控制，

文字部分
UNIX 物件檔中存放原碼檔案中各程序的機器語言碼的部分。

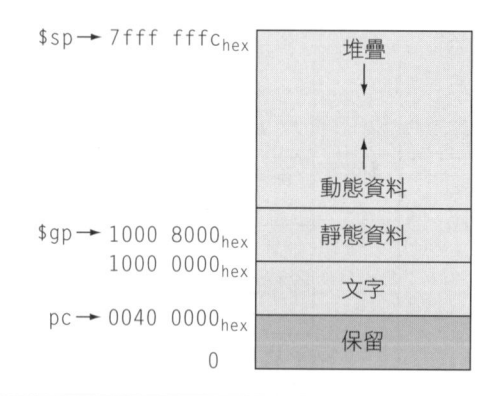

```
$sp → 7fff fffc_hex        堆疊
                            ↓

                            ↑
                           動態資料

$gp → 1000 8000_hex        靜態資料
       1000 0000_hex
                            文字
 pc → 0040 0000_hex
                            保留
       0
```

圖 2.13　MIPS 對程式和資料的記憶體配置。
這些位址只是軟體的慣用值而不是 MIPS 架構的一部分。堆疊指標初始為 7fff fffc_hex，並往下朝資料節區延伸。在另外一頭，程式碼（「文字」）從 0040 0000_hex 開始，而靜態資料從 1000 0000_hex 開始。再下一個是動態資料，在 C 是用 malloc 配置記憶體空間，而在 Java 則是用 new，所配置的空間在堆積裡朝向堆疊成長。設定一個記憶體位址給全域指標 $gp，如此便能很容易地存取資料。在本例裡，將 $gp 初始為 1000 8000_hex，這樣就能經由 $gp 使用正負 16 位元的位移量來存取 1000 0000_hex 到 1000 ffff_hex 的記憶體範圍。這些資訊也可見於本書開頭處的 MIPS 參考數據頁第四個直排中。

而其亦為許多常見且難纏的錯誤的來源。忘記釋回記憶體空間造成「記憶體漏失」，最終會使用掉太多的記憶體而導致作業系統當機。太早釋回記憶體空間又會造成「搖擺的指標」，其可能會造成指標指向程式絕不會想到的東西。Java 就是為了避免這些錯誤而使用自動記憶體配置以及垃圾收集 (garbage collection)。

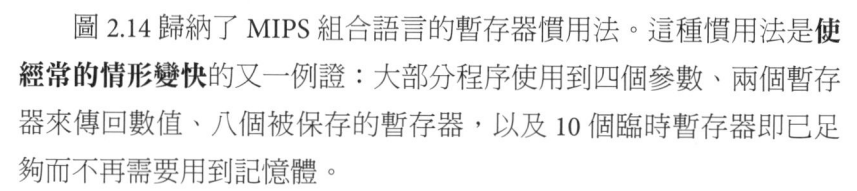

圖 2.14 歸納了 MIPS 組合語言的暫存器慣用法。這種慣用法是**使經常的情形變快**的又一例證：大部分程序使用到四個參數、兩個暫存器來傳回數值、八個被保存的暫存器，以及 10 個臨時暫存器即已足夠而不再需要用到記憶體。

使經常的情形變快

仔細深思　如果有多於 4 個參數則該如何？MIPS 的慣用法是將額外的參數置於堆疊中剛好位於框指標的上方處。程式於是預期前 4 個參數是在暫存器 $a0 到 $a3 中，而其餘則在記憶體中，可經由框指標定址處。

如圖 2.12 的標題所述，框指標的方便處在於它使得一個程序中對所有變數的存取都可以使用不會改變的偏移值。其實框指標並非必要。GNU MIPS C 編譯器使用框指標，但 MIPS 提供的 C 編譯器則否；其將暫存器 30 看待成另一個被保存的暫存器 ($s8)。

名稱	暫存器號碼	用法	呼叫時是否保存
$zero	0	常數值 0	不適用
$v0-$v1	2-3	運算結果與式子的數值	不保存
$a0-$a3	4-7	參數	不保存
$t0-$t7	8-15	暫時值	不保存
$s0-$s7	16-23	被保存的值	保存
$t8-$t9	24-25	更多暫時值	不保存
$gp	28	全域指標	保存
$sp	29	堆疊指標	保存
$fp	30	程序框指標	保存
$ra	31	返回位址	保存

圖 2.14 MIPS 暫存器慣用法。

暫存器 1 稱為 $at，保留來給組譯器用 (參見 2.12 節)，而暫存器 26-27 稱為 $k0-$k1，保留來給作業系統用。這些資訊可見於本書開頭處的 MIPS 參考數據頁第一面第二個直排中。

仔細深思 有些遞迴 (recursive) 的程序可以用反覆 (iteratively) 執行而非遞迴的方式來實現。反覆執行 (iteration) 可經由消除遞迴式的程序呼叫相關的額外花費而大大改善效能。例如，思考下述累加出一個總和的程序：

```
int sum (int n,int acc){
  if (n>0)
     return sum (n-1,acc+n) ;
  else
     return acc;
}
```

試想 sum(3,0) 這個程序呼叫。其會造成遞迴的對 sum(2,3)、sum(1,5) 和 sum(0,6) 的呼叫，然後結果 6 經過 4 次的程序返回。這個對 sum 的遞迴呼叫稱為尾端呼叫 (*tail call*)，而這個尾端遞迴可以如下地很有效率地實現 (設 $a0=n 及 $a1=acc)：

```
sum: slti $t0,$a0,1           #測試 n <= 0
     bne  $t0,$zero,sum_exit  #若 n <= 0 則前往 sum_exit
     add  $a1,$a1,$a0         #將 n 加至 acc 中
     addi $a0,$a0,-1          #將 n 減 1
     j    sum                 #前往 sum
sum_exit:
     add  $v0,$a1,$zero       #回覆 acc 值
     jr   $ra                 #返回呼叫者
```

> **自我檢查**
>
> 下列敘述何者對 C 及 Java 通常為正確？
> 1. C 程式師需明確地管理資料，而 Java 會自動管理。
> 2. C 較 Java 會造成更多指標錯誤以及記憶體漏失錯誤。

2.9 與人們溝通

!(@ |=> (wow open tab at bar is great，哇噢在酒吧拉開飲料罐的拉環真是棒)

與鍵盤有關的詩，1991 年的「Hatless Atlas 沒有帽子的地圖輯」中的第四行 (有些人稱呼 ASCII 碼中的字元 "!" 為 "wow"、"(" 為 "open"、"|" 為 "bar" 等等)。

計算機本來是為了處理大量數據而設計的，但是它們在商業運用上開始普及時就也已被運用在文字處理上。今天大部分計算機都能以位元組來代表字母符號，而且幾乎都使用代碼中最具代表性的美國資訊轉換標準碼 American Standard Code for Information Interchange (ASCII)。圖 2.15 彙總整理了 ASCII 的內容。

ASCII 值	字母符號	ASCII 值	字母符號	ASCII 值	字母符號	ASCII 值	字母符號	ASCII 值	字母符號	ASCII 值	字母符號
32	space	48	0	64	@	80	P	96	`	112	p
33	!	49	1	65	A	81	Q	97	a	113	q
34	"	50	2	66	B	82	R	98	b	114	r
35	#	51	3	67	C	83	S	99	c	115	s
36	$	52	4	68	D	84	T	100	d	116	t
37	%	53	5	69	E	85	U	101	e	117	u
38	&	54	6	70	F	86	V	102	f	118	v
39	'	55	7	71	G	87	W	103	g	119	w
40	(	56	8	72	H	88	X	104	h	120	x
41	)	57	9	73	I	89	Y	105	i	121	y
42	*	58	:	74	J	90	Z	106	j	122	z
43	+	59	;	75	K	91	[	107	k	123	{
44	,	60	<	76	L	92	\	108	l	124	|
45	-	61	=	77	M	93	]	109	m	125	}
46	.	62	>	78	N	94	^	110	n	126	~
47	/	63	?	79	O	95	_	111	o	127	DEL

圖 2.15 ASCII 的字母符號表示法。
注意字母的大寫與小寫 ASCII 值相差 32；這樣做是為了方便字母大小寫間的檢查或是轉換。未顯示於本表中的數值代表的字母符號則包括了用於格式化的字母符號。例如，8 代表後退一格，9 代表內縮 (貼標籤) 的字母符號，以及 13 代表回到行首。另一個有用的值 0 代表的是無效，在 C 式語言中用於標記一個字串的結束。上述資訊亦可見於本書開頭處的 MIPS 參考數據頁內的第三欄中。

> **ASCII 與二進制數字**
>
> 我們可以用一串 ASCII 的字母符號,或是二進制的數字,來代表數值。將十億這個數值以 ASCII 來表示時,會比以 32 位元的二進數字來表示多耗用多少儲存空間?
>
> 十億是 1,000,000,000,所以它會需要用到十個以 ASCII 表示的字母符號,每字母符號使用 8 個位元。所以儲存空間擴大成 (10 × 8)/32 或是 2.5 倍。儲存量增加後,用於加、減、乘、除這種十進位形式數值的硬體運作會更複雜並且會更耗能。這些困難說明了為什麼計算領域的專業人員因此認為使用二進數字很自然,以及偶爾出現的那些十進制計算機是很古怪的。

使用幾行指令就可以把一個位元組從一個字元中抽取出來,所以使用載入字元和儲存字元這兩道指令就足以傳輸位元組以及字元。不過因為文字 (text) 在一些程式中很常見,所以 MIPS 也提供了傳輸位元組的指令。**載入位元組指令** (lb) 從記憶體中載入一個位元組,並將它置於一個暫存器的最右方 8 個位元位置中。**儲存位元組指令** (sb) 則從一個暫存器的最右方 8 個位元位置中讀取一個位元組,並將它寫入記憶體中。所以我們可以使用下列指令來複製一個位元組

```
lb   $t0,0($sp)      #由來源處讀取位元組
sb   $t0,0($gp)      #把位元組寫至目的地
```

字母符號 characters 一般會連成一串字數不定的字母符號串。表示這樣的字母符號串的方式有三種選擇:(1) 於開始處保留一個位置來說明字母符號串中的字數;(2) 以一個伴隨的變數來表示字母符號串的長度 (如同在結構 structure 這種資料形態中的做法);或是 (3) 在字母符號串的最後一個位置中以一個標示字母符號串結束的字母符號來標示。C 採用第三個方式,以一個值為 0 (ASCII 中稱之為無效 null) 的位元組來結束一個字母符號串。因此,字母符號串 "Cal" 在 C 中表示為如下的十進數值:67, 97, 108, 0 (我們也將看到,Java 採用的是第一種方式)。

> **編譯一個字母符號串複製的程序,來說明如何使用 C 中的字母符號串**
>
> 程序 strcpy 以 C 語言的使用位元組 null 結束一個字母符號串的慣例來把字母符號串 y 複製到字母符號串 x 中:

```
void strcpy (char x[], char y[])
{
    int i ;
    i = 0 ;
    while ((x[i] = y[i]) != '\0')  /* 複製並檢查位元組 */
    i += 1 ;
}
```

對應的 MIPS 碼是什麼？

解答

以下是各個基本的 MIPS 碼片段。假設串列 x 與 y 的基底位址放置於 $a0 與 $a1 中，而且 i 放置於 $s0 中。strcpy 會調整堆疊指標的值並且保存被保存的暫存器 $s0 的值於堆疊中。

為了要將 i 的初值設為 0，以下指令以 0 加 0 並將結果置入 $s0：

```
add     $s0,$zero,$zero        #i=0+0
```

以下是迴圈的開始處。y[i] 的位址首先是以將 i 加到 y[] 來形成：

```
L1:     add     $t1,$s0,$a1    #將 y[i] 的位址置入 $t1 中
```

注意我們不需將 i 乘以 4，因為如同在前一個範例中，y 是位元組的陣列而非字元組的陣列。

載入位元組 (lb) 會對位元組做符號延伸而載入無號位元組 (lbu) 則會對位元組做 0 的延伸。

要將字母符號載入 y[i]，我們使用 lbu，將字母符號置入 $t2 中：

```
        lbu   $t2,0($t1)       #$t2=y[i]
strcpy:
        addi  $sp,$sp,-4       #調整堆疊指標來表示堆疊中多了一個項次
        sw    $0,0($sp)        #保存 $s0
```

經過類似的位址計算之後將 x[i] 的位址置於 $t3 中，然後將 $t2 中的字母符號儲存於該位址中。

```
        add   $t3,$s0,$a0      #將 x[i] 的位址置入 $t3 中
        sb    $t2,0($t3)       #x[i]=y[i]
```

接著，若字母符號是 0 則離開迴圈。亦即，我們在字母符號串的最後字元出現時離開迴圈：

```
        beq   $t2,$zero,L2     #若 y[i] == 0，前往 L2
```

若否，則我們遞增 i 並再次回到迴圈中：

```
    addi    $s0,$s0,1           #i = i + 1
    j       L1                  #前往 L1
```

如果我們不回到迴圈中，表示已見到了字母符號串中的最後一個字母符號；於是我們復原 $s0 與堆疊指標的前值，然後返回。

```
L2: lw      $s0,0($sp)          #y[i] == 0: 表示字符串已結束
                                #恢復原來的 $s0
    addi    $sp,$sp,4           #將一個字組從堆疊中彈出
    jr      $ra                 #返回
```

串列複製在 C 中一般會使用到指標而非陣列結構以避免上述程序中對 i 的動作。見 2.14 節中對陣列與指標使用上異同的說明。

由於上述的 strcpy 程序是葉程序 (leaf procedure) (譯註：即最底層、亦即不會呼叫到更下層程序的程序)，編譯器可以將 i 置於暫時暫存器中來避免保存與恢復 $s0 的過程。因此，除了認為 $t 暫存器只能用於暫時性的數據外，我們也可以把它們看成被呼叫的程序在方便時就都可以使用的暫存器。當編譯器遇到葉程序時，它可以把所有的暫時暫存器先用到完，除非是需要用到它一定要保存其值的暫存器。

Java 中的字母符號與串列

Unicode 是一個大部分人類語言所使用的字母符號系統的通用的編碼方法。圖 2.16 顯示 Unicode 中相關的一些字母符號系統；它的相關字母符號系統數量幾乎與 ASCII 中有用的符記 (*symbols*) 的數量相當。為了增加包容性，Java 使用 Unicode 來表示字母符號。它預設的表示一個字母符號的所需位元數是 16。

MIPS 的指令集中有明確的指令來載入和儲存像這種 16 位元稱之為半字組 (*halfwords*) 的數字。載入半字組 (lh) 自記憶體中載入一個半字組，置入一個暫存器的最右方的 16 個位元位置中。如同載入位元組指令一般，載入半字組 (lh) 將該半字組視為一個有號數並因此將該暫存器的最左方 16 個位元以符號延伸填滿之；而載入無號半字組 (lhu) 則視該載入的半字組為無號的整數。因此 lhu 較 lh 更常被用到，一如 lbu 較 lb 更常被用到般。儲存半字組 (sh) 將暫存器中的

Latin	Malayalam	Tagbanwa	General Punctuation，一般標點符號
Greek	Sinhala	Khmer	Spacing Modifier Letters，空白修飾用字母
Cyrillic	Thai	Mongolian	Currency Symbols，貨幣符號
Armenian	Lao	Limbu	Combining Diacritical Marks，合併區別用的標記
Hebrew	Tibetan	Tai Le	Combining Marks for Symbols，合併各個標記的符號
Arabic	Myanmar	Kangxi Radicals	Superscripts and Subscripts，上標與下標
Syriac	Georgian	Hiragana	Number Forms，數字形式
Thaana	Hangul Jamo	Katakana	Mathematical Operators，算術運算子
Devanagari	Ethiopic	Bopomofo	Mathematical Alphanumeric Symbols，算術字符符號
Bengali	Cherokee	Kanbun	Braille Patterns，盲人用點字樣式
Gurmukhi	Unified Canadian Aboriginal Syllabic	Shavian	Optical Character Recognition，光學字母符號辨識
Gujarati	Ogham	Osmanya	Byzantine Musical Symbols，拜占廷音樂符號
Oriya	Runic	Cypriot Syllabary	Musical Symbols，音樂符號
Tamil	Tagalog	Tai Xuan Jing Symbols	Arrows，箭頭
Telugu	Hanunoo	Yijing Hexagram Symbols	Box Drawing，框形圖案
Kannada	Buhid	Aegean Numbers	Geometric Shapes，幾何形狀

圖 2.16 Unicode 中的字母符號系統舉例。
4.0 版本中有多於 160 個叫做「區塊 (blocks)」的這個稱呼一套符號的名稱。每個區塊 (的大小) 都是 16 的倍數。例如，Greek 字母符號系統的位置始於 0370$_{hex}$，然後 Cyrillic 始於 0400$_{hex}$。前三個行中約略按 Unicode 中數字名稱的順序列出 48 個相對應於人類語言的區塊。最後一個行中有 16 個多語系相關的、也沒有特定順序的區塊。Unidode 預設的方式是會使用一種稱為 UTF-16 的 16 位元編碼法。另有一種稱為 UTF-8 的可變長度編碼法以 8 個位元來保存了 ASCII 這個部分的編碼，並以 16 或 32 位元來對其他字母符號做編碼。UTF-32 對每個字母符號都用上 32 位元。新的 Unicode 版本會於每年六月中宣布，2020 中宣佈的是第 13.0 版。第 9.0 和 13.0 版加入了各種 Emojis，較早些的版本中則加入了新的語言區塊以及一些象形文字。字母符號的總數約略是 150,000。如果想知道更多，可查閱 *www.unicode.org*。

最右方 16 個位元讀出並將之寫入記憶體中。我們可以經由這樣的過程複製一個半字組

```
lhu    $t0,0($sp)    #從來源處讀取半字組（16 個位元）
sh     $t0,0($gp)    #將半字組（16 個位元）寫至目的地
```

串列是一個標準的 Java 類別 (class) 並配合有特殊的內建的支援與預先定義的方法 (methods) 可以處理接續 (concatenation)、比較和轉換。與 C 不同的是，如同在 Java 陣列中的做法，串列中也包含有一個表示串列長度的字組。

仔細深思 MIPS 的軟體試圖將堆疊 (中的元素) 與字組的邊界對齊，來方便程式只需使用 `lw` 與 `sw` 指令 (它們一定要要求遵守字組邊界) 來做堆疊的存取。這個慣例表示一個處於堆疊中的 char 變數即使不需要用到 4 個位元組也會佔用 4 個位元組的空間。不過 C 的串列變

數或是位元組陣列會在每個字組中置入 4 個位元組，而 Java 的串列變數或是短數字的陣列會將兩個半字組置入一個字組。

仔細深思 反映出了網際網路國際化的本質，現在絕大多數的網頁採用的是 Unicode 而非 ASCII。

自我檢查

I. 下列有關字母符號與串列在 C 中以及 Java 中的敘述何者為真？
   1. 一個串列在 C 中較其在 Java 中佔用約略一半的記憶體。
   2. 在 C 與 Java 中串列不過是單維度陣列字母符號的非正式名稱。
   3. 串列在 C 與 Java 中使用 null (0) 來標記串列的結束。
   4. 串列上的運作，例如求其長度，在 C 中較在 Java 中為快速。

II. 哪一種能表示大到 $1,000,000,000_{ten}$ 的變數的型態會用到最多的記憶空間？
   1. C 中的 `int`
   2. C 中的 `string`
   3. Java 中的 `string`

大印象 The BIG picture

計算領域中的新手會驚訝於數據的型態並不是編碼在數據本身上面，而是敘述在運用這數據的*程式*中。

為了說明這點，我們透過自然語言的使用來舉例。"won" 這個字代表的意思是什麼？不知道情況時你無法回答這個問題，特別是它到底是在哪種語言中被使用到。這裡列出四種可能：

1. 在英語中，它是一個動詞，是 win 的過去式。
2. 在韓語中，它是一個名詞，是南韓貨幣的單位。
3. 在波蘭語中，它是一個表示善意微笑的形容詞。
4. 在俄語中，它是一個表示臭味的形容詞。

一個二進位數字也能表示好幾種型態的數據。例如以下的 32-位元樣式

```
01100010   01100001   01010000   00000000
```

可以表示下列的意義：

1. 1,650,544,640 若是程式將之視為一個無號的整數。
2. +1,650,544,640 若是程式將之視為一個有號的整數。
3. "baP" 若是程式將之視為一個以 null 來結束的 ASCII 串列。
4. 深藍的色彩若是程式將之視為 Pantone 公司色彩調配系統中四種基礎色彩青綠、洋紅、黃、黑的混合。

第 93 頁中的大印象提醒我們指令也是以數字的形態呈現，因此這個位元樣式可能是 MIPS 的機器語言指令

```
011000  10011  00001  01010  00000  000000
```

對應的是組合語言的乘法指令 (見第 3 章)：

```
mult $t2, $s3, $at
```

如果你無意中將一張影像交給一個文字處理程式處理，程式會以文字的眼光來解讀它，然後你會得到怪異的結果；如果你把文字的數據交給圖形顯示的程式來處理，也會遭遇類似的問題。內儲程式計算機這種不設限的作法導致檔案系統在命名的慣例中使用了一個標註檔案型態 (例如 .jpg、.pdf、.txt) 的字尾 (suffix) 來讓程式藉此檢視檔案是否誤用，以減少這類困窘。

2.10 MIPS 對 32-位元立即值及位址的定址法

維持所有指令的長度在 32 個位元雖然簡化了硬體，但偶爾能夠 (在指令中) 使用 32 位元的常數或位址的話會方便些。本節先說明如何可以使用較大常數的方法，然後說明分支 (branches) 及跳躍 (jumps) 指令中所使用的指令位址相關的最佳化的方法。

32-位元的立即值運算元

雖然常數經常夠短到能容納於 16 個位元 (的指令立即值欄位) 中，有時它們也會較大些。MIPS 指令集包含了一道特別為了要在暫存器中產生 32-位元的常數時，能夠設定其高位的 16 位元值的載入

```
lui $t0, 255 的機器語言版本    # $t0 是暫存器 8：
```

| 001111 | 00000 | 01000 | 0000 0000 1111 1111 |

執行 $t0 之後暫存器 lui $t0, 255 的內容：

| 0000 0000 1111 1111 | 0000 0000 0000 0000 |

圖 2.17　lui 指令的效果。
指令 lui 將 16 位元立即常數欄位的值傳送到暫存器最左邊的 16 位元，並將較低的 16 位元填入 0。

高位立即值 (*load upper immediate*, lui) 指令，以便之後的一道指令可設定該暫存器中低位的 16 位元值而得到完整的 32 位元立即值。圖 2.17 說明 lui 的運作。

範例

載入 32-位元的常數

可將下方 32-位元常數載入 $s0 的 MIPS 組合碼為何？

0000　0000　0011　1101　0000　1001　0000　0000

解答

首先，我們使用 lui 來將高位的 16 個位元，即 61₁₀，載入：

```
lui  $s0, 61    #61 decimal = 0000 0000 0011 1101 binary
```

暫存器 $s0 因此得到的值是：

0000　0000　0011　1101　0000　0000　0000　0000

下一步驟是置入低位的 16 個位元，即 2304 decimal：

```
ori  $s0, $s0, 2304   #2304 decimal = 0000 1001 0000 0000
```

暫存器 $s0 中最後的值即為所欲之值：

0000　0000　0011　1101　0000　1001　0000　0000

硬體 / 軟體介面

　　編譯器或是組譯器必須將一個大的常數打散成數段然後將之重新組合於一個暫存器內。如你所預料的，立即值欄位大小的限制對載入 / 儲存指令中的記憶體位址以及立即值指令中的常數都可能造成困擾。如果這個困擾要由組譯器來解決，如 MIPS 軟體中所採行者，則組譯器必須要能使用一個暫時暫存器以便於其中產生該長數值。此即為 $at 是一個保留給組譯器使用的暫存器的原因。

因此，MIPS 機器語言的符號表示法將不再受限於硬體，而僅受限於組譯器的製作者如何決定哪些形式可以接受 (參見 2.12 節)。我們將主要根據硬體來解釋計算機的架構，並在使用到組譯器所提供的、然而真實處理器並不直接支援的功能增強的組合語言時，加以註明。

仔細深思 產生 32- 位元常數時需要仔細。指令 addi 可以將 16 個位元的立即值欄位中最左方的位元複製到一個字組中的 16 個高位元中。第 2.6 節中的「邏輯或立即值」(ori) 指令對高位的 16 個位元載入 0，因此組譯器可將其與 lui 合併使用來產生 32 位元的常數。

分支及跳躍的定址

MIPS 的跳躍指令有最簡單的定址法。它們使用 MIPS 的最後一個稱之為 J (jump) 型式的指令格式，其使用 6 個位元作為運作欄位，其他位元則為位址欄位。因此，

```
j    10000    #前往位址 10000
```

會被組譯成以下格式 (其事實上如我們即將說明的會稍微複雜些)：

2	10000
6 個位元	26 個位元

其中跳躍的運作碼其值為 2 且跳躍位址為 10000。

不同於跳躍指令，條件分支指令除了位址外另需指明二個運算元。因此，

```
bne   $s0,$s1,Exit       #若 $s0 ≠ $s1 則前往 Exit
```

會被組譯成以下格式，其中僅有 16 個位元可用來表示分支位址：

5	16	17	Exit
6 個位元	5 個位元	5 個位元	16 個位元

如果程式的位址要能放得進這個 16 位元的欄位中，即表示程式的大小不可以超過 2^{16} 道指令，這對目前而言是一個太小的不實際的限制。另一種方式則是指定一個暫存器用來加到該分支位址，因此分支指令會做以下計算：

$$程式計數器 = 暫存器 + 分支位址$$

該做法允許程式可以大到 2^{32} 而仍能使用條件分支指令，因而解決了分支位址大小的問題。接下來的問題是：要指定哪一個暫存器？

答案可由看看條件分支如何被使用而得知。條件分支可見於迴圈及 *if* 敘述中，因此它們傾向於跳到鄰近的指令。例如，SPEC 測試程式中約有一半的條件分支跳到小於 16 道指令之內的地方。因為**程式計數器 (PC)** 存放的是目前指令的位址，如果我們使用其作為加到該分支位址的暫存器，即可跳躍到目前指令 $\pm 2^{15}$ 道指令的範圍。幾乎所有迴圈以及 if 敘述的跳躍範圍都小於 2^{16} 個字組，因此 PC 是一個理想的選擇。

這種分支定址的方式稱為 **PC 相對定址法 (PC-relative addressing)**。我們將於第 4 章中看到及早將 PC 遞增以指向下一道指令對硬體而言有其便利之處，因此在 MIPS 中該類指令的常數實際上是相對於其下一道指令的位址 (PC+4) 而非其本身者 (PC)。這是又一個**使經常的情形變快**的例證，在此例中指的是當附近的指令定址時。

由於條件分支的目的位址很可能相當靠近分支指令，MIPS 也和大多數新近的計算機一樣對所有條件分支均採用 PC- 相對定址法。然而，跳躍並聯結 (jump-and-link) 指令呼叫的程序卻不見得會在近處，因此其一般會使用不同形式的定址法。因此，MIPS 架構對跳躍以及跳躍並聯結指令使用了 J (jump) 型式的格式來提供程序呼叫長的位址。

由於所有 MIPS 指令的長度都是 4 個位元組，MIPS 經由在 PC-相對定址法中位址所代表的是距離目的指令的**字組數目**而非位元組數目來擴大分支可達的距離。因此，16- 位元的位址欄位在被視為字組數時其分支距離可達將之視為位元組數時的四倍。同理，跳躍指令中的 26 位元位址欄代表的也是字組數，亦即其代表的是 28 位元的位元組數。

仔細深思 由於 PC 的長度是 32 位元，跳躍指令的目的位址中有 4 個位元必定要由另外的某處取得。MIPS 的跳躍指令將 PC 的低位 28 個位元以指令中的立即值取代，並且保留了其高位的 4 個位元。載入器 (loader) 及鏈結器 (linker) (參見 2.12 節) 必須要小心避免將程式放置在 (其中的跳躍指令會) 跨越記憶空間中 256 MB (相當於 6400 萬道指令) 區塊的邊界的地方；否則，就必須使用暫存器跳躍 (jump register) 指令並預先將該暫存器載入完整的 32- 位元位址，來取代跳躍指令。

PC 相對定址法
一種由程式計數器 (PC) 加上指令中常數以得出位址的定址方式。

使經常的情形變快

> **範例** 在機器語言中表示分支偏移值 (Branch Offset)
>
> 在第 99 至 100 頁中的 *while* 迴圈已被編譯成以下的 MIPS 組合碼：
>
> ```
> Loop: sll  $t1,$s3,2       #暫時暫存器 $t1=4 * i
>       add  $t1,$t1,$s6     #$t1=save[i] 的位址
>       lw   $t0,0($t1)      #暫時暫存器 $t0=save[i]
>       bne  $t0,$s5,Exit    #若 save[i] ≠ K 則前往 Exit
>       addi $s3,$s3,1       #i=i+1
>       j    Loop            #前往 Loop
> Exit:
> ```
>
> 若我們將該迴圈從記憶體中位址 80000 的地方開始放置，其 MIPS 機器碼為何？

> **解答** 組譯出來的指令及其位址為：
>
> | 80000 | 0 | 0 | 19 | 9 | 2 | 0 |
> |-------|----|----|----|---|---|----|
> | 80004 | 0 | 9 | 22 | 9 | 0 | 32 |
> | 80008 | 35 | 9 | 8 | 0 | | |
> | 80012 | 5 | 8 | 21 | 2 | | |
> | 80016 | 8 | 19 | 19 | 1 | | |
> | 80020 | 2 | 20000 |||||
> | 80024 | ... |||||||
>
> 注意 MIPS 指令使用的是位元組的位置，因此連續的字組間位址會相差 4，亦即字組中的位元組數目。第 4 行的 bne 指令以相對於其下一道指令 (80016) 有多遠來說明目的地的距離是 2 個字組或 8 個位元組 (目的地位址為 8+80016)，而非相對於分支指令本身 (目的地位址為 12+80012) 或直接寫明其完整位址 (80024)。最後一行的跳躍指令真的用了完整地址 (20000×4=80000)，其即對應於標籤 Loop。

硬體／軟體介面　　大部分條件分支只跳到鄰近的地方，但有時它們會跳到太遠以致於其立即值欄位中的 16 個位元不足以表示的地方。組譯器可以一如其對大的位址或常數般，對此提供救援：其會插入一個無條件跳躍到分支目的地的指令 (j)，並反轉分支測試的條件以決定是否要條件式地略過該跳躍指令。

> **分支到很遠的地方**
>
> 設有一若暫存器 $s0 等於 $s1 則分支的指令,
>
>   beq $s0, $s1, L1
>
> 以一對可以提供更遠的分支距離的指令對來取代之。
>
> 以下指令可以取代短位址 (位移量) 的條件分支:
>
>   bne $s0, $s1, L2
>   j   L1
>   L2:

MIPS 定址模式總結

各種型式的定址方法通稱為**定址模式** (addressing modes)。圖 2.18 表示了每種定址模式如何決定其運算元的取得方法。MIPS 的定址模式如下:

1. 立即值定址法 (*immediate addressing*),其運算元即為指令中所含的一個常數
2. 暫存器定址法 (*register addressing*),其運算元即為一個暫存器 (中所含的值)
3. 基底或位移定址法 (*base or displacement addressing*),其運算元在位址為一個暫存器加上指令中的常數的記憶體位置中
4. PC 相對定址法 (*PC-relative addressing*),其分支位址為 PC 加上指令中的常數
5. 虛擬直接定址法 (*pseudodirect addressing*),其跳躍位址為指令中的 26 個位元 (譯註:該 26 位元表字組位址) 再於其前串接上 PC 的高位位元

定址模式

許多種因不同的對運算元及 / 或位址的不同運用方式而界定的定址方式之其中一種。

硬體 / 軟體介面

雖然我們將 MIPS 視為其使用 32- 位元的位址,然而幾乎所有微處理器 (包括 MIPS) 都有延伸的 64- 位元位址 (見 ⊕附錄 E)。這種延伸是為了呼應處理更大型程式的軟體的需求。經由指令集的延伸這種方式,我們可以將一個架構擴展使得它的相關軟體可以與下一代的架構向上相容。

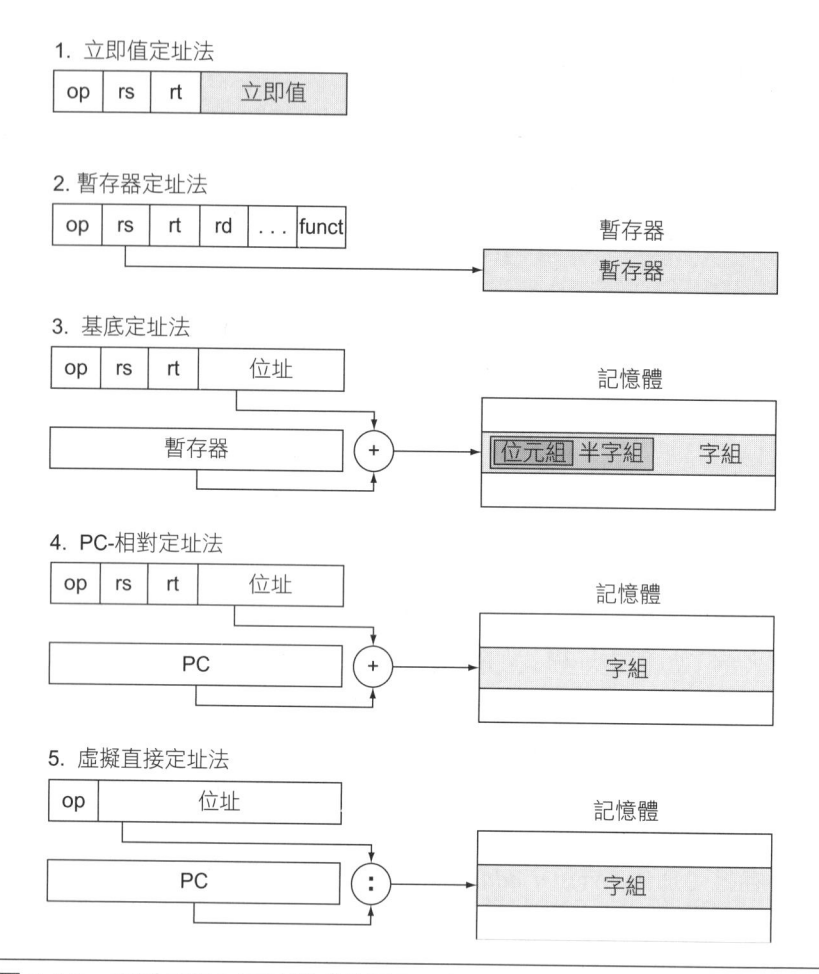

圖 2.18 五種 MIPS 定址模式的圖示。

灰色的陰影部分表示運算元所在的位置。模式 3 的運算元在記憶體裡，而模式 2 的運算元在暫存器中。注意載入和儲存指令有存取位元組、半字組和字組的不同版本。模式 1 中，運算元是指令本身的其中 16 個位元。模式 4 和模式 5 定址的是在記憶體裡的指令，模式 4 將 16 位元的位址 (譯註：指的是指令中的指令位移量) 向左位移 2 位再加到 PC 中，模式 5 則是將向左位移 2 位的 26 位元位址串接到 PC 高位元的 4 個位元之後。注意：同一個單一的運作可以使用到超過一種定址模式。例如，Add 用到了立即值 (Addi 形式) 或是暫存器 (Add 形式) 這兩種定址模式。

解碼機器語言

有時你必須以逆向工程來將機器語言轉回原來的組合語言。一個情況就是當你要檢視核心資料內容 ("core dump"，指在機器或程式停頓或當掉時將記憶元件中相關的重要內容傾倒出來檢視) 時。圖 2.19 顯示 MIPS 機器語言各欄位的編碼。該圖於需要在組合語言與機器語言之間作人工翻譯時會有幫助。

| op(31:26) ||||||||
28-26 / 31-29	0(000)	1(001)	2(010)	3(011)	4(100)	5(101)	6(110)	7(111)
0(000)	R-format	Bltz/gez	jump	jump & link	branch eq	branch ne	blez	bgtz
1(001)	add immediate	addiu	set less than imm.	set less than imm. unsigned	andi	ori	xori	load upper immediate
2(010)	TLB	FlPt						
3(011)								
4(100)	load byte	load half	lwl	load word	load byte unsigned	load half unsigned	lwr	
5(101)	store byte	store half	swl	store word			swr	
6(110)	load linked word	lwc1						
7(111)	store cond. word	swc1						

| op(31:26)=010000 (TLB), rs(25:21) ||||||||
23-21 / 25-24	0(000)	1(001)	2(010)	3(011)	4(100)	5(101)	6(110)	7(111)
0(00)	mfc0		cfc0		mtc0		ctc0	
1(01)								
2(10)								
3(11)								

| op(31:26)=000000 (R-format), funct(5:0) ||||||||
2-0 / 5-3	0(000)	1(001)	2(010)	3(011)	4(100)	5(101)	6(110)	7(111)
0(000)	shift left logical		shift right logical	sra	sllv		srlv	srav
1(001)	jump register	jalr			syscall	break		
2(010)	mfhi	mthi	mflo	mtlo				
3(011)	mult	multu	div	divu				
4(100)	add	addu	subtract	subu	and	or	xor	not or (nor)
5(101)			set l.t.	set l.t. unsigned				
6(110)								
7(111)								

圖 2.19　MIPS 指令的編碼。

這張符號表逐列逐行表示出各欄位的數值。例如，在圖的最上面表示 **load word** 列的數字是 4 (指令的 31-29 位元是 100_{two}) 和行的數字是 3 (指令的 28-26 位元是 011_{two})，所以對應的 op 欄位 (31-26 位元) 值是 100011_{two}。下面劃線表示該欄位是在其他地方使用的。例如，列 0 行 0 (op＝000000_{two}) 的 R-format 定義在圖的最下方。因此，在圖中最下方列 4 行 2 的 subtract 表示指令的 funct 欄位 (位元 5-0) 是 100010_{two} 以及 op 欄位 (位元 31-26) 是 000000_{two}。圖中最上方列 2 行 1 的 floating point 定義在第 3 章的圖 3.18 中。bltz/gez 是附錄 A 中 4 道指令的運算碼：bltz、bgez、bltzal 和 bgezal。本章會說明以全名並以灰色來表示的指令，第 3 章會說明以助憶名稱 (mnemonics) 並以灰色來表示的指令。附錄 A 中會說明所有的指令。

> **範例** 解碼機器碼
>
> 對應於以下機器指令的組合語言敘述句是什麼？
>
> 00af8020hex
>
> **解答** 將 16 進位轉換為二進位後，第一步是找出運作相關的欄位：
>
> ```
> (位元：31 28 26                          5   2 0)
>        0000 0000 1010 1111 1000 0000 0010 0000
> ```
>
> 我們檢視運作欄位以判斷其運作。參照圖 2.19，當位元 31 至 29 為 000 以及位元 28 至 26 為 000，則其為 R 型 (暫存器型) 的指令。我們重新將該二進位指令依照圖 2.20 中所示的 R 型指令的各欄位來表示：
>
> ```
> op      rs      rt      rd      shamt   funct
> 000000  00101   01111   10000   00000   100000
> ```
>
> 圖 2.19 的底下部分說明 R 型指令的運作。本例中，位元 5 至 3 為 100 以及位元 2 至 0 為 000，意思是這兩個位元樣式代表的是一道 add 指令。
>
> 我們依各欄位的值來解碼指令的其他部分。rs 欄位的值是 5₁₀、rt 是 15₁₀，以及 rd 是 16₁₀ (而 shamt 並未用上)。圖 2.14 中顯示該等數字代表暫存器 $a1、$t7 及 $s0。現在我們已可揭示該組合指令：
>
> ```
> add    $s0,$a1,$t7
> ```

圖 2.20 表示所有的 MIPS 指令格式。圖 2.1 表示本章中提到的 MIPS 組合語言。其餘未出現的 MIPS 指令主要是用於處理算術以及真實的數字，並即將於下章中述及。

名稱	欄位						註解
欄位大小	6 位元	5 位元	5 位元	5 位元	5 位元	6 位元	所有 MIPS 指令的長度都是 32 位元
R 格式	op	rs	rt	rd	shamt	funct	算術指令格式
I 格式	op	rs	rt	位址／立即值			傳輸、分支、imm 格式
J 格式	op	目標位址					跳躍指令格式

圖 2.20　MIPS 指令格式。

I. MIPS 中條件分支的位址範圍為何 (K=1024)？
   1. 0 至 64 K-1 間的位址
   2. 0 至 256 K-1 間的位址
   3. 多至在分支指令前約 32 K 至其後約 32 K 間的位址
   4. 多至在分支指令前約 128 K 至其後約 128 K 間的位址

II. MIPS 中跳躍以及跳躍並連結 (jal) 的位址範圍為何 (M=1024 K)？
   1. 0 至 64 M-1 間的位址
   2. 0 至 256 M-1 間的位址
   3. 多至在跳躍指令前約 32 M 至其後約 32 M 間的位址
   4. 多至在跳躍指令前約 128 M 至其後約 128 M 間的位址
   5. 在一個 64 M 的區塊中的任何位址，而 PC 提供最高位的 6 位元
   6. 在一個 256 M 的區塊中的任何位址，而 PC 提供最高位的 4 位元

III. 對應於值為 0000 0000$_{hex}$ 的 MIPS 機器指令其組合語言指令為何？
   1. `j`
   2. R- 格式
   3. `addi`
   4. `sll`
   5. `mfc0`
   6. 未定義的運作碼：無對應於 0 的合法指令

2.11 平行性與指令：同步

若各工作 (tasks) 彼此獨立，**平行執行 (parallel execution)** 不難達成，然而各工作往往必須合作。合作一般意謂某些工作會寫下其他工作必須讀取的新值。為了要得知一個工作何時完成寫入以至於其他工作可以讀取到正確的結果，因此工作間需作同步。若否，則有發生**數據競速 (data race)** 的危險，意謂程式的結果將依事件當時發生的順序不同而可能有所不同。

平行性

數據競速
若有二個記憶體存取分別來自不同工作緒 (threads) 且去到同一位址，並且其中至少有一個為寫入，且需不同時間發生，即形成之。

例如,回顧第 1 章中第 44 頁上的八位記者合寫一篇報導的情況。假設其中一位在寫結論前需要看過所有其他的章節。因此,其必須知道其他記者何時會完成他們的章節,因而不必擔心該等章節會再被更動。亦即,記者們若能就每一章節的寫作以及參閱上同步好,則結論將可與之前的各章節契合。

在計算時,典型的同步機制是以使同者層軟體程序,並輔以硬體提供的同步指令來支援該等程序以達成之。本節中,我們研究**鎖上** (*lock*) 及**開鎖** (*unlock*) 這兩種同步動作的實作方法。lock 與 unlock 可直接地用於建立只允許單一處理器進入及運算的區域,此種現象稱為**互斥** (*mutual exclusion*) 以及用於建構更為複雜的同步機制。

在多處理器中用以實現同步功能時,所需的關鍵能力是一組能夠對一個記憶體位址**不可切分地** (*atomically*) 讀取以及修改的硬體低階動作 (稱為 primitives)。其意為:在對該記憶體位址的讀取以及寫入之間,沒有其他事件得以介入。如果缺乏硬體支援,建構該等基本同步低階動作的成本將極高,且隨處理器數目而增加。

這些基本硬體低階動作的設計方式有很多種,均足以提供對同一個位置不可切分的讀取以及修改,同時能夠顯示該讀取以及寫入是否真的未被其他事件介入。一般情況下,架構設計師並不會預期使用者來運用這些基本硬體低階動作,而是預期它們被系統程式師經過往往甚為複雜及巧妙的方式來建構成同步的函式庫 (library)。

讓我們從一個這種硬體低階動作著手來瞭解如何能用以建構基本的同步基礎動作。建構同步動作的一個典型運作是**不可切分的交換** (*atomic exchange* 或 *atomic swap*),其會互換暫存器及記憶體中兩個值的位置。

為了說明如何以上述運作建構出一個基本的同步基礎動作,假設我們想要建構的是一個簡單的 lock,當其值為 0 時表示其可被使用而為 1 時表示其已被使用。處理器欲設定該 lock 值成 1 (即取用之) 時,會嘗試以一個預設在暫存器中的 1 來與代表該 lock 的記憶體位址交換彼此的值。交換回來的值若為 1 (unavailable,表示已在被他人使用中),表示已有其他處理器取得該 lock;否則該值為 0 (free)。在第二種情形下,lock 的值也已被改為 1 (unavailable),可以防止任何由其他處理器為了爭奪 lock 而發出的交換指令也能夠取得 0 (free)。

例如,設有二處理器同時正在各自嘗試執行對 lock 的交換:這

個競速一定會分出勝負，因為一定會有一個處理器先作出交換而取得 0 (free)，於是另一個的交換結果取得的就會是 1 (unavailable)。使用交換這個低階動作足以實作出同步的關鍵在於其執行過程是不可切分的：一個交換中的各個步驟彼此間不可切分，因此兩個同時發生的交換自然會被硬體分先後次序完成。於是兩個想要去設定同步變數的處理器在這種情況下也不會認為它們可以同時對該變數做設定。

在處理器設計中，製作一個這樣的又要對記憶體讀取、又要再寫入，且過程中不可以被擾亂的單一指令有其挑戰性。

另一種可能性則為使用一對指令，且讓第二道指令執行後會回傳一個值以顯示該指令對是否以沒有被切分的方式執行完成。一對指令實質上沒有被切分的條件是若所有其他處理器執行的運作都發生在該指令對之前或之後。因此，當一對指令實質上沒有被切分時，沒有其他處理器得以在該二指令間作值的改變。

在 MIPS 中這樣的一對指令包括一個特別的載入稱為載入-鏈結 (*load linked*)，以及一個特別的儲存稱為條件儲存 (*store conditional*)。該二指令會連著來用：若該 load linked 指令所指的記憶體位址之內容在 load linked 之後以及 store conditional 寫入該位址前被更動，則 store conditional 的執行失敗。store conditional 被設計成不但會將一個暫存器的值存入記憶體，且會將該暫存器的值依執行的成功與否而設為 1 或 0。因為 load linked 取回了原來的值且 store conditional 僅在其成功執行之後才會將暫存器設成 1，以下指令序即可對 $s1 所指向的記憶體位置實作出不可切分的交換：

```
again: addi   $t0,$zero,1      #複製出要交換出去的值 1
       ll     $t1,0($s1)       #載入-鏈結
       sc     $t0,0($s1)       #條件儲存
       beq    $t0,$zero,again  #條件儲存失敗了(0)則重試
       add    $s4,$zero,$t1    #將載入值置入 $s4
```

其間若有任何處理器介入 ll 及 sc 之間並改動了記憶體中該值時，sc 即會於 $t0 中回覆 0，並致使該指令序繼續嘗試。在這指令序結束時 $s4 及 $s1 所指向的記憶體位置的內容已被未被切分地交換。

仔細深思 雖然不可切分的交換在這裡是用於多處理器的同步，其亦可用於作業系統在一個處理器中處理多個程序 (processes) 時。在一個處理器中為了確保沒發生 (程序間的) 互相干擾，在該對指令間若處

理器作了程序切換 (context switch)，則條件儲存也會失敗 (參見第 5 章)。

仔細深思 載入－聯結／條件儲存機制的另一好處是其可被用來建構其他種類的同步低階動作，例如可用於某些平行程式模式中的不可切分的比較與對調 (*atomic compare and swap*) 或不可切分的取得及遞增 (*atomic fetch-and-increment*)。這些個低階動作需要在 ll 及 sc 間用到額外的指令，但並不太多。

由於條件儲存如果是在另一個對載入－鏈結位置的儲存或任何例外處理之後的話則會失敗，如何選擇哪些指令可被插入在 ll 及 sc 間時必須小心。明確地說，只有暫存器－暫存器指令可以無虞地用在此處；除此之外，處理器可能由於不斷的頁錯誤 (page faults) 而一直無法完成 sc 因而產生鎖死 (deadlock) 的情況。此外，置於載入－聯結及條件儲存之間的指令應儘量少，以降低不相干的事件或是另一個競爭 lock 的處理器造成條件儲存經常無法完成。

自我檢查 你何時會用到如載入－鏈結及條件儲存等低階動作？
1. 當平行程式中兩個合作的工作緒 (threads) 需要同步以確保彼此讀寫共享數據的行為合宜。
2. 當單一處理機上兩個合作的程序 (processes) 需要將對共享數據的讀寫同步。

2.12 翻譯與啟動一個程式

本節敘述將一個非揮發性儲存體內一個檔案中的 C 程式轉換成可於計算機上執行的程式的四個步驟。圖 2.21 表示該轉譯過程中的各階層。有些系統會合併這些階層中的某些步驟以縮短轉譯的時間，不過邏輯上程式都會經過這四個階段的處理。本節將遵循這個轉譯的階層來作介紹。

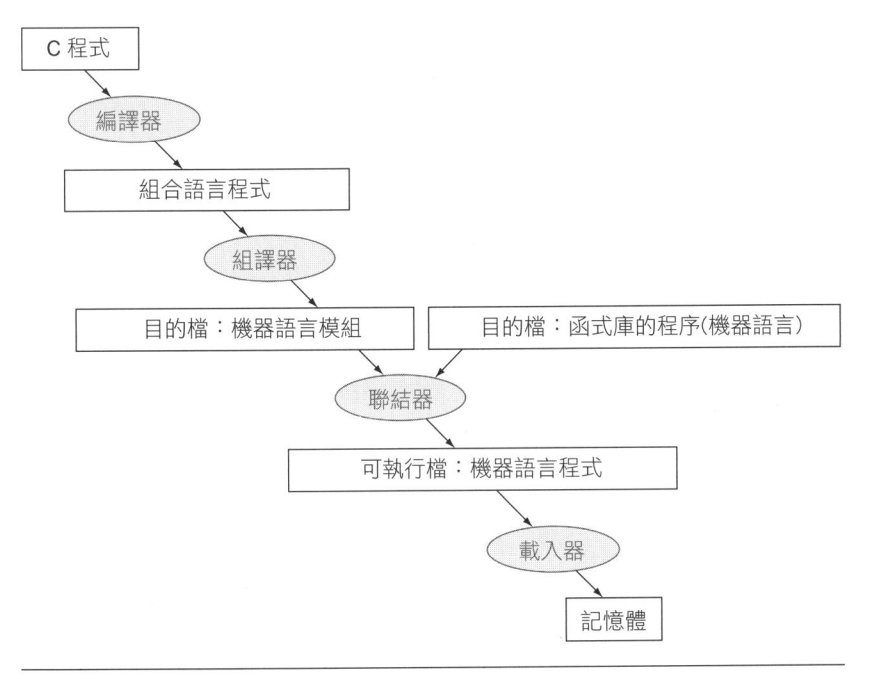

```
┌─────────┐
│ C 程式  │
└────┬────┘
   ╱編譯器╲
     ↓
┌──────────────┐
│ 組合語言程式 │
└──────┬───────┘
    ╱組譯器╲
       ↓
┌────────────────────┐     ┌──────────────────────────────┐
│目的檔：機器語言模組│     │目的檔：函式庫的程序(機器語言)│
└──────────┬─────────┘     └──────────────┬───────────────┘
           ╲    ╱聯結器╲   ╱
                   ↓
        ┌────────────────────┐
        │可執行檔：機器語言程式│
        └──────────┬─────────┘
                 ╱載入器╲
                    ↓
              ┌────────┐
              │ 記憶體 │
              └────────┘
```

圖 2.21　C 的轉譯階層。

高階語言程式先被編譯成組合語言程式，然後再組譯成機器語言的目的模組。聯結器根據呼叫及存取的關係來結合許多模組和函式庫中的程序。然後載入器將機器碼放置在記憶體恰當的位置來給處理器執行。為了要加速轉譯的程序，某些步驟會被跳過或合併。有些編譯器會直接產生目的模組，而有些系統會使用聯結載入器 (linking loader) 來一併執行後兩個步驟。為了辨別檔案的形式，UNIX 對檔案使用以下的副檔名慣用法：C 的來源檔命名為 x.c，組合語言檔為 x.s，目的檔為 x.o，靜態聯結的函式庫程序為 x.a，動態聯結的函式庫程序為 x.so，而可執行檔預設稱為 a.out。在 MS-DOS 中為了這些相同的目的而使用 .C、.ASM、.OBJ、.LIB、.DLL 和 .EXE 等副檔名。

編譯器

編譯器將 C 程式轉換成以符號形式來表示機器可以瞭解的碼的組合語言程式。由於高階語言的程式所需程式碼的行數遠小於組合語言，因此程式師使用高階語言的生產力遠為高。

在 1975 年，由於記憶容量很小以及編譯器效率不佳，因此很多作業系統以及組譯器都是以**組合語言** (assembly language) 來撰寫。如今每個動態隨機存取記憶體 (DRAM) 晶片的容量已是當時的百萬倍，降低了程式大小的顧慮，加上目前的可最佳化編譯器已可與組合語言專家般作出幾乎一樣好的組合語言程式，而且就大型程式而言有的時候更好。

組合語言
一種可被翻譯成機器語言的符號式的語言。

組譯器

由於組合語言是對較高階軟體的介面，因此組譯器亦可將機器語言指令常用的各種變形視為有效的指令。硬體並不需要能直接執行這些指令；但是讓它們能用於組合語言中可以簡化翻譯以及程式撰寫。這種指令稱為**虛擬指令** (pseudoinstructions)。

虛擬指令
一種常用的經常被當成真正的指令來看待的組合語言指令的變形。

如前所述，MIPS 硬體確保暫存器 $zero 的值恆為 0。亦即每當暫存器 $zero 被讀取時提供的是 0；且程式師無法改變暫存器 $zero 內的值。暫存器 $zero 可用來製作出複製暫存器內容至另一個暫存器的組合語言指令 move (移動)。因此 MIPS 組譯器可以接受以下這個雖然 MIPS 架構中並不存在的 (虛擬) 指令：

```
move $t0,$t1          #暫存器 $t0 得到暫存器 $t1(的值)
```

組譯器將這個組合語言指令轉換成相當於下方指令的機器語言指令：

```
add  $t0,$zero,$t1    #暫存器 $t0 得到 0＋暫存器 $t1(的值)
```

MIPS 組譯器還會如第 102 頁中範例所示將 blt (小於則分支) 轉換成 slt 和 bne 這兩道指令。其他例子還有 bgt (大於)、bge (大於等於) 以及 ble (小於等於)。它也會將分支到很遠處的分支轉換成一個分支加上一個跳躍。又如前述，即使立即值指令有 16 個位元立即值的限制，MIPS 組譯器卻允許使用將 32 個位元的立即值載入暫存器 (的組合指令)。

總而言之，虛擬指令提供了 MIPS 一個較硬體所直接製作者更為豐富的組合語言指令集。唯一的代價是需要保留一個給組譯器使用的暫存器 $at。如果你要撰寫組合程式，請使用虛擬指令來簡化工作。然而，若是為了瞭解 MIPS 的架構以及確保得到最佳效能，請研讀圖 2.1 與 2.19 中的 MIPS 真正的指令。

組譯器也能接受各種基底的數字。除了二進位以及十進位，它們通常還會接受較二進位更簡潔然而可輕易轉為二進樣式的基底。MIPS 組譯器用的是十六進位。

上述特性提供方便性，然而組譯器的主要工作是將組合碼轉換為機器碼。組譯器將組合語言程式轉換成**目標檔** (*object file*)，其包含機器語言指令、數據以及將指令恰當置入記憶體中所需的資訊。

要對組合語言程式中每一道指令產生恰當的二進位表示法，組

譯器必須要知道所有標籤對應到的位址。組譯器用**符號表** (symbol table) 來追蹤分支及數據移轉指令中所用到的標籤。你應可想像，該表含有一對對的標籤及相對的位址。

UNIX 中的目標檔一般包含六個部分：

- 目標檔頭 (*object file header*)，說明該檔中其餘各部分的大小和位置。
- 文字部分 (*text segment*)，內含機器語言碼。
- 靜態數據部分 (*static data segment*)，內含配置給該程式在其活動 (生命) 期間使用的數據。[UNIX 允許程式使用兩種數據型態，其中靜態數據 (*static data*) 的配置在程序過程中均不變，而動態數據 (*dynamic data*) 則隨程式的執行而消長。參見圖 2.13]。
- 重置資訊 (*relocation information*) 標明在程式載入記憶體時，有哪些指令及數據與絕對位址有關。
- 符號表 (*symbol table*) 包含其他未被定義的，例如外部參照用的標籤。
- 除錯資訊 (*debugging information*) 簡要地說明各模組是如何編譯出來的，以便除錯器聯結機器指令與原 C 源碼檔間的關係以及使得資料結構便於瞭解。

下節中將說明有些如函式庫程序等已被組譯好的程序將如何結合至程式中。

聯結器

截至目前我們所介紹的內容似乎表示程序中一行裡的一個小改變即造成整個程式需要重新編譯及組譯。完整的重新翻譯極度浪費運算資源。在牽涉到標準函式庫程序時這種重複會因為對幾乎絕不會改變的程序的重新編、組譯而特別顯得浪費。另一種可能性就是對每一個程序各別作編、組譯，於是任一行程式碼的改變只需對單一程序重新編、組譯即可。這種可能性需要使用到一個新的系統程式稱為**聯結編輯器** (link editor) 或**聯結器** (linker)，其可將所有相關然而各自組譯成的機器語言程式「縫合」在一起。

聯結器要執行的步驟有三個：

1. 將程式碼及數據的各模組以符號代表的方式置於記憶體中 (譯註：

符號表
一個用來對照標籤名稱以及指令所在的記憶體字組位址的表。

聯結器
或稱**聯結編輯器**，一個能合併各別組譯成的機器語言程式並且釐清所有未定義的標籤使成一可執行檔的系統程式。

此時並未真正置入記憶體，因仍有待解的問題如下，且尋找記憶體位置並置入是載入器 loader 的責任)。

2. 決定出數據與指令所使用的標籤應代表的位址值。
3. 補正各個模組對內、對外參考的 (位址或定址) 參數值。

聯結器藉由每一個目標模組的重置資訊及符號表來釐清所有未被定義的標籤。該等位址參考可見於分支指令、跳躍指令及數據位址中，可知這個程式的角色很像是一個編輯器：它找尋舊的地址，並以更新後的地址取代之。「聯結編輯器」或簡稱聯結器其名稱的源由即來自其編輯的本質。聯結器之所以有用，是因為將各個碼縫合在一起的速度遠高於重新編譯及組譯。

在所有外部參考都已釐清後，聯結器接著來決定每個模組會佔用的記憶體位置數。請回顧圖 2.13 所示 MIPS 將程式以及數據配置於記憶體中的慣用法。如果各檔案是獨立地被組譯，則組譯器並無法知道一個模組的指令及數據被放置的地方相對於其他模組其位址為何。當聯結器將一個模組安置入記憶體中，其所有的絕對參考到的記憶體位址，亦即並非相對於某個暫存器值的記憶體位址，都必須重新定位來反映其真實位置。

可執行檔
一個具有目標檔的格式、內部已無未釐清的參考的可運作程式。其仍可含有符號表及除錯用的資訊。一個「清除過的可執行檔」則不含該等資訊。可能會有給載入器用的重置資料。

聯結器產生的是一個可在計算機上執行的**可執行檔** (executable file)。基本上這個檔除了已沒有未釐清的參考外，其格式與目標檔相同。聯結器可以產生只有部分聯結的檔案，例如函式庫程序中仍有未知的位址，因此所產出的仍是目標檔。

範例　聯結目標檔

聯結以下二目標檔。表出完成後的執行檔中前面幾行指令更改後的位址。我們為了讓本例易於瞭解而將指令以組合語言表示；實際上該等指令應是數字的形式。

注意我們對在聯結過程中目標檔中需被補正的位址及符號都以粗體強調，其可見於參考到程序 A 與 B 的位址的指令以及參考到數據字組 X 與 Y 的位址的指令中。

目標檔頭

名稱	程序 A	
文字大小	100$_{hex}$	
數據大小	20$_{hex}$	

文字部分	位址	指令	
	0	lw $a0,0($gp)	
	4	jal 0	
	……	……	

數據部分	0	(X)	
	……	……	

重置資訊	位址	指令類別	相依性
	0	lw	X
	4	jal	B

符號表	標籤	位址	
	X	—	
	B	—	

目標檔頭

名稱	程序 B	
文字大小	200$_{hex}$	
數據大小	30$_{hex}$	

位址	指令	
0	sw $a1,0($gp)	
4	jal 0	
……	……	

0	(Y)	
……	……	

位址	指令類別	相依性
0	sw	Y
4	jal	A

標籤	位址	
Y	—	
A	—	

程序 A 需要找出變數 X 的位址以置入 lw 指令中以及找出程序 B 的位址以置入 jal 中。程序 B 則需變數 Y 的位址來給 sw 以及程序 A 的位址來給它的 jal。

由圖 2.13，我們可知文字部分始於位址 40 0000$_{hex}$ 以及數據部分始於 1000 0000$_{hex}$。程序 A 的文字以及數據即被置於上述的第一個以及第二個位址處。程序 A 的目標檔頭顯示其文字有 100$_{hex}$ 個位元組且數據有 20$_{hex}$ 個位元組，因此程序 B 的文字部分始於 40 0100$_{hex}$ 以及數據部分始於 1000 0020$_{hex}$。

可執行檔頭

	文字大小	300$_{hex}$
	數據大小	50$_{hex}$
文字部分	位址	指令
	0040 0000$_{hex}$	lw $a0,8000$_{hex}$($gp)
	0040 0004$_{hex}$	jal 40 0100$_{hex}$
	……	……
	0040 0100$_{hex}$	sw $a1,8020$_{hex}$($gp)
	0040 0104$_{hex}$	jal 40 0000$_{hex}$
	……	……
數據部分	位址	
	1000 0000$_{hex}$	(X)
	……	……
	1000 0020$_{hex}$	(Y)
	……	……

接下來聯結器補正指令中各位址欄位。其檢視指令的型態欄位以得知所欲編輯的位址的格式。在此我們有兩種指令型態：

1. jal 因為使用虛擬直接定址故很單純。在位址 40 0004$_{hex}$ 的 jal 其位址欄位得到 40 0100$_{hex}$ (程序 B 的位址)，而在位址 40 0104$_{hex}$ 的 jal 其位址欄位會得到 40 0000$_{hex}$ (程序 A 的位址)。
2. 載入及儲存的位址因為是相對於一個基底暫存器的內容來表示的，故較難得知真正的位址。本例中使用了一個全域指標作為基底暫存器。圖 2.13 顯示 $gp 的初始值是訂為 1000 8000$_{hex}$。要得到位址 1000 0000$_{hex}$ (字組 X 的位址)，我們在位於 40 0000$_{hex}$ 處的 lw 位址欄位中置入 8000$_{hex}$。lw 中的位址欄位會被做符號延伸，因此 8000$_{hex}$ 會成為 FFFF 8000$_{hex}$，亦即 −32768$_{two}$。同理，我們在位於 40 0100$_{hex}$ 的 sw 位址欄位中置入 7980$_{hex}$ 以得到位址 1000 0020$_{hex}$ (字組 Y 的位址)。

仔細深思　記得 MIPS 指令 (在記憶體中的位址) 均為以字組對齊，所以 jal 不需表示 (位址) 最右方的兩個位元以擴大指令的定址範圍。因此，其以 26 個位元而能表示 28 個位元的位元組位址。因此，上例中真正置於 jal 指令最後 26 個位元中的「位址」是 10 0040$_{hex}$，而非 40 0100$_{hex}$，以及 10 0040$_{hex}$，而非 40 0100$_{hex}$。

載入器

現在該可執行檔已在硬碟上了，作業系統要將它讀到記憶體中然後開始執行。在 UNIX 系統中**載入器** (loader) 執行以下步驟：

載入器
一個將目標式置於主記憶體中準備好開始執行的系統程式。

1. 讀取可執行檔的檔頭以獲知文字部分及數據部分的大小。
2. (在記憶體中) 取得一塊足以容納文字及數據的位址空間。
3. 由可執行檔將指令及資料複製入記憶體中。
4. 若有要傳遞給主程式的參數則複製到堆疊上。
5. 初始化各機器暫存器並將堆疊指標設定到第一個可用的位置處。
6. 跳躍到一個會複製參數到參數暫存器中並呼叫程式主程序的啟動程序。在主程序返回後，該啟動程序以一個 exit 系統呼叫來結束程式。

附錄 A 中的第 A.3 及 A.4 節將詳細說明聯結器及載入器。

動態聯結的函式庫

本節第一部分介紹了傳統上在程式執行前聯結各函式庫程序的作法。這種靜態的作法雖然是呼叫函式庫最快的方法，然而其存在幾個缺失：

- 函式庫程序成為可執行碼的一部分。若有新的修正過錯誤或支援新硬體的函式庫發表了，靜態聯結的程式仍然會使用到當初的舊版本。
- 該方法會將可執行檔中所有呼叫到的函式庫程序，即使實際上沒有執行到的，全都載入。函式庫相對於程式可能很大；例如標準的 C 函式庫大小是 2.5 MB。

這些缺失導致了**動態聯結的函式庫** (dynamically linked libraries, DLLs) 的設計，其等到程式執行時函式庫的程序才會被聯結以及載入。程式以及函式庫程序都需要保存非區域性程序的位置以及其名稱等額外資訊。在最初的 DLLs 版本中，載入器執行一個動態的聯結器，並以檔案中的額外資訊來尋找適當的函式庫程序及補正所有對外部的參考。

最初的 DLLs 版本有仍然聯結到所有可能呼叫到的函式庫程序，而非僅止程式真正執行時會呼叫到者的缺失。這個觀察導致懶惰的 DLLs 程序聯結版本，其僅在每一個程序被呼叫後才會被聯結。

如同我們這個領域中的許多發明，這個巧思靠的是一層的間接 (indirection)。圖 2.22 說明這個技術。其以非區域性的程序 (nonlocal routines) 呼叫一組位於程式最末端的假程序開始，每一個非區域性的程序都有一個進入點。這些假的進入點每一個即包含一個間接的跳躍。

當函式庫程序第一次被呼叫時，程式會呼叫一個假的進入點並執行該間接跳躍。該跳躍指向的程式碼會將一個辨識所欲函式庫程序的數字置於一個暫存器中，然後跳到動態聯結器／載入器。聯結器／載入器找到該所需的程序，重新對映其位址，並改變間接跳躍指令中的位址以指向該程序。然後即跳到該程序。當程序結束後，其返回處為原來的呼叫處。在此之後，對該函式庫程序的呼叫即可間接跳躍至該程序而不再經額外的跳躍。

綜合上述，DLLs 需要額外空間來儲存動態聯結所需的資訊，然

「幾乎所有計算機科學上的問題都可以透過再一層的間接 (another level of indirection) 來解決。」

David Wheeler

動態聯結的函式庫 (DLLs)
在程式執行中聯結到程式的函式庫程序。

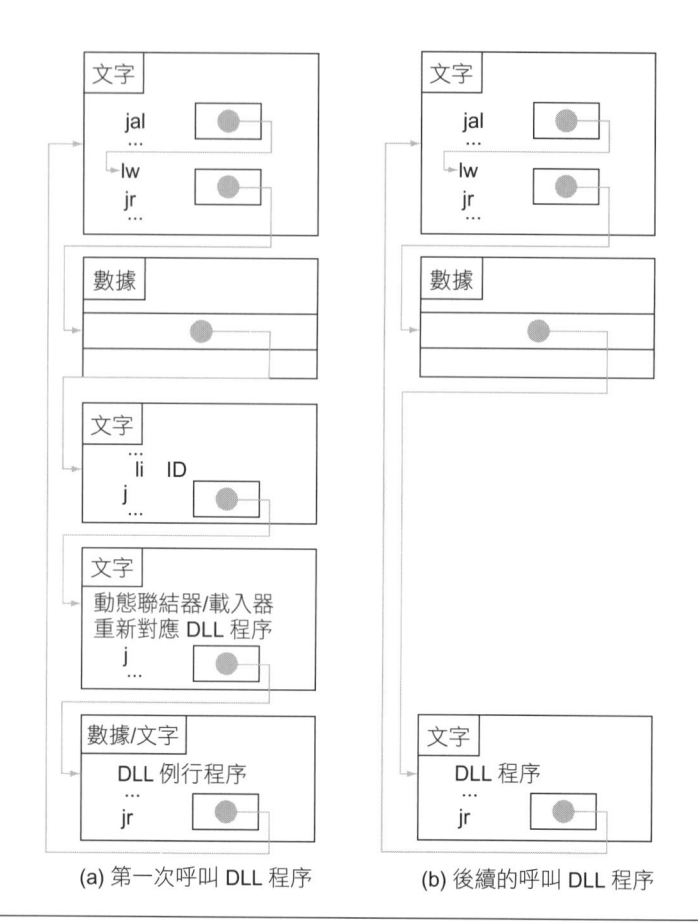

圖 2.22 經由懶惰的程序聯結的動態聯結函式庫函式方法。
(a) 第一次呼叫 DLL 程序的步驟。(b) 找尋該 DLL 程序、重新對應、聯結等步驟，在後續的程序呼叫時即跳過不用重做。我們將在第 5 章看到，作業系統可藉由使用虛擬記憶體管理來重新對應程序，以避免再次複製所需要的程序。

而可省卻複製或聯結所有可能用到的函式庫程序。它在程序第一次被呼叫時需付出相當額外花費，但是之後則只有一個間接跳躍。注意函式庫的返回並無額外花費。微軟 (Microsoft) 的 Windows 大量倚賴動態聯結的函式庫，該動態聯結亦是目前 UNIX 系統執行程式時的預設作法。

啟動一個 Java 程式

之前的討論內容是執行一個程式的傳統模式，其在意的是對使用特定指令集架構、甚至於該架構下特定的系統製作，程式的快速執行。的確，將 Java 程式如 C 程式般地執行是可能的。不過 Java 是根據一套不一樣的目標而發明出來的。其一是在任何計算機上都能安全地執行，即使執行得慢些也無妨。

```
┌─────────────┐
│  Java 程式  │
└──────┬──────┘
       ▼
    ╭──────╮
    │ 編譯器│
    ╰──┬───╯
       ▼
┌──────────────────────┐   ┌──────────────────────────────┐
│ Class 檔 (Java 位元組碼) │   │ Java 程庫中的程序 (機器語言)  │
└──┬──────────────┬────┘   └───────────┬──────────────────┘
   ▼              ▼                    ▼
╭────────╮    ╭────────────╮
│及時編譯器│    │ Java 虛擬機 │
╰───┬────╯    ╰─────┬──────╯
    ▼                ▼
┌─────────────────────────────────┐
│ 編譯後的 Java 方法 (機器語言)      │
└─────────────────────────────────┘
```

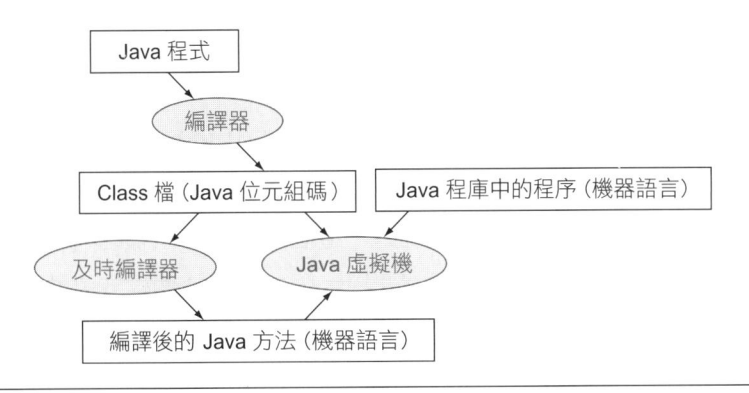

圖 2.23　Java 的轉譯階層。
Java 程式首先被編譯成 Java 位元組碼形式的二進位碼，其中所有的位址都由編譯器來定義。現在 Java 程式已可被稱為 **Java 虛擬機** (JVM) 的解譯器執行。JVM 在程式執行的過程中聯結所需的 Java 程序庫中各個方法。為了獲得更好的效能，JVM 可以呼叫 JIT 編譯器，其可以選擇性地編譯一些方法來轉譯成執行這個程式的機器的本土機器語言程式碼。

　　圖 2.23 表示了典型的 Java 轉譯和執行的步驟。不同於編譯成目標計算機的組合語言，Java (的程式) 首先被編譯成易於解譯的 **Java 位元組碼** (Java bytecode) 指令集的指令形式 (參見 ⊕2.15 節)。這個指令集被設計成與 Java 語言很接近，因此編譯過程並不難。基本上也不會做什麼優化。與 C 的編譯器一般，Java 編譯器也會檢查數據的形態並據以產生恰當的對應的運作。Java 程式會以這些位元組碼的二進表示法來呈現以及傳播。

　　一個稱為 **Java 虛擬機器** (Java virtual machine, JVM) 的解譯器可以執行 Java 位元組碼。解譯器指的是一個可以模擬某指令集架構 (的功能) 的程式。例如本書配合使用的 MIPS 模擬器就是一個解譯器。由於轉譯的工作在這裡很簡單，於是編譯器已經可以自行填入各個位址或是 JVM 能在執行時得知，因此我們並不需要用到組譯的過程。

　　解譯這個做法的一個正面因素是它的可攜性。有了軟體的 Java 虛擬機，可使得大部分人在 Java 問世後不久的時間內就能撰寫並且執行 Java 的程式。現在 Java 擬機已經能在從手機到網際網路瀏覽器中的數億個設備中見到了。

　　解譯的方式的負面顧慮是它低下的效能。在 1980 與 1990 年代裡處理效能令人難以置信的進展使得解譯對很多重要的應用已是可行，不過相較於編譯過的 C 程式慢上 10 倍左右這件事還是使得有一些應用對 Java 不感興趣。

Java 位元組碼
為解譯 Java 程式而設計的一個指令集中的指令。

Java 虛擬機 (JVM)
解譯 Java 位元組碼的程式。

及時編譯器 (JIT)
一般性地用於對能夠在執行時編譯一段轉譯過的碼成計算機的本土碼的編譯器的稱呼。

為了要保持可攜性同時增進效能，Java 的下一個發展階段著眼於能夠在程式的執行過程中進行轉譯的編譯器。這樣的**及時編譯器** (Just In Time compiler, JIT) 基本上側錄執行中的程式來找出哪些是「熱」的方法 (methods)，然後使用擬機執行於其上的真實機器的本土指令集將這些方法編譯成本土碼。這個部分編譯出來的碼就可以保存起來以備下次執行這個程式時使用，因此下次這個程式會執行得快一點。這種解譯與編譯的協同做法使程式可以隨時間而演進，於是經常執行的程式受到解譯的額外負擔的拖累也逐漸減少。

隨著計算機越來越快編譯器能夠做出更多工作，也隨著研究人員發明出更好的方法來在執行中編譯 Java，Java 與 C 或 C++ 間效能的差距正在縮小。線上的 ⊕2.15 節更深入地探討 Java、Java 位元組碼、JVM 與 JIT 編譯器的製作。

自我檢查

以下的解譯器相對於轉譯器的各項優點中，你認為何者對 Java 的設計者而言最重要？
1. 撰寫解譯器的容易程度
2. 較恰當的錯誤訊息
3. 較小的目的碼
4. 機器的獨立不相關性

2.13 一個結合所有觀念的 C 排序程式例

以片段的方式來說明組合語言碼的一種危險，是你並無法因而瞭解一個完整組合語言程式的結構。本節中，我們由兩個 C 程序來推演 MIPS 程式碼：一個是用來對調陣列中元素以及另一個用來排序它們。

程序 swap

我們由圖 2.24 中程序 swap 的碼開始。這個程序只對記憶體中兩個位置做對調。若以人工將 C 翻譯成組合語言，我們採以下一般的步驟：

1. 將暫存器配置給程式中的變數。
2. 產出程序主體的碼。

```
void swap(int v[], int k)
  {
    int temp;
    temp = v[k];
    v[k] = v[k+1];
    v[k+1] = temp;
  }
```

圖 2.24　將記憶體裡兩個位置的內容做交換的 C 程序。
本節會在排序的例題中使用這個程序。

3. 在程式呼叫時保存暫存器。

本節以這三個項目來敘述 swap 程序，並將所有項目結合在一起來做總結。

swap 的暫存器配置

如第 104 頁中所言，MIPS 對參數傳遞的慣例是使用暫存器 $a0、$a1、$a2 以及 $a3。由於 swap 僅有 v 及 k 兩個參數，因此它們會置於 $a0 及 $a1 中。唯一的另一個變數是 temp，由於 swap 是一個末端程序，因此我們用 $t0 來放置它 (見第 107 頁)。這種暫存器配置對應到圖 2.24 中的 swap 程序中的是它開頭處的變數宣告部分。

swap 程序本體的碼

swap 中 C 程式碼其餘各行為

```
temp=v[k];
v[k]=v[k+1];
v[k+1]=temp;
```

由於在 MIPS 記憶體中位址指的是位元組的位址，亦即字組的位址其實均為間隔 4 個位元組。因此我們必須先將 k 乘以 4 再將其拿來運算位址。忘記了連續字組間的位址是相差 4 而非相差 1 是一個組合語言程式中常見的錯誤。因此取得 v[k] 位址的第一個步驟是以左移 2 位來將 k 乘以 4：

```
sll   $t1,$a0,2      #暫存器 $t1=k*4
add   $t1,$a0,$t1    #暫存器 $t1=v+(k*4)
                     #暫存器 $t1 含有 v[k] 的位址
```

現在我們以 $t1 所含的位址載入 v[k]，然後以 $t1+4 載入 v[k+1]：

```
lw    $t0,0($t1)      #暫存器 $t0 (亦即 temp)=v[k]
lw    $t2,4($t1)      #暫存器 $t2=v[k+1]
                      #指到 v 中的下一個元素
```

之後我們將 $t0 及 $t2 儲存到互換的位址中：

```
sw    $t2,0($t1)      #v[k]=暫存器 $t2
sw    $t0,4($t1)      #v[k+1]=暫存器 $t0 (亦即 temp)
```

現在我們已經配置好了暫存器並完成執行該程序各種運作的程式碼。仍然缺少者是在 swap 中保存需保留的暫存器的碼。然而由於在此末端程序中我們並未用到需保留的暫存器，因此不需作任何保存。

完整的 swap 程序

現在我們已準備好檢視完整的程序，其包括了程序標籤以及返回的跳躍。為便於瞭解，我們在圖 2.25 的程序中標示出各個程式區塊以及其目的。

程序 sort

為了確保你能體會組合語言程式撰寫的嚴謹，我們將再嘗試第二個較大的例子。本例中，我們將建構一個會呼叫 swap 的程序。該程式以泡泡 (bubble) 或交換 (exchange) 這種即便不是最快也是最簡單的排序法來對一個整數數列作排序。圖 2.26 為其 C 語言程式。我們如同先前一般以數個步驟建構該程序後，最終再將其完整呈現。

程序本體
| ```
swap: sll  $t1,$a1,2      #暫存器 $t1=k*4
      add  $t1,$a0,$t1    #暫存器 $t1=v+(k*4)
                          #暫存器 $t1 含有 v[k] 的位址
      lw   $t0,0($t1)     #暫存器 $t0(temp)=v[k]
      lw   $t2,4($t1)     #暫存器 $t2=v[k+1]
                          #指到 v 的下一個元素
      sw   $t2,0($t1)     #v[k]=暫存器 $t2
      sw   $t0,4($t1)     #v[k+1]=暫存器 $t0(temp)
``` |

程序返回
| ```
      jr   $ra            #返回呼叫此程序的程序
``` |

圖 2.25 在圖 2.24 中程序 swap 的 **MIPS** 組合碼。

```
void sort (int v[], int n)
{
    int i, j;
    for (i = 0; i < n; i += 1) {
        for (j = i - 1; j >= 0 && v[j] > v[j + 1]; j+=1) {
            swap(v,j);
        }
    }
}
```

圖 2.26 對陣列 v 進行排序的 C 程序。

sort 的暫存器配置

sort 程序中的兩個參數 v 及 n 置於參數暫存器 $a0 及 $a1 中,我們並指定暫存器 $s0 及 $s1 來分別存放 i 及 j。

sort 程序本體的碼

程序的本體包含兩個巢狀 for 迴圈和一個含有參數的對 swap 的呼叫。讓我們從外部到中間來處理程式碼。

首先對第一個 for 迴圈作翻譯:

```
for (i =0; i <n; i +=1) {
```

回想 C 的 for 敘述應有三個部分:初始化、迴圈測試以及反覆次數的遞增。該 for 敘述的第一部分初始化僅一道將 i 設為初始值 0 的指令:

```
move  $s0,$zero      #i = 0
```

(記得 move 是組譯器為了組合語言程式師的方便所提供的虛擬指令;見第 134 頁) 該 for 敘述的最後一部分也僅需一道將 i 遞增的指令:

```
addi  $s0,$s0,1      #i += 1
```

迴圈應在 i < n 不為真的時候跳出,或者說,應在 i ≥ n 時跳出。一道於小於時設定指令在 $s0 < $a1 時設定 $t0 為 1,反之為 0。由於我們要測試的是 $s0 ≥ $a1,因此我們在暫存器 $t0 為 0 時分支出去。該測試使用兩道指令:

```
for1tst:slt  $t0,$s0,$a1     #若 $s0 ≥ $a1(i ≥ n)
                              則暫存器 $t0 = 0
        beq  $t0,$zero,exit1  #若 $s0 ≥ $a1(i ≥ n)
                              則前往 exit1
```

迴圈的底端單純地只是跳回迴圈測試處:

```
        j    for1tst         #跳躍至外部迴圈測試處
exit1:
```

於是第一個 *for* 迴圈碼的結構體即為:

```
        move   $s0,$zero            #i=0
for1tst:slt    $t0,$s0,$a1          #若 $s0≥$a1 (i≥n)
                                      則暫存器 $t0=0
        beq    $t0,$zero,exit1      #若 $s0≥$a1 (i≥n)
                                      則前往 exit1
        ……
               (第一個 for 迴圈的本體)
        ……
        addi   $s0,$s0,1            #i+=1
        j      for1tst              #跳躍至外部迴圈測試處
exit1:
```

就是這樣!(習題中會探討如何對類似的迴圈撰寫更快的程式碼。)

第二個 *for* 迴圈在 C 中的形式是:

```
for  (j=i-1; j>=0 && v[j]>v[j+1]; j-=1){
```

該迴圈的初始化部分仍然僅需一道指令:

```
addi $s1,$s0,-1    #j=i-1
```

在迴圈最後對 j 的遞減也僅為一道指令:

```
addi $s1,$s1,-1    #j -= 1
```

迴圈測試包含兩個部分。如果任一測試不通過我們都將離開迴圈,因此如果第一測試 (*j*<0) 失敗則離開迴圈:

```
for2tst:slti $t0,$s1,0           #若 $s1<0 (j<0)
                                   則暫存器 $t0=1
        bne  $t0,$zero,exit2     #若 $s1<0 (j<0)
                                   則前往 exit2
```

該分支會跳過第二個條件測試。若其不跳過,即表示 j≥0。

第二個測試是若 v[j]>v[j+1] 不為真則跳出,或若 v[j]≤v[j+1] 則跳出。首先我們以 j 乘以 4 來產生位址 (因為我們需要的是位元組位址) 然後將其加到 v 的基底位址:

```
sll   $t1,$s1,2            #暫存器 $t1=j*4
add   $t2,$a0,$t1          #暫存器 $t2=v+(j*4)
```

現在我們載入 v[j]：

```
lw    $t3,0($t2)           #暫存器 $t3=v[j]
```

由於我們知道下一個元素即為下一個字組，我們將暫存器 $t2 中的位址加上 4 以取得 v[j+1]：

```
lw    $t4,4($t2)           #暫存器 $t4=v[j+1]
```

v[j]≤v[j+1] 的測試等同於 v[j+1]≥v[j]，因此離開迴圈測試的兩道指令為：

```
slt   $t0,$t4,$t3          #若 $t4 ≥ $t3 則暫存器 $t0=0
beq   $t0,$zero,exit2      #若 $t4 ≥ $t3 則前往 exit2
```

迴圈的底端跳回到內部迴圈的測試處：

```
j     for2tst              #跳躍至內部迴圈測試處
```

結合各部分後，第二個 for 迴圈的結構體成為：

```
        addi $s1,$s0,-1         #j=i-1
for2tst:slt  $t0,$s1,0          #若 $s1<0 (j<0)
                                  則暫存器 $t0=1
        bne  $t0,$zero,exit2    #若 $s1<0 (j<0)
                                  則前往 exit2
        sll  $t1,$s1,2          #暫存器 $t1=j*4
        add  $t2,$a0,$t1        #暫存器 $t2=v+(j*4)
        lw   $t3,0($t2)         #暫存器 $t3=v[j]
        lw   $t4,4($t2)         #暫存器 $t4=v[j+1]
        slt  $t0,$t4,$t3        #若 $t4≥$t3
                                  則暫存器 $t0=0
        beq  $t0,$zero,exit2    #若 $t4≥$t3
                                  則前往 exit2
        ……
        (第二個 for 迴圈的本體)
        ……
        addi $s1,$s1,-1         #j-=1
        j    for2tst            #跳躍至內部迴圈測試處
exit2:
```

sort 中的程序呼叫

下一步要處理的是第二個 *for* 迴圈中的本體：

swap(v,j);

呼叫 swap 相當簡單：

```
Jal   swap
```

在 sort 中傳遞參數

當我們要傳遞參數時問題就來了，因為 sort 程序需要將兩個數字放在暫存器 $a0 及 $a1 中，然而 swap 程序也需要將其二個參數置於同樣的兩個暫存器中。一種解決的辦法是將 sort 的參數在程序開始時就複製到暫存器中，讓 $a0 及 $a1 在呼叫 swap 時可以為其所用(這種複製的方法會比保存至堆疊上並稍後再將其恢復較快速些)。我們在程序執行中首先將 $a0 及 $a1 複製至 $s2 及 $s3 中：

```
move  $s2,$a0        #複製參數 $a0 至 $s2 中
move  $s3,$a1        #複製參數 $a1 至 $s3 中
```

然後以這兩道指令將參數傳遞給 swap：

```
move  $a0,$s2        #swap 的第一個參數是 v
move  $a1,$s1        #swap 的第二個參數是 j
```

保存 sort 中的暫存器

唯一未處理的部分是保存及恢復暫存器的程式碼。顯然地，由於 sort 本身即是一個會被人呼叫的程序，我們必須將其返回位址存於 $ra 中。sort 程序也會用到 $s0、$s1、$s2 和 $s3 這些被保存的暫存器，因此它們也必須被保存起來。於是 sort 程序的開始部分即為

```
addi  $sp,$sp,-20    #在堆疊上騰出 5 個暫存器的空間
sw    $ra,16($sp)    #保存 $ra 於堆疊上
sw    $s3,12($sp)    #保存 $s3 於堆疊上
sw    $s2, 8($sp)    #保存 $s2 於堆疊上
sw    $s1, 4($sp)    #保存 $s1 於堆疊上
sw    $s0, 0($sp)    #保存 $s0 於堆疊上
```

程序的結尾處只不過逆轉這些指令的動作，然後再加上 jr 以返回。

完整的 sort 程序

現在我們將所有片段於圖 2.27 中放在一起，並注意要將 *for* 迴圈中參考到暫存器 $a0 及 $a1 的地方改為參考暫存器 $s2 及 $s3。如同之前，為了便於瞭解這個程式碼，我們對每一區塊均標示出其在程序中的用途。在此例中，以 C 寫成的九行的 sort 程序變成了 35 行的 MIPS 組合語言碼。

仔細深思 有一個可用於本例的最佳化方法稱為*程序內嵌* (*procedure inlining*)。編譯器並不以參數傳遞加上使用 jal 指令來啟動程序，而是代之以將呼叫 swap 的地方直接複製 swap 程序的本體碼來置換。(程序) 內嵌在本例中可省掉 4 道指令。這種內嵌的最佳化其缺失在於若嵌入的程序會被數個地方呼叫時，編譯後的程式碼會得較大。這種程式的擴大如果增加了隱藏式記憶體的存取錯失率，則會導致較低的效能；見第 5 章。

雖然圖 2.28 顯示了編譯器最佳化在 sort 程式中對編譯時間、時脈數、指令數以及 CPI 等效能參數的衝擊。注意未最佳化的碼具有最好的 CPI、O1 最佳化具有最低的指令數，然而 O3 速度最快，這提醒了我們時間是程式效能唯一準確的量測參數。

> **瞭解程式效能**

圖 2.29 比較了程式語言、編譯或是解譯、演算法在排序這項工作上對效能的影響。在第四個欄位中可以看到在作泡泡排序時，未經優化的 C 程式較解譯的 Java 程式快上 8.3 倍。使用 JIT 編譯器後反而比未經優化的 C 快上 2.1 倍，就連最優化的 C 碼也僅比它快上 1.13 倍 (線上的 ❷**2.15 節** 提供有關 Java 解譯與編譯，以及 Java 與 MIPS 的泡泡排序程式碼的更多細節)。在第五欄中的 Quicksort (譯註：這個是方法的名稱，一般不作文字翻譯，意思是快速排序) 的效能比例差異更大些，這應該是執行時間變得更短後，執行中進行的編譯時間佔比相對就變大了的緣故。最後一個欄位表示演算法的影響，較好的演算法在排序 100,000 個物件時可造成動輒千倍的效能增長。就算是比較第五欄中的解譯的 Java 效能與第四欄中 C 編譯器得出的最佳的效能，Quicksort 仍能以約 50 倍的速度勝過泡泡排序法 (0.05 × 2468 = 123 倍快於未經優化的 C 碼，相較於 2.41 倍快)。

		保存暫存器的值	
sort:	addi $sp, $sp,-20		#在堆疊裡挪出空間給五個暫存器
	sw $ra, 16($sp)		#將 $ra 保存在堆疊裡
	sw $s3, 12($sp)		#將 $s3 保存在堆疊裡
	sw $s2, 8($sp)		#將 $s2 保存在堆疊裡
	sw $s1, 4($sp)		#將 $s1 保存在堆疊裡
	sw $s0, 0($sp)		#將 $s0 保存在堆疊裡

		程序本體	
搬移參數		move $s2, $a0	#將參數 $a0 複製到 $s2 (保存 $a0)
		move $s3, $a1	#將參數 $a1 複製到 $s3 (保存 $a1)
外部迴圈		move $s0, $zero	#i=0
	for1tst:	slt $t0, $s0, $s3	#若 $s0≥$s3 (i≥n) 則暫存器 $t0=0
		beq $t0, $zero,exit1	#若 $s0≥$s3 (i≥n) 則分支到 exit1
內部迴圈		addi $s1, $s0, -1	#j=i-1
	for2tst:	slti $t0, $s1, 0	#若 $s1<0 (j<0) 則暫存器 $t0=1
		bne $t0, $zero,exit2	#若 $s1<0 (j<0) 則分支到 exit2
		sll $t1, $s1, 2	#暫存器 $t1=j*4
		add $t2, $s2, $t1	#暫存器 $t2=v+(j*4)
		lw $t3, 0($t2)	#暫存器 $t3=v[j]
		lw $t4, 4($t2)	#暫存器 $t4=v[j+1]
		slt $t0, $t4,$t3	#若 $t4≥$t3 則暫存器 $t0=0
		beq $t0, $zero,exit2	#若 $t4≥$t3 則分支到 exit2
傳遞參數然後呼叫		move $a0, $s2	#swap 的第一個參數為 v(原來的 $a0)
		move $a1, $s1	#swap 的第二個參數為 j
		jal swap	#swap 的程式碼在圖 2.25
內部迴圈		addi $s1, $s1,-1	#j-=1
		j for2tst	#跳到內層迴圈的測試
外部迴圈	exit2:	addi $s0, $s0,1	#i+=1
		j for1tst	#跳到外部迴圈的測試

		恢復暫存器的值	
	exit1:	lw $s0, 0($sp)	#由堆疊恢復 $s0
		lw $s1, 4($sp)	#由堆疊恢復 $s1
		lw $s2, 8($sp)	#由堆疊恢復 $s2
		lw $s3, 12($sp)	#由堆疊恢復 $s3
		lw $ra, 16($sp)	#由堆疊恢復 $ra
		addi $sp, $sp,20	#恢復堆疊指標

	程序返回	
	jr $ra	#回到呼叫的程序

圖 2.27 圖 2.26 中程序 sort 的 **MIPS** 組合碼。

gcc 最佳化	相對效能	時脈週期數 (百萬)	指令個數 (百萬)	CPI
沒有	1.00	158,615	114,938	1.38
O1 (中等)	2.37	66,990	37,470	1.79
O2 (全部)	2.38	66,521	39,993	1.66
O3 (程序整合)	2.41	65,747	44,993	1.46

圖 2.28 編譯器對泡泡排序進行最佳化的效能、指令個數和 **CPI** 的比較。
程式對包含 100,000 個亂數字組的陣列作排序。該等程式執行於時脈速率為 3.06 GHz 的 Pentium 4 以及 533 MHz 的系統匯流排和 2 GB PC2100 DDR 同步動態隨機存取記憶體 (SDRAM)。使用的作業系統是 Linux 2.4.20 版。

語言	執行方法	最佳化選項	Bubble Sort 相對效能	Quicksort 相對效能	Quicksort 相對於 Bubble Sort 的加速
C	編譯器	無	1.00	1.00	2468
	編譯器	O1	2.37	1.50	1562
	編譯器	O2	2.38	1.50	1555
	編譯器	O3	2.41	1.91	1955
Java	解譯器	–	0.12	0.05	1050
	JIT 編譯器	–	2.13	0.29	338

圖 2.29 兩個排序演算法在 **C** 與 **Java** 中經過解譯與可作優化的編譯後相較於未經優化的 **C** 程式碼的效能比較。
最後一個欄位中表示的是 Quicksort 相較於泡泡排序在兩種語言中與各種優化條件下的效能上的優勢。這些程式是在與圖 2.28 相同的系統上執行。使用的 JVM 是 Sun 公司的 1.3.1 版本，JIT 是 Sun 公司的 Hotspot 1.3.1 版本。

仔細深思 MIPS 編譯器因為參數 (於序呼叫時) 可能需要被保存而一定會在堆疊上預留空間，因此在實際作法上其固定將 $sp 減 16 以預留所有 4 個參數暫存器的空間 (16 個位元組)。原因之一是 C 提供一個 vararg 選項可允許一個指標來指定，例如，第三個參數給一個程序使用。當編譯器遇到這種不常用到的 vararg，其即會將 4 個參數暫存器的值複製入堆疊的該 4 個保存位置中。

2.14 陣列與指標的對比

對任何新手 C 程式師而言的一項挑戰就是要瞭解指標 (pointers)。經由比較使用陣列與陣列索引 (arrays 與 array indices) 的

```
clear1(int array[], int size)
{
    int i;
    for (i = 0; i < size; i += 1)
        array[i] = 0;
}
clear2(int *array, int size)
{
    int *p;
    for (p = &array[0]; p < &array[size]; p = p + 1)
        *p = 0;
}
```

圖 2.30 兩個 C 的將陣列清為全為 0 的程序。

clear1 使用索引而 clear2 使用指標。對不熟悉 C 的人第二個程序需要有一些說明：一個變數的位址以 & 表示，而以指標來指出的物件則以 * 表示。變數形態的標註說明了 array 與 p 是指向整數變數的兩個指標。clear2 中 for 迴圈的第一部分將 array 中第一個元素的位址寫入指標 p 中。迴圈中的第二部分測試指標是否已經指到了超出 array 的地方。在 for 迴圈中最後部分的將指標遞增一，表示將指標根據物件宣稱的大小將指標移動到依序的下一個物件上。由於 p 是指向整數形態數字的指標，編譯器會依據 MIPS 中一個整數會佔用四位元組，產出將 p 遞增四的 MIPS 指令。迴圈中的賦值指令將 0 置入指標 p 指向的陣列元素中。

組合碼，和使用指標的組合碼，可以深入地瞭解指標。本節以使用兩個程序來清空記憶體中一系列文字的例子，分別表示了 C 語言與 MIPS 組合語言的撰寫方式：一個採用的是陣列索引，另一個則是指標。圖 2.30 中顯示的是 C 的兩個程序。

本節的目的是說明指標可以如何對映至 MIPS 的指令，但是並不表示認可這種過時的編程形式。我們將會在本章最後看到現行編譯器優化技術對這兩個程序的影響。

陣列版本的 Clear 程序

由陣列版本的 Clear1 開始，並先注意迴圈的本體而且忽略與聯結迴圈相關的部分。假設兩個參數 array 與 size 分別存放在暫存器 $a0 與 $a1 中，以及 i 配置於暫存器 $t0 中。

為了設定 i 的值，迴圈的開頭直截了當：

```
        move  $t0,$zero         #i=0（暫存器 $t0=0）
```

要把每一個 array[i] 清為 0 必須先取得其位址。以將 i 乘以 4 來計算其位元組位址 (從基底位址開始看的位移量)：

```
loop1:  sll   $t1,$t0,2         #$t1=i*4
```

由於陣列的開始位址處於一個暫存器中，我們需要以 add 指令將其再加上索引來得出 array[i] 的位址：

```
        add    $t2,$a0,$t1      #$t2=array[i] 的位址
```

最後，我們可以把 0 存入那個位址去：

```
        sw     $zero,0($t2)     #array[i]=0
```

這道指令已是在迴圈主體中的最後面了；所以下一步就是將 i 遞增：

```
        addi   $t0,$t0,1        #i=i+1
```

以迴圈測試來檢查 i 是否仍小於陣列大小：

```
        slt    $t3,$t0,$a1      #$t3=(i<size)
        bne    $t3,$zero,loop1  #若(i<size)則前往 loop1
```

我們已經看到了程序的所有片段。以下就是 MIPS 使用索引來清乾淨陣列的碼：

```
        move   $t0,$zero        #i=0
loop1:  sll    $t1,$t0,2        #$t1=i*4
        add    $t2,$a0,$t1      #$t2=array[i] 的位址
        sw     $zero,0($t2)     #array[i]=0
        addi   $t0,$t0,1        #i=i+1
        slt    $t3,$t0,$a1      #$t3=(i<size)
        bne    $t3,$zero,loop1  #若(i<size)則前往 loop1
```

[這段碼在 size 大於 0 時就會動作；ANSI C（譯註：ANSI 是 American National Standards Institute 的頭字詞）要求必須在進入迴圈前做 size 大小的測試，不過我們在此忽略這個規定。]

指標版本的 Clear 程序

使用指標的第二個程序將兩個參數 array 與 size (的位址) 配置於暫存器 $a0 與 $a1 中並將 p 配置於暫存器 $t0 中。第二個程序的碼以將指標 p 的值設為陣列的第一個元素的位址開始：

```
        move   $t0, $a0         #p=array[0] 的位址
```

下一行碼是 *for* 迴圈本體的開端，其會將 0 置入 p (所指的記憶體位置) 中：

```
loop2:  sw     $zero,0($t0)     #Memory[p]=0
```

這行碼完成了迴圈本體的工作，於是下一行碼就要進行下一個重複工作的準備，第一步先把 p 指向下一個字組：

```
addi    $t0,$t0,4           #p=p+4
```

把指標加 1 意思是要把指標指向 C 中的下一個循序的物件。由於 p 是指向整數形態物件的指標，每個整數會佔用 4 個位元組，所以編譯器將 p 遞增 4。

接著進行的是迴圈測試。第一步是計算 array 中最後一個元素的位址。由將 size 乘以 4(計算出陣列以位元組計算的長度) 開始：

```
sll     $t1,$a1,2           #$t1=size*4
```

然後把這個長度加到陣列的開頭位址來得出陣列之後的第一個位元組的位址：

```
add     $t2,$a0,$t1         #$t2=array[size] 的位址
```

迴圈測試只不過是檢查 p 是否仍小於 array 中最後一個元素的位址：

```
slt     $t3,$t0,$t2         #$t3=(p<&array[size])
bne     $t3,$zero,loop2     #若 (p<&array[size])
                             則前往 loop2
```

完成了所有這些片段後，我們就可以得到將陣列內容清為 0 的指標版本的程式碼：

```
        move    $t0,$a0             #p=array[0] 的位址
loop2:  sw      $zero,0($t0)        #Memory[p]=0
        addi    $t0,$t0,4           #p=p+4
        sll     $t1,$a1,2           #$t1=size*4
        add     $t2,$a0,$t1         #$t2=array[size] 的位址
        slt     $t3,$t0,$t2         #$t3=(p<&array[size])
        bne     $t3,$zero,loop2     #若 (p<&array[size])
                                     則前往 loop2
```

如同在上一個版本中一般，這段碼假設 size 是大於 0 的。

注意這個程式在迴圈的每一次重複執行中都會計算陣列結束處的位址，縱使其並不會改變。較快的做法是把這個計算移出迴圈：

```
        move  $t0,$a0         #p=array[0] 的位址
        sll   $t1,$a1,2       #$t1=size*4
        add   $t2,$a0,$t1     #$t2=array[size] 的位址
loop2:  sw    $zero,0($t0)    #Memory[p]=0
        addi  $t0,$t0,4       #p=p+4
        slt   $t3,$t0,$t2     #$t3=(p<&array[size])
        bne   $t3,$zero,loop2 #若 (p<&array[size])
                               則前往 loop2
```

比較 Clear 程序的兩個版本

將這兩個程式碼序列併排陳列來做比較可以容易看出陣列與索引相較於指標這兩種方法之間的差異 (使用指標造成的差異也在該版本中標註出來了)：

```
        move  $t0,$zero        #i=0                    move  $t0,$a0         #p=&array[0]
loop1:  sll   $t1,$t0,2        #$t1=i*4                sll   $t1,$a1,2       #$t1=size*4
        add   $t2,$a0,$1       #$t2=&array[i]          add   $t2,$a0,$t1     #$t2=&array[size]
        sw    $zero,0($t2)     #array[i]=0     loop2:  sw    $zero,0($t1)    #Memory[p]=0
        addi  $t0,$t0,1        #i=i+1                  addi  $t0,$t0,4       #p=p+4
        slt   $t3,$t0,$a1      #$t3=(i<size)           slt   $t3,$t0,$t2     #$t3=(p<&array[size])
        bne   $t3,$zero,loop1  #if()gotoloop1          bne   $t3,$zero,loop2 #if()gotoloop2
```

左方的版本一定要在迴圈中用到 "multiply" 與 add 這兩道指令，因為 i 在迴圈中會遞增而且每個位址都需根據這個新的索引值來重新計算。而在右方的記憶體指標的方法中僅需直接將指標遞增即可。指標的方法將放大 4 倍的左移指令與計算陣列邊界的加運算移到迴圈之外，因此可以將每次重複時所需執行的指令由 6 減少到 4。這個人工的優化等同於編譯器中的強度降低 (strength reduction) (此處指的是使用移位來取代乘法) 以及迴圈誘導變數的消除 (induction variable elimination，指的是在左方版本中的迴圈內將 i 遞增的動作，在右方版本中已不需作對應的動作)。◈2.15 節中說明這兩個以及許多其他的優化技術。

仔細深思 前面曾經提到，編譯器會加上測試以確保 size 的值大於 0。另一種方法是在迴圈的第一道指令前加上一道跳躍到 slt 的指令。

硬體/軟體介面

過去大家被教育成認為應該在 C 中使用指標以獲得較使用陣列更好的效能：「去使用指標，即便你沒辦法看懂這樣的程式碼。」最

近的有優化能力的編譯器已經能產生出效能相當的陣列式的程式。大部分程式師偏好讓編譯器去做這項吃重的差事。

2.15 進階教材：編譯 C 語言與解譯 Java 語言

本節簡要地概述 C 編譯器如何工作以及 Java 如何執行。由於編譯器與計算機的效能密切相關，瞭解時下編譯器的技術對是否瞭解效能極為關鍵。要知道，編譯器建構這樣的課程一般是一至二個學期的授課內容，因此我們的介紹內容不得不局限在只涉及基礎認識上。

物件導向語言
一種以物件而非動作，或數據而非邏輯，為導向的程式語言。

本節的第二部分是為了有興趣的讀者瞭解**物件導向語言** (Object oriented language) 如 Java，是如何在 MIPS 架構上執行的。這部分說明 Java 用於解譯的位元組碼 (byte-code)，以及一些 C 程式片段、包括泡泡排序，的 Java 寫法以及它對應的 MIPS 碼。其內容涵蓋了 Java 虛擬機以及 JIT 編譯器。

🌐 2.15 節的其餘部分請見線上的內容。

2.16 實例：ARMv7 (32 位元) 指令

ARM 是嵌入式裝置最普遍使用的指令集架構，截至 2016 年有千億個以上的裝置會使用 ARM。ARM 原來代表的是 Acorn RISC Machine，後來改名為 Advanced RISC Machine，其與 MIPS 同一年出現，並遵循相似的設計原則。圖 2.31 列出兩者的相似處。兩者主要

	ARM	MIPS
發表日期	1985	1985
指令大小 (位元數)	32	32
位址空間 (大小、模式)	32 bits，不分區	32 bits，不分區
資料是否需對齊	需對齊	需對齊
數據定址模式	9	3
整數暫存器 (數量、模式、大小)	15 個 32 位元通用暫存器	31 個 32 位元通用暫存器
I/O	記憶體對映	記憶體對映

圖 2.31 ARM 與 MIPS 指令集之間的相似處。

	指令名稱	ARM	MIPS
暫存器到暫存器	加	add	addu,addiu
	加 (若滿溢則捕捉)	adds;swivs	add
	減	sub	subu
	減 (若滿溢則捕捉)	subs;swivs	sub
	乘	mul	mult,multu
	除	—	div,divu
	及	and	and
	或	orr	or
	互斥或	eor	xor
	載入暫存器高位元部分	—	lui
	邏輯左移	lsl[1]	sllv,sll
	邏輯右移	lsr[1]	srlv,srl
	算術右移	asr[1]	srav,sra
	比較	cmp,cmn,tst,teq	slt/i,slt/iu
數據傳輸	載入有號位元組	ldrsb	lb
	載入無號位元組	ldrb	lbu
	載入有號半字組	ldrsh	lh
	載入無號半字組	ldrh	lhu
	載入字組	ldr	lw
	儲存位元組	strb	sb
	儲存半字組	strh	sh
	儲存字組	str	sw
	讀寫特殊的暫存器	mrs,msr	move
	不可分割的交換	swp,swpb	ll;sc

圖 2.32　與 MIPS 核心架構相對應的 ARM 暫存器到暫存器以及數據傳輸指令。
短橫線表示對應 MIPS 的運作不存在 ARM 架構中或無法以少量的指令合成之。若在 ARM 中有數個相當於該 MIPS 核心運作的指令可供選擇，則以逗點來把它們表示出來。ARM 的每個數據運作指令都可以包含移位的動作，因此以上標為 1 表示的移位只不過是 move 指令的另一種形式，例如 lsr[1]。注意 AMR 中沒有除法指令。

的不同在於 MIPS 的暫存器較多而 ARM 的定址模式較多。

　　MIPS 與 ARM 有一個類似的在算術-邏輯運算以及數據移轉指令方面的指令集核心，如圖 2.32 所示。

定址模式

　　圖 2.33 顯示 ARM 支援的數據相關的定址模式。不同於 MIPS，ARM 並不保留一個恆為 0 的暫存器。雖然 MIPS 只有三種簡單的數據定址模式 (見圖 2.18)，ARM 卻有九種，並且其中含有相當程度的

定址模式	ARM	MIPS
暫存器運算元	×	×
立即值運算元	×	×
暫存器值 + 偏移值 (移位或具基底的)	×	×
暫存器值 + 暫存器值 (具索引的)	×	—
暫存器值 + 縮放的暫存器值 (縮放的)	×	—
暫存器值 + 偏移值並更新暫存器值	×	—
暫存器值 + 暫存器值並更新暫存器值	×	—
自動遞增、自動遞減	×	—
PC- 相對的資料存取	×	—

圖 2.33 數據的定址模式縱覽。
ARM 使用暫存器間接定址以及暫存器值 + 偏移值間接定址兩種不同的模式，而非僅以後者的偏移值中置入 0 來達成前者。為了使可定址的範圍更大，ARM 在資料型態為半字組或字組時會將偏移值左移 1 或 2 位元以增加可定址範圍。

複雜計算。例如，ARM 有一種可以將一個暫存器位移任何距離、將之再加至另一暫存器以形成所需位址，然後並以此新位址更新一個暫存器內容的定址模式。

比較以及條件分支

MIPS 以暫存器的內容來決定條件分支。ARM 則使用傳統的四個存於程式狀態字組 (program status word) 中的狀態碼位元 (condition code bits)：負號 (*negative*)、零 (*zero*)、進位 (*carry*) 和滿溢 (*overflow*)。它們可以在任何算術或邏輯指令中被設定；但不同於之前的架構，這種設定是在每一指令中可以選擇的。明確的可選擇性使得在管道式的實作中困難較少 (參見第 4 章)。ARM 以條件分支來檢視狀態碼以決定所有有號以及無號數字間的可能關係。

CMP 指令將一個運算元自另一個中減去，其差值即決定了狀態碼。負的比較 (CMN) 指令將一個運算元加至另一個中，而由其和決定狀態碼。TST 指令執行兩個運算元的 AND 來設定除了滿溢以外的所有狀態碼，以及 TEQ 指令以互斥 OR 來設定最前面三個狀態碼。

ARM 的一個不尋常的特性是所有指令都可以根據狀態碼來作有條件的執行。每一道指令中第一個 4 位元的欄位決定該指令是否會根據狀態碼而如同一道無運作 (nop) 的指令，或是一道真正會做事的指令。因此，條件分支可合理地被視為有條件地執行一道無條件分支指令。條件式的執行可以省卻使用分支指令來跳過一 (或少數幾) 道指

第 2 章 指令：計算機的語言　**159**

令。只要條件式地執行一 (或少數幾) 道指令所需使用的程式碼空間及時間都較少。

圖 2.34 說明 ARM 與 MIPS 的指令格式。兩者主要的不同在於

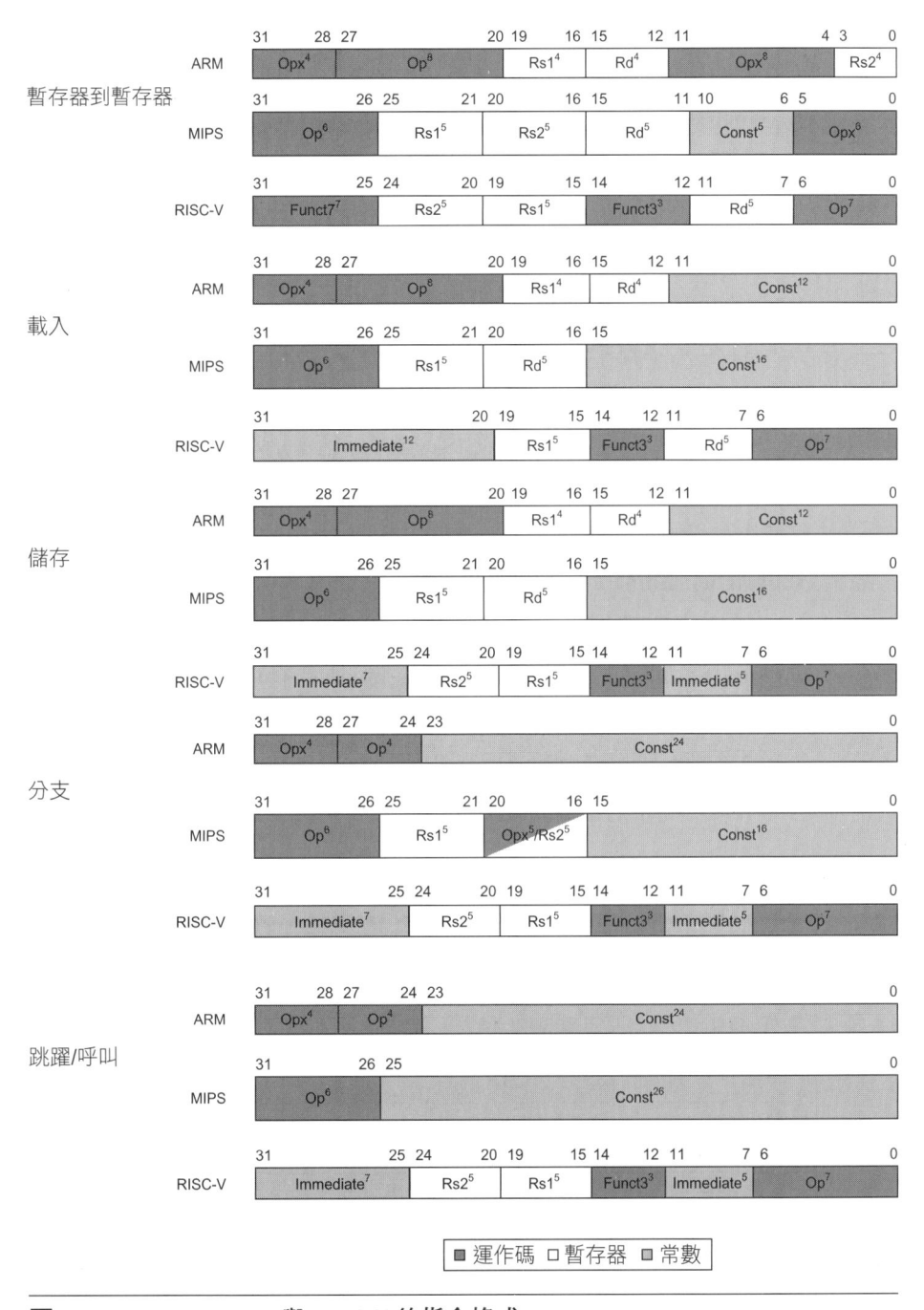

圖 2.34　ARM、MIPS 與 RISC-V 的指令格式。
格式的差異來自於該架構如 ARM 中有 16 個，或如 MIPS 與 RISC-V 中有 32 個暫存器。

ARM 的每道指令中的 4-位元條件式執行 (conditional execution) 欄位以及較小的暫存器欄位，其原因是 ARM 只有 MIPS 一半數量的暫存器。

ARM 獨有的特色

圖 2.35 列出 MIPS 中所沒有的幾道算術邏輯指令。由於 ARM 中並沒有一個專門包含 0 的暫存器，其使用一些額外的運作碼來執行一些 MIPS 使用 $zero 即可藉其他指令做到的事。此外，ARM 也支援多字組的算術。

ARM 的 12-位元立即值有一個特別的意義。最低位的八個位元會零延伸 (zero-extended) 成 32 位元的值，然後再向右旋轉 (rotated right) 立即值最高的四位元乘以 2 的位元位置。一種好處是該法可表示出 32 位元字組中所有的 2 的冪次方。這種劃分法是否真能較一個簡單的 12 位元立即值表達更多的可能值是個有趣的問題。

運算元可被移位的特色並不限於立即值。所有算術以及邏輯運算的第二個運算元都有在運算前可先作移位的選擇。移位的可能性則有邏輯左移 (shift left logical)、邏輯右移 (shift right logical)、算術右移 (shift right arithmetic) 以及向右旋轉。

ARM 還有可以保存一群暫存器、稱為區塊載入及儲存 (*block loads and stores*) 的指令。在指令中 16 個位元的遮罩 (mask) 的控制下，一個指令就可以把 16 個暫存器中的每一個選擇性地載入或儲存至記憶體中。這些指令可以在程序進入或返回時保存或恢復暫存器。這些指令也可用於大塊的記憶體複製；今日這些指令最主要的用途即在此。

名稱	定義	ARM v.4	MIPS
載入立即值	Rd = Imm	mov	addi $0,
反相	Rd = ~(Rs1)	mvn	nor $0,
移動	Rd = Rs1	mov	or $0,
向右旋轉	Rd = Rs1 >> i Rd$_{0...i-1}$=Rs$_{31-i...31}$	ror	
反及	Rd = Rs1 & ~(Rs2)	bic	
反轉的減法	Rd = Rs2 - Rs1	rsb, rsc	
對多字組整數加法的支援	CarryOut, Rd = Rd + Rs1 + OldCarryOut	adcs	—
對多字組整數減法的支援	CarryOut, Rd = Rd - Rs1 + OldCarryOut	sbcs	—

圖 2.35 MIPS 中所沒有的 ARM 算術／邏輯指令。

2.17 實例：ARMv8 (64 位元) 指令

在許多指令集的潛在問題中，一個幾乎無法克服的問題就是太小的定址空間。即使 x86 曾經成功地先擴大到 32 位元的位址空間之後又擴大到 64 位元的位址空間，許多其他架構並未能跟進。例如提供 Apple II 動力的 16 位元位址的 MOStek 6502，即使它具有第一個商業上獲得成功的個人電腦的先行優勢，其位址位元的不足仍使其湮滅於歷史的塵埃中。

ARM 架構師能覺察他們的 32 位元位址計算機的處境，並於 2007 年開始設計 64 位元位址版本的 ARM。其在 2013 年面世。它不僅止於像 x86 般基本上只做一些枝節表面的將所有暫存器變成 64 位元的改變，ARM 做了一個全面的大翻修。好消息是你若瞭解 MIPS，則也將容易瞭解稱為 ARMv8 的 64 位元版本。

首先，相較於 MIPS，ARM 捨棄了幾乎所有之前稱為 ARM v7 的架構中不尋常的特性：

- (指令中) 不再具有條件式執行的欄位，而 v7 中幾乎每道指令都有這個欄位。
- 立即值欄位就是一個 12 位元的常數，而非如 v7 中基本上是對某函數的輸入以間接產出常數。
- ARM 捨棄了 Load Multiple 與 Store Multiple 指令。
- PC (程式計數器) 不再是一般用途的暫存器之一，以避免寫入時不慎造成非預期的分支動作。

其次，ARM 加入了原來所沒有的在 MIPS 中的有用特性：

- V8 擁有編譯器寫作者一定會喜歡的 32 個一般用途暫存器。如同 MIPS，有一個暫存器是以接線固定成內容為 0，雖然在 load 與 store 指令中它的索引值又用以代表堆疊指標。
- 它的定址模式對 ARMv8 中所有字組大小均適用，而在 ARMv7 中並非如此。
- 它納入 ARMv7 中沒有的 divide 指令。
- 它納入 MIPS 中 branch if equal 及 branch if not equal 的等效指令。

由於 v8 指令集的理念更接近於 MIPS 而非 v7，我們的總評是 ARMv7 及 ARMv8 間的相似性僅在其名稱。

2.18 實例：RISC-V 指令

與 MIPS 最相似的指令集也是源自於學術界。好消息是如果你瞭解 MIPS，要瞭解 RISC-V 將會相當輕鬆。不過 RISC-V 是一個開放的、由 RISC-V 國際控管的架構，而非如同 ARM、MIPS 或是 x86 的由商業公司擁有的私有架構。縱使 MIPS 的出現較之 RISC-V 早了 25 年，它們卻具有相同的設計理念。兩者也都擁有 32-位元與 64-位元位址的版本。為了說明二者的相似之處，圖 2.34 中比較 ARM、MIPS 與 RISC-V 的各種指令格式。以下是 RISC-V 與 MIPS 的共通的特性：

- 兩種架構的所有指令長度都是 32 位元。
- 兩者都具有 32 個通用型的暫存器，其中有一個的內容是接線成 0。
- 兩種架構中唯一存取記憶體的方法是透過使用載入與儲存指令。
- 與某些架構不同，MIPS 與 RISC-V 中並無可以載入或儲存多個暫存器的指令。
- 兩者都有若暫存器值等於零即分支與若暫存器值不等於零即分支的指令。
- 兩者的整套定址模式都可適用於所有的數據範圍。

MIPS 與 RISC-V 間主要的區別之一是除了依據是否等於零以外的條件分支指令。雖然 RISC-V 僅提供比較兩個暫存器的分支指令，MIPS 的做法是以一道比較指令來設定某暫存器的值為 0 或 1；之後程式師再依希望的比較結果，於其後使用一道若結果為 0 或不為 0 則分支的指令。為了維持其儘量簡單的理念，MIPS 僅具備「小於」的比較，並交由程式師決定運算元的前後次序、或是分支的條件，以得到想要的條件分支功能。

審美觀點因人而異（又偶譯為情人眼裡出西施）。

Margaret Wolfe Hungerford, *Molly Bawn* 一書，1877

2.19 實例：x86 指令

指令集設計者有時會提供較 ARM、MIPS 與 RISC-V 中所具有者

功能更強的指令。其目的一般而言是要去減少一個程式執行的指令數量。而這樣做的危險則在於這個指令數目的減少可能的代價是喪失指令的簡單性 (simplicity)，因而由於指令執行得較久而增加程式執行所需的時間。指令緩慢的原因可能來自較慢的時脈週期或是較一個簡單些的過程需要使用更多時脈數。

通往複雜運作的路途因此充滿了危險。在 2.21 節說明複雜性帶來的陷阱。

Intel x86 的演化

ARM 與 MIPS 來自於 1985 年代各別小團隊的想法；該等架構的各部分銜接恰當，其完整的架構也可以簡潔地描述。然而 x86 卻不然；其為數個獨立團隊對該架構推演了 40 年以上的產物，且不時像在已塞滿了的袋子中再塞進衣物般地在原來的指令集中加入新的功能。以下是 x86 演化中的重要里程碑。

- **1978**：Intel 8086 以作為當時很成功的 8 位元微處理機 Intel 8080 的組合語言相容的延伸設計的角色發表。8086 是一個 16 位元的架構，其所有的內部暫存器都是 16 位元的。不同於 MIPS，其暫存器均有特定用途，因此 8086 不能算是一種**通用型暫存器** (general-purpose register, GPR) 的架構。

- **1980**：Intel 8087 浮點 (floating-point) 共同處理器 (coprocessor) 發表。該架構將 8086 延伸出約有 60 道的浮點指令。其運算為在堆疊上進行，而不使用暫存器 (參見 ⊕2.23 節以及 ⊕3.7 節)。

- **1982**：80286 將 8086 就擴張位址空間至 24 個位元、建構複雜的記憶體對映 (memory-mapping) 及保護模型 (參見第 5 章)，以及加入幾道新指令以使指令集更完備並能處理該保護模型等方面作延伸。

- **1985**：80386 將 80286 架構延伸成為 32 位元。除了具有 32 位元長的暫存器以及 32 位元的位址空間的 32 位元架構，80386 還加入了新的定址模式，以及額外的動作。新加入的指令使 80386 幾乎成為一個通用型暫存器的機器。80386 也在區段定址 (segmented addressing) 之外再加上分頁 (paging) 的支援 (參見第 5 章)。如同 80286，80386 也有一個可執行不經修改的 8086 程式的模式。

- **1989~95**：接著下來的 1989 年的 80486、1992 年的 Pentium 以及 1995 年的 Pentium Pro 都是為了更高的效能，而僅對使用者可見的

通用型暫存器
一個實質上可用於任何指令中以表示位址或數據的暫存器。

指令集增加了四道指令：三道用以協助多重處理 (multiprocessing) (參見第 6 章) 以及一道條件式搬移 (conditional move) 指令。

- **1997**：在 Pentium 及 Pentium Pro 出貨後，Intel 宣布其將以 MMX (多媒體延伸，Multi Media Extensions) 來延伸 Pentium 及 Pentium Pro 的架構。這新的一套 57 道指令使用浮點的堆疊來加速多媒體以及通訊的應用。MMX 的指令基本上是以傳統的單指令多數據 (*single instruction, multiple data*, SIMD) 架構 (參見第 6 章) 的方式對多個短的數據元素同時做運作。Pentium II 並未推出任何新指令。

- **1999**：Intel 在 Pentium III 上再加上了稱為 SSE (流動 *SIMD* 延伸；*Streaming SIMD Extension*) 的 70 道指令。主要的改變有加入了 8 個額外的暫存器，將它們的寬度倍增到 128 個位元且加入了單精確度 (single-precision) 浮點數據型態 (data fype)。因此，四個 32 位元浮點運算可以平行進行。為了提高記憶體效能，SSE 包含了快取記憶體預取的指令，以及可以略過快取直接對記憶體寫入的流動儲存 (streaming store) 指令 (參見第 5 章)。

- **2001**：Intel 又再加上了稱為 SSE2 的 144 道指令。新的數據型態有雙精確度 (double precision) 浮點表示法，其允許一對 64 位元的浮點運算平行進行。幾乎所有 144 道指令都是既有的 MMX 以及 SSE 指令的 64 個位元平行運算的版本。這個變化不但提供更多種多媒體運算，它也提供編譯器不同於獨特的堆疊架構的其他浮點運算方法。編譯器可以使用 SSE 提供的八個如同一般計算機中所使用的浮點暫存器。這個改變大大提升了第一個使用 SSE2 指令的 Pentium 4 微處理器的浮點運算效能。

- **2003**：這一次不是 Intel 而是另一家公司改進了 x86 架構。AMD (超微) 宣布了一系列將位址空間由 32 位元增加至 64 位元的架構延伸。AMD64 以如同 1985 年 80386 將位址空間由 16 位元轉換至 32 位元時的作法一般，將所有暫存器變成 64 位元寬。它同時將暫存器的數目增加至 16 個以及將 128 位元的 SSE 暫存器也增加至 16 個。主要的指令集架構 (ISA) 改變則在於增加了一個使得所有 x86 指令的執行都採用 64 位元的位址以及數據的稱為長模式 (*long mode*) 的新執行模式。其在每一指令前加上一個前置碼 (prefix) 以對較多的暫存器定址。根據不同角度的看法，長模式可以說新加入了 4 至 10 道新指令以及捨棄了 27 道原有指令。另一個擴充是對數據的 PC

相對定址法。AMD64 仍然保有一個完全與 x86 相同的執行模式 (過去遺留下來的模式；*legacy mode*)，以及一個限制使用者程式在 x86 中但卻允許作業系統使用 AMD64 的模式 (相容模式；*compatibility mode*)。這些模式使得 AMD 可以較 HP/Intel 的 IA-64 架構更優雅地轉換到 64 位元定址法。

- **2004**：Intel 投降並採用 AMD64 的作法，稱之為擴充的記憶體 64 技術 (*Extended Memory 64 Technology*, EM64T)。有一主要不同點在於 Intel 加入了一個也許當初 AMD64 就應該放進來的 128 位元的不可分割的比較及互換指令。同一時間，Intel 也公布了 SSE3 這個下一代的媒體能力擴充，其增加 13 道用以支援複雜算術、處理結構的陣列的圖形運算、影片編碼 (video encoding)、浮點格式轉換以及執行緒同步等的指令 (參見 2.11 節)。AMD 在其之後的 AMD64 晶片中也提供 SSE3，以及其原先缺漏了的不可分割的交換指令，以維持其與 Intel 產品間的二進碼相容性。
- **2006**：Intel 公布了 SSE4 指令集擴充中的 54 道指令。該等指令處理像是絕對差值的和 (sum of absolute differences)、數列或結構的點乘積 (dot products)、將短數字作符號或零延伸成較長數字、數量計數 (population count，指計算位元串中 1 或 0 的數量) 等等較古怪的運算。它們也提供虛擬機器的支援 (參見第 5 章)。
- **2007**：AMD 公布了 SSE5 其中的 170 道指令，包括基本指令集中有 46 道指令增加了如 MIPS 般的 3 個運算元的指令。
- **2011**：Intel 在先進向量延伸 (Advanced Vector Extension) 中把 SSE 暫存器由 128 個位元擴充至 256 個位元、並因而重新定義了約 250 道指令及加入 128 道新指令；開始該產品的出貨。
- **2015**：Intel 開始 AVX-512 的出貨，其將暫存器與相關的運作從 256 個位元寬加寬到 512 個位元，並且再次重新定義了數百道指令以及加入許多新指令。

這段歷史說明了相容性這個「黃金手銬」對 x86 的重大影響：既有的眾多軟體太重要了，因此在演進過程的每一個階段中任何再重大的架構改變都不應該危害到它們。

不論 x86 多麼缺乏美感，要記得這個指令集大大地推動了計算機的 PC 世代並且仍舊在後 PC 時代中主導了雲計算的領域。每年 2 億 5 仟萬個 x86 晶片的產量較諸數十億個 ARMv7 晶片似乎甚少，但是

因為這種晶片價格昂貴許多，很多公司還是很希望能控制這個市場。儘管如此，這個規則錯亂的產品世系總是造就了一個難以說明而且不可能被喜歡的架構。

對以下的內容要做好心理準備！**不要像要撰寫 x86 程式般仔細地來閱讀本節內容**；本節的目的僅在於讓你瞭解這個全世界最熱門的桌上型架構的強處以及弱點。

本節中我們僅專注於源自於 80386 的 32 位元的部分指令集，而不討論完整的 16 位元、32 位元以及 64 位元指令集。我們由暫存器以及定址模式開始介紹，繼之以整數的運作，最後再以檢視指令的編碼結束。

x86 的暫存器與數據定址模式

由 80386 的暫存器可以看出指令集的演化 (圖 2.36)。80386 將 (除了區段 segment 暫存器外) 所有 16 位元的暫存器擴充為 32 位元，並於暫存器名稱上前置一個 E 以表示其為 32 位元的版本。我們將概括地稱呼它們為通用型暫存器 GPRs (*general-purpose registers*)。80386 只有八個 GPRs。這表示 MIPS 程式可以使用四倍而 ARMv7 程式使用兩倍數量的暫存器。

圖 2.37 說明算術、邏輯與數據搬移指令是二運算元的指令。這點帶來兩個主要的差異：x86 的算術以及邏輯指令一定要將一個運算元當做既是來源值又是目的地；ARMv7 與 MIPS 則都可使用不同的來源值以及目的地暫存器。這個限制帶給 x86 中少量的暫存器更大的壓力，因為指令運作後有一個來源值暫存器一定會要被改寫。第二個主要的差異是 x86 可以有一個在記憶體中的運算元。因此，不似 ARMv7 以及 MIPS，幾乎任何 x86 指令都可以有一個在記憶體中的運算元。

即將詳述於後的各種數據的記憶體定址模式在指令中提供兩種稱為位移值 [或位移量 (*displacement*)] 的位址大小：8 個位元或 32 個位元。

雖然位於記憶體中的運算元可以使用任何定址模式，然而各模式中對於可以使用到哪些暫存器卻有限制。圖 2.38 表示 x86 的各種定址模式以及哪些 GPRs 不可以使用在哪個模式中，同時也表示如何以 MIPS 指令來達成相同的效果。

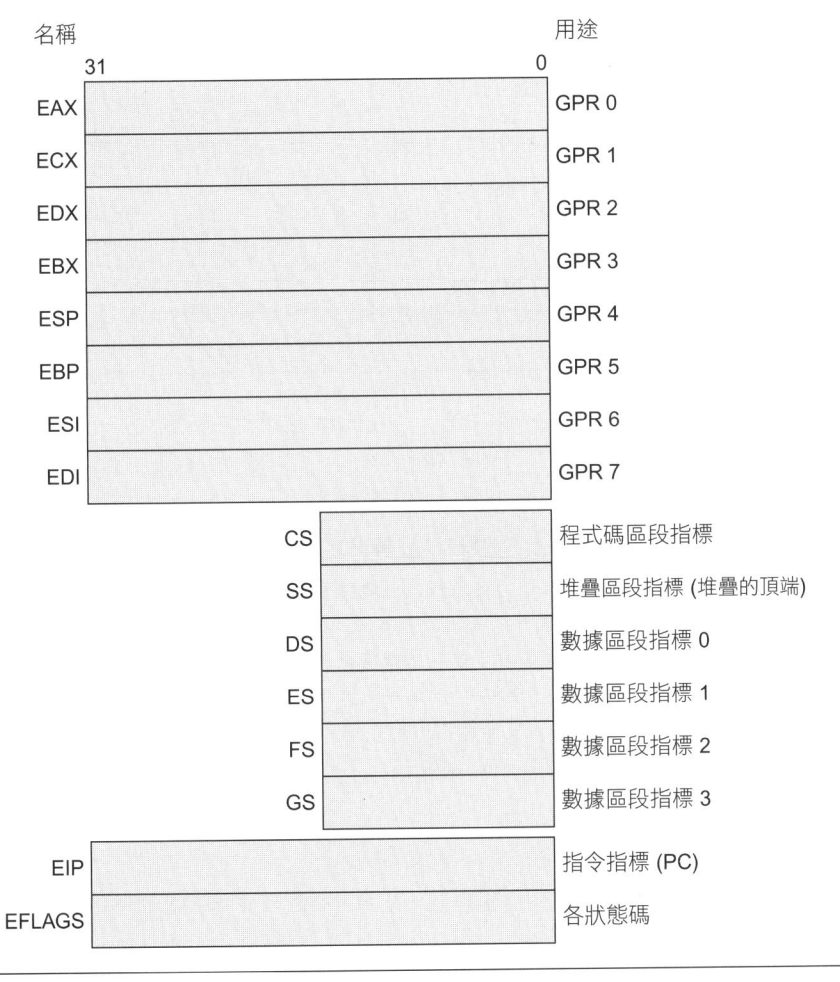

名稱		用途
	31　　　　　　　　　　　　　0	
EAX		GPR 0
ECX		GPR 1
EDX		GPR 2
EBX		GPR 3
ESP		GPR 4
EBP		GPR 5
ESI		GPR 6
EDI		GPR 7
CS		程式碼區段指標
SS		堆疊區段指標 (堆疊的頂端)
DS		數據區段指標 0
ES		數據區段指標 1
FS		數據區段指標 2
GS		數據區段指標 3
EIP		指令指標 (PC)
EFLAGS		各狀態碼

圖 2.36　80386 的暫存器集。

從 80386 開始，最上面的 8 個暫存器擴充為 32 位元，而且可以當作通用型暫存器使用。

來源 / 目的運算元型態	第二個來源運算元
暫存器	暫存器
暫存器	立即值
暫存器	記憶體
記憶體	暫存器
記憶體	立即值

圖 2.37　算術、邏輯與數據傳輸指令的指令型態。

x86 允許上述的運算元組合。唯一的限制是不可以有記憶體 - 記憶體模式。立即值的長度可能是 8、16 或是 32 位元；暫存器可以是圖 2.36 裡 14 個主要暫存器中的任何一個 (不包括 EIP 或是 EFLAGS)。

模式	說明	暫存器的限制	MIPS 的等效指令碼	
暫存器間接定址	位址在暫存器裡	不可以是 ESP 或是 EBP	`lw  $s0,0($s1)`	
使用 8 位元或是 32 位元位移值的基底模式	位址為基底暫存器的內容加上位移值	不可以是 ESP	`lw  $s0,100($s1)`	#<=16 位元的 #位移值

基底加可縮放的索引	位址為基底+(2^{scale}×索引)
	Scale 的值為 0、1、2 或是 3
		基底：任何 GPR
		索引：不可以是 ESP
			`mul $t0,$s2,4`
			`add $t0,$t0,$s1`
			`lw  $s0,0($t0)`	

基底加可縮放的索引以及 8 位元或 32 位元的位移值	位址為基底+(2^{scale}×索引)+位移值
	Scale 的值為 0、1、2 或是 3
		基底：任何 GPR
		索引：不可以是 ESP
			`mul $t0,$s2,4`
			`add $t0,$t0,$s1`
			`lw  $s0,100($t0)`
				#<=16 位元的
				#位移值

圖 2.38　x86 32 位元定址模式與暫存器使用上的限制以及等效的 MIPS 碼。
使用在 ARM 或 MIPS 中所沒有的基底加可縮放的索引的定址模式是為了省卻要把暫存器中的索引轉換成位元組位址時的乘以 4 (縮放因素為 2) (見圖 2.25 與 2.27)。縮放因素為 1 是用於 16 位元的數據，為 3 則是用於 64 位元的數據。縮放因素為 0 表示位址不做縮放。如果在第二種或第四種模式中的位移值需使用多於 16 個位元，則 MIPS 的等效碼中需要多用兩道指令：一道 lui 來載入位移值的高位 16 位元以及一道 add 將高位的 16 位元位址與基底暫存器 $s1 相加 (Intel 給予所謂的基底定址模式兩個不同的名稱：基底的或索引的，然而它們基本上是相同的，我們在這裡一併以基底定址稱之)。

x86 的整數運作

8086 支援 8 位元 (位元組) 以及 16 位元 (字組) 兩種數據型態。80386 在 x86 中加上了 32 位元的位址以及數據 (稱為雙字組；*double words*) (AMD64 加上了 64 位元的位址以及數據，稱為四字組；*quad words*；本節中我們將專注於 80386 上)。在暫存器的運作以及記憶體的存取中都必須註明所使用的數據型態是哪種。

幾乎所有運作都是使用兩個 8 位元的數據以及使用一個較長的數據。該較長的數據是 16 位元或是 32 位元則由執行中的模式決定。

顯然有些程式會希望具有所有的三種數據大小，因此 80386 的架構師設計了一種方便而又不會使程序碼膨脹太多的方法來指定各種版本。他們首先確認 16 位元以及 32 位元的數據在大部分程式中最為常用，因此以較大的數據形態作為預設的形態較合乎需求。這個預設的數據大小是由程式碼區段暫存器 (code segment register) 中一個位元來選定。要強制改變該預設的數據大小時，可以在一道要使用不同數據大小的指令前端附上一個 8 位元的前置碼來告知機器。

這個前置碼的方法師法自 8086，其曾以多種前置碼來改變指令

的行為。原有的三個前置碼為用於強制改變預設的區段暫存器、鎖住匯流排以支援同步 (參見 2.11 節) 或重複執行其後的一道指令直至暫存器 ECX 倒數到零為止。最後的這個前置碼原來是設計來與搬移位元組的指令併用以搬移不定數量的位元組。80386 還加上了一個可強制改變預設的位址長度的前置碼。

x86 的整數運作可被劃分成四個主要類別：

1. 數據搬移指令，包含 move、push 及 pop。
2. 算術以及邏輯指令，包含 test、整數及十進數的算術運算。
3. 控制流程 (control flow)，包含條件分支、無條件跳躍、呼叫及返回。
4. 串 (string) 指令，包含串搬移及串比較。

前兩個類別無需說明，只需注意算術以及邏輯運算的目的地可以是暫存器或記憶體位址。圖 2.39 說明一些典型的 x86 指令以及它們的功能。

x86 如同 ARMv7 般其條件分支根據的是狀態碼 (*condition codes*) 或稱旗標 (*flags*)。狀態碼以一個運作的副作用的方式設定；最常見的用法是將結果值與 0 作比較。分支指令則可檢視狀態碼以決定分支方向。不同於 ARM 以及 MIPS，80386 中並非所有指令的長度均為 4 個位元組，因此分支指令的 PC-相對位址必須以位元組的數目來表示。

串列指令源自於 x86 世系中的 8080 且不常見於大部分的程式中。

指令	功能
je 名稱	若相等 (狀態碼){EIP=name}; EIP-128<=name<EIP+128
jmp 名稱	EIP=name
call 名稱	SP=SP-4; M[SP]=EIP+5; EIP=name;
movw EBX,[EDI+45]	EBX=M[EDI+45]
push EST	SP=SP-4; M[SP]=ESI
pop EDI	EDI=M[SP]; SP=SP+4
add EAX,#6765	EAX=EAX+6765
test EDX,#42	用 EDX 和 42 設定狀態碼 (旗標)
movsl	M[EDI]=M[ESI]; EDI=EDI+4; ESI=ESI+4

圖 2.39 一些典型的 **x86** 指令和其功能。

在圖 2.40 中列出常出現的運作。CALL 會將下一個指令的 EIP 儲存在堆疊裡 (EIP 就是 Intel 的 PC)。

它們一般也較等效的軟體程序為緩慢 (見第 174 頁上的謬誤的說明)。

圖 2.40 列出一些 x86 的整數指令。該等指令大都可處理位元組或是字組兩種格式。

x86 指令的編碼

把最困難的留到最後：80386 的指令編碼非常複雜，使用了許多不同的指令格式。其指令長度從沒有運算元的一個位元組到最長的 15 個位元組都有。

圖 2.41 中表出了圖 2.39 所列的部分指令的指令格式。運作碼的位元組中通常有一個位元用以指出運算元是 8 位元或 32 位元。有些指令，特別是對許多具「暫存器＝暫存器 op 立即值」形式的指令，

指令	意義
控制	條件和無條件分支
jnz、jz	如果條件成立則跳躍至 EIP+8 位元偏移值；JNE (表 JNZ)，JE (表 JZ) 為另一種名稱
jmp	無條件跳躍——8 位元或是 16 位元偏移值
call	副程式呼叫——16 位元偏移值；將返回位址推入堆疊裡
ret	從堆疊裡 pop 出返回位址並且跳到位址所在的地方
loop	迴圈分支遞減 ECX；如果 ECX ≠ 0 則跳躍到 EIP+8- 位元的差量
數據傳輸	在暫存器之間或是在暫存器和記憶體之間搬移數據
mov	在兩個暫存器或是暫存器和記憶體之間搬移
push、pop	將來源運算元推入堆疊裡；將運算元從堆疊的頂端移除後放入暫存器
les	從記憶體載入到 ES 和其中一個 GPRs
算術、邏輯	使用數據暫存器和記憶體的算術和邏輯運算
add、sub	將來源運算元加到目的運算元；將來源運算元從目的運算元減去；暫存器－記憶體格式
cmp	比較來源和目的運算元，暫存器——記憶體格式
shl、shr、rcr	向左移位；邏輯的向右移位；與進位狀態位元一起向右旋轉
cbw	將 EAX 最右邊 8 個位元的位元組轉換成 EAX 右邊的 16 位元字組
test	來源和目的運算元的邏輯 AND 以設定狀態碼
inc、dec	遞增目的數值，遞減目的數值
or、xor	邏輯 OR；互斥 OR；暫存器——記憶體格式
字串	在字串運算元之間搬移；長度由一個重複次數的前置標示來表示
movs	藉由遞增 ESI 和 EDI 來將字串從來源運算元複製到目的運算元；可能會重複動作
lods	將字串中的一個位元組、字組或是雙字組載入到 EAX 暫存器

圖 2.40　x86 中一些典型的運作。

許多運作使用暫存器-記憶體格式，其來源運算元之一或是目的可以是記憶體位置，另一個則可以是暫存器或是立即值。

其運作碼中可以包含定址模式以及暫存器。其他指令則可以使用「後置位元組 (postbyte)」或額外的運作碼、標示為 "mod, reg, r/m" 者來表示定址模式的資訊。此類後置位元組使用於許多定址至記憶體中的指令。另外基底加可調索引 (base plus scaled index) 模式使用到第二個標示為 "sc, index, base" 的後置位元組。

圖 2.42 說明 16 位元以及 32 位元兩種模式中，兩個說明定址方式

a. JE EIP + 位移值

4	4	8
JE	條件	位移值

b. CALL

8	32
CALL	位移值

c. MOV   EBX, [EDI + 45]

6	1	1	8	8
MOV	d	w	暫存器/記憶體 (r/m) 後置位元組	位移值

d. PUSH ESI

5	3
PUSH	暫存器

e. ADD EAX, #6765

4	3	1	32
ADD	暫存器	w	立即值

f. TEST EDX, #42

7	1	8	32
TEST	w	後置位元組	立即值

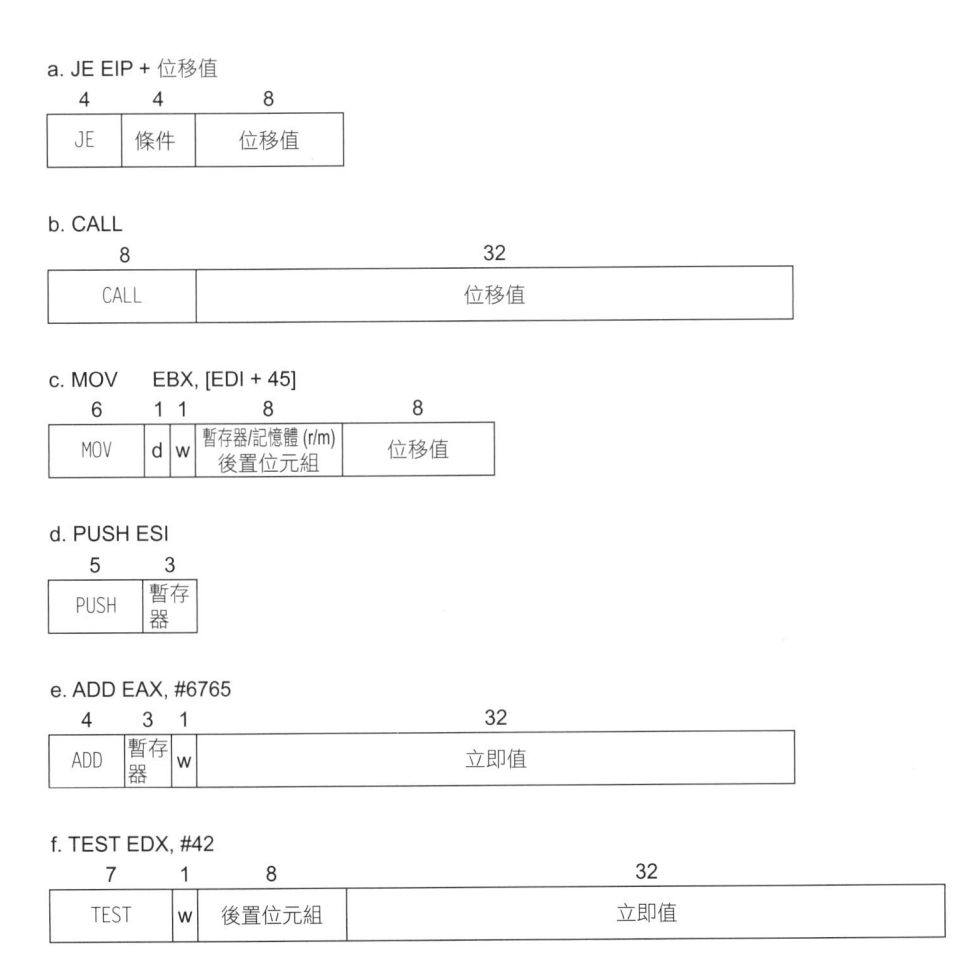

圖 2.41　典型的 x86 指令格式。

圖 2.42 說明後置位元組的編碼。許多指令包含 1 位元的 w 欄位來說明運算是位元組或是雙字組 (double word)。在 MOV 裡的 d 欄位是用在可能會將資料搬進 / 出記憶體的指令來說明搬移的方向。ADD 需要 32 位元的立即值欄位，因為在 32 位元的模式裡，立即值不是 8 位元就是 32 位元。在 TEST 裡的立即值欄位長度是 32 位元，因為在 32 位元的模式裡，沒有 8 位元的立即值測試。整體來說，指令長度在 1 到 15 位元組之間。長度會比較長是來自於額外的 1 位元組前置碼、使用 4 個位元組的立即值和 4 個位元組的位址位移值、使用 2 位元組的運作碼，以及使用一個位元組的可縮放索引模式的標示碼 (scaled index mode specifier)。

的後置位元組的編碼。但是如果要完全掌握究竟有哪些可以使用的暫存器以及定址模式，則必須檢視完整的位址模式編碼方法，有時甚至於包括指令的編碼。

x86 的結論

Intel 在其對手提出更優美的 16 位元架構，如 Motorola 的 68000 於兩年之前即已擁有 16 位元微處理器，而這個領先優勢導致了 IBM PC 選擇 8086 作為其 CPU。Intel 工程師也都普遍承認 x86 較如 ARMv7 以及 MIPS 等更難以設計製造，然而廣大的市場意謂著 AMD 以及 Intel 負擔得起更多資源以克服這些額外的困難。x86 以銷售量來掩蓋了其設計格調上的缺失，從商業的角度來看是很成功的。

幸好的是 x86 架構中最常被用到的部分在實作上並不太困難，AMD 以及 Intel 也經由自 1978 年起一直很快地提升整數程式的效能來說明了這個事實。而為了獲得那樣的進步，編譯器也一定要避免使用到架構中難以製作成快速線路的部分。

然而在後個人電腦時代中，x86 系列縱使累積了豐富的架構以及製作的專業知識，仍未能在個人移動裝置領域中取得競爭力。

暫存器	w＝0	w＝1	r/m	mod＝0		mod＝1		mod＝2		mod＝3
	16b	32b		16b	32b	16b	32b	16b	32b	
0	AL	AX	EAX	0	位址＝BX+SI	＝EAX	同於 mod＝0 中的位址 +disp8	同於 mod＝0 中的位址 +disp8	同於 mod＝0 中的位址 +disp16	同於 mod＝0 中的位址 +disp32	與暫存器欄位相同
1	CL	CX	ECX	1	位址＝BX+DI	＝ECX					
2	DL	DX	EDX	2	位址＝BP+SI	＝EDX					
3	BL	BX	EBX	3	位址＝BP+SI	＝EBX					
4	AH	SP	ESP	4	位址＝SI	＝(sib)	SI+disp8	(sib)+disp8	SI+disp16	(sib)+disp32	"
5	CH	BP	EBP	5	位址＝DI	＝disp32	DI+disp8	EBP+disp8	DI+disp16	EBP+disp32	"
6	DH	SI	ESI	6	位址＝disp16	＝ESI	BP+disp8	ESI+disp8	BP+disp16	ESI+disp32	"
7	BH	DI	EDI	7	位址＝BX	＝EDI	BX+disp8	EDI+disp8	BX+disp16	EDI+disp32	"

圖 2.42　x86 中第一個位址標示碼的編碼：mod (模式)、reg (暫存器)、r/m (暫存器／記憶體)。 前四行表示 3 位元 reg 欄位的編碼，其與運作碼中的 w 位元以及機器是在 (8086 的) 16 位元模式或 (80386 的) 32 位元模式有關。其餘各行說明 mod 與 r/m 欄位。3 位元 r/m 欄位的意義與 2 位元 mod 欄位及位址的大小有關。基本上，mod＝0 的位址計算中使用的暫存器列於第六及七行中，mod＝1 則再加上 8 位元的位移值以及 mod＝2 因不同定址模式而再加上 16 位元或 32 位元的位移值。例外的情形有 (1) 在 16 位元模式下當 mod＝1 或 mod＝2 時 r/m＝6 使用 BP 加上位移值；(2) 在 32 位元模式下當 mod＝1 或 mod＝2 時 r/m＝5 使用 EBP 加上位移值；(3) 在 32 位元模式下當 mod ≠ 3 時的 r/m＝4，其中 (sib) 表示使用圖 2.38 中的可縮放索引模式。當 mod＝3，r/m 欄位表示暫存器編號，使用的編碼方式與 reg 欄位加上 w 位元者相同。

2.20 執行得更快：以 C 撰寫的矩陣乘法

我們以重新撰寫 1.10 節中的 Python 程式開始。圖 2.43 中表示以 C 撰寫的矩陣 - 矩陣相乘。這個程式一般稱呼為 *DGEMM*，代表雙精確度通用矩陣乘法 (Double precision GEneral Matrix Multiply)。由於我們是以參數 n 來傳遞矩陣的維度，因此這個方式的 DGEMM 使用了一維的矩陣 C、A 與 B 的形式和與之配合的位址計算方式以求得到更好的效能，而非使用如同我們在 Python 中看到的使用直覺的二維陣列的形式。圖中的註解則仍舊依循著這個更直覺的二維方式作說明。圖 2.44 表示的是圖 2.43 中的內迴圈對應的 x86 組合語言程式碼。五道浮點指令的名稱以 v 開頭並且內有 sd (scalar double precision)，表示它們是純量的雙精確度指令。

圖 2.45 表示這個 C 程式相較於原先的 Python 程式，在不同 (的編輯器) 優化參數下效能的比較。即使是未經優化的 C 程式也有令人驚訝的加速。隨著變動優化的等級，加速的程度更大；付出的代價則是更長的編譯時間。獲得加速的基本原因則是使用了編譯器而非解譯器，以及在 C 中的數據型態聲明讓編譯器得以產出更加有效率的碼。

```
1.  void dgemm (int n, double* A, double* B, double* C)
2.  {
3.    for (int i = 0; i < n; ++i)
4.      for (int j = 0; j < n; ++j)
5.      {
6.        double cij = C[i+j*n]; /* cij = C[i][j] */
7.        for( int k = 0; k < n; k++ )
8.          cij += A[i+k*n] * B[k+j*n]; /* cij += A[i][k]*B[k][j] */
9.        C[i+j*n] = cij; /* C[i][j] = cij */
10.     }
11. }
```

圖 2.43

C 語言的雙精確度矩陣乘法，通常稱為 DGEMM，代表 Double-precision GEneral Matric Multiply (GEMM)。

```
1.   vmovsd   (%r10),%xmm0              #載入 C 陣列中一個元素至 %xmm0 中
2.   mov      %rsi,%rcx                 #暫存器 %rcx=%rsi
3.   xor      %eax,%eax                 #暫存器 %eax=0
4.   vmovsd   (%rcx),%xmm1              #載入 B 陣列中一個元素至 %xmm1 中
5.   add      %r9,%rcx                  #暫存器 %rcx=%rcx+%r9
6.   vmulsd   (%r8,%rax,8),%xmm1,%xmm1  #%xmm1 與 A 的元素相乘
7.   add      $0x1,%rax                 #暫存器 %rax=%rax+1
8.   cmp      %eax,%edi                 #比較 %eax 與 %edi
9.   vaddsd   %xmm1,%xmm0,%xmm0         #%xmm1 與 %xmm0 相加
10.  jg       30<dgemm+0x30>            #若 %eax>%edi 則跳躍
11.  add      $0x1,%r11                 #暫存器 %r11=%r11+1
12.  vmovsd   %xmm0,(%r10)              #儲存 %xmm0 至 C 的元素中
```

圖 2.44

x86 對圖 2.43 中未經優化的 C 程式碼中巢狀迴圈本體以 –O3 優化等級編譯得到的 x86 組合語言碼。

–O0 (最快編譯時間)	–O1	–O2	–O3 (最快執行時間)
77	208	212	212

圖 2.45

相對於在第 49 頁中的 Python 程式，在圖 2.43 中的 C 程式經過 GCC C 編譯器中不同優化等級的編譯，其中 –O0 並不做任何程式大小或是效能的優化而是注重在最短的編譯時間，一直到 –O3 的對執行時間與碼的大小都最積極作優化。在現在這個例子中，–O2 與 –O3 產出的 x86 碼相同。大部分程式師採用 –O2 作為預設的編譯器優化等級。GCC 也提供一種 –Os 的優化選項，專門來為了得到最小的程式碼。

2.21 謬誤與陷阱

謬誤：更強大的指令帶來更高的效能。

Intel x86 威力的一部分來自於可調整其後該道指令執行方式的前置碼。有一個前置碼可以重複其後指令至一個計數器倒數到 0 為止。因此，搬移記憶體中的數據時，一個看似自然的指令序應是使用帶有該重複執行能力前置碼的記憶體至記憶體的 32- 位元搬移指令。

另一僅使用所有計算機中都有的標準指令的可能做法，則是將數據載入暫存器中後，再由暫存器儲存至記憶體中。這種該程式的第二種做法，如果輔以複製程式碼以降低迴圈的額外花費，則可達到 1.5 倍的複製速度。第三種做法中若使用較大的浮點暫存器而非整數暫存器，則可較使用複雜搬移指令達到約二倍快速的複製功能。

謬誤：以組合語言撰寫程式以得最高效能。

曾經有一段時期程式語言經由編譯器產出的指令序相當粗淺；不斷增加的編譯器複雜度使得編譯出來的碼與手寫的碼差異很快地縮小。不單只此，組合語言程式師如果想要與今天的編譯器競爭，還必須要能徹底瞭解第 4 及第 5 章中的各種觀念 (處理器管道式處理以及記憶體階層)。

這個編譯器與組合語言程式師間的戰爭是人類正節節敗退的一個情況。舉例而言，C 提供程式師提示編譯器或許應該將哪些變數保存於暫存器中還是溢出 (spill) 至記憶體中的機會。當編譯器拙於暫存器配置時，該等提示對效能極為重要。基於此，一些老舊的 C 教科書也花了相當的篇幅來介紹如何有效地運用暫存器提示。今天的 C 編譯器已經能夠在暫存器配置上做得比程式師更好，因此基本上會忽略該等提示。

縱使手寫可以產出更快的程式碼，我們仍需考慮手寫組合語言碼可能帶來的顧慮：更長的撰寫以及除錯時間，喪失了碼的可攜性，以及維護這種碼的困難度。軟體工程中少數幾個廣為人所接受的定理之一是程式中的行數愈多則撰寫所花費的時間愈多，而非常明顯地以組合語言來撰寫程式會比以 C 或 Java 用掉更多的行數。再者，一旦程式被完成，則會帶來其可能變成熱門程式的危險：這種程式總是會存活得比預期中的還要久，亦即其需要在許多年的期間持續被更新以使其能在新版的作業系統下或是各種新型態的機器中運作。以較高階而非組合層次的語言來撰寫不但容許未來的編譯器針對未來的機器作量身訂做的編譯，其也使得軟體更容易維護而且容許程式在更多種計算機的架構上執行。

謬誤：在商業用途上二進碼相容性的重要程度意謂著成功的指令集不會再作改變。

雖然商業用途上的二進碼往回相容這個要求神聖不可侵犯，圖 2.46 卻顯示 x86 的架構成長情況驚人。平均而言在其超過 40 年的歲月中，每個月多出不止一道指令！

陷阱：忘記了在位元組定址的機器中連續字組的位址相差並非是[1]。

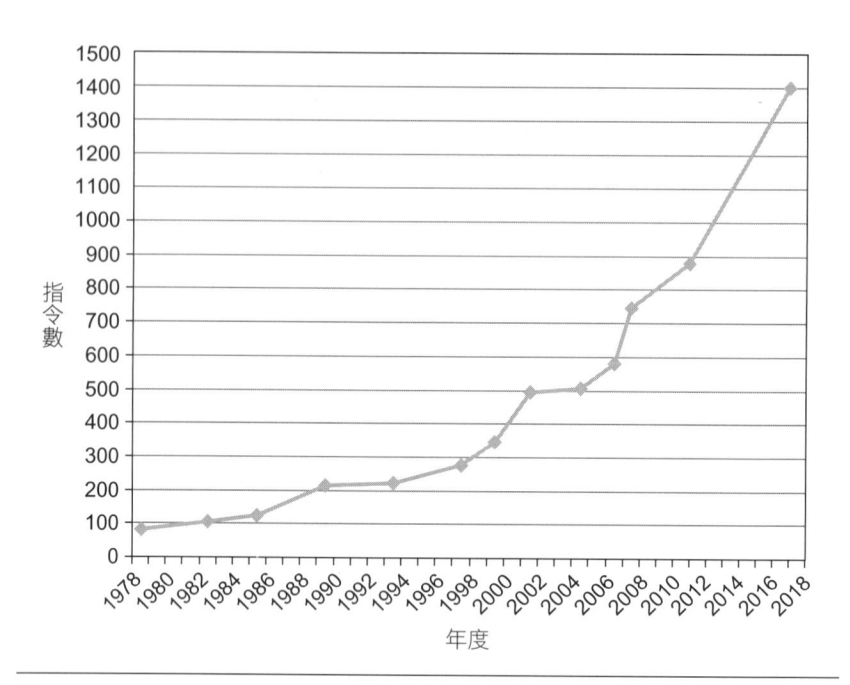

圖 2.46　x86 指令集隨時間的成長。
雖然這些擴充裡有些有很明確的技術價值，快速的變化卻也增加了其他公司試圖製造相容處理器的困難。

許多組合語言的程式師花了極長的時間辛苦地除錯，而造成錯誤的原因不過是輕率地認為將暫存器中的位址加 1、而非加上字組所佔的位元組數，即可獲得下一個字組的位址。有備才能無患！

> 陷阱：在一個自動變數 (*automatic variable*) 所被賦予定義的程序之外以一個指標 (*pointer*) 來指向它。

使用指標時一個常見的錯誤發生於若一個程序含有區域性的數列，該數列使用指標存取，而該程序要回傳值時。依照圖 2.12 的堆疊使用規則，可知程序一旦返回則其區域性數列所使用的記憶體會立刻被回收再利用。自動變數的指標易造成紊亂。

2.22　總結評論

少即是多。

Robert Browning，英國詩人，於 *Andrea del Sarto*, 1855

　　內儲程式 (*stored-program*) 計算機的兩個原則一是使用與數字看起來一樣的指令形式，另一是將程式存放於可更改的記憶體中。這兩個原則使得同一台計算機可被環境科學家、理財專家、或小說家等應

用於其所需。要為機器選擇一套指令必須要經過仔細地評估一個程式將執行多少道指令才能完成、一道指令需要多少個時脈週期以及時脈的速率。如本章所示，有四個設計原則可以引導指令集設計者如何獲得一個精緻的平衡：

1. **規則性易導致簡單的設計**。規則性導致了 MIPS 指令集中許多特性：所有指令都具有相同的大小、算術指令恆使用三個暫存器運算元以及不同指令格式中仍舊將暫存器欄位放在相同的位置。
2. **愈小就愈快**。對速度的追求就是為什麼 MIPS 只用 32 個暫存器而非更多的原因。
3. **好的設計需要有好的折衷**。MIPS 中的一個例子就是在指令中提供更大位址空間或是常數值抑或保持指令均為等長之間的折衷。

本章中另一個大印象說的是數字本身並不具備天生的本質上的形態。任何一種位元樣式可以代表的是一個整數，或是一個串列，或是顏色，或甚至是一道指令。決定一筆數據的形態是什麼的，是處理它的程式。

我們也看到了**使經常的情形變快**這個理念如何應用到指令集以及計算機架構的設計中。讓 MIPS 中經常的情形變快的例子有在條件分支指令中使用 PC 相對定址法以及對較大的常數提供立即值定址法。

在機器語言層級的上一階就是人類可閱讀的組合語言。組譯器可以將組合語言翻譯成機器可以瞭解的二進數字，其甚至可以允許透過使用硬體其實並無法直接執行的符號指令來「擴張」指令集。例如，組合指令中所使用的太大的位址 (或是其位移量) 或常數會在機器指令層級上分割成恰當大小的好幾塊來完成、某一指令的常用的不同用途可以給予不同組語名稱的變化等等。圖 2.47 列出了我們截至目前所論及的真正的或虛擬的所有指令。對更高的層次隱藏掉一些細節是**抽象化**這個大理念的另一例證。

每一類的 MIPS 指令都與高階程式語言的各種構造有關：

- 算術指令與賦值敘述中的運作相關。
- 數據搬移指令極可能在處理如數列或結構等資料結構時會用到。
- 條件分支指令用於 *if* 敘述以及迴圈中。
- 無條件跳躍則用於程序呼叫與返回以及 *case/switch* 敘述。

使經常的情形變快

抽象化

MIPS 指令	名稱	格式	MIPS 虛擬指令	名稱	格式
加法	add	R	搬移	move	R
減法	sub	R	乘法	mult	R
加立即值	addi	I	乘立即值	multi	I
載入字組	lw	I	載入立即值	li	I
儲存字組	sw	I	小於則分支	blt	I
載入半字組	lh	I	小於等於則分支	ble	I
載入無號半字組	lhu	I	大於則分支	bgt	I
儲存半字組	sh	I	大於等於則分支	bge	I
載入位元組	lb	I			
載入無號位元組	lbu	I			
儲存位元組	sb	I			
載入連結的字元組	ll	I			
條件式儲存字元組	sc	I			
載入上半部立即值	lui	I			
及	and	R			
或	or	R			
反或	nor	R			
及立即值	andi	I			
或立即值	ori	I			
邏輯向左移位	sll	R			
邏輯向右移位	srl	R			
相等則分支	beq	I			
不相等則分支	bne	I			
小於則設定	slt	R			
小於立即值則設定	slti	I			
無號若小於立即值則設定	sltiu	I			
跳躍	j	J			
跳躍暫存器	jr	R			
跳躍並連結	jal	J			

圖 2.47 到目前為止所涵蓋的 MIPS 指令集，真實的 MIPS 指令放在左邊，虛擬指令放在右邊。

附錄 A（第 A.10 節）會說明完整的 MIPS 架構。圖 2.1 表示曾在本章中討論到的 MIPS 架構的更詳細說明。這些資訊也可見於本書開頭處的 MIPS 參考數據頁的第一和第二個欄中。

這些指令的使用頻率並不平均；有些許少數的指令就佔了大部分的使用時機。圖 2.48 列出 SPEC CPU2006 中每一類指令的使用率。各類指令使用率不同的事實在有關於數據通道 (datapath)、控制單元 (control) 與管道化處理的各章中將扮演重要角色。

我們將在第 3 章說明計算機算術之後，再呈現 MIPS 指令集架構其餘的部分。

指令類別	MIPS 舉例	對應的高階語言 (HLL)	頻率 整點	頻率 浮整點
算術	add、sub、addi	賦值敘述中的運算	16%	48%
數據傳輸	lw、sw、lb、lbu、lh、lhu、sb、lui	對資料結構，例如陣列，的存取	35%	36%
邏輯	and、or、nor、andi、ori、sll、srl	賦值敘述中的運算	12%	4%
條件分支	beq、bne、slt、slti、sltiu	*if* 敘述和迴圈	34%	8%
跳躍	j、jr、jal	程序呼叫、返回和 *case/switch* 敘述	2%	0%

圖 2.48　MIPS 指令類別、舉例、對應到高階程式語言的構造與在平均的整數與浮點數的 SPEC CPU2006 測試程式中，執行到每個類別中的 MIPS 指令的百分比。
第 3 章中的圖 3.24 說明 MIPS 個別指令執行的平均百分比。

2.23　歷史觀點與進一步閱讀

本節回顧指令集架構 (ISAs) 的演進歷史，並述及程式語言與編譯器的簡史。指令集架構包含了累加器 (accumulator) 架構、一般用途暫存器架構、堆疊架構以及 ARM 及 x86 的簡史。我們也回顧了高階語言計算機架構與精簡指令集計算機 (reduced instruction set computer, RISC) 架構間各種具爭議性的主題。程式語言的歷史中將提到 Fortran、Lisp、Algol、C、Cobol、Pascal、Simula、Smalltalk、C++ 及 Java，而編譯器的歷史中將提到各關鍵的里程碑以及促成它們的開創者。🌐 2.23 節的其他部分置於線上。

2.24　自我學習

以數字來表示指令。 已知以下二進數字：

00000001010010110100100000100000$_{two}$

它的十六進制的形式是什麼？
如果它是無號的數字，它十進制的值是什麼？
如果它被看成是有號的數字，這個值會有不同嗎？
它又能代表什麼組合語言的程式？(譯註：程式二字在此也許應改為指令較適合)

以數字來表示指令與不安全性。雖然程式不過是記憶體中的一些數字，第 5 章中說明如何在計算機中以什麼方法來標註位置空間的這個部分是唯讀 (read-only) 的，以保護程式不被改動。狡猾的攻擊者仍可無視程式的已受保護，在程式執行時利用 C 程式中的缺失來置入他們自己的碼。

以下是一個單純的，能將使用者鍵入堆疊中某區域變數的字符複製的串列複製程式。

```
#include <string.h>
void copyinput (char *input)
{
  char copy[10];
  strcpy(copy, input); // strcpy 中沒有邊界檢查
}
int main (int argc, char **argv)
{
  copyinput(argv[1]);
  return 0;
}
```

如果使用者鍵入超過 10 個字符作為輸入，會發生什麼事？對程式的執行會產生什麼後果？這件事如何可使得攻擊者掌控程式的執行？

更快的 While 迴圈。以下是在第 99 至 100 頁中的 C 迴圈的 MIPS 碼：

```
Loop: sll   $t1,$s3,2      #暫時暫存器 $t1=i*4
      add   $t1,$t1,$s6    ##t1=save[i] 的位址
      lw    $t0,0($t1)     #暫時暫存器 $t0=save[i]
      bne   $t0,$s5,Exit   #若 save[i] ≠ k 則前往 Exit
      addi  $s3,$s3,1      #i=i+1
      j     Loop           #前往 Loop
Exit:
```

假設迴圈一般會執行 10 次。以平均每次重複只需執行一道分支指令，而非一道跳躍指令加上一道分支指令，來加快迴圈。

逆編譯。以下是 MIPS 組合語言的幾行碼，前五道指令並已加入註解。

```
sll  $t0, $s0, 2    # $t0 = f * 4
add  $t0, $s6, $t0  # $t0 = &A[f]
sll  $t1, $s1, 2    # $t1 = g * 4
add  $t1, $s7, $t1  # $t1 = &B[g]
lw   $s0, 0($t0)    # f = A[f]
addi $t2, $t0, 4    #
lw   $t0, 0($t2)    #
add  $t0, $t0, $s0  #
sw   $t0, 0($t1)    #
```

假設變數 f、g、h、i 與 j 分別配置於暫存器 $s0、$s1、$s2、$s3 與 $s4 中。假設陣列 A 與 B 的基底位址分別處於暫存器 $s6 與 $s7 中。補齊最後四道指令的註解。

自我學習的解答

以數字來表示指令。

二進制：**00000001010010110100100000100000**$_{two}$

十六進制：**014B4820**$_{hex}$

十進制：**21710880**$_{ten}$

因為第一個位元是 0，有號或無號的十進制值是相同的。

組合語言指令：

```
    add  t1, t2, t3
```

機器語言指令：

31	2625	2120	1615	1110	65	0
SPECIAL 000000	t2 01010	t3 01011	t1 01001	0 00000		ADD 100000
6	5	5	5	5		6

以數字來表示指令與不安全性。

區域變數的複製可安全地複製使用者的多至九個字符輸入以及接著的用以結束一個字符串列的 null 字符。任何比這些還長的東西就會覆寫到堆疊內的其他內容上。當堆疊變大時，它會進入到之前程序呼叫相關的堆疊框中，框中還會包含程序的返回位址。用心的攻擊者不但能在堆疊中置入程式碼，還可以更改堆疊中的返回位址，使得程式最終

使用攻擊者的返回位址，在某些程序返回動作之後，執行了被放置進堆疊上的碼。

更快的 While 迴圈。方法是調轉條件分支，讓它直接跳躍到迴圈開始處，而不是在迴圈的最後略過跳躍。為求吻合 while 迴圈的語意，程式碼一定要在遞增 i 之前先檢查 save[i] == k 是否成立。

```
        sll  $t1,$s3,2         #暫時暫存器 $t1=i*4
        add  $t1,$t1,$s6       #$t1=save[i]的位址
        lw   $t0,0($t1)        #暫時暫存器 $t0=save[i]
        bne  $t0,$s5,Exit      #若 save[i] ≠ k 則前往 Exit
Loop:   addi $s3,$s3,1         #i=i+1
        sll  $t1,$s3,2         #暫時暫存器 $t1=i*4
        add  $t1,$t1,$s6       #$t1=save[i]的位址
        lw   $t0,0($t1)        #暫時暫存器 $t0=save[i]
        beq  $t0,$s5, Loop     #若 save[i]=k 則前往 Loop
Exit:
```

逆編譯。

```
        sll  $t0,$s0,2       #$t0=f*4
        add  $t0,$s6,$t0     #$t0=&A[f]
        sll  $t1,$s1,2       #$t1=g*4
        add  $t1,$s7,$t1     #$t1=&B[g]
        lw   $s0, 0($t0)     #f=A[f]
        addi $t2,$t0,4       #$t2=$t0+4，現在 $t2 指向 A[f+1]
        lw   $t0, 0($t2)     #$t0=A[f+1]
        add  $t0,$t0, $s0    #$t0=$t0+$s0，
                               現在 $t0 是 A[f]+A[f+1]
        sw   $t0, 0($t1)     #將結果存入 B[g]
```

2.25 習題

附錄 A 中說明了 MIPS 的模擬器，其對這些習題的求解會有幫助。雖然該模擬器也可以接受假的指令 (pseudoinstructions)，但是在對任何要求你寫出 MIPS 碼的習題中請儘量不要使用假指令。你的目標應該是學會真的 MIPS 指令集，而且當你被要求計算指令的數量時，你的指令數量應該反映真實的會被執行的指令、而不是假指令的數量。

在一些情況中必須用到假指令 (例如當實際的值在組譯時未能得知的情況下使用的 la 指令)。在許多情況下，它們使用起來很方便並且使得程式更易閱讀 (例如，使用 li 與 move 指令時)。若你因這些理由選擇使用假指令時，請在你的解答中加入一兩句來說明你必須使用的假指令是哪些以及為什麼。

2.1 [5] <§2.2>　對以下的 C 敘述句，對應的 MIPS 組合碼是什麼？假設變數 f、g 及 h 為已知且分別放置在暫存器 $s0、$s1 和 $s2。使用最少數量的 MIPS 組合指令。

```
f = g + (h - 5);
```

2.2 [5] <§2.2>　對以下的 MIPS 組合指令，對應的一句 C 敘述句是什麼？

```
add    f,g,h
add    f,i,f
```

2.3 [5] <§§2.2, 2.3>　對以下的 C 敘述句，對應的 MIPS 組合碼是什麼？假設變數 f、g、h、i 及 j 分別被指定存於暫存器 $s0、$s1、$s2、$s3 及 $s4 中。又假設陣列 A 及 B 的基底位址分別存於暫存器 $s6 及 $s7 中。

```
B[8] = A[i-j];
```

2.4 [5] <§§2.2, 2.3>　對以下的 MIPS 組合指令，對應的一句 C 敘述句是什麼？假設變數 f、g、h、i 及 j 分別被指定存於暫存器 $s0、$s1、$s2、$s3 及 $s4 中。又假設陣列 A 及 B 的基底位址分別存於暫存器 $s6 及 $s7 中。

```
sll     $t0,$s0,2        # $t0 = f * 4
add     $t0,$s6,$t0      # $t0 = &A[f]
sll     $t1,$s1,2        # $t1 = g * 4
add     $t1,$s7,$t1      # $t1 = &B[g]
lw      $s0,0($t0)       # f = A[f]
addi    $t2,$t0,4
lw      $t0,0($t2)
add     $t0,$t0,$s0
sw      $t0,0($t1)
```

2.5 [5] <§2.3>　說明某值 0xabcdef12 在小端在前和大端在前的機器中將如何被安置在記憶體中。假設數據從位址零開始存放並且字組的大小是 4 個位元組。

2.6 [5] <§2.4>　將 0xabcdef12 轉換為十進制表示。

2.7 [5] <§§2.2, 2.3>　將下列 C 碼翻譯成 MIPS 碼。假設變數 f、g、h、i 及 j 分別被指定存於暫存器 $s0、$s1、$s2、$s3 及 $s4 中。又假設陣列 A 及 B 的基底位址分別存於暫存器 $s6 及 $s7 中。再假設陣列 A 及 B 的元素是 8 位元組的字組：

　　B[8]=A[i]+A[j];

2.8 [10] <§§2.2, 2.3>　將下列 MIPS 碼翻譯成 C 碼。假設變數 f、g、h、i 及 j 分別被指定存於暫存器 $s0、$s1、$s2、$s3 及 $s4 中。又假設陣列 A 及 B 的基底位址分別存於暫存器 $s6 及 $s7 中。

```
addi    $t0, $s6, 4
add     $t1, $s6, $0
sw      $t1, 0($t0)
lw      $t0, 0($t0)
add     $s0, $t1, $t0
```

2.9 [20] <§§2.3, 2.5>　對於在習題 2.8 中的每道 MIPS 指令，寫出運作碼 (op)、來源暫存器 (rs) 與功能 funct 欄位與目的暫存器 (rd) 的欄位的值。對於 I 類型指令，寫出立即值欄位的值，以及對於 R 類型的指令，寫出第二個來源暫存器 (rt) 的值。

2.10　假設暫存器 $s0 與 $s1 分別存有值 0x8000000000000000 與 0xD000000000000000。

2.10.1 [5] <§2.4>　執行下列組合指令後，$t0 的值為何？

　　add $t0, $s0, $s1

2.10.2 [5] <§2.4>　在 $t0 中的值是所欲的值或是已有滿溢發生？

2.10.3 [5] <§2.4>　以上述暫存器 $s0 及 $s1 中的值而言，執行下列組合指令後，$t0 中的值為何？

　　sub $t0, $s0, $s1

2.10.4 [5] <§2.4> 在 $t0 的值是所欲的值或是已有滿溢發生？

2.10.5 [5] <§2.4> 以上述暫存器 $s0 及 $s1 中的值而言，執行下列組合指令後，$t0 中的值為何？

```
add $t0, $s0, $s1
add $t0, $t0, $s0
```

2.10.6 [5] <§2.4> 在 $t0 中的值是所欲的值、或是已有滿溢發生？

2.11 假設暫存器 $s0 存有值 128_{ten}。

2.11.1 [5] <§2.4> 對指令 add $t0,$s0,$s1 而言，什麼是會造成滿溢的 $s1 的值的範圍？

2.11.2 [5] <§2.4> 對指令 sub $t0,$s0,$s1 而言，什麼是會造成滿溢的 $s1 的值的範圍？

2.11.3 [5] <§2.4> 對指令 sub $t0,$s1,$s0 而言，什麼是會造成滿溢的 $s1 的值的範圍？

2.12 [5] <§§2.4, 2.5> 對下列二進制數字：
0000 0010 0001 0000 1000 0000 0010 0000$_{two}$，寫出它的組合語言指令類型以及指令。提示：參考圖 2.20 可能會有幫助。

2.13 [5] <§§2.4, 2.5> 對下列指令：sw $t1, 32($t2)，寫出它的指令類型以及十六進制表示法。

2.14 [5] <§2.5> 對下列 MIPS 欄位：

op=0, rs=3, rt=2, rd=3, shamt=0, funct=34

寫出它的指令類型、組合語言指令以及二進制表示法。

2.15 [5] <§2.5> 對下列 MIPS 欄位：

op=0x23, rs=1, rt=2, const=0x4，

寫出它的指令類型、組合語言指令以及二進制表示法。

2.16 [5] <§2.5> 假設我們想要擴充暫存器檔案到 128 個暫存器、並且擴充指令集到共有四倍之多的指令。

2.16.1 [5] <§2.5> 這些改變會如何影響 R- 型指令中每種位元欄位的大小？

2.16.2 [5] <§2.5> 這些改變會如何影響 I- 型指令中每種位元欄位的大小？

2.16.3 [5] <§§2.5, 2.10> 這兩種改變各會如何降低 MIPS 組合程式的大小？另一方面，這些改變如何會增加 MIPS 組合程式的大小？

2.17 假設有以下暫存器的值：

$t0 = 0xAAAAAAAA, $t1 = 0x12345678

2.17.1 [5] <§2.6> 對以上暫存器的值，下列指令序列執行後 $t2 的值為何？

    sll $t2, $t0, 44
    or $t2, $t2, $t1

2.17.2 [5] <§2.6> 對以上暫存器的值，下列指令序列執行後 $t2 的值為何？

    sll $t2, $t0, 4
    andi $t2, $t2, -1

2.17.3 [5] <§2.6> 對以上暫存器的值，下列指令序列執行後 $t2 的值為何？

    srl $t2, $t0, 3
    andi $t2, $t2, 0xFFEF

2.18 [10] <§2.6> 寫出能夠從暫存器 $t0 中抽取出位元 16 到位元 11、然後用這個欄位中的值來置換掉暫存器 $t1 中的位元 31 到位元 26，同時不會更動到暫存器 $t0 與 $t1 中其他位元的最短的一串 MIPS 指令 (確保要以 $t0 = 0 與 $t1 = 0xffffffffffffffff 來測試你寫出的程式碼。這樣做可以發現一個經常被忽略的問題。)。

2.19 [5] <§2.6> 寫出可用於實現下列假指令的最少的 MIPS 指令：

    not $t1, $t2   //bit-wise invert

2.20 [5] <§2.6> 對以下的 C 敘述句，寫出最短的功能完全相等的 MIPS 組合指令串。假設 $t0 = A，並且 $s0 是 C 陣列的基底位址。

    A = C[0] << 4;

2.21 [5] <§2.7>　假設 $t0 存有值 0x010100000。在執行下列指令後 $t2 的值為何？

```
        slt $t2, $0, $t0
        bne $t2, $0, ELSE
        j DONE
  ELSE: addi $t2, $t2, 2
  DONE:
```

2.22　假設程式計數器 (PC) 被設成 0x20000000。

2.22.1 [5] <§2.10>　使用 MIPS 的跳躍與鏈結 (*jump-and-link*, jai) 指令能夠到達的位址範圍是多大？(換句話說，在執行跳躍與鏈結指令之後，可能的 PC 值的範圍是什麼？)

2.22.2 [5] <§2.10>　使用 MIPS 的相等則分支 (*branch if equal*, beq) 指令能夠到達的位址範圍是多大？(換句話說，在執行相等則分支指令之後，可能的 PC 值的範圍是什麼？)

2.23　思考一道可能的稱為 rpt 的新指令。這道指令結合了迴圈條件檢查與計數器遞減於單一道指令中。例如 rpt $s0,loop 會做以下的工作：

```
  If(x29>0){
         X29=x29-1;
         goto loop;
  }
```

2.23.1 [5] <§2.7, 2.10>　如果這一道指令要做到 MIPS 指令集中，最恰當的指令格式會是哪一種？

2.23.2 [5] <§2.7>　能夠做到相同功效的最短的 MIPS 指令串會是怎樣？

2.24　考慮以下的 MIPS 迴圈：

```
  LOOP:  slt  $t2, $0, $t1
         beq  $t2, $0, DONE
         subi $t1, $t1, 1
         addi $s2, $s2, 2
         j    LOOP
  DONE:
```

2.24.1 [5] <§2.7>　假設將暫存器 $t1 的初值設為 10。若 $s2 的初值為 0，則該暫存器的值將為若干？（譯註：原文書中 $s2 寫成 $s0，有誤。）

2.24.2 [5] <§2.7>　對以上的迴圈，寫出對應的 C 函數碼。假設暫存器 $s1、$s2、$t1 及 $t2 分別對應整數變數 A、B、i 及 temp（譯註：迴圈中並沒有用到 $s1）。

2.24.3 [5] <§2.7>　對以上以 MIPS 組合語言寫成的迴圈，假設暫存器 $t1 的初值設為值 N。會有多少的 MIPS 指令被執行？

2.25 [5] <§2.7>　將下列 C 碼翻譯成 MIPS 組合語言碼。使用最少量的指令。假設值 a、b、i 及 j 分別在暫存器 $s0、$s1、$t0 及 $t1 中。另外，假設暫存器 $s2 存有陣列 D 的基底位址。

```
for(i=0; i<a; i++)
    for(j=0; j<b; j++)
        D[4*j]=i+j;
```

2.26 [5] <§2.7>　要多少道 MIPS 指令才能實現習題 2.25 裡頭的 C 碼？若變數 a 與 b 的初值設為 10 與 1 且 D 的所有元素初值均為 0，則完成此迴圈所需執行的 MIPS 指令總數為何？

2.27 [5] <§2.7>　將下列迴圈翻譯成 C 碼。假設 C 中的整數 i 存於暫存器 $t1 中、整數 result 存於暫存器 $s2 中以及整數 MemArray 的基底位址存於暫存器 $s0 中。

```
        addi $t1,$0,0
LOOP:   lw   $s1,0($s0)
        add  $s2,$s2,$s1
        addi $s0,$s0,4
        addi $t1,$t1,1
        slti $t2,$t1,100
        bne  $t2,$s0,LOOP
```

2.28 [10] <§2.7>　重寫習題 2.27 中的迴圈以降低所需執行的 MIPS 的指令數。提示：注意變數 i 只是用在迴圈的控制上。

2.29 [30] <§2.8>　以 MIPS 組合語言來實現以下 C 碼。提示：要記得堆疊指標一定要保持以 16 的倍數作為邊界來對齊。

```
int fib(int n){
    if (n==0)
        return 0;
    else if (n==1)
        return 1;
    else
        return fib(n-1) + fib(n-2);
}
```

2.30 [5] <§2.8>　對每一個函數呼叫，表示出呼叫後堆疊的內容。假設堆疊指標原來是指向位址 0x7ffffffc，並使用圖 2.11 所示的暫存器慣用法。

2.31 [20] <§2.8>　將函數 f 轉換為以 MIPS 組合語言來表示。若你需要使用暫存器 $t0 至 $t7，請先使用編號較低的暫存器。假設函數 func 的宣告是 "int f(int a, int b);"。函數 f 的碼如下：

```
int f(int a, int b, int c, int d){
  return func(func(a,b),c + d);
}
```

2.32 [5] <§2.8>　我們是否能在這個函數中使用尾端呼叫 (tail-call) 最佳化？若否，說明為什麼不行。若是，則 f 中有以及沒有最佳化的情形下執行的指令數差異為何？

2.33 [5] <§2.8>　在習題 2.31 中的函數 f 即將返回前，我們知道暫存器 $t5、$s3、$ra 及 $sp 中的內容為何嗎？記得我們的確知道整個函數 f 是怎樣，但是對函數 func 我們只知道它的宣告。

2.34 [30] <§2.9>　以 MIPS 組合語言寫出將包含以十進制表示的整數的 ASCII 數字串列轉換成一個整數的程式。你的程式應該預期以暫存器 $a0 來放置一個其中包含 0 至 9 的數字、並且以 null 結束的串列，的位址。你的程式應該計算相當於這一串數字代表的整數值，然後將結果放進暫存器 $v0 中。當一個 null 以外的非數字的字母符號出現在串列中任何地方，你的程式就應該把值 –1 放進暫存器 $v0 中並停止。例如，如果暫存器 $a0 指到一序列的 3 個位元組 50_{ten}、52_{ten}、0_{ten} (也就是以 null 結束的串列 "24")，那麼當程式停止的時候，暫存器 $v0 應該存放著數值 24_{ten} (譯註：原文有錯)。

2.35 [5] <§2.9> 下列程式碼中：

```
lbu $t0, 0($t1)
sw  $t0, 0($t2)
```

假設暫存器 $t1 內存放了位址 0x10000000，以及該位址內的數據是 0x11223344。

2.35.1 [5] <§§2.3, 2.9>　在大的端的機器中存放在位置 0x10000004 中的值是多少？

2.35.2 [5] <§§2.3, 2.9>　在小的端的機器中存放在位置 0x10000004 中的值是多少？

2.36 [5] <§2.10>　寫出能夠產生 32 位元常數、然後將該常數存放於暫存器 $t1 中的 MIPS 組合程式碼。（譯註：原文有錯。）

2.37 [10] <§2.11>　以 MIPS 組合碼來撰寫使用 lI/sc 指令以製作出下列不可分割的 "set max" 運作的 C 程式碼。在 C 程式碼中，參數 shvar 內含一個共用變數的位址；這個共用變數在 x 大於它的值時就會被 x 所取代：

```
void  setmax(int* shvar, int x){
//    關鍵區段(critical section)由此開始
If    (x>*shvar)
      *shvar=x;
//    關鍵區段在此結束 }
}
```

2.38 [5] <§2.11>　以你在習題 2.37 中的程式碼當作範例，解釋當兩個處理器同時開始執行這個關鍵區段的時候，假設每個處理器在每個時脈週期中都恰好執行一道指令時，會發生什麼事情。

2.39 設有 1 處理器其算數指令的 CPI 是 1，載入儲存指令的 CPI 是 10，以及分支指令的 CPI 是 3。假設某程式中的各種程式佔比如下：500 百萬道算數指令，300 百萬道載入／儲存指令，與 100 百萬道分支指令。

2.39.1 [5] <§§1.6, 2.13>　假設指令集中加入了新的、更有效的算術指令。使用這些更有效的算術指令之後，我們平均可以減少執行程式所需算術指令的數目 25%，而代價僅是增加時脈週期時間 10%。這是

一個好的設計選擇嗎？為什麼？

2.39.2 [5] <§§1.6, 2.13>　假設我們找到一個方法使算術指令的效能加倍。我們機器的整體加速是多少？如果我們找到一個方法使算術指令的效能變成 10 倍呢？

2.40　假設有一程式其執行的指令中 70% 屬算術類、10% 為 load/store 及 20% 為分支。

2.40.1 [5] <§2.21>　已知這種指令比例並假設一道算術指令需要 2 個週期、一道 load/store 指令需要 6 個週期，以及一道分支指令需要 3 個週期，試求平均的 CPI。

2.40.2 [5] <§§1.6, 2.13>　對於 25% 的效能改善，若 load/store 指令及分支指令不作改善，則平均一道算術指令可執行多少個週期？

2.40.3 [5] <§§1.6, 2.13>　對於 50% 的效能改善，若 load/store 指令及分支指令不作改善，則平均一道算術指令可執行多少個週期？

2.41 [10] <§2.21>　假設 MIPS ISA 包含了類似於在 2.19 節中 (圖 2.35) 說明的 x86 中的縮放了的偏移定址模式。說明你會如何使用縮放了的偏移載入來進一步減少為了完成在習題 2.4 中的功能所需用到的組合指令數目。

2.42 [10] <§2.21>　假設 MIPS ISA 包含了類似於在 2.19 節中 (圖 2.35) 說明的 x86 中的縮放了的偏移定址模式。說明你會如何使用縮放了的偏移載入來進一步減少為了完成在習題 2.7 中的 C 程式所需用到的組合指令數目。

自我檢查的解答

§2.2，第 73 頁：MIPS, C, Java

§2.3，第 79 頁：2) 非常慢

§2.4，第 86 頁：第 1 題：2) -8_{ten}。
　　　　　　　　第 2 題：4) $18,446,744,073,709,551,608_{ten}$

§2.5，第 94 頁：第 1 題：4) sub $t2,$t0,$t1。第 2 題：$28_{hex}$

§2.6，第 97 頁：兩者。與一個有 1 的遮罩樣式做 AND 會使得除了想要留下的欄位以外全部其他位元都變為 0。左移恰當的量移除了欄位左方的所有位元。右移恰當的量將欄位放在字組裡頭最右邊的位元位

置中,並且將字組中其餘位置設為 0。注意 AND 將欄位留在其原來位置,然後一對移位動作將欄位移到字組的最右方。

§2.7,第 103 頁:I. 全部為真。II. 1)。

§2.8,第 114 頁:兩者均為真。

§2.9,第 119 頁:I. 1) II.3)

§2.10,第 129 頁:I. 4) +−128K。II. 6) 一個 256M 的區塊。III. 4) sll

§2.11,第 132 頁:兩者均為真。

§2.12,第 142 頁:4) 機器的獨立不相關性。

3

計算機的算術

3.1　介紹
3.2　加法與減法
3.3　乘法
3.4　除法
3.5　浮點
3.6　平行性與計算機算術：部分字的平行性
3.7　實例：x86 中串流式 SIMD 延伸與先進的向量 (處理) 延伸

3.8　執行得更快：部分字平行性與矩陣乘法
3.9　謬誤與陷阱
3.10　總結評論
⊕ 3.11　歷史觀點與進一步閱讀
3.12　自我學習
3.13　習 題

計算機的五大標準要件

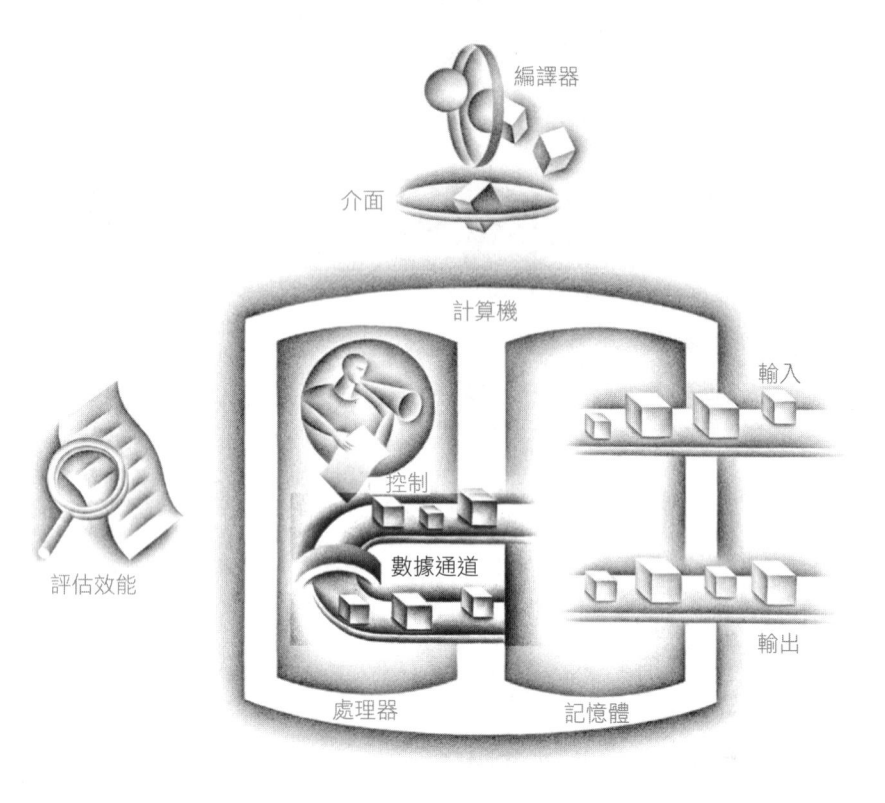

數值的精確性是科學真正的精神。

Sir D'arcy Wentworth Thompson，成長與成形 (On Growth and Form)，1917

3.1 介紹

　　計算機中的字組由位元組成；因此，字組可以二進制數字呈現之。第 2 章說明了整數可以十進或二進的形式來呈現，但是其他常用的數字又如何？舉例而言：

- 對分數以及其他實數呢？
- 如果運算產生了大於可表示的數字時會怎樣？
- 而在這些問題底下的是一個奧祕：硬體到底如何對數字做乘除？

　　本章目標在於揭開這些奧祕，包括實數表示法、算術演算法、實踐這些演算法的硬體，以及所有這些對指令集的意義。這些深入的瞭解可以說明你在計算機上看到的許多行為。

3.2 加法與減法

計算機中的加法和你所預期的一樣。各位數由右向左逐位元相加，進位則向左方一個位數傳遞，和手算時的作法一樣。減法利用到加法：減數運算元會先被變號再加至被減數。

> 減法：加法的巧妙搭檔。
> 第 10 門課，給足球工廠運動員們的最重要的十門課。
>
> David Letterman 等人，《各種最重要的十個項目列表的書》(*Book of Top Ten Lists*)，1990

二進制加法與減法

範例

讓我們嘗試以二進制將 6_{ten} 加至 7_{ten}，然後也以二進制將 6_{ten} 從 7_{ten} 中減掉。

解答

$$
\begin{aligned}
&\ 0000\ 0000\ 0000\ 0000\ 0000\ 0000\ 0000\ 0111_{two} = 7_{ten} \\
&+\ 0000\ 0000\ 0000\ 0000\ 0000\ 0000\ 0000\ 0110_{two} = 6_{ten} \\
&=\ 0000\ 0000\ 0000\ 0000\ 0000\ 0000\ 0000\ 1101_{two} = 13_{ten}
\end{aligned}
$$

所有動作都發生在右側 4 個位元中；圖 3.1 表示其各位元的和與進位。進位位元表示於括號中，並以箭頭表示其如何被傳遞。

將 6_{ten} 從 7_{ten} 中減掉可以直接運算：

$$
\begin{aligned}
&\ 0000\ 0000\ 0000\ 0000\ 0000\ 0000\ 0000\ 0111_{two} = 7_{ten} \\
&-\ 0000\ 0000\ 0000\ 0000\ 0000\ 0000\ 0000\ 0110_{two} = 6_{ten} \\
&=\ 0000\ 0000\ 0000\ 0000\ 0000\ 0000\ 0000\ 0001_{two} = 1_{ten}
\end{aligned}
$$

或利用 6_{ten} 的 2 的補數表示法經由加法來減：

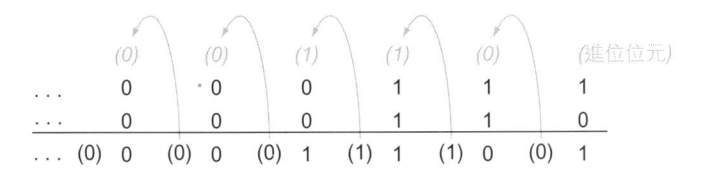

$$
\begin{aligned}
&\ 0000\ 0000\ 0000\ 0000\ 0000\ 0000\ 0000\ 0111_{two} = 7_{ten} \\
&+\ 1111\ 1111\ 1111\ 1111\ 1111\ 1111\ 1111\ 1010_{two} = -6_{ten} \\
&=\ 0000\ 0000\ 0000\ 0000\ 0000\ 0000\ 0000\ 0001_{two} = 1_{ten}
\end{aligned}
$$

```
      (0)   (0)   (1)   (1)   (0)   (進位位元)
...    0     0     0     1     1     1
...    0     0     0     1     1     0
...   (0)0  (0)0  (0)1  (1)1  (1)0  (0)1
```

圖 3.1 二進制加法，由右至左顯示進位的位元。
最右邊的位元將 1 加到 0，得到該位元的和為 1，而進位值為 0。因此右邊數來第二個位元的運算便是 0+1+1。這會得到和位元等於 0 而進位值等於 1。第三個位元則是 1+1+1 的和，會得到進位值等於 1，而和位元也等於 1。第四個位元是 1+0+0，會得到和為 1，而沒有進位。

要記得當運算的結果無法以其所具有的硬體,在本例中為32-位元的字組,來表示時,即發生滿溢。加法中滿溢何時可能發生?當加的兩個運算元符號不同時,滿溢不會發生。其原因在於其和不會大於其中一個運算元(譯註:尤指絕對值而言)。例如,−10+4=−6。既然運算元都可以放進32位元中而和又一定不會大於其中一個運算元,和也因此一定能放進32位元中。因此加正的和負的運算元時不會發生滿溢。

減法中滿溢的發生有類似的限制,只不過其原則相反:當兩個運算元的符號相同時,滿溢不可能發生。要看出這點,記得 $c - a = c + (-a)$,這是因為我們以將第二個運算元變號並做加法來達成減的目的。因此,當我們減一個同號數時,其實是經由加一個異號數來達成的。由上一段文字,我們知道滿溢在這個情況下也不會發生。

知道在加減法中何時滿溢不可能發生固然很好,但是當其發生時,我們該如何偵測得知?顯然地,兩個32位元數字的加或減可能會產出需要33個位元才能完全表示的結果。

缺少該第33個位元意謂的是當滿溢發生時,符號位元會被根據其值,而非恰當的符號,來設定。由於此時我們至多僅需要一個額外的位元,因此只有符號位元可能會錯誤。基於上述,於是滿溢發生的情況是加兩個正數其和為負,或是反之。這表示的是有一個進位跑進了符號位元。

在減法中當我們從正數減去一個負數而得負值,或是從一個負數減去一個正數而得正值,則發生滿溢。這意謂從符號位元發生了一個借位 (borrow)。圖 3.2 表示了有滿溢時的各種運算、運算元以及結果的組合。

我們剛剛已看到了在計算機中對2的補數數字如何偵測滿溢。對無號數字的滿溢又將如何?無號數字最常應用於表示記憶體位址,此時的滿溢一般忽略之即可。

運算	運算元 A	運算元 B	表示有滿溢的結果
$A + B$	≥ 0	≥ 0	< 0
$A + B$	< 0	< 0	≥ 0
$A - B$	≥ 0	< 0	< 0
$A - B$	< 0	≥ 0	≥ 0

圖 3.2 加法與減法發生滿溢的情況。

於是計算機設計師一定要能提供可以在不同情況下忽略或明示滿溢是否發生的方法。MIPS 中的做法是分別有忽略或表示滿溢情形的兩類算術指令：

- 加 (add)、加立即值 (addi) 及減 (sub) 在滿溢時呼叫例外處理。
- 無號加 (addu)、無號加立即值 (addiu) 及無號減 (subu) 在滿溢時不呼叫例外處理。

由於 C 忽略滿溢，因此 MIPS C 編譯器不論 C 中的變數型態為何，永遠都產生無號型態的算術指令 addu、addiu 及 subu。然而 MIPS Fortran 編譯器則會依運算元的型態而選用合適的算術指令。

🌐 附錄 B 說明執行加法和減法的稱為**算術邏輯單元** (Arithmetic Logic Unit) 或 ALU 的硬體。

算術邏輯單元
(Arithmetic Logic Unit, ALU)
執行加法、減法與通常還有例如且 (AND) 與或 (OR) 等邏輯運作的硬體。

仔細深思 對 addiu 總是存在的一個困惑是它的名稱以及它立即值欄位的用法。字母 u 代表無正負號，表示加法不會造成滿溢例外。然而該 16 位元立即值欄位卻是有如 addi、slti 和 sltiu 中的一樣會符號延伸至 32 位元。因此，縱使運算是「無號的」，立即值卻是有號的。

- -

計算機設計者必須決定如何處理算術滿溢。雖然如 C 及 Java 等一些語言忽略整數滿溢，如 Ada 及 Fortran 等語言卻要求告知程式滿溢是否發生。於是當滿溢發生時程式師或編程的環境必須決定要如何處理。

MIPS 以**例外** (exception) 的方式來表示偵測到滿溢，許多計算機也稱該等方式為**插斷** (interrupt)。一個例外或插斷本質上是一種非規劃中的程序呼叫。造成滿溢的指令其位址會被保留於某個暫存器中，然後計算機會跳到一個預先設定的位址來呼叫一個適合處理該例外的程序。被插斷的指令其位址被保留下來了，於是乎在有些情況下執行完改正的程序後程式可以繼續執行 (4.10 節將討論更多例外的相關細節；第 5 章說明其他會發生例外或插斷的情形)。MIPS 稱呼來自於處理器之外的例外做**插斷** (interrupt)。

MIPS 中含有一個稱為*例外程式計數器* (*exception program counter*, EPC) 的暫存器來存放造成例外的指令的位址。指令 *move from system control* (mfc0) 則用於將 EPC 複製入一個通用暫存器，以提供 MIPS

硬體 / 軟體介面

例外
在許多計算機中亦稱**插斷** (interrupt)。一個非規劃中的事件，其會攪亂程式的執行；用以偵測例如滿溢 (等例外事件)。

插斷
一種由處理器之外所造成的例外 (有些架構以插斷一詞來代表所有種類的例外)。

軟體在執行完修正的碼之後可以選擇是否經由暫存器跳躍指令返回造成例外的指令。

總結

本節的一個重點是，不論使用的數字表示法為何，計算機中有限的字組大小意謂算術運算可以產生太大，以致於無法放入該固定大小字組的結果。無號數字的滿溢極易偵測，然而由於這種自然數最常用於位址運算，程式並不偵測該等滿溢而幾無用武之地。2 的補數滿溢偵測則較困難，然而若干軟體要求該等偵測，因此目前所有計算機都有偵測的方法。

自我檢查 若干程式語言可在宣稱為位元組或半字組的變數上作 2 的補數整數運算，然而 MIPS 只對完整字組做整數算術運算。如我們從第 2 章中所記得的，MIPS 的確有位元組及半字組的數據傳遞運作。MIPS 在位元組以及半字組算術運算中應該使用哪些 MIPS 指令？

1. 以 lbu、lhu 作載入；以 add、sub、mult、div 作算術；之後以 sb、sh 作儲存。
2. 以 lb、lh 作載入；以 add、sub、mult、div 作算術；之後以 sb、sh 作儲存。
3. 以 lb、lh 作載入；以 add、sub、mult、div 作算術，並在每個運算之後以 AND 來抽取 8 或 16 位元的結果；之後以 sb、sh 作儲存。

仔細深思 有一種不常見於通用型微處理器中的特性稱為飽和運算 (*saturating* operatioins)。飽和意謂當一運算滿溢時，則結果將被設為 (反映運算結果的) 最大的正值或最負的值，而非如習知的 2 的補數運算中取餘數 (modulo) 的結果。例如，收音機的音量鈕在你持續轉動來調大音量時，其音量會一直變大然後忽然變成非常小聲的話，會很惱人。若該鈕具有飽和的設計，則即使你可以一直繼續轉更大聲，它也會停在最大音量的部。在對各種標準指令集的多媒體延伸中經常會提供飽和的算術。

仔細深思 MIPS 在發生滿溢時可以觸發例外處理，但是與許多其他計算機不同的是，它並沒有對滿溢作條件分支的測試功能。使用一連串

的 MIPS 指令可以檢測出滿溢。以有號的加法而言，這樣的指令串如下 (參見第 2 章中第 97 頁的仔細深思內對 xor 指令的說明)：

```
addu  $t0, $t1, $t2          #$t0＝和，不過不要觸發例
                             #外處理
xor   $t3, $t1, $t2          #檢查符號是否不同
slt   $t3, $t3, $zero        #若符號不同則 $t3＝1
bne   $t3, $zero, No_overflow #$t1，$t2 的符號 ≠，
                             #所以沒有滿溢
xor   $t3, $t0, $t1          #signs＝；和的符號也相同
                             #嗎？如果和的符號不同則
                             #$t3 會是負值
slt   $t3, $t3, $zero        #如果和的符號不同則$t3＝1
bne   $t3, $zero, Overflow   #所有三個符號不同；
                             #前往處理 overflow 的程序
```

對無號的加運算 ($t0＝$t1＋$t2)，測試的方法是

```
addu  $t0, $t1, $t2      #$t0＝和
nor   $t3, $t1, $zero    #$t3＝NOT $t1
                         #(2 的補數 - 1：$2^{32}$ - $t1 - 1)
sltu  $t3, $t3, $t2      #($2^{32}$ - $t1 - 1) < $t2
                         #⇒ $2^{32}$ - 1 < $t1＋$t2
bne   $t3,$zero,Overflow #若（$2^{32}$-1 <$t1＋$t2)
                         #則前往處理 overflow 的程序
```

仔細深思 上文中，我們提及你會以 mfc0 將 EPC 複製入一暫存器中，之後可用暫存器跳躍返回被插斷的程式中。這帶出一個有趣的問題：既然你首先需要將 EPC 搬入一個暫存器以便使用暫存器跳躍，暫存器跳躍如何能回到被插斷的碼並且恢復所有暫存器的原有值？你或者先恢復暫存器舊值，因而破壞了你方才置入暫存器中準備給暫存器跳躍使用的由 EPC 取得的返還地址；或者你只恢復除了存放返還地址者外的其他暫存器的值，以便還能正確跳躍──意謂在程式執行中，任何時候有例外發生，就會導致該暫存器值的改變！上述任一做法都是不可接受的。

為了解決硬體的這種困難，MIPS 程式師將暫存器 $k0 及 $k1 保留給作業系統；這兩個暫存器在例外處理時並不將其恢復舊值。如同 MIPS 編譯器避免使用暫存器 $at 來將其保留給組譯器當作暫時暫存器使用 (見 2.10 節的硬體 / 軟體介面)，編譯器也會避免使用暫存器

$k0 及 $k1 而將其留給作業系統使用。例外程序即可將返回位址置於該二暫存器之其一中,接著再用暫存器跳躍來恢復指令位址。

仔細深思 加法的速度可經由及早決定較高位元處的進位位元來提升。有許多可提早預期進位,使得進位運算在最糟情況下可於 [$\log_2$ 加法器位元數] 的時間函數下,而非加法器線路具有的全部的位元數量,即可完成的方法。這些預期的信號可以較快是因為它們需要經過的串接的邏輯閘數目較少,然而其所需耗用的閘數則相對多出甚多。其中最常用者稱為進位前瞻 (*carry lookahead*),其說明見 ⊕ 附錄 B 中的 B.6 節。

3.3 乘法

> 乘法令人煩惱,除法同樣糟糕;「三」這個數字較為有效的規則讓我困惑。而實際去做時則逼得我發瘋。
>
> 無名氏,依莉莎白一世時代手稿,1570

我們既然已經解釋完加法與減法,該是準備建構更令人煩惱的乘法運算的時候了。

首先,讓我們複習手算十進數字的長乘法來回憶乘法的步驟以及運算元的名稱。我們在本十進例中只使用十進位數字 0 及 1,其理由不久自明。將 1000_{ten} 乘以 1001_{ten}:

```
被乘數              1000_ten
乘法         x   1001_ten
                  1000
                 0000
                0000
               1000
乘積          1001000_ten
```

第一運算元稱為被乘數 (*multiplicand*) 以及第二個稱為乘數 (*multiplier*)。最後結果則稱為乘積 (*product*)。你可能還記得,小學時習得的演算法是由右至左依序取乘數的一個位元,將被乘數乘以該單個乘數位元,並將每個所得的部分乘積 (partial product) 較其上一個部分乘積更左移一位。

第一個觀察所得是乘積的位數較被乘數或乘數者都大不少。事實上,若我們不計符號,n 位元被乘數乘以 m 位元乘數的結果其乘積長度為 $n + m$ 個位元。此意謂要能表示所有可能的乘積需要用到 $n + m$ 個位元。因此,乘法也如同加法一般,因為我們經常會將兩個 32 位元數字的乘積以 32 位元來存放而需要處理滿溢的問題。

本例中,我們只使用了 0 與 1 兩個十進數。每一個乘法步驟很簡單,只有兩個選擇:

1. 若相對的乘數位元為 1,即將被乘數 (1×被乘數) 寫在適當的地方,或
2. 若相對的乘數位元為 0,即將 0 (0×被乘數) 寫在適當的地方。

雖然上面的十進例只允許使用 0 與 1,二進數字的乘法卻一定只會用到 0 與 1,因此也一定只會用到這兩個選項。

既然我們已回顧了基本乘法,接下來應該就是介紹高度最佳化的乘法硬體。我們在以下說明中並不如此,因為我們相信如果能綜覽乘法硬體及演算法逐步演化的過程,將可以給你更好的瞭解。我們暫時假設我們作正數的相乘。

循序版本的乘法演算法及硬體

這個設計與我們在小學學到的演算法極為相似:圖 3.3 顯示其硬體。為了看起來更容易與紙筆的方法關聯,我們將硬體畫成所有數據都儘量由上方向下流動。

我們假設乘數置於 32 位元的乘數暫存器中以及 64 位元的乘積暫存器初值為零。由之前的紙筆例中可知,我們需將被乘數逐步左移一

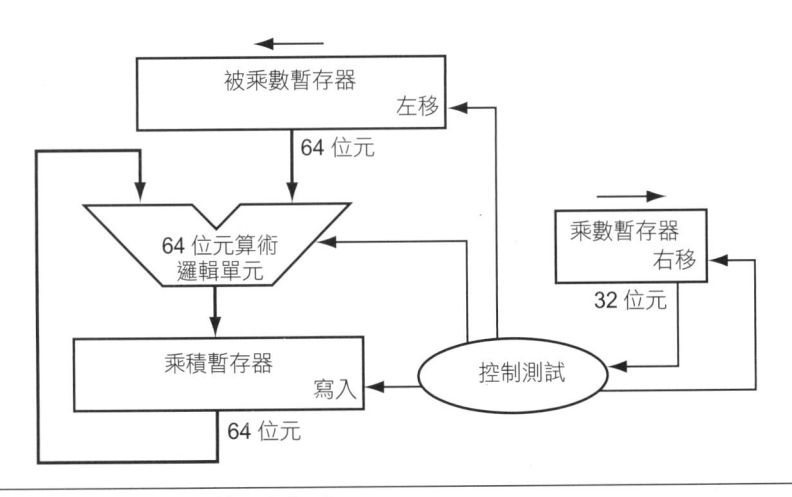

圖 3.3 乘法硬體的第一個版本。
被乘數暫存器、算術邏輯單元及乘積暫存器都是 64 位元寬,只有乘數暫存器是 32 位元寬 (附錄 B 中有算術邏輯單元的說明)。32 位元的被乘數先被放置在被乘數暫存器的右半部,並在每一步驟中左移 1 位元。乘數則在每一步驟中往相反方向移位。本演算法由乘積被初始化為 0 開始。控制單元決定何時要將被乘數與乘數暫存器移位以及何時將新值寫入乘積暫存器。

個位元，以便其可能被加至過渡乘積中。32 步之後，32 位元的被乘數將被左移 32 位元位置。因此，我們需要一個 64 位元的被乘數暫存器，其最初值是 32 位元的被乘數位於其右半而左半為零。然後該暫存器會逐步左移一位元，以便將被乘數與 64 位元乘積暫存器中正在累加的和做位置的對齊。

圖 3.4 說明對乘數中每一位元所需的三個基本步驟。乘數的最低位元 (乘數 0) 決定被乘數是否需加至乘積暫存器中。步驟二中的左移其效果是如同紙筆運算中般將中間運算元逐步左移。步驟三中的右移提供我們下個重複時應檢視的乘數位元。這三個步驟重複 32 次即可

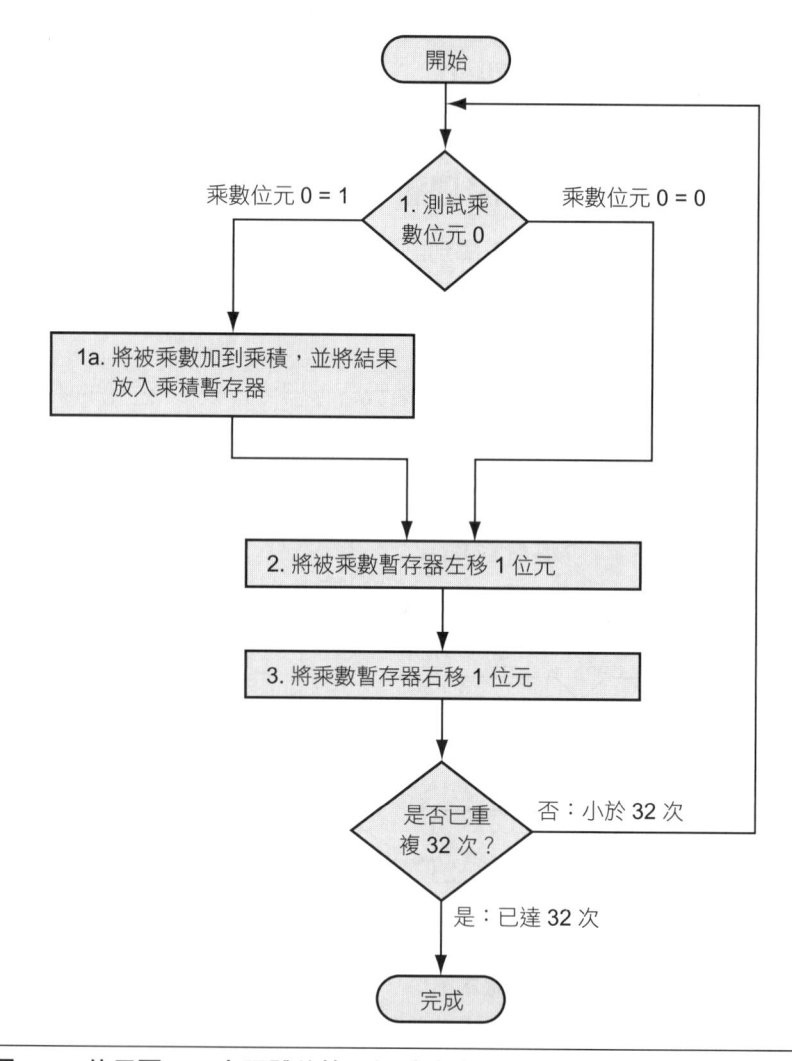

圖 3.4 使用圖 3.3 中硬體的第一個乘法演算法。
如果乘數的最低位元為 1，將被乘數加到乘積。若否，則前往下一步驟。接下來兩個步驟將被乘數左移與乘數右移。這三個步驟會重複 32 次。

得到乘積。若每步驟需時一時脈週期,該演算法在做兩個 32 位元的數字相乘時約需 100 個時脈週期。像是乘法這樣的各種算術運算其相對的重要性因程式而異,但加、減法一般較乘法常用 5 到 100 倍。基於此,在許多應用中,乘法可以使用許多時脈週期而不會對效能有太大影響。然而 Amdahl's 定律 (參見 1.11 節) 提醒我們:即使慢速運算的出現率不高,其也會限制效能。

> **乘法演算法** 範例
>
> 為了節省空間,以 4 位元數做 $2_{ten} \times 3_{ten}$ 或 $0010_{two} \times 0011_{two}$。
>
> 解答
>
> 圖 3.5 表示出根據圖 3.4 所示每一個步驟中每一個暫存器的值,其最終值為 0000 0110$_{two}$ 或 6$_{ten}$。灰色的部分用來表示該步驟中有改變的暫存器值,圈起來的位元即為檢視以決定下一步驟中動作的位元。

上述演算法及其硬體可簡單地改良成每處理一個位元僅需時一個時脈週期。其加速性來自於平行地進行運作:若乘數最低位元為 1 則將被乘數加至積中,同時也將乘數及被乘數移位。硬體僅需確認其測試的是恰當的乘數位元以及使用的是已提早移位的被乘數。經由注意到各暫存器及加法器中有些沒用到的部分,則硬體通常會進一步最佳化成將加法器以及一些暫存器縮減為一半的寬度 (再經過將乘數與乘積共用暫存器),圖 3.6 顯示改良後的硬體。

反覆	步驟	乘數	被乘數	乘積
0	初值	001①	0000 0010	0000 0000
1	1a: ⇒ 乘積 = 乘積 + 被乘數	0011	0000 0010	0000 0010
	2: 左移被乘數一位元	0011	0000 0100	0000 0010
	3: 右移乘數一位元	000①	0000 0100	0000 0010
2	1a: ⇒ 乘積 = 乘積 + 被乘數	0001	0000 0100	0000 0110
	2: 左移被乘數一位元	0001	0000 1000	0000 0110
	3: 右移乘數一位元	000⓪	0000 1000	0000 0110
3	1: 0 ⇒ 沒動作	0000	0000 1000	0000 0110
	2: 左移被乘數一位元	0000	0001 0000	0000 0110
	3: 右移乘數一位元	000⓪	0001 0000	0000 0110
4	1: 0 ⇒ 沒動作	0000	0001 0000	0000 0110
	2: 左移被乘數一位元	0000	0010 0000	0000 0110
	3: 右移乘數一位元	0000	0010 0000	0000 0110

圖 3.5 使用圖 3.4 中演算法的乘法例。

要被檢查以決定下一步驟的位元以灰色圓圈圈起來。

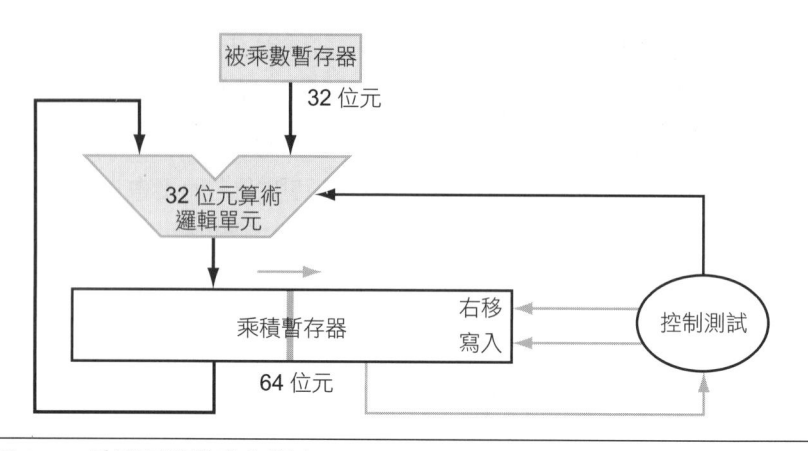

圖 3.6　乘法硬體的改良版本。
與圖 3.3 中的第一版作個比較。被乘數暫存器、算術邏輯單元以及乘數暫存器都是 32 位元寬，只有乘積暫存器是 64 位元寬。現在乘積會被右移。原本獨立的乘數暫存器也消失了。乘數現在被放置在乘積暫存器的右半部。這些改變以灰色凸顯出來(乘積暫存器其實應該是 65 個位元以存放加法器的進位輸出，不過這裡還是以 64 位元表之以強調其由圖 3.3 所作的演進)。

硬體 / 軟體介面　　當乘以常數時，以移位來取代算術也經常可行。有些編譯器以數個短的常數配合一連串的移位與加來取代乘法。由於在二進制中左移一位即代表兩倍大的數，因此左移與乘以 2 的次方效果相同。如第 2 章中所提及，幾乎所有編譯器都會作以左移來取代乘以 2 的次方的強度減弱最佳化。

有號乘法

我們已經討論完正數的處理。瞭解有號數運算最簡單的方法是首先將乘數與被乘數都轉換為正數並記住其原有符號。上述演算法應排除符號位元而執行 31 個反覆。最後如我們在小學中所學，若原有二符號不同則我們需將乘積改為負值。

最後一個演算法在我們以 32 個位元來表示其實可以具有無限多個位元的數字時，也可用於有號數。因而對有號數運算其移位步驟需對乘積作符號延伸。當演算法結束時，低位元的字組即含有 32 位元的乘積。

較快的乘法

過去以來摩爾定律提供了這麼充裕的硬體資源，因此硬體設計者可以建構快速非常多的乘法硬體。在乘法開始時，從檢視 32 位元乘數中的每一個位元，就已可以知道被乘數在每一個位元位置是否應該拿來加進乘積中。基本上如果給乘數的每一個位元配置一個 32 位元的加法器即可做出快速的乘法器：加法器的一個輸入是被乘數與相對乘數位元 AND 的結果，而另一輸入則為其之前加法器的輸出。

直覺的做法是將每一個右方加法器的輸出接到左方加法器的輸入，如此會將加法器疊成 32 層高。另一個方法則是將這 32 個加法器組織在一棵平行的樹中，如圖 3.7 所示。相對於等待 32 個加法的時間，我們只需等待 $\log_2(32)$ 或五個 32-位元加法的時間。

事實上，乘法可以做得比五個加法的時間還快，因為可以使用進位保留加法器 (*carry save adders*) (參見◉附錄 B 中的第 B.6 節) 以及因為該設計易於**管道化**，以便同時能進行許多乘法 (參見第 4 章)。

管道化處理

MIPS 中的乘法

MIPS 另外提供了一組 32-位元的暫存器，稱為 *Hi* 及 *Lo*，來放置 64-位元的乘積。MIPS 有兩道不同的指令：乘(mult) 及無號乘(multu) 來產生恰當的有號或無號乘積。程式師可使用*由 Lo 搬移* (mflo) 來取

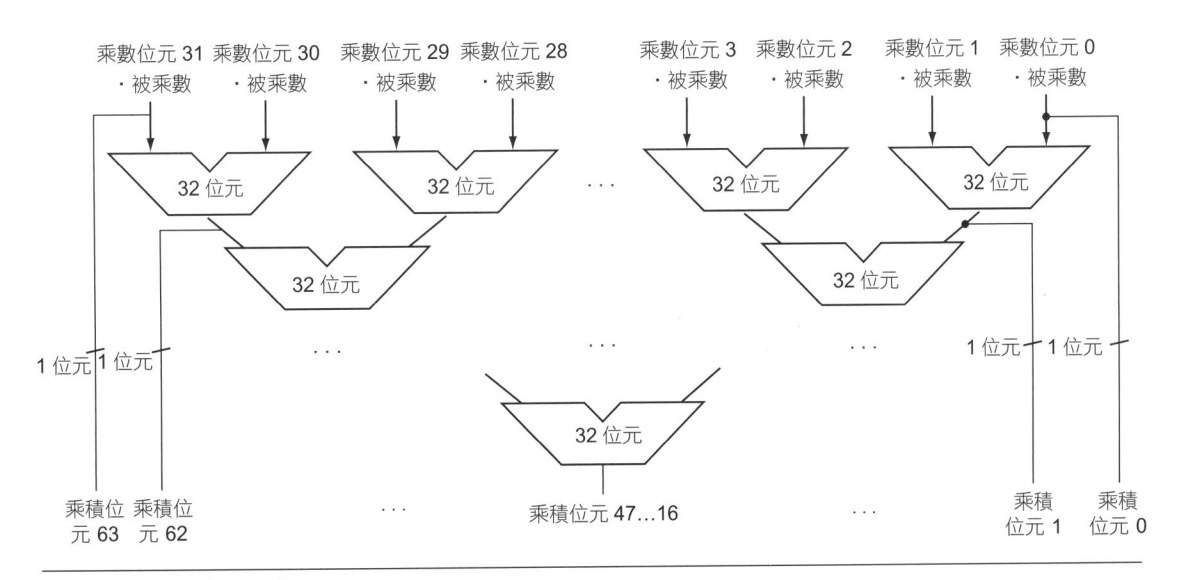

圖 3.7 快速乘法硬體。
與其使用單一個 32 位元加法器 31 次，這個硬體「將迴圈展開」來使用 31 個加法器並將它們安排成使延遲降至最低。

得 32- 位元整數乘積。對於可指定三個通用暫存器的乘法指令，MIPS 組譯器會提供一道虛擬指令，並以 `mflo` 及 `mfhi` 指令來把乘積置入暫存器中。

總結

乘法硬體不過是小學中所學的紙筆法所推衍出來的移位與加。編譯器甚至會以移位取代乘以 2 的次方。有更多的硬體後我們便可以**平行地 (parallel)** 作加法，來更快地執行它們。

平行性

硬體 / 軟體介面

MIPS 的兩道乘法指令都不理會滿溢，因此是否檢查乘積可否放得下 32 個位元中將由軟體決定。若對 `multu` Hi 中為 0 或對 `mult` Hi 中為 Lo 的符號的延伸，則沒有發生滿溢。可以使用由 *Hi 搬移* (`mfhi`) 指令來將 Hi 移至通用暫存器中以測試滿溢。

3.4 除法

Divide et impera，「分裂並統治」的拉丁文，Machiavelli 引述之古代政治箴言，1532

除法是乘法的反運算，其為一種更不常用也更複雜的運算。它甚至會造成執行數學上無效運算的可能：除以 0。

讓我們首先以十進數做一長除法例子來回憶起各運算元名稱以及小學的除法演算法。基於類似上節中的理由，我們只使用十進位數字 0 及 1。例子是將 $1,001,010_{ten}$ 除以 1000_{ten}：

```
                    1001_ten      商
除數    1000_ten  )1001010_ten    被除數
                  -1000
                     10
                    101
                   1010
                  -1000
                     10_ten       餘數
```

被除數
被除的數字。

除數
用來除被除數的數字。

商
除法得出的主要結果；一個若乘以除數再加上餘數即為被除數的數字。

餘數
除法得出的第二個結果；一個若加上商與除數的積可得出被除數的數字。

除法有兩個運算元，稱為**被除數** (dividend) 與**除數** (divisor)，以及結果，稱為**商** (quotient) 與伴隨的另一個結果稱為**餘數** (remainder)。另一表示各成分間關係的方式是：

$$被除數 = 商 \times 除數 + 餘數$$

其中餘數需小於除數。偶爾，程式會使用除法指令來僅僅為了取得餘數，並捨棄其商。

基本的小學除法演算法檢查可被減的數字有多大，每次並在該位置上產生商的一個位數。我們小心挑選的十進例中只有位數 0 與 1，因此易於看出除數可在被除數的相對區段中被扣減幾次：其非 0 即 1。二進數字只有 0 與 1 位元，故二進除法受限於該二種可能，使其更為簡易。

讓我們假設被除數與除數均為正數，因此商與餘數均為非負。除法的運算元以及兩個結果都是 32 位元的值，並暫時忽略其符號 (即均設為無號數)。

除法演算法及硬體

圖 3.8 顯示模擬我們的小學演算法的硬體。我們由將 32-位元的商暫存器設為 0 開始。演算法中的每一次反覆都需要將除數右移一位，因此我們在開始時將除數置於 64-位元除數暫存器的左半邊，並於每一步中將其右移一位以與被除數作對齊。餘數暫存器則被初始化成被除數的值。

圖 3.9 表示這第一個除法演算法的三個步驟。不像人類般，計算機並沒有聰明到在事先就知道除數是否小於 (等於) 被除數。其需要

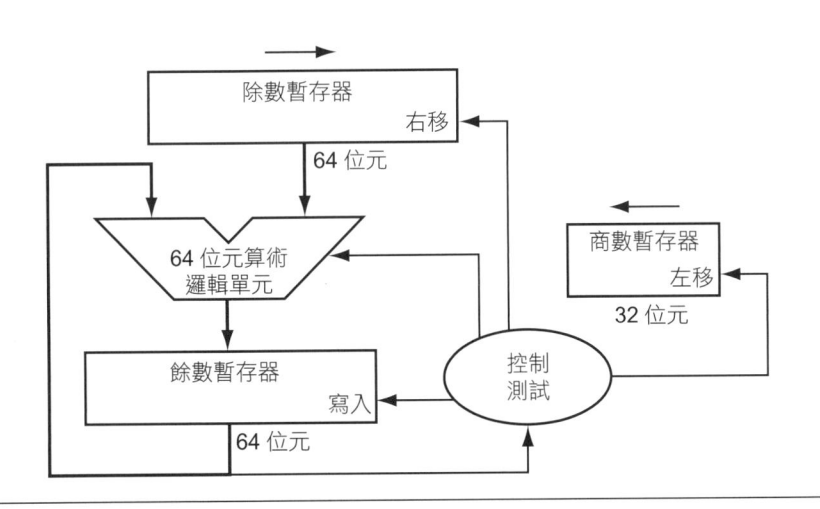

圖 3.8　除法硬體的第一個版本。
除數暫存器、算術邏輯單元以及餘數暫存器都是 64 位元寬，只有商數暫存器是 32 位元寬。32 位元的除數先被放置在除數暫存器的左半部，並在每次反覆中右移 1 位元。餘數被初始化為被除數的值。控制單元決定何時要將除數與商數暫存器移位以及何時要將新值寫入餘數暫存器。

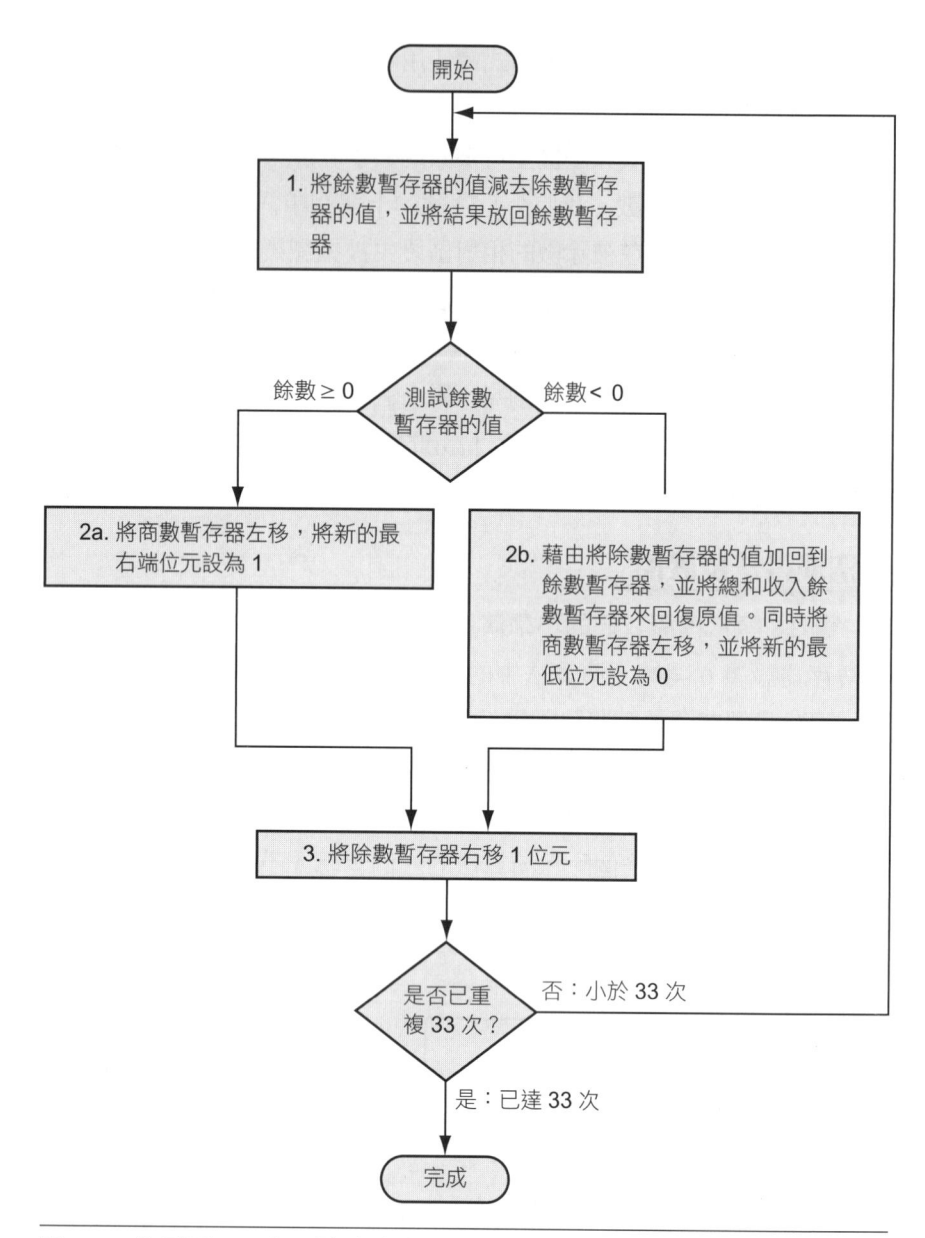

```
                        ┌─────────┐
                        │  開始   │
                        └────┬────┘
                             ▼
              ┌──────────────────────────────┐
              │ 1. 將餘數暫存器的值減去除數暫存 │
              │    器的值,並將結果放回餘數暫存 │
              │    器                         │
              └──────────────┬───────────────┘
                             ▼
                   ╱────────────────╲
          餘數≥0  ╱   測試餘數        ╲  餘數<0
         ◄──────╱    暫存器的值        ╲──────►
                 ╲                    ╱
                  ╲──────────────────╱
```

```
┌──────────────────────┐      ┌──────────────────────────┐
│ 2a. 將商數暫存器左移, │      │ 2b. 藉由將除數暫存器的值加回到 │
│     將新的最右端位元  │      │     餘數暫存器,並將總和收入餘 │
│     設為 1           │      │     數暫存器來回復原值。同時將 │
└──────────┬───────────┘      │     商數暫存器左移,並將新的最 │
           │                  │     低位元設為 0              │
           │                  └──────────────┬───────────────┘
           └─────────────┬──────────────────┘
                         ▼
              ┌─────────────────────────┐
              │ 3. 將除數暫存器右移 1 位元 │
              └────────────┬────────────┘
                           ▼
                  ╱────────────╲     否:小於 33 次
                 ╱  是否已重    ╲ ──────────────────► (回到開始)
                 ╲  複 33 次?  ╱
                  ╲────────────╱
                        │ 是:已達 33 次
                        ▼
                   ┌─────────┐
                   │  完成   │
                   └─────────┘
```

圖 3.9 使用圖 3.8 中硬體的除法演算法。

如果餘數暫存器的值為正,表示被除數的確可以讓除數來除,所以步驟 2a 在商數中產生一個 1。在步驟 1 之後若餘數暫存器的值為負,表示被除數不夠讓除數來除,所以步驟 2b 在商數中產生一個 0,並將除數加回餘數,因此抵銷了步驟 1 的減法。步驟 3 最後的移位將除數恰當地與被除數作下一次反覆中的對齊。這些步驟會重複 33 次。

在步驟一中首先減掉除數;記得這也是我們在小於時設定 (set on less than) 指令中作比較的方法。若結果為正,表示除數小於或等於被除數該部分,因此我們在商中放進一個 1 (步驟 2a)。若結果為負,則下

一步是將除數加回到餘數中以恢復其原值,並於商中放進一個 0 (步驟 2b)。之後除數右移一位,再重複上述動作。當所有運算結束,餘數與商即存在於以其命名的暫存器中。

> **範例**
>
> **除法演算法**
>
> 為了節省空間,嘗試以 4 位元做 $7_{ten} \div 2_{ten}$ 或 $0000\ 0111_{two} \div 0010_{two}$。
>
> **解答**
>
> 圖 3.10 表示出各步驟中各暫存器的值,及商為 3_{ten} 與餘數為 1_{ten}。注意步驟 2 中檢查餘數為正或負不過就是檢查餘數暫存器的符號是 0 或 1。出人意料的是該演算法需要 $n+1$ 個步驟方能得出恰當的商與餘數。

該演算法及硬體可改良成更快及更省。加速來自於將運算元及商的移位與減法同時進行。由於暫存器及加法器都有沒用到的部分,因此其寬度均予以減半。圖 3.11 顯示其改良之硬體。

有號除法

到目前為止,我們未考慮有號數的除法。最簡單的方法就是記住除數與被除數的符號然後若符號不一致則取商的負值。

反覆	步驟	商數	除數	餘數
0	初值	0000	0010 0000	0000 0111
1	1a: 餘數 = 餘數 − 除數	0000	0010 0000	①110 0111
	2b: 餘數 <0 ⇒ +除數,sll 商數,商數位元 0 = 0	0000	0010 0000	0000 0111
	3: 右移除數一位元	0000	0001 0000	0000 0111
2	1: 餘數 = 餘數 − 除數	0000	0001 0000	①111 0111
	2b: 餘數 <0 ⇒ +除數,sll 商數,商數位元 0 = 0	0000	0001 0000	0000 0111
	3: 右移除數一位元	0000	0000 1000	0000 0111
3	1: 餘數 = 餘數 − 除數	0000	0000 1000	①111 1111
	2b: 餘數 <0 ⇒ +除數,sll 商數,商數位元 0 = 0	0000	0000 1000	0000 0111
	3: 右移除數一位元	0000	0000 0100	0000 0111
4	1: 餘數 = 餘數 − 除數	0000	0000 0100	⓪000 0011
	2a: 餘數 0 ⇒ sll 商數,商數位元 0 = 1	0001	0000 0100	0000 0011
	3: 右移除數一位元	0001	0000 0010	0000 0011
5	1: 餘數 = 餘數 − 除數	0001	0000 0010	⓪000 0001
	2a: 餘數 0 ⇒ sll 商數,商數位元 0 = 1	0011	0000 0010	0000 0001
	3: 右移除數一位元	0011	0000 0001	0000 0001

圖 3.10 使用圖 3.9 中演算法的除法例。
被檢驗以決定下一步驟動作的位元以灰色圈起來顯示。

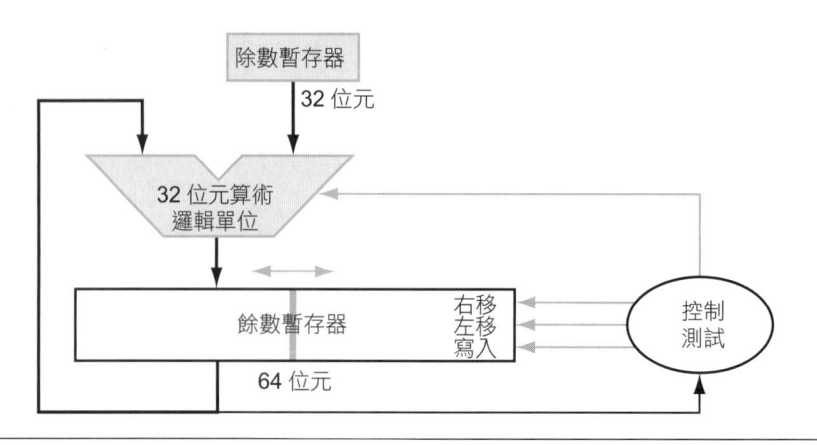

```
        除數暫存器
           │32 位元
           ▼
    ┌─────────────┐
    │ 32 位元算術  │◄──────┐
    │  邏輯單位    │       │
    └──────┬──────┘       │
           │              │
    ┌──────▼──────────┐   │
    │                 │ 右移 │
    │   餘數暫存器    │ 左移 │◄── 控制測試
    │                 │ 寫入 │
    └─────────────────┘   │
         64 位元          │
           └──────────────┘
```

圖 3.11　除法硬體的改良版本。

除數暫存器、算術邏輯單元以及商數暫存器都是 32 位元寬，只有餘數暫存器是 64 位元寬。跟圖 3.8 比較，算術邏輯單元與除數暫存器的寬度減半，而餘數會被左移。這個版本也將商數暫存器與餘數暫存器的右半部合併起來 (如同在圖 3.5 中一般，餘數暫存器其實應該是 65 個位元以確保加法器的進位輸出不會遺失)。

仔細深思　有號除法有一個複雜處即是我們也需要設定餘數的符號。記住下列式子一定要成立：

$$被除數 = 商 \times 除數 + 餘數$$

要瞭解如何設定餘數的符號，讓我們看看將 $\pm 7_{ten}$ 除以 $\pm 2_{ten}$ 的所有可能性的例子。第一個是簡單的例子：

$$+7 \div +2：商 = +3，+餘數 = +1$$

檢查其結果：

$$+7 = 3 \times 2 + (+1) = 6 + 1$$

若我們改變被除數的符號，商的符號也必須改變：

$$-7 \div +2：商 = -3$$

重寫我們的基本式子來計算餘數：

$$餘數 = (被餘數 - 商 \times 除數) = -7 - (-3 \times +2)$$
$$= -7 - (-6) = -1$$

因此，

$$-7 \div +2：商 = -3，餘數 = -1$$

再檢查其結果：

$$-7 = -3 \times 2 + (-1) = -6-1$$

其商不為 −4 且餘數不為 +1 的原因，是雖然它們也能符合該公式，但是商的絕對值將會隨被除數與除數的符號而不同！顯然地，若

$$-(x \div y) \neq (-x) \div y$$

撰寫程式將更困難。這種不規則的行為可以經由遵循不論除數與商的符號為何，被除數與餘數一定要同號的規則來避免。

我們遵循相同的規則來計算其他的可能性：

$$+7 \div -2：商 = -3，餘數 = +1$$
$$-7 \div -2：商 = +3，餘數 = -1$$

因此正確的有號除法演算法在運算元符號相異時取商的負值並令非零餘數的符號與被除數相同。

較快的除法

摩爾定律對除法所需硬體的影響如同對乘法一樣，所以我們也希望可以投入更多硬體來加速除法。我們曾使用許多加法器來加速乘法，但我們無法將相同手法用於除法。其原因在於我們在進行演算法的下一個步驟前需要先知道差值的符號，反觀乘法中我們卻可立即計算 32 個部分乘積。

也有在一步驟中產生多於一個商位元的技法。*SRT 除法技術* (譯註：SRT 為約略於 1957 年同時而各別提出該方法的三位研究者姓氏 Sweeney、Robertson 及 Tocher 開頭字母的組合) 嘗試根據被除數以及餘數的數個高位位元利用查表法來在每一個步驟中**猜測**數個商的位元。其若猜測錯誤則需依賴接著的數個步驟來作修正。目前典型的數量是一次猜測 4 個位元。其關鍵在於猜測要被減去的值。在二進除法中，只有一種選擇。該等演算法使用 6 個餘數位元與 4 個除數位元來索引一個用以決定每一步驟中猜測結果的表。

這個快速除法的準確性有賴於查詢表 (lookup table) 中的數值是否恰當。在 3.9 節的第 248 頁中的謬誤說明當表中內容不正確時可能會發生什麼後果。

預測

MIPS 中的除法

你可能已經觀察到同樣的序向硬體 (sequential hardware) 可以使

用在圖 3.6 的乘法與圖 3.11 的除法上。所需要的只是一個可左移或右移的 64 位元暫存器,以及一個可加或減的 32-位元算術邏輯單元 (ALU)。因此,MIPS 的乘法與除法運算都使用 32-位元的 Hi 暫存器與 32 位元的 Lo 暫存器。

如同我們由上述演算法所預期的,在除法指令執行完後,Hi 暫存器內含有餘數,而 Lo 暫存器內則含有商數。

為了處理有號整數與無號整數的運算,MIPS 提供兩種指令:除法 (`div`) 與無號除法 (`divu`)。MIPS 組譯器允許除法指令使用三個暫存器,並以 `mflo` 或 `mfhi` 指令將結果存入所指定的一般用途暫存器。

總結

乘法與除法運算共通的硬體支援,使得 MIPS 僅需提供一對可用在這兩種運算上的 32-位元暫存器。我們以預測多個商中的位元並於稍後修正錯誤預測來加速除法,圖 3.12 歸納最近兩節中 MIPS 架構所新增的部分。

硬體 / 軟體介面　　MIPS 的除法指令不處理滿溢的偵測,所以軟體必須判斷商數是否太大。除了滿溢之外,除法運算也有可能發生一種不當的運算:除以 0。某些電腦會分辨這兩種異常事件。MIPS 軟體不但要偵測滿溢,還必須檢查除數以便發現除以 0 的狀況。

仔細深思　一種比圖 3.9 中的方法更快的演算法在 (運算過程中當) 餘數為負時並不立即把除數加回去。它僅需在下一個步驟中將除數加到已經移位過的餘數上,因為 $(r+d) \times 2 - d = r \times 2 + d \times 2 - d = r \times 2 + d$。這種每個步驟只耗費 1 個時脈週期的非回復型除法演算法 (*nonrestoring* division algorithm),將在習題中有更多的探討;而本節所介紹的在圖 3.9 中的演算法則稱為回復型除法 (*restoring* division)。第三種在減法的結果為負時則不儲存其結果的演算法稱為非施行型除法 (*nonperforming* division) 演算法。其平均可減少三分之一的算術運算。

分類	指令	舉例	意義	註解
算術	加法	add $s1, $s2, $s3	$s1 = $s2 + $s3	三個運算元；會偵測滿溢
	減法	sub $s1, $s2, $s3	$s1 = $s2 − $s3	三個運算元；會偵測滿溢
	加立即值	addi $s1, $s2, 100	$s1 = $s2 + 100	加上常數；會偵測滿溢
	無號加法	addu $s1, $s2, $s3	$s1 = $s2 + $s3	三個運算元；不偵測滿溢
	無號減法	subu $s1, $s2, $s3	$s1 = $s2 − $s3	三個運算元；不偵測滿溢
	無號加立即值	addiu $s1, $s2, 100	$s1 = $s2 + 100	加上常數；不會偵測滿溢
	由協同處理器之暫存器搬移	mfc0 $s1, $epc	$s1 = $epc	複製 EPC 與特殊暫存器
	乘法	mult $s2, $s3	Hi, Lo = $s2 × $s3	64 位元有號乘積在 Hi, Lo 內
	無號乘法	multu $s2, $s3	Hi, Lo = $s2 × $s2	64 位元無號乘積在 Hi, Lo 內
	除法	div $s2, $s3	Lo = $s2/$s3, Hi = $s2 mod $s3	Lo = 商數，Hi = 餘數
	無號除法	divu $s2, $s3	Lo = $s2/$s3, Hi = $s2 mod $s3	無號商數與餘數
	由 Hi 搬移	mfhi $s1	$s1 = Hi	用來複製 Hi 的資料
	由 Lo 搬移	mflo $s1	$s1 = Lo	用來複製 Lo 的資料
資料傳輸	載入字組	lw $s1, 20($s2)	$s1 = Memory[$s2 + 20]	字組由記憶體載入至暫存器
	儲存字組	sw $s1, 20($s2)	Memory[$s2 + 20] = $s1	字組由暫存器儲存至記憶體
	載入無號半字組	lhu $s1, 20($s2)	$s1 = Memory[$s2 + 20]	無號的半字組由記憶體載入至暫存器
	儲存半字組	sh $s1, 20($s2)	Memory[$s2 + 20] = $s1	半字組由暫存器儲存至記憶體
	載入無號位元組	lbu $s1, 20($s2)	$s1 = Memory[$s2 + 20]	無號的位元組由記憶體載入至暫存器
	儲存位元組	sb $s1, 20($s2)	Memory[$s2 + 20] = $s1	位元組由暫存器儲存至記憶體
	載入連結的字元組	ll $s1, 20($s2)	$s1 = Memory[$s2 + 20]	作為不可分割的(記憶體與暫存器內容)交換中第一部分的載入字元組
	條件式儲存字元組	sc $s1, 20($s2)	Memory[$s2 + 20] = $s1; $s1 = 0 or 1	作為不可分割的(記憶體與暫存器內容)交換中第二部分的儲存字元組
	載入上半部立即值	lui $s1, 100	$s1 = 100*2^{16}	載入常數至較高的 16 位元
邏輯	及	AND $s1, $s2, $s3	$s1 = $s2 & $s3	三個暫存器運算元；逐位元的及運算
	或	OR $s1, $s2, $s3	$s1 = $s2 | $s3	三個暫存器運算元；逐位元的或運算
	反或	NOR $s1, $s2, $s3	$s1 = ~($s2 | $s3)	三個暫存器運算元；逐位元的反或運算
	及立即值	ANDi $s1, $s2, 100	$s1 = $s2 & 100	暫存器與常數做逐位元的及運算
	或立即值	ORi $s1, $s2, 100	$s1 = $s2 | 100	暫存器與常數做逐位元的或運算
	邏輯左移	sll $s1, $s2, 10	$s1 = $s2 << 10	左移常數個位元位置
	邏輯右移	srl $s1, $s2, 10	$s1 = $s2 >> 10	右移常數個位元位置
條件式分支	若等於則分支	beq $s1, $s2, 25	若($s1 == $s2)則前往 PC + 4 + 100	等於測試；PC 相對的分支
	若不等於則分支	bne $s1, $s2, 25	若($S1 != $s2)則前往 PC + 4 + 100	不等於測試；PC 相對的分支
	若小於則設定	slt $s1, $s2, $s3	若($s2<$s3)$s1 = 1；否則 $s1 = 0	小於比較；2 的補數
	若小於立即值則設定	slti $s1, $s2, 100	若($s2<100)$s1 = 1；否則 $s1 = 0	小於某常數的比較；2 的補數
	無號若小於則設定	sltu $s1, $s2, $s3	若($s2<$s3)$s1 = 1；否則 $s1 = 0	小於比較；自然數
	無號若小於立即值則設定	sltiu $s1, $s2, 100	若($s2<100)$s1 = 1；否則 $s1 = 0	小於某常數的比較；自然數
非條件式跳躍	跳躍	j 2500	前往 10000	跳至目的位址
	跳至暫存器	jr $ra	前往 $ra	用於 switch 敘述、程序返回
	跳躍並連結	jal 2500	$ra = PC + 4；前往 10000	用於程序呼叫

圖 3.12 MIPS 核心架構。

MIPS 架構的記憶體與暫存器部分為了節省空間所以並沒有表示出來，但是這一節增加了為了支援乘法和除法的 Hi 與 Lo 暫存器。本書開頭處的 MIPS 參考數據頁列出了 MIPS 的機器語言。

3.5 浮點

如果你（妳）的方向錯了，速度並無意義。

美國諺語

除了有號與無號整數之外，程式語言還支援帶有小數的數，其在數學上稱為**實數** (*reals*)。以下是一些實數的例子：

3.14159265...$_{ten}$ (圓周率)

2.71828...$_{ten}$ (*e*)

0.000000001$_{ten}$ 或 1.0$_{ten}\times 10^{-9}$ (十億分之一秒的秒數)

3,155,760,000$_{ten}$ 或 3.15576$_{ten}\times 10^9$ (一個典型世紀的秒數)

注意在最後一個例子中，這個數字不是一個小的分數，而是大於我們以 32 位元有號整數所能表示的大小。最後兩個例子裡的表示法稱為**科學記號法** (scientific notation)，它在小數點 (decimal point) 的左方具有一個位數。一個用科學記號法表示的數字如果不是以 0 開頭，則稱為**常規化** (normalized) 的數，而這也是一般的表示方法。例如 1.0$_{ten}\times 10^{-9}$ 是常規化的科學記號表示法，但 0.1$_{ten}\times 10^{-8}$ 與 10.0$_{ten}\times 10^{-10}$ 則否。

科學記號法

將數字表示成在小數點左方僅顯示一個位數的表示法。

常規化

以浮點方式表示數字時開頭的位數不為 0。

如同我們可以利用科學記號法表示十進數字一樣，我們也可以利用它來表示二進數字。

$$1.0_{two}\times 2^{-1}$$

為了使二進數字保持常規化的形式，我們需要一個參考的指數，以便根據該數字需移位的位元數增減指數值，使得小數點左邊只有一個非零位數。因為基底不是 10，所以我們也需要給二進制的小數點取一個新名稱：**二進制小數點** (*binary point*)(譯註：後文中皆以小數點統稱之)。

浮點

所表示的數字其小數點位置不固定的計算機算術。

支援這種數字的計算機算術稱為**浮點** (floating point)，因為它可以表示小數點位置不固定的數，就像它也可以表示整數一樣。C 程式語言使用 *float* 關鍵字來表示這種數字。如同在科學記號法中一般，浮點數的小數點左邊會有一個非零的位元，其形式為

$$1.xxxxxxxx_{two}\times 2^{yyyy}$$

(雖然計算機也如同數字中其他部分般以基底 2 來表示指數部分，但為了簡化表示法，我們仍使用十進制表示之。)

以常規化的標準科學記號法表示實數有三個好處：它簡化了內含浮點數的資料的交換；它由於數字一定會以該形式表示而可以簡化浮點數的算術演算法；它也因為不需要的 0 都被小數點右方的實際數字所取代而增加了字組中存放的數字的準確度。

浮點數的表示法

由於固定的字組大小代表如果你要增加其中一個區域的位元數，則其必得取自於其他的區域，所以浮點表示法的設計者必須在**分數** (fraction) 大小與**指數** (exponent) 大小之間尋求折衷。這是精確度與可表示範圍之間的取捨：增加分數的大小可提高它的精確度，而增加指數的大小則擴增了可以表示的數字的範圍。如同第 2 章的設計原則提醒我們的，好的設計需要有好的折衷。

分數
置於分數欄位中一般值為介於 0 與 1 之間的數值。分數的英文字 fraction 亦可作 *mantissa*。

浮點數字的大小通常是字組大小的數倍。MIPS 裡的浮點數表示法如下，其中符號為浮點數的正負號 (1 表示為負)，指數為 8- 位元的指數欄位的值 (包含指數的正負號)，分數則為 23- 位元的數字。由於正負號是一個獨立於其他部分的位元，因此這種表示法稱為**符號及大小** (*sign and magnitude*) 表示法。

指數
在浮點算術的數值表示系統中，置於指數欄位中的數值。

31	30	29	28	27	26	25	24	23	22	21	20	19	18	17	16	15	14	13	12	11	10	9	8	7	6	5	4	3	2	1	0
符號	指　　　　數								分　　　　　　　　　　　　數																							

1 個位元　　8 個位元　　　　　　　　　　　　23 個位元

浮點數通常表示為這種形式：

$$(-1)^S \times F \times 2^E$$

其中 F 為分數欄位的值而 E 為指數欄位的值；這些欄位的明確關係會在稍後說明 (我們馬上會看到 MIPS 做了一些略為複雜的事)。

這些指數與分數大小的選擇提供了 MIPS 的算術運算大於尋常的數字範圍。計算機中從幾乎小到 $2.0_{ten} \times 10^{-38}$ 的分數到幾乎大到 $2.0_{ten} \times 10^{38}$ 的數字都可以表示。但大於尋常畢竟跟無限大不同，所以數字仍是有可能太大的。因此，滿溢插斷也會像整數一樣發生在浮點數運算時。注意這裡的**滿溢** (overflow) 指的是指數太大而超出指數欄位所能表示的範圍。

(在浮點數中的) 滿溢
正的指數太大以至於無法容納於指數欄位的情況。

浮點數還會導致一種新的例外事件。如同程式師會想知道他們算出的值是否太大而無法表示一樣，他們也會想知道他們算出的

(在浮點數中的) 短值
負的指數太大以致於無法容納於指數欄位的情況。

雙精確度
以兩個 32-位元的字組表示的浮點值。

單精確度
以一個 32-位元的字組表示的浮點值。

非零分數是否小到無法表示；以上任一種情況都會導致程式得到錯誤的結果。為了將這種情況與滿溢區分，我們稱這種事件為**短值** (underflow)。當負的指數大到指數欄位無法容納時，這種情形就會發生。

降低短值或滿溢可能性的一種方法是提供具有更大指數欄位的格式。在 C 中，這種數字稱為 *double*，針對此種數字的運算則稱為**雙精確度** (double precision) 浮點算術；而原本格式則稱為**單精確度** (single precision) 浮點格式。

雙精確度浮點數的表示法如下所示使用了兩個 MIPS 字組，其中 s 仍然是該數的正負號，指數的值放置在 11 個位元的指數欄位，分數部分則放置在 52-個位元的分數欄位。

31	30	29	28	27	26	25	24	23	22	21	20	19	18	17	16	15	14	13	12	11	10	9	8	7	6	5	4	3	2	1	0
符號	指　　數											分　　數																		
1 個位元	11 個位元												20 個位元																			

分數(繼續)
32 個位元

MIPS 的雙精確度可以表示幾乎小至 $2.0_{ten} \times 10^{-308}$ 以及幾乎大至 $2.0_{ten} \times 10^{308}$ 的數。雖然雙精確度的確增加了指數的範圍，其主要的好處則是因為增大有效數字 (significand)(譯註：其為分數 fraction 的別名；另一別名為尾數 mantissa，三者均常見) 而提高的精確度。

這些格式非 MIPS 所特有。它們是 *IEEE 754* 浮點數標準的一部分，並可見於幾乎所有 1980 年之後的計算機中。該標準大大提高了移植浮點程式的便利與計算機算術的品質。

為了在有效數字欄位塞入更多位元，IEEE 754 將常規化的二進數中第一個 1 位元設為隱喻的 (implicit)。因此，在單精確度中的數字實際上有 24 位元長 (隱喻的 1 與 23 位元的分數)，在雙精確度中則有 53 位元長 (1＋52)。為了明確起見，我們使用**有效數字** (*significand*) 這個詞來表示 24 或是 53 位元的 1 加上分數部分的數，以及使用**小數** (*fraction*) 這個詞來表示 23 或 52 位元的數。但因為數值 0 無法以 1 起頭，所以這種分數會使用一個特別保留的指數值 0，如此一來，硬體便不會附加一個開頭的 1 上去。

所以 $00...00_{two}$ 代表 0；其餘數字的表示法則使用前述這種加上隱藏的 1 的形式：

$$(-1)^S \times (1+ 分數) \times 2^E$$

其中分數的位元表示 0 到 1 之間的數，E 則代表指數欄位中的值，其細節即將述及。如果我們將分數的位元由左至右編號為 s1、s2、s3、⋯，則上式的值為

$$(-1)^S \times (1+(s1 \times 2^{-1})+(s2 \times 2^{-2})+(s3 \times 2^{-3})+(s4 \times 2^{-4})+...) \times 2^E$$

圖 3.13 顯示 IEEE 754 浮點數的編碼。IEEE 754 的其他特點是一些表示異常事件的特殊符號。例如：軟體可在除以 0 時並不引發插斷，而是將結果設為表示 +∞ 與 −∞ 的位元樣式；最大的指數值就是被保留起來給這些特殊符號來使用。當程式師列印結果，程式會印出一個代表無限值的符號 (對於具數學素養的人而言，無限值的目的是為了滿足實數在數學拓撲上的封閉性或完整性 closure)。

IEEE 754 甚至有一個代表例如 0/0 或是由無限減去無限這些無效運算結果的符號。這個符號是 *NaN*，代表不是一個數字 (*Not a Number*)。NaN 的目的在於容許程式師將程式裡的某些測試與判斷延遲到它們較為方便的時間。

IEEE 754 的設計者也希望設計出一種可以利用整數比較的容易處理、特別是對排序 (譯註：意即比較數字大小) 的浮點數表示法。這就是為什麼符號位元會位於最高位元，以便於對小於、大於或等於 0 的快速測試 (浮點數排序較簡單的整數排序稍微複雜，因為其基本上使用符號大小表示法，而非 2 的補數)。

將指數放在有效數字之前，也便於使用整數比較指令來簡化浮點數的排序，這是因為當兩指數同號時，指數較大的數會比指數較小的數來得大。

單精確度		雙精確度		表示的數字
指數	分數	指數	分數	
0	0	0	0	0
0	非零	0	非零	± 非標準數
1 − 254	任何數	1 − 2046	任何數	± 浮點數
255	0	2047	0	± 無限
255	非零	2047	非零	NaN (不是個數字)

圖 3.13 浮點數的 IEEE 754 編碼。
分開的符號位元決定了正負號。非常規化的數字在第 240 頁的仔細深思中作說明。這些資訊也可見於本書開頭處的 MIPS 參考數據頁第四個直排欄中。

負的指數會造成排序簡化的困難。如果我們使用 2 的補數或是任何其他當指數為負時，指數欄位的最高位元為 1 的表示法，負的指數看起來會像一個很大的數。例如，$1.0_{two} \times 2^{-1}$ 會像下面這樣：

31	30	29	28	27	26	25	24	23	22	21	20	19	18	17	16	15	14	13	12	11	10	9	8	7	6	5	4	3	2	1	0
0	1	1	1	1	1	1	1	1	0	0	0	0	0	0	0	0	0	0	0	0	0	0	0	0	0	0	0	0	.	.	.

(記住開頭的 1 已經隱喻在有效數字中) $1.0_{two} \times 2^{+1}$ 的值看起來會像是個較小的二進數

31	30	29	28	27	26	25	24	23	22	21	20	19	18	17	16	15	14	13	12	11	10	9	8	7	6	5	4	3	2	1	0
0	0	0	0	0	0	0	0	1	0	0	0	0	0	0	0	0	0	0	0	0	0	0	0	0	0	0	0	0	.	.	.

因此，我們所希望的表示法必須將最負的指數表示為 $00...00_{two}$，而將最正的指數表示為 $11...11_{two}$。這種慣用法稱為**偏移表示法** (*biased notation*)，其偏移值即為表示法中正常的無號指數所需減去以得出真正指數的值。

IEEE 754 在單精確度中使用 127 做為偏移值，所以指數為 −1 時會使用 $-1 + 127_{ten}$ 或 $126_{ten} = 0111\ 1110_{two}$ 這個位元樣式來表示；而 +1 則以 $1 + 127_{ten}$ 或 $128_{ten} = 1000\ 0000_{two}$ 表示。而雙精確度中使用的偏移值是 1023。偏移指數意謂以浮點數表示的值應為：

$$(-1)^S \times (1 + 分數) \times 2^{(指數 - 偏移值)}$$

於是單精確度數字的範圍小至

$$\pm 1.0000\ 0000\ 0000\ 0000\ 0000\ 000_{two} \times 2^{-126}$$

而大至

$$\pm 1.1111\ 1111\ 1111\ 1111\ 1111\ 111_{two} \times 2^{+127}$$

讓我們來看看這種表示法。

範例 **浮點表示法**

寫出數字 -0.75_{ten} 的 IEEE 754 單精確度與雙精確度表示法。

解答 -0.75_{ten} 亦即：

$$-3/4_{ten} \text{ 或 } -3/2^2_{ten}$$

以二進制分數來表示會是：

$$-11_{two}/2^2_{ten} \text{ 或 } -0.11_{two}$$

以科學記號法表示，該值為：

$$-0.11_{two} \times 2^0$$

以常規化的科學記號法表示,則是:

$$-1.1_{two} \times 2^{-1}$$

單精確度數字的通式是:

$$(-1)^S \times (1+分數) \times 2^{(指數-127)}$$

將表示法中的指數減掉 127 而得 $-1.1_{two} \times 2^{-1}$ 可知

$$(-1)^1 \times (1+.1000\ 0000\ 0000\ 0000\ 0000\ 000_{two}) \times 2^{(126-127)}$$

故以單精確度二進制表示法表示 -0.75_{ten} 如下:

31	30	29	28	27	26	25	24	23	22	21	20	19	18	17	16	15	14	13	12	11	10	9	8	7	6	5	4	3	2	1	0
1	0	1	1	1	1	1	0	1	0	0	0	0	0	0	0	0	0	0	0	0	0	0	0	0	0	0	0	0	0	0	0

1 個位元　　8 個位元　　　　　　　　　　　　23 個位元

而雙精確度表示法是:

$$(-1)^1 \times (1+.1000\ 0000\ 0000\ 0000\ 0000\ 0000\ 0000\ 0000\ 0000\ 0000\ 0000\ 0000\ 0000_{two}) \times 2^{(1022-1023)}$$

31	30	29	28	27	26	25	24	23	22	21	20	19	18	17	16	15	14	13	12	11	10	9	8	7	6	5	4	3	2	1	0
1	0	1	1	1	1	1	1	1	1	1	0	1	0	0	0	0	0	0	0	0	0	0	0	0	0	0	0	0	0	0	0

1 個位元　　　11 個位元　　　　　　　　　20 個位元

0	0	0	0	0	0	0	0	0	0	0	0	0	0	0	0	0	0	0	0	0	0	0	0	0	0	0	0	0	0	0	0

32 個位元

現在讓我們作反方向的轉換。

範例

將二進制浮點數轉換為十進制

這個單精確度浮點數所代表的十進制數為何?

31	30	29	28	27	26	25	24	23	22	21	20	19	18	17	16	15	14	13	12	11	10	9	8	7	6	5	4	3	2	1	0
1	1	0	0	0	0	0	0	1	0	1	0	0	0	0	0	0	0	0	0	0	0	0	0	0	0	0	0	0	0	0	0

解答

符號位元為 1,指數欄位為 129,分數欄位則是 $1 \times 2^{-2} = 1/4$,或是 0.25。利用基本公式:

$$\begin{aligned}(-1)^S \times (1+分數) \times 2^{(指數-偏移值)} &= (-1)^1 \times (1+0.25) \times 2^{(129-127)} \\ &= -1 \times 1.25 \times 2^2 \\ &= -1.25 \times 4 \\ &= -5.0\end{aligned}$$

以下數個小節中，我們會介紹浮點數加法與乘法的演算法。它們的核心裡都是使用相關的整數運算來處理有效數字，但是需要有額外的記錄工作以便處理指數以及將結果常規化。我們先以十進制作很直觀的演算法推導，然後再以圖形來詳述二進制版本的細節。

依據 IEEE 準則，IEEE 754 委員會於標準訂定的 20 年後再次重新成立來檢視是否有任何修正的需要。修正後的 IEEE 754-2008 包含幾乎所有的 IEEE754-1985 內容，並加入一個 16- 位元的格式 (「半精確度，half precision」) 和一個 128- 位元的格式 (「四倍精確度，quadruple precision」)。半精確度表示法具有一個位元的符號，5 個位元的指數 (與值為 15 的偏移值)，與 10 位元的分數。四倍精確度具有 1 個位元的符號，15 個位元的指數 (與值為 262143 的偏移值)，與 112 個位元的分數。還沒有任何硬體是建構來支援四倍精確度的，但是這件事遲早一定會發生。修正後的標準也加入了 IBM 大型主機已經製作過的十進制浮點算術。

仔細深思 為了在不減少有效數字位元數的前提下去擴大所能表示的數字範圍，某些在 IEEE 754 標準制定之前的計算機採用了 2 以外的基底。例如，IBM 360 與 370 大型主機使用 16 為基底。由於這種 IBM 機器的指數部分改變 1 就等於將有效數字移位 4 位元，所以「常規化」的 16 進制數字的起始會有多至 3 個位元的 0！於是十六進制數就意謂著必須有多至 3 個位元要從有效數字部分損失掉，導致了浮點數算術準確度上讓人意外的問題。新近的 IBM 大型主機則支援 IEEE 754 以及十六進制的格式。

浮點數加法

我們將兩個使用科學記號法表示的數字手動相加：$9.999_{ten} \times 10^1 + 1.610_{ten} \times 10^{-1}$，來說明浮點數加法的問題。假設我們只能存放四位數的十進制有效數字以及二位數的十進制指數。

步驟 1：為了能夠正確地相加，我們必須將指數較小的數字的小數點對齊。因此我們需要求得較小數字 $1.610_{ten} \times 10^{-1}$ 的指數與較大數指數相符的形態。這可經由瞭解科學記號法中對一個非常規化的浮點數可有多種表示法而得：

$$1.610_{ten} \times 10^{-1} = 0.1610_{ten} \times 10^0 = 0.01610_{ten} \times 10^1$$

最右邊的表示法就是我們想要的，因為它的指數與較大數字 $9.999_{ten} \times 10^1$ 的指數相符。因此，第一個步驟將較小數字的有效數字向右移位，直到它的指數與較大數字的指數相符為止。但是我們只能使用四個十進制數，所以在移位之後該數字成為：

$$0.016_{ten} \times 10^1$$

步驟 2：然後將有效數字相加：

$$\begin{array}{r} 9.999_{ten} \\ +0.016_{ten} \\ \hline 10.015_{ten} \end{array}$$

兩數的和為 $10.015_{ten} \times 10^1$。

步驟 3：這個結果並不是常規化的科學記號表示法，所以必須加以調整：

$$10.015_{ten} \times 10^1 = 1.0015_{ten} = 10^2$$

因此在加法之後，我們可能必須將和移位並適當地調整指數，以將該數轉換成常規化的形式。本例所示為向右移位，但如果一數為正而另一數為負的話，和可能具有許多最高位的前置 0，需要向左移位。每當指數增加或減少時，我們就必須檢查滿溢與短值是否發生——也就是說，我們必須確定指數仍然可容納於其欄位中。

步驟 4：由於我們假設有效數字(除符號之外)只有四個十進位數，所以必須對該數做進位處理。在我們的小學演算法中，規則是若最後一位數的右邊位數介於 0 到 4 之間便捨去它，而若介於 5 到 9 之間則將最後一位數加 1。因此這個數字：

$$1.0015_{ten} \times 10^2$$

的有效數字因為其小數點右邊第四個數介於 5 與 9 之間，取四位數之後變成：

$$1.002_{ten} \times 10^2$$

注意如果我們進位處理時運氣不佳，譬如對一連串的 9 加 1，其結果可能就不是常規化的形式，因而我們必須再回到步驟三去。

圖 3.14 說明了依循十進制範例的二進制浮點數加法演算法。步驟 1 與步驟 2 和上例類似：調整有較小指數值數字的有效數字，然後將兩個有效數字相加。步驟 3 把結果常規化，並必須檢測是否有滿溢或短值的狀況。步驟 3 中滿溢與短值的測試與運算元的精確度有關。回想指數部分全為 0 的情形是保留來表示浮點數的 0。而指數部分全為 1

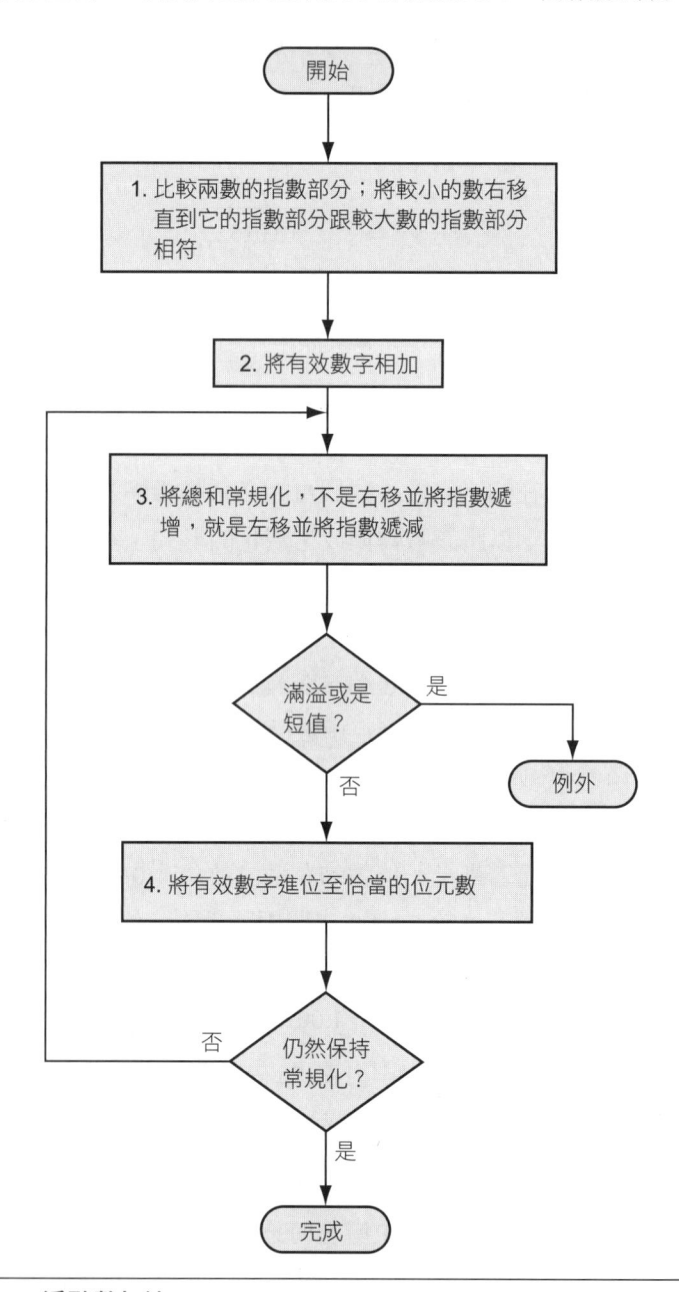

```
                    開始
                      │
                      ▼
        ┌─────────────────────────────┐
        │ 1. 比較兩數的指數部分；將較小的數右移 │
        │    直到它的指數部分跟較大數的指數部分  │
        │    相符                       │
        └─────────────────────────────┘
                      │
                      ▼
          ┌─────────────────────┐
          │ 2. 將有效數字相加      │
          └─────────────────────┘
                      │
                      ▼
        ┌─────────────────────────────┐
        │ 3. 將總和常規化，不是右移並將指數遞 │
        │    增，就是左移並將指數遞減       │
        └─────────────────────────────┘
                      │
                      ▼
              ╱╲
             ╱  ╲  是
            ╱滿溢或是╲─────────▶  例外
            ╲短值？ ╱
             ╲  ╱
              ╲╱
              │否
              ▼
        ┌─────────────────────────────┐
        │ 4. 將有效數字進位至恰當的位元數   │
        └─────────────────────────────┘
                      │
                      ▼
              ╱╲
         否  ╱  ╲
        ────╱仍然保持╲
            ╲常規化？╱
             ╲  ╱
              ╲╱
              │是
              ▼
             完成
```

圖 3.14 浮點數加法。

正常的路徑是執行步驟 3 與步驟 4 各一次，但是如果進位處理造成總和非常規化，我們就必須重複步驟 3。

則是保留來表示超出正常浮點數字範圍的值與情況 (參見第 240 頁的仔細深思)。因此,在下列範例中,記得對於單精確度來說,最大的指數是 127 而最小的指數是 −126。

二進制浮點數加法

試將 0.5_{ten} 與 -0.4375_{ten} 依照圖 3.14 的演算法以二進形式相加。

我們先看看假設有四個位元的精確度時,這兩個數以二進制常規化科學記號法表示的形式:

$$\begin{aligned}
0.5_{ten} &= 1/2_{ten} &&= 1/2^1_{ten} \\
&= 0.1_{two} &&= 0.1_{two} \times 2^0 &&= 1.000_{two} \times 2^{-1} \\
-0.4375_{ten} &= -7/16_{ten} &&= -7/2^4_{ten} \\
&= -0.0111_{two} &&= -0.0111_{two} \times 2^0 &&= -1.110_{two} \times 2^{-2}
\end{aligned}$$

接著我們依照演算法:

步驟 1:將指數較小之數 ($-1.11_{two} \times 2^{-2}$) 的有效數字右移,直到它的指數與較大數的指數相符:

$$-1.110_{two} \times 2^{-2} = -0.111_{two} \times 2^{-1}$$

步驟 2:將有效數字相加:

$$1.000_{two} \times 2^{-1} + (-0.111_{two} \times 2^{-1}) = 0.001_{two} \times 2^{-1}$$

步驟 3:將和常規化,並偵測是否發生滿溢或短值:

$$0.001_{two} \times 2^{-1} = 0.010_{two} \times 2^{-2} = 0.100_{two} \times 2^{-3}$$
$$= 1.000_{two} \times 2^{-4}$$

因為 127 ≥ −4 ≥ −126,所以並未發生滿溢或短值 (偏移後的指數為 −4 + 127 或 123,介於 1 與 254 這兩個非保留的偏移後指數最小與最大值之間)。

步驟 4:將和做進位處理:

$$1.000_{two} \times 2^{-4}$$

這個和剛好可以 4 位元表示,所以進位處理之後不致改變。

於是該和為:

$$\begin{aligned}
1.000_{two} \times 2^{-4} &= 0.0001000_{two} = 0.0001_{two} \\
&= 1/2^4_{ten} &&= 1/16_{ten} &&= 0.0625_{ten}
\end{aligned}$$

該和與我們預期的將 0.5_{ten} 加到 -0.4375_{ten} 的結果一致。

許多計算機使用專屬的硬體來儘可能加速浮點運算。圖 3.15 描繪了浮點數加法的基本硬體組織。

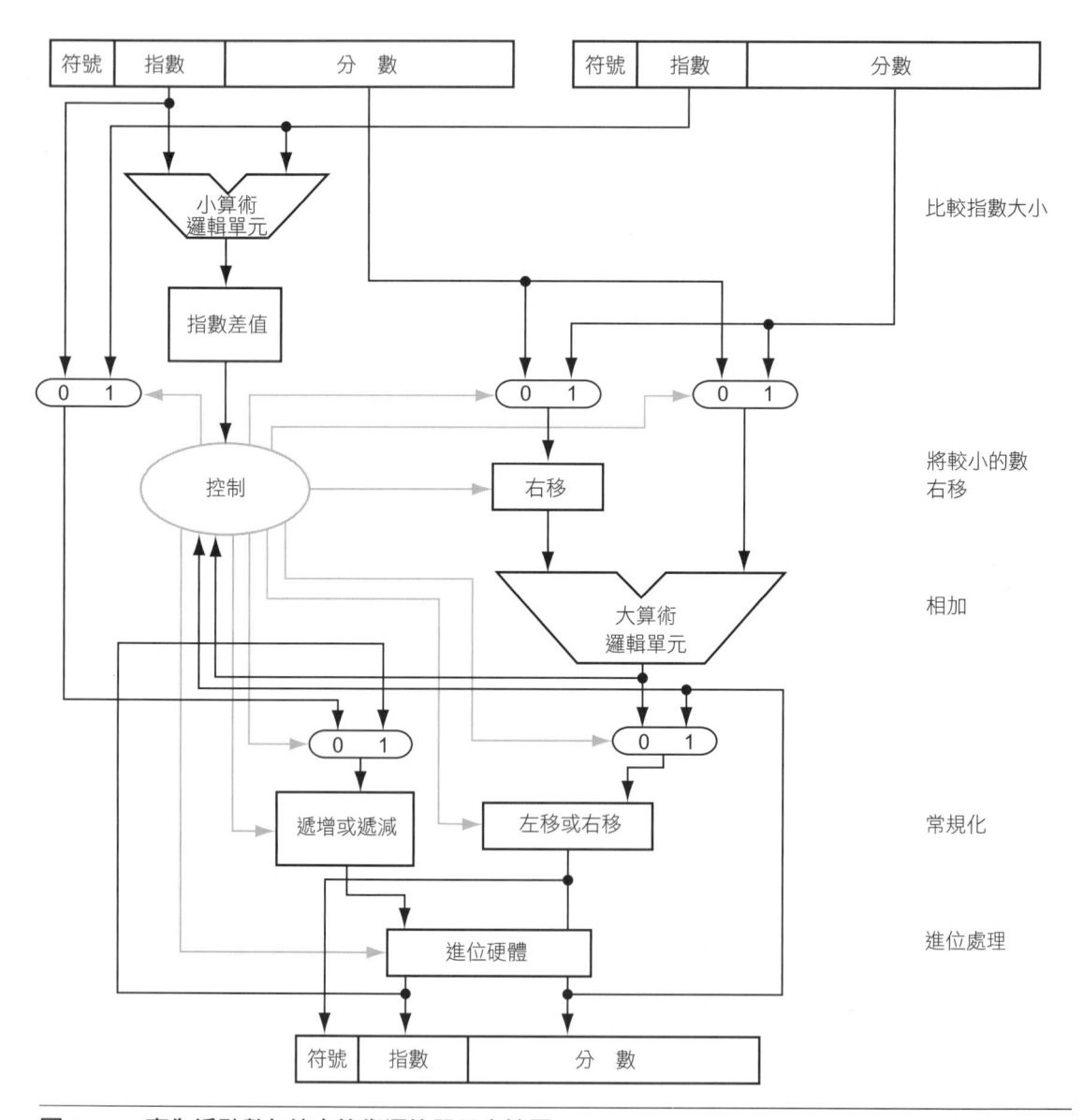

圖 3.15　專為浮點數加法之算術運算單元方塊圖。

圖 3.14 中的步驟由上至下對應到每個方塊。首先，使用小算術邏輯單元將兩運算元的指數部分相減，以決定何者比較大與大多少。這個差值控制了三個多工器；由左至右，它們分別選擇較大的指數、較小數的有效數字、較大數的有效數字，將較小數的有效數字右移，然後使用大算術邏輯單元將有效數字相加。接下來常規化步驟將總和左移或右移，並將指數遞增或遞減。進位處理後得到最後的結果，而這可能需要再經過一次的常規化。

浮點數乘法

我們已經說明了浮點數的加法，接著讓我們來嘗試浮點數的乘法。我們由手算兩個以科學記號法表示的十進數字相乘開始：$1.110_{ten} \times 10^{10} \times 9.200_{ten} \times 10^{-5}$。假設我們只能儲存四個位數的有效數字以及兩個位數的指數。

步驟 1：不同於加法，我們只要將兩運算元的指數相加即可得出乘積的指數：

$$新指數 = 10 + (-5) = 5$$

我們也用偏移指數計算一次，來確定我們得到正確的結果：$10 + 127 = 137$，$-5 + 127 = 122$，所以

$$新指數 = 137 + 122 = 259$$

這個結果對於 8 位元的指數欄位來說太大了，所以一定有事情出了差錯！問題與偏移值有關，因為我們將偏移值連同指數一起相加了：

$$新指數 = (10 + 127) + (-5 + 127) = (5 + 2 \times 127) = 259$$

因此當我們將偏移的數字相加以得到正確的偏移和時，就必須先從和減去一次偏移值：

$$新指數 = 137 + 122 - 127 = 259 - 127 = 132 = (5 + 127)$$

5 的確就是我們當初算出的指數值。

步驟 2：接下來是有效數字的相乘：

$$
\begin{array}{r}
1.110_{ten} \\
\times \; 9.200_{ten} \\
\hline
0000 \\
0000 \\
2220 \\
9990 \\
\hline
10212000_{ten}
\end{array}
$$

每個運算元的小數點右方都有三位數，所以乘積的小數點放在乘積有效數字中右方有六個位數的地方：

$$10.212000_{ten}$$

假設我們只能保留小數點右方三個位數，則乘積會是 10.212×10^5。

步驟 3：這個乘積尚未常規化，所以我們必須將其常規化：

$$10.212_{ten} \times 10^5 = 1.0212_{ten} \times 10^6$$

於是在乘法運算之後，乘積可以右移一位以便符合常規化的格式，並將指數加 1。此時我們可以偵測滿溢或短值。如果兩個運算元都很小——也就是說，如果兩個數的指數都是很大的負值，短值就有可能發生。

步驟 4：我們曾假設有效數字只有四位數 (不含正負號)，因此我們必須處理該數的進位。該數：

$$1.0212_{ten} \times 10^6$$

的有效數字經進位處理成四個位數：

$$1.021_{ten} \times 10^6$$

步驟 5：乘積的正負號取決於原本運算元的正負號。如果兩運算元同號，乘積為正；否則乘積為負。所以該乘積為

$$+1.021_{ten} \times 10^6$$

在加法演算法中，和的正負號取決於有效數字的相加，但在乘法中積的符號則取決於兩運算元的正負號。

與二進制浮點數加法中所見的一樣，如圖 3.16 所示，二進制的浮點數乘法跟我們剛剛看完的幾個步驟相當類似。我們首先將偏移的指數相加來計算乘積的指數值，切記需再減去一個偏移值來得到正確的結果。下一步是有效數字相乘，之後可能還有常規化的步驟。檢查指數的大小以判斷是否滿溢或是短值，之後做乘積的進位處理。如果進位處理之後需要再作常規化，我們必須再次檢查指數的大小。最後，若兩運算元異號，便將符號位元設為 1 (乘積為負)；若同號，則設為 0 (乘積為正)。

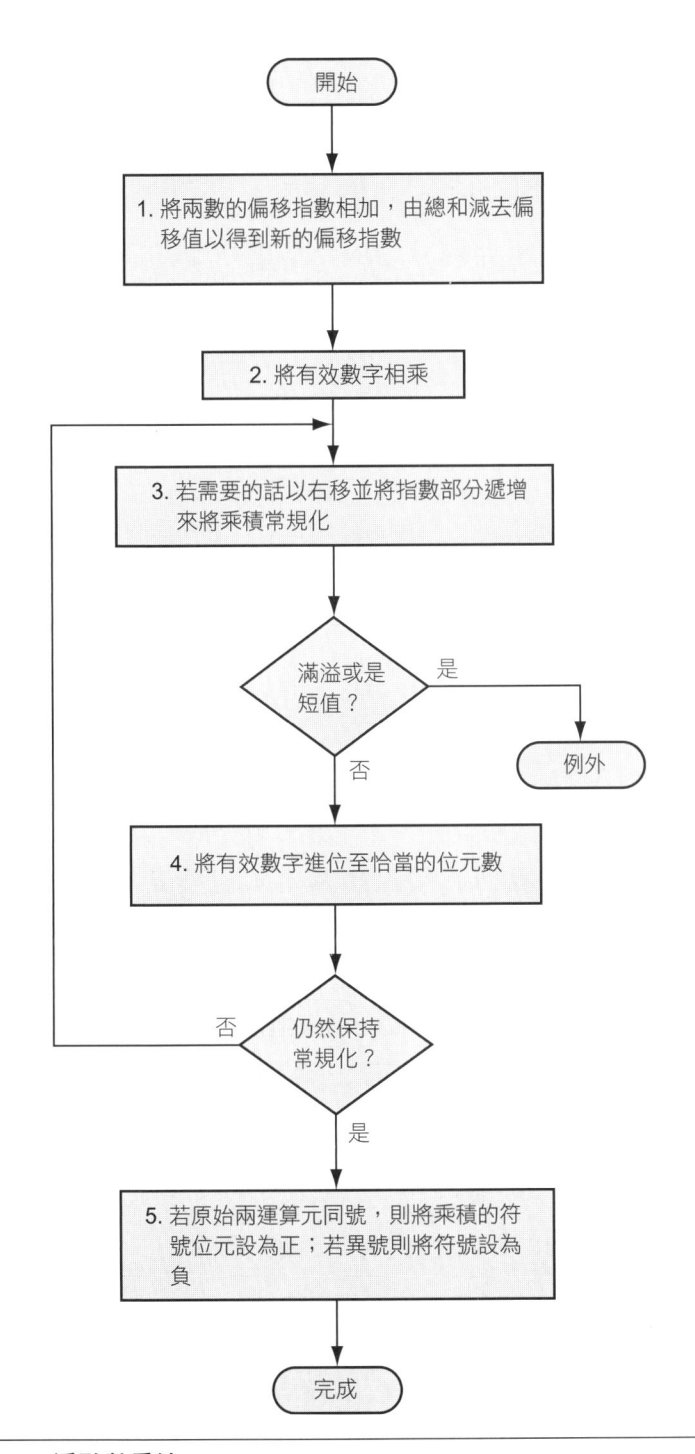

圖 3.16 浮點數乘法。
正常的路徑是執行步驟 3 與步驟 4 各一次,但是如果進位處理造成總和非常規化,我們就必須重複步驟 3。

範例

二進制浮點數乘法

試依據圖 3.16 中的步驟來計算 $0.5_{ten} \times -0.4375_{ten}$。

解答

在二進制中,就是將 $1.000_{two} \times 2^{-1}$ 與 $-1.110_{two} \times 2^{-2}$ 相乘。

步驟 1:將未偏移的指數相加:

$$-1 + (-2) = -3$$

或是使用偏移指數表示法:

$$(-1 + 127) + (-2 + 127) - 127 = (-1 - 2) + (127 + 127 - 127)$$
$$= -3 + 127 = 124$$

步驟 2:將有效數字相乘:

$$\begin{array}{r} 1.000_{two} \\ \times\ 1.110_{two} \\ \hline 0000 \\ 1000 \\ 1000 \\ 1000 \\ \hline 1110000_{two} \end{array}$$

乘積是 $1.110000_{two} \times 2^{-3}$,但我們必須保持其為 4 個位元,所以其成為 $1.110_{two} \times 2^{-3}$。

步驟 3:現在我們檢查乘積來確保其已常規化,並檢查指數以偵測滿溢或短值。該乘積已合乎常規化,並且因為 $127 \geq -3 \geq -126$,所以並沒有發生滿溢或是短值(若以偏移表示法來看,$254 \geq 124 \geq 1$,所以指數在範圍之內)。

步驟 4:將乘積作進位處理,結果不變:

$$1.110_{two} \times 2^{-3}$$

步驟 5:由於原來的運算元異號,所以乘積的符號為負。因此乘積為

$$-1.110_{two} \times 2^{-3}$$

將其轉換為十進制來驗證我們的結果:

$$-1.110_{two} \times 2^{-3} = -0.001110_{two} = -0.00111_{two}$$
$$= -7/2^5_{ten} = -7/32_{ten} = -0.21875_{ten}$$

0.5_{ten} 與 -0.4375_{ten} 的乘積確實是 -0.21875_{ten}。

MIPS 中的浮點指令

MIPS 以這些指令來支援 IEEE 754 單精確度與雙精確度的格式：

- 浮點單精確度加法(add.s)與雙精確度加法(add.d)
- 浮點單精確度減法(sub.s)與雙精確度減法(sub.d)
- 浮點單精確度乘法(mul.s)與雙精確度乘法(mul.d)
- 浮點單精確度除法(div.s)與雙精確度除法(div.d)
- 浮點單精確度比較(c.x.s)與雙精確度比較(c.x.d)，其中 x 可能是相等(eq)、不相等(neq)、小於(lt)、小於等於(le)、大於(gt)、大於等於(ge)
- 浮點為真分支(bc1t)與偽分支(bc1f)

浮點比較指令根據比較的條件而將一個位元設為真或偽，之後浮點分支指令則會根據條件來決定是否進行分支。

MIPS 設計者決定加入另外的浮點暫存器——稱為 $f0、$f1、$f2、……——以供單精確度或雙精確度的使用。所以他們也加入了浮點暫存器的載入與儲存指令：lwc1 與 swc1。浮點數數據傳輸的基底暫存器仍然是整數暫存器。由記憶體中載入兩個單精確度數字，相加，然後儲存其和的 MIPS 程式碼可能如下：

```
lwc1   $f4,c($sp)      #載入 32 位元浮點數到 F4
lwc1   $f6,a($sp)      #載入 32 位元浮點數到 F6
add.s  $f2,$f4,$f6     #F2=F4+F6(單精確度)
swc1   $f2,b($sp)      #儲存 F2 中的 32 位元浮點數
```

一個雙精確度暫存器實際上是一組單精確度暫存器的偶奇對(even-odd pair)，並使用偶數暫存器編號做為名稱。因此，一對單精確度暫存器 $f2 及 $f3 也形成稱為 $f2 的雙精確度暫存器。

圖 3.17 歸納了在本章中所揭示 MIPS 架構中關於浮點數的部分，其中新增的浮點相關指令以灰色表示。類似於第 2 章裡的圖 2.19，圖 3.18 中表示了這些指令的編碼方式。

MIPS 浮點運算元

名稱	舉例	註解
32 個浮點暫存器	$f0, $f1, $f2, ..., $f31	MIPS 浮點暫存器在表示雙精確度數字時是一對對來使用的。
2^{30} 記憶體字組	Memory[0], Memory[4], ..., Memory[4294967292]	只有資料傳輸指令才能存取。MIPS 使用位元組位址,所以循序的字組位址之間相差 4。記憶體可容納資料結構,例如陣列與溢出暫存器 (spilled registers),就像在程序呼叫時保存的資料。

MIPS 浮點組合語言

類型	指令	舉例	意義	註解
算術	單精確度浮點數加法	add.s $f2, $f4, $f6	$f2=$f4+$f6	浮點數加法(單精確度)
	單精確度浮點數減法	sub.s $f2, $f4, $f6	$f2=$f4-$f6	浮點數減法(單精確度)
	單精確度浮點數乘法	mul.s $f2, $f4, $f6	$f2=$f4×$f6	浮點數乘法(單精確度)
	單精確度浮點數除法	div.s $f2, $f4, $f6	$f2=$f4/$f6	浮點數除法(單精確度)
	雙精確度浮點數加法	add.d $f2, $f4, $f6	$f2=$f4+$f6	浮點數加法(雙精確度)
	雙精確度浮點數減法	sub.d $f2, $f4, $f6	$f2=$f4-$f6	浮點數減法(雙精確度)
	雙精確度浮點數乘法	mul.d $f2, $f4, $f6	$f2=$f4×$f6	浮點數乘法(雙精確度)
	雙精確度浮點數除法	div.d $f2, $f4, $f6	$f2=$f4/$f6	浮點數除法(雙精確度)
資料傳輸	載入字組至 1 號協同處理器	lwc1 $f1, 100($s2)	$f1=Memory[$s2+100]	32 位元資料至浮點暫存器
	自 1 號協同處理器儲存字組	swc1 $f1, 100($s2)	Memory[$s2+100]=$f1	32 位元資料至記憶體
條件分支	若浮點比較為真則分支	bc1t 25	if(cond==1). go to PC+4+100	若浮點數條件為真則 PC 相對分支
	若浮點比較為偽則分支	bc1f 25	if(cond==0). go to PC+4+100	若浮點數條件為偽則 PC 相對分支
	單精確度浮點數比較 (eq.ne.lt.le.gt.ge)	c.lt.s $f2, $f4	if($f2<$f4) cond=1; else cond=0	單精確度浮點數小於比較
	雙精確度浮點數比較 (eq.ne.lt.le.gt.ge)	c.lt.d $f2, $f4	if($f2<$f4) cond=1; else cond=0	雙精確度浮點數小於比較

MIPS 浮點機器語言

名稱	格式	舉例						註解
add.s	R	17	16	6	4	2	0	add.s $f2, $f4, $f6
sub.s	R	17	16	6	4	2	1	sub.s $f2, $f4, $f6
mul.s	R	17	16	6	4	2	2	mul.s $f2, $f4, $f6
div.s	R	17	16	6	4	2	3	div.s $f2, $f4, $f6
add.d	R	17	17	6	4	2	0	add.d $f2, $f4, $f6
sub.d	R	17	17	6	4	2	1	sub.d $f2, $f4, $f6
mul.d	R	17	17	6	4	2	2	mul.d $f2, $f4, $f6
div.d	R	17	17	6	4	2	3	div.d $f2, $f4, $f6
lwc1	I	49	20	2		100		lwc1 $f2, 100($s4)
swc1	I	57	20	2		100		swc1 $f2, 100($s4)
bc1t	I	17	8	1		25		bc1t 25
bc1f	I	17	8	0		25		bc1f 25
c.lt.s	R	17	16	4	2	0	60	c.lt.s $f2, $f4
c.lt.d	R	17	17	4	2	0	60	c.lt.d $f2, $f4
欄位大小		6 位元	5 位元	5 位元	5 位元	5 位元	6 位元	所有 MIPS 的指令都是 32 位元

圖 3.17 到目前為止出現過的 MIPS 浮點架構。

詳細內容參見附錄 A 的第 A.10 節。這些資訊也可見於本書開頭處的 MIPS 參考數據頁第二個直排中。

op(31:26):

31-29 \ 28-26	0(000)	1(001)	2(010)	3(011)	4(100)	5(101)	6(110)	7(111)
0(000)	Rfmt	Bltz/gez	j	jal	beq	bne	blez	bgtz
1(001)	addi	addiu	slti	sltiu	ANDi	ORi	xORi	lui
2(010)	TLB	FlPt						
3(011)								
4(100)	lb	lh	lwl	lw	lbu	lhu	lwr	
5(101)	sb	sh	swl	sw			swr	
6(110)	lwc0	lwc1						
7(111)	swc0	swc1						

op(31:26) = 010001 (FlPt), (rt(16:16) = 0 => c = f, rt(16:16) = 1 => c = t), rs(25:21):

25-24 \ 23-21	0(000)	1(001)	2(010)	3(011)	4(100)	5(101)	6(110)	7(111)
0(00)	mfc1		cfc1		mtc1		ctc1	
1(01)	bc1.*c*							
2(10)	*f* = single	*f* = double						
3(11)								

op(31:26) = 010001 (FlPt), (*f* above: 10000 => *f* = s, 10001 => *f* = d), funct(5:0):

5-3 \ 2-0	0(000)	1(001)	2(010)	3(011)	4(100)	5(101)	6(110)	7(111)
0(000)	add.*f*	sub.*f*	mul.*f*	div.*f*		abs.*f*	mov.*f*	neg.*f*
1(001)								
2(010)								
3(011)								
4(100)	cvt.s.*f*	cvt.d.*f*			cvt.w.*f*			
5(101)								
6(110)	c.f.*f*	c.un.*f*	c.eq.*f*	c.ueq.*f*	c.olt.*f*	c.ult.*f*	c.ole.*f*	c.ule.*f*
7(111)	c.sf.*f*	c.ngle.*f*	c.seq.*f*	c.ngl.*f*	c.lt.*f*	c.nge.*f*	c.le.*f*	c.ngt.*f*

圖 3.18 MIPS 浮點指令的編碼。

這張符號表藉由行和列來表示欄位的數值。例如，在圖的最上方，可以在列的數字為 4 (指令的 31-29 位元為 100_{two}) 和行的數字為 3 (指令的 28-26 位元為 011_{two}) 找到指令 lw，所以對應的 op 欄位 (31-26 位元) 值為 100011_{two}。下面劃線表示該欄位用在其他地方。例如，2 列 1 行 (op=010001_{two}) 的 FlPt 定義在圖的最下方。因此，在圖最下方 0 列 1 行的 sub.*f* 意思是指令 funct 欄位 (5-0 位元) 為 000001_{two}，op 欄位 (31-26 位元) 為 010001_{two}。注意圖的中間部分說明的 5 位元 rs 欄位決定了運算是單精確度 (*f*=s，所以對應的 rs=10000_{two}) 或是雙精確度 (*f*=d，所以對應的 rs=10001_{two})。另外，指令的位元 16 決定 bc1.*c* 指令是測試是否為真 (位元 16=1=>bc1.t) 或為偽 (位元 16=0=>bc1.f)。以灰色來表示的指令是第 2 章或本章會說明的指令，而附錄 A 會說明所有的指令。這些資訊也可見於本書開頭處的 MIPS 參考數據頁第二個直排中。

232 計算機 組織 與 設計

硬體 / 軟體介面　　架構師在支援浮點算術時面對的一個議題是應該要與整數指令使用相同的暫存器，或是增加一組特別的浮點暫存器。由於程式通常是對不同的數據分別進行整數運算或浮點運算，使用不同的暫存器只會稍微增加程式執行的指令數。主要的影響是必須增加另一組在浮點暫存器與記憶體之間傳輸數據的數據搬移指令。

另有浮點暫存器的好處是：擁有兩組暫存器且不必在指令格式中使用到更多的位元；由於有分開的整數與浮點暫存器組而有兩倍的暫存器頻寬；以及可針對浮點數的特性來做暫存器客製化，例如有些計算機將不同大小的運算元都轉換為單一的暫存器內部格式。

範例 **將 C 浮點數程式編譯為 MIPS 組合碼**

讓我們將華氏溫度轉換為攝氏溫度：

```
float f2c(float fahr)
{
        return((5.0/9.0) * (fahr - 32.0));
}
```

假設浮點參數 fahr 由 $f12 傳入程式中，且結果應置於 $f0 (不同於整數暫存器，浮點暫存器 0 是可以存放數字的)。這段程式的 MIPS 組合碼為何？

解答　　我們假設編譯器將三個浮點常數放置於全域指標 $gp 易於到達的記憶體中。前兩個指令把 5.0 與 9.0 載入浮點暫存器中：

```
f2c:
   lwc1 $f16,const5($gp)    #$f16=5.0(5.0 在記憶體中)
   lwc1 $f18,const9($gp)    #$f18=9.0(9.0 在記憶體中)
```

然後將兩數相除得到 5.0/9.0：

```
   div.s $f16, $f16, $f18   #$f16=5.0/9.0
```

(許多編譯器在編譯時就會先將 5.0 除以 9.0，然後將單一的常數 5.0/9.0 存入記憶體，以避免執行時再做除法) 接下來我們載入常數 32.0，然後由 fahr($f12) 減去它：

```
   lwc1 $f18, const32($gp)  #$f18=32.0
   sub.s $f18, $f12, $f18   #$f18=fahr-32.0
```

最後我們把兩個過程中的值相乘,並將乘積存入 $f0 當作回傳值,然後返回:

```
mul.s $f0, $f16, $f18    # $f0 = (5/9) × (fahr-32.0)
jr    $ra                # 返回
```

現在我們來執行矩陣中的浮點運算,一種常常會出現在科學計算程式中的程式碼。

將含有二維矩陣的 C 浮點程序編譯為 MIPS 組合碼 〔範例〕

大部分的浮點數計算都以雙精確度來進行。讓我們計算 C=C+A×B 的矩陣乘法。這段碼是在第 173 頁的圖 2.43 中的 DGEMM 程式經過簡化的版本。假設 C、A 和 B 都是每一個維度有 32 個元素的方陣。

```
void mm(double c[][], double a[][], double b[][])
{
     int i, j, k;
     for (i=0; i!=32; i=i+1)
      for (j=0; j!=32; j=j+1)
       for (k=0; k!=32; k=k+1)
         c[i][j] = c[i][j] + a[i][k] × b[k][j];
}
```

陣列的起始位址都是參數,因此它們存放在 $a0、$a1 及 $a2 中。假設整數變數 (i、j、k) 分別放置於 $s0、$s1 與 $s2 中。則這段程式的主體的 MIPS 組合碼為何?

注意 c[i][j] 是使用於最內層的迴圈中。由於其迴圈索引是 k,它並不會影響到 〔解答〕 c[i][j],所以我們可以避免每次反覆中的載入與儲存 c[i][j]。因而編譯器在迴圈之外將 c[i][j] 載入暫存器,將 a[i][k] 與 b[k][j] 的乘積累加到該暫存器中,然後在最內層的迴圈結束時,再將和存入 c[i][j]。

我們使用組合語言的虛擬指令 li (將常數載入暫存器)、l.d 與 s.d (組譯器會將其轉換為一對數據移轉指令:lwc1 或 swc1,以將數據載入至一對浮點暫存器) 來簡化程式。

程序的主體始於把迴圈終止值 32 儲存在一個暫時暫存器以及初始化三個 for 迴圈變數:

```
mm:...
     li $t1, 32           # $t1 = 32(列的大小/迴圈的結束)
     li $s0, 0            # i = 0; 初始化第一個 for 迴圈
L1:  li $s1, 0            # j = 0; 重新啟動第二個 for 迴圈
L2:  li $s2, 0            # k = 0; 重新啟動第三個 for 迴圈
```

為了計算 c[i][j] 的位址，我們必須知道 32×32 的二維陣列是如何存放在記憶體中的。如同你可能會預期的，它的擺放就跟 32 個一維陣列排在一起，而每個一維陣列都有 32 個元素一樣。所以第一個步驟就是跳過 i 個「一維陣列」，或是列 (rows)，來取得我們想要的元素。於是我們把第一個維度的索引乘上列的大小 32。由於 32 是 2 的冪次方，所以我們可以使用移位來代替：

```
sll  $t2, $s0, 5    #$t2=i*25(c 的列大小)
```

現在我們加上第二個索引來選擇該列的第 j 個元素：

```
addu $t2, $t2, $s1  #$t2=i* 大小(row)+j
```

為了要將這個結果轉換為以位元組為單位的索引，我們把它跟矩陣元素以位元組為單位的大小相乘。由於雙精確度的每個元素大小都是 8 個位元組，因為 8 是 2 的次方數，所以我們可以以左移 3 位來代替乘以 8：

```
sll  $t2, $t2, 3    #$t2=[i][j] 的位元偏移值
```

接著我們將此和加至 c 的基底位址，以得到 c[i][j] 的位址，然後將 c[i][j] 這個雙精確度的數載入 $f4：

```
addu $t2, $a0, $t2  #$t2=c[i][j] 的位元組位址
l.d  $f4, 0($t2)    #$f4=8 位元組的 c[i][j]
```

接下來的五個指令基本上跟上面五個指令一樣：計算位址，然後載入 b[k][j] 這個雙精確度的數。

```
L3: sll  $t0, $s2, 5    #$t0=k*2⁵(b 的列大小)
    addu $t0, $t0, $s1  #$t0=k* 大小(列)+j
    sll  $t0, $t0, 3    #$t0=[k][j] 的位元偏移值
    addu $t0, $a2, $t0  #$t0=b[k][j] 的位元組位址
    l.d  $f16, 0($t0)   #$f16=8 位元組的 b[k][j]
```

同樣地，接下來的五個指令與上面五個指令類似：計算位址，然後載入 a[i][k] 這個雙精確度的數。

```
sll  $t2, $s0, 5    #$t0=i*2⁵(a 的列大小)
addu $t0, $t0, $s2  #$t0=i* 大 (列)+k
sll  $t0, $t0, 3    #$t0=[i][k] 的位元偏移值
addu $t0, $a1, $t0  #$t0=a[i][k] 的位元組位址
l.d  $f18, 0($t0)   #$f18=8 位元組的 a[i][k]
```

我們已經載入所有的資料，終於可以做一些浮點運算了！我們將位於暫存器 $f18 與 $f16 中的 a 與 b 元素相乘，然後將和累加至 $f4。

```
        mul.d   $f16, $f18, $f16      # $f16 = a[i][k]*b[k][j]
        add.d   $f4, $f4, $f16        # $f4 = c[i][j] + a[i][k]*b[k][j]
```

最後的程式區塊將索引 k 的值遞增，而如果索引值還不到 32 則重複迴圈動作。如果索引值已經到 32 了，意謂最內層迴圈的結束，我們必須將累加在 $f4 中的總和儲存回 c[i][j]。

```
        addiu   $s2, $s2, 1           # $k = k + 1
        bne     $s2, $t1, L3          # 若 (k != 32) 則前往 L3
        s.d     $f4, 0($t2)           # c[i][j] = $f4
```

同樣地，最後的四個指令遞增中間與最外層迴圈之索引變數的值，如果索引值不等於 32 則重複執行迴圈，而如果等於 32 則離開迴圈。

```
        addiu   $s1, $s1, 1           # $j = j + 1
        bne     $s1, $t1, L2          # 若 (j != 32) 則前往 L2
        addiu   $s0, $s0, 1           # $i = i + 1
        bne     $s0, $t1, L1          # 若 (i != 32) 則前往 L1
        ...
```

之後的圖 3.22 列出稍不同於圖 3.21 中 DGEMM 版本的 x86 組合語言碼。

仔細深思 上例中的陣列擺放法稱為*以列為主定序* (*row-major order*)，使用於 C 以及其他許多程式語言。Fortran 則使用*以行為主定序* (*column-major order*)，即陣列是一行行儲存的。

仔細深思 MIPS 的 32 個浮點暫存器中原本只有 16 個可用於雙精確度運算：$f0、$f2、$f4、…、$f30。雙精確度運算時使用一對對的單精確度暫存器。編號為奇數的浮點暫存器只用來載入與儲存 64- 位元浮點數的右半部。MIPS-32 增加了 l.d 與 s.d 到指令集中。MIPS-32 也增加了所有浮點數指令的成對單一 (paired single) 版本，其一道指令會對 64- 位元暫存器對中的兩個 32 位元運算元作兩個平行的浮點運算 (參見 3.6 節)。例如，add.ps $f0, $f2, $f4 等效於 add.s $f0, $f2, $f4 與 add.s $f1, $f3, $f5 兩道連續的指令。

仔細深思 將整數與浮點數暫存器分開的另一個理由是：1980 年代的微處理器並沒有足夠的電晶體可以將浮點單元也放入整數單元的同一顆晶片中。因此，浮點單元連同浮點暫存器是在另一顆可選用的晶片中。像這樣可選用的加速晶片稱為*協同處理器* (*coprocessors*)，也說明

了 MIPS 中浮點載入指令的頭字詞：lwc1 意指載入字組至 1 號協同處理器，也就是浮點單元 (0 號協同處理器用來處理虛擬記憶體，將於第 5 章中說明)。自從 1990 年代初期開始，微處理器已將浮點單元 (以及幾乎所有其他單元) 整合進同一顆晶片中了。

仔細深思 如 3.4 節中所述及，加速除法較乘法更為困難。除了 SRT，還有一個利用到快速乘法器的技術稱為**牛頓反覆法** (*Newton's iteration*)，其將除法改變為尋找一個函數的零點以求出 c 的倒數 1/e，再將其乘上另一個運算元。該反覆的技術若不計算到許多額外的位數則無法恰當地進位。有一個德州儀器 (TI) 的晶片以計算格外精準的倒數來解決該問題。

仔細深思 Java 藉著其對浮點數據型態與運算的定義使用的名稱來表示其採用 IEEE 754。因此，在第一個例題中的程式碼可以被用於一個轉換華氏至攝氏的類別方法。

第二個例題使用多維陣列，其在 Java 中並沒有明確地被支援。Java 允許陣列的陣列，但是不同於 C 語言中的多維陣列，每個陣列可以有不同的長度。如同第 2 章中的例題，第二例的 Java 版本需要用到許多測試碼來檢查陣列的邊界，包含在列存取結束時的新的長度計算。它也必須測試物件的參考 (reference，即存取) 是否無效 (null)。

精確的算術

不同於整數可以在最小與最大數之間正確地表示每一個數，浮點數通常是一個其無法確實表示之數的近似值。這是因為譬如在 0 與 1 之間存在無限多個實數，但是在雙精確度浮點數中最多只能正確地表示 2^{53} 個不同值。我們最多只能做到讓浮點數表示的值接近實際的數。所以 IEEE 754 提供數種進位處理 (rounding) 模式，以便讓程式師選用所欲的近似法。

保護位元
在浮點數中間運算時，右側帶著的兩個額外位元的第一個；用以提高進位處理的準確度。

進位處理
用於使過程中的浮點結果合於浮點格式的方法；其目的最常為的是尋求該格式所能表示的最接近值。

進位處理聽起來很簡單，然而精準地進位需要硬體在計算中使用額外的位元。在前例中，我們對過程中值的表示法可以使用的位元數並未言明，但是明顯地，如果每個過程中的結果都必須截短 (truncated) 成該有的位數的話，就沒有處理進位的機會了。因此 IEEE 754 在過程中的加法時，總是在右邊帶著兩個額外的位元，分別稱為**保護位元** (guard) 與**進位位元** (round)。我們以十進制的例子來說明它們的意義。

> **使用保護位數做進位處理**
>
> 假設我們有三位有效數字,將 $2.56_{ten} \times 10^0$ 與 $2.34_{ten} \times 10^2$ 相加。進位至最接近的三位十進制數,首先使用保護位數與進位位數,然後嘗試不使用它們。
>
> 首先我們必須把較小數右移以使指數一致,所以 $2.56_{ten} \times 10^0$ 會變成 $0.0256_{ten} \times 10^2$。由於我們有保護位數與進位位數,所以使指數一致後,我們仍足以表示兩位最小的有效位數。此時保護位數是 5 而進位位數則是 6。其和為:
>
> $$\begin{array}{r} 2.3400_{ten} \\ +\ 0.0256_{ten} \\ \hline 2.3656_{ten} \end{array}$$
>
> 所以和為 $2.3656_{ten} \times 10^2$。因為有兩位數要作進位處理,我們要將 0 到 49 的值捨去而 51 到 99 進位,並以 50 為分界。將和進位以得到三位有效位數時可得 $2.37_{ten} \times 10^2$。
>
> 若無保護位數與進位位數時,計算時會少了兩個位數。於是新的和是:
>
> $$\begin{array}{r} 2.34_{ten} \\ +\ 0.02_{ten} \\ \hline 2.36_{ten} \end{array}$$
>
> 答案會是 $2.36_{ten} \times 10^2$,與之前的和在最後一個位數差 1。

由於在進位處理時最壞的狀況是當實際數字是兩個浮點表示法的中間值時,浮點數的準確度通常是以有效數字中有幾個最低位元具有誤差來表示;其量測單位稱為**最後位置的單元數** (units in the last place, ulp)。若某數於最低位元處有 2 個位元不準確,就稱為誤差為 2 個 ulps。在沒有滿溢、短值或是無效運算例外事件的情形下,IEEE 754 保證了計算機所使用的數字其誤差在半個 ulp 之內。

仔細深思 雖然上例中其實只需要一位額外位數,乘法卻可能需要兩位數。二進制乘積可能在最左側有個 0;於是常規化的步驟可能必須將乘積左移 1 位元。這會將保護位元移入乘積的最低位元,而只剩下進位位元可用以準確地將乘積進位。

IEEE 754 有四種捨入模式:無條件向正向進位 (朝向 $+\infty$)、無條件向負向進位 (朝向 $-\infty$)、截短以及進位至最接近的偶數。最後一種模式決定了若某數恰巧介於兩相鄰可表示值的中間時該如何做。美國稅務署 (IRS) 可能為了該單位利益著想,總是將 0.50 元向正向進

最後位置的單元數 (ulp) 真實數字與可以表示的數字之間其有效數字中有幾個最低位元具有誤差。

位。更公平的方法應是一半時機向上進位,而另一半時機則向下進位。IEEE 754 聲稱如果一數位於兩相鄰可表示值的中間時其最低有效位元為奇數,則加一;若為偶數,則截短。這種方法在出現相鄰可表示值的中間值時,總是會在最低位元產生 0,這也是它名稱的由來。這種模式是最常使用的,也是 Java 唯一支援的模式。

額外進位位元的目的是為了使得計算機可以得到彷彿以無限精確度來計算過程中的值,最後才做捨入般的結果。為了支援進位至最接近偶數的目標,標準中除了保護位元與進位位元之外,還有第三個位元;每當在進位位元右邊有非零位元時,它就會被設為 1。這個**黏的位元** (sticky bit) 使得計算機在進位時,可以分辨 $0.50...00_{ten}$ 與 $0.50...01_{ten}$ 之間的差異。

黏的位元
一個用於進位處理中保護及進位位元以外的另一個位元,其於進位位元右側有任一非 0 位元時設定為 1。

例如在加法中,當較小的數被右移時,黏的位元就可能被設定。假設在上例中我們是把 $5.01_{ten} \times 10^{-1}$ 與 $2.34_{ten} \times 10^2$ 相加。即使有保護位數與進位位數,我們仍會將 0.0050 與 2.34 相加,得到和 2.3450。由於在右側仍有非零數字,黏的位元應會被設定為 1。若沒有黏的位元來記住是否有任何 1 被移出去了,我們會假設這個數字等於 2.345000...00,並將它進位至最近的偶數 2.34。若有黏的位元來記憶住這個數比 2.345000...00 大,我們則會將它進位至 2.35。

仔細深思 PowerPC、AMD SSE5 與 Intel AVX 架構提供單一指令即可對三個暫存器做乘與加:$a = a + (b \times c)$。顯然地,該指令對這種常見的運算方法可能帶來較高的浮點效能。同樣重要的是與其做兩次進位處理——一個在乘之後然後一個在加之後,其會在使用兩道指令時如此,該乘加指令可以只在加之後做一次進位處理。只有一次進位處理增加了乘加的精確度。這種只作一次進位處理的運算稱為**熔合的乘加** (fused multiply add)。其已被加入修訂後的 IEEE 754-2008 標準 (參見 ⊕3.11 節)。

熔合的乘加
一個執行乘與加,並只在加之後做一次進位處理的浮點指令。

總結

底下的大印象補充了第 2 章的內儲程式 (stored-program) 概念;資料的意義無法僅由位元的樣式決定,因為同樣的位元樣式可以代表各種不同的東西。本節說明計算機算術有所侷限所以可能與自然算術的結果不一樣。例如,IEEE 754 標準中浮點表示法

$$(-1)^S \times (1 + 分數) \times 2^{(指數 - 偏移值)}$$

幾乎都只是實際數字的近似。計算機系統必須小心地儘量降低計算機算術與真實世界算術間的差異，而且程式師有時候也必須瞭解這種近似的涵義。

> **大印象** *The BIG picture*
>
> 位元樣式並沒有與生俱來的意義。它們可能代表有號整數、無號整數、浮點數、指令等等。它們代表什麼是依據對這些位元做運算的指令而定。
>
> 計算機中的數字與真實世界中的數字主要的不同是它們的大小有限，因此精確度也有限；有可能會計算到太大或太小因而無法以一個字組來表示的數。程式師必須記住這些限制，並且依此來撰寫程式。

C 型態	Java 型態	數據搬移	運 作
int	int	lw, sw, lui	addu, addiu, subu, mult, div, AND, ANDi, OR, ORi, NOR, slt, slti
unsigend int	—	lw, sw, lui	addu, addiu, subu, multu, divu, AND, ANDi, OR, ORi, NOR, sltu, sltiu
char	—	lb, sb, lui	add, addi, sub, mult, div, AND, ANDi, OR, ORi, NOR, slt, slti
—	char	lh, sh, lui	addu, addiu, subu, multu, divu, AND, ANDi, OR, ORi, NOR, sltu, sltiu
float	float	lwc1, swc1	add.s, sub.s, mult.s, div.s, c.eq.s, c.lt.s, c.le.s
double	double	l.d, s.d	add.d, sub.d, mult.d, div.d, c.eq.d, c.lt.d, c.le.d

硬體 / 軟體介面

上一章中，我們介紹了 C 語言的儲存類別 (參見 2.7 節中的硬體 / 軟體介面)。上表則顯示一些 C 及 Java 的數據型態、MIPS 的數據搬移指令，以及第 2、3 章中出現的對這些數據型態作運算的指令。注意 Java 不包含無號整數。

自我檢查 修正後的 IEEE 754-2008 標準增加了一個具有五個指數位元的 16 位元浮點數格式。以下哪一個可能是它可以表示的數字範圍？

1. $1.0000\ 0000\ 00 \times 2^0$ 至 $1.1111\ 1111\ 11 \times 2^{31}, 0$
2. $\pm 1.0000\ 0000\ 0 \times 2^{-14}$ 至 $\pm 1.1111\ 1111\ 1 \times 2^{15}, \pm 0, \pm \infty$, NaN
3. $\pm 1.0000\ 0000\ 00 \times 2^{-14}$ 至 $\pm 1.1111\ 1111\ 11 \times 2^{15}, \pm 0, \pm \infty$, NaN
4. $\pm 1.0000\ 0000\ 00 \times 2^{-15}$ 至 $\pm 1.1111\ 1111\ 11 \times 2^{14}, \pm 0, \pm \infty$, NaN

仔細深思 因為在比較中可能包含 NaNs，該標準在比較中提供了有序的 (*ordered*) 以及無序的 (*unordered*) 選項。因此完整的 MIPS 指令集中包括許多種支援 NaNs 的比較指令 (Java 並不支援無序的比較)。

為了在浮點運算中儘可能表示出精確度，該標準允許某些數字可以使用非常規化的形式來表示。與其在 0 與最小的常規化數字之間留下一段空隙，IEEE 允許非常規化數字 (*denormalized numbers*，也稱為 *denorms* 或 *subnormals*) 的表示法。它的指數部分跟零一樣，卻有非零的有效數字。它們允許一個數的有效數字變得更小，最小為等於 0，這稱為逐漸短值 (*gradual underflow*)。例如，最小的正單精確度常規化數字是：

$$1.0000\ 0000\ 0000\ 0000\ 0000\ 000_{two} \times 2^{-126}$$

而最小的單精確度非常規化數字則是：

$$0.0000\ 0000\ 0000\ 0000\ 0000\ 001_{two} \times 2^{-126}, \text{或是 } 1.0_{two} \times 2^{-149}$$

對於雙精確度的數，常規化數字與非常規化數字的間隙是從 1.0×2^{-1022} 到 1.0×2^{-1074}。

偶爾會出現的非常規化運算元造成設計快速浮點單元的人員的困擾。因此，許多計算機在發現運算元為非常規化數字之後，會引發例外處理，以軟體來完成這個運算。雖然用軟體實現絕對可行，但是較低的效能已經降低了非常規化數字在可攜式浮點軟體上的普及性。而且如果程式師沒有恰當處理非常規化數字，他們的程式或許會產生令人意外的結果。

3.6 平行性與計算機算術：部分字的平行性

由於每一個桌上型微處理器與智慧型手機原則上都會有它自己的圖型顯示器，所以當可使用的電晶體數目更多時，它們不可避免地會被用來支援圖形運算。

很多圖形系統起初用 8 個位元來代表一個畫素中三原色的每一種顏色，以及 8 個位元來代表其位置。為了視訊和電視遊戲而新增的揚聲器及麥克風造成了對音訊支援的需求。音訊取樣須用到 8 個位元以上的精度，而且 16 位元即已足夠。

每個微處理器都有特殊的設計來使得位元組和半字組在記憶體中可以佔用較少空間 (參見 2.9 節)。但是因為在一般整數程式中這些數據形式的算術運算並不常用到，因此除了數據傳遞類指令外，少有提供相關的支援。然而架構師體認到在許多圖形及音訊的應用中，將會對以向量形式呈現的許多筆這類數據執行相同的運算。藉由切斷 128 位元加法器中的進位鏈，處理器即可利用**平行性** (parallelism) 同時對 16 個 8 位元、8 個 16 位元、4 個 32 位元或 2 個 64 位元的運算元這種短小的向量執行運算。設計這種可分割成小段的加法器所需的額外成本很低。

由於平行性來自於一個寬字元的內部，這種延伸性被歸類為部分字的平行性 (*subword parallelism*)。它也可被歸類於更通用的數據階層平行性 (*data level parallelism*) 之下。它也可稱為向量或 SIMD——代表單一指令 (流) 多筆數據 (流)[single instruction (stream), multiple data (stream)](參見 6.6 節)。多媒體應用漸增的普及性導致可平行執行多個較窄運算的算術指令的出現。

例如，ARM 在 NEON 多媒體指令延伸中加入了 100 道以上支援部分字平行性的指令，其可用於 ARMv7 及 ARMv8 中。它也為 NEON 增加了可視為 32 個 8 位元組寬或 16 個 16 位元組寬的一共 256 個位元組的數個新的暫存器。NEON 支援除了 64- 位元浮點數以外所有你能想到的部分字數據型態：

- 8- 位元、16- 位元、32- 位元以及 64- 位元有號和無號整數
- 32- 位元浮點數

圖 3.19 是基本 NEON 指令的綜覽。

平行性

數據轉移	算術	邏輯 / 比較
VLDR.F32	VADD.F32, VADD{L,W} {S8,U8,S16,U16,S32,U32}	VAND.64, VAND.128
VSTR.F32	VSUB.F32, VSUB{L,W} {S8,U8,S16,U16,S32,U32}	VORR.64, VORR.128
VLD{1,2,3.4}.{I8,I16,I32}	VMUL.F32, VMULL{S8,U8,S16,U16,S32,U32}	VEOR.64, VEOR.128
VST{1,2,3.4}.{I8,I16,I32}	VMLA.F32, VMLAL{S8,U8,S16,U16,S32,U32}	VBIC.64, VBIC.128
VMOV.{I8,I16,I32,F32}, #imm	VMLS.F32, VMLSL{S8,U8,S16,U16,S32,U32}	VORN.64, VORN.128
VMVN.{I8,I16,I32,F32}, #imm	VMAX.{S8,U8,S16,U16,S32,U32,F32}	VCEQ.{I8,I16,I32,F32}
VMOV.{I64,I128}	VMIN.{S8,U8,S16,U16,S32,U32,F32}	VCGE.{S8,U8,S16,U16,S32,U32,F32}
VMVN.{I64,I128}	VABS.{S8,S16,S32,F32}	VCGT.{S8,U8,S16,U16,S32,U32,F32}
	VNEG.{S8,S16,S32,F32}	VCLE.{S8,U8,S16,U16,S32,U32,F32}
	VSHL.{S8,U8,S16,U16,S32,S64,U64}	VCLT.{S8,U8,S16,U16,S32,U32,F32}
	VSHR.{S8,U8,S16,U16,S32,S64,U64}}	VTST.{I8,I16,I32}

圖 3.19　能發掘部分字平行性的 ARM NEON 指令群綜覽。
我們用大括號 {} 來代表各基本運作的可以選用的變形：{S8, U8, 8} 代表有號的以及無號的 8 位元整數或是型態無所謂的 8 位元數據形態，而在 128 位元的暫存器中可以放得進 16 個這種數據；{S16, U16, 16} 代表有號的以及無號的 16 位元整數或是沒有形態的 16 位元數據，而在 128 位元的暫存器中可以放得進 8 個這種數據；{S32, U32, 32} 代表有號的以及無號的 32 位元整數或是沒有形態的 32 位元數據，而在 128 位元的暫存器中可以放得進 4 個這種數據；{S64, U64, 64} 代表有號的以及無號的 64 位元整數或是沒有形態的 64 位元數據，而在 128 位元的暫存器中可以放得進 2 個這種數據；{F32} 代表有號的以及無號的 32 位元浮點數字，而在 128 位元的暫存器中可以放得進 4 個這種數據。向量 Load 自記憶體讀取一個 n 個元素的結構 (structure) 來存入 1、2、3 或 4 個 NEON 暫存器中。其對一個通道 (lane)(參見 6.6 節) 載入單一個 n 個元素的結構，而暫存器中沒有被載入新數據的部分，則其中原有的元素並不會被改變。向量 Store 自 1、2、3 或 4 個 NEON 暫存器中將一個 n 個元素的結構寫入記憶體中。

仔細深思　除了有號及無號整數外，ARM 還有四種大小的「定點 (fixed-point)」格式，分別稱為能在 128 位元暫存器中放進 16、8、4 和 2 個的 I8、I16、I32 和 I64。定點格式中有一部分是 (小數點右方的) 分數，其餘用於表示 (小數點左方的) 整數。小數點 (binary point) 的位置由軟體來定義。許多 ARM 處理器沒有浮點硬體，因此浮點運算必須以程式庫中的程序來執行。定點算術可以遠快於軟體的浮點程序，但是這種作法需要用到更多編程的工作。

3.7 實例：x86 中串流式 SIMD 延伸與先進的向量 (處理) 延伸

x86 原始的 MMX (*MultiMedia eXtension*) 及 SSE (*Streaming SIMD Extenstion*) 指令包括類似於 ARM NEON 中的各種運作。第 2 章提及 Intel 於 2001 年在它的架構中加入 144 道指令作為 SSE2 的一部分，包括雙精確度浮點暫存器及運作。AMD 擴充暫存器數量至 16，稱之為 XMM，以作為 AMD64 的一部分，而 Intel 在使用它時將之改稱為 EM64T。圖 3.20 歸納了 SSE 及 SSE2 的指令。

除了用以存放單精確度或雙精確度數字，Intel 也允許將多個浮點運算元置入一個 128 位元的 SSE2 暫存器中：四個單精確度或兩個雙精確度數字。因此這 16 個 SSE2 浮點暫存器是 128 個位元寬。若好幾個運算元在記憶體中可安排成 128 位元且對齊位置的數據，則每道 128 位元的數據傳遞指令即可載入及儲存好幾個運算元。這種打包的浮點格式可用於能同時運作於四個單精確度 (PS) 或兩個雙精確度 (PD) 的算術運算中。

Intel 公司於 2011 年在先進向量延伸 (*Advanced Vector Extensions, AVX*) 中又將現在稱之為 YMM 的暫存器寬度加倍。所以現在一個運作即可包含 8 個 32 位元或 4 個 64 位元的運作。既有的 SSE 與 SSE2

數據轉移	算術	比較
MOV{A/U}{SS/PS/SD/PD} xmm, mem/xmm	ADD{SS/PS/SD/PD} xmm,mem/xmm	CMP{SS/PS/SD/PD}
	SUB{SS/PS/SD/PD} xmm,mem/xmm	
MOV {H/L} {PS/PD} xmm, mem/xmm	MUL{SS/PS/SD/PD} xmm,mem/xmm	
	DIV{SS/PS/SD/PD} xmm,mem/xmm	
	SQRT{SS/PS/SD/PD} mem/xmm	
	MAX {SS/PS/SD/PD} mem/xmm	
	MIN{SS/PS/SD/PD} mem/xmm	

圖 3.20　x86 的 SSE/SSE2 浮點指令群。
xmm 代表有一個運算元是一個 128 位元的 SSE2 暫存器，而 mem/xmm 代表另一個運算元或是在記憶體中或是一個 SSE2 暫存器。我們用大括號 {} 來代表各基本運作的可以選用的變形：{SS} 代表在 128 位元的暫存器中的純量 (scalar) 單精確度浮點數，或是一個 32 位元的運算元；{PS} 代表在 128 位元的暫存器中的打包了 (packed) 的單精確度浮點數，或是四個 32 位元的運算元；{SD} 代表在 128 位元的暫存器中的純量 (scalar) 雙精確度浮點數，或是一個 64 位元的運算元；{PD} 代表在 128 位元的暫存器中的打包了 (packed) 的雙精確度浮點數，或是兩個 64 位元的運算元；{A} 代表該 128 位元的運算元在記憶體中是對齊的 (aligned)；{U} 代表該 128 位元的運算元在記憶體中是沒有對齊的 (unaligned)；{H} 代表移動該 128 位元暫存器高位的一半位元；而 {L} 代表移動該 128 位元暫存器低位的一半位元。

指令現在則會是運作在 YMM 暫存器中低位的 128 個位元上。因此若要從 128 位元改為 256 位元的運作，則需於 SSE2 組合語言運作碼前冠以 "v" (表向量 Vector) 並且使用 YMM 暫存器而非 XMM 暫存器的名稱。例如，執行兩個 64 位元浮點數加法的 SSE2 指令

    addpd %xmm0, %xmm4

會變成執行四個 64 位元浮點數加法的

    vaddpd %ymm0, %ymm4

到了 2015 年，Intel 公司再次於它一些微處理器中的 AVX512 將現在稱為 ZMM 的 (浮點) 暫存器寬度倍增至 512 個位元。

仔細深思 AVX 也在 x86 中加入三個位址的指令。例如 vaddpd 現在可以這麼做

    vaddpd %ymm0, %ymm1, %ymm4   # %ymm4 = %ymm0 + %ymm1

而不必是標準兩個位址版本的形式

    addpd %xmm0, %xmm4   # %xmm4 = %xmm4 + %xmm0

(不同於 MIPS，x86 以最右方的參數作為運算結果。) 使用三個位址的指令可減少計算中使用的暫存器數及指令數。

3.8 執行得更快：部分字平行性與矩陣乘法

回想在圖 2.43 中的 C 語言未經優化的 DGEMM 程式。為了展示部分字平行性在效能上的重大影響，我們重新使用 AVX 來執行這段程式碼。先不論撰寫編譯器的人遲早能慣常地編譯出使用上了 x86 中的 AVX 指令的高品質程式碼，目前我們還是要透過使用 C 中既有的功能 (intrinsics) 來「作弊」以多多少少告訴編譯器到底要如何產出好的碼。圖 3.21 中是改善過的圖 2.43 的碼。

圖 3.21 中第 7 行的宣告使用 _m512d 的數據型態，用以告知編譯器這個變數內存有 8 個雙精確度的浮點數值 (64 位元×8＝512 位元)。同樣在第 7 行中的既有功能 _mm512_load_pd( ) 使用 AVX 指令 _pd 來平行地從矩陣 C 載入 8 個雙精確度浮點數字到 c0。住址計算

```
1.   #include <x86intrin.h>
2.   void dgemm (int n, double* A, double* B, double* C)
3.   {
4.     for (int i = 0; i < n; i+=8)
5.       for (int j = 0; j < n; ++j)
6.       {
7.         __m512d c0 = _mm512_load_pd(C+i+j*n); // c0 = C[i][j]
8.         for( int k = 0; k < n; k++ )
9.         {   // c0 += A[i][k]*B[k][j]
10.          __m512d bb = _mm512_broadcastsd_pd(_mm_load_sd(B+j*n+k));
11.          c0 = _mm512_fmadd_pd(_mm512_load_pd(A+n*k+i), bb, c0);
12.        }
13.        _mm512_store_pd(C+i+j*n, c0); // C[i][j] = c0
14.      }
15. }
```

圖 3.21 DGEMM 使用 C 內建函式以產出 x86 的 AVX512 具部分字平行性指令的最佳化後的 C 程式。

圖 3.22 顯示編譯器對其內迴圈所產出的組合語言 (程式)。

C+i+j*n 表示用到的是元素 C[i+j*n]。相對應地，在第 13 行中的最後部分使用既有功能 _mm256_store_pd( ) 來將 8 個雙精確度浮點數字從 c0 儲存入 C 矩陣中。由於我們在每次重複中處理 8 個元素，第 4 行的外部 for 迴圈每次將 i 遞增 8，而非如同圖 2.43 中第 3 行的遞增 1。

在這些迴圈內部，在第 10 行中我們先再次以 _mm512_load_pd( ) 將 A 的 8 個元素載入。為了將這些元素與 B 中的一個元素相乘，我們先使用能夠將一個純量雙精確度數字──在現在的情形中就是 B 中的一個元素──在某一個 ZMM 暫存器中複製出八個同樣複本的既有功能 _mm512_broafcast_sd( )。然後我們在第 11 行中使用 _mm512_fmadd_pd 來平行地乘出 8 個雙精確度的結果，然後並且將這 8 個乘積加到 c0 中的 8 個和中。

圖 3.22 表示內部迴圈本體經編譯器處理後得出的 x86 碼。其中可看見四道 AVX512 指令──它們都在開頭處有一 v 字母並且以 pd 表示平行的雙精確度──對應於之前提到的 C 基本功能。這段程式

```
1.  vmovapd      (%r11),%zmm1              #將 C 中的 8 個元素載入 %zmm1 中
2.  mov          %rbx,%rcx                 #暫存器 %rcx=%rbx
3.  xor          %eax,%eax                 #暫存器 %eax=0
4.  vbroadcastsd (%rax,%r8,8),%zmm0        #在 %zmm0 中做出 8 份 B 元素的複本
5.  add          $0x8,%rax                 #暫存器 %rax=%rax+8
6.  vfmadd231pd  (%rcx),%zmm0,%zmm1        #平行地進行 %zmm0 與 %zmm1 的乘與加
7.  add          %r9,%rcx                  #暫存器 %rcx=%rcx+%r9
8.  cmp          %r10,%rax                 #比較 %r10 與 %rax
9.  jne          50 <dgemm+0x50>           #若非 %r10 !=%rax 則跳躍
10. add          $0x1, %esi                #暫存器 %esi=%esi+1
11. vmovapd      %zmm1,(%r11)              #將 %zmm1 儲存於 C 的 8 個元素中
```

圖 3.22 將圖 3.21 中經過最佳化的 C 程式中其巢狀迴圈的本體經編譯後所產出的 x86 組合語言 (程式)。

注意其與第 2 章圖 2.44 的相似性，而主要的不同是原先的浮點運作現在會使用 YMM 暫存器與使用 pd 形式的指令來進行平行的雙精確度運作，而非 sd 形式的純量雙精確度運作，以及執行單一道的乘加指令來取代各別的乘法指令與加法指令。

碼與圖 2.44 中的碼非常相似：各道整數指令幾乎完全一樣 (只不過使用了不同的暫存器)，以及各道浮點指令的差異基本上只是從 *scalar double* (純數雙精確度，sd) 使用 XMM 的暫存器改成 *parallel double* (平行雙精確度，pd) 使用 ZMM 的暫存器。其中一個例外是圖 3.22 中的第 4 行。A 中所有的元素都必須乘以 B 中的一個元素。一個方法是將該 B 中的 64 位元元素的八份拷貝並排地放在 512 位元的 ZMM 暫存器中，這就是指令 vbroadcastsd 的作用。另一個差異是原本的程式使用各別的乘與加浮點運算，而 AVX512 的方式使用圖中第 6 行的單一道能夠做乘與加動作的浮點指令。

AVX 的版本得到 7.5 倍的增速，與你經由使用**部分字平行性 (subword parallelism)** 同時執行可多達 8 倍的運算動作而希望得到 8.0 倍加速的期望非常接近。第 3、4、5 與 6 章將透過各章介紹的觀念來逐漸更加提升 DGEMM 的效能。

平行性

於是數學可以被定義成一門我們從來不知道自己在說些什麼，也不知道我們所說的是否正確的科目。

Bertrand Russell，《數學原理新語》錄 (*Recent Words on the Principles of Mathematics*)，1901

3.9 謬誤與陷阱

算術的謬誤與陷阱通常都是因為有限的計算機算術精確度與無限的自然算術精確度間的差異所衍生。

謬誤：如同左移指令可以代替 2 的冪次方的整數乘法一樣，右移指令會等同於 2 的冪次方的整數除法。

回想一下二進制數字 x，其中 x^i 代表第 i 個位元，表示數字

$$... + (x^3 \times 2^3) + (x^2 \times 2^2) + (x^1 \times 2^1) + (x^0 \times 2^0)$$

將 x 右移 n 位元似乎與除以 $2n$ 一樣。這對於無號整數是正確的。問題在於對有號整數應該是如何。例如，假設我們想要將 -5_{ten} 除以 4_{ten}；商數應該是 -1_{ten}。-5_{ten} 的 2 的補數表示法是

$$1111\ 1111\ 1111\ 1111\ 1111\ 1111\ 1111\ 1111_{two}$$

根據這個謬誤來看，右移 2 位元等於除以 $4_{ten}(2^2)$：

$$0011\ 1111\ 1111\ 1111\ 1111\ 1111\ 1111\ 1110_{two}$$

此數的符號位元為 0，很明顯地這個結果是錯誤的。右移所產生的值實際上是 $1,073,741,822_{ten}$，而不是 -1_{ten}。

一個解決方法是使用**算術右移** (*arithmetic right shift*) 來延伸符號位元而不是移入 0 來補位。-5_{ten} 的算術右移二位元會產生：

$$1111\ 1111\ 1111\ 1111\ 1111\ 1111\ 1111\ 1110_{two}$$

結果是 -2_{ten} 而不是 -1_{ten}；接近了，但仍舊不對。

陷阱：浮點加法運算不具有結合性。

在 2 的補數的連續整數加法中不論滿溢是否發生結合律均成立。然而因為浮點數只是實數的近似表示法以及計算機算術的精確度有其限制，結合律對浮點數加法並不成立。由於浮點數可表示的數值範圍極大，當兩個符號不同的大數值和一個小數值相加時會發生問題。例如，讓我們看看 $c+(a+b)=(c+a)+b$ 是否成立。假設 $c=-1.5_{ten}\times10^{38}$，$a=1.5_{ten}\times10^{38}$ 及 $b=1.0$，三者均為單精確度數字。

$$\begin{aligned} c+(a+b) &= -1.5_{ten}\times10^{38}+(1.5_{ten}\times10^{38}+1.0) \\ &= -1.5_{ten}\times10^{38}+(1.5_{ten}\times10^{38}) \\ &= 0.0 \\ c+(a+b) &= (-1.5_{ten}\times10^{38}+1.5_{ten}\times10^{38})+1.0 \\ &= (0.0_{ten})+1.0 \\ &= 1.0 \end{aligned}$$

由於浮點數字精確度有限而僅為真正值的近似表示，$1.5_{ten} \times 10^{38}$ 遠大於 1.0_{ten}，以致於 $1.5_{ten} \times 10^{38} + 1.0$，結果還是 $1.5_{ten} \times 10^{38}$。這就是為什麼加的次序不同，c 和 a 和 b 的和可為 0.0 或 1.0，因此 $c+(a+b) \neq (c+a)+b$。是故，浮點加法運算不具有結合性。

謬誤：可用於整數數據型態的平行執行策略亦可用於浮點數據型態。

程式通常都是先寫成循序執行的形式之後再改寫為可平行執行，因此當然的一個疑問是「兩個形式會得到相同的結果嗎？」若結果為否，你會猜測平行版本中有錯誤需要找出來。

這種方法的假設是計算機算術從循序轉為平行處理時不致影響結果。亦即，若你累加一百萬個數字，不論使用 1 個或 1000 個處理器都應該會得到相同的結果。這個假設對 2 的補數整數 (譯註：整數應坐定點數) 而言是成立的，因為整數加法具結合性。然而因為浮點加法不具結合性，該假設對浮點數並不成立。

這個謬誤更令人困擾的情況發生在平行計算機中作業系統排程器會因為其他執行於此計算機上的不同程式，而可能對這個程式使用不同數目的處理器。由於在不同時機下執行此程序使用到的處理器數量也許不同，可能會造成浮點和以不同的次序計算，因此即使對相同的輸入執行相同程式也會得到稍有不同的答案。這個現象可能會困擾不明所以的平行程式師。

因為有這種模糊，寫作涉及到浮點數值的程式的平行程式師必須確認如果無法得到與循序碼完全一樣的結果的話，其結果能否被接受。討論這種議題的領域稱為數值分析，是其他相關教科書中的主題。這種顧慮是造成數值程式庫如 LAPACK 和 SCALAPAK 受歡迎的原因之一，因為其已在循序及平行形式下經過驗證。

陷阱：*MIPS 的 add immediate unsigned* (`addiu`) *指令對其 16 位元立即值欄位做符號延伸。*

儘管指令是如此命名的，add immediate unsigned (`addiu`) 是當我們不在意滿溢時用於將常數加到有號整數。MIPS 沒有減立即值的指令，而且因為任何位數不夠多的負值需做符號延伸，所以 MIPS 架構師決定符號延伸這個立即值欄位。

謬誤：只有理論數學家在意浮點數的精確度。

1994 年 11 月的報紙頭條證明該敘述是個謬誤 (參見圖 3.23)。以下就是這些頭條背後的內幕故事。

Pentium 使用了每個步驟會產生多個商數位元的標準浮點除法演算法，該方法根據除數與被除數的數個最高位元來推測商數的下兩個位元。推測值是由一個含有 −2、−1、0、+1 或 +2 的查詢表得出。推測值在乘以除數後由餘數中減去以產生新的餘數。如同非回復型除法 (nonrestoring division) 一般，如果前一次的推測值使得餘數過大，則所得的部分餘數會在下一個過程中做調整。

顯然地，Intel 工程師們認為在 80486 使用的表中有五個元素永遠都不會被存取，所以他們在 Pentium 中將邏輯最佳化成在這種情形下回傳 0 而非 2。Intel 錯了：雖然前面 11 個位元總是正確的，但錯誤偶爾會在第 12 至 52 位元、亦即第 4 至 15 個十進位數中發生。

圖 3.23　1994 年 11 月的一些報紙與雜誌文章採樣，包括 New York Times、San Jose Mercury News、San Francisco Chronicle 以及 Infoworld。
Pentium 浮點除法的錯誤甚至登上 *David Letterman Late Show* 電視節目的十大新聞榜 ("Top 10 List")。Intel 最後花了五億美金來置換這些錯誤的晶片。

維吉尼亞州 Lynchburg College 的一位數學教授 Thomas Nicely 在 1994 年 9 月發現了這個錯誤。在電告 Intel 技術支援部門卻未獲正式回應後，他就將這個發現公布在網際網路上。這個公布成為某商業雜誌上的一則報導，並因此使得 Intel 發布一則新聞。其宣稱這個錯誤是一個只會影響到理論數學家的小毛病，對一般試算表使用者每 27,000 年才會看到一次錯誤。IBM Research 很快駁稱一般試算表使用者每 24 天就會看到一次錯誤。Intel 很快就丟進毛巾（指投降）於 12 月 21 日做出以下聲明：

> 「我們在 Intel 希望衷心為近來喧騰的 Pentium 處理器瑕疵的處理方式道歉。Intel Inside 標誌代表您的計算機擁有品質與效能首屈一指的微處理器。數千名 Intel 員工都十分努力工作以保證這句話的真實性。然而沒有一個微處理器是全然完美的。Intel 一直相信的是技術上而言一個極端輕微的問題的確存在了。雖然 Intel 堅決地保證現行版本 Pentium 的品質，我們也知道許多使用者有所擔憂。我們想要消除這些擔憂。Intel 將在任何時候任何擁有者在他們計算機的使用期間提出要求時，免費地以修正了浮點除法瑕疵的新版 Pentium 處理器來更換現行的版本。」

分析師估計這個召回會花費 Intel 五億美金；Intel 的工程師們那一年也沒有領到聖誕節獎金。

這個故事點出了幾件事值得每個人深思。要是在 1994 年 7 月就去面對這個錯誤，將會減少多少代價？要挽回 Intel 商譽的損害其代價又是多少？而像微處理器這種如此被廣泛使用和依賴的產品，公司在揭露其瑕疵的責任又是什麼？

3.10 總結評論

數十年來，計算機算術大致已標準化，因此大大提高了程式的可攜性。今天市售的計算機都使用 2 的補數二進制整數（譯註：整數應作定點）算術，而且如果它也支援浮點運作，它就會提供 IEEE 754 的二進浮點算術。

計算機算術之所以有別於手算,即在於有限的精確度帶來的限制。這個有限的精確度在計算比預先設定的極限值更大或是更小的數值時,可能造成錯誤運算。這種稱為「滿溢」或「短值」的異常事件可能會導致例外或是插斷,也就是類似非預期之程序呼叫的突然事件。第 4 章和第 5 章會更詳細地討論例外事件。

浮點算術由於浮點數僅是實際數字的近似而增加了挑戰,因此必須注意確保得出的計算機數字是最接近實際數字的。不精確與受限制的表示法帶來的各種挑戰是形成數值分析這個領域的部分原因。邇來**平行性 (parallelism)** 的運用會再度引起對數值分析的重視,因為過去認為可靠的由循序計算機求得的解,現在卻是經由平行計算機上的最快的演算法所得出時,其是否仍為正確需要再作檢視。

平行性

數據階層平行性、特別是部分字平行性,對具有不論是整數 (譯註:整數應作定點) 或浮點數數據的密集算術運作的程式提供一種提升效能的簡易方法。我們說明了如何可以使用一次執行 4 個浮點運作的指令來加速矩陣相乘至近四倍。

隨著本章的計算機算術說明而來的是對 MIPS 指令集的更多描述。有一個疑問點在於各章所包含的指令、MIPS 晶片所執行的指令、與 MIPS 組譯器所能接受的指令之間的異同。接下來的兩張圖會試著釐清這點。

圖 3.24 列出在本章與第 2 章中所介紹的 MIPS 指令。我們稱呼圖中左手邊的一組指令為 MIPS 的核心指令 (*MIPS core*)。右手邊的指令則稱為 MIPS 的算術核心指令 (*MIPS arithmetic core*)。在圖 3.25 左邊的是 MIPS 處理器所執行而圖 3.24 中沒有列出的指令。我們稱呼完整的一套硬體指令為 MIPS-32。在圖 3.25 右邊的是組譯器可以接受但並不屬於 MIPS-32 的指令。我們稱呼這組指令為 MIPS 虛擬指令 (*Pseudo MIPS*)。

圖 3.26 列出 MIPS 各指令在 SPEC CPU2006 整數與浮點數測試程式中的使用率。所有使用率至少為 0.2% 的指令都已在此列出。

注意雖然程式師與編譯器設計者可能會使用 MIPS-32 以便使選擇更豐富,SPEC CPU2006 整數程式的執行以 MIPS 核心指令佔大多

MIPS 核心指令	名稱	格式	MIPS 算術運算核心指令	名稱	格式
加法	add	R	乘法	mult	R
加立即值	addi	I	無號乘法	multu	R
無號加法	addu	R	除法	div	R
無號加立即值	addiu	I	無號除法	divu	R
減法	sub	R	由 Hi 搬移	mfhi	R
無號減法	subu	R	由 Lo 搬移	mflo	R
及	AND	R	由系統控制 (EPC) 搬移	mfc0	R
及立即值	ANDi	I	單精確度浮點數加法	add.s	R
或	OR	R	雙精確度浮點數加法	add.d	R
或立即值	ORi	I	單精確度浮點數減法	sub.s	R
反或	NOR	R	雙精確度浮點數減法	sub.d	R
邏輯左移	sll	R	單精確度浮點數乘法	mul.s	R
邏輯右移	srl	R	雙精確度浮點數乘法	mul.d	R
載入上半部立即值	lui	I	單精確度浮點數除法	div.s	R
載入字組	lw	I	雙精確度浮點數除法	div.d	R
儲存字組	sw	I	載入字組至單精確度浮點數	lwcl	I
載入無號半字組	lhu	I	儲存字組至單精確度浮點數	swcl	I
儲存半字組	sh	I	載入字組至雙精確度浮點數	ldcl	I
載入無號位元組	lbu	I	儲存字組至雙精確度浮點數	sdcl	I
儲存位元組	sb	I	若浮點數為真則分支	bclt	I
載入連結的字元組 (不可分割的更新)	ll	I	若浮點數為偽則分支	bclf	I
條件式儲存字元組 (不可分割的更新)	sc	I	單精確度浮點數比較	c.x.s	R
若等於則分支	beq	I	(x = eq, neq, lt, le, gt, ge)		
若不等於則分支	bne	I	雙精確度浮點數比較	c.x.d	R
跳躍	j	J	(x = eq, neq, lt, le, gt, ge)		
跳躍並連結	jal	J			
跳至暫存器	jr	R			
若小於則設定	slt	R			
若小於立即值則設定	slti	I			
無號若小於則設定	sltu	R			
無號若小於立即值則設定	sltiu	I			

圖 3.24　MIPS 指令集。

本書著重於圖中左半部的指令。這些資訊也可見於本書開頭處的 MIPS 參考數據頁第一和第二直排中。

MIPS-32 其餘指令	名稱	格式	虛擬 MIPS 指令	名稱	格式
互斥或 ($rs \oplus rt$)	xor	R	絕對值	abs	rd, rs
互斥或立即值	xori	I	取負值 (有號或無號 u)	neg$s$	rd, rs
算術右移	sra	R	往左旋轉	rol	rd, rs, rt
邏輯變數左移	sllv	R	往右旋轉	ror	rd, rs, rt
邏輯變數右移	srlv	R	乘法而不檢查溢位 (有號或無號 u)	mul$s$	rd, rs, rt
算術變數右移	srav	R	乘法而檢查溢位 (有號或無號 u)	mulo$s$	rd, rs, rt
搬移至 Hi	mthi	R	除法而檢查溢位	div	rd, rs, rt
搬移至 Lo	mtlo	R	除法而不檢查溢位	divu	rd, rs, rt
載入半字組	lh	I	取餘數 (有號或無號 u)	rem$s$	rd, rs, rt
載入位元組	lb	I	載入立即值	li	rd, imm
載入字組左邊 (無對齊)	lwl	I	載入位址	la	rd, addr
載入字組右邊 (無對齊)	lwr	I	載入雙精確度數	ld	rd, addr
儲存字組左邊 (無對齊)	swl	I	儲存雙精確度數	sd	rd, addr
儲存字組右邊 (無對齊)	swr	I	無對齊載入字組	ulw	rd, addr
載入連 (不可分割的更新)	ll	I	無對齊儲存字組	usw	rd, addr
條件式儲存 (不可分割的更新)	sc	I	無對齊載入半字組 (有號或無號 u)	ulh$s$	rd, addr
若零則搬移	movz	R	無對齊儲存半字組	ush	rd, addr
若非零則搬移	movn	R	分支	b	Label
乘之後加 (有號或無號 u)	madd$s$	R	若等於零則分支	beqz	rs, L
乘之後減 (有號或無號 u)	msub$s$	I	比較為真則分支 (有號或無號 u)	bxs	rs, rt, L
若大於等於零則分支並連結	bgezal	I	(x=lt, le, gt, ge)		
若小於零則分支並連結	bltzal	I	若等於則設定	seq	rd, rs, rt
跳躍並連結暫存器	jalr	R	若不等於則設定	sne	rd, rs, rt
與零比較並分支	bxz	I	若比較為真則設定 (有號或無號 u)	sxs	rd, rs, rt
與零比較並分支 ── 若無分支則取消 delay slots 內指令的執行 (branch compare to zero likely) (x=lt, le, gt, ge)	bxzl	I	(x=lt, le, gt, ge)		
與暫存器比較並分支 ── 若無分支則取消 delay slots 內指令的執行 (branch compare reg likely)	bxl	I	載入到浮點數 ($\underline{s}$ 或 $\underline{d}$)	l.f	rd, addr
			由浮點數儲存 ($\underline{s}$ 或 $\underline{d}$)	s.f	rd, addr
若與暫存器比較為真則捕捉	tx	R			
若與立即值比較為真則捕捉	txi	I			
(x=eq, neq, lt, le, gt, ge)					
由例外返回	rfe	R			
系統呼叫	syscall	I			
中斷 (產生例外)	break	I			
由浮點數搬移至整數	mfc1	R			
由整數搬移至浮點數	mtc1	R			
浮點搬移 ($\underline{s}$ 或 $\underline{d}$)	mov.f	R			
若零則浮點數搬移 ($\underline{s}$ 或 $\underline{d}$)	movz.f	R			
或非零則浮點數搬移 ($\underline{s}$ 或 $\underline{d}$)	movn.f	R			
浮點平方根 ($\underline{s}$ 或 $\underline{d}$)	sqrt.f	R			
浮點絕對值 ($\underline{s}$ 或 $\underline{d}$)	abs.f	R			
浮點取負值 ($\underline{s}$ 或 $\underline{d}$)	neg.f	R			
浮點數轉換 ($\underline{w}$、$\underline{s}$ 或 $\underline{d}$)	cvt.f.f	R			
無號浮點數比較 ($\underline{s}$ 或 $\underline{d}$)	c.xn.f	R			

圖 3.25 其餘的 MIPS-32 與虛擬 MIPS 指令集。

f 表示指令是單精確度 (s) 或是雙精確度 (d) 浮點指令，而 s 表示有號與無號 (u) 版本。MIPS-32 也有乘與加／減 (madd.f/msub.f)、不小於之最小整數 (天花板) (ceil.f)、截尾 (trunc.f)、進位 (round.f) 與倒數 (recip.f) 的浮點運算指令。劃底線者表示該字母需包含於指令中以代表該數字的型態。

MIPS 核心指令	名稱	整數	浮點數	算術核心指令 + MIPS-32	名稱	整數	浮點數
加法	add	0.0%	0.0%	雙精確度浮點數加法	add.d	0.0%	10.6%
加立即值	addi	0.0%	0.0%	雙精確度浮點數減法	sub.d	0.0%	4.9%
無號加法	addu	5.2%	3.5%	雙精確度浮點數乘法	mul.d	0.0%	15.0%
無號加立即值	addiu	9.0%	7.2%	雙精確度浮點數除法	div.d	0.0%	0.2%
無號減法	subu	2.2%	0.6%	單精確度浮點數加法	add.s	0.0%	1.5%
及	AND	0.2%	0.1%	單精確度浮點數減法	sub.s	0.0%	1.8%
及立即值	ANDi	0.7%	0.2%	單精確度浮點數乘法	mul.s	0.0%	2.4%
或	OR	4.0%	1.2%	單精確度浮點數除法	div.s	0.0%	0.2%
或立即值	ORi	1.0%	0.2%	載入字組至雙精確度浮點數	l.d	0.0%	17.5%
反或	NOR	0.4%	0.2%	儲存字組至雙精確度浮點數	s.d	0.0%	4.9%
邏輯左移	sll	4.4%	1.9%	載入字組至單精確度浮點數	l.s	0.0%	4.2%
邏輯右移	srl	1.1%	0.5%	儲存字組至單精確度浮點數	s.s	0.0%	1.1%
載入上半部立即值	lui	3.3%	0.5%	若浮點數為真則分支	bc1t	0.0%	0.2%
載入字組	lw	18.6%	5.8%	若浮點數為偽則分支	bc1f	0.0%	0.2%
儲存字組	sw	7.6%	2.0%	雙精確度浮點數比較	c.x.d	0.0%	0.6%
載入位元組	lbu	3.7%	0.1%	乘法	mul	0.0%	0.2%
儲存位元組	sb	0.6%	0.0%	算術右移	sra	0.5%	0.3%
若等於(零)則分支	beq	8.6%	2.2%	載入半字組	lhu	1.3%	0.0%
若不等於(零)則分支	bne	8.4%	1.4%	儲存半字組	sh	0.1%	0.0%
跳躍並連結	jal	0.7%	0.2%				
跳至暫存器	jr	1.1%	0.2%				
若小於則設定	slt	9.9%	2.3%				
若小於立即值則設定	slti	3.1%	0.3%				
無號若小於則設定	sltu	3.4%	0.8%				
無號若小於立即值則設定	sltiu	1.1%	0.1%				

圖 3.26　MIPS 指令在 SPEC CPU2006 整數與浮點數測試程式中使用的頻率。
所有使用頻率至少是 0.2% 的指令都列在表中。虛擬指令在執行之前會轉換成 MIPS-32 指令，因此不會出現在本表中。

數，而整數核心指令與算術核心指令則佔了 SPEC CPU2006 浮點數程式的大部分，如下表所示。

指令子集	整數	浮點
MIPS 核心指令	98%	31%
MIPS 算術指令	2%	66%
MIPS-32 其他指令	0%	3%

在本書的其餘部分，我們會專注於 MIPS 核心指令——除了乘法與除法之外的整數指令集——以便讓計算機設計的說明更簡易。

你應該可以看出，MIPS 核心指令包含最常用的 MIPS 指令；要相信在瞭解能夠執行 MIPS 核心指令的計算機之後，可讓讀者有足夠的背景來瞭解更複雜的計算機。不論是何種指令集或指令集的規模——MIPS、RISC-V、ARM、x86——千萬別忘了位元樣式並不具有任何天生的意義。同樣的位元樣式可以代表有號整數、無號整數、串列、指令或其他可能性。在內儲式程式計算機中，是由對這個位元樣式執行的運作來決定位元樣式該具有的意義。

3.11 歷史觀點與進一步閱讀

這一節檢視浮點數自從 von Neumann 以來的歷史，包含 IEEE 標準的努力過程中令人驚訝的衝突以及 x86 浮點數的 80 位元堆疊架構之理由闡述。詳見 ⊕3.11 節。

Gresham 的定律 (「劣幣逐良幣」) 對計算機應是「快的趨逐慢的，甚至於當快的是錯的時。」

W. Kahan, 1992

3.12 自我學習

數據可以代表任何意義。在第 2 章最後的自我學習節中，我們看到了二進位元樣式 0000 0001 0100 1011 0100 1000 0010 0000$_{two}$ 的十六進制、十進制與視為 MIPS 組合語言指令時的意義。它又代表什麼 IEEE 754 的浮點數字呢？

大的數字。最大的 32 位元的 2 的補數的正數是什麼？你可以準確地用 IEEE 754 單精確度浮點數字表示它嗎？如果不能，你能表示得多接近？如果採用 IEEE 754 半精確度浮點格式來表示呢？

智力相關的算術 (Brainy Arithmetic)。機器學習已經開始運作得很好，正在對很多種工業造成變革 (參見第 6 章的 6.7 節)。它藉由浮點數的形式進行學習，然而不同於在科學領域中的編程，它並不要求很高的準確度。雙精確度浮點數，科學領域中標準的使用對象，卻是過度的格式，因為使用 32 個位元就足夠了。理想上它可以採用半精確度 (16 個位元) 的格式，因為這個格式在計算與記憶上更具效率。不過在機器學習的訓練中經常要處理很小的數值，因此能表達的數值的範圍顯得很重要。

這些對機器學習的需求的理解導致了另一種不屬於 IEEE 754 標準的稱為智力浮點 16 (*Brain Float* 16) (以發明這種格式的谷歌智力 Google's Brain 部門來命名) 的新格式。圖 3.27 表示這三種格式。

假設智力浮點 16 沿用 IEEE 754 的慣例，只不過採用了不同大小的各個欄位。你使用這三種格式所能表示的最小的非零的正數分別是什麼？使用智力浮點 16 的結果會比 IEEE fp32 的結果小上多少？比起 IEEE fp16 呢？(縱使你知道有次正規的或是非正規的 subnormals，denorms 浮點數表示法，在這個問 中先忽略它們。)

智力相關的面積與能耗 (Brainy Area and Energy)。機器學習中一個常用的運作是有如我們在 DGEMM 中見到的乘累加 (multiply and accumulate)，其中乘佔用大部分的矽面積以及消耗大部分的能量。如果我們採用如圖 3.7 中的快速乘法器，矽面積和能耗基本上會是輸入的位數的平方的函數。這三種格式的乘法其正確的面積 / 能耗比值是什麼？

1. fp32，fp16，與智力浮點 16 分別是 32^2 與 16^2 與 16^2
2. 8^2 與 5^2 與 8^2
3. 23^2 與 10^2 與 7^2
4. 24^2 與 11^2 與 8^2

智力編程。你可以想出 IEEE fp32 與智力浮點 16 在有相同指數欄位大小時的軟體優勢嗎？

智力相關的選擇。對機器學習的領域而言，下列有關智力浮點 16 與 IEEE 754 半精確度算術的敘述哪些為真？

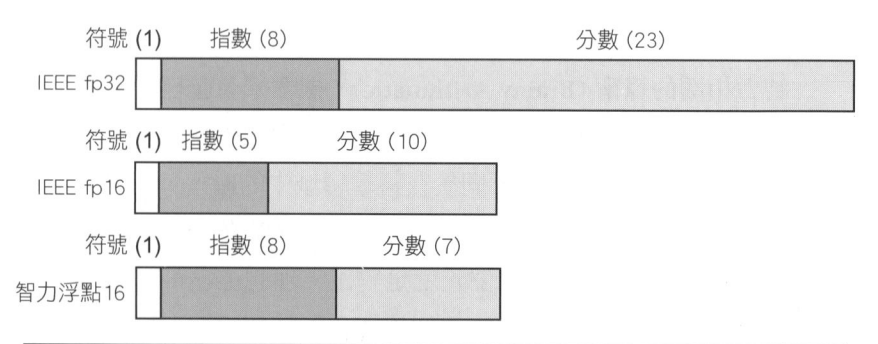

圖 3.27　IEEE 754 單精確度 (fp32)、IEEE 754 半精確度 (fp16) 與智力浮點 16 的浮點格式。

谷歌的 TPUv3 的硬體使用智力浮點 16 格式 (參見 6.11 節)。

1. 智力浮點 16 的乘法器較 IEEE 754 半精確度者硬體遠為簡省。
2. 智力浮點 16 的乘法器較 IEEE 754 半精確度者耗能遠為節省。
3. 在從使用 IEEE 754 全精確度的軟體轉換為使用智力浮點 16 時較轉換為 IEEE 754 半精確度會容易些。
4. 上面的所有敘述。

自我學習的解答

數據可以代表任何意義。轉換二進制數字成 IEEE 754 浮點格式：

符號 (1)	指數 (8)	分數 (23)
0	00000010$_{two}$	10010110100100000100000$_{two}$
+	2$_{ten}$	4,933,664$_{ten}$

因為單精確度浮點格式的指數偏移值是 127，指數其實是 2 − 127 = −125。分數部分可視為 4,933,664$_{ten}$ / (2^{23} − 1) = 4,933,664$_{ten}$ / 8,388,607$_{ten}$ = 0.58813865043$_{ten}$。真實的有效數字需加上隱喻的 1，所以這個二進制樣式代表的真正的值是 1.58813865043$_{ten}$ × 2^{-125} 或者約略是 3.7336959$_{ten}$ × 10^{-38}。

再次提醒，這個練習說明一個位元樣式並不具備先天的意義；它的意義完全是由軟體如何解讀它而定。

大的數字。最大的 2 的補數 32 位元正整數是 2^{31} − 1 = 2,147,483,647 你無法以 IEEE 754 單精確度浮點格式精確地表示這個值。

符號 (1)	指數 (8)	分數 (23)
0	00000010$_{two}$	00000000000000000000000$_{two}$
+	158$_{ten}$	0$_{ten}$

= 1.0 × $2^{(158-127)}$ = 1.0 × 2^{31} = 2,147,483,648，所以與 2^{31} − 1 差了 1 (譯註：原文書中上方二行有誤，讀者不妨自行嘗試擬出正確內容)。

在 IEEE 754 半精確度格式中可以表達的最大的數值是

符號 (1)	指數 (5)	分數 (10)
0	11110$_{two}$	1111111111$_{two}$
+	30$_{ten}$	1023$_{ten}$

= (1 + 1023/1024) × $2^{(30-15)}$ = 1.999 × 2^{15} = 65,504，所以它的大小又小了 10 的許多次方 (譯註：以 16 位元的數字來與 32 位元的數字比較數值大小並沒有什麼意義)。

將一個整數轉換成以 IEEE 754 半精確度浮點格式來表示可能會導致滿溢 (在半精度格式中,它的 5 個位元的指數 = 11111$_{two}$ 是保留來表示無限大與非數字──NaNs, Not a Number(s),猶如在單精確度格式中的指數 = 11111111$_{two}$ 的用法)。

智力相關的算術。每種格式中能表示的最小的非零正數分別是:
IEEE fp32　　　　1.0×2^{-126}
IEEE fp16　　　　1.0×2^{-14}
智力浮點 16　　　1.0×2^{-126}

由於 IEEE fp32 與智力浮點 16 具有相同大小的指數欄位,它們可以表示出相同的最小的非零正整數。它們可以表示的最小的數會比 IEEE fp16 能表示的最小的數再小上 2^{112} 倍,或是小上 5×10^{33} 倍。

智力相關的面積與能耗。在乘法運算中指數與符號兩個欄位和乘法的動作無關,所以得到答案所需的時間是有效數所佔位 (元) 數的函數。由於三種格式中都存在一個隱喻的 1 之後才是跟著分數,所以正確的答案是 4:24^2 與 11^2 與 8^2。由此可以看出 IEEE fp16 的乘法器佔用約略智力浮點 16 的兩倍 (121/64) 的矽面積或是能耗,而 IEEE fp32 則約略是九倍大 (576/64)。

智力編程。因為兩者的指數相同,表示軟體會有一樣的滿溢與短值行為。不是數字 (NaNs)、無限值以及等等,這表示軟體在某些計算中使用智力浮點 16 取代 IEEE fp32,而非以 IEEE fp16 取代 IEEE fp32,可能會有較少的相容性問題。

智力相關的選擇。答案是 4,以上四個敘述都正確。很特別地,對於機器學習的應用而言,智力浮點 16 對硬體設計者與軟體程式師兩種人都較容易些。不意外地,智力浮點 16 在機器學習領域中廣受採用,而谷歌的 TPUv2 與 TPUv3 是最先實作它的兩個處理器 (參見 6.11 節)。

> 永不放棄 (或屈服)、永不放棄,永不、永不、永不 ── 對任何事,大或小,重或輕永不投降。
>
> Winston Churchill,於 Harrow School 演說,1941

3.13　習　題

3.1　[5]<§3.2>　當數據以無號 16 位元十六進制表示時,5ED4 – 07A4 的結果為何?結果應以十六進制表示。寫出你的運算過程。

3.2 [5]<§3.2> 當數據以有號 16 位元十六進制符號 – 大小表示時，5ED4 2 07A4 的結果為何？結果應以十六進制表示。寫出你的運算過程。

3.3 [10]<§3.2> 將 5ED4 轉換為二進制表示的數字。是什麼理由使得十六進制成為表示計算機中數值的常用數字系統？

3.4 [5]<§3.2> 當數據以無號 12 位元八進制表示時，4365−3412 的結果為何？結果應以八進制表示。寫出你的運算過程。

3.5 [5]<§3.2> 當數據以有號 12 位元八進制符號 – 大小表示時，4365−3412 的結果為何？結果應以八進制表示。寫出你的運算過程。

3.6 [5]<§3.2> 假設 185 與 122 均為無號 8 位元十進整數。計算 185−122。有沒有發生滿溢、短值 (underflow) 或均無？

3.7 [5]<§3.2> 假設 185 與 122 均為有號 8 位元十進制以符號 – 大小表示的整數。計算 185 + 122。有沒有發生滿溢、短值 (underflow) 或均無？

3.8 [5]<§3.2> 假設 185 與 122 均為有號 8 位元十進制以符號 – 大小表示的整數。計算 185 2 122。有沒有發生滿溢、短值 (underflow) 或均無？

3.9 [10]<§3.2> 假設 151 與 214 均為有號 8 位元十進制以 2 的補數表示的整數。以飽和算術計算 151 + 214。結果應以十進制表示。寫出你的運算過程。

3.10 [10]<§3.2> 假設 151 與 214 均為有號 8 位元十進制以 2 的補數表示的整數。以飽和算術計算 151 2 214。結果應以十進制表示。寫出你的運算過程。

3.11 [10]<§3.2> 假設 151 與 214 均為無號 8 位元整數。以飽和算術計算 151 + 214。結果應以十進制表示。寫出你的運算過程。

3.12 [20]<§3.3> 使用一個類似於圖 3.6 中所示的表，以圖 3.3 所述的硬體計算八進位無號 6 位元整數 62 與 12 的乘積。你需指出每一步驟中每一暫存器的內容。

3.13 [20]<§3.3> 使用一個類似於圖 3.6 中所示的表，以圖 3.5 所述的硬體計算十六進位無號 8 位元整數 62 與 12 的乘積。你需指出每一

步驟中每一暫存器的內容。

3.14 [10]<§3.3>　使用圖 3.3 與 3.5 所示的方法，假設整數為 8 位元寬且每一運作步驟需時 4 個時間單位，計算執行乘法所需的時間。假設步驟 1a 中永遠執行一個加法——被乘數或零會被加進來。另假設暫存器都已經被初始化為零 (你只需計算該迴圈本身執行乘法需時若干)。若乘法以硬體執行，則被乘數與乘數的移位可以同時進行。若乘法以軟體執行，則這些動作將必須一個接著一個進行。分別對兩種方法求解。

3.15 [10]<§3.3>　若一整數為 8 位元寬且一加法器的運算需時 4 個時間單位，計算以課本所述的方法 (31 個加法器上下重疊) 執行乘法時需時若干？

3.16 [20]<§3.3>　若一整數為 8 位元寬且一加法器的運算需時 4 個時間單位，計算以圖 3.7 所述的方法執行乘法時需時若干？

3.17 [20]<§3.3>　如課本中述及，一個可能的效能加強法是做移位及加法而非真正的乘法。因為舉例來說，9×6 可以寫成 (2×2×2+1)×6，我們計算 9×6 時可先將 6 左移 3 次，然後再將結果加上 6。表示計算 0×33×0×55 時使用移位與加 / 減的最好方式。假設兩個輸入都是 8 位元無號的整數。

3.18 [20]<§3.4>　使用一個如圖 3.10 所示的表，以圖 3.8 所示的硬體計算 74 除以 21。你需要表示出每一步驟中每一個暫存器的內容。假設兩個輸入都是無號 6 位元的整數。

3.19 [30]<§3.4>　使用一個如圖 3.10 所示的表，以圖 3.11 所描述的硬體計算 74 除以 21。你需指出每一步驟中每一個暫存器的內容。假設 A 與 B 是無號 6 位元的整數。這個演算法需要與圖 3.9 所示者稍微不同的方法。你將需要努力思考、做一兩個實驗、或者上網去弄清楚如何使這個方法正確運作 (提示：一個可能的解法用到圖 3.11 指出的，餘數暫存器可以向任一方向移位的事實)。

3.20 [5]<§3.5>　若位元樣式 0x0C000000 是 2 的補數整數，則代表的十進制數字是什麼？若其為無號的整數呢？

3.21 [10]<§3.5>　若將位元樣式 0x0C000000 置入指令暫存器中，

則會被執行的 MIPS 指令為何？

3.22 [10]<§3.5> 若位元樣式 0x0C000000 是浮點數，則代表的十進制數字是什麼？假設使用的表示法是 IEEE 754 標準。

3.23 [10]<§3.5> 寫出十進制數字 63.25 的二進制 IEEE 754 單精確度格式表示法。

3.24 [10]<§3.5> 寫出十進制數字 63.25 的二進制 IEEE 754 雙精確度格式表示法。

3.25 [10]<§3.5> 寫出十進制數字 63.25 的二進制單精確度 IBM 格式表示法 (以 16 而非 2 為基底，其中 7 個位元作為指數)。

3.26 [20]<§3.5> 寫出 -1.5625×10^{-1} 使用類似 DEC PDP-8 的格式 (最左的 12 個位元是以 2 的補數表示的指數，最右的 24 個位元則是以 2 的補數表示的分數) 的二進制位元樣式。不使用隱藏的 1。在範圍和準確度兩方面對這種 36 位元樣式與單、雙精確度的 IEEE 754 標準作比較。

3.27 [20]<§3.5> IEEE 754-2008 包含了 16 位元的半精確度表示法。最左方的位元仍為符號，指數使用 5 個位元以及偏移量為 15，以及尾數 (即分數) 使用 10 個位元。假設有隱藏的 1。寫出 -1.5625×10^{-1} 使用類似此標準、然以超 16 方式表示指數的格式的二進制位元樣式。在範圍和準確度兩方面對這種 16 位元樣式與單精確度 IEEE 754 標準作比較。

3.28 [20]<§3.5> Hewlett-Packard 2114、2115 與 2116 使用的格式中最左方的 16 位元是以 2 的補數表示的分數，之後的 16 位元中前 8 位元是分數的延伸 (使分數有 24 位元長)、後 8 位元表示指數。然而有趣的變化在於指數以符號–大小表示且符號置於最右方！以這個格式寫出 -1.5625×10^{-1} 的二進制位元樣式。不使用隱藏的 1。在範圍和準確度兩方面對這種 32 位元的樣式與單精確度 IEEE 754 標準作比較。

3.29 [20]<§3.5> 假設兩數字 A、B 以習題 3.27 所述的 16 位元半精確度格式表示，試以紙筆計算 2.6125×10^{1} 與 $4.150390625 \times 10^{-1}$ 的和。設有一個保護位元、一個進位位元及一個黏的位元，並進位至最近的偶數。列出所有過程。

3.30 [30]<§3.5> 假設兩數字 A、B 以習題 3.27 所述的 16 位元半精確度格式表示,試以紙筆計算 -8.0546875×10^0 與 $-1.79931640625 \times 10^{-1}$ 的乘積。設有一個保護位元、一個進位位元及一個黏的位元,並進位至最近的偶數。列出所有過程;然而與在課文的範例中一樣,你可以用人可瞭解而非習題 3.12 至 3.14 的方式表示。說明是否有滿溢或短值。以習題 3.27 所述的 16 位元浮點格式以及十進制格式寫出你的答案。你的結果有多準確?與在計算器上所得的結果比較又如何?

3.31 [30]<§3.5> 以紙筆計算 8.625×10^1 除以 -4.875×10^0。列出所有求解的必要過程。設有一個保護位元、一個進位位元及一個黏的位元,並於必要時使用它們。以習題 3.27 所述的 16 位元浮點格式,以及十進制格式寫出最後答案,並將十進制的答案與在計算器上所得的結果作比較。

3.32 [20]<§3.9> 假設各數值以習題 3.27 所述 (亦可見於課文中) 的 16 位元浮點半精確度格式表示,以紙筆計算 $(3.984375 \times 10^{-1} + 3.4375 \times 10^{-1}) + 1.771 \times 10^3$。設有一個保護位元、一進位位元及一個黏的位元,並進位至最近的偶數。列出所有過程,並以 16 位元浮點格式,以及十進制格式寫出你的答案。

3.33 [20]<§3.9> 假設各數值以習題 3.27 所述 (亦可見於課文中) 的 16 位元浮點半精確度格式表示,以紙筆計算 $3.984375 \times 10^{-1} + (3.4375 \times 10^{-1} + 1.771 \times 10^3)$。設有一個保護位元、一個進位位元及一個黏的位元,並進位至最近的偶數。列出所有過程,並以 16 位元浮點格式以及十進制格式寫出你的答案。

3.34 [10]<§3.9> 根據你對 3.32 及 3.33 的答案,$(3.984375 \times 10^{-1} + 3.4375 \times 10^{-1}) + 1.771 \times 10^3$ 是否等於 $3.984375 \times 10^{-1} + (3.4375 \times 10^{-1} + 1.771 \times 10^3)$?

3.35 [30]<§3.9> 假設各數值以習題 3.27 所述 (亦可見於課文中) 的 16 位元浮點半精確度格式表示,以紙筆計算 $(3.41796875 \times 10^{-3} \times 6.34765625 \times 10^{-3}) \times 1.05625 \times 10^2$。設有一個保護位元、一個進位位元及一個黏的位元,並進位至最近的偶數。列出所有過程,並以 16 位元浮點格式以及十進制格式寫出你的答案。

3.36 [30]<§3.9> 假設各數值以習題 3.27 所述 (亦可見於課文中)

的 16 位元浮點半精確度格式表示，以紙筆計算 $3.41796875 \times 10^{-3} \times (6.34765625 \times 10^{-3} \times 1.05625 \times 10^{2})$。設有一個保護位元、一個進位位元及一個黏的位元，並進位至最近的偶數。列出所有過程，並以 16 位元浮點格式，以及十進制格式寫出你的答案。

3.37 [10]<§3.9> 根據你對 3.35 及 3.36 的答案，$(3.41796875 \times 10^{-3} + 6.34765625 \times 10^{-3}) \times 1.05625 \times 10^{2}$ 是否等於 $3.41796875 \times 10^{-3} \times (6.34765625 \times 10^{-3} \times 1.05625 \times 10^{2})$？

3.38 [30]<§3.9> 假設各數值以習題 3.27 所述 (亦可見於課文中) 的 16 位元浮點半精確度格式表示，以紙筆計算 $1.666015625 \times 10^{0} \times (1.9760 \times 10^{4} + -1.9744 \times 10^{4})$。設有一個保護位元、一個進位位元及一個黏的位元，並進位至最近的偶數。列出所有過程，並以 16 位元浮點格式，以及十進制格式寫出你的答案。

3.39 [30]<§3.9> 假設各數值以習題 3.27 所述 (亦可見於課文中) 的 16 位元浮點半精確度格式表示，以紙筆計算 $(1.666015625 \times 10^{0} \times 1.9760 \times 10^{4}) + (1.666015625 \times 10^{0} \times -1.9744 \times 10^{4})$。設有一個保護位元、一個進位位元及一個黏的位元，並進位至最近的偶數。列出所有過程，並以 16 位元浮點格式，以及十進制格式寫出你的答案。

3.40 [10]<§3.9> 根據你對 3.38 及 3.39 的答案，$(1.666015625 \times 10^{0} \times 1.9760 \times 10^{4}) + (1.666015625 \times 10^{0} \times -1.9744 \times 10^{4})$ 是否等於 $1.666015625 \times 10^{0} \times (1.9760 \times 10^{4} + -1.9744 \times 10^{4})$？

3.41 [10] <§3.5> 以 IEEE 754 哪種浮點格式寫出可代表 $-1/4$ 的位元樣式。你可以完全準確地表示 $-1/4$ 嗎？

3.42 [10] <§3.5> 若你將 $-1/4$ 加上它自己 4 次 (譯註：是否應該改為 3 次？) 會得到什麼？$-1/4 \times 4$ 又會是什麼？它們的結果相同嗎？它們應該是什麼？(譯註：本題似乎應該要指定以某特定浮點表示格式來計算並觀察比較不同運算所得的結果才具有意義。)

3.43 [10] <§3.5> 假設浮點格式的分數部分是以二進數字表示，寫出 $1/3$ 的分數值的位元樣式。假設分數部分有 24 個位元，且結果不需作正規化。這個結果完全準確嗎？

3.44 [10] <§3.5> 假設浮點格式的分數部分是以二進制編碼的十進

位表示法 (Binary Coded Decimal，基底為 10) 的數字表示而非單純 2 進制，寫出其分數值的位元樣式。假設分數部分有 24 個位元，且結果不需作正規化。這個結果完全準確嗎？(譯註：習題原意應是以數值 1/3 為例。)

3.45 [10] <§3.5>　假設我們在浮點格式的分數部分是以基底 15 而非基底 2 的數字表示，寫出其分數值的位元樣式。(基底 16 的數字使用符號 0–9 及 A–F 表示。基底 15 的數字會使用符號 0–9 及 A–E 表示。) 假設分數部分有 24 個位元，且結果不需作正規化。這個結果完全準確嗎？(譯註：習題原意應是以數值 1/3 為例。)

3.46 [20] <§3.5>　假設我們在浮點格式的分數部分是以基底 30 而非基底 2 的數字表示，寫出其分數值的位元樣式。(基底 16 的數字使用符號 0–9 及 A–F 表示。基底 30 的數字會使用符號 0–9 及 A–T 表示。) 假設 (分數部分) 有 20 個位元，且結果不需作正規化。這個結果完全準確嗎？(譯註：習題原意應是以數值 1/3 為例。)

3.47 [45] <§§3.6, 3.7>　下列 C 碼實作對輸入陣列四「拍」("tap"，指一次對陣列中四個元素作運算) 的 FIR 濾波器。假設所有陣列元素均為 16 位元的定點值。

```
for (i=3;i < 128;i++)
sig_out[i]=sig_in[i-3]×f[0]+sig_in[i-2]×f[1]
  +sig_in[i-1]×f[2]+sig_in[i]×f[3];
```

假設你要在一個有 SIMD 指令以及 128 位元暫存器的處理器上，寫出這段碼經過最佳化的組合語言形式。在不必知道指令集細節的情形下，大致描述你將如何製作該段碼，以充分運用部分字運作及減少暫存器與記憶體間數據傳送的量。說明對所有你使用的指令所作的假設。

自我檢查的答案

§3.2，第 198 頁：2。
§3.5，第 240 頁：3。

4 處理器

- 4.1 介紹
- 4.2 邏輯設計常規
- 4.3 建構數據通道
- 4.4 簡單的實作方案
- 🌐 4.5 多週期的實作
- 4.6 管道化處理概觀
- 4.7 管道化數據通道及控制
- 4.8 數據危障：前饋或停滯
- 4.9 控制危障
- 4.10 例外
- 4.11 指令的平行性
- 4.12 綜合整理：Intel Core i7 6700 與 ARM Cortex-A53
- 4.13 執行得更快：指令階層平行性與矩陣乘法
- 🌐 4.14 進階題目：使用硬體設計語言以描述及構模管道的數位設計介紹與更多管道處理舉例
- 4.15 謬誤與陷阱
- 4.16 總結評論
- 🌐 4.17 歷史觀點與進一步閱讀
- 4.18 自我學習
- 4.19 習題

計算機的五大標準要件

編譯器

介面

計算機

輸入

控制

數據通道

評估效能

輸出

處理器　　記憶體

> 在一個重大的事情中，沒有任何細節是不重要的。
> 法國諺語

管道化

4.1 介紹

第 1 章說明了計算機的效能是由下列三個主要的因素所決定：指令個數、時脈週期時間，以及平均每個指令的時脈週期數 (CPI)。第 2 章說明了編譯器和指令集架構決定一個程式需要的指令個數。然而，處理器的實作決定時脈週期時間和平均每個指令的時脈週期數兩者。本章中，我們對 MIPS 指令集的兩種不同實作方式建構其數據通道 (datapath) 和控制單元 (control unit)。

本章內容包含了一個處理器實作時所使用到的原理和技巧的說明，並在本節中先用一個高度抽象及簡化的介紹開始。其後以一節來建構一個數據通道以及一個簡單然而足以執行如 MIPS 指令集的處理器。本章大部分的內容探討較為實際的**管道式 (pipelined)** MIPS 實作方法，之後以一節來推演實作如 x86 等更複雜指令集時所需要的概念。

對於想瞭解指令的高階意義以及它對程式效能影響的讀者，本節和 4.6 節介紹管道化的基本觀念。新近的趨勢在 4.11 節中介紹，4.12 節則說明新近的 Intel Core i7 與 ARM Cortex-A8 的架構 (譯註：本版中其實已改成說明 Intel Core i7 6700 與 ARM Cortex-A53 的架構；至於 Intel Core i7 與 ARM Cortex-A8 的架構則請參考本書的第五版內容)。4.13 節說明如何利用指令階層平行性來將 3.8 節中的矩陣乘法效能提升超過兩倍。這些章節提供瞭解管道化 (pipelining) 高階概念所需的背景。

對於想更深入瞭解處理器以及其效能的讀者，第 4.3、4.4 和 4.7 節會很有幫助。想要學習如何設計處理器的人也應閱讀第 4.2、4.8、4.9 和 4.10 節。如果讀者對近來的硬體設計有興趣，⊕4.14 節說明硬體設計語言與計算機輔助設計 (CAD) 工具可以如何運用於設計硬體，接著是如何以硬體設計語言來描述管道化的設計。該節也提供數個管道化硬體如何運作的說明。

基本的 MIPS 實作

我們將要探討一個包含了 MIPS 核心指令集中部分指令的實作：

- 記憶體存取指令載入字組 (lw) 和儲存字組 (sw)
- 算術邏輯指令 add、sub、AND、OR 和 slt
- 若相等則分支 (beq) 指令以及我們最後會加入的跳躍指令 (j)

這部分並沒有包含所有的整數指令 (例如位移、乘法和除法不在其中)，也沒有包含任何的浮點運算指令。然而，我們會說明設計一個資料路徑和控制單元使用到的關鍵原理。其他指令的實作是類似的。

在探討實作的過程中，我們將有機會看到指令集架構如何決定實作上的許多方面，以及不同實作策略如何影響計算機的時脈速率以及 CPI。在第 1 章中 (譯註：應為第 2 章中) 介紹過的許多關鍵設計原則，例如使經常的事件變快和規律性易導致簡單的設計這些原則，可以藉由檢視實作的過程來說明。此外，本章中用以實作 MIPS 部分指令所使用的大部分觀念與用於各種計算機，從高效能的伺服器到一般用途微處理器到嵌入式處理器的基本想法都是一樣的。

實作的概觀

在第 2 章中,我們檢視過 MIPS 的核心指令,內容包括整數算術邏輯指令、記憶體存取指令和分支指令。在實作這些不同類別的指令時,大部分內容都是相同的。每個指令剛開始的兩個步驟都一樣:

1. 將程式計數器 (PC) 的內容送到含有程式碼的記憶體,並且從記憶體中擷取指令。
2. 使用指令中的欄位來選擇並讀取一個或兩個暫存器的內容。我們只需對載入字組指令讀取一個暫存器,然而大部分其他指令則需讀取兩個暫存器。

在這兩個步驟之後,用來完成指令的動作與指令類別有關。幸運地,對三種指令類別 (記憶體存取、算術邏輯及分支) 的每一種而言,所需動作大致上還是相同的,與究竟是哪一道指令無關。MIPS 指令集的簡單化與規則性使得許多指令類別的執行過程類似,簡化了其實作。

例如,除了跳躍以外,所有指令類別在讀取暫存器後都會使用算術邏輯單元 (ALU)。記憶體存取指令使用 ALU 來計算位址,算術邏輯指令用來執行運作,而分支則用來比較。在使用 ALU 之後,完成不同類別指令所需的動作就有所差異。記憶體存取指令需要去存取 (access) 記憶體以在載入時讀取資料或儲存時寫入資料。算術邏輯及載入指令必須將來自 ALU 或記憶體的結果寫回暫存器中。最後,對於分支指令,我們根據比較的結果可能會改變下一道指令的位址;否則 PC 值應該被遞增 4 以取得下一道指令的位址。

圖 4.1 以高階的觀點顯示 MIPS 中不同的功能單元和它們之間的聯結的實作圖。雖然這張圖表示了大部分資料在處理器中的運作流程,它卻省略了指令執行的兩個重要項目。

第一點,在圖 4.1 中,有好幾個地方顯示出準備要去到特定單元的數據是來自兩個不同的來源。例如,寫入 PC 的值可能來自兩個加法器中的其中一個,寫回暫存器檔案 (register file) 的數據可能來自 ALU 或是數據記憶體,以及 ALU 的第二個輸入可能來自暫存器或指令的立即值欄位。實作上,這些數據線並不能直接接在一起;我們必須加上一個邏輯元件來從眾多來源中選擇將其中的某一個來源送至目的地。我們通常會使用一種稱為多工器 (*multiplexor*) 的元件來執行這

種選擇的功能，雖然其更適合被稱為**數據選擇器** (*data selector*)。附錄 B 中說明這種能根據其控制線的設定來從它的多個輸入中選擇其中一個的稱為多工器的這種元件。控制訊號線應該如何設定則主要是根據從被執行的指令中讀取到的資訊。

圖 4.1 中第二個省略的點是：有好幾個功能單元必須要根據指令的型態來作控制。例如，數據記憶體必須在載入時做讀取並且在儲存時做寫入。暫存器檔案必須在執行載入及算術邏輯指令時被寫入。以及當然，ALU 必須執行我們在第 2 章所看過的許多功能中的其中一項 (附錄 B 說明 ALU 的詳細設計)。像多工器一樣，ALU 的運作是根據指令格式中各個相關欄位來設定的控制訊號來指揮的。

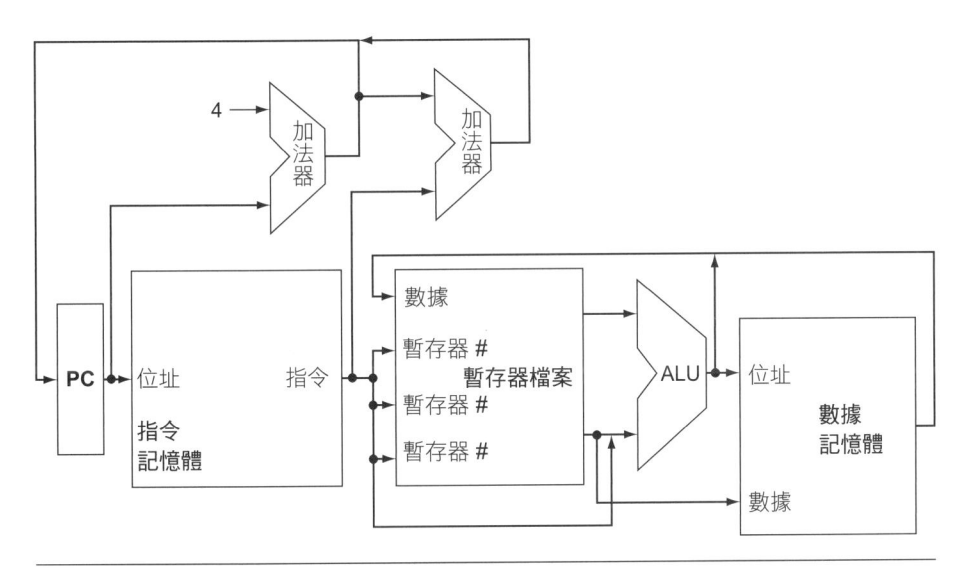

圖 4.1　MIPS 的部分指令集實作的概觀圖，圖中表示了各主要功能單元和它們之間的主要連線關係。

所有指令都是由使用程式計數器 (PC) 來提供指令位址給指令記憶體開始。在指令擷取進來之後，指令中的欄位指出指令所使用到的暫存器運算元。一旦暫存器運算元被擷取完成，則這些運算元可以被用來計算記憶體的位址 (用於載入或儲存指令)、計算算術結果 (用於整數的算術邏輯指令) 或是比較 (用於條件分支指令)。如果指令是算術邏輯指令，則必須將 ALU 的運算結果寫到暫存器中。如果是載入或儲存指令，則 ALU 的結果被當成記憶體位址來從記憶體載入一個值到暫存器中或是儲存一個暫存器的值到記憶體中。從 ALU 或記憶體得到的結果會被寫回暫存器檔案。條件分支指令使用 ALU 的輸出來決定下一道指令的位址，這個位址要不是來自一個加法器 (將目前的 PC 值＋4 再和條件分支的偏移量相加) 就是來自另一個加法器的結果 (只將目前的 PC 值累加 4)。將各功能單元相連的粗體線條代表匯流排 (bus)，其可能包含多條訊號線。使用箭頭以便讓讀者瞭解資料的流向。因為訊號線有可能會相互交錯，所以我在訊號線交錯的地方使用黑點來表示交錯的訊號線是否是彼此相連的。

圖 4.2 顯示圖 4.1 加上三個所需的多工器以及主要功能單元的控制訊號後的數據通道。以指令為輸入的**控制單元**是用來決定如何設定各功能單元和兩個多工器的控制訊號。第三個多工器以 ALU 的 Zero 輸出決定由 PC＋4 的值或是分支跳躍目的位址寫入 PC，而 ALU 則是用以執行 beq 指令的比較動作。MIPS 指令集的規律性和簡單性意謂著簡單的解碼過程即可用來決定這些控制線如何設定。

在本章的其他部分，我們將這個概念具體地加入各種細節，包括加入更多的功能單元，增加各單元間的連線，以及強化控制單元來控制不同類別指令的動作。第 4.3 和 4.4 節描述一個簡單的，使用較長

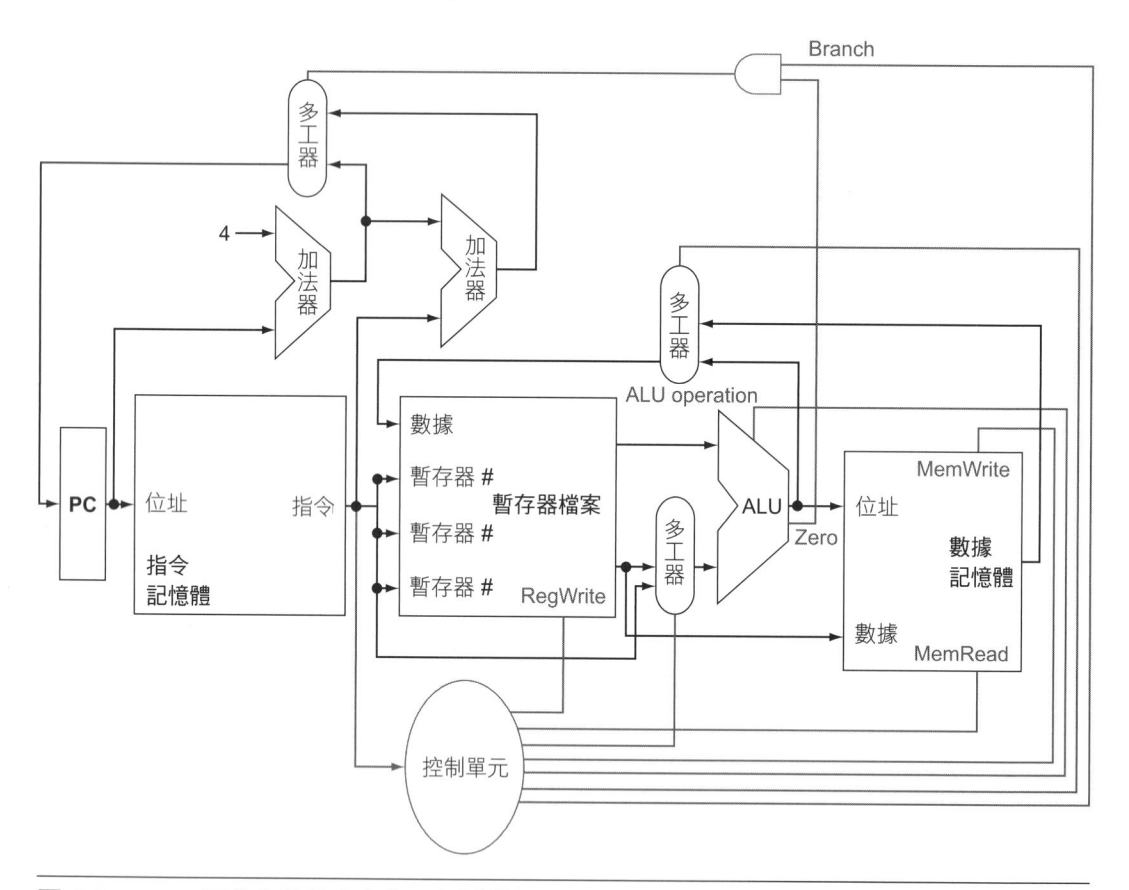

圖 4.2 MIPS 子集合的基本實作，包括所需的多工器和控制訊號線。
最上面的多工器控制 PC 的內容由哪一個值取代 (PC＋4 或是條件分支目的位址)；這一個多工器是由兩條訊號線經過 AND 閘後的結果來控制的，而這兩條訊號線是 ALU 的 Zero 輸出訊號線以及指出現在執行的指令是分支指令的控制訊號線。圖中間的多工器用來選擇是由 ALU 的輸出 (在算術邏輯指令的情況下) 或是數據記憶體的輸出 (在載入指令的情況下) 寫回暫存器檔案中。最後，最下面的多工器用來決定 ALU 的第二個輸入是來自暫存器 (在算術邏輯指令或分支的情況下) 或是指令的偏移值欄位 (在載入或儲存指令的情況下)。新增的控制訊號線淺而易懂，用來決定 ALU 要執行的動作、數據記憶體應該被讀取或寫入，或是暫存器要不要執行寫入的動作。我們將控制訊號線的部分著灰色，讓它們更容易被辨識。

的單一時脈，並且根據圖 4.1 和圖 4.2 所示的通用設計來執行每一道指令的製作。在這個第一個設計中，每一道指令從一個時脈的邊緣開始執行並且於下一個時脈的邊緣完成。

儘管容易瞭解，這樣的設計方式並不實際，因為時脈必須被拉長以容納最慢的指令。在設計完這一個簡易計算機的控制後，我們將探討幾種更快的製作方式以及其衍生的各種複雜性，包括例外的處理。

> **自我檢查**
> 在圖 4.1 及 4.2 中包含了顯示於 266 頁上計算機五大標準要件中 的多少個？

4.2 邏輯設計常規

在探討計算機的設計時，我們必須決定計算機的邏輯線路如何運作以及它如何地被時脈控制。本節中回顧一些本章中會廣泛使用的數位邏輯的重要觀念。如果你僅有少許或沒有任何數位設計的背景知識，你將會發現在繼續閱讀前先閱讀 ⊕附錄 B 會很有幫助。

在 MIPS 製作中的數據通道元件有兩種不同形式的邏輯元件：數值運算元件和狀態儲存元件。數值運算元件全然屬於**組合** (combinational) 邏輯，意思是其輸出值只取決於目前的輸入值。輸入值相同時，組合邏輯一定會得出相同的輸出值。在圖 4.1 中表示的以及 ⊕附錄 B 中說明的 ALU 就是一個組合邏輯元件的例子。由於它沒有內部儲存的能力，所以每當輸入訊號相同，它總是會產生相同的輸出。

組合元件
如 AND 閘或算術邏輯單元的運作元件。

該設計中的另一些元件並非組合邏輯，而是可以儲存狀態 (*state*) 的。若元件具有內部儲存的能力，則可以儲存狀態。我們稱這些元件為**狀態元件** (state elements) 的原因，是因為假如我們拔掉計算機的電源插頭之後，可以經由載入拔掉電源插頭之前狀態元件的值來重啟計算機的運作。而且，如果我們儲存並重新載入這些狀態元件的值，則計算機好像從未失去過電力一樣。因此，這些狀態元件完全地說明了計算機的現況。在圖 4.1 中，指令記憶體、數據記憶體，以及暫存器都是屬於狀態元件。

狀態元件
如暫存器或記憶體的記憶元件。

狀態元件至少包括兩個輸入和一個輸出。必要的輸入包括要寫入

元件的數據內容以及決定何時將數據寫入的時脈。狀態元件的輸出則是在其之前被寫入的值。例如，D 型正反器 (見⊕**附錄** B) 就是一個邏輯上最簡單的狀態元件，它恰好有這兩個輸入 (輸入值與時脈信號) 以及一個輸出。除了正反器之外，我們的 MIPS 設計中還使用了另外兩種形式的狀態元件：記憶體和暫存器，亦皆可在圖 4.1 中見到。時脈用來決定狀態元件應於何時被寫入；而狀態元件可以隨時被讀取。

這些包含狀態的邏輯元件因為它們的輸出是根據它們的輸入以及內部的狀態來決定的，所以也稱之為序向的 (*sequential*)。例如，暫存器檔案這個功能單元的輸出取決於接受到的暫存器的編號以及之前寫入此暫存器的值。組合與序向這兩種元件的運作方式以及它們的構造在 ⊕**附錄** B 中會有更詳細的討論。

時脈致動方法

時脈致動方法
用以決定相對於時脈一筆數據何時有效及穩定的方法。

時脈致動方法 (clocking methodology) 定義了訊號何時可以被讀取以及何時可以被寫入。指明讀取和寫入的時間是非常重要的，因為如果某筆訊號同時被寫入及讀取時，讀取的值可能是寫入前的舊值，也可能是剛寫入的新值，甚至有可能是新舊值的某種混雜！計算機設計師當然不容許這種不可預期的情況。時脈致動方法就是設計來保證事情的可預期性。

邊緣觸發時脈致動
所有狀態改變均發生於時脈緣的時脈致動方法。

為了簡單起見，我們將採用一種**邊緣觸發** (edge-triggered) **的時脈致動**方法。邊緣觸發的時脈致動方法意指任何存在序向邏輯元件中的值只在時脈邊緣，亦即該訊號由低至高變換或反之 (見圖 4.3) 時，才能被更新。因為只有狀態元件可以儲存資料，所以任何一群組合邏輯的輸入都必須來自一群狀態元件，並且它的輸出結果也將寫入一組狀態元件。輸入即為前一個時脈週期所寫入的值，而輸出則是可用在

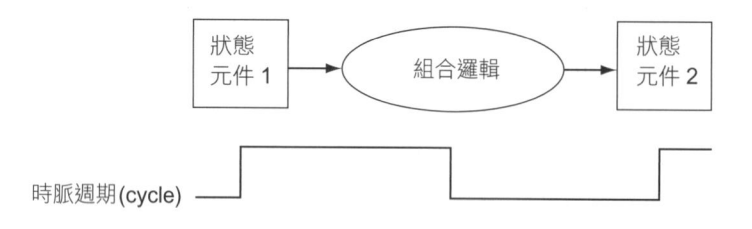

圖 4.3 組合邏輯、狀態元件和時脈之間關係密切。
在一個同步的數位系統中，時脈決定了狀態元件何時將值寫入內部的儲存體。任何狀態元件的輸入值在致動的時脈邊緣造成狀態被更新之前，都必須是穩定的 (也就是說，到達的值必須一直維持穩定不變到時脈邊緣之後)。本章中所有的狀態元件 (包括記憶體) 都假設是邊緣觸發的。

接下來的時脈中。

圖 4.3 顯示了兩個狀態元件包圍著一個組合邏輯的區塊，該組合邏輯區塊應在一個時脈週期內運作完成：所有訊號必須在一個時脈週期的時間內由狀態元件 1 開始傳遞，穿過組合邏輯區塊，並到達狀態元件 2。所以訊號到達狀態元件 2 所需的時間就決定了時脈週期的長度。

為了簡單起見，當一個狀態元件在每個致動的時脈邊緣都會被寫入，則我們將不表示出它的寫入**控制訊號** (control signal)。相對地，如果狀態元件並非每個時脈都會被更新時，則需明確的控制訊號。時脈訊號和寫入控制訊號均為輸入，且狀態元件內容值只會在寫入控制訊號被設定和時脈週期邊緣時改變。

我們將使用名詞**被設定** (asserted) 來表示一個訊號在邏輯上處於高準位，以及設定來表示一個訊號應該被設成邏輯上的高準位，並以**不設定** (*deassert*) 或**不被設定** (deasserted) 來表示邏輯上的低準位 (譯註：英文字 asserted 可以是形容詞也可以是被動型態的及物動詞。所以它代表的意義可能是：1. 訊號目前所處的狀態，或者 2. 這個訊號已經、或者即將被設定的情況)。我們使用設定與不設定這些名稱是因為在我們製作硬體時，有時 1 代表的是邏輯的高準位，而有時它又可以代表邏輯上的低準位。

邊緣觸發的方法使得我們可以在同一個時脈週期中讀取暫存器的內容，然後對這個值做一些組合邏輯運算，之後再對那一個暫存器寫入一個新值。圖 4.4 是一個通則性的例子。我們假設所有的寫入動作是在時脈正緣 (由低電位至高電位) 或是負緣 (由高電位至低電位) 發生都並無所謂，因為反正除了在選定的時脈邊緣外，組合邏輯區塊的輸入值都不能改變。採用邊緣觸發的時序方法時，在單一時脈週期內

控制訊號
用於多工器選擇或指揮功能單元運作的信號；其為相對於包含被功能單元運作的資訊的所謂數據訊號。

被設定
指訊號目前是處於邏輯的高或真的狀態。

不設定或不被設定
指訊號目前是處於邏輯的低或偽的狀態。

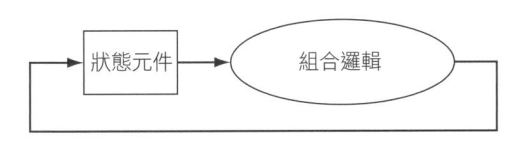

圖 4.4 邊緣觸發的方法允許狀態元件同時在一個時脈週期內被讀取和寫入，而不會造成可能會產生不確定值的競賽 (race) 情況。

當然，時脈週期仍然必須夠長到當致動時脈邊緣發生時，輸入的值已經穩定。因為狀態元件的更新是邊緣觸發的，所以時脈週期內並不會發生反饋的情況。如果反饋的情況可能發生的話，這樣的設計就無法正確地運作。我們在本章和下一章中的設計都是依靠如本圖所示的邊緣觸發方法及相同的結構。

不會發生反饋 (feedback) 的情況，所以圖 4.4 的邏輯能夠正確運作。在 ⊕**附錄** B 中，我們會簡要討論更多一些的時序上的限制 [例如設定 (setup) 與維持 (hold) 時間]。以及其他的時序控制方法。

對 32 位元的 MIPS 架構，幾乎所有狀態和邏輯元件的輸入和輸出訊號都是 32 位元的寬度，因為處理器處理的資料大部分都是這樣的寬度。我們對輸入或輸出不為 32 位元的單元都會特別註明。在圖示中則以較粗的線條來表示寬度超過 1 位元的匯流排 (*buses*)。有時我們會想將幾條匯流排合併成一條更寬的匯流排；例如，我們有可能想將兩條 16 位元的匯流排合併成一條 32 位元的匯流排。在這種情況下，匯流排上的標示會明白指出我們是將數條匯流排連接成一條更寬的匯流排。元件間的連線也加上箭頭來幫助釐清數據的流動方向。最後，**灰色**表示控制訊號，以別於攜帶數據的訊號；兩者間的差異在本章中會愈來愈明顯。

自我檢查 真或偽：因為暫存器檔案在同一個時脈週期內被讀取和寫入，所以任何使用邊緣觸發寫入的 MIPS 數據通道都必須使用多於一份的暫存器檔案。

仔細深思 MIPS 架構也有 64 位元的版本，所以很自然地，其實作中的大部分路徑應為 64 位元寬。

4.3 建構數據通道

抽象化

數據通道元件
處理器中用於運作或保持資料的單元。在 MIPS 設計中，數據通道元件包含指令及數據記憶體、暫存器檔案、算術邏輯單元以及加法器。

程式計數器 (PC)
含有程式中正在被執行指令的位址的暫存器。

設計數據通道合理的開端就是先檢視執行每種類型 MIPS 指令所需的主要元件。讓我們先來看看每個指令需要何種**數據通道元件** (datapath elements)，之後再在各**抽象**階層中逐層往下探討。當我們畫出數據通道元件時，也會畫出它們的控制訊號。我們在這個解說中使用抽象化的觀念，並由底層向上談起。

圖 4.5a 表示我們需要的第一個元件：用以儲存程式中的指令並且在收到位址時會回應以位址內的指令的記憶體單元 (memory unit)。圖 4.5b 表示我們在第 2 章中曾提過的用來儲存目前指令位址的暫存器，稱為**程式計數器** (program counter, PC)。最後，我們需要一個加法器來遞增 PC 值成為下一個指令的位址。這個稱為加法器的組合邏

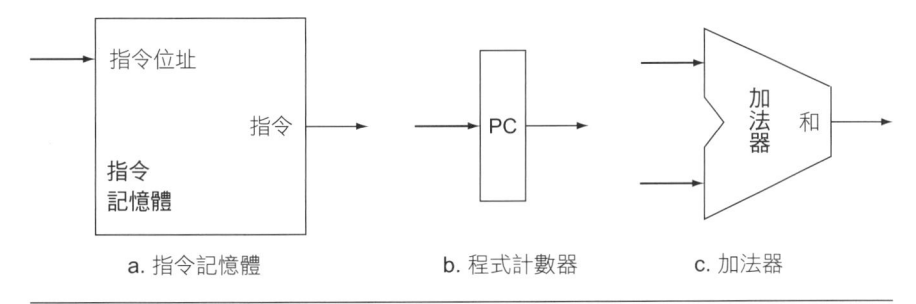

[圖示：a. 指令記憶體　b. 程式計數器　c. 加法器]

圖 4.5 儲存並擷取指令需要用到兩個狀態元件，而計算下個指令位址需要用到加法器。

這兩個狀態元件是指令記憶體和程式計數器 (PC)。因為資料路徑不會將指令寫回，指令記憶體只需要提供讀取的功能。因為指令記憶體只會被讀取，所以我們將它視為組合邏輯：在任何時間輸出隨時反映位址輸入所對應位置的內容，並且不需要讀取控制訊號 (當我們要載入程式到指令記憶體時需要寫入指令記憶體；這並不難做到，為了簡單起見，我們先忽略它)。程式計數器 (PC) 是一個在每個時脈週期的最後都會被寫入的 32 位元暫存器，因此不需要寫入的控制訊號。加法器固定將兩個 32 位元的輸入相加後送至輸出。

輯可以使用會在 ⊕**附錄** B 中詳細介紹的 ALU，並且將其控制線設定成只做加法運算。所以我們在圖 4.5 中將 ALU 標示為 *Add*，以表示其被設定成加器，因而不會執行其他的 ALU 功能。

執行任何指令都必須由從記憶體中擷取指令開始。為了準備執行下一道指令，則必須將程式計數器遞增，以指向位於 4 位元組後的下一道指令。圖 4.6 表示如何將圖 4.5 中的三個元件組合成一個可以擷取指令並且遞增 PC 值以得知下一個連續指令位址的數據通道的相關部分。

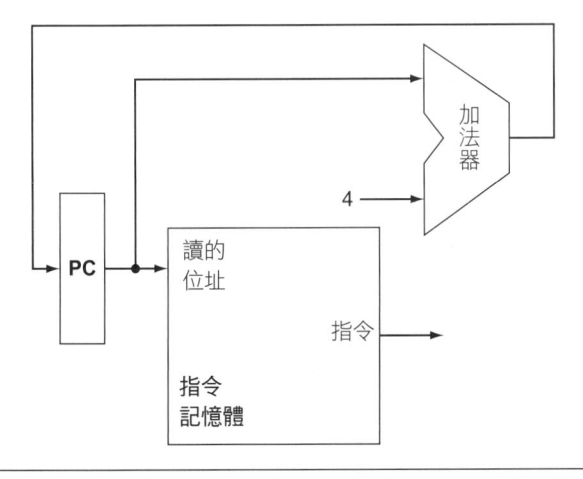

圖 4.6 數據通道中用來擷取指令和遞增程式計數器 (PC) 的部分。

被擷取的指令會被數據通道的其他部分使用。

現在讓我們來思考 R 格式的指令 (參見圖 2.20)。它們都讀取兩個暫存器，對讀出的內容執行 ALU 運算，然後將結果寫回暫存器。我們稱這些指令為 R 型指令，或者因為它們執行算術或邏輯運算而稱為**算術邏輯指令** (*arithmetic-logical instructions*)。這類指令包括 add、sub、AND、OR 和 slt 指令並已在第 2 章中介紹過。回憶一下 add $t1, $t2, $t3 的這個典型的例子，其讀取 $t2 和 $t3 暫存器並寫入 $t1 暫存器。

暫存器檔案
一個包含一組在送進暫存器編號時可被讀寫的暫存器的狀態元件。

處理器的 32 個一般用途暫存器儲存於一個稱之為**暫存器檔案** (register file) 的結構中。暫存器檔案是一群暫存器的集合，並可經由指定其內任一暫存器的編號來對其進行讀寫。暫存器檔案內含有計算機的暫存器狀態。此外，我們需要 ALU 來對暫存器讀出的值進行運算。

R 格式的指令具有三個暫存器的運算元，因此對每個指令我們需要從暫存器檔案讀取兩個字組的數據，並且將一個字組的數據寫回暫存器檔案中。我們必須對每一個要從暫存器中讀出的資料提供一個指定要讀取的暫存器編號的輸入到暫存器檔案中，以便由暫存器檔案的輸出得到該被讀取暫存器的值。寫入字組需要兩個輸入：一個用來指定被寫入的暫存器編號，另一個則是提供要寫入的數據。暫存器檔案會一直不斷地輸出兩個 Read register 輸入埠上的暫存器編號對應的內容。然而寫入就必須被寫入控制訊號控制，其必須被設定後寫入才會在時脈觸發邊緣發生。結果表示於圖 4.7a 中；我們總共需要四組輸入埠 (三組暫存器編號和一組數據) 和兩組輸出 (兩組都是數據)。暫存器編號的輸入為 5 位元寬，用來指定 32 個暫存器中的一個 ($32 = 2^5$)，而數據的輸入和輸出的匯流排都是 32 位元寬度。

圖 4.7b 表示一個 ALU，其使用兩個 32 位元的輸入並且產生一個 32 位元的結果以及一個 1 位元的訊號來表示運算結果是否為零。ALU 的四位元的控制訊號於 ⊕**附錄** B 中有詳細的討論；稍後當我們需要知道如何去設定 ALU 控制訊號時，我們會再複習它。

接下來討論 MIPS 的載入字組和儲存字組指令，其通式為 lw $t1,offset_value($t2) 或 sw $t1,offset_value($t2)。該等指令藉由將基底暫存器 (base register) $t2 和指令中 16 位元的有號偏移量欄位的值相加來計算記憶體的位址。如果是儲存指令，要被儲存的置於 $t1 中的值也必須從暫存器檔案中讀出。如果是載入指令，從

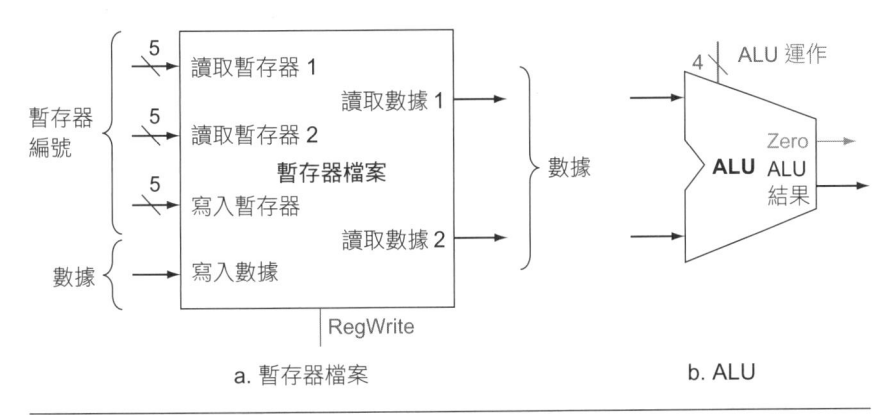

圖 4.7　實作 R 格式的 ALU 運作所需的兩個元件是暫存器檔案和 ALU。
暫存器檔案包含了所有的暫存器並且有兩個讀取埠和一個寫入埠。多 (讀、寫) 埠暫存器檔案的設計會在 🌐 **附錄** B 的 B.8 節中討論。暫存器檔案會一直將對應於 Read register 輸入埠的暫存器的內容放在輸出線上，而不需要其他的控制訊號。相對地，暫存器的寫入就必須要明確地由寫入控制訊號來控制。記得寫入的動作屬於邊緣觸發，所以所有和寫入動作相關的輸入訊號 (即被寫入的值、暫存器編號和寫入控制訊號) 必須在時脈邊緣時是有效的。因為暫存器檔案的寫入動作屬於邊緣觸發，所以這種設計可以在一個時脈週期內對同一個暫存器讀取和寫入：讀取到的值是稍早的時脈週期所寫入的值，而寫入的值則可以在之後的時脈週期被讀取。暫存器檔案的暫存器編號輸入訊號都是 5 個位元寬，而運送資料的訊號線都是 32 個位元寬。要執行的 ALU 運作是使用 🌐 **附錄** B 中設計的由 4 位元 ALU 運作控制訊號線來控制的 ALU。我們稍後會使用 ALU 的 Zero 偵測輸出來實作條件分支 (branches)。而 ALU 的滿溢 (overflow) 輸出一直到 4.10 節討論例外 (exceptioins) 之前都還不需要用到，所以目前我們先忽略它。

記憶體讀出的值必須寫回暫存器檔案中被指定的 $t1 暫存器。因此，我們會用到圖 4.7 中的暫存器檔案和 ALU。

　　此外，我們需要一個單元以將指令中 16 位元偏移量欄位的值**符號延伸** (sign-extend) 成 32 位元的有號值，以及一個數據記憶體單元來讀取或寫入。數據記憶體單元在執行儲存指令時必須被寫入；因此它擁有讀取和寫入控制訊號、位址輸入，以及讓數據寫入記憶體的輸入。圖 4.8 表示了這兩個元件。

　　若相等則分支 (beq) 指令有三個運算元欄位，其中兩個暫存器用來比較是否相等，以及一個 16 位元的偏移量用來計算相對於該分支指令位址的**分支目標位址** (branch target address)。它的形式如下：
beq $t1,$t2,offset。為了製作這道指令，我們必須將指令中 16 位元的偏移量符號延伸並與 PC 值相加來計算分支目標位址。我們必須要注意分支指令定義中 (參見第 2 章) 的兩個細節：

符號延伸
將一筆原始數據的高位符號位元複製入另一筆較大的目的數據的較高位元中以增加一筆數據的長度。

分支目標位址
分支指令中訂定的位址，其在分支發生時會成為新的程式計數器的值。在 MIPS 架構中分支目的是由指令中偏移量欄位及分支的下一道指令的位址相加而得。

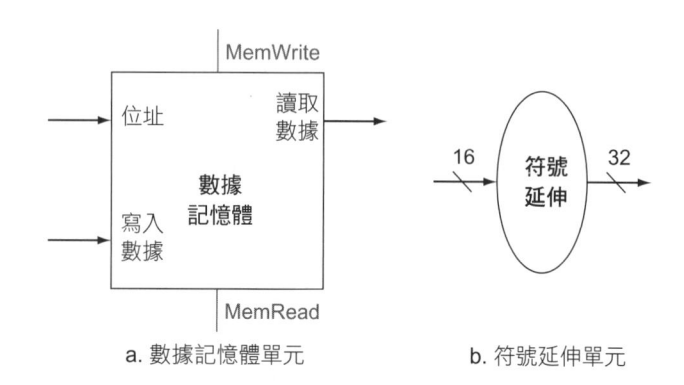

```
                    MemWrite
         ┌─────────────┐
  位址 ──→│             │── 讀取
         │   數據       │   數據 ──→        16      ╱ 符號 ╲   32
         │   記憶體     │              ──/──→│ 延伸 │──/──→
  寫入 ──→│             │                    ╲     ╱
  數據    │             │
         └─────────────┘
                    MemRead
         a. 數據記憶體單元              b. 符號延伸單元
```

圖 4.8 除了圖 4.7 的暫存器檔案和 ALU 外，實作載入指令和儲存指令還需要的兩個元件是數據記憶體單元和符號延伸單元。

數據記憶體單元是一個具有位址輸入、寫入資料輸入和一個讀取結果輸出的狀態元件。它有個別的讀取和寫入控制訊號，即便在任何一個時脈中只有一條可能會被設定。記憶體單元需要讀取控制訊號，因為它並不像暫存器檔案，如果讀取一個無效位址的內容可能造成一些問題，如我們將會在第 5 章中所見。符號延伸單元具有一個 16 位元的輸入，經符號延伸成 32 位元的結果送到輸出上（參見第 2 章）。我們假設數據記憶體的寫入屬於邊緣觸發。實際上標準的記憶體晶片會有一個寫入致能 (write enable) 訊號來控制寫入。儘管寫入致能並不屬於邊緣觸發，我們的邊緣觸發設計可以很容易地套用於真實記憶體晶片。參見 附錄 B 中 B.8 節有關真實記憶晶片如何工作的進一步討論。

- 指令集架構 (ISA) 指明在分支目標位址計算時的基底是分支指令後面那一道指令的位址。因為我們在指令擷取的數據通道中計算 PC＋4 (下一道指令的位址)，所以以這一個值作為計算分支目標位址的基底較為容易。
- 這個架構也指出偏移量欄位會被左移 2 個位元，因此其原為字組偏移量 (word offset)；這樣的位移將偏移量欄位的有效範圍增大為四倍。

基於上述後項的原因，我們需要將偏移量欄位左移 2 個位元。

除了計算分支目標位址之外，我們也必須決定下一道要執行的指令是位置在其後的指令還是位於分支目標位址的指令。當分支條件成立時 (即兩個運算元相等)，分支目標位址成為新的 PC 值，則我們稱為**分支發生** (branch taken)。如果運算元不相等，則被遞增 4 的 PC 值將取代目前的 PC 值 (就如同其他一般指令的做法一樣)；如此則我們稱**分支不發生** (branch not taken)。

因此，分支的數據通道必須執行兩項動作：計算分支目標位址和比較暫存器的內容 (分支也會影響到數據通道的指令擷取部分，我們

分支發生
在分支條件滿足因而程式計數器被設為分支目的的分支情況。所有無條件的分支都是會發生的分支。

分支不發生或 (不發生的分支)
在分支條件不成立因而程式計數器被設為分支之下的循序指令位址的分支情況。

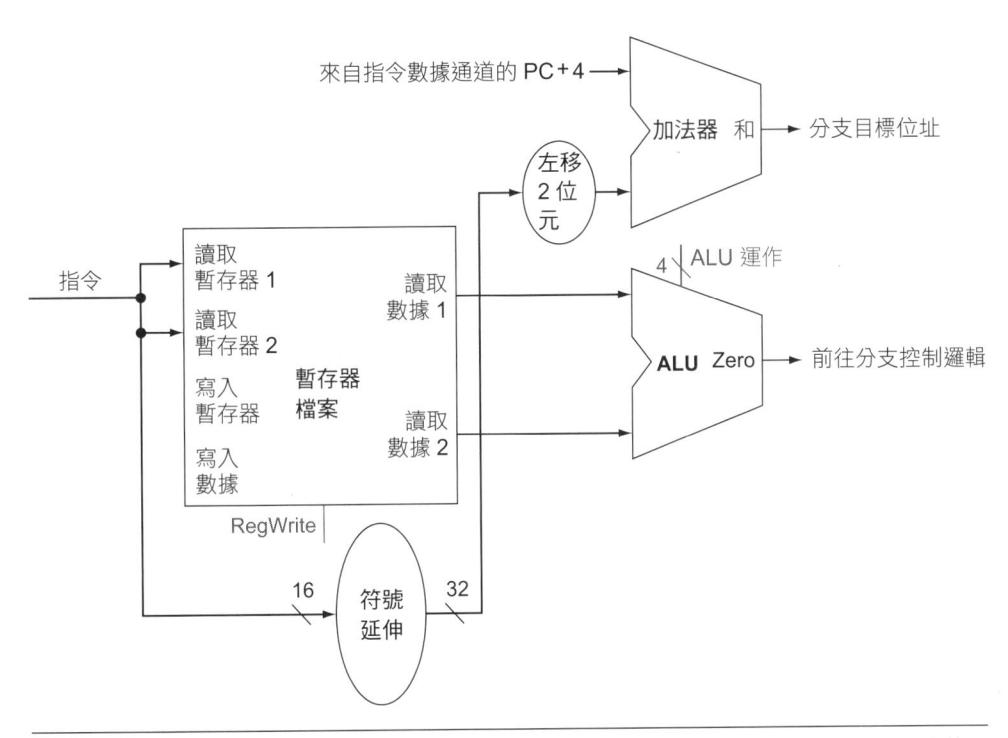

圖 4.9　分支指令數據通道的一部分使用 ALU 來評定分支條件以及加法器將遞增後的 PC 值加上指令的最低 16 個位元 (分支位移量) 經過符號延伸再左移 2 個位元的值來計算分支目標位址。

標記為「左移 2 位元」的單元其實只是將輸入和輸出之間的訊號線做簡單的繞線，在符號延伸後的偏移量欄位最右方加上 00_{two}；因為位移的數目是常數，所以並不需要真的位移硬體。因為我們知道這個偏移量是由 16 位元的資料經符號延伸而來，所以位移的動作只會把代表正負號其中兩個的位元扔掉。控制邏輯根據 ALU 的 Zero 輸出訊號決定將新的 PC 值設為遞增後的 PC 值或是分支目標位址。

將會在稍後處理)。圖 4.9 表示數據通道中處理分支的部分。為了計算分支目標位址，分支相關的數據通道包含了一個如圖 4.8 的符號延伸單元和一個加法器。為了執行比較，我們需要使用圖 4.7a 所示的暫存器檔案來提供兩個暫存器運算元 (此處我們不需要寫入暫存器檔案)。此外，比較可以使用 **附錄 B** 中設計的 ALU 來完成。因為該 ALU 具有一個指出結果是否為零的輸出訊號，所以我們可以將這兩個暫存器運算元送到 ALU 中並設定控制訊號來執行減法。如果 ALU 輸出的 Zero 訊號線被設定，我們就知道這兩個值相等。儘管 Zero 輸出總是表出 ALU 運算的結果是否為零，我們只會在分支的相等測試中用到它。稍後，我們會說明在資料路徑中 ALU 的控制訊號線應如何連接。

跳躍指令的運作是將 PC 的最低 28 位元的值替換成指令的最低 26 位元再左移兩個位元的結果。該位移即為將跳躍的偏移量再串接 00，如第 2 章所述。

延遲的分支
一種緊接在分支之後的 (一至數道) 指令不論分支的條件是否成立總是會被執行的分支指令。

仔細深思 在 MIPS 指令集中，**分支指令是被延遲的** (delayed)，意為不論分支條件是否成立，緊接在分支指令之後的指令一定會被執行。當分支條件不成立時，執行的情況有如一般的分支指令。當分支條件成立，則被延遲的分支指令會在跳到指定的分支目標位址之前先執行程式中緊接在其後的那一 (至數) 道指令。使用被延遲的分支指令其動機來自管道化對分支指令的影響 (參見 4.9 節)。為了簡單起見，我們在本章中先忽略延遲的分支來實作一個非延遲的 beq 指令。

做出一個數據通道

既然我們已經討論過各個指令種類所需的數據通道元件，接下來我們可以將它們組合成一個數據通道並且加入控制訊號來完成設計。這個最簡單的數據通道執行每個指令都只需要一個時脈週期的時間。於是，在執行每道指令時所有數據通道的資源都至多只能被使用一次，因此如果任何元件必須使用超過一次時則必須複製它。因此我們需要一個記憶體來存放指令以及另外一個記憶體來存放資料。雖然有些功能單元必須被複製，但還是有許多元件可以被不同的指令在執行過程中共同使用到。

為了讓兩個不同種類的指令共用數據通道中的元件，我們可能需要將多個來源連接到元件的輸入，並使用多工器和控制訊號來選擇不同的輸入。

範例　建構數據通道

算術邏輯 (R 型) 指令和記憶體指令其數據通道的動作非常地相似，主要的差異如下：

- 算術邏輯指令使用 ALU 且輸入來自兩個暫存器。記憶體指令也會使用 ALU 來計算位址，然而 ALU 的第二個輸入來自經過符號延伸的指令中的 16 位元偏移量欄位。
- 存入目的暫存器的值來自 ALU (執行 R 型指令時) 或是記憶體 (執行載入指令時)。

說明如何使用一個暫存器檔案以及一個 ALU 和任何必須的多工器來建構記憶體存取，以及算術邏輯指令的數據通道中運作的部分。

解答 為了做出一個僅有單一暫存器檔案和單一 ALU 的數據通道，我們必須允許 ALU 第二個輸入有兩個不同來源以及存入暫存器檔案的數據也有兩個不同來源。因此，有一個多工器放置在 ALU 的第二個輸入埠，另外一個則放置在暫存器檔案的數據輸入埠。圖 4.10 表示了組合後數據通道的運作部分。

現在我們可以把指令擷取的數據通道 (圖 4.6)、R 型指令和記憶體指令的數據通道 (圖 4.10)，以及分支的數據通道 (圖 4.9) 合併成一個 MIPS 架構的簡單數據通道。圖 4.11 表示我們將各別區塊組合而成的數據通道。因為分支指令以主要的 ALU 來比較暫存器運算元，所以我們必須保留圖 4.9 中的加法器來計算分支目標位址。另外還需要一個多工器來選擇是要將連續的指令位址 (PC＋4) 還是分支目標位址寫回 PC。

我們完成這個簡單的數據通道之後，即可開始加入控制單元。控制單元必須可以接受輸入，並且產生每個狀態元件的寫入控制訊號、每個多工器的選擇控制訊號和 ALU 的控制訊號。ALU 的控制有許多特殊之處，在我們設計控制單元的其他部分之前先設計這個部分會較方便。

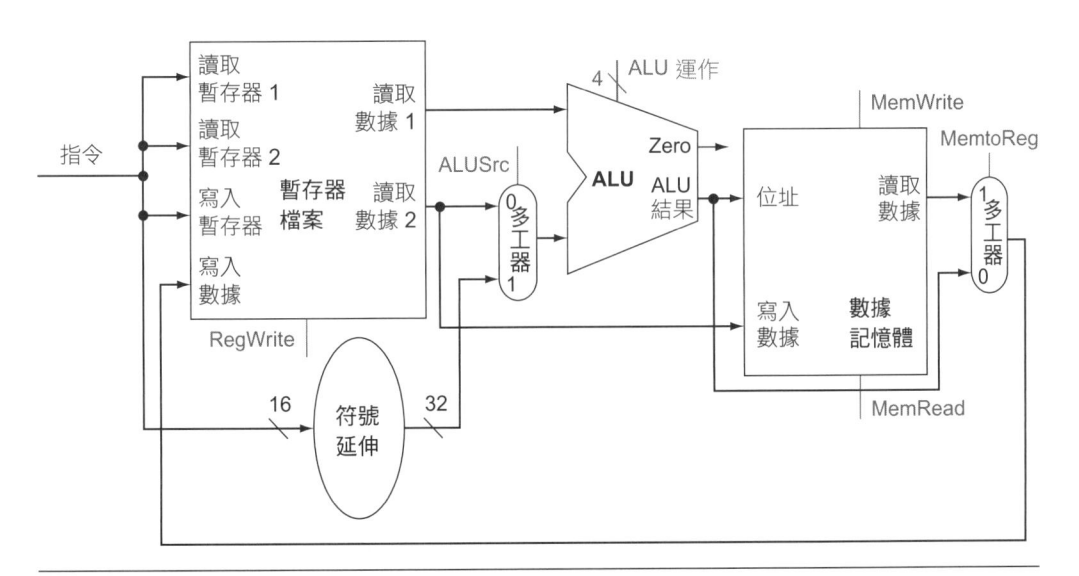

圖 4.10　記憶體指令和 R-型指令相關的數據通道。

這個例子顯示了如何利用多工器將圖 4.7 和圖 4.8 的各部分組合成一個數據通道。在這個例子中說明需要兩個多工器。

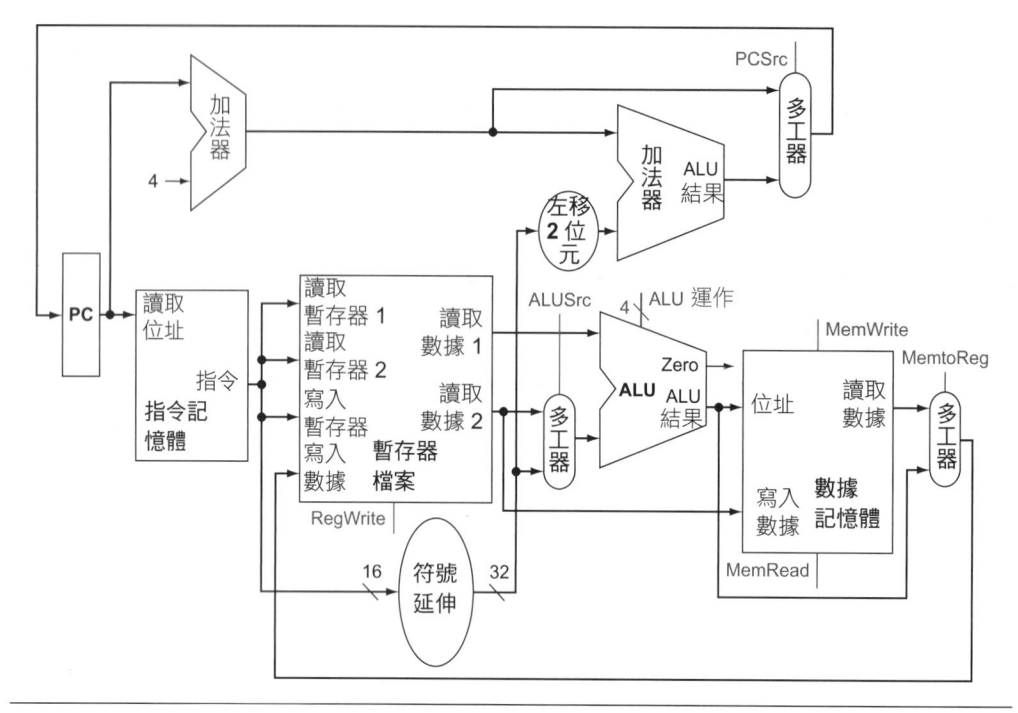

圖 4.11 結合不同類別指令所需元件的 MIPS 架構簡單數據通道。

這些組件來自圖 4.6、4.9 與 4.10。這個數據通道可以在單一時脈週期中執行基本的指令(載入/儲存字組、算術邏輯運作及分支)。我們需要額外的一個多工器來整合入分支。至於跳躍指令的部分將會在稍後加入。

I. 對於載入指令,下列何者正確?參見圖 4.10。

a. MemtoReg 控制訊號應該被設定成讓從記憶體來的數據被送到暫存器檔案。

b. MemtoReg 控制訊號應該被設定成讓對的暫存器目的地被送到暫存器檔案。

c 對載入指令我們不在乎 MemtoReg 控制訊號的設定。

II. 本節所概述的單一週期數據通道一定需要有個別的指令和數據記憶體,是因為

a. MIPS 數據與指令的格式不同,因此需有不同的記憶體。

b. 使用分開的記憶體較便宜。

c. 處理器於一個時脈週期內需完成一道指令的運作,故於該時脈週期內無法使用一個單埠的記憶體來進行兩個不同的存取。

4.4 簡單的實作方案

本節中，我們看看對我們的 MIPS 子集其最簡單的實作方法可能為何。我們使用上一節的數據通道並加入簡單的控制功能來建構這個簡單的製作。在這個簡單的製作中可處理載入字組 (lw)、儲存字組 (sw)、相等時分支 (beq) 及算術邏輯指令 add、sub、AND、OR 及 set on less than。我們稍後還會再加強該設計以處理跳躍指令 (j)。

ALU 的控制

⊕附錄 B 中的 MIPS 算術邏輯單元定義了四條控制輸入的下列六種組合：

ALU 控制線	功能
0000	AND
0001	OR
0010	add
0110	subtract
0111	set on less than
1100	NOR

根據指令的種類，ALU 需要去執行前五項功能的其中一項 (NOR 的功能只有在我們製作的子集以外的 MIPS 指令集其他部分中才會用到)。對於載入字組及儲存字組指令，我們使用 ALU 做加法來計算記憶體的位址。對於 R 型指令，ALU 則需根據指令中最低 6 個位元功能 (funct) 欄位的值來決定執行五種動作 (AND、OR、subtract、add 或 set on less than) 之一 (見第 2 章)。對於相等時分支 ALU 則必須做減法。

為了產生這 4 位元的 ALU 控制訊號，我們可以使用一個小控制單元並以指令的功能 (funct) 欄位，以及我們稱之為 ALUOp 的 2 位元的控制欄位作為輸入。ALUOp 表示要執行的運算是載入與儲存的加法 (00)、beq 的減法 (01) 或是由指令的功能欄位所編碼的動作來決定 (10)。ALU 控制單元的輸出是 4 位元的控制訊號，其可形成上表中的一種組合以控制 ALU 的動作。

在圖 4.12 中，我們說明如何根據 2 位元的 ALUOp 控制訊號及 6 位元的功能碼來設定 ALU 的控制輸入。我們將於本章稍後看到主要的控制單元如何產生 ALUOp 的值。

指令運作碼	ALUOp	指令運作	功能欄位	需要的 ALU 動作	ALU 控制輸入
LW	00	載入字組	XXXXXX	加	0010
SW	00	儲存字組	XXXXXX	加	0010
Branch equal	01	若等於則分支	XXXXXX	減	0110
R-型	10	加	100000	加	0010
R-型	10	減	100010	減	0110
R-型	10	及	100100	及	0000
R-型	10	或	100101	或	0001
R-型	10	若小於則設定	101010	若小於則設定	0111

圖 4.12　ALU 控制訊號應如何設定端視 ALUOp 控制位元及 R-型指令的不同功能碼而定。

第一行所列出的運作碼決定了第二行的 ALUOp 位元。所有的編碼都以二進位來表示。注意當 ALUOp 的值為 00 或 01 時，所需的 ALU 動作和功能欄位的值無關；所以我們使用「XXXXXX」來表示我們對功能欄位的值並無所謂 (don't care)。如果 ALUOp 的值為 10 時，則 ALU 控制輸入的值會依據功能欄位而定。參見 ⊕**附錄** B。

使用多層次 (multiple levels) 解碼的方式──亦即，主要的控制單元產生 ALUOp 位元，其然後作為產生 ALU 真正控制信號的 ALU 控制單元的輸入──是一種常見的設計技術。使用多層次的控制可以降低主控制單元的大小。使用幾個較小的控制單元也有可能加快控制單元的速度。這樣的最佳化很重要，因為控制單元通常對時脈週期時間極為關鍵。

有幾種不同的方法可將 2 位元的 ALUOp 欄位以及 6 位元的功能欄位轉換成 4 位元的 ALU 控制訊號 (譯註：因為目前尚未使用到 NOR 的功能，所以 ALU 控制訊號中最高位元尚無作用)。因為在功能欄位的 64 種可能值中只有少數有用，加上功能欄位只在 ALUOp 等於 10 的條件下才會用到，所以我們只需使用少少的可辨認這少數可能值的邏輯電路來產生 ALU 控制位元的正確設定。

在設計這種邏輯時，針對功能欄位以及 ALUOp 欄位中有關的組合來建立如我們在圖 4.13 中所完成的**真值表** (*truth table*)，是個有用的過程；該**真值表**說明 4 位元的 ALU 控制訊號如何根據兩個輸入欄位的值來設定。由於完整的真值表非常龐大 ($2^8 = 256$ 個項目)，且我們並不在意其中很多輸入的組合，所以我們只表示真值表中 ALU 控制訊號必須要有特定值的項目。在本章中，我們將沿用這個方式只表示出真值表中輸出需要被設定的項目，而不表示出其他不作設定或稱

真值表
來自邏輯學，為將邏輯運算所有可能輸入值列出，並表示各種情況下產生的輸出應為何的一種表示法。

| ALUOp | | 功能欄位 | | | | | | 運作 (ALU |
ALUOp1	ALUOp0	F5	F4	F3	F2	F1	F0	控制訊號)
0	0	X	X	X	X	X	X	0010
X	1	X	X	X	X	X	X	0110
1	X	X	X	0	0	0	0	0010
1	X	X	X	0	0	1	0	0110
1	X	X	X	0	1	0	0	0000
1	X	X	X	0	1	0	1	0001
1	X	X	X	1	0	1	0	0111

圖 4.13 4 位元 ALU 控制訊號 [稱為運作 (operation)] 的真值表。輸入部分包含 ALUOp 及功能碼欄位。表中只顯示 ALU 控制被設定的項目。一些「無所謂」的項目也已經表出。例如，ALUOp 並沒有使用 11 的編碼，所以真值表可以使用 1X 和 X1，而不必是 10 和 01。注意當功能欄位被使用時，這些指令前兩個位元 (F5 和 F4) 的值總是等於 10，所以它們屬於「無所謂」的項目並且在真值表中以 XX 來表示。

無所謂 (don't care) 的輸出 (這個方式有一個缺點，我們會在 ⊕**附錄 D** 的 D.2 節中討論)。

　　因為在很多情形下我們並不在乎某些輸入的值，同時我們希望真值表更簡潔，因此我們在真值表中使用了**無所謂項** (don't care terms)。在真值表中的一個「無所謂」項 (在輸入的那一個欄位中以 X 來表示) 指的是輸出的值並不需要根據該行的輸入來做決定。舉例來說，當 ALUOp 位元為 00 時，如圖 4.13 的第一列所示，我們總是將 ALU 控制訊號設定成 0010，和功能碼的值無關。因此，本例中真值表該列的功能碼輸入即為無所謂。稍後，我們還會看到其他形式的無所謂項的例子。若你對無所謂項的概念不是很清楚，參見 ⊕**附錄 B** 來獲取更多資訊。

　　一旦真值表建好之後，其可被最佳化，並轉成邏輯設計。這樣的過程是完全制式化的。我們在 ⊕**附錄 D** 的 D.2 小節中說明其過程以及結果。

設計主要的控制單元

　　在討論完如何設計以功能碼及 2 位元訊號控制的 ALU 之後，我們繼續探討控制的其他部分。首先，讓我們先認識一下指令中不同的欄位，以及我們建構的圖 4.11 數據通道中需要哪些控制訊號。為了瞭解如何將指令中不同的欄位連接到數據通道中，可先複習一下三種

無所謂項
邏輯運算中輸出並不與所有輸入的值都相關的項目。無所謂項可用不同的方式來表示。

欄位	0	rs	rt	rd	shamt	funct
位元位置	31:26	25:21	20:16	15:11	10:6	5:0

a. R-型指令

欄位	35 or 43	rs	rt	address
位元位置	31:26	25:21	20:16	15:0

b. 載入或儲存指令

欄位	4	rs	rt	address
位元位置	31:26	25:21	20:16	15:0

c. 分支指令

圖 4.14 三種指令類別 (R-型指令、載入/儲存指令及分支指令) 使用兩種不同的指令格式。

跳躍指令 (jump) 使用另外一種格式，我們稍後會再討論。(a) R-型指令的指令格式，其運作碼 (opcode) 均為零。這些指令有三個暫存器的運算元：rs、rt 和 rd。rs 和 rt 欄位為來源 (source) 暫存器，rd 欄位為目的 (destination) 暫存器。ALU 的功能是利用前一節所設計的 ALU 控制單元來對功能 (funct) 欄位解碼所決定。我們實作的 R-型指令有 add、sub、AND、OR 及 slt。位移量 (shamt) 欄位僅使用在移位指令中；我們在本章中先忽略它。(b) 載入指令 (opcode＝35$_{ten}$) 和儲存指令 (opcode＝43$_{ten}$) 的指令格式。rs 暫存器為基底暫存器 (base register)，其值與 16 位元位址欄位的值相加後得到記憶體的位址。在載入指令中，rt 暫存器是載入值的目的暫存器。在儲存指令中，rt 暫存器是來源暫存器，其值要儲存到記憶體。(c) 分支指令相等時的指令格式 (opcode＝4)。rs 和 rt 暫存器是用於比較是否相等的來源暫存器。而 16 位元的位址欄位會被符號延伸、移位後和 PC＋4 值相加來計算分支目標位址。

指令種類的格式：R 型指令、分支指令及載入/儲存指令。圖 4.14 表示它們的格式。

我們觀察到這些指令格式中我們會使用到的幾個主要的現象：

運作碼

指令中說明指令的運作及格式的欄位。

- Op 欄位，如我們在第 2 章中所見稱為**運作碼** (opcode)，總是放在指令的 31:26 位元。我們用 Op[5:0] 來表示這個欄位。
- 在 R 型指令、相等則分支 (beq) 指令及儲存指令中，被讀取的暫存器總是以位於指令的 25:21 位元及 20:16 位元的 rs 欄位及 rt 欄位來指出。
- 載入及儲存指令中的基底暫存器總是在指令的 25:21 位元 (rs)。
- 相等則分支 (beq) 指令、載入指令及儲存指令的 16 位元偏移量 (offset) 總是在指令的 15:0 位元。
- 目的暫存器有可能出現在兩個地方。在載入指令中其位於 20:16 位元 (rt)，但是在 R 型指令中其位於 15:11 位元 (rd)。因此我們必須加上一個多工器來選擇我們要寫入的暫存器編號是來自 rt 或是 rd 欄位。

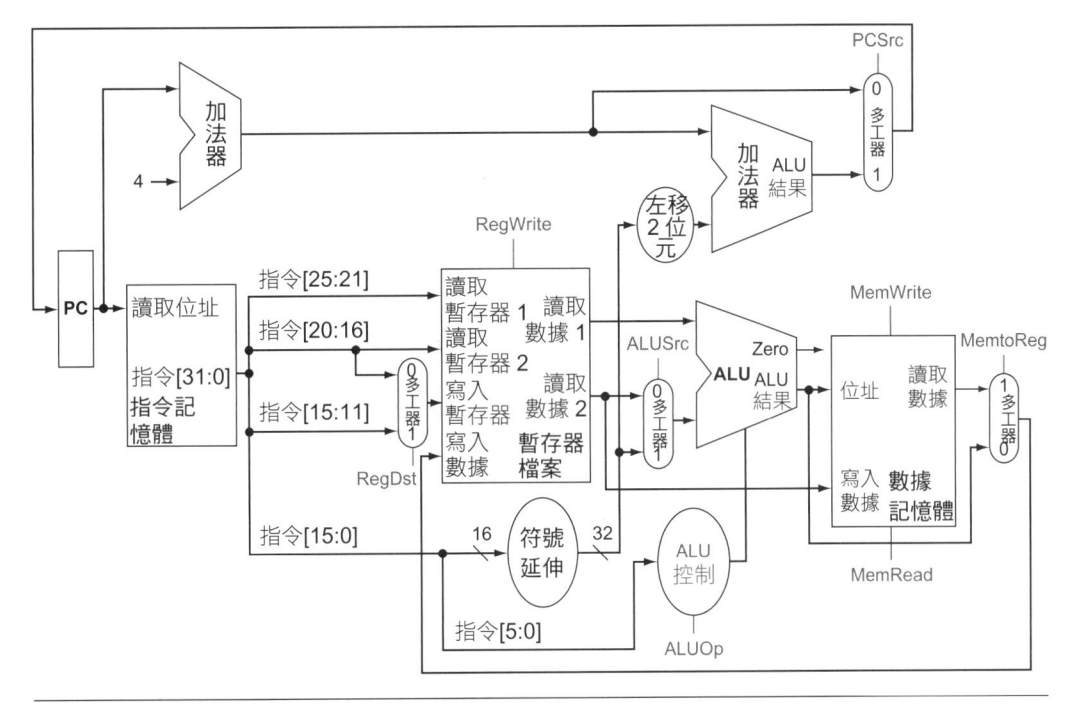

圖 4.15　圖 4.11 的數據通道以及所有需要的多工器及控制訊號。

灰色的線表示控制訊號。ALU 控制區塊也已經加入圖中。因為 PC 暫存器在每個時脈週期都會寫入一次，所以不需要寫入控制；分支控制邏輯決定寫入 PC；暫存器的值是遞增後的 PC 或是分支目標位址。

　　第 2 章中的第一個設計原則——規律性易導致簡單的設計——在此於設計控制時得到證明。

　　利用上述資訊，我們可以在該簡單的數據通道中加入一些指令的標記以及額外的多工器 (用於暫存器檔案的寫入暫存器編號輸入)。圖 4.15 顯示上述新增以及 ALU 控制區塊、狀態元件寫入控制訊號、數據記憶體的讀取訊號及多工器的控制訊號。因為所有多工器都只有兩個輸入，所以都僅需一條控制訊號。

　　圖 4.15 中有了七條單一位元的控制訊號線及 2 位元的 ALUOp 控制訊號。我們已經定義了 ALUOp 控制訊號如何運作，在我們決定指令執行期間其他控制訊號應如何設定之前，先非正式地定義這些控制訊號的功用也會有幫助。圖 4.16 說明了這七條控制訊號的功能。

　　在我們看過每一條控制訊號的功能之後，我們可以看看如何設定它們。除了 PCSrc 這一條控制訊號外，所有的控制訊號都可以由控制單元根據運作碼欄位來設定。如果現在執行的指令是相等時分支 (beq) 指令 (可由控制單元來決定) 並且 ALU 的 Zero 輸出值 (用來比

訊號名稱	未被設定時的效果	被設定時的效果
RegDst	Write register 目的暫存器編號來自 rt 欄位 (指令的 20:16 位元)。	Write register 目的暫存器編號來自 rd 欄位 (指令的 15:11 位元)。
RegWrite	無。	將 Write data 輸入的值寫入 Write register 輸入所指定的暫存器中。
ALUSrc	ALU 的第二個運算元來自暫存器檔案第二個輸出埠 (Read data 2)。	ALU 的第二個運算元來自指令中最低的 16 個位元經過符號延伸後的值。
PCSrc	由計算 PC＋4 的加法器的輸出來替換原本的 PC 值。	由計算分支目標位址的加法器的輸出來替換原本的 PC 值。
MemRead	無。	將數據記憶體中 Address 輸入所指定位址的內容送至 Read data 輸出。
MemWrite	無。	將數據記憶體中 Address 輸入所指定位址的內容置換為 Write data 輸入的值。
MemtoReg	暫存器 Write data 輸入的值來自 ALU。	暫存器 Write data 輸入的值來自數據記憶體。

圖 4.16　七條控制訊號每一條的效用。

在二對一多工器的 1 個位元控制訊號被設定 (asserted) 時，多工器選擇 1 號輸入埠的值。否則當控制訊號未被設定 (deasserted) 時，多工器選擇 0 號輸入埠的值。記得所有的狀態元件都隱含了時脈輸入並使用時脈來控制寫入。在狀態元件之外先對時脈訊號進行邏輯運算可能會造成時序的問題 (參見 🌐**附錄 B** 中有關這個問題更多的討論)。

較兩值是否相等) 為 1 時，則 PCSrc 控制訊號要設定為 1。為了產生 PCSrc 控制訊號，我們需要將一條控制單元的輸出訊號，我們稱之為 *Branch*，及 ALU 的 Zero 輸出訊號做 AND 的運算。

現在這九條控制訊號 (圖 4.16 中的七條控制訊號及 2 位元的 ALUOp 控制訊號) 可根據控制單元的 6 個輸入，亦即運作碼位元 31 至 26 來設定。圖 4.17 表示了包含控制單元以及控制訊號的數據通道。

在我們試著去寫出控制單元的真值表之前，先試著非正式地定義這些控制的功能將會有幫助。由於這些控制訊號線僅需根據運作碼來設定，我們對每個運作碼的值來定義每條控制訊號應該是 0、1 或是無所謂 (X)。圖 4.18 定義了所有控制訊號線應該如何對每一種運作碼來設定；這些設定資訊可直接由圖 4.12、4.16 及 4.17 中求得。

數據通道的運作

利用圖 4.16 和圖 4.18 中的資訊，我們即可設計控制單元的邏輯。但是在這之前，讓我們先來看看每個指令如何使用數據通道。在接下來的幾張圖中，我們表示三種不同種類的指令通過數據通道的流程。每一張圖中，被設定的控制訊號線以及動作的數據通道元件都會以用灰色來強調。注意當多工器的控制訊號為 0 時，即使該控制訊號沒有

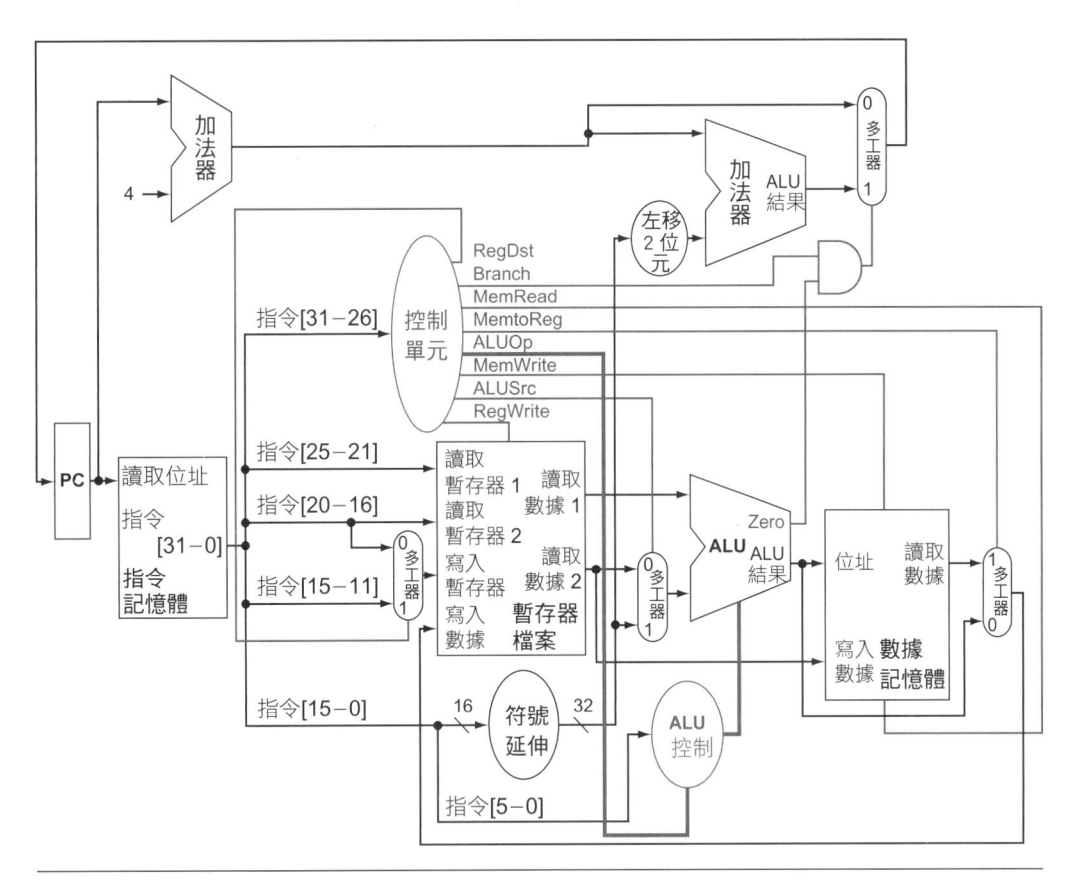

圖 4.17　含有控制單元的簡單數據通道。

控制單元的輸入為指令中的 6 位元運作碼欄位。控制單元的輸出包含了三條 1 位元的訊號線用來控制多工器 (RegDst、ALUSrc 及 MemtoReg)，三條訊號線用來控制暫存器檔案及數據記憶體的讀與寫 (RegWrite、MemRead 及 MemWrite)，一條 1 位元的訊號線用來決定是否分支 (Branch)，以及 2 位元的訊號線用來控制 ALU (ALUOp)。使用一個 AND 閘來運算 Branch 控制訊號及 ALU 的 Zero 輸出訊號線；AND 閘的輸出控制下一個 PC 值的選擇。注意 PCSrc 是衍生出來的訊號，而不是直接來自於控制單元，因此在接下來的圖中，我們將不顯示它的名稱。

被強調，多工器還是會有明確的動作。多個位元的控制訊號在其中任何一個位元被設定時即會被強調。

圖 4.19 顯示數據通道對 R 型指令，例如 add $t1, $t2, $t3，如何運作。儘管所有動作都在一個時脈週期內完成，我們可以把它想像成執行了四個步驟；這四個步驟依資訊的流動順序如下：

1. 指令被擷取，並且遞增 PC 的值。
2. 兩個暫存器 $t2 和 $t3 從暫存器檔案中讀出；同時，主控制單元也在這個步驟中計算控制訊號線的值。
3. ALU 根據功能碼 (指令中的 5:0 位元功能欄位) 來產生 ALU 功能的

指令	RegDst	ALUSrc	Mem-toReg	Reg-Write	Mem-Read	Mem-Write	Branch	ALUOp1	ALUOp0
R 格式	1	0	0	1	0	0	0	1	0
lw	0	1	1	1	1	0	0	0	0
sw	X	1	X	0	0	1	0	0	0
beq	X	0	X	0	0	0	1	0	1

圖 4.18 控制訊號線的設定完全取決於指令中的運作碼欄位。

表中的第一列對應到 R 格式的指令 (add、sub、AND、OR 及 slt)。這些指令的來源暫存器欄位都是 rs 和 rt，目的暫存器都是 rd；這定義了 ALUSrc 和 RegDst 控制訊號線如何設定。此外，R-型指令將運算結果寫入暫存器 (Reg-Write＝1)，但是既不會讀取也不會寫入數據記憶體。當 Branch 控制訊號等於 0 時，PC 的值無條件地由 PC＋4 取代；否則，如果 ALU 的 Zero 輸出值也為 1 時，PC 的值由分支目標位址取代。R-型指令的 ALUOp 欄位被設定為 10，表示 ALU 的控制是由功能欄位 (funct field) 來產生。在表中的第二列及第三列說明 lw 指令及 sw 指令的控制訊號設定。這裡的 ALUSrc 和 ALUOp 欄位設定成執行位址的計算。而 MemRead 及 MemWrite 設定成執行記憶體的存取。最後，對於載入指令，RegDst 及 RegWrite 設定成將結果儲存到 rt 暫存器中。分支指令和 R 格式指令相似，都是將 rs 和 rt 暫存器的值送到 ALU 去運算。分支指令的 ALUOp 欄位設定成執行減法 (ALU 控制＝01)，用來測試兩個值是否相等。注意如果 RegWrite 控制訊號為 0 時 MemtoReg 欄位是無關緊要的：因為暫存器不會被寫入，所以暫存器的 Write data 輸入值不會被用到。因此，在表格最後兩列的 MemtoReg 項目用 X 來表示，代表「無所謂」。當 RegWrite 為 0 時，RegDst 也可以使用 X 來表示。設計者必須要使用這種「無所謂」項目，因為其關乎對數據通道運作的瞭解。

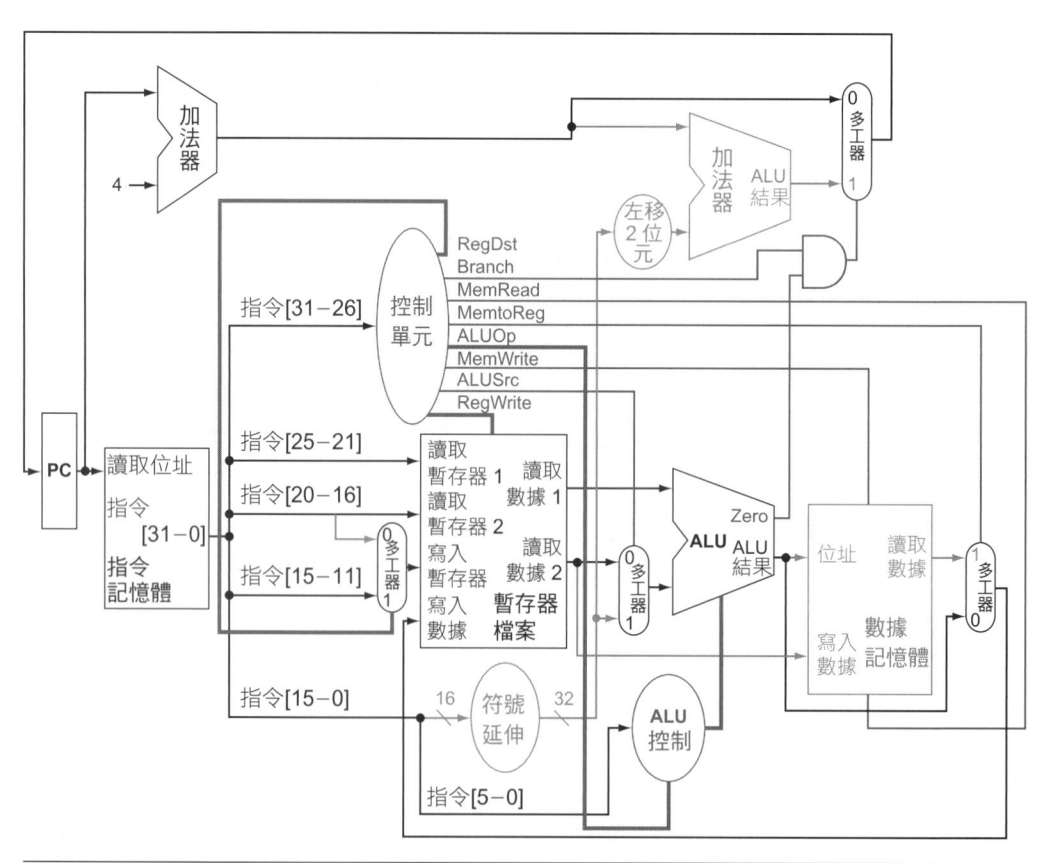

圖 4.19 數據通道對於如 add $t1,$t2,$t3 的 **R** 型指令運作方式。
運作中的控制訊號線、數據通道單元及其連線均以灰色強調。

控制，以對從暫存器檔案中讀出的值運算。

4. ALU 的運算結果使用指令的 15:11 位元來選擇目的暫存器 ($t1)，以寫入暫存器檔案。

我們可以使用類似圖 4.19 的方法來說明載入字組指令例如：

lw $t1, offset($t2)

的執行。圖 4.20 顯示載入指令中有動作的功能單元和被設定的控制訊號。我們可以把載入指令想像成執行了五個步驟 (如同 R 型指令執行了四個步驟)：

1. 指令從指令記憶體中被擷取，並且遞增 PC 的值。
2. 暫存器 ($t2) 的值從暫存器檔案中讀出。

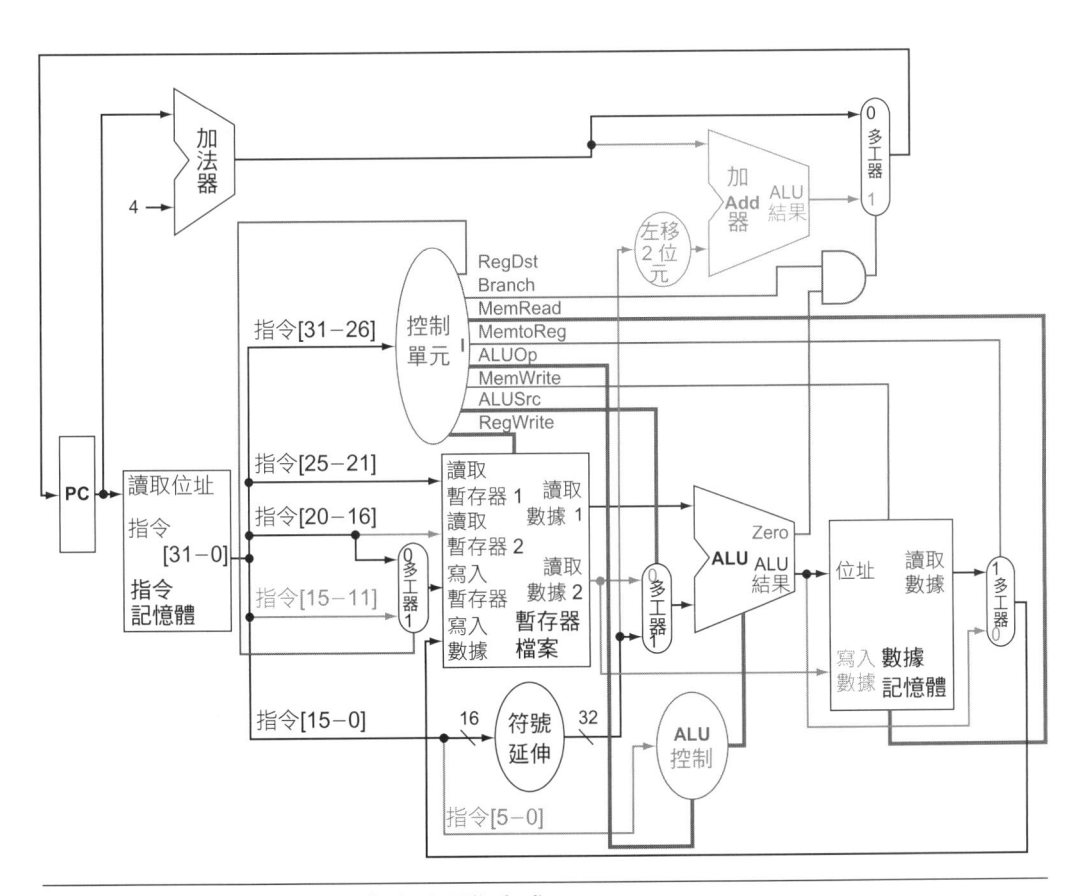

圖 4.20　數據通道對於載入指令的運作方式。
運作中的控制訊號線、數據通道單元及其連線均以灰色強調。儲存指令的運作方式非常類似。主要的不同在記憶體的控制部分是寫入而不是讀取，而寫入的值來自於讀取第二個暫存器所得的值且不會將數據記憶體的值寫回暫存器檔案。

3. ALU 計算由暫存器檔案中讀出的值和符號延伸過的指令中較低的 16 位元偏移值的和。
4. ALU 所得的和作為數據記憶體的位址。
5. 記憶體傳回的數據寫入暫存器檔案；暫存器的目的地可由指令 ($t1) 中的位元 20:16 得知。

最後，我們用相同的方式來說明相等時分支 (beq) 指令例如：

```
beq $t1, $t2, offset
```

的運作。它的運作和 R 型指令很相似，只不過 ALU 的輸出是用來決定 PC 是要寫入 PC+4 還是分支目的位址。圖 4.21 顯示執行時的四個步驟：

1. 指令從指令記憶體中被擷取，並且遞增 PC 的值。

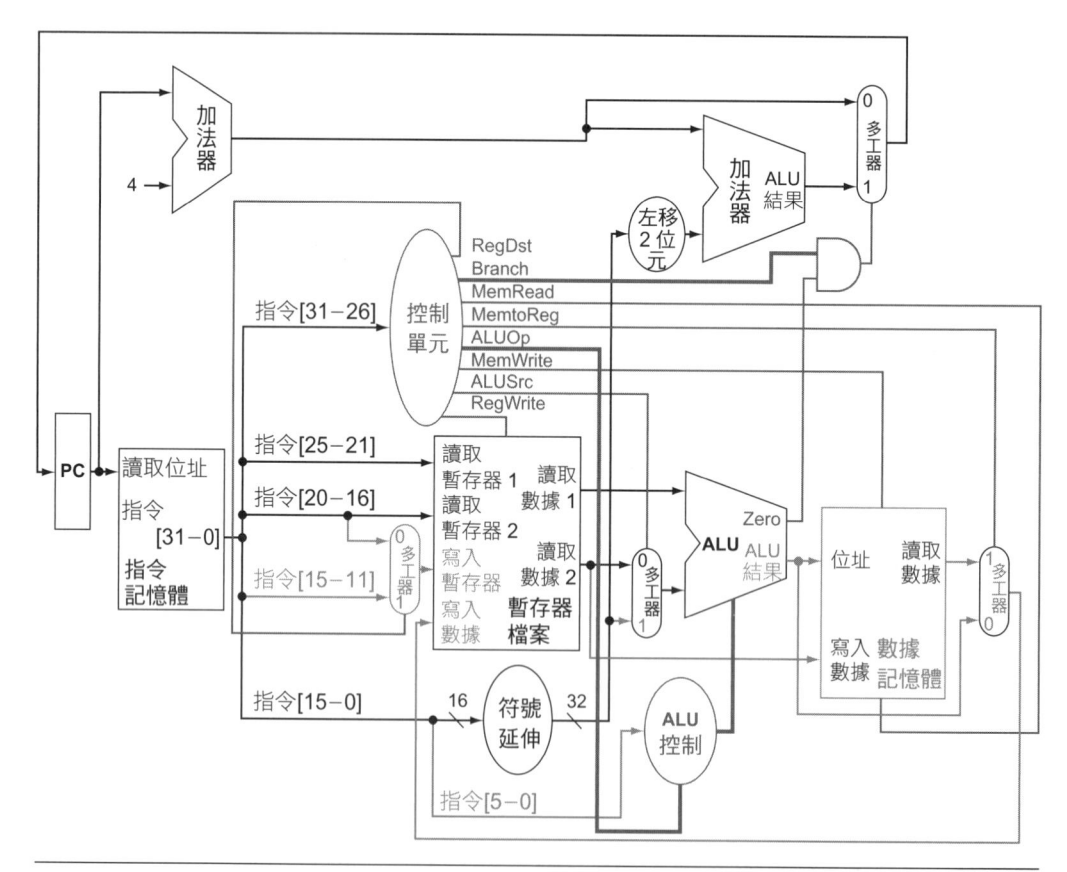

圖 4.21 數據通道對於相等時分支 (branch-on-equal) 指令的運作方式。
運作中的控制訊號線、數據通道單元及其連線均以灰色強調。使用暫存器讀出的值和 ALU 來執行比較之後，Zero 輸出在兩個候選值之間選擇下一個程式計數器 (PC) 的值。

2. 兩個暫存器 $t1 和 $t2 從暫存器檔案中被讀出。
3. ALU 對暫存器檔案中讀出的值執行減法。PC＋4 的值與符號延伸並左移兩位的指令中較低的 16 位元 [偏移量 (offset)] 相加；其結果即為分支目的位址。
4. ALU 的 Zero 輸出被用來決定哪一個加法器的結果要寫回 PC。

完成控制

在我們看過各種指令的運作步驟之後，接下來讓我們設計控制。控制功能可以使用圖 4.18 的內容來精確定義。輸入的部分是 6 位元的運算碼欄位 Op [5:00]，輸出的部分則為控制訊號線。因此，我們可以根據運算碼的二進位編碼來為每一個輸出建立一個真值表。

圖 4.22 以真值表的形式表示了控制單元中的邏輯電路，內容包

輸入或輸出	訊號名稱	R 格式	lw	sw	beq
輸入	Op5	0	1	1	0
	Op4	0	0	0	0
	Op3	0	0	1	0
	Op2	0	0	0	1
	Op1	0	1	1	0
	Op0	0	1	1	0
輸出	RegDst	1	0	X	X
	ALUSrc	0	1	1	0
	MemtoReg	0	1	X	X
	RegWrite	1	1	0	0
	MemRead	0	1	0	0
	MemWrite	0	0	1	0
	Branch	0	0	0	1
	ALUOp1	1	0	0	0
	ALUOp0	0	0	0	1

圖 4.22 簡單單一週期製作的控制功能完整說明於此真值表中。

在表的上半部四行中是四種運作碼用來決定輸出控制訊號設定對應的輸入訊號線組合並且 (記得 Op [5:0] 是指令 31:26 位元的運作碼欄位) 表格的下半部則是四種運作碼的輸出。因此，輸出 RegWrite 在兩種輸入的組合會被設定。如果我們只考慮表中的四種運算碼，則我們可以在輸入的部分使用「無所謂」來簡化真值表。例如，我們可以使用 $\overline{Op5} \cdot \overline{Op2}$ 來偵測出 R 格式的指令，因為這已經足夠來區分 R 格式指令和 lw、sw 及 beq。但是因為在完整的實作中會加入其他 MIPS 運作碼，所以我們並不採用這樣的簡化方式。

單一週期製作
亦稱**單一時脈週期製作**。一種指令在一個時脈週期中執行完畢的製作。雖然易於瞭解，這種作法因為執行速度太過緩慢而不切實際。

括所有輸出並以運算碼位元作為輸入。此表完整描述了控制功能，因此我們可以直接使用自動化的方法以邏輯閘來實作。我們在 🌐**附錄 D** 的 D.2 節中說明該完整的最終步驟。

在我們學會大部分 MIPS 核心指令的**單一週期製作** (single-cycle implementation) 之後，讓我們加入跳躍 (jump) 指令，以便說明如何在基本的數據通道及控制中，再作延伸以處理其他的指令。

| 範例 | **跳躍指令的實作**
圖 4.17 表示了許多我們在第 2 章介紹過的指令的實作。但是缺少了跳躍 (jump) 這一類指令。延伸圖 4.17 中的數據通道和控制以支援跳躍指令。說明如何設定任何新增的控制訊號。 |

| 解答 | 圖 4.23 中顯示的跳躍指令看起來有點像分支指令，但是其目標 PC 的計算方式是不同的，另外它是無條件的。如同分支，跳躍位址中最低的 2 個位元總是 00_{two}。32 位元跳躍位址中間的 26 個位元來自指令中 26 位元的立即值欄位。跳躍位址中最高的 4 位元則是來自跳躍指令的 PC 值加 4 (的最高 4 個位元)。因此我們可以串接下面各值，並將它儲存至 PC 來達成跳躍。

- 目前 PC＋4 的最高 4 個位元 (它就是緊接在後的那個指令位址的第 31:28 位元)。
- 跳躍指令中的 26 位元立即值欄位。
- 位元 00_{two}。

圖 4.24 顯示圖 4.17 中加入跳躍指令所作的額外增加。為了選擇新 PC 值的來源是遞增後的 PC 值 (PC＋4)、分支目的的 PC 或是跳躍目的的 PC 值，而新增了一個多工器。需要有一個新的控制訊號來控制這一個新增的多工器。這個稱為 *Jump* 的控制訊號只有在執行跳躍指令時 (opcode＝2) 才會被設定。 |

欄位	000010	address
位元位置	31:26	25:0

圖 4.23 跳躍指令 (opcode＝2) 的指令格式。
跳躍指令的目的位址是由串接目前 PC＋4 的最高 4 個位元、跳躍指令的 26 位元位址欄位及最低 2 位元的 00_{two} 而得。

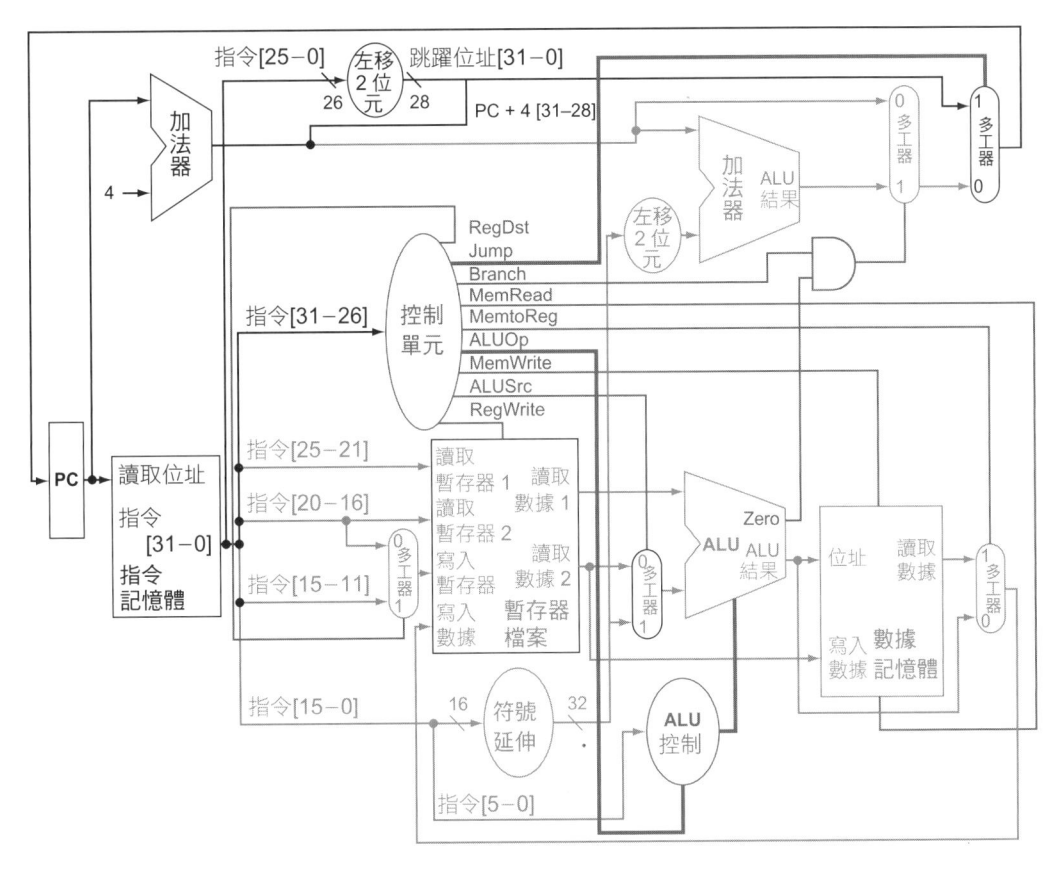

圖 4.24 簡單的控制單元及數據通道經延伸以處理跳躍 (jump) 指令。

以一個額外的多工器 (在右上方) 來選擇跳躍目標位址還是分支目標位址或目前指令的下一道連續指令位址。這個多工器由 jump 控制訊號線來控制。跳躍目標位址是由將跳躍指令中較低的 26 位元左移 2 個位元，等同於加上低位的兩個位元 00，再串接 PC+4 的最高 4 位元，因此而得一個 32 位元的位址。

為何今天已不採用單一週期設計

儘管單一週期的設計可以正確地運作，但是它的效率不好，因此現在的設計並不使用它。要瞭解其原因，注意在單一週期的設計中，時脈週期對每個指令都必須有相同的長度。當然時脈週期要由處理器中可能的最長路徑來決定。這條路徑幾乎可以確定是載入指令，其依序使用五個功能單元：指令記憶體、暫存器檔案、ALU、數據記憶體、接著又是暫存器檔案。儘管 CPI 為 1 (參見第 1 章)，單一週期設計的整體效率因為時脈週期太長而可能很差。

使用固定時脈週期的單一週期設計所付出的代價是重大的，不過對小型指令集而言或許還可以接受。在過去，早期只具有非常簡單指

令集的計算機確曾採用這樣的實作技法。然而，如果我們想做的是浮點運算單元或是包含複雜指令的指令集時，單一週期的設計將無法令人滿意。

由於我們必須假設時脈週期等於所有指令中最差情況的延遲 (worst-case delay)，所以我們無法採用降低經常情況 (common case) 的延遲卻不能改善最差情況的週期時間的製作方法。因此單一週期的實作方法違反了我們第 2 章中所提**使經常的情形變快**的主要設計原則。

使經常的情形變快

在 4.6 節中，我們會探討另一種稱為管道化 (pipelining) 的製作技法，其使用一個和單一週期數據通路非常類似的數據通路，然而具有很高的處理量因此非常有效率。管道化藉由同時執行多道指令來增加效率。

自我檢查

檢查圖 4.22 中的控制訊號。你能否將任何訊號合併？圖中是否有任何控制訊號線可被其他的反相 (inverse) 取代？ (提示：也將無所謂項納入考慮) 若然，則你能否將一訊號用於他處而不需增加反相閘 (inverter)？

4.5 多週期的實作

在前一節中，我們依據每一道指令執行過程中所需使用的功能單元的運作來劃分出一連串的步驟。如此就可以根據這些步驟來推導出一個**多時脈週期的實作方式**。在一個多時脈週期的實作中，執行的每一個步驟會用上一個時脈週期。多時脈週期的作法可以允許一個功能單元被使用好幾次，只要這幾次分別是在不同的時脈週期中即可。這種方式的共享可以減少所需的硬體線路。允許指令可以使用不同的時脈週期數量，以及允許在單一指令的執行中可以多次使用任一功能單元，是多週期設計的主要優點。這個線上的節說明 MIPS 的多週期實作方法。

雖然這種多週期的方式可以降低硬體成本，不過目前幾乎所有晶片都採用管道化的方法以提升相對於單週期實作方式的效能，所以讀者們可能會想略過多週期而直接研讀管道式的處理。不過有些教師感

覺在講解管道式處理之前先講解多週期的實作方法會有教學上的便利，所以我們提供了這種做法的線上教材。

4.6 管道化處理概觀

管道化處理 (pipelining) 是一種能讓多個指令在執行時重疊 (overlapped) 的實作技巧。目前，**管道化**幾乎已被普遍地採用。

這一節中以一個類似的例子來說明管道化處理相關名詞及議題的概觀。如果你只是對大觀念有興趣，可以在仔細閱讀本節之後直接跳到第 4.11 節以及 4.12 節，閱讀有關使用在例如 Intel Core i7 6700 與 ARM Cortex-A53 這些新近處理器中進階管道化技術的介紹。如果你希望深入探討管道化計算機的內部構造，本節會是 4.7 節至 4.10 節很好的介紹。

任何洗過很多次衣服的人都已經不知不覺地使用到管道化處理。非管道化的洗衣方式應是：

1. 將一批髒衣服放入洗衣機中。
2. 當洗衣機完成洗衣後，將濕的衣服放入烘乾機中。
3. 當烘乾機完成烘乾後，將乾的衣服放置桌面並開始折疊衣服。
4. 當完成折疊衣服後，請室友將衣服收好。

當室友將衣服收好後，開始洗下一批髒衣服。

管道化的方式需時遠較少，如圖 4.25 所示。一旦洗衣機洗好第一批衣服，並將衣服移至烘乾機後，你立即將第二批髒衣服放入洗衣機中。當第一批衣服烘乾完成，你將其放置桌面上開始折疊的同時，將第二批濕衣服移至烘乾機，並將下一批髒衣服放入洗衣機中。然後請你的室友將第一批衣服收好，你開始折疊第二批衣服，烘乾機烘乾第三批衣服，並將第四批髒衣服放入洗衣機中。此時，所有的步驟 —— 在管道化處理中稱為階段或級 (*stages*) —— 都同時在進行。只要我們有各別的資源提供給每一個階段，我們就可以將各項工作管道化。

管道化容易讓人困惑的是將一隻襪子放入洗衣機洗淨到烘乾、折疊及收納，總花費的時間並沒有因為管道化而縮短；管道化能夠讓很

絕不浪費時間。
美國諺語

管道化處理
一種使得多道指令以重疊的方式執行，很像是在生產線上一樣的實作方式。

管道化

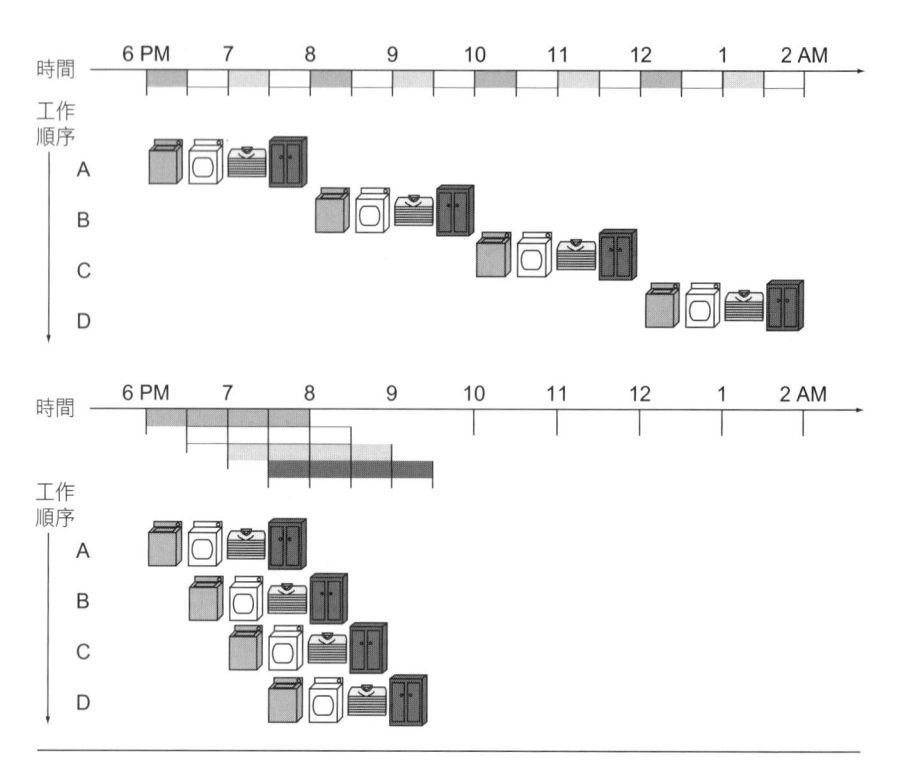

圖 4.25 管道化的洗衣類例。

Ann、Brian、Cathy 和 Don 各有一批髒衣服要洗、烘、折、收。洗衣服、烘衣服、折衣服及收衣服這四件工作都各需 30 分鐘。循序的洗四批衣服需時 8 小時，但是管道化的洗衣只需花費 3.5 小時。我們在這個二維時序圖中表出各批衣服隨時間運行的不同管道階段及四份資源，然而實際上每種資源只有一份。

多批的工作比較快完成的原因是因為所有工作都平行 (parallel) 進行，所以能在一小時內洗完較多批衣服。管道化改善了洗衣服的處理量 (throughput)。因此，其並不會減少單獨一批衣服完成工作所需時間，而是當我們要處理很多批衣服時，處理量的增加減少了完成所有工作的總時間。

　　如果管道中的所有階段所花費的時間大約相同，並且有足夠的工作量時，則管道化的加速就等於管道中階段的數目，在上例中為四：洗衣服、烘衣服、折衣服及放好衣服。所以，管道化的洗衣方式可以比非管道化的洗衣方式快四倍：洗 20 批衣服大約是洗一批衣服的五倍時間，但是如果使用循序的洗衣方式來洗 20 批衣服則是洗一批衣服的 20 倍時間。在圖 4.25 中，管道化的洗衣方法只比非管道化的洗衣方法快 2.3 倍，因為我們只有四批衣服。注意在圖 4.25 中的管道處理剛開始以及結束時，管道中工作並非完全填滿；這樣的起始以及收尾現象對於工作量不比管道級數大很多時對效能會有較大的影響。如

果要洗的衣物遠多於四批,則幾乎所有時間每級都在工作中,因而處理量的增加將很接近四倍。

我們將相同的原則應用在處理器中,將指令執行的過程管道化。MIPS 的指令基本上需要五個步驟:

1. 從記憶體中擷取 (fetch) 指令。
2. 解碼 (decoding) 指令並同時讀取暫存器的值。MIPS 規律的指令格式允許解碼和讀取同時進行。
3. 執行 (execute) 運作或計算位址。
4. 存取數據記憶體 (memory) 中的運算元。
5. 將結果寫回 (write back) 暫存器中。

因此,我們在本章中探討的 MIPS 管道具有五級。接下來的範例說明管道化如同加速洗衣般地加速指令的執行。

單一時脈週期與管道化效能的比較

為了使討論更具體,讓我們來創造一個管道。在這個例題以及本章接下來的其他部分裡,我們只把注意力放在以下八道指令:載入字組 (lw)、儲存字組 (sw)、加法 (add)、減法 (sub)、AND (and)、OR (or)、小於時設定 (slt) 和相等時分支 (beq)。

比較指令在使用單一時脈週期 (single-cycle) 設計 (每個指令都佔一個時脈週期) 以及管道化設計時,平均的執行時間。在本例中各主要功能單元的運作時間如下:記憶體存取需 200 ps、ALU 運作需 200 ps,以及暫存器讀寫需 100 ps。在單一時脈週期模型中,每一個指令都剛好只花費一個時脈週期,所以時脈週期必須拉長以容納最慢的指令。

圖 4.26 列出八道指令各需花費的時間。單一時脈週期的設計必須容納得下最慢的指令 —— 在圖 4.26 中就是 lw —— 所以每道指令所花費的時間為 800 ps。圖 4.27 以類似於圖 4.25 的方式表示三道載入字組指令於非管道化及管道化執行時的差異。因此,在非管道化的設計中第一道指令和第四道指令間的間隔時間為 $3 \times 800 \text{ ps} = 2400 \text{ ps}$。

在管道化的實作下,管道內的每級都花費一個時脈週期,所以時脈週期必須足以容納最慢的運作。就像單一時脈週期的設計中,儘管有些指令只需要 500 ps 的時間,時脈週期還是要延長為最差情況的 800 ps;管道執行的時脈週期即使有些階段只需要 100 ps 也必須延長為最差情況的 200 ps。儘管如此,管道還是提供了四倍的效能改善:第一道指令和第四道指令間的間隔時間為 $3 \times 200 \text{ ps} = 600 \text{ ps}$。

指令類別	指令擷取	暫存器讀取	ALU 運算	資料存取	暫存器寫入	總共時間
載入字組 (lw)	200 ps	100 ps	200 ps	200 ps	100 ps	800 ps
儲存字組 (sw)	200 ps	100 ps	200 ps	200 ps		700 ps
R-格式 (add, sub, AND, OR, slt)	200 ps	100 ps	200 ps		100 ps	600 ps
分支 (beq)	200 ps	100 ps	200 ps			500 ps

圖 4.26 由各元件耗時計算而得的每道指令總執行時間。

計算中假設多工器、控制單元、PC 存取及符號延伸單元的延遲時間為零。

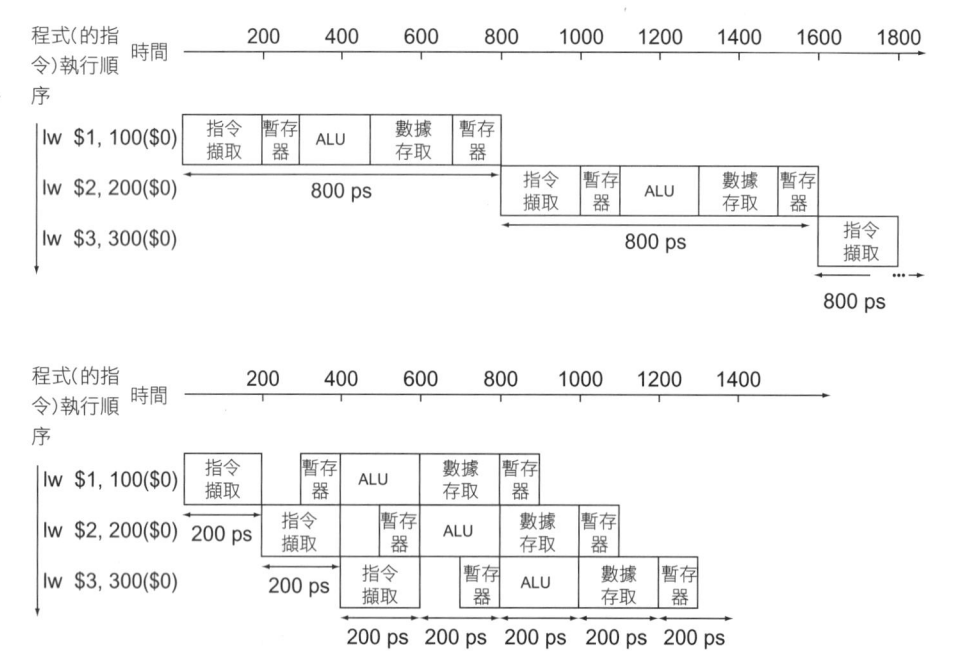

圖 4.27 上方的單一週期非管道化執行與下方的管道化執行。

兩者皆使用相同的硬體元件,各元件的時間列在圖 4.26 中。在這個例子中,我們看到了指令間平均四倍的加速效果,由 800 ps 降到 200 ps。將此圖和圖 4.25 相互對照。在洗衣服例中,我們假設所有階段花費的時間相同。如果烘衣機最耗時,則烘衣機決定階段的時間。計算機管道階段的時間也受限於最慢的硬體資源,可能是 ALU 運算或是記憶體存取。我們假設寫入暫存器檔案發生在時脈的上半週而讀取則發生在下半週。本章將一律使用此假設。

我們可以將上述管道化加速的討論用公式來表示。假如管道各級的需時完全相同,則在理想的情況下管道處理器上各指令之間的時間等於:

$$\text{指令間隔時間}_{管道化} = \frac{\text{指令間隔時間}_{非管道化}}{\text{管道級數}}$$

在理想的情況下並且具有大量指令時，從管道化所得到的加速 (speed-up) 約略等於管道級數；一個五級的管道幾乎等於五倍的加速。

這個公式表示對 800 ps 的非管道時間，五級的管道應該可以達到接近五倍的加速或是 160 ps 的時脈週期。然而，這個例子也說明了這些管道階段的時間可能不是那麼平均。此外，管道化會造成一些額外的負擔 (overhead)，其原因在稍後會更清楚。因此管道處理器中每道指令所需的時間比最短時間還多，加速的倍率也會小於管道的級數。

此外，甚至我們在例題中宣稱的四倍加速也不能在三個指令的總執行時間中反映出來：它是 1400 ps 相對於 2400 ps。當然這是因為指令個數不夠多。要是我們將指令個數增加會怎樣呢？我們可以將之前圖中的指令個數增加到 1,000,003 道指令。我們將在這個管道化的例題中增加 1,000,000 道指令；每道指令增加了總執行時間的 200 ps。總執行時間將會是 1,000,000 × 200 ps + 1,400 ps = 200,001,400 ps。在非管道化的例子中，我們也增加 1,000,000 個指令，每個指令耗時 800 ps，所以總執行時間會是 1,000,000 × 800 ps + 2,400 ps = 800,002,400 ps。在這樣的狀況下，真實程式在非管道化相對於管道化處理器的總執行時間比例會接近指令間隔時間的比例：

$$\frac{800,002,400 \text{ ps}}{200,001,400 \text{ ps}} = \frac{800 \text{ ps}}{200 \text{ ps}} \simeq 4.00$$

管道化藉著增加指令處理量來改善效能，而不是減少個別指令的執行時間。由於真實程式會執行以億計的指令，所以指令的處理量是重要的指標。

為管道化來設計指令集

即使是對管道處理這樣簡單的說明，我們也能瞭解 MIPS 指令集設計的意涵，其即是為了管道化的執行而設計。

第一，所有的 MIPS 指令都具有相同的長度。這個規定使得管道中第一級的擷取指令和第二級的解碼指令變得很簡單。在一個像是 x86 的指令集中，指令長度從 1 到 15 個位元組不等，要管道化是相當有挑戰性的。近期的 x86 架構實作其實是將 x86 指令轉換成看起來像是 MIPS 指令一般的 (一連串) 簡單運作 (的指令)，然後將這些簡單運作而非原始的 x86 指令進行管道化處理！(參見 4.11 節)。

第二，MIPS 只有少數幾種指令格式，並且每道指令中來源暫存器欄位都在相同的位置。這樣的勻稱性表示在第二級中當硬體正在對擷取的指令解碼時可以同時開始讀取暫存器檔案。假如 MIPS 指令格式並不勻稱，我們將需要把第二級再區分開來，結果就變成六級的管道。我們不久會看到管道變長的缺點。

第三，MIPS 中的記憶體運算元只出現於載入或儲存指令中。這樣的限制表示我們可以利用執行級來計算記憶體位址，然後於下一級存取記憶體。如果我們可以像在 x86 中一樣對記憶體中的運算元做運算，則 3、4 兩級將被擴展成位址級、記憶體級，然後是執行級。

第四，如第 2 章中所論及，運算元必須在記憶體中對齊 (aligned)。因此，我們不必擔心一道數據傳輸指令會需要兩次的數據記憶體存取；所需的資料一定可以在一個管道階段於處理器與記憶體之間傳送完成。

管道的危障

在管道中有時下一道指令不能緊跟著在下個時脈週期中執行。這樣的情況稱為**危障** (*hazards*)，其有三種不同的類型。

結構危障

第一種危障稱為**結構危障** (structural hazard)。其表示的是擁有的硬體無法支援我們要在同一個時脈週期中執行的指令的組合 (譯註：危障的出現並不表示錯誤的出現！危障的意思是我們要在這種情況出現時小心處理，否則錯誤極易發生)。在洗衣房中，若我們使用一台同時具有洗衣和烘衣功能的機器而非個別的洗衣機和烘衣機，或是室友正忙著做其他的事而無法立即將衣服做下一步處理，就會發生結構危障。這樣我們小心安排好的管道計畫就被干擾了。

如上所述，MIPS 指令集是設計來便於管道化處理的，讓設計管道時可以很容易避免結構危障。不過，假設我們只有一個記憶體而非兩個。如果在圖 4.27 中的管道有第四道指令時，我們將可以看到在同一個時脈週期中，當第四道指令從記憶體中擷取指令時第一道指令正對相同的記憶體存取數據。如果沒有兩個記憶體，我們的管道就會發生結構危障。

結構危障
當安排好的指令由於硬體無法支援當時應予執行的一組指令而無法在適當時脈週期內執行的情況。

數據危障

當管道因為某一個步驟必須等待其他步驟的完成而停滯 (stall) 時就發生了**數據危障** (data hazards)。假設你在折衣服的地方看到一隻單獨的襪子而找不到另一隻。一個可能的辦法就是跑回你的房間並且檢查衣櫥來看是不是找得到。顯然地，當你在找的時候，已經烘乾準備折疊的那批衣服和已經洗好準備要烘乾的那批衣服就必須等待了。

在計算機的管道中，數據危障是因為一道指令對稍早的一道指令有相依性 (dependence)，且稍早的那道指令還在管道中未完成而發生 (這種關係在洗衣例中並不存在)。舉例來說，假如我們有一個加法指令緊跟著一個使用其和 ($s0) 的減法指令：

```
add    $s0, $t0, $t1
sub    $t2, $s0, $t3
```

若沒有特別的處理，數據危障會大大停滯管道。加法指令一直到管道第五級才將結果寫回，表示我們必須在管道中浪費三個時脈週期。

雖然我可以試著靠編譯器來消除所有這類型的危障，但結果也許不能令人滿意。因為這些相依性關係實在是太常發生了，而且延遲也太長到無法期望編譯器來解除這種困境。

主要的解決方法是因為我們不需要等到指令完成才去設法解決數據危障。以上面的程式碼來說，一旦 ALU 產生加法的和，我們就可以把它送去當成減法的輸入。加入特殊的硬體來提早從內部資源獲取所需的資料稱為**前饋** (forwarding) 或**繞送** (bypassing)。

> **數據危障**
> 亦稱**管道數據危障**。當安排好的指令由於其執行所需的數據未取得而無法在適當時脈週期內執行的情況。

> **前饋**
> 或稱**繞送**。一種以經由內部緩衝器而不必等待數據從程式師可見的暫存器或記憶體中來取得以消彌數據危障的方法。

> **範例**

兩道指令間的前饋

對上述兩道指令，說明哪些管道階段要連結起來以達成前饋。使用圖 4.28 的方式來表示五級管道的數據通道。將每道指令的數據通道排列整齊，就如同圖 4.25 中洗衣的管道一樣。

> **解答**

圖 4.29 表示將加法指令執行級之後 $s0 的值前饋以做為減法指令執行級中輸入的連結。

在這個圖形的事件表示法中，前饋路徑只有在目的級所處的時間比來源級所處的時間還晚才有效。例如，從第一道指令記憶體存取階段的輸出前饋到下一道指令執行階段的輸入不可能存在有效的前饋路

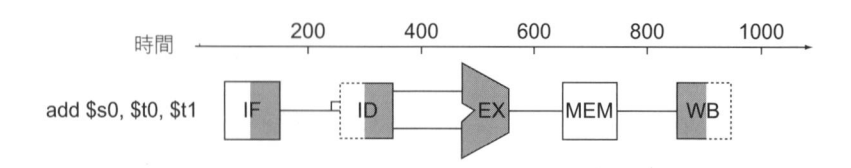

圖 4.28 指令管道的圖形表示法，其概念上類似圖 4.25 中的洗衣管道。
在這裡我們使用標示了本章中使用的管道階段縮寫的圖形來代表實體資源。這五級管線符號分別為：IF 是指令擷取階段，而方塊代表指令記憶體；ID 是指令解碼／暫存器檔案讀取階段，而圖形代表被讀取的暫存器檔案，EX 是執行階段，而圖形代表 ALU；MEM 是記憶體存取階段，而方塊代表數據記憶體；WB 是寫回階段，而圖形表示被寫入的暫存器檔案。陰影表示該元件被指令使用到。因為 add 並不會存取數據記憶體，所以 MEM 的背景是白色。在暫存器檔案或是記憶體右半邊的陰影表示其在這個階段被讀取，而左半邊的陰影表示其在這個階段被寫入。因為，在第二級中暫存器檔案被讀取所以 ID 的右半邊有陰影，另外因為在第五級中暫存器檔案被寫入所以 WB 的左半邊有陰影。

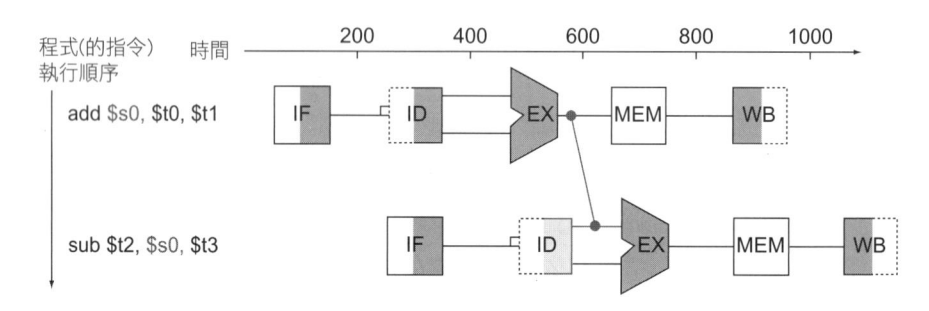

圖 4.29 前饋的圖形表示法。
連線表示從 add 的 EX 級輸出到 sub 的 EX 級輸入的前饋路徑，以取代 sub 在第二級從暫存器 $s0 中讀取的值。

徑，因為這樣表示時間要逆轉。

　　前饋有很好的功效，其將詳述於第 4.8 節中。然而前饋並無法避免所有的管道停滯。例如，假設第一道指令是載入 $s0 而不是加法。如同我們可經由檢視圖 4.29 而想到的，第二道的減法指令所需的數據只有在相依關係中第一道指令的第四級後才會到達處理器中，也已經來不及在減法指令的第三級作為輸入。因此即使使用前饋，我們仍需對這種**載入 - 使用數據危障** (load-use data hazard) 停滯一級，如圖 4.30 所示。這個圖說明了一個重要的管道概念，正式的名稱是**管道停滯** (pipeline stall)，但通常俗稱**氣泡** (bubble)。我們會在管道的其他地方看到停滯。4.8 節說明我們如何使用硬體的偵測與停滯、或是軟體的重排程式碼方法來試著避免載入 - 使用管道停滯，如下例所示，來處理這些困難的狀況。

載入 - 使用數據危障
一種特殊的數據危障形式，指載入指令所載入的資料為其他指令所需而尚未能供其使用時。

管道停滯
亦稱**氣泡**。為了要消弭危障而引發的停滯。

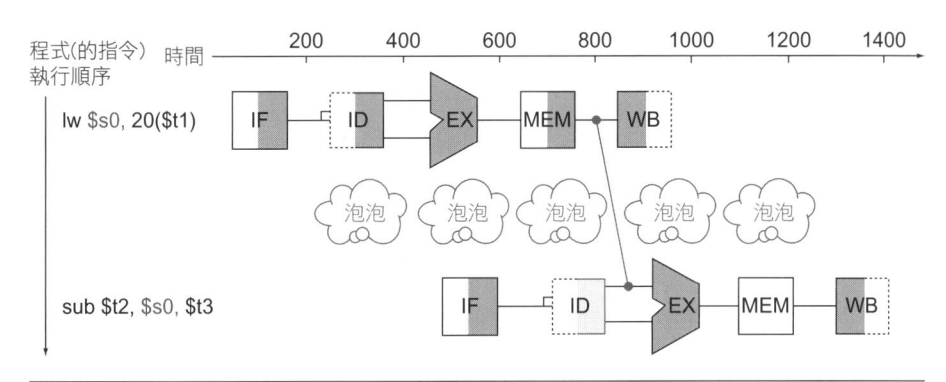

程式(的指令)　時間 ── 200　400　600　800　1000　1200　1400
執行順序

lw $s0, 20($t1)　IF ─ ID ─ EX ─ MEM ─ WB

泡泡　泡泡　泡泡　泡泡　泡泡

sub $t2, $s0, $t3　　　　IF ─ ID ─ EX ─ MEM ─ WB

圖 4.30　我們在 R 格式的指令緊跟在載入指令之後並且要使用載入的數據時即使有前饋，還是需要停滯。

如果沒有停滯，從記憶體存取階段輸出到執行階段輸入的路徑將會逆著時間走，這是不可能的。這個圖實際上作了簡化，因為我們在減法指令被擷取與解碼前，並不能知道是否需要暫停。4.8 節說明在這種危障下實際上會發生的細節。

重排程式碼以避免管道停滯

考慮下面這段 C 語言的程式碼：

a = b + e;
c = b + f;

以下是這段程式碼所對應的 MIPS 碼，假設所有的變數都在記憶體中且都可由 $t0 為參考來定址：

```
lw    $t1, 0($t0)
lw    $t2, 4($t0)
add   $t3, $t1, $t2
sw    $t3, 12($t0)
lw    $t4, 8($t0)
add   $t5, $t1, $t4
sw    $t5, 16($t0)
```

找出該段程式碼中的危障，並且重排指令以避免任何管道停滯。

兩道 add 指令都因為它們分別相依於前一道 lw 指令而有危障。注意繞送消除了一些其他潛在的危障，包括第一道 add 指令對於第一道 lw 的相依性，以及儲存指令的所有危障。我們將第三道 lw 指令往前移至第三道指令的位置可消除兩個危障：

```
    lw      $t1, 0($t0)
    lw      $t2, 4($t0)
    lw      $t4, 8($t0)
    add     $t3, $t1, $t2
    sw      $t3, 12($t0)
    add     $t5, $t1, $t4
    sw      $t5, 16($t0)
```

在可前饋的管道處理器上，重排後的指令序將比原始版本再少兩個週期完成。

除了課本第 301-302 頁所提到的四點之外，前饋還提供了另一個 MIPS 架構的意涵。每道 MIPS 指令最多只會寫入一個結果，而且是在管道的最後一級來做這件事 (譯註：儲存指令其實是在第四階中就寫入記憶體了)。假如每一道指令中有多個結果要前饋的需要，或是對指令希望能更早一點寫入結果，前饋的設計就會比較困難。

仔細深思 前饋 (forwarding) 這個名稱來自於結果是由較早的指令向管道前方送給較後的指令。繞送 (bypassing) 這個名稱來自於將結果繞過暫存器檔案來送給需要的單元。

控制危障

控制危障
亦稱**分支危障**。當所擷取的指令並非所需的指令而造成恰當的指令無法在恰當的管道時脈週期中執行；亦即，指令位址產生的順序非管道所期待者。

第三類的危障稱為**控制危障** (control hazard)，其起因於當某些指令正在執行時卻又需要基於另一指令的結果來決定該等指令是否該執行。

假設我們的洗衣團隊被指派清洗足球隊制服的困難工作。由於衣物好髒，我們需要想清楚洗衣劑與水溫是否足夠將制服洗乾淨，但又不會太強使得衣服更快變舊。在我們的洗衣管道中，我們必須等到第二個階段 (結束) 才檢查乾了的制服看看有沒有需要更改洗衣機的設定。怎麼辦呢？

以下是洗衣間以及與其相同的計算機對控制危障兩種解決方法中的第一種。

停滯：保持循序地運作直到第一批制服烘乾，然後重複直到你得到正確的設定為止。

這種保守的作法的確有效，但是很慢。

在計算機中對應的抉擇工作就是條件分支。注意我們必須在擷取

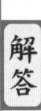

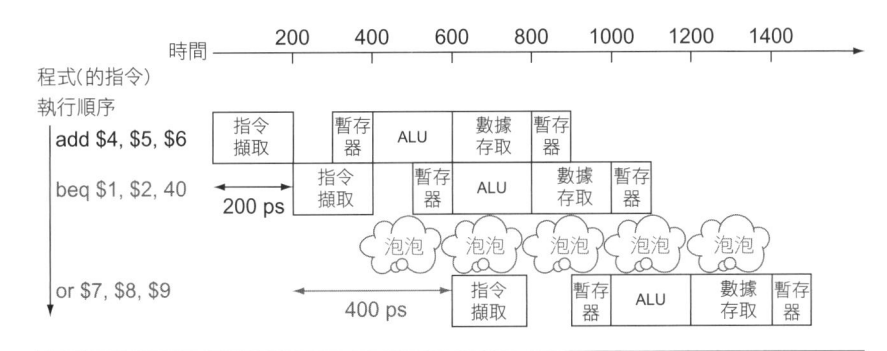

圖 4.31 表示每次條件分支時以停滯來解決控制危障的管道情形。
例子中假設條件分支會發生,且位於分支目的地的指令是 OR 指令。分支之後有一個階段的管道停滯或氣泡。實際上產生停滯的過程較為複雜,如我們將於 4.9 節中所見。然而其對效能的影響與我們將氣泡插入程式中是一樣的。

條件分支指令後的下一個時脈週期立即開始擷取其後的下一道指令。但是因為管道才剛從記憶體中接收到條件分支指令,其不可能知道下一個要執行的指令是哪一個!就如同洗衣,一種可能的方法就是在我們擷取到條件分支後立即停滯,一直等到管道確定條件分支的結果並且知道要從哪一個指令位址擷取指令。

讓我們假設我們加入了足夠的額外硬體,所以我們可以在管道的第二級期間測試暫存器、計算分支位址以及更新 PC 值 (細節參見 4.9 節)。即使有這些額外的硬體,需要處理條件式分支的管道還是會發生像圖 4.31 所示的情況。就算是條件分支不成立,lw 指令在開始執行之前還是要停滯一個額外的 200 ps 時脈週期。

「遇分支即停滯」的效能

估計遇分支即停滯對於 CPI 的影響。假設所有其他指令的 CPI 都為 1。

第 3 章中的圖 3.28 顯示在 SPECint2006 中執行的指令有 17% 是分支。因為其他執行的指令 CPI 是 1,而分支需要一個額外的時脈週期來停滯,所以我們會得到 CPI 等於 1.17,因此和理想情況比起來慢了 1.17 倍。

如果我們不能在第二級釐清分支的結果,這對於更長的管道而言經常是如此,則我們只好停滯而造成更嚴重的減速。這種作法的代價對於大多數計算機來說實在是太高了,導致了第二種解決控制危障的方法,導致了基於我們在第 1 章中一個大理念的第二種解決控制危障的方法:

預測

分支預測
一種以假設分支結果並據以繼續指令執行而非等到確知分支結果以消彌分支危障的方法。

預測 (*predict*)：假如你相當確定已掌握洗制服的正確設定，那就先預測它是對的並且在第一批制服烘乾的同時清洗第二批制服。

這個方法在你預測正確時並不會使管道減速。然而當你猜錯時，就必須重洗那一批用預測的方法清洗的制服。

計算機真的是使用**預測 (prediction)** 來處理分支。一個簡單的方法是永遠預測分支不發生 (untaken)。當你猜對的時候，管道會以全速運作。管道只有在分支發生時會停滯。圖 4.32 表示這樣的一個例子。

更複雜的**分支預測** (branch prediction)將可以預測某些分支會發生而某些不發生。在我們的洗衣例中，深色或是居家衣服將使用一種洗法，而淺色或是外出衣服則使用另一種。在撰寫程式的例子中，迴圈 (loops) 的底端是一個跳回迴圈頂端的分支。因為它很有可能會分支並且是往回跳，所以我們可以總是預測那些會往回跳的分支會發生。

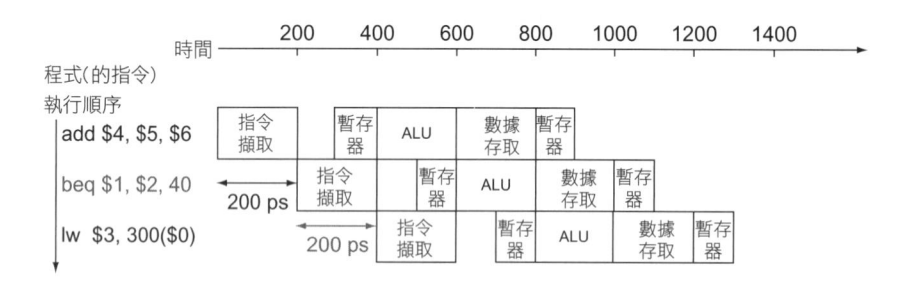

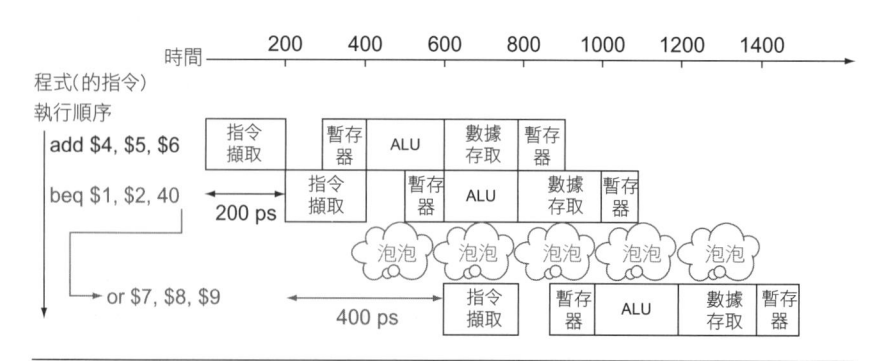

圖 4.32 以預測分支不成立來當作控制危障的解決方法。

上方的圖表示分支不成立的管道情況。下方的圖表示分支成立的管道情況。如我們在圖 4.31 所提到，這樣插入氣泡的方式簡化了至少在分支後的第一個時脈中實際上發生的事情。4.8 節將說明其細節。

這種刻板的分支預測方法根據的是特定的程式行為而不考量個別分支指令的特性。很不一樣地，**動態 (*dynamic*) 硬體預測器**根據每道分支的行為來作預測，並且在程式運作過程中可以改變對一道分支的預測。在我們的洗衣例中，在動態預測時人會因制服多髒來推測洗衣服的方法，並以過去推測的成功與否來調整下一個**預測**。

一個廣為使用的分支動態預測方法是將每個分支發生與否的經歷記錄下來，然後使用之前最近的行為來預測未來。我們稍後將會看到歷程的資料量與種類很多，並且因而使得動態分支預測器可以達到 90% 以上的預測正確率 (參見 4.9 節)。當猜錯時，管道控制必須確定跟隨在猜錯的分支後的指令不會影響正確性，同時必須讓管道由適當的分支後的位址重新開始執行。在我們的洗衣例中，我們必須停止洗新的衣物，以便重新處理當初猜錯洗法的衣物。

如同在其他控制危障的解決方法中一樣，更長的管道會使問題惡化，在這個例子中則是猜錯的代價會比不猜時更高。控制危障各種解法的細節會在 4.9 節中作深入介紹。

仔細深思 控制危障有第三種解法，如前所述稱為**延遲的判斷** (*delayed decision*)。在我們的類比例中，每當你要作對洗衣的判斷時，在等待足球制服烘乾時，可以先放一批不是足球制服的衣服到洗衣機中。只要你有夠多和目前烘乾中的制服無關的髒衣服，這個方法就可行。

這個在計算機中稱為**延遲的分支** (*delayed branch*) 的方法實際上使用在 MIPS 的架構中。延遲的分支一定會執行緊接其後的下一道指令，而如果要分支也會在該指令的延遲之後才發生。MIPS 組合語言的程式師並不需要知道這種做法，因為組譯器會自動安排指令來得到程式師所想要的結果。MIPS 軟體會在延遲的分支指令的後面放置一個和分支結果無關的指令，而發生的分支改變的位址是要在這一道安全指令之後執行的指令的位址。在我們的例子中，圖 4.31 中分支前的 add 指令不會影響分支，所以可以被搬到分支後面，來完全隱藏分支的延遲。由於延遲的分支只適用於較短的分支延遲，沒有任何處理器在分支延遲超過一個時脈週期時還使用延遲分支。對於更長的分支延遲，通常會使用硬體方式的分支預測。

管道化處理概觀總結

管道化處理是在循序指令流中開發指令間**平行性** (**parallelism**) 的

技術。其很重要的優勢在於與在多處理器上撰寫程式不同地,這個方法基本上是不需要程式師去過問的。

在本章的下一節中,我們以 4.4 節單一週期製作中用到的 MIPS 指令子集來說明**管道化**的觀念,並介紹一個簡單的管道化設計。然後我們討論管道化帶來的問題以及其在一般情況下可達到的效能。

如果你希望多關心管道化的軟體以及效能的意義,你現在已經有足夠的基礎可以直接跳到 4.11 節。4.11 節介紹進階的管道化觀念,像是超純量 (superscalar) 以及動態排程 (dynamic scheduling),4.12 節則探討新近微處理器的管道設計。

然而,如果你想瞭解管道如何實作以及處理危障的困難,可以繼續研讀 4.7 節中對管道化的數據通道的設計以及其基本控制的說明。然後你可以使用這些知識來探索 4.8 節中前饋以及停滯的實作。接著你可以閱讀 4.9 節來學到更多分支危障的解法,然後在 4.10 節看到例外情形的處理方法。

管道化

自我檢查

對於下列各段程式碼序列,說明是否必須停滯、是否可以只透過前饋來避免停滯、或是可以不必停滯或前饋地執行:

序列 1	序列 2	序列 3
lw $t0,0($t0)	add $t1,$t0,$t0	addi $t1,$t0,#1
add $t1,$t0,$t0	addi $t2,$t0,#5	addi $t2,$t0,#2
	addi $t4,$t1,#5	addi $t3,$t0,#2
		addi $t3,$t0,#4
		addi $t5,$t0,#5

硬體 / 軟體介面

除了記憶體系統,有效率的管道運作通常是決定處理器的 CPI 也就是其效能最重要的因素。我們將會在 4.11 節看到,要瞭解新式多重派發 (multiple-issue) 管道化處理器的效能是複雜的,而且需要瞭解比簡單管道化處理器遭遇到的更多的議題。然而結構、資料與控制危障對簡單或是複雜的管道都一樣是重要的。

對新近的管道而言,結構危障通常會發生在可能無法完全管道化的浮點單元中,而控制危障通常在有較多分支而且分支較難預測的整數程式中較難處理。數據危障則在整數與浮點程式中都同樣可能造成效能的瓶頸。一般而言在浮點程式中,由於其較少的分支以及較規律

管道化

的記憶體存取樣式，方便讓編譯器試著安排指令而較易避免數據危障。對於偏向使用指標 (pointer) 而導致較不規律記憶體存取的整數程式則較難以這個方法來改善。我們在 4.11 節中會看到很多更積極的以排程 (scheduling) 的手段來減少資料相依性的編譯器以及硬體技巧。

> **大印象** *The BIG picture*
>
> **管道化**增加了同時執行的指令個數以及指令開始執行和完成執行的速率。管道化並沒有縮短完成單一指令所需的稱為**延遲** (latency) 的時間。例如，五級的管道仍需五個時脈週期來完成一道指令。以第 1 章中的名詞來說，管道化改善了指令的*處理量*而非單一指令的執行時間或延遲。
>
> 指令集設計可以使得管道設計者在處理結構、控制和數據危障時更為容易或更為困難。分支**預測**與前饋則可以使得計算機更快而且仍然得到正確的答案。

(管道) 延遲
管道中的階級數或執行時兩道指令間隔的階級數。

預測

其中的內涵比你（妳）眼見的要少。
Tallulah Bankhead，對 Alexander Woollcott 的評論，1922

4.7 管道化數據通道及控制

圖 4.33 表示了標記出管道階級後的第 4.4 節中的單一週期數據通道。將一道指令分成五級代表一個五級的管道，也代表在任一時脈週期內最多有五道指令正在執行。因此我們必須將數據通道分開成五個部分，每個部分依所對應的指令執行階段來命名：

1. IF：指令擷取
2. ID：指令解碼與暫存器檔案讀取
3. EX：執行或位址計算
4. MEM：數據記憶體存取
5. WB：寫回

在圖 4.33 中，這五個部分大約與數據通道的繪圖順序對應；指令與數據大致由左向右經過五個階段的移動來完成執行。回到我們的

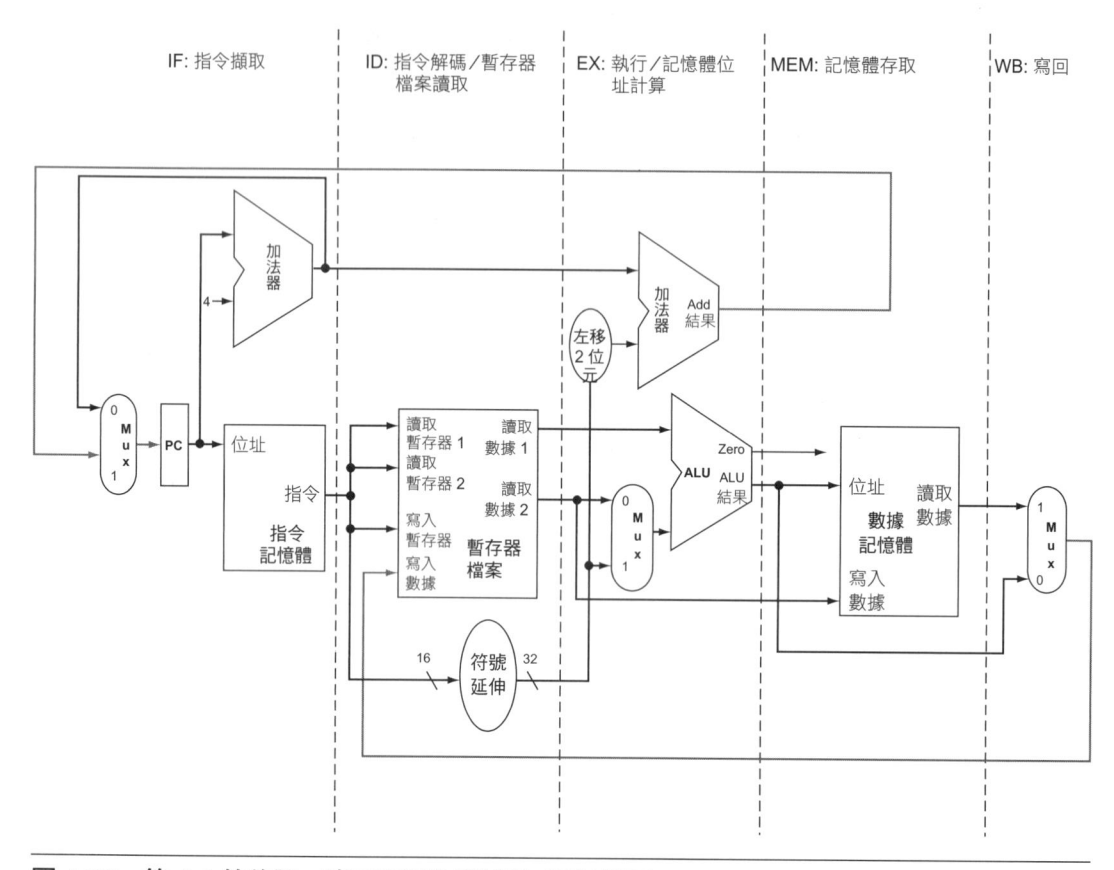

圖 4.33 第 4.4 節的單一時脈週期數據通道 (類似於圖 4.17)。
指令的每個步驟都能由左至右對應到數據通道中。例外的是以灰色表示的程式計數器 (PC) 的更新以及將 ALU 的結果或左方的記憶體的數據寫回暫存器檔案中的寫回 (wite-back) (一般我們會用灰色的線來代表控制訊號，但在本圖中灰色線則是代表數據線)。

洗衣服例子，衣服在管道中移動時變得更清潔、更乾、更整齊，並且絕不會逆向移動。

然而，這種由左至右的指令流動有兩個例外：

- 寫回階段，其將結果儲存回位於數據通道中間的暫存器檔案中。
- 下一個 PC 值的選擇，在遞增的 PC 以及由 MEM 階段來的分支位址間選擇。

數據由右向左流動並不會影響目前的指令；這些反方向的數據移動只會影響到管道中後面的指令。注意上述第一種右到左的數據移動可能導致數據危障而第二種可能導致控制危障。

一種表示管道化執行中發生什麼情形的方法是假想每一道指令擁有自己的數據通道，並且把這些數據通道放在同一個時間軸上來看出

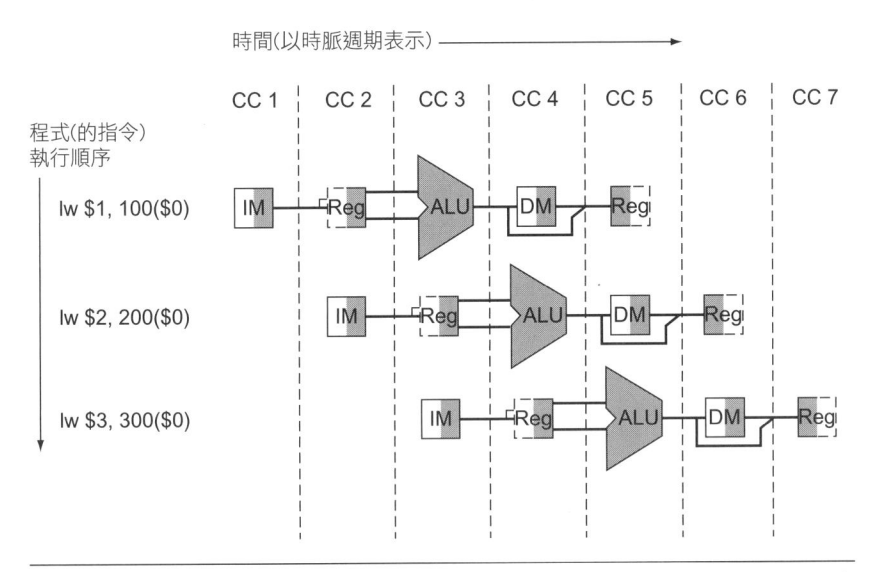

圖 4.34 指令用圖 4.33 的單一時脈週期數據路徑假設以管道化的方式來執行。 這張圖類似於圖 4.28 到圖 4.30，假設每一個指令擁有自己的數據通道，並且將使用到的部分塗上陰影。不同於那些圖的是每個階段都標示出該級中使用到的對應到圖 4.33 中數據通道該部分的實體資源。IM 代表指令擷取階段中的指令記憶體和程式計數器，Reg 代表指令解碼／暫存器檔案讀取階段 (ID) 中的暫存器檔案和符號延伸器，以及其他。為了維持適當的時間順序，暫存器檔案分成邏輯上的兩個部分：在暫存器擷取 (ID) 階段被讀取的暫存器和寫回 (WB) 階段被寫回的暫存器。在 ID 階段內暫存器陣列並沒有被寫入，所以我們表示的方法是將左半邊用虛線表示且不加陰影；而在 WB 階段內暫存器陣列並沒有被讀取，所以是將右半邊用虛線表示且不加陰影。我們如前假設暫存器檔案在前半時脈週期被寫入，而在後半時脈週期被讀取。

它們之間的關係。圖 4.34 以在時間軸上畫出所有指令各自使用數據通道的方式來表示圖 4.27 中指令的執行過程。我們在圖 4.34 中採用以某種風格來表示圖 4.33 的數據通道的方式表達指令間的關係。

圖 4.34 似乎表示三個指令就需要三個數據通道。然而，我們可以加入暫存器來保存數據，以便一個數據通道的不同部分在執行指令時可分別被使用。

例如，如圖 4.34 所示，指令記憶體只會在指令執行的五級中一個階段被使用，因此可以在其他四個階段中讓之後的指令使用。為了保留一個指令從指令記憶體讀出的值給它的其他四個階段使用，該值必須保存到一個暫存器中。同樣的想法也適用於管道中的每個階段，所以我們必須在圖 4.33 中所有階段和階段之間的分隔線上放置暫存器。回到我們的洗衣例中，我們也許要在每兩個階段之間擺個籃子來

放衣服,之後送到下一級。

圖 4.35 顯示強調管道暫存器 (pipeline registers) 的管道化數據通道。每個時脈週期期間所有指令會由一個管道暫存器前進到下一個管道暫存器。這些暫存器以前後兩個階段的名稱來命名。例如,在 IF 級和 ID 級之間的管道暫存器稱為 IF/ID。

注意在寫回階段的後面並沒有管道暫存器。所有指令都必須更新處理器中的一些狀態——暫存器檔案、記憶體或 PC ——所以對已更新的狀態來說再多一個暫存器是多餘的。例如,載入指令會將它的結果寫回 32 個暫存器的其中一個,如果之後有指令需要這個值則只要讀取這個暫存器即可。

當然,每道指令都會更新 PC,不管是遞增它的值或是設定它為分支目標位址。PC 也可以被當成是一個管道暫存器:其提供管道中 IF 級的資料。然而,PC 不像圖 4.35 中所強調的管道暫存器,它屬於可見的架構狀態的一部分;當例外發生時,PC 的內容必須被保存,而管道暫存器的內容卻可以被丟棄。在洗衣例中,你可以把 PC 想成是裝著待洗髒衣服的籃子。

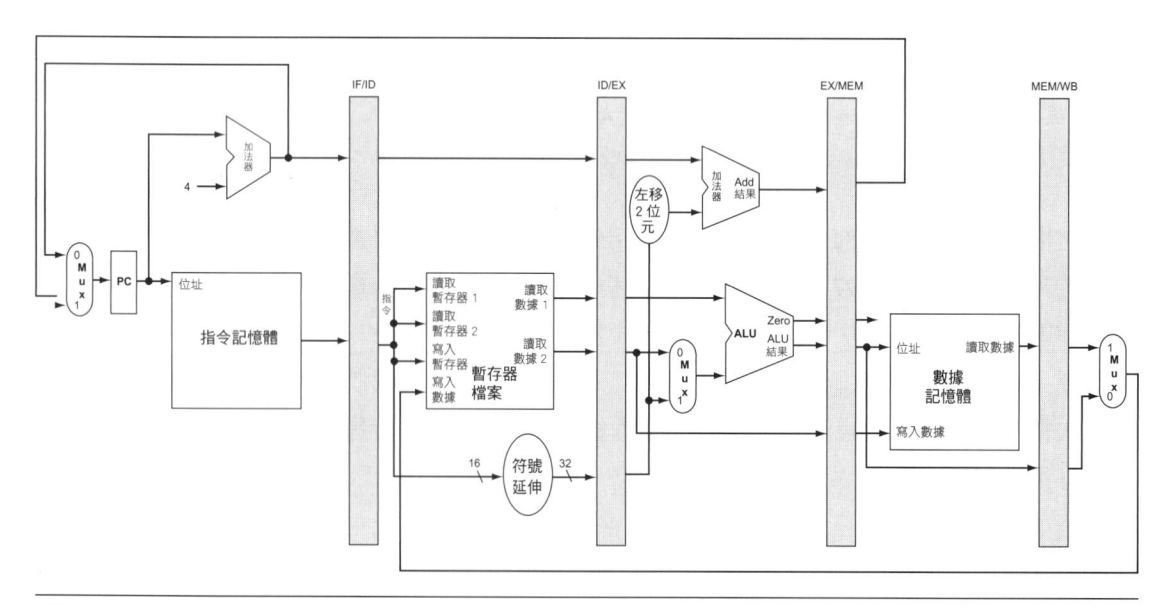

圖 4.35 圖 4.33 中數據通道的管道化版本。
灰色的管道暫存器 (pipeline registers) 將每個管道階段隔開。它們以所隔開的階段來標示;例如第一個被標示為 IF/ID,因為它將指令擷取和指令解碼階段隔開。這些暫存器必須夠寬以儲存所有會經過它的資料。例如 IF/ID 暫存器必須是 64 位元寬,因為它必須儲存從記憶體擷取的 32 位元指令以及遞增後的 32 位元 PC 位址。目前另外的三個管道暫存器各包含 128、97 和 64 位元,不過我們會在本章稍後逐漸加寬這些暫存器。

為了表示管道如何運作，在本章中我們會以一連串的圖來說明其在不同時間點的運作情形。這些更多的篇幅好像需要花更多的時間去瞭解。別怕；這一串串的圖並不會太花時間，因為你只需要比較這一連串的圖來找出每個時脈週期內所發生的改變。第 4.8 節說明在管道指令間出現數據危障時會怎樣；我們先不去討論它們。

圖 4.36 到圖 4.38，我們的第一串圖形，顯示載入指令通過管道中五個階段時數據通道中強調出有動作的部分的情形。我們第一個就觀察載入指令是因為它在所有五個階段都有動作。如同在圖 4.28 到 4.30 中，我們在暫存器或記憶體被讀取時強調其*右半邊*且在暫存器或記憶體被寫入時強調其*左半邊*。

我們在每張圖片中標示指令縮寫 lw 及動作中的管道階段名稱。這五個階段如下：

1. 指令擷取：圖 4.36 的上半部顯示指令以 PC 中的位址從記憶體中讀出後放入 IF/ID 管道暫存器中。PC 位址會被遞增 4 後寫回以備在下個時脈週期中使用。該遞增後的位址也會被儲存在 IF/ID 管道暫存器中以備稍後有指令，例如 beq，會需要它。因為計算機尚無法知道所擷取到的指令為何，其必須為所有可能性做好準備，將有可能用到的資料向下一級傳遞下去。
2. 指令解碼和暫存器檔案讀取：圖 4.36 的下半部分顯示 IF/ID 管道暫存器的指令部分提供 16 位元立即值欄位並且被符號延伸至 32 位元，以及兩個暫存器的編號以讀取暫存器。這三個值和遞增後的 PC 位址都被儲存至 ID/EX 管道暫存器中。我們仍然將之後時脈週期中任何指令有可能使用到的所有資訊傳遞下去。
3. 執行或位址計算：圖 4.37 顯示載入指令由 ID/EX 管道暫存器讀取暫存器 1 的內容以及符號延伸後的立即值，並且以 ALU 將這兩個值相加。其和則放置在 EX/MEM 管道暫存器中。
4. 記憶體存取：圖 4.38 的上半部顯示載入指令以 EX/MEM 管道暫存器中的位址來讀取數據記憶體，並且將數據載入 MEM/WB 管道暫存器中。
5. 寫回：圖 4.38 的下半部顯示最後一個步驟：從 MEM/WB 管道暫存器中讀取數據，並且將它寫入圖中間的暫存器檔案中。

這個載入指令的逐步推演說明了任何在後方管道階段會使用到的

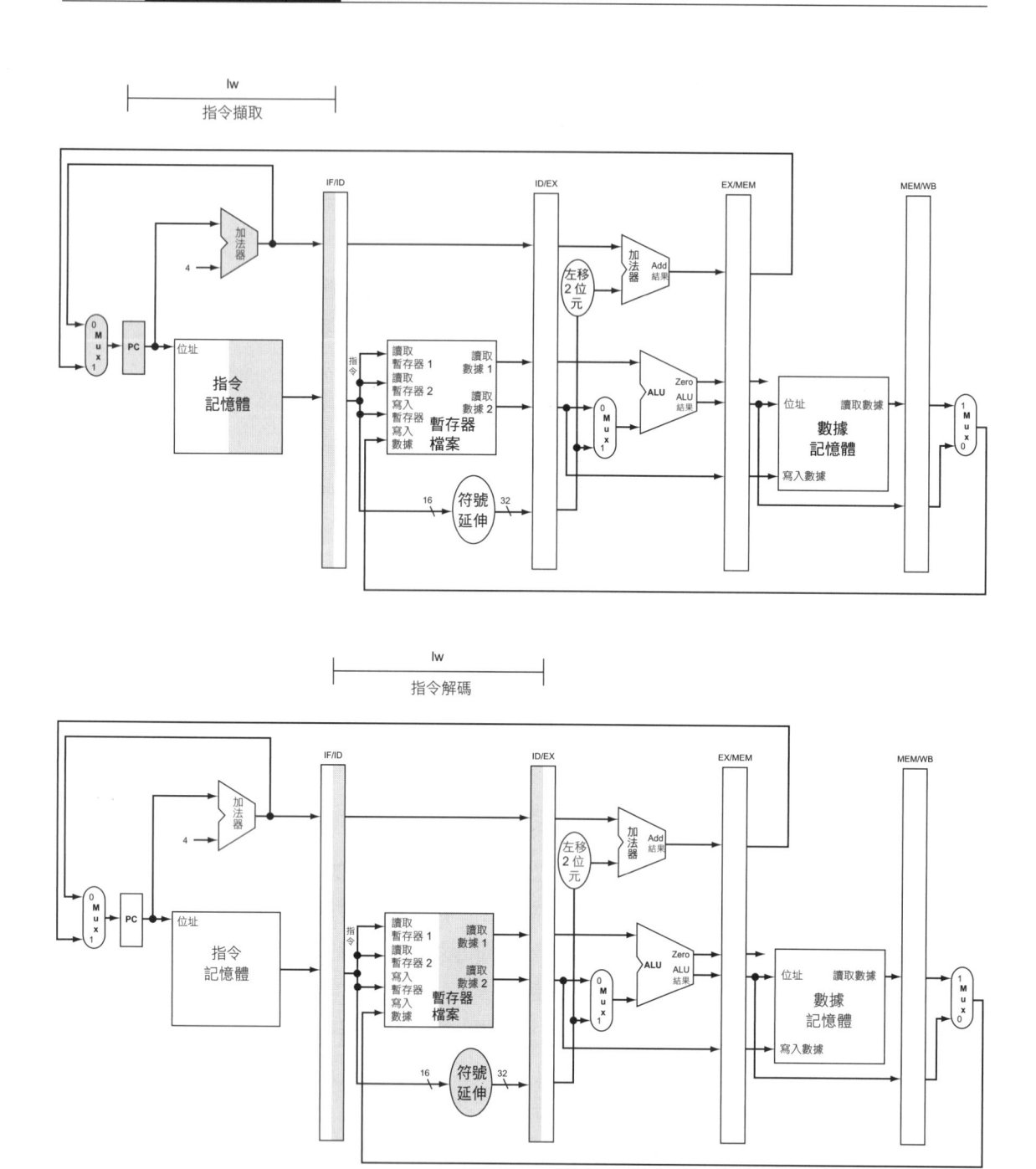

圖 4.36 IF 和 ID：指令的第一和第二個階段，並將圖 4.35 的數據通道中運作的部分著灰色。

著色的規則和圖 4.28 中所使用的相同。如第 4.2 節所述，因為暫存器的內容只會在時脈的邊緣才會改變，所以其讀取與寫入並不會發生混淆。雖然載入指令只需要在第 2 級上方的暫存器內容，但是處理器並不知道目前被解碼的是什麼指令，所以符號延伸 16 位元的結果以及讀取的兩個暫存器內容都會被儲存到 ID/EX 管道暫存器中。雖然我們不全需要這三個運算元，但是三個都保存可以簡化控制。

第 4 章 處理器　**317**

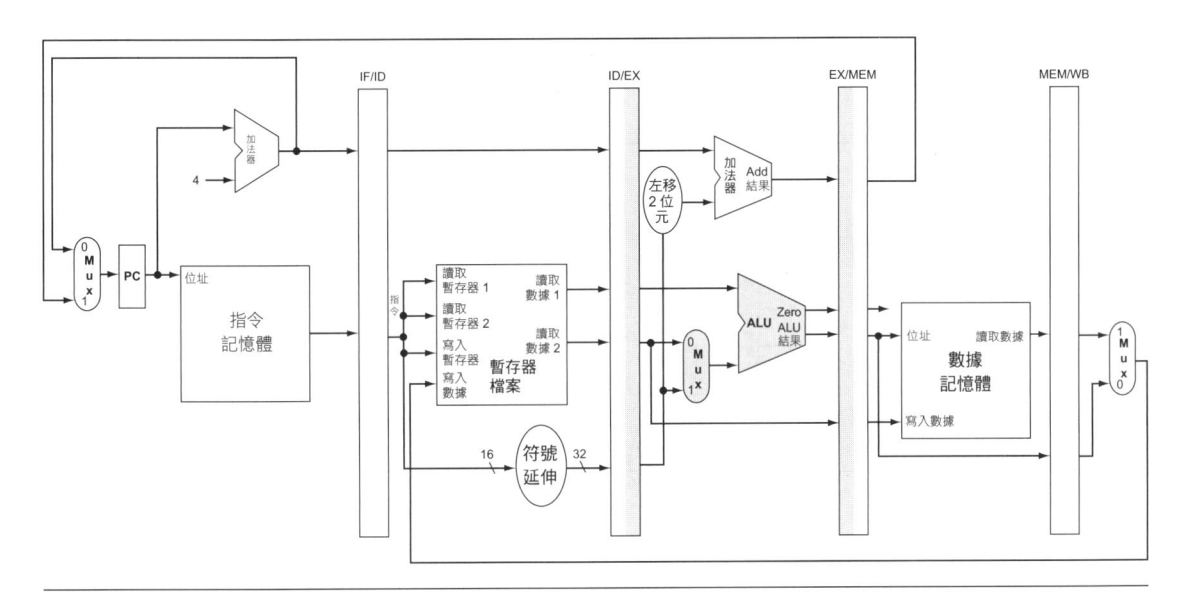

圖 4.37　EX：載入指令的第三個管道階段，並將圖 4.35 的數據通道中在這個管道階段用到的部分著灰色。
暫存器的值和符號延伸後的立即值相加，並將和放置在 EX/MEM 管道暫存器中。

資訊都必須透過管道暫存器來傳遞給各該階段。逐步推演儲存指令可以得知其執行過程，以及需要向後方階段傳遞資訊的相似處。以下是儲存指令的五個管道階段：

1. **指令擷取**：指令以 PC 中的位址從記憶體中擷取，並且放置於 IF/ID 管道暫存器中。這個階段發生在指令被辨識之前，所以圖 4.36 的上半部適用於儲存以及載入指令。

2. **指令解碼和暫存器檔案讀取**：IF/ID 管道暫存器中的指令提供讀取暫存器的兩個暫存器編號，並且延伸 16 位元立即值的符號。這三個 32 位元的值都被儲存至 ID/EX 管道暫存器中。圖 4.36 的下半部也可表示儲存指令第二個管道階段的運作。因為到這裡還不知道指令的類型，所以所有指令都會執行開頭的這兩個階段。

3. **執行和位址計算**：圖 4.39 顯示第三個步驟；有效位址 (effective address) 被放置在 EX/MEM 管道暫存器中。

4. **記憶體存取**：圖 4.40 的上半部顯示數據被寫入記憶體中。注意，要被儲存到記憶體的暫存器內容已在稍早的階段被讀出並儲存至

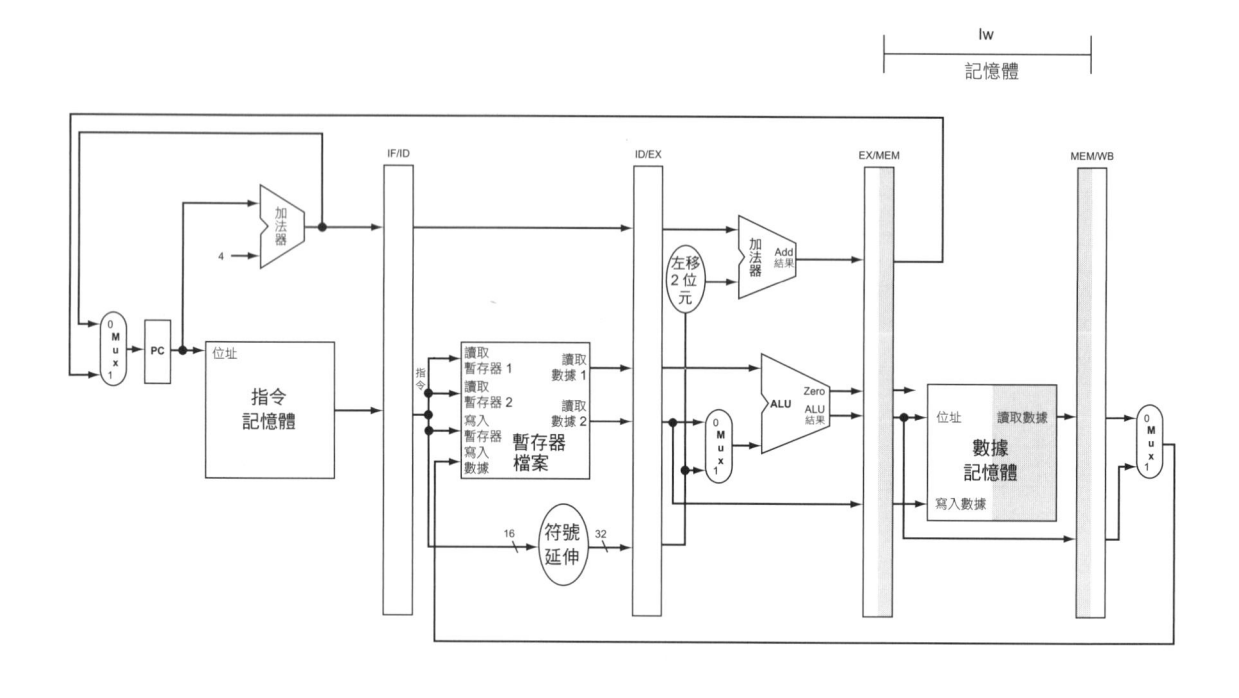

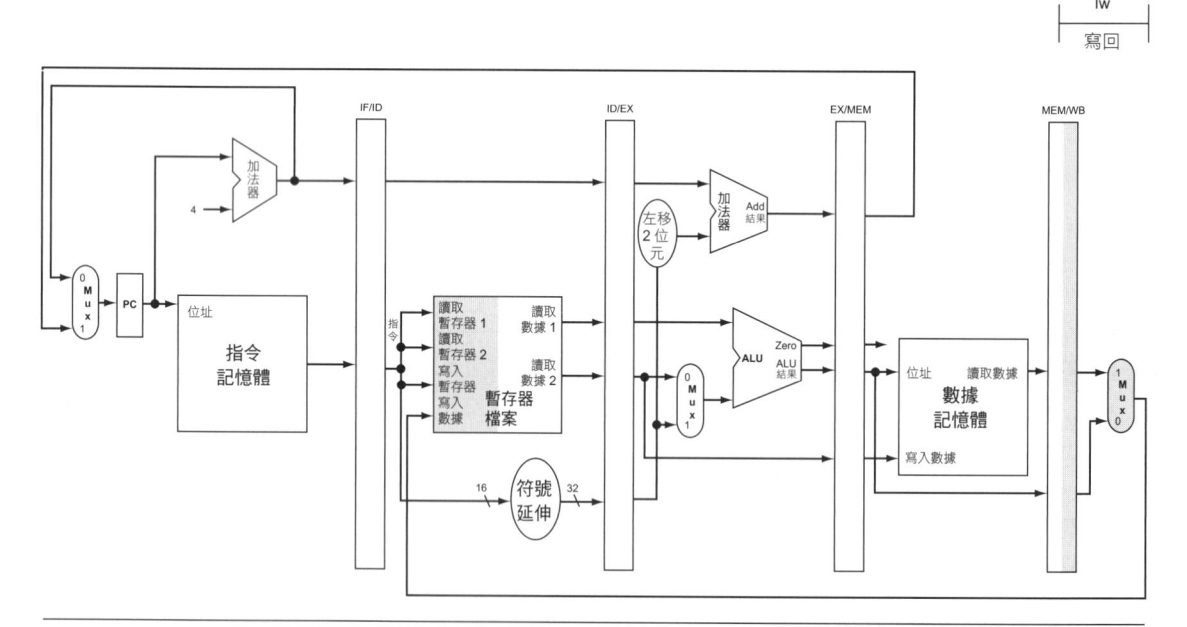

圖 4.38　MEM 和 WB：載入指令的第四個和第五個管道階段，並將圖 4.35 的數據通道中在該管道階段用到的部分著灰色。

使用 EX/MEM 管道暫存器中的位址來讀取數據記憶體，並將數據放置在 MEM/WB 管道暫存器中。接下來，數據從 MEM/WB 管道暫存器讀取並寫入圖中間的暫存器檔案中。注意：這個設計有一個錯誤並將於圖 4.41 中修正。

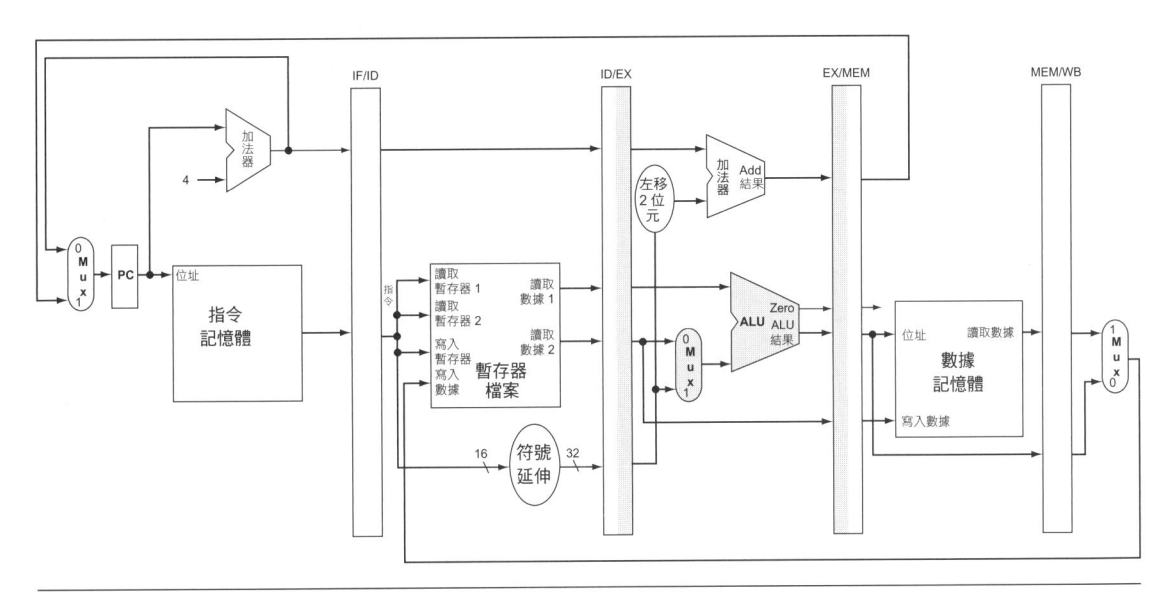

圖 4.39　EX：儲存指令的第三個管道階段。

不同於圖 4.37 中載入指令第三個階段的是：第二個暫存器的值被載入 EX/MEM 管道暫存器中以便在下一個階段中使用。雖然總是將第二個暫存器的值寫入 EX/MEM 管道暫存器並無傷害，為了讓管道更容易瞭解，我們只對儲存指令將第二個暫存器的值寫入。

ID/EX 管道暫存器中。為了在 MEM 階段能使用這個值，唯一的方法就是如同我們將有效位址儲存到 EX/MEM 管道暫存器中般地在 EX 階段將這個值放置於 EX/MEM 管道暫存器中。

5. 寫回：圖 4.40 的下半部顯示儲存指令的最後一個步驟。該指令在寫回階段並無任何動作。由於在儲存指令之後的每一道指令也已經在進行，我們無法去加速這些指令。因為之後的指令已經以最快的速度執行，因此管道中的指令就算在某一階段不需要執行任何動作，還是必須經過這個階段。

儲存指令再次說明了要從前面的管道階段傳遞資訊給後面的管道階段時，這些資訊必須放置在管道暫存器中；否則這些資訊會在下一個指令進入這級管道時消失。在儲存指令中，我們需要將 ID 階段所讀取的其中一個暫存器內容傳遞到 MEM 階段來將它儲存至記憶體中。這個數據首先會被放入 ID/EX 管道暫存器，然後被傳遞到 EX/MEM 管道暫存器中。

載入和儲存指令說明了第二個重點：數據通道中的每個邏輯元件

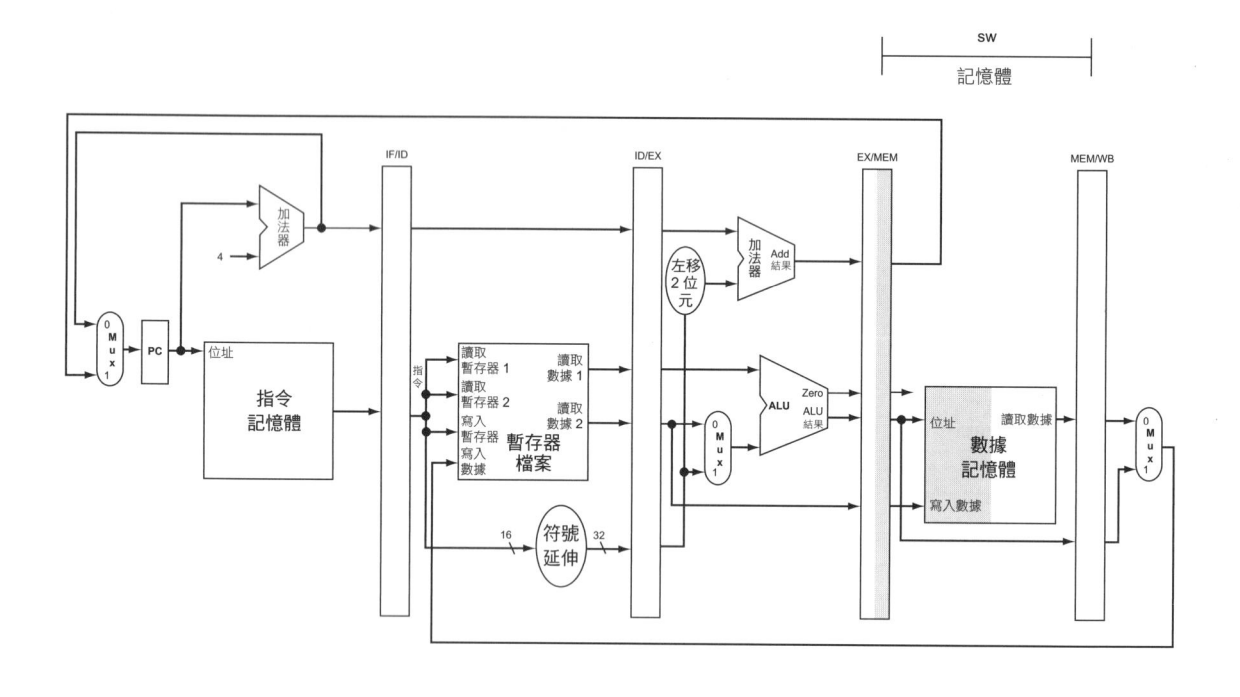

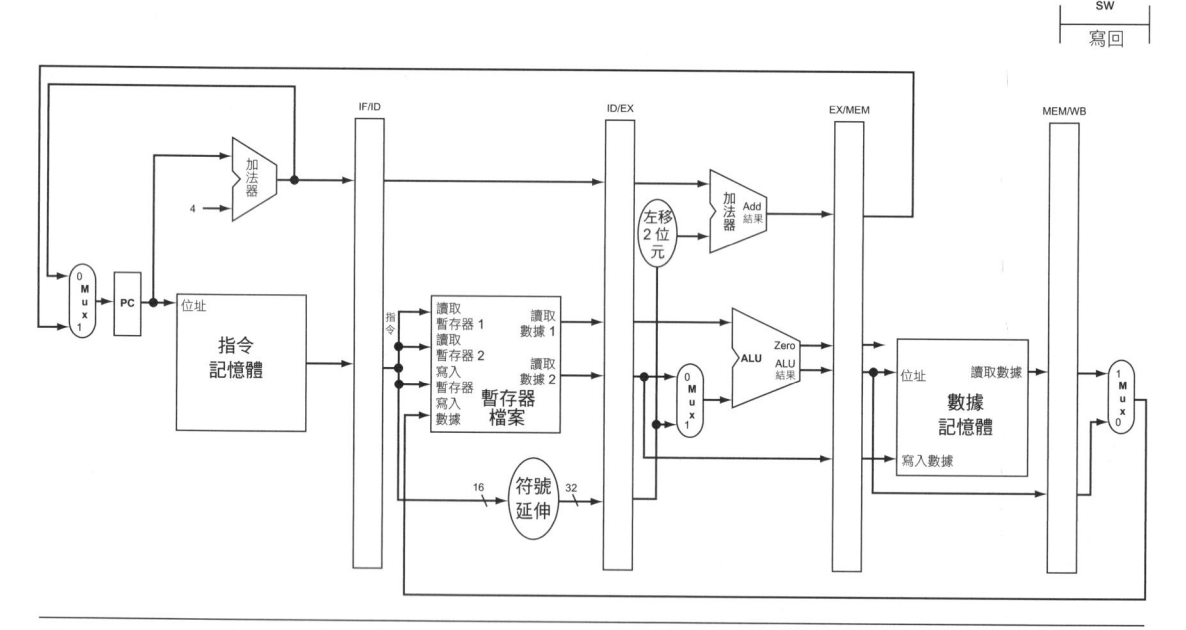

圖 4.40 MEM 和 WB：儲存指令的第四個和第五個管道階段。
儲存指令在管道第四級將數據寫入數據記憶體。注意數據來自 EX/MEM 管道暫存器，以及 MEM/WB 管道暫存器中並不發生任何改變。一旦數據寫入記憶體，儲存指令就不需再做任何事，所以在第五級中並無任何動作。

——例如指令記憶體、暫存器讀取埠、ALU、數據記憶體和暫存器寫入埠——都只能用於唯一的管道階段期間，否則就會發生結構危障(參見第 302 頁)。因此，這些元件和它們的控制都只可以用於一個管道階段中。

現在我們來發現在載入指令設計中的一個錯誤。你看出來了嗎？在載入指令的最後一個階段哪一個暫存器的內容被更新了呢？更明白地說，哪一個指令提供了這個寫入暫存器的編號？是在 IF/ID 管道暫存器中的指令提供了這個寫入暫存器的編號，但是這個指令是位於載入指令的相當距離之後！

因此，我們需要保存載入指令中的目的暫存器編號。就如同儲存指令將暫存器的內容一路從 ID/EX 管道暫存器到 EX/MEM 管道暫存器傳送給 MEM 級使用，載入指令則必須將暫存器的編號從 ID/EX 經過 EX/MEM 傳遞到 MEM/WB 管道暫存器中給 WB 階段使用。另一個思考這個暫存器編號傳遞的角度是為了要讓數道指令共享管道化的數據通道，我們需要將 IF 階段所擷取到的指令一路上都保存下來，因此每個管道暫存器會保留一道指令在目前這一級及之後各級所需的內容。

圖 4.41 表示了正確的數據通道，其首先將需要寫入的暫存器編號傳入 ID/EX 暫存器中，然後傳到 EX/MEM 暫存器中，最後傳到

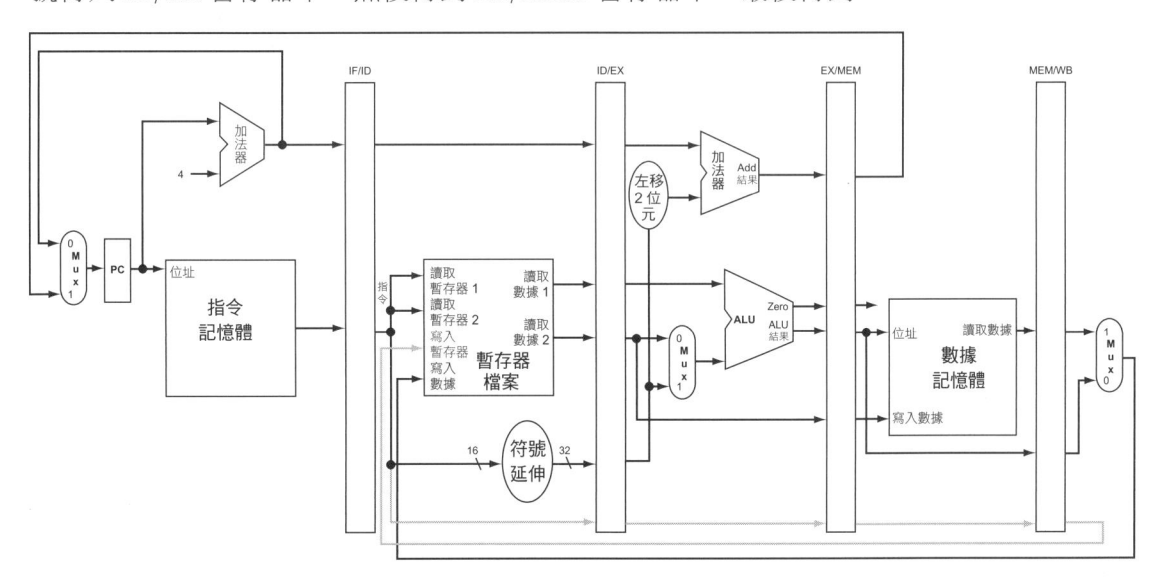

圖 4.41　為了正確處理載入指令而修正後的管道化數據通道。
現在寫入暫存器編號與數據都來自 MEM/WB 管道暫存器。這個暫存器編號從 ID 管道階段傳送過來直到它到達 MEM/WB 管道暫存器為止，使得最後三個管道暫存器中各增加 5 個位元。圖中新增的路徑以灰色表示。

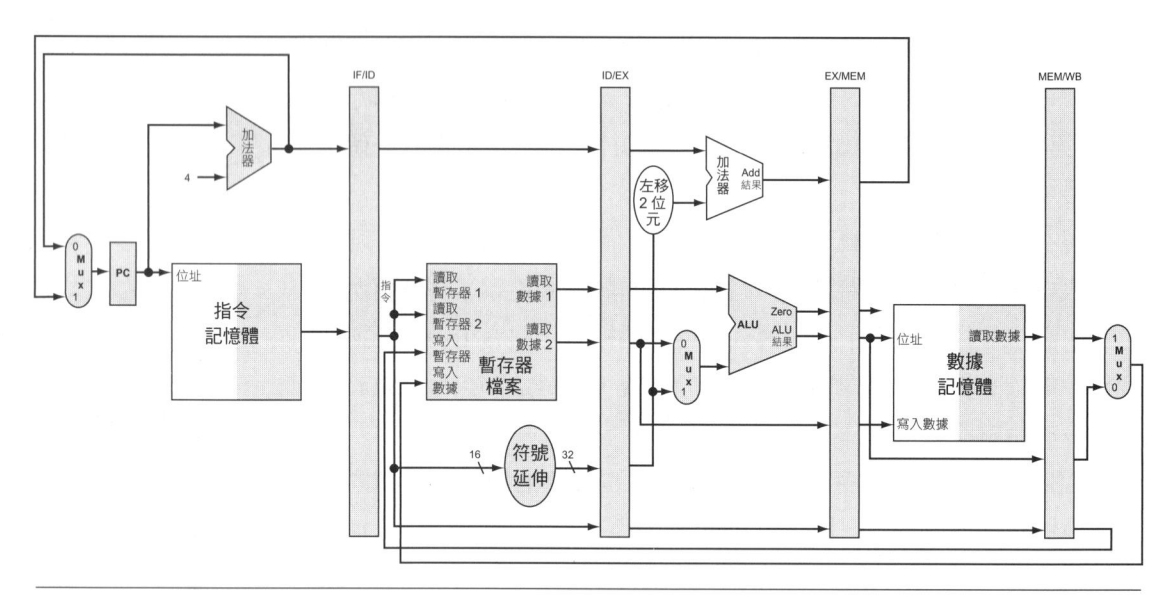

圖 4.42 在圖 4.41 的數據通道中，載入指令五個階段中使用到的部分。

MEM/WB 暫存器中。這個暫存器編號在 WB 階段被用來指出哪一個暫存器應該被寫入。圖 4.42 以一個更正後的數據通道強調出圖 4.36 至 4.38 中載入字組指令在所有五個管道階段中所使用到的硬體。第 4.9 節中會說明如何使得分支指令依照預期的方式運作。

以圖形來表示管道

管道化並不容易瞭解，因為在每個時脈週期中會有多道指令同時在單一的數據通道上執行。有兩種基本型態的圖形化表示法可以幫助瞭解：如同圖 4.34 的多個時脈週期管道圖 (*multiple-clock-cycle pipeline diagram*)，以及如同圖 4.36 到圖 4.40 的單一時脈週期管道圖 (*singleclock-cycle pipeline diagram*)。多個時脈週期管道圖比較簡單，但是並沒有包含所有的細節。例如，思考下面這一串的五個指令：

```
lw    $10, 20($1)
sub   $11, $2, $3
add   $12, $3, $4
lw    $13, 24($1)
add   $14, $5, $6
```

圖 4.43 表示這串指令的多個時脈週期管道圖。如同圖 4.25 中洗衣的例子般，在這些圖裡時間是由左向右流動，而指令則是由上而下執行。在指令執行過程的每一個週期中恰當的位置都放上一個代表管

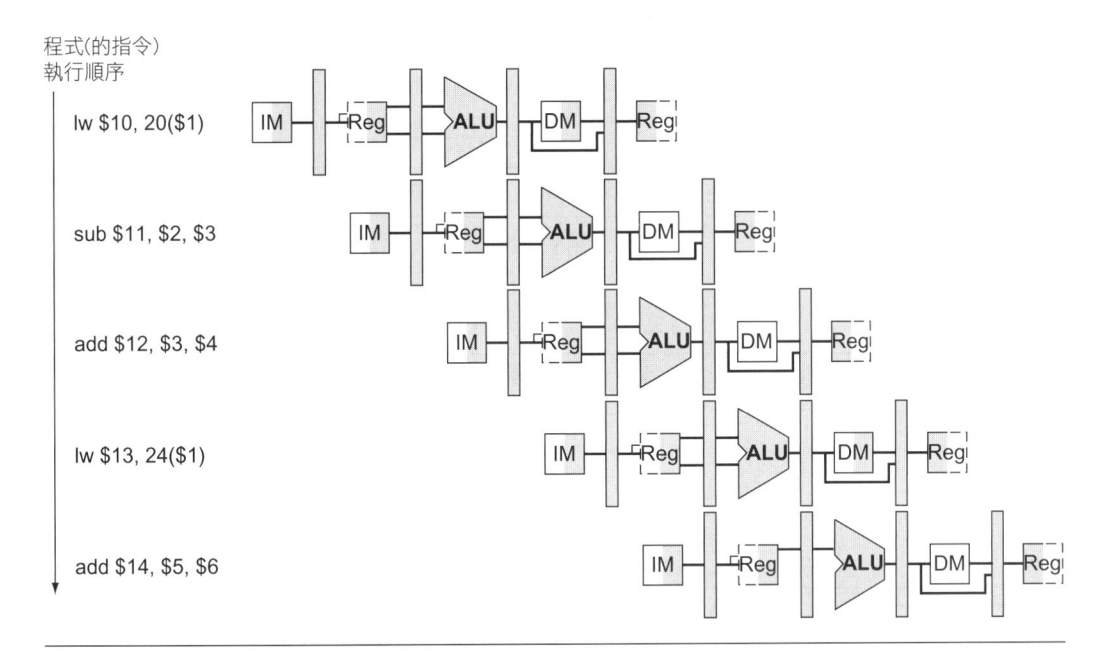

圖 4.43　五道指令的多重時脈週期管道圖。
這種管道表示方式將一些指令的完整執行情況以一張圖表示指令的執行順序是由上而下，時脈週期的移動則是由左而右。和圖 4.28 不同的是我們將每個階段之間的管道暫存器也表示出來。圖 4.44 表示這張圖的傳統畫法。

道不同階段的代表圖形。這種特具型態的數據通道以圖形來代表管道中的五個階段，不過以具有各階段名稱的方框來代替一樣可行。圖 4.44 表示較傳統的多個時脈週期管道圖。注意圖 4.43 可表示每個階段使用到的實際硬體，而圖 4.44 則是標示每個階段的**名稱**。

單一時脈週期的管道圖可以表示在一個時脈週期內整個數據通道的狀態，一般也會在每個管道階段的上方標示所對應的五道指令。我們使用這種形式的圖來表示每個時脈週期管道運作的細節；通常這種圖會以一系列的形式來表示管道在連續時脈週期中的運作。多個時脈週期圖則是用於表示管道狀況的概觀 (如果你想知道更多關於圖 4.43 的細節，🌐**4.14 節**內有更多單一時脈週期圖的說明)。單一時脈週期圖就是一組多個時脈週期圖中的某個垂直切片，並表示出在這個特定的時脈週期裡管道中的每一個指令正在如何使用數據通道。例如，圖 4.45 表示出對應於圖 4.43 和圖 4.44 中第五個時脈週期的單一時脈週

324 計算機 組織 與 設計

時間(以時脈週期表示) →
CC 1　　CC 2　　CC 3　　CC 4　　CC 5　　CC 6　　CC 7　　CC 8　　CC 9

程式(的指令)
執行順序

lw $10, 20($1)	指令擷取	指令解碼	執行	資料存取	寫回			
sub $11, $2, $3		指令擷取	指令解碼	執行	資料存取	寫回		
add $12, $3, $4			指令擷取	指令解碼	執行	資料存取	寫回	
lw $13, 24($1)				指令擷取	指令解碼	執行	資料存取	寫回
add $14, $5, $6					指令擷取	指令解碼	執行	資料存取	寫回

圖 4.44　圖 4.43 中五道指令的傳統多重時脈週期管道圖。

add $14, $5, $6	lw $13, 24 ($1)	add $12, $3, $4	sub $11, $2, $3	lw $10, 20($1)
指令擷取	指令解碼	執行	記憶體	寫回

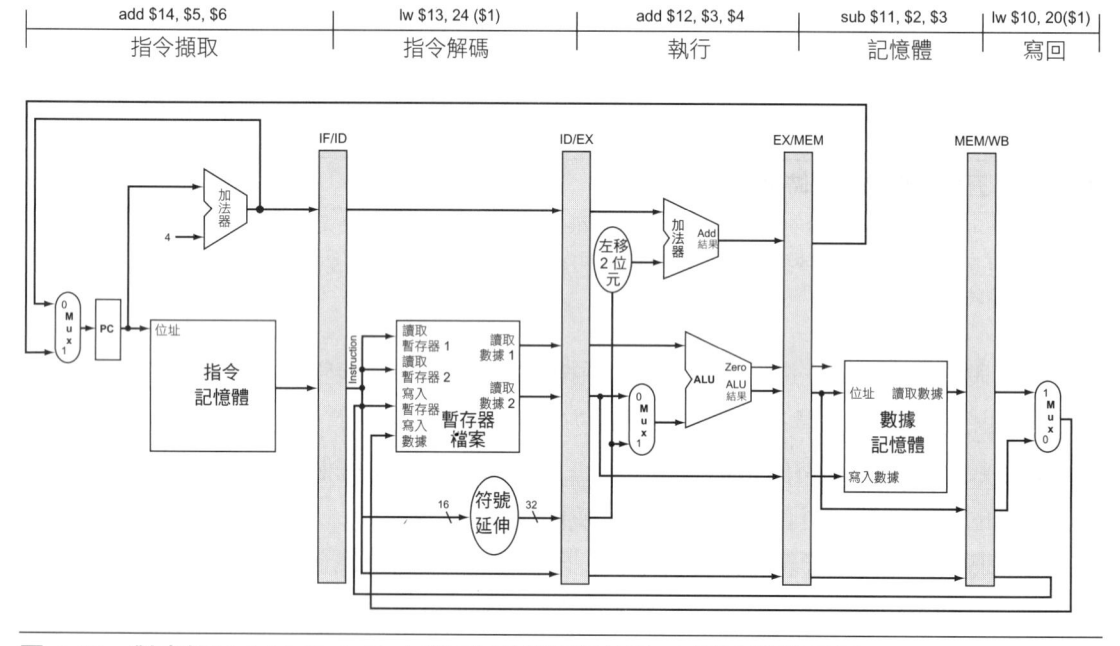

圖 4.45　對應於圖 4.43 和 4.44 中第五個時脈週期的單一時脈週期管道圖。
可以看出，單一時脈週期管道圖是多重時脈週期管道圖的一個垂直切面。

期圖。顯然地，對相同數目的時脈週期而言，一連串的單一時脈週期圖可以表示更多的細節並且也佔用更多的篇幅。習題中會要求你畫出其他指令序列的這種圖。

一群學生在有一個學生指出並不是所有的指令在管道的每一個階段中都有動作時辯論五級管道的效率。在決定忽略危障 (hazards) 對管道的影響後，他們提出下面四個觀點。哪些是正確的？

1. 在任何情況下，如果允許跳躍指令、分支指令和 ALU 指令使用比載入指令所需要的五級為少的管道級數將可提升管道的效能。
2. 讓某些指令使用較少的管道級數並無好處，因為處理量取決於時脈週期；每一道指令的管道級數只會影響指令的延遲時間 (latency)，而非處理量。
3. 由於需要寫入因此你無法以較少的週期數完成 ALU 指令。然而跳躍指令和分支指令使用較少的週期數，有機會作改善。
4. 我們應該研究是否讓管道更長，而不是嘗試讓指令使用較少的管道級數，因為雖然指令需要較多的時脈週期數，但是時脈週期的時間卻更短。如此可以提升管道的效能。

管道化中的控制

如同我們在 4.3 節中加入對單一週期數據通道的控制，現在我們也對管道化的數據通道加入控制。我們先從簡化的設計開始，並忽略其中一些問題。

第一步是在既有的數據通道中的控制訊號線上作標記。圖 4.46 表示出這些控制訊號線。我們儘可能地借用圖 4.17 中簡單數據通道的控制訊號。尤其是，我們會使用相同的 ALU 控制邏輯、分支邏輯、目的暫存器編號多工器，以及控制訊號線。這些控制訊號線的功能已定義於圖 4.12、圖 4.16 和圖 4.18 中。我們重新將在圖 4.47 到圖 4.49 中的這些重要的資訊呈現在本節的兩頁中，以便於往後的討論。

如同在單一時脈週期製作方法中一般，我們預設 PC 暫存器於每個週期都會被寫入，所以不需要特別的 PC 寫入訊號。同樣地，因為管道暫存器也是在每個週期都會被寫入，所以 IF/ID、ID/EX、EX/MEM 和 MEM/WB 這些管道暫存器也不需要特別的寫入訊號。

要訂定管道的控制訊號時，我們只需要在管道每級中設定控制訊號的值。又因為每個控制訊號都只和一個元件有關，而一個元件只會在某一個管道階段中運作，因此我們可以根據管道的五級，把控制訊號線分成五組：

> 在 6600 計算機中，也許較所有之前的計算機更為明顯地，其控制系統是其不同之所在。
>
> James Thornton，《計算機的設計：Control Data 6600》，1970

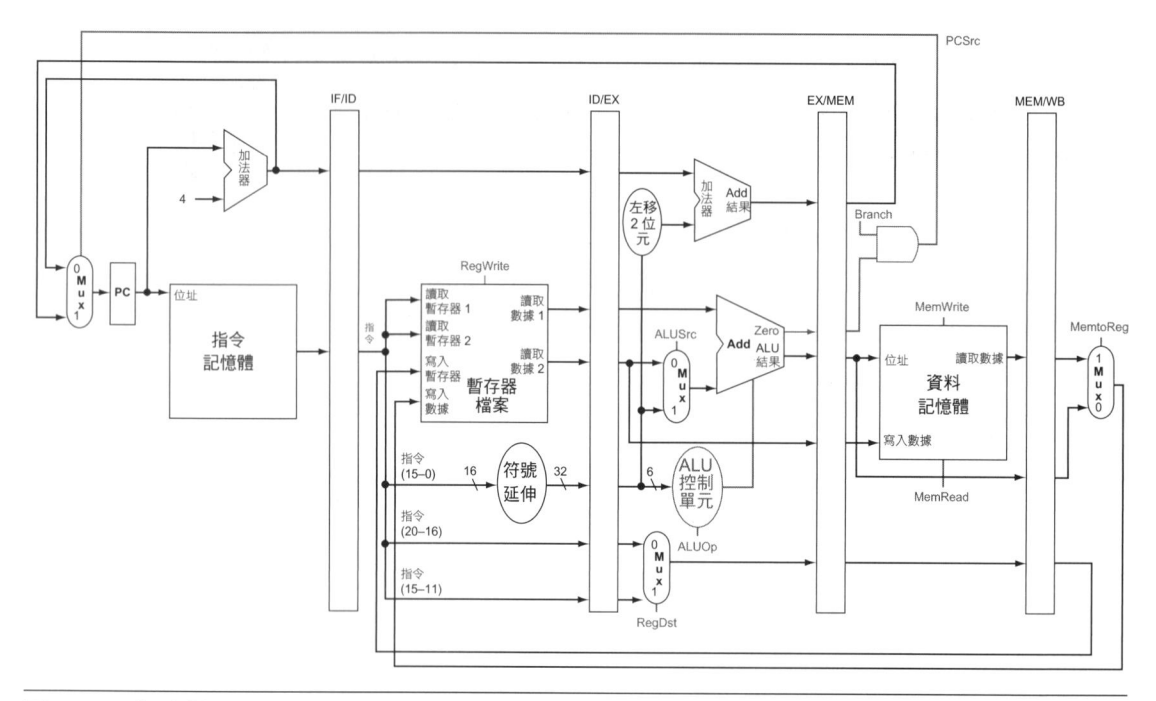

圖 4.46 標出控制訊號後的圖 4.41 中的管道化數據通道。

此數據通道加上了 4.4 節中的 PC 來源控制邏輯、目的暫存器編號以及 ALU 控制。注意現在我們在 EX 階段中需要指令的 6 位元的功能碼欄位來作為 ALU 控制器的輸入，所以這些位元也必須包括在 ID/EX 管道暫存器中。回想一下這 6 位元其實就是立即值欄位中最低的 6 個位元，所以 ID/EX 管道暫存器可以由立即值欄位來提供它們，因為符號延伸後這些位元仍是不變的。

指令運作碼	ALUOp	指令運作	功能欄位	需要的 ALU 動作	ALU 控制輸入
LW	00	載入字組	XXXXXX	加	0010
SW	00	儲存字組	XXXXXX	加	0010
Branch equal	01	若等於則分支	XXXXXX	減	0110
R 型	10	加	100000	加	0010
R 型	10	減	100010	減	0110
R 型	10	及	100100	及	0000
R 型	10	或	100101	或	0001
R 型	10	若小於則設定	101010	若小於則設定	0111

圖 4.47 此即圖 4.12。

這個圖表示 ALU 控制位元如何根據 ALUOp 控制位元與 R 型指令的不同功能碼來設定。

訊號名稱	未被設定時的效果	被設定時的效果
RegDst	Write register 的目的暫存器編號來自 rt 欄位 (指令的 20:16 位元)。	Write register 目的暫存器編號來自 rd 欄位 (指令的 15:11 位元)。
RegWrite	無。	將 Write data 輸入的值寫入 Write register 輸入所指定的暫存器中。
ALUSrc	ALU 的第二個運算元來自暫存器檔案第二輸出埠 (Read data 2)。	ALU 的第二個運算元來自指令中最低的 16 個位元經過符號延伸後的值。
PCSrc	由計算 PC + 4 的加法器的輸出來替換原本 PC 的值。	由計算分支目標位址的加法器的輸出來替換原本 PC 的值。
MemRead	無。	將數據記憶體中 address 輸入所指定位址的內容送至 Read data 輸出。
MemWrite	無。	將數據記憶體中 address 輸入所指定位址的內容置換為 Write data 輸入的值。
MemtoReg	暫存器 Write data 輸入的值來自 ALU。	暫存器 Write data 輸入的值來自數據記憶體。

圖 4.48 此即圖 4.16。

七個控制訊號均在此定義。ALU 的控制線 (ALUOp) 定義在圖 4.47 的第二行。當一個二選一多工器的一位元控制訊號被設定 (asserted) 時，多工器選擇對應到 1 的輸入。若該控制訊號沒被設定時，多工器選擇對應到 0 的輸入。注意 PCSrc 是由圖 4.46 中的 AND 閘所控制。在 Branch 訊號與 ALU Zero 訊號都為 1 時，PCSrc 才是 1；否則其為 0。控制器只有在執行 beq 時才會設定 Branch 訊號；否則 PCSrc 設為 0。

指令	執行 / 記憶體位址計算階段 控制訊號線					記憶體存取階段 控制訊號線			寫回階段 控制訊號線	
	Reg-Dst	ALU-Op1	ALU-Op0	ALU-Src	Branch	Mem-Read	Mem-Write	Reg-Write	Memto-Reg
R 格式	1	1	0	0	0	0	0	1	0
lw	0	0	0	1	0	1	0	1	1
sw	X	0	0	1	0	0	1	0	X
beq	X	0	1	0	1	0	0	0	X

圖 4.49 控制線的訊號值與圖 4.18 中相同，不過已經分別對應最後的三個管道階段分成三群。

1. 指令擷取：因為讀取指令記憶體與寫入 PC 暫存器的控制訊號線永遠都要被設定，所以在管道的這級中並沒有什麼特別要控制的。

2. 指令解碼 / 暫存器檔案讀取：如同前一級，每個時脈週期都是一樣的情況，所以並沒有需要設定的控制線。

3. 執行 / 記憶體位址計算：要被設定的控制訊號有 RegDst、ALUOp 以及 ALUSrc (參見圖 4.47 與圖 4.48)。這些訊號選取結果 (Result) 暫存器、ALU 運算功能以及 ALU 的輸入是來自讀取資料 2 (Read data 2) 或是符號延伸後的立即值。

4. 記憶體存取：在這一級要設定的控制訊號有 Branch、MemRead 與 MemWrite。這些控制訊號分別由相等時分支、載入和儲存等指令所設定。回想在圖 4.48 中 PCSrc 訊號除非 Branch 訊號被設定且 ALU 運算結果為 0，否則會選擇下一個連續位址。

5. 寫回：這一級有兩條控制訊號線。MemtoReg 決定要將 ALU 運算結果或是來自記憶體的值送到暫存器檔案；而 RegWrite 用來將所選的值寫入。

因為將數據通道管道化之後也不會改變控制線的意義，我們仍可沿用相同的控制設定。圖 4.49 使用與第 4.4 節完全相同的控制值，只不過現在這九條控制線已依不同管道階段來分組。

控制單元的實作就是針對每個指令在每一級中設定這九條控制訊號線的值。最簡單的方法就是將管道暫存器擴充以容納這些控制訊號。

因為這些控制訊號線從 EX 級才開始作用，所以我們可以在指令解碼時產生控制訊號。圖 4.50 顯示這些控制訊號隨著指令在管道中前進而用於適當的管道階段中，就像是圖 4.41 中載入指令的目的暫

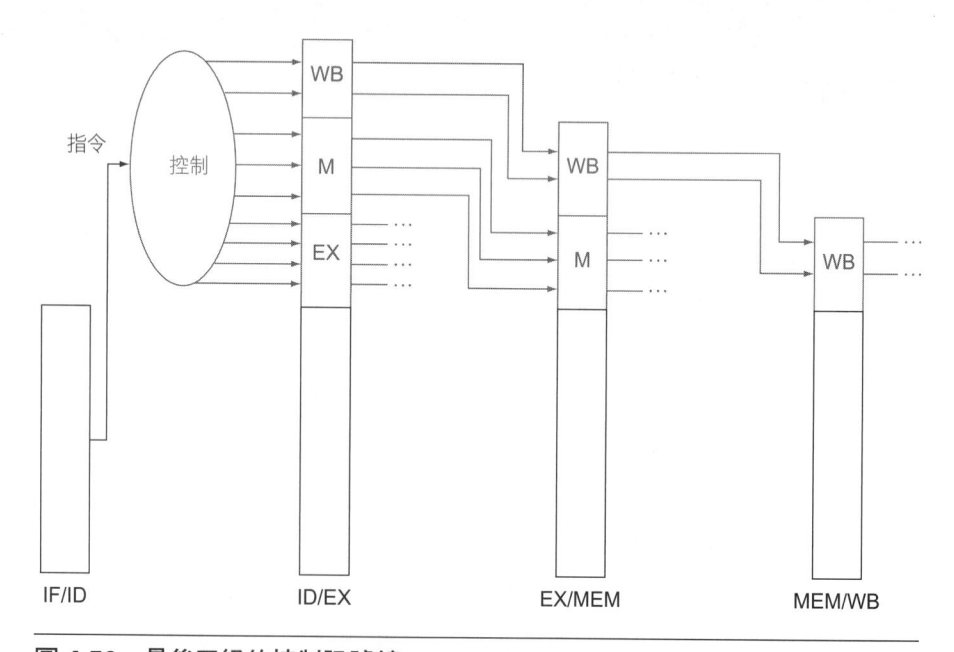

圖 4.50　最後三級的控制訊號線。
注意九條控制訊號線中有四條用於 EX 級，其餘五條繼續送往 EX/MEM 管道暫存器中擴充以保存它們的地方；三條用於 MEM 級，最後的兩條則再送往 MEM/WB 管道暫存器以便用於 WB 級。

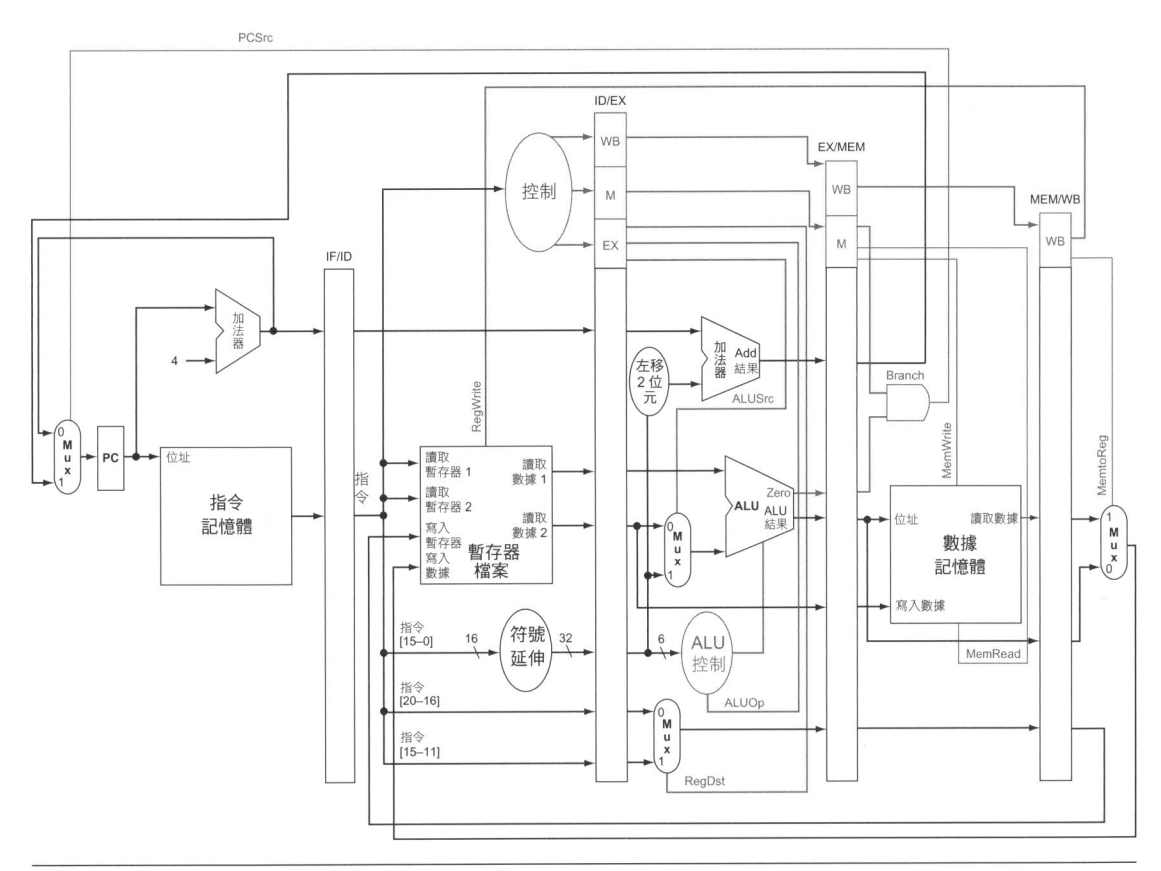

圖 4.51　將控制訊號接到管道暫存器中儲存控制訊的部分後的圖 4.46 中的管道化數據通道。
最後三級的控制訊號在指令解碼的時候產生，然後放到 ID/EX 管道暫存器中。每個管道階段的控制訊號被使用之後，剩下來的控制訊號就被送往下一個管道階段。

存器編號在管道中前進一樣。圖 4.51 表示擴充了管道暫存器並且將控制訊號線在恰當階段中連接後的完整數據通道 (若你想要看到更多細節，⊕ 4.14 節中有更多 MIPS 碼執行於管道化硬體上的單一時脈圖的例子)。

4.8　數據危障：前饋或停滯

上一節中的例子說明了管道化執行的效力以及硬體如何執行工作。現在該是更實際地看清楚執行真實程式時會發生什麼的時候了。在圖 4.43 到圖 4.45 中的指令都彼此無關 (譯註：特別指的是彼此間沒有數據相依性)；沒有一個指令會用到其他任何指令的運算結果。不過在 4.6 節中我們曾看到數據危障造成了管道執行的障礙。

> 你(妳)是什麼意思，為什麼它一定要做出來？它就是繞送。你(妳)一定要做繞送。
>
> Douglas Adams，《星際大奇航》(直譯為銀河便車指南)，1979

讓我們看一個有很多以灰色強調的相依性的指令序列：

```
sub  $2, $1,$3      #暫存器 $2 被 sub 指令寫入
and  $12,$2,$5      #第一個運算元($2) 相依於 sub 指令
or   $13,$6,$2      #第二個運算元($2) 相依於 sub 指令
add  $14,$2,$2      #第一、第二個運算元($2)相依於 sub 指令
sw   $15,100($2)    #記憶體的基底位址($2)相依於 sub 指令
```

後面的四道指令皆相依於暫存器 $2 中第一道指令的運算結果。假設暫存器 $2 的值在減法指令運算前為 10 以及運算後為 −20，程式師希望在後面的指令中讀取暫存器 $2 時會得到 −20。

這個序列如何在我們的管道中運作呢？圖 4.52 以多個時脈週期管道表示法來說明這些指令的執行。為了表示此指令序列在我們目前的管道中如何執行，圖 4.52 的上方顯示了 $2 暫存器的值，此值在第五個時脈週期的中間當 sub 指令要寫入結果時改變。

最後的有關 add 的可能危障可以藉由暫存器檔案的硬體設計來解決：當一個暫存器在一個週期內同時要讀取和寫入時會如何？我們假設寫入在時脈週期的前半週即可完成，而讀取在新值寫入後的時脈週期後半週內亦足以完成對剛剛寫入的新職的讀取，所以讀取得到的是剛剛才被寫入的資料。如同很多暫存器檔案都是這樣設計的，我們在這個狀況下也並不會造成數據危障。

圖 4.52 顯示除非讀取是發生在第五個時脈週期或是更晚，從暫存器 $2 讀出來的數據並非 sub 指令的運算結果。因此會得到正確的值 −20 的是 add 與 sw 指令；AND 與 OR 指令將會得到錯誤的值 10！使用這種圖示法，當發現相依關係需要時間逆轉才能維持時很明顯就可看出問題了。

如第 4.6 節中所提及，所需的結果在 EX 階段或是第三個時脈週期結束時就得出來了。AND 與 OR 指令實際上是何時才需要這筆資料呢？在 EX 階段，或是分別在第四與五個時脈週期，的開始的時候。因此只要我們在資料結果一出來時，不必等到它可以從暫存器檔案中讀取，立即將資料同時直接前饋到需要的地方，我們就可以不需停滯而執行這些指令。

前饋是如何辦到的？為了簡化，在本節以下內容中我們僅考慮前饋至 EX 階段的 ALU 運算或有效位址計算所面臨的挑戰。這表示如果一個指令在 EX 級想要用到一個先前的指令在 WB 階段寫入的暫存

	CC 1	CC 2	CC 3	CC 4	CC 5	CC 6	CC 7	CC 8	CC 9
時間(以時脈週期表示)									
暫存器 $2 的值:	10	10	10	10	10/−20	−20	−20	−20	−20

程式(的指令)執行順序

sub $2, $1, $3
and $12, $2, $5
or $13, $6, $2
add $14, $2, $2
sw $15, 100($2)

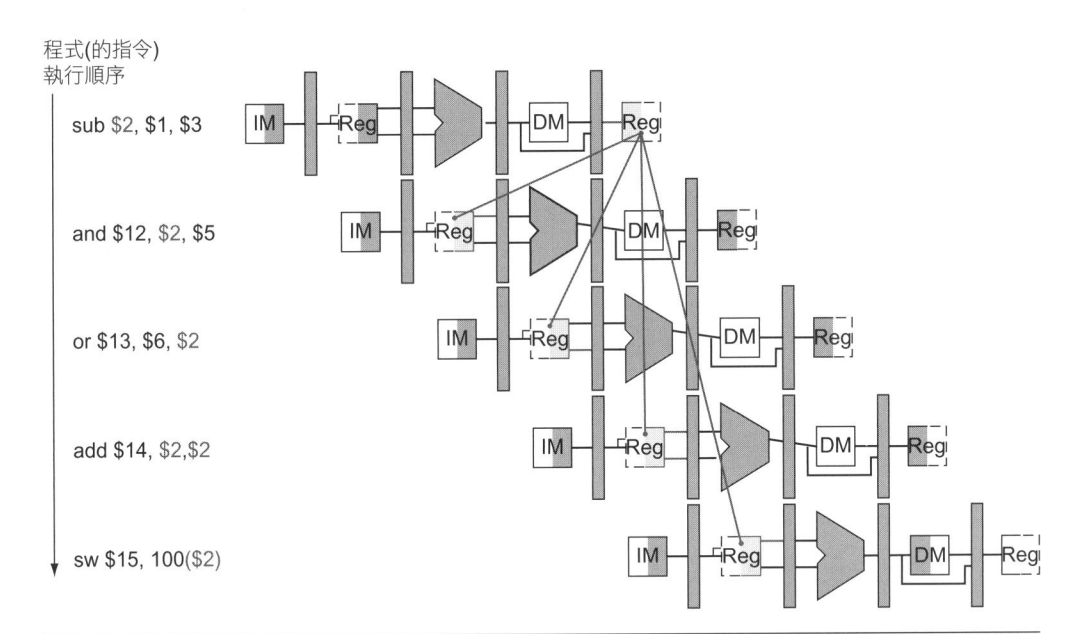

圖 4.52 以簡化的數據通道來表示五道指令的序列在管道中的相依關係。
所有相依的動作都以灰色來表示,而圖中最上面的 CC 1 代表第一個時脈週期。第一個指令寫入 $2,而之後所有的指令都需要讀取 $2。這個暫存器在第五個時脈週期才被寫入,所以適當的值在第五個時脈週期前還不存在(在時脈週期中讀取暫存器時若同時有對該暫存器的寫入發生,則會得到該週期前半所寫入的值)。最上方的數據通道到下方各數據通道的拉線表示出相依關係。那些必須要逆著時間走的拉線就是管道數據危障。

器時,我們其實是需要這個值作為 ALU 的輸入。

更精確的相依性標記法會將管道暫存器的欄位命名來使用。例如,"ID/EX.RegisterRs" 代表一個可以在 ID/EX 管道暫存器中找到其值的暫存器編號;也就是從暫存器檔案的第一個讀取埠得到的值。該名稱的第一個部分在句點的左方,是管道暫存器名稱;第二個部分是該管道暫存器的欄位名稱。使用此種標記法,兩對的危障情形可表為:

1a. EX/MEM.RegisterRd = ID/EX.RegisterRs

1b. EX/MEM.RegisterRd = ID/EX.RegisterRt

2a. MEM/WB.RegisterRd = ID/EX.RegisterRs

2b. MEM/WB.RegisterRd = ID/EX.RegisterRt

第一個在第 330 頁指令序列中的危障發生在 $2 暫存器上,亦

即發生在 sub $2,$1,$3 的運算結果與 and $12,$2,$5 的第一個運算元之間。這個危障可以在 and 指令處於 EX 級而其之前的指令處於 MEM 級時被測出，所以這種情形屬於危障型態 1a：

$$\text{EX/MEM.RegisterRd} = \text{ID/EX.RegisterRs} = \$2$$

範例 **相依性偵測**

對下列第 330 頁的指令序列中的相依關係作分類：

```
sub   $2, $1,$3        #暫存器 $2 被 sub 指令寫入
and   $12,$2,$5        #第一個運算元($2)相依於 sub 指令
or    $13,$6,$2        #第二個運算元($2)相依於 sub 指令
add   $14,$2,$2        #第一、第二個運算元($2)相依於 sub 指令
sw    $15,100($2)      #記憶體的基底位址($2)相依於 sub 指令
```

解答 先前已提及 sub-and 之間有 1a 型的危障。其餘的危障如下：

- sub-or 之間有 2b 型危障：

$$\text{MEM/WB.RegisterRd} = \text{ID/EX.RegisterRt} = \$2$$

- sub-add 之間的兩個相依性關係並非危障，因為當 add 在 ID 階段時，暫存器檔案即提供了正確的值。

- sub 與 sw 之間並無數據危障，因為 sw 在 sub 寫入 $2 之後才讀取 $2。

因為有些指令並不會寫入暫存器，所以上述的檢查法並不正確；有時候其會在不應該的時候做前饋。一種解決方法不過就是檢查 RegWrite 的值是否為真：在 EX 與 MEM 級檢查管道暫存器中 WB 的控制欄位來判斷 RegWrite 訊號是否被設定。記得 MIPS 規定每當使用 $0 作為運算元則所得運算元值一定為 0。如果在管道中有指令以 $0 作為目的暫存器(例如，sll $0,$1,$2)，我們要避免前饋可能非 0 的值。只要不前饋 $0 的值，就可以讓組合語言程式師以及編譯器免於不得使用 $0 作為目的暫存器的限制。因此只要我們加入 EX/MEM.RegisterRd ≠ 0 到第一種以及 MEM/WB.RegisterRd ≠ 0 到第二種危障條件中，就可以讓上述比較正確運作。

現在我們已經能偵測到危障，問題已經解決了一半 —— 不過我們還得前饋正確的資料。

圖 4.53 中顯示了圖 4.52 的指令序列中管道暫存器與 ALU 輸入間的相依關係。不同的地方在於相依關係從原先的等待 WB 階段寫回

時間(以時脈週期表示)	CC 1	CC 2	CC 3	CC 4	CC 5	CC 6	CC 7	CC 8	CC 9
$2 暫存器內的值：	10	10	10	10	10/−20	−20	−20	−20	−20
EX/MEM 內的值：	X	X	X	−20	X	X	X	X	X
MEM/WB 內的值：	X	X	X	X	−20	X	X	X	X

程式(的指令)
執行順序

sub $2, $1, $3

and $12, $2, $5

or $13, $6, $2

add $14, $2, $2

sw $15, 100($2)

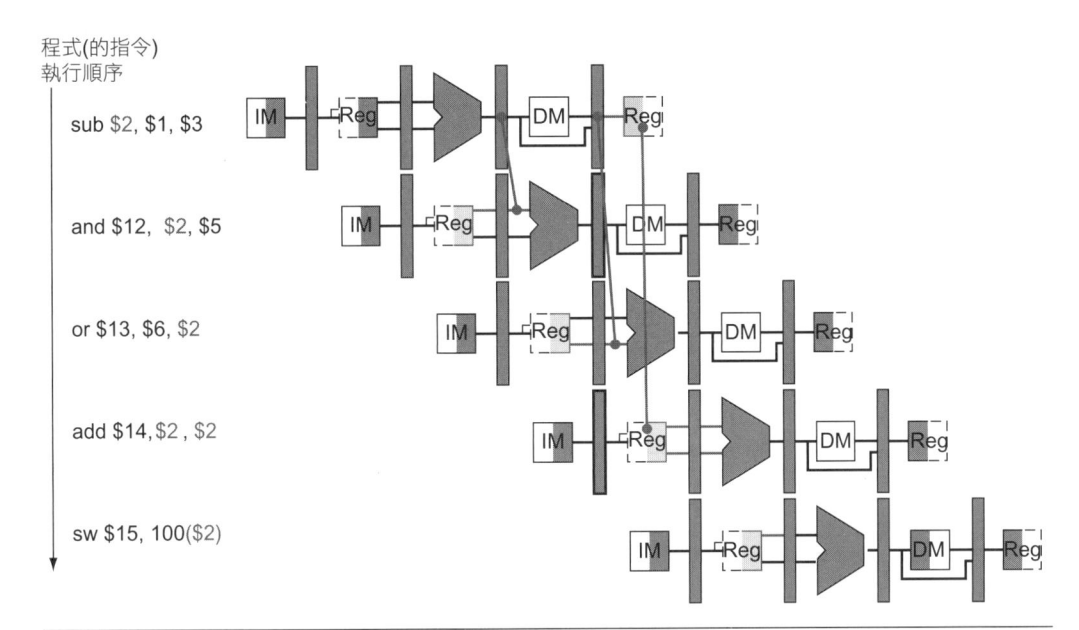

圖 4.53 以管道暫存器為對象來看的相依關係其資料供應端在時間上提前了，因此把可以在管道暫存器中找到的 $2 的新值前饋給 AND 以及 OR 指令的 **ALU** 輸入端成為可能。

管道暫存器中的值說明了所需的值在被寫入暫存器檔案之前就已存在。我們假設暫存器檔案可以前饋在同一個時脈週期中被讀取和寫入的值，所以 add 指令並不停滯，然而這值是從暫存器檔案而非管道暫存器來的。從暫存器前饋代表讀取讀到的是同一個時脈週期內寫入的值，這就是為什麼時脈週期 5 中暫存器 $2 剛開始的值是 10，時脈結束時又變成 −20 的原因。如本節剩下的部分所做的，我們會處理除了儲存指令要存入的值以外的所有的前饋問題。

暫存器檔案，變成從管道暫存器直接取得值。因此，後續指令所需的前饋資料及早就已存在於管道暫存器裡。

假如我們可以從任何管道暫存器而不只是 ID/EX 來取得 ALU 的輸入，我們就可以前饋正確的資料。藉著加入 ALU 輸入的多工器以及適當的控制，即使是在有資料相依性存在的狀況下，我們也可以讓管道全速運作。

現在我們先假設所有需要前饋的指令只有四個 R 格式的指令：add、sub、AND 與 OR。圖 4.54 顯示了清晰的 ALU 與管道暫存器在加入前饋之前與之後的情形。圖 4.55 則表示用以選擇暫存器檔案或是前饋過來的值的 ALU 多工器其控制線的值。

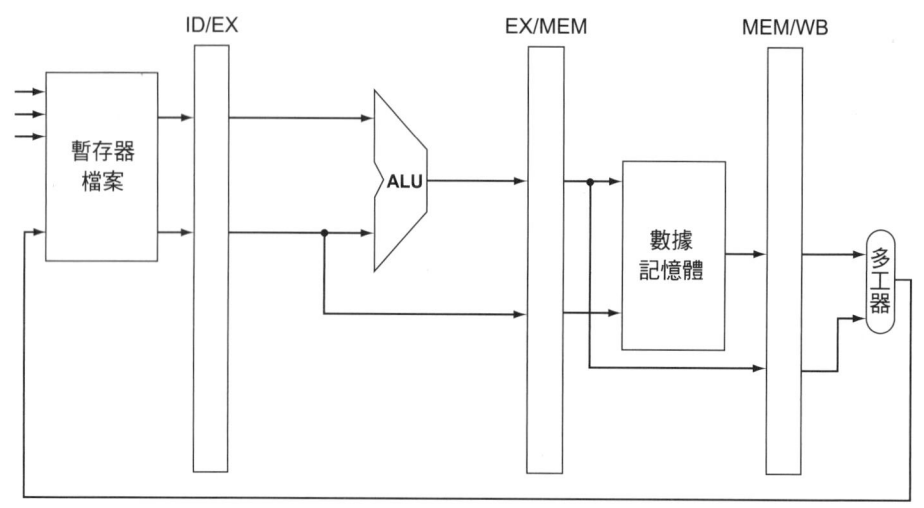

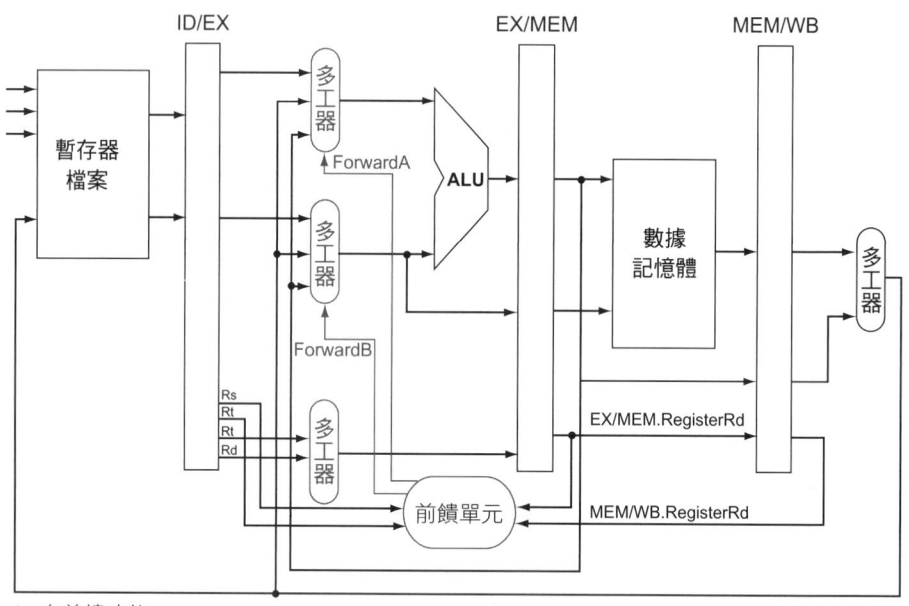

圖 4.54 上圖是加入前饋功能前的 ALU 和管道暫存器。

下圖的多工器已經被擴充以加入前饋的路徑，而且也顯示了前饋單元。新加入的硬體以灰色呈現。本圖只是示意圖，省略了完整數據通道的細節如符號延伸的硬體。注意 ID/EX.RegisterRt 的欄位出現了兩次。一次連接到多工器，另一次則是前饋單元，但這是相同的訊號。如前所述，這裡忽略了前饋儲存指令要存入的值。也注意這個機制對 slt 指令同樣可用。

多工器控制	來 源	解 釋
ForwardA = 00	ID/EX	ALU 的第一個運算元來自暫存器檔案
ForwardA = 10	EX/MEM	ALU 的第一個運算元前饋自前一個 ALU 運算結果
ForwardA = 01	MEM/WB	ALU 的第一個運算元前饋自數據記憶體或再早的 ALU 運算結果
ForwardB = 00	ID/EX	ALU 的第二個運算元來自暫存器檔案
ForwardB = 10	EX/MEM	ALU 的第二個運算元前饋自前一個 ALU 運算結果
ForwardB = 01	MEM/WB	ALU 的第二個運算元前饋自數據記憶體或再早的 ALU 運算結果

圖 4.55 圖 4.54 中多工器的控制值。

有關 ALU 的另外一個輸入有號立即值 (signed immediate) 在本節最後的仔細深思中說明。

這個前饋的控制將位於 EX 級中，因為 ALU 的前饋多工器是處於這一級。因此我們必須將 ID 級中的運算元暫存器編號經由 ID/EX 管道暫存器傳送過來以決定是否需作前饋。而我們本來就已有 rt 欄位 (位元 20-16)。在加入前饋功能之前，ID/EX 暫存器並不需要包含 rs 欄位。因此 ID/EX 中加入了 rs 欄位 (位元 25-21)。

現在讓我們同時寫出偵測危障的條件以及用來解決危障的控制訊號：

1. *EX 危障*：

```
if (EX/MEM.RegWrite
and (EX/MEM.RegisterRd≠0)
and (EX/MEM.RegisterRd=ID/EX.RegisterRs))ForwardA=10

if (EX/MEM.RegWrite
and (EX/MEM.RegisterRd≠0)
and (EX/MEM.RegisterRd=ID/EX.RegisterRt))ForwardB=10
```

注意 EX/MEM.RegisterRd 欄位是 ALU 指令 (目的暫存器來自於指令的 Rd 欄位) 或載入 (目的暫存器來自於指令的 Rt 欄位) 的目的暫存器編號。

這個情況會將前方指令的結果前饋到 ALU 的任一輸入端。假如前方的指令會寫入暫存器檔案而且寫入的暫存器編號與 ALU 輸入 A 或 B 的讀取暫存器編號相同，如果該暫存器不是暫存器 0，則使用多工器來選擇從 EX/MEM 管道暫存器來的值。

2. *MEM 危障*：

```
if (MEM/WB.RegWrite
and (MEM/WB.RegisterRd≠0)
and (MEM/WB.RegisterRd=ID/EX.RegisterRs))ForwardA=01

if (MEM/WB.RegWrite
and (MEM/WB.RegisterRd≠0)
and (MEM/WB.RegisterRd=ID/EX.RegisterRt))ForwardB=01
```

如前所述，在 WB 級中並不會發生危障，因為我們假設指令在 ID 級讀取暫存器檔案中正在被處於 WB 級的指令寫入的暫存器時，可以讀到正確的結果。這樣的暫存器檔案達成了另一種型態的前饋，不過其發生在暫存器檔案內部。

如果 WB 級中指令的結果以及 MEM 級中指令的結果與 ALU 級中指令的來源運算元同時存在數據危障，情況就有點複雜。例如，當使用一個暫存器來累加向量中各個數目的總和時，會有一連串的指令全都讀取以及寫入同一個暫存器：

```
add $1, $1, $2
add $1, $1, $3
add $1, $1, $4
...
```

在這樣的情況下，被前饋的結果是來自 MEM 級，因為在 MEM 級的結果是較新的。因此 MEM 危障的控制應如下 (並強調其中新增的部分)：

```
if (MEM/WB.RegWrite
and (MEM/WB.RegisterRd≠0)
and  not(EX/MEM.RegWrite and (EX/MEM.RegisterRd≠0)
     and (EX/MEM.RegisterRd≠ID/EX.RegisterRs)
and (MEM/WB.RegisterRd=ID/EX.RegisterRs))ForwardA=01

if (MEM/WB.RegWrite
and (MEM/WB.RegisterRd≠0)
and not(EX/MEM.RegWrite and (EX/MEM.RegisterRd≠0)
     and (EX/MEM.RegisterRd≠ID/EX.RegisterRt))
and (MEM/WB.RegisterRd=ID/EX.RegisterRt))ForwardB=01
```

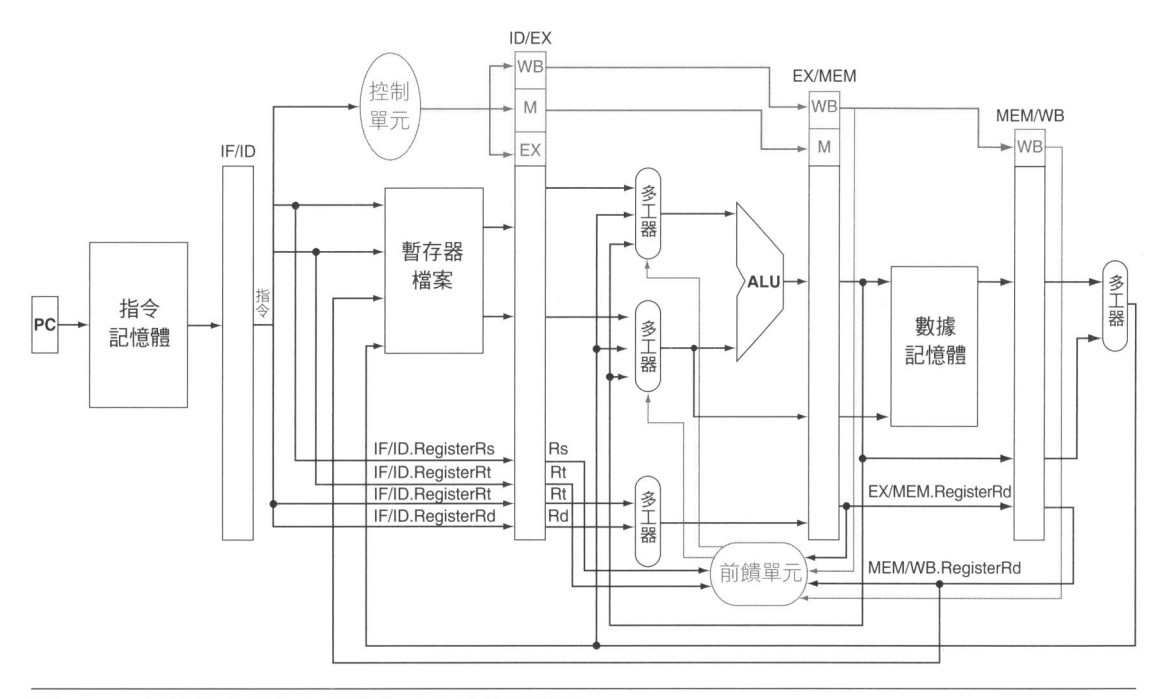

圖 4.56　以前饋來解決危障的修改後的數據通道。
與圖 4.51 的數據通道比較，增加了在 ALU 輸入端的多工器。本圖因為是示意圖，所以省略了完整數據通道中像是分支的硬體以及符號延伸的硬體。

圖 4.56 顯示了在 EX 級中支援運算元前饋所需的硬體。注意 EX/MEM.RegisterRd 欄位可以是 ALU 指令 (其目的暫存器編號來自於 Rd 欄位) 或是載入指令 (其目的暫存器編號來自於 Rt 欄位) 的目的暫存器。

🌐 **4.14 節**有兩段包含危障會造成前饋的 MIPS 碼，可以提供你更多以單一週期管道的圖示的例子。

仔細深思　前饋對於儲存指令相依於其他指令時所發生的危障也有所幫助。因為儲存指令在 MEM 級只會用到一個資料的值，使得前饋很單純。但是考慮載入指令之後緊接著儲存指令，一種在記憶體到記憶體複製時 MIPS 架構中常用到的情況。由於複製很常見，我們需要加入更多支援前饋的硬體來使其更快。如果我們重繪圖 4.53，並將 sub 與 AND 指令改成 lw 與 sw 指令，我們發現可以避免一個暫停，這是因為載入指令讀回的資料存入 MEM/WB 暫存器後來得及給儲存指令在 MEM 階段中使用。要提供這樣的功能，我們需要將前饋加到記憶體存取級中。我們把這樣的修改當成習題留給讀者。

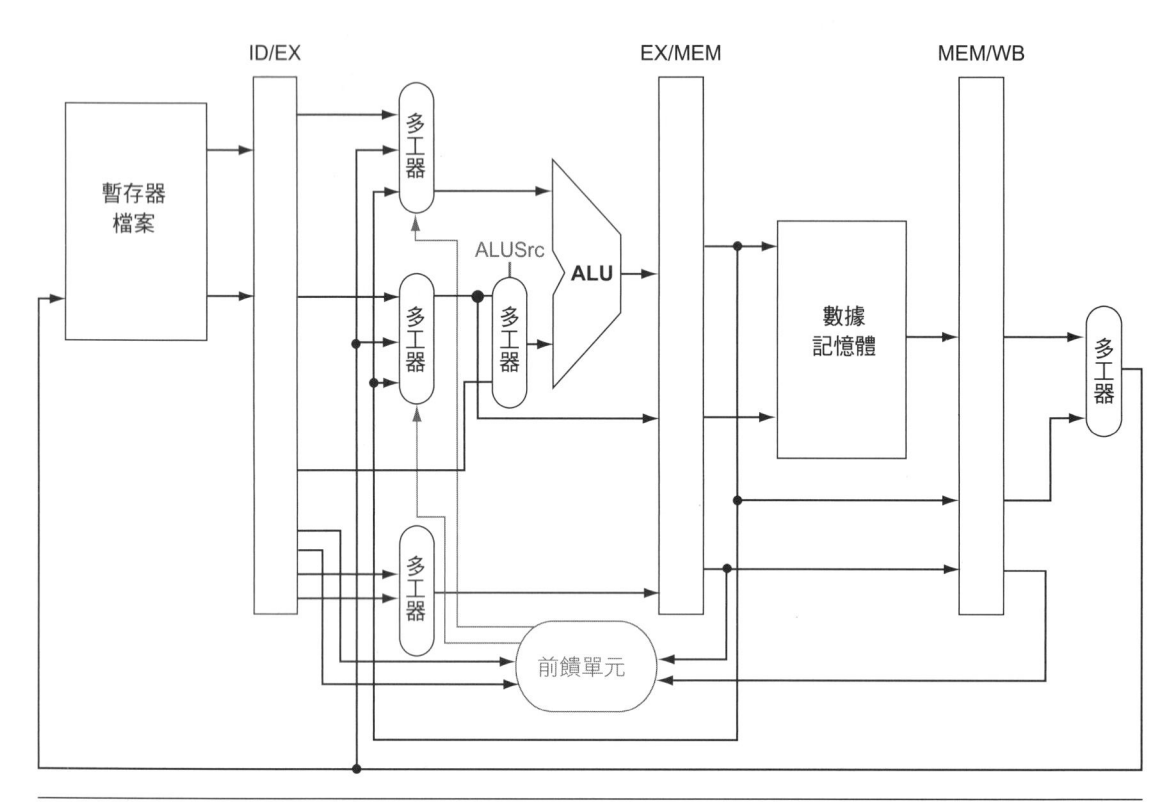

圖 4.57 表示出新加入了用以選取有號立即值作為 ALU 輸入的 2:1 多工器的圖 4.54 數據通道放大圖。

此外，載入和儲存指令會使用到的輸入到 ALU 的有號立即值並沒有在圖 4.56 的數據通道中畫出。因為主要的控制邏輯會選擇使用暫存器或是立即值，以及前饋單元會選擇管道暫存器作為 ALU 的暫存器輸入，所以最簡單的解決辦法就是再加入一個 2:1 多工器來選擇 ALU 的輸入是 ForwardB 多工器的輸出或是有號立即值。圖 4.57 加入了這個新的部分。

數據危障與停滯

如果一開始你（妳）不成功，重新定義何謂成功。

佚名

如我們在第 4.6 節中所述，有一種情況是當一個指令要讀取前一個載入指令寫入的暫存器時，前饋也無法完全解決。圖 4.58 說明這個問題。當時脈週期 4 中 ALU 正在執行下一個指令的運算時，數據還在從記憶體讀取當中。當緊接在載入指令之後的指令需要讀取載入的結果時，管道必得暫停。

因此，除了前饋單元之外，我們還需要一個**危障偵測單元** (*hazard detection unit*)。危障偵測單元在 ID 級動作以便在載入指令和緊跟其

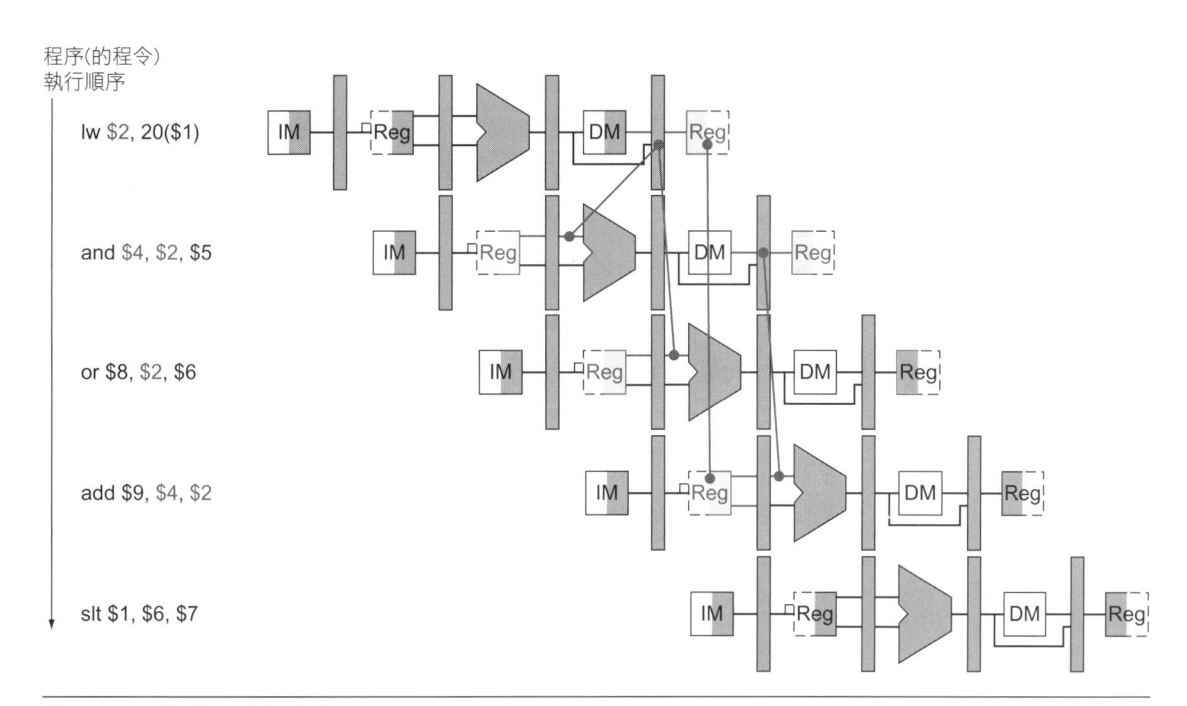

圖 4.58 管道化的指令序列。
因為在載入指令與緊接在後的指令 (and) 之間的相依關係在時間上是逆著走的，這個危障不能靠前饋解決。因此，這種指令組合得由危障偵測單元來產生一個停滯。

後的相依指令之間插入暫停。要查出載入指令的這種情形，危障偵測單元的控制使用以下這個條件：

```
if (ID/EX.MemRead and
   ((ID/EX.RegisterRt = IF/ID.RegisterRs) or
   (ID/EX.RegisterRt = IF/ID.RegisterRt)))
      stall the pipeline(停滯管道)
```

第一行檢查指令是否為載入：唯一會讀取數據記憶體的就只有載入指令。後面兩行檢查 EX 級中的載入指令其目的暫存器欄位是否與 ID 級中指令的某一來源暫存器相符。假如條件成立，(ID 級中的) 指令停滯一個時脈週期。在這一週期的停滯之後，前饋邏輯就足以解決相依性問題，而執行也可以繼續 (假如沒有前饋的功能，圖 4.58 中的指令就需要額外再停滯一個時脈週期)。

如果在 ID 級的指令被停滯，則在 IF 級的指令也必須停滯；否則我們將失去剛被擷取的指令。為了避免這兩個指令繼續執行，只要簡單地保持 PC 與 IF/ID 管道暫存器的內容不變即可。當這些暫存器被保存時，在 IF 級裡的指令將以同一個 PC 值再次被讀取，而 ID 級中的暫存器也以 IF/ID 管道暫存器中同樣的指令欄位再次被讀取。回到我們喜愛的類喻，這就像是你重洗同一批衣物並同時讓烘衣機空轉。當然，這之後的整個管道從 EX 級開始的後半段，就像烘衣機一樣一定要做一些事情；它所做的就是執行一些沒有作用的指令：nops。

nop
不做會改變狀態的運作的指令。

我們要如何將這些像是氣泡的 nops 插入管道裡面呢？在圖 4.49 中，我們可以看到在 EX、MEM 與 WB 級的九條控制訊號都不設定 (全設成 0) 時將會造成「什麼都不做」或 nop 指令。一旦在 ID 級發現危障，我們可以藉由將 ID/EX 管道暫存器中 EX、MEM 與 WB 級的控制欄位的值全部設成 0，來將氣泡插入管道中。這些無害的控制值隨著每個時脈週期以適當的作用在管道中前進：因為控制訊號全為 0，所以沒有暫存器或是記憶體會被寫入。

圖 4.59 說明實際上在硬體中所發生的事：管道中 AND 指令所處的執行階段變成了 nop，並且從 AND 指令開始的所有指令都延遲了一個週期。就像是水管中的一個氣泡，一個停滯氣泡延遲了它之後的所有指令，而且沿著指令管道每個週期前進一級直到它由末端離開。本例中，這個危障迫使 AND 與 OR 指令在時脈週期 4 時重複週期 3 中所做的事：AND 指令讀取暫存器並且被解碼，而 OR 指令重新從指令記憶體中被擷取。停滯看起來就是產生這種重複的動作，而其目的是延長 AND 與 OR 指令的時間並且延後 add 指令的擷取。

圖 4.60 強調出了管道中的危障偵測單元以及前饋單元相關的接線。如同前述，前饋單元控制 ALU 的多工器來選取來自一般用途暫存器的值或是來自恰當管道暫存器中的值。危障偵測單元控制 PC 與 IF/ID 暫存器的寫入，以及選取實際的控制訊號或是控制訊號全為 0 的多工器。危障偵測單元在偵測到載入 - 使用危障 (load-use hazard) 時，會將管道停滯並將控制訊號全設為 0。如果你想知道更多細節，⊕4.14 節中有會有危障並造成停滯、以單一時脈週期圖表示的 MIPS 碼的例子。

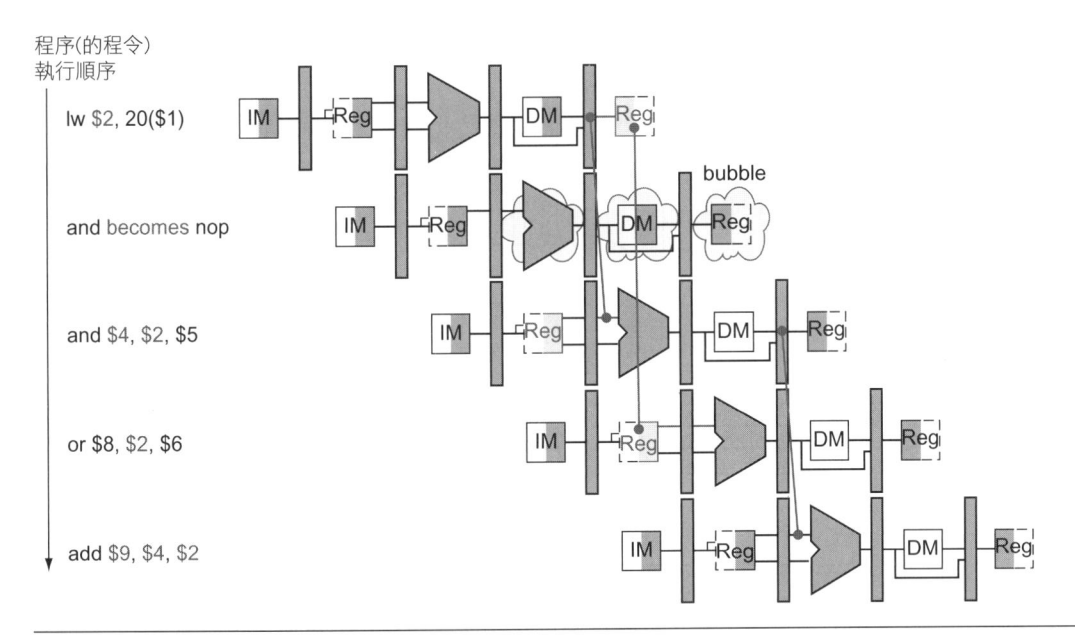

圖 4.59 停滯實際上如何插入管道。
藉由將 and 指令改成 nop，一個氣泡在時脈週期 4 開始加了進來。注意 and 指令在時脈週期 2 與 3 確實被擷取與解碼，但是其 EX 級則是延遲到時脈週期 5 (相對於未停滯時的時脈週期 4)。同樣地 OR 指令在時脈週期 3 被擷取，但是其 ID 級則延遲到時脈週期 5 (相對於未停滯時的時脈週期 4)。在插入氣泡之後，所有的相依關係都順著時間走，於是不會有危障發生。

> **大印象**　*The BIG picture*
>
> 雖然編譯器一般都依賴硬體來解決相依性所造成的危障以確保正確的執行，編譯器仍然必須瞭解管線結構以求得到最佳的效能。否則意外的停滯會降低編譯出來的程式碼的效能。

仔細深思　有關先前提到將控制線設為 0 以避免寫入暫存器或記憶體：事實上只有 RegWrite 與 MemWrite 需要設為 0，其他的控制線則無所謂。

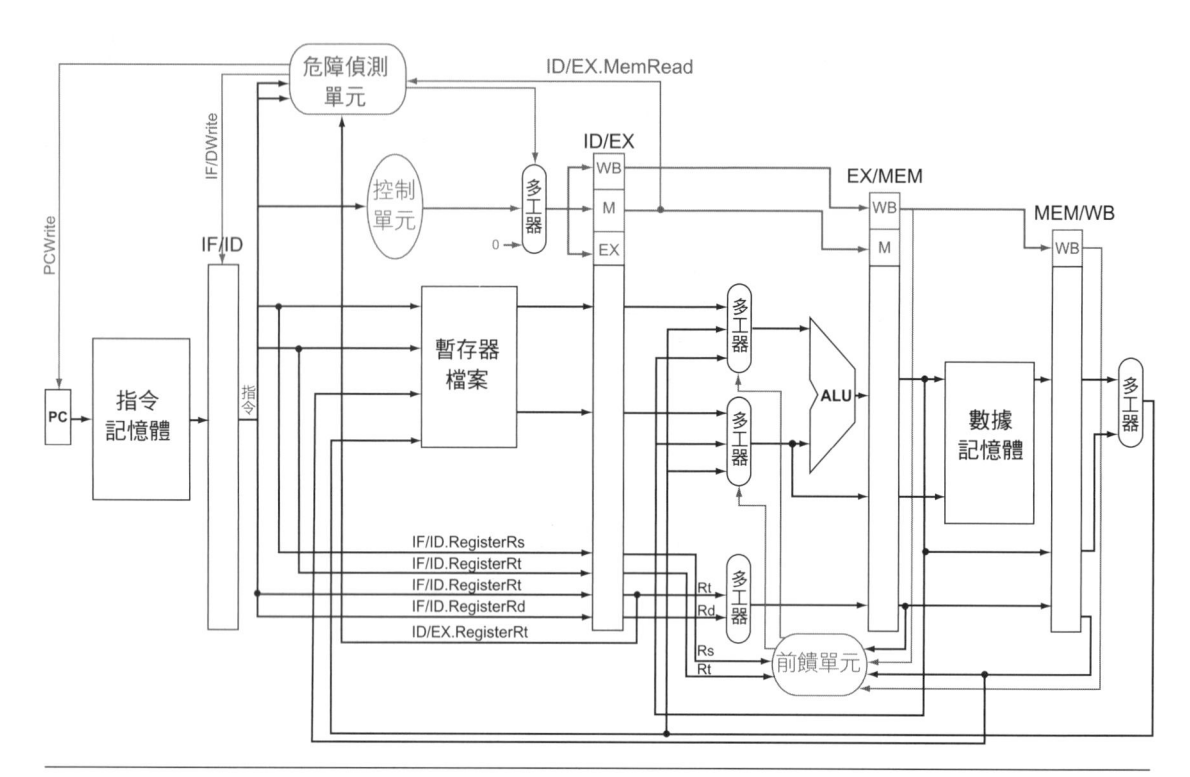

圖 4.60 表示出前饋使用的兩個多工器、危障偵測單元以及前饋單元的管道化控制概覽。
雖然 ID 與 EX 級被簡化了 (省略了符號延伸的立即值部分與分支邏輯)，這個圖表示出前饋硬體的基本需求。

> 相對於上千個打擊罪惡的枝節的人，只有一個人在撥正其根源。
>
> Henry David Thoreau, *Walden* (以美國麻州一湖為名的書名), 1854

4.9 控制危障

到這裡為止，我們只考慮算術運算以及數據搬移所引發的危障。但是我們也曾在 4.6 節中看到，分支也會在管道中產生危障。圖 4.61 表示了一序列的指令並指出分支何時在管道中發生。在每個時脈週期中都必須有指令被擷取以維持管道的順暢運作，但是在我們的設計中分支是否發生要到 MEM 階段才能確定。如 4.6 節中所提到的，這種為了決定如何擷取正確指令而產生的延遲稱為**控制危障** (*control hazard*) 或分支危障 (*branch hazard*)，而先前討論過的危障則稱為**數據危障** (*data hazard*)。

本節中討論控制危障會比前幾節討論數據危障來得簡短。原因在於控制危障比較容易理解，發生的頻率較數據危障來得低，也沒有像前饋處理數據危障般那麼有效的方法來處理控制危障。因此我們使用較簡單的方法。我們介紹兩種解決控制危障的方法以及一種用來改善這兩者的最佳化方法。

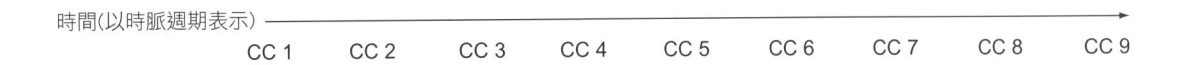

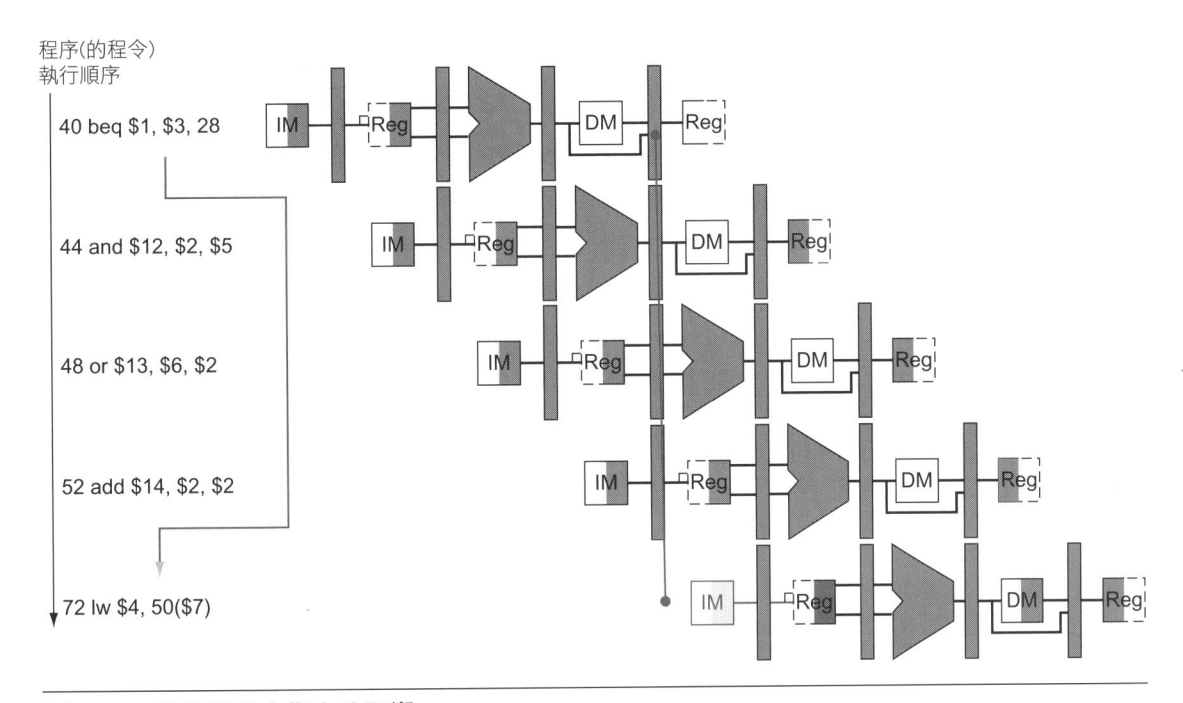

圖 4.61 管道對分支指令的影響。

指令左邊的數字 (40, 44, ……) 是指令的位址。因為分支指令在 MEM 級 (上述 beq 指令於時脈週期 4 中) 決定是否要分支，該分支指令後連續三道指令會被擷取並開始執行。在沒有干預的情況下，這三道指令會在 beq 分支到位置 72 的 lw 指令之前開始執行 (圖 4.31 假設使用了特別的硬體來將控制危障降低到一個時脈週期；此圖採用未最佳化的數據通道)。

假設分支不發生

如同我們在 4.6 節中看到的，一直停滯到分支確定實在是太慢了。常用於改善分支停滯的方法就是**預測**分支不會發生，並且繼續執行接下去的指令。若是分支卻發生了，之後已被擷取與解碼的指令就都要被丟棄，然後再從分支目標的指令繼續執行下去。要是有一半的機會分支不會發生，而且丟棄指令的代價也不大，那麼這種最佳化可以減少控制危障帶來的一半的損害。

預測

我們只要將原本的控制值都設為 0 就等於將指令丟棄，和我們使用停滯來解決載入 - 使用數據危障的手法差不多。不同點在於分支已到達 MEM 級時，我們必須改掉位於 IF、ID 與 EX 級中的後方三道指令；而在載入 - 使用的停滯中，我們只需將 ID 級中的控制訊號設為 0，

清除

丟棄管道中的指令，通常肇因於預料外的事件。

然後讓這些控制訊號循管道前進。丟棄指令意指我們必須有能力**清除** (flush) 管道中位於 IF、ID 與 EX 級中的指令。

減少分支的延遲

改善分支效能的方法之一是減少分支成立時的代價。到目前為止，我們假設分支指令的下一個 PC 是在 MEM 級中選定的，但是如果我們把分支的處理向管道前端挪動，則需要被清除的指令就會少些。MIPS 架構的設計支援在管道處理中有較小分支懲罰 (branch penalty) 的單一時脈週期快速分支。設計師們注意到許多分支都只需簡單的測試 (例如相等或是正負號) 而且並不需要用到完整的 ALU 運算，最多只要簡單幾個邏輯閘就可以了。當需要更複雜的分支判斷時，必須使用一道額外的指令以 ALU 來做比較，類似於使用狀態碼 (condition code) 來做分支 (參見第 2 章)。

要提早作分支決定則需提早做兩件事：計算分支的目標位址以及做分支判斷。將分支位址的計算提前是簡單的部分。我們在 IF/ID 管道暫存器中已經有 PC 值與立即值欄位，所以只需將分支位址加法器從 EX 級移到 ID 級；當然，對所有指令都會做分支目標位址的計算，但是只有在需要的時候才會使用它。

比較困難的部分是分支判斷本身。如果分支指令是相等則分支 (beq)，我們可以比較在 ID 級所讀取的兩個暫存器是否相等。相等測試可經由先將兩數相對的位元 XOR，再將結果的所有位元做 OR 而得。(此時 OR 閘等於零的輸出就表示這兩個暫存器的值相等。) 提前到 ID 級做分支的測試表示要用到額外的前饋與危障偵測硬體，因為這種最佳化在分支相依於仍在管道中計算的結果時也必須能夠正確地運作。例如要設計相等時分支以及其相反的指令時，我們必須將結果前饋到位於 ID 級中運作的是否相等的測試邏輯 (equality test logic)。這裡會導致兩個複雜的因素：

1. 在 ID 級中我們必須將指令解碼，決定是否有需要繞送值給是否相等的測試邏輯，並且完成相等測試以便如果指令為分支時，我們可以把 PC 設為分支目標位址。原本的分支運算元的前饋由 ALU 的前饋邏輯處理，但是將是否相等的條件測試單元提前放到 ID 級中則需要使用新的前饋邏輯。注意要繞送的分支運算元可能是從 ALU/MEM 或是從 MEM/WB 管道暫存器中傳來。

2. 在 ID 級期間，由於分支比較應在 ID 級取得所需要的值，但是它們也許會晚點才產生出來，所以有可能發生數據危障，而且需要停滯。例如一個緊連在分支之前的 ALU 指令會產生分支比較所需的其中一個運算元，因為 ALU 指令的 EX 階段與分支的 ID 階段同時進行，這時候就需要一個週期的暫停。更進一步，如果載入指令後方緊跟一個需要用到其值的分支，因為載入的結果在 MEM 階段的最後才會得到而分支卻在 ID 階段一開始就要用到這個值，因此需要停滯兩個週期。

儘管有這些困難，將分支的執行移到 ID 級的確是有所改善，因為如果分支發生時其分支懲罰可減少到一個指令，也就是目前被擷取的那個指令。習題中將探討實作前饋路徑與偵測危障的細節。

為了清除 IF 級中的指令，我們增加一條名為 IF.Flush 的控制訊號，其可將 IF/ID 管道暫存器中的指令欄位設為 0。將該指令欄位設為 0 就是將擷取的指令轉換成不做任何動作並且不會改變任何狀態的 `nop` 指令。

範例

管道化的分支

假設管道已經對分支不成立做最佳化，並且將分支動作移到 ID 級，說明在以下指令序列中如果分支成立時會發生什麼事：

```
36  sub   $10,$4,$8
40  beq   $1, $3, 7     #分支至相對於 PC 的 40+4+7*4=72 位置
44  and   $12,$2,$5
48  or    $13,$2,$6
52  add   $14,$4,$2
56  slt   $15,$6,$7
    ...
72  lw    $4, 50($7)
```

解答

圖 4.62 表示分支發生的情形。與圖 4.61 不一樣的地方是，分支發生時只會有一個管道氣泡。

動態的條件分支預測

「假設分支不發生」是一種簡單的**分支預測**。我們在此時預測分支不會發生，並且當我們猜錯的時候就清除管道。這樣的方法一般再

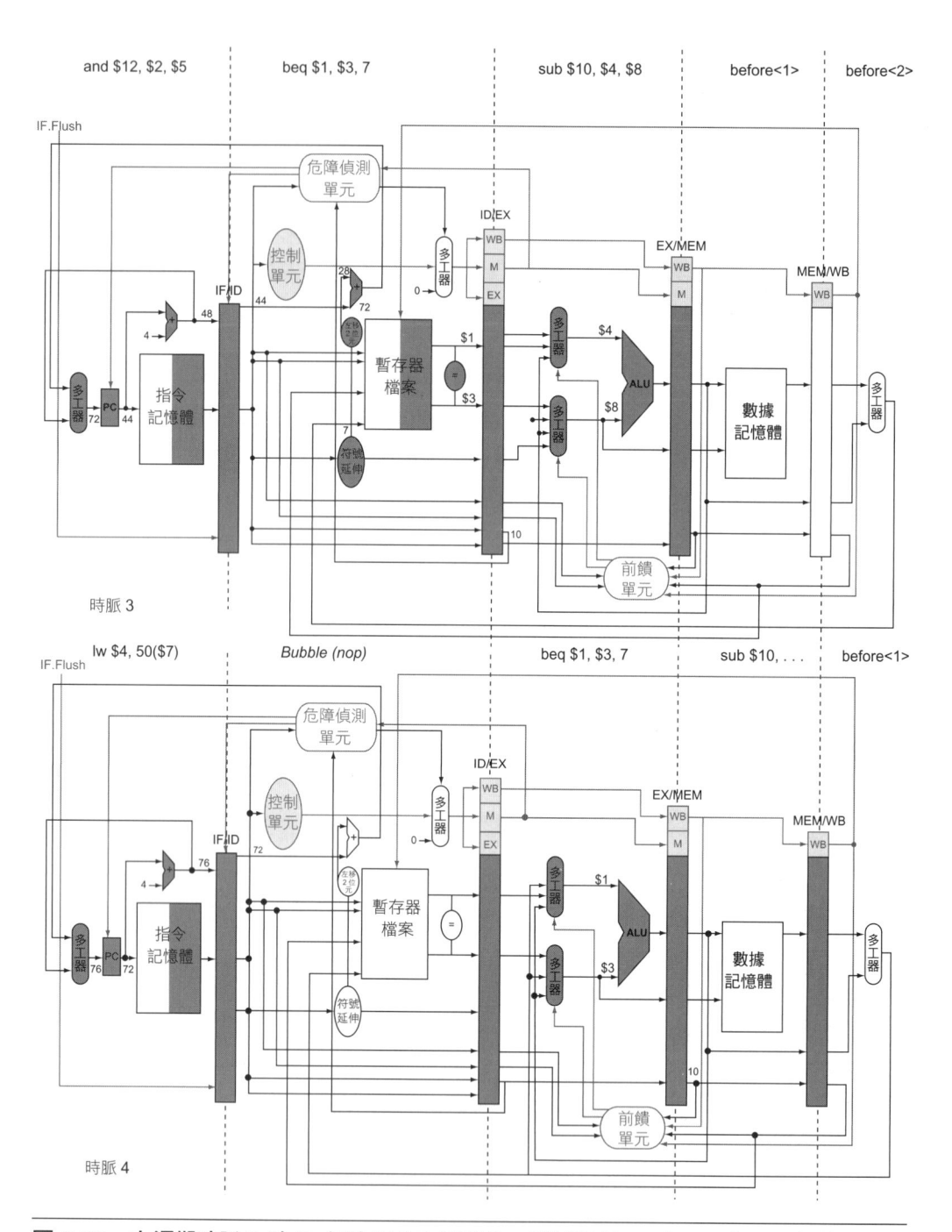

圖 4.62 在週期時脈 3 時 ID 級決定分支要發生，所以選擇 72 為下一個 PC 位址並且將其後擷取的指令設為 0。

時脈週期 4 顯示了分支的發生造成位於位置 72 的指令被擷取以及管道中的一個氣泡或是 nop 指令（因為 nop 實際上就是 sll $0,$0,0，所以不一定該用灰色來突顯時脈 4 中的 ID 級）。

搭配上編譯器的預測，對於簡單的五級管道來說可能就足夠了。在更深的管道中，分支懲罰的時脈週期數也會跟著增加。同樣的道理，在多重派發的架構下 (參見 4.11 節)，分支懲罰所造成的指令損失數也會增加。這些效應表示：在更追求效能的管道中，簡單的靜態預測方法很可能會損失過多的效能。如我們在第 4.6 節中提到的，使用多一點的硬體就可以值得在程式執行的時候**預測**分支的行為。

其中一個方法就是用指令的位址查看上次該指令執行時分支是否發生，如果是的話也就從上次相同的分支目標位址開始擷取指令。這樣的技術稱為**動態分支預測** (dynamic branch prediction)。

這種方法有一種實現的形式是**分支預測緩衝器** (branch prediction buffer) 或是**分支歷程表** (branch history table)。分支預測緩衝器是以分支指令位址的低位元部分為索引的一小塊記憶體。這個記憶體中每個位置含有一個位元來表示該分支在最近一次的執行時是否發生。

這是最簡單的一種緩衝器；其實我們並不知道這是否是正確的預測 —— 該位元也許是另一道具有相同位址低位元的分支所放置。但這不會影響方法的有效。預測只不過是一個希望是正確的提示，如果結果是猜錯了，那麼就把猜錯的指令刪除，並將預測位元反轉並存回，然後將正確的指令擷取來執行。

這個簡單的一位元預測方法 (1-bit prediction scheme) 有效能上的缺點：即使一個分支幾乎都會跳躍，一旦跳躍不發生，我們就很可能猜錯兩次，而非一次。接下來的例題說明了這個窘境。

預測

動態分支預測
執行時利用過程中的資訊來作的分支預測。

分支預測緩衝器
亦稱**分支歷程表**。一個以分支指令位址低位元為索引，包含一或多個用以表示該分支近來是否發生的位元的小記憶體。

範例

迴圈與預測

思考一個迴圈的分支在接連九次發生分支後，接著會有一次不分支。假設預測分支的位元一直都會存在預測緩衝器中，其預測的準確度為何？

解答

穩態的預測行為將會在第一次與最後一次反覆中猜錯。在最後一次反覆中猜錯是不可避免的，因為那時分支已經連續發生了 9 次，預測位元會說分支成立。第一次反覆會猜錯是因為預測位元是在前一次迴圈的最後一次反覆後被設定的，而當時分支不會發生。因此，在這個 90% 會發生的分支中，預測準確度只有 80% (兩個猜錯，八個正確)。

理想上，這種預測器的準確度應該與高度規律的分支指令的分支成立的機率相當。如果要彌補這個弱點，我們可以增加預測用的位元數。在二位元的預測方法 (2-bit prediction schemes) 中，預測的結果必須連錯兩次才會做出改變。圖 4.63 表示二位元預測方法的有限狀態機 (finite-state machine)。

分支預測緩衝器可以用一個在 IF 管道階段使用指令位址來存取的、小的特別緩衝器來實作。若指令是預測為會分支，一旦得知目標位址後指令即可由該目標位址處擷取；如同 344 頁中所述，這時間點可以提早到 ID 級中。否則，就繼續依序擷取並執行指令。假如預測的結果錯誤，兩個預測位元將如圖 4.63 般作改變。

仔細深思 如 4.6 節中所述，在五級的管線中我們可以重新定義分支為一種特性而非控制危障。延遲的分支總是會執行其後接著的指令，要等到其後第二道 (譯註：或是第三、四、…道，端視管道的深度與構造而定) 指令才會受到分支的影響。

分支延遲槽
緊接於延遲分支指令之後的指令位置，其在 MIPS 架構中會置入一個不致影響分支指令的指令。

編譯器與組譯器試著將一道一定會執行的指令置於**分支延遲槽** (branch delay slot) 中。軟體的責任是找出一個可允許且有用的這道接著的指令。圖 4.64 說明三種安插分支延遲槽的方法。

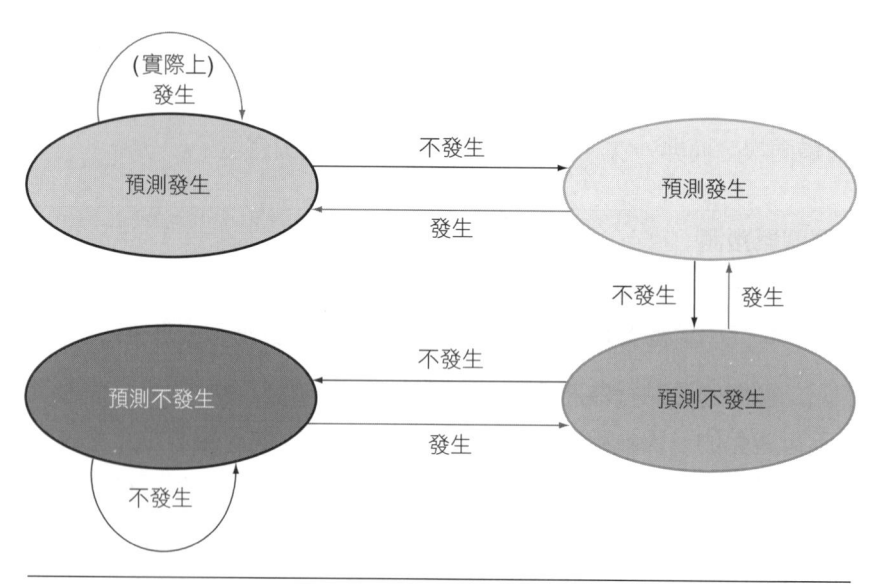

圖 4.63 二位元預測方法的狀態。
使用二個位元而非一位元，強烈偏向發生或是不發生的分支很多分支都有這種傾向只會猜錯一次。用兩個位元來編碼四個狀態。這種二位元預測方法是計數器型預測器的一個常見例子，其在預測準確時加一否則減一，並以中間點作為預測分支發生或不發生的分界。

延遲分支的指令安插受限於以下因素：(1) 對指令是否可以放到延遲槽中的規定以及 (2) 在編譯時預測分支是否發生的能力。

延遲分支對於每個時脈週期只派發一道指令的五級管道架構而言是一個簡單而有效的方法。隨著處理器管道的變深以及每時脈週期派發指令數的增加 (參見 4.11 節)，分支的延遲變得更長，需要能夠找到更多可放在分支後的延遲指令。因此相較於較昂貴但是更具彈性的動態方法，延遲分支已較不常用。同時晶片上可容納電晶體數量的成長也因為摩爾定律使得動態預測漸趨便宜。像在在處理器中僅僅是用於分支預測的電晶體數量已經多於用來製作第一個 MIPS 晶片的電晶體！

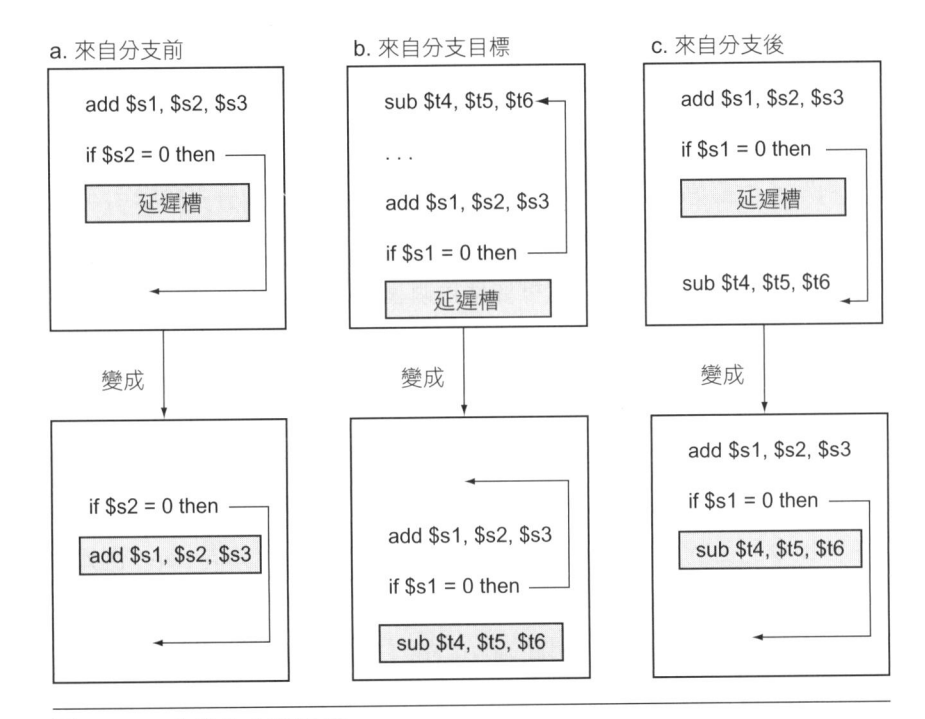

a. 來自分支前

```
add $s1, $s2, $s3
if $s2 = 0 then
    延遲槽
```

變成

```
if $s2 = 0 then
add $s1, $s2, $s3
```

b. 來自分支目標

```
sub $t4, $t5, $t6
...
add $s1, $s2, $s3
if $s1 = 0 then
    延遲槽
```

變成

```
add $s1, $s2, $s3
if $s1 = 0 then
sub $t4, $t5, $t6
```

c. 來自分支後

```
add $s1, $s2, $s3
if $s1 = 0 then
    延遲槽
sub $t4, $t5, $t6
```

變成

```
add $s1, $s2, $s3
if $s1 = 0 then
sub $t4, $t5, $t6
```

圖 4.64　安排分支延遲槽。

每一對方塊的上面那塊表示安排前的程式碼；下面那塊表示經過安排的程式碼。在 (a) 中，延遲槽內放進一道與分支無關的指令，這是最佳的選擇。策略 (b) 與 (c) 則是在 (a) 行不通時使用。在 (b) 與 (c) 的程式碼序列中，分支條件中使用了 $s1，造成 add 指令 (其目的地暫存器為 $s1) 無法被移到分支延遲槽中。在 (b) 中，分支延槽內放進分支的目標指令；通常該目標指令需要被複製過來，因為別的執行路徑可能還是會經過它。像是迴圈分支這類發生機率很高的分支適合採用策略 (b)。最後，分支延遲槽也可以放進分支不發生的下一道指令如 (c) 所示。要使這個最佳化對 (b) 或 (c) 有效，在分支結果非如預期時，執行 sub 指令必須仍是 OK 的。OK 的意思是做了白工，但是程式仍然會正確地執行。例如，假如分支結果非如預期時 $t4 會是一個用不到的暫時暫存器。

仔細深思 分支預測器告訴我們分支是否會發生，但是分支目標仍需計算。在五級管道中，這個計算需時一個週期，表示分支會有一個週期的懲罰。延遲的分支是一種消除該懲罰的方法。另有一法是以一個稱為**分支目標緩衝器** (branch target buffer) 的快取來存放目標 PC 或是目標指令。

二位元動態預測方法只用到某一分支本身的資訊。研究人員注意到如果同時使用該分支以及最近執行過的數道分支這種更廣泛的資訊，在使用相同的預測位元數下，可以有更好的預測準確度。這種預測器叫做**關聯式預測器** (correlating predictor)。典型的關聯預測器對每個分支例如具有兩個二位元預測器，並根據上一個執行的分支是否發生來選用其中之一。因此要被預測的分支之前的全域 (global) 分支行為可以視為對預測查詢加入額外的索引位元。

更新的分支預測創意是使用**競賽型預測器** (tournament predictors)。競賽型預測器使用多個預測器，並對每個分支記錄哪個預測器產生最好的效果。典型的競賽型預測器對每個分支的索引可能分為兩個預測：一個基於該分支指令，另一個基於全域的分支行為。每次預測會有一個選擇器選擇要使用哪個預測器。選擇器可以像是個一位元或兩位元的預測器，以選出兩者中過去較為準確者。一些新近的微處理器使用這類精緻的預測器。

仔細深思 減少條件分支數量的一種方法是使用**條件搬移** (*conditional move*) 指令。與其以條件分支來改變 PC 值，該等指令條件性地改變搬移指令的目的暫存器。若條件不成立，則搬移指令如同 nop。例如，一種 MIPS 指令集架構具有稱為 movn (若非零則搬移) 及 movz (若為零則搬移) 的兩道指令。因此 movn $8, $11, $4 在暫存器 4 的值為非零時會將暫存器 11 的值複製入暫存器 8 中；否則其不會造成任何影響。

ARMv7 指令集中大部分指令含有一個條件欄位。因此 ARM 程式可以使用較 MIPS 程式為少的條件分支。

管道總結

我們由洗衣間開始，從日常生活中說明管道化處理的原則。以這個比喻作為引導，我們說明指令在管道化處理中逐步的動作，從單一週期數據通道開始，之後加入管道暫存器、前饋路徑、數據危障偵測、

分支目標緩衝器
以快取方式存放分支目標 PC 或目標指令的結構。其通常有如快取般具有標籤，故較簡單的預測緩衝器為昂貴。

關聯式預測器
一個結合某一分支本身行為以及一些最近行過的分支的全域行為所做的分支預測器。

競賽型預測器
一個對每一分支都提供多個預測器，並具有選擇機制來為每個分支選擇使用哪個預測器的設計。

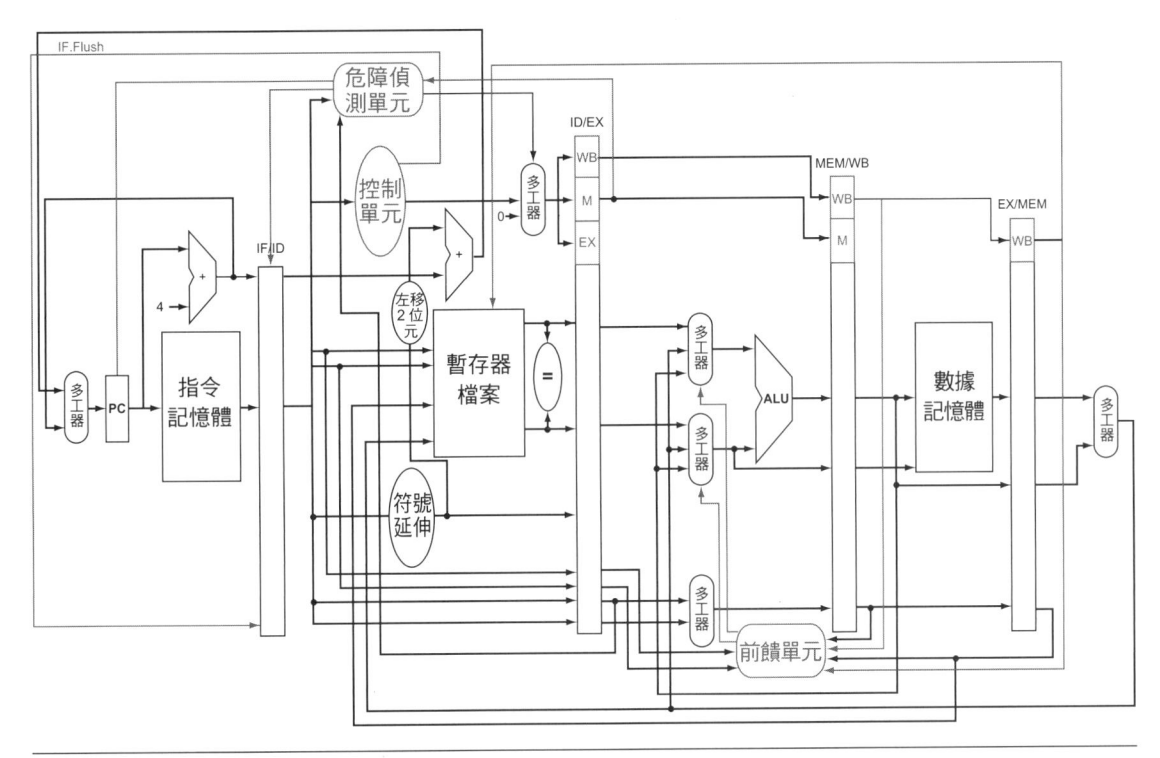

圖 4.65　本章的最終數據通道與控制。
注意這是一個示意圖而非詳細的數據通道，所以沒有畫出圖 4.57 中的 ALUsrc 多工器以及圖 4.51 中的多工器控制。

分支預測以及在例外發生時清除指令。圖 4.65 表示最後得到的數據通道與控制。我們已經可以繼續探討另外一種控制危障：例外帶來的難纏的議題。

考慮三種分支預測的方法：分支不發生、分支發生以及動態預測。假設它們在預測正確時都不會有懲罰，而預測錯誤時則有兩個時脈週期的懲罰。另假設動態預測器的平均預測準確度為 90%。以下的分支分別適合採用哪一種預測器？

1. 分支發生的比率為 5%
2. 分支發生的比率為 95%
3. 分支發生的比率為 70%

4.10 例外

> 要使得具有自動程式插斷機能的計算機維持[循序]的行為並不容易，因為當插斷信號發生時位於不同處理階段中的指令數量可能很多。
>
> Fred Brooks, Jr.,《規劃一個計算機系統：Stretch 計畫》，1962

例外
亦稱**插斷**。一個會擾亂程式執行的非排定的事件；用於偵測如滿溢等。

插斷
一個來自計算機外部的例外 (有些架構以插斷一詞代表所有種類的例外)。

控制是處理器設計中最有挑戰性的部分：其既是最難做對的，也是最難做得快的部分。控制中最難的部分之一是製作**例外** (exceptions) 和**插斷** (interrupts)——分支與跳躍之外而能改變正常指令執行路徑的事件。它們原是設計來處理處理器內部的意外事件如算術滿溢等等。同樣的基本機制也可延伸來處理 I/O 裝置與處理器的通訊，如第 5 章所述。

許多架構與人們並不去區分插斷與例外，並往往以較久遠的稱呼插斷來表示兩者。例如 x86 即是如此。我們依循 MIPS 慣例，不論成因來自處理器內部或外部，任何意外的控制流改變均以例外稱之；並只對外部原因造成的改變稱之為插斷。下列為五個說明例外情況是由處理器內部所產生或是由外部產生的例子：

事件型態	由何處？	MIPS 術語
I/O 裝置發出請求	外部	插斷
使用者程式呼叫作業系統	內部	例外
算術滿溢	內部	例外
使用了未定義的指令	內部	例外
硬體故障	均有可能	例外或插斷

支援例外所需的能力有許多與造成例外的該情況特性有關。所以我們會到第 5 章再回頭討論相關的例外處理，屆時我們會更清楚瞭解為何要在例外處理機制中加入那些額外的能力。本節中，我們討論偵測我們讀過的部分指令集在其實現方法中會發生的兩種例外的控制設計。

偵測例外情況並採取適當措施的工作往往位於處理器的關鍵時間路徑上，而該路徑決定了時脈週期時間以及效能。設計控制單元時如果不小心注意例外處理，則在一個複雜的製作中再加入例外處理足以大大降低效能，並難以使得設計正確無誤。

MIPS 架構中如何處理例外

我們目前的製作中會發生的兩種例外分別是欲執行未定義的指令以及算術滿溢。我們以 add $1, $2, $1 指令中的算術溢位作為以下數頁中例外處理的例子。處理器在例外發生時必須要做的基本動作

是保存引發問題的指令的位址於例外程式計數器 (*exception program counter*, EPC) 中以及之後將控制轉移給處於某特定位址的作業系統。

作業系統於是可採取恰當行動,例如提供使用者程式某些服務、針對滿溢作一些特定的處理或停止該程式的執行並說明錯誤。在完成因應錯誤的相關行動後,作業系統會決定結束該程式或繼續執行該程式,其重新開始的執行點可由 EPC 得知。我們會在第 5 章中更詳細討論重啟執行的議題。

作業系統要處理例外時,其除了要知道是哪一道指令造成例外,也一定要知道例外的原因。傳達例外原因的主要方式有二。MIPS 架構所採用的方式是使用一個狀況暫存器,稱為**肇因暫存器** (*cause register*),其內包含一個指出例外肇因的欄位。

第二種方式是採用**向量的插斷** (vectored interrupts)。在向量的插斷中,控制轉移到哪個位址由例外的原因來決定。例如,要容許上述的兩種例外類型,我們可以訂定下列兩個例外向量位址:

向量插斷
發生時控制轉移所至的位址是由例外的原因來決定的插斷。

例外類型	例外向量位址 (以十六進制表示)
未定義的指令	8000 0000$_{hex}$
算術滿溢	8000 0180$_{hex}$

作業系統在這個位址被發送出來時就可以因此知道例外的原因為何。上述兩個位址相隔 32 個位元組或 8 道指令,作業系統必須記錄例外的原因之外也可以在這些位置上執行一些有限的處理。當例外處理非屬向量式的,則所有例外可以使用同一個處理的進入點,作業系統再經由檢視狀況暫存器來得知原因。

我們可以在我們的製作中加入少許額外的暫存器以及控制訊號,並且稍微延伸控制單元,來提供例外的處理能力。假設我們要製作 MIPS 架構使用的例外系統,並以位址 8000 0180$_{hex}$ 作為唯一的進入點 (製作向量的例外處理並不會更困難)。我們將需要在 MIPS 的製作中加入兩個額外的暫存器:

- *EPC*:一個用來保存引發問題指令的位址的 32 位元暫存器 (即使在向量的例外處理中這樣的暫存器也是需要的)。
- **肇因 (*Cause*) 暫存器**:用以記錄例外肇因的暫存器。在 MIPS 架構中,該暫存器為 32 位元,雖然目前有些位元仍未用到。假設有一個 5 位元的欄位用來表示上述兩種可能的例外原因,並以 10 代表未定義的指令以及 12 代表算術滿溢。

管道化製作中的例外

管道化的製作中，視例外為另一種形式的控制危障。例如，假設加法指令產生了算術滿溢。一如我們在上一節中對發生的分支所做的，我們必須清除管道中跟隨在 add 指令後的指令並由新的位址開始擷取指令。我們會沿用分支發生時相同的機制，然而這時候是由例外來將控制線設成 0。

當我們處理分支的錯誤預測時，我們曾看過如何將 IF 級中的指令改成 nop 來清除它。為了清除 ID 級中的指令，我們借用為了停滯而能把控制線設為 0 的既存於 ID 級中的多工器。一個稱為 ID.Flush 的新的控制信號將與來自危障偵測單元的停滯停號 OR 在一起來在 ID 級中清除指令。為了清除 EX 級中的指令，我們使用稱為 Ex.Flush 的新信號來控制新的一些多工器以將控制線設為 0。為了開始從位置 8000 0180$_{hex}$，亦即 MIPS 處理例外的位址，擷取指令，我們只需要加上一個會將 8000 0180$_{hex}$ 傳給 PC 的輸入到 PC 的多工器上。圖 4.66 表示了這些改變。

這個例子點出了例外發生時的一個問題：如果我們不在執行的中途就把執行停止，則程式師將會因為暫存器 $1 是加法指令 add 的目的暫存器，以至於被寫入滿溢值而無法看到其會導致滿溢的原有值。基於謹慎的規劃，滿溢例外可以在 EX 級即偵知；因此，我們可以使用 EX.Flush 信號來防止在 EX 級中的指令到達 WB 級時寫入其結果。許多指令要求我們終究要將造成例外的指令如常地執行完畢。最簡單的達成方法就是清除該指令並在處理例外後重新執行之。

最後的步驟是將引發例外的指令的位址存入例外程式計數器 (*exception program counter*, EPC) 中。事實上我們保存的是位址 +4，因此例外處理程序一定要先將所保存的值減 4。圖 4.66 表示的是包含分支硬體以及處理例外所需線路的規格化的數據通道管道圖。

範例 **管道化計算機中的例外**

已知以下指令序列：

```
40hex   sub  $11, $2, $4
44hex   and  $12, $2, $5
48hex   or   $13, $2, $6
4Chex   add  $1,  $2, $1
```

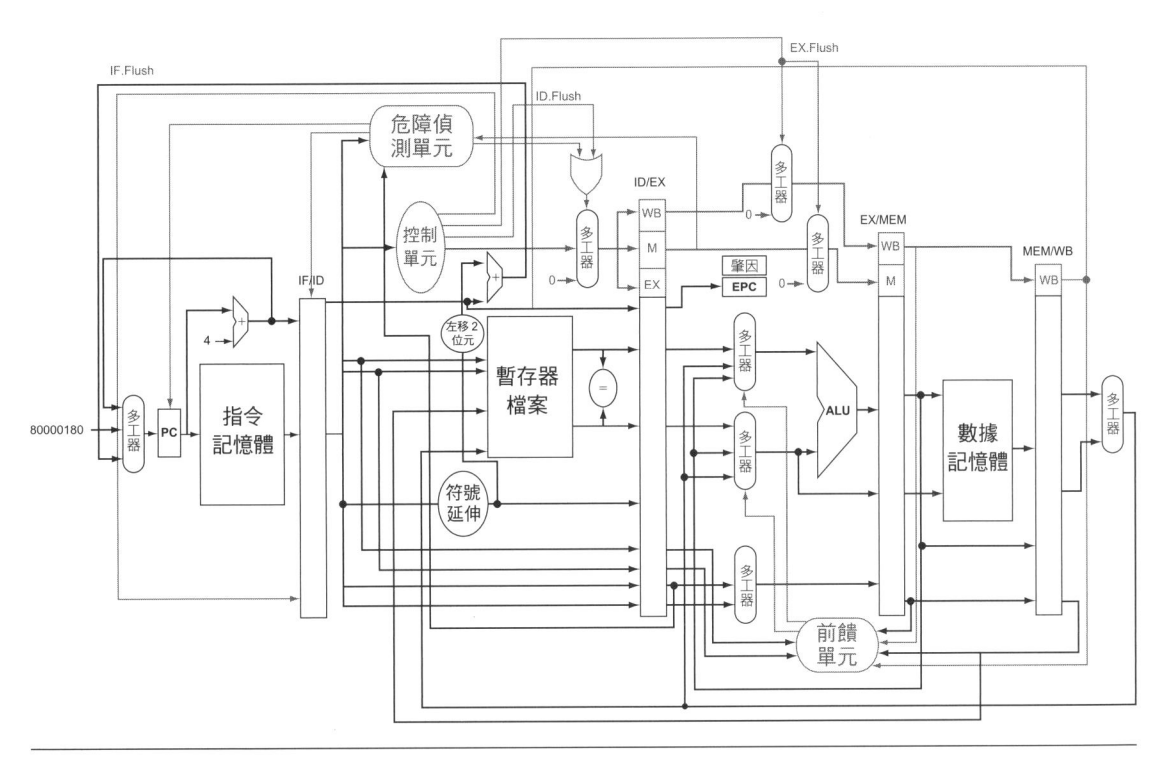

圖 4.66 加上例外處理控制的數據通道。

主要新增的包括：供應新 PC 值的多工器的新輸入 (輸入值為 8000 0180$_{hex}$)；用來記錄例外原因的 Cause 暫存器以及用來儲存發生例外的指令位址的 EPC 暫存器。多工器的 8000 0180$_{hex}$ 輸入值是在發生例外時用來擷取指令的開始位址。ALU 的滿溢訊號雖然沒有畫出來，會是控制單元的一個輸入。

```
50hex  slt $15, $6, $7
54hex  lw  $16, 50($7)
  ...
```

假設例外發生時被呼叫的指令如下：

```
80000180hex  sw $26, 1000($0)
80000184hex  sw $27, 1004($0)
  ...
```

說明若 add 指令中發生滿溢例外時管道中的運作情形。

解答　圖 4.67 表示了由 add 指令在 EX 級中開始的情況。滿溢在該級被偵知，PC 並因而被改成 8000 0180$_{hex}$。時脈週期 7 則表示 add 及其後的指令已被清除，而且例外碼的第一道指令已被擷取。注意 add 之後的指令位址：4C$_{hex}$ + 4 = 50$_{hex}$ 已予保存。

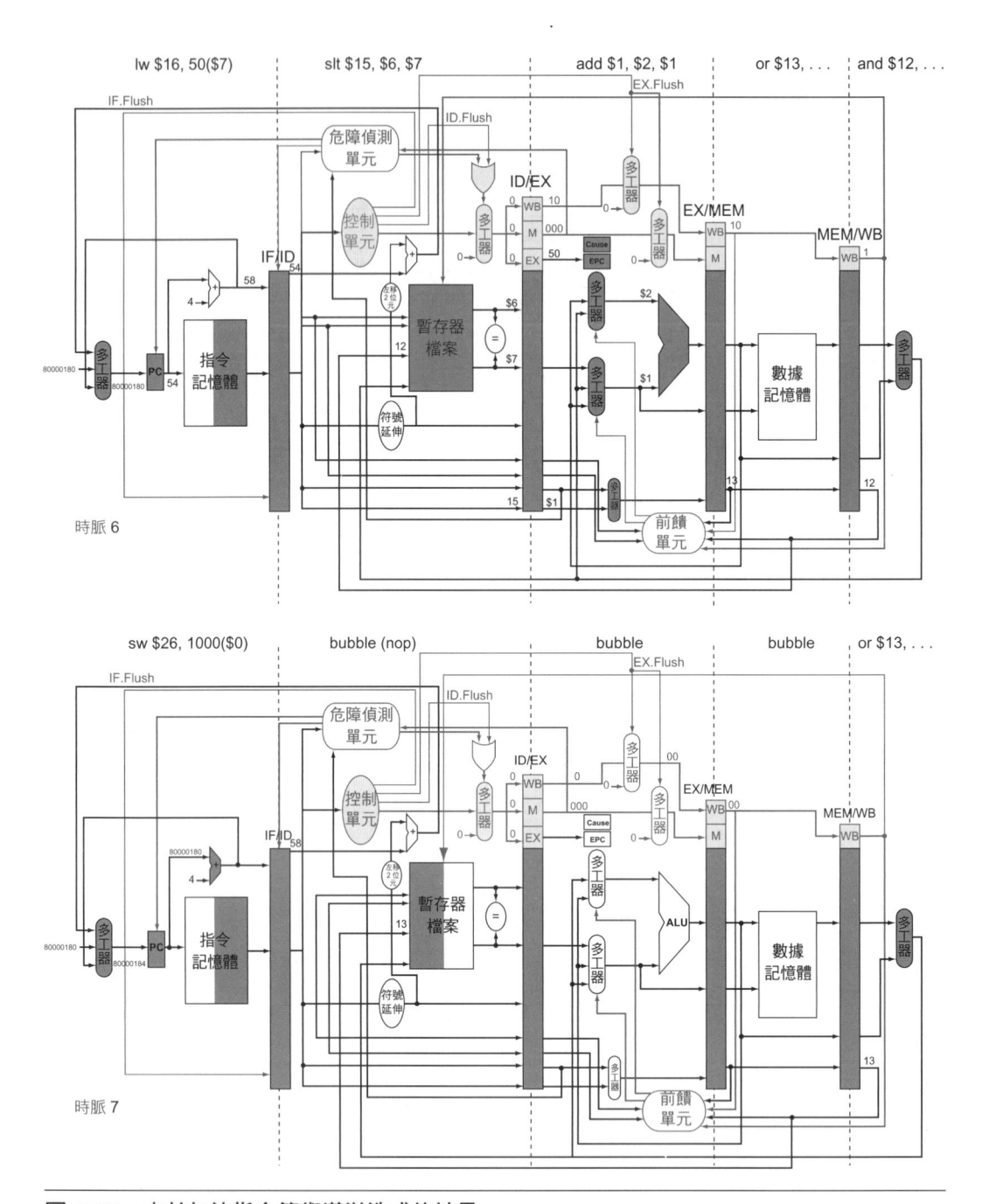

圖 4.67 由於加法指令算術滿溢造成的結果。

滿溢於時脈 6 的 EX 階被偵知，於是將 add 之後的位址 ($4C+4=50_{hex}$) 存入 EPC 暫存器。滿溢使得所有 Flush 訊號在該時脈快結束時被設定，因而使 add 的所有控制訊號被設為 0。時脈週期 7 表示管道中一些指令被轉換成氣泡，以及從指令位址 $8000\ 0180_{hex}$ 擷取例外程序的第一道指令 sw $25,1000($0)。注意在 add 之前的 AND 與 OR 指令仍如常完成。ALU 的滿溢訊號雖然沒有畫出來，會是控制單元的一個輸入。

我們在 352 頁中提到了例外的五個例子，並將在第 5 章中看到更多。面對任何時脈週期中都有五道指令正在運作，困難就在於如何將例外關聯到適當的指令上。更有甚者，在一個時脈週期中還可能會發生多起例外。解決的方式就是將各種例外訂出優先次序，以便於決定要先處理的是何者。在大多數的 MIPS 設計中，硬體會將引發例外的指令排序，並先處理最先 (開始執行) 的指令的例外。

輸出入 (I/O) 裝置發出的請求以及硬體故障與任何特定指令無關，因此在製作上有一些可以選擇何時插斷管道的彈性。因此，用於處理他種例外的機制也可適用於此。

EPC 可記錄被插斷指令的位址且原因暫存器可記錄一個時脈週期內所有可能的例外，因此處理例外的軟體一定要為指令找出對應的例外。這時知道哪種例外可以發生在哪個管道階段是很重要的線索。例如，未定義的指令將在 ID 級中被發現，並於 EX 級中呼叫作業系統。例外會被收集在原因暫存器的待處理欄位中，因此在最早的例外被處理完後硬體能根據是否還存在其他例外情形而發出插斷。

硬體 / 軟體介面

硬體與作業系統必須配合，例外才能如預期般運作。硬體的任務一般是使引發例外的指令在途中停止、讓之前的所有指令完成、清除之後的所有指令、設定一個暫存器來表示例外的原因、保存肇因指令的位址、之後跳到既定的位址。作業系統的任務是查看例外的原因並適當地行動。對未定義的指令、硬體故障或是算術滿溢例外，作業系統通常會終止程式並說明其原因。對輸出入裝置發出的請求或作業系統服務的呼叫，作業系統會保存程式的狀態、執行所要求的工作、並於之後的某個時間恢復該程式的狀態以繼續執行。對輸出入裝置發出請求的情形，因為發出請求的程式往往在輸出入完成前無法繼續執行，因此我們經常會在重新執行該程式之前先執行別個程式。這說明了為什麼保存以及恢復任何程式的能力至關重要。最重要以及常見的一種例外就是處理頁錯失 (page faults) 以及轉譯側查緩衝器 (translation lookaside buffer, TLB) 例外；第 5 章詳述該等例外以及它們的處理過程。

仔細深思 在管道化計算機中絕對要為造成例外的指令找出正確的對應例外原因的困難度，使得一些計算機的設計者在某些不要緊的情形

不精確的插斷
亦稱**不精確的例外**。在管道化計算機中並不與造成插斷或例外的指令緊密相關的插斷或例外處理方式。

精確的插斷
亦稱**精確的例外**。在管道化計算機中插斷或例外總是與肇因的指令相關。

中放寬了這種要求。這樣的計算機稱為具有**不精確的插斷** (imprecise interrupts) 或**不精確的例外** (imprecise exceptions)。在上例中，雖然引發例外的指令是位於 4C$_{hex}$，在偵測出例外之後的時脈週期開始時 PC 的值應為 58$_{hex}$。具有不精確例外的處理器可能會將 58$_{hex}$ 放入 EPC 並交由作業系統去判斷哪一道指令造成了例外。MIPS 以及今天絕大部分的計算機採用**精確的插斷** (precise interrupts) 或**精確的例外** (precise exceptions) [理由之一是為了支援虛擬記憶體 (virtual memory)，將於第 5 章中說明]。

仔細深思 雖然 MIPS 以例外處理進入位址 8000 0180$_{hex}$ 來處理幾乎所有的例外，其採用另一位址 8000 0000$_{hex}$ 來改善 TLB 錯失例外 (參見第 5 章) 所用例外處理器的效能。

自我檢查
以下指令序中哪一個例外應會首先被偵測出？
1. `add $1,$2,$1` #算術滿溢
2. `xxx $1,$2,$1` #未定義的指令
3. `sub $1,$2,$1` #硬體錯誤

4.11 指令的平行性

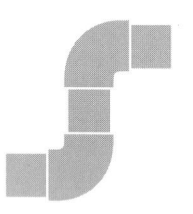

管道化

平行性

指令階層平行性
指令間的平行性。

請注意：本節是迷人但是進階的各種題目的概覽。如果你想學到更多細節，應該再閱讀我們的更進階的書《計算機架構：計量方法 (*Computer Architecture: A Quantitative Approach*)，第六版》，其將以下 13 頁所述的內容擴充成幾乎 200 頁 (包含附錄)！

管道化的處理利用了指令間可能的平行性。這種平行性稱為**指令階層平行性** (instruction-level parallelism, ILP)。用來提高可能的指令階層平行性的主要方法有二。第一種是增加管道的深度以重疊更多道指令。回到我們的洗衣例並假設洗衣服的時間比其他動作的時間更長，則我們可以將我們的傳統洗衣機分開成分別可以洗衣、洗清，以及脫水的三個機器。於是我們可以從四級的管道而改為六級的管道。想要得到最大的加速，不論在處理器中或洗衣房內，我們都需要重新平衡所有過程以使它們的需時都相等。由於有更多的運作在同時進行，可發揮的平行度就更高了。效能也因為時脈週期縮短而可能提

高。

另一方法是複製計算機內部的元件以便其能夠在每一個管道階級中執行多道指令。這個技術的通稱是**多重派發** (multiple issue)。一個多重派發的洗衣房將一般家庭中的一台洗衣機以及一台烘衣機改成譬如三台洗衣機以及三台烘衣機。你同時也需要僱用更多的人力來在相同時間內摺疊以及擺放衣服。帶來的問題是如何能有更多的工作以保持所有機器忙碌以及將負載逐級移入下個管道階級的搬移工作增加。

在每個階段中執行多道指令可以使得指令執行率超過時脈速率，或是以另一種說法，CPI 小於 1。有時候將單位反轉來使用 *IPC*，或*每時脈週期指令數* (*instructions per clock cycle*) 很有用。因此，4 GHz 四路多重派發的微處理器可以有每秒 160 億道指令的峰值執行速率、最佳情況的 CPI 值 0.25 或 IPC 值 4。假設有五級的管道，這樣的處理器在任何時間會有 20 道正在執行中的指令。目前的高階微處理器每個時脈週期中可以試圖發出三到六道指令。然而，基本上對哪些類型的指令可以在同一瞬間執行以及有相依性時應該如何處理仍有許多限制。

實現多重派發處理器有兩種主要的方式，基本差異在於編譯器和硬體間如何分工。由於分工的方式決定了判斷是在靜態時 (亦即編譯時) 或是動態時 (亦即執行時) 進行，該等方式也可稱為**靜態多重派發** (static multiple issue) 以及**動態多重派發** (dynamic multiple issue)。我們將會看到該二種方式有其他更常見的但是較不恰當或更受侷限的稱呼。

在多重派發管道中有兩個必須要面對的主要而且明顯不同的工作：

1. 將指令包裝進**派發槽** (issue slots) 中：處理器如何判斷在某一個時脈週期中有多少以及是哪些指令可被派發？在大部分靜態派發的處理器中，這個工作至少有部分是由編譯器來處理；在動態派發的設計中，其一般則由處理器在執行時處理，雖然編譯器經常也會事先將指令排成有利的次序來幫忙提高派發率。

2. 處理資料以及控制危障：在靜態派發處理器中，部分或是全部資料以及控制危障的影響都由編譯器事先處理好。相對地，大部分動態

多重派發
可造成多道指令在一個時脈週期中發出的方法。

靜態多重派發
一個在執行前就由編譯器做許多決策的多重派發處理器製作方法。

動態多重派發
一個在執行時由處理器做許多決策的多重派發處理器製作方法。

派發槽
指令可於某時脈週期中由其內派發指令的那些位置；其類似於賽跑時的出發位置。

派發處理器以硬體技術在執行期間來試圖消彌至少某些種類的危障。

雖然我們將它們說成不同的方式，實際上某種方式使用的技術往往被另外一種借用，以致於沒有一種方式可稱為是純粹的。

猜測的概念

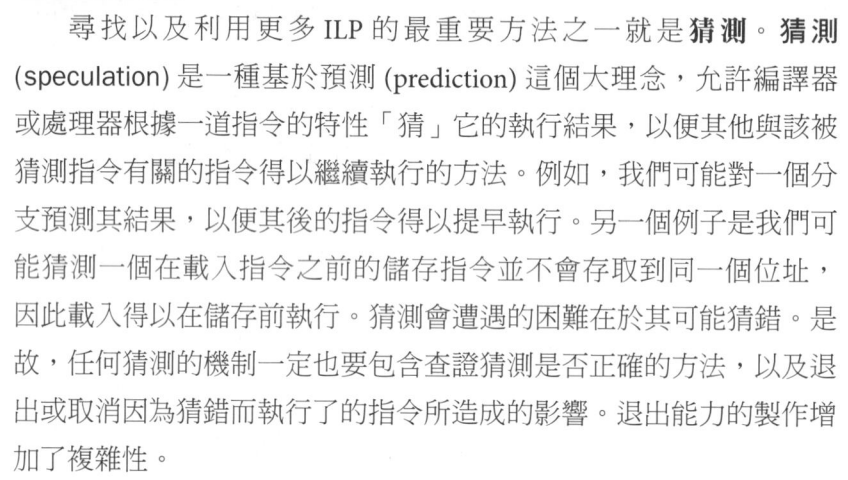

尋找以及利用更多 ILP 的最重要方法之一就是**猜測**。**猜測 (speculation)** 是一種基於預測 (prediction) 這個大理念，允許編譯器或處理器根據一道指令的特性「猜」它的執行結果，以便其他與該被猜測指令有關的指令得以繼續執行的方法。例如，我們可能對一個分支預測其結果，以便其後的指令得以提早執行。另一個例子是我們可能猜測一個在載入指令之前的儲存指令並不會存取到同一個位址，因此載入得以在儲存前執行。猜測會遭遇的困難在於其可能猜錯。是故，任何猜測的機制一定也要包含查證猜測是否正確的方法，以及退出或取消因為猜錯而執行了的指令所造成的影響。退出能力的製作增加了複雜性。

猜測可由編譯器或硬體來執行。例如，編譯器可進行猜測並據以重排指令，將指令移到分支的另一側或載入移到儲存的另一側。硬體也能藉由我們將於本節稍後討論的技術在執行期間做相同的轉換。

針對不正確猜測的回復機制差異相當大。在軟體來做猜測的情況下，編譯器通常會插入額外指令來驗證猜測是否正確並且提供猜測錯誤時要使用的修復程序。在硬體做猜測時，處理器通常會暫時存放猜測下所得的結果直到其確知該等結果已被確認。如果猜測正確，其後的指令可經由將暫存的結果寫入暫存器或記憶體而完成。如果猜測不正確，硬體將清除暫存的結果並重新由正確的指令序執行起。

猜測引發另一個可能的問題：猜測性地執行一些指令可能會造成原本不應發生的例外。例如，假設載入指令被猜測性地執行了，但其使用的位址卻因猜測是錯誤的而變成並不合法。結果會是一個不應發生的例外卻發生了。但是如果載入不要猜測性地執行時，這個例外本來就是該發生的話，將使得問題更為複雜！在編譯器為主的猜測中，這種問題可經由加入特殊的能夠允許該等例外在確定其應該發生前可以先被擱置的特殊猜測支援來避免。在硬體為主的猜測中，只需暫時先記錄應該要發生例外直到確定引起該例外的指令應該被執行並且已

預測

猜測
一種編譯器或處理器猜測指令的結果以消除其造成執行其他指令的相依關係的方法。

經等待被完成；屆時例外將被發出，然後例外處理如常進行。

由於猜測在設計恰當時可以提升效能而設計不慎時反而降低效能，因此許多努力被用於決定何時是應用猜測的恰當時機。在本節稍後，我們會探討靜態以及動態的各種猜測技術。

靜態多重派發

靜態多重派發處理器一律由編譯器來協助聚集指令以及處理危障。在靜態派發的處理器中，你可將在某個時脈週期中派發的稱為**派發封包** (issue packet) 的一組指令想成是一個含有多個運作的大指令。這種看法不僅只是一個類比。由於靜態多重派發處理器通常會限定同一個時脈週期中可啟動的指令的組合，將一個派發封包想成一個允許數個運作分別位於事先規定好用途的欄位中的單一指令將有助於瞭解。這種看法導致了這種方法的原始名稱：**很長指令字** (Very Long Instruction Word, VLIW)。

大多數靜態派發處理器也依賴編譯器來負起一些處理資料以及控制危障的責任。編譯器可能要負的責任有靜態分支預測以及碼排序以降低或防止各種危障；讓我們先看一個簡單的靜態派發 MIPS 處理器，之後再說明相關技術如何應用在更積極的處理器中。

例子：MIPS 指令集架構的靜態多重派發

為了顯示靜態多重派發的特色，我們先看一個簡單的雙派發 (two-issue) MIPS 處理器，兩道同時派發的指令中其一可以是整數 ALU 運作或分支，另一則可以是載入或儲存。這樣的設計很近似於某些嵌入式 MIPS 處理器採用者。要在一個週期派發兩道指令則需擷取以及解碼 64 位元的指令。在許多靜態多重派發的，尤其是基本上所有的 VLIW 處理器中，同時會派發的指令的擺放方法都會有些限制以簡化解碼以及指令派發。因此，我們也要求指令必須配對並位於對齊 64 位元邊界的位置上，而且位於前方的指令需為 ALU 或分支。如果指令對中有一道無法找到恰當指令，則以 nop 取代之。因此指令總是成對派發，其中之一可能是 nop。圖 4.68 顯示指令成對進入管道時的情形。

靜態多重派發處理器在處理潛在的資料與控制危障的方式上或有不同。一些設計中，編譯器完全負責將所有危障移除，排定指令序並適當插入 no-ops 以使程式執行時完全不需作危障偵測或以硬體產生

派發封包
於一個時脈週期中同時派發的一組指令；該封包可能靜態地由編譯器或動態地由處理器來得出。

很長指令字 (VLIW)
同時發出許多在一個單一寬指令中互為獨立的運作的指令集架構型態，該寬指令通常具有許多個別的運作碼欄位。

指令類別	管道階段						
ALU 或分支指令	IF	ID	EX	MEM	WB		
載入或儲存指令	IF	ID	EX	MEM	WB		
ALU 或分支指令		IF	ID	EX	MEM	WB	
載入或儲存指令		IF	ID	EX	MEM	WB	
ALU 或分支指令			IF	ID	EX	MEM	WB
載入或儲存指令			IF	ID	EX	MEM	WB
ALU 或分支指令				IF	ID	EX	MEM	WB
載入或儲存指令				IF	ID	EX	MEM	WB

圖 4.68　運作中的靜態雙重派發管道。
ALU 指令和資料傳輸指令可以同時派發。這裡我們假設與單一派發管道相同的五級管道結構。這雖非絕對必要，但的確有一些優點；特別是將寫入暫存器放在管道最後面簡化了例外處理以及精確例外模型的維護，而這工作在多重派發的處理器中將更為困難。

停滯。另有一些則由硬體偵測數據危障並於派發封包間產生停滯，而編譯器只負責避免指令對彼此間的任何相依關係。這樣的做法中危障通常會暫停住含有相依 (於別人) 指令的那整個派發封包。不論軟體是必須在派發封包間消除所有的危障還是只要降低危障的機會，程式中那種一個包含多個運作的大指令的型態定需維持。本例中我們將採用第二種方法。

為了同時派發一個 ALU 以及一個數據搬移的運作，首先需要的額外硬體──除了那些危障偵測以及停滯的邏輯以外──是額外的暫存器檔案埠 (見圖 4.69)。在一個時脈週期中我們也許需要為 ALU 運作讀取兩個暫存器、為儲存讀取另外兩個，以及一個寫入埠給 ALU、另一個給載入。由於 ALU 已用於 ALU 運作，我們也需有另一個加法器來計算數據搬移的有效位址。如果沒有這些額外硬體，我們的雙重派發管道將受阻於結構危障。

顯然地，這樣的雙重派發處理器最高可以改善效能到兩倍。然而這麼做會需要有兩倍數量的指令重疊執行，而更多指令的重疊執行帶來的資料和控制危障增加了相對的效能損失。例如，在我們的簡單五級管道中載入有一個時脈週期的**使用延遲** (use latency)，使得使用載入結果的指令必要時需停滯。在雙重派發的五級管道中載入的結果在下個時脈週期中尚未可使用，意即載入之後有兩道指令不能不停滯而

使用延遲
載入指令與使用其載入結果的指令間最少的不需造成管道停滯的時脈週期數。

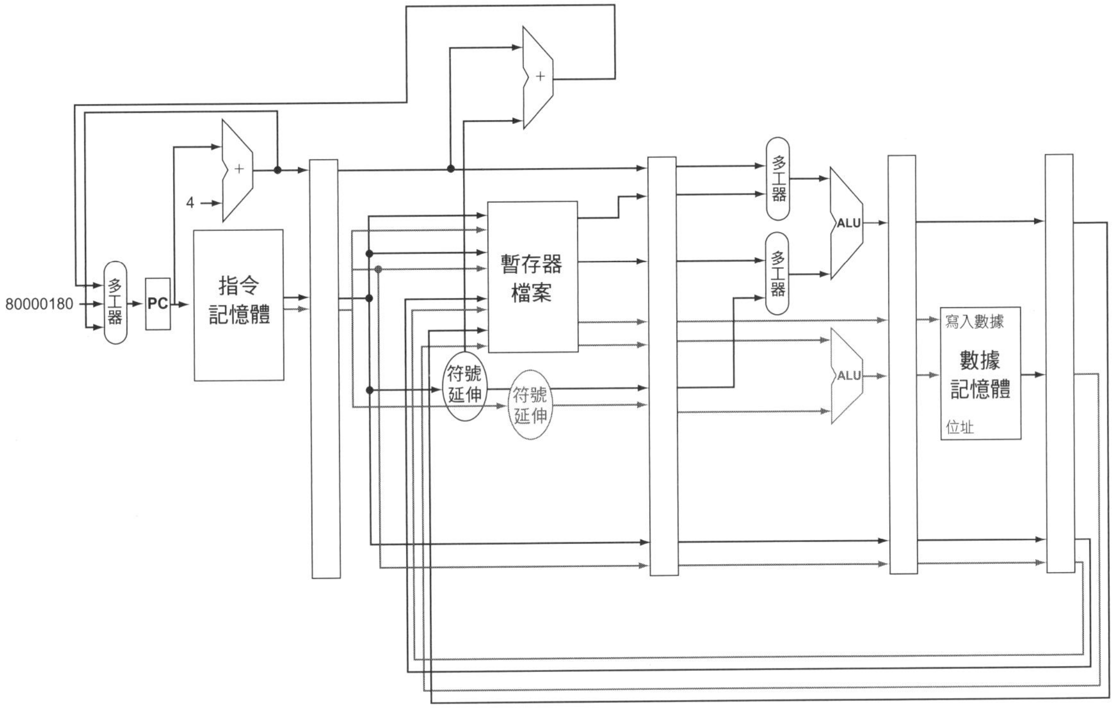

圖 4.69 靜態雙重派發的數據通道。
雙重派發所需新增的以灰色表示：從指令記憶體來的另外 32 個位元、暫存器檔案上額外的二個讀取埠和一個寫入埠，以及額外的 ALU。假設下方的 ALU 處理資料傳輸指令的位址計算而上方的 ALU 處理所有其他運算。

使用其結果。並且原來在簡單五級管道中沒有使用延遲的 ALU 指令由於其結果無法用於與其配對的載入或儲存，也因此有了一個指令的使用延遲。為了有效利用多重派發處理器中具有的平行度，則需要更有企圖心的編譯器或硬體的排程技術，而靜態多重派發要求編譯器負起全責。

簡單的多重派發碼排序

以下迴圈在 MIPS 的靜態雙重派發管道中應如何排序？

```
LOOP:   lw    $t0, 0($s1)        #$t0=陣列元素
        addu  $t0,$t0, $s2       #加上 $s2 中的純量
        sw    $t0, 0($s1)        #儲存結果
        addi  $s1,$s1,-4         #遞減指標
        bne   $s1,$zero,Loop     #$s1!=0 則分支
```

重排指令以儘量避免管道停滯。假設硬體會預測分支以及處理控制危障。

解答 前三道指令間有資料相依性,因此提前執行最後兩道。圖 4.70 顯示對該等指令的最佳排序。注意僅有一對指令使用掉兩個派發槽。每個迴圈反覆需時四個時脈週期;以四個時脈來執行五道指令,相對於最佳的 CPI 為 0.5 我們只得到令人失望的 0.8,或是 IPC 並非 2.0 而是 1.25。注意在計算 CPI 或 IPC 時我們不把執行過的 nops 算成是有用的指令。將 nops 計入可以使 CPI 變好,但是無助於效能!

	ALU 或分支指令	資料傳輸指令	時脈週期
Loop:		lw $t0, 0($s1)	1
	addi $s1,$s1,-4		2
	addu $t0,$t0,$s2		3
	bne $s1,$zero,Loop	sw $t0 4($s1)	4

迴圈展開
一種由處理陣列的迴圈中得到更高處理效能的方法,其將迴圈本體展開成好幾份的大小並且對展開後的本體裡不同反覆中的指令全部一起進行排程。

圖 4.70 排程後的程式碼在雙重派發 **MIPS** 管道中的情形。
空格表示 no-ops。

一個由迴圈中得到更高效能的重要編譯器技術稱為**迴圈展開** (loop unrolling),其將迴圈本體展開成數份大小。展開後,經由重疊來自不同反覆中的指令即可得到更多 ILP。

範例 **為了多重派發管道的迴圈展開**
看看迴圈展開與排序對上例多有用。為了簡化起見假設迴圈索引值是 4 的倍數。

解答 為了要大大減低迴圈中的延遲 (指的是停滯),我們需要將迴圈本體展開成四份。在展開並去除不需要的迴圈控制指令後,迴圈將包含四份的 lw、add 與 sw,加上一道 addi 與一道 bne。圖 4.71 列出展開並排序後的碼。

在展開的過程中,編譯器使用了額外的暫存器 ($t1、$t2,$t3)。這個稱為**暫存器重命名** (register renaming) 的處理過程的目的是消除那些雖然並非真正的資料相依性 (true data dependences),但是也可能會造成危障的出現、或是妨礙編譯器靈活地排序指令。想想如果展開的碼只使用 $t0 會怎樣。lw $t0,0($s1)、addu $t0,$t0,$s2、sw $t0, 4($s1) 會接連出現,然而每一組指令序之間如果不看 $t0,其實是完全無關的──沒有資料值需要在不同組的任兩道指令間傳遞。這就是所謂的**反相依性** (antidependence) 或**名稱相依性** (name dependence),一種純粹因為一個名稱的重用,而非稱之為真正相依性的資料相依性,所造成的指令次序要求。

在展開的過程中重新命名暫存器可讓編譯器搬動這些不相關的指令以更恰當地對指令排序。重命名的過程可消除名稱相依性而保存住真正相依性。

注意在迴圈中的 14 道指令現在有 12 道可以成對地執行。四個原本的迴圈反覆展開後需時 8 個時脈，亦即每個反覆兩個時脈，因此得到 CPI 為 8/14＝0.57，或者 IPC 為 1.75。雙派發下的迴圈展開與排序給了我們將近二倍的改善，其中部分來自於減少了迴圈控制的指令數以及部分來自於雙派發執行。這種效能改善所付出的代價是使用了四個暫時暫存器而非僅一個，以及大大增加的程式大小。

	ALU 或分支指令	資料傳輸指令	時脈週期
Loop:	addi $s1,$s1,-16	lw $t0, 0($s1)	1
		lw $t1,12($s1)	2
	addu $t0,$t0,$s2	lw $t2, 8($s1)	3
	addu $t1,$t1,$s2	lw $t3, 4($s1)	4
	addu $t2,$t2,$s2	sw $t0,16($s1)	5
	addu $t3,$t3,$s2	sw $t1,12($s1)	6
		sw $t2, 8($s1)	7
	bne $s1,$zero,Loop	sw $t3, 4($s1)	8

圖 4.71 圖 4.70 的程式碼經過展開以及排程以後在靜態雙重派發 MIPS 管道中的情形。

空格表示 no-ops。由於迴圈中的第一道指令把 $s1 減 16，因此載入的位址是 $s1 的原始值，然後是原始值減 4、減 8 和減 12。

暫存器重命名
為了消除反相依性而由編譯器或硬體對暫存器重新命名。

反相依性
亦稱**名稱相依性**。兩道指令間因同一個名稱（典型例子為同一個暫存器）的重用，而非如真正相依性中因值的傳送，而造成前後次序的要求。

動態多重派發處理器

動態多重派發處理器亦稱**超純量**(superscalar) 處理器，簡稱超純量。在最簡單的超純量處理器中，指令依序派發，處理器決定在某一時脈週期中可以派發的指令數。顯然地，在這種處理器上欲得良好效能仍需編譯器協助排序指令來拉開相依性以便提高指令派發率。即使有了這樣的編譯器排序能力，這種簡單超純量處理器與 VLIW 處理器間仍有一重大差異：程式碼不論是否經過特別排序，其執行的正確性仍然是由硬體來確保。另外，不論處理器的派發數或管道結構為何，編譯後的碼均應正確執行。在某些 VLIW 設計中情形並非如此，當改變處理器的型號時即需要重新編譯程式；而在其他靜態派發的處理器中，程式在不同型號間雖可正確執行，但往往效能太差以致於應該重新編譯。

許多超純量將動態派發判斷所用的基本架構擴充來兼作**動態管道排程** (dynamic pipeline scheduling)。動態管道排程在選取某個時脈

超純量
一種在執行過程中每個時脈週期能選擇多於一道指令予處理器執行的先進管道化技術。

動態管道排程
重新安排指令執行順序以避免停滯的硬體支援。

週期要執行哪些指令的同時也試圖避免危障及停滯。讓我們以一個避免數據危障的簡單例子開始。思考下列程式碼：

```
lw    $t0, 20($s2)
addu  $t1, $t0, $t2
sub   $s4, $s4, $t3
slti  $t5, $s4, 20
```

雖然 sub 指令已可執行，其應該先讓 lw 及 addu 這兩道在記憶體很慢時需時很久的指令去執行 (第 5 章說明快取錯失這個造成記憶體存取有時很慢的原因)。動態**管道**排程可以完全地或部分地避免這類問題。

動態管道排程

動態管道排程選取接下來要執行的指令，可能也會重排指令以避免**停滯**。在這類處理器中，管道可分為三個主要單元：一個指令擷取與派發單元、多個功能單元 (2020 年時高階的設計中可以有十多個)，以及一個**認可單元** (commit unit)。圖 4.72 表示這個模型。第一個單元擷取指令、解碼它們並將每道指令送到相關的功能單元中以便執行。每個功能單元中有一些稱為**預約站** (reservation stations) 的緩衝器以放置運算元以及所需的運作 (下節中，我們將討論一個目前許多處理器採用的相對於預約站的不同設計)。一旦緩衝器中已得到所有的運算元而且功能單元也已準備好，即可開始執行。當結果算出來後，其即被送往任何在等待該結果的預約站以及認可單元。認可單元暫存這筆結果，並等到可以將該結果寫入暫存器檔案，或是對儲存而言寫入記憶體。認可單元中的緩衝器通常稱為**重序緩衝器** (reorder buffer)，其亦可用於提供運算元，方式很像是在靜態排程管道中前饋邏輯的做法。一旦一個結果被認可而寫入暫存器檔案，該筆結果即可直接由該暫存器處如同正常的管道處理般取得 (譯註：並且自認可由單元中刪除)。

將運算元暫存於預約站中以及運算結果暫存於重序緩衝器中提供了有如 364 頁中我們稍早的迴圈展開例子中編譯器所用的暫存器重命名。要瞭解這方式觀念上如何運作，看看以下的步驟：

1. 當一道指令被派發，其即被寫入恰當功能單元所屬的預約站中。任何已存在暫存器檔案或重序緩衝器中的運算元也同時立即被寫入該

管道化

認可單元
在動態或亂序執行的管道中決定何時可安全地將運作的結果放入程式師可見的暫存器或記憶體中的單元。

預約站
在功能單元中記錄運算元及運作為何的緩衝器。

重序緩衝器
在動態排程的處理器中記錄結果直到各結果可安全地被寫回記憶體或暫存器中的緩衝器。

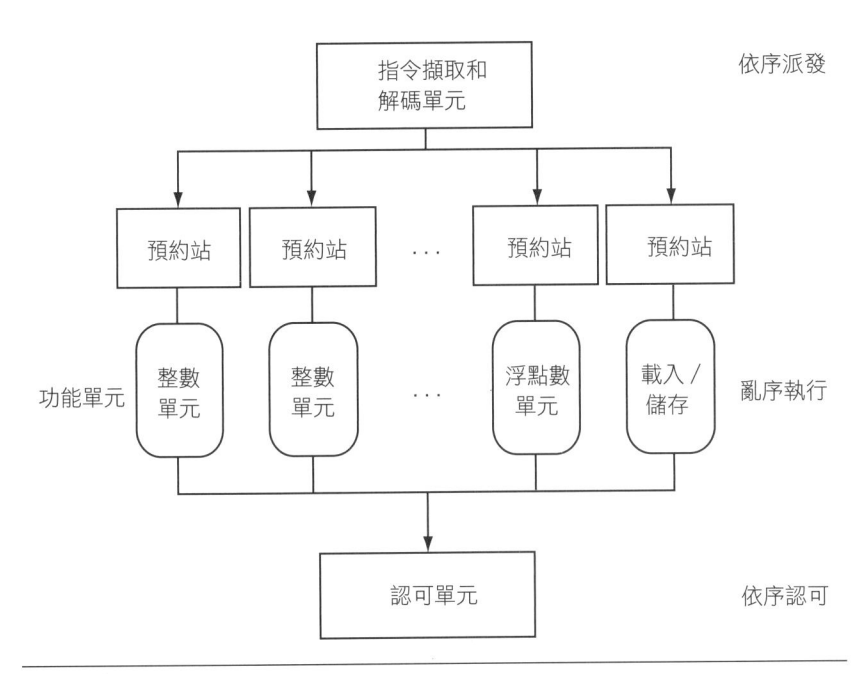

```
                    指令擷取和                              依序派發
                    解碼單元
         ┌──────────┬──────┴───┬──────────┐
         ▼          ▼          ▼          ▼
       預約站       預約站     預約站      預約站
         │          │          │          │
         ▼          ▼          ▼          ▼
        整數        整數       浮點數     載入/
功能單元 單元       單元        單元       儲存      亂序執行
         │          │          │          │
         └──────────┴────┬─────┴──────────┘
                         ▼
                       認可單元                     依序認可
```

圖 4.72　動態排程管道的三種主要單元。
最後的更新狀態步驟又叫做退休 (retirement) 或是畢業 (graduation)。

　　預約站中。該指令會暫存於預約站中直到其所有的運算元以及功能單元都備妥為止。對這道被派發的指令，存在暫存器中的運算元版本已不再需要，於是如果有對該暫存器的寫入發生，其內的值可被重寫。

2. 如果運算元不存在暫存器檔案或重序緩衝器中，其一定是正在等候被功能單元產生中。於是記錄這個功能單元的名稱。當該功能單元終於產生出結果，這個結果就會由該功能單元繞過暫存器直接寫入等候的預約站中。

　　這些步驟實際上使用重序緩衝器以及預約站來實現了暫存器重命名。

　　觀念上，你可以把動態排程的管道當成是對程式的資料流動結構進行分析。然後處理器以某種能維持程式中資料流動規則的次序來執行指令。這樣的執行方式稱為**亂序執行** (out-of-order execution)，因為指令可以以一個不同於擷取的次序來執行。

　　為了使得程式表現得好像指令是在一個單純的依序管道中執行，指令擷取及解碼單元必須依序派發指令，以便得以追蹤相依關係，而認可單元則必須依程式中指令的擷取次序來將結果一筆筆寫入暫存器

亂序執行
在管道化的執行中當一道指令的執行受阻而無需造成其後指令等待的情況。

依序認可
管道化執行的結果是以指令被擷取的次序來寫入程式師可見的狀態中的認可。

和記憶體中。這種保守的方法稱為**依序認可** (in-order commit)。因此若有例外發生，計算機可以指出最後一道被執行到的指令，而會被更新的暫存器 (以及記憶體位址) 只會是那些被位於發生例外的指令之前的指令所寫入者。雖然管道的前端 (指擷取及派發) 以及後端 (指認可) 依序執行，各功能單元卻可以在它們所需的資料齊全後自由地開始執行。今天所有的動態排程管道都採用依序認可。

動態排程往往會被擴充成具有硬體的猜測能力，特別是猜測分支的結果。能夠猜測分支的走向，動態排程的處理器就可以循猜測的方向繼續擷取及執行指令。由於指令會依序被認可，我們可以在任何位於猜測路徑上的指令被認可前就知道分支預測是否正確。具猜測能力的動態排程管道也能支援載入位址的猜測，允許載入－儲存的重新排序，並以認可單元來處理錯誤的猜測。下一節中，我們將研讀 Intel Core i7 設計中具有猜測能力的動態排程如何動作。

硬體／軟體介面

亂序執行造成了我們之前在依序執行的管道中所沒有見過的新的管道危障。**名稱相依性** (*name dependence*) 會在兩道指令使用相同的暫存器和記憶體位置——稱為**名稱** (*name*)——但是指令彼此之間卻並沒有真正數據的關聯性時發生。在程式的順序中指令 i 先於指令 j 時，可能發生的名稱相依性有兩種：

1. 指令 i 與指令 j 之間的**反相依性** (*antidependence*) 發生在指令 j 要寫入指令 i 要讀取的暫存器或記憶體位置時。在亂序執行中此時該二道指令也一定要以原本程式中的執行次序來執行，確保指令 i 讀到正確的數據。

2. **輸出相依性** (*output dependence*) 發生於指令 i 與指令 j 都要寫入相同的暫存器或記憶體位置時。兩個指令的執行次序也需要維持與在程式中相同，來確保最後寫入的數據是由指令 j 來寫入的。

之前我們所談到的管道危障是肇因於所謂的**真數據相依性** (*true data dependence*) 而發生的。

舉例來說，在下方的程式碼中，有一個反相依性發生於兩道指令 swc1 與 addiu 間的暫存器上，以及一個真數據相依性發生於兩道指令 lwc1 與 add.s 的暫存器 f0 上。雖然在單一個迴圈裡頭任何指令

間不存在輸出相依性,但是在迴圈不同的反覆間,例如第一次與第二次反覆中的 addiu 指令,彼此牽就有了輸出相依性。

```
Loop: lwc1   $f0, 0(x1)       #f0=陣列元素
      add.s  $f4, $f0, $f2    #加入 f2 中的純數
      swc1   $f4, 0(x1)       #儲存結果
      addiu  x1, x1, 4        #將指標遞增 4 個位元組位置
      bne    x1, x2, Loop     #若 x1!=x2 則分支
```

每當任何兩道指令之間出現名稱或者數據的相依性時就可能發生管道危障,如果它們執行的時間點夠接近、以至於執行過程發生重疊時,就可能會改變存取相依性中相關的運算元的次序了。它們也被稱呼成以下這些更具直覺性的管道危障名稱:

1. **反相依性**可能會造成讀之後寫 (Write-After-Read, WAR) 的危障。
2. **輸出相依性**可能會造成寫之後寫 (Write-After-Write, WAW) 的危障。
3. **真正的數據相依性**可能會造成寫之後讀 (Read-After-Write, RAW) 的危障。

在我們之前依序執行的管道中,WAR 危障或 WAW 危障因為所有指令都依序執行,而且寫入對暫存器 - 暫存器類的指令都發生在最後一個管道階級,以及對載入與儲存指令數據的存取也都發生在同樣的管道階級中,而不會發生。

瞭解程式效能

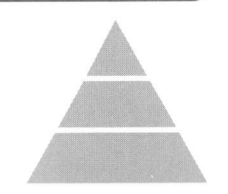

既然編譯器也能排程指令來避免資料相依性造成的效能減損,你也許會問為何超純量處理器要使用動態排程。有三個主要原因。第一,並非所有停滯都可預見。尤其是在記憶體階層中的快取錯失 (參見第 5 章) 造成無可預知的停滯。動態排程讓處理器在等待停滯結束前繼續執行其他指令以隱藏部分停滯。

第二,如果處理器以動態分支預測來猜測分支的結果,在編譯時無法得知確切的指令執行次序,因為該次序與猜測的以及真正的分支行為有關。加入動態的猜測以發掘更多指令階層平行性而不加上動態排程將會大大限制了猜測帶來的好處。

第三,隨著管道延遲與派發寬度因不同製作而異,編譯一段碼的最佳方式也會不同。例如,如何排程一串相依的指令將受派發寬度與

延遲的影響。管道結構影響迴圈為了避免停滯所需的展開次數以及編譯器對暫存器重命名的處理。動態排程以硬體來處理掉大部分的這類細節。因此使用者及軟體供應商不需煩惱對相同的指令集卻要為不同的製作方式提供一個程式的多種版本。同樣地，遺留下來的舊有(機器語言)程式碼也不需經過重新編譯即可獲得新式設計中的大部分好處。

管道化

平行性

預測

大印象 / The BIG picture

管道化處理與多重派發的執行兩者都提升了峰值指令處理量並企圖發掘指令階層**平行性**(ILP)。然而程式中的資料與控制相依關係導致由於處理器一定要偶爾等待相依關係滿足而形成了可持續效能(sustained performance)的上限。軟體為主的發掘 ILP 方法倚賴編譯器尋找並降低該等相依關係的影響的能力，而硬體為主的方法倚賴管道及派發機制的擴充能力。**猜測**可以由編譯器或硬體來進行，其能夠增加可發掘的 ILP，然而由於錯誤的猜測很可能會損耗效能，所以設計上一定要小心。

硬體／軟體介面

新式的高效能處理器可以在一個時脈內派發多道指令；不幸的是，維持這種派發率非常困難。例如，儘管有許多處理器可一次派發四至六道指令，極少的應用能維持每週期平均兩道指令。這是因為兩個主要的原因：

第一，在管道中主要的效能瓶頸來自於無法減輕的相依關係，其會降低指令間的平行性以及可持續的派發率。雖然對真正資料相依關係鮮少能予改善，在其他情形下編譯器及硬體也經常無法確知是否會有相依關係存在，因而必須保守地假設其存在。例如，使用指標(pointer)，特別是在可能造成別名(aliasing)的情況下，會造成許多可能發生的相依關係。相對地，非常規律的陣列存取往往容許編譯器推論相依關係並不存在。類似地，不論是執行時還是編譯時都無法準確預測的分支也會限制發掘 ILP 的能力。經常也會遇到雖有更多 ILP 存在，但是編譯器或硬體在尋找遠遠分開的 ILP (有時會相隔數千道指

令執行的距離) 上或有力不從心。

第二，記憶體階層的失誤 (第 5 章的議題) 也會限制保持管道充滿的能力。有些記憶造成的停滯可以被隱藏，但是有限數量的 ILP 也影響了記憶體停滯能被隱藏的程度。

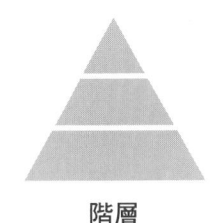

階層

功耗效率和進階的管道化處理

以動態多重派發和猜測來加強指令階層平行性發掘的負面效應是功耗效率。每一個創意都可以將更多電晶體用於換取效能，但作法往往非常沒有效率。既然我們已經遭遇了功耗障壁，我們轉而思索每晶片有多個處理器，而且處理器並不如之前處理器般具有那麼深的管道或是那麼積極的猜測動作的設計。

我們相信雖然比較簡單的處理器並沒有它們複雜的伙伴那麼快速，卻可在每瓦 (watt) 中提供更好的效能，因此當一個設計在功耗上受到的限制大於使用電晶體數目的限制時，比較簡單的處理器可以提供更好的晶片效能。

圖 4.73 比較了許多過去以及最近的微處理器在管道級數、派發數、猜測能力、時脈速率、每晶片核數以及功耗的數據。注意當公司轉向多核設計時所帶來的管道級數及功耗下降。

微處理器	年度	時脈速率	管道階數	派發寬度	亂序/猜測	內核數/晶片	功耗
Intel 486	1989	25 MHz	5	1	否	1	5W
Intel Pentium	1993	66 MHz	5	2	否	1	10W
Intel Pentium Pro	1997	200 MHz	10	3	是	1	29W
Intel Pentium 4 Willamette	2001	2000 MHz	22	3	是	1	75W
Intel Pentium 4 Prescott	2004	3600 MHz	31	3	是	1	103W
Intel Core	2006	3000 MHz	14	4	是	2	75W
Intel Core i7 Nehalem	2008	3600 MHz	14	4	是	2-4	87W
Intel Core Westmere	2010	3730 MHz	14	4	是	6	130W
Intel Core i7 Ivy Bridge	2012	3400 MHz	14	4	是	6	130W
Intel Core Broadwell	2014	3700 MHz	14	4	是	10	140W
Intel Core i9 Skylake	2016	3100 MHz	14	4	是	14	165W
Intel Ice Lake	2018	4200 MHz	14	4	是	16	185W

圖 4.73 以管道複雜度、內核數、功耗表示的 **Intel** 微處理器歷程。
Pentium 4 的管道階數未計入各認可階。如果計入它們則 Pentium 4 的管道會更深。

仔細深思 認可單元控制了暫存器檔案及記憶體的更新。有些動態排程的處理器在執行時隨時更新暫存器檔案，其使用額外的暫存器來達成重命名功能及保留原有的暫存器直到確定該更新暫存器的指令確定應予執行。另一些處理器則暫存這些結果──最常用的是稱為重序緩衝器的結構，而真正對暫存器檔案的更新則於稍後當作認可過程的部分工作來進行。對記憶體的儲存則一定要暫時保留，或者是在*儲存緩衝器* (參見第 5 章) 中或者是在重序緩衝器中，直到認可時為止。認可單元等到儲存指令在暫存處已得到有效的位址及數據以及不再是分支預測下的指令時，即可讓它由該處寫入記憶體。

仔細深思 記憶體存取可受益於非阻斷式快取 (*nonblocking caches*)，其在快取錯失時仍可繼續被存取 (參見第 5 章)。亂序執行處理器需要這種快取設計以在快取錯失的繼續執行指令。

自我檢查 說明下列技術或元件主要是與軟體或硬體為主的發掘 ILP 的方法有關。有些項目的答案可能是兩者皆是。
1. 分支預測
2. 多重派發
3. VLIW
4. 超純量
5. 動態排程
6. 亂序執行
7. 猜測
8. 重序緩衝器
9. 暫存器重命名

4.12 綜合整理：Intel Core i7 6700 與 ARM Cortex-A53

本節中，我們探討兩個多派發處理器的設計：ARM Cortex-A53 (Cortex 原意是大腦的皮層) 核心，它被用來作為許多平版電腦與大部分手機的基礎，以及 Intel Core i7 6700，一個為了高端的桌上機型與伺服器使用的高端的、動態排程的、可投機式執行的處理器。我們從其中比較簡單的處理器開始探討。本節是根據《計算機架構：計量方

法 (Computer architecture: A Quantitative Approach) 的第六版》的 3.12 節內容編撰的。

ARM Cortex-A53

A53 是一個雙派發 (dual-issue)、靜態排程並具動態派發偵測能力的超純量 (處理器)，其允許處理器在每個時脈週期中派發兩道指令。圖 4.74 顯示它的管道的基本構造。對於非分支類的整數指令，處理的過程會經過八個階段：F1、F2、D1、D2、D3/ISS、EX1、EX2 與 WB，並已於上圖的圖名中分別做了說明。這個管道對指令的執行是依序的，所以一道指令必須在所需的運算元數值已經備妥並且在它之前的指令都已經啟動之後才可以被啟動。所以，如果接下來的兩道指

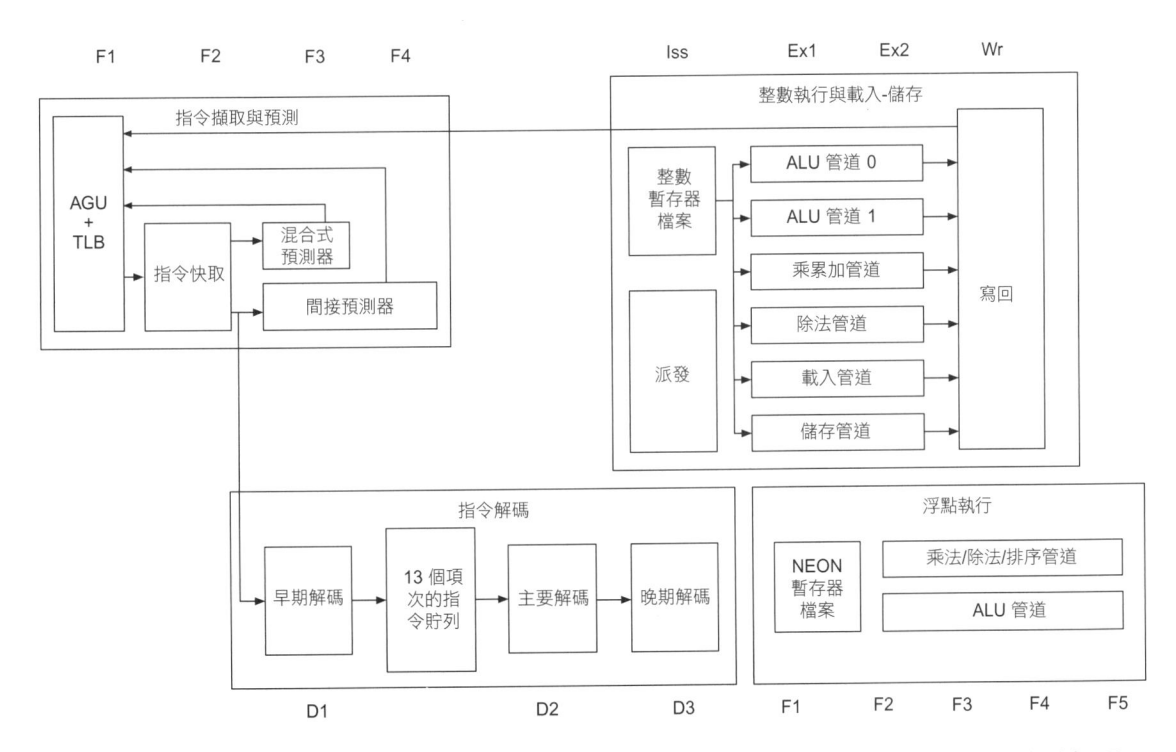

圖 4.74　A53 整數管道的基本結構具有八個階級：F1 與 F2 擷取指令，D1 與 D2 做基本的解碼，D3 則是用於解碼一些較為複雜的指令並且其與執行管道的第一個階級 (ISS) 時間上是重疊的。 在 ISS 之後，經過 EX1、EX2 與 WB 階級就完成了整數管道的執行。分支指令根據型態的不同而分別使用四個不同的預測器。浮點執行管道除了擷取與解碼之外，另有五個週期深，所以一共有 10 個階級。AGU 代表的是 Address Generation Unit，以及 TLB 代表的是 Translation Lookaside Buffer (參見第 5 章)。NEON 單元執行 ARM 的 SIMD 類的和其名稱一樣的 (延伸的) 指令 (集)。(摘錄自 Hennessy JL 與 Patterson DA 的計算機架構：計量方法，Computer Architecture: A Quantitative Approach，第六版，Cambridge MA，2018，出版商是 Morgan Kaufmann。)

令之間有相依性，兩者都可以前進到恰當的執行管道，但是到達恰當的管道之後它們的執行卻必須先後進行。在管道的派發邏輯指示出前一道指令的結果已經可用時，後一道指令就可以派發出去了。

圖中指令擷取的四個週期部分使用了一個能從先前的 PC 值遞增過後、或是從以下四個預測器之一，來產出下一個 PC 值的位址產生單元 (address generation unit)：

1. 一個內含兩道由指令快取擷取回來的指令 (跟隨在分支指令之後的下兩道目標處的指令，假設預測會分支是正確的) 的單一項次的分支目標快取。這個目標快取在第一個擷取週期中被檢查，假設此時結果是一個命中；於是之後的兩道指令就由這個目標快取來提供。如果快取命中而且預測正確，則分支的執行過程中不會有延遲的週期。

2. 一個 3072 個項次的混合式預測器，用於沒有在分支目標快取中命中的所有指令，它在 F3 中作動。由這個預測器來處理的分支會引發兩個週期的延遲。

3. 一個在 F4 中作動的 256 個項次的間接分支預測器；由這個預測器作預測的分支在預測正確時會引發三個週期的延遲。

4. 一個 8 個項次的返回堆疊，在 F4 中作動而且會引發三個週期的延遲。

分支的決策是在 ALU 管道 0 中處理，因此分支預測錯誤懲罰的代價是八個週期。圖 4.75 表示對 SPECint2006 的預測錯誤率。預測錯誤所浪費的工作量與預測錯誤率，以及錯誤預測的分支之後那段時間裡可持續的派發率兩者有關。如圖 4.76 中所示，浪費的工作量大致與預測錯誤率吻合，雖然它可能略大些或偶爾略小些。

A53 管道的效能

A53 由於它的雙派發構造所以理想的 CPI 是 0.5。管道的停滯因為以下三種原由而可能會發生：

1. 功能需求造成的危障，發生在由於選取的要同時派發的兩道鄰接的指令卻要使用同一個功能管道時。因為 A53 是採用靜態排程的，編譯器應該要試著避免這種矛盾。當這樣的指令連在一起出現時，它們會在要開始執行時就被先後地排在管道上，然後只有排在前面

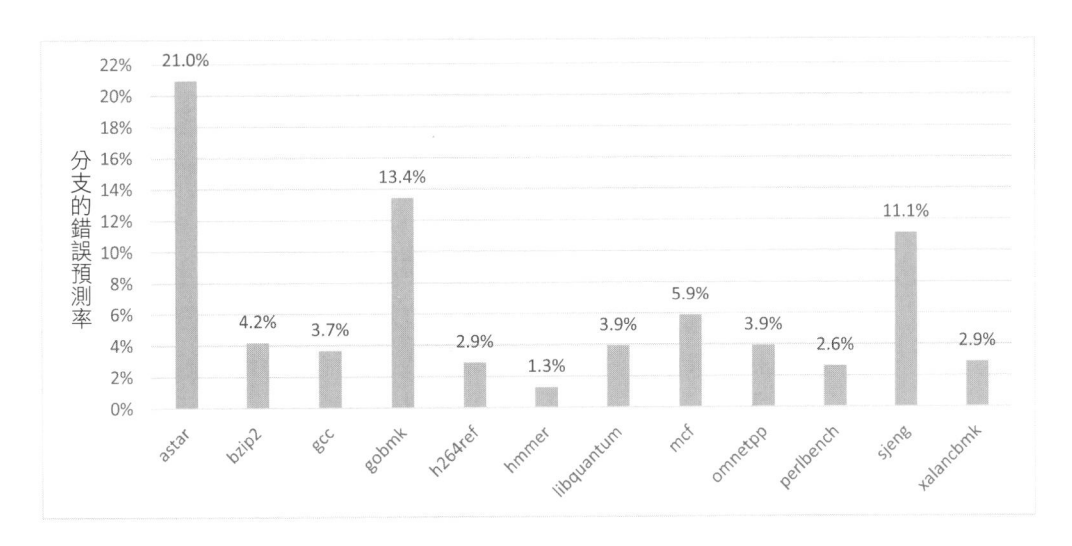

圖 4.75　A53 分支預測器對 SPECint2006 的錯誤預測率。

(取材自 Hennessy JL 與 Patterson DA 的計算機架構：計量方法，*Computer Architecture: A Quantitative Approach*，第六版，Cambridge MA，2018，出版商是 Morgan Kaufmann。)

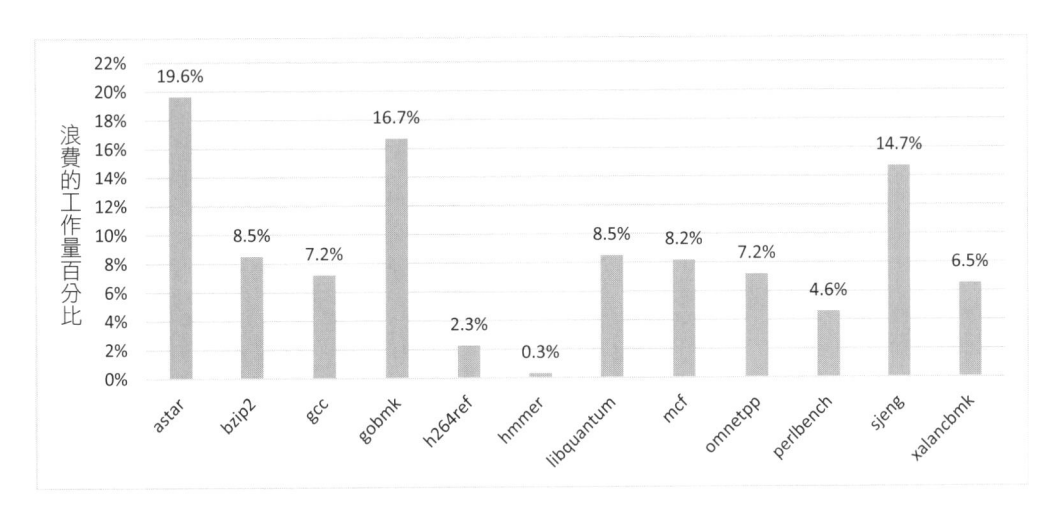

圖 4.76　在 A53 中因為分支預測錯誤造成的工作量浪費。

因為 A53 是依序派發指令的機器，浪費的工作量與不同的因素有關，包括數據相依性與快取錯失，這兩個因素都會使得管道停滯。(取材自 Hennessy JL 與 Patterson DA 的計算機架構：計量方法，*Computer Architecture: A Quantitative Approach*，第六版，Cambridge MA，2018，出版商是 Morgan Kaufmann。)

的指令會開始執行。

2. 數據相依造成的危障，會在管道中及早就能偵測出來，結果可能是或是停滯目前的兩道指令 (即如果二者中的前面那一道未能派發，接著的那一道也一定要被停滯)，或是停滯這兩道指令中的第二道。

再次提醒，編譯器應該儘可能地來避免這種停滯。

3. 控制相依帶來的危障，這種危障帶來的停滯只有在預測錯誤時才會發生。

(第 5 章中介紹的) TLB 錯失與快取錯失二者也會引起停滯。圖 4.77 列出相關的 CPI 與估計的各種停滯原因造成的影響。

A53 採用會在適度能耗下帶來適度管道效能損失、同時卻也能夠讓處理器在高時脈速率下運作的較淺的管道與合理地積極的分支預測器。相較於 i7，A53 所需的功耗是 i7 四核處理器的 1/200！

仔細深思 Cortex-A53 是一個可重組的，支援 ARMv8 指令集架構的處理器核。它是以智慧財產權 (IP, *Intellectual Property*) 核的形式出貨的。IP 核是在嵌入式、個人行動裝置與相關的市場中科技產品交付的最

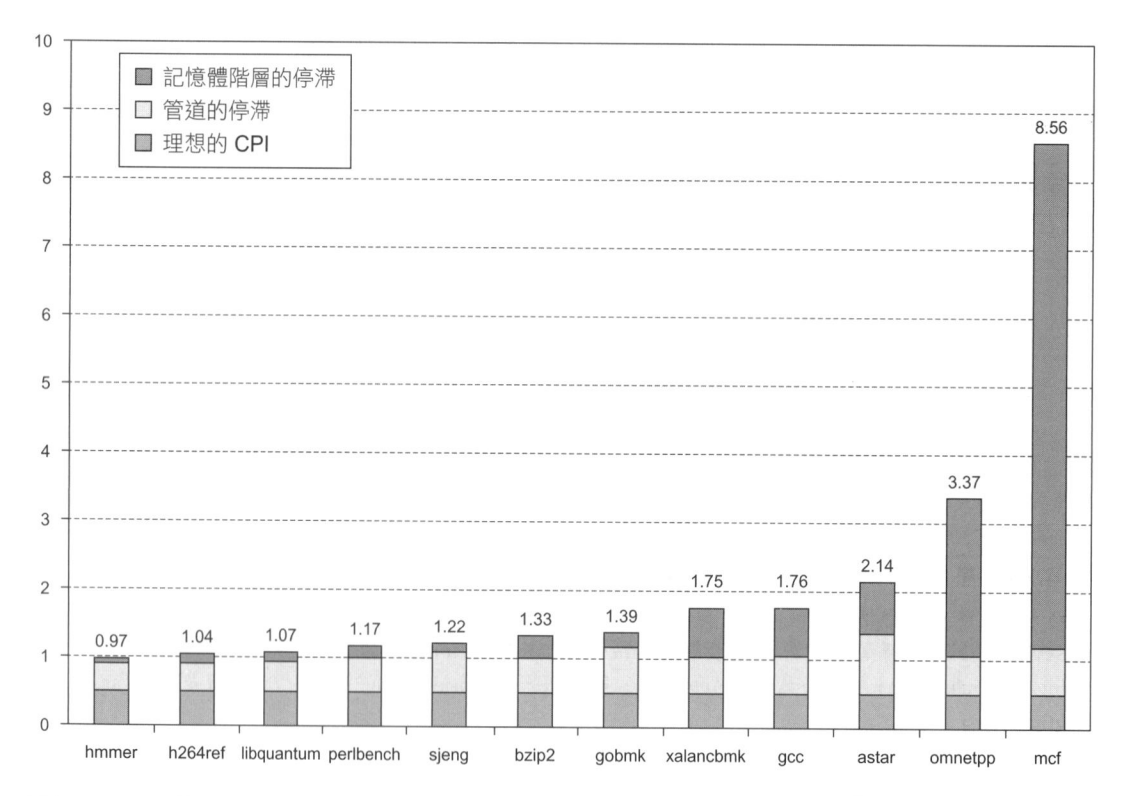

圖 4.77 預估的 ARM A53 CPI 數值中的組成成分顯示出管道停滯影響重大，然而在表現最差的程式中卻仍不及快取錯失造成的影響 (參見第 5 章)。

將詳盡的模擬器所測得的 CPI 減去快取錯失的成分，以取得管道停滯的數據。管道停滯包括所有三種危障造成的停滯。(摘錄自 Hennessy JL 與 Patterson DA 的計算機架構：計量方法，*Computer Architecture: A Quantitative Approach*，第六版，Cambridge MA，2018，出版商是 Morgan Kaufmann。)

主要形式；數以十億計的 ARM 與 MIPS 處理器也都是經由這些 IP 核而製造出來的。

注意這些 IP 核與 Intel i7 多核計算機中所稱的核是不同的。一個 IP 核 (其本身可能就是多核的形式) 是設計來對它再加上一些其他的邏輯 (因此它會是這個晶片的「核心」部分)，其他的邏輯包括特定應用的處理器 (例如視訊的編碼器或是解碼器)、輸入 / 輸出介面，以及記憶體介面等等，然後將這些線路整編在一起來產出一個為某特定應用做出最佳化的處理器。縱使大家的處理器核心都幾乎是一樣的，對不同的應用需求經過這種最佳化過程產出的不同處理器晶片卻會存在很多不同。其中一個不同點就是 L2 (第二層) 快取的大小，大小的差異可以高達 16 倍。

Intel Core i7 6700

x86 微處理器採用複雜的管道式處理方法，對它的 14 階管道使用動態多 (指令) 派發與動態管道排程二種技術，並配合亂序執行與投機式執行。然而，這些處理器仍然面對了要能執行 x86 中那些動作複雜的指令的挑戰，如第 2 章中所說明的。Intel 擷取 x86 指令並且將它們轉換成以內部的類似於 MIPS 指令、Intel 稱之為微運作 (*micro-operations*) 來表達的形態。然後這些微運作會在每個時脈週期可執行六道微運作的複雜的、可動態排程、具投機執行能力的管道上執行。本節特別來探討這個微運作所使用的管道。

當我們討論複雜的具動態排程能力的處理器時，包括功能單元、快取與暫存器檔案、指令派發，以及整體的管道控制這些設計全都混雜在一起了，使得數據通道與整體的管道難以割分。因為這個互相依存的情況的緣故，許多工程師與研究人員採用了**微架構 (microarchitecture)** 這名詞來表示處理器詳細的內部架構。

Intel Core i7 使用一個具有暫存器重命名 (register renaming) 功能的重序緩衝器 (reorder buffer) 的方法來解決反相依性和錯誤預測的問題。暫存器重命名刻意地重新配置處理器中**架構上的暫存器 (architectural registers)** 的名稱 (意指其索引值) (在 64- 位元版 x86 架構中具有 16 個) 到數量更多的實體暫存器上。Core i7 以暫存器重命名來消除反相依性。處理器因為暫存器重命名這個目的而需要在架構暫存器和實體暫存器之間建立一個對照表，來指出一個架構暫存器它

對應到的最新實體暫存器是哪一個。因為記錄了曾發生過的暫存器重命名，這個功能提供了另一種可以從錯誤猜測回復的方法：只需將從第一個錯誤猜測後的投機式執行的指令開始的暫存器重命名的對應關係取消掉即可。這樣的調整可以讓處理器的狀態回復到最後一道正確執行的指令完成後的情況，保持了正確的架構暫存器與實體暫存器間的對應關係。

圖 4.78 表示 i7 管道的整體結構。我們將從指令擷取開始一直到它的結果被確認為止，經由圖中標示出的的八個步驟，來檢視這個管道：

1. 指令擷取──處理器使用一個複雜的多層的分支目標緩衝器來取得速度與預測準確度間的平衡。另外還有一個用以加速函數返回的返回位址堆疊。錯誤預測會導致 17 個週期的懲罰。指令擷取單元將使用這些機制所預測的位址自指令快取中擷取 16 個位元組。

2. 該 16 個位元組被置入指令預解碼緩衝器──預解碼階自該 16 個位元組中經過辨認後區別成個別的 x86 指令。由於一道 x86 指令的長度可能從 1 到 17 個位元組不等，而且預解碼器必須檢視數個位元組後才能完全判斷出一道指令的長度，它的功能並不簡單。之後個別的 x86 指令將被放置入指令貯列中。

3. 微運作解碼──解碼器裡面的其中三個處理可直接轉換成一道微運作的 x86 指令。對於那些具複雜語意的 x86 指令，則由一個用以產出對應的微運作序列的微碼 (microcode) 引擎來處理；其在一個週期內可產生出四道微運作並會持續動作直至所需的微運作序列產生完成為止。這些微運作會依據 x86 指令的順序被置入具 64 個項目的微運作緩衝器中。

4. 微運作緩衝器作迴圈流偵測 (*loop stream detection*)──若微運作緩衝器中包含有一個完整迴圈的不大的指令序列 (長度小於 64 道指令)，則迴圈流偵測器會辨識出該迴圈並直接由緩衝器派發微運作，省去之後重複啟動指令擷取和指令解碼階動作的需要。

5. 執行基本的指令派發──在將微運作送入預約站前先於暫存器表中查找到相關的暫存器、對暫存器重命名、配置一個重序緩衝器中的項次給該微運作、並且在將這個微運作送入該預約站之前先從暫存器或重序緩衝器中取出任何需要的運算元的值。每個時脈週期中可以處理多至四道的微運作；它們會被配置在依序的可用的重序緩衝

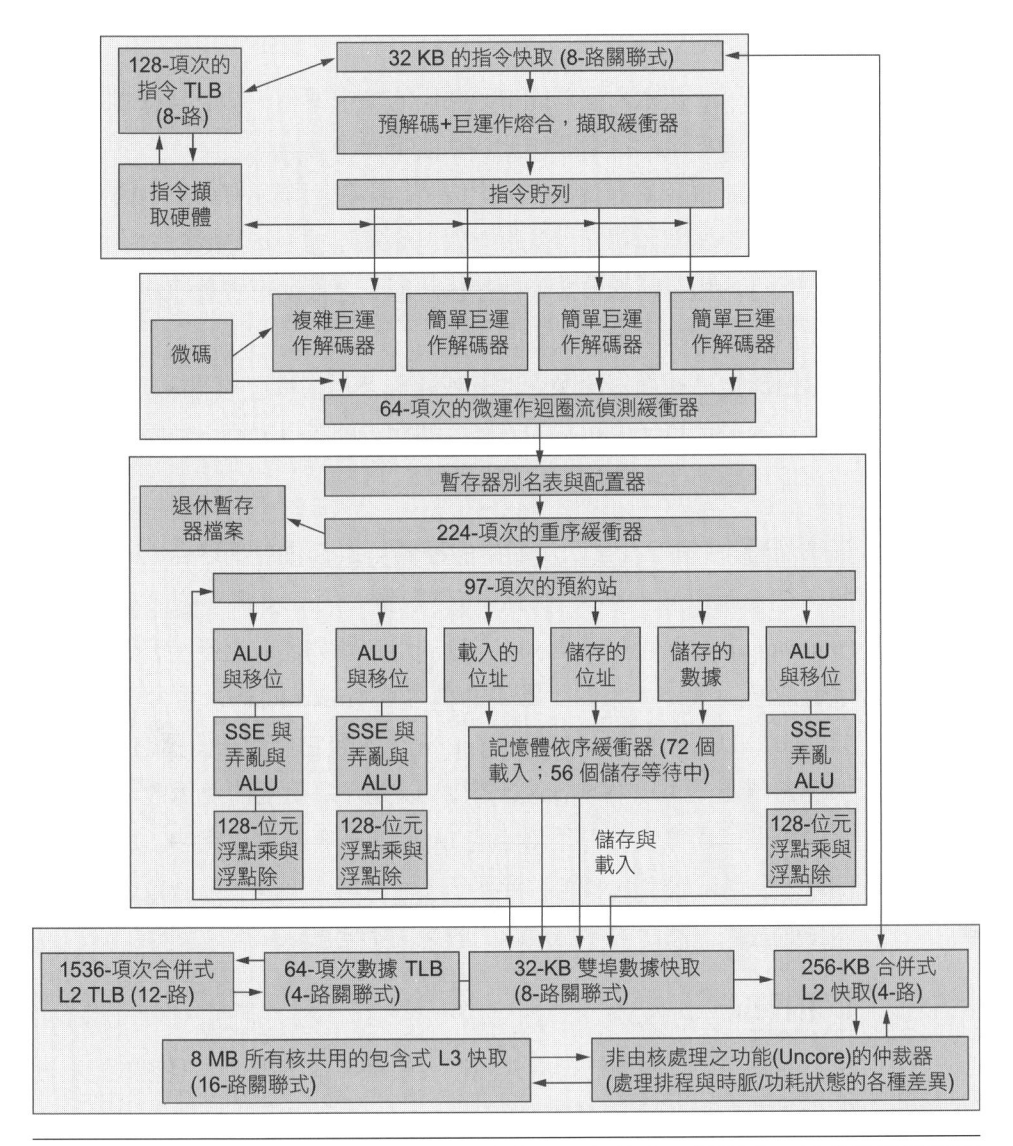

圖 4.78　Intel Corei7 管道與記憶體系統中部分組件表示於圖中。總共的管道深度是 14 階，以及分支錯誤預測一般的代價是 17 個時脈週期，其中多出來的幾個週期也許是因為要重置分支預測器所需的時間。

這個設計中可以緩衝住 72 個載入與 56 個儲存。六個獨立的功能單元每一個都可以在同一個週期時間各自開始執行一個準備妥了的微運作。可以有多至四個微運作 (同時) 在暫存器重命名表中進行處理。第一個 i7 處理器於 2008 面世；i7 6700 是第六代的設計。i7 的基本結構一直以來維持類似，不過後續的世代改變了快取的策略 (參見第 5 章)，以增加記憶體頻寬、增加擷取中的指令的數量、強化分支預測，以及改善對圖學的支援，來提高效能。(摘錄自 Hennessy JL 與 Patterson DA 的計算機架構：計量方法，*Computer Architecture: A Quantitative Approach*，第六版，Cambridge MA，2018，出版商是 Morgan Kaufmann。)

器項次中。

6. i7 使用了一個由六個功能單元共用的集中式預約站。其每個時脈週期可派發多至六道微運作至各功能單元中。

7. 各別功能單元執行微運作,之後將結果送回至所有等待中的預約站以及暫存器退休單元;該暫存器退休單元在一旦指令已知不再是投機執行的指令時即會更新暫存器狀態。之後即可將重序緩衝器中對應該指令的項次標記為已完成。

8. 當位於重序緩衝器開頭處的一或連續多道指令已標記成已完成時,暫存器退休單元中相關的等候中的寫入即予以執行,並將該等指令自重序緩衝器中移除。

仔細深思 在第二及第四步驟中的硬體可以合併或稱熔合 (fuse) 數個運作在一起以減少必須執行的運作數量。第二步驟中的巨運作熔合 (*macroop fusion*) 可將某些 x86 指令的組合譬如比較之後接著做分支者熔合成一道運作。第四步驟中的微熔合 (microfusion) 可合併一對例如 load/ALU 運作或 ALU 運作/store 來派發它們到一個預約站中 (從那裡它們還是可以個別派發出來),以提升緩衝器的使用效率。在一個對兼可使用微熔合與巨熔合的 Intel Core 架構的研究中,Bird 等人 [2007] 發現微熔合對效能影響不多,而巨熔合似乎對整數效能有適度的正面效果、然而對浮點效能的效果則不明顯。

i7 的效能

由於採用了積極的投機式執行,要精準地指出造成理想效能與實際效能間落差的原因是困難的。6700 中大量使用的貯列與緩衝器大大地減少了因為預約站、重命名暫存器、或重序緩衝器數量不足導致停滯的可能性。

所以,大部分的損失來自於或是分支的錯誤預測或是快取錯失。一個分支錯誤預測的損失是 17 個週期,另一方面一個 L1 快取錯失的損失是大約 10 個週期 (參見第 5 章)。一個 L2 快取錯失的損失則略高於 L1 錯失損失的三倍,以及一個 L3 錯失的損失約略是 L1 錯失損失的 13 倍 (130-135 個週期)。雖然處理器會在 L2 與 L3 錯失期間嘗試找些替代指令來執行,不過很可能在錯失的處理結束前有些緩衝器就已經用到滿了,使得處理器只好停止派發指令。

圖 4.79 顯示 19 個 SPECCPUint2006 測試程式的整體 CPI。在 i7

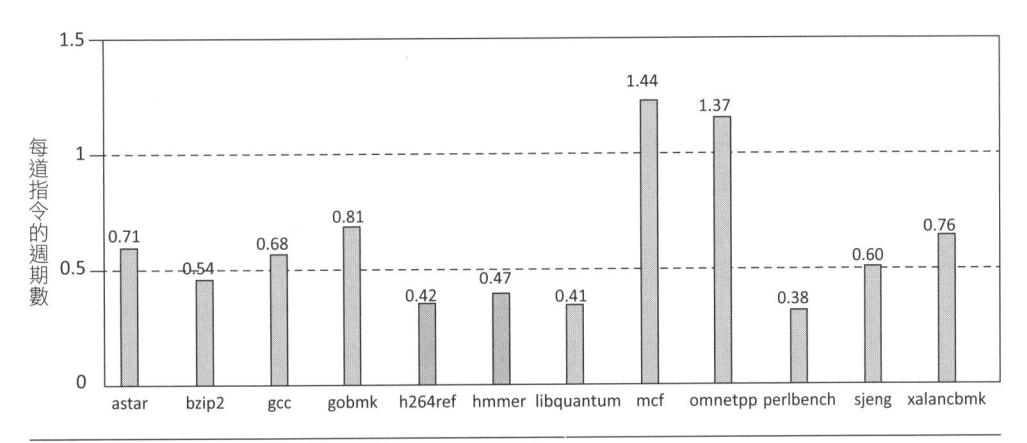

圖 4.79 在 i7 6700 上 SPECCPUint2006 測試程式的 CPI。本節中的數據是由路易西安那州立大學的 Lu Peng 教授與博士生 Qun Liu 收集而來。

（摘錄自 Hennessy JL 與 Patterson DA 的計算機架構：計量方法，*Computer Architecture: A Quantitative Approach*，第六版，Cambridge MA，2018，出版商是 Morgan Kaufmann。）

6700 上的平均 CPI 是 0.71。圖 4.80 顯示 i7 6700 的那些分支預測器對這些測試程式的錯誤預測率。這些錯誤預測率大約是 A53 造成的顯示於圖 4.76 中的數字的一半——對 SPEC2006 而言它們的中值是 2.3% 相對於 3.9%——以及 CPI 是少於一半：中值是 0.64 相對於更為積極的架構的 1.36。i7 的時脈速率是 3.4 GHz 相對於 A53 的可高至 1.3 GHz，所以指令的平均耗時是 0.64×1/3.4 GHz＝0.18 相對於 1.36×1/1.3 GHz＝1.05，或是超過五倍快。另一方面，i7 耗用了 200

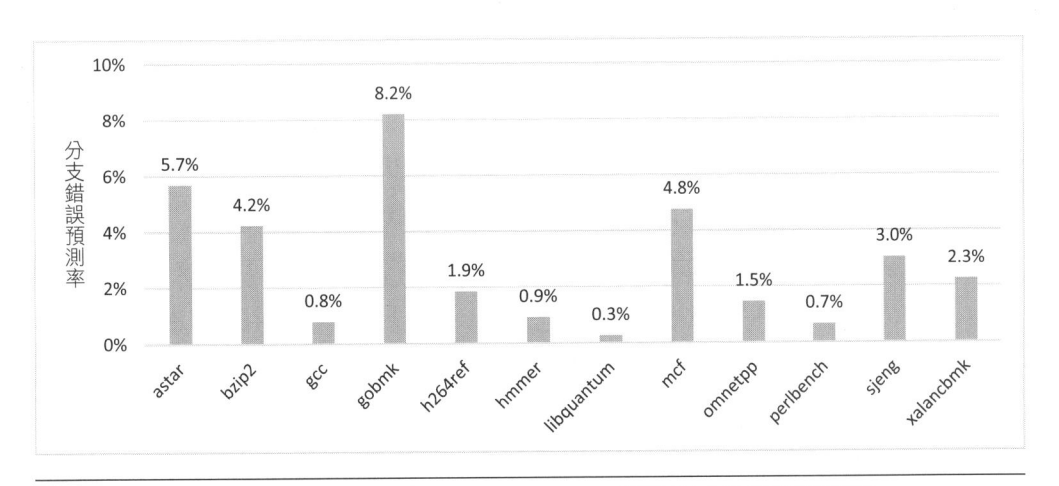

圖 4.80 在 Intel Core i7 6700 上 SPECCPU2006 測試程式的錯誤預測率。

錯誤預測率是經由計算完成了的但是錯誤預測的分支指令相對於所有完成了的分支指令的比率而得。（摘錄自 Hennessy JL 與 Patterson DA 的計算機架構：計量方法，*Computer Architecture: A Quantitative Approach*，第六版，Cambridge MA，2018，出版商是 Morgan Kaufmann。）

倍的功耗！

Intel Core i7 結合了 14 級的管道和積極的多重派發以獲得高效能。使連續的運作間的延遲降低可以減輕數據相依的影響。而程式執行於這個處理器上時最嚴重的潛在效能瓶頸將會是哪些？下列是一些潛在的效能問題，其中最後三項能夠以某種形式來影響任何高效能的管道式處理器。

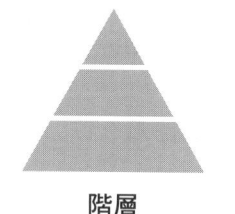

- 使用不能對應到少數簡單微運作的 x86 指令
- 難以預測的分支，當猜測錯誤時造成錯誤預測的停滯以及 (管道) 的重新啟動
- 長的 (亦即需要等待很久的)、會導致停滯的相依關係——一般肇因於或是需要長執行時間的指令，或是**記憶體階層** (memory hierarchy) 式的設計
- 存取記憶體時引起的效能耽擱 (參見第 5 章) 導致處理器停滯

4.13 執行得更快：指令階層平行性與矩陣乘法

回到第 3 章的 DGEMM 例子，我們可以看到經由展開迴圈所得到的指令階層平行性來提供可多重派發及亂序執行的處理器更多指令來執行所造成的影響。圖 4.81 顯示圖 3.21 展開後的版本，其中包含可產出 AVX 指令的 C 的編譯器內建函式。

如同在之前圖 4.71 中展開的例子，我們將會把迴圈展開四次 (因為我們可能還會想要嘗試其他展開的次數，所以我們使用 C 碼中的常數 `UNROLL` 來控制展開的次數)。我們可以讓 gcc 編譯器在──O3 的最佳化選項下做展開，而非手動地複製四份如圖 3.21 中的敘述句來展開該 C 迴圈。我們將原有的 C 編譯器內建函式前後圍繞以反覆四次的簡單 *for* 迴圈 (第 9、15 和 19 行) 並將圖 3.22 中的純量 `C0` 替換成 4 個元素的陣列 `c[ ]` (第 8、10、16 和 20 行)。

圖 4.82 列出展開後的組合語言輸出碼。一如預期，圖 4.82 中每道在圖 3.22 中的 AVX 指令各有四份版本，除了其中一個例外：我們僅需一份 `vbroadcastsd` 指令，因為我們可以在迴圈中重複地使用暫存器 `%zmm0` 中的八份 B 元素。所以圖 3.22 中的 4 道 AVX 指令在圖 4.82 中成為了 13 道指令，而且兩邊都使用同樣的 7 道整數指令，雖然其

```
1   #include <x86intrin.h>
2   #define UNROLL (4)
3
4   void dgemm (int n, double* A, double* B, double* C)
5   {
6     for (int i = 0; i < n; i+=UNROLL*8)
7       for (int j = 0; j < n; ++j){
8         __m512d c[UNROLL];
9         for (int r=0;r<UNROLL;r++)
10          c[r] = _mm512_load_pd(C+i+r*8+j*n); //[ 展開];
11
12        for( int k = 0; k < n; k++ )
13        {
14          __m512d bb = _mm512_broadcastsd_pd(_mm_load_sd(B+j*n+k));
15          for (int r=0;r<UNROLL;r++)
16            c[r] = _mm512_fmadd_pd(_mm512_load_pd(A+n*k+r*8+i), bb, c[r]);
17        }
18
19        for (int r=0;r<UNROLL;r++)
20          _mm512_store_pd(C+i+r*8+j*n, c[r]);
21      }
22  }
```

圖 4.81 DGEMM 經由使用 C 的內建函式來產出 x86 的具部分字平行性的 AVX 指令 (圖 3.21)，以及迴圈展開來增加更多指令階層平行性機會的最佳化後的 C 程式版本。

圖 4.82 顯示編譯器對內迴圈所產出的組合語言 (程式)，該內迴圈將三個 for 迴圈的本體作展開以顯現出更多指令階層的平行性。

```
1   vmovapd       (%r11),%zmm4              # 將 8 個 C 的元素載入 %zmm4 中
2   mov           %rbx,%rcx                 # 暫存器 %rcx=%rbx
3   xor           %eax,%eax                 # 暫存器 %eax=0
4   vmovapd       0x20(%r11),%zmm3          # 將 8 個 C 的元素載入 %zmm3 中
5   vmovapd       0x40(%r11),%zmm2          # 將 8 個 C 的元素載入 %zmm2 中
6   vmovapd       0x60(%r11),%zmm1          # 將 8 個 C 的元素載入 %zmm1 中
7   vbroadcastsd  (%rax,%r8,8),%zmm0        # 在 %zmm0 中做出 B 元素的 8 個複本
8   add           $0x8,%rax                 # 暫存器 %rax=%rax+8
9   vfmadd231pd   (%rcx),%zmm0,%zmm4        # 平行地乘然後加 %zmm0 與 %zmm4
10  vfmadd231pd   0x20(%rcx),%zmm0,%zmm3    # 平行地乘然後加 %zmm0 與 %zmm3
11  vfmadd231pd   0x40(%rcx),%zmm0,%zmm2    # 平行地乘然後加 %zmm0 與 %zmm2
12  vfmadd231pd   0x60(%rcx),%zmm0,%zmm1    # 平行地乘然後加 %zmm0 與 %zmm1
13  add           %r9,%rcx                  # 暫存器 %rcx=%rcx
14  cmp           %r10,%rax                 # 比較 %r10 與 %rax
15  jne           50 <dgemm+0x50>           # 如果不相等，%r10!=%rax，則跳躍
16  add           $0x1, %esi                # 暫存器 %esi=%esi+1
17  vmovapd       %zmm4, (%r11)             # 儲存 %zmm4 進 C 的 8 個元素中
18  vmovapd       %zmm3, 0x20(%r11)         # 儲存 %zmm3 進 C 的 8 個元素中
19  vmovapd       %zmm2, 0x40(%r11)         # 儲存 %zmm2 進 C 的 8 個元素中
20  vmovapd       %zmm1, 0x60(%r11)         # 儲存 %zmm1 進 C 的 8 個元素中
```

圖 4.82 編譯圖 4.81 中迴圈展開過的 C 程式後對巢狀迴圈本體部分所產出的 x86 組合語言 (程式)。

中的常數和位址隨著展開而作了恰當的調整。因此，迴圈雖然展開了 4 次，迴圈本體內的指令數卻僅由 11 道加倍而成為 20 道。

迴圈展開幾乎將效能加倍。與圖 3.21 中的 DGEMM 相較，**部分字平行性**與**指令階層平行性**這兩種最佳化導致了整體的 4.4 倍的加速。和第 1 章中的 Python 版本相較，它則是 4600 倍快。

仔細深思 雖然在圖 4.82 中的第 9 行至第 12 行指令多次重用了暫存器 %zmm5，由於 Intel Core i7 管道可重命名暫存器，因此這樣並不會造成管道停滯。

平行性

下列敘述為真或偽？

自我檢查

1. Intel Core i7 使用一個多派發管道來直接執行 x86 指令。
2. A53 與 Core i7 均使用動態多重派發。
3. Core i7 微架構中存在有比 x86 架構上所需要有的更多的暫存器。
4. Intel Core i7 使用比之前的 Intel Pentium 4 Prescott (參見圖 4.73) 的一半不到的管道階級。

4.14 進階題目：使用硬體設計語言以描述及構模管道的數位設計介紹與更多管道處理舉例

新近的數位設計是使用各種硬體描述語言以及能由描述即可利用設計庫 (libraries) 及邏輯合成來產出詳細硬體設計的現代化計算機輔助合成工具 (computer-aided synthesis tools) 完成的。許多書籍專門介紹這種語言以及它們在數位設計上的應用。這個放在網站的小節中將簡短介紹並說明硬體描述語言，本例中為 Verilog，如何可用於以行為方面的以及適用於硬體合成的形式來描述 MIPS 的控制功能。它也提供了一系列以 Verilog 撰寫的 MIPS 五階管道的行為模型。這些初步的模型忽略了危障，之後的擴充則在於強調為了前饋、數據危障、以及控制危障所作的改變。

然後我們也提供了約略十多張單一週期管道圖的說明給想要瞭解更多管道如何處理一些 MIPS 指令序列的細節的讀者。

4.15 謬誤與陷阱

謬誤：管道化處理很容易。

我們的書證明了正確的管道執行非常精微。我們的另一本進階書本的第一版即使在超過 100 個人的檢閱以及 18 所大學的試教之後仍有一個管道錯誤。這個錯誤在有人嘗試做出書本所描述的計算機時才終於被發現。由以 Verilog 來描述像 Intel Core i7 中的管道需要花上數仟行的事實也可看出管道的複雜性。要小心！

謬誤：管道處理的構想可以在不考慮半導體技術的情況下來設計。

當考慮晶片上可容納的電晶數目以及電晶體的速度使得五級管道的設計是最佳的選擇時，則延遲的分支 (參見 280 頁的仔細深思) 會是控制危障的一種簡單對策。在有了更深的管道、超純量執行以及動態分支預測後，其已屬多餘 (意思是在這種條件下它已經不足以解決分支延遲的控制危障問題了)。又，在 1990 年代早期，動態管道排程方法由於需要使用太多線路而造成即使在高效能領域中也並不太被採用，然而由於可用的電晶體數目如摩爾定律所言般地不斷倍增而且邏輯運算較之記憶體存取更形快速，又使得採用多個功能單元以及動態管道處理顯得合理。時至今日，對功耗的關切又將方向導向採用較不激烈的設計。

陷阱：不仔細思考指令集的設計將會嚴重影響管道化的處理。

許多管道處理上的困難來自於指令集的複雜性。以下是一些例子：

- 在一個以指令集層級來進行管道化處理的設計中，變化很大的指令長度以及執行時間可以造成管道階段間的失衡並使得危障偵測極端困難。這個問題首先於 1980 年代晚期在 DEC VAX 8500 中利用今天 Intel Core i7 也使用的微管道化 (micropipelined) 方法已經獲得解決。當然，這方法需要花費真正指令與微運作間轉譯及追蹤其對應關係的額外負擔。
- 繁複的各種定址模式可能造成各種問題。會造成暫存器改變的定址

法使得危障偵測更複雜。會導致多次記憶體存取的定址法則大大增加管道控制的複雜並使得管道的流動很難維持順暢。

- 也許最好的例證是 DEC Alpha 和 DEC NVAX。使用類似的製作技術，Alpha 的比較新的指令集架構可以使得實作出來的效能比 NVAX 高不止兩倍。另一例證中，Bhandarkar 與 Clark [1991] 比較了 MIPS M/2000 與 DEC VAX 8700 在執行 SPEC 測試程式時的時脈數；他們得到雖然 MIPS M/2000 執行了比較多道指令，然而平均 VAX 要用到 2.7 倍的時脈數，因此 MIPS 比較快。

4.16 總結評論

> 智慧的十分之九在於智慧要能及時。
> 美國諺語

管道化

指令延遲
指令本身所需的執行時間。

預測

　　如我們在本章中所見，處理器的數據通道與控制二者的設計都可以始於指令集架構以及對現行科技各項基本特性的瞭解。第 4.3 節中，我們看到了 MIPS 處理器的數據通道如何可以根據架構來建構以及製作一個單一週期設計的決定。當然，使用的製作技術也決定了有哪些元件可用在數據通道中並影響了決策，甚至於單一週期的作法是否合理。

　　管道化處理改善了處理量而非指令本身的執行時間，或稱**指令延遲** (instruction latency)；對某些指令，其延遲與單一週期做法中相似。多重指令派發使用更多的數據通道硬體來允許數道指令在每個時脈週期中開始執行，但會造成延遲的增加。管道化處理的好處是降低簡單單一週期數據通道的時脈週期時間。而相較於它，多重指令派發明顯地是著重於降低每道指令所需的時脈週期數 (CPI)。

　　管道化處理與多重指令派發二者都是為了發掘指令階層的平行性。可能造成危障的各種資料與控制相依關係則是可以發掘出多少平行度的主要限制。排程與**猜測**，不論是硬體或軟體的方法，為用於降低相依關係造成的效能衝擊的主要技術。

　　我們說明展開 DGEMM 迴圈四次之後，可提供更多能夠利用 Core i7 的亂序執行引擎的指令，因而提升效能至兩倍不止。

　　在 1990 年代中期由於採用了更長的管道、多重指令派發以及動態排程，使得始於 1980 年代早期的處理器效能每年提升 60% 的趨勢得以維持。如第 1 章中所提及，這些微處理器都保留住循序程式執行

的模式，但它們終於都遇上了功耗障壁。因此業界被迫嘗試多處理器的設計，其發掘的是更為大些的階層上的平行度 (此為第 6 章的主題)。這個趨勢也使得設計師們重新思索自從 1990 年代中期以來許多創新作法在功耗與效能間的關係，造成了最近一些微架構的版本中管道設計的簡化。

要經由平行處理器的使用來維持處理效能的進步時，Amdahl 定律指出系統的另一部分將會形成瓶頸。那個瓶頸：**記憶體階層**即為下一章的主題。

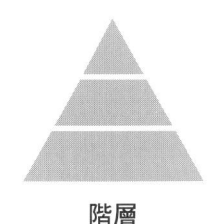

階層

4.17 歷史觀點與進一步閱讀

這收錄於網站中的一節討論第一個管道化處理器、最早的超純量以及亂序與猜測處理的發展，同時也包含相關的編譯器技術的發展的各種歷史。

4.18 自我學習

儘管較高性能的處理器會採用遠比五階更深的管道，有些非常低成本或低能耗的處理器卻也有著較淺的管道。假設數據通道的組件有著如圖 4.26 與圖 4.27 中的時間參數。

三階的管道。如果數據通道採用的是三階的管道處理而非五階，你會如何劃分這樣的數據通道？

時脈速率。在時脈週期時間的考慮中先不考慮管道暫存器或前饋邏輯造成的影響，則管道的五階的設計與三階的設計中的時脈速率分別是多少？假設數據通道的組件有著如圖 4.26 與 4.27 中的時間參數。

暫存器寫入 / 讀取的數據危障呢？ 在三階的設計中仍會有這些危障嗎？如果有，前饋可以矯正這些嗎？

載入 - 使用的數據危障呢？ 在三階的設計中仍會有這些危障嗎？如果有，需要將管道停滯、或是前饋就可以矯正這些嗎？

控制危障呢？ 在三階的設計中仍會有這些危障嗎？如果有，如何能降低它們的影響？

CPI。 三階管道的每道指令所需週期數會比五階管道的更高或低些？

自我學習的解答

三階的管道。 雖然可能有好幾種做法，以下是一個合理的劃分：

1. 指令擷取與暫存器讀取 (300 ps)
2. ALU (200 ps)
3. (記憶體的) 數據存取，暫存器寫入 (300 ps)

300	600	900	1200	1500
指令擷取與暫存器讀取	ALU	數據存取與暫存器寫入		
	指令擷取與暫存器讀取	ALU	數據存取與暫存器寫入	
		指令擷取與暫存器讀取	ALU	數據存取與暫存器寫入

時脈速率。 圖 4.27 顯示五階管道的時脈週期時間是 200 ps，所以時脈速率是 1/200 ps 或 5 GHz。對這個三階管道而言最糟情況的階級需要 300 ps，所以時脈速率是 1/300 ps 或 3.33 GHz。

暫存器寫入 / 讀取的數據危障。 如此前的管道示意圖所示，仍會有寫/讀的危障存在。第一道指令要到第三個階級才會寫入暫存器，但是下一道指令在第二個階級開始時就需要用到暫存器的新的值。4.8 節中的前饋方法在三階的管道中可以正確運作，因為前方指令的 ALU 結果在這道指令的第二階開始時就已經準備好了。

載入 - 使用的數據危障。 即使是在三階的管道中，我們仍須如 4.8 節中般地對載入 - 使用危障將管道停滯一個時脈週期。數據在第三階結束前仍然不可取得，但是接下來的那道指令卻需要在第二階開始時就取用這筆新數據。

控制危障。 這種危障是三階管道佔優勢的地方。我們可以採用 4.9 節中在圖 4.62 中所做的，在 ALU 階之前就完成計算分支目的位址、同時比較兩個暫存器值是否相等的優化手段。這些計算在要擷取接下來的指令之前就已完成，所以及早的分支處理邏輯能夠不造成管道懲罰就解決了控制危障。

CPI。 三階管道的平均的每道指令所需時脈數會因為以下數個原因而

變低 (變好)：

- 因為時脈週期較長，存取 DRAM 記憶體所需的週期數會變少，從而在快取錯失時影響 CPI (參見第 5 章)。
- 分支只需一個週期的執行時間，然而在五階的情形中任何加速分支運作的軟體或是硬體的方法總會在一些情況下失效，因而使得有效的 CPI 增加。
- 三階的時脈週期讓 ALU 階可有更多時間，也許能因此允許使用一些原來在五階設計中會佔用多於一個時脈週期的複雜運作。例如，整數的乘法或除法可能會比在五階管道中因為這裡的時脈週期較長而佔用較少個週期。

4.19 習題

4.1 考慮下列指令：

指令：and rd, rs1, rs2

解譯：Reg[rd] = Reg[rs1] AND Reg[rs2]

4.1.1 [5] <§4.3> 圖 4.10 中的控制器為了上述指令所產生的控制訊號其值為何？

4.1.2 [5] <§4.3> 哪些資源 (區塊) 會為該指令作出有用的功能？

4.1.3 [10] <§4.3> 哪些資源 (區塊) 會產生並不被該指令用到的輸出？哪些資源 (區塊) 並不會對該指令產生輸出？

4.2 [10] <§4.4> 說明圖 4.18 中的每一個「無所謂項」。

4.3 參考以下的各類型指令佔比：

R-型態	I-型態 (不包括 lw)	載入	儲存	分支	跳躍
24%	28%	25%	10%	11%	2%

4.3.1 [5] <§4.4> 所有指令中有多少比例會用到數據記憶體？

4.3.2 [5] <§4.4> 所有指令中有多少比例會用到指令記憶體？

4.3.3 [5] <§4.4> 所有指令中有多少比例會用到符號延伸？

4.3.4 [5] <§4.4>　當指令延伸區塊的輸出並不需要被用到時，在這些週期內指令延伸區塊在做什麼？

4.4　在矽晶片的製造過程中，材質 (比如矽材) 的缺陷與製作中的失誤會導致有缺陷的線路。一個非常常見的缺陷就是有一根訊號線錯誤了，並且永遠顯示出邏輯上的 0。這種情形常常被稱呼為「卡在 0，stuck-at-0」的錯誤。

4.4.1 [5] <§4.4>　如果 MemToReg 線路卡在了 0，哪些指令會無法正確運作？

4.4.2 [5] <§4.4>　如果 ALUSrc 線路卡在了 0，哪些指令會無法正確運作？

4.5　在本習題中，我們詳細檢視一道指令在單一週期的數據通道中是如何被執行的。本習題中各個問題都與處理器擷取以下指令字組 0x00c6ba23 的時脈週期有關。

4.5.1 [10] <§4.4>　這一道指令對 ALU 控制單元的輸入會是什麼？

4.5.2 [5] <§4.4>　在這一道指令執行過後，新的 PC 位址是什麼？在數據通道中標示出決定這個數值的相關路徑。

4.5.3 [10] <§4.4>　對每一個多工器，表示出在指令執行期間它的輸入與輸出的值。列出在 Reg [xn] 處暫存器輸出的數值。

4.5.4 [10] <§4.4>　ALU 與兩個加法單元的輸入數值分別為若干？

4.5.5 [10] <§4.4>　暫存器單元所有輸入的數值各為多少？

4.6　4.4 節中並沒有討論到如 addi 或 andi 等的 I- 型態指令。

4.6.1 [5] <§4.4>　如果有的話，哪些額外的邏輯區塊需要因為 I- 型態的指令而必需被加入圖 4.21 所示的 CPU 中？在圖 4.21 中，加入任何需要的邏輯區塊，並說明它們各別的目的。

4.6.2 [10] <§4.4>　列出控制單元為 addi 產出的訊號的值。說明任何「無所謂」的控制訊號的原因。

4.7　這道習題中的各項問題假設了製造處理器的數據通道中，各個邏輯區塊分別具有下列的延遲參數：

指令記憶體 / 數據記憶體	暫存器 檔案	多工器	ALU	加法器	單一 邏輯閘	暫存器 讀取	暫存器 設置	符號 延伸	控制
250ps	150ps	25ps	200ps	150ps	5ps	30ps	20ps	50ps	50ps

「暫存器讀取時間」是在上升時脈邊緣觸發之後，暫存器中如果有新值的話，其出現在輸出所需要的時間。這個延遲值只是對 PC 而言。「暫存器設置」是指暫存器的數據輸入一定要在時脈的上升觸發緣到達之前必須保持穩定的時間。這個時間延遲值對 PC 以及暫存器檔案都有效。

4.7.1 [5] <§4.4>　R- 型態指令的時間延遲是多少？(也就是說，時脈週期必須要多長才能確保這樣的指令正確運作。)

4.7.2 [10] <§4.4>　lw 的時間延遲是多少？(小心檢查你的答案。很多學生會在關鍵路徑上放進了多餘的多工器。)

4.7.3 [10] <§4.4>　sw 的時間延遲是多少？(小心檢查你的答案。很多學生會在關鍵路徑上放進了多餘的多工器。)

4.7.4 [5] <§4.4>　beq 的時間延遲是多少？

4.7.5 [5] <§4.4>　對於一道 I- 型態的算術、邏輯或者移位 (亦即非屬載入型) 的指令，其時間延遲是多少？

4.7.6 [5] <§4.4>　這個 CPU 的最小時脈週期是多少？

4.8 [10] <§4.4>　假設你可以建構一個其時脈週期對每一道指令都可以各異的 CPU。如果不同型態指令的佔比分別如下，這個新 CPU 相對於圖 4.21 中的 CPU，其加速可以到達多少？

R- 型態 /I- 型態 (不包括 lw)	lw	sw	beq
52%	25%	11%	12%

4.9　思考如果在圖 4.21 中的 CPU 中加入一個乘法器。這項添加會增加 ALU 中的延遲 300 ps，但是會減少指令的數目 5% (這是由於我們不再需要模擬出乘法指令)。

4.9.1 [5] <§4.4>　具有或者沒有這項改善時，時脈週期時間各為多少？

4.9.2 [10] <§4.4>　加入這項改善後，能夠得到的加速是多少？

4.9.3 [10] <§4.4> 新的 ALU 最慢可以慢到多少而仍然可以得到效能的改善？

4.10 [5] <§4.4> 當處理器設計者考慮一個可能的處理器數據通道改善方法，應該如何決定通常都是根據成本 / 效能比的權衡。在下方三個問題中、假設我們由圖 4.21 中的數據通道、習題 4.7 中的各項延遲時間、與下列的各項成本做基礎：

指令記憶體	暫存器檔案	多工器	ALU	加法器	數據記憶體	單一暫存器	符號延伸	符號閘	控制
1000	200	10	100	30	2000	5	100	1	500

假設將通用型暫存器的數量從 32 倍增到 64 會減少 lw 與 sw 指令的執行數量 12%，但是增加暫存器檔案的時間延遲從 150 ps 到 160 ps、並且將成本從 200 倍增到 400。(採用習題 4.8 中的指令混比，同時忽略其他在習題 2.18 中討論到的 ISA 的其他各項影響。)

4.10.1 [5] <§4.4> 加入這項改善能夠得到的加速是多少？

4.10.2 [10] <§4.4> 比較效能改善相對於成本改變的關係。

4.10.3 [10] <§4.4> 根據你於上題中得出的成本 / 效能比，說明一種加入更多暫存器的確恰當的情境、以及的確不恰當的情境。

4.11 檢視在 MIPS 中加入一道建議的指令
lwi   drd, rs1, rs2 [「載入並遞增」(Load With Increment)] 的困難性。這道指令的說明是：

Reg[rd]=Mem[Reg[rs1]+Reg[rs2]]

4.11.1 [5] <§4.4> 為了這道指令，我們需要哪一些 (如果有的話) 新的功能區塊？

4.11.2 [5] <§4.4> 哪些既有的功能區塊 (如果有的話) 需要做修改？

4.11.3 [5] <§4.4> 這道指令會需要哪些新的數據路徑 (如果有的話) ？

4.11.4 [5] <§4.4> 為了要支援這道指令，從控制單元需要產生哪些新的訊號 (如果有的話) ？

4.12 檢視在 MIPS 中加入一道建議的指令 swap rs, rt 的困難性。這道指令的說明是：

```
Reg[rt]=Reg[rs];  Reg[rs]=Reg[rt]
```

4.12.1 [5] <§4.4>　為了這道指令，我們需要哪一些(如果有的話)新的功能區塊？

4.12.2 [10] <§4.4>　哪些既有的功能區塊(如果有的話)需要做修改？

4.12.3 [5] <§4.4>　這道指令會需要哪些新的數據路徑(如果有的話)？

4.12.4 [5] <§4.4>　為了要支援這道指令，從控制單元需要產生哪些新的訊號(如果有的話)？

4.12.5 [5] <§4.4>　修改圖4.21來表示這道新指令的設計。

4.13　檢視在MIPS中加入一道建議的指令ss　rt, rs, imm [儲存和(Store Sum)]的困難性。
這道指令的說明是：
```
Mem[Reg[rt]]=Reg[rs]+immediate
```

4.13.1 [10] <§4.4>　為了這道指令，我們需要哪一些(如果有的話)新的功能區塊？

4.13.2 [10] <§4.4>　哪些既有的功能區塊(如果有的話)需要做修改？

4.13.3 [5] <§4.4>　這道指令會需要哪些新的數據路徑(如果有的話)？

4.13.4 [5] <§4.4>　為了要支援這道指令，從控制單元需要產生哪些新的訊號(如果有的話)？

4.13.5 [5] <§4.4>　修改圖4.21來表示這道新指令的設計。

4.14 [5] <§4.4>　在哪些指令中(如果有的話) Imm Gen 區塊會位於關鍵路徑上？

4.15　lw是在4.4節中的CPU裡時間延遲最長的指令。如果我們修改lw與sw成不再具有偏移量(也就是要載入或者儲存的位址必須在執行lw/sw之前先計算出來並且放置於rs中)，那麼就不會有指令會同時用到ALU與數據記憶體。這樣可以讓我們降低時脈週期時間。

不過這樣也會增加指令的數目，因為許多 ld 與 sd 指令會需要置換成 lw/add 或 sw/add 的組合。

4.15.1 [5] <§4.4> 新的時脈週期時間會是什麼？

4.15.2 [10] <§4.4> 一個指令佔比如同習題 4.7 中所示的程式，會在這個新的 CPU 上執行得更快或更慢？(為了簡化，假設每一道 lw 與 sw 指令都分別被置換成連續的兩道指令。)

4.15.3 [5] <§4.4> 會影響一個程式在這個新 CPU 上執行得更快些或更慢些的主要因素是什麼？

4.15.4 [5] <§4.4> 你認為原來 (顯示於圖 4.21 中) 的 CPU、或是這個新的 CPU，是整體上比較好的設計呢？

4.16 本習題中我們檢視管道如何影響處理器的時脈週期時間。習題中的各問題假設數據通道中的各階分別有以下延遲：

IF	ID	EX	MEM	WB
250ps	350ps	150ps	300ps	200ps

另外，假設處理器所執行的各種指令所佔比例分別如下：

alu	beq	lw	sw
45%	20%	20%	15%

4.16.1 [5] <§4.6> 在管道化及非管道化的處理器中時脈週期時間分別為多少？

4.16.2 [10] <§4.6> 在管道化及非管道化的處理器中 lw 指令的總延遲分別為多少？

4.16.3 [10] <§4.6> 若我們可以將管道化的數據通道中的一個階分開成兩個延遲均為原階級延遲一半的兩個新的階，你將會分開哪一個階？處理器的新的時脈週期時間將為若干？

4.16.4 [10] <§4.6> 假設沒有停滯或是危障，則數據記憶體的利用率為何？

4.16.5 [10] <§4.6> 假設沒有停滯或是危障，則「暫存器檔案」單元的寫入 - 暫存器埠的利用率為何？

4.17 [10] <§4.6>　在一個管道中具有 k 個階級的 CPU 上，充分執行 n 道指令的最少時脈週期數是多少？說明你的計算式。

4.18 [5] <§4.6>　假設 $s0 的值初始化成 11 以及 $s1 的值初始化成 22。如果你在 4.6 節中所示的、並不處理數據危障 (也就是程式師必須負責以插入 NOP 指令在所有需要的地方來處理數據危障) 的管道上執行以下程式碼。暫存器 $s2 與 $s3 中最終儲存的數值是什麼？

```
addi    $s0, $s1, 5
add     $s2, $s0, $s1
addi    $s3, $s0, 15
```

4.19 [10] <§4.6>　假設 $s0 的值初始化成 11 以及 $s1 的值初始化成 22。如果你在 4.6 節中所示的、並不處理數據危障 (也就是程式師必須負責以插入 NOP 指令在所有需要的地方來處理數據危障) 的管道上執行以下程式碼。暫存器 $s4 中最終儲存的數值是什麼？假設暫存器檔案是在時脈週期開始的時候被寫入，以及結束的時候被讀取，因此在 ID 階級中會將同一個時脈週期中發生的 WB 階級寫入的結果取得。詳情可參閱 4.8 節與圖 4.51。

```
addi    $s0, $s1, 5
add     $s2, $s0, $s1
addi    $s3, $s0, 15
add     $s4, $s0, $s0
```

4.20 [5] <§4.6>　在下方的程式碼中加入 NOP 指令，使得它可以在一個不處理數據為危障的管道上正確執行。

```
addi    $s0, $s1, 5
add     $s2, $s0, $s1
addi    $s3, $s0, 15
add     $s4, $s2, $s1
```

4.21　思考在 4.6 節中一個不處理數據危障的管道形式 (也就是程式師必須負責以插入 NOP 指令在所有需要的地方來處理數據危障)。假設在最佳化之後一個典型的 n-道指令的程式會需要額外的 4*n 道 NOP 指令來正確地處理數據危障。

4.21.1 [5] <§4.6>　假設這個管道在沒有前饋 10 的週期時間是 250 ps。同時假設加入前饋的硬體之後，會將 NOPs 的數量從 .4*n 降到 .05*n、但是將週期時間提高到 300 ps。這個新管道與沒有前饋的管道相較，其加速是多少？

4.21.2 [10] <§4.6>　不同的程式會需要不同數量的 NOPs。程式中可以有多少 NOPs (以與原程式碼中指令數的百分比表示) 而仍舊不比具有前饋能力的管道執行得更慢？

4.21.3 [10] <§4.6>　重複 4.21.2 不過這一次以 x 代表相對於 N 的 nop 指令數。(在 4.21.2 中 x 等於 .4) 以相對於 x 的形式來表示你的答案。

4.21.4 [10] <§4.6>　一個只有 .075*n 道 NOPs 的程式可能在具有前饋能力的管道上執行得更快嗎？說明為何是或不是。

4.21.5 [10] <§4.6>　一個程式至少需要有多少道 NOPs 指令（上方）才有可能在具有前饋能力的管道上執行得更快些？

4.22 [5] <§4.6>　思考下方的 MIPS 組合碼片段：

```
sd    $s5, 12($s3)
ld    $s5, 8($s3)
sub   $s4, $s2, $s1
beqz  $s4, label
add   $s2, $s0, $s1
sub   $s2, $s6, $s1
```

假設我們修改管道使得它只具有一個記憶體 (用來存放指令碼與數據兩者)。在此情形下，每當程式需要擷取一道指令、並且在同一週期中另外一道指令要存取數據時，會發生一個結構危障。

4.22.1 [5] <§4.6>　畫出管道圖形來表示上方程式碼中何處會造成停滯。

4.22.2 [5] <§4.6>　一般而言，是否可能經由重新排序程式碼來降低這類結構危障造成的停滯/NOPs 的數量？

4.22.3 [5] <§4.6>　這個結構危障一定需要以硬體來處理嗎？我們已經看到過數據危障可以經由在程式碼中加入 NOPs 來消弭。你可以對這個結構危障採取相同的方式嗎？如果可以，說明怎麼做。如果不行，說明為何不行。

4.22.4 [5] <§4.6> 你預期在一般的程式中,這種結構危障約略會產生多少的停滯?(使用習題 4.8 中表示的不同型態指令的佔比)

4.23 如果我們改變載入儲存指令成只使用暫存器的內容(而不再有偏移量)作為位址,這些指令就不再需要使用到 ALU (參見習題 4.15)。這樣會造成 MEM 與 EX 兩個階級可以重疊(譯註:意思是合併成同一個),然後管道只具有四個階級。

4.23.1 [10] <§4.6> 這樣的減少管道深度會如何影響週期時間?

4.23.2 [5] <§4.6> 這個改變如何可能改善管道的效能?

4.23.3 [5] <§4.6> 這個改變又如何可能降低管道的效能?

4.24 [10] <§4.8> 以下兩個管道運作圖,何者可以較好地說明管道的危障偵測單元的運作?為什麼?

選擇一:

```
ld    x11, 0(x12):      IF ID EX ME WB
add   x13, x11, X14:    IF ID EX..ME WB
or    x15, x16, X17:    IF ID..EX ME WB
```

選擇二:

```
ld    x11, 0(x12):      IF ID EX ME WB
add   x13, x11, x14:    IF ID..EX ME WB
or    x15, x16, x17:    IF..ID EX ME WB
```

4.25 思考下列迴圈:

```
LOOP:  ld    $s0, 0($s3)
       ld    $s1, 8($s3)
       add   $s2, $s0, $s1
       addi  $s3, $s3, -16
       bnez  $s2, LOOP
```

假設使用了完美的分支預測(不會有控制危障造成的停滯)、不會有分支造成的延遲槽(delay slots)、管道具有完整的前饋支援,以及分支在 EX (而非 ID) 的階級中可以確認。

4.25.1 [10] <§4.8> 畫出在迴圈最早兩次反覆中的管道執行過程圖示。

4.25.2 [10] <§4.8> 標示並不進行有用工作的管道階級。在管道已經充滿指令之後，所有五個管道階級中都在進行有用工作的週期出現得多頻繁？(由 addi 在 IF 階級中的週期開始。至 bnez 在 IF 階級中的週期結束。)

4.26 本習題旨在幫助你瞭解前饋在管道式處理器中，其成本／複雜度／效能間的權衡。習題中的各問題請參考圖 4.53 中的管道式處理器。問題中假設在處理器執行的所有指令，各類的指令中分別有下列的比例具有 RAW 數據相依性中的某種特定型態。數據相依性的型態依產生結果的階 (EX 或 MEM) 以及使用結果的指令 (緊接著產生結果的指令之後的第一道指令 1st、或第二道指令 2nd、或兩者) 而定。假設暫存器的寫入在時脈週期的前半段進行而且暫存器的各個讀取在週期中的後半段進行，因此，「EX 至第三道 (3rd)」及「MEM 至第三道 (3rd)」的相依型態由於不會造成數據危障而不需計入。另外，假設若無數據危障則處理器的 CPI 為 1。

EX 僅對 1st	MEM 僅對 1st	EX 僅對 2nd	MEM 僅對 2nd	EX 對 1st 以及 MEM 對 2nd
5%	20%	5%	10%	10%

假設個別管道階的延遲如下。對 EX 階，其延遲分別表示處理器無前饋或有不同型式的前饋時的值。

IF	ID	EX (無 FW)	EX (全 FW)	EX(僅由 EX/MEM FW)	EX (僅由 MEM/WB FW)	MEM	WB
120ps	100ps	110ps	130ps	120ps	120ps	120ps	100ps

4.26.1 [5] <§4.8> 對於上方列出的每一種 RAW 相依性，寫出能夠顯現出該種相依性的一系列至少三道組合指令。

4.26.2 [5] <§4.8> 對於上方列出的每一種 RAW 相依性，在你於 4.26.1 中寫出的組合嗎中應該要插入多少道 NOPs 才能在沒有前饋或者危障偵測的管道中正確地執行？指出 NOPs 可以在何處插入。

4.26.3 [10] <§4.8> 各別地分析每一道指令時，會超額計算了在一個沒有前饋或者危障偵測的管道中，正確執行一個程式所需要的 NOPs 的總數。寫出一個三道組合指令的系列，來說明當你各別考慮每一道指令時，所需要停滯的總數會多於實際需要停滯來避免任何數據危障的總數。

4.26.4 [5] <§4.8>　假設沒有其他種類的危障，當一個根據上方表格所示的程式執行於沒有前饋的管道中時，其 CPI 為若干？(為了簡化，假設所有需要用到的情形都已列示於上表中、並且可以各別地來處理。)

4.26.5 [5] <§4.8>　如果我們使用完全的前饋 (也就是前饋所有可以被前饋的結果)，則 CPI 為若干？時脈週期中用於停滯的佔比是多少？

4.26.6 [10] <§4.8>　假設我們負擔不起使用完整前饋中所需要用到的三個輸入的多工器。我們必須決定到底是只從 EX/MEM 暫存器做前饋 (也就是去到下一個週期) 的前饋比較好，還是只從 MEM/WB 管道暫存器做前饋 (也就是去到再下一個週期的前饋) 比較好，之間做決定。兩種選擇各別的 CPI 分別為若干？

4.26.7 [5] <§4.8>　對於上方給定的各項危障機率與管道階延遲數據，由各種前饋 (只從 EX/MEM、只從 MEM/WB 以及完整的前饋) 相較於沒有前饋的管道，其可以得到的加速分別為若干？

4.26.8 [5] <§4.8>　(相較於習題 4.26.7 中最快的處理器) 如果我們增加了可以消除一切數據危障的「時間旅行」這種前饋，又會得到多少額外的加速？其中假設這種還沒被發明的時間旅行的線路會對從 EX 階做完整的前饋增加 100 ps 的延遲。

4.26.9 [5] <§4.8>　在各種危障型態的列表中有個別的「EX 對 1st」項次與「EX 對 1st 以及 EX 對 2nd」項次。為什麼沒有「MEM 對 1st 以及 MEM 對 2nd」這樣的項次？

4.27　本習題中的各項問題需參考下列的指令序列，並且假設該指令序列執行於一個具有五階管道的數據通道上：

```
add    $s3, $s1, $s0
lw     $s2, 4($s3)
lw     $s1, 0($s4)
or     $s2, $s3, $s2
sw     $s2, 0($s3)
```

4.27.1 [5] <§4.8>　如果沒有前饋或者危障偵測的話，請加入 NOPs 來確保正確的執行。

4.27.2 [10] <§4.8>　接著改變並且／或者重新安排該程式碼來將需要的 NOPs 數量降至最低。你可以假設在你改寫的程式碼中暫存器 $t0 可以用來存放暫時的數據。

4.27.3 [10] <§4>　如果處理器中有前饋的能力但是我們忘了做危障偵測單元，則當原始的程式碼執行時，會發生什麼事？

4.27.4 [20] <§4.8>　如果具備前饋的能力，在執行這組碼的最早 7 個時脈週期中，說明每一個週期中，在圖 4.59 中的危障偵測與前饋單元會發出哪些訊號？

4.27.5 [10] <§4.8>　如果沒有前饋的能力，則我們需要對圖 4.59 中的危障偵測單元增加哪些新的輸入與輸出訊號？以這組程式碼為例，說明為何需要上述的每一個訊號。

4.27.6 [20] <§4.8>　根據 4.26.5 中的新的危障偵測單元，說明在這組程式碼執行時最先的五個時脈週期中，每一個週期中有哪些輸出訊號是被設定的。

4.28　良好分支預測器的重要性與條件分支會多常被執行有關。再加上考慮分支預測器的準確度，就可以決定了因為分支預測錯誤而會導致多少停滯時間。在本習題中，假設各種不同指令類別的動態分佈情形如下：

R 型	beqz/bnez	jal	lw	sw
40%	25%	5%	25%	5%

同時，假設有如下的不同分支預測器準確度：

總是發生	總是不發生	2 位元
45%	55%	85%

4.28.1 [10] <§4.9>　因為錯誤預測的分支所造成的停滯週期提高了 CPI。使用預測分支總是會發生的預測器導致錯誤預測分支所造成的額外 CPI 為何？假設分支於 EX 階中完成判斷、不考慮數據危障、並且不使用延遲槽。

4.28.2 [10] <§4.9>　對於預測分支總是不會發生的預測器，重複 4.28.1。

4.28.3 [10] <§4.9>　對於 2 位元的分支預測器，重複 4.28.1。

4.28.4 [10] <§4.9> 使用 2 位元的分支預測器時，若是可將半數的分支指令替換為另外一道 ALU 指令，則可得加速若干？假設會被準確或錯誤預測的分支指令其會被替換的機會均等。

4.28.5 [10] <§4.9> 使用 2 位元的分支預測器時，若可將半數的分支指令替換為另外兩道 ALU 指令，則可得加速若干？假設會被準確或錯誤預測的分支指令其會被替換的機會均等。

4.28.6 [10] <§4.9> 某些分支指令遠較其他的分支容易預測。若已知所有被執行的分支指令中有 80% 是易於預測的而且總會被猜對的迴圈繞回分支，則 2 位元分支預測器對其他 20% 分支指令的準確度應為若干？

4.29 本習題檢視不同的分支預測器對以下重複出現的分支結果樣式 (例如迴圈分支) 可以得到的準確度：T, NT, T, T, NT。

4.29.1 [5] <§4.9> 對於該分支結果樣式，總是會發生與總是不會發生的預測器期準確度各為何？

4.29.2 [5] <§4.9> 對於該樣式的前四個分支，假設 2 位元分支預測器的開始狀態位於圖 4.61 的左下方 (即預測不發生)，則其準確度為何？

4.29.3 [10] <§4.9> 假設該樣式不斷重複，則 2 位元分支預測器的準確度為何？

4.29.4 [30] <§4.9> 假設該樣式不斷重複，設計一個可完美預測的預測器。該預測器應該是一個循序 (sequential) 的電路、具有一個預測輸出 (1 代表發生、0 代表不發生)，而且除了時脈以及指出目前指令是否為條件分支的控制訊號外別無其他輸入 (譯註：一般而言，這種分支預測器應該還會有一個告知分支結果究竟是如何的輸入訊號。可以先嘗試在沒有這個輸入的條件下來設計看看)。

4.29.5 [20] <§4.9> 上述 4.29.4 中的分支預測器在分支結果樣式恰為相反且不斷重複時，其準確度將為何？

4.29.6 [20] <§4.9> 重複 4.29.4，但是這次分支預測器需要 (在一段允許犯錯的暖機時間後) 終能完美預測所給的以及相反的 (不斷重複的) 分支結果樣式。該分支預測器應該具有一個告知其真正的執行結

果為何的輸入。提示：這輸入可用以判斷目前重複的樣式是二者中的何者。

4.30 本習題探討例外處理如何影響管道的設計。前面的三個問題請參考以下兩道指令：

指令 1	指令 2
beqz $s0, LABEL	ld $s0, 0($s1)

4.30.1 [5] <§4.10>　這些指令每一道可能觸發的例外有哪些？對於這些例外的每一種，又會是在哪一個管道階中被偵測到的？

4.30.2 [10] <§4.10>　如果每一種例外都各自有它處理程序的位址，說明管道的構造必須如何改變以能夠處理每一種例外。你可以假設這些處理程序的位址是在處理器的設計時已經可以確定了的。

4.30.3 [10] <§4.10>　如果第二道指令在第一道指令之後立刻被擷取了，說明根據你在 4.30.1 習題中的答案，當第一道指令造成了第一個可能發生的例外時，會發生什麼事。以管道執行圖表示從第一道指令被擷取開始、直到例外處理程序中的第一道指令執行完成時為止，的情形。

4.30.4 [20] <§4.10>　在向量式的例外處理中，存放各個例外處理函式位置的表格是存放在數據記憶體中一個已知 (固定) 的位置。修改管道來採用這樣的例外處理機制。以這個修改過的管道與向量式的例外處理來重新回答問題 4.30.3。

4.30.5 [15] <§4.10>　我們想要對 (習題 4.30.4 中說明的) 向量式的例外處理在一個僅有唯一固定的處理器位址的機器上做模擬。寫出應該放置在該固定位置的程式碼。提示：這個程式碼應該辨識例外、提供存放在例外向量表中的恰當位址，並轉移執行到這個例外處理函式上。

4.31 在本習題中我們比較 1-派發與 2-派發處理器的效能，將程式轉換以最佳化 2-派發的執行納入考慮。習題中的問題參考以下 (以 C 語言撰寫的) 迴圈：

```
for(i=0;i!=j;i+=2)
    b[i]=a[i]-a[i+1];
```

一個不做最佳化或僅做極微小最佳化的編譯器可能產生以下的 MIPS 組合碼：

```
        li    $s0, 0
        jal   ENT
TOP:    sll   $t0, $s0, 3
        add   $t1, $s2, $t0
        lw    $t2, 0($t1)
        lw    $t3, 8($t1)
        sub   $t4, $t2, $t3
        add   $t5, $s3, $t0
        sw    $t4, 0($t5)
        addi  $s0, $s0, 2
ENT:    bne   $s0, $s1, TOP
```

上述組合碼使用下列暫存器：

i	j	a	b	暫時值
$s0	$s1	$s2	$s3	$t0-$t5

假設本習題中的雙重派發靜態排程的處理器具有下列特性：

1 其中一道指令必須是記憶體相關運作；另外一道必須是算術/邏輯指令或分支。

2 處理器中有所有可能的階級間的前饋路徑(包括為了分支處理而去到 ID 階級的路徑)。

3 處理器具有完美的分支預測。

4 兩道指令若其中一道相依於另外一道，則不可同時在一個封包中派發 (參見第 350 頁)。

5 當有必要停滯時，派發封包中的兩道指令都必須停滯 (參見第 350 頁)。

在你完成本習題後，注意花了多少努力在產出具有近乎最佳化加速的程式碼上。

4.31.1 [30] <§4.11>　畫出管道圖來表示上述的 MIPS 碼如何在雙重派發的處理器上執行。假設迴圈在兩次反覆之後結束。

4.31.2 [10] <§4.11>　從 1-派發到 2-派發的處理器獲得的加速是多少？(假設迴圈會執行數千次的反覆)

4.31.3 [10] <§4.11>　重新安排／重寫上述的 MIPS 碼來取得在 1- 派發處理器上較佳的效能。提示使用指令 "beqz $s1,DONE" 來在 j=0 時略過整個迴圈。

4.31.4 [20] <§4.11>　重新安排／重寫上述的 MIPS 程式碼來在 2- 派發處理器上獲得較佳效能 (不過不要展開迴圈)。

4.31.5 [30] <§4.11>　重複習題 4.31.1，但是這次使用你在問題 4.31.4 中優化過的程式碼。

4.31.6 [10] <§4.11>　當執行在習題 4.31.3 與 4.31.4 中優化過的程式碼時，從 1- 派發處理器到 2- 派發處理器獲得的加速是多少？

4.31.7 [10] <§4.11>　將習題 4.31.3 中得到的 MIPS 程式碼展開，使得每一次反覆中可以處理原來迴圈中的兩次反覆。然後重新安排／重寫展開後的碼來在 1- 派發處理器上取得較佳的效能。你可以假設 j 是 4 的倍數。

4.31.8 [20] <§4.11>　將習題 4.31.4 中得到的 MIPS 程式碼展開，使得每一次反覆中可以處理原來迴圈中的兩次反覆。然後重新安排／重寫展開後的碼來在 2-派發處理器上取得較佳的效能。你可以假設 j 是 4 的倍數 (提示：重新安排迴圈以使得有一些計算出現在迴圈之外以及迴圈的最後。你可以假設在暫時暫存器中的數值於迴圈結束後不再需要用到)。

4.31.9 [10] <§4.11>　對於沒有展開的、優化之後的得自於習題 4.31.7 與 4.31.8 的程式碼，由單一派發處理器改用雙重派發處理器得到的加速是多少？

4.31.10 [30] <§4.11>　重做習題 4.31.8 與 4.31.9，但是這次假設雙重派發處理器可以同時執行兩道算術／邏輯指令 (也就是說，第一道指令可以是任何類型的指令，但是第二道指令一定需要是算術或者邏輯指令。兩道記憶體運作不能被排程在相同的時間執行)。

4.32 本習題探索能源效率及其與效能的關係。習題中的各問題假設指令記憶體、暫存器以及數據記憶體中的動作的能源消耗如下。你可以假設數據通道中其他部件消耗的能量可忽略 ("暫存器讀取"與"暫存器寫入"的能耗僅與暫存器檔案有關)。

指令記憶體	每一暫存器讀	暫存器寫	數據記憶體讀	數據記憶體寫
140pJ	70pJ	60pJ	140pJ	120pJ

假設數據通道中各部分的延遲如下，並可假設數據通道中所有其他部分的延遲均為可略：

指令記憶體	控制	暫存器讀或寫	ALU	數據記憶體讀或寫
200ps	150ps	90ps	90ps	250ps

4.32.1 [10] <§§4.3, 4.7, 4.15> 在單週期設計以及 5 階管道式設計中，執行 ADD 指令各會耗費若干能量？

4.32.2 [10] <§§4.7, 4.15> 考慮 MIPS 指令的能源耗費時，能源耗費最大的指令為何、以及其執行時能耗為若干？

4.32.3 [10] <§§4.7, 4.15> 若降低能耗為首要目標，你應如何改變該管道式的設計？改變後 ld 指令的能耗降低的百分比為何？

4.32.4 [10] <§§4.7, 4.15> 你在習題 4.32.3 中所作的改變對效能的改變為何？

4.32.5 [10] <§§4.7, 4.15> 你在習題 4.32.3 中所做的改變如何影響一個管道化 CPU 的效能？

4.32.6 [10] <§§4.7, 4.15> 我們可以移除 MemRead 控制訊號並且讓數據記憶體隨時備妥，也就是說我們可以永久地設定 MemRead=1。說明在這個改變之後為何處理器仍舊能夠正常運作。如果 25% 的指令是載入，這個改變對時脈頻率與能耗的影響是什麼？

4.33 在矽晶圓製作過程中，材質 (譬如矽材料) 的缺陷與製作的錯誤可以導致故障的線路。一個非常常見的缺陷是一條導線影響了另外一條導線上的訊號。這種錯誤稱為「交叉對話錯誤」("cross-talk fault")。一個交叉對話錯誤的特殊類別是當有一條線路上面有固定的邏輯值時 (例如在電源供應導線上)。這種被影響的訊號永遠只有邏輯值 0 或 1 的錯誤稱為「卡在 0」("stuck-at-0") 或「卡在 1」("stuck-at-1") 的錯誤。下列各問題請參考圖 4.21 中暫存器檔案的「寫入暫存器」("Write Register") 輸入訊號的位元 0。

4.33.1 [10] <§§4.3, 4.4> 我們假設處理器可以做以下測試 (1) 在 PC、暫存器，與數據與指令記憶體中填入一些值 (你可以選擇使用哪

些數值)，接著 (2) 執行 1 道指令，然後 (3) 讀取 PC、各記憶體、與各暫存器。然後檢視這些數值來決定是否有錯誤出現。你可以設計一個測試 (包括選定 PC、記憶體與暫存器內的數值) 足以來認定是否有卡在 0 個錯誤嗎？

4.33.2 [10] <§§4.3, 4.4>　重複習題 4.33.1 來測試卡在 1 的錯誤。你能夠用單一測試來測試卡在 0 與卡在 1 嗎？如果可以，說明如何做；如果不行，說明為何不行。

4.33.3 [10] <§§4.3, 4.4>　如果我們知道處理器中有卡在 1 錯誤發生在某個訊號上，這個處理器還能用嗎？如果還能用，我們必須要能夠將任何在正常 MIPS 處理器上執行的程式轉換成能夠在這個處理器上執行。你可以假設有足夠的可用指令記憶體空間與數據記憶體空間來讓你在程式中加入更多指令，以及儲存更多數據。

4.33.4 [10] <§§4.3, 4.4>　重複習題 4.33.1；但是這次要測試的錯誤是：`MemRead` 控制訊號在 `branch` 控制訊號是 0 的時候是否會變成 0；如果不會則沒有錯誤。

4.33.5 [10] <§§4.3, 4.4>　重複習題 4.33.1；但是這次要測試的錯誤是：`MemRead` 控制訊號在 `RegRd` 控制訊號是 1 的時候是否會變成 1；如果不會則沒有錯誤。提示：這個問題須要具備作業系統的知識。想想看什麼會導致分區段錯誤 (segmentation faults)。

自我檢查的答案

§4.1，第 271 頁：5 個中的 3 個：控制、數據通道與記憶體。不包括輸入與輸出。

§4.2，第 274 頁：偽。邊緣觸發的狀態元件不但使得同時的讀取與寫入成為可能、執行的結果也很明確。

§4.3，第 282 頁：I. a。II. c。

§4.4，第 296 頁：是，Branch 與 ALUOp0 相等。另外，MemtoReg 與 RegDst 互為相反。你並不需要相反器；只需使用另一訊號並將多工器的輸入次序對調。

§4.5，第 4.5-22 頁：1. 偽。2. 可能；如果訊號 PCSource[0] 在它是無所謂時 (這是大部分的情況) 是永遠被設成 0 的話，則它與 PCWriteCond 相等。

§4.6，第 310 頁：1. 等待 lw 結果時停滯。2. 將第一個 add 要寫入 $t1 的結果前饋。3. 不需停滯或前饋。

§4.7，第 325 頁：敘述 2 及 4 正確；其餘不正確。

§4.9，第 351 頁：1. 預測不發生。2. 預測發生。3. 動態預測。

§4.10，第 358 頁：第一道指令，因邏輯上它在其他指令之前執行。

§4.11，第 372 頁：1. 二者。2. 二者。3. 軟體。4. 硬體。5. 硬體。6. 硬體。7. 二者。8. 硬體。9. 二者。

§4.13，第 384 頁：前二者為偽而後二者為真。

5

大且快：利用記憶體階層

- 5.1 介 紹
- 5.2 記憶體技術
- 5.3 快取的基礎
- 5.4 衡量和改善快取效能
- 5.5 可靠的記憶體階層
- 5.6 虛擬機器
- 5.7 虛擬記憶體
- 5.8 記憶體階層的常用架構
- 5.9 以有限狀態機來控制簡單快取
- 5.10 平行性與記憶體階層：快取一致性
- ⊕ 5.11 平行性與記憶體階層：冗餘廉價磁碟陣列
- ⊕ 5.12 進階教材：實作快取控制器
- 5.13 實例：ARM Cortex-A53 與 Intel Core i7 的記憶體階層
- 5.14 執行得更快：快取區塊分割與矩陣乘法
- 5.15 謬誤與陷阱
- 5.16 總結評論
- ⊕ 5.17 歷史觀點與進一步閱讀
- 5.18 自我學習
- 5.19 習 題

計算機的五大標準要件

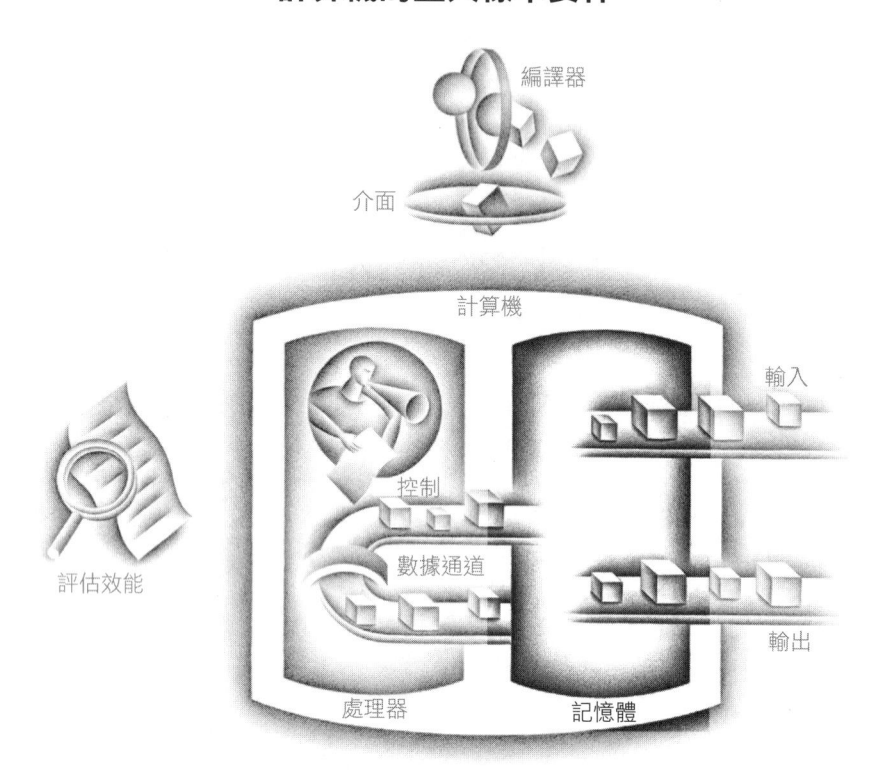

編譯器

介面

計算機

輸入

控制

數據通道

評估效能

輸出

處理器　　記憶體

理想上人們渴望著無限大的記憶空間，如此任何……字組瞬時可得……我們……被迫體認到構建記憶體階層的可能性，每層記憶體比其前一層有較大的空間，但存取會較慢。

A. W. Burks, H. H. Goldstine, and J. von Neumann (馮紐曼)
《電子計算儀器的初步討論》(*Preliminary Discussion of the Logical Design of an Electronic Computing Instrument*)，1946

5.1 介紹

從最早時期的計算開始，程式設計者即希望能有一個無限容量的快速記憶體。本章的各個主題將為程式設計者創建出記憶體又大又快的假象。在我們看到這種假象如何創建出來之前，讓我們參考一個簡單的比喻來說明我們使用的主要原則與機制。

假設你是一個學生，正在寫一篇關於電腦硬體重要演進的學期報告。你坐在圖書館的書桌前，正查閱著從書架上取來的書。你發現在這些書中描述了許多你需要的重要電腦資料，但是卻沒有關於 EDSAC 的資料。因此你回到書架尋找其他的書。你找到一本關於早期英國電腦的書有包括 EDSAC。當你書桌上的這些書選擇得好，在這些書中找到你議題所需資料的可能性會很高。如此，你可以花大部分的時間在書桌前看書，而不必花時間回到書架去找書。相較於書桌

上只能放一本書時，須常走回書架還書、取書，桌上多放幾本書可節省時間。

相同的原則容許我們創建出「大容量記憶體的存取可以像小容量記憶體一樣地快速」的假象。正如你不會同時等機率地查閱圖書館中所有圖書，程式執行時在同一時刻，對所有程式碼和資料的存取機率也不會相同。否則，電腦不可能快速地進行大部分的存取，還同時擁有大量的記憶體。就像不可能同時把所有圖書館的書都放在你的書桌上，仍可很快地找到你要的資料一樣。

你在圖書館的查找工作與程式運作的方式，都在**區域性原則**之下。區域性原則說明程式在任何時候，僅存取一小部分的位址空間，如同你只查找圖書館中小部分的書。區域性原則有兩種：

- **時間區域性** (temporal locality)：一筆資料若被存取，則可能很快地再次被存取。你若帶一本書到桌上查看，你可能很快地需要再次查看這本書。
- **空間區域性** (spatial locality)：一筆資料若被存取，則其附近的資料也有即將被存取的傾向。例如，當你拿出一本早期英國電腦的書查找 EDSAC，你也注意到在書架上這本書附近，其他的書也和早期電腦相關，因此你也會帶走這本書，之後在此書中找到一些有用的資訊。圖書館把相同主題的書籍放在相同的書架上來增加空間區域性。在本章稍後我們會看到空間區域性如何用在記憶體階層中。

如同在書桌上查找書籍會自然地表現出區域性，程式的區域性由簡單和自然的程式結構產生。例如，大部分的程式含有迴圈，所以指令和資料可能被重複地存取，這顯示了高度的時間區域性。因為指令通常是被循序地存取，程式也顯示出高度的空間區域性。資料存取亦顯示了自然的空間區域性，例如，循序地存取一個陣列或記錄的各個元素，自然地會具有高度的空間區域性。

我們藉由將電腦記憶體實作成一個記憶體階層，來利用區域性原則的優點。一個**記憶體階層** (memory hierarchy) 包括多層不同速度和容量的記憶體。較快的記憶體，其每位元的成本較高，因此通常容量也較小。

圖 5.1 表示較快的記憶體放得靠近處理器些，而較慢、較便宜的記憶體則置於其下。其目的是呈現給使用者最便宜技術可提供的儘量

時間區域性
陳述若一資料位置被存取，則它有即將再次被存取傾向的原則。

空間區域性
陳述若一資料位置被存取，則它位址附近的資料位置有即將被存取傾向的原則。

記憶體階層
使用多層記憶體的結構；距處理器愈遠，記憶體的大小與存取時間皆增加。

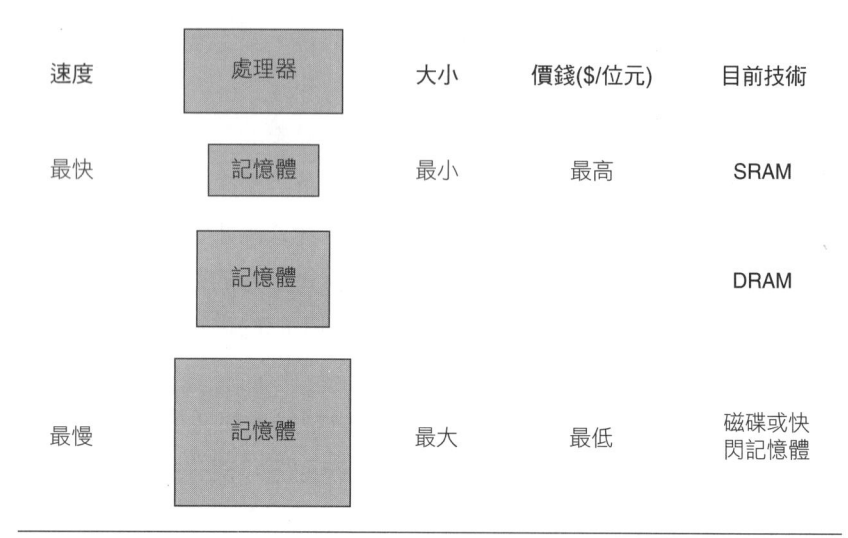

速度　　處理器　　大小　　價錢($/位元)　　目前技術

最快　　記憶體　　最小　　最高　　SRAM

　　　　記憶體　　　　　　　　　　DRAM

最慢　　記憶體　　最大　　最低　　磁碟或快閃記憶體

圖 5.1　記憶體階層的基本結構。
藉由以階層實現記憶體系統，使用者有了記憶體的假象，容量與階層中最大那層的容量一樣大，但存取速度又與最快速記憶體一樣快。在許多嵌入式系統中，快閃記憶體 (flash memory) 已經取代硬碟，且在桌上型或伺服器電腦中，可能造成新的儲存階層；詳見 5.2 節。

多的記憶體容量，同時可提供最快的記憶體的存取速度。

資料的放置同樣是階層性的：一般而言，一個較靠近處理器的層級是任一個更遠層級的子集合，而且所有的資料都放在最低的層級。相似地，在你桌上的書即是來自你所在的那個圖書館的子集，而此圖書館則是校園中所有圖書館的子集。而且，對那些離處理器更遠的層級而言，其存取時間也逐漸增加，就如同我們在所有校園圖書館中所遇的情形一樣。

一個記憶體階層可包含多個層級。但每次資料只在相鄰的二個層級之間複製，所以我們只把焦點放在二個層級上。較高層──靠近處理器的那一層──比較低層的容量小且速度快，因為較高層使用的技術較昂貴。圖 5.2 顯示在二個層級中，資訊可存在或不存在的最小單位稱為一個**區塊** (block) 或一**行** (line)；在我們圖書館的比喻，一個資訊的區塊是一本書。

區塊 (或行)
快取的最小資訊單位，不是全在快取就是全不在。

命中率
記憶體存取在記憶體階層的某一層中被找到的比例值。

假如處理器所需求的資料出現在較上層級的一些區塊中，這稱為命中 (類似於你在你桌上的一本書中找到資料)。假如資料在上一層中找不到，此請求則稱為錯失，並接著存取階層中較低的一個層級，以取出包含處理器所需求資料的區塊 (接續我們的比喻，你從書桌走到書架，找出需要的書)。**命中率** (hit rate)，或稱命中比例，是存取上

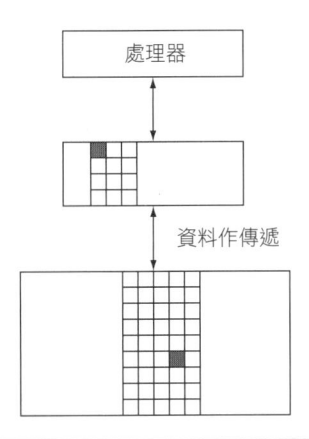

圖 5.2　記憶體階層中兩兩之間都可想成有著上一層或下一層。
在一層中，存在與否的資訊單位叫做**區塊**或**行**。當我們在階層間複製什麼，都以整個區塊傳遞。

層記憶體時找到的比例。它通常做為階層記憶體效能的評估。**錯失率** (miss rate)(1−命中率) 是存取上層記憶體時沒找到的比例。

　　既然效能是使用階層記憶體的主要理由，因此處理命中和失誤時的時間就很重要了。**命中時間** (hit time) 是存取記憶體階層中較上方階層的時間，其中包括了決定存取是命中或失誤的時間 (也就是，需要去查閱書桌上書籍的時間)。**錯失懲罰** (miss penalty) 時間是指，用低層級中對應的區塊來取代高層級中的區塊所需的時間，再加上傳送這個區塊 (中處理器所需存取的資訊) 到處理器的時間 (或者從書架中取出另一本書來取代書桌上一本書的時間)。因為高層級的容量較小並且使用較快的記憶體元件構成，命中時間會遠小於存取階層中的下一層級的時間，而且存取下層的時間是錯失懲罰時間的主要部分 (查閱桌上書本的時間遠小於從書架上取來一本新書的時間)。

　　如同我們將在本章所見到的，用來建立記憶體系統的觀念影響著計算機的許多其他方面，包括作業系統如何管理記憶體和輸出輸入，編譯器如何產生程式碼，甚至應用程式如何使用電腦。當然，因為所有的程式花費許多時間存取記憶體，記憶體系統必然地是決定效能的主要因素。依賴記憶體階層來提升效能這件事，意謂著過去一向被訓練成視記憶體為一個一大片、能夠隨機存取的儲存裝置的程式設計者們，現在則需要瞭解記憶體階層以從而獲得好的效能。在之後的例子中我們會指出這事有多重要，例如在圖 5.18 中，以及說明如何將矩陣乘法效能加倍的第 5.14 節。

錯失率
記憶體存取不在記憶體階層的某一層被找到的比例值。

命中時間
存取某層記憶體階層所需要的時間，包含決定這次存取是否命中的時間。

錯失懲罰
記憶體階層從下一層取一區塊至某層所需要的時間，包含存取這區塊的時間、傳送時間、插至該錯失層的時間及傳回給要求者的時間。

記憶體系統對效能至關重要,因此計算機設計師們投了大量的注意力在這些系統上,並且開發了一些複雜精密的機制來提高記憶體效能。本章中,我們使用很多簡化和抽象概念,使得教材在長度和複雜度上可被接受,以討論主要的觀念。

> **大印象** *The BIG picture*
>
> 程式兼具時間區域性——有重用最近存取過的資料的傾向;以及空間區域性——剛存取過的資料,其附近的資料有被存取的傾向。記憶體階層,將許多最近存取過的資料擺在處理器附近,以利用時間區域性來取得好處。藉由搬移記憶體中多個連續字組形成的區塊到階層的較上層,以利用空間區域性來得到好處。
>
> 圖 5.3 顯示,愈靠近處理器的地方,記憶體階層使用容量較小且速度較快的記憶體技術。因此,存取記憶體階層中的最高層命中時,即可快速地執行;當存取錯失時,則需到容量較大但速度也較慢的下一層進行存取。若命中率夠高,記憶體階層的有效存取時間接近其最高層的速度(且最快)且容量也相等於最低層的大小(且最大)。

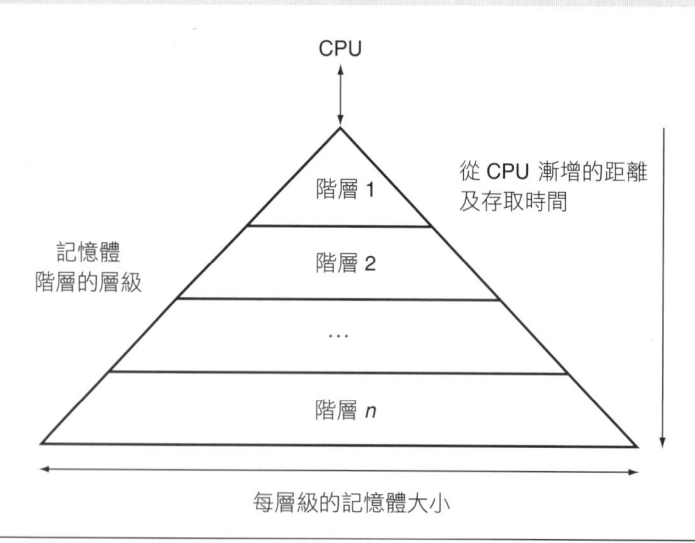

圖 5.3 這張圖顯示記憶體階層的結構:隨著與處理器距離的增加,大小也增加。

這個結構配合上適當的運作機制,可以使得處理器的存取時間主要由階層的第一層決定,同時也仍然有著與第 n 層記憶體一樣大的容量。維持這個假象是這章的主題。雖然系統中的硬碟或快閃記憶體通常處於階層的底層,有些系統會以在區域網路上的磁帶或檔案系統來做為階層中的更下一個層級。

> 在大部分的系統中，記憶體是真的階層化結構，意謂著資料出現在某一層級 $i+1$ 後，才有可能也出現在上一層級 i 中。

自我檢查

下列哪些陳述一般而言是正確的？
1. 記憶體各階層都利用了時間區域性。
2. 讀取時，回傳的資料取決於快取包含哪些區塊。
3. 記憶體階層大部分的成本花在其最快的層級。
4. 記憶體階層大部分的容量是在其最慢的層級。

5.2 記憶體技術

目前有四種用於記憶體階層中的主要技術。主記憶體以 DRAM (dynamic random access memory) 製作，而較靠近處理器的階層 (快取) 則使用 SRAM (static random access memory)。DRAM 雖然遠為緩慢，然而其每位元成本則較 SRAM 便宜。價格的差異來自於 DRAM 每記憶體位元使用遠為少的矽晶片面積，因此相同晶片面積下可得到的容量較大；速度差異則是因為許多項會在 ⊕**附錄 B** 的 **B.9 節**中說明的因素。第三種技術是快閃記憶體。這種非揮發性記憶體是用於個人行動裝置中的次級記憶體。用以製作伺服器中最大且最慢的階層的第四種技術則是磁碟。各種技術間的存取時間和每位元價格差異極大，如下表中以 2020 年的典型值所示：

記憶體技術	典型的存取時間	2020 年每 GiB $
SRAM 半導體記憶體	0.5-2.5 ns	$500-$1000
DRAM 半導體記憶體	50-70 ns	$3-$6
快閃半導體記憶體	5,000-50,000 ns	$0.06-$0.12
磁碟	5,000,000-20,000,000 ns	$0.01-$0.02

我們在本節中由這裡開始說明每一種記憶體技術。

SRAM 技術

SRAMs 不過是記憶體陣列的積體電路，其 (通常) 具有可提供讀取或寫入的單一存取埠。雖然讀取或寫入所需時間可能不同，在 SRAMs 中對任一筆資料的存取時間都是固定的。

SRAMs 不需重新恢復資料 (refresh)，所以它的存取時間非常接近它的週期 (cycle) 時間。週期時間是指記憶體在兩個存取之間至少必須等待的時間。SRAMs 每位元一般使用六至八個電晶體來避免讀取時資料受到干擾。SRAMs 在待機模式下僅需極少電耗來保持電荷。

過去大部分 PCs 和伺服器用個別獨立的 SRAM 晶片來做主要、次級甚至第三級快取。目前，受惠於摩爾定律，所有層級的快取都已整合進處理器晶片中，因此單獨 SRAM 晶片的市場幾乎已經消失。

DRAM 技術

在 SRAM 中只要有供電，資訊即可繼續保存住。在 DRAM 中資訊在位元細胞中則是以電荷的形式儲存於電容中。一個電晶體用來存取儲存的電荷，其動作是或是讀取其值或是覆蓋寫入新值。因為在 DRAMs 中每一儲存的位元只用到一個電晶體，它們的每位元遠比 SRAMs 小而且便宜。由於 DRAMs 是在電容上儲存電荷，而電荷無法永遠保持住，因此必須週期性地重新恢復之。此即相對於 SRAMs 位元細胞中的靜態儲存，為何這種記憶體構造稱為動態的原因。

為了要重新恢復位元細胞中的電荷量，我們僅需先讀取其值再將之寫回即可。該電荷可維持若干毫秒 (milliseconds)。若是每一位元都要由 DRAM 讀出然後逐個寫回，我們將總是在做重新恢復，而沒有餘裕來做正常的存取。幸運的是，由於 DRAMs 採用了兩層解碼的構造，讓我們可以以一個讀取週期緊接著一個寫入週期來重新恢復使用同一條字線 (word line) 的一整列 (row) 的位元細胞。

圖 5.4 表示 DRAM 的內部構造，而圖 5.5 列出 DRAMs 的密度、價格及存取時間在過去如何隨時間而改變。

有助於重新恢復的列組織方式也有能助於效能。為了改善效能，DRAMs 暫存整個列以方便對該列的重複的存取。一個緩衝器有如 SRAM 般作用：不同的位元都可在此緩衝器中存取直到超出這個列的範圍為止。由於在該列 (緩衝器) 中的位元存取所需時間極低，這項功能可大大改善存取時間。把晶片的輸出入路徑做得更寬也可改善晶片的記憶體頻寬。當一個列處在緩衝器中時，它可以將位址連續的多個位元以不論何種的 DRAM 傳輸寬度 (一般是 4、8 或 16 位元)，或是以指定一個區塊大小以及緩衝器中的開頭位址，來進行有效率的傳輸。

```
              行                           排
         ┌─────┐
    ←───┤Rd/Wr├──┐
         └─────┘  │   致動
                  ←──────
                  預充電
                  ←──────
                                    列
```

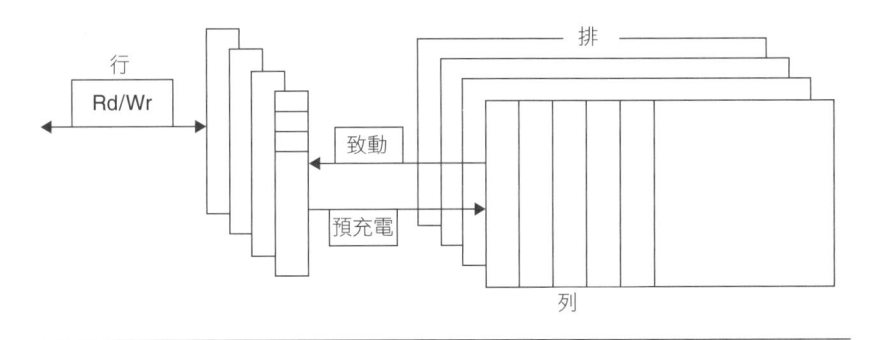

圖 5.4　DRAM 的內部構造。

新近的 DRAMs 以記憶體排 (banks) 構成，一般在 DDR4 中有四個排。每一個排中有一連串的列。送出一個 PRE (precharge，預充電) 命令可以打開或關閉一個排。一個列位址會與一個 Act (activate，致動) 訊號一起送出，而導致對應的一個列轉移到緩衝器中。當列處於緩衝器中時，其可以以該 DRAM 資料的寬度 (在 DDR4 中典型的是 4、8 或 16 個位元) 依連續的行位址傳送數據，或以指定的區塊大小以及開始的位址來傳送。每一個命令，以及區塊的轉移，都以一個時脈作同步。

推出年度	晶片大小	每 GiB $	到新的列/行總存取時間	在目前的列中行的平均存取時間
1980	64 Kibibit	$6,480,000	250 ns	150 ns
1983	256 Kibibit	$1,980,000	185 ns	100 ns
1985	1 Mebibit	$720,000	135 ns	40 ns
1989	4 Mebibit	$128,000	110 ns	40 ns
1992	16 Mebibit	$30,000	90 ns	30 ns
1996	64 Mebibit	$9,000	60 ns	12 ns
1998	128 Mebibit	$900	60 ns	10 ns
2000	256 Mebibit	$840	55 ns	7 ns
2004	512 Mebibit	$150	50 ns	5 ns
2007	1 Gibibit	$40	45 ns	1.25 ns
2010	2 Gibibit	$13	40 ns	1 ns
2012	4 Gibibit	$5	35 ns	0.8 ns
2015	8 Gibibit	$7	30 ns	0.6 ns
2018	16 Gibibit	$6	25 ns	0.4 ns

圖 5.5　DRAM 的容量直到 1996 年為止大約每三年增加為四倍，然後在那時候之後增加得緩慢得多。

存取時間的改善相對較慢但較為穩定；而成本方面大致跟隨密度做改善，雖然它經常也受其他問題、例如供需關係的影響。每 gibibyte 的成本並未對通貨膨脹作調整。價格資訊的來源是 https://jcmit.net/memoryprice.hHYPERLINK "https://jcmit.net/memoryprice.htm"tm

為了更進一步改善與處理器間的介面，可以對 DRAMs 加上時脈控制並適切地稱之為同步 DRAMs 或 SDRAMs。SDRAMs 的好處在於使用了時脈後可以避免在記憶體與處理器間為了取得同步的耗時。同步 DRAMs 在速度上的優勢也來自於再一次要傳輸大量或密集的 (稱為 burst) (位址) 連續的位元時可以不必逐筆指定位址的能力。它只需以大量的方式來每個週期傳送出連續的位元。這種方法稱為**雙資料速率** (*Double Data Rate*, DDR) SDRAM。該名稱意謂資料於時脈的上升及下降緣均會作傳輸，因此可以得到你在基於時脈速率及資料寬度所預期的兩倍之多的頻寬。該技術最新的版本稱為 DDR4。一個 DDR4-3200 DRAM 每秒可做 3200 百萬次傳輸，這表示它使用的是 1600 MHz 的時脈。

要維持這麼高的頻寬需要在 *DRAM* 中做出聰明的構造。並非只是使用了更快的列緩衝器，DRAM 可以在內部構建成可向多個 (記憶體) 排 (*bank*) 讀或寫，且每一個排都具有其自己的列緩衝器。一個位址同時送出給數個排可允許它們全部同時讀或寫。例如，對四個排而言，如此在只耗費一次存取時間之後即可輪流存取該四個排而得到四倍的頻寬。這種輪流存取的方法稱為**位址穿插** (*address interleaving*)。

雖然像是 iPad (參見第 1 章) 等個人行動裝置通常使用的是個別的 DRAMs 晶片，伺服器中使用的記憶體通常卻是做在小小的稱為**雙排 (腳位) 記憶體模組** (*dual inline memory modules*, DIMMs) 的組件之上。DIMMs 一般包含 4 至 16 個 DRAMs，它們一般為伺服器系統建構成 8 個位元組寬。使用 DDR4-3200 SDRAMs 的 DIMM 可在每秒 8 × 3200 = 25,600 百萬位元組的速度作傳輸。這種 DIMMs 以其頻寬命名：PC25600。由於一個 DIMM 可含有許多 DRAM 晶片而其中僅有部分用於某次傳輸，我們需要有一個名詞來表示 DIMM 中共用位址線的晶片的子集合。為了避免與 DRAM 內部的列、排等名稱混淆，我們稱這種 DIMM 中晶片的子集合為**記憶體橫列** (*memory rank*)。

仔細深思 量測快取以下的記憶體系統效能的一種方法是使用 Stream 測試程式 [McCalpin, 1995]。它量測長向量運作的效能。這種運作沒有時間區域性，因為它們存取的都是比受測計算機的快取更大的陣列。

快閃記憶體

快閃記憶體是可經由電的方式清除其內容的可程式化唯讀記憶體 (EEPROM) 的特殊構造的一種型式。

不同於磁碟及 DRAM，但是如同其他 EEPROM 技術般，寫入會耗損快閃記憶體的位元。為了應付這種限制，大多數快閃產品使用一個控制器來將已經寫入很多次的區塊 (blocks) 重新對映到少被寫入的區塊來分散寫入。這項技術稱為**耗損均攤** (*wear leveling*)。使用耗損均攤，個人移動裝置中的快閃記憶體即很不容易超過快閃的寫入次數限制。這種耗損均攤降低了快閃的可能達到的效能，然而除非更高階的軟體有能力監控區塊耗損，它的存在有其必要性。處理耗損均攤的快閃控制器還能將製造時做壞的記憶細胞對應成不會被使用到。

磁碟記憶體

如圖 5.6 所示，磁性硬碟內含有一組在軸上以每分鐘 5400 至 15,000 轉旋轉的碟片。金屬碟片的兩面佈以如同卡帶或影帶上的那種

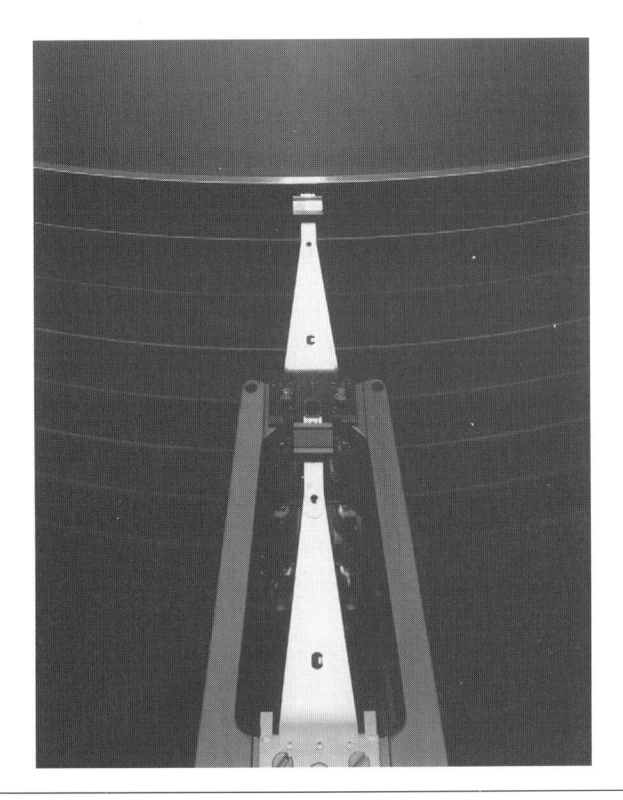

圖 5.6 顯示其十個碟片以及各讀寫頭的磁碟。

目前的磁碟直徑是 2.5 或 3.5 吋，而且今天每個驅動裝置一般具有一至二個碟片。

磁性記錄物質。在硬碟上讀或寫資料時，一個稱為**讀寫頭** (*read-write head*)、內含小電磁線圈的可動臂 (*arm*) 會移動到每個表面非常靠近的上方。整個可動裝置 (drive) 永久密封以控制其內部的環境，也因此可使磁碟頭非常靠近碟片表面。

每個碟片表面分成許多稱為**軌道** (tracks) 的同心圓。每個表面一般有數萬個軌道。每個軌道又分成多個內含資訊的**扇區** (sectors)；一個軌道可能有數千個扇區。扇區的容量一般是 512 至 4096 個位元組。磁性物質上記錄的一筆筆資訊使用的順序是扇區編號、空隙、扇區的資訊及錯誤更正碼 (參見 5.5 節)、空隙、下一扇區的編號、……。

各碟片表面的磁頭聯結在一起並同時移動，因此每個磁頭會位在每一碟片表面相同的軌道上方。**圓柱** (*cylinder*) 這個名稱即是用以表示所有磁頭在某一位置時其下的所有軌道形成的形狀。

存取資料時，作業系統必須引導磁碟經過包含三個步驟的過程。第一步是將磁頭置於適當的軌道上方。該動作稱為**尋找** (seek)，而將磁頭由目前的位置移動至目標軌道所需的時間稱為**尋找時間** (*seek time*)。

磁碟製造商於他們的手冊中列出最小、最大以及平均的尋找時間。前二者易於求得，然而其平均值與尋找的距離有關因而解讀的空間很大。業界以所有可能的尋找時間的和除以所有可能的尋找情形的數量來計算平均尋找時間。平均尋找時間一般宣稱為 3 ms 至 13 ms，但是視不同的應用以及磁碟讀寫的排程方式，實際平均尋找時間因存取的區域性高低而可能僅有宣稱的 25% 至 33%。這種區域性來自於對同一檔案的連續性存取，以及作業系統會嘗試安排這些具區域性的存取在一起。

一旦磁頭到達目標軌道，我們還必須等待所欲的扇區旋轉至讀寫頭下方。這個時間稱為**旋轉潛因** (rotational latency，其中 latency 可譯為潛因或延遲) 或**旋轉延遲** (rotational delay)。平均到達所欲資訊扇區的延遲是繞行磁碟半圈。磁碟以 5400 RPM 至 15,000 RPM 旋轉。因此平均旋轉延遲在 5400 RPM 時是

$$平均旋轉延遲 = \frac{0.5 \text{ 轉}}{5400 \text{ RPM}} = \frac{0.5 \text{ 轉}}{5400 \text{ RPM}/\left(60 \frac{秒}{分}\right)}$$

$$= 0.0056 \text{ 秒} = 5.6 \text{ ms}$$

磁碟存取所耗時間中的最後一個部分，稱為**傳輸時間** (*transfer time*)，是傳輸一個區塊的所有位元所需的時間。傳輸時間是區塊大小、旋轉速率以及軌道記錄密度的函數。在 2020 年中傳遞速率在 150 至 250 MB/sec 之間。

有一個複雜性來自於大部分磁碟控制器內含有內建的快取來儲存最近存取的扇區內容；當快取內含有之後需存取的資訊時，該存取即可不必經由磁碟而透過快取直接完成 (當然快取與磁碟內容的一致性需要謹慎處理)。由於這個磁碟快取的存在，磁碟在傳遞時速率一般會更高，在 2020 年其可高達 1500 MB/sec (12 Gbit/sec)(譯註：原文此處文字缺漏，由譯者簡要補正)。

但是，各區塊會放置於何處已不再是那麼地直覺。上述的扇區 - 軌道 - 圓柱模式的假設是編號接近的區塊會在同一個軌道上、同一圓柱中的區塊因不需用到尋找時間而可更快被存取、以及連續被存取的軌道間的遠近各不相同。造成這個改變的理由是磁碟介面的層次被提高了。要加速循序資料的傳輸時，這些較高層次的介面會將磁碟內的資料安排得更像在磁帶中而不像在隨機存取的裝置中一般。邏輯區塊會在一個表面上以盤蛇形排列，以求所有以相同位元密度記錄資料的扇區都儘量被用到來得到最佳效能。因此之故，位址前後相連的區塊可能會被放在不同的軌道上。

綜合上述，磁碟與半導體記憶體技術間的兩個主要不同是：磁碟的存取因其屬於機械裝置而較慢——快閃比它快 1000 倍而 DRAM 快 100,000 倍；然而它在有限的價格下即可有極高的儲存容量，因而每位元較便宜——6 到 300 倍的便宜。磁碟與快閃記憶體一樣都屬於非揮發性，而不同於快閃的是其並無寫入耗損的困擾。然而快閃遠為堅固防震，因此更符合個人行動裝置天生經常震動碰撞的特性。

5.3 快取的基礎

在我們的圖書館例子中，書桌的角色如同快取——一個存放我們需要查閱的事物 (書籍) 的安全地方。在第一台有這種額外記憶體層級的商用計算機中，處理器與主記憶體間的記憶體階層命名為**快取** (*cache*)。在第 4 章中，資料路徑內的二個記憶體簡單地用快取來替代。

快取：藏或儲存東西的安全地方。

《韋式新世界美語字典》，大學第三版，1988

目前,雖然快取這個名稱主要用於此處,其亦可用來表示任何一種利用了存取區域性的儲存體。快取於 1960 年代初期首見於實驗型計算機,並於 1960 年代晚期用於商業計算機中。目前每一台通用型的電腦,從伺服器到低功耗嵌入式處理器,都包含了快取。

本節中,我們在開始時,檢視一個非常簡單的快取,此處理器的存取皆以一個字組為單位,而且快取區塊大小也只包含單一字組 (已熟悉快取基礎的讀者可跳至 5.4 節)。圖 5.7 表示這個簡單的快取,存取一個原本不在快取中資料的前、後情形。在存取之前,快取包含一些新近取用過的 X_1、X_2、……、X_{n-1},然後處理器存取一個並未在快取中的字組 X_n。這個存取導致了一個錯失,而且將 X_n 字組從記憶體搬至快取中。

審視圖 5.7 的情況,有二個問題要回答:我們如何知道資料已在快取中?更進一步地,若在快取中,我們如何找到此資料?這些答案是有相關的。若每一字組只可以放到快取中的唯一位置,當字組在快取中,即可直接找到這個字組。將記憶體中的每一個字組在快取中指定一個位置的最簡單的方法,是基於記憶體中字組的位址來指定快取位置。這種快取結構稱為**直接對映** (direct mapped),因為每一個記憶體位置直接對映到快取中的一個實際位置。位址和直接對映快取的位置之間的典型對映通常是簡單的。例如,幾乎所有的直接對映快取使用這種對映來找區塊:

(區塊位址) 取餘數 (快取中的區塊數)

直接對映快取
每個記憶體位置正好對映一個快取位置的快取結構。

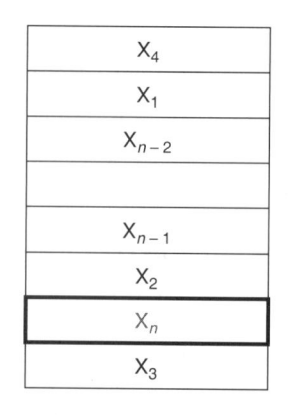

a. 存取字組 X_n 之前	b. 存取字組 X_n 之後
X_4	X_4
X_1	X_1
X_{n-2}	X_{n-2}
X_{n-1}	X_{n-1}
X_2	X_2
	X_n
X_3	X_3

圖 5.7 存取字組 X_n 之前與之後的快取狀態,該字組一開始不在快取中。這次存取造成一次錯失,促使快取自記憶體抓取 X_n 並放入快取中。

若快取的區塊數是 2 的乘方,則取餘數時可使用位址中較低的 $\log_2$ (用區塊數表示的快取容量) 個位元簡單地算出。因此 8 個區塊的快取使用區塊位址最低的 3 個位元 ($8 = 2^3$)。例如圖 5.8 表示記憶體位址 1_{ten} (00001_{two}) 和 29_{ten} (11101_{two}) 如何對映到 8 個字組的直接對映式快取中的位置 1_{ten} (001_{two}) 和 5_{ten} (101_{two})。

因為每一個快取位置可包含多個不同記憶體位置的內容,我們如何得知在快取中的資料即為所請求的字組呢?也就是,我們如何得知所需要的字組是否在快取中呢?我們藉由加入一組**標籤** (tags) 到快取中來解決這個問題。標籤內含有所需的位址資訊,來決定快取中的字組是否為所需求的字組。標籤僅需包含位址的高位元部分,沒用到的位元則當作快取的索引。例如,在圖 5.8 中,我們僅需要 5 個位位址中的最高 2 位元做為標籤,因為位址較低的 3 個位元的索引欄位用來選擇區塊。架構設計師在標籤中略去用來當索引的位元數,因為它們是多餘的,依定義可知,快取區塊位址中索引欄的內容必須是區塊編號。

標籤
用於記憶體階層的表格欄位,其包含用來辨識階層中對應到的區塊是否吻合需求字組的所需位址資訊。

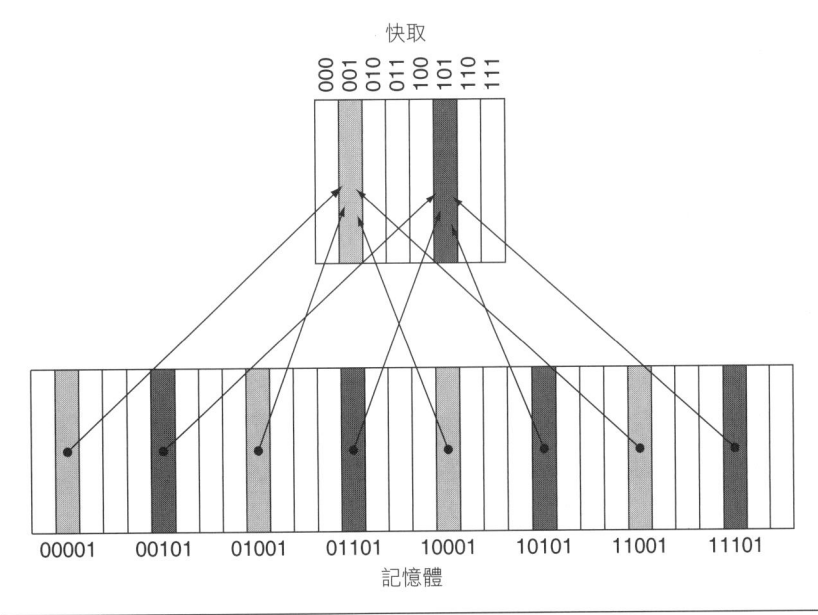

圖 5.8 具有八個區塊的直接對映快取,顯示了在記憶體字組位址 0 到 31 如何對映到相同的快取位置。
因為這快取中有八個字組,位址 X 會對映到直接對映快取中的以 X 取 8 餘數的字組。也就是,以 X 位址中的最低位 $\log_2(8) = 3$ 個位元作為快取索引。因此,位址 00001_{two}、01001_{two}、10001_{two} 及 11001_{two} 都對映到快取區塊 001_{two},而位址 00101_{two}、01101_{two}、10101_{two} 及 11101_{two} 都對映到快取區塊 101_{two}。

有效位元
記憶體階層的表格欄位，用來標示階層中連結到的區塊是否包含有效資料。

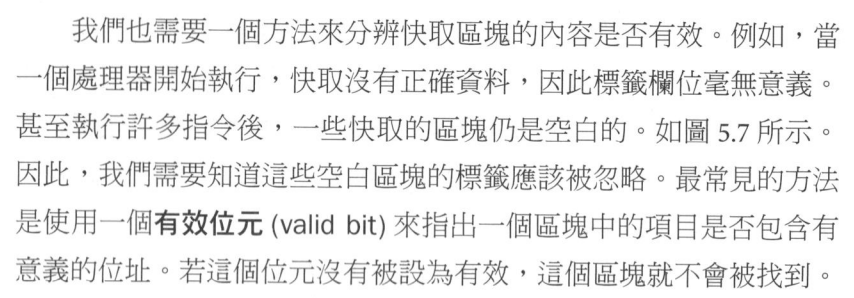

我們也需要一個方法來分辨快取區塊的內容是否有效。例如，當一個處理器開始執行，快取沒有正確資料，因此標籤欄位毫無意義。甚至執行許多指令後，一些快取的區塊仍是空白的。如圖 5.7 所示。因此，我們需要知道這些空白區塊的標籤應該被忽略。最常見的方法是使用一個**有效位元** (valid bit) 來指出一個區塊中的項目是否包含有意義的位址。若這個位元沒有被設為有效，這個區塊就不會被找到。

在本節的其餘部分裡，我們將重心放在說明快取如何處理讀取的工作。一般而言，處理讀取比處理寫入簡單一些。因為讀取不必改變快取中的內容。在看過讀取如何工作和錯失時如何處理的基礎後，我們將檢視實際計算機的快取設計並詳述這些快取如何處理寫入的工作。

大印象　　　　　　　　　　　　　　The BIG picture

使用快取可能是**預測 (prediction)** 這個大理念的最重要的實例。它憑藉區域性的原則來試圖在較高的記憶體階層中找尋所欲資料，並提供機制來確保當預測失敗時它仍可由較低的記憶體階層中找到正確的資料來使用。在新近的計算機中，快取預測的命中率往往高於 95%（參見圖 5.47）。

預測

存取一個快取

以下是對一個空的 8-區塊的快取，做九次連續記憶體存取以及每個存取的動作。圖 5.9 表示在每次失誤時，快取中的內容如何改變。因為快取中有 8 個區塊，位址中的 3 個低位元是區塊編號：

存取的十進位位址存取的	二進位位址	快取命中或錯失	指派的快區區塊（找到或放置的位置）
22	10110_{two}	錯失 (5.9b)	$(10110_{two}$ mod $8) = 110_{two}$
26	11010_{two}	錯失 (5.9c)	$(11010_{two}$ mod $8) = 010_{two}$
22	10110_{two}	命中	$(10110_{two}$ mod $8) = 110_{two}$
26	11010_{two}	命中	$(11010_{two}$ mod $8) = 010_{two}$
16	10000_{two}	錯失 (5.9d)	$(10000_{two}$ mod $8) = 000_{two}$
3	00011_{two}	錯失 (5.9e)	$(00011_{two}$ mod $8) = 011_{two}$
16	10000_{two}	命中	$(10000_{two}$ mod $8) = 000_{two}$
18	10010_{two}	錯失 (5.9f)	$(10010_{two}$ mod $8) = 010_{two}$
16	10000_{two}	命中	$(10000_{two}$ mod $8) = 000_{two}$

第 5 章 大且快：利用記憶體階層　**425**

索引	V	標籤	資料
000	N		
001	N		
010	N		
011	N		
100	N		
101	N		
110	N		
111	N		

a. 啟動後的快取起始狀態

索引	V	標籤	資料
000	N		
001	N		
010	N		
011	N		
100	N		
101	N		
110	Y	10_{two}	記憶體 (10110_{two})
111	N		

b. 處理完位址 (10110_{two}) 的錯失

索引	V	標籤	資料
000	N		
001	N		
010	Y	11_{two}	記憶體 (11010_{two})
011	N		
100	N		
101	N		
110	Y	10_{two}	記憶體 (10110_{two})
111	N		

c. 處理完位址 (11010_{two}) 的錯失

索引	V	標籤	資料
000	Y	10_{two}	記憶體 (10000_{two})
001	N		
010	Y	11_{two}	記憶體 (11010_{two})
011	N		
100	N		
101	N		
110	Y	10_{two}	記憶體 (10110_{two})
111	N		

d. 處理完位址 (10000_{two}) 的錯失

索引	V	標籤	資料
000	Y	10_{two}	記憶體 (10000_{two})
001	N		
010	Y	11_{two}	記憶體 (11010_{two})
011	Y	00_{two}	記憶體 (00011_{two})
100	N		
101	N		
110	Y	10_{two}	記憶體 (10110_{two})
111	N		

e. 處理完位址 (00011_{two}) 的錯失

索引	V	標籤	資料
000	Y	10_{two}	記憶體 (10000_{two})
001	N		
010	Y	10_{two}	記憶體 (10010_{two})
011	Y	00_{two}	記憶體 (00011_{two})
100	N		
101	N		
110	Y	10_{two}	記憶體 (10110_{two})
111	N		

f. 處理完位址 (10010_{two}) 的錯失

圖 5.9　對於 **424** 頁的連串位址，處理完每個存取錯失後的快取內容，其中索引與標籤欄以二進位形式表示。

快取開始是空的，所有有效位元 (快取的 V 欄) 設為 off。處理器存取以下位址：10110_{two} (錯失)、11010_{two} (錯失)、10110_{two} (命中)、11010_{two} (命中)、10000_{two} (錯失)、00011_{two} (錯失)、10000_{two} (命中)、10010_{two} (錯失) 及 10000_{two} (命中)。這些圖顯示了處理完這串位址的每個錯失後的快取內容。當存取位址 10010_{two} (18) 時位址 11010_{two} (26) 的區塊必須被替換，而之後存取 11010_{two} 將造成接下來的錯失。標籤欄位只包含位址的高位元部分。在快取區塊 i 中標籤欄位為 j 的字組的完整位址是 $j \times 8 + i$，或等同於以標籤欄位中的 j 串接索引 i。例如，在上述的快取 f 情形中，索引 010_{two} 的位置內含標籤 10_{two}，對應到的位址是 10010_{two}。

因為快取開始時是空的,最早幾個存取會造成失誤;圖 5.9 的標題描述每一次記憶體存取的行為。在第八次存取時,發生對一個區塊的需求衝突。在址位 18 (10010_{two}) 的字組應該被放入快取區塊 2 (010_{two}) 中。因此,這必須取代已經放在區塊 2 中的位址 26 (11010_{two}) 的字組。此行為讓快取利用了時間區域性:新近存取到的字組取代最近較少被存取的字組。

此情形直接比喻到需要書架上的一本書,而書桌上沒有空間——已經在你書桌上的一些書必須被放回書架上。在直接對映快取中,只有一個位置可放入最新需要的資料,因此只有一個取代的選擇。

我們知道到何處尋找在快取中的每一個可能的位址:位址的較低位元可被用來找到與該位址對映的唯一快取位置。圖 5.10 表示一個存取的位址如何被區分為:

- 標籤欄位,用來與快取中標籤欄位值做比對
- 快取索引,用來選取區塊

快取區塊的索引與標籤內容指定了快取區塊中該字組唯一的記憶體位址。因為索引欄位被用來當做存取快取的位址,且因為 n 位元的欄位可表示 2^n 個不同的值,因此,在直接對映快取的總區塊數必須是 2 的乘方。在 MIPS 架構,由於字組以 4 個位元組對齊,每個位址的最低 2 個位元指向了一個位元組在字組中的位置。因此,在區塊中選取字組時,最低的 2 個位元是被忽略的。

快取所需的總位元數是快取容量和位址大小的函數,因為快取需包含資料和標籤兩者的儲存空間。之前提到區塊的大小是一個字組,但正常會是多個字組。以下列的情形而言:

- 32 位元的位元組位址
- 直接對映快取
- 快取容量是 2^n 個區塊,所以其索引是 n 個位元
- 區塊大小是 2^m 個字組,(2^{m+2} 個位元組) 所以在區塊中的字組使用 m 個位元,兩個位元是位元組的部分

標籤欄位的大小是:

$$32 - (n + m + 2)$$

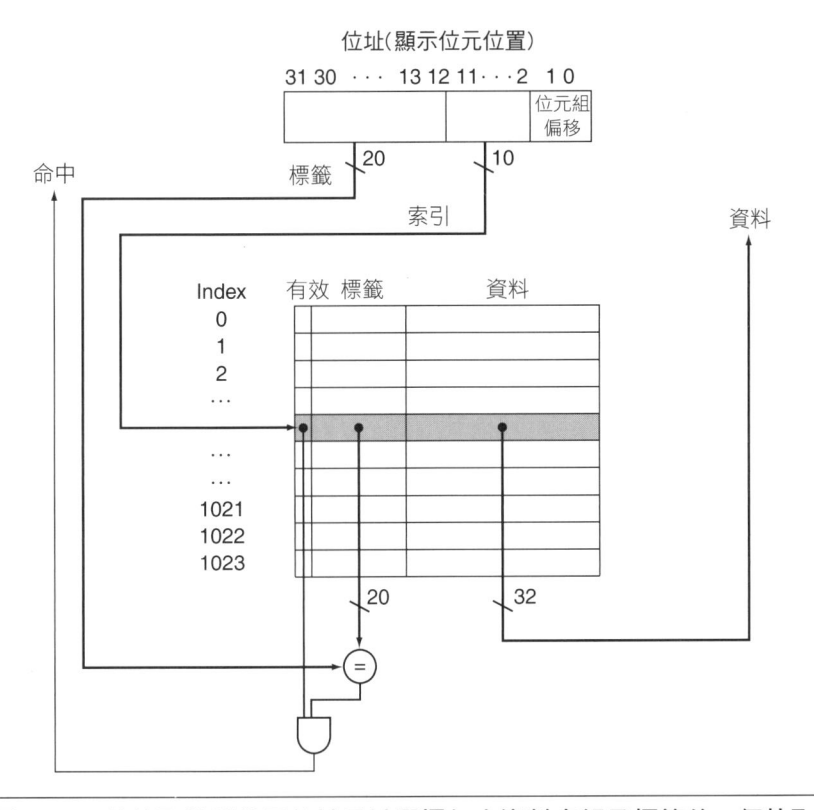

圖 5.10　此快取的低位元位址用以選擇包含資料字組及標籤的一個快取區塊。

這快取保存 1024 字組或 4 KiB 位元組。本章中假設 32 位元位址。從快取來的標籤與位址的高位元部分比較，以決定此快取區塊是否與請求的位址相符。因此快取有 2^{10}（或 1024）字組以及區塊大小為一字組，十位元要用來索引快取，剩下 32-10-2＝20 位元與標籤比較。如果這標籤等於位址的前 20 位元，且有效位元為 on，則這請求為快取命中，且將該字組提供給處理器。否則，即發生錯失。

直接對映快取的總位元數是：

$$2^n \times (區塊大小 + 標籤大小 + 有效欄位大小)$$

因為區塊大小是 2^m 個字組（2^{m+5} 個位元），我們需要 1 個位元做為有效欄位，在這個快取中位元數是：

$$2^n \times (2^m \times 32 + (32 - n - m - 2) + 1) = 2^n \times (2^m \times 32 + 31 - n - m)$$

雖然這是以位元數表示的實際大小，但是在稱呼的慣例上不計入標籤和有效位元的大小，而只計算快取中的資料容量。因此，在圖 5.10 中的快取雖然實際上還含有 1.375 KiB 的標籤和有效位元，但是它被稱呼為 4 KiB 的快取。

範例 快取中的位元

假設 32 位元的位址，一個區塊是 4 個字組，資料容量是 16 KiB 的直接對映快取，所需要的位元總數是多少？

解答

我們知道 16 KiB 是 4096 (2^{12}) 個字組，區塊大小是 4 (2^2) 個字組，有 1024 (2^{10}) 個區塊。每一個區塊有 4×32 或 128 個位元的資料加上 32-10-2-2 個位元的標籤，再加上 1 個有效位元。因此，快取總容量是：

$$2^{10} \times (4 \times 32 + (32 - 10 - 2 - 2) + 1) = 2^{10} \times 147 = 147 \text{ KiBibits}$$

或 18.4 KiB 給 16 KiB 快取使用。此快取的總位元數約略為資料容量所需的 1.15 倍。

範例 對映位址到多字組的快取區塊

假設一個有 64 個區塊的快取，區塊大小為 16 位元組，位元組位址 1200 會對映到哪一個區塊編號？

解答

我們已在 422 頁看到過相關的公式。快取中的區塊編號可由下式得出：

$$(\text{區塊位址}) \text{ 取餘數 } (\text{快取中區塊的數目})$$

其中區塊位址是：

$$\frac{\text{位元組位址}}{\text{每個區塊的位元組數}}$$

請注意該區塊位址指向包含了介於：

$$\left\lfloor \frac{\text{位元組位址}}{\text{每個區塊的位元組數}} \right\rfloor \times \text{每個區塊的位元組數}$$

和

$$\left\lfloor \frac{\text{位元組位址}}{\text{每個區塊的位元組數}} \right\rfloor \times \text{每個區塊的位元組數} + (\text{每個區塊的位元組數} - 1)$$

之間所有位址的區塊。

因此，因為每個區塊有 16 個位元組，位元組位址 1200 的區塊位址是：

$$\left\lfloor \frac{1200}{16} \right\rfloor = 75$$

其對映到的區塊號碼是 (75 除以 64 取餘數) = 11。事實上，該區塊對映到 1200 和 1215 之間所有的位元組位址。

較大的區塊利用空間區域性來降低錯失率。如圖 5.11 所示，增加區塊容量通常可減少失誤率。若區塊大小佔了快取容量不少的比例時，錯失率終究會上升，因為可放在快取中的區塊數目會變小，記憶體存取這些區塊時，會造成激烈地競爭。結果，一個區塊在它的許多字組被存取前，就被擠出快取外。換句話說，在區塊中字組間的空間區域性隨著非常大容量的區塊而減少。因此，降低錯失率的好處也變小了。

增加區塊容量的更嚴重問題是錯失的成本增加。錯失懲罰，是由到階層中下一個較低層級取得該區塊，並將其載入到快取中所需的時間決定。取得該區塊的時間包含二部分：取得第一個字組的延遲時間以及搬移區塊中其餘字組至快取的時間。明顯地，除非我們改變記憶體系統，傳遞時間 (transfer time)——以至錯失懲罰——很可能隨區塊大小而增加。此外，當區塊變更大時，錯失率的改善開始減少。結果是區塊太大時，錯失懲罰增加而帶來的壞處掩蓋了錯失率降低的好處，快取的效能因此而降低。當然，若我們設計的記憶體能有效率地搬移較大的區塊，我們可增加區塊容量和取得更多快取效能上的改善。我們會在下一節討論這個主題。

仔細深思 雖然對大區塊而言，其錯失懲罰中較長延遲的成分難以怎麼改善，但我們可以隱藏一些傳遞時間使該錯失懲罰有效地減小。最

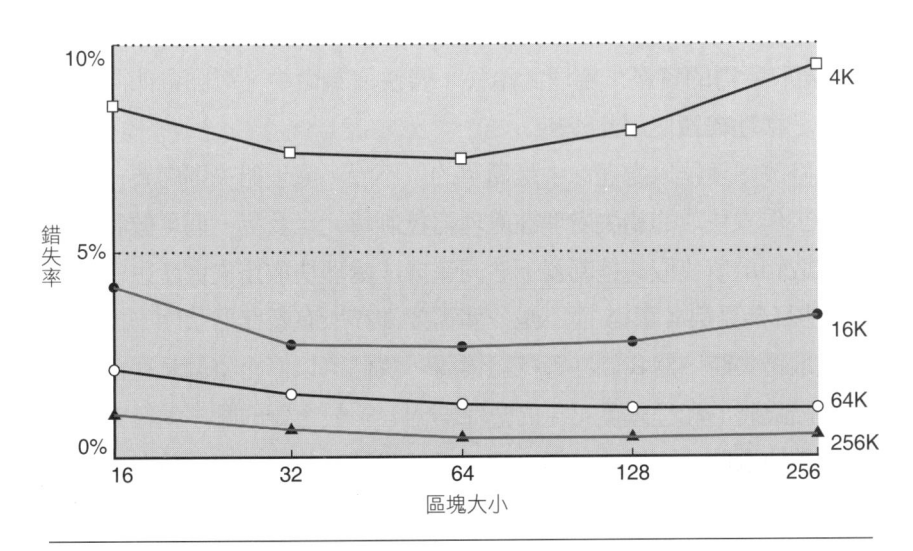

圖 5.11 命中率與區塊大小的關係。
注意如果區塊相對於快取的大小過大，錯失率其實會上升。每條線代表不同大小的快取 (這圖跟關聯度無關，之後會再討論)。

簡單的做法，稱為盡早重新開始 (early restart)，當區塊中所需要的字組一傳回，即恢復執行；而不是先等待整個區塊送完才執行。許多處理器在指令存取時使用此技術，這也是此方法效果最好的地方。指令存取主要是循序的，所以，如果記憶體系統可在每個時脈週期提供一個字組 (指令)，當所需要的字組 (指令) 傳回時，處理器能重啟運作，同時記憶體系統能適時提供新的指令。對於資料快取，此技術效果較差，因為很可能區塊中的字組以較難預測的方式使用。而且在傳送完整個區塊之前，處理器很可能需要不同快取區塊中的另一個字組。若區塊傳送正在進行中，處理器不能存取資料快取，則此時處理器必須停止。

更複雜的方法是把記憶體設計成，首先將所需要的字組從記憶體傳送到快取。接著從所需字組之後的位址開始傳送區塊的後半部分，之後再回頭由區塊啟始位置繼續傳送前半部分。此技術，稱為所請求字組先送 (requested word first) 或重要字組先送 (critical word first)，可比盡早重新開始快一些，但其與盡早重新開始一樣受限於相同的特性。

處理快取錯失

快取錯失
快取資料的請求不能滿足，因為資料不在快取。

在我們看真正系統的快取之前，讓我們看控制單元如何處理**快取錯失 (cache miss)**(我們在 5.9 節會詳細地描述快取控制器)。控制單元必須偵測錯失和從記憶體 (或是，如我們將看到的，從較低層的快取) 擷取所需的資料來處理此錯失。若快取為命中，電腦會如同沒事發生一樣地繼續使用此資料。

修改處理器以處理命中是簡單的；不過，處理錯失則需要一些額外的工作。快取的錯失處理在處理器控制單元以及另一個可啟動記憶體存取和重填快取的控制器下共同完成。處理快取錯失會產生一個管線停頓 (參見第 4 章)，而不是一個需要儲存所有暫存器狀態的插斷。在快取錯失時，當我們在等待記憶體，我們可以停止整個處理器，就是凍結臨時的和程式員可見的暫存器內容。較複雜的亂序執行處理器在等待快取時，可以允許指令執行，但我們在此章節皆假設在快取失誤時，循序執行的處理器會停頓。

讓我們再深入看看指令錯失如何處理；相同的方法可以很容易地應用到處理資料錯失。若指令存取的結果為錯失，則指令暫存器的內

容是無效的。為了取得適當的指令到快取中,我們必須能夠指揮記憶體階層中的下一層級去執行一個讀取。由於程式計數器在指令執行中的第一個時脈週期時遞增,產生指令快取錯失的指令位址等於程式計數器的值減 4。當我們有了位址,我們需要指示主記憶體去執行讀取。我們等待記憶體回應 (因為存取將花數個時脈週期),然後將包含所需指令的字組寫入快取中。

我們現在可以定義在指令快取錯失時,要採取的步驟:

1. 送原始的 PC 值 (目前的 PC − 4) 到記憶體。
2. 指示主記憶體執行讀取,並等記憶體完成存取。
3. 寫入快取區塊,把資料從記憶體放入快取記錄的資料部分,將資料位址的高位元部分 (來自 ALU) 寫入標籤欄位,並將有效位元設為 on。
4. 重新啟動指令執行的第一步,這將重新取得指令,這次會在快取中找到指令。

在資料存取的快取控制基本上是相同的。錯失時,我們只是停止處理器,直到記憶體回應此資料。

處理寫入

寫入的動作有所不同。假設執行一個儲存指令時,我們只將資料寫到資料快取中 (而沒有寫到主記憶體),於是,在寫入快取之後,記憶體中的值將與存在快取中的值不同,在此情況下,我們說快取和記憶體是**不一貫** (*inconsistent*) 的。要保持主記憶體與快取的資料一貫,最簡單的方法就是永遠將資料一路寫到快取與記憶體中。這個方法稱為**寫透** (write-through)。

寫入的另一重要考慮是寫入錯失時該怎麼辦。我們首先從記憶體擷取包含該字組的區塊。之後將區塊放入快取中,即可覆蓋寫入造成快取區塊錯失的字組,同時使用完整的位址將字組寫到主記憶體中。

雖然這個方法簡單地處理寫入的情形,但是它無法提供非常好的效能。採用寫透的方法,每一次寫入都也會將資料寫入主記憶體。這些寫入需要很長的時間,可能至少要 100 個處理器的時脈週期,因而可能大大地減緩處理器速度。例如,假設有 10% 的指令是儲存指令。如果沒有快取錯失的 CPI 是 1.0,每次的寫入花費 100 個額外的週期,

寫透
處理寫入的方法,永遠同時更新快取及下一層記憶體階層,保證兩者間資料永遠一致。

寫入緩衝器
當資料正等待寫回記憶體時，保存該資料的佇列。

這將導致 CPI＝1.0＋100×10%＝11，使效能降低至不足十分之一！

解決此問題的一個方法是使用**寫入緩衝器** (write buffer)。寫入緩衝器存放等待寫入主記憶體的資料。資料寫入至快取和寫入緩衝器之後，處理器可以繼續執行。當寫入主憶體完成後，寫入緩衝器的位置可被釋出。當處理器要執行寫入時，若寫入緩衝器滿了，處理器必須停頓直到寫入緩衝器有空位。當然，如果記憶體完成寫入的速度，比處理器產生寫的速度慢時，緩衝空間多大都沒有幫助，因為寫入被產生的速度，快於記憶體可以接受他們速度。

寫入產生的速度可能比記憶體可接受他們的速度慢，而此時也可能仍會有停頓發生。當許多寫入密集產生時，此情形會發生。要減少這種停頓發生，處理器通常會使用一個記錄以上的「寫入緩衝器」。

寫回
處理寫入的方法，只更新快取區塊的值，當區塊被置換時，再將更新的區塊寫至下層記憶體。

替代寫透方法的一個選擇是稱為**寫回** (write-back) 或複製回 (copy back) 的方法。在寫回方法中，當寫入發生時，新值僅寫回到快取中的區塊。當更新過的區塊要被置換時，才寫入階層中較低層的記憶體。寫回可改進效能，特別是當處理器產生寫和記憶體處理寫入的速度一樣快或更快時；然而，「寫回」方法實作上是比「寫透」更複雜。

本節的其餘部分，我們從真實的處理器來描述快取，我們細查他們如何處理讀取和寫入。在 5.8 節中，我們會更詳細地描述寫入的處理。

仔細深思 寫入在快取中會引出許多在讀取時不會發生的複雜性。在此，我們討論其中兩者：處理寫入錯失的方法和在寫回式快取中有效率的寫入實作。

設想在寫透式快取中發生一個錯失。最常用的方法稱為寫入 (錯失) 配置 (write allocate)，也就是在快取中配置一個區塊給此錯失。此區塊由記憶體中取得後，將其該寫入的部分覆蓋寫入區塊中。另一方法是更新在記憶體中該區塊需被寫入的部分，而並不在快取中配置區塊，此法稱為寫入錯失不配置 (no write allocate)。此法的動機為，有時程式會寫入整個區塊，例如作業系統要把記憶體中整個分頁清為零。在此情況下，初次寫入錯失帶來的區塊擷取可以是不需要的。一些電腦允許「寫入錯失配置」方法依分頁調整。

在寫回式快取中實際有效地實作儲存的運作，是比使用寫透式快取更複雜的。一個寫透式快取可以將資料寫入快取中並讀取標籤；如果標籤不對，則發生寫入錯失。因為快取是寫透，在快取中區塊的取

代是不嚴重的，因為記憶體有正確的值。在寫回式快取中，若我們有一個快取錯失，且快取中被取代的區塊是被修改過的，此時必須先將區塊寫回記憶體。若在得知儲存是否命中前，執行儲存指令時就覆蓋寫入區塊，我們可能毀損了還沒備份到記憶體階層中的下個層級的區塊內容。

在寫回式快取中，因為我們不能直接對區塊覆蓋寫入，儲存指令需要 2 個指令週期 (一個週期檢查是否命中，接下來的週期實際執行寫入)，或需要一個緩衝器來保存資料——藉由管道化有效地讓儲存指令只需花一個週期。使用儲存緩衝器 (store buffer) 時，處理器在一般的快取存取週期中，在查閱快取的同時，也將資料放入儲存緩衝器中。假設快取命中，在下一個快取有空閒的週期時，新的資料會從儲存緩衝器中寫入快取。

比較起來，在寫透式快取中，寫入永遠只需要一個指令週期，我們在選取的區塊中，讀取標籤和寫入資料。假如標籤符合要被寫入的區塊位址，處理器可正常地繼續執行，因為正確的區塊已完成更新。假如標籤不符，處理器 (譯註：應為快取控制器) 會產生一個寫入錯失，以擷取該位址對應區塊的其餘部分。

許多寫回式快取也包含寫入緩衝器 (write buffer)，用此來減少當錯失時，取代被修改過區塊的錯失懲罰。在此情況下，當從記憶體讀取所需求的區塊時，被修改過而需寫回的區塊被搬移到附著於快取的寫回緩衝器中。寫回緩衝器的內容在稍後會被寫回記憶體中。假設沒有立即發生另一個錯失，當一個被修改過的 (或污染的，dirty) 區塊必須被取代時，此方法減半了錯失懲罰。

一個快取範例：Intrinsity FastMATH 處理器

Intrinsity FastMATH 是一個快速的嵌入式微處理器，它使用 MIPS 架構和簡單的快取實作。近章節的結尾，我們將檢視更複雜 ARM 與 Intel 的微處理器，但基於教學的理由，我們從簡單然而真實的範例開始。圖 5.12 為 Intrinsity FastMATH 資料快取的組織圖。

處理器有 12 級的管線，與第 4 章後面的討論類似。當以尖峰速度運作時，處理器可在每一週期，同時存取指令字組和資料字組。要不停頓地滿足管線的各種需求，使用了分開的指令快取和數據快取。每一個快取是 16 KiB 或 4096 個字組，使用 16 字組的區塊。

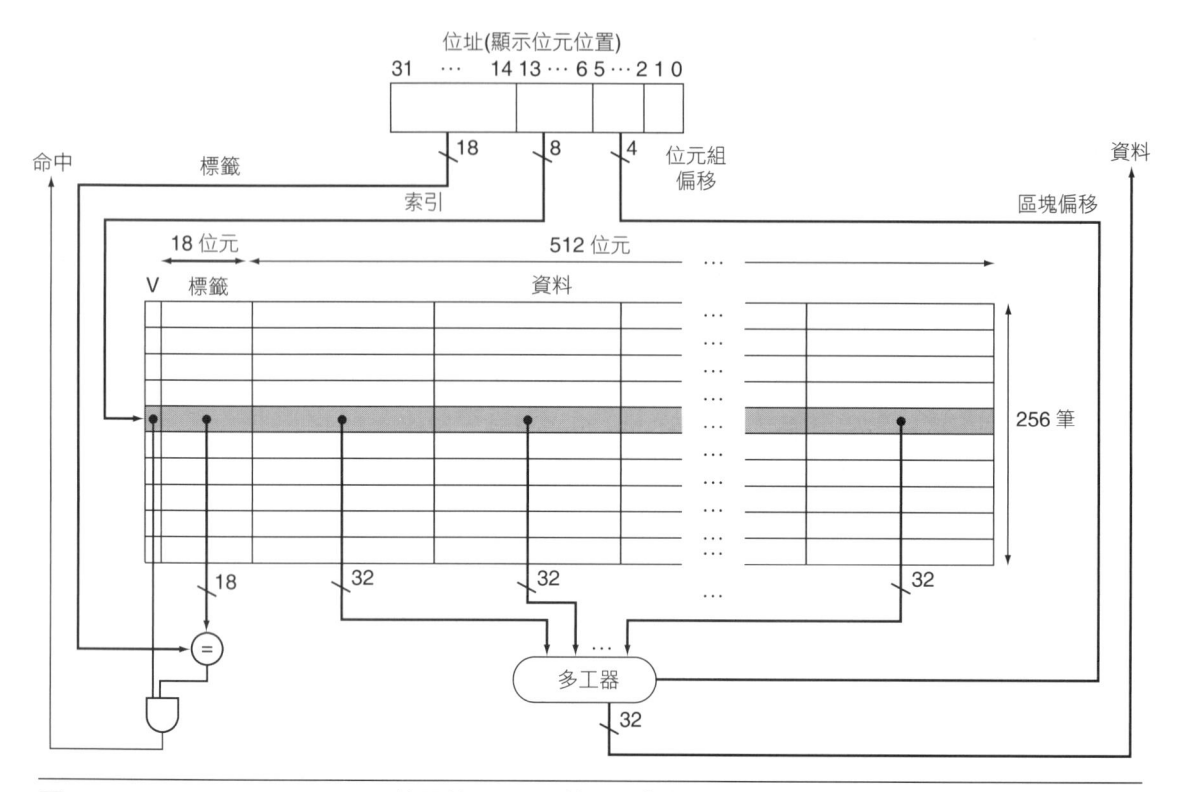

圖 5.12 Intrinsity FastMATH 使用的 **16 KiB** 快取，每個包含 **256 區塊**，每個區塊 **16 字組**。標籤欄 18 位元寬，索引欄 8 位元寬，同時用一個四位元欄 (5-2 位元) 以索引區塊，及以 16 對 1 多工器從區塊選擇字組。實際上，為了除去多工器，快取用一個分開的大 RAM (隨機存取記憶體) 存資料、一個小 RAM 存標籤以及區塊偏移提供額外的位址位元供大資料 RAM 使用。在此設計，大 RAM 是 32 位元寬的 16 倍，與快取區塊字組數量相同。

快取的讀取是簡單的。因為有分開的數據和指令快取，我們需要分開的控制信號來讀取和寫入每一個快取 (請記住當錯失發生時，我們需要更新指令快取)。因此，對任一個快取的讀取，處理步驟如下：

1. 將位址送至恰當的快取。位址來自 PC (指令) 或 ALU (資料)。

2. 若快取回應為命中，則各資料線上存在著所需的字組。因為在所要使用的區塊中有 16 個字組，我們需要選取正確的一個。區塊索引欄位用來控制多工器 (顯示在圖的底部)，在被索引出的區塊裡，從 16 個字組中選出所需的字組。

3. 若快取回應為錯失，我們將該位址送到主記憶體。當記憶體傳回資料時，我們將其寫入快取中，然後讀出該資料以完成請求。

對於寫入，Intrinsity FastMATH 同時提供寫透和寫回方法，讓作業系

指令錯失率	資料錯失率	有效合併錯失率
0.4%	11.4%	3.2%

圖 5.13 Intrinsity FastMATH 執行 SPEC CPU2000 測試程式時，約略的指令及數據錯失率。

這合併的錯失率是 16 KiB 指令及 16 KiB 數據快取組合看到的有效錯失率。在考慮指令及數據存取頻率下，經由加權計算指令及數據個別錯失率而得出。

統依應用決定使用何種方法。Intrinsity FastMATH 有寫入緩衝器，其可存放一筆記錄。

像 Intrinsity FastMATH 使用的快取架構，其快取錯失率是多少呢？圖 5.13 為指令快取和數據快取的錯失率。合併錯失率是計算指令和數據不同的存取次數之後，每個程式每次存取的有效錯失率。

雖然錯失率是快取設計的重要特徵，最終的評估將是記憶體系統對程式執行時間的影響；不久，我們將看到記憶體錯失率和程式執行時間如何相關。

仔細深思 一個容量等於指令和數據二塊**分開式快取** (split cache) 容量總和的合併式快取 (combined cache)，通常有較佳的命中率。有較高的命中率，是因為合併式快取並不嚴格地分割指令和數據使用的記錄數量。儘管如此，許多處理器使用分開的指令和數據快取，以增加快取的頻寬 (這也有較低的衝突錯失；請見 5.8 節)。

以下的快取錯失率，一組是 Intrinsity FastMATH 處理器中的快取大小，另一組是相同大小的合併式快取的錯失率：

- 總快取容量：32 KiB
- 分開式快取有效的錯失率：3.24%
- 合併式快取錯失率：3.18%

分開式快取的錯失率僅略差一些。

藉由支援指令與數據二者皆可同時存取，而將快取頻寬增為二倍帶來的好處，可輕易地彌補錯失率稍微增加的缺點。此觀察提醒我們，不能只使用錯失率做為快取效能的唯一衡量方法，如 5.4 節所示。

總結

我們在前一節以檢視最簡單的快取開始：一個直接對映快取，其

分開式快取

一種快取方法，記憶體階層的一層由兩個獨立的快取組成，其分別處理指令及數據，並且彼此平行運作。

區塊寬度為一字組寬。此快取中,命中和錯失都是簡單的,因為一個字組實際上只可放到唯一的位置,且每個字組有分開的標籤。保持快取和記憶體一致,可使用寫透方法,所以,每次寫入至快取時,也同時使記憶體被更新。相對於寫透方法的另一選擇是寫回方法,當區塊要被置換時,此法會將該區塊複製回記憶體中。在接下來的章節,我們將進一步討論這個方法。

要利用空間區域性,快取區塊大小必須大於一個字組。使用較大的區塊可降低錯失率,並因為降低了快取中相對於資料儲存量所需的標籤儲存量,而改善快取的儲存效率。雖然較大的區塊可減少錯失率,這也會增加了錯失懲罰。若錯失懲罰隨著區塊大小而成線性地增加,較大的區塊可輕易地導致更低的效能。

為了避免效能損失,增加記憶體的頻寬使傳送快取區塊更有效率。增加外部 DRAM 頻寬的常見方法,是讓記憶體更寬和使用交錯式的設計。DRAM 設計者已持續地改善位於處理器和記憶體間的介面,來增加密集模式傳送的頻寬,以減少較大快取區塊的成本。

自我檢查

記憶體系統的速度影響設計者對於快取區塊大小的決定。下列的快取設計準則,哪些通常是正確的?

1. 記憶體延遲較短,快取區塊則較小。
2. 記憶體延遲較短,快取區塊則較大。
3. 記憶體頻寬較高,快取區塊則較小。
4. 記憶體頻寬較高,快取區塊則較大。

5.4 衡量和改善快取效能

在本節中,我們由檢視快取效能的衡量和分析方法開始;然後探討二個改善快取效能的不同技術。第一個技術專注於降低錯失率,對二個不同的記憶體區塊,減少搶奪到相同快取位置的可能性。第二個技術為的是降低錯失懲罰,利用增加一個額外的層級到記憶體階層中來達成。這個稱為*多層級快取* (*multilevel caching*) 的技術在 1990 年首見於售價超過 $100,000 的高階計算機中;之後它已常見於售價僅數百美元的個人移動裝置中!

CPU 時間可分為 CPU 花在執行程式的時脈週期數和等待記憶系統的時脈週期數。通常，我們假設命中的快取存取的時間成本是正常 CPU 執行週期數的一部分。因此，

CPU 時間＝(CPU 執行週期數＋記憶體停滯週期數)×時脈週期的時間

記憶體停滯的時脈週期數主要來自於快取錯失，我們也做此假設。我們只討論此記憶體系統的一個簡化模型。在實際的處理器中，由讀取和寫入產生的停滯可以相當複雜，而且準確的效能預測通常需要非常深入的處理器與記憶體系統的模擬。

記憶體停滯週期數可被定義為來自讀與寫的停滯週期數的加總：

記憶體停滯週期數＝(讀取的停滯週期數＋寫入的停滯週期數)

讀取停滯的週期數，可定義為每個程式的讀取次數、讀取錯失懲罰的時脈週期數和讀取錯失率的函數：

$$讀取停滯的週期數 = \left(\frac{讀取數}{程式}\right) \times 讀取錯失率 \times 讀取錯失懲罰$$

寫入就複雜些。對於寫透的方法，停滯的發生有二種原因：一種是寫入錯失，其通常需要我們在繼續寫入之前先擷取該區塊 (見 432 頁的仔細深思來瞭解更多處理寫入的細節)，另一種是寫入緩衝器的停滯，當寫入緩衝器已滿而又還有寫入產生時，就會發生這種停滯。因此，寫入的停滯週期數等於這二種的合計：

$$寫入停滯週期數 = \left(\frac{寫入數}{程式} \times 寫入錯失率 \times 寫入錯失懲罰\right) + 寫入緩衝器停滯數$$

因為寫入緩衝器停滯數和寫入時間的鄰近程度有關，而不只是與寫入的頻率有關，此類的停滯數不可能由一個簡單的等式計算得出。幸運地，在一個具有合理深度的寫入緩衝器 (例如：4 個或大於 4 個字組)和記憶體接受寫入的速度明顯超過程式中平均寫入速度(例如：2 倍) 的系統中，其寫入緩衝器的停滯數是很少的，則我們可以安心地忽略這些停滯數。假若系統不符合這些條件，這就不是好的設計；此時，設計者應使用較深的寫入緩衝器，或是改用寫回的方法。

寫回方法，在被置換的快取區塊寫回記憶體時，也會有潛在額外

的停滯數出現。在第 5.8 節，我們將更詳細地討論此問題。

在大部分的寫透式快取中，讀取和寫入的錯失懲罰，其數值是相同的 (從記憶體擷取區塊的時間)。若我們假設寫入緩衝器的停頓數是可忽略的，我們可以使用單一的錯失率和錯失懲罰來一併考慮所有的存取和寫入數：

$$記憶體停滯的時脈週期數 = \frac{記憶體存取次數}{程式} \times 錯失率 \times 錯失懲罰$$

我們也可表示為：

$$記憶體停滯的時脈週期數 = \frac{指令數}{程式} \times \frac{錯失數}{指令} \times 錯失懲罰$$

讓我們設想一個簡單的例子來幫助我們瞭解快取效能對處理器效能上的影響。

範例　計算快取效能

假設一個指令快取的錯失率為 2%，數據快取的錯失率為 4%。若處理器在無任何記憶體停滯數時的 CPI 為 2，而所有錯失的錯失懲罰為 100 個週期。計算一個具有永不發生錯失的完美快取的處理器效能會快多少？假設所有載入和儲存指令的頻率共為 36%。

解答　依指令數 (I) 表示指令的記憶體錯失週期數為：

$$指令錯失的週期數 = I \times 2\% \times 100 = 2.00 \times I$$

當所有載入和儲存指令的頻率共為 36% 時，我們可發現數據存取的記憶體錯失週期數為：

$$數據錯失的週期數 = I \times 36\% \times 4\% \times 100 = 1.44 \times I$$

總記憶體停滯錯失的週期數是 2.00 I + 1.44 I = 3.44 I。這表示每個指令的記憶體停滯數超過 3 個週期。因此，包含記憶體停滯的總 CPI 為 2 + 3.44 = 5.44。因為指令數或時脈頻率沒有改變，CPU 執行時間的比值為：

$$\frac{有停頓的 CPU 時間}{使用完美快取的 CPU 時間} = \frac{(I \times CPI_{停頓數} \times 時脈週期數)}{(I \times CPI_{完美} \times 時脈週期數)}$$

$$= \frac{CPI_{停頓數}}{CPI_{完美}} = \frac{5.44}{2}$$

有完美快取的效能為 $\frac{5.44}{2} = 2.72$ 倍快。

若處理器變快一些,但記憶體系統沒有變快時,會有何狀況發生呢?花在記憶體停滯時間所佔執行時間的比例將會增加;在第 1 章看過的 Amdahl 定律提醒我們這個事實。用一些簡單的例子即可說明這個問題有多麼嚴重。假設我們將加快了前例中計算機的速度,在不改變時脈頻率下,將其 CPI 從 2 降低為 1 來加速,例如可用一個改進的管道來達成。此系統包含錯失率後的 CPI 為 1 + 3.44 = 4.44,而有完美快取的系統為:

$$\frac{4.44}{1} = 4.44 \text{ 倍快}$$

花在記憶體停滯上的執行時間會從:

$$\frac{3.44}{5.44} = 63\%$$

提高至:

$$\frac{3.44}{4.44} = 77\%$$

相同地,增加時脈頻率而不改變記憶體系統,也會因為快取的錯失而增加了效能的損失。

先前的範例和計算式假設了命中時間不影響快取效能。明顯地,若命中時間增加,從記憶體系統存取一個字組的總時間將會增加,也可能導致增加處理器的週期時間。雖然,我們很快將看到增加命中時間的範例,其中一例是增加快取的容量。一個較大的快取明顯地有較長的存取時間,就如同,若你在圖書館中的書桌非常大 (例如,3 平方公尺),這將使得在書桌上找書的時間更長。命中時間的延長可能會增加管線的級數,因為一個快取命中可能要花上多個週期才能完成。雖然,分析較深管線的效能影響是較為複雜的,然而某些時候較大快取所增長的命中時間會高於命中率改善所減少的時間,而導致處理器效能的降低。

為了要呈現命中和錯失兩者存取時間皆影響效能,設計者有時使

用平均記憶體存取時間 (*average memory access time*, AMAT) 做為檢測各種快取設計時的方法。平均記憶體存取時間是同時考慮命中、錯失，與不同存取的頻率而得出的存取記憶體的平均時間，其算式為下列所示：

$$\text{平均記憶體存取時間 AMAT} = \text{命中時間} + \text{錯失率} \times \text{錯失懲罰}$$

> **範例**
>
> **計算平均記憶體存取時間**
>
> 　　一個 1 ns 時脈週期時間的處理器，其錯失懲罰為 20 個時脈週期，每一指令的錯失率為 0.05，快取存取時間 (包含命中偵測) 為 1 個時脈週期，假設讀取和寫入的錯失懲罰是相同的，且忽略其他的寫入停滯週期數。請算出此處理器的 AMAT。
>
> **解答**
>
> 每一指令平均的記憶體時間為：
>
> $$\begin{aligned}\text{AMAT} &= \text{命中時間} + \text{錯失率} \times \text{錯失懲罰} \\ &= 1 + 0.05 \times 20 \\ &= 2 \text{ 時脈週期}\end{aligned}$$
>
> 或 2 ns。

下一節討論不同的快取設計，其可減少錯失率但可能有時會增加命中時間；在 5.15 節謬誤與陷阱會看到更多例子。

以更靈活的區塊放置法來減少快取錯失

　　目前為止，當我們把一個區塊放在快取中，我們利用一個簡單的放置 (placement) 方法：任一個區塊僅可被放置在快取中的唯一位置。如前所述的**直接對映** (*direct mapped*)，因為在記憶體中任何區塊的位址都會與較上階層的單一位置直接對映。然而，實際上放置記憶體區塊的方法有很多選擇。其中一個極端是直接對映，是一個區塊正好可以被放置在唯一的位置的方法。

　　另一極端是一個區塊可放置在快取中的**任何**位置的方法。其稱為**全關聯式** (fully associative)，因為在記憶體中的一個區塊可關聯到快取中的任一位置 (entry)。為了在全關聯式快取中找到特定的區塊，快取中所有的位置都必須被搜尋，因為一個區塊可被放置在快取的任一位置裏。為了使搜尋可行，每一個快取記錄用一個比較器，所有記錄的搜尋是平行做完的。這些比較器顯著地增加了硬體成本，使得全

全關聯式快取
一種快取結構，區塊可以放置快取任意處。

關聯式放置方法只有在區塊數少的時候才可行。

介於直接對映和全關聯式的設計稱為**集合關聯式** (set associative)。在集合關聯式快取中，每一區塊可被放置在一個固定數目的位置中。一個區塊可放到 n 個位置的集合關聯式快取，稱為 n 路集合關聯式快取。一個 n 路集合關聯式快取包含一些集合，每一集合含 n 個區塊。在記憶體中的每一區塊依索引欄位對映到快取中唯一的集合，且一個區塊可被放置在該集合中的任何位置。因此，集合關聯式放置法結合了直接對映應放置法和全關聯式放置法：一個區塊是直接對映到一個集合中，之後，為了比對標籤，在集合中的所有區塊都會被搜尋。例如：圖 5.14 顯示對於三種區塊放置方法第 12 號區塊各可被放置在 8 個區塊的快取中的哪些位置。

記住在直接對映式快取中，一個記憶體區塊的位置是由以下算式算出

(區塊編號) 取餘數 (快取中的**區塊**數量)

在一個集合關聯式快取中，包含該記憶體區塊的集合，由以下算式算出：

(區塊編號) 取餘數 (快取中的**集合**數量)

因為區塊可被放置在此集合中的任何位置，因此該集合中所有位置的

集合關聯式快取
區塊可以放在固定幾個 (最少兩個) 位置的快取。

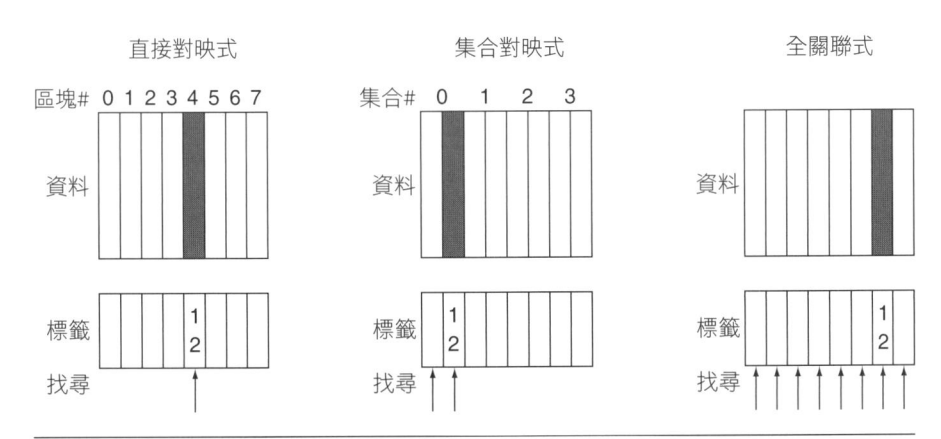

圖 5.14 在一個八區塊快取中，位址 **12** 的記憶體區塊，位置隨放置方法 (直接對映式、集合關聯式、全關聯式) 改變。

以直接對映放置，記憶體區塊 12 只能在一個快取區塊找到，且這快取區塊為 (12 modulo 8)＝4。在兩路集合關聯式快取，其中有四集合，記憶體區塊 12 必須在集合 (12 mod 4)＝0；這區塊可在集合之任何位置。以全關聯式放置，位址 12 的記憶體區塊可以放在八快取區塊的任一者。

所有標籤都必須被搜尋。在全關聯式快取中，記憶體的區塊可放置在任何地方，所以，快取中所有區塊的所有標籤都必須被搜尋。

我們也可以把所有區塊的放置方法視為集合關聯式的各種變型。圖 5.15 是有 8 個區塊的快取，各種關聯度架構的可能。一個直接對映快取是僅有一路集合的關聯式快取：每一快取位置可存放一個區塊而且每一個集合有一個區塊位置。有 m 個位置的全關聯式快取是有 m 路集合關聯式快取；它有一個集合，這集合有 m 個區塊，且區塊可置於此集合中的任一位置中。

增加關聯度的好處通常是減少錯失率，如同下一個範例所示。主要的缺點是可能增加命中時間，很快會有更詳細的說明。

一路集合關聯式
(直接對映式)

區塊	標籤	資料
0		
1		
2		
3		
4		
5		
6		
7		

兩路集合關聯式

集合	標籤	資料	標籤	資料
0				
1				
2				
3				

四路集合關聯式

集合	標籤	資料	標籤	資料	標籤	資料	標籤	資料
0								
1								

八路集合關聯式(全關聯式)

標籤	資料	標籤	資料	標籤	資料	標籤	資料	標籤	資料	標籤	資料	標籤	資料	標籤	資料

圖 5.15 一個八區塊快取，配置為直接對映式、兩路集合關聯式、四路集合關聯式及全關聯式。

以區塊計算的快取全尺寸，等於集合數乘以關聯度。因此，對固定大小的快取來說，增加關聯度減少了集合數，同時增加了每集合的元素。以八區塊而言，八路集合關聯快取等同於全集合式快取。

快取中的錯失和關聯度

範例

假設有三個小的快取，每一個快取都有 4 個一字組寬的區塊。第一個快取是全關聯式，第二個快取是 2 路集合關聯式，第三的個快取是直接對映。依序給予下列的區塊位址：0、8、0、6、8，算出每一個快取的錯失次數。

解答

直接對映快取是最簡單的，首先，我們決定每一個區塊位址對映到哪個快取區塊：

區塊位址	快取區塊
0	(0 modulo 4)＝0
6	(6 modulo 4)＝2
8	(8 modulo 4)＝0

現在我們可以在每次存取後，填入快取的內容中，空白的記錄表示該區塊是無效的，灰色文字表示相關的存取後，一個新的記錄加入快取中，黑色文字則表示快取中的舊記錄：

存取的記憶體區塊的位置	命中或錯失	查詢後的快取區塊內容 0	1	2	3
0	錯失	記憶體 [0]			
8	錯失	記憶體 [8]			
0	錯失	記憶體 [0]			
6	錯失	記憶體 [0]		記憶體 [6]	
8	錯失	記憶體 [8]		記憶體 [6]	

直接對映快取對於這 5 次的存取產生 5 個錯失。

這個集合關聯式快取含有 2 個集合 (索引值分別為 0 與 1) 且每集合包含 2 個位置。首先，我們決定每一個區塊位址對映到哪一個集合：

區塊位址	快取區塊
0	(0 modulo 2)＝0
6	(6 modulo 2)＝0
8	(8 modulo 2)＝0

因為在發生錯失時，我們可選擇要置換集合中的哪個記錄，我們需要一個置換規則。集合關聯式快取通常置換掉在集合中最近最不常使用的區塊；也就是說，最久之前用過的區塊會被置換。(很快地，我們將更詳細地討論其他置換規則。) 使用此置換規則，在每次存取後，集合關聯式快取的內容看起來像這樣：

存取的記憶體區塊的位置	命中或錯失	查詢後的快取區塊內容			
		集合 0	集合 0	集合 2	集合 3
0	錯失	記憶體 [0]			
8	錯失	記憶體 [0]	記憶體 [8]		
0	命中	記憶體 [0]	記憶體 [8]		
6	錯失	記憶體 [0]	記憶體 [6]		
8	錯失	記憶體 [8]	記憶體 [6]		

注意，當區塊 6 被存取時，它取代了區塊 8，因為在最近，區塊 8 比區塊 0 較不常被存取。這個 2 路集合關聯式快取有四次錯失，比直接對映快取少一次。

全關聯式快取有 4 個快取區塊 (在單一集合中)；任何記憶體區塊可被存在任何的快取區塊中。全關聯式快取有最佳效能，只有三次的錯失：

存取的記憶體區塊的位置	命中或錯失	查詢後的快取區塊內容			
		區塊 0	區塊 1	區塊 2	區塊 3
0	錯失	記憶體 [0]			
8	錯失	記憶體 [0]	記憶體 [8]		
0	命中	記憶體 [0]	記憶體 [8]		
6	錯失	記憶體 [0]	記憶體 [8]	記憶體 [6]	
8	命中	記憶體 [0]	記憶體 [8]	記憶體 [6]	

在這一連串的存取中，因為三個不同的區塊位址要被存取，三次錯失即是我們所能做到的最佳狀況。注意假如在快取中我們有 8 個區塊，在 2 路集合關聯式快取中，不會有置換的情形 (你自己檢查)，且和全關聯式快取的錯失次數相同。同樣地，若我們有 16 個區塊，所有 3 個快取的錯失次數都會相同。即使這麼小的範例也顯示出，在決定快取效能時，快取的大小和關聯度是彼此相關的。

錯失率的減少，其中有多少是由關聯度達成的呢？圖 5.16 是在一個 64 KiB 資料快取，其區塊含 16 個字組，而關聯度的範圍由直接對映到 8 路的情形下，其快取錯失率的改善。從直接對映 (1 路) 到 2

關聯度	資料錯失率
1	10.3%
2	8.6%
4	8.3%
8	8.1%

圖 5.16 類似 Intrinsity FastMATH 處理器的資料快取錯失率，對於 SPEC CPU2000 基準測試程式，關聯度從一路到八路。

這些針對十個 SPEC CPU2000 程式的測試結果，來自 Hennessy 與 Patterson (2003)。

路關聯度大約減少 15% 的錯失率，但到更高關聯度下，只有多一點點的改善。

在快取中找到區塊

現在，我們來思考在集合關聯式快取中找到一個區塊的工作。就如同直接對映快取，在集合關聯式快取中的每一個區塊都包含一個位址標籤，以表示該區塊的記憶體位址。在選取的集合中每一個快取區塊標籤都會與來自處理器的區塊位址比對是否相同。圖 5.17 將位址分解為三段。其索引值用來選出含此位址的集合，在此集合中所有區塊的標籤都必須被搜尋。因為速度非常重要，在被選取的集合中，其所有的標籤是並行被搜尋的。如同在全關聯式快取中，循序的搜尋將使集合關聯式快取的命中時間變得太慢。

若總快取大小維持相同，增加關聯度即增加每一集合中的區塊數目，此數目是平行處理搜尋時，需要同時比對的數量。關聯度每增為 2 倍時，每一集合中的區塊數也會增為 2 倍，而集合數量則減為一半。所以，關聯度每增加為 2 倍，索引值的長度會少 1 個位元，而標籤的長度則多 1 個位元。在全關聯式快取中實際上只有一個集合，而且必須平行地檢查所有的區塊。因此，位址沒有索引欄，除了區塊偏移量之外的部分，全用來和每一個區塊的標籤做比較。也就是說，我們不做任何索引而搜尋整個快取。

在直接對映快取中，只需要一個單一比較器，因為區塊只可以存在於唯一的位置中，因此我們僅藉由索引即可存取快取。圖 5.18 顯示一個 4 路集合關聯式快取，此快取需要 4 個比較器，和一個 4 對 1 的多工器，以選取集合中其四個有可能的成員之一。快取存取包含索引到合適的一個集合，然後搜尋集合中的標籤。關聯式快取的成本是額外的比較器，和必須從集合的資料中做比較和選擇而造成的延遲。

在任何記憶體階層中，要在直接對映、集合關聯式和全關聯式對映的方法中選用何種方法，將取決於錯失時的成本與實作關聯度的成本，該成本包含時間與額外的硬體成本。

標籤	索引	區塊偏移量

圖 5.17　集合關聯式或直接對映式快取的位址之三個部分。
索引用以選擇集合，然後標籤用以選擇區塊，藉由與選出集合的區塊比較。區塊偏移量是區塊內所需資料的位址。

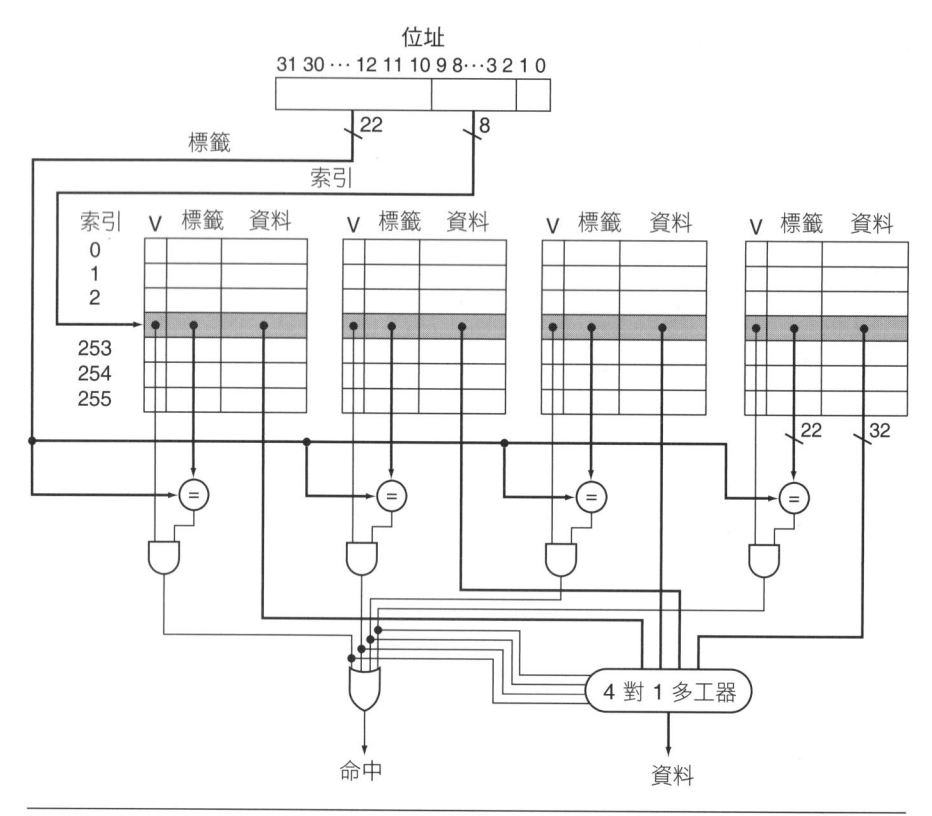

圖 5.18　實現 4 路集合關聯式快取，需要四個比較器及 4 對 1 多工器。
這些比較器決定選到集合(如果有)的哪些元素合於標籤。比較器輸出用以選擇資料(來自索引出集合的四個區塊之一)，以解碼過的選擇訊號控制的多工器選出。有些做法中，快取 RAM 的資料部分的輸出許可訊號，可用來選擇集合元素推動輸出。輸出許可訊號來自比較器，使符合的元素驅動資料輸出。這個組織方式不再需要多工器。

仔細深思　可依據內容來定址的記憶體 (Content Addressable Memory, CAM) 是一個在單一裝置中，同時置入比較和儲存功能的電路。它不像在 RAM 中，要提供一個位址以讀取一個字組，而是由你提供數據，CAM 去查看是否有此份數據，再回傳該數據所在位置的索引。有了 CAMs，則快取設計者可不必自行以 SRAMs 和比較器來設計硬體，而得以實作出更高的集合關聯度。在 2020 年，由於 CAM 耗費較多的面積和功耗使得通常一般在 2 路和 4 路的集合關聯度時是由標準的 SRAMs 和比較器來建構，而 8 路或更多路時，則會使用 CAMs。

選擇置換哪個區塊

在直接對映快取中當一個錯失發生，所需求的區塊僅可放置在唯一的位置上，則原佔據該位置的區塊必須被置換掉。在集合關聯式快

取中,我們可以選擇所需求的區塊要放置在何處,因此,也可以選擇要置換掉哪個區塊。在全關聯式快取中,所有的區塊都是可被置換的對象。在集合關聯式快取中,我們必須在選定集合的區塊中,選擇其一被置換。

最常用的方法是我們在先前範例所**使用的最久沒被用到** (least recently used, LRU)。在 LRU 方法中,被置換的區塊是最久未被使用到的區塊。在 443 頁的集合關聯式快取範例中使用 LRU,這就是為什麼我們取代了記憶體區塊 (0) 而不是記憶體區塊 (6)。

LRU 置換法在製作上,是以持續記錄每一筆資料相對於集合中其他資料的使用次序。對於一個 2 路集合關聯式快取,記錄同一集合中的二個資料何時被使用過,可在每個集合中使用一個位元來指出哪個資料正被存取。當關聯度增加時,LRU 的實作變得困難;在 5.8 節中,我們將看到另一種置換方法。

最久沒被用到 (LRU)
一種置換方法,被置換的區塊是最久沒用到的。

> **範例**
>
> **標籤大小與集合關聯度的關係**
>
> 增加關聯度時,每一個區塊需要更多比較器和更多位元數的標籤。假設一個 4096 個區塊的快取,區塊大小是 4 個字組和一個 32 位元的位址,找出分別在直接對映、2 路和 4 路集合關聯式及全關聯式快取下,其集合的數目與所有標籤的總位元數。
>
> **解答**
>
> 因為每個區塊有 16 (= 2^4) 個位元組,一個 32 位元的位址產生 32 − 4 = 28 個位元做為索引和標籤。直接對映快取的集合數與區塊數相同,因為 $\log_2(4096) = 12$,因此其總數是 (28 − 12) × 4096 = 16 × 4096 = 66 K 個用於記錄標籤的位元。
>
> 每增加一級的關聯度就會將集合的數量減少一半,並因此減少一個用以索引快取的位元且增加一個標籤中的位元。因此,二路集合關聯式快取有 2048 個集合,則用於記錄標籤的位元總數是 (28 − 11) × 2 × 2048 = 34 × 2048 = 70 K tag bits。四路集合關聯式快取的集合總數是 1024,則用於記錄標籤的位元總數是 (28 − 10) × 4 × 1024 = 72 × 1024 = 74 K tag bits。
>
> 至於全關聯式的快取,其僅有一個 4096 個區塊的集合,標籤的長度是 28 個位元,因此用於記錄標籤的位元總數是 28 × 4096 × 1 = 115 K tag bits。

使用多層級快取減少錯失懲罰

所有新近的計算機都使用快取。而且新近處理器的時脈頻率愈來愈快,存取 DRAM 卻需要愈來愈長的時間,為了要更進一步縮小兩

者之間的差距，大部分的處理器支援額外一層的快取。第二層的快取通常在相同的晶片上，在主要快取錯失時，第二層快取會被存取。若第二層快包含所需要的資料，則第一層快取的錯失懲罰將主要取決於第二層快取的存取時間，這遠比主記憶體的存取時間小很多。若第一層和第二層快取都沒有該資料，則需要存取主記憶體，這將帶來更多的錯失懲罰。

使用第二層快取帶來效能的改善是多重要呢？下一個範例會告訴我們。

範例 多層級快取的效能

假設我們有一個處理器，其基本的 CPI 是 1.0，假設在主要的快取中所有的存取皆為命中，其時脈頻率為 4 GHz。假設一個主記憶體的存取時間是 100 ns，包含所有的錯失處理。假設在主要快取中每個指令的錯失率是 2%。若在處理器中增加第二層快取，該快取的存取時間不論是命中或錯失皆為 5 ns，且快取夠大以致於可降低主記憶體的錯失率至 0.5%，若有第二層快取的處理器會快多少？

解答 主記憶體的錯失懲罰是：

$$\frac{100 \text{ ns}}{0.25 \frac{\text{ns}}{\text{時脈週期}}} = 400 \text{ 時脈週期}$$

只有一層快取的有效 CPI 為：

$$\text{總 CPI} = \text{基本的 CPI} + \text{每個指令的記憶體停滯週期數}$$

對於有一層快取的處理器：

$$\text{總 CPI} = 1.0 + \text{每個指令的記憶體停滯週期數} = 1.0 + 2\% \times 400 = 9$$

有二層快取，在主要快取的錯失可由第二層快取或主記憶提供資料。存取第二層快取的錯失懲罰為：

$$\frac{5 \text{ ns}}{0.25 \frac{\text{ns}}{\text{時脈週期}}} = 20 \text{ 週期數}$$

若錯失的資料可由第二層快取提供，則此為整個錯失懲罰。若錯失的資料需要由主記憶體提供，則總錯失懲罰是第二層快取存取時間與主記憶存取時間的加總。

第 5 章 大且快：利用記憶體階層　　**449**

> 因此，對於一個二層的快取，總 CPI 是來自二個快取層級的停滯週期數和基本 CPI 的加總：
>
> 總 CPI = 1 + 每個指令主要快取的停滯週期數 + 每個指令第二層快取的停滯週期數
> = 1 + 2% × 20 + 0.5% × 400 = 1 + 0.4 + 2.0 = 3.4
>
> 因此，有第二層快取的處理器快了：
>
> $$\frac{9.0}{3.4} = 2.6 \text{ 倍}$$
>
> 或者，我們可以由加總這些在第二層快取命中存取時的停滯週期 [(2% − 0.5%) × 20 = 0.3] 來計算停滯週期數。要到主記憶體的存取必須包括存取第二層快取和主憶體的時間，是 [0.5% × (20 + 400) = 2.1]。總和為 1.0 + 0.3 + 2.1，仍為 3.4。

　　主要快取和第二層快取二者的設計考量是有顯著差異的，因為另一快取的出現改變了原本在單一快取上最好的設計選擇。特別是，一個二層的快取結構讓主要快取可專注於減少命中時間，以產生較快的時脈週期或較少的管道級數，同時讓第二層快取注重錯失率以減少長時間存取主記憶體的懲罰。

　　在這二層快取因設計目標所做的改變效果，可由每一個快取和單層快取最佳化的比較來看出。相對於單層快取，**多層級快取** (multilevel cache) 的主要快取通常很小。此外，主要快取可使用較小的區塊大小，去順應較小的快取容量並可減少錯失懲罰。比較上，第二層快取會遠大於第一層快取，因為第二層快取的存取時間較不重要。第二層快取有較大的容量，其可使用比單層快取更大的區塊。第二層快取注重減少錯失率，往往會使用比主要快取更高的關聯度。

多層級快取
多個層級的快取構成的記憶體階層，而不只是快取與主記憶體。

　　要找出較好的演算法，排序方法已被詳細地分析：Bubble Sort, Quicksort, Radix Sort 等等。圖 5.19(a) 顯示比較 Radix Sort 和 Quicksort 在搜尋時所執行的指令數。如同預期，對於較大的陣列，Radix Sort 有演算法的優勢，在運算次數上的表現勝過 Quicksort。圖 5.19(b) 顯示執行時間而捨執行的指令數。我們看到一開始，線與圖 5.19(a) 有相同的軌跡，但是之後當排序資料增加時，Radix Sort 的線則偏離了。是怎麼回事呢？在圖 5.19(c) 中，由資料的快取錯失次數

瞭解程式效能

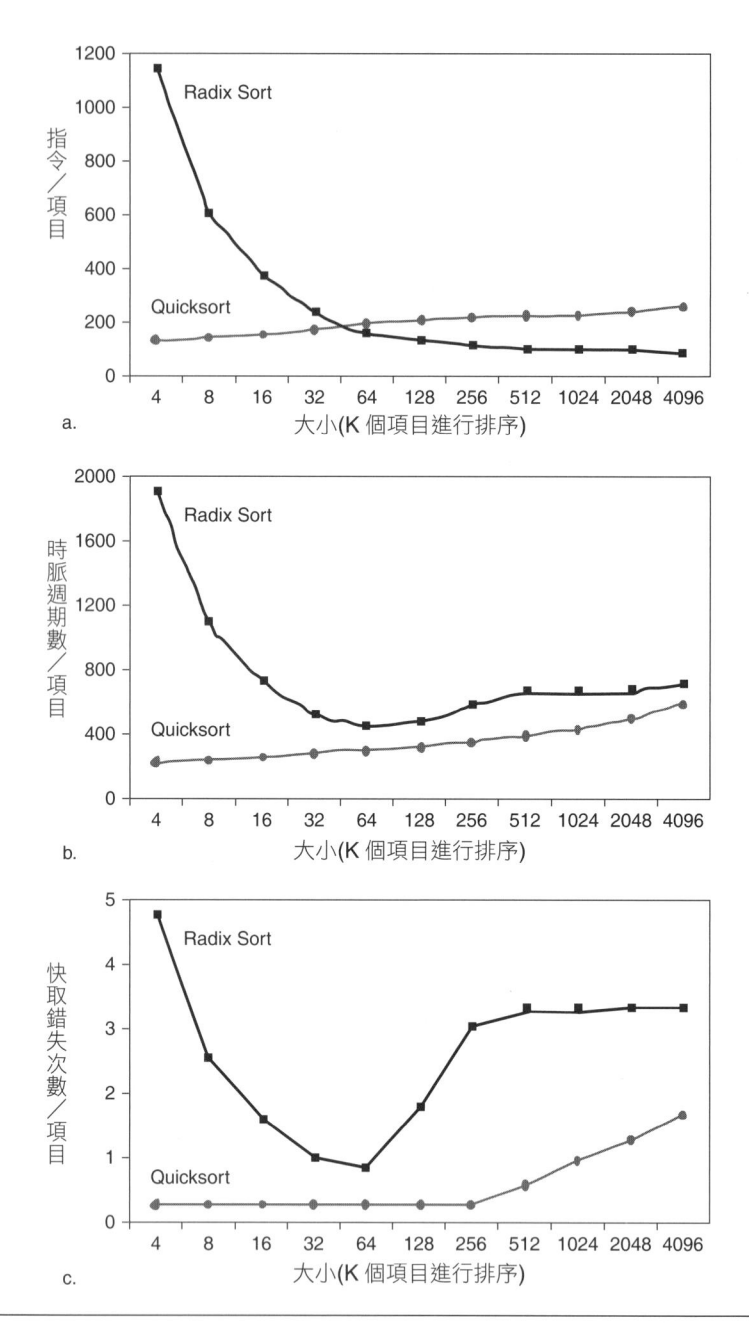

圖 5.19 經由下列三項來比較 Quicksort 和 Radix Sort：**(a)** 每項目排序執行的指令數，**(b)** 每項目排序的執行時間，以及 **(c)** 每項目排序的快取錯失。

此資料來自 LaMarca 和 Ladner 的論文 [1996]。由於這些結果，考慮記憶體階層的新版 Radix Sort 已被發明，以重新取得其演算法的優勢 (參見 5.15 節)。快取優化的基本觀念是在發生錯失資料被替代之前，重複地使用區塊中的所有資料。

可看出答案：Quicksort 在不同資料量的排序時，始終保持著少很多的錯失次數。

哎呀，標準的演算法分析通常忽略記憶體階層的影響。當較快的時脈週期和摩耳定律讓設計師擠出所有的執行效能時，能妥善使用記憶體階層對高效能的設計是至關重要的。如我們在簡介中所說，瞭解記憶階層的行為，對於瞭解現今計算機執行程式的效能是至關重要的(參見 5.14 節)。

經由區塊分割的軟體最佳化

由於記憶體階層對程式的效能是如此的重要，因此很多透過重用快取中的資料來改善時間區域性以降低錯失率的軟體最佳化方法於是被發明出來。

當處理陣列時，若將陣列在記憶體中的放置法安排成對陣列的存取是依位址循序進行的，就可從記憶體系統得到很好的效能。然而若需處理的陣列有多個，且有些是依列的順序存取而有些是依行的順序。於是以列的順序 [稱為*以列為主定序* (row-major order)] 或行的順序 [稱為*以行為主定序* (column-major order)] 來儲存陣列都解決不了問題，因為在每次的迴圈執行中都會同時用到對以列與行為定序的陣列的存取。

不同於在陣列中是每次對整個列或行運作，*區塊分割* (blocked) 的演算法是一種對子矩陣或*區塊* (blocks) 運作的方法。其目的是對已被載入到快取中的資料在其被置換出去之前儘量多作存取，亦即改善時間區域性來減少快取的錯失。

例如 DGEMM 的各個內迴圈 (第 173 頁中的圖 2.43 中第 4 至 9 行) 是

```
for (int j=0; j < n;++j)
    {
    double cij=C[i+j*n]; /* cij=C[i][j] */
    for (int k=0; k < n; k++)
     cij+=A[i+k*n]*B[k+j*n]; /* cij+=A[i][k]*B[k][j] */
    C[i+j*n]=cij; /* C[i][j]=cij */
    }
}
```

其讀取 B 的所有 N×N 個元素、重複地讀取對應於 A 中一列的 N 個元素，並寫入對應於 C 中一列的 N 個元素 (其中的註解可使各矩陣的列與行更易辨認)。圖 5.20 表示三個陣列被存取的情況，其中深色表示最近的存取，淺色表示較早的存取，以及無色表示未被存取的部分。

容量錯失的次數明顯地與 N 及快取大小有關。若快取可容納全部三個 N×N 的矩陣，則在假設沒有快取衝突 (錯失) 的情況下，一切都沒問題。我們在第 3 章和第 4 章的 DGEMM 中特意選用恰當大小的矩陣以使這個情況成立。

如果快取可容納一個 N×N 矩陣加上一個大小為 N 的列，則至少 A 的第 i 列以及整個 B 陣列可同時保持在快取中。小於上述的容量的話則對 B 和 C 的錯失就會發生。最糟的情況是在 N^3 個運作中將會有 $2N^3+N^3$ 個字組的記憶體存取。

為了確保欲存取的元素都可以容納於快取中，原程式碼可改寫成一次僅對部分矩陣作運算。因此，我們基本上是重複呼叫第 4 章在第 383 頁中圖 4.81 中的 DGEMM 版本，來對大小是 BLOCKSIZE×BLOCKSIZE 的矩陣作運算。BLOCKSIZE 稱為**區塊分割因素** (*blocking factor*)。

圖 5.21 列出區塊分割版的 DGEMM。函數 do_block 是圖 2.43 中的 DGEMM 加上三個新參數 si、sj 與 sk 來指出每一個 A、B 與 C 的部分矩陣的起始位置。do_block 的兩個內迴圈現在每次只計算 BLOCKSIZE 大小的矩陣而非一次作完 B 及 C 的完整長度。gcc 最佳化器以「列入」(inlining) 函數的方式來消除所有函數呼叫的額外負擔；

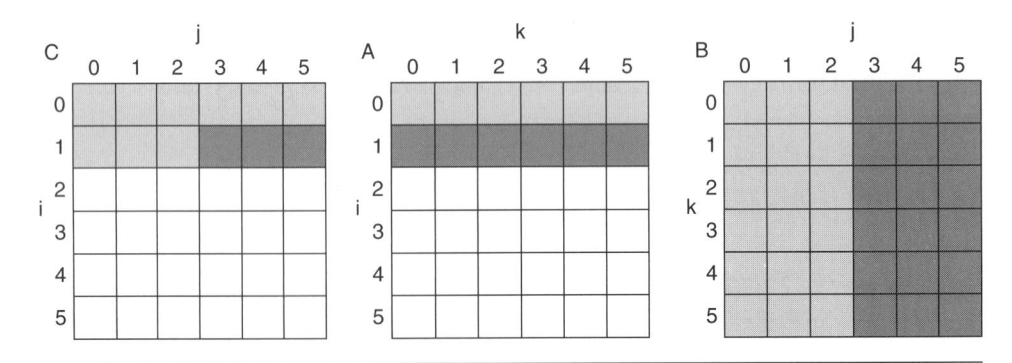

圖 5.20 三個陣列 C、A 與 B 在 N=6 和 i=1 時的定格照。
對陣列中元素存取的時間以灰階代表：無色表示還未被存取，淺灰表示稍早已被存取，以及深色表示新近的存取。相較於圖 5.22，A 與 B 中的元素會被重複讀取來計算 C 的新元素。用來存取各陣列使用到的變數 i、j 與 k 表示在相關的列或行旁邊。

```
1   #define BLOCKSIZE 32
2   void do_block (int n, int si, int sj, int sk, double *A, double
3   *B, double *C)
4   {
5      for (int i = si; i < si+BLOCKSIZE; ++i)
6         for (int j = sj; j < sj+BLOCKSIZE; ++j)
7            {
8               double cij = C[i+j*n];/* cij = C[i][j] */
9               for( int k = sk; k < sk+BLOCKSIZE; k++ )
10                 cij += A[i+k*n] * B[k+j*n];/* cij+=A[i][k]*B[k][j] */
11              C[i+j*n] = cij;/* C[i][j] = cij */
12           }
13  }
14  void dgemm (int n, double* A, double* B, double* C)
15  {
16     for ( int sj = 0; sj < n; sj += BLOCKSIZE )
17        for ( int si = 0; si < n; si += BLOCKSIZE )
18           for ( int sk = 0; sk < n; sk += BLOCKSIZE )
19              do_block(n, si, sj, sk, A, B, C);
20  }
```

圖 5.21 圖 3.21 中的 DGEMM 經快取區塊分割後的版本。

假設 C 初始化為 0。do_block 函數基本上就是第 2 章中的 DGEMM 再加上用來指定 BLOCKSIZE 大小的子矩陣開始位置的新參數。gcc 的最佳化器可以將 do_block 函數作程序列入 (inlining) 來消除程序呼叫過程所需的額外指令。

亦即它直接置入程式碼來避免慣常的參數傳遞及返回位址記存等指令。

圖 5.22 表示使用區塊分割時對三個陣列的存取。只看容量錯失的話，記憶體存取的字組數一共是 $2 N^3 /\text{BLOCKSIZE} + N^2$。這個做法造成約有 BLOCKSIZE 倍的改善。因此區塊分割同時利用了空間與時

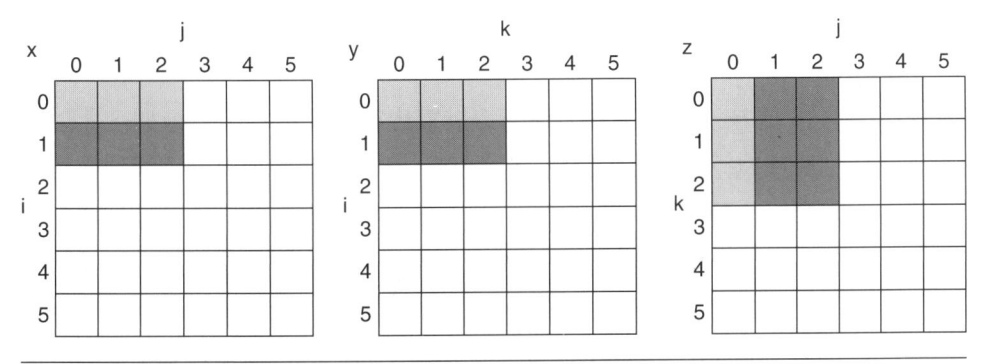

圖 5.22 當 *BLOCKSIZE*＝3 時對 C、A 及 B 陣列存取的不同時間。

注意，與圖 5.20 相較，每次執行迴圈僅有較少的元素在區塊的範圍內被存取了 (譯註：圖中表示的矩陣名稱並非 C、A、B 而是 x、y、z，且 x＝y × z)。

454 計算機 組織 與 設計

間的區域性，因為 A 矩陣的讀取受惠於空間區域性而 B 矩陣的讀取受惠於時間區域性。在不同計算機與矩陣大小的情況下，區塊分割可以改善效能 2 倍到超過 10 倍之譜 (參見 5.14 節)。

雖然區塊分割的目的是減少快取錯失，它也可以有助於暫存器配置。如果選用小的區塊大小以使區塊能容納於暫存器中，則可以將程式中的載入與儲存數降至最低，因此也能改善效能。

仔細深思 多層級快取會造成幾項複雜的情況。首先，它會造成許多不同型態的錯失和相關的錯失率。在 448-449 頁的範例中，我們看到主要 (primary，意即第一層) 快取的錯失率和**全域錯失率** (global miss rate)——所有記憶體存取中在所有快取層級中都發生錯失的比率。也有一項第二層快取的錯失率，這是第二層快取中所有的錯失除以對其存取次數的比率，此錯失率稱為第二層快取的**區域錯失率** (local miss rate)。因為主要快取會過濾 (意指命中時，已完成處理) 一些存取，特別是對那些有好的空間和時間區域性的 (由主要快取過濾掉的) 存取，第二層快取的區域錯失率會比全域錯失率高出許多。例如在 448-449 頁的範例中，我們可以算出第二層快取的錯失率竟然是 0.5%/2％＝25％！幸運的是，全域錯失率才是決定我們多常需要存取主記憶體的因數。

仔細深思 在亂序執行的處理器中 (參見第 4 章)，效能是更複雜的，因為處理器在錯失懲罰時中仍可繼續執行指令。我們使用每個指令的錯失次數取代指令錯失率和資料錯失率，則公式如下：

$$\left(\frac{記憶體-停滯週期數}{指令}\right)=\left(\frac{錯失次數}{指令}\right)\times(總錯失延遲週期數-重疊的錯失延遲週期數)$$

因為沒有通用的方法可以計算出被重疊掉的錯失延遲，所以評估亂序執行處理器的記憶體階層時，不可避免地，需要經過對該處理器和記憶體階層的模擬。只有在每次的錯失發生時，觀察處理器的執行，我們才可以知道處理器是停頓下來等待資料或是繼續處理其他工作。一般原則就是，處理器通常可以隱藏 L1 快取錯失時 L2 快取命中的懲罰週期數，但是很少能有效隱藏 L1 快取與 L2 快取都錯失的大量懲罰週期數。

全域錯失率
在多層級快取中，所有記憶體存取中在所有快取層級中都發生錯失的比率。

區域錯失率
在多層級快取中，在某層級記憶體存取中發生錯失的比率；用於多層級快取的構造中。

仔細深思 演算法的效能挑戰來自於相同架構但不同實作的記憶體層級差異，例如不同的快取大小、關聯度、區塊大小和快取層數。為了應付這種變化，一些新近的數值程式庫將演算法參數化，之後在執行時期搜尋參數空間以找出符合特定電腦的最佳參數組合。這種方法稱為自動調校 (*autotuning*)。

關於設計多層級快取，下列何者通常為真？
1. 第一層快取較注重命中時間，而第二層快取較關注錯失率。
2. 第一層快取較注重錯失率，而第二層快取較關注命中時間。

自我檢查

總結

在本節，我們專注於三個重點：快取效能、使用關聯度以減少錯失率和使用多層級快取以減少錯失懲罰。

記憶體系統對程式執行時間有顯著的影響。記憶體停滯週期數視錯失率和錯失懲罰兩者而定。我們將在 5.8 節看到，減少這些因素的其中一項而不影響到記憶體階層的其他因素會是個挑戰。

為了要減少錯失率，我們檢視了關聯式置換方法的使用。這些方法可以藉由在快取中提供更有彈性的區塊置換，來減少快取的錯失率。全關聯式快取可讓區塊放置在任何位置，但是快取中的每一個區塊也都需要被搜尋是否符合所請求的資料。由於較高的成本，使得大容量的全關聯式快取難以實現。集合關聯式快取是切實的選擇，因為我們只需搜尋以索引選出的唯一集合中的所有區塊。集合關聯式快取有較高的錯失率，但其存取較快。達成最佳效能的關聯度取決於實作的技術和細節。

最後，我們看到一個多層級快取，藉由使用一個較大的第二層快取來處理主要快取的錯失，做為減少錯失懲罰的技術。當設計者在受限的晶片面積和高時脈頻率的目標下，為了避免主要快取面積太大，第二層快取已成為普遍的設計。第二層快取的容量通常比主要快取大十倍或更高，來處理許多在主要快取錯失時的存取。在這些情況下，錯失懲罰是存取第二層快取的時間 (通常 <10 個處理器週期)，而不是存取主記憶體的時間 (通常 >100 個處理器週期)。與關聯度相似的考量，第二層快取在容量和存取時間二者之間的設計權衡，依實作的各種條件而定。

最後，有鑑於記憶體階層對效能的重要性，我們討論了如何修改演算法來改善快取行為，而區塊分割正是處理大型陣列時的一個重要技術。

5.5 可靠的記憶體階層

可靠性

在之前的討論中我們都假設記憶體階層不會出錯。很快但不可靠的設計並不是我們要的。我們已在第 1 章中學到了對**可靠性**有幫助的大理念就是使用冗餘。在這節中我們將首先介紹一些名詞並且定義這些名詞以及與故障相關的一些量度，然後說明冗餘怎麼樣能夠造就幾乎不會出錯的記憶體。

定義故障

我們以假設你已經有一個正常服務的規格規範做開始。使用者可以看到系統所提供的服務其規格應該持續地只會在兩種提供服務的狀態之間作轉換：

1. 服務達成，亦即服務可以以所規範的形式提供
2. 服務干擾，亦即提供的服務與所規範者不同

狀態 1 到狀態 2 的轉換是由故障造成，而狀態 2 到狀態 1 的轉換稱為修復。故障可以是永久性的或暫時性的。暫時性的故障較難處理；亦即當系統在兩個狀態間擺盪時問題的診斷比較困難。永久性的故障遠為容易診斷。

定義裡有兩個相關的名詞：信賴度與可用度。

信賴度 (*reliability*) 是表示連續的完成服務的時間量測參數─也就是等於從目前開始到發生故障的時間。因此「到發生故障的平均時間 (*mean time to failure*, MTTF)」是一種信賴度的量度。相關的名詞是年故障率 (*annual failure rate*, AFR)，也就是若已知裝置的到發生故障的平均時間，其預期會在一年內故障的百分比。當 MTTF 的值很大時它容易造成誤解，則此時 AFR 較能反映直覺。

磁碟的 MTTF 與 AFR

範例

現在有些磁碟宣稱具有 1,000,000 小時的 MTTF。因為 1,000,000 小時是 1,000,000/(365×24) = 114 年，所以看起來好像它們實際上永遠不會故障。像是 Search 這樣的執行網際網路服務的庫房規模計算機 (參見 6.8 節) 可能含有 50,000 個伺服器。假設每個伺服器有兩個磁碟。使用 AFR 來計算我們預期每年有多少個磁碟會故障。

解答

一年有 365×24 = 8760 個小時。1,000,000 小時的 MTTF 表示 AFR 是 8760/1,000,000 = 0.876%。對 100,000 個磁碟，我們會預期每年應有 876 個磁碟故障，或者平均每天多於兩個磁碟故障！

服務干擾以修理的平均時間 (*mean time to repair*, MTTR) 來表示。故障間的平均時間 (*mean time between failures*, MTBF) 就是 MTTF + MTTR 的和。雖然 MTBF 更為通用，MTTF 卻常是較恰當的名詞。於是可用度 (*availability*) 是服務的狀態在完成與干擾兩種狀態間變換時服務完成程度的量度。可用度統計上的值可表為

$$可用度 = \frac{\text{MTTF}}{(\text{MTTF} + \text{MTTR})}$$

請注意信賴度與可用度實際上是可量化的量度，而不只是可靠性的同義詞。縮減 MTTR 或拉長 MTTF 對可用度有同樣功效的幫助。例如，用於偵測、診斷和修復錯誤的工具都可縮短修復的平均時間並因而改善可用度。

我們希望可用度達到非常高。一個簡單的表示法就是只要說出每年的「可用度裡頭的九」的數目 (number of "nines of availability")。因為一年有 365 天，亦即 365×24×60 = 526,000 分鐘，所以這個簡單的表示法就表示：

一個九：90%	=>	36.5 天的修復時間 / 年
兩個九：99%	=>	3.65 天的修復時間 / 年
三個九：99.9%	=>	526 分鐘的修復時間 / 年
四個九：99.99%	=>	52.6 分鐘的修復時間 / 年
五個九：99.999%	=>	5.26 分鐘的修復時間 / 年

等等 (五個九表示每年需要 5 分鐘的修理時間，可有助我們記得)。

為了提高 MTTF，你可以改善組件的品質或者設計在組件有故障

發生的時候還可以繼續運作的系統。因此故障需要以不同的文字來定義，因為組件的故障不一定就會造成系統的故障。為了清楚表示這種區別，我們以名詞錯誤 (fault) 來表示組件的故障。這裡有三種改善 MTTF 的方法：

1. 錯誤避免：以結構和製作來預防錯誤的發生。
2. 錯誤容忍：即使發生錯誤，透過使用冗餘來使所提供的服務仍符合服務的規格。
3. 錯誤預測：**預測**錯誤的存在與發生，以便在元件故障前將其置換掉。

預測

Hamming 單錯誤更正雙錯誤偵測 (Single Error Correcting, Double Error Detecting, SEC/DED) 碼

Richard Hamming 發明了一種廣受採用的記憶體冗餘方法，為此他於 1968 年獲得了杜靈獎 (Turing Award)。要想發明冗餘碼的話，先瞭解如何表示出正確的位元樣式之間有多接近將可以有幫助。我們所稱的 *Hamming* 距離 (*Hamming distance*) 就是兩個正確位元樣式之間相同位置上具有不同位元值的最少位元數目。例如 0<u>1</u>10<u>1</u>1 和 0<u>0</u>11<u>1</u>1 之間的距離是二。如果在某種編碼中任何兩個樣式間的最小距離是二而我們已知發現了一個位元的錯誤，會怎麼樣呢？這個現象會使得編碼裡頭的一個有效樣式變成無效。所以如果我們可以偵測編碼裡頭的成員是否有效的話，我們就可以偵測單一位元的錯誤，也就是說，我們有單一位元的**錯誤偵測碼** (error detection code)。

錯誤偵測碼
能夠偵測資料中存在有錯誤、然而並無法指出其準確的位置，因此不能改正其錯誤的碼。

Hamming 使用同位碼 (*parity code*) 來做錯誤偵測。在同位碼中我們計算字組裡 1 的數目；如果 1 的數目是奇數就稱這個字組具有奇同位，否則稱為偶同位。當字組寫入記憶體時也同時寫入一個同位元(以 1 表奇同位，0 表偶同位)。也就是這個 N＋1 個位元的字組的同位應該恆為偶。於是當讀出字組時同時也讀出同位位元並作檢查；如果記憶體字組的同位以及儲存的同位位元不相符，則表示發生了錯誤。

範例

計算值為 31_{ten} 的位元組的同位，並表示其存於記憶體時的樣式。假設同位元存在右手邊。如果最高位元在記憶體中翻轉了然後你把它讀出來，你能檢測出錯誤嗎？如果最高的兩個位元翻轉了又會怎樣？

> 31$_{ten}$ 是 00011111$_{two}$，其有五個 1。欲使同位為偶，我們需設同位位元為 1，使其成為 000111111$_{two}$。當我們把它讀回來時如果最高的位元翻轉了，我們會看到 1̲00111111$_{two}$ 裡一共有七個 1。因為我們使用偶同位但是現在卻得到奇同位，我們則會表示發生了錯誤。如果兩個最高的位元翻轉了，我們會看到 1̲1̲0111111$_{two}$ 裡一共有八個 1 或是偶同位元，因此我們不會知道以及表示發生了錯誤。

如果有兩個位元的錯誤，則因為當有兩個錯誤時同位規則仍會符合，因此若使用一個位元的同位位元方法將無法偵測到任何錯誤 (實際上一個位元的同位方法可以偵測任何奇數的錯誤；然而有三個錯誤的機率遠低於有兩個錯誤的機率，所以實際上使用一個同位位元的碼等於是限制在只能偵測一個位元的錯誤)。

當然同位碼並不能達到 Hamming 所希望的、除了偵測還能夠改正錯誤。如果我們使用一個最小距離是 3 的碼，則任何單一位元的錯誤將會在所有有效樣式中最接近正確的那個樣式。他提出了一個容易瞭解的、我們為了表彰他的貢獻而稱之為 *Hamming 錯誤更正碼*(ECC) 的將數據對應到距離為 3 的編碼的方法。我們使用多個額外同位位元來辨認單一錯誤的位置。以下是計算 Hamming ECC 的步驟：

1. 從一開始將位元由左方開始編號，而非如傳統的從零開始由右方編起。
2. 標註所有二的指數次方的位置 (位置 1、2、4、16、…) 來作為放置同位位元的位置。
3. 所有其他的位元位置 (位置 3、5、6、7、9、10、11、12、13、14、15、…) 則作為放置資料位元之用。
4. 同位位元的位置決定了哪些數據位元是它需要檢查的 (圖 5.23 以圖形表示這樣的涵蓋範圍)，說明如下：
   - 位元 1 (0001$_{two}$) 負責檢查各個位元的位址表示法中最右方的位元為 1 (0001$_{two}$、0011$_{two}$、0101$_{two}$、0111$_{two}$、1001$_{two}$、1011$_{two}$、…) 的該等資料位元 (1、3、5、7、9、11、…) 的同位。
   - 位元 2 (0010$_{two}$) 負責檢查各個位元的位址表示法中右方第二位元為 1 的該等資料位元 (2、3、6、7、10、11、14、15、…) 的同位。
   - 位元 4 (0100$_{two}$) 負責檢查各個位元的位址表示法中右方第三位元為 1 的該等資料位元 (4-7、12-15、20-23、…) 的同位。

位元位置	1	2	3	4	5	6	7	8	9	10	11	12
被編碼的數據位元	p1	p2	d1	p4	d2	d3	d4	p8	d5	d6	d7	d8
同位位元涵蓋範圍 p1	×		×		×		×		×		×	
p2		×	×			×	×			×	×	
p4				×	×	×	×					×
p8								×	×	×	×	×

圖 5.23 在對八個數據位元的 Hamming ECC 碼中的同位位元、數據位元與各同位位元的涵蓋範圍。

- 位元 8 (1000_{two}) 負責檢查各個位元的位址表示法中右方第四位元為 1 的該等資料位元 (8-15、24-31、40-47、…) 的同位。

注意每一個資料位元都被二至多個同位位元涵蓋。

5. 對每一群組設定同位位元，使其成為偶同位。

好像魔術把戲一樣，你可以從這些同位位元看出是否有哪一個位元出錯了。例如在圖 5.23 的 12 位元碼中，如果四個同位計算 (p8、p4、p2、p1) 的結果是 0000，則表示結果沒有錯誤。然而如果結果是，譬如，1010 或 10_{ten}，則 Hamming ECC 告訴我們位元 10 (d6) 發生了錯誤。由於資料是二進位的，因此我們可以輕易地以翻轉位元 10 的值來更正錯誤。

範例

假設位元組資料的值是 10011010_{two}。首先表出該位元組的 Hamming ECC 碼，然後翻轉位元 10 並說明 ECC 碼如何可以找出及更正一個位元的錯誤。

解答

空出同位位元的位置後，12 位元的樣式成為 _ _1_001_1010。

位置 1 的同位位元檢查位元 1、3、5、7、9 及 11，如下標示：_ _**1**_0**0**1_**1**0**1**0。欲使該群組成為偶同位，我們需設位元 1 為 0。

位置 2 的同位位元檢查位元 2、3、6、7、10 及 11，如下 0_**1**_0**01**_1**01**0 目前為奇同位，故我們需設位元 2 為 1。

位置 4 的同位位元檢查位元 4、5、6、7 及 12，如下 011_**001**_101，故我們需設位元 4 為 1。

位置 8 的同位位元檢查位元 8、9、10、11 及 12，如下 0111001_**1010**，故我們需設位元 8 為 0。

最終的字組碼是 **011100101010**。若翻轉位元 10 則會使其成為 011100101110。而檢查的方法如下：

> 同位位元 1 是 0 (0**1**1**1**00**1**0**1**1**1**0 有四個 1，是偶同位；本組 OK)。
> 同位位元 2 是 1 (0**1**1**1**00**1**0**1**1**1**0 有五個 1，是奇同位；某處有一個錯誤)。
> 同位位元 4 是 1 (011**100101**110 有二個 1，是偶同位；本組 OK)。
> 同位位元 8 是 1 (01110010**1110** 有三個 1，是奇同位；某處有一個錯誤)。
> 同位位元 2 和 8 不正確。因為 2＋8＝10，位元 10 一定錯了。因此我們可以翻轉位元 10 來更正這個錯誤：011100101**0**10。不就是這樣嗎！

Hamming 的研究並沒有在單一位元錯誤更正碼上就停止了腳步。如果再增加一個位元，我們可以讓碼中最小的 Hamming 距離變成 4。這表示我們可以更正單一位元的錯誤並*偵測兩個位元的錯誤*。這個想法是增加一個以整個字組計算出來的同位位元。讓我們以一個四位元的字組為例，其僅需七個位元即可做到單一位元更正。Hamming 同位位元 H (p1 p2 p3)(如一般地以偶同位計算) 及整個字組的偶同位位元 p4 表示如下：

1 2 3 4 5 6 7 **8**
p₁ p₂ d₁ p₃ d₂ d₃ d₄ **p₄**

則更正一個錯誤以及偵測兩個錯誤的演算法就是如前一般計算 ECC 群組 (H) 再加上對整個群組的同位位元 (p₄)。有四種可能性存在：

1. H 是偶同位而且 p₄ 也是偶同位，故無錯誤發生。
2. H 是奇同位而且 p₄ 也是奇同位，故有一個可更正的錯誤發生 (如果有一個錯誤發生則 p₄ 應算出奇同位)。
3. H 是偶同位但是 p₄ 卻是奇同位，則有一個錯誤在 p₄ 中發生但沒有其他錯誤，故更正 p₄ 位元即可。
4. H 是奇同位但是 p₄ 卻是偶同位，則有兩個錯誤發生 (兩個錯誤發生時則 p₄ 應仍會算出偶同位)。

單錯誤更正雙錯誤偵測 (Single Error Correcting / Double Error Detecting, SEC/DED) 常見於目前的伺服器記憶體設計中。八個位元組的資料區塊可以輕鬆地多使用一個位元組來得到 SEC/DED，這就是為什麼許多 DIMMs 是 72 個位元寬。

仔細深思 要計算出 SEC 需要多少個額外的位元，假設在 $p+d$ 個位

元的字組中令 p 為同位元總數且 d 為原資料位元數。若在總位元數是 p+d 的情況下可經由加入 p 個錯誤更正位元來指出一個錯誤位元的所在位置、加上一個情況來指出沒有錯誤存在,則我們需要:

$$2^p \geq p+d+1 \text{ 種情況,因此 } p \geq log(p+d+1)$$

例如,對 8 位元的資料此即 d=8 以及 $2^p \geq p+8+1$,故 p=4。類推之,p=5 可處理 16 位元的資料、6 可處理 32 位元、7 可處理 64 位元等等。

仔細深思 在很大的系統裡,單一個的寬記憶體晶片含有多個錯誤以及完全故障的可能性很高。IBM 提出 *Chipkill* 來解決這個問題,很多很大的系統也使用了這個技術 (Intel 稱他們的版本為 SDDC)。其本質上類似用於磁碟的 RAID 方法 (參見 🌐 **5.11 節**),Chipkill 將資料以及 ECC 資訊分散放置,以求單一記憶體晶片的完全故障可以經由其餘記憶體晶片的幫助來重建其遺失的資料。假設有一 10,000 個各具有 4 GiB 的處理器的叢集,IBM 計算出在三年運作時間內無法恢復 (*unrecoverable*) 的記憶體錯誤率將如下所示:

- 僅使用一個同位位元——約為 90,000 個錯誤,或每 17 分鐘就有一個無法恢復 (或無法偵測) 的錯誤。
- 僅使用 SEC/DED——約為 3500 個錯誤,或每 7.5 小時就有一個無法偵測或無法恢復的故障。
- ChipkiIl—— 6 個錯誤,或每兩個月才有一個無法偵測或無法恢復的故障。

因此,Chipkill 對庫房規模計算機而言是必要的 (參見 6.8 節)。

仔細深思 在記憶體系統中典型的錯誤形式是在一群位元中發生一個或兩個位元的錯誤,而在網路上則常常還有可能發生突然且短暫而大量的位元錯誤。對這種錯誤有一個解決方法稱為循環冗餘檢查 (*Cyclic Redundancy Check*)。對一個 k 位元的區塊,傳送器會產生一個 n-k 位元的框檢查序列。之後它傳送出一組可被某數整除的 n 個位元。接收器將該位元框除以該某數,若能整除,則假設沒有錯誤發生。否則接收器會拒絕這筆訊息並要求傳送器再傳一遍。一如你根據第三章中的內容所可能作的猜想,對某些二進數字而言使用移位暫存器來做除法相當容易,因此這使得 CRC 碼即使在硬體比較珍貴的時代也很流

行。更進一步地，Reed-Solomon 碼以 Galois 欄位來更正多位元的傳輸錯誤，然則在此資料被視為多項式的係數而碼空間是多項式的值。Reed-Solomon 計算通常比二進除法更為複雜得多！

5.6 虛擬機器

虛擬機器 (*Virtual Machine*, VM) 首次發展於 1960 年代中期，多年來已在大型計算機中維持一個重要的部分。雖然在 1980 和 1990 年代的單一使用者計算機領域中被大大地忽略了，它們最近受到普遍關注，因為

- 在現代系統中，隔離性與安全性，日益重要
- 標準作業系統中，安全性與可靠性的能力不足
- 許多不相關的使用者，共享一台單一的計算機
- 幾十年來，處理器的原始速度戲劇性地增加，這使得 VM 的額外負擔更可接受

VM 最廣泛的定義基本上包括所有提供標準軟體介面的模擬方法，像是 Java VM。在本節中，我們關注的是，提供一個在二進位指令集架構 (ISA) 層級的完整系統層級環境。雖然有些 VM 在 VM 上執行的指令集架構和處理器硬體的指令不同，但是我們假設它們總是與硬體相同。這些 VM 稱為 (作業) 系統虛擬機器 (*Operating System Virtual Machine*)。IBM VM/370、VirtualBox、VMware ESX Server 和 Xen 是例子。

系統虛擬機器呈現出使用者覺得有一整台它們自己的計算機，包括一份作業系統的假象。一台單一計算機可執行多個 VM，同時可以支援多個不同的作業系統。在傳統的平台，一個單一作業系統擁有所有的硬體資源，但是在 VM 中，多個作業系統卻需全體共享硬體資源。

支援 VM 的軟體稱為*虛擬機器監控器* (*virtual machine monitor*, VMM) 或*超管理者* (*hypervisor*)；VMM 是虛擬機器技術的重心。底層的硬體平台稱為*主機* (*host*)，而它的資源被*客* (*guest*) VM 所共享。VMM 決定如何將虛擬資源對映到實際資源：一個實際資源可以是分

時共享 (time-shared)、分區，或甚至是用軟體模擬。VMM 比傳統作業系統小很多，隔離部分 VMM 的程式碼或許只要 10,000 行。

雖然我們在此關注的是在 VM 中改進保護能力，VM 提供其他兩個在商業上顯著的好處：

1. *管理軟體*。VM 提供一個可以執行完整軟體堆疊的抽象層，甚至包括舊的作業系統，像是 DOS。一個典型的產品可能包含一些執行原有作業系統的 VM，許多是執行目前穩定的作業系統公開版，以及一些是測試中的下一版作業系統。
2. *管理硬體*。對於使用多個伺服器的一個理由是讓相容的作業系統的應用程式在個別的計算機中執行，因為這種區分性可以改善可靠性。VM 容許這些獨立的軟體堆疊可獨立地運作卻能共享硬體，因此降低伺服器數量的需求。另一個例子是一些 VMM 支援將執行中的 VM 移植到不同的電腦，以平衡工作量，或是從失敗的硬體中撤離。

硬體 / 軟體介面

Amazon Web Services (AWS) 因為以下五個理由，所以使用虛擬機器於其提供 EC2 的雲端計算中：

1. AWS 可以在使用者共用同一個伺服器時以使用虛擬機器來保護他們互相不受干擾。
2. 使用虛擬機器能夠方便在一個庫房規模計算機中配置軟體的使用。如果有一個顧客安裝了一個以適當軟體組態好的虛擬機器的模樣，則之後 AWS 可以配置它到所有想要使用這種虛擬機器的顧客那裡。
3. 顧客 (以及 AWS) 在完成他們的工作後可以有把握地安全地「消滅」一個虛擬機器來控制資源的使用。
4. 虛擬機器隱藏了顧客使用的硬體的身分 (也意指真實的特性)，意謂 AWS 可以在使用原有的伺服器的同時也引入一些新的更有效率的伺服器。顧客對某些例子期待效能能夠符合他們在「EC2 計算單位」裡頭的額定值，AWS 對其定義為：「提供相當於 1.0 到 1.2 GHz 的 2007 AMD Opteron 或 2007 Intel Xeon 處理器的 CPU 計算能量」。新的伺服器一般會比舊的能夠提供更多的 EC2 計算單位，

不過只要划得來，AWS 仍可以繼續出租舊的伺服器。

5. 虛擬機器監控器 (VMM) 可以控制虛擬機器使用處理器、網路和磁碟空間的程度，如此可以便於 AWS 提供在同一些伺服器上執行時的不同應用型式的多種價格。例如，在 2020 年 AWS 提供超過 200 種適用於從每小時不到半分錢 (t3a.nano 價格是 $0.0047) 到每小時超過 $25 (記憶體最佳化的 xle.32xlarge 價格是 $26.69) 的不同應用型式，價格範圍超過 5000：1。

一般而言，處理器虛擬化的成本取決於工作量。使用者層級中運算為主的程式沒有虛擬化成本，因為作業系統很少被喚起，所以每一個都以處理器速度執行。I/O-密集的工作量通常也是 OS-密集，其執行許多系統呼叫和特權指令並可能造成高虛擬化的成本。另一方面，若 *I/O-密*集的工作量也是以 I/O 為主，則處理器虛擬化的成本可以完全被隱藏，因為處理器通常閒置，等待 I/O。

虛擬化的額外負擔由須被 VMM 模擬的指令數和每次模擬所需時間而定。因此，當客 VM 執行和主機相同的 ISA 時，如我們在此的假設，這種架構和 VMM 的目標是讓幾乎所有的指令都直接在真實硬體上執行。

虛擬機器監控器的要件

VM 監控器必須做什麼？它是客軟體的軟體介面，其必須將所有客軟體的狀態彼此相互隔離。且它必須保護自身不受到客軟體 (包含客作業系統) 的侵害。質化需求是：

- 客軟體在 VM 的行為，除了效能相關行為或固定資源被多個 VM 共享的限制外，應該像它在真實硬體上執行一樣。
- 客軟體應不能直接改變真實系統資源的配置。

為了「虛擬化」一個處理器時，VMM 幾乎必須控制每一件事，存取特權狀態、位址轉換、I/O、例外和插斷，即便正在執行的客 VM 和 OS 正在使用他們。

例如，在一個計時器插斷的情形，VMM 將暫停目前執行的客 VM，儲存它的狀態，處理插斷，決定下個執行的客 VM，接著載入它的狀態。依賴計時插斷的客 VM 由 VMM 提供一個虛擬計時和一

個模擬計時插斷。

為了取得主導，VMM 必須比客 VM 處於更高的特權層級，客 VM 通常於使用者模式中執行，這也確保任何特權指令將被 VMM 處理。系統虛擬機器的基本需要為：

- 最少兩個處理器模式：系統和使用者。
- 僅可在系統模式中使用的特權指令子集合，其若在使用者模式中執行，則會被捕捉；所有系統資源必須只被這些特權指令控制。

虛擬機器的（缺乏）指令集架構支援

若在設計 ISA 時，同時規劃 VM，則較易降低必須被 VMM 執行的指令數以及它們的模擬速度 (譯註：應為模擬時間)。容許 VM 直接執行於硬體上的架構稱為可虛擬化，IBM 370 架構光榮地擁有此頭銜。

唉呀，因為直到最近，PC 和伺服器應用程式才考慮 VM，當時在建立大部分的指令集時，並沒有想到虛擬化。犯此錯誤的包含了 x86 和大部分的 RISC 架構，包括 ARMv7 和 MIPS。

因為 VMM 必須確保客系統只與虛擬資源互動，因此，傳統的客作業系統是在 VMM 內以使用者模式程式來執行。因此，若客作業系統經由一個特權指令嘗試存取或修改和硬體資源有關的資訊，例如，讀或寫一個頁表指標，則會被捕捉而跳到 VMM 中。於是，VMM 可以控制相關實際資源做適當指派。

因此，若有任何嘗試著讀或寫這些敏感資訊的指令，在使用者模式下執行並被捕捉，VMM 可以攔截它並且支援如同客作業系統所期待的敏感資訊的虛擬版本。

在缺乏這種支援時，則必須採取其他考量。VMM 必須採取特別預防措施來辨認出所有可能造成問題的指令，並確保當它們被客作業系統執行時的行為恰當。因而會增加了 VMM 的複雜性和降低執行 VM 的效能。

保護與指令集架構

保護是架構和作業系統的共同任務，但是當虛擬記憶體普及時，架構師必須修改既有指令集中一些尷尬的細節。

例如，x86 指令 POPF 從記憶體中堆疊頂端載入各旗標暫存器。

其中一個旗標是插斷致能 (*Interrupt Enable*, IE)。若你在使用者模式中執行 POPF 指令，結果會改變除了 IE 的所有旗標，而不是捕捉它。在系統模式中，它則會改變 IE。由於客作業系統是在 VM 中以使用者模式執行的，這會造成問題，因為其期待看到 IE 被改變。

過去，IBM 大型主機的硬體和 VMM 採取三個步驟來改善虛擬機器的效能：

1. 減少處理器虛擬化的成本。
2. 減少虛擬化所造成插斷的額外成本。
3. 而將插斷導向一個恰當的 VM 而不用喚起 VMM，來減少插斷成本。

在 2006 年，由 AMD 和 Intel 提出的新計畫嘗試處理第一點，減少處理器虛擬化的成本。要歷經多少世代的架構和 VMM 的修改，才可以解決所有上述三點？需要多久時間才能使 21 世紀的虛擬機器和 1970 年代的 IBM 大型主機和 VMM 一樣有效率呢？這將是值得關注的。

仔細深思 架構中最後要虛擬化的部分是 I/O。由於附加在計算機上的 I/O 設備數量不斷增加與型態更形多樣，導致這是系統虛擬化中最為困難的部分。另一項困難是在於多個虛擬機器間要共用一個真實的設備，加上另一項需要能支援大量各式各樣設備的驅動程式的要求，特別是在當一個虛擬機器系統中支援了不同客作業系統的情況下。虛擬機器的這種假象可以經由提供每一個虛擬機器每一種型態的 I/O 設備驅動程式的一般性版本，並將如何處理真實 I/O 的工作交給 VMM。

5.7 虛擬記憶體

在前一節，我們看到快取如何對程式中最近使用過的程式碼和資料部分提供快速存取。相同地，主記憶體可以視為輔助儲存體 (通常以磁碟實作而成) 的快取。這方法稱為**虛擬記憶體** (virtual memory)。虛擬記憶體起源於二個主要的動機：使多個程式間可以有效及安全地分享記憶體，以及削除因使用少量有限的主記憶體，而造成程式編寫上的負擔。在它被發明的 50 年後，第一項動機是至今的主要考慮。

當然，為了使得多個程式能共享相同的記憶體，我們必須防止程

……一個系統被設計來讓磁心和磁鼓的組合，對程式師而言像是一個單層的存儲體，其必要的傳輸都會自動地發生。

Kilburn 等人，《一層級的儲存系統》，1962

虛擬記憶體
使用記憶體做為第二層儲存體的快取的技術。

式間彼此干擾，確保一個程式僅可以讀取和寫入主記憶體分派給該程式的部分。主記憶體僅需包含多個程式執行時使用中的部分，就如同快取僅需包含一個程式執行時使用中的部分。因此，虛擬記憶體和快取都是基於區域性原則，而且虛擬記憶體使我們可以有效地共享處理器和主記憶體。

我們在編譯程式時，無法得知哪些程式將會共同使用記憶體。事實上，程式執行時，共享記憶體的多個程式會動態地改變。由於程式間動態的相關性，我們會希望將每個程式編譯成具有自己的**位址獨立空間**──記憶體空間中的僅可讓該程式存取的獨立記憶體位址範圍。虛擬記憶體實作了程式位址空間和**實體位址** (physical address) 的轉換。這個轉換確實**保護** (protection) 程式實際使用的位址空間，不受其他程式干擾。

實體位址
在主記憶體中的位址。

保護
一組機制用來確保多個程序共享處理器、記憶體或 I/O 裝置時不可以故意地或非故意地，以另一個經由讀取或寫入彼此的資料來互相干擾。這些機制也隔離了作業系統和使用者程序。

虛擬記憶體的第二個動機，是容許單一使用者程式可使用超過主記憶體大小的空間。從前，若程式太大時，則由程式設計者負責修改，使主記憶體可以容納此程式。程式設計者將程式分割成許多片段，並確認這些片段是彼此不重複的。執行時，這些覆蓋整個程式的片段 (術語稱為 overlays) 在使用者程式的控制下載入或移出記憶體，且程式設計者需確保程式絕不存取未被載入的片段以及所有載入片段絕不超過記憶體的總大小。各覆蓋的片段通常設計成各個模組 (module)，每一模組皆包含程式碼和資料。在不同模組中程序之間的互相呼叫會造成模組被其他模組所覆蓋。

你應可想見，此責任是程式設計者的重大負擔。虛擬記憶體的發明是為了減輕程式設計者的這種困難，它自動地管理記憶體階層中的主記憶體 (有時稱為**實體記憶體**，有別於虛擬記憶體) 和輔助記憶體的二個層級。

頁錯失
當取存的頁不在主記憶體中時所發生的事件。

虛擬位址
相對應於虛擬空間位置的位址，並且當記憶體存取時，其經由位址對映轉換到實體位址。

位址轉換
亦稱為位址對映。虛擬位址對映到存取記憶體位址的程序。

雖然虛擬記憶體和快取工作的原理是相同的，但它們因歷史根源不同而使用了不同的專業術語。虛擬記憶體中的區塊稱為頁 (*page*)，以及虛擬記憶體錯失則稱為**頁錯失** (page fault)。使用虛擬記憶體時，處理器產生的位址，稱為**虛擬位址** (virtual address)，會由一個合併了硬體和軟體的機制轉換出**實體位址**。該位址然後會被用來存取主記憶體。圖 5.24 顯示虛擬定址的記憶體空間中各頁對映到主記憶體的情形。此過程稱為**位址對映**或**位址轉換** (address translation)。目前，由虛擬記憶體控制的二個記憶體階層的層級在個人移動裝置中通常

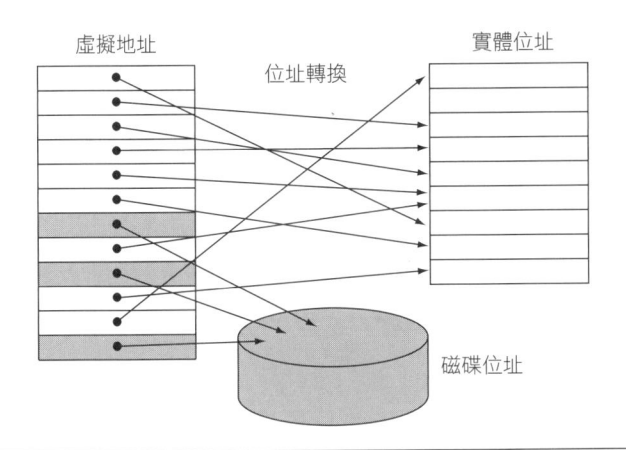

圖 5.24 在虛擬記憶體中，記憶體區塊 (稱為頁) 從一組位址 (稱為虛擬位址) 被對映到另一組位址 (稱為實體位址)。 處理器產生虛擬位址，然而記憶體存取是使用實際位址。虛擬記憶體與實體記憶體皆被分成許多頁，使得一虛擬頁對映到一實體頁。當然，有可能某虛擬頁不在主記憶體中，因此不對映到實體位址；此情形下，該頁在磁碟中。實體頁可被二個指到相同實體位址的虛擬位址共用。這種功能可用來允許二個不同程式共用資料或程式碼。

是 DRAMs 和快閃記憶體，而在伺服器中是 DRAMs 和磁碟 (參見 5.2 節)。如果我們回到圖書館的比喻，我們可以將虛擬位址當做是一本書的書名，而實體位址當做是此書在圖書館中的位置，可能可以由國會圖書館的索書號來得知。

　　虛擬記憶體管理也藉由提供重新定位 (relocation) 來簡化了程式執行時的載入工作。在使用虛擬位址去存取記憶體之前，重新定位會把程式中的各個虛擬位址對映到不同的實體位址。這樣的重新定位使得我們可以把程式載入到主記憶體的任何地方。此外，現今使用的所有虛擬記憶體系統把程式重新定位為一組固定大小的區塊 (頁)，因此不需要去找連續的記憶體區塊來放置一整個程式。而是，作業系統僅需在主記憶體中找到足夠數量的頁即可。

　　在虛擬記憶體系統中，位址可分為虛擬頁編號和頁偏移量二部分。圖 5.25 顯示了虛擬頁編號如何轉換到實體頁編號。實體頁編號構成實體位址中的高位元部分，而不需改變的頁偏移量構成實體位址中的低位元部分。頁偏移量的位元數決定了頁的大小。以虛擬位址決定的可定址的頁數量不需要與實體位址可定址的頁數量一致。讓虛擬頁的數量大於實體頁的數量，即為造成實質上無限大虛擬記憶體空間假象的基礎。

虛擬位址

```
31 30 29 28 27 ……………… 15 14 13 12 11 10 9 8 ……… 3 2 1 0
```

| 虛擬頁編號 | 頁偏移量 |

轉換

```
29 28 27 ……………… 15 14 13 12 11 10 9 8 ……… 3 2 1 0
```

| 實體頁編號 | 頁偏移量 |

實體位址

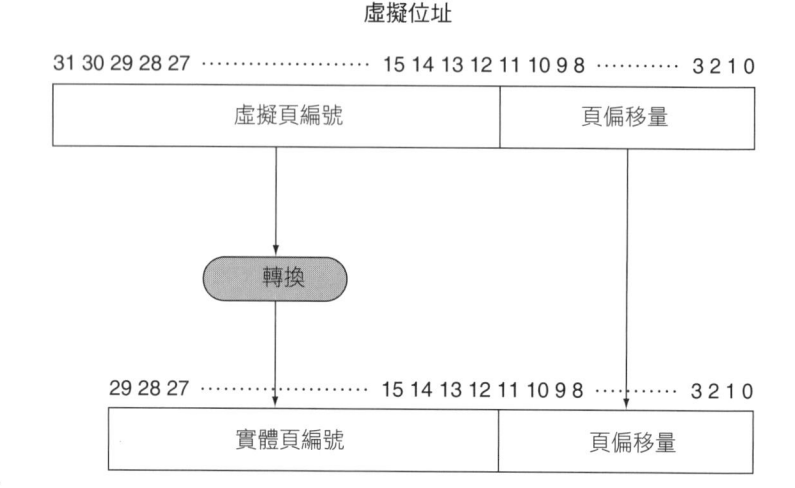

圖 5.25 將虛擬位址對映到實體位址。
頁大小是 $2^{12} = 4$ KiB。由於實體頁編號有 18 個位元，在記憶體中所允許的實體頁數是 2^{18} 頁。因此，主記憶體最多可到 1 GiB (2^{30})，而虛擬位址空間是 4 GiB (2^{32})。

頁錯失時的高昂代價影響了虛擬記憶體系統中許多項設計的選擇。一個頁錯失需花費上百萬的週期來處理 (第 415 頁顯示主記憶體的延遲大約比磁碟機快 100,000 倍)。這巨大的錯失懲罰主要是用於在典型的頁大小中取得第一個字組的時間，這導致設計虛擬記憶體系統時採用的許多關鍵決定：

- 頁應該足夠大，以分攤這麼長的存取時間。目前典型的頁大小通常是從 4 KiB 到 16 KiB。新的桌上型和伺服器系統被設計成支援一頁大小是 32 KiB 和 64 KiB，但新的嵌入式系統則往另一方向發展，至頁大小是 1 KiB。
- 可以降低頁錯失率的設計是重要的。用於這裡的主要方法是，以全關聯放置法擺放記憶體中的頁。
- 頁錯失可由軟體處理，因為和磁碟存取時間相比，軟體的處理成本是小的。此外，軟體可以使用聰明的演算法來選擇如何放置各頁，因為即使錯失率小量的減少也可以彌補這些演算法的成本。
- 寫透方法不能用在虛擬記憶體中，因為寫入輔助記憶體花費太長的時間。因此，虛擬記憶體使用寫回方法。

接下來的各小節討論該等虛擬記憶體設計的因素。

仔細深思 我們的介紹是以許多虛擬機器共用同樣的記憶體來作為設計虛擬記憶體的動機。但是虛擬記憶體原來是發明來使得許多程式可以共用作為分時系統中的一個部分的計算機。由於現在許多的讀者並沒有分時系統的經驗，所以我們用虛擬機器來作為介紹本節內容的動機。

仔細深思 對於伺服器甚至個人電腦而言，32 位元位址的處理器會產生問題。雖然我們通常以為虛擬位址數遠多於實際位址數，但是當處理器位址空間相對於目前記憶體的技術顯得太小時相反的情況就可能發生。在這情況下雖然沒有任何單一程式或者虛擬機器可以獲益，但是對同時執行的一群程式或者虛擬機器而言則可以因為資料不需要移出到次級記憶體或者不需要在平行的多個處理器上執行而獲益。

仔細深思 本書中虛擬記憶體的討論集中在使用固定大小區塊的分頁方法。也有不固定大小區塊的方法稱為**分區段法** (segmentation)。在分區段法中，一個虛擬位址包含二部分：區段編號和區段偏移量。區段暫存器內含被區段編號對映到的一個實體位址，其加上偏移量來即可找到真正的實體位址。因為區段大小不固定，所以也需要邊界的檢查來確保偏移量是在區段大小的範圍內。分段法主要用途是在位址空間中，支援更好的保護和共享。大部分的作業系統教科書包含比較分頁和分段法的深入討論以及使用分段法在邏輯上共享位址空間。分段法最大的缺點是將位址空間分成了邏輯上許多不相關的區域，每一區域須將位址分為二個部分來處理：區段編號和偏移量。相對地，分頁法中，頁編號和偏移量之間的邊界位置在哪裡，不需讓程式設計者和編譯器操心。

　　分區段法也可用於不改變計算機字組大小，而得以擴大位址空間的方法。這種嘗試由於位址分為二個部分所造成的處理困難和效能降低，同時需要程式設計者和編譯器的介入，因此並不成功。

　　許多架構將位址空間分成固定大小的大區塊來簡化作業系統和使用者程式間的保護以及增加實作分頁的效率。雖然這些固定大小的大區塊也常稱為「區段」，這機制是比不固定區塊大小的區段簡單多了，而且使用者程式不需要去處理它。我們即將更詳細地討論這部分。

分區段法

可變動區段大小的位址對映方法，其位址包含二部分：一個是區段編號，對映到區段在記憶體中開頭處的實體位址，以及一個是區段內的偏移量。

放置一頁並且再找到這頁

因為頁錯失極高的懲罰成本，設計師藉由改善頁放置法來減少頁錯失的頻率。若我們允許一個虛擬頁對映到任何的實體頁，則當頁錯失發生時，作業系統可以選擇任何的頁來置換。例如，作業系統可以使用複雜的演算法和資料結構來記錄頁的使用，以試著選出未來較不會被用到的頁。使用聰明和彈性的置換法，即可減少頁錯失率和避免使用頁的全關聯放置法。

如 5.4 節所述，使用全關聯放置法的困難是找出一筆記錄，因其可放在較高階層中的任何位置。全面的搜尋並不可行。在虛擬記憶體系統中，我們使用一個索引記憶體的表來尋找頁；這個表稱為**頁表** (page table)，其存在 (主) 記憶體中。一個頁表使用虛擬位址中的頁編號為索引值來找到相對應的實體頁編號。每一程式有自己的頁表，以將該程式的虛擬位址空間對映到主記憶體。在我們圖書館的比喻中，頁表如同書名與書在圖書館中的位置之間的對映。如同卡片目錄中可以包含校園中另一圖書館的書籍記錄而不僅止這一分館的書籍，我們將看到頁表中可以包括不在記憶體中的頁的記錄。為了指出記憶體中頁表的位置，硬體中含有一個暫存器指到頁表的開始位置；我們稱其為*頁表暫存器*。暫且假設頁表在固定且連續的記憶體區域中。

頁表
在虛擬記憶體系統中，存有虛擬位址對映到實體位址的轉換表。此表存於記憶體中，通常由虛擬頁編號來索引，表中的每一記錄包含在主記憶體中虛擬頁的實體頁編號。

硬體 / 軟體介面

頁表連同程式計數器和暫存器，代表著程式的狀態。若我們要讓另一程式使用處理器，我們必須先儲存此狀態。稍後，回復此狀態之後，程式即可繼續執行。我們通常也稱此狀態為*程序* (*process*)。程序佔有處理器時，它稱為是執行中的 (*active*)；否則，是非執行中的 (*inactive*)。作業系統要讓程序執行時，可藉由載入包括程式計數器的程序狀態，並由此程式計數器中的值開始執行。

程序的位址空間以及程序在記憶體中可存取的所有資料，由放在記憶體的頁表決定。作業系統僅載入頁表暫存器，來指出要執行程序的頁表，而不是儲存整個頁表。因為不同的程序都使用相同的虛擬位址，所以每一個程序要有自己的頁表。作業系統負責配置實體記憶體和更新頁表，以至於不同程序的虛擬位址空間不會發生碰撞。我們很快會瞭解，使用個別的頁表也提供了程序間的保護。

圖 5.26 透過頁表暫存器、一個虛擬位址以及指出使用方法的頁表來表示硬體如何得出一個實體位址。如同我們在快取中的做法，對每一個頁表的項次也使用了一個有效位元。如果該位元顯示為無效，則表示該頁並不存在記憶體中，並且發生了一個頁錯失。如果該位元顯示為有效，則表示該頁存在記憶體中，而且頁表的項次中包含了實體的頁編號。

因為頁表包含了所有虛擬頁的對映關係，因此不需要標籤。用快取術語來說，用來存取頁表的索引包含了整個區塊位址，亦即虛擬頁編號。

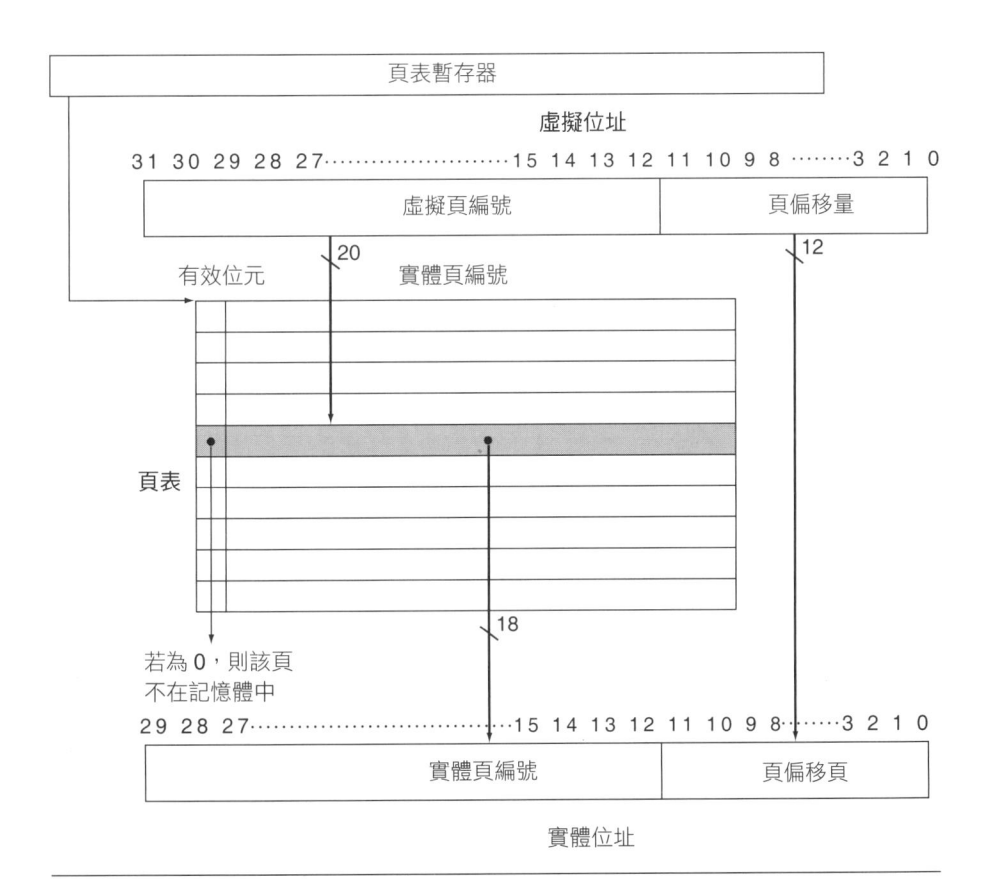

圖 5.26 頁表以虛擬頁編號來索引以取得實體位址中對應的部分。

假設位址是 32 位元。頁表的起始位址由頁表指標標示。此圖中，頁大小是 2^{12} 位元組或 4 KiB。虛擬位址空間是 2^{32} 位元組或 4 GiB，以及實體位址空間是 2^{30} 位元組，亦即主記憶體最多可到 1 GiB。頁表中的項次數是 2^{20}，或一百萬個項次。每個項次中的有效位元指出該對映資料是否有效。若為否，則該頁不存在主記憶體中。雖然這裡顯示的頁表項次僅需 19 位元，為了易於索引，它通常被擴大到 32 位元。額外的位元可用來存放每頁需要保存的其他資訊，例如保護級別等。

頁錯失

若虛擬頁的有效位元為 off，則發生頁錯失，必須由作業系統來處理。此控制權的轉移由例外的處理機制達成，我們將在第 4 章和本節稍後討論。一旦作業系統取得控制權後，其必須在階層中的下一層 (通常是快閃記憶體或磁碟機) 找到該頁，並且決定該頁應放置在主記憶體中的何處。

磁碟中頁的位置無法僅由虛擬位址得知。回到圖書館的比喻，我們不能由書名找到書在圖書館中書架的位置。而是，我們要到目錄中找書，取得書架位置的地址，如圖書館的國家編號。同樣地，在虛擬記憶體系統中，我們必須記錄在虛擬位址空間中的每一頁，其在磁碟中的位置。

因為我們無法事先知道在記憶體的頁何時將被置換，作業系統通常在程序產生時，會在磁碟中為一個程序所有的頁保留空間。此磁碟空間稱為**交換空間** (swap space)。在此同時，它也建立一個資料結構來記錄每一個虛擬頁存放在磁碟的位置。此資料結構可以是頁表的一部分，也可以是如同頁表般可索引的輔助資料結構。圖 5.27 表示了一個單一的存有實體頁編號或磁碟位址的表結構。

交換空間
在磁碟中為一程序的完整虛擬記憶體空間所保留的空間。

作業系統也建立一個資料結構，來追蹤每一個實體頁被哪些程序和虛擬位址所使用。當頁錯失發生時，若主記憶體的所有頁正在使用中，作業系統必須選擇出一頁來置換。因為我們要讓頁錯失的次數最少，大部分的作業系統試著選用一個他們猜測最近將不會被使用的頁。為了要根據過去來預測未來，作業系統依循最久沒被使用到 (LRU) 的置換方法，如我們在第 5.4 節所述。作業系統尋找最久沒被用到的那一頁，是基於一個很久沒被用過的頁比一個較近被用過的頁，較不可能再被用到的假設。被取代的頁會被寫到磁碟的交換空間。作業系統也不過是另一個程序，以及這些控制記憶體的表也存在記憶體中，假使你有這些懷疑；不久將說明這似乎矛盾的細節。

硬體 / 軟體介面

實作出完全正確的 LRU 方法太過昂貴，因為它需要在每次的記憶體存取時，都要去更新一個資料結構。因此，大部分的作業系統藉由記錄最近哪些頁有沒有被使用到來達成近似 LUR 方法。為了

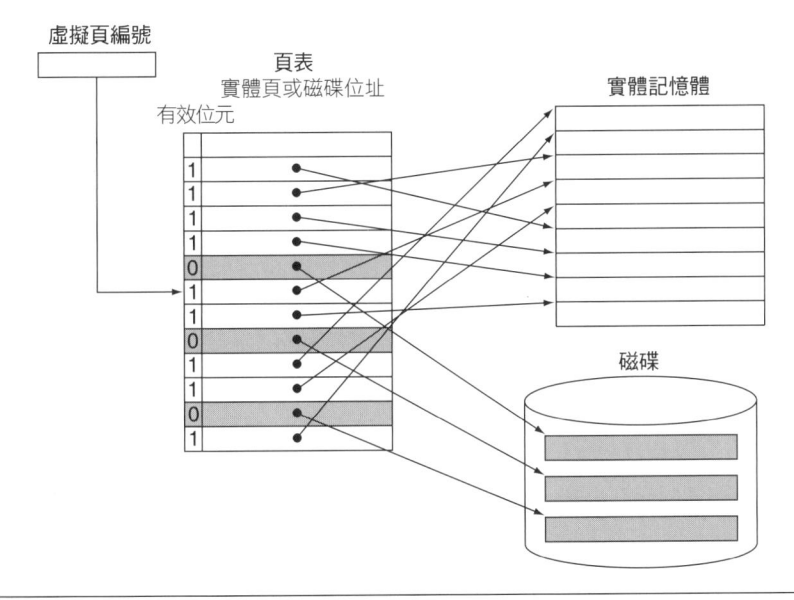

圖 5.27 頁表將虛擬記憶體中的每一頁對映到主記憶體中的一頁，或是對映到存放在記憶體階層下一階層的磁碟中的一個頁。

虛擬頁編號用來索引頁表。若有效位元為 on，頁表提供相對應於虛擬頁的實體頁編號 (即記憶體中頁的啟始位址)。若有效位元為 off，該頁目前只存在磁碟中某指定位址。在許多系統中，雖然存放實體頁位址與磁碟頁位址的表在邏輯上是同一份，但是其存在於二個分開的資料結構裡。使用二個表的合理性，部分是由於即使有些頁目前在主記憶中，我們仍必須保存所有頁的磁碟位址。記得，主記憶體中的頁和磁碟上的頁是具有相同大小的。

幫助作業系統判斷頁的 LRU 情形，有些計算機提供一個**參照位元** (reference bit) 或**使用位元** (use bit)，每當一個頁被存取，該位元就會被設定。作業系統定期地清除這些存取位元，之後再依上述方法來記錄他們，以得知哪些頁在特定時間內被存取過。有了這些使用資訊，作業系統可以在這些最久沒存取過 (藉由未被設定的存取位元來偵測) 的頁中選出一頁。若硬體未提供此位元，作業系統必須找另一方法來判斷哪些頁最近被存取過。

參照位元
亦稱為**使用位元**。頁被存取時的設定欄位，並且用來設計 LRU 或其他置換方法。

仔細深思 假設虛擬位址為 32 位元，頁大小為 4 KiB，以及每頁表的記錄為 4 位元組，我們可以計算出總頁表的大小是：

$$頁表的記錄數 = \frac{2^{32}}{2^{12}} = 2^{20}$$

$$頁表的大小 = 2^{20} \text{頁表的記錄數} \times 2^2 \frac{\text{位元組數}}{\text{頁表記錄}} = 4 \text{ MiB}$$

也就是說，在每個程式執行的過程中，我們需要使用 4 MiB 的記憶體。對單一的程式而言，這個數字不是太糟的。但若正有數百個程式執行，而每一程式有各自的頁表時，會如何呢？而且藉由此算式，64 位元位址需要 2^{52} 個字組，我們應如何處理這些位址呢？

有些方法可用來減少頁表所需的儲存量。以下的五個方法針對的是降低頁表所需最大的總儲存空間，以及降低用於該頁表的主記憶體：

1. 最簡單方法是使用一個邊界暫存器來對程序的頁表大小設限。若虛擬頁編號大於該暫存器的內容時，則相關的記錄必須加到頁表中。此方法使得頁表隨著程序使用更多空間而增長。因此，當程序使用虛擬位址空間的許多頁時，才需很大的頁表。此方法的位址空間只能往單一方向擴增。

2. 僅允許各種儲存空間都視需要而往同一方向增大是不夠恰當的，因為大部分的語言需要用到二個可增加大小的區域：一個是用於存放堆疊 (stack)，另一個是用於存放堆積 (heap)。因為這二個區域的相關特性，可方便地將頁表分成一個從最高位址往下依需求配置更多個頁的區域，以及另一個往上依需求配置更多個頁的區域。此意謂著有二個分開的頁表區域和二個各別的目前使用範圍的邊界。使用兩個頁表區域將位址空間分成了兩個區段 (segments)。位址的較高位元通常決定了該使用哪個區段、亦即這個位址該使用頁表的哪個區域。因為區段由位址的高位元所指定，所以每一區段可以和頁表中這部分位址空間的一半那麼大。區段會有一個邊界暫存器用來指出該區段目前已使用的大小，並以頁數為單位做調整。許多架構例如 MIPS 採用這種區段劃分的方式。不同於 471 頁中第 二 個「仔細深思」所討論的分區段方式，這裡的分區段方式需要作業系統的介入，但是對於應用程式是不必知道它的存在的。這個方法主要的缺點在於如果位址空間是稀疏地使用而非相當連貫的虛擬位址時，其表現並不好。

3. 另一個減少頁表大小的方法是將雜湊函數用於虛擬位址，以使頁表的大小僅需要等於主記憶體中實體頁的數量。此結構稱為**反頁表**。

當然，使用反頁表時，其查閱程序稍微複雜，因為我們不能直接索引該頁表。

4. 多層級頁表也可用來減少頁表儲存總量。第一層用於虛擬位址空間中固定大小的一群區塊的位址轉換，每群可能從 64 頁到 256 頁。這些大區塊有時稱為段，而這個第一層級對映表，有人稱為段表，雖然這些段對使用者而言，也是看不見的。由段表中的每一記錄指出該段中是否有任何頁已被配置，以及若有被配置，即指向此段的頁表。位址轉換始於以位址中較高位元來查看段表。若段位址為有效的，下一組的較高位元用以索引由段表記錄指向的頁表。此方法允許位址空間稀疏樣式(多個不連續的段可處於正使用的狀態)的使用，而不必配置完整的頁表。此方法在有非常大的位址空間和在需要非連續配置的軟體系統時特別有用。這個兩層對映的主要缺點是位址轉換時要更複雜的處理。

5. 為了降低頁表實際用掉的主記憶體，大部分目前的系統都容許頁表被分頁。雖然這聽起來有些麻煩，它也可基於與虛擬記憶體相同的基礎觀念來做成，以及不過是讓頁表可以存放在虛擬位址空間中。此外，有些小的但重要的問題，例如一個永不停止的連續頁錯失，這必須被避免。如何克服這些問題是既瑣碎且通常與處理器高度相關。簡言之，這些問題是經由作業系統位址空間中的所有頁表以及在部分的主記憶中放置一些最少量的作業系統頁表，存取這些都出現在主憶體中，而不在磁碟機中的頁表，是使用實體位址。

關於寫入呢？

快取和主記憶體存取時間的差異是數十到數百個週期數，快取可以使用寫透方法，雖然如此，我們會需要一個寫入緩衝器以避免處理器寫入延遲的等待。在虛擬記憶體系統中，寫入階層中的下一層級(硬碟)需花費處理器數百萬計的週期數，因此，系統使用寫透方法寫入磁碟機，即使有寫入緩衝器，也是完全不實際的。而是，虛擬記憶體系統必須使用寫回方法，對該頁個別的寫入都只寫到記憶體中，當該頁在記憶體中要被置換時，才將其複寫回磁碟機。

硬體 / 軟體介面

寫回方法對虛擬記憶體系統有另一重要的優點。因為其傳送時間比磁碟的存取時間小很多。一次複寫回整個頁是遠比逐個字組寫回到

磁碟機有效率。寫回的運作，雖然比傳送逐個字組有效率，但仍是昂貴的。因此，當我們選擇一頁要被置換時，我們想知道是否需要將其複寫回磁碟機。為了記錄讀進記憶體中的一頁是否曾被寫入，頁表中需增加一個污染位元。當頁中的任何字組被寫入，則污染位元會被設定。若作業系統選擇置換某一頁時，其污染位元會指出，該頁從記憶體中的位置空出來給另一頁之前是否需要被寫至磁碟機。因此，一個修改過的頁通常稱為污染頁。

使位址轉換快速： TLB

因為頁表存放在主記憶體中，程式中每次的記憶體存取至少要花 2 倍時間：第一次記憶體存取得到實體位址，第二次存取得到資料。增進存取效能的關鍵取決於存取頁表的區域性。當一個虛擬頁編號被轉換，因為在頁中字組的存取同時兼具了時間與空間的區域性，相同的轉換可能即將再次發生。

因此，近來的處理器使用了一個記錄最近用過的一些轉換資料的特別快取。此特別的位址轉換快取傳統上被稱為**轉譯側查緩衝器** (translation-lookaside buffer, TLB)，雖然其稱為轉換快取更恰當。TLB 有如我們在目錄卡中查一些書的位置時，用來記錄書本位置的小紙片；與其不斷地搜尋整個目錄，我們先記下好幾本書的位置，然後使用這個小紙片做為國會圖書館書號的快取。

轉譯側查緩衝器 (TLB) 為了避免存取頁表，用來保存最近使用對映位址的快取。

圖 5.28 顯示，在 TLB 項次中的標籤欄位放的是虛擬頁編號的一部分，以及其資料欄位放的是實體頁編號。因為我們在每次記憶體存取時是存取 TLB 而不是頁表，TLB 也需要包含其他狀態位元，譬如污染和存取位元。

每次存取時，我們在 TLB 中尋找該虛擬頁編號。若有命中，其實體頁編號用來形成位址，且相對應的存取位元被設定。若處理器執行寫入，則污染位元也被設定。若 TLB 中發生錯失，我們必須判斷此錯失為頁錯失或僅僅是 TLB 的錯失。若該頁存在於記憶體中，則此 TLB 的錯失只表示該筆轉換不在 TLB 中。在這些情形中，處理器可藉由從頁表中載入轉換的資料於 TLB 中來處理 TLB 錯失，之後再重作存取。若該頁不在記憶體中，則此 TLB 的錯失則是一個真正的頁錯失。此時，處理器以例外事件 (exception) 來啟動作業系統。因

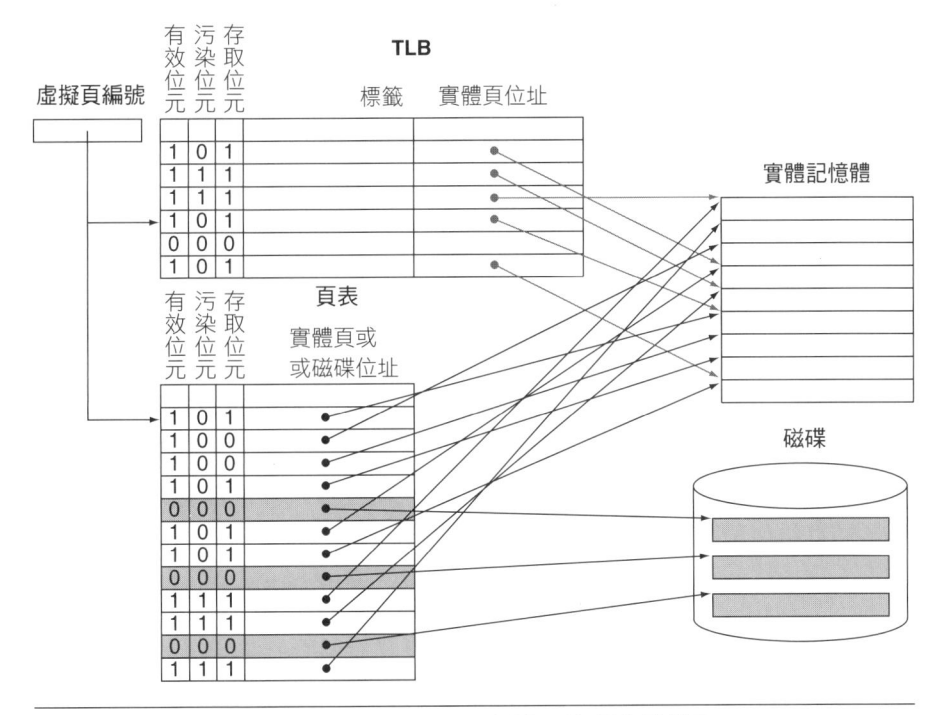

圖 5.28　TLB 作為只存放頁表中對映到實體頁的項次的快取。

TLB 存放頁表中虛擬到實體頁對映資料的一部分。TLB 的對映資料以淺灰色表示。因為 TLB 是快取，它必須有標籤欄位。若一個頁在 TLB 中沒有符合的項次，則必須去頁表中查看。頁表或者會提供該頁的實體頁編號 (其可用來建立一筆 TLB 中的項次)，或者會指出該頁仍在磁碟中、這情形就是發生了頁錯失。因為頁表中對每一個虛擬頁都有一個對應的項次，所以項次中不需要有標籤欄位；也就是說，不像 TLB，頁表不是一個快取。

為 TLB 的記錄數量遠少於主記憶體中頁的數量，TLB 錯失的頻率會遠多於真正的頁錯失。

TLB 錯失可用硬體或軟體來處理。實作上，稍加注意則這兩種方法在效能上少有差異，因為兩種做法的基本運作是相同的。

在 TLB 錯失發生且錯失的轉換資料從頁表中取得後，我們需要選出一個 TLB 記錄來置換它。因為 TLB 記錄中含有存取和修改位元，當我們置換其記錄時，需要將這些位元複製回頁表的記錄中。這些位元是 TLB 記錄唯一可被更改的部分。使用寫回方法——也就是，只在錯失發生時而不是在寫入時才將資料複製回頁表——是非常有效率的，因為我們預計 TLB 錯失率是很小的。有些系統使用其他方法來揣測存取和修改位元，以避免除了在錯失載入新的頁記錄以外的寫入。

一些 TLB 的典型值可能是：

- TLB 大小：16-512 筆記錄
- 區塊大小：1-2 筆頁表記錄 (每筆大小一般是 4-8 個位元組)
- 命中時間：0.5-1 個時脈週期
- 錯失懲罰：10-100 個時脈週期
- 錯失率：0.01%-1%

設計者在 TLB 中使用的關聯度差異很大。有些系統因為全關聯對映有較低的錯失率而使用小的、全關聯式 TLB；而且，因為 TLB 很小，全關聯對映的成本不會太高。其他系統使用大的 TLB，且通常佐以小的關聯度。使用全關聯對映時，要選擇一筆記錄來置換是很困難的，因為實作硬體 LRU 方法太過昂貴。而且，因為 TLB 錯失遠多於頁錯失，因此其處理必須更便宜，我們負擔不起像在頁錯失時使用的昂貴軟體演算法。因此，許多系統提供隨機選擇一個記錄來置換的功能。我們將在 5.8 節中更詳細地探討置換方法。

Intrinsity FastMATH TLB

為了看出這些觀念如何在實際的處理器中運作，讓我們仔細看看 Intrinsity FastMATH 的 TLB。其記憶體系統使用 4 KiB 的頁和 32 位元位址空間；因此，虛擬頁編號的長度是 20 位元，如圖 5.29 中上方所示。實體位址和虛擬位址大小相同。TLB 包含 16 筆記錄，是全關聯式，並被指令和資料存取所共用。每一記錄是 64 位元寬，包含一個 20 位元的標籤 (TLB 記錄的虛擬頁編號)、對應的實際頁編號 (也是 20 位元)、一個有效位元、一個修正位元和其他簿記位元。

圖 5.29 顯示 TLB 和一個快取，以及圖 5.30 顯示處理一個讀或寫請求時的步驟。當 TLB 錯失發生時，MIPS 的硬體會將存取的頁編號保存在一個特別的暫存器中，並產生一個例外的訊號。這個例外請求作業系統支援，以軟體來處理錯失。為了找出該錯失頁的實體位址，TLB 錯失程序使用錯失虛擬頁的頁編號，以及指出該程序的頁表啟始位置的頁表暫存器來索引頁表。作業系統使用一套可以更新 TLB 的特別的系統指令，把頁表中該實體位址放入 TLB 中。如果程式碼和頁表記錄分別存在指令快取和資料快取中，則一個 TLB 錯失約花費 13 個時脈週期數 (我們將在第 489~490 頁看到 MIPS 的 TLB 程式碼)。如果頁表項次中沒有有效的實體位址，則發生一個真正的頁錯失。硬體記錄著一個索引來指出頁表中建議被置換的項次；這個建議的項次

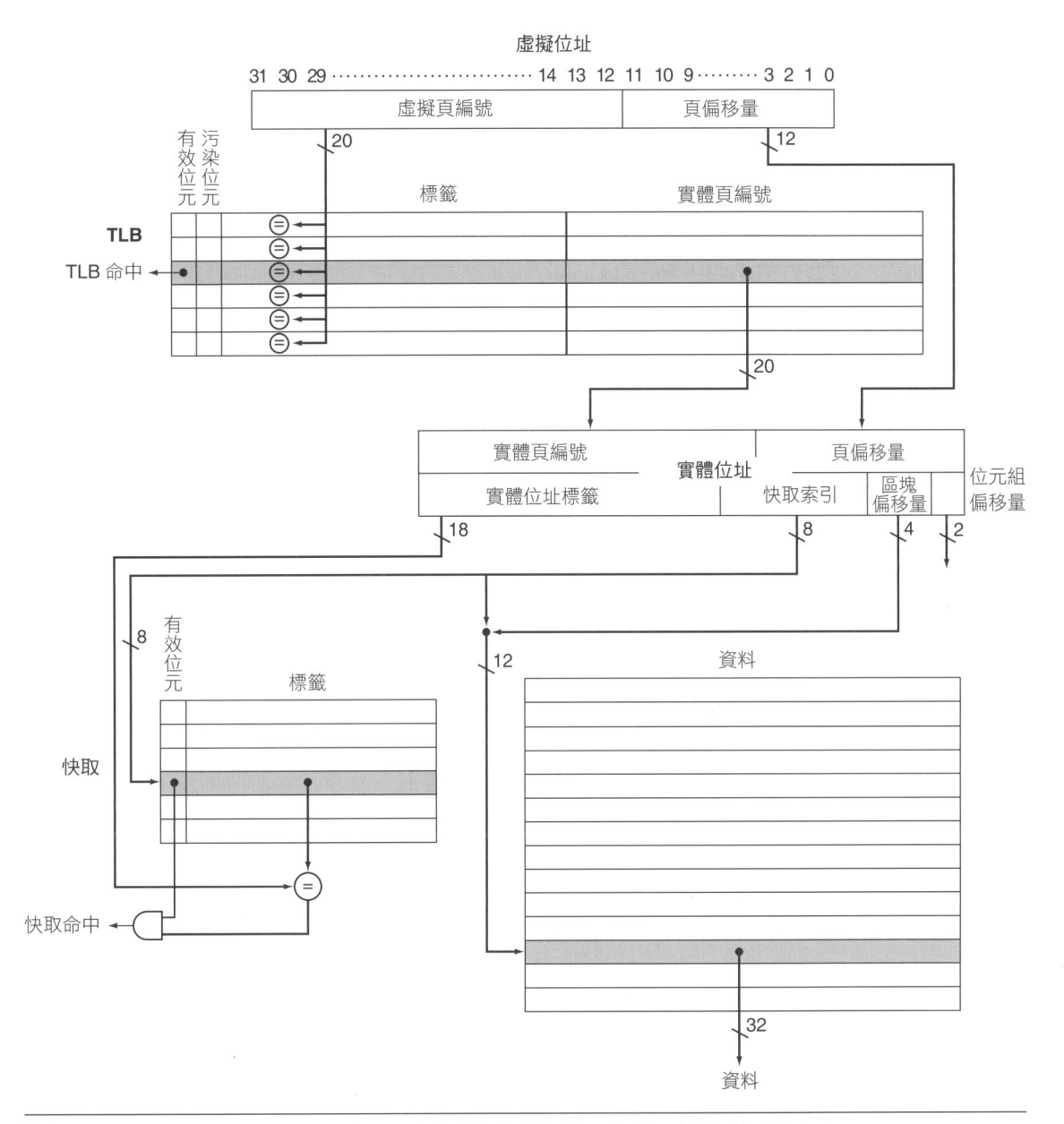

圖 5.29 Intrinsity FastMATH 中 TLB 與快取如何由虛擬位址到取得數據的過程。
此圖顯示假設頁大小為 4 KiB 時，TLB 和資料快取的組織。此圖介紹讀取過程；圖 5.30 則說明如何寫入。注意，不像在圖 5.12 中，標籤和數據 RAM 是分開的。在長而窄的數據 RAM 中，以快取索引串接區塊偏移量來定址，我們可以不必使用 16:1 多工器，就能在區塊中選取所需的字組。在這裡快取是直接對映的，以及 TLB 是全關聯式的。採用全關聯式的 TLB 會造成所需的項次可能存在 TLB 中的任何位置，因此需要將每一個 TLB 標籤與虛擬頁編號做比對 (參見第 446 頁中仔細深思對內容可定址記憶體的說明)。如果符合的項次的有效位元是 on，就是 TLB 存取命中，則實體頁編號的位元與頁偏移量的位元共同實體位址，及可用來存取快取。

是隨機選取的。

對於寫入請求有額外的複雜性：必須檢查 TLB 中允許寫入的存

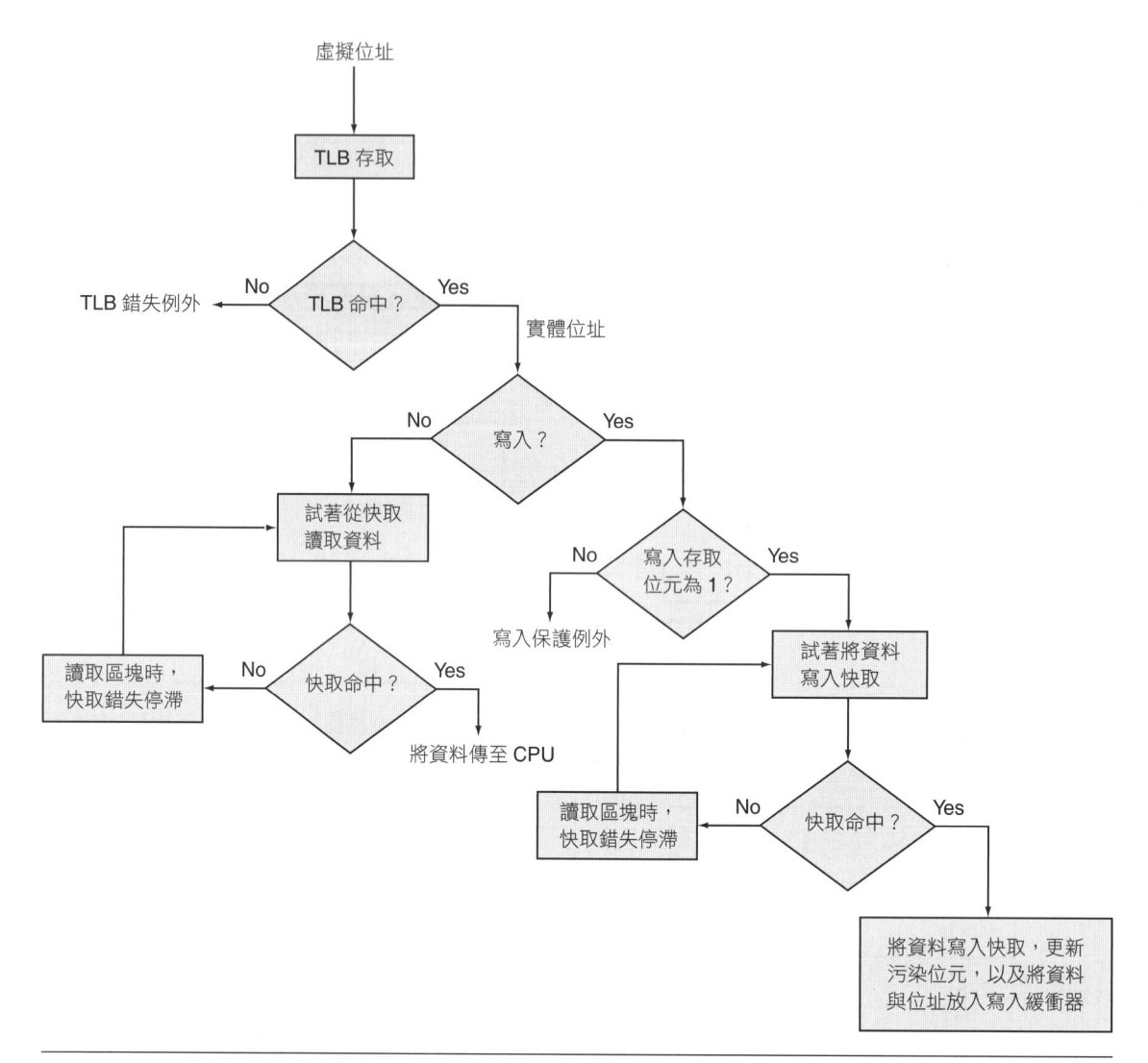

圖 5.30 在 Intrinsity FastMATH TLB 和快取中處理讀取或寫透。

如果 TLB 命中，可以用其中得出的實體位址存取快取。讀取時，如果快取命中就可以提供資料，如果錯失則會在主記憶體傳回資料時引發停滯。如果是寫入且命中時，當假設為寫透，則快取記錄的一部分會被覆蓋而且該筆寫入的資料會被送到寫入緩衝器。寫入錯失與讀取錯失除了區塊在從主記憶體讀入之後，是否需要被修改外，並無不同。寫回要求寫入時對該快取區塊將污染位元設定，以及只有在讀取錯失或寫入錯失中，當被置換的區塊是污染時，才需要將整個區塊載入寫入緩衝器中。注意，TLB 命中和快取命中是獨立的事件，但是快取命中只能發生在 TLB 命中──代表資料一定已經存在主記憶體中──之後。TLB 錯失和快取錯失之間的關係會在下述的範例以及本章最後的習題中進一步討論。

取權限位元。此位元防止程式寫入僅能被讀取的頁中。若程式嘗試寫入而寫入存取位元為否，則會產生例外。寫入存取位元是保護機制的一部分，我們不久將討論它。

整合虛擬記憶體、TLB 和快取

虛擬記憶體和快取系統階層式般地共同工作，所以，除非資料已存在於主記憶體中，否則不能存在於快取中。當作業系統決定把一頁移到磁碟機時，其經由從快取中將該頁所有的內容清除以協助維護階層性。同時，OS 修改頁表和 TLB，來使得再存取此被移出頁的任何資料時，都會產生頁錯失。

在最好的情形下，虛擬位址由 TLB 轉換之後，送到快取中並找到該筆資料，取出資料，再送回處理器中。最壞的情形是，一個存取可以在記憶體階層所有的三個部分皆發生錯失：TLB、頁表和快取。以下的範例更詳細地說明這些交互關係。

> **範例**
>
> **記憶體階層的整體運作**
>
> 在一個如圖 5.29 所示，包含 TLB 和快取的記憶體階層中，一個記憶體存取可能造成三種錯失：TLB 錯失、頁錯失，和快取錯失。設想這三種錯失，有一種或多種發生的所有組合 (七種可能性)。對每一種可能性，說明其是否真的會發生以及在什麼情況下發生。
>
> **解答**
>
> 圖 5.31 顯示所有組合和每一種組合實際上是否可能發生。
>
> | TLB | 頁表 | 快取 | 是否可能？若可能，在什麼情況下發生？ |
> |---|---|---|---|
> | 命中 | 命中 | 錯失 | 可能，雖然當 TLB 命中時，就不會檢查頁表 |
> | 錯失 | 命中 | 命中 | TLB 錯失，但在頁表中找到記錄；重試之後，也在快取中找到資料 |
> | 錯失 | 命中 | 錯失 | TLB 錯失，但在頁表中找到記錄；重試之後，資料並不在快取中 |
> | 錯失 | 錯失 | 錯失 | TLB 錯失且之後頁錯失；重試之後，資料一定不在快取中 |
> | 命中 | 錯失 | 錯失 | 不可能：若頁不在記憶體中，TLB 中不可能有轉換的位址 |
> | 命中 | 錯失 | 命中 | 不可能：若頁不在記憶體中，TLB 中不可能有轉換的位址 |
> | 錯失 | 錯失 | 命中 | 不可能：若頁不在記憶體中，資料不允許放在快取中 |
>
> **圖 5.31　TLB、虛擬記憶體系統以及快取中可能事件的組合。**有三種組合是不可能發生的，以及有一種組合 (TLB 命中、虛擬記憶體命中、快取錯失) 是可能發生的但從不會偵測。

管道化處理

虛擬定址快取
以虛擬位址而非實體位址來存取的快取。

別名
二個位址存取到相同位置的情形；可發生在虛擬記憶體中當二個虛擬位址對映到相同的實體頁。

實體定址快取
使用實體位址來定址的快取。

仔細深思 圖 5.31 假設所有記憶體位址已在快取存取之前被轉換成實體位址。在此設計中，快取是**以實體位址索引且以實體位址作標籤**(快取索引和快取標籤兩者皆屬實體位址，而不是虛擬位址)。在這樣的系統中，存取記憶體的總花費時間在假設快取命中時，必須包含 TLB 和快取二者的存取；當然，這些存取可以被**管道化**。

或者，處理器可以用全部或部分的虛擬位址來索引快取。此快取稱為**虛擬定址快取** (virtually addressed cache)。其使用虛擬位址作標籤；因此，此快取是虛擬位址索引且以虛擬位址作標籤 (*virtually indexed*)。在這種快取中，位址轉換硬體 (TLB) 在一般快取存取時不必用到，因為快取是以虛擬位址未被轉換為實體位址之前所存取。這使得 TLB 可以放在關鍵要徑之外，降低了快取的延遲。然而，當快取錯失發生時，處理器 (譯註：此工作非由處理器負責，而是作業系統的責任) 需要將位址轉換為實際位址，才可從主記憶體中擷取快取區塊。

當快取以虛擬位址存取且頁是由多個程式共用 (因此，可用不同的虛擬位址來存取他們)，有可能發生**別名** (aliasing)。別名發生於當一個物件有兩個或更多名稱時，在此情形下，相同的一頁有兩個虛擬位址，這種混淆使得一個該頁中的字組，因為可能被存放在快取的兩個不同位置，各自有其不同的虛擬位址而產生問題。該混淆會使得一個程式寫入資料，然而其他程式卻並不知道資料已改變。完全虛擬定址的快取，或是以加入快取及 TLB 設計的限制來避免別名，或是要求作業系統，甚至可能包括使用者，來採取行動以確保別名不會發生。

一個常見的融合這兩種方法的做法是以虛擬位址來索引快取——甚至只使用位址中頁偏移量的部分，因為其不需被轉換，所以這其實也就是實體位址——但使用實體標籤。這些**以虛擬位址索引但以實體位址做標籤** (*virtually indexed but physically tagged*) 的設計，其目的是得到虛擬索引快取效能的好處以及**實體定址快取** (physically addressed cache) 在架構上較簡單的好處。例如，在此設計下，不會有別名的問題。在圖 5.29 中假設的是 4 KiB 的頁大小，但其實是 16 KiB，所以 Intrinsity FastMATH 可以使用這種技巧。否則的話，就必須在最小的頁大小、快取大小和關聯度上小心作配合。

在虛擬記憶體中作出保護機制

或許虛擬記憶體最重要的功能就是讓多個程序共享單一的主記憶體，同時提供在這些程序和作業系統間的記憶體保護。保護機制必須確保，雖然多個程序共享同一個主記憶體，然而任一個作亂的程序也無法有意或無意地寫入其他使用者程序的位址空間或作業系統。TLB 的寫入存取權限位元可以保護該頁不被寫入，沒有這層保護，電腦病毒將更易擴散。

硬體 / 軟體介面

為了使作業系統得以在虛擬記憶體系統中施行保護，硬體至少必須提供三項基本能力，概述如下，請注意其中的前兩項與虛擬機器所需的要求是相同的 (參見 5.6 節)：

1. 最少支援兩種模式以指出執行中的程序是使用者程序或作業系統程序，也可能被稱為**監督者** (supervisor) **程序**、**核心** (kernel) **程序**或**決策程序** (*executive process*)。

2. 提供使用者程序可以讀取但不能寫入的部分處理器狀態。這部分包含使用者監督模式位元、用以指出處理器是在使用者模式或監督模式中、頁表指標和 TLB。為了寫這些元素，作業系統必須使用只在監督模式中可使用的特別指令。

3. 提供讓處理器可由使用者模式轉到監督模式或反之的機制。第一個方向通常由**系統呼叫** (system call) 例外來達成，其經由特別的指令 (在 MIPS 指令集中是 *syscall*) 將控制轉移到監督碼空間中的特定位置來實作。如同任何其他例外一樣，系統呼叫點的程式計數器會被儲存在例外 PC (EPC) 中，並且處理器會進入監督模式。從例外返回到使用者模式時，使用從例外返回 (*return from exception*, ERET) 指令，以重設回使用者模式並跳至 EPC 的位址。

監督者模式
亦稱為**核心模式**。一種表示執行中的程序是作業系統程序的模式。

系統呼叫
一種特別指令，其從使用者模式傳送控制到監督程式碼空間中特定位置，引發程序中的例外機制。

藉由使用這些機制以及將頁表儲存於作業系統的位址空間中，作業系統可以在防止使用者改變頁表的同時修改頁表，以確保使用者程序僅可以存取由作業系統提供此程序的儲存空間。

我們也要防止一程序讀取其他程序的資料。例如，我們不要學生程式去讀存在處理器記憶體的成績。一旦我們開始共享主記憶體，我

們必須提供程序保護其資料不被其他程序讀取和寫入的能力；否則，共享記憶體將會利弊共存。

記得每一個程序有自己的虛擬位址空間。因此，如果作業系統保持各頁表中不同的的虛擬頁都對映到不同的 (disjoint) 實體頁，則一個程序將不可能存取其他程序的資料。當然，這也需要使用者程序不能夠改變頁表對映。作業系統可以經由防止使用者程序修改自己頁表來確保安全。然而，作業系統必須可以修改各頁表。將頁表放置在作業系統的保護位址空間中同時滿足了這兩項需求。

當各個程序要在受限的方法中分享資訊，因為存取其他程序的資訊需要改變存取程序的頁表，作業系統必須介入協助它們。寫入存取權限位元可以用來限制只做讀取的分享，並且如同頁表的其餘部分，此位元僅可被作業系統改變。為了允許另一程序，例如 P1，去讀取 P2 擁有的頁，P2 會要求作業系統在 P1 的位址空間中建立一個以指向 P2 要分享的實體頁的虛擬頁頁表記錄。若 P2 希望只做讀取分享，作業系統可以使用寫入保護位元來防止 P1 寫入資料。任何決定存取頁權限的位元必須同時存在頁表和 TLB 中，因為，頁表僅在 TLB 錯失時才被存取。

仔細深思 當作業系統決定從執行程序 P1 變成執行程序 P2 時，稱為**程序切換** (context switch; process switch)，其必須確保 P2 不可存取 P1 的頁表，否則會造成保護的疏漏。若無 TLB 時，將頁表暫存器改成指向 P2 的頁表就夠了 (而不是 P1 的)；有 TLB 時，我們必須清除屬於 TLB 中關於 P1 時的記錄，同時可保護 P1 的資料和使得 TLB 載入 P2 的記錄。若程序切換頻率高，會相當沒有效率。例如 P2 在作業系統切回 P1 之前，僅載入少許 TLB 記錄。不幸地，P1 發現其在 TLB 中的所有記錄全不見了，必須付出 TLB 錯失的代價來載入它們。這問題起因於 P1 和 P2 使用的虛擬位址是相同的，而我們必須清掉 TLB 來避免這些位址的混淆。

一個常用的變通方法是以更大的虛擬位址空間來加入*程序識別碼* (*process identifier*) 或*工作識別碼* (*task identifier*)。為了這個目的，Intrinsity FastMATH 使用 8 位元的位址空間 ID (address space ID, ASID) 的欄位。這個小欄位指出目前執行中的是哪個程序；作業系統在程序切換時，將這個 ASID 載入並放在某個暫存器中。程序識別碼會和 TLB 的標籤部分串接起來，因此僅有在頁編號和程序識別碼同

程序切換
處理器內部狀態的改變，以允許不同的程序使用處理器，其包含儲存返回目前執行程序的所需狀態。

時相符時，TLB 才會命中。除了在極少數的例如回收再利用 ASID 的情形下，這種合併的用法免除了清空 TLB 的需要。

類似問題也會發生於快取中，因為在程序交換時，快取會包含執行中程序的資料。這類問題對實體定址或虛擬定址的快取會以不同的形式發生。並有多種不同的解法，可確保程式取得自己的資料。如使用程序識別碼等。

處理 TLB 錯失和頁錯失

雖然在 TLB 命中時，使用 TLB 的虛擬到實體位址轉換，是簡單易懂的，但是處理 TLB 錯失和頁錯失是較複雜的。當 TLB 中沒有和虛擬位址相符的記錄時，即發生錯失。TLB 錯失可以表示二種可能性之一：

1. 頁存在記憶體中，因此，我們僅需建立錯失的 TLB 記錄。
2. 頁不存在記憶體中，因此，我們需要將控制轉換到作業系統去處理頁錯失。

MIPS 一向以軟體處理 TLB 錯失。該軟體從記憶體帶進頁表記錄，並重新執行造成 TLB 錯失的指令。重新執行時，TLB 將會命中。若頁表記錄顯示該頁不在記憶體中，則其會有頁錯失例外處理。

處理 TLB 錯失或頁錯失時，需要使用例外處理機制來插斷執行的程序，轉移控制權到作業系統，之後再重新執行插斷的程序。頁錯失會在用來存取記憶體的時脈週期中發生。為了在頁錯失處理後，要重新執行該指令，造成頁錯失指令的程式計數器必須被保存。如第 4 章所述，例外程式計數器 (EPC) 可用以保存此值。

此外，TLB 錯失或頁錯失的例外必須在該記憶體存取週期結束前發出，以使下一個週期可開始例外的處理，而非繼續正常指令的執行。若頁錯失不是在該週期發現，載入指令會覆寫 (污染) 暫存器，這在我們試著重新執行該指令時，可能造成極為慘重的錯誤。例如，設想指令 lw $1,0($1)：計算機必須可以防止寫入管道階段的執行；否則，由於 $1 的內容會損毀而無法正確地重新啟動指令。相同的困難會發生在儲存指令上。我們在頁錯失時，必須防止記憶體寫入的完成；這通常經由取消到記憶體的寫入控制線來達成。

硬體 / 軟體介面	作業系統開始執行例外處理程序，在它完成保留被插斷程序的所有狀態前，作業系統是特別脆弱的。舉例說明，當我們在作業系統處理第一個例外時，又有另一個例外發生，控制單元會複寫例外程式計數器，這使得無法返回造成頁錯失的指令！我們可以藉由**允許**或**不允許進一步例外致能** (enable exception) 的能力來避免此慘劇。當例外情形第一次發生時，這件事可以和設定監督模式同時進行。作業系統接著保留僅足以在又有其他例外發生時回復所需的狀態──**例外程式計數器** (EPC) **以及肇因暫存器** (Cause register)。EPC 和原因暫存器是幫助處理各種例外，TLB 錯失和頁錯失的二個特別控制用暫存器，圖 5.32 顯示其他控制用暫存器。作業系統之後可以重新允許例外發生。這些步驟確保例外不會造成處理器遺失任何狀態從而無法重啟該造成插斷指令的執行。

例外致能
亦稱為插斷致能。一個訊號或行為其控制程序是否對例外產生回應；在處理器安全地儲存所需狀態來重新啟動之前的這段時間內，需要預防例外的發生。

一旦作業系統知道造成頁錯失的虛擬位址時，必須完成三個步驟：

1. 使用虛擬位址查閱頁表記錄來得知所要存取頁在磁碟中的位置。
2. 選擇要置換的實體頁；若被選取的頁是被修改過的，在我們將新的虛擬頁寫入該實體頁之前，該頁必須先被寫到磁碟中。
3. 開始從磁碟中讀入存取到的頁至選定的實體頁中。

當然，最後一步驟將花費處理器數百萬的時脈週期數 (若被置換的頁是被修改過的則第二個步驟也是如此)；因此，作業系統通常會在磁

暫存	CP0 暫存器編號	說明
EPC	14	在例外之後由何處重新執行
Cause	13	造成例外的原因
BadVAddr	8	造成例外的位址
Index	0	要被讀取或寫入的 TLB 位置
Random	1	TLB 中的近似隨機位置
EntryLo	2	實體頁位址和旗標
EntryHi	10	虛擬頁位址
Context	4	頁表位址和頁編號

圖 5.32　MIPS 的控制暫存器。
這些是被認為會存在於協同處理器 0 中，因此使用 mfc0 來讀取以及 mtc0 來寫入。

碟存取完成前，選擇另一程序放在處理器中來執行。因為作業系統已保存了頁錯失程序的狀態，故可自由地將處理器的控制權交給另一程序。

當從磁碟讀取頁完成時，作業系統可恢復原來造成頁錯失的程序狀態並且從例外返回處的指令執行下去。該指令會將處理器從內核模式設定至使用者模式，並回復程式計數器。使用者程式接著重新執行造成錯失的指令，成功地存取所需求的頁，並繼續執行。

在處理器中妥當地處理資料存取的頁錯失例外時，由於下列三種特性的組合而不易處理：

1. 它們不像指令頁錯失，而是發生在指令執行過程的中間。
2. 在處理例外之前，此指令無法被完成。
3. 在處理例外之後，指令必須如同沒發生過例外般地重新執行。

在一個像 MIPS 的架構中，使指令**可重新啟動** (restartable)，以便例外可被處理且該指令在稍後繼續執行是相對容易的：由於每一指令只寫入一個結果項目且此寫入發生在指令週期的後端，我們只需 (藉由不寫入) 防止指令完成，並從指令的最開頭重新啟動它。

可重新啟動的指令
不因例外而影響指令結果，可在例外解決後重新執行的指令。

讓我們更詳細地看看 MIPS。當 TLB 錯失發生時，MIPS 硬體將存取中的頁編號儲存在稱為 BadVAddr 的一個特別的暫存器中 (參見圖 5.32) 並產生一個例外。

這個例外呼喚作業系統，以使用軟體來處理錯失。控制轉移到位址 8000 0000$_{hex}$ 處，亦即 TLB 錯失**處理程序** (handler) 的位置。為了尋找錯失頁的實體位址，TLB 錯失處理程序使用虛擬位址的頁編號與指向執行中程序的頁表起始位址的頁表暫存器來索引頁表。為了使此索引快速，MIPS 硬體將所需要的所有資訊存放在特別的環境或背景 (Context) 暫存器中 (參見圖 5.32)：較高位的 12 個位元表示頁表的基底位址，接著的 18 個位元是錯失頁的虛擬位址。由於每一頁表項次的大小是一個字組，所以最後的 2 個位元是 00。因此，最先的二道指令將環境暫存器複製到內核暫時暫存器 $k1 中且接著從該位址載入對應的頁表項次到 $k1。要記得 $k0 和 $k1 是保留給作業系統使用的且不必保存的；這種做法的主要理由是使 TLB 錯失處理程序更快速。以下是典型的 MIPS 在 TLB 錯失處理程序的程式碼：

處理程序
可呼叫例外或中斷處理的軟體程式名稱。

```
TLBmiss:
  mfc0   $k1,Context      #將頁表位址複製暫時的 $k1
  lw     $k1,0($k1)       #將頁表記錄置於 $k1
  mtc0   $k1, EntryLo     #將頁表記錄置於特殊暫存器 EntryLo
  tlbwr                   #將 EntryLo 隨機置入 TLB 一記錄中
  eret                    #由 TLB 錯失例外中返回
```

如上所述，MIPS 有一套特別的系統指令來更新 TLB。指令 tlbwr 將控制暫存器 EntryLo 複製到由控制暫存器 Random 所選定的 TLB 項次中 (參見圖 5.32)。Random 用於隨機置換，所以其基本上是一個隨意變動 (英文用的是 free-running) 的計數器。一個 TLB 錯失約需要十幾個時脈週期數來處理。

注意 TLB 錯失處理程序並不會檢查頁表記錄是否是有效的。因為 TLB 記錄錯失例外遠多於頁錯失，作業系統從頁表載入 TLB 時並不檢查記錄的有效性即重新啟動指令。若記錄是無效的，會發生另一個不同的例外，作業系統即知道發生了頁錯失。此方法使經常發生的 TLB 錯失快速完成，而僅在不常發生的頁錯失時多些輕微的效能懲罰。

一旦產生頁錯失的程序被插斷時，控制即被轉移到 8000 0180$_{hex}$，一個和 TLB 錯失處理程序不同的位址。這個位址是處理例外用的通用位址；而 TLB 錯失則另有一個特別的進入點來降低 TLB 錯失的懲罰。作業系統使用例外原因暫存器來診斷例外的起因。因為該例外是頁錯失，作業系統知道需要大量的處理。因此，不像處理 TLB 錯失那樣，作業系統要保存執行中程序的整個程序狀態。這個狀態包括所有通用和浮點暫存器，頁表位址暫存器、EPC 和例外起因暫存器。因為例外處理程序通常不使用浮點暫存器，一般例外的進入點不會儲存它們，而是讓少數例外處理程序自行去處理這件工作程序。

圖 5.33 列出例外處理程序的 MIPS 碼。注意，我們以 MIPS 碼來儲存和回復狀態，並須處理在何等時機下允許或不允許例外的發生，但是我們以呼叫 C 程式的方法來處理現在的這個例外。

造成錯失的虛擬位址取決於該錯失是否為指令或資料錯失。造成錯失的指令位址在 EPC 中。若此為指令頁錯失，則 EPC 包含頁錯失的虛擬位址；否則，可經由檢查指令 (其位址在 EPC 中) 找到基本暫存器和偏移欄位算出錯失的虛擬位址。

		保存狀態	
保存 GPR	addi	$k1, $sp, -XCPSIZE	# 為狀態保堆疊空間
	sw	$sp, XCT_SP($k1)	# 將 $sp 存到堆疊上
	sw	$v0, XCT_V0($k1)	# 將 $v0 存到堆疊上
	...		# 將 $v1、$ai、$si、$ti……存到堆疊上
	sw	$ra, XCT_RA($k1)	# 將 $ra 存到堆疊上
保存 hi,lo	mfhi	$v0	# 複製 Hi
	mflo	$v1	# 複製 Lo
	sw	$v0, XCT_HI($k1)	# 將 Hi 的值存到堆疊上
	sw	$v1, XCT_LO($k1)	# 將 Lo 的值存到堆疊上
保存例外暫存器	mfc0	$a0, $cr	# 複製原因暫存器
	sw	$a0, XCT_CR($k1)	# 將 $cr 的值存到堆疊上
	...		# 將 $v1 存到堆疊上
	mfc0	$a3, $sr	# 複製狀態暫存器
	sw	$a3, XCT_SR($k1)	# 將 $sr 存到堆疊上
設定 sp	move	$sp, $k1	# sp = sp - XCPSIZE
		允許巢狀例外	
	andi	$v0, $a3, MASK1	# $v0 = $sr & MASKI，允許例外
	mtc0	$v0, $sr	# $sr = 允許例外的值
		呼叫 C 的例外處理程序	
設定 $gp	move	$gp, GPINIT	# 設定 $gp 指向堆積的區域
呼叫 C	move	$a0, $sp	# arg1 = 例外堆疊的指標
程式碼	jal	xcpt_deliver	# 呼叫 C 程式碼處理例外
		回復狀態	
回復大部分的	move	$at, $sp	# $sp 暫時的值
GPR, hi, lo	lw	$ra, XCT_RA($at)	# 從堆疊中回復 $ra
	...		# 回復 $t0……$a1
	lw	$a0, XCT_A0($k1)	# 從堆疊中回復 $a0
回復狀態暫存器	lw	$v0, XCT_SR($at)	# 從堆疊中載入舊的 $sr 值
	li	$v1, MASK2	# 以遮罩使例外不能發生
	and	$v0, $v0, $v1	# $v0 = $sr & MASK2，不允許例外發生
	mtc0	$v0, $sr	# 設定狀態暫存器
		從例外返回	
回復 $sp 以及其	lw	$sp, XCT_SP($at)	# 從堆疊中回復 $sp
他被當成暫時暫	lw	$v0, XCT_V0($at)	# 從堆疊中回復 $v0
存器的 GPR	lw	$v1, XCT_V1($at)	# 從堆疊中回復 $v1
	lw	$k1, XCT_EPC($at)	# 從堆疊中回復 $epc
	lw	$at, XCT_AT($at)	# 從堆疊中回復 $at
回復 ERC 並返	mtc0	$k1, $epc	# 回復 $epc
回	eret	$ra	# 返回被插斷的指令

圖 5.33 在例外發生時，保存和回復狀態的 MIPS 碼。

不做對映
沒有不會發生頁錯失的位址空間部分。

仔細深思 這個簡化版本假設堆疊指標是有效的。為了避免在低層級例外程式碼的頁錯失問題，MIPS 預留了不會發生頁錯失的位址空間，此稱為**不做對映** (unmapped)。作業系統將例外進入點的程式碼和例外堆疊放置在不做對映的記憶體中。MIPS 硬體僅經由忽略虛擬位址的高位元，來做 8000 0000$_{hex}$ 到 BFFF FFFF$_{hex}$ 的虛擬位址到實體位址的轉換，從而將這些位址空間放在實體記憶體的較低位置處。所以，作業系統將例外進入點和例外堆疊放置在不做對映的記憶體中。

仔細深思 在圖 5.33 的程式碼顯示 MIPS-32 例外返回的順序。較早期的 MIPS-I 架構使用了 `rfe` 和 `jr` 而不是 `eret`。

仔細深思 對於具有更複雜指令的處理器，其指令可以使用許多記憶體位置和寫入許多資料項目，使指令可重新啟動就困難得多。處理一個指令時可能會在指令執行期間產生一些頁錯失。例如，x86 處理器有區塊搬移指令可處理數千個資料字組。在這種的處理器中，指令往往無法從開始處被重新啟動，如我們在 MIPS 指令中所做的。反而是，指令必須在執行中途被插斷，稍後再從該處繼續執行。在執行的中間重新開始通常需要保存一些特別的狀態、處理例外以及回復特別狀態。為了使此工作正常，這需要在作業系統的例外處理程式碼和硬體兩者之間小心和仔細地共同合作。

仔細深思 與其在每一次記憶體存取中需要執行多一層的間接動作，VMM 在虛擬機器中使用了一個直接從客虛擬位址空間對應到實體位址空間、稱為影子頁表 (*shadow page table*) 的硬體。透過偵測所有對客頁表的改變，VMM 可以確保硬體用來做位址轉換的影子頁表的項次內容，與客 OS 環境中的內容是一致的，只不過客頁表中的真實頁被正確的實體頁所取代。因此，VMM 一定要能夠捕捉到 (trap，有包含啟動例外處理的涵義) 客 OS 改變它的頁表或存取頁表指標的所有動作。這個疏忽通常是經由保護客頁表的寫入以及捕捉客 OS 任何對頁表指標的存取來完成。如前所述，如果存取頁表指標是一個需要具有優先權的運作，則後者自然會被捕捉到。

仔細深思 除了對虛擬機器將其指令集作虛擬化以外，另一個難題是將其虛擬記憶體作虛擬化，因為在每一個虛擬機器中每一個客 OS 都管理著他自己的一組頁表。為了讓這個成為可行，VMM 對**真實**以及

實體記憶體 (它們通常都被當成是同義語) 賦予不同意義，把真實記憶體當成是一個介於虛擬記憶體與實體記憶體之間的獨立的中間層級 (另外也有人以虛擬記憶體、實體記憶體和機器記憶體來分別稱呼這三個層級)。客 OS 以它的頁表來對映虛擬記憶體與真實記憶體，之後 VMM 頁表再把客真實記憶體對映到實體記憶體。虛擬記憶體架構或者經由頁表、譬如在 IBM VM/370 和 x86 中，或者經由 TLB 結構，譬如在 MIPS 中，來進行規範。

總結

虛擬記憶體是記憶體階層中管理主記憶體和磁碟之間快取的層級名稱。虛擬記憶體容許單一程式的位址空間超過主記憶體位址空間的限制。更重要地，虛擬記憶體支援多個同時執行中的程序在受保護的方式下共享主記憶體。

因為頁錯失的高昂成本，在主記憶體和磁碟機中管理記憶體階層是艱鉅的。有許多方法用來減少錯失率：

1. 使用更大的頁，以利用空間區域性來減少錯失率。
2. 虛擬位址和實體位址間的對映用頁表來實現，並且做成全關聯式，以便讓虛擬頁可放置在主記憶體的任何地方。
3. 作業系統使用如 LRU 和存取位元的方法來選擇哪些頁被置換。

寫入磁碟機是費時的，所以虛擬記憶體使用寫回方法，而且也記錄一個頁是否改變過 (使用修改位元)。以避免將未更改的頁寫回磁碟機中。

虛擬記憶體機制提供位址轉換，其將程式使用的虛擬位址轉成用來存取記憶體的實體位址。位址轉換使得共享的主記憶體受到保護，並且提供許多額外的好處，例如簡化記憶體配置。確保程序彼此間相互保護，需要僅有作業系統才可改變位址轉換，這可經由防止使用者程式更改頁表來實現。在程序間共享頁的控制可經由作業系統的幫忙以及在頁表中用來指出使用者程式是否曾存取過頁的存取位元來實作。

必須存取一個存放在主記憶體中的頁表來轉換每一次的存取，虛擬記憶體也會太費時，這樣的快取是毫無意義的。而是，TLB 有如頁表的快取。接著使用在 TLB 中的轉換，將虛擬位址轉換為實體位址。

瞭解程式效能

　　雖然虛擬記憶體的發明，是為了使一個小記憶體能如同大記憶體般地運作，在磁碟和記憶體間效能的差異，會造成當一個程式經常性地存取多於所擁有實體記憶體的虛擬記憶空間時，執行速度必定非常緩慢。這樣的程式會繼續地在記憶體和磁碟機中交換頁，稱為**反覆(做某事)**(*thrashing*)。若發生了反覆(交換頁)會是一場大災難，不過這是相當罕見的。若你程式的頁反覆地換來換去，最簡單的解決方式是在有更多記憶體的電腦中執行該程式，或為你的電腦買更多的記憶體。更複雜的選擇是重新檢視你的演算法和資料結構，來看你是否可以改變區域性而因此減少程式同時使用的頁數。這些常用的頁，非正式地稱為**工作集合**。

　　更常見的效能問題是 TLB 錯失。因為 TLB 一次僅可處理 32~64 頁記錄，當處理器可以直接存取少於 1/4 的百萬位元組時，一個程式可以很容易地看到較高的 TLB 錯失率：64 × 4 KiB = 0.25 MiB。例如，對於 Radix Sort，TLB 錯失通常是一項挑戰。要試著減輕此問題，大部分計算機架構現在支援了可變動大小的頁。例如，除了標準 4 KiB 大小的頁之外，MIPS 硬體支援 16 KiB、64 KiB、256 KiB、1 MiB、4 MiB、16 MiB、64 MiB 以及 256 MiB 大小的頁。因此，若程式使用較大容量的頁，其可以直接取存記憶體而不會發生 TLB 錯失。

　　實際上的挑戰是讓作業系統容許程式選擇這些大容量的頁。再次提醒，降低 TLB 錯失更精緻的解決方法是重新檢討演算法和資料結構以減少工作集合的頁數；基於記憶體存取特性對效能以及 TLB 錯失頻率的重要影響，已有許多大工作集合的程式針對該目標重做設計。

自我檢查　將左側中記憶體階層項目和右側中最接近的項目做配對。

1. L1 快取　　　a. 快取的快取
2. L2 快取　　　b. 磁碟機的快取
3. 主記憶體　　c. 主記憶體的快取
4. TLB　　　　 d. 頁表記錄的快取

5.8 記憶體階層的常用架構

現在你已認識不同種類的記憶體階層有很多共通的地方。雖然記憶體階層在很多方面的參數有所不同,但在決定一個階層如何運作的許多策略與特性,性質是相似的。圖 5.34 顯示記憶體階層的一些量化特徵是如何的不同。以下我們將討論記憶體階層中共同運作的一些選擇以及這些選擇如何決定各種行為。我們會以用於記憶體階層中任何兩層中,一連串的四個問題來檢視策略,基於簡化問題,我們主要使用快取的術語。

問題 1:區塊可放置在哪裡?

我們已經知道在階層中的較高層級中,可用許多方法來放置區塊,從直接對映、集合關聯式到全關聯式。如前所述,這全部的方法都可被想為集合關聯式的變型,在集合的數目與每一集合的區塊數目做變化:

方法	集合的個數	每集合中的區塊數
直接對映	快取中的區塊數	1
集合關聯式	快取中的區塊數 / 關聯度	關聯度 (通常為 2-16)
全關聯式	1	快取中的區塊數

增加關聯度的好處是通常會降低錯失率。在錯失率方面的改善。來自於降低了競爭同一位置所造成的錯失。稍後我們會更詳細地檢視這些情形。首先,讓我們先看看能得到多大的改善空間。圖 5.35 顯

特性	L1 快取中的典型值	L2 快取中的典型值	分頁記憶體中的典型值	TLB 的典型值
區塊數量	250~2,000	2,500~25,000	16,000~250,000	40~1,024
kilobyte 總數	16~64	125~2000	1,000,000~1,000,000,00	0.25~16
區塊大小的 byte 數	16~64	64~128	4,000~64,000	4~32
錯失懲罰的時脈數	10~25	100~1000	10,000,000~100,000,000	10~1,000
(對 L2 的全域) 錯失率	2%~5%	0.1%~2%	0.00001%~0.0001%	0.01%~2%

圖 5.34　計算機中區別記憶體階層中各主要部分特性的關鍵量化設計參數。
圖中所示為在 2020 年這些階層中相關的典型值。雖然各個值的範圍很廣,部分的原因來自於很多會隨著時間變動的數值是相關的;例如,當快取變得更大些以求彌補大的錯失懲罰時,區塊大小也會變大。雖然在圖中沒有表示出來,目前伺服器使用的微處理器也具有 L3 快取了,其大小可能是 4 至 50 MiB 而且比 L2 快取多了許多許多的區塊。L3 快取可將 L2 快取的錯失懲罰降低到 30 至 40 個 (處理器的) 時脈週期。

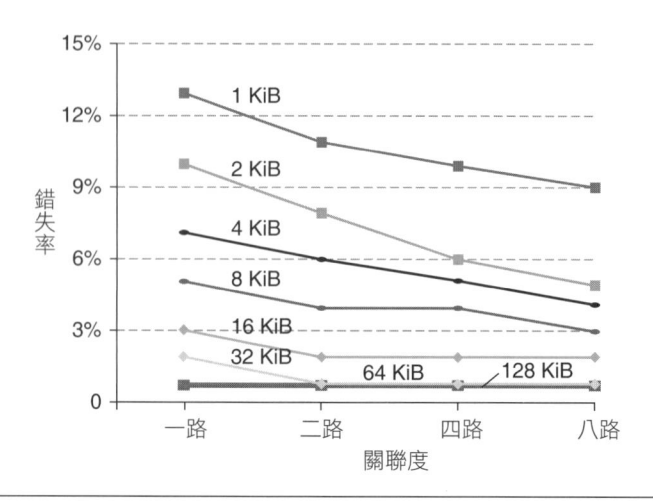

圖 5.35　八種大小的數據快取每一種的快取錯失率都隨關聯度增加而改善。

雖然從一路(直接對映)到二路集合關聯度的好處顯著，繼續增加關聯度的好處已逐漸降低(例如，相較於從一路到二路有 20%-30% 的改善，從二路到四路只剩 1%~10% 的改善)。集合關聯度從四路到八路改善更少，也可以看出它們的錯失率已經非常接近全關聯快取的錯失率。較小的快取因為其原來的錯失率高而從關聯度得到遠為大的好處。圖 5.16 說明如何數據如何取得。

示錯失率在快取關聯度從直接對映到八路集合關聯式之間做改變得到的結果。從直接對映到二路集合關聯式的改變獲得了最多的好處，將錯失率降低了 20% 到 30%。當快取大小增加，增加關聯度帶來的改善相對較少；因為較大快取中的整體錯失率會較低，降低錯失率的機會下降，因而從關聯度所得到的絕對改善也明顯地減少了。如前所述，關聯度潛在的缺點是增加的線路成本與加長的存取時間。

問題 2：如何找到一個區塊？

我們如何放置一個區塊的選擇取決於區塊放置方法，因為其決定了可能放置位置的數目。我們將這些方法總結如下：

關聯度	定位方法	需要的比較數
直接對映	索引	1
集合關聯式	先索引到集合，搜尋集合中的資料	關聯度
全關聯式	搜尋所有的快取記錄	快取大小
	獨立的查表	0

在任何記憶體階層中，在直接對映、集合關聯式或全關聯式之間的選擇，取決於錯失成本和實作關聯度的成本，同時包含時間與額外

硬體成本的考量。在晶片上置入 L2 快取，可以使用較高的關聯度，因為命中時間不再如此關鍵，設計者不必依賴標準的 SRAM 晶片做為建構區塊。除非是容量極小的快取，否則無法使用全關聯式快取，因為比較器在容量極小時的成本並不巨大，以及錯失率的改善在此時最大。

在虛擬記憶體系統中，另有一塊對映表 (即頁表) 來索引記憶體。除了需要儲放表格的空間外，使用索引表也需要額外的記憶體存取。會選擇全關聯式做為頁的放置法與使用額外對映表，是基於下列原因：

1. 全關聯是有好處的，因為錯失的代價非常大。
2. 全關聯允許軟體使用複雜的置換方法來降低錯失率。
3. 整個表不需要額外的硬體以及搜尋即可很輕易地直接索引到。

因此，虛擬記憶體系統幾乎都使用全關聯放置法。

集合關聯放置法常用在快取與 TLB 中，它們的存取包括了索引以及在一個小集合中的搜尋。少數系統基於直接對映快取的存取時間與結構簡單的優勢而使用它。其存取時間的優勢來自於尋找所需要的區塊時並不需要做比較 (指的是在一個小集合中的搜尋)。這樣的設計選擇取決於許多實作的細節，例如快取的製程技術以及快取的存取時間在決定處理器時脈週期時間上的關鍵角色。

問題 3：在快取錯失時，哪個區塊該被置換？

當一個關聯式快取發生錯失時，我們必須決定要置換哪一個區塊。在全關聯式快取中，所有的區塊都是被置換的候選者。如果快取是集合關聯式，我們必須在一集合中找出一個區塊。當然，對直接對映快取，置換是很簡單的，因為只有一個候選者。

在集合關聯式或全關聯式快取中，有兩種主要的置換方法：

- 隨機 (*random*)：候選區塊是隨機選取的，可能使用一些硬體來輔助。如 MIPS 支援 TLB 錯失時的隨機置換。
- 最久沒用到 (*least recently used*, LRU)：被置換的區塊是最久沒被用過的。

實際上，在關聯度多於 2 或 4 以上，實作 LRU 是相當昂貴的，

因為記錄使用的資訊，其成本很高。甚至於在四路集合關聯式中，LRU 通常是做到接近而已──舉例來說，先記錄哪一對區塊是最久沒用到 (LRU)(這需要一個位元)，然後再記錄在每一對中的哪個區塊是最久沒用到 (每一對需要一個位元)。

在較高的關聯度中，不是使用 LRU 近似法就是使用隨機置換法。在快取中，用硬體設計的置換演算法，意謂著此法必須要容易實作。隨機置換法用硬體設計是很簡單的，在二路集合關聯式快取中，隨機置換法的錯失率大約比 LRU 置換法高 1.1 倍。當快取變大，這兩種置換方法的失誤率都會下降，其差距變小了。事實上，隨機置換法偶爾可能會比由硬體實現的簡單 LRU 近似法來的好。

在虛擬記憶體中，總是採用 LRU 的某種近似形式，因為當錯失代價巨大時，因此即使降低一點點的錯失率也是很重要的。數個存取位元 (reference bits) 或等效設計時常用以使作業系統更容易地辨認一組最久沒用到的頁。因為錯失代價非常昂貴，而相對地較不常發生，主要以軟體來設計近似這資訊是可接受的。

問題 4：寫入時發生什麼事？

任何記憶體階層的一個關鍵特徵是如何處理寫入。我們已經知道兩種基本的選擇：

- 寫透 (*write-through*)：資料同時被寫到快取的區塊與記憶體階層中較低一層 (對快取來說是主記憶體) 的區塊中。在 5.3 節中的快取使用這個方法。
- 寫回 (*write-back*)：資料只寫到快取的區塊。修改過的區塊只有在被置換時才會寫入階層中的較低一層。虛擬記憶體系統總是使用寫回的方法，在 5.7 節討論過這些原因。

寫回與寫透各有優點。寫回的關鍵優勢如下：

- 處理器以快取可接受的速率寫入個別的字組，而非以記憶體的速率。
- 對一個區塊所做的多次寫入動作，寫入階層中較低一層時，僅需寫入一次。
- 當區塊被寫回時，因為要寫回整個區塊，系統可以有效利用高頻寬的傳輸。

寫透有這些優點：

- 處理錯失較簡單且成本較低，因為不需將一個區塊寫回到較低一層。
- 寫透比寫回容易製作，雖然為了可行，寫透式快取需要使用寫入緩衝器。

> **大印象**　　　　　　　　　　　　　　　　The BIG picture
>
> 　　快取、TLB 與虛擬記憶體初看時可能非常不同，但是它們都有賴於同樣的兩個區域性原則，並且可經由四個問題的答案來瞭解它們：
>
> **問題 1**：區塊可被放在哪裡？
> **回　答**：只有一個地方 (直接對映)、一些地方 (集合關聯) 或任何一個地方 (全關聯)。
> **問題 2**：如何找到一個區塊？
> **回　答**：有四種方法：索引 (如同直接對映快取)、有限的搜尋 (就像集合關聯式快取)、全部搜尋 (例如全關聯式快取)，與另有一塊的對映表 (如頁表)。
> **問題 3**：在錯失時，哪個區塊會被置換？
> **回　答**：一般說來，選擇最久沒用到或是一個隨機選取的區塊。
> **問題 4**：如何處理寫入？
> **回　答**：在階層的每一層中，可以使用寫透或是寫回。

　　在虛擬記憶體系統中，只有寫回方法是可行的，因為寫入階層中的較低一層 (磁碟) 的時間太長。處理器產生寫入動作的速率，即使在容許使用實體或觀念上較寬的記憶體和密集模式的 DRAM，通常還是會超過記憶體系統所能接受的速率。所以，目前最低層級的快取採用寫回。

3Cs：瞭解記憶體階層行為的直觀模型

　　本節中，我們來看一個模型，其提供了瞭解記憶體階層中錯失的來源以及這些錯失如何被階層的改變所影響。我們以快取來解釋這些概念，雖然這些概念可直接用在階層中的任何一層。在此模型中，所有的錯失被分為以下三類之一 (3C, three Cs)：

3C 模型
快取模型，其將所有快取錯失分為三類：必須(發生的) 錯失、容量錯失以及衝突錯失。

必須(發生)的錯失
也稱為**冷啟動錯失**。由第一次存取一個從未存在於快取中的區塊所造成的快取錯失。

容量錯失
由於快取,甚至是全關聯式,由於無法包含滿足所有所需快取區塊而造成的錯失。

衝突錯失
也稱做**碰撞錯失**。發生在集合關聯式或直接對映快取中,當多個區塊競爭相同的集合時所造成的錯失,這在同樣大小的全關聯快取中,是不會發生的。

- **必須(發生)的錯失** (compulsory misses):此類快取錯失是由第一次存取一個從未存在於快取中的區塊所造成。也稱為**冷啟動錯失** (cold-start misses)。
- **容量錯失** (capacity misses):當快取不能包含程式執行時所需的全部區塊時,會造成此類快取錯失。容量錯失發生於區塊被置換出去後,又要重新取回錯失的區塊。
- **衝突錯失** (conflict misses):這類快取錯失會發生在集合關聯式或直接對映快取中的當多個區塊競爭同一個集合時。衝突錯失是在同樣大小的全關聯式快取中卻不會發生的錯失。這類快取錯失也稱做**碰撞錯失** (collision misses)。

圖 5.36 顯示錯失率如何被分成三個來源。這些錯失的來源可藉由改變快取某些方面的設計來直接處理。因為衝突錯失直接來自於競

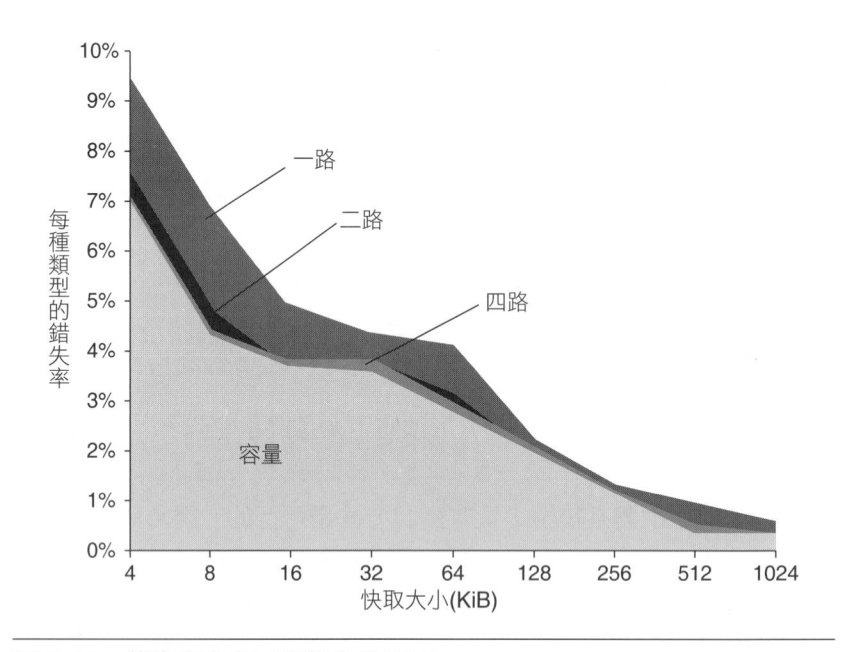

圖 5.36 錯失率來自三種錯失的原因。
此圖顯示不同大小的的快取的總錯失率和錯失成分。該數據由 SPEC CPU2000 整數和浮點數測試基準程式取得且與圖 5.35 中的數據的來源相同。必須(發生)的錯失成分是 0.006% 而無法在圖中看出。下一個成分是容量錯失率,其與快取大小有關。衝突錯失與關聯度和快取大小均有關,並由從一路到四路的關聯度表示之。每一種情況中標示的區域即為,關聯度從其上一個關聯度變成該標示的關聯度間錯失率的增加。例如,標示二路的區域指出當快取有二路而不是四路關聯度時所引起額外的錯失。因此,在相同大小因直接對映與全關聯式的不同,而導致錯失率的差異則由標示四路、二路以及一路區域的總合所給定。八路和四路間的差異非常小,很難在圖中看出。

爭相同的快取區塊，增加關聯度將可減少衝突錯失。然而，關聯度可能拖慢存取時間，導致整體效能降低。

容量錯失可以輕易地由加大快取而降低；的確，許多年來第二層快取不斷的加大。當然，當我們使快取變大，我們也必須注意所增加的存取時間，這可能導致整體效能的降低。因此，第一層快取的大小即使有成長的話，也都很緩慢。

因為必須(發生)的錯失發生在第一次存取一個區塊時，所以快取系統用來降低必須(發生)的錯失次數的主要方法是增加區塊大小。這將會降低程式所需存取的區塊數，因為程式將包含較少的快取區塊。如前所述，過度增加區塊的大小時，因為錯失懲罰時間會隨之增加(譯註：如果快取容量不增加，可容納的區塊數相對變少，也會造成衝突錯失的增加)，會對效能有負面影響。

將錯失分成三 C 是一個有用的定性分析模型 (qualitative model)。在實際的快取設計中，許多設計選擇會互相影響，當變動快取的一種特性時，經常會影響到錯失率中的好幾種成份。儘管有這些缺點，此模型對於獲知快取設計的效能表現是有用的。

> **大印象** *The BIG picture*
>
> 設計記憶體階層的挑戰，在於可能改善錯失率的每一個改變，也可能對整體效能帶來負面的影響，如圖 5.37 的總結中所述。各種正面與負面影響的交錯，是使得記憶體階層的設計有趣的地方。

設計變動	在錯失率上的影響	可能的負面效能影響
增加快取大小	降低容量錯失	可能增加存取時間
增加關聯度	降低衝突錯失造成的錯失率	可能增加存取時間
增加區塊大小	因空間區域性而降低較大區塊的錯失率	增加錯失懲罰。非常大的區塊會增加錯失率

圖 5.37 記憶體階層設計的挑戰。

自我檢查

下列哪些敘述 (如果有的話) 通常是對的？

1. 沒有辦法降低必須的錯失。
2. 全關聯快取沒有衝突錯失。
3. 在減少錯失時，關聯度比容量更重要。

5.9 以有限狀態機來控制簡單快取

我們現在可以製作一個快取的控制，正如我們在第 4 章中製作單一週期和管道化資料路徑的控制。此節由一個簡單快取的定義開始，接著是一個有限狀態機 (*finite-state machines*, FSM) 的說明。以簡單快取控制器的 FSM 作為結束。🌐5.12 節作更深入探討，並以新的硬體描述語言表示快取和控制器。

一個簡單的快取

我們將要設計一個簡單快取的控制器。以下是快取的主要特性：

- 直接對映快取
- 寫回並使用寫入配置
- 區塊大小是 4 個字組 (16 位元組或 128 位元)
- 快取大小是 16 KiB，所以它有 1024 個區塊
- 32 位元的位元組位址
- 快取中的每個區塊包含一個有效位元和污染位元

根據第 5.3 節，我們即可計算快取位址的欄位：

- 快取索引有 10 個位元
- 區塊偏移量是 4 個位元
- 標籤大小是 32 − (10 + 4) 或 18 個位元

處理器和快取間的信號是：

- 1 位元的讀或寫信號
- 1 位元的有效信號，表示是否有快取運作
- 32 位元的位址

- 從處理器到快取的 32 位元資料
- 從快取到處理器的 32 位元資料
- 1 位元的完成信號,表示快取運作是否完成

記憶體和快取之間的介面與處理器和快取間的介面具有相同欄位,只不過此處的資料欄位是 128 位元寬。現今這種普遍見於處理器中的額外記憶體寬度,可用於 32 位元或 64 位元字組的處理器,而 DRAM 控制器通常是 128 位元的。讓快取區塊與 DRAM 寬度相同可簡化設計。這些信號是:

- 1 位元讀取或寫入信號
- 1 位元有效信號,表示是否有記憶體運作
- 32 位元位址
- 從快取到記憶體的 128 位元資料
- 從記憶體到快取的 128 位元資料
- 1 位元的完成信號,表示記憶體運作是否完成

注意到記憶體的介面並不是固定的週期數。我們假設當記憶體讀或寫完成時,記憶體控制器會以「完成」信號通知快取。

在說明快取控制器之前,我們需要複習有限狀態機,其使得我們可以控制一個需要多時脈週期數的運作。

有限狀態機

設計單一週期資料路徑的控制單元時,我們使用了一組根據指令類別來指明控制信號設定的真值表。對於一個快取,因為運作可以是一連串的步驟而使得控制更複雜。快取的控制必須同時指明在任何步驟中需被設定的信號以及接下來的步驟是什麼。

多步驟控制方法中最常見的是**有限狀態機** (finite-state machine) 的設計,其通常以圖形來呈現。有限狀態機包含一組狀態以及如何改變狀態的說明。這些說明是由**下一狀態函數** (next-state function) 所定義,其依目前狀態和輸入,來求出新的狀態。當我們將有限狀態機用於控制,每一狀態也指明一組當機器處於該狀態時要被設定的輸出。設計有限狀態機時,通常假設所有不被明白說明設定的輸出就是不會被設定。相同地,資料路徑正確的運作也是基於信號若不是明確說明於被設定即表示其應為不設定的,而不是當作「無所謂」(don't

有限狀態機
一個輸入與輸出、根據目前狀態及輸入來產生新狀態的下一狀態函數,以及根據目前狀態及可能輸入的輸出來產生輸出函數的循序邏輯函數。

下一狀態函數
根據輸入和目前狀態,以決定有限狀態機下一狀態的組合函數。

care) 來處理。

多工器的控制則略有不同,因為不論控制訊號是 0 或是 1,它們總會選擇一個輸入。因此,在有限狀態機中,我們對所有有關的多工器控制總會需要指明其設定。當我們用邏輯實作有限狀態機時,一個控制信號的預設值也許為 0,因此不需要使用任何的邏輯閘。在附錄 B 中有一個簡單的有限狀態機,如果你不熟悉有限狀態機的觀念,也許應該先閱讀附錄 B 之後再回到這裡繼續閱讀。

有限狀態機可以使用一個記錄目前狀態的狀態暫存器,和一個能夠決定數據路徑、以及下一狀態的控制訊號的組合邏輯來實作。圖 5.38 是這樣的實作可能的樣子。**附錄 D** 詳細描述有限狀態機如何使用這樣的結構來實作。在 B.3 節中,有限狀態機中的產生控制訊號的組合邏輯可以使用或是 ROM (*read-only memory*) 或是可程式化邏輯陣列 (PLA, *programmable logic array*) 來做出來 (也請參閱附錄 B 中對這些邏輯元件的說明)。

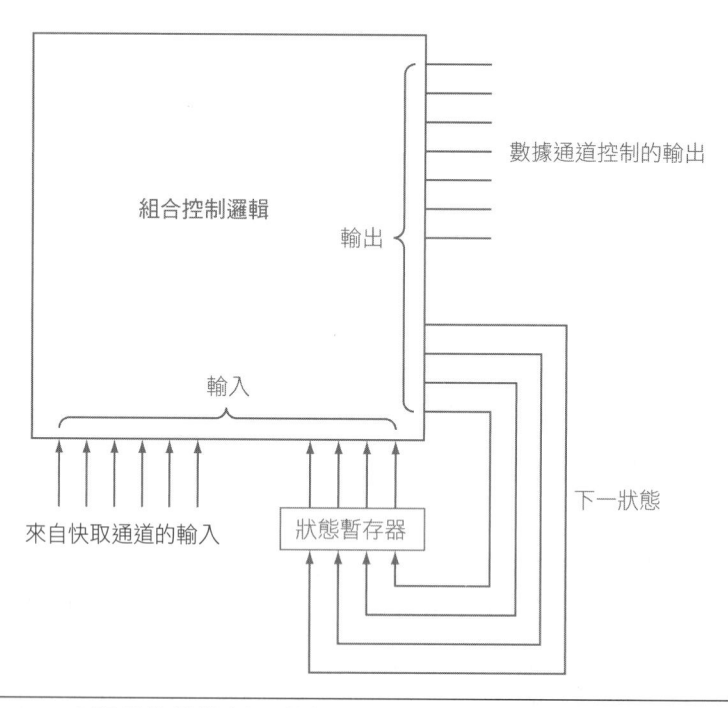

圖 5.38　有限狀態機控制器通常使用一個組合式的邏輯區塊,以及一個記錄目前狀態的暫存器來製作。

組合邏輯的輸出是下一狀態的編號,以及目前狀態中應有的控制信號設定樣式。組合邏輯的輸入是目前的狀態以及用來決定下一狀態的任何有關輸入。注意,本章使用的有限狀態機中,輸出僅取決於目前狀態,而非任何其他輸入。在仔細深思中會有更詳細的解釋。

仔細深思 注意這個簡單的設計稱為阻斷式的快取 (blocking cache)，這是因為 CPU 必須要等到快取完成了它的錯失處理之後才能繼續工作。🌐5.12 節說明一個稱為非阻斷式的快取 (nonblocking cache) 的不同設計。

仔細深思 本書中的有限狀態機的型態稱為 Moore 機器 (Moore machine)，以 Edward Moore 命名。它的識別特徵是輸出僅與目前狀態有關。對於一個 Moore 機器，標示組合式控制邏輯的方框可以被分為兩塊。一塊具有控制輸出且僅有狀態作為輸入，另一塊的輸出則僅有下一狀態。

有限狀態機的另一種型態是以 George Mealy 來命名 Mealy 機器。Mealy 機器允許 (譯註：應該不只是允許，而是一定會用到) 同時使用輸入和目前狀態來決定輸出。Moore 機在實作上有速度和控制單元大小的潛在優勢。速度的優勢是因為在時脈週期中很早就要用到的控制輸出訊號只與目前的狀態有關，而不需要也取決於 (無法預知何時才會到達的) 輸入。在附錄 B 中，當這種 Moore 有限狀態機的製作落實到邏輯閘時，即可清楚地看出其在大小上的優勢。Moore 機器潛在的劣勢是可能需要用到更多的狀態。舉例來說，在同樣目的不同型態的相關設計中，兩種型態所需的狀態順序，其經過的狀態數可能略有差異，因為 Mealy 機器可能可藉由輸出也可以取決於輸入的特性，來使一個狀態滿足更多的目的而減少需要經過的狀態數。

簡單快取控制器的 FSM

圖 5.39 顯示我們的簡單快取控制器的四個狀態：

- 閒置 (*Idle*)：此狀態等待一個來自處理器的有效讀取或寫入需求，並因此將 FSM 移至比較標籤 (Compare Tag) 狀態。
- 比較標籤 (*Compare Tag*)：顧名思義，此狀態檢查需求的讀或寫是命中或是錯失。位址的索引部分選出要被比較的標籤。若其為有效且位址的標籤部分與選出的標籤相同，則為命中。資料或是從被選中的字組中讀取，或是寫入被選中的字組中，之後並且設定快取完成 (Cache Ready) 信號。若此為寫入，則污染位元被設為 1。注意寫入命中也同時設定有效位元和標籤欄位；雖然這看起來並不需要，但是因為標籤是一個單一記憶體，所以改變污染位元的同時，

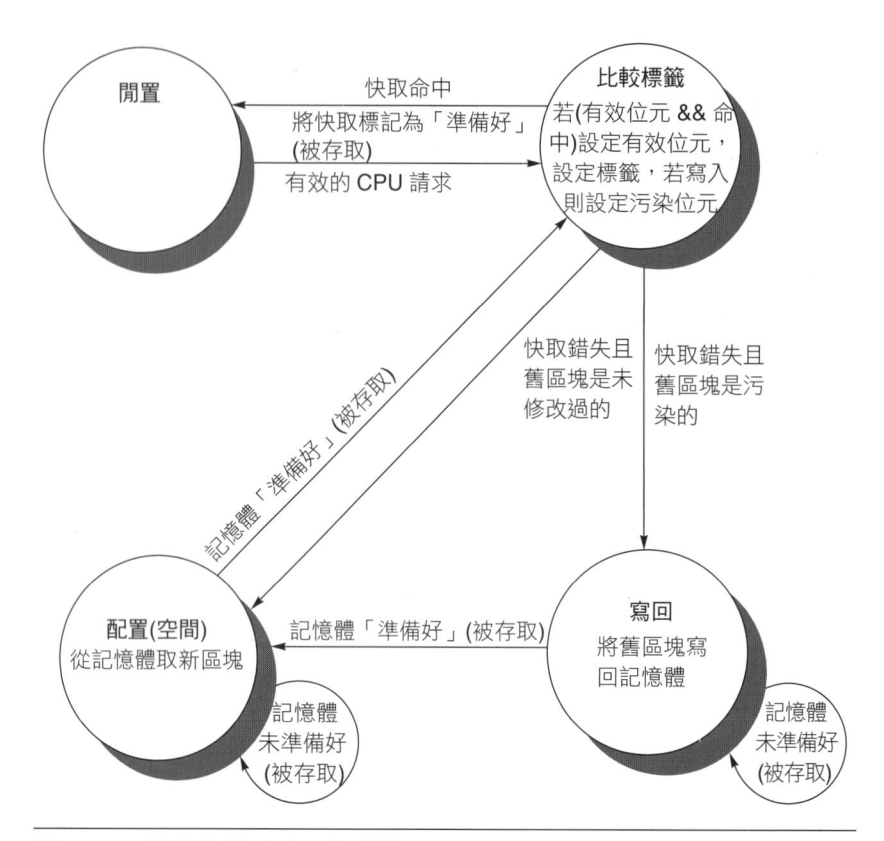

圖 5.39 簡單控制器的四個狀態。

我們也需要寫入有效位元和標籤欄位。若為命中且區塊是有效的，則之後 FSM 回到閒置狀態。錯失首先更改快取標籤，之後若該位置的區塊，其污染位元的值為 1，則前往寫回 (Write-Back) 狀態，為 0 時則前往配置 (Allocate) 狀態。

- 寫回 (*Write-Back*)：此狀態使用標籤和快取索引組成的位址來寫回 128 位元的區塊到記憶體中。我們停留在此狀態中，等待記憶體傳回完成信號。當記憶體寫入完成時，FSM 前往配置 (Allocate) 狀態。
- 配置 (*Allocate*)：新的區塊從記憶體中取出。我們停留在此狀態，等待記憶體傳回完成信號。當記憶體讀取完成時，FSM 前往比較標籤 (Compare Tag) 狀態。雖然我們可以前往一個新狀態來結束運作而不必重新使用比較標籤狀態，但是如此則會有大量工作需重疊在一起，包括存取為寫入時，需更改在區塊中的相關字組。

此簡單模式可輕易地擴展成更多狀態，以求改善效能。例如，比較標籤狀態在單一時脈週期內，同時處理了比較和讀取或寫入快取資

料。比較和快取存取常被放在二個分開的狀態中進行，以求改善時脈週期時間。另一個改善可能是增加一個寫入緩衝器，如此，當錯失要置換一個污染了的區塊時，我們可以保留該污染區塊 (於寫入緩衝器中) 並先讀取新區塊，以免處理器必須等待二次的記憶體存取。當處理器在處理所需求的資料時，快取可再將寫入緩衝器中修改過的區塊寫入記憶體中。

在 5.12 節描述更多與 FSM 有關的細節，並且以硬體描述語言和該簡單快取的方塊圖說明完整的控制器。

5.10 平行性與記憶體階層：快取一致性

如果一個多核的多處理器表示有多個處理器共處在單一個晶片上，則這些處理器很可能共用一個共同的實體位址空間。透過快取來存取這些共用的資料引發一個新的問題：由於兩個不同處理器是透過它們各自的快取來看待記憶體，因此，若沒有額外的事先預防措施，結果對一筆共用的數據彼此可能會看到不同的值。圖 5.40 說明對於相同的位置，兩個不同的處理器為何會看到不同的值來解釋這個問題。這種困難通常稱為**快取一致性問題** (*cache coherence problem*)。

我們可以非正式地說，一個記憶體系統中，若一個資料項目的任何讀取，傳回該資料項目最近被寫的值，則其為具一致性的。此定義雖然直觀且易於接受，卻是含糊且過度簡化的，實際情況則遠為複雜。這個簡單的定義包含記憶體系統行為中兩個不同的面向，兩者對

時間步驟	事件	CPU A 的快取內容	CPU B 的快取內容	位置 X 的記憶體內容
0				0
1	CPU A 讀取 X	0		0
2	CPU B 讀取 X	0	0	0
3	CPU A 將 1 存入 X	1	0	1

圖 5.40 對於一個記憶體位置 (X) 被二個處理器 (A 和 B) 讀取和寫入時的快取一致性問題。

我們假設快取開始時都不包含這個變數而且 X 的值為 0。我們也假設這個是寫透式的快取；寫回快取會增加一些額外但類似的複雜性。在 X 的值被 A 寫入之後，A 的快取和記憶體都包含了這個新值，B 的快取則並無新值，而且如果 B 讀取 X 的值時，則會得到 0！

為撰寫正確的共用記憶體程式,都非常重要。第一個面向稱為一致性(*coherence*),定義讀取時什麼值可以被傳回。第二個面向稱為一貫性(*consistency*),決定寫入的值何時將被傳回至其他的讀取。

讓我們先看一致性。一個記憶體系統是一致的,若:

1. 在處理器 P 寫入位置 X 之後處理器 P 對位置 X 的讀取,如果在處理器 P 的寫和讀之間沒有任何其他處理器寫入 X,則總是傳回被 P 寫入的值。因此,在之前的圖 5.40 中,若 CPU A 在時間步驟 3 之後讀取 X,它應該會看到值 1。

2. 在其他處理器寫入位置 X 之後一個處理器對位置 X 的讀取,如果此讀取與寫入在時間上分開得夠久,並且這二次的存取間沒有發生其他的寫入,則讀取會傳回該寫入的值。因此,在圖 5.40 中,我們需要一個機制使得在 CPU A 於步驟 3 存入 1 到記憶體位址 X 之後,在 CPU B 快取中的值 0 會被 1 所取代。

3. 對相同位置的寫入是*循序的*;也就是,兩個處理器對於相同位置的兩個寫入,被所有處理器看到的順序都是相同的。例如,若 CPU B 在步驟 3 之後存入 2 到記憶體位址 X,則所有處理器絕不會在位置 X 讀到 2 的值並且在稍後讀到此值為 1。

第一個特性只不過維持住程式順序——我們當然期待在單一處理器中此特性為真。第二個特性定義何謂記憶體具有一致性的觀念:若一個處理器總是會讀到一筆舊的資料,則我們可以明白地說該記憶體是不一致的。

對於寫入何以需要寫入的循序性(*write serialization*)較不易理解,但其一樣地重要。假設我們不將寫入循序化,且處理器 P1 寫入位置 X 後,處理器 P2 又寫入位置 X。將寫入循序化確保每一個處理器終將在某個時間點看到 P2 的寫入。若我們不循序地寫入,可能發生有些處理器先看到 P2 的寫入,接著看到 P1 的寫入,之後並保存了 P1 寫入的值。避免這些困難最簡單的方法,是確保不同處理器看到的相同位置的所有寫入,都是相同的順序,此特性稱為*寫入循序化*。

強制一致性的基本方法

在快取一致性的多處理器中,快取提供共用資料項目的*遷移*(*migration*)和*複製*(*replication*):

- **遷移**：一個資料項目可自動地被搬至區域快取 (local cache) 並且被使用。遷移可減少存取遠方共用資料的延遲以及共用記憶體的頻寬需求。
- **複製**：當共用資料同時讀取時，各快取會複製一份該資料項目在區域快取中。複製可減少存取延遲和對讀取共用型資料的競爭。

支援遷移和複製對於存取共用資料的效能是重要的，所以很多的多處理器採用硬體協定來維護具一致性的快取。維護快取一致性的協定稱為**快取一致性協定** (*cache coherence protocols*)。製作快取一致性協定的關鍵是掌握資料區塊的任何共用狀態。

最常用的快取一致性協定是**窺探** (*snooping*)。每一個快取在擁有一份實體記憶體區塊的資料時，同時也擁有一份區塊的共用狀態，而該等狀態並不需集中保存。所有的快取都可以經由某種廣播媒介 (匯流排或網路) 來存取，所有的快取控制器也都透過這個媒介來監視或窺探以得知他們是否擁有正在匯流排或交換器上被存取的資料區塊。

下一節中，我們將以一個匯流排的形式來解釋基於窺探的快取一致性作法，不過任何可以廣播快取錯失到所有處理器的溝通媒體都可用來製作以窺探為基礎的一致性方法。此廣播到所有快取的方法簡化了窺探協定的製作但也限制了其延展性。

窺探協定

強制一致性的一個方法是確保處理器在對一個資料項目寫入前，取得排他性的存取權。這種協定由於其在寫入時會將放在其他快取中的該份資料作廢而稱為**寫入作廢協定** (*write invalidate protocol*)。排他性的存取確保當寫入發生時沒有其他可讀或可寫的該項資料存在於其他快取中：所有其他快取的該項資料都是作廢的。

圖 5.41 說明使用寫回快取時在其窺探匯流排上作廢協定的一個例子。要瞭解這個協定如何確保一致性，思考一個寫入之後接著由另一處理器讀取時：因為寫入要求有排他的存取，任何要讀取的處理器中的該份資料必須作廢 (協定因而如此命名)。因此，當讀取發生時，快取會錯失，致使快取去重新擷取該份資料。對於寫入，我們要求寫入的處理器擁有排他性存取，以防止任何其他處理器同時寫入。它們其中之一會贏得競爭，造成其他處理器的該份資料被作廢。對於另外一個處理器要完成寫入時，其必須重新取得該份資料，而該份資料此

處理器動作	匯流排動作	CPU A 的快取內容	CPU B 的快取內容	位置 X 的記憶體內容
				0
CPU A 讀取 X	快取對 X 的錯失	0		0
CPU B 讀取 X	快取對 X 的錯失	0	0	0
CPU A 將 1 寫入 X	X 失效	1		0
CPU B 讀取 X	快取對 X 的錯失	1	1	1

圖 5.41 寫入作廢協定如何在窺探式匯流排上對寫回式快取中的某一快取區塊 (X) 工作的例子。

我們假設在開始時，兩個快取都不包含 X 以及 X 在記憶體中的值為 0。CPU 與記憶體內容的欄位表示的是在同一個列中的處理器與匯流排動作都完成後的 X 的值。空白欄表示沒有動作、或是快取中沒有副本。當由 B 中的第二次錯失發生時，CPU A 回以該值並阻擋了記憶體的回應。同時，X 在 B 快取及記憶體的內容也都作了更新。這種當區塊變成共享時記憶體隨之更新的做法簡化了協定，不過也可以先記住該區塊的擁有者，並且在等到其所擁有的該區塊要被置換時才作寫回。這方法需要一個稱為「擁有者」的額外狀態，用以指出一區塊可能被共享，不過擁有它的處理器要負責在改變其值或將其置換時，適當地通知其他處理器與記憶體。

時一定已含有修改過後的資料。因此，這個協定也強制了寫入的循序化。

硬體 / 軟體介面　　有一個涵意是區塊大小在快取一致性中扮演重要的角色。例如，以區塊大小為八個字組的快取窺探為例，並有一個字組交替地被兩個處理器寫入以及讀取。大部分的協定以整個區塊在處理器間傳送，因此增加了一致性的頻寬需求。

假共用
兩個無關的共用變數在相同的快取區塊中，即使處理器存取不同的變數，處理器間的整個區塊會被替換。

大區塊也更可能造成所謂的**假共用** (false sharing)：當兩個不相關的共用變數處於相同的快取區塊中，即使多個處理器正存取不同的變數，也必須在多個處理器間以整個區塊來傳遞。程式師和編譯器應該要小心擺放資料以避免假共用發生。

仔細深思　雖然在第 508 頁的三項特性足以確保一致性，寫入的值何時可被其他快取看到的問題也很重要。要瞭解為什麼，注意我們無法要求圖 5.40 中的讀取立刻可以得知其他處理器對 X 所寫入的值。例如，若一個處理器對 X 的寫入僅在另一處理器讀取 X 的前面一點，由於寫入的資料可能在那時都還沒有離開處理器，這可能無法確保讀

取能傳回該寫入的值。一個寫入的資料確實在何時可被讀取者看到的問題是由記憶體一貫性模型來定義。

我們做下列兩個假設。首先，一個寫入需等到所有處理器都看到寫入的結果才算完成 (並允許下一個寫入開始)。第二，處理器不改變任何寫入相對於其他記憶體存取的順序。這二個條件表示若一個處理器寫入位置 X，接著位置 Y，任何處理器看見 Y 的新值時，也必須看見 X 的新值。這些限制允許處理器重新安排讀取的順序，但是迫使處理器依程式順序完成寫入。

仔細深思 因為輸入會改變在快取之後的記憶體、以及因為輸出需要用到存在寫回快取裡的最新的值，所以分別有一種在處理器裡存在有多層快取時的 I/O，以及另一種只是在多個處理器的快取間的快取一致性問題。對於多處理器和 I/O(參見第 6 章) 的快取一致性問題，雖然是類似的起源，卻有不同的特性以致影響適當的解決方法。不像 I/O 中多份同樣的資料是罕見的──一個要儘量避免的情況──程式在多處理器上執行時一般都會在好幾個快取中有相同的資料。

仔細深思 除了窺探式快取一致性協定中共用區塊的狀態是分散於各快取中；另有*目錄式 (directory-based)* 快取一致性協定只在一個稱為*目錄 (directory)* 的位置保存實體記憶體區塊的共用狀態。目錄式快取一致性比窺探式有稍高一點的製作成本，但它可減少快取間的交通量，並且因此可以用在更大規模的處理器數量上。

5.11 平行性與記憶體階層：冗餘廉價磁碟陣列

這個線上的節說明如何在同時使用很多個磁碟時可以提供高很多的處理量，而這就是*冗餘廉價磁碟陣列 (Redundant Arrays of Inexpensive Disks,* RAID) 的最初靈感。然而真正造成 RAID 普及的更重要的理由是因為它使用少許冗餘磁碟就能夠提供的更高的可靠性。本節說明不同的 RAID 等級在效能、成本與**可靠性**上的差異。

可靠性

5.12 進階教材：實作快取控制器

這個線上的節說明如何製作快取的控制，正如我們在第 4 章中，製作單一週期和管道化資料路徑的控制。此節由有限狀態機 (finite-state machines, FSM) 的描述開始，和一個簡單資料快取的快取控制器製作，包含使用硬體描述語言的快取控制器說明。之後敘述快取一致性協定範例的細節和實作一個協定的困難。

5.13 實例：ARM Cortex-A53 與 Intel Core i7 的記憶體階層

在本節中，我們檢視於前一章中說明的那兩個微處理器：ARM Cortex-A53 與 Intel Core i7 中的記憶體階層。本節的內容是基於 *Computer Architecture: A Quantitative Approach* 的第六版中的 2.6 節。

Cortex-A53 是一個可組態 (configurable) 的支援 ARMv8A 指令集架構的處理器核，具有 32-位元與 64-位元兩種模式。Cortex-A53 是以智財權 (IP, intellectual property) 核的形式交貨。Cortex-A53 智財權核應用在很多種平版電腦與智慧型手機中；它是設計成能夠符合一個在電池操作的個人移動設備 (PMDs) 中非常關鍵的要求：具有非常高的能源效率。A53 核能夠用來組構成適用於高端個人移動設備的多核晶片；然而我們在這裡的討論將專注在單核的設計。Cortex-A53 可在高達 1.3 的時脈速率下每一時脈中派發出兩道指令。

i7 支援 x86 架構中的 64-位元延伸的 x86-64 指令集架構。i7 是包含四個核的可亂序執行的處理器。在這裡我們專注在一個核的記憶體設計與效能方面的討論。i7 中每一個核在一個時脈週期中可以執行多達四道 x86 的指令，使用的是在第 4 章中詳細討論過的多重派發、動態排程、與 16-階管道。i7 可以支援多至三個記憶體頻道，每一個都具有單獨的一組 DIMMs，彼此也能同時作傳輸。使用 DDR3-1066 的話，i7 可以達到高於 25 GB/s 的峰值記憶體頻寬。

圖 5.42 概述這兩個處理器的位址空間與 TLBs。注意 A53 有三個 TLBs 以及 32 位元的虛擬位址空間與 32 位元的實體位址空間。Core i7 有三個 TLBs 以及 48 位元的虛擬位址與 44 位元的實體位址。雖然 Core i7 的 64 位元暫存器可以存放更大些的虛擬位址，然而軟體對這

特性	ARM Cortex-A53	Inter Core i7
虛擬位址	48 位元	48 位元
實體位址	40 位元	36 位元
頁大小	可調：4, 16, 64 KiB, 1, 2 MiB, 1 GiB	可調：4 KiB, 2/4 MiB
TLB 組織	一個指令 TLB 與一個數據 TLB 兩個 L1 TLBs 都是全關聯式，10 項次，循環置換 合併式的 L2 TLB，512 項次，四路集合關聯式 TLB 錯失以硬體處理	每核一個指令 TLB 與一個數據 TLB 兩個 L1 TLBs 都是四路集合關聯式，LRU 置換 L1 I-TLB 對小的頁有 128 項次，對大的頁每緒 7 項次 L1 D-TLB 對小的頁有 64 項次，對大的頁有 32 項次 L2 TLB 是四路集合關聯式，LRU 置換 L2 TLB 有 512 項次 TLB 錯失以硬體處理

圖 5.42　ARM Cortex-A53 與 Intel Core i7 的位址轉換與 TLB 硬體。
二個處理器都提供對可用於像是作業系統中或是對映到畫面緩衝器 frame buffer 時的大的頁的支援。採用大型頁的方式可以避免對單一個總是會用到的物件卻需要用到大量的項次來對映它。

麼大的空間還並沒有需求，以及 48 位元的虛擬位址可以大大地縮小頁表的記憶體足跡以及 TLB 所需的硬體。

　　圖 5.43 列出兩者的快取參數。兩者的每個核都具有區塊大小是 64 個位元組的 L1 的指令快取與 L1 的數據快取，不過 A53 採用的是二路集合關聯式而 i7 採用的是八路。i7 的各個 L1 數據快取容量是 32 KiB，而 A53 的則可組構成 8 到 64 KiB 的大小。兩者 (的每個核) 具有相同的 32 KiB、四路集合關聯式的 L1 指令快取結構。兩者的每個核都採用合併的 L2 快取，不過 A53 者的容量可以是從 128 KiB 到 1 MiB，而 Core i7 則固定在 256 KiB。由於 i7 是設計來用於伺服器中，它還具有一個 16 路的集合關聯式的、容量是每核 2 MiB 的、給晶片內所有核共用的、合併的 L3 快取。

　　Core i7 作了可以降低錯失懲罰的額外最佳化。其中第一個最佳化是在快取錯失時會將區塊中被需求的字組最先送回快取。另外這個快取在快取錯失時同時也可繼續執行存取數據快取的指令；在建構亂序處理器時，想要隱藏快取錯失延遲的設計者一般都會使用這個稱為**非阻斷式快取** (nonblocking cache) 的技術。快取提供兩種非阻斷式的方式：**錯失之下的命中** (*hit-under-miss*) 允許在錯失過程裡進行額外

非阻斷式快取
一種在其處理之前的錯失時還能允許處理器繼續對其存取的快取。

特性	ARM Cortex-A53	Intel Core i7
L1 快取組織	分開式的指令與數據快取	分開的指令與數據快取
L1 快取大小	指令 / 數據各有 8-64 KiB	每核指令 / 數據各有 32 KiB
L1 快取關聯度	2 路 (I)，2 路 (D) 集合關聯式	8 路 (I)，8 路 (D) 集合關聯式
L1 置換方法	隨機	近似的 LRU
L1 區塊大小	64 位元組	64 位元組
L1 寫入策略	寫回，寫－配置 (?)	寫回，無寫－配置
L1 命中時間 (載入 - 使用)	1 時脈週期	4 時脈週期，管道式
L2 快取組織	合併式 (指令與數據)	每核合併式 (指令與數據)
L2 快取大小	128 KiB 至 2 MiB	256 KiB (0.25 MiB)
L2 快取關聯度	8- 路集合關聯式	4 路集合關聯式
L2 置換方法	近似的 LRU	近似的 LRU
L2 區塊大小	64 位元組	64 位元組
L2 寫入策略	寫回，寫－配置	寫回，寫配置
L2 命中時間	11 時脈週期	12 時脈週期
L3 快取組織	—	合併式 (指令與數據)
L3 快取大小	—	2 MiB/ 核，共用
L3 快取關聯度	—	16 路集合關聯式
L3 置換方法	—	近似的 LRU
L3 區塊大小	—	64 位元組
L3 寫入策略	—	寫回，寫配置
L3 命中時間	—	44 時脈週期

圖 5.43 在 ARM Cortex-A53 與 Intel Core i7 中的各個快取。
A53 的錯失懲罰對 L1 快取是 13 個時脈週期，對 L2 快取則是 124。

的快取命中；以及錯失之下的錯失 (*miss-under-miss*) 允許多個正在處理中的快取錯失同時存在。前者的目標是希望以其他工作來隱藏掉一些錯失延遲，而後者則是希望將不同錯失的延遲作部分重疊來隱藏。

如果希望要對多個進行中的錯失重疊掉它們錯失時間的更大部分的話，則需要有一個高頻寬而且能夠平行處理多個錯失的記憶體系統。在個人移動式裝置中，記憶體系統中的這種能力可能只有偶爾才能被用到；然而在大型的伺服器中一般都會有這種可以同時處理多於一個進行中的錯失的記憶體系統。

Core i7 對數據存取有一個預取的機制。該機制檢視數據錯失的樣式，並據以**預測**下一個位址、以求在錯失發生前就先開始擷取數據。這類技術通常在以迴圈存取陣列的情況下表現最佳。在大多數情況下，預取的區塊會就是快取中的下一個區塊。

預測

Cortex-A53 與 Core i7 記憶體階層的效能

A53 的記憶體階層是基於 32 KiB 大小的主要 (意為 L1) 快取與 1 MiB 的 L2 快取來執行 SPECInt2006 測試程式作出的測量。對這些 SPECInt2006 程式而言能夠造成的指令快取錯失率即使是僅對 L1 也非常微小：對大多數程式都接近於零而且全都不超過 1%。這麼低的錯失率可能是因為 SPECCPU 程式的計算量密集的本質，與已經能夠消除大部分衝突錯失的二路集合關聯式快取結構。

圖 5.44 列出數據快取的測量結果，L1 和 L2 的錯失率都不低。L1 的錯失率從 0.5% 到 37.2%，有著 75 倍的差異與中位數是 2.4%。全域的 L2 的錯失率從 0.05% 到 9.0%，有高達 180 倍的差異與中位數是 0.3%。有名的快取剋星 MCF 測試程式得出了最高的結果而且大大地提高了平均值。要記得 L2 的全域錯失率大大低於 L2 的區域 (或本地) 的錯失率，例如，中位數的 L2 本身的錯失率是 15.1%，相對於全域的錯失率是 0.3%。

採用圖 5.43 中的錯失懲罰後，圖 5.45 列出每次數據存取的平均懲罰。雖然 L1 的錯失率有 L2 錯失率的 7 倍高，L2 的懲罰卻是 L1 的 9.5 倍高，所以對這些測試程式來說 L2 的錯失造成的記憶體壓力略為大些。

i7 的指令擷取單元試圖在每個週期中擷取 16 個位元組；由於每

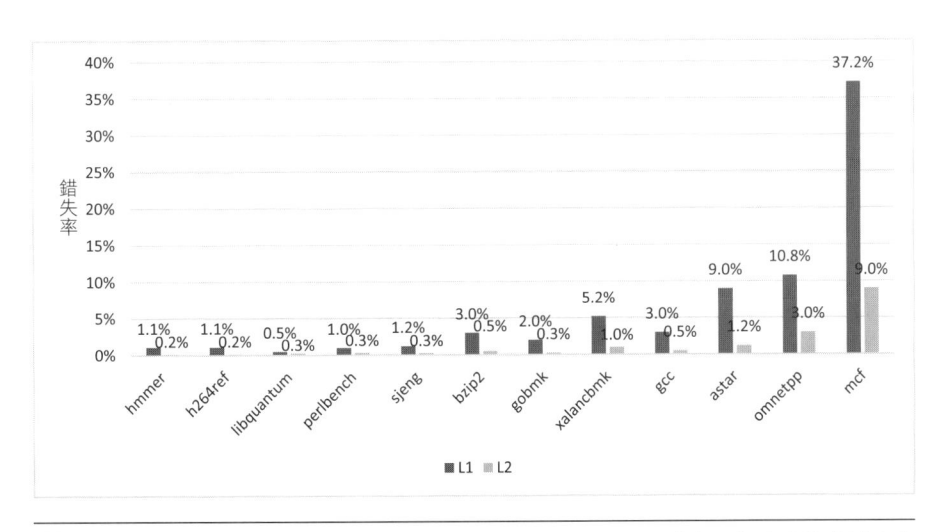

圖 5.44 使用 32 KiB 的 L1 與 1 MiB 的 L2 執行 SPECInt2006 測試程式時的數據錯失率與全域數據錯失率大大受應用程式的特性影響。會產生較大記憶體足跡的應用程式在 L1 與 L2 中也會有較大的錯失率。注意在 L2 中的錯失率是統計所有存取，包含在 L1 中的命中，算出來的全域錯失率。mcf 是有名的快取剋星。

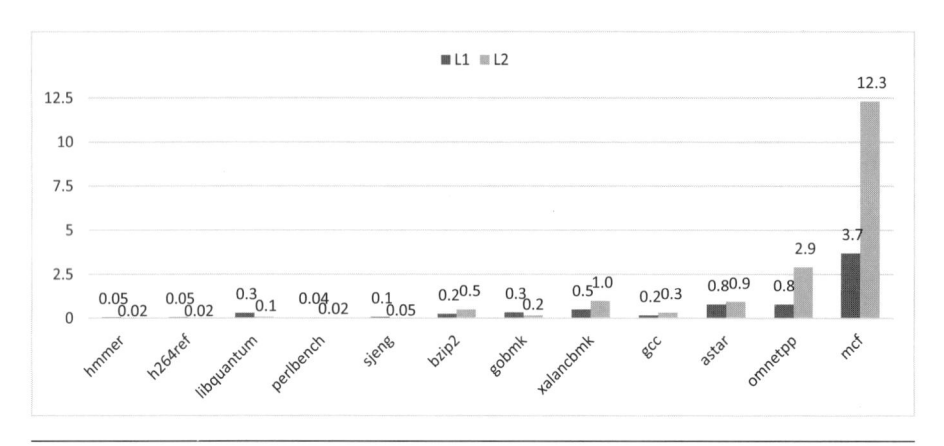

圖 5.45 A53 執行 SPECInt2006 時由 L1 與 L2 造成的每次數據存取的平均記憶體存取懲罰。雖然 L1 的錯失率顯著為高，由還要高上五倍不止的 L2 的錯失懲罰可以看出，L2 的錯失才是主要的懲罰來源。

個週期擷取了多道指令 (大約是平均 4.5 道指令)，如何比較指令快取的錯失率變得較複雜。32 KiB 的八路集合關聯式指令快取使得在 SPECInt2006 程式執行時的指令錯失率非常低；大致上都在 1% 之下。指令擷取單元需要停頓下來等待指令快取處理錯失的機會也相對很低 (譯註：i7 是亂序執行的處理器，我們更在意的應該是因為指令快取錯失而造成之後的管道階停滯)。

圖 5.46 與圖 5.47 顯示對需求 (demand) 存取 (亦即非預先的投機性存取) 的相對於 L1 存取 (讀以及寫) 數量的 L1 與 L2 快取的錯失率。而由於 L3 在錯失時去到記憶體的代價甚至高於 100 個週期，它的表現顯然很關鍵。平均的 L3 的數據錯失率是 0.5% 的這個仍然很高的數值，已經是小於 L2 中需求存取錯失率的三分之一、或是 L1 中需求存取錯失率的 10 分之一。

5.14 執行得更快：快取區塊分割與矩陣乘法

在我們根據底層硬體特性逐步修改程式來改善 DGEMM 效能的長途探險中，下一步的目標是在第 3 章和第 4 章的部分字平行性以及指令階層平行性的最佳化以外，再加上快取區塊分割。圖 5.48 列出圖 4.80 中的 DGEMM 程式經區塊分割後的版本。做過的改變與之前由從未做最佳化的圖 2.43 的 DGEMM 逐步改善的方式相同，而直到

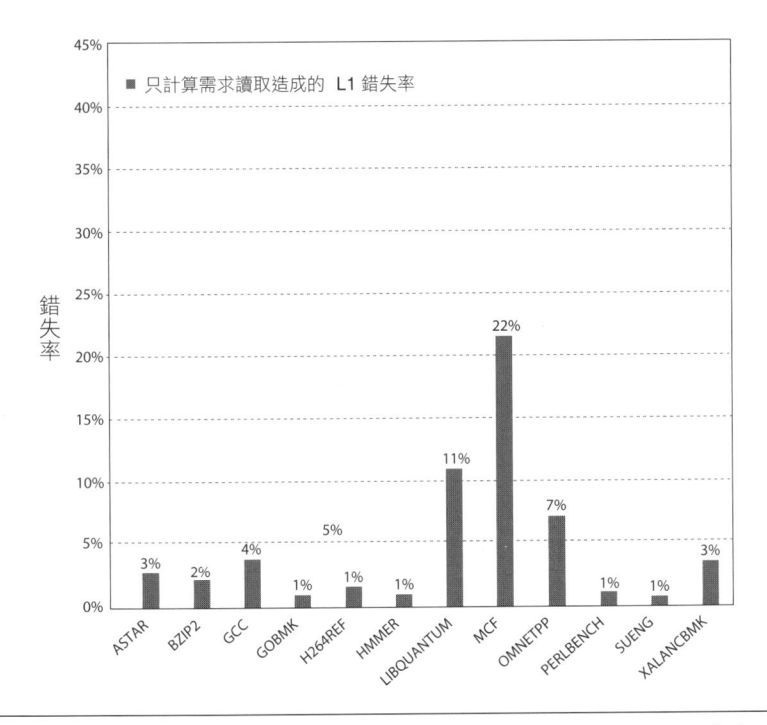

圖 5.46 L1 數據快取執行 SPECInt2006 測試程式集時以相對於 L1 需求存取中的需求讀取 (亦即不計預取) 的錯失率。這些數據，以及本節中之後的相關數據，是由 Louisiana 州立大學的 Lu Peng 教授與博士生 Qun Liu 收集而來 (見 Peng et al., [2008])。

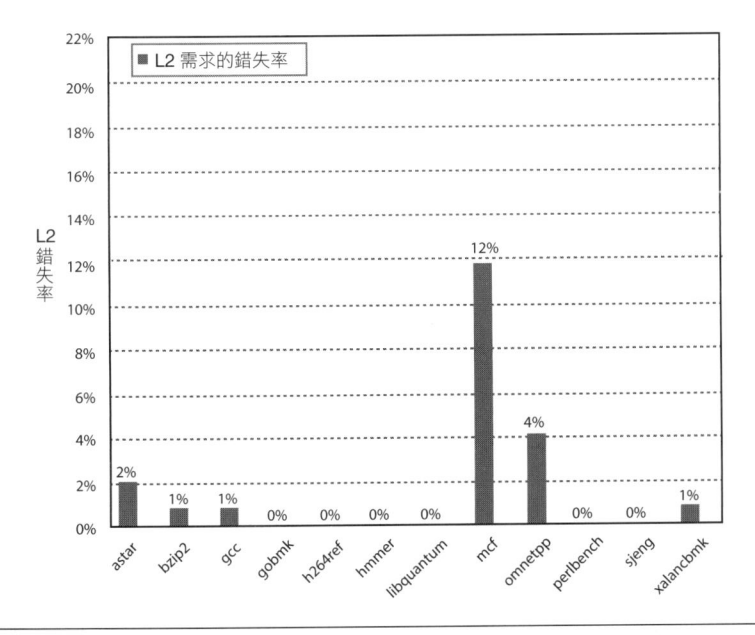

圖 5.47 L2 相對於 L1 存取的錯失率。

```
1   #include <x86intrin.h>
2   #define UNROLL (4)
3   #define BLOCKSIZE 32
4   void do_block (int n, int si, int sj, int sk,
5                  double *A, double *B, double *C)
6   {
7     for ( int i = si; i < si+BLOCKSIZE; i+=UNROLL*8 )
8       for ( int j = sj; j < sj+BLOCKSIZE; j++ ) {
9         __m512d c[UNROLL];
10        for (int r=0;r<UNROLL;r++)
11          c[r] = _mm512_load_pd(C+i+r*8+j*n); //[ UNROLL];
12
13        for( int k = sk; k < sk+BLOCKSIZE; k++ )
14        {
15          __m512d bb = _mm512_broadcastsd_pd(_mm_load_sd(B+j*n+k));
16          for (int r=0;r<UNROLL;r++)
17            c[r] = _mm512_fmadd_pd(_mm512_load_pd(A+n*k+r*8+i), bb, c[r]);
18        }
19
20        for (int r=0;r<UNROLL;r++)
21          _mm512_store_pd(C+i+r*8+j*n, c[r]);
22      }
23  }
24
25  void dgemm (int n, double* A, double* B, double* C)
26  {
27    for ( int sj = 0; sj < n; sj += BLOCKSIZE )
28      for ( int si = 0; si < n; si += BLOCKSIZE )
29        for ( int sk = 0; sk < n; sk += BLOCKSIZE )
30          do_block(n, si, sj, sk, A, B, C);
31  }
```

圖 5.48 圖 4.80 中的經過快取區塊分割最佳化的 DGEMM C 程式。

這些改變與在圖 5.21 中所用的方法相同。編譯器對 do_block 函數所產出的組合語言 (碼) 幾乎與圖 4.81 中所見的完全相同。再次強調，呼叫 do_block 並不會有額外的負擔，因為編譯器已經將函數呼叫改作了列入 (inline)。

區塊分割後的 DGEMM 版本則表示於之前的圖 5.21 中。這次我們用第 4 章中 DGEMM 未作迴圈展開的版本作為開始，並且對 A、B 及 C 中的部分矩陣呼叫它許多次。的確，圖 5.48 中的第 25~31 行以及第 7~8 行與圖 5.21 中的第 14~20 行以及第 5~6 行，除了第 7 行中 for 迴圈的增量改為展開的大小外，其餘完全相同。

區塊分割帶來的好處會隨著矩陣的大小而增加。因為每個矩陣元素需要用到的浮點運作數目會因為矩陣的大小不同而有改變，所以以每秒能進行的浮點運作數來作為效能測量的方式是適當的。圖 5.49 以 GFLOPS/ 秒作為單位來比較從最初的 C 程式、到經過部分字平行性優化、到指令階層平行性優化、到快取使用方法的優化下的效能。區塊分割改善了相較於展開 AVX 碼後的效能的程度對中等大小的矩陣而言有 1.5~1.7 倍，對最大型的矩陣則可達 10 倍。最小型的矩陣

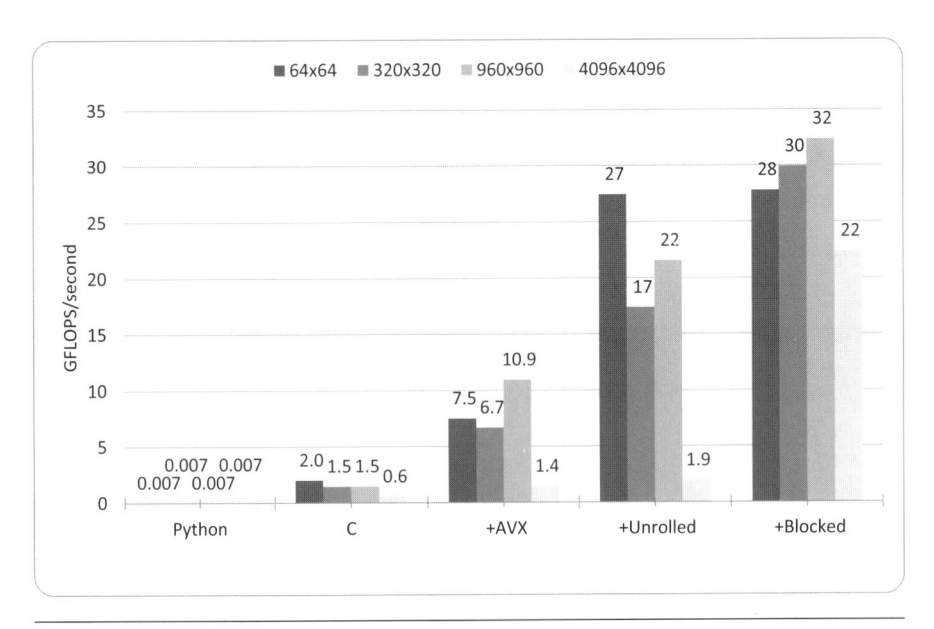

圖 5.49 改變矩陣大小時各種 DGEMM 的版本以十億浮點運作每秒 (GFLOPS/second) 表示的效能。充分最佳化後的程式相較於第 2 章中的 C 版本有 14~32 倍快。Python 對所有矩陣大小的執行速度是 0.007 GFLOPS/second。Intel i7 的硬體以從 L3 快取中預取至 L1 與 L2 來做投機執行，說明了為什麼區塊分割帶來的好處不如在某些處理器中那麼高。

可完全容納在 L1 快取之中，使得區塊分割與否差異極微。在未經優化的程式碼到經過上述三種優化之後的結果，效能的改善可達 14~41 倍，矩陣越大則改善越多。

5.15 謬誤與陷阱

記憶體階層是計算機架構中最自然的能被量化的項目之一，所以被視為較不易產生謬誤與陷阱。不過其中不但有許多會蔓延出去的謬誤和遇到陷阱的機會，而且有些還會引發重大的負面後果。我們由一個常常在習題和考試中困住學生的陷阱談起。

陷阱：在模擬快取的時候忘記要注意位元組定址的背景或者快取區塊的大小。

當 (用手工或是用電腦) 模擬快取時，我們需要確認在決定一個位址要對映到哪一個快取區塊時，注意到了位元組定址與多字組區塊的

影響。例如，假設有一個 32 位元組大小的直接對映式快取，其區塊大小是 4 個位元組，則位元組位址 36 會被對映到快取區塊 1，因為位元組位址 36 相當於區塊位址 9，然後對映到的快取中的區塊是 (9 modulo 8)＝1。然而如果位址 36 是字組位址，則會被對映到區塊 (36 mod 8)＝4。要確定問題中清楚地陳述了位址的基本單位。

在類似的情形下，我們也必須確認區塊大小。假設我們有一個 256 個位元組的 (直接對映式) 快取，其區塊大小是 32 個位元組。位元組位址 300 會在哪個區塊中呢？如果我們將位址 300 分開成多個欄位，就可以知道答案是：

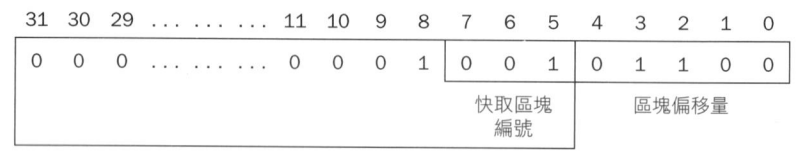

31 30 29 .... 11 10 9 8	7 6 5	4 3 2 1 0
0 0 0 .... 0 0 0 1	0 0 1	0 1 1 0 0
	快取區塊編號	區塊偏移量

區塊位址

位元組位址 300 的區塊位址是

$$\left\lfloor \frac{300}{32} \right\rfloor = 9$$

快取內的區塊數目是

$$\left\lfloor \frac{256}{32} \right\rfloor = 8$$

區塊位址 9 是在這個快取的區塊編號 (9 modulo 8)＝1 之中。

這種因為忽略了位址是以字組、位元組，或是區塊數為單位的錯誤困擾著許多人，包括作者在內 (在早期的文稿中) 的一些老師。當你做練習時，要記得這個陷阱。

陷阱：撰寫程式或以編譯器產生程式碼的時候，忽略了記憶體系統的 (特性與) 行為。

這一項很容易可以改寫為謬誤：「程式師在編寫程式時可以忽略記憶體的階層。」圖 5.19 中的排序評估結果和 5.14 節中的快取分割結果說明程式師在設計演算法的時候如果也能考慮到記憶體系統的行為，輕易即可將效能加倍。

陷阱：在共用的快取中只採用低於共用快取的核 (cores) 或

緒（*threads*）（參見第 6 章）的數量的集合關聯度。

如果不特別小心，在 2^n 個處理器或緒上執行的**平行**程式很可能就會將某些個資料結構配置於對映到共用 L2 快取中相同集合的位址上。如果快取至少是 2^n 路關聯式，這些意外的衝突就可能被硬體所隱藏（應該說是化解）。若否，則程式設計師就會面對明顯而不易解釋的效能缺陷——實際上是因為例如，從一個 16 核的設計變成 32 核的設計時，而且如果在兩種設計中採用的都是 16 路關聯式的 L2 快取，所引起的 L2 衝突錯失所造成。

平行性

陷阱：以平均記憶體存取時間來評估亂序執行處理器中的記憶體階層的表現。

如果處理器在快取錯失時停頓，你就可以將記憶體停滯時間與處理器執行時間分開計算，也因此可以單獨地使用平均記憶體存取時間來評估記憶體階層的表現（參見 437 頁）。

如果處理器繼續執行指令，甚至在一個快取錯失時又產生更多的快取錯失，則唯有模擬一個具有記憶體階層的亂序執行處理器才能準確的評估記憶體階層的結果。

陷阱：藉由在不分區段的位址空間上加入區段的做法來擴大位址空間。

在 1970 年代，許多程式變得太大，以致於有些程式碼與數據無法僅以 16 位元的長度來定址。計算機於是被修改成可以提供 32 位元的位址，可以或者以整個不分段的 32 位元位址空間 [也稱為扁平的位址空間（*flat address space*）]，也可以或者在原有的 16 位元位址上再加上一層以 16 位元來作區分的區段。從市場的觀點來看，加入程式設計師會看得到而且會強制程式設計者與編譯器要將程式分區段的觀念後，可以解決位址相關的問題。不幸地，每當程式語言需要的位址空間大於一個區段時，例如，對大陣列的索引、不受限制的指標或是大量的參數，都會造成問題。此外，加入區段會將位址變成兩個字組——其一為段編號，另一則為段偏移量——這在把位址放在暫存器中處理時會產生困難。

謬誤：磁碟在工作場所中的故障率與其規格所述者符合。

兩項研究評估了大量磁碟來檢驗在真實工作場所中的現象與磁碟規格所述者之間的關聯性。一個研究針對了約略 100,000 個宣稱 MTTF 為 1,000,000 至 1,500,000 小時，或 AFR 為 0.6% 至 0.8% 的磁碟。他們發現在真實的工作場所中 2% 至 4% 的 AFRs 很常見，經常就是規格所說的三至五倍高 [Schroeder and Gibson, 2007]。第二個對在 Google 裡多於 100,000 個宣稱 AFR 約為 1.5% 的磁碟所做的研究中，發現該等磁碟裝置在它們的第一年裡頭故障率是 1.7%、第三年裡頭上升到 8.6%，或者大概是規格所說的五至六倍高 [Pinheiro, Weber, and Barroso, 2007]。

謬誤：作業系統是處理磁碟存取排程最好的地方。

如 5.2 節中提及，較高層級的磁碟介面是提供邏輯的區塊位址給主機的作業系統。在這個高階的抽象化之下，OS 所能做到的最大程度就是嘗試去排序這些邏輯的區塊位址成上升的順序來希望有助提升效能。然而因為只有磁碟本身才會知道由邏輯位址到實體扇區、軌道以及表面之間的對應關係，它本身才知道應該如何透過重新排程來降低旋轉與尋找所造成的延遲。

例如，如果工作負載是四個讀取 [Anderson, 2003]：

運作	起始邏輯區塊位址	長度
讀取	724	8
讀取	100	16
讀取	9987	1
讀取	26	128

主機可能依照邏輯的區塊位址重排四個讀取的順序：

運作	起始邏輯區塊位址	長度
讀取	26	128
讀取	100	16
讀取	724	8
讀取	9987	1

根據各筆資料在磁碟上相對位置的不同，重排可能如圖 5.50 所示的變得更糟。磁碟所排程出來的讀取可以在 ¾ 圈內即完成，但是 OS 所排程的讀取則需要 3 圈。

陷阱：在並非被設計為可虛擬化的指令集架構上實作虛擬機器的監控器。

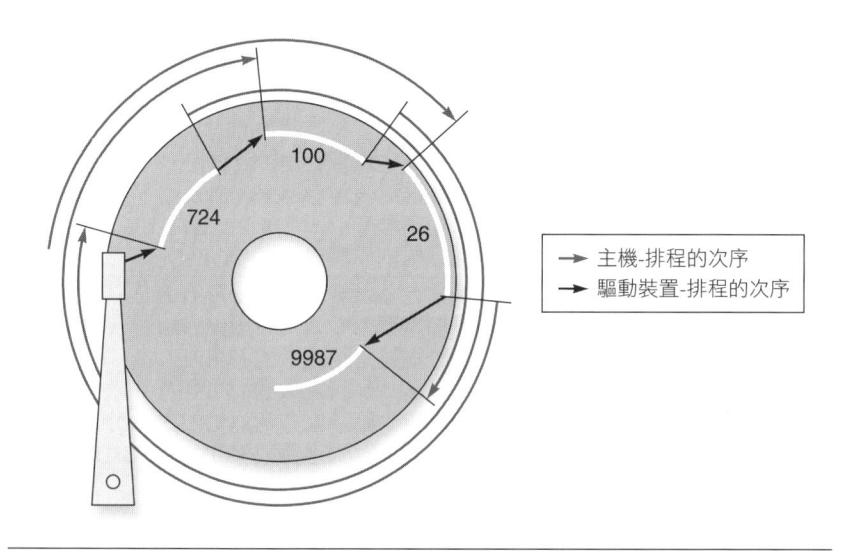

圖 5.50 表示 OS 與磁碟排程的存取，分別標示為「主機-排程與驅動裝置-排程」的例子。

前者需要轉三圈以完成該四個讀取，而後者僅需四分之三圈即可完成這些工作 (摘自 Anderson[2003])。

在 70 年代和 80 年代的許多架構師沒有小心去確保所有能夠讀取或寫入硬體資源相關資訊的指令都必須是特權指令。這種自由放任政策 (*laissez-faire*) 的態度對所有這些架構的 VMM 造成問題，包括了我們在此用來舉例的 x86。

圖 5.51 列出對虛擬化會造成問題的 18 道指令 [Robin and Irvine, 2000]。它們是屬於以下兩大類別的指令：

- 能夠在使用者模式中讀取能顯示客作業系統正在虛擬機器中運行的各個控制暫存器 (例如之前提到的 POPF)，或是
- 能夠在假設作業系統正在最高特權層級中運行的情況下，還能根據區段式架構的要求去做保護層級的察看 (譯註：但是虛擬機器其實不會是在最高特權層級中運行的)。

為了化簡在 x86 中 VMM 的實作，AMD 和 Intel 都經由新的模式對此架構提出延伸。Intel 的 VT-x 提供執行時期的新執行模式，是一個 VM 狀態的架構定義，可快速地換到 VM 的指令和一大組選擇 VMM 必須在哪些環境被喚起的參數。VT-x 一共為 x86 加了 11 個新指令。AMD 的 Pacifica 做了相似的建議。

問題分類	有問題的 x86 指令
在使用者模式運行時，存取敏感的暫存器而不需經過系統呼叫 (trapping)	儲存全域描述表暫存器 (SGDT) 儲存區域描述表暫存器 (SLDT) 儲存中斷描述表暫存器 (SIDT) 儲存機器描述表暫存器 (SMSW) 推入旗標到堆疊 (PUSHF, PUSHFD) 從堆疊爆出到旗標 (POPF, POPFD)
在使用者模式中存取虛擬記憶體機制時，指令會通不過 x86 的保護檢查	從區段描述器中載入存取權限 (LAR) 從區段描述器中載入區段限制 (LSL) 驗證區段描述是可讀取的 (VERR) 驗證區段描述是可寫入的 (VERW) 從堆疊爆出到區段暫存器 (POP CS, POP SS, …) 推入區段暫存器到堆疊 (PUSH CS, PUSH SS, …) 對不同特權層級的遠程呼叫 (CALL) 對不同特權層級的遠程返回 (RET) 對不同特權層級的遠程跳躍 (JMP) 軟體插斷 (INT) 存取區段選取暫存器 (STR) 搬入 / 出區段暫存器 (MOVE)

圖 5.51　虛擬化中會造成問題的 18 個 x86 指令的歸納 [Robin and Irvine, 2000]。

在表中第一組的前五道指令允許程式在使用者模式中讀取如同描述表暫存器 (descriptor table register) 的控制暫存器而不需經過 trap (一種系統呼叫)。爆出旗標指令以敏感的資訊更新控制暫存器，但是在使用者模式中會失敗且並無徵兆。x86 區段架構的保護檢查是造成在表中第二組指令會有問題的原因，因為這些指令在每一道讀取一個控制暫存器時，都會自動地檢查現在的特權層級。這個檢查假設作業系統必須處在最高特權層級，但是客 VM 的情形並非如此。只有對區段暫存器的 Move 指令會嘗試更改控制狀態，而且保護檢查也會阻止它。

另一修改硬體的方法是對作業系統小部分修改以避免使用架構中麻煩的部分。此方法稱為準 (或近似) 虛擬化 (*paravirtualization*)，開放資源軟體 Xen VMM 是一個好範例。Xen VMM 提供一個客作業系統 (guest OS)，其含有僅使用實際 x86 硬體的輕易 - 到 - 虛擬 (easy-to-virtual) 部分，即可執行 VMM 的虛擬機器概念層。

陷阱：硬體的攻擊會危及安全性。

雖然數不盡的軟體缺失是計算機系統攻擊者的主要媒介，在 2015 年，Google 展示了使用者程式可以利用 DDR3 DRAM 晶片的弱點來破壞虛擬記憶體的保護。由於 DRAM 內部構造的二維特性與 DDR3 DRAMs 非小的記憶細胞，研究人員發現，以不斷寫入 DDR3

DRAM 中的一個列來「搥打」它可以造成相鄰的列中的干擾性錯誤，使得這些個受害列中有些位元被反轉。聰明的攻擊者可能使用「列搥打」技巧來更改頁表的項次中的保護位元，因而允許程式去存取作業系統想要保護的一些記憶體區域。近來的微處理器和 DRAMs 已置入偵測列搥打攻擊的機制以求能擊退它。

這樣的攻擊嚇壞了許多直到當時還認為硬體是在安全方面不需擔憂的安全領域的研究人員。如我們將在第 6 章的謬誤與陷阱中學到的，列搥打不過是這種新式攻擊序列中的第一輪連環爆。

5.16 總結評論

建構一個與較快速處理器並駕齊驅的記憶體系統，其困難點在於 DRAM 特性所強調出的事實，因為主記憶體的原料是 DRAM，而即使在最快的電腦中，基本上也是使用相同的 DRAM，而其特性是最慢且最便宜的。

區域性原則使我們有機會去克服長時間的記憶體存取延遲——且此方法的正確性在**記憶體階層**的每一層級都被驗證過。雖然階層中各層級的量化數值看起來都相當的不同，但它們在運作上都依循相似的方法，並且利用相同的區域性特性。

多層級快取因為兩個原因使得更多的快取最佳化方法更易於實現。第一個原因是較低層級快取的設計參數是不同於第一層快取的。例如，由於一個較低層級快取將是更大的，這也可能使用較大的快取區塊。第二個原因是，一個較低層級快取不是像第一層快取一樣地一直被處理器所存取。這使得我們去思考讓較低層級快取在閒置時做些有益於防止未來發生錯失的事。

另一個趨勢是尋求軟體的幫助。利用程式轉換與硬體機制來有效地管理記憶體階層是編譯器改進的主要重點。這有兩種不同的觀念可以思考。一是重新組織程式來增進其空間與時間區域性。此方法著重於使用大陣列做為主要資料結構的迴圈程式；大型的線性代數問題就是一種典型例子，譬如 DGEMM。透過重組存取陣列的迴圈，可以得到高度提升的區域性，也因此可以有相對的快取的效能。

另一個方法是**預先提取** (prefetching)。在預先提取中，區塊的資

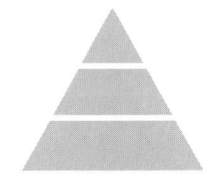

階層

預先提取
經由使用指明區塊位址的特別指令，把即將需要的資料區塊早一點放入快取中的技術。

料在實際被存取之前,就會先被放進快取。許多微處理器使用硬體預先提取來嘗試**預測**可能對軟體很難察覺的存取。

第三種方法是使用特別的具快取意識 (cache-aware) 的指令,其可最佳化記憶體資料的傳送。例如,在第 6 章 6.10 節中的微處理器使用一個最佳化方法,其在寫入錯失時,不從記憶體中擷取區塊內容,因為程式正要寫入整個區塊。此最佳化方法對於一個核心程式顯著地減少的記憶體的遞送量。

如同我們將在第 6 章中看到的,對於平行處理器來說,記憶體系統是設計議題的中心。在決定系統效能時,記憶體階層日益增長的重要性,意謂著此重要部分在未來幾年內仍是設計者與研究者所持續重視的。

5.17 歷史觀點與進一步閱讀

這個在線上的節對記憶體技術,由水銀延遲線到 DRAM、記憶體階層的發明、保護機制,以及虛擬機器作一總覽,並以作業系統──包括 CTSS、MULTICS、UNIX、BSD UNIX、MS-DOS、Windows 以及 Linux──簡要的發展史作結束。

5.18 自我學習

越多越好嗎?圖 5.9 顯示一個小的直接對映快取在九次存取、最後一個位址是 16 的處理過程。假設之後的五個記憶體存取是由一個迴圈中發出的相隔一個位址的 18、20、22、24 與 26。會有多少個命中?在此之後快取看起來會是如何?

關聯性很好嗎?假設圖 5.9 中的快取是二路集合關聯式而非直接對映的。這樣做可以把記憶體位址 18、20、22、24 的存取由錯失變成命中嗎?為何可以或不行?根據三個 Cs 的模型來說明你的答案。

冷凍冷藏食物的類比。從圖書館到清潔衣物,我們引用類似的事件來說明本書中各種計算機概念。現在我們試著說明記憶體階層如何與食物的低溫保存相似。記憶體階層中的哪些層級與它設想的觀念可

類比於以下的哪一個食物低溫保存機制與使用時機？

1. 廚房中的冰箱
2. 整合的冷凍櫃 (通常是做成一體的冰箱在上、冷凍櫃在下的形式)
3. 在車庫或地下室的獨立式冷凍櫃
4. 雜貨店裡的食品冷凍櫃
5. 雜貨店裡冷凍食品的供應商
6. 從冰箱中取出食物來烹煮
7. 從冰箱中拿取食物所需的時間
8. 將調理好的食物放進冰箱
9. 調理食物前先將食物從一體式的下方冷凍櫃取出放入上方冰箱來解凍
10. 從冷凍櫃中取出食物解凍所需的時間
11. 將冷凍的食物由冰箱取出放進同一個機體內的冷凍櫃來保存等以後再食用
12. 將食物從獨立式的冷凍櫃移置到整合式的冷凍櫃中
13. 從雜貨店買回新的食物並放進整合式的冷凍櫃中

冷凍冷藏食物的基本架構。 5.8 節介紹了一個記憶體階層的常見的基本架構。這個基本架構中的哪些想法可應用在冷凍冷藏食物的情境中？

冷凍冷藏食物的 Cs。 5.8 節也說明了直覺的三 Cs 模型來幫助瞭解快取錯失。有哪些也適用在這裡？對適用的每一項舉出一個類比的情境，對不適用的則說明其為何不適用。

冷凍冷藏食物類比的不適合。 舉出至少三項這個類比不適用於計算機記憶體階層的例子。

捶打虛擬機器。 為什麼硬體在安全性上的弱點 (例如 5.18 節中說明的 DRAMs 的列捶打) 對譬如 Amazon Web Services 的雲計算特別堪慮？

自我學習的解答

越多越好嗎？

以下是接下來的五筆位址與存取的結果：

存取的 十進制位址	存取的 二進制位址	快取中的 命中或錯失	配置的快取區塊 （命中或配置處）
18	10010	命中	$(10010_{two} \bmod 8) = 010_{two}$
20	10100	錯失	$(10100_{two} \bmod 8) = 110_{two}$
22	10110	命中	$(10110_{two} \bmod 8) = 110_{two}$
24	11000	錯失	$(11000_{two} \bmod 8) = 000_{two}$
26	11010	錯失	$(11010_{two} \bmod 8) = 010_{two}$

五筆位址造成 2 個命中與 3 個錯失。

在存取位址 26 後快取中的內容如下：

索引	有效位元	標籤	數據
000	是	10_{two}	Memory (11000_{two})
001	否		
010	是	10_{two}	Memory (11010_{two})
011	是	00_{two}	Memory (00011_{two})
100	是	10_{two}	Memory (10100_{two})
101	否		
110	是	10_{two}	Memory (10110_{two})
111	否		

關聯性很好嗎？

由於區塊 20 與 24 發生的錯失是因為是第一次的存取，所以在三 Cs 模型中是屬於必要的錯失，較高的關聯性可以有幫助。

區塊 26 在 5.3 節中原本於第二次記憶體存取時即已擷取並置於快取的區塊 2 中。在直接映對的快取中，它被位址 18 所屬的區塊在第八個步驟中因為衝突錯失而取代了，因為位址 18 的區塊也是映對到快取的區塊 2。二路集合關聯式的快取可以避免這次的衝突錯失，使得這五個位址有多一個的命中。

如果要真正瞭解所有這些命中與錯失，我們應該要以二路集合關聯式的構造重新檢視所有九個原先的位址與這五個接下來的位址，來看看每一個位址會落在哪一個集合中以瞭解關聯性的影響，因為位址對映的結果會因為關聯度而異。我們把這一點留作習題，先不在此討論有關避免區塊 26 是否可以避免衝突錯失的簡單觀察。

冷凍冷藏食物的類比

上述有兩個似乎恰當的與階層設計有關的不同看法，端視你把獨立的冷凍櫃看成是第三層快取還是主記憶體。在以下的解答中我們將

其視為第三層的快取。

1. 第一層快取：廚房中的冰箱
2. 第二層快取：整合式的機體中的冷凍櫃
3. 第三層快取：車庫或地下室中的獨立式冷凍櫃
4. 主記憶體：雜貨店中的冷凍食品冷凍櫃
5. 次級記憶體：雜貨店中冷凍食品的供應商
6. 第一層快取的讀取：從冰箱中取出食物來調理
7. 第一層快取讀取命中的耗時：從廚房冰箱取出食物的耗時
8. 第一層快取寫入：將調理好的食物置入廚房中的冰箱
9. 在第一層快取中錯失至第二層快取中：在調理前將冷凍的食物從整合式的冷凍櫃移置到冰箱中來退冰
10. 第二層快取讀取命中時的耗時：將整合式的冷凍櫃中食物放進冰箱並解凍的耗時
11. 例如在第一層快取錯失或寫回時的第一層快取與第二層快取間的交通：將冷凍食物從冰箱移置到整合式的冷凍櫃中以備日後食用
12. 例如在第二層快取錯失或寫回時的在第二層快取與第三層快取間的交通：食物在獨立式冷凍櫃與整合式冷凍櫃間搬動
13. 從第三層快取到主記憶體的讀取錯失：從雜貨店取回新的食物來放進整合式的冷凍櫃

冷凍冷藏食物的基本架構

- 一個區塊可以被放置於何處？在我們的冷凍冷藏食物的類比情境中食物在任何層級中放置的位置沒有任何限制，所以最接近的對應是在任何層級中的全關聯式放置方式。一種不同的情境是在雜貨店中，不同種類的冷凍食品會分類放置，並於店中有一個哪一個冷凍櫃陳列哪一類食物的索引。
- 如何尋找一個區塊？假設是全關聯式放置，我們須得搜尋整個箱或櫃(除非是在如雜貨店中有箱櫃分類時)。
- 在快取錯失時要置換掉哪一個區塊？可能可以的一個方法是採用一種類似於最久沒用到的(最早購買的)，以有效期限來決定。
- 寫的運作時會發生什麼？由於在記憶體階層中一般我們是複製數據而不是真的把數據搬來搬去，所以最相近的動作是寫回。

冷凍冷藏食物的 Cs

快取的三個 Cs 是：

1. 必要 (compulsory) 的錯失
2. 容量 (capacity) 的錯失
3. 衝突 (conflict) 的錯失

一個 (很悲哀的) 必要的錯失是你要有一盤巧克力冰淇淋，但是在冰箱中、整合式的冷凍櫃中、甚至獨立式的冷凍櫃中都沒有，所以你必須要到雜貨店中去取得。但是巧克力冰淇淋可能連雜貨店也沒有──得到的結果是冷凍食品員錯失！──可能店裡有，能滿足你的希望，不過比原先希望的要花上更多的時間。

容量錯失也有它的原因，是因為你想要的東西並不在你期待的階層中，因為那裡已經沒有空間容納它了，所以你必須再次到下一個更低的階層去拿到它。

就像是真的快取的情況一樣，在全關聯式放置下，不會有衝突錯失發生。

冷凍冷藏食物類比的不適合

以下是類比情況中不會發生的事件：

1. 固定的區塊大小。食物有各種形狀與大小，所以不會有等同於區塊的觀念。最接近固定大小的情況可能是軍隊的包裝好的即可食用餐，好在大部分人不必吃這種食物。
2. 空間區域性。因為我們在類比的情境中沒有固定區塊大小這回事，要想到空間區域性的類比有困難。例外則是在雜貨店中的許多相同貨品會陳列在一起，所以顯現出某種空間區域性。
3. 第三層快取的寫回。你的雜貨店不太可能讓你把獨立的冷凍中的食物拿回店裡並且說：「我好久都沒有用到它，我也需要把一些別的東西放進我的獨立式冷凍櫃裡，所以你可以把它冷凍起來等我需要時再來拿嗎？」
4. 第一層快取錯失與數據的完整性。雖然類比情境在各種冷凍櫃間表現恰當，多數食物卻無法一再退冰再重新冷凍而不腐敗，所以對第一層快取錯失的類比有些問題。計算機中對應的情況是如果在多次快取錯失後數據竟然會被破壞，如果這是真的的去就太慘了，快取

也就不會被使用了。

5. **跨各階層的包含性**。快取系統最常採用的包含式的策略意思是一個快取階層中每一筆數據都也會存在下一個較低的階層中，因為做出一份數據的複本是很容易的 (寫回與一些其他情況會造成不一貫的數值出現，但是該筆數據的一些版本會存在較低的階層中)。我們沒有辦法立刻做出實體物品的複本給較低的階層，所以在冷凍冷藏食物的類比例子中，我們遵循的是互斥的策略，表示數據 (譯註：在這裡或者應該說「巧克力冰淇淋」) 只會存在一個階層中。

搥打虛擬機器

像是 Amazon Web Services (AWS) 的這種公司，可以藉由使多個虛擬機共用一個伺服器來提供低廉的雲計算。根據的論點是由虛擬記憶體與虛擬機提供的保護可以容許競爭者們同時在相同的硬體上執行運算而保持安全，因為只要 AWS 確保在這些運作的機制上不會有安全的錯誤，彼此就無法存取他人的機密敏感的數據。像列搥打這樣的硬體攻擊意思是即便軟體是完美的，敵人仍可控制伺服器並得知競爭者的敏感數據。

這種潛在的弱點造成的結果是，提供客戶保證只有你的機構的工作能夠在你使用的伺服器上運作的選項，不過這項保證的價格在 2020 年會貴上 5%。

5.19 習題

5.1 在本習題中，我們將檢視矩陣計算中的記憶體區域特性。下列的碼以 C 寫成，而且同列中的各個元素儲存於連續的位置中。假設每個字組是一個 32 位元的整數。

```
for (I=0; I<8; I++)
    for (J=0; J<8000; J++)
        A[I][J]=B[I][0]+A[J][I];
```

5.1.1 [5] <§5.1>　16 個位元組的快取區塊能儲存多少個 32 位元的整數？

5.1.2 [5] <§5.1>　對哪些變數的參考會顯現出時間區域性？

5.1.3 [5] <§5.1> 對哪些變數的參考會顯現出空間區域性？

區域性受變數的參考次序與數據的擺置方式影響。同樣的計算也可以使用 Matlab 寫作如下，與其 C 碼的不同處在於將同一行中的各個元素接續地儲存於記憶體中。

```
for I=1:8
  for J=1:8000
    A(I,J)=B(I,0)+A(J,I);
  end
end
```

5.1.4 [10] <§5.1> 儲存所有參考到的 32 位元矩陣元素需要用到多少個 16 位元組的快取區塊？

5.1.5 [5] <§5.1> 對哪些變數的參考會顯現出時間區域性？

5.1.6 [5] <§5.1> 對哪些變數的參考會顯現出空間區域性？

5.2 快取記憶體在提供處理器一個高效能的記憶體階層中很重要。以下是一系列的 32-位元記憶體位址的讀寫情形。這些位址指的是字組的位址。

0x03，0xb4，0x2b，0x02，0xbf，0x58，0xbe，0x0e，0xb5，0x2c，0xba，0xfd

5.2.1 [10] <§5.3> 對以上的每一次讀寫，假設有一個直接映對的快取，使用的是包含 16 個字組的區塊，指出其使用的二進制位址、標籤與索引。同時假設快取在開始的時候是空的，列出每一次讀寫的情形是命中或是錯失。

5.2.2 [10] <§5.3> 對以上的每一次讀寫，假設有一個直接映對的快取，使用的是包含 2 個字組的區塊，區塊的數量是 8，指出其使用的二進制位址、標籤與索引。同時假設快取在開始的時候是空的，列出每一次讀寫的情形是命中或是錯失。

5.2.3 [20] <§§5.3, 5.4> 你被要求對以上的讀寫次序作快取設計的最佳化。有三種可能的直接映對快取設計，三種的總容量都是 8 個數據字組。

-C1 採用一個字組的區塊，

-C2 採用兩個字組的區塊，與

-C3 採用四個字組的區塊。

5.3 根據習慣，快取會依據其能夠容納的數據量來稱呼它 (也就是，一個 4 KiB 的快取可以容納 4 KiB 的數據)；然而快取也需要使用 SRAM 來儲存例如標籤與有效位元等的亞數據 (metadata)。在本習題中，你要檢視快取的構造如何影響製作一個快取時所需用到的 SRAM 的總容量以及此時它的效能。在整個習題中，假設快取都是以位元組定址以及所有的位址與字組都是 64-位元的。

5.3.1 [10] <§5.3> 計算製作一個數據容量是 32 KiB、區塊大小是兩個字組的快取，需要的總位元數。

5.3.2 [10] <§5.3> 計算製作一個數據容量是 64 KiB、區塊大小是 16-個字組的快取，需要的總位元數。這個快取比起習題 5.3.1 中 32 KiB 的快取大上多少？(注意到改變了區塊大小之後，我們把可以儲存的數據量倍增，卻並不會把快取的總位元數倍增。)

5.3.3 [5] <§5.3> 解釋為什麼這個 64 KiB 的快取雖然有了更多數據容納的能力，卻可能在效能上不如之前那個快取。

5.3.4 [10] <§§5.3, 5.4> 設計出一系列的讀取要求，使得其在 32 KiB、兩路集合關聯式快取上的錯失率會低於習題 5.3.1 中所描述的那個快取。

5.4 [15] <§5.3> 5.3 節中表示了典型的索引一個直接對映快取的方法，也就是 (區塊位址) 取餘數 (快取中區塊的數量)。假設位址是 64-位元，以及快取中有 1024 個區塊。思考一個不同的索引函數，也就是 (區塊位址 [63:54] XOR 區塊位址 [53:44])。是否可能以這個函數來索引一個直接對映快取？如果是的話，解釋為什麼，並討論任何可能需要對這個快取做的改變。如果不可能，說明為什麼。

5.5 對於使用 32 位元位址的直接映對快取，位址中用於存取快取的位元如下：

標籤	索引	位移值
31-10	9-5	4-0

5.5.1 [5] <§5.3> 快取的區塊大小 (以字組作單位) 為若干？

5.5.2 [5] <§5.3> 快取中的區塊數為若干？

5.5.3 [5] <§5.3>　該快取實作時所需的總位元數與儲存資料的位元數比率為何？

從開機開始，記錄到的快取存取的位元組位址如下：

位址										
Hex	00	04	10	84	E8	A0	400	1E	8C	C1C	B4	884
Dec	0	4	16	132	232	160	1024	30	140	3100	180	2180

5.5.4 [20] <§5.3>　對每一個讀寫列出 (1) 它的標籤、索引、與偏移量，(2) 就會是一個命中或是錯失，以及 (3) 哪一個位元組會被置換 (如果有的話)。

5.5.5 [10] <§5.3>　命中率為何？

5.5.6 [20] <§5.3>　以 < 索引、標籤、資料 > 的格式來代表每一個有效區塊，列出快取中的最終狀態。

5.6　回想兩種寫入策略與兩種寫入配置策略，而且它們的各種組合均可用於製作 L1 或 L2 快取。假設 L1 及 L2 快取採用了下列方式：

L1	L2
寫透、無寫入配置	寫回、有寫入配置

5.6.1 [5] <§§5.3, 5.8>　記憶體階層的各層之間使用緩衝器來降低存取延遲。對於上述組態，列出 L1、L2 快取之間以及 L2 快取、記憶體之間可能需要的各種緩衝器。

5.6.2 [20] <§§5.3, 5.8>　考慮各種涉及的組件以及可能要置換掉一個污染了的區塊，來說明處理 L1 寫入錯失的程序。

5.6.3 [20] <§§5.3, 5.8>　對多層的互斥快取 (指任一區塊只能存在 L1、L2、… 的其中一個快取之中) 的構造，考慮各種涉及的組件以及可能要置換掉一個污染了的區塊，來說明處理 L1 寫入錯失的程序。

5.7　考慮下列程式及快取行為：

每 1000 指令的數據讀取數	每 1000 指令的數據寫入數	指令快取錯失率	數據快取錯失率	區塊大小 (位元組)
250	100	0.30%	2%	64

5.7.1 [5] <§§5.3, 5.8>　對寫透、有寫入配置的快取，其獲得 CPI＝2 所需的最小讀與寫頻寬 (以每週期的位元組數量表示) 分別為何？

5.7.2 [5] <§§5.3, 5.8>　對寫回、有寫入配置的快取，若被置換的數據快取區塊中有 30% 受到污染，其獲得 CPI = 2 所需的最小讀與寫頻寬分別為何？

5.8　播放音訊或者視訊檔案的媒體應用程式也是工作負載中一種稱為「串流」工作負載的類型之一 (也就是，它們會用到大量的數據但是並不常重用許多這些數據)。思考一個視訊串流的工作負載會循序地對一個 512 KiB 的工作集 (working set) 以下列所示的位址串流作存取：

　　0, 1, 2, 3, 4, 5, 6, 7, 8, 9, ...

5.8.1 [10] <§§5.4, 5.8>　假設有一個 64 KiB、區塊大小是 32-位元組的直接映對快取。以上的位址串流會造成的錯失率是什麼？這個錯失率如何與快取的容量、或者工作集的大小相關？根據 3C 模型，你會如何歸類這個工作負擔所面對的這些錯失？

5.8.2 [5] <§§5.1, 5.8>　在快取區塊大小是 16 個位元組、64 個位元組、與 128 個位元組的情形下，重新計算錯失率。這個工作負擔利用到了的區域性是哪一種？

5.8.3 [10] <§5.13>　「預取」("prefetch") 是一種利用可預測的位置型態來在存取特定快取區塊時，投機式地帶入更多快取區塊的技術。預取的一個例子是當存取到一個特別的快取區塊時，以串流緩衝器 (stream buffer) 來預先取得緊鄰的循序的快取區塊到一個另外的緩衝器中。之後如果需要的數據在預取緩衝器中找到，那這個存取就被當成命中，並將預取緩衝器中的那筆數據移入快取中而且繼續預取再下一個循序的區塊。假設串流緩衝器中含有兩個項次 (項次的大小應該就是快取區塊的大小)，並且假設快取的延遲是一個快取區塊能夠在之前的快取區塊計算使用完成之前就已經被載入快取中。以上的位址串流造成的錯失率是什麼？

5.9　快取區塊大小 (B) 會影響錯失率以及錯失延遲。設有一個 1-CPI 的機器其平均每指令記憶體存取數 (含指令及數據) 為 1.35，找出在以下錯失率及各種區塊大小下最佳的區塊大小：

| 8: 4% | 16: 3% | 32: 2% | 64: 1.5% | 128: 1% |

5.9.1 [10] <§5.3>　若錯失延遲為 $20 \times B$ 週期，則最佳區塊的大小為何？

5.9.2 [10] <§5.3>　若錯失延遲為 $24 + B$ 週期，則最佳區塊的大小為何？

5.9.3 [10] <§5.3>　若錯失延遲均為常數，則最佳區塊的大小為何？

5.10　在本習題中，我們將檢視容量影響整體效能的不同方式。概言之，快取的存取時間正比於其容量。假設主記憶體的存取需時 70 ns 且所有指令中有 36% 需存取記憶體。下表列出兩個處理器 P1 與 P2 所使用的 L1 快取的數據：

	L1 大小	L1 錯失率	L1 命中時間
P1	2 KiB	8.0%	0.66 ns
P2	4 KiB	6.0%	0.90 ns

5.10.1 [5] <§5.4>　假設 L1 的命中時間決定了 P1 及 P2 的週期時間，則它們各自的時脈速率為何？

5.10.2 [5] <§5.4>　P1 及 P2 的平均記憶體存取時間各為何？

5.10.3 [5] <§5.4>　假設若無任何記憶體停滯的基本 CPI 是 1.0，則 P1 及 P2 (考慮使用 L1 時) 的 CPI 各為何？哪一個處理器較快？

對以下三個問題，我們將考慮對 P1 加入 L2 快取以求彌補 L1 快取容量的受限。解題時應使用上表所列的 L1 快取容量及命中時間。所示的 L2 錯失率為其區域錯失率。

L2 大小	L2 錯失率	L2 命中時間
1 MiB	95%	5.62 ns

(譯註：原文中的 L2 錯失率 95% 並不合理，可以姑且改為較符合事實的 0.95% 來進行計算。)

5.10.4 [10] <§5.4>　加入 L2 快取後 P1 的 AMAT 為若干？加入 L2 快取後 AMAT 改善了或變差？

5.10.5 [5] <§5.4>　假設若無任何記憶體停滯的基本 CPI 是 1.0，則 P1 加入了 L2 快取後的 CPI 為何？

5.10.6 [10] <§5.4>　L2 的錯失率需要是多少才能使得具有 L2 快取的 P1 較沒有 L2 快取的 P1 更快速？

5.10.7 [15] <§5.4>　L2 的錯失率需要是多少才能使得具有 L2 快取的 P1 較沒有 L2 快取的 P2 更快速？

5.11　這個習題檢視不同快取設計的影響，特別是要比較 5.4 節中關聯式快取與直接映對式快取的差異。在以下問題中，參考下列的字組位址順序：

0x03, 0xb4, 0x2b, 0x02, 0xbe, 0x58, 0xbf, 0x0e, 0x1f, 0xb5, 0xbf, 0xba, 0x2e, 0xce

5.11.1 [10] <§5.4>　畫出區塊大小是兩個字組、總容量是 48 個字組的三路集合關聯式快取構造圖。你的圖的畫法應該類似於圖 5.18，並且清楚標示標籤與數據等欄位的寬度。

5.11.2 [10] <§5.4>　列出習題 5.11.1 中的快取在處理上列位址順序時的行為。假設使用真實的 LRU 置換策略。對每一個存取，指出二進制的字組位址，

- 標籤，
- 索引，
- 偏移量，
- 這個存取是命中或錯失，以及
- 在這次存取處理完之後，每一路中的標籤是什麼。

5.11.3 [5] <§5.4>　畫出區塊大小是一個字組、總容量是 8 個字組的全關聯式快取構造圖。你的圖的畫法應該類似於圖 5.18，並且清楚標示標籤與數據等欄位的寬度。

5.11.4 [10] <§5.4>　列出習題 5.11.3 中的快取在處理上列位址順序時的行為。假設使用真實的 LRU 置換策略。對每一個存取，指出二進制的字組位址，

- 標籤，
- 索引，
- 偏移量，
- 這個存取是命中或錯失，以及
- 在每一次存取處理完之後，快取中的內容是什麼。

5.11.5 [5] <§5.4>　畫出區塊大小是二個字組、總容量是 8 個字組的全關聯式快取構造圖。你的圖的畫法應該類似於圖 5.18，並且清楚標

示標籤與數據等欄位的寬度。

5.11.6 [10] <§5.4> 列出習題 5.11.5 中的快取在處理上列位址順序時的行為。假設使用真實的 LRU 置換策略。對每一個存取，指出

- 二進制的字組位址，
- 標籤，
- 索引，
- 偏移量，
- 這個存取是命中或錯失，以及
- 在每一次存取處理完之後，快取中的內容是什麼。

5.11.7 [10] <§5.4> 使用 MRU (most recently used) 來重做習題 5.11.6。

5.11.8 [15] <§5.4> 使用最好的置換策略 (也就是假設能夠給出最低錯失率的那一個) 來重作問題 5.11.6。

5.12 多層快取是一個克服第一層快取空間限制且仍能保持其速度的重要技術。思考具下列參數的處理器：

不計記憶體停滯基礎 CPI	處理器速度	存取時間主記憶體	第一層快取每指令錯失率	對快取速度第二層直接映	快取的全域錯失率含第二層直接映對	第二層八路集合關聯快取速度	快取的全域錯失率含第二層八路集合關聯
1.5	2 GHz	100 ns	7%	12 個週期	3.5%	28 個週期	1.5%

5.12.1 [10] <§5.4> 在：1) 僅有第一層快取，2) 有第二層直接映對快取，以及 3) 有第二層八路集合關聯式快取的情況下，計算上表所示的處理器的各種 CPI。若主記憶體存取時間倍增，則上述各種 CPI 又將為若干？主記憶體存取時間減半時又將如何？

5.12.2 [10] <§5.4> 快取的階層數可以大於二。若上述處理器已經使用了直接映對的第二層快取，而設計師仍欲加入存取時間是 50 週期、且可降低全域錯失率至 1.3% 的第三層快取。如此可否提升效能？一般而言，加入第三層快取的優劣各為何？

5.12.3 [20] <§5.4> 在較早的如 Intel Pentium 或 Alpha 21264 等處理器中，第二層快取位於主處理器以及第一層快取所處晶片的外部 (在

另一個晶片上)。這樣做雖然能夠容許較大的第二層快取，但是由於其執行於較低頻率，因此存取的延遲遠高、頻寬一般也較低。假設 512 KiB 的晶片外第二層快取具有 4% 的全域錯失率。若是每增多 512 KiB 的快取容量即可以降低全域錯失率 0.7%，而且該快取的整體存取時間是 50 週期，則該快取應該有多大才能具有與上述的第二層直接映對快取相同的效能？又對八路集合關聯式快取而言呢？

5.13 故障間的平均時間 (MTBF)、修復的平均時間 (MTTR) 與到發生故障的平均時間 (MTTF) 是評估儲存設施可靠度與可用度的有用的衡量標準。藉由使用對設備的下列量度值，回答以下問題來瞭解這些觀念：

MTTF	MTTR
3 年	1 天

5.13.1 [5] <§5.5> 計算表中各項設備的 MTBF(譯註：表中只有表示了一種設備的 MTTF 以及 MTTR)。

5.13.2 [5] <§5.5> 計算表中各項設備的可用度 (譯註：表中只有表示了一種設備的 MTTF 以及 MTTR)。

5.13.3 [5] <§5.5> 當 MTTR 接近於 0 時可用度將是如何？這種情形是否實際？

5.13.4 [5] <§5.5> 當 MTTR 變得很大、亦即設備很難修復時，可用度將是如何？這種情形是否表示設備的可用度很低？

5.14 本習題檢視單一錯誤更正、雙錯誤偵測 (SEC/DED) 的 Hamming 碼。

5.14.1 [5] <§5.5> 使用 SEC/DED 來保護 128 位元的字組所需的同位位元數最少為若干？

5.14.2 [5] <§5.5> 5.5 節中提及新近伺服器的記憶體模組 (DIMMs) 依照 SEC/DED ECC 使用 8 個同位元來保護一組 64 個位元。計算這種編碼相對於習題 5.14.1 中編碼的成本／效能比。此情形下的成本是以相對所需的同位元數來表示、而效能則是相對可更正的錯誤數。何者較佳？

5.14.3 [5] <§5.5> 思考一種以 4 個同位元來保護 8 位元字組的 SEC

碼。若是讀入一個值 0×375，有錯誤存在否？若有，則更正之。

5.15 對於一個例如資料庫中 B- 樹索引的高效能系統，頁的大小主要由數據的多少以及磁碟的效能而定。假設平均而言 B- 樹索引頁中的固定大小的項目佔用了 70% 的空間。頁的效用在於其 B- 樹深度，以 $\log_2$(項目數) 計算。下表表示對 16 位元組的項目大小與延遲為 10 ms、傳輸率為 10 MB/s 的 10 年前的磁碟，最佳的頁大小為 16K。

頁大小 (KiB)	頁效用或 B- 樹深度 （減少的磁碟存取）	索引頁存取成本 (ms)	效用 / 成本
2	6.49（或 $\log_2(2048/16 \times 0.7)$）	10.2	0.64
4	7.49	10.4	0.72
8	8.49	10.8	0.79
16	9.49	11.6	0.82
32	10.49	13.2	0.79
64	11.49	16.4	0.70
128	12.49	22.8	0.55
256	13.49	35.6	0.38

5.15.1 [10] <§5.7> 若項目大小是 128 個位元組，則最佳的頁大小為何？

5.15.2 [10] <§5.7> 根據習題 5.10.1，若頁中半滿，則最佳的頁大小為何？

5.15.3 [20] <§5.7> 根據習題 5.10.2，若使用延遲為 3 ms、傳輸率為 100 MB/s 的新近的磁碟，則最佳的頁大小為何？說明為何未來伺服器偏向使用較大的頁。

將「常用」(或「熱」) 的頁保存於 DRAM 中可以減少磁碟的存取，但是應該如何對一個系統決定「常用」的確實意義是什麼呢？數據工程師們以 DRAM 與磁碟存取間的成本比來量化熱頁的重用次數臨界值。磁碟存取成本是 §磁碟 / 每秒存取數，而將頁保存於 DRAM 中的成本是 §DRAM_MiB/ 頁 - 大小。不同時期的典型 DRAM 與磁碟成本以及典型資料庫中的頁大小如下所示：

年	DRAM 成本 ($/MiB)	頁大小 (KiB)	磁碟成本 ($/ 磁碟)	磁碟存取速度 （存取 / 秒）
1987	5000	1	15,000	15
1997	15	8	2000	64
2007	0.05	64	80	83

5.15.4 [20] <§5.7> 可以透過改變什麼其他因素以維持使用同樣的頁大小(因而避免重寫軟體)？考慮目前的技術以及價格趨勢來討論這些改變的可能性。

5.16 如 5.7 節中所述，虛擬記憶體使用頁表來追蹤虛擬位址到實體位址的對應關係。這個習題說明這個表在位址被存取之後需要如何更新。以下的數據是在系統中觀測到的一連串虛擬位址。假設頁的大小是 4 KiB，TLB 是 4 個項次的全關聯式的，並且採用真實的 LRU 置換策略。如果一定要從硬碟載入更多頁的時候，就假設該等用到的對應的實體頁它們的編號是循序遞增的。

位址							
十進制	4669	2227	13916	34587	48870	12608	49225
十六進制	0x123d	0x08b3	0x365c	0x871b	0xbee6	0x3140	0xc049

TLB

有效位元	標籤	實體頁編號	上次使用之後過了多久
1	11	12	4
1	7	4	1
1	3	6	3
0	4	9	7

頁表：

索引	有效位元	實體頁或存磁碟中
0	1	5
1	0	磁碟
2	0	磁碟
3	1	6
4	1	9
5	1	11
6	0	磁碟
7	1	4
8	0	磁碟
9	0	磁碟
a	1	3
b	1	12

5.16.1 [10] <§5.7> 對以上所示的每一個存取，列出
- 該存取在 TLB 中是命中或錯失，

- 該存取在頁表中是命中或錯失，
- 該存取是否造成頁錯誤，
- TLB 更新後的狀態。

5.16.2 [15] <§5.7>　以 16 KiB 的頁大小代替 4 KiB 來重作習題 5.16.1。使用較大的頁會帶來哪些好處？又會有哪些壞處？

5.16.3 [15] <§5.7>　以 4 KiB 的頁大小與二路集合關聯式 TLB 來重作問題 5.16.1。

5.16.4 [15] <§5.7>　以 4 KiB 的頁大小與直接映對式 TLB 來重作問題 5.16.1。

5.16.5 [10] <§§5.4, 5.7>　討論為什麼 CPU 一定要使用 TLB 來取得高效能。如果沒有 TLB，虛擬位址的存取會如何處理？

5.17　有幾個參數對頁表的整體大小影響重大。下列是一些關鍵的頁表參數：

虛擬位址大小	頁大小	頁表項目大小
32 位元	8 KiB	4 位元組

5.17.1 [5] <§5.7>　已知上述各參數值，計算在正在執行 5 個應用、且使用了可用記憶體半數空間的系統中，頁表所佔的空間共有多大？

5.17.2 [10] <§5.7>　已知上述各參數值，且使用 256 個項目的二層頁表方式，計算在正在執行 5 個應用、且使用了可用記憶體半數空間的系統中，頁表所佔的空間共有多大？假設主頁表中每個項次大小為 6 個位元組。計算最小與最大的記憶體需要量。

5.17.3 [10] <§5.7>　某快取設計者欲擴充一個 4 KiB 的虛擬索引、實體標籤快取的容量。已知頁大小如上，若區塊大小為 2 字組，是否可能做出 16 KiB 的直接映對快取？該快取設計者將如何增加快取的數據容量？

5.18　在本習題中，我們將檢視頁表的空間／時間最佳化。下列為虛擬記憶體系統的參數：

虛擬位址 （位元）	設置的實體 DRAM	頁大小	PTE 大小 （位元組）
43	16 GiB	4 KiB	4

5.18.1 [10] <§5.7>　對單層的頁表，需要使用多少個頁表項目 (PTEs)？儲存此頁表需要多少實體記憶體？

5.18.2 [10] <§5.7>　採用多層頁表可以只在實體記憶體中記錄使用到的 PTEs，節省頁表所需用到的實體記憶體空間。這種情形下需要多少層的頁表？又在 TLB 錯失時，位址轉換需要用到多少次主記憶體的參考？

5.18.3 [10] <§5.7>　假設區段限制在 4 KiB 的頁大小之內 (也因此它們可以被分成數個頁)。頁表 (以及區段表) 中一個項次的大小是 4 個位元組的話是否夠大？

5.18.4 [10] <§5.7>　如果區段被限制成 4 KiB 的頁大小，則需要使用多少層的頁表？

5.18.5 [15] <§5.7>　反頁表可以對空間與時間作進一步的最佳化。此頁表需要有多少個 PTEs？假設使用雜湊表來實作，處理 TLB 錯失時平均及最糟時需要作多少次記憶體參考？

5.19　下表列出 4 個項目的 TLB 的內容：

項目編號	有效	虛擬頁碼	已修改	保護	實體頁碼
1	1	140	1	RW	30
2	0	40	0	RX	34
3	1	200	1	RO	32
4	1	280	0	RW	31

5.19.1 [5] <§5.7>　在什麼情況下會使得項目 2 的有效位元被設為 0？

5.19.2 [5] <§5.7>　指令在寫入虛擬頁 30 時將發生何事？軟體管理的 TLB 在何情形下會優於硬體管理的 TLB？

5.19.3 [5] <§5.7>　指令在寫入虛擬頁 200 時將發生何事？

5.20　在本習題中，我們檢視置換策略如何影響錯失率。假設二路集合關聯式的快取中有四個單一字組的區塊。思考以下字組位址的存取次序：0, 1, 2, 3, 4, 2, 3, 4, 5, 6, 7, 0, 1, 2, 3, 4, 5, 6, 7, 0。

5.20.1 [5] <§§5.4, 5.8>　假設使用 LRU 置換策略，哪些存取會是命中？

5.20.2 [5] <§§5.4, 5.8>　假設使用 MRU (most recently used)，哪些存取會是命中？

5.20.3 [5] <§§5.4, 5.8>　以擲銅板的方式模擬一個隨機置換策略。比如「正面」表示置換掉集合中的第一個區塊，以及「反面」表示置換掉集合中的第二個區塊。這個位址次序會有多少個命中？

5.20.4 [10] <§§5.4, 5.8>　說明對這個位址次序的最理想置換策略。使用這個策略時哪些存取會是命中？

5.20.5 [10] <§§5.4, 5.8>　說明為什麼設計一個對所有位置序列都是最佳的快取置換策略是困難的。

5.20.6 [10] <§§5.4, 5.8>　假設你可以對每一個記憶體讀寫都決定是否要把這個被需求的位址放進快取中。這樣做對於錯失率會有什麼影響？

5.21　虛擬機器是否能受廣泛採用這件事上最大的障礙之一是執行虛擬機所導致的效能額外花費。下列是各項效能參數以及應用程式的行為：

基本 CPI	每萬指令中的優先 O/S 存取數	陷入客 O/S 的效能影響	陷入 VMM 的效能影響	每萬指令中的 I/O 存取數	I/O 存取時間 (含陷入客 O/S 時間)
1.5	120	15 週期	175 週期	30	1100 週期

5.21.1 [10] <§5.6>　假設沒有 I/O 存取，計算上述系統的 CPI。若 VMM 對效能的影響加倍，則 CPI 將為何？若其為減半，則又將為何？設若某虛擬機器軟體公司希望效能僅下降 10%，則可允許的陷入 VMM 懲罰最長為若干？

5.21.2 [10] <§5.6>　I/O 存取往往對整體系統的效能影響重大。對一個非虛擬化的系統，以上列的效能特性計算機器的 CPI。再對虛擬化的系統重作上述計算。若系統只有上述的一半的 I/O 存取，則各 CPI 將如何變化？解釋為何 I/O 為主的應用受虛擬化的影響較少。

5.22 [31] <§§5.6, 5.7>　比較並指出虛擬記憶體與虛擬機器觀念的不同。它們的目標有何不同？各有何優劣？舉出適宜於虛擬記憶體或虛擬機器的情況各數例。

5.23 [20] <§5.6>　5.6 節中在虛擬系統與底層硬體執行相同 ISA 的假設下討論虛擬化。然而虛擬化的可能用途之一卻是模仿非本機的各種 ISA。其中一個例子是能模仿如 MIPS、SPARC 與 PowerPC 等各種

ISA 的 QEMU。這類虛擬化所引起的困難會有哪些？模仿的系統是否可能執行得比真正的機器更快？

5.24 在本習題中，我們將探討快取控制器在有寫入緩衝器情況下的控制單元。以圖 5.40 的有限狀態機作為設計你的有限狀態機的基礎。假設快取控制器是用於 5.9 節中圖 5.39 所述的簡單直接映對快取，但你將加入一個容量為一區塊的寫入緩衝器。

要記得寫入緩衝器的目的是作為暫存空間，以便處理器不必在污染錯失 (譯註：指錯失中需被置換的區塊是已污染的) 時等待兩個記憶體存取的時間。其先暫存被污染的區塊於緩衝器中並立即開始讀取新區塊，而不必在讀取前寫回被污染的區塊。污染區塊可在處理器工作時再寫回主記憶體中。

5.24.1 [10] <§§5.8, 5.9> 設若當某區塊正由寫入緩衝器寫回主記憶體時，處理器發出的需求在快取中命中，會發生何事？

5.24.2 [10] <§§5.8, 5.9> 設若當某區塊正由寫入緩衝器寫回主記憶體時，處理器發出的需求在快取中錯失，會發生何事？

5.24.3 [10] <§§5.8, 5.9> 設計出包含使用寫入緩衝器的有限狀態機。

5.25 快取一致性 (coherence) 是關於多個處理器對同一快取區塊所見的內容的現象。下列的動作表示兩個處理器對快取區塊 X 中兩個不同字組的讀／寫運作 (初始時 X[0] = X[1] = 0)。假設整數的大小為 32 位元。

P1	P2
X[0] ++; X[1] = 3;	X[0] = 5; X[1] += 2;

5.25.1 [15] <§5.10> 對正確的快取一致性協定的作法，列出該快取區塊可能的各種值。假若協定不能保證快取一致性，列出至少另一個該區塊的可能值。

5.25.2 [15] <§5.10> 對於窺探協定，列出在每一處理器／快取上完成上述讀寫運作的有效運作順序。

5.25.3 [10] <§5.10> 執行上述的讀寫指令需要造成的最佳及最糟情形下的快取錯失數各為何？

記憶體一貫性 (consistency) 是關於對多個數據項目內容的看法。下列的動作表示兩個處理器對不同的快取區塊 (初始值均為 0 的 A 與 B) 的讀／寫運作。

P1	P2
A=1; B=2; A++; B++	C = B; D = A;

5.25.4 [15] <§5.10>　對可保證第 511 頁上兩項一貫性假設的作法，列出 C 與 D 的可能值。

5.25.5 [15] <§5.10>　若不能確保該等假設，列出至少一對 C 與 D 的可能值。

5.25.6 [15] <§§5.3, 5.10>　在各種寫入策略與寫入配置策略的組合中，何者可使協定的實現較為簡單？

5.26　晶片多處理器 (CMPs) 在單一晶片中具有多個核以及它們的各個快取。CMP 的晶片上 L2 快取設計中有一些有趣的考量。下表列出兩個測試程式在使用私有或共享 L2 快取設計時的錯失率與命中延遲。假設 L1 快取的錯失率是 3% 與存取時間是一個週期。

	私有	共享
測試程式 A 每指令錯失數	10%	4%
測試程式 B 每指令錯失數	2%	1%

又假設命中延遲如下：

私有快取	共享快取	記憶體
5	20	180

5.26.1 [15] <§5.13>　對各別測試程式而言，哪種快取設計較佳？以數字支持你的說法。

5.26.2 [15] <§5.13>　共享快取的延遲會隨 CMP 的規模而增加。若共享快取的延遲加倍時，重新選擇最適的設計。CMP 的核的數目增加時晶片對外的頻寬終將形成瓶頸。若晶片外記憶體的延遲加倍時，重新選擇最適的設計。

5.26.3 [10] <§5.13>　分別對單緒、多緒及多工程式 (multiprogrammed) 的工作負載，討論共享與私有 L2 快取各別的優劣。在具有晶片上 L3 快取的條件下重複上述的討論。

5.26.4 [15] <§5.13> 一個非阻斷式的 L2 快取相較於使用共享 L2 快取的 CMP、或私有 L2 快取的 CMP，能導致更多改善嗎？為什麼？

5.26.5 [10] <§5.13> 假設各個新世代的處理器均於每 18 個月內將核的數量倍增。欲維持同樣的每核效能，則三年後發表的處理器需要增加多少的晶片外記憶體頻寬？

5.26.6 [15] <§5.13> 考慮整個記憶體階層。哪些種最佳化可以改善同時的 (concurrent) 錯失數？

5.27 在本習題中我們將說明網路伺服器記錄 (log) 的定義並檢視改善記錄處理速度的程式最佳化。記錄的資料結構定義如下：

```
struct entry {
  int srcIP;          // 遠端 IP 位址
  char URL[128];      // 要求 URL (例如"GET index.html")
  long long refTime;  // 參考時間
  int status;         // 聯接狀態
  char browser[64];   // 客戶瀏覽器名稱
} log [NUM_ENTRIES]
```

假設記錄具有如下的處理功能：

```
topK_sourceIP (int hour);
```

這個函式可以決定在特定時段內最常被偵測到的來源 IP 有哪些。

5.27.1 [5] <§5.15> 上述的記錄處理功能會用到記錄項目中的哪些欄位？假設快取區塊的大小是 64 個位元組且不做預取，上述功能平均對每個項目會引起多少次的快取錯失？

5.27.2 [5] <§5.15> 你如何重構該資料結構以改善快取利用率與存取區域性？寫出你的結構定義碼。

5.27.3 [10] <§5.15> 舉出另一個適用於不同資料結構佈局的記錄處理功能的例子。如果兩種功能都重要，你應如何改寫程式以改善整體效能？在討論中應輔以小段的關鍵碼以及資料來說明。

5.28 在以下的問題中，對下表所示的兩對測試程式對，請使用 "Cache Performance for SPEC CPU2000 Benchmarks" (http://www.cs.wisc.edu/multifacet/misc/spec2000cache-data/) 中的數據：

a.	Mesa / gcc
b.	mcf / swim

5.28.1 [10] <§5.15> 對不同集合關聯度的 64 KiB 數據快取而言，不同的錯失種類 (冷、容量及衝突錯失) 在錯失率中佔比各為何？

5.28.2 [10] <§5.15> 對被兩個測試程式共用的 64 KiB L1 快取而言，選擇其集合關聯度。若該 L1 快取必須是直接映對式的，選擇 1 MiB L2 快取的恰當集合關聯度。

5.28.3 [20] <§5.15> 舉出在錯失率表中較高集合關聯度反而提高了錯失率的一例。設計一種快取構造以及存取順序來說明這個事實。

5.29 若欲支援多個虛擬機器，則需有兩層的記憶體虛擬化。每一個虛擬機器負責虛擬位址 (virtual address, VA) 至實體位址 (physical address, PA) 的轉換，而另有一超管理者 (hypervisor) 將各虛擬機的實體位址轉換成真實的機器位址 (machine address, MA)。為了加速這些轉換，一個稱為「跟蹤隨形的頁對應 (shadow paging)」的軟體方法在超管理者中複製每一虛擬機的頁表，並攔截 (譯註：指監聽) 所有的 VA 到 PA 對應關係的變化，以保持兩份頁表的內容一致。為了避免跟蹤隨形頁表帶來的複雜性 (譯註：指程序切換及耗時)，可以使用稱為巢狀頁表 (*nested page table*, NPT) 的硬體方法、直接支援兩種頁表 (VA ⇒ PA 及 PA ⇒ MA) 並且完全以硬體的方式查找這些表。

設有下述的動作依序發生：(1) 產生程序；(2)TLB 錯失；(3) 頁錯誤；(4) 程序切換；

5.29.1 [10] <§§5.6, 5.7> 以上的動作順序將會使跟蹤隨形頁表及巢狀頁表分別發生什麼變化？

5.29.2 [10] <§§5.6, 5.7> 假設在客頁表及巢狀頁表中均有基於 x86 的 4 層頁表，則當發生本機 (native) 或巢狀頁表 TLB 錯失時，分別需要造成多少次記憶體存取？

5.29.3 [15] <§§5.6, 5.7> 在 TLB 錯失率、TLB 錯失延遲、頁錯誤率與頁錯誤處理器延遲間，哪些量度對跟蹤隨形頁表較重要？又哪些對巢狀頁表較重要？

假設跟蹤隨形頁表系統的相關參數如下：

每千指令的 TLB 錯失數	NPT TLB 的錯失延遲	每千指令的頁錯誤數	跟蹤隨形頁錯誤的額外花費
0.2	200 週期	0.001	30,000 週期

5.29.4 [10] <§5.6> 對於某個在本機上執行的 CPI 為 1 的測試程式，若使用跟蹤隨形頁表或 NPT (假設只有頁表虛擬化的額外花費)，則 CPI 數分別為何？

5.29.5 [10] <§5.6> 哪些技術可用以降低頁表跟蹤隨形所引起的額外花費？

5.29.6 [10] <§5.6> 哪些技術可用以降低 NPT 所引起的額外花費？

自我檢查的解答

§5.1，第 415 頁：1 和 4。(3 是錯誤，因為各個計算機的記憶體階層所需的成本不同，而在 2013 年成本最高者一般是 DRAM。)

§5.3，第 436 頁：1 和 4：較低的錯失懲罰可允許使用較小的區塊，因為你不需分攤那麼大的延遲；而較高的記憶體頻寬一般會導致使用較大的區塊，因為這樣的話錯失懲罰也只會增加一些。

§5.4，第 455 頁：1。

§5.7，第 494 頁：1-a，2-c，3-b，4-d。

§5.8，第 502 頁：2 [大的區塊大小與預取均可減少必須的 (compulsary)，或稱為冷的 (cold) 錯失，故 1 為偽]。

6

從客戶端到雲端的平行處理器

- 6.1 介紹
- 6.2 創作平行處理程式的困難
- 6.3 SISD、MIMD、SIMD、SPMD 與向量
- 6.4 硬體多緒處理
- 6.5 多核與其他共享記憶體的處理器
- 6.6 圖形處理單元介紹
- 6.7 領域特定的架構
- 6.8 叢集系統、庫房規模計算機與其他訊息傳遞式多處理器
- 6.9 多處理器網路拓撲介紹
- ⊕ 6.10 和外界通訊:叢集系統的聯網
- 6.11 多處理器測試程式與效能模型
- 6.12 實例:Google TPUv3 超級計算機與 NVIDIA Volta GPU 叢集的程式測試
- 6.13 執行得更快:多個處理器與矩陣乘法
- 6.14 謬誤與陷阱
- 6.15 總結評論
- ⊕ 6.16 歷史觀點與進一步閱讀
- 6.17 自我學習
- 6.18 習題

多處理器或叢集系統的組織

我大力揮棒，用盡我所有的一切。我狠狠地擊中或狠狠地錯失。我喜歡這種全力以赴的生活。

Babe Ruth
美國的棒球運動員

越過月色下的高山，穿行陰影中的山谷，「騎吧，勇敢地騎吧，」幽暗回應著：「如果你要尋找(傳說中的)黃金國！」

Edgar Allan Poe,
"El Dorado,"
詩篇第4節，1849

多處理器
至少有二個處理器的計算機系統。這對比於有一個處理器的單一處理器。

工作階層平行性或程序階層平行性
以同時執行多個獨立的程式來利用多個處理器。

6.1 介紹

長久以來，計算機架構師都在尋找電腦設計的理想境界：以許多小電腦的結合創造一部強大的電腦。這黃金理想正是**多處理器** (multiprocessor) 構想的源頭。理想上，消費者將得到與所購買的處理器同量的效能。所以，多處理器的軟體必須設計成可運作於不同數量的處理器。如第1章所提到的，電源已經成為資料處理中心和多處理器的首要的議題。將大且無效率的處理器置換成多個有效率的小處理器，若軟體可以有效率地利用它們，有效率的處理器——不論大或小，都可提高每瓦或每焦耳的效能。所以，電源效能的提高可增加多處理器可擴展的績效。

因為多處理器軟體必須能隨處理器數目調適，有些設計能夠支援有損壞硬體時的運作；亦即，若 n 個多處理器裡的其中一個處理器失去作用，系統將以 $n-1$ 個處理器繼續操作。由此可見，多處理器也可以改進可用度 (參見第5章)。

高效能可代表許多獨立工作的高處理量，稱為**工作階層平行性** (task-level parallelism) 和**程序階層平行性** (process-level parallelism)。這些平行的工作是獨立的應用程式，這些也是使用平行計算機很重要且常見的應用對象。這與使用多個處理器進行

單一工作形成對比。我們所使用的**平行處理程式** (parallel processing program) 這個名詞，指的是在多個處理器上同時執行同一個程式。

長久以來，許多科學類的問題需要用到更為快速的計算機，過去幾十年來，具有這種特性的科學問題也被用來驗證許多新穎的平行計算機。有些這種問題現在已經可以單純地使用由許多各別伺服器中的處理器集合而成的**叢集** (cluster) (參見 6.8 節) 來處理。除此之外，叢集也可以用於處理科學計算之外的同樣嚴苛的應用，例如搜尋引擎、網路伺服器、郵件伺服器以及資料庫。

如第 1 章中所述的，因為能耗的問題，未來計算效能的提升一定要避免再從耗能的、快上許多的時脈速率或是大量改善的 CPI 的方向著手；現在注意力已經被推向多處理器。在第 1 章中我們稱呼這種多處理器為**多核微處理器** (multicore microprocessors) 而非多處理器微處理器 (multiprocessor microprocessors)，應該是希望避免名稱中有過多的重複。因此在多核晶片中處理器經常被稱為核 (cores)。晶片中核的數目預期將隨硬體技術的改善而增加。這些多核系統幾乎全部都是**共享記憶體多處理器** (Shared Memory Processors, SMPs)，因為它們通常都共用同一個實體位址空間。我們將在 6.5 節中再探討 SMPs。

今天科技的情勢使得在意效能的程式師一定要成為平行程式設計師 (參見 6.12 節)。

業界目前面對的一個巨大挑戰，是如何製造出在晶片上核心數量有所改變時，仍然易於編寫正確、且不論考慮效能或能耗都能夠執行得有效率的平行處理程式的硬體以及軟體。

這個微處理器設計上的劇烈改變造成了許多人的猝不及防，也因此相關的術語以及其所代表的意義引起很大的困惑。圖 6.1 嘗試澄清以下這些名詞：連串 (serial)、平行 (paralle)、循序 (sequential) 以及同時 (concurrent)。圖中的行代表軟體，其本質上可以是循序或者是同時。圖中的列代表硬體，其可以是連串或平行。舉例而言，編譯器的程式師認為編譯器是循序的程式：其中的步驟包括句法分析、碼的產生、最佳化以及其他等等。相對地，作業系統的程式師一般認為作業系統是同時的程式：統整同一個計算機中來自於各自獨立的多個工作內處理 I/O 事件的所有程序。

圖 6.1 中這兩個軸線的交點表示：具同時性的軟體可以執行於具

平行性

平行處理程式
同時執行在多個處理器上的單一程式。

叢集系統
一組連結到區域網路的計算機，其運作功能像是單一的大型多處理器。

多核多處理器
在單一積體電路上含有多個處理器 (「核」) 的微處理器。今天幾乎所有在桌上型計算機和伺服器內的微處理器都是多核的。

共享記憶體多處理器 (SMP)
使用同一個實體位址空間的平行處理器。

		軟體	
		循序的	同時的
硬體	連串	執行在 Intel Pentium 4 上，以 MatLab 所撰寫的矩陣乘法	執行在 Intel Pentium 4 上的 Windows Vista 作業系統
	平行	執行在 Intel Core i7 上，以 MATLAB 所撰寫的矩陣乘法	執行在 Intel Core i7 上的 WindowsVista 作業系統

圖 6.1 硬體／軟體上的分類，與應用對同時性 (concurrency) 的觀點相對於硬體對平行性 (parallelism) 的觀點的舉例。

連串性的硬體上，有如執行於 Intel Pentium 4 單處理器上的作業系統；或者在平行的硬體上，有如執行於新近的 Intel Core i7 上的 OS。這一點對循序的軟體也同樣成立。例如 MATLAB 的程式師以循序的思考方式寫了矩陣乘法，然而它可以連串的方式執行於 Pentium 4 上或平行的方式執行於 Intel Core i7 上。

你可能以為平行改革裡的唯一挑戰是想清楚如何使得本質上循序的軟體在平行的硬體上發揮高效能，然而它也包括在多處理器的處理器數目增減時使具有同時性的程式均能發揮高效能。在做出這些辯正後，在本章中接下來我們將使用**平行處理程式**或**平行軟體**來代表執行於平行硬體上的具循序性或同時性的軟體。本章的下一節說明為什麼寫出有效率的平行處理程式是困難的。

在繼續探討平行性之前，不要忘了我們原來在前幾章突然提到的幾件事：

- 第 2 章，2.11 節：平行性與指令：同步
- 第 3 章，3.6 節：平行性與計算機算術：部分字的平行性
- 第 4 章，4.11 節：經由指令的平行性
- 第 5 章，5.10 節：平行性與記憶體階層：快取一致性

自我檢查

對或錯：要從多處理器中得到好處，一個應用程式必須是同時處理的。

6.2 創作平行處理程式的困難

平行性的挑戰並不是在於硬體；而是因為太少重要的應用程式曾被改寫，來使得在多處理器上可更快速地完成許多像的工作。撰寫一個軟體以使用多個處理器來更快地完成一個工作是困難的，而不斷增加的處理器數量更增加了這個問題的困難度。

為什麼會這樣呢？為什麼平行處理程式會比循序程式難發展呢？

第一個原因是因為你必須從多處理器上的平行應用程式上取得更好的效能與效率；否則，你可只使用較為容易撰寫的，在單一處理器上的循序程式。其實，單一處理器設計技術，如超純量 (superscalar) 與亂序執行 (out-of-order execution) 可利用指令階層平行性 (instruction-level parallelism)(參見第 4 章)，而通常不需要程式設計師涉入。這個新方法減低了對於重新在多處理器上撰寫程式的需求，因為程式設計師即使不做任何事，他們的循序程式依然可以在新計算機上運作得更快速。

為什麼撰寫一個快速的平行處理程是困難的呢？尤其是當處理器的數量不斷增加時。在第 1 章中我們使用了以八名記者撰寫一篇故事的比喻，希望讓工作可以快八倍。為了達成目標，工作必須被分成八等份，否則，有的記者會無事可做，以等待有較多工作量的記者去完成工作。另一個效能的危險包含了記者們可能會花費太多時間在彼此溝通上，而非完成他們自己的撰寫工作。對於這個比喻和平行程式，其挑戰包含排程 (scheduling)、負載平衡、同步的時間以及各方溝通的額外負擔。隨著撰寫一篇報紙故事的記者人數以及平行程式的處理器數目的增加，這挑戰也更加嚴厲。

在第 1 章中，我們的討論揭示了另一個稱為 Amdahl's Law 的障礙。它提醒我們當程式想要善用多核心時，即使是程式中的小部分也必須被平行化。

加速的挑戰

假設你要使用 100 個處理器來達到提升速度 90 倍。在原始運算中的多少比例可以是循序的？

範例

解答

Amdahl's Law (第 1 章) 說：

$$\text{改善後的執行時間} = \frac{\text{改善所能影響到的執行時間}}{\text{改善程度}} + \text{執行時間不受影響的部分}$$

我們可以用加速相對於原始執行時間的關係，而重新表示 Amdahl's Law 的公式：

$$\text{加速} = \frac{\text{原來的執行時間}}{(\text{原來的執行時間} - \text{執行時間受影響的部分}) + \dfrac{\text{執行時間受影響的部分}}{\text{改善程度}}}$$

此公式通常會被重新撰寫，以假設原始的執行時間使用某種時間單位時為 1 來代表，因而改善受影響的時間即可視為原始執行時間的一個比例：

$$\text{加速} = \frac{1}{(1 - \text{受影響的時間比例}) + \dfrac{\text{受影響的部分時間}}{\text{改善程度}}}$$

在上式中以 90 代入加速以及 100 代入改善程度：

$$90 = \frac{1}{(1 - \text{受影響的時間比例}) + \dfrac{\text{受影響的部分時間}}{100}}$$

然後把此公式化簡，並且求出受影響的時間比例：

$$90 \times (1 - 0.99 \times \text{受影響的部分時間}) = 1$$
$$90 - (90 \times 0.99 \times \text{受影響的部分時間}) = 1$$
$$90 - 1 = 90 \times 0.99 \times \text{受影響的部分時間}$$
$$\text{受影響的部分時間} = 89/89.1 = 0.999$$

因此，為了達成 100 個處理器可提升速度 90 倍，和式中循序的比例只能為 0.1%。

然而，具有大量平行性的應用程式的確存在。

範例 加速的挑戰：更大的問題

假設你要執行兩種加法運算：一種加法是計算十個純量變數的和，另一種加法是計算一對維度是 10 乘以 10 的二維陣列的和。現在讓我們假設只有計算矩陣的和是可平行化的；我們之後很快會看到如何平行化計算純量的和。你從 10 個以及 40 個處理器分別可以得到怎樣的加速？接著，計算在矩陣增大成 20×20 時的加速。

如果我們假設效能是執行一次加法所需時間 t 的函數，則有 10 次加法無法從多個平行的處理器得到好處，而 100 個加法則可以。假設使用單一處理器需時 $110t$，使用 10 個處理器的執行時間是

$$改善後的執行時間 = \frac{受改善影響的執行時間}{改善程度} + 不受影響的執行時間$$

$$改善後的執行時間 = \frac{100t}{10} + 10t = 20t$$

因此使用 10 個處理器可以得到的加速是 $110t/20t = 5.5$。使用 40 個處理器的執行時間是

$$改善後的執行時間 = \frac{100t}{40} + 10t = 12.5t$$

(譯註：式子中應採用 ceiling $(100t/40) + 10t = 13t$ 方才符合真實的情況；但是此處我們假設負載可以非常平均地分配給所有的處理器。以下亦同。)

因此使用 40 個處理器可以得到的加速是 $110t/12.5t = 8.8$。因此，對於這樣的問題規模，使用 10 個處理器我們可以得到 55% 的可能潛在加速，而使用 40 個處理器我們只可以得到 22% 的可能潛在加速。

如果我們增大矩陣看看會有什麼不同。如此則循序程式需時 $10t + 400t = 410t$。使用 10 個處理器的執行時間是

$$改善後的執行時間 = \frac{400t}{10} + 10t = 50t$$

因此使用 10 個處理器可以得到的加速是 $410t/50t = 8.2$。使用 40 個處理器的執行時間是

$$改善後的執行時間 = \frac{400t}{40} + 10t = 20t$$

因此使用 40 個處理器可以得到的加速是 $410t/20t = 20.5$。因此，對於這個大些的問題規模，使用 10 個處理器我們可以得到 82% 的可能潛在加速，而使用 40 個處理器我們只可以得到 51% 的可能潛在加速。

這些例子告訴我們要在一個多處理器中得到好的加速，固定規模的問題較增加規模的問題更難得到好的加速性。這讓我們來介紹兩個說明擴大規模 (scale up) 方法的詞彙。

強縮放
在多處理器上達到加速時,沒有增加問題的大小。

弱縮放
在多處理器上達到加速時,問題的大小與處理器的數量成正比增加。

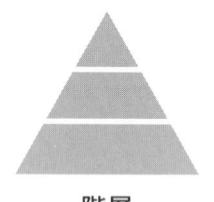

階層

強縮放 (strong scaling) 指的是在問題大小保持固定時來測量加速。**弱縮放** (weak scaling) 指的則是程式規模隨著處理器的數量呈正比增加。讓我們假設問題的大小,M,是主記憶體裡的工作集合 (working set),並且我們有 P 個處理器。那麼,對於強縮放,每個處理器的記憶體大約為 M/P,而對於弱縮放,則大約是 M。

注意,**記憶體階層**可能會導致一般人認為弱縮放相較於強縮放為容易處理的看法產生變化。例如,如果弱縮放之後的數據集已經無法容納於多核微處理器的最後一層快取中,則所產生的效能可能遠遜於使用強縮放時的效能。

根據應用程式,你可以討論任何一種擴大的使用。例如,TPC-C 借貸資料庫測試程式 (debit-credit database benchmark)(第 6 章) 要求你增加消費者的帳戶以達到每分鐘更高的交易。這論點有爭議的是,銀行突然要用戶群開始每天使用 100 次自動櫃員機,只因為銀行使用了更快速的電腦,這樣做是不合理的。反而是,如果你將要示範一個每分鐘可以處理 100 倍交易的系統,那麼你可以使用 100 倍的顧客群來執行這個實驗。更大規模的問題往往需要使用到更多數據,這也是支持弱縮放的一個論點。

這最後的例子顯現了負載平衡的重要性。

範例

加速的挑戰:平衡負載

在之前使用 40 個處理器的較大型問題上為了得到 20.5 的加速性,我們假設負載是完全平衡的。亦即 40 個處理器每一個都負擔了其中 2.5% 的工作。相對地,假設一個處理器的負載高於所有其他時,說明其對加速的影響。在對負載最重的處理器工作量是兩倍 (5%) 以及五倍 (12.5%) 時做計算。此時其他的處理器利用率是如何?

解答

如果一個處理器有 5% 的平行負載,則其需要做 5% × 400 = 20 個加法而其他 39 個將分擔其餘的 380 個加法。由於所有處理器同時運作,我們可以直接用最大值來代表執行時間

$$\text{改善後的執行時間} = \text{Max}\left(\frac{380t}{39}, \frac{20t}{1}\right) + 10t = 30t$$

加速由 20.5 降為 410t/30t = 14。其餘的 39 個處理器只有少於一半的時間被用到:在等待工作最重的處理器計算完成的 20t 中,它們只計算了 380t/39 = 9.7t。

> 如果一個處理器要負擔 12.5% 的工作，則它必須執行 50 個加法。相關的計算是：
>
> $$\text{改善後的執行時間} = \text{Max}\left(\frac{350t}{39}, \frac{50t}{1}\right) + 10t = 60t$$
>
> 加速下降更多到 410t/60t = 7。其餘的處理器只有少於 20% (9t/50t) 的時間被用到。這個範例顯示把負載均攤的重要性，因為只要一個處理器其負載為其他的兩倍時就減損了三分之一的加速，若其為其他的五倍時加速幾乎降到原來的三分之一。

在我們更加瞭解平行處理的目標與挑戰之後，我們說明本章其餘部分的概觀。下一節 (6.3 節) 說明一個比圖 6.1 更古老的分類方法。另外這一節也說明兩種在平行硬體上支援循序應用的執行、也就是 SIMD 與向量，的指令集架構型態。然後 6.4 節說明**多緒處理** (*multithreading*)，一個經常與多處理混淆的名詞，部分原因也是因為它也同樣有賴程式裡頭存在的可同時執行的特性。6.5 節說明基本平行硬體特性裡面兩種可能型態的第一種，亦即系統中所有的處理器是否需要共用同一個實體位址空間。如前所述，這些可能型態的兩種常用方式分別稱為**共享記憶體多處理器** (*shared memory multiprocessors*, SMPs) 與**叢集系統** (*clusters*)，而本節說明前者。6.6 節說明一個來自於計算機圖學硬體社群、稱為**圖形處理單元** (*graphic-processing unit*, GPU) 的相對較新型的計算機，其基本上也使用單一實體位址 (⊕**附錄 C** 將更詳細地說明 GPUs)。6.7 節介紹領域特定的架構 (domain specific architectures, DSAs)，這種處理機是特別客製化來在某一個領域中表現得很好，但是不需要對所有程式都執行得不錯。6.8 節說明叢集系統，它是使用多個實體位址空間的計算機的一種常見例子。6.9 節列舉不論是叢集系統中的伺服器節點之間或是多處理器中各個核之間，聯結處理器所使用的典型拓撲。⊕**6.10 節**說明在叢集系統各節點之間使用乙太網絡通訊所需的硬體與軟體。它說明如何使用客製的軟體與硬體來最佳化其效能。我們之後於 6.11 節中討論選用平行測試程式的困難。本節也附帶介紹一個在設計應用以及架構時將有幫助的簡單但是卻能呈現具體意涵的效能模型。我們於 6.12 節中使用這個模型以及平行測試程式來對領域特定的架構 (DSAs) 與圖形處理單元作比較。6.13 節介紹我們加速矩陣乘法旅程中最後以及最重大的一個過程。如果我們增加矩陣的大小 (弱縮放)，使用 48 個核的平行處

理可以改善效能 12 至 17 倍。我們以謬誤與陷阱還有我們對平行性的結論來做本章的結束。

🌐6.10 節說明在叢集系統各節點之間使用乙太網絡通訊所需的硬體與軟體。它說明如何使用客製的軟體與硬體來最佳化其效能。我們之後於 6.11 節中討論選用平行測試程式的困難。本節也附帶介紹一個在設計應用以及架構時將有幫助的簡單但是卻能呈現具體意涵的效能模型。我們於 6.12 節中使用這個模型以及平行測試程式來對領域特定的架構 (DSAs) 與圖形處理單元作比較。6.13 節介紹我們加速矩陣乘法旅程中最後以及最重大的一個過程。如果我們增加矩陣的大小 (弱縮放)，使用 48 個核的平行處理可以改善效能 12 至 17 倍。我們以謬誤與陷阱還有我們對平行性的結論來做本章的結束。

下節中我們介紹你可能已經看過的分類不同類型平行計算機所使用的字頭詞。

自我檢查

真或偽：強縮放可以不受 Amdahl's Law 所說的限制。

6.3 SISD、MIMD、SIMD、SPMD 與向量

SISD
或單一指令流、單一資料流。一個單一處理器。

MIMD
或多指令流、多資料流。一個多處理器。

另一種於 1960 年代倡議的平行硬體分類至今仍在使用中。該分類基於指令流和資料流的數目。圖 6.2 顯示這些分類。因此，一個傳統的單一處理器具有一個單一指令流與單一的資料流，而傳統的多處理器擁有多個指令流與資料流。這兩類的縮寫分別為 SISD 與 MIMD。

雖然可以撰寫在個的程式 MIMD 計算機的不同處理器上執行，而且這些程式是為了一個更大的、統合的目標而共同工作的，但是程式設計師通常會撰寫一個單一程式，可執行於 MIMD 計算機中所

		資料流	
		單一	多筆
指令流	單一	SISD: Intel Pentium 4	SIMD: x86 SSE 指令
	多筆	MISD: 目前沒有例子	MIMD: Intel Core i7

圖 6.2 基於指令流及資料流數量的硬體分類：SISD、SIMD、MISD、MIMD 與舉例。

有處理器上,並倚賴條件敘述來決定不同處理器應該執行程式的不同區段。此形式稱為**單一程式多資料** (Single Program Multiple Data, SPMD),但這不過是在 MIMD 計算機上編程的一個普通方法。

我們對**多指令流單數據流** (MISD) 處理器可以舉出的最接近實例可能是一個會以管道的形式對單一數據流執行一系列計算的「串流處理器」(stream processor):分析網路傳來的輸入、對數據解密、解壓縮、做比對以及其他等等。MISD 的相反形式遠為常見。SIMD 對數據類型中的向量作運作。例如一道 SIMD 指令可能在一個時脈週期裡以 64 個數據流將 64 組數字送進 64 個 ALU 執行 64 組加法以得 64 個和。我們在 3.6 與 3.7 節中看到的部分字平行性指令是 SIMD 的另一例證;的確,Intel SSE 字頭詞中間那個字母代表的就是 SIMD。

SIMD 的好處在於所有的平行執行單元都是同步的,並且這些單元都回應來自單一程式計數器 (PC) 所含的單一指令。由程式師觀點來看,這和熟悉的 SISD 非常類似。雖然每個單元都會執行相同的指令,每個執行單元都有自己的位址暫存器,所以每個單元可以有不同的資料位址。因此,如圖 6.1 所示,循序地應用程式也許可以被編譯在像 SISD 的序列硬體上執行,或者是在設計成像 SIMD 的平行硬體中執行。

SIMD 原始的動機是由幾十個執行單元來分擔控制單元的成本。另一個優勢減少程式計憶體的大小——SIMD 只需要一份同時被處理的程式碼,反之訊息傳遞式 MIMD 的每一個處理器都需要一份程式碼,而共享記憶體 MIMD 也需要多個指令快取。

SIMD 以 `for` 迴圈處理陣列時能發揮最大效能。因此,為了能使 SIMD 發揮平行性,必須要有大量且相同結構的資料,此稱為**資料層級平行性** (data-level parallelism)。SIMD 在 `case` 或 `switch` 敘述時表現最差,因為每個執行單元都必須根據其所面對的資料內容來執行不同的運算。擁有錯誤資料的執行單元將被停止運作以讓擁有正確資料的執行單元可繼續執行。這種情況基本上只能發揮 $1/n$ 的效能,n 為 case 的數量。

觸發 SIMD 這個類別想法的是所謂的陣列處理器 (array processors),在此之前曾經不受重視(參見 6.7 節與線上的 🌐6.16 節),不過時下對 SIMD 的兩種詮釋數十年來仍被熱議。

SPMD
單一程式、多資料流。傳統的 MIMD 程式模型,一個單一程式執行在所有的處理器上。

SIMD
或單一指令流、多資料流。一個多處理器。相同的指令應用於許多資料流,如同向量處理器或陣列處理器。

資料層級平行性
經由處理獨立資料來達到平行性。

x86 中的 SIMD：多媒體延伸

第 3 章中曾提到利用部分字平行性來處理 (數個相關的) 小整數數據是 1996 年 x86 多媒體延伸 (MMX) 指令的原始靈感。隨著摩爾定律指出的演進，更多的指令被加入，首先導致串流的 SIMD 延伸 (*Streaming SIMD Extensions*, SSE)，後是現在的進階向量延伸 (*Advanced Vector Extension*, AVX)。AVX 支援四個同時的 64 位元浮點數運作。運作以及暫存器中數據的寬度都顯示於這些多媒體指令運作的碼編碼中。隨著暫存器中的數據寬度以及運作數的增加，多媒體指令運作碼數目暴增，現在 SSE 以及 AVX 已有數百道指令 (參見第 3 章)。

向量

一種較早且更優雅的 SIMD 方式稱為向量架構其最著名的是 Cray 計算機。它是另一個適用於處理大量數據層級平行性的問題的設計。向量架構不像先前陣列處理器使用 64 個 ALU 同時進行 64 個加法，而是將 ALU 管道化以低成本取得高效能。向量架構的基本原則是從記憶體中收集數據元素 (data elements)，接著將它們依序放入一大群的暫存器中，循序地以各個**管道化的執行單元**對暫存器來運作，最後將結果寫回記憶體。向量架構的一項主要特色便是一組向量暫存器。因此，一個向量架構也許有 32 個向量暫存器，每一個暫存器各有 64 個 64 位元的元素。

管道化

範例 | **比較向量和傳統的程式碼**

假設我們用向量指令集和向量暫存器來延伸 MIPS 指令集架構。向量運算使用如 MIPS 運算的相同名稱，但指令會加上字母 V。例如，`addv.d` 是將兩個雙倍精確的向量相加。向量指令的輸入是一對向量暫存器 (`addv.d`) 或是一個向量暫存器和一個純量暫存器 (`addvs.d`)。後者的情形，在純量暫存器中的值用來做為所有運算的輸入──`addvs.d` 的運算將一個純量暫存器的內容加到向量暫存器中的每一個元素。`lv` 和 `sv` 的名字表示向量載入和向量儲存，它們載入或儲存一整個雙倍精確的向量資料。一個運算元是將被載入或被儲存的向量暫存器；另一個運算元，其為 MIPS 通用暫存器，則是存放於記憶體中的向量起始位址。基於以上簡短描述，來寫出

$$Y = a \times X + Y$$

其中的傳統 MIPS 程式碼和向量 MIPS 程式碼的 X 和 Y 是 64 個雙倍精確浮點數字的向量，原本存放在記憶體中，而 a 是一個雙倍精確的純量變數，這例子是所謂的 *DAXPY* 迴圈，其形成 Linpack 測試程式的內迴圈；DAXPY 代表雙倍精確 double precision) 的 *a* 乘以 *X* 加 (plus)*Y*。假設 *X* 和 *Y* 開始的位址分別是在暫存器 `$s0` 和 `$s1` 中。

解答

以下是傳統(使用純量)的 MIPS 的 DAXPY 程式碼：

```
        l.d     $f0,a($sp)      #載入純量 a
        addiu   $t0,$s0,#512    #載入純量的上限
loop:   l.d     $f2,0($s0)      #載入 x(i)
        mul.d   $f2,$f2,$f0     #a×x(i)
        l.d     $f4,0($s1)      #載入 y(i)
        add.d   $f4,$f4,$f2     #a×x(i)+y(i)
        s.d     $f4,0($s1)      #存入 y(i)中
        addiu   $s0,$s0,#8      #遞增 x 的索引值
        addiu   $s1,$s1,#8      #遞增 y 的索引值
        subu    $t0,$t0,$s0     #計算邊界值
        bne     $t0,$zero,loop  #檢查是否已完成
```

以下是使用向量的 MIPS 的 DAXPY 程式碼：

```
        l.d     $f0,a($sp)      #載入純量 a
        lv      $v1,0($s0)      #載入向量 x
        mulvs.d $v2,$v1,$f0     #向量與純量相乘
        lv      $v3,0($s1)      #載入向量 y
        addv.d  $v4,$v2,$v3     #將 y 加上乘積
        sv      $v4,0($s1)      #儲存結果
```

在這個例子中的兩個程式碼片段之間有一些有趣的比較。最顯著的是向量處理器大大地減少了動態指令的頻寬，向量僅執行六道指令，相對於傳統 MIPS 需要大約 600 道指令。這個減少是因為下列二件事：一是因為一次向量的運算可對 64 個元素運算；

二是在傳統 MIPS 中有將近一半的額外指令不會出現在向量程式碼中。你應該也想得到，減少指令的擷取和執行會節省電耗。

另一個重要的差異是**管道**危障(參見第 4 章)的頻率。在簡單的 MIPS 程式碼中，每一道 `add.d` 指令必須等待 `mul.d` 執行完畢，每一道 `s.d` 指令必須等待 `add.d` 執行完畢，以及每一對 `add.d` 與 `mul.d`

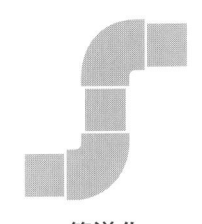

管道化

指令必須等 l.d 執行完畢，在向量處理器中，每一個向量指令將僅在每一個向量的第一個元素停滯，之後接著的元素將順暢地流入到管道中執行。因此，管道僅在每個向量運算時停滯一次，而不是在每個向量元素上都停滯。在此例中，傳統 MIPS 中管道暫停的頻率大約比 VMIPS 高出 64 倍。在 MIPS 的管道暫停可以經由使用迴圈展開 (參見第 4 章) 來減少。然而，在指令頻寬的巨大差異是無法減少的。

由於向量元素彼此獨立，它們可以被平行地處理，就像是 AVX 指令中的部分字具有平行性一般。所有現代的向量計算機都具有含有多個平行管道 [稱為**向量通道** (*vector lanes*)；見圖 6.2 及 6.3]、每時脈週期可以產出二或多個結果的向量功能單元。

仔細深思 在上例中的迴圈剛好與向量長度一致。當迴圈較短時，向量架構使用一個暫存器來標示向量運算的長度。當迴圈較大時，我們加入簿記程式碼 (bookkeeping code) 來反覆完整長度的向量運算和處理剩餘的部分。後者的程序稱為帶狀採礦 (*strip mining*)。

向量與純量

與本書中稱為純量架構的傳統指令集架構相比，向量指令有幾項重要的特質：

- 單一向量指令代表了大量的工作——這相等於執行一整個迴圈。指令擷取和解碼頻寬的需求大量地減少。
- 經由使用向量指令，編譯器或程式師會指出向量裡的每一項結果的計算都與相同向量中其他的結果的計算是獨立的，所以在向量指令中硬體是不必檢查數據危障的問題。
- 當應用程式含有資料層級平行性時，向量架構和編譯器較 MIMD 多處理器更容易撰寫有效率的應用程式。
- 兩個向量指令之間，硬體只需對每個向量運算元，進行一次數據危障的檢查，而非對向量裡的每一個元素。這些減少的檢測也可以節省電耗。
- 向量指令存取記憶體時有已知的存取樣式。若向量元素全都相鄰時，則便可以從一組高度交錯的記憶體排 (memory banks) 中順利地取出向量。因此，對於一整個向量到主記憶體只需花費一次的存取延遲成本，而非向量裡的每一個字組都需花費一次存取延遲成本。

- 因為一整個迴圈都被預先決定的向量指令所取代，通常由迴圈分支指令引起的控制危障問題是不存在的。
- 在指令頻寬和危障檢查的節省，以及記憶體頻寬的有效使用，讓向量架構在電耗及能源方面比純量架構更有優勢。

由於以上種種原因，所以在相同數目的資料項目運算上，向量運算可以比一連串的純量運算更快速的完成；因此當應用領域中經常可以運使用向量時，設計師通常會加入向量單元。

向量與多媒體延伸（的比較）

如同在 x86 中可見的多媒體延伸所致的 AVX 指令，一個向量指令代表了多個運算。然而，多媒體延伸通常代表少量的運算，而向量代表數十個運算。不像多媒體延伸，在一個向量運算中元素的數目並不反應在運算碼中，而是由另一個暫存器來指明。這表示不同的向量架構版本，可以僅經由改變暫存器內容即可處理不同數量的運算元素，並且因此維持二進制的相容能力。相對地，在 x86 多媒體延伸架構中，每當「向量」長度一改變，就需加入一大組新的運算碼：MMX、SSE、SSE2、AVX、AVX2、⋯

另一不同於多媒體延伸，向量架構的資料傳送不需要是連續的。向量支援跨距存取以及索引存取。前者是硬體載入記憶體中每隔 n 個位置的每個數據元素。後者是硬體在向量暫存器中得出每一個要被載入的元素位址。經由索引來間接進行的存取也稱為聚攏-撒回 (*gather-scatter*)，其中索引的載入先從主記憶體聚攏各元素並置入連續的向量元素位置中，在完成處理後索引的儲存再將向量元素佈撒回主記憶體中。

如同多媒體延伸，向量輕易地具有資料寬度的彈性，所以它可很容易地執行 32 個 64 位元的數據元素，或是 64 個 32 位元的數據元素，或是 128 個 16 位元的數據元素，或是 256 個 8 位元的數據元素的運算工作。向量指令裡具平行性的語意提供製作時使用深度管道化的功能單元、或是一排平行的功能單元、或是平行以及**管道化**的功能單元的組合，來執行這些運作的機會。圖 6.3 表示如何使用平行的管道來執行向量加法指令以增進向量效能。

向量算術指令通常只允許向量暫存器裡第 N 個元素與其他向量暫存器裡第 N 個元素做運作。如此僅需將多個平行的**向量通道** (vector

管道化

向量通道
一個或多個向量功能單元以及一部分的向量暫存器檔案。來自於高速公路上更多車道可以增加車速的靈感，多個通道也可以用於同時執行向量運作。

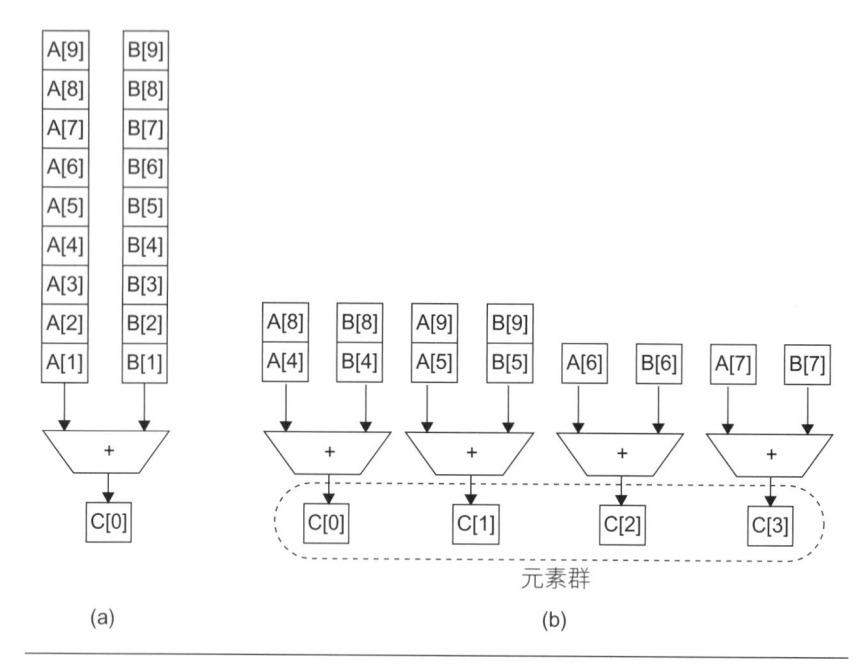

```
         A[9]   B[9]
         A[8]   B[8]
         A[7]   B[7]
         A[6]   B[6]
         A[5]   B[5]
         A[4]   B[4]
         A[3]   B[3]          A[8] B[8]   A[9] B[9]
         A[2]   B[2]   A[4] B[4]   A[5] B[5]   A[6] B[6]   A[7] B[7]
         A[1]   B[1]
            \  /           \  /      \  /      \  /      \  /
             +              +         +         +         +
             │              │         │         │         │
           C[0]            C[0]      C[1]      C[2]      C[3]
                                      元素群
            (a)                         (b)
```

圖 6.3 使用多個功能單元來改善單一道向量加法指令 C = A + B 的效能。 在左方 (a) 中的向量處理器具有單一個加法管道並且能在每一週期中完成一個加運算。在右方 (b) 中的向量處理器具有四個加法管道或通道並且能在每一週期中完成四個加運算。該單一向量加法指令中用到的元素交錯地分配在四個通道上。

lanes) 排放在一起，大大簡化了高度平行向量單元的建構。圖 6.4 就像高速公路的情形一樣，我們可以經由增加更多通道來提升向量單元的峰值處理量。因此從一個通道增加到四個就可以減少每道向量指令所需時脈數量至大約四分之一。要讓多個通道發揮好處，則應用程式與系統架構都必須支援長的向量。否則因為它們的執行速度那麼快以至於你很快就會完成許多指令，因而需要如第 4 章中的指令階層**平行化**技術來供應足夠的向量指令才能發揮系統效能。

平行性

一般而言，向量架構在執行資料平行處理程式時是非常有效率的方法；它們比多媒體延伸更好搭配編譯器技術；並且它們比 x86 架構多媒體延伸更易於隨著時間演進。

瞭解這些典型的分類後，我們接著看看如何對單一處理器發掘平行的指令串流來提升效能，然後再對多處理器也嘗試應用這個方法。

自我檢查 對或錯：如在 x86 的例證，多媒體延伸可以被想成一個具有短向量且僅支援循序向量資料傳送的向量架構。

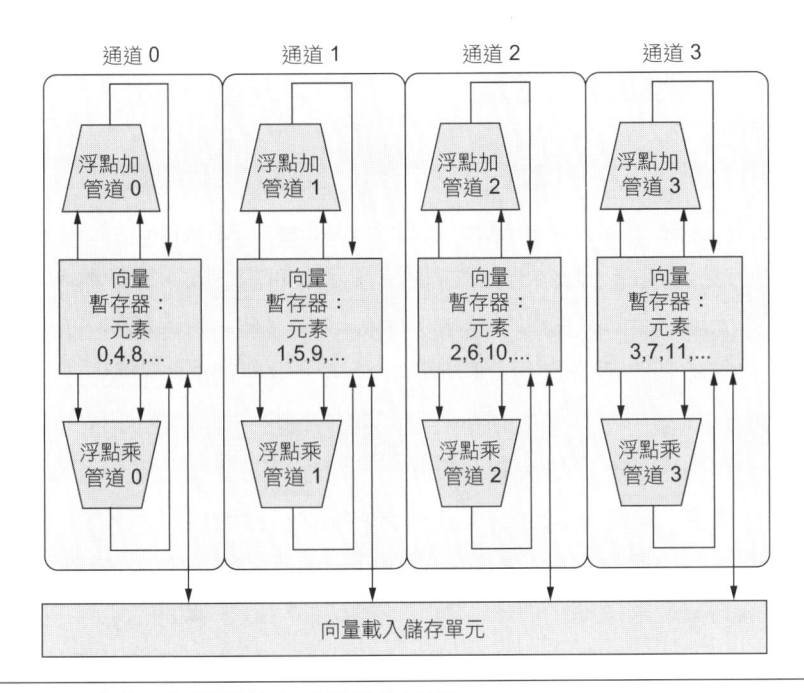

圖 6.4 含有四個通道的向量單元的結構。

向量暫存器的儲存內容分散處於各通道中,每個通道中含有每個向量暫存器中所有編號相隔為 4 的元素。圖中表示出三個向量功能單元:一個 FP 加、一個 FP 乘和一個載入儲存單元。每一個向量算術單元中又含四個執行管道,每個管道分配給一個通道,而且所有管道會共同配合運行來完成每一道各別的向量指令。注意向量暫存器檔案的每一個四分之一的部分都僅需具有足以提供其所處通道中各功能單元需要的讀與寫的埠(參見第 4 章)即可。

仔細深思 基於向量的優勢,為什麼除了高效能計算外,它們並不普及呢?因為有些關於向量暫存器較大的狀態會增加程序切換時間,在向量載入和儲存時處理頁錯失的困難,以及 SIMD 指令已可得到向量指令的一些好處等等的考量。另外,如果指令階層平行性的進步也能配合摩爾定律提供的效能前景的話,並沒有太大的理由要冒改變架構型態的風險。

仔細深思 向量和多媒體延伸的另一好處是,在一個純量指令集架構加這些指令以增進資料平行性運算的效能,是相當容易的。

仔細深思 Intel 的 Haswell-generation x86 處理器支援 AVX2,其中有聚攏 gather 的運作但是沒有撒回 scatter 的運作。Skylake 與之後世代的處理器支援加入了撒回運作的 AVX512。

6.4 硬體多緒處理

一個和 MIMD 有關的觀念、特別是從程式師的觀點而言的，是**硬體多緒處理** (hardware multithreading)。MIMD 以多個**程序** (processes) 或**緒** (threads) 以求保持多個處理器忙碌，而硬體多緒處理則是允許多個執行緒以重疊的方式共用一個單一處理器的各功能單元以求有效利用硬體資源。要允許此共用，處理器必須複製每個執行緒的個別狀態。例如，每個執行緒都擁有個別的暫存器與 PC。記憶體本身經由虛擬記憶體機制而被共用，而虛擬記憶體已支援了多程序設計。此外，硬體必須支援可以迅速轉換執行緒的能力。其中，執行緒的切換要遠比一個程序的切換更迅速，而程序切換通常需要數百至數千個的處理器週期，而一個執行緒的切換可以是瞬間的。

有兩種以硬體達成多緒處理的方法。**細粒度多緒處理** (fine-grained multithreading) 於每個指令在緒間切換，使得多個緒的交錯執行。這交錯通常以循環方式完成，並跳過任何當時被停滯的執行緒。要實現細粒度多緒處理，處理器必須在每個時脈週期中切換緒。細粒度多緒處理的主要好處是它可以隱藏由短與長的停滯所造成的處理量損失，因為任一個緒停滯時，其他緒的指令即可以被執行。細粒度多緒處理的主要缺點是它使個別緒的執行變慢，因為一個不必停滯，可執行的緒將會被其他緒的指令而拖延。

粗粒度多緒處理 (coarse-grained multithreading) 是被發明來做為細粒度多緒處理的替代方法。粗粒度多緒處理只在耗時高的停滯上切換緒，例如第二層快取錯失才切換緒。這個變化削除了緒切換幾乎不能有代價的需求，它也不太可能拖慢一個緒的運行，因為從其他緒的指令只會在該緒遇到耗時高的停滯時才會執行。然而粗粒度多緒處理有一個主要的缺點：它本身去克服處理量損失的能力是被限制的，尤其是從較短的停滯。這個限制肇因於粗粒度多緒處理的**管道**啟始成本。粗粒度多緒處理的處理器從單一執行緒中執行指令，當停滯發生時，管道必須被清空或凍結。在停滯後開始執行的新緒，在指令被完成之前，必須先填滿管道。因為這個起始的額外負擔，與停滯時間相比，填滿管理是微不足道的，粗粒度多緒處理對於減低長時停滯的懲罰是遠為有效的。

硬體多緒處理
經由當一個緒被停滯時，切換到另一個緒來增加處理器的利用。

緒
緒包含程式計數器、暫存器狀態和堆疊。其為一個輕量的程序；然而緒之間通常共用同一個位址空間，程序之間則否。

程序
程序包含一或多個緒、位址空間和作業系統狀態。因此，程序的切換通常需呼叫作業系統，緒的切換則否。

細粒度多緒處理
一種硬體多緒處理的版本，建議在每個指令之後的各緒間做切換。

粗粒度多緒處理
一種硬體多緒處理的版本，建議只在顯著情況下，如一個快取錯失後，在各緒間做切換。

管道化

同時多緒處理 (simultaneous multithreading, SMT) 是硬體多緒處理中，利用多重派發、動態排程的管道化處理器來在發掘指令階層平行性 (參見第 4 章) 的同時也發掘緒層級平行性的一種形式。引發 SMT 這種想法的主要觀點是多重派發處理器往往擁有大部分單一緒所能有效利用的還要高的功能單元平行度。此外，有了暫存器重命名及動態排程 (參見第 4 章)，來自於許多獨立緒的多道指令可以不須考慮之間的相依性而被執行；相依性的問題可以被動態排程能力所處理。

既然 SMT 有賴於既存的各種動態機制，SMT 並不必然會在每個週期切換資源。其作法是，SMT 一直從多個緒中取得指令來執行，並交由硬體將指令槽與重命名的暫存器聯結到恰當的緒。

圖 6.5 概念上的描述了對於接下來的處理器設計在開發超純量資源上，處理器能力的不同。上面的部分顯示了四個緒在不支援多緒處

同時多緒處理 (SMT) 經由利用多對於發派資源需求，動態地安排微處理器理架構，以降低多緒處理成本的一種多緒處理方法。

管道化

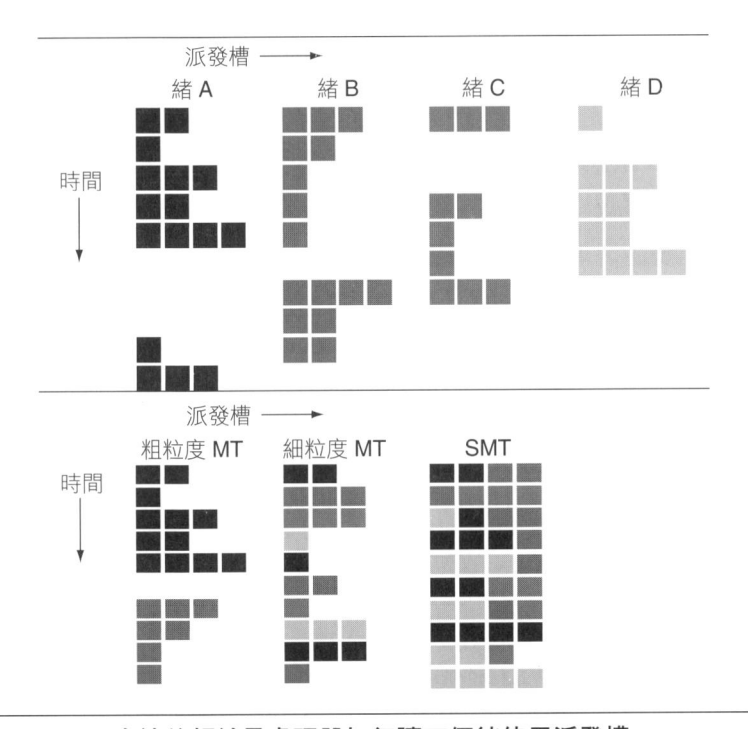

圖 6.5 不同方法的超純量處理器如何讓四個緒使用派發槽。
圖形上方的四個緒顯示每一個緒在沒有多緒處理支援的標準超純量處理器上如何執行。圖形下方的三個例子顯示它們如何在三種多緒處理的方法下一起被執行。水平維度代表在每一時脈週期內指令發派的能力。垂直維度代表時脈週期序列。空格代表派發槽在該時脈週期未被使用。四種不同深淺的顏色代表在多緒處理器中的四個不同的緒。圖中未表示出對於粗粒度多緒處理的額外管道啟始影響，這些影響會造成粗粒度多緒處理在處理量更多的損失。

理的超純量上,獨立的執行情形。下面的部分顯示了四個緒在處理器上使用下列三種多緒處理的選項,如何被合併執行而更有效率:

- 粗粒度多緒處理的超純量
- 細粒度多緒處理的超純量
- 同時多緒處理的超純量

在沒有支援多緒處理的超純量裡,發派槽的使用受限於**指令層級平行性**的缺少。此外,主要的停滯,如指令快取錯失,可讓整個處理器閒置。

在粗粒度多緒超純量中,長時間的停滯被部分隱藏,經由切換到使用處理器資源的另一個緒。雖然這減少了完全被閒置的時脈週期數,管道啟始的額外負擔仍會有閒置的週期數,而限於使用 ILP 意謂著不是所有的發派槽將都能被使用。在細粒度的例子裡,緒的交錯消除了大多數完全空白的槽。因為在給定的時脈週期中僅有單一緒執行指令,但是在有限的指令層級平行性還是會在一些時脈週期中造成閒置的槽。

在 SMT 的例子中,單一時脈週期讓多緒同時使用發派槽,這同時發掘了緒層級性和工作層階的平行性。理想上,發派槽的使用受限於多緒的資源需求和資源可用度的不平衡。實際上,其他因素可以限制能用多少槽。雖然圖 6.5 大大簡化了這些處理器的實際運作,它的確說明了一般多緒處理的潛在效能優勢,特別是 SMT。例如,最近多核的 Intel Nehalem 以兩個緒來支援 SMT 以增進核的利用。

圖 6.6 表示多緒處理在 Intel Core i7 960 中,如同在新近的 i7 6700 中一般,硬體可支援兩條緒的單一處理器上獲致的效能與能耗好處。i7 920 與 i7 6700 間的差異相對不多而且也應該不至於顯著改變此圖中的結果。平均加速是 1.31,以硬體多緒處理所需增加的少量額外硬體而言很不錯了。平均能源效率改善是 1.07,表現極優。概言之,能夠在不增加能耗下提升效能值得高興。

在瞭解多個緒如何可以善用單一處理器中的資源後,我們接著說明如何讓它們來善用多個處理器的資源。

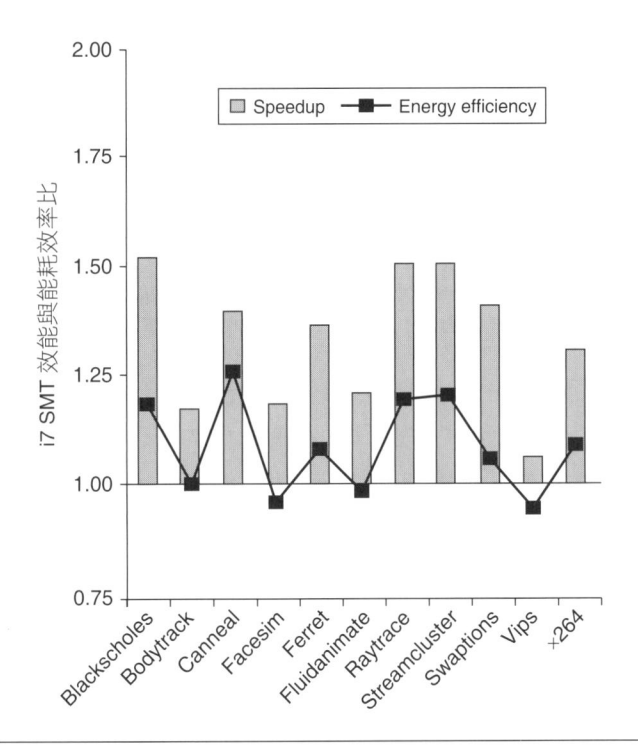

圖 6.6 在 i7 處理器的一個核上使用多緒處理可以對 PARSEC 測試程式 (參見 ⊕6.10 節) 得到平均 1.31 的加速以及 1.07 的能耗效率改善。

數據由 Esmaeilzadeh 等人收集及分析 [2011]。

1. 真或偽：多緒處理與多核均依賴平行性以求發揮晶片的更高效率。
2. 真或偽：同時多緒處理 (SMT) 以多個緒來提升動態排程、亂序執行的處理器中的資源利用。

6.5 多核與其他共享記憶體的處理器

雖然過去硬體多緒處理能夠以適量的成本提高了處理器的效率，一直以來的一大挑戰是在摩爾定律提供效能的趨勢下，如何還能有效率地使用每晶片中越來越多的處理器。

既然重新改寫舊有程式使其可於平行硬體上執行得很好是很困難的，一個很自然的疑問是：為了簡化這件工作，計算機設計者可以做些什麼？一個答案是提供一個可讓所有處理器共同使用的單一實體位址空間，所以程式不需要考慮它們使用到的數據會存放在哪裡，而僅

須在意它們是否可以平行執行。在這個方式下,一個程式的所有變數可以隨時適用於任何處理器上。另一個方式是讓每個處理器有各別的位址空間,此情況下要求資料共用時必須要透過明確的方式;我們將在 6.8 節說明這個方式。當實體位址空間是共同的,那麼硬體通常會提供快取一致性以使共享記憶體中的內容維持一貫性 (參見 5.8 節)。

一個共享記憶體多處理器 (*shared memory multiprocessor*, SMP) 在所有處理器裡提供程式設計師一個單一實體位址空間,雖然一個更正確的名稱應該是共享位址多處理器。注意這種系統仍可在它們自己的虛擬位址空間中執行獨立的工作,即使它們共用一個實體位址空間。處理器通過在它們記憶體裡的共享變數來溝通,所有的處理器通過載入 (loads) 與儲存 (stores) 可以存取任何的記憶體位置。圖 6.7 顯示 SMP 的典型架構。注意,這種系統依然可以讓各自獨立的工作在它們自己的虛擬位址空間內執行,即使它們仍舊共用了同樣的實體位址空間。

單一位址空間多處理器有兩種。第一種花費相同的時間存取主記憶體,無論是哪一個處理器要求或哪一個字組被要求。這樣的機器為 (時間) **一致的記憶體存取** (uniform memory access, UMA) 多處理器。至於第二種,視哪個處理器要求哪個字組而定,有些記憶體存取較其他處理器更快。這就是所謂的**非一致的記憶體存取** (nonuniform memory access, NUMA) 多處理器。你也許會認為幫 NUMA 多處理器寫程式比 UMA 多處理器更具挑戰性。但是 NUMA 機器可以大量擴大,並且到較近記憶體的存取可以有較低的延遲。

因為處理器平行運作時通常都會共享資料,在運作共享資料時它們必須互相配合。不然,一個處理器可能在另外一個處理器結束之前就開始處理資料。這個互相配合就稱為**同步** (synchronization)。當共

一致的記憶體存取 (UMA) 在多處理器中存取主記憶體時,無論是哪個處理器的要求,或哪個字組被要求,都花費相同的存取時間。

非一致的記憶體存取 (NUMA) 單一位址空間多處理器的一種,某些記憶體存取會遠快於其他記憶體,這取決於哪個處理器要求哪個字組。

同步 協調兩個或更多可能在不同處理器上執行的程序間動作的過程。

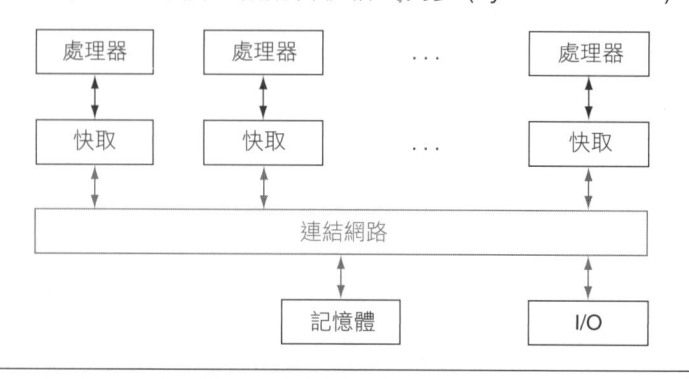

圖 6.7 共享記憶體多處理器典型的架構。

享是以單一的位址空間支援時，就必須有一個另外的同步機制。其中一種方式是共享變數的**鎖** (lock)。但是同一時間只有一個處理器可獲取一個鎖，其他欲共享資料的處理器必須等待，直到原始的處理器解鎖定變數時才可使用。第 2 章 2.10 節說明了 MIPS 中鎖定指令的用法。

鎖
一個同步的裝置，在一個時間點只允許一個處理器存取資料。

範例

共享位址空間的平行處理程式

假設我們用單一的記憶體存取時間，要在共享記憶體多處理器上算出 64,000 個數的和。假定我們有 64 個處理器。

解答

第一步是確保每一個處理器的負擔均等，因與我們把這一群數字分成數目相等的 (64 字) 子集合。因為這台機器有單一的記憶體空間，我們不能將這些子集合放置在不同的記憶體空間；我們只要給予每一個處理器不一樣的啟始位址。Pn 是識別處理器所用的號碼，從 0 到 63。所有的處理器在程式開始時以迴圈來加總它們子集合中的數字：

```
sum[Pn]=0;
for (i=1000*Pn; i < 1000*(Pn+1); i+=1)
  sum[Pn]+=A[i];  /* 加總指定部分的所有數字 */
```

(注意 C 碼中的 i+=1 只不過是 i = i + 1 的簡化表示法。)

下一步是將這些部分和加在一起。這一步稱之為**歸納化簡** (reduction)，在此我們將工作分割來個別處理 (divide to conquer)。先用一半的處理器把成對的部分和加起來，然後四分之一的處理器把成對的新的部分合加起來，如此繼續直到得出單一的最後總和。圖 6.8 顯示了歸納化簡的階層性本質。

在這個例子裡，兩個處理器之間必須在「消費者」從記憶體位置讀取「生產者」處理器寫入的資料之前，確認同步；否則，消費者所讀取的也許是舊的資料。我們要每個處理器都有自己版本的迴圈計數器變數 *i*，所以我們必須標明這是一個「私有」變數 (private variable)。以下是程式碼 (half 也是私有變數)：

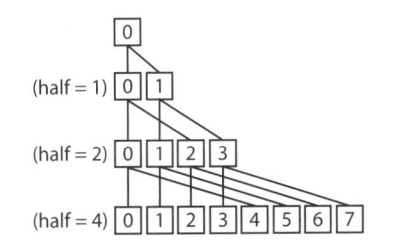

歸納化簡
處理一個資料結構並得出單一值的一種函數。

圖 6.8 由各處理器多個值累加縮減，由下至上運算過程的最後四層。
對於編號 i 小於 half 的所有處理器，將編號為 (i + half) 處理器的和與自己的和相加。

```
       half=64; /* 多處理器中有 64 個處理器 */
       do
            synch(); /* 等待該部分的和計算完成 */
            if (half%2 !=0 && Pn==0)
                 sum[0]+=sum[half-1];
                 /* 當 half 是奇數需視情況作加法；處理器 0 處理落單的數字 */
                 half=half/2; /* 重新決定哪些處理器要作加法 */
                 if (Pn<half) sum[Pn]+=sum[Pn+half];
       while (half>1); /* 退出且此時最終和處於 Sum[0] 中 */
```

硬體 / 軟體介面

OpenMP

在執行於 UNIX 或 Microsoft 平台上的 C、C++ 或 Fortran 中對共用記憶體多處理工作使用的 API。它包含了對編譯器的指令、一個函式庫與執行時的指令。

由於長久以來對平行程式寫作的重視，過去已有不下數百種建立平行編程系統的嘗試。一個功能有限的但有名的例子是 OpenMP。其只是一個應用程式師的介面 (*Application Programmer Interface*, API) 加上一些能擴展標準程式語言的編譯器指令 (directives)、環境變數，及執行期間程式庫的程序。其提供共享記憶體多處理器一個可攜、可縮放及簡易的編程模型。其主要目標是將迴圈平行化以及執行歸納化簡 (reduction)。

大部分 C 編譯器已支援 OpenMP。UNIX C 編譯器中要使用 OpenMP API 的話，僅需加入命令：

```
cc -fopenmp foo.c
```

OpenMP 使用多個編譯指示詞 (*pragmas*) 來擴展 C 語言，其不過是對如同 #define 和 #include 等 C 的前處理巨指令的命令。如欲設定要使用的處理器數目為 64，如我們在上個例子中一樣，我們僅需使用命令

```
#define P 64 /* 定義一個我們會使用上好幾次的常數 */
#pragma omp parallel num_threads(P)
```

亦即，執行期間程式庫應該要使用 64 個平行緒。

如果要將循序的 for 迴圈轉換為使我們指定數目的緒能均攤工作的平行 for 迴圈，我們僅需寫出（假設 sum 的初值為 0）：

```
#pragma omp parallel for
  for (Pn=0; Pn< P; Pn+=1)
    for (i=0; 1000*Pn; i< 1000*(Pn+1); i+=1)
      sum[Pn]+=A[i]; /* 加總指定部分的所有數字 */
```

如果要做歸納化簡，我們可以使用另一道告訴 OpenMP 歸納運算子是什麼，以及你用來置放歸納化簡結果的變數是什麼的命令：

```
#pragma omp parallel for reduction(+: FinalSum)
    for (i=0; i< P; i+=1)
        FinalSum += sum[i]; /* 歸納成單一個數字 */
```

注意，現在則由 OpenMP 程式庫尋找適切的程式碼來有效率地使用 64 個處理器加總 64 個數字。

雖然 OpenMP 讓我們能夠輕鬆地書寫簡單的平行碼，但是它對除錯並沒有什麼幫助，因此許多平行碼的程式師使用比 OpenMP 更複雜的平行編程系統，就像今天許多程式師使用比 C 更有生產力的語言一樣。

在瀏覽了典型的 MIMD 硬體與軟體之後，我們接下來的旅程是一段更奇特的、有關一種不同傳承以及對平行編程挑戰上觀點歧異的 MIMD 架構的介紹。

自我檢查

真或偽：共享記憶體多處理器不能由工作 (task) 階層的平行性獲致好處。

仔細深思 一些作者以字頭詞 SMP 來代表對稱式多處理器 (*symmetric multiprocessor*) (譯註：SMP 原來是用以代表 shared memory multiprocessor)，以表示從所有處理器到記憶體的延遲都約略相等。這樣借用的原因是要點出它們與大規模 NUMA 多處理器的差異，因為這兩種類型都使用單一的記憶體空間。由於叢集系統已經比大規模的 NUMA 多處理器遠為普及，本書中我們將 SMP 還原成它的原始意義，以它來與使用多個位址空間的系統如叢集系統做對照。

仔細深思 共享實體位址空間的另一個選擇是擁有個別的實體空間，但共用虛擬位址空間，並依賴作業系統來處理通訊。這一種方法曾經被試驗過，但是由於額外成本過高，而不能提供程式設計師一個可行的共享記憶體概念。

6.6 圖形處理單元介紹

將 SIMD 指令添加到現有架構的的原始理由是，許多微處理器已用於具有圖形顯示器的個人電腦和工作站上，因此用於圖形顯示的處理時間增加了。因此，在摩爾定律增加了微處理器的電晶體可用數量之後，提高圖形處理的能力是恰當的。

改善圖形處理的一個主要驅動力是可在 PCs 以及譬如 Sony PlayStation 這種專業遊戲機台上見到的相關計算機遊戲工業。快速成長的遊戲市場促使許多公司增加開發更快圖形硬體的各項投資，而這種正向的循環發展造成圖形處理以較之主流微處理器中的通用型處理更快速地進步。

因為圖形和遊戲領域相較於微處理器開發領域有不同的目標，它形成了自己的處理和術語風格。隨著圖形處理器能力的提高，它被冠以「圖形處理單元」或 *GPUs* 的名稱而得以與 CPU 分庭抗禮。

任何人今天都可以僅花費數百美元就買到具有數百個平行浮點單元、擁有很高計算效能的 GPU。對 GPU 計算能力的注目在這種能量與使得 GPU 更容易編程的程式語言出現後而更加顯著。因此今天許多科學與多媒體應用的程式師正在思考應該使用 GPUs 或是 CPUs。

(本節專門討論使用 GPU 來做運算。要瞭解 GPU 的計算在傳統圖學加速中的角色，則請見 ⊕**附錄 C**。)

下面一些主要特點反映 GPUs 與 CPUs 的不同之處：

- GPUs 是增強 CPU 的加速器，所以它不需要具備執行所有 CPU 工作的能力。這樣使它們能夠將全部資源用在圖形處理上。在一個同時具有 CPU 與 GPU 的系統中，GPUs 有些工作執行得不好或根本不會執行是沒關係的，因為，若需要時，CPU 可以執行這些工作。
- GPU 問題的規模通常是數百個百萬位元組到十億位元組，但是並不是數百個十億位元組到兆位元組。

這些差異導致了不同的架構風格：

- 也許最大的區別在於，GPUs 不像 CPUs 要依賴多層快取以克服記憶體存取的長延遲。而 GPUs 是依賴硬體多緒處理 (參見 6.4 節) 來隱藏記憶體延遲。也就是說，在記憶體請求與資料到達時之間，

GPU 執行數百或數千個獨立於該請求的緒。
- GPU 記憶體因此更著重在頻寬而較不在意延遲。甚至於已有比 CPUs 使用的 DRAM 晶片數據匯流排更寬、頻寬也更高的 GPUs 使用的特殊圖學 DRAM 晶片。此外，GPU 的主記憶體通常比傳統的微處理器的小。在 2020 年，GPUs 一般有 4 至 16 GiB 或更少些，而 CPUs 有 64 至 512 GiB 或更大些。最後請記住，對於一般用途的計算 (譯註：這裡指的應該是對於任何完整的計算工作中)，必須要計算包括數據在 CPU 與 GPU 記憶體之間傳輸的時間，因為 GPU 的角色是一個協同處理器。
- 由於依賴許多緒來提供良好的記憶體頻寬，GPUs 可以容納許多平行處理器 (MIMD) 以及許多緒。因此，每一個 GPU 處理器較之一般 CPU 是更為高度多緒化，以及它們擁有更多的處理器。

硬體 / 軟體介面

雖然 GPUs 是為了特定的應用集所設計，有些程式師認為他們可以將他們的應用設定成可以讓他們利用到 GPU 高潛在效能的形式。在疲於設法以圖學的 APIs 及語言來描述他們的問題之後，他們發展了基於 C 語言的程式語言來讓他們直接為 GPU 寫程式。一個例子是 NVIDIA 的 CUDA (Compute Unified Device Architecture)，其儘管仍有些限制，已能允許程式師寫作 C 程式來執行於 GPUs 上。⊕ 附錄 C 展示了一些 CUDA 的例子 (OpenCL 即是由多個公司共同發展的一個能提供許多 CUDA 好處的可攜程式語言)。

NVIDIA 認定所有這些形式的平行性都可經由 CUDA 緒 (*Threads*) 的方式來呈現。使用這種最低階的平行性作為編程的基本要素，編譯器與硬體可以將數以千計的 CUDA 緒成群結隊來善用 GPU 中不同形式的平行性：多緒處理、MIMD、SIMD 與指令階層平行性。這些緒被分成區塊並以一組 32 個同時執行。GPU 裡頭一個具多緒能力的處理器執行這些緒組成的幾個區塊，而一個 GPU 包含 8 到 128 個這種多緒的處理器。

NVIDIA GPU 架構介紹

由於 NVIDIA 系統在 GPU 架構設計領域中具有代表性，我們以它們當成我們的範例。因此我們將使用 CUDA 平行程式語言的術語

並以 Fermi 架構作為範例。

如同向量架構具有其特性，GPU 只有在具有數據階層平行性的問題裡頭才能表現良好。兩種形態均具有聚攏 - 撒回數據傳遞的能力，GPU 甚至有比向量處理器更多的暫存器。不同於大多向量架構的是，GPUs 也依賴在一個多緒 SIMD 處理器內的硬體多緒處理能力來隱藏記憶體延遲 (參見 6.4 節)。

多緒的 SIMD 處理器類似於向量處理器，但是前者有很多平行的功能單元，而不像後者只有少數的、深管道化的功能單元。

如前所述，一個 GPU 含有一群多緒的 SIMD 處理器；也就是說，一個 GPU 是由多緒 SIMD 處理器組成的一個 MIMD。例如，在 2020 年，NVIDIA 有四種不同價格、具有 15、24、56 或 80 個多緒 SIMD 處理器的 Tesla 架構的設計。為了能在不同型號 GPU 間使用不同數目的多緒 SIMD 處理器來提供透明的縮放性，其以一個稱為緒區塊排程器 (Thread Block Scheduler) 的硬體來指派緒的區塊給各個多緒 SIMD 處理器。圖 6.9 中顯示一個多緒 SIMD 處理器的簡化方塊圖。

再向更具體的階層走下一層，在機器內由硬體所產生、管理、排程及執行的標的物是 SIMD 指令所形成的緒 (*thread of SIMD instructions*)，我們也稱其為 *SIMD 緒* (*SIMD thread*)。它就是一個傳統的緒，只不過其中完全只包含 SIMD 指令。這些 SIMD 緒都有其各自的程式計數器並執行於一個多緒的 SIMD 處理器上。*SIMD 緒排程器* (*SIMD Thread Scheduler*) 使用一控制器來獲知哪些 SIMD 指令緒已可執行，然後將這些緒送出至一發送單元以便執行於該多緒 SIMD 處理器上。其等同於傳統多緒處理器中的硬體緒排程器 (參見 6.4 節)，只不過其所排程的緒是由 SIMD 指令所組成。是故 GPU 硬體有兩階的硬體排程器：

1. 將緒組成的區塊指派給多緒 SIMD 處理器的緒區塊排程器 (*Thread Block Scheduler*)，以及
2. 在 SIMD 緒該被執行時作出排程的 SIMD 處理器中的 SIMD 緒排程器 (SIMD Thread Scheduler)。

這些緒的 SIMD 指令寬度是 32，故每個由 SIMD 指令形成的緒將對計算問題中的 32 個元素運算。因為緒中包含的是 SIMD 指令，SIMD 處理器必須要有平行的功能單元來執行運作。我們稱其為

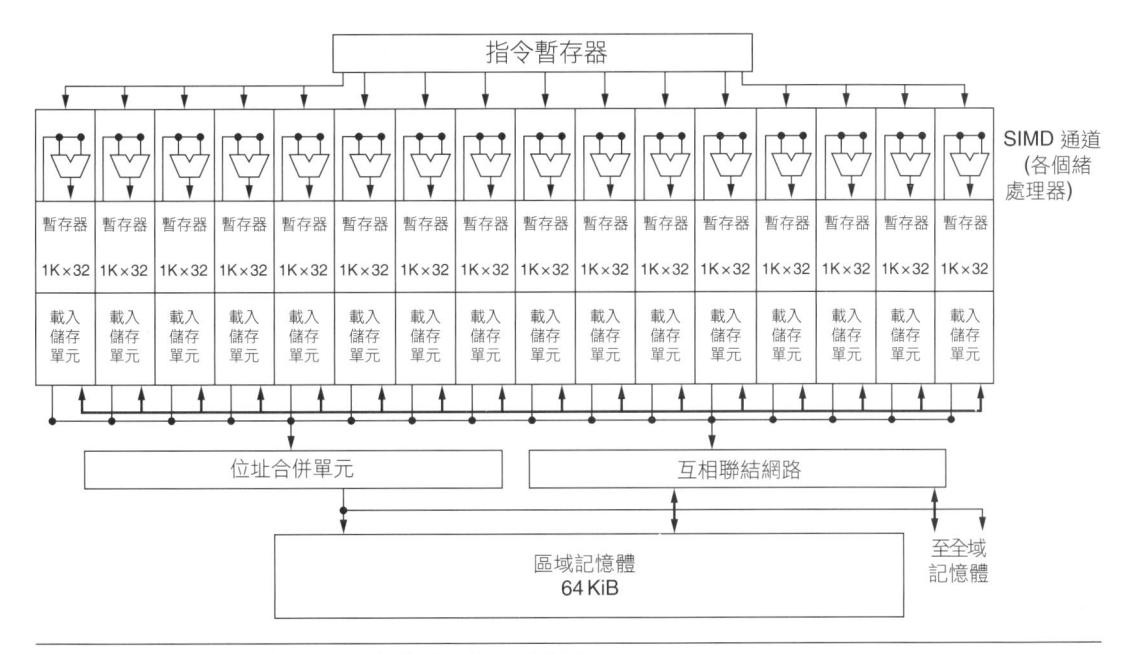

圖 6.9　多緒 SIMD 處理器數據通道的簡化方塊圖。
其具有 16 個 SIMD 通道。一個 SIMD 緒排程器 (SIMD Thread Scheduler) 擁有許多其可以選擇來在這個處理器上執行的獨立 SIMD 緒。

SIMD 通道 (SIMD Lanes)，它們也很類似於 6.3 節中的向量通道。

仔細深思　一個寬度是 32 的 SIMD 緒指令對映到 16 個 SIMD 的通道，因此 SIMD 指令緒中每一道 SIMD 指令耗時兩個時脈週期來完成。每一個 SIMD 指令緒以互相呼應的步調 (lock step) 來執行。以向量處理器來類比 SIMD 處理器，你可以說其具有 16 個通道，以及向量長度是 32。這種寬而淺的本質說明了為什麼我們稱其為 SIMD 處理器而非向量處理器，因為它更易於直覺聯想。

因為根據定義 SIMD 指令緒間互相獨立，SIMD 緒排程器可挑選任一準備妥的 SIMD 指令緒，也不必執著於單個緒內依序的下一 SIMD 指令。因此，套用 6.4 節的術語，其使用的是細粒度的多緒處理。

要容納這些記憶體中的元素，SIMD 處理器具有數量可觀的 32,768 個 32 位元的暫存器。如同向量處理器般，該等暫存器在邏輯上分配給所有的向量通道，或在此應該稱為 SIMD 通道，來使用。每一個 SIMD 緒限制不得使用多於 64 個暫存器，因此你可以想成每一個 SIMD 緒可以有至多 64 個向量暫存器，而且每一向量暫存器有 32 個元素、每一個元素是 32 位元寬。

因為 Fermi 有 16 個 SIMD 通道，每通道包含 2048 個暫存器。每一 CUDA 緒取得每一向量暫存器的一個元素。注意 CUDA 緒其實就是 SIMD 指令緒中的一個垂直切片，也就是說，一個元素被一個 SIMD 通道處理。要小心 CUDA 緒非常不同於 POSIX 緒；你不可在 CUDA 緒中任意作系統呼叫或同步。

NVIDIA GPU 的記憶體結構

圖 6.10 表示 NVIDIA GPU 記憶體的結構。我們稱晶片上分別為各個多緒 SIMD 處理器所用的記憶體為區域記憶體 (*Local Memory*)。它在一個多緒 SIMD 處理器中為各個 SIMD 通道所共用，然不為不同的多緒 SIMD 處理器共用。我們稱整個 GPU 以及所有緒區塊共用的晶片外 DRAM 為 *GPU* 記憶體 (*GPU Memory*)。

因為 GPUs 的工作集 (working sets) 可以大到數百個百萬位元組，它們並不依賴大的快取來容納應用中各個完整的工作集，而是一向以較小的串流快取並藉由大幅度的 SIMD 指令緒多緒處理來隱藏

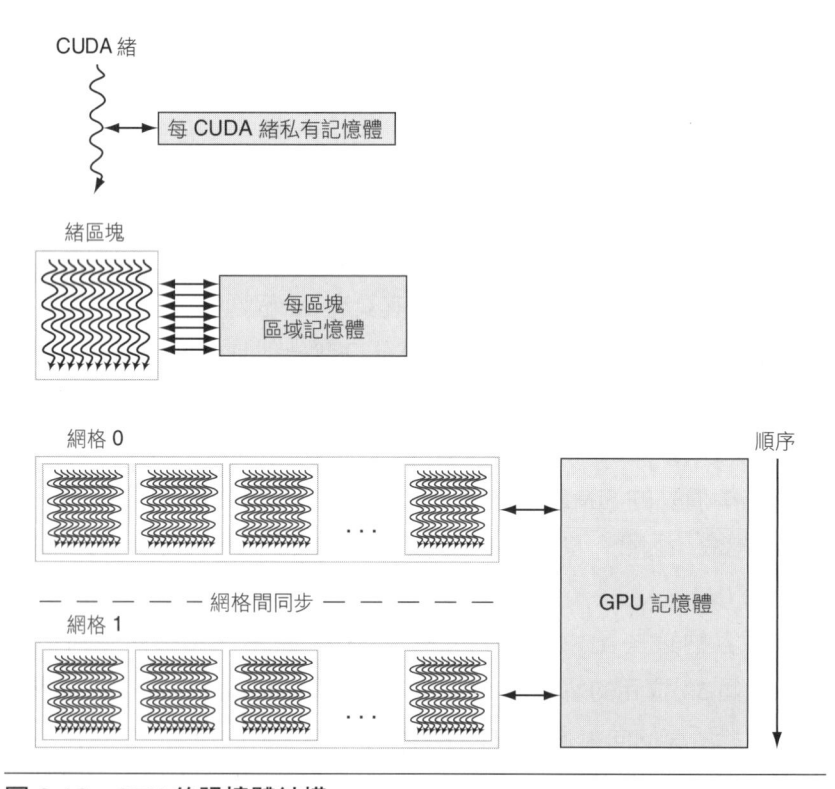

圖 6.10　GPU 的記憶體結構。
其中 GPU 記憶體由向量化的迴圈共用。一個緒區塊中 SIMD 指令的所有共用區域記憶體。

DRAM 的冗長延遲。是故它們不會把像是多核微處理器的底層快取放進來。因為使用了硬體多緒處理來隱藏 DRAM 延遲，系統處理器用來做快取的晶片面積在此卻用來做計算的資源，以及用來保持許多 SIMD 指令緒狀態的大量暫存器。

仔細深思 因為隱藏記憶體的延遲是個基本的想法，注意最近的 GPUs 與向量處理器也都加上了快取。它們被認為是或是為了降低對 GPU 記憶體需求的頻寬過濾器、或是對極少數記憶體延遲無法經由多緒處理隱藏掉的變數的加速器。快取相當適合於作為堆疊框、函式呼叫與暫存器溢出的區域記憶體，因為呼叫函式時延遲的考慮很重要。快取也能節省能耗，因為對晶片上快取的存取較之對多個外部 DRAM 晶片的存取需要的能量遠為低。

GPUs 的展望

概言之，擁有 SIMD 指令延伸的多核計算機的確與 GPUs 有相似之處。圖 6.11 歸納了兩者的異同。兩者均為處理器中具有多個 SIMD 通道的 MIMDs，只不過 GPUs 的處理器多些、通道遠多些而已。兩者均使用硬體多緒處理以提高處理器利用率，只不過 GPUs 的硬體可支援更多的緒。兩者均使用快取，只不過 GPUs 使用較小的串流快取而多核計算機使用大且多層、目的是將整個工作集存入的快取。兩者均使用 64 位元的位址空間，只不過 GPUs 中的實體主記憶體遠為小。雖然 GPUs 支援頁層級的記憶體保護，它們並未支援需求 (頁) 載入 (demand paging)。

SIMD 處理器也與向量處理器相似。GPUs 中眾多的 SIMD 處理器如互相獨立的 MIMD 核般運作，有如許多向量計算機具有眾多向量處理器般。依據這個觀點可以把 Volta V100 看成是具有多緒處理硬體支援的 80 核機器，每個核中有 16 個通道。最大的不同在於多緒處理，其對 GPUs 非常基本然而少見於向量處理器中。

GPUs 及 CPUs 在計算機架構族譜裡並不能追溯到共同的祖先；兩者在關聯性上並無所謂的缺少的一環。缺乏共同傳承的結果，是 GPUs 並不使用計算機架構社群中慣用的名詞，造成大家對 GPUs 到底是什麼以及它們如何運作的困惑。為了澄清這些困惑，圖 6.12 (由左至右) 列出本節中會用到的更傳神的名詞、主流計算領域中最接近的名詞、正式 NVIDIA GPU 稱呼 (如果你想知道的話)，以及最後是

特性	具 SIMD 的多核	GPU
SIMD 處理器數量	8 至 32	15 至 128
SIMD 通道數／處理器	2 至 4	8 至 16
SIMD 緒的多緒硬體支援	2 至 4	16 至 32
最大快取大小	48 MiB	6 MiB
記憶體位址長短	64-bit	64-bit
主記憶體大小	64 GiB 至 1024 GiB	4 GiB 至 16 GiB
在頁層級的記憶體保護	有	有
需求時載入頁	有	無
快取一致性	有	無

圖 6.11 具有多媒體 SIMD 延伸的多核處理器與新近的 GPUs 間的相似與相異點。

這些個名詞的簡要說明。這個「GPU Rosetta Stone (解讀古埃及象形文字的可靠依據)」應有助於將本節中各種想法和更傳統的 GPU 相關敘述，如 **附錄 C** 中的內容，與主流計算領域作聯結。

雖然 GPUs 漸漸被用於主流計算，它們不能忘記了它們繼續在圖學上專擅的責任。因此 GPUs 的設計在當架構師思索既然已有能夠恰當處理圖學計算的這些硬體資源的前提下，我們如何能夠額外運用它們來對更大範圍的應用提升效能時，方才有意義。

GPUs 是第一個合理地用於改善某一特定領域──在這裡指的是計算機圖學──中運算效能的成功加速的例證。下一節中會說明更多例證，其中最受關注的是機器學習 (machine learning, ML) 領域。

自我檢查 真或偽：GPUs 以圖學 DRAM 晶片來降低記憶體延遲，因此提升圖學應用的效能。

6.7 領域特定的架構

因為摩爾定律的趨緩、Dennard 縮小定律的結束 (譯註：該定律說的大致是：在半導體中當製程尺寸縮小時，功率密度，能夠維持約略相同，所以功耗仍與晶片面積成正比⋯⋯ "In semiconductor electronics, Dennard scaling, also known as MOSFET scaling, is a scaling law which states roughly that, as transistors get smaller, their power

形態	更清晰名稱	GPUs 領域外最接近的慣稱	正式 CUDA/NVIDIA GPU 中名稱	文獻中的定義
程式的抽象概念	可向量化迴圈	可向量化迴圈	網格	由可平行執行的一或多個緒區塊(可向量化迴圈的各個本體)組成的一個執行於 GPU 上的可向量化迴圈。
	可向量化迴圈的本體	(以一次一片方式處理,strip-mining)可向量化迴圈的本體	緒區塊	由可平行執行的一或多個 SIMD 指令形成的緒組成的一個執行於多緒 SIMD 處理器上的可向量化迴圈。它們可經由區域記憶體通訊。
	序列的 SIMD 通道的運作	純量迴圈的一次反覆	CUDA 緒	SIMD 指令緒中相對於一個元素被一個 SIMD 通道處理的部分。其結果由遮罩以及決定的(predicate)暫存器判斷是否儲存。
機器物件	SIMD 指令形成的緒	向量指令形成的緒	緒排	傳統、但包含的全是 SIMD 指令、執行於多緒 SIMD 處理器上的緒。其結果由可對應每個元素的遮罩決定是否儲存。
	SIMD 指令	向量指令	PTX 指令	執行於多個 SIMD 通道上的單一 SIMD 指令。
處理的硬體	多緒 SIMD 處理器	(多緒)向量處理器	串流多處理器	不同於其他 SIMD 處理器,是可執行多個 SIMD 指令緒的多緒 SIMD 處理器。
	緒區塊排程器	純量處理器	Giga 緒引擎	指派多個緒區塊(可向量化迴圈的各個本體)給各個多緒 SIMD 處理器。
	SIMD 緒排程器	多緒 CPU 中的緒排程器	緒排的排程器	當各個 SIMD 指令緒準備妥可執行時,排程並派發它們的硬體單元;內含一計分板(scoreboard)來追蹤 SIMD 緒的執行。
	SIMD 通道	向量通道	緒處理器	一個 SIMD 通道在 SIMD 指令的緒中對一個元素執行運作。其結果由遮罩決定是否儲存。
記憶體硬體	GPU 記憶體	主記憶體	全域記憶體	GPU 中可被所有多緒 SIMD 處理器存取的 DRAM 記憶體。
	區域記憶體	區域記憶體	共享記憶體	一個多緒 SIMD 處理器的快速區域 SRAM,不能為其他 SIMD 處理器所用。
	SIMD 通道各暫存器	向量通道各暫存器	緒處理器各暫存器	在單一 SIMD 通道中配置給整個緒區塊(可向量化迴圈的本體)的各暫存器。

圖 6.12 GPU 用語快速導覽。

我們在第一行中列出硬體用語。12 個用語分類成四群。由上至下是:程式抽象概念、機器物件、處理的硬體,以及記憶體硬體。

density stays constant, so that the power use stays in proportion with area; both voltage and current scale (downward) with length."，摘自 https://en.wikipedia.org/wiki/Dennard_scaling)，以及因為安朵定律導致的多核處理機效能上可達到的極限的綜合效果，已經將大家深信的僅剩的改善效能與能源效率之途寄望於**領域特定的架構**（domain specific architectures, DSAs）。猶如圖形處理單元 GPUs，領域特定的架構 DSAs 只處理狹隘範圍內的工作，而且能將這類工作處理得極端地好。因此，如同這個領域在過去數十年中因為需求而從單處理器轉向多處理器，出於對效能和能源效率極端的渴望，架構師們現在正努力投入 DSAs 的研究。

領域特定的架構
相對於一個通用目的的計算機，這是一個為了某應用領域來量身訂做的特殊目的計算機。

新的常態是計算機會包含標準的處理器來處理傳統的像是作業系統的大型程式，以及一些領域特定的處理器。我們預期計算機會變得比過去的同質化 (homogeneous) 多核設計更加異質化 (heterogeneous，指系統中包含各種不同設計的處理器)。如果你想更深入瞭解的話，這個本書新增的節是基於《*Computer Architecture: A Quantitative Approach*, 6th edition》這本書中一個 80 頁的新的一章編寫的。

DSAs 遵循五項原則：

1. 使用專屬的記憶體來最大限度地減少數據傳輸時的距離。在通用型微處理器中的許多層快取佔用非常大量的線路與能耗以求能對一個程式的數據傳輸做得最好。例如，二路集合關聯式快取會消耗目的相似、由軟體控制的草稿簿記憶體 (scratchpad memory) 2.5 倍的能耗。不過撰寫 DSAs 相關的編譯器以及應用程式的人應該都很瞭解他們所處的領域，所以不會需要硬體的控制機制在傳輸數據方面介入來幫助他們。應該的做法是，直接針對為了領域中特定的功能來量身打造可受軟體控制的記憶體，以求數據的搬移可以最少最適化。

2. 把因為捨棄先進微架構中各種優化技術而省下來的資源用來提供更多算術單元或是更大的各種記憶體。架構師已經將主要由摩爾定律提供的額外資源的賞賜，在摩爾定律放緩後，轉而更加豐厚地由減省掉 CPUs 與 GPUs 中的大量昂貴優化技術：亂序執行、投機式執行、多緒執行、多重處理、預取、多層快取等等的，來獲取。由於對這些更特定的領域的完全瞭解，所以資源可以更好地投注在更多處理單元和更大的晶片中記憶體上。

3. 使用吻合領域需求的最簡潔的平行方法。設計的對象領域幾乎一定有它們各自的固有平行性。設計上的一個關鍵決策就是如何善用那些平行性以及如何在軟體中恰當表達。目標是以領域中那些固有平行性的自然的大小粒度 (granularity) 來設計 DSA，並能簡單地於編程的模型中顯露出那些平行度。例如，以數據階層的平行度而論，如果 SIMD 可以適用在這個領域中，對程式師和撰寫編譯器的人而言它當然就比 MIMD 容易使用。類似的是，如果 VLIW 可以恰當表達這個領域的指令階層平行性，設計就可以比亂序執行者更小些與更有能源效率。

4. 在領域中制定所需的最精簡的數據型態與大小。在許多領域中的程式是受限於記憶體 (的存取所需時間) (memory-bound) 的，所以你可以透過使用窄些的數據型態來提高有效的記憶體頻寬與晶片上記憶體的利用率。較窄的與較簡單的數據也便於你在同樣的晶片面積中置入更多算術單元、或維持能耗預算不變。

5. 以領域特定的程式語言來轉移程式到 DSA 上。使用特殊目的架構時的一項典型挑戰是讓應用程式能夠在你的新穎架構上執行起來。幸運的是，領域特定的程式語言甚至在架構師不得不注意到它的重要性之前就已經流行，例如在視覺處理領域中的 Halide 與機器學習領域中的 TensorFlow。將程式撰寫時的抽象化層級提高，會使得移植應用程式到 DSA 上面去的工作更為可行。

在提升處理速度的領域中的例子除了圖學以外，還有生物資訊、影像處理與模擬等等，但是其中遠遠更為有名的就是人工智慧 (*AI*)。並不像以建立一大串邏輯規則來建構 AI 的方式，過去幾十年來我們專注的最有希望的方向已經轉為由例證的數據中進行機器學習。然而用於學習所需的數據量與計算量遠超乎預期。好在本世紀中的庫房規模計算機 (WSCs) 能從網際網路上數十億個使用者以及他們的手機中的獲取並保存下了 peta 位元組 (peta-bytes，peta = 1000^5 或 $10^{15} = 2^{50}$) 量級的資訊，提供了足夠量體的參考數據。我們也低估了從這麼大量的數據中從事學習所需用到的計算量，好在那些存在庫房規模計算機的千萬個伺服器中、具有極佳單精確度浮點運算成本效能比的 GPUs，尚足以提供足夠的計算能量。

機器學習中的稱為深度類神經網路 (*deep neural netwowks*, DNNs)

的部分，自 2012 年起被視為機器學習中的明星角色。每一個月似乎都有一項公開宣稱的有關 DNNs 又造成什麼突破的消息，例如在物件識別中、語言翻譯中，與使得像 AlphaGo 的計算機程式能夠第一次打敗人類的冠軍 (譯註：這個一定不是歷史上的第一次；在 1996 年 IBM 的 Deepblue 計算機就已經擊敗世界西洋棋冠軍了……等等)。

　　一個顯著的 DNN DSA 實例是 Google 的 Tensor Processing Unit (TPUv1)。早於 2006 年起，Google 的工程師就已經談到了在他們的數據中心內佈建 GPUs、FPGAs 和客製化的晶片的想法了。當時他們得到的結論是：可以藉助特殊硬體來執行得更好的少數應用程式在當時可以免費地使用沒有用上的額外計算能量來完成；但是要不花成本地改善執行效能卻很困難。這種討論在 2013 年發生了改變，當時的估計是如果人們每天使用語音識別的 DNNs 做三分鐘的語音搜尋，則會需要將 Google 的數據中心擴大一倍才能滿足計算的需求。用傳統的 CPUs 來建構將會非常昂貴且運算緩慢。Google 啟動一個高級別的計畫來快速製作出專為 DNNs 設計的客製化晶片；計畫目標是將 CPUs 或 GPUs 的成本 - 效能比提高到 10 倍。訂定這項任務後，他們在 15 個月內將 TPU 設計、驗證、製作，並佈建於數據中心裡。如果你使用 Google 的應用，你就會使用過了 TPUv1s，因為它們已經在 2015 年起就佈建起來了。

　　圖 6.13 顯示 TPUv1 的方塊圖。內部的方塊間大多是以 256- 位元組 - 寬的通道聯接彼此。從右上角看起，矩陣乘法單元是 TPU 的重心。它遵循了 DSA 指導原則的把因為捨棄先進微架構中各種優化技術而省下來的資源用來提供更多算術單元或是更大的各種記憶體，這點可以從它包含一個陣列的 256×256 ALUs 看出。這個數量是當時一個伺服器中 ALUs 數量的 250 倍、一個 GPU 中數量的 25 倍。在這 65,536 個 ALUs 上使用 SIMD 的平行性，則是遵循了使用最簡單形式的平行性來配合這個領域的指導原則。除此之外，TPUv1 將數據的大小與形態也從當時用於 GPU 中的 32 位元的浮點型態縮減成這個 DNN 領域中已足敷運用的 8 位元或是 16 位元的整數。在遵循恰當運用專屬記憶體方面，矩陣乘法單元產出的乘積會收集入 4 MiB 的累加器中，而運算過程的中間值則以 24 MiB 的統一的緩衝器 (Unified Buffer) 來保存，其也可以作為矩陣乘法單元的輸入之用。TPUv1 具有相對等的 GPU 幾乎四倍的晶片上記憶體。最後，它是以能夠簡化

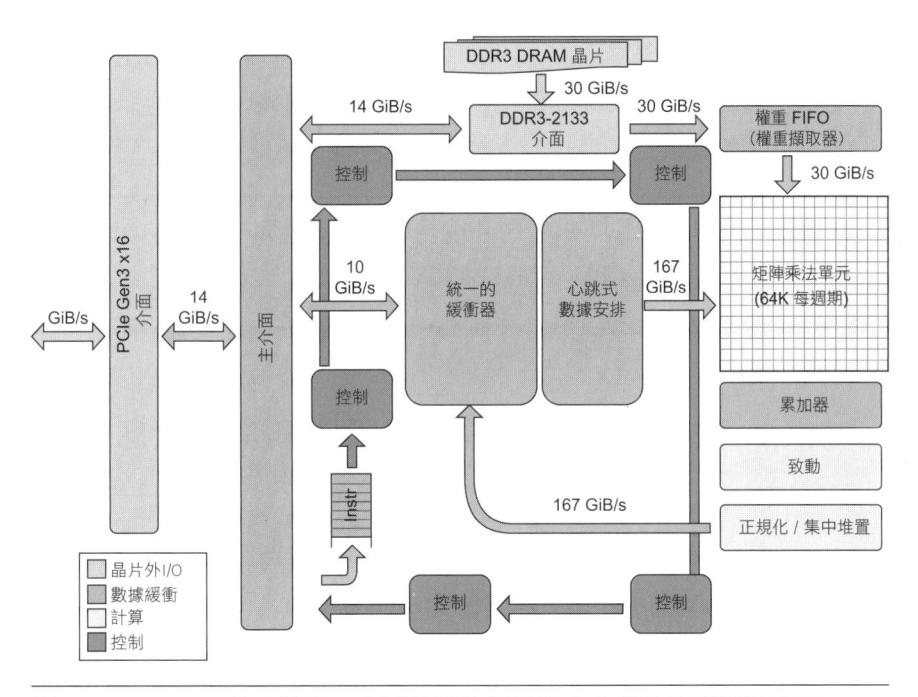

圖 6.13　TPUv1 的方塊圖。主要的計算部分是右上角的矩陣乘法單元。
它的輸入是權重 FIFO 與統一的緩衝器，以及輸出是送至累加器。24 MiB 的統一的緩衝器佔據約三分之一的 TPUv1 晶片面積，具有 65,536 個乘 - 累加 ALUs 的矩陣乘法單元佔用四分之一，所以數據通道幾乎是 TPUv1 晶片的三分之二。以 CPUs 而言，多層級快取的面積通常是晶片的三分之二大。

應用程式由 DNN 移植到 DSA 的 TensorFlow 來編程。

TPUv1 的時脈速率是 700 MHz，儘管並不很高，也能透過 65,536 個 ALUs 得到每秒 90 Tera (10^{12}) 個運作的峰值效能。晶片面積只有不到當時 CPU 或 GPU 的一半，75 瓦的能耗也是不到它們的一半。

統計 DNN 應用中的六個產品的平均結果，TPUv1 的運算速度是同時期 CPU 的 29.2 倍，與 GPU 的 15.3 倍。對數據中心而言，我們在意的是成本效能比值以及效能本身。表示數據中心成本最恰當的方式是擁有它所需的全部 / 總成本 (total cost of ownership, TCO)：購買它的成本，加上運作好幾年下來所需的電力、冷卻與空間建物成本。的確，TPUv1 的原本目標是使用 CPUs 或 GPUs 時的每 TCO 美元而能得出 10 倍的效能。唉呀！TCO 數據是被嚴密保護的秘密，非常不易取得來做比較。好在 TCO 數值與電耗相關，這個卻不難得知。TPUv1 有當時 GPUs 的 29 倍的每瓦效能，與 CPUs 的 83 倍的每瓦效能，超出了它的原本目標。

我們在下一節中回頭討論較傳統的架構，介紹每個處理器都有

自己的自有位址空間,讓它更容易用來構建更大的系統的平行處理器。你每天會使用的網際網路服務靠的就是這樣的大規模系統,而 Google 也的確就是在這樣的大規模系統中佈建它的 TPUv1s。

自我檢查　真或偽:DSAs 在它們所屬的領域中主要是因為你可以判斷是否要使用更大的晶片而較 CPUs 或 GPUs 更有效。

6.8　叢集系統、庫房規模計算機與其他訊息傳遞式多處理器

共享位址空間的另一個選擇是讓每個處理器擁有各自的實體位址。圖 6.14 說明具有多個私有位址空間的典型多處理器的組織。這個多處理器必須通過**訊息傳遞** (message passing) 來溝通,這也是這種電腦的傳統名稱。在有**發送** (send) 和**接收** (receive) **訊息**之程序的系統下,協調合作是經由訊息傳遞來進行,因為一個處理器知道訊息何時寄出,而接收的處理器也知道訊息何時到達。如果寄件者欲確認訊息已到達,接收的處理器也可將確認的訊息寄回給寄件者。

過去已有多次建造使用到高效能訊息傳遞網路的大型計算機的努力,這些計算機相較於建構在區域網路之上的叢集系統也真的具有較高的絕對通訊效能。的確,目前許多超級計算機採用了客製的網路。問題是在於這些客製網路通常較之如乙太網路等區域網路遠為昂貴。

訊息傳遞
經由指明傳送和接受資訊來傳遞多處理間的溝通。

發送訊息程序
在具有私有記憶體的機器中處理器用來傳送訊息到另一個處理器的程序。

接收訊息程序
在具有私有記憶體的機器中處理器用來接收來自於另一個處理器訊息的程序。

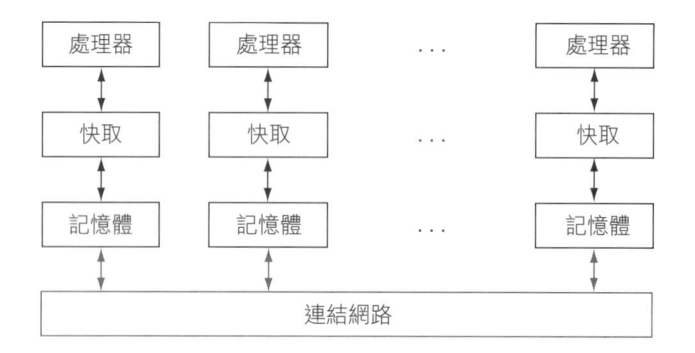

```
┌─────┐  ┌─────┐       ┌─────┐
│處理器│  │處理器│  ...  │處理器│
└──┬──┘  └──┬──┘       └──┬──┘
┌──┴──┐  ┌──┴──┐       ┌──┴──┐
│ 快取 │  │ 快取 │  ...  │ 快取 │
└──┬──┘  └──┬──┘       └──┬──┘
┌──┴──┐  ┌──┴──┐       ┌──┴──┐
│記憶體│  │記憶體│  ...  │記憶體│
└──┬──┘  └──┬──┘       └──┬──┘
┌──┴────────┴────────────┴──┐
│         連結網路            │
└───────────────────────────┘
```

圖 6.14　具有多個私有位址空間,傳統上稱為訊息傳遞多處理器的典型架構。

注意,不像圖 6.7 的 SMP,連結網路並不在快取與記憶體之間,而是位於「處理器 - 記憶體」的節點之間。

考慮這種通常很高昂的成本，目前除了高效能計算領域之外，少有哪些應用值得使用這些高昂的通訊效能。

> **硬體 / 軟體介面**
>
> 對硬體設計師而言，以訊息傳遞而非快取一致的共享記憶體來作通訊的計算機遠為容易建構 (參見 5.8 節)。這對程式師也有好處，因為通訊都是明確的，代表相較於使用快取一致的共享記憶體來作不明確通訊的計算機會少有效率上的意外情形。其對程式師的缺點是較難移植一個循序程式到訊息傳遞的計算機上，因為任一通訊都需事先確認，否則程式無法執行。快取一致的共享記憶體允許硬體辨認何等數據需作通訊，使得程式移植較易。由於不明確通訊具有的各種優劣，因此對於何者較易獲致高效能的意見仍有歧異，但是今天市場上的情況已很清楚。多核微處理器使用共用實體記憶體，而叢集系統裡頭各節點之間以訊息傳遞做通訊。

一些具同時性的應用不論使用共享位址或訊息傳遞，都能在平行硬體上執行得很好。特別是像網路搜尋、郵件伺服器與檔案伺服器這種具有工作層級平行性而且少有通訊的應用，並不需要共用位址空間才能執行得好。因此**叢集系統** (clusters) 成為如今最為普遍的訊息傳遞平行計算機的做法。因為叢集中各自有各自的記憶體，叢集中的每一個節點都執行各自的一份作業系統。相對的是在微處理器內的各核以單一個作業系統通過一個高速網路在晶片中聯結，而多晶片共享記憶體系統使用記憶體聯結網路的方式做通訊。記憶體聯結網路具有較高的頻寬與較低的延遲，提供共享記憶體多處理器更好的通訊效能。

這個平行編程觀點下使用者記憶空間擁有個別記憶體所帶來的缺點卻反而成為系統可靠性的強項 (參見 5.5 節)。因為叢集系統是由透過區域網路互相聯結的各個獨立計算機所組成，相較於在共享記憶體多處理機中，在叢集系統裡要想換掉一台計算機且不至於需要關閉整個系統做起來遠為容易。基本上，共用位址代表要隔離一個處理器並且替換它必須要在伺服器中作鉅大的作業系統及實體線路設計的工程。在叢集系統中當伺服器故障時要將規模平順地縮減也相對容易，因此改善了**可靠性** (dependability)。因為叢集軟體是執行於每一個計算機的本地作業系統上的一個層，使得將一個壞掉的計算機斷線並置

叢集系統
以輸出入方式經由標準網路交換器聯結起來以形成訊息傳遞多處理器的許多計算機。

可靠性

換變得很容易。

因為叢集系統是由多個完整的計算機透過另一不相關聯的、可調整規模的網路所建構，這樣的區隔也使得系統擴充時更容易且不需插斷執行於該叢集上的應用程式。

叢集系統相較於大規模共享記憶體多處理器即使其通訊效能較差，由於其較低的成本、較高的可用度，以及快速、可逐步的擴充性，使得叢集系統對提供網際網路服務具高競爭力。我們每天有數億人使用的搜尋引擎靠的就是這種技術。Amazon、Facebook、Google、Microsoft 以及其他單位都有多個建置了數萬個伺服器的叢集系統的數據中心。明顯地，這些網際網路服務公司裡多處理器的使用是非常成功的。

庫房規模計算機

如前所述的各項網際網路服務導致了建造新建物來容納、供電及冷卻 50,000 個伺服器的需要。雖然這些伺服器可以歸類成不過是大型的叢集系統，它們的架構與運作卻更為複雜。它們有如一個巨大的計算機，而能聯結並容納 50,000 個伺服器的建築物、電力及冷卻設施、伺服器、還有聯網的設備共需耗費 $150M 之譜。我們視其為一種新的計算機類別，稱為庫房規模計算機 (Warehouse-Scale Computers, WSC)。

任何人都可以做出快速的 CPU。竅門就是做出快速的系統。

Seymour Cray，被尊為超級計算機之父。

硬體 / 軟體介面

在 WSC 中最常見的批次處理構造是對映並歸納化簡 (MapReduce [Dean, 2008]) 和它的開放源碼雙生版 Hadoop。受到 Lisp 中相同名稱函式的啟示，Map 首先將一個由程式師依需求撰寫的函式對每一筆邏輯輸入記錄合理地各別指派到許許多多處理節點上作處理。Map 執行於成千上萬個伺服器上，以產出一對對鍵值 - 結果值形式的中間結果。Reduce 收集這些分散的工作的產出，並使用另一個由程式師撰寫的函式來歸納統整它們以產出所需的最終結果。透過恰當的軟體支援，Map 與 Reduce 都可以高度平行化而且易於瞭解及使用。不到 30 分鐘，新手程式師就可以在數千個伺服器上執行 MapReduce 的工作。

例如，有一個可計算每一個英文字在一大堆文件裡出現次數的 MapReduce 程式。下列是一個這種程式的簡化版，其只列出最內的迴圈並假設所有英文字都只在文件中出現一次：

```
map(String key, String value):
                        // key 鍵值：文件名稱
                        // value：文件內容
    for each word w in value:
    EmitIntermediate(w,"1");  //產生包含所有出現過的字的串列
    reduce(String key, Iterator values):
                        // key: 一個字
                        // values: 一串列的計數值
    int result=0;
    for each v in values:
    result+=ParseInt(v);      //從 key-value 對得出一個數字
    Emit(AsString(result));
```

Map 函式中使用的函式 `EmitIntermediate` 送出文件中的每一個字以及數值 1。然後函式 Reduce 以 `ParseInt()` 對每份文件中的每一個字加總所有的數值以求得所有字在所有文件中出現的次數。MapReduce 的執行時期環境將所有 map 工作與 reduce 工作排程到 WSC 的伺服器上。

在這種需要創新的電力配置、冷卻、監控及操作的極端的規模下，WSC 可謂 1970 年代超級計算機的最新後裔，使得 Seymour Cray 成為現在的 WSC 架構設計師的教父。他的極端的計算機處理了沒有別處能夠處理的計算問題，但是又是如此昂貴以至於只有極少數公司可以負擔得起。現在的目標是提供資訊技術給全世界使用，而不只是提供高效能計算給科學家們以及工程師們。因此，WSCs 較之 Cray 的超級電腦過去所做的，今天確實扮演了一個更重要的社會角色。

WSCs 與伺服器雖然具有共同的目標，它們卻具有三個主要差異：

1. **大量且容易的平行性**：伺服器架構師關心的一件事是設定的市場應用是否具有足夠的平行性來恰當發揮配置的平行硬體，以及發掘這種平行性所需的通訊硬體花費是否太高？而 WSC 架構師不需要擔憂這些。首先，像是 MapReduce 的批次應用可因僅需各自獨立處理的大量獨立數據集而獲益，譬如在網路爬搜數十億的網頁。其次，互動式網際網路服務的應用，又稱為**軟體即服務** (Software as a Service, SaaS) 可因數百萬互動網際網路服務的獨立使用者而獲益。SaaS 中的讀取與寫入極少相依，因此 SaaS 極少需作同步。

軟體即服務 (SaaS)
並非銷售需安裝並執行於顧客自己計算機上的軟體，而是軟體是執行於遠端，且一般是經由網路介面透過網際網路來提供給顧客使用。對 SaaS 顧客的收費是依據使用情形而非擁有權。

平行性

例如在搜尋中使用的是唯讀的索引，而電子郵件通常是讀取和寫入互相獨立的資訊。我們稱這種容易的平行性為**請求層級平行性**(*Request-Level Parallelism*)，因為許多獨立的工作可自然地平行推進且彼此間難得會用到通訊或同步。

2. **要考慮運作的花費**：傳統上伺服器架構師在某個成本預算內設計他們的系統以求達到峰值效能，而只有在擔憂在這個空間內是否已經有足夠冷卻能力時才會檢視能耗。他們通常會假設伺服器運作的花費會遠較購置建造整個系統和環境的經費來得低而忽略了運作的花費。WSCs 具有更長的生命期——建築物與電力和冷卻設施通常需要 10 到 20 年以上來攤提——因而增加了運作的花費：能源、電力分配與冷卻在超過十年以上的期間佔了 WSC 總花費的不止 30%。

3. **規模以及與規模有關的機會／問題**：要建構一個 WSC，你需要購買 50,000 台伺服器以及支援的基礎結構，這表示有大量採購的折扣。因此即使沒有很多的 WSCs，它們是如此龐大以致於你可以因而得到規模上的經濟性。這個規模上的經濟性導致了**雲運算** (cloud computing) 的應用，因為 WSC 內較低的每單位成本代表雲公司可以用可帶來盈餘的租金來出租伺服器，而這種租金還是比外面的人自己建置運算設備的成本為低。這種規模帶來的經濟方面的機會的另外一個面向是處理規模性之下的故障率的需要。即使每個伺服器都有驚人的 25 年 (200,000 小時) 的平均到發生故障的時間 (Mean Time To Failure, MTTF)，WSC 架構師將需要作每天 5 個伺服器會故障的相應設計。5.15 節提到在 Google 測得每年的磁碟故障率 (AFR) 是 2% 至 4%。如果每個伺服器有四個磁碟而且磁碟的年故障率是 2%，WSC 架構師應該要預期每小時發生一個磁碟故障。因此容錯對 WSC 架構師而言比對伺服器架構師更為重要。

WSC 帶來的規模經濟性實現了長期以來提供計算能力有如公用事業 (如水電瓦斯等) 的夢想。雲計算代表的是任何人在任何地方有好的想法想要用到計算能力時，一個商業模式加上一張信用卡就可以啟動數千台伺服器來把他們的想法幾乎立即地推動到全世界各地。

為了因應雲端運算的成長速率，2012 年中 Amazon Web Services (AWS) 宣稱其每天都新增了足以支援 Amazon 在 2003 年全球基礎設施的伺服器容量，在當時 Amazon 是一家年營業額 $5.2Bn、雇員 6000 人的企業。到了 2020 年，即便雲計算業務只佔 Amazon 營業額的

10%，卻貢獻了公司收益的大部分。AWS 的年成長率正以 40% 上升。

既然我們瞭解了訊息傳遞多處理器的重要性、特別是對雲運算而言，我們接著討論將 WSC 節點聯結在一起的各種方法。因為不斷增加的每晶片核數量，我們現在也需要思考晶片內的網路，因此這些拓撲在小規模的以及大規模的情況下都很重要。

仔細深思 MapReduce 的構造基本作法是在 Map 階段結束時攪亂並排序鍵值 - 結果值對以產出許多有相同鍵值的群組，然後這些群組進行 Reduce 階段的處理。

仔細深思 大型計算技術的另一種形式是*網格運算* (grid computing)，在這裡，計算機被分散於很大的區域，因此執行的程式必須經由長途網路來溝通。最出名與特別的網格運算形式是由 SETI@home 計畫所倡議的。既然任何時候都有百千萬台個人電腦並不做任何有用的事而閒置著，那麼如果有人發展出可以執行於那些計算機上、給每台個人電腦一件獨立的問題去處理，則那些閒置的個人電腦可被搜羅來作很好的利用。第一個這種例子是 *the Search for Extra Terrestrial Intelligence* (SETI，意為「搜尋地球上的額外的智能」)，它在 1999 年於 University of California at Berkeley 展開行動。在超過 200 個國家裡的超過五百萬名計算機使用者登入 SETI@home 參與這個計畫，這些人有超過半數位於美國以外的地區。到 2013 年 6 月，SETI@home 的家用計算機網格的平均效能達到 668 PetaFLOPS，比 2013 年最好的超級計算機快上 50 倍。

1. 真或偽：如同 SMPs，訊息傳遞計算機同步時須依賴鎖。
2. 真或偽：叢集系統有很多各別的記憶體也因此需要有很多份作業系統。

自我檢查

6.9 多處理器網路拓撲介紹

多核晶片需要以晶片上的網路連接所有的核。本節討論不同多處理器網路的利與弊。

網路成本包括交換器的數量，一台交換器連到網路的連結數量，

每個連結寬度 (位元數) 以及網路對映到晶片時的連結長度。例如，有些核可能是鄰近的而其他的可能位於晶片的另一邊。網路效能也是多方面的，它包括在一個無負載網路上發送和接收資訊時出現的延遲、在給定時間內最多可以傳送資料量的來定義的處理量、競爭網路部分通道所造成的延誤以及取決於不同通信樣式的不同效能。網路的另一個任務是容錯，因為系統可能需要在零件出現損壞時繼續執行。最後，在這個晶片電耗要少的時代，不同設計的電源效率可能會勝過其他問題。

　　網路通常被繪成圖形，每段弧線代表通信網路的一個連結。處理器 - 記憶體節點以一個黑色方塊顯示，交換器以灰色圓圈顯示。在本節中，所有的連接都是雙向的；也就是說，資訊可以在兩個方向流動。所有網路由交換器組成，其連結通到處理器 - 記憶體節點和其他交換器。對匯流排做出的第一個改善是將一串節點連接在一起的網路：

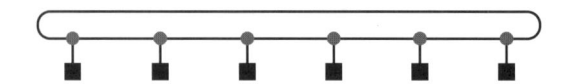

　　這種拓撲架構被稱為環。由於一些節點沒有直接連接，有的資訊必須跳經中間節點，直到抵達最終目的地。

　　與匯流排不同，一個環能夠處理許多的傳輸。因為有很多拓撲供選擇，需要根據效能指標來區分這些設計。有兩個常用指標。第一個是整個**網路頻寬** (network bandwidth)，它的值是每一個連結頻寬乘以連接的數量。這是理想的情況。對於上述環狀連結網路，設有 P 個處理器，其總網路頻寬將是一個連結頻寬的 P 倍；匯流排總網路頻寬只是該匯流排的頻寬或一個連接頻寬的二倍。

　　除了最佳情況，我們也討論了另一個接近最壞情況的量度：**對分頻寬** (bisection bandwidth)。計算方法是，將多處理器分為兩部分，每部分有一半的節點。然後，你把穿過那段假想分界線的所有連結的頻寬加起來後便得出對分頻寬值。環的對分頻寬等於連結頻寬的二倍，亦等於匯流排連結頻寬的一倍。如果單一連接與匯流排一樣快，則該環在最壞情況下，速度也不過是一個匯流排的二倍，但該環在最佳情況下卻是匯流排的 P 倍。

　　由於一些網路拓撲是不對稱的，出現的問題是，要把多處理器一分為二，應在哪裡劃分假想線？由於這是一個最壞情況的指標，因此，答案是將分界線選擇在產生最悲觀網路效能的地方。或者說，對

網路頻寬
非正式地說，即為網路傳輸率的峰值；可表示單一連結的速度或網路中所有連結的整體傳輸速率。

對分頻寬
一個多處理器中的兩個等大部分間的頻率。這個參數是相對於劃分多處理器時最糟糕的情況。

所有可能的選擇，計算對分法頻寬的數值，選擇最小的一個。我們採取這種悲觀處理方式，因為平行程式往往受限於通訊鏈中最薄弱的連結。

環的另一個極端是**完全連接網路** (fully connected networks)，其中的每個處理器有一個雙向連接到所有其他處理器。對於全連接網路，網路總頻寬值等於 $P \times (P-1)/2$，且對分頻寬值等於 $(P/2)^2$。

全連接網路效能的巨大改善被成本的大幅增加所抵銷。這種情況激發工程師們在環的成本與全連接網路的效能之間發明一種新的拓撲。對成功與否的評價，在很大程度上取決於多處理器上平行程式工作的通訊性質。

我們還難以統計已經有多少種不同的拓撲在出版物上討論到了，但是只有少數被用於商業平行處理器中。圖 6.15 顯示了兩種常用的拓撲。

在網路中的每個節點放置處理器的另一種做法是在某些節點上只放置交換器。這些交換器都小於處理器-記憶體-交換器的節點，因此可以包裝得更緊密，從而縮小傳輸距離和提高效能。這樣的網路經常被稱為**多級網路** (multistage networks)，以反映一個資訊可能需要經過多個傳送步驟。多級網路的類型如同單級網路一樣有很多種；圖 6.16 顯示了兩種常用的多級網路結構。一個**全連接** (fully connected) 或**縱橫網路** (crossbar network) 允許在網路通道中的任何節點與任

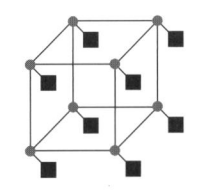

完全連接網路
一個在所有處理器-記憶體節點間都具有專屬通訊連結的網路。

多級網路
一個在每個節點處都提供一個小交的函式庫。

縱橫網路
在一個穿越網路的通道中，允許任何節點與任何其他節點通信的一個網絡。

a. 16 節點的二維網格或網狀圖　　b. 8 節點的 n 立方樹 ($8 = 2^3$ 故 $n = 3$)

圖 6.15　一些商用平行處理器中出現過的網路拓撲。
有顏色的圓圈代表交換器而黑色方塊代表處理器-記憶體節點。雖然一個交換器有許多連接，通常只有一個接通到處理器。布林 n 立方拓撲是具有 2^n 節點的 n 維互聯網路，每個交換器有 n 個 (以及對處理器的一個) 連接，因此有 n 個最接近的鄰近節點。這類基本拓撲通常都會加上額外的連線，以提高性能和可靠性。

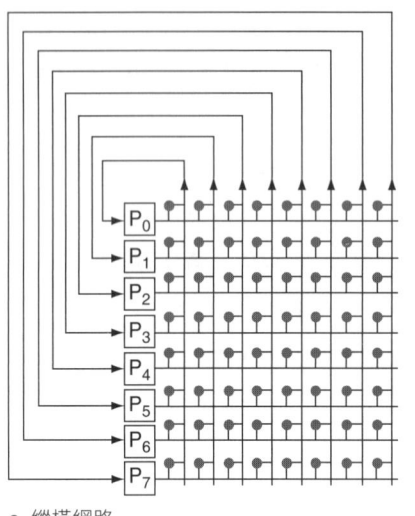

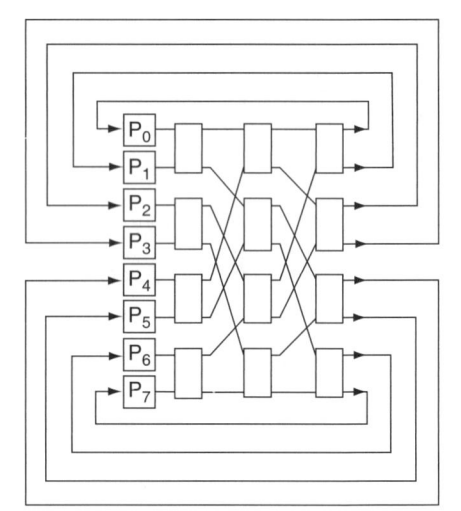

a. 縱橫網路

b. Omega 網路

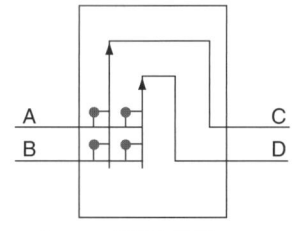

c. Omega 網路交換器

圖 6.16　8 個節點的常用多級網路拓撲。
各圖中的交換器由於連結均為單向傳送的，因而較前圖中的簡單；資料由左方進入並由右邊的連接傳出。在圖 c 中的方塊可以將 A 傳到 C、B 傳到 D 或是 B 傳到 C，以及 A 傳到 D。縱橫網路使用 n^2 個交換器，其中 n 是處理器的數量，而 Omega 網路使用 $2n \log_2 n$ 個大交換器盒，每個大交換器盒邏輯上是由 4 個較小的交換器組成。在本例中，縱橫網路使用 64 個交換器，而 Omega 網路使用 12 個大交換器盒或是 48 個交換器。然而，縱橫網路可支援 (同時在) 各處理器之間任何型式的資訊傳遞，但 Omega 網路並不能。

何其他節點可以僅經由一步來通訊。一個 Omega 網路比縱橫網路使用更少的硬體 ($2n \log_2 n$ 個對比於 n^2 個交換器)，但隨著通信樣式的不同，信息間可能會出現資訊通道的衝突競爭。例如，圖 6.16 中的 Omega 網路不能在從 P_1 發送資訊到 P_4 的同時，也從 P_0 發送訊息到 P_6。

實作網路拓撲

本節中所有網路的簡單分析會忽略在構建網路時一些重要的實際考慮。每個連結的距離影響到在高時脈速率時的通訊成本——一般而

言距離愈長，則要能運行在高時脈速率的話也愈昂貴。較短的距離也更容易在連結中使用更多條導線，因為如果導線愈短，所需的驅動能量也愈小。短導線也比長導線便宜。另一個實際限制是三維圖形必須實作到本質上只是二維電路的晶片上。最後一項考慮是能耗。能耗的考慮可能造成在多核晶片中僅能採用例如簡單的網格 (grid) 拓撲。結論是，能夠畫在紙張上顯得優雅的拓撲在製作晶片或是在一個資料中心裡時可能並不切實際。

在我們瞭解叢集系統的重要性並看過我們能夠用來聯結它們節點的各種拓撲之後，我們接著來看看處理器間網路的介面中的硬體與軟體。

真或偽：對有 P 個節點的環，網路總頻寬與對分頻寬的比例是 P/2。

自我檢查

6.10 和外界通訊：叢集系統的聯網

這個線上的節說明將叢集系統中各節點聯結在一起的聯網硬體與軟體。使用的範例是 10 gigabit/second 以週邊組件互聯快捷版 (*Peripheral Component Interconnect Express*, PCI) 聯接至計算機的乙太網 (Ethernet)。它說明提升網路效能的各種硬體與軟體的最佳化方法，包括零複製訊息法、使用者空間通訊、使用輪詢而非 I/O 插斷，以及以硬體來計算核對和等。雖然是以網路舉例，本節中的各種技術也可應用在儲存控制器以及其他 I/O 裝置中。

在簡要地於這個線上的章節中說明了網路的效能後，下一節中將說明如何以更高階的程式來測試網路在所有種類的多處理器中的表現。

6.11 多處理器測試程式與效能模型

正如我們在第 1 章所看到的，測試程式系統始終是一個敏感的話題，因為這是眾所矚目的方法，以確定哪個系統較好。結果不僅影響到商業系統的銷售，而且還影響到這些系統設計師的聲譽。因此，

參與者想贏得競爭，但同時他們也想確定，如果其他人贏了，他們是值得的，因為他們真的有一個較好的系統。這種願望導致了規則的制定，以確保採用該測試程式的測試結果並不只是玩弄工程技巧，而是提高實際應用效能的進步。

為了避免可能的作假，通常規定使用者不能改變測試程式。原始程式碼和資料集都是固定的，並且只有一個正確答案。任何偏離這些規則都會使結果無效。

許多多處理器測試程式遵循這些傳統。一個常見的例外是，可以放大問題的規模，以便你可以在有一些不同數量的處理器系統上，進行測試程式。也就是說，即使當程式執行不同問題大小結果的比較時你要小心，許多測試程式允許弱縮放而不需要強縮放。

圖 6.17 簡述一些平行測試程式，描述如下：

- *Linpack* 是一個線性代數程序的集合，這些程序用於執行高斯消去法，構成所謂的 Linpack 測試程式。在第 233 頁的範例中的 DGEMM 程序雖然在相關 Linpack 測試程式的原始程式碼中只是一小部分，但它確實佔用了該測試程式中大部分的執行時間。它允許弱縮放，讓用戶能夠選擇任意大小的問題。此外，它允許用戶以任何形式和任何編程語言改寫 Linpack，只要它能對指定的問題規模計算出正確的結果並執行過同樣數量的浮點數運算。每年中會有兩次，執行 Linpack 效能最快的 500 個計算機會發表在 www.top500.org 上。在這個名單上的第一名被媒體認為是世界上最快的計算機。由於目前能源效率的重要性，同一家機構也發表一份綠色 500 的名單，在這份名單中，他們依據執行 Linpack 時每瓦的效能來排序出前 500 名。

- *SPECrate* 是基於 SPEC CPU 測試程式處理通量的量度，例如 SPEC CPU 2017 (參見第 1 章)。SPECrate 並不指出各個程式的執行效能，而是同時執行許多份相同的程式時的執行效能。因此，既然各個工作之間沒有通訊發生，它評估的是工作層級的平行度。你想要執行多少份程式都可以，所以這又是一種弱縮放的形式。

- *SPLASH* 和 *SPLASH 2* (Standford 共享記憶體的平行應用程式) 是 1990 年代 Stanford 大學的研究人員努力的結果彙整成一套平行的測試程式集，其目標類似 SPEC CPU 測試程式集。它包括核心和應

測試程式	規模縮放？	可重編程？	說明
Linpack	弱	是	密集陣列線性代數 [Dongarra, 1979]
SPECrate	弱	否	獨立工作平行性 [Henning, 2007]
Stanford 共享記憶體平行應用程式 SPLASH 2[Woo 等，1995]	強（雖然提供了二種大小不同的問題）	否	一維複式 FFT 區塊 LU 分解法 區塊式稀疏 Cholesky 因式分解 整數基數排序 Barnes-Hut 適應式快速多極 海洋模擬 分層輻射 射線追蹤 立體渲染 具空間資料結構的水模擬 無空間資料結構的水模擬
NAS 平行測試程式 [Bailey 等，1991]	弱	是（只對 C 或 Fortran 語言）	EP：明顯地平行 MG：簡化式多網格 CG：共軛梯度法非結構網格 FT：使用 FFT 的三維偏微分方程解答 IS：大整數排序
PARSEC 測試程式集 [Bienia 等，2008]	弱	否	Blackscholes——使用 Black-Scholes PDE 的期權定價 Bodytrack——人體追蹤 Canneal——以考慮快取的模擬退火式來做最佳化尋徑 Dedup——刪除重複資料的新一代壓縮法 Facesim——模擬人臉運動 Ferret——內容相似性搜索伺服器 Fluidanimate——具有 SPH 法的動畫流體動力學 Freqmine——常用項目集採擴 Streamcluster——線上輸入串流的叢集 Swaptions——投資組合互換期權的定價 Vips——影像處理 x264——H.264 視頻編碼
Berkeley 設計樣式 (Asanovic 等，2006)	強或弱	是	有限狀態機 組合邏輯 圖形遍歷 (Graph Traversal) 結構化網格 密集矩陣 稀疏矩陣 光譜方法 (FFT) 動態編程 N 體 (N-Body) 對映並歸納化簡 (MapReduce) 回溯／分支和定界 (Backtrack/Branch and Bound) 圖形模型推論 非結構化網格

圖 6.17 平行測試程式的例子。

用程式,其中許多來自高效能計算機社群。該測試程式需要使用強縮放,即便它可以使用兩套不同的測試數據集。

- *NAS* (*NASA* 超高級計算;*NASA Advanced Supercomputing*) 平行測試程式是 1990 年代開始,對於多處理器測試程式的另一嘗試。它們源自計算流體力學,由五個核心程式組成。它們通由定義一些資料集來允許進行弱縮放。像 Linpack 一樣,這些測試程式可以重寫,但規則要求的程式語言只能是 C 或 Fortran。

- *PARSEC* (普林斯頓共享記憶體計算機應用程式庫;*Princeton Application Repository for Shared Memory Computers*) 測試程式集由使用 Pthreads (POSIX 緒) 和 OpenMP (開放多重處理;參見 6.5 節) 的多緒程式組成。它們專注於新興的計算領域,其中包含九個應用程式和三個核心程式。八個依賴於數據平行性、三個依賴管道平行性和一個依賴非結構化的平行性。

- 在雲的前緣,*Yahoo! Cloud Serving Benchmark* (YCSB) 的目的是比較雲數據服務的效能。它提供了易於讓客戶測試新數據服務的基礎結構,並且以 Cassandra 與 HBase 為具代表性的例子 [Cooper, 2010]。

對測試程式之傳統限制的弊端,是創新主要受限於晶片架構和編譯器。更好的資料結構、演算法、程式語言等往往不能使用,因為將會給出一個誤導結果。例如,系統能夠成功是因為演算法,而不是因為硬體或編譯器的緣故。

雖然這些準則在計算基礎相對穩定時是合理的——在 1990 年代和最近十年的前半時的確如此,但當開始一場革命時,它們就不再合適了。因為這場革命要取得成功,我們需要鼓勵各層級創新。

加州大學柏克萊分校的研究人員提倡一種方法。他們認定了 13 個設計樣式,聲稱是未來應用程式的一部分。這些設計樣式經由基礎架構或核心程式來實施。這些例子有稀疏矩陣、結構化網格、有限狀態機、圖形縮簡和圖形遍歷。經由保持在高階的定義,他們希望鼓勵在系統任何層級的創新。因此,除新穎的架構和編譯器外,還歡迎使用任何資料結構、演算法和編程語言,在具有最快稀疏矩陣解法的系統上。

雖然基本上並不像是個平行計算的測試程式,MLPerf 是一個新近的一般會在平行計算機上執行的機器學習 ML 測試程式。它包含了

Pthreads
UNIX 中用於產生和運作各個緒的應用程式介面 (API)。其被建構成如同一個函式庫。

幾個程式、一些數據集與基本的規則。MLPetf 測試程式集的新版每三個月就會更新一次，來反映機器學習的快速進程。為了把不同規模大小計算機的測試結果做正規化，MLPerf 將執行測試程式的能耗也納入考量。有一項創新的程式測試特性是提供了封閉的與開放的兩組測試程式 (評比)。封閉的那一組對繳交的結果採用嚴密要求的規則，以求確保不同系統間做比較時的公平性。開放的那一組則鼓勵創意，包括使用更好的資料結構、演算法、編程系統以及其他。開放組繳交的結果只需要對相同的數據集合進行相同目的的工作即可。我們在下一節中採用 MLPerf 來評估不同的 DSAs。

各種效能模型

與測試程式相關的一個課題是效能模型。一如我們在本章中所見的架構上發展得愈加分歧──多緒處理、SIMD、GPUs、TPUs──如果有一個簡單的模型可以讓我們深入瞭解不同架構的效能表現，將會特別有幫助。它不必是完美的，但是必須具備洞察力。

第 5 章中的快取的 3Cs 模型是一個效能模型的例子。它不是一個完美的效能模型，因為它忽略了一些基本上很重要的因素，像是區塊的大小、區塊配置方法以及區塊置換方法。此外，它也有模稜兩可的地方。例如，一個錯失可能可以在一種設計中歸因於容量大小，然而在另一種容量相同的不同設計中卻被歸因於衝突錯失。即便如此，3C 模型已經流行了 30 年，因為它提供了對程式行為的深入瞭解，幫助設計師和程式師根據該模型來改善他們的創造。

如果要為平行計算機找出一個這樣的模型，讓我們從像是圖 6.17 中那 13 個 Berkeley 設計樣式的小核心程式開始著手。雖然這些核心程式具有不同數據型態的版本，其中的浮點的型態相當常見於各種設計中。因此在一個計算機中，我們可以把峰值浮點效能看成是執行這類核心速度上的極限。就多核晶片而言，峰值浮點效能就是晶片中所有核的峰值效能的總和。如果系統中有多個微處理器，則可以再將每晶片的峰值效能乘以晶片的總數。

對記憶體系統的需求可以經由將這個峰值浮點效能除以平均每存取一位元組的浮點運算數來估計：

$$\frac{每秒的浮點運算數}{每位元組的浮點運算數} = 位元組 / 秒$$

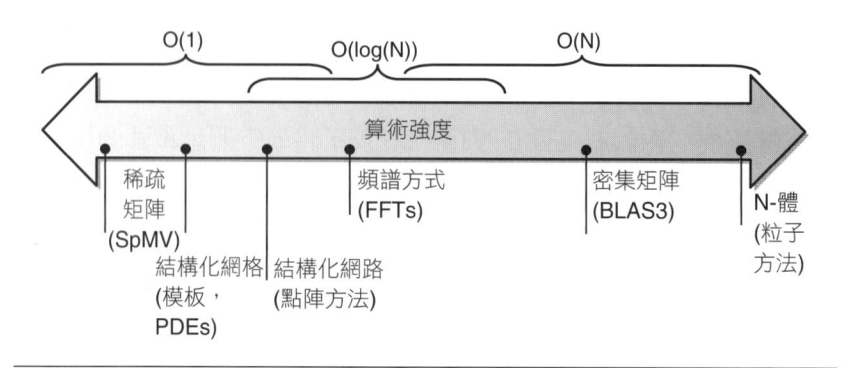

```
        O(1)           O(log(N))           O(N)
    ←―――――――――――――――― 算術強度 ――――――――――――――――→
         │    │     │        │              │        │
       稀疏  │    │      頻譜方式        密集矩陣    │
       矩陣  │    │      (FFTs)         (BLAS3)    N-體
      (SpMV) │    │                                (粒子
             │    │                                方法)
         結構化網格  結構化網路
         (模板,    (點陣方法)
         PDEs)
```

圖 6.18 算術強度，以執行程式時浮點運算數除以主記憶體中存取的位元組數來表示 [Williams, Waterman, and Patterson, 2009]。

一些核心程式的運算強度會隨問題的規模變化，例如密集陣列，但也有許多核心程式的運算強度與問題的規模無關。對屬於前者的核心程式而言，弱縮放會導致不同的結果，因為它對記憶體系統需求相對很低。

對記憶體存取過的每位元組上進行的浮點運算數，這個比值稱為**算術強度** (arithmetic intensity)。它可以將一個程式中浮點運算的總數除以程式執行期間與主記憶體間傳輸的數據位元組總數來得出。圖 6.18 顯示圖 6.17 中幾個 Berkeley 設計樣式的算術強度。

算術強度
在一個程式中的浮點運算數與被來自主記憶體中的程式所訪問數據字節數的比值。

屋頂線模型

這個簡單的模型是在一個二維的圖中把浮點效能、算術強度與記憶體效能都聯結起來 [Williams, Waterman, and Patterson, 2009]。峰值浮點效能可以透過上述的硬體規格求得。我們在這裡考量的核心程式的工作集 (working set) 應該無法完全容納於晶片上的快取中，所以峰值記憶體效能可能要以快取下方的記憶體系統來決定。找到峰值記憶體效能的一個途徑是使用「串流」測試程式 (參見第 5 章 418 頁的「仔細深思」)。

圖 6.19 所顯示的模型是對一個計算機本身所做，而非針對每個核心程式。垂直的 Y 軸表示可以達到的浮點效能，數值範圍是 0.5 至 64.0 GFLOPs／秒。水平的 X 軸是算術強度，變化範圍從 1/8 FLOPs/DRAM 存取位元組至 16 FLOPs/DRAM 存取位元組。注意該圖使用的是對數－對數的尺度。

對於一個給定的核心程式，我們可以根據它的算術強度在 X 軸上找到一個點。如果通過該點畫一條垂直線，則該計算機的核心程式效能必定位於該線上的某個地方。我們可以繪製一條水平線，以顯示

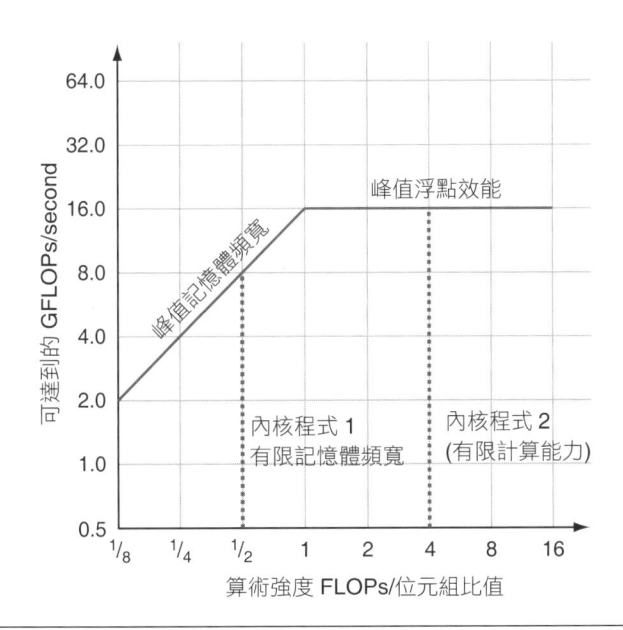

圖 6.19 屋頂線模型 [Williams, Waterman, and Patterson, 2009]。
這個例子有來自於「串流」基準測試程式的 16 GFLOPs／秒的峰值浮點效能和 16 GB／秒的峰值記憶體頻率 (由於「串流」實際上有 4 個測量值，這條線是 4 個的平均)。左邊灰色垂直的點狀線代表核心程式 1，它有一個 0.5 FLOPs／位元組的算術強度。在此 Opteron X2 上的記憶體帶寬限制不超過 8 GFLOPs／秒。右邊垂直的點狀線代表核心程式 2，它的算術強度是 4 FLOPs／位元組。計算上只能達到 16 GFLOPs／秒 [此數據是基於 AMD Opteron X2 (F 版)，採用雙核心程式，執行在 2 GHz 的雙插槽系統上]。

計算機的峰值浮點效能。顯然，實際的浮點效能不會高於水平線，因為這是一個硬體限制。

我們怎麼能夠畫出以位元組／秒表示的峰值記憶體效能呢？由於 X 軸的單位是 FLOPs／位元組以及 Y 軸的單位是 FLOPs／秒，位元組／秒在圖中就是一條斜線。因此，我們可以繪製出第三條線，來表達出在一個給定的算術強度下，計算機中的記憶體系統能夠支持的最大浮點效能的值 (譯註：這條線在圖中通常會以折線的形式出現)。我們可以用公式來表達這些極限，從而在圖 6.19 中畫出這條線：

可達到的 GFLOPs／秒＝Min (峰值記憶體頻寬×算術強度，峰值浮點效能)

這條平行和對角的兩條線組成的線給予了這個簡單的模型這樣的名稱，並且標示出相關的數值。「屋頂線」標示出核心程式因算術強度不同造成的效能上限。根據一個計算機的屋頂線，你可以一再地使

用它,因為它不會隨核心程式而改變。

如果我們把算術強度當成是一根會頂到屋頂的立柱,或者它會頂到屋頂的傾斜的部分、表示效能是最終受限於記憶體的頻寬,或者它會頂到屋頂的水平的部分、表示效能是受限於計算能力。由圖 6.19 中可看出:核心程式 1 是前者的例子,而核心程式 2 則是後者的例子。

請注意「脊點」,即斜線和水平屋頂線相交的地方,它提供了計算機有趣的意涵。如果它很偏向圖的左側,那麼只有很高的算術強度的核心程式才可以達到該計算機的最大效能。如果它很偏圖的左側,那麼幾乎所有的核心程式都可能達到最大效能。我們將很快看到這二種例子。

二世代間的比較

帶有四個核的 AMD Opteron X4 (Barcelona) 是雙核 Opteron X2 的下一代產品。為了簡化主機板設計,它們使用相同的插槽。因此,它們有相同的 DRAM 通道和相同的記憶體頻寬峰值。除了增加了一倍核的數量之外,Opteron X4 的每個核也有二倍的峰值浮點效能:Opteron X4 核每個時脈週期可以發出二道浮點 SSE2 指令,而 Opteron X2 核最多只能發出一道。由於我們正在比較的這二個系統,都有類似的時脈速率 (Opteron X2 為 2.2 GHz 和 Opteron X4 為 2.3 GHz),在相同記憶體頻寬條件下 Opteron X4 比 Opteron X2 有超過 4 倍的峰值浮點效能。Opteron X4 還有 2MB 的 L3 快取,這在 Opteron X2 中是沒有的。

圖 6.20 比較了這兩個系統的屋頂線模型。正如我們所預期望,脊點從 Opteron X2 時的 1 向右移動變成了 Opteron X4 時的 5。因此,為了在下一代晶片上看到效能的增加,核心程式的算術強度需要大於 1,或者其工作集合能夠容納進 Opteron X4 的快取中。

屋頂線模型給出了一個效能上限。假設你的程式遠低於該上限。你應該進行怎樣的最佳化,以什麼順序最佳化呢?

為了減少計算瓶頸,下面的二個最佳化對所有核心程式幾乎都有幫助:

1. 各種浮點運算的佔比。一個計算機的峰值浮點效能一般會在幾乎同時需要作相等數目的加法和乘法時才能發揮出來。這種平衡之所以必要,可能是因為多數計算機支援一道融合式的乘 - 加指令 (參見

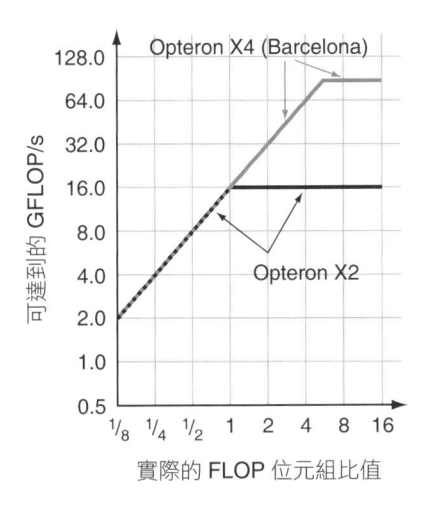

圖 6.20　兩個世代的 Opterons 的屋頂線模型。
Opteron X2 的屋頂線與圖 6.19 中的相同,以黑線顯示,Opteron X4 的屋頂線則以灰色顯示。Opteron X4 的更高的脊點意謂著,在 Opteron X2 上是屬於受限於計算效能的核心程式放到 Opteron X4 上就可能會變成受限於記憶體效能。

第 3 章 240 頁上的「仔細深思」),或者是因為浮點單元中有相同數量的浮點加法器和浮點乘法器。最佳浮點效能也只會在大部分算術指令都是浮點運算,而不是整數指令時才會達到。

2. 提高指令層級平行度並且運用 *SIMD*。對新近的架構而言,最佳效能會出現在約略每時脈週期讀取、執行以及完成三至四道指令 (參見 4.11 節) 的時候。於是這裡的目標就是改善編譯器產出的程式碼以增加指令層級平行度 (ILP)。一種方法是經由 4.13 節中介紹的展開迴圈來增加。對於 x86 架構,單單一道 AVX 指令就可以對八個雙精確度的運算元作運算,所以應該盡可能地多使用它們 (參見 3.7 和 3.8 節)。

為了舒緩記憶體瓶頸,下面的二個最佳化可以有幫助:

1. **軟體預取**。通常,最佳效能要求在執行中保持許多記憶體的運算,這可以經由執行軟體**預取**指令而不是等待計算機要計算資料時才請求讀數數據。

2. **記憶體位置關聯性**。目前的微處理器都在微處理器晶片上包含一個記憶體控制器,如此可以改善**記憶體階層**的效能。如果系統有多個晶片,這表示有些位址是存取到該晶片的 DRAM 上,其餘的位址需要透過晶片的互聯去存取另一塊晶片上的 DRAM。後一種情況

平行性

預測

階層

降低了效能。本最佳化儘量將資料以及在這資料上運作的緒配置到相同的記憶體 - 處理器上，使處理器很少去存取其他晶片的記憶體。

屋頂線模型可以幫助我們確定應該用這些最佳化中的哪一個來執行以及執行它們的順序。我們可以把每一個最佳化都想成在對應屋頂線之下的「天花板」值，這意謂著你如果沒有執行相關的最佳化，就不能突破該天花板值。

計算造成的屋頂線值可從手冊中得知，記憶體造成的屋頂線值可由執行「串流」測試程式上求得。計算相關的天花板值，如浮點運算平均數，也可由該計算機手冊中得知。記憶體相關的天花板值需由不同計算機上實際運算實驗才能得出差異。好消息是此過程只需要在每台計算機上做一次，因為一旦有人確定了一台計算機的天花板值，每個人都可以利用其結果最佳化處理該計算機的最佳化。

圖 6.21 中在圖 6.19 的屋頂線模型中增加了幾條天花板線，其中在上圖中顯示了如果降低計算能力時會造成的下降了的天花板，在下圖中則顯示了記憶體頻寬降低時的下降了的 (斜的) 天花板。雖然較高的天花板線上沒有標記使用了二種最佳化，但是在圖中應該不難猜到；如果想要突破最高的天花板，則需要先突破所有下面的天花板。

一條天花板線和它的上一條線之間的距離就是對該天花板線上標示的問題改善之後可以獲得的效能增益。因此，圖 6.21 指出了：改善指令層級平行性 (ILP) 的最佳化方法 2，在該計算機的計算能力增加上有很大的好處；而改善記憶體位置關聯性的最佳化方法 4，對改善該計算機的記憶體頻寬有很大的好處。

圖 6.22 將圖 6.21 中的天花板線合併到一張圖上。核心程式的算術強度決定了最佳化能作出改善的區域，它也因此而能指出該做哪一種最佳化。請注意，計算方面的最佳化與記憶體頻寬方面的最佳化在大部分的不同算術強度區域來說是相互重疊的。在圖 6.22 中的三個區域以不同的陰影來表示，指出相關的最佳化策略是哪些。例如，第 2 類的核心程式落在右邊的灰色梯形區域中，表示對它們只需要做計算最佳化。第 1 類的核心程式落在中間的灰色平行四邊形區域中，表示對它們可以嘗試兩種不同方向的各個最佳化。此外，它還表示可以從最佳化方法 2 和 4 開始來著手。請注意，由於標示第 1 類核心程式

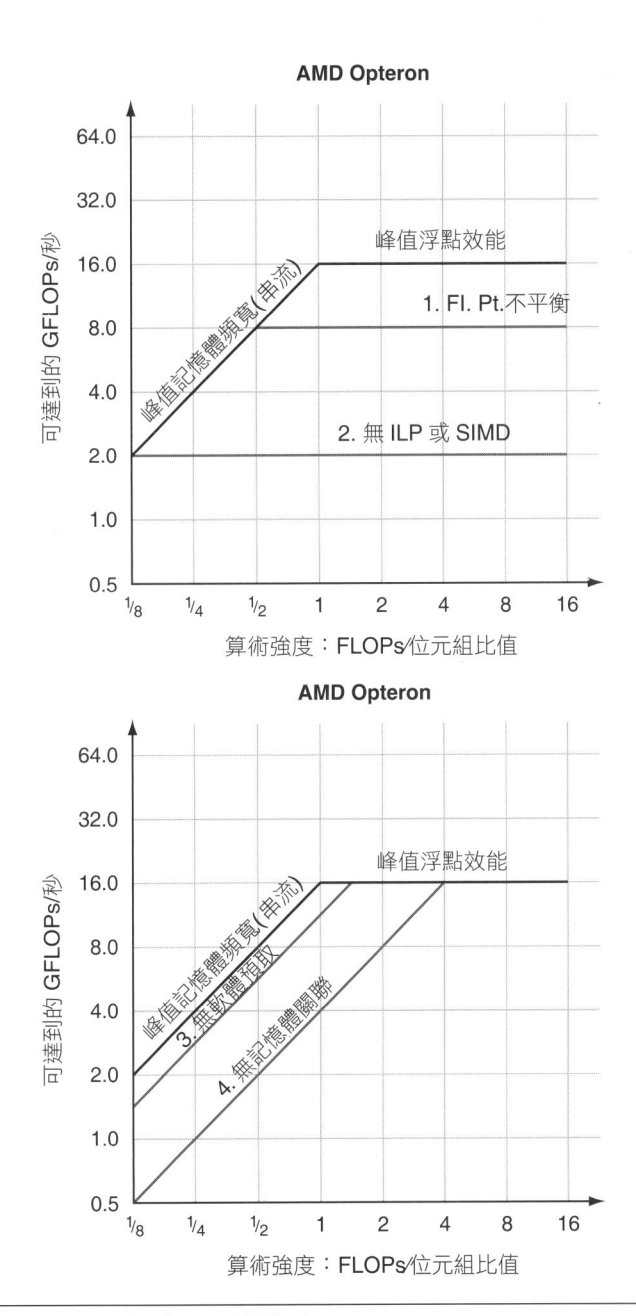

圖 6.21 加上天花板的屋頂線模型。

上方的圖顯示，如果浮點運算混比不平衡，計算的「天花板」值是 8 GFLOPs／秒；如果沒有增加指令階層平行化 (ILP) 和 SIMD 的最佳化，則「天花板」值是 2 GFLOPs／秒。下方的圖顯示，如果沒有軟體預取，記憶體頻寬的「天花板」值是 11 GB／秒；如果也沒有記憶體位置關聯最佳化，則「天花板」值是 4.8 GB／秒。

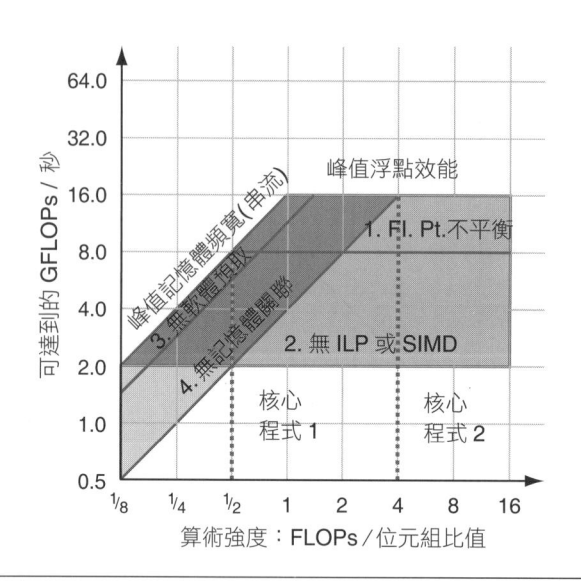

圖 6.22 加上了天花板的屋頂線模型，重疊的區域用陰影顯示，以及兩類特性不同的核心程式借用自圖 6.19。 算術強度落在右邊深色梯形中的核心程式應該專注於計算最佳化，而算術強度落在左下角灰色三角形中的核心程式則應該專注於記憶體頻寬的最佳化。那些位於中間灰色的平行四邊形中的核心程式對於兩種最佳化都需要考量。由於第 1 類的核心程式位於中間的平行四邊形中，應該嘗試做 ILP 和 SIMD 最佳化 (譯註：應該加上浮點不平衡最佳化)、記憶體位置關聯以及軟體預取。第 2 類的核心程式位於右邊的梯形中，所以應該嘗試做指令層級平行性 (ILP) 和 SIMD，以及浮點運算平衡的最佳化。

的垂直線位於浮點不平衡最佳化的線之下，所以最佳化 1 對第 1 類核心程式可能是不需要的。如果一個核心程式位於左下方的灰色三角形中，表示它只需要做記憶體最佳化。

直到這裡，我們一直假設算術強度是維持不變的，但事實並不是真的如此。首先，有些核心程式的算術強度會隨問題的規模放大而增加，例如密集矩陣 (Dense Matrix) 和 N 體 (N-body) 問題 (參見圖 6.18)。事實上，這可能是程式師在弱縮放的條件下比強縮放有更多成功優化的機會的原因。其次，**記憶體階層**的有效性會影響需要去到記憶體存取的次數，因此，提高快取效能的最佳化也提高了算術強度。例如，經由展開迴圈以及把有相近位址的指令聚集在一起來改善時間 (譯註：應該是空間) 區域性。許多計算機具有特殊的快取指令，能夠因為數據很快將被覆蓋掉，而在快取中配置數據的位置，卻不先填入記憶體該位址的數據到快取中。這二種最佳化都可以降低了記憶體流量，從而將代表算術強度的垂直線 (柱子) 向右移動了一個比例的距

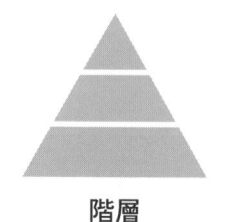

階層

離，例如，移動到 1.5 倍遠的地方。這種向右移動改變了相關核心程式能夠做哪些最佳化的區域。

雖然上面的例子說明的是屋頂線模型如何能夠幫助程式師改善程式的效能，其實架構師也能透過這個模型來判斷：對他們重視的核心運算，應該如何就哪些方面作硬體的改善來提升效能。

下一節使用屋頂線模型來比較領域特定的架構 DSA 與 GPU 間效能的差異，並檢視這些差異是否能夠反映真實程式的效能。

仔細深思 天花板值高低不同，較低的天花板值更容易被最佳化。顯然地，程式師可用任何順序做最佳化，但是遵守次序可以減少努力白費的機會 (由於其他限制，該最佳化沒有任何好處)。像 3C 模型一樣，只要屋頂線模型在提供深入意涵的同時它也會帶來混淆。例如，它假定程式在所有處理器之間處於負載平衡。

仔細深思 作為「串流」測試程式的另一種選擇，就是使用原始的 DRAM 頻寬作為屋頂線。雖然 DRAM 設置了確定的硬界限，實際記憶體效能往往離該邊界線太遠，以致於作為一個上限，它不是很有用。也就是說，沒有程式可以能靠近那個界限。使用「串流」的缺點是非常細心的編程也可能會超出「串流」的結果，因此，記憶體造成的屋頂線恐怕不能像計算造成的屋頂線那樣的明確，是一個硬極限。我們堅持使用「串流」，因為很少有程式師能夠提供比「串流」更多的記憶體頻寬。

仔細深思 雖然以上的屋頂線模型是為多核處理器設計的，它明顯地也對單處理器有效。

自我檢查

真或偽：傳統為平行計算機設計測試程式的方法其主要缺陷是確保公平性的規則也妨礙了軟體的創意。

6.12 實例：Google TPUv3 超級計算機與 NVIDIA Volta GPU 叢集的程式測試

6.7 節中介紹的 *DNNs* 其運作過程有兩個階段：訓練 (*training*)，用以建構準確的模型，與推論 (*inference*)，推導出符合模型的看法。訓練可能需時數日到數週，而推論經常僅需毫秒左右。TPUv1 就是

設計來做推論時使用的。本節探討 Google 如何為更為困難的訓練工作製作一個 DSA 產品。內容是基於以下文獻："A Domain-Specific Supercomputer for Training Deep Neural Networks", *Communications of the ACM*，2020 年，作者是 N. P. Jouppi、D. Yoon、G. Kurian、S. Li，N. Patil、J. Laudon、C. Young 與 D. A. Patterson。

DNN 的訓練與推論

我們先快速回顧 DNNs。訓練要先由建立一個已知是正確的、數量龐大的 (input, result) 數據組的集合開始。數據組也可能是一個圖像配合上對它要描繪的事物的說明。開始時 DNNs 也要被給予一個神經網路的模型，以便將輸入經過和各項權重的密集的計算來得出結果；在開始時權重是隨機選定的。該模型典型上是定義為一個多層的圖型，其中每一個層包含一些線性代數的運算 [往往是與權重值的矩陣乘法或捲積運算 (convolution)] 後接一個非線性的致動函式 (*activation function*) [往往是一個純量函式，並且對元素個別運作；我們稱所得的結果作致動元 (*activations*)]。訓練過程預期會「學習」到能夠提高將輸入正確對映到結果的機會的權重值。

我們怎麼能從開始的隨機權重值得到訓練後的數值？目前最好的作法是使用各種隨機梯度下降法 (*stochastic gradient descent, SGD*) 的變體。SGD 包含三個步驟的許多次重複：前向傳遞、後向傳遞與權重更新：

1. 前向傳遞以一個隨機選取的訓練例證作為輸入送進模型中，並經過一層一層執行計算來產出一個結果 (不過因為開始時用的是一組隨機權重值，第一次得到的結果是垃圾)。前向傳遞功能上與 DNN 中的推論功能上相似，如果我們要製作的是一個推論的加速器，我們就可以完工了。對訓練而言，這就連三分之一都還沒完成。接著隨機梯度下降法 SGD 計算該模型得出的結果與從訓練的數據組中挑出的已知的優良結果，使用一個損失函式 (*loss function*)，來得出之間的差異或可稱為誤差。

2. 接著後向傳遞以相反的方向一層一層地操作這個模型，來對每一層的輸出結果做出一組誤差 / 損失數值。這些損失計算出的是與輸出之間的偏差 deviation。

3. 最後，權重更新綜合每一層的輸入與損失數值來計算一組差值 deltas──對權重應作的改變──如果用來加到各個權重上，將會得出、損失幾乎為零的結果的值。更新的幅度可以是小小的。

每一個隨機梯度下降 SGD 的步驟造成一組 (input, result) 數據能夠改善這個模式的對權重一次微小的調整。SGD 漸漸地轉變這些原先隨機選取的權重成為經過訓練的模式，有時還可以具有超越人類的準確度，還會被新聞報導。

DSA 超級計算機中的網路

DNN 訓練的計算量需求基本上沒有極限，所以 Google 選擇製作一個領域特定架構的超級計算機，而不是一個由 CPU 的主機配合上一個 TPUv1 這樣的 DSA 來組成中一個節點的叢集。它們的第一個原因是因為訓練的時間極為冗長。僅一個 Google 的商用應用，一個 TPUv3 就會需要好幾個月的時間來訓練，所以一個一般的應用就可能要用上幾百個這樣的晶片。第二，DNN 領域中的共識是大些的數據規模加上大些的機器就會有大些的突破。

一個先進超級計算機的關鍵架構特性是它裡面的晶片間如何通訊：一條聯結的速度是多少；互聯的拓撲是哪種；它採用集中式的交換器還是分散式的；以及等等。對特殊領域架構類的超級計算機選擇上就簡單多了，因為會發生的通訊的樣式不多而且不難預知。在訓練時，大部分通訊傳輸是為了對來自機器中所有節點的權重更新的所有結果作歸納化簡 (all-reduce)。如預期地，對所有結果的歸納化簡可以有效率地對映到 2D 環形網狀拓撲 (torus) (參見圖 6.15a)。晶片上的交換器繞送訊息。為了建構起 2D 環形網路 torus，TPUv3 晶片中有四條客製的核之間的互聯 (Inter-Corr Interconnect, ICI) 聯結，每條在每個方向上提供 656 Gbits/s。ICI 只使用每個晶上少量線路就讓晶片間能夠直接相連來形成一座超級計算機。

TPUv3 超級計算機採用 32×32 的 2D 環狀網路 (1024 個晶片)，也就是具有 64 個聯結×656 Gbits/s＝42.3 Terabits/s 的對方 (bisection) 頻寬。作一個比較，一個單獨的、可用於聯接 64 個主機 (每個中有 16 個 DSA 晶片) 的 Infiniband 交換器 (用於 CPU 叢集中) 有 64 個「只」使用 100 Gbits/s 的聯結的埠，其對分 (bisection) 的頻寬至多是 6.4

Terabits/s。TUPv3 超級計算機提供超過傳統叢集中交換器的對分頻寬 6.6× 倍的對分頻寬，並且省下了 Infiniband 的網路卡、Infiniband 交換器、與通過叢集中眾多 CPU 主機時所需的通訊延遲。

DSA 超級計算機的節點

TPUv3 超級計算機的節點延續了 TPUv1 的做法：很大的二維矩陣乘法單元 (MXU) 加上很大的以軟體控制的晶片上記憶體而不是快取。不同於在 TPUv1 中，TPUv3 採取在每晶片中放置兩個核。晶片內的全域類導線無法隨製程的尺寸縮小而相應變窄，因此它們的傳送延遲反而相對變大了。既然訓練可以用上很多個處理器，在每個晶片裡 出兩個小一些的 *TensorCores* 可以避免單一全晶片大小的核的過大的延遲。Google 僅使用兩個較小的核，因為每個晶片中只有兩個扎實好用的小核易於有效率地編撰出程式，勝過使用太多的「虛弱的」核。

圖 6.23 表示 TensorCore 中六個主要的區塊：

1. 核之間的互聯 (*ICI*)，並已在先前說明過。
2. 高頻寬記憶體 (*High Bandwidth Memory, HBM*)。TPUv1 對大部分使用它的應用程式而言是受限於記憶體頻寬的 [Jouppi, 2018]。Google 以採用高頻寬記憶體 (HBM) 來解決 TPUv1 的記憶體瓶頸問題。這種記憶體透過使用一個以 64 條 64- 位元的匯流排將 TPUv3 聯上四個層疊的 DRAM 晶片的中介載板基底，來提供 25 倍於 TPUv1 DRAMs 的頻寬。傳統的 CPU 伺服器能支援更多的 DRAM 晶片，

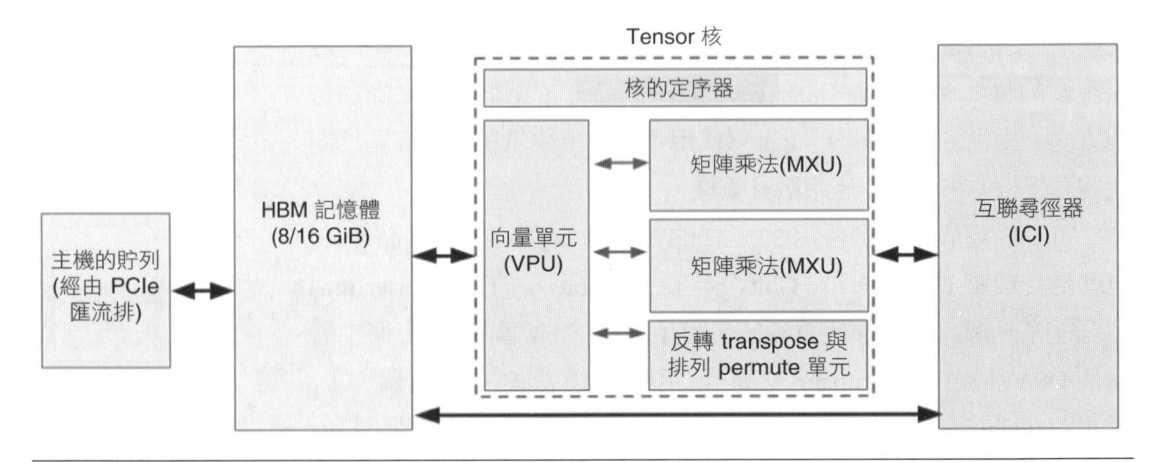

圖 6.23　TPUv3 TensorCore 的方塊圖。

3. **核的定序器** (*Core Sequencer*) 執行在核中由軟體控制的指令記憶體 (Instruction Memory, *Imem*) 傳來的 VLIW 指令,並使用 4 個 32- 位元的純量數據記憶體 (Scalar Data Memory, *Smem*) 與 32 個 32- 位元的純量暫存器 (Scalar Registers, *Sregs*) 來執行純量指令,並且將向量指令送往向量處理單元 (vector processing unit, VPU)。一道 322- 位元的指令可以發出八個運作:兩個純量、兩個向量、向量載入與儲存與一對能夠以貯列存放往來於矩陣乘法單元與矩陣反轉 (transpose) 單元的數據的兩個空位。

4. **向量處理元** (*Vector Processing Unit*, VPU) 使用一個內有 32K 個 128×32- 位元大小的元素 (因此共有 16 MiB 的記憶容量) 與 32 個每個包含 128×8 個 32- 位元的元素 2D 向量暫存器 (vector registers, Vregs),的很大的晶片上向量記憶體 (vector memory, Vmem) 來從事向量運作。VPU 根據數據層級的平行度 (因為 2D 的矩陣與向量功能單元) 與指令階層的平行度 (因為每指令內可容納八個運作) 收集並分配數據到 Vmem。

5. MXU 從 16- 位元的浮點輸入產生 32- 位元的乘積並將之累加成 32 位元的結果。除了直接送往 MXU 輸入的結果會被轉換成 16- 位元的浮點數之外,所有其他的計算都是 32- 位元的浮點形式。TPUv3 在每個 TensorCore 中有兩個 MXUs。

6. **反轉 - 歸納 - 排列單元** (Transpose Reduce Permute Unit) 從事 VPU 的各通道中的 128×128 的矩陣反轉、歸納與排列。

圖 6.24 顯示 TPUv3 超級計算機與 TPUs 節點的電路板,另外在圖 6.25 中列出我們用來作比較的 TPUv3、TPUv1 與 NVIDIA Volta GPU 的規格。圖 6.26 顯示相關的幾條屋頂線,彼此也很相像:記憶體頻寬都一樣 (900 Gbytes/second),TPUv3 與 Volta 的 16- 位元浮點的屋頂線幾乎沒有差別 (123 相較於 125 TeraFLOPS/second),32- 位元浮點的部分差異也很小 (14 相較於 16 TeraFLOPS/second)。注意兩個晶片的 16- 位元與 32- 位元浮點效能之間的差異都很大。

DSA 的算術

使用 16- 位元的浮點算術做矩陣乘法的峰值效能會比使用 32- 位元的浮點算術高出 8×(參見圖 6.23),所以使用 16- 位元來得到最高

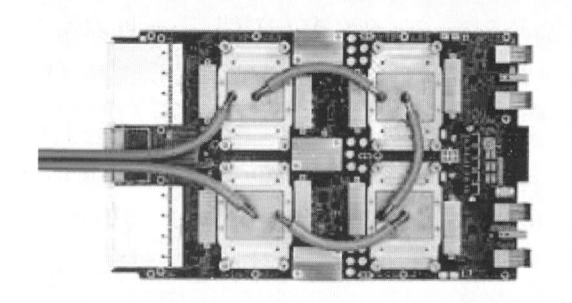

圖 6.24 一座以 **TPUv3** 建構的可包含多至 **1024** 個晶片的超級計算機 (見上方)。機體約 6 呎高、40 呎長。一個 TPUv3 板上有四個晶片並使用液體冷卻 (見下方)。

特性	TPUv1	TPUv3	Volta
峰值 TeraFLOPS / 晶片	92 (8b int)	123 (16b), 14 (32b)	125 (16b), 16 (32b)
網路的聯結數 × Gbits/s / 晶片	--	4 x 656	6 x 200
最大晶片數 / 超級計算機	--	1024	不固定
時脈速率 (MHz)	700	940	1530
熱設計功耗 TDP (Watts) / 晶片	75	450	450
晶粒尺寸 (mm^2)	<310	<685	815
晶片技術	28 nm	>12 nm	12 nm
記憶體大小 (晶片內 / 晶片外)	28 MiB / 8 GiB	32 MiB / 32 GiB	36 MiB / 32 GiB
記憶體 GB/s / 晶片	34	900	900
MXU 數 / 核，MXU 尺寸	1 256x256	2 128x128	8 4x4
核數量 / 晶片	1	2	80
晶片數 / CPU 主機	4	8	8 or 16

圖 6.25 TPUv1、TPUv3 與 NVIDIA Volta 圖形處理元的處理器的關鍵特性。

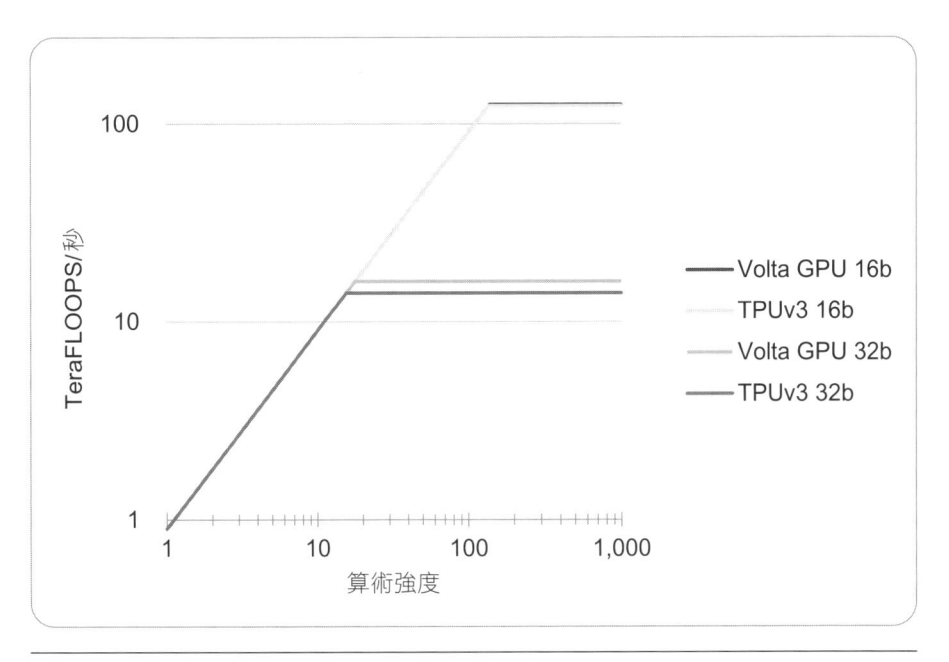

圖 6.26　TPUv3 與 Volta 的屋頂線。

的效能非常必要。雖然 Google 可以做出一個遵循標準的 IEEEE 半精確度 (fp16) 與單精確度 (fp32) 浮點格式的矩陣乘法單元 MUX (參見圖 3.27)，設計人員事先對 應用中 16- 位元浮點運作有關精確度的情況做了檢視。他們觀察到：

- 矩陣乘法的輸出與內部的和必須保持 fp32 的形式。
- fp16 的矩陣乘法中輸入值的 5- 位元的指數會導致計算結果超出這個狹小範圍的問題，而 fp32 的 8- 位元指數可以避免掉這個問題。
- 將 fp32 的 23 個位元的分數減少到 7 個位元並不會影響精準度。

造成的結果是，*智力浮點* (*Brain floating format, bf*16) 維持了與 fp32 同樣的 8- 位元指數但是刪減分數到 7 個位元。在指數範圍相同的情況下，消除了因為指數範圍過小而造成浮點短值 (underflow) 無法表示很小的更新數值的危險，所以本節中所有程式在 TPUv3 上並沒有太大困難地使用上了 bf16。不過要使用 fp16 還是要對訓練的軟體作一些調整來造成收斂和維持效率。Micikevicius 等人在 GPUs 上採用*損失縮放* (*loss scaling*)，以調整損失來符合 fp16 中較小指數的方式來保留小梯度值的效果 [Micicivicius et al., 2017; Kalamkar et al., 2019]。

當浮點乘法的規模隨著浮點數中分數的位元數的平方變化，bf16 的乘法器其線路與耗能分別只有 fp16 乘法器的一半。bf16 造成了一種少見的結果：降低硬體與耗能，同時因為不需要損失縮放而簡化了軟體。

TPUv3 DSA 與 Volta GPU 的比較

我們先比較 TPUv3 與 Volta GPU 的架構，再來比較效能。

多晶片的平行度已經透過 ICI 與透過 TPUv3 編譯器中支援的全部作歸納 (all-reduce) 運作設計在 TPUv3 中。類似大小的多晶片 GPU 系統採用層級式的聯網 (tiered networking) 做法，其中 NVIDIA 在底座上用了 NVLink 與主機控制的 InfiniBand 網路和交換器來將多個底座聯結在一起。

TPUv3 在為 DNNs 而設計的 128×128 的乘法陣列中，提供比 IEEE fp16 乘法器的硬體和能耗少一半的 16-位元智力浮點算術。Volta GPUs 也採用陣列，粒度大小卻小些——因硬體或軟體的說明而採用 4×4 或 16×16——並且採用 fp16 而非 bf16，因此仍需作軟體的損失縮放加上另有額外晶片面積與能耗。

TPUv3 是雙核、循序的機器，編譯器可以將計算、記憶體與網路動作安排在同樣時間裡。Volta GPUs 是具有延遲容忍力的 80-核機器，每個核中有許多個緒以及因此非常大的 (20 MiB) 暫存器檔案。緒執行的相關硬體與 CUDA 編碼慣例能支援重疊的多個運作。

TPUv3 使用一個軟體控制的由編譯器安排的 32 MiB 草稿簿記憶體，而 Volta 則是硬體管理一個 6 MiB 的快取、軟體管理一個 7.5 MiB 的草稿簿記憶體。TPUv3 的編譯器指揮 DNNs 中常見的循序 DRAM 存取透過 TPUv3s 中的直接記憶體存取 (direct memory access, DMA) 控制器來進行；而 GPUs 則以多緒處理加上能接合 (coalescing) 前後運作的硬體來處理。

除了這些完全不同的架構選擇外，TPU 與 GPU 晶片也採用不同的技術、晶片面積、時脈速率與功耗。圖 6.27 表出這兩個系統三項有關成本的參數：根據技術作了調整的大致的晶粒面積、16-晶片系統的功耗、與雲端租用時每晶片的價格。GPU 調整後的晶粒面積是 TPUs 的幾乎兩倍大，表示其晶片的資金成本是兩倍，因為每個晶圓上的 TPU 晶粒數量可以多上兩倍。GPU 的功耗是 1.3× 倍高，表示

	晶粒面積	調整過的晶粒面積	TDP (kw)	雲端租金
Volta	815	815	12.0	$3.24
TPUv3	<685	<438	9.3	$2.00

圖 6.27 調整後的 GPU 與 TPUv3 間的比較。

晶粒面積已根據技術解析度的平方做過調整，因為 TPUs 使用的半導體技術雖然與 GPU 使用的技術相近但是較為粗糙與過時。根據圖 6.25 中的資訊，Google 為 TPUs 選用的是 15 nm 的製程。熱設計功耗 (TDP) 是 16- 晶片系統的數值。

需要更高的運作費用，因為擁有的總成本 (TCO) 與功耗有關。最後，GPU 在 Google Cloud Engine 上的每小時租金是 1.6× 倍高。這三種不同的參數在在都指出 TPUv3 是 Volta GPU 的一半到四分之三貴。

效能

在說明 TPUv3 超級計算機的效能之前，讓我們先瞭解一下單一晶片的優點，因為從 1024 個虛有其表的晶片上得到 1024× 的加速也不怎麼誘人。圖 6.28 顯示 TPUv3 相較於 Volta GPU 晶片對兩組程式的效能。第一組是五個 Google 與 NVIDIA 都有向 MLPerf 0.6 遞交的五個程式，兩者也都使用 16- 位元的算術而 NVIDIA 的軟體還做了損失縮放。TPUv3 對這些程式執行結果的幾何平均是 Volta 的 0.95 倍，所以兩者的速度約略相同。Google 還想要測量它的商用應用下工作

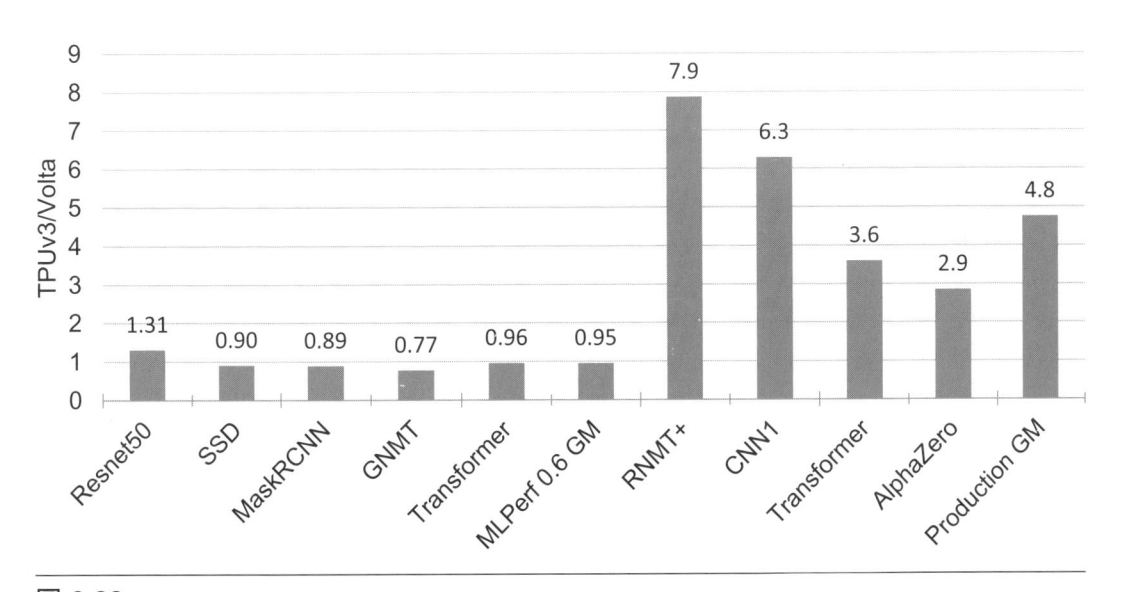

程式	TPUv3/Volta
Resnet50	1.31
SSD	0.90
MaskRCNN	0.89
GNMT	0.77
Transformer	0.96
MLPerf 0.6 GM	0.95
RNMT+	7.9
CNN1	6.3
Transformer	3.6
AlphaZero	2.9
Production GM	4.8

圖 6.28

TPUv3 相對於 Volta 對五個 MLPerf 0.6 測試程式與四個商用應用程式的效能。

負擔的效能,就像是它們對 TPUv1 在 6.7 節中所做的那樣。TPUv3 對這些商用應用的幾何平均加速相對於 Volta 是 4.8,主要是因為他們在 GPU 上用的是 8× 倍慢的 fp32 而非 fp16。所用的都是大型的正在不斷改善中的商用應用,並不只是簡單的測試程式,所以要把它們執行起來就已經大費周章,想要執行得好需要更多的努力。應用程式的程式師專注於 TPUv3 上,因為這些程式都是日常使用的,所以還要費心加上 fp16 所需的損失縮放提不起大家太大的興緻。

哎呀,不幸的是 MLPerf 0.6 中只有 ResNet-50 能夠擴大規模到使用超過 1000 個 TPUs 或是 GPUs。圖 6.29 顯示 ResNet-50 的 MLPerf 0.6 執行結果;NVIDIA 在 96 個、每一個可以透過 Infiniband 交換器將 16 個 Volta 聯結起來的 DGX-2H 構成的叢集上對這 1536 個晶片以 41% 的線性擴大率來執行 ResNet-50。MLPerf 0.6 測試程式遠較商用應用程式為更小;訓練它們所需的時間僅是少於商用程式訓練時間的 10 的好幾次方之一。因此,Google 大量加入商用應用來說明有不少可以用到擴大規模到超級計算機大小的夠分量的程式存在。使用 1024 個晶片時,有一個程式跑出 96% 的線性擴大的好處,另外還有三個達到 99%!

圖 6.30 表示 AlphaZero 在 TPUv3 上執行時的 PetaFLOPs/second 與 FLOPs/Watt 數值在世界 Top500 與 Green500 的名單中的排名會是

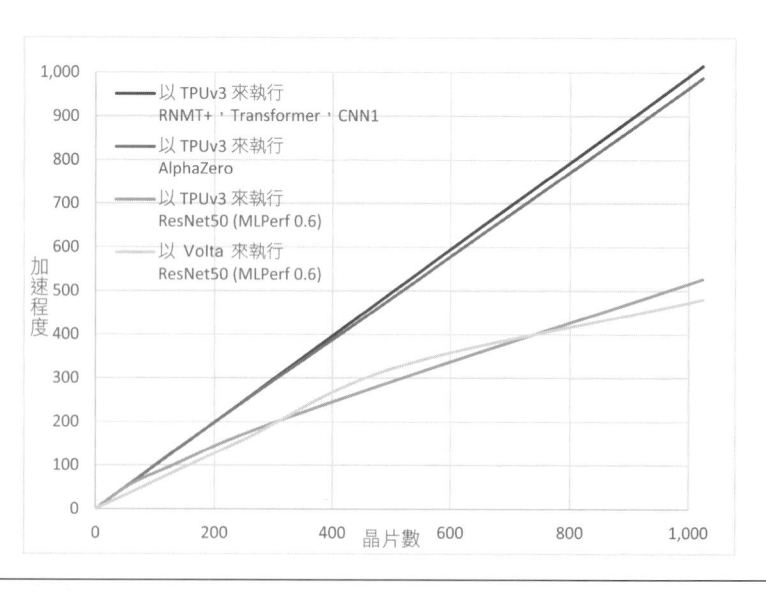

圖 6.29

超級計算機的擴大性:使用的是 TPUv3 與 Volta。

名稱	核數量	測試程式	PetaFlop/s	峰值的 %	Megawatts	GFlops/Watt	Top500 中排名	Green500 中排名
Tianhe	4865k	Linpack	61.4	61%	18.48	3.3	4	57
SaturnV	22k	Linpack	1.1	59%	0.97	15.1	469	1
TPUv3	2k	AlphaZero	86.9	70%	0.59	146.3	4	1

圖 6.30
傳統式或 TPUv3 超級計算機執行 Linpack 與 AlphaZero 程式在 2019 年六月於 Top500 中與 Green500 中的排名。

什麼。這樣的比較並不完善：傳統超級計算機一般處理 32- 與 64- 位元的數據而不是 TPUs 中的只有 16- 與 32- 位元的數據。不過 TPUs 是使用真實的數據來執行真正的應用，而不是使用合成的數據在僅具弱縮放的 Linpack 測試程式上。更值得注意的是，TPUv3 超級計算機使用真實情況的數據執行商用應用程式得到峰值效能的 70%，比通用型超級計算機執行 Linpack 這樣的測試程式時表現得還要好。另外，TPUv3 超級計算機在晶片執行一個商用應用程式時，在每瓦的效能 performance/watt 上可以得到 Green500 名單中第一名的傳統超級計算機在執行 Linpack 時的 10× 倍，以及 Top500 名單中第四名的超級計算機的 44× 倍。

TPUv3 成功的原因包括使用了內建的核間的互聯網絡 (ICI)、很大的乘法器陣列與 bf16 算術。TPUv3 採用較過時的半導體製程而且還有較小的晶粒面積與較低的雲端租金，即使它在硬體 / 軟體堆疊的很多層級上也都較 CPUs 與 GPUs 者為不成熟。雖然有半導體技術方面的不利因素，許多正面的結果仍可看出 TPU DSA 的方向具有成本效益並且在未來可以提供很高的架構效率。

既然我們已經檢視過以程式測試不同架構的廣泛的結果，讓我們回到 DGEMM 的範例來仔細檢查我們需要再對程式作哪些改變來善用很多個處理器。

仔細深思 原本的 TPUv3 論文中還有另外兩個商用的應用程式 MLP0 與 MLP1。它們需要用到內嵌的功能。有一個內嵌功能是在 DNN 模型的開頭處，將稀疏的數據型式轉換成適用於線性代數中的密集型式；內嵌的功能也包括權重的處理。內嵌功能在特性可以以矩陣之間的距離來表示時也可能用到矩陣。內嵌功能牽涉到查表、串列遍歷 (list traversal) 與可變長度的數據欄位，所以它們並無固定做法也會大

量存取記憶體。可用於嵌入功能的 TensorFlow 核心程序在當時還沒有為 GPUs 做開發，所以 Google 沒有列出有關 MLPs (機器學習效能) 的數據。在 TPUv3 上，它們受限於嵌入功能，加速在 1024 個晶片時是 14% 與 40%。

6.13 執行得更快：多個處理器與矩陣乘法

本節是我們根據底層硬體 Intel Core i7 (Skylake) 調適 DGEMM 來逐步改善效能的旅程裡的最後以及最重大的階段。每個 Core i7 有 24 個核，而我們使用的計算機有兩個 Core i7s。因此，我們有 48 個核來執行 DGEMM。

圖 6.31 顯示 DGEMM 使用這些核的 OpenMP 版本。注意第 27 行是對圖 5.48 中唯一額外加入以便程式執行於多個核上的敘述：一句告知編譯器在最外層 for 迴圈應使用多個緒的 OpenMP 的編譯指示詞 (pragma)。它告訴計算機將最外層迴圈的工作分散到所有的緒中。

圖 6.32 描繪典型多處理器的加速圖，表示相對於單一緒，當緒的數量增加時所得到的效能增益。這個圖有助於瞭解強縮放與弱縮放所面對的挑戰。當所有數據都可以容納在第一層數據快取內時，譬如對 64×64 矩陣的例子，增加緒的數量實際上還會降低效能。在這個例子中 48 緒的 DGEMM 版本幾乎只有單緒版本的一半快。相對地，使用 48 個緒可以讓兩個最大的矩陣得到 17 倍的加速，形成了圖 6.32 中的兩條典型的「向右上升」的曲線。

圖 6.33 顯示當緒的數目由 1 增加到 48 時的絕對效能增益。此時 DGEMM 對 960×960 的矩陣運作在 306 GFLOPs/秒 的速度上。因為我們在圖 2.43 中原始的 C 版本僅能以 2 GFLOPs/秒 執行這個碼，由第 3 章至第 6 章的各種配合所使用硬體而作的最佳化可以將該碼修改成能獲得超過 150 倍的加速！如果我們從 Python 版本算起，這個經過數據階層平行性最佳化、指令階層平行性最佳化、記憶體階層最佳化與緒階層平行性最佳化後的 C 版本 DGEMM 程式，加速幾乎到達 50,000 倍！

接下來是我們對有關多重處理方面謬誤與陷阱的警告。在計算機架構的墳場中已經佈滿了忽視這些警告的平行處理計畫案。

```
1    #include <x86intrin.h>
2    #define UNROLL (4)
3    #define BLOCKSIZE 32
4    void do_block (int n, int si, int sj, int sk,
5                   double *A, double *B, double *C)
6    {
7      for ( int i=si; i < si+BLOCKSIZE; i+=UNROLL*8 )
8        for ( int j=sj; j < sj+BLOCKSIZE; j++ ) {
9          __m512d c[UNROLL];
10         for (int r=0;r<UNROLL;r++)
11           c[r] = _mm512_load_pd(C+i+r*8+j*n);   // [迴圈展開];
12
13         for( int k=sk; k < sk+BLOCKSIZE; k++ )
14         {
15           __m512d bb = _mm512_broadcastsd_pd(_mm_load_sd(B+j*n+k));
16           for (int r=0;r<UNROLL;r++)
17             c[r] = _mm512_fmadd_pd(_mm512_load_pd(A+n*k+r*8+i), bb, c[r]);
18         }
19
20         for (int r=0;r<UNROLL;r++)
21           _mm512_store_pd(C+i+r*8+j*n, c[r]);
22       }
23    }
24
25   void dgemm (int n, double* A, double* B, double* C)
26   {
27   #pragma omp parallel for
28     for ( int sj=0; sj < n; sj+=BLOCKSIZE )
29       for ( int si=0; si < n; si+=BLOCKSIZE )
30         for ( int sk=0; sk < n; sk+=BLOCKSIZE )
31           do_block(n, si, sj, sk, A, B, C);
32   }
```

圖 6.31 圖 5.48 中的 DGEMM 使用 OpenMP 後的版本。
第 27 行是唯一用到 OpenMP 的碼，使得外層 for 迴圈平行地運作。這一行是與圖 5.48 中內容唯一的不同處。

仔細深思 雖然 Skyelake 支援每核兩個硬體緒，我們只有在 4096×4096 的矩陣大小時才能從 96 個緒獲得更多效能：峰值發生在 64 個緒時的 364 GFLOPs/ 秒，在 96 個緒的情況下又會下降到 344。原因是單一個 AVX 硬體會被分配到同一個核上的兩個緒已多工的形式 (multiplexed) 來共用，所以將兩個緒指派到一個核上時如果沒有足夠多的數據來保持所有的緒忙碌，會因為多工造成的額外負擔而有害效能。

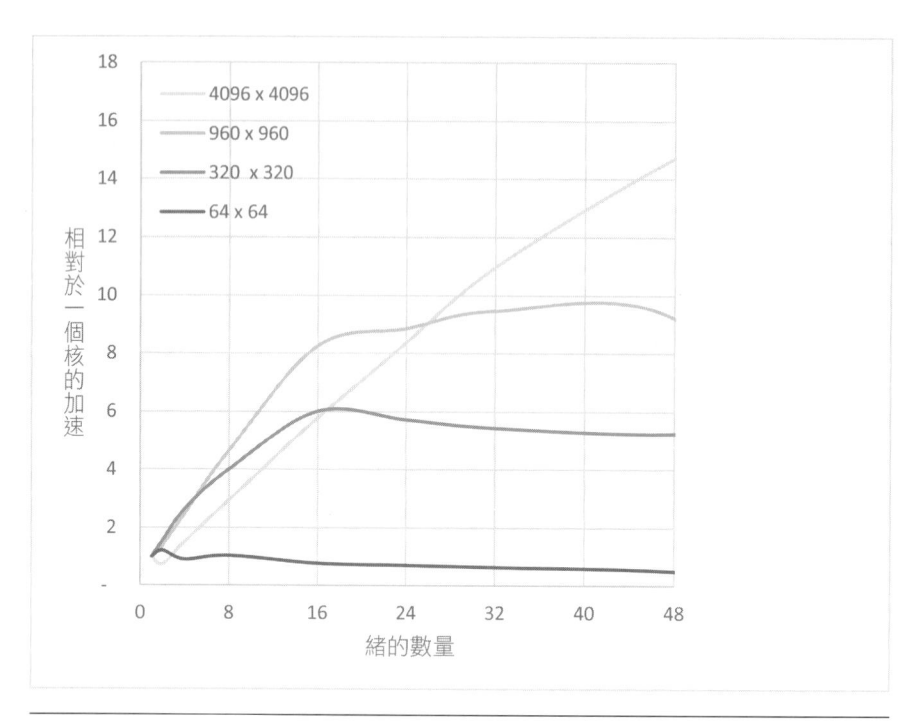

圖 6.32 相對於一個緒在緒的數量增加時效能的改善。

表現這類圖形最真實的方式是以相對於最佳的單處理器程式來表示效能對比，我們也是這麼做的。這張圖表示的是對比於圖 5.48 中尚未使用 OpenMP 編譯指示詞 (pragmas) 的程式的效能。

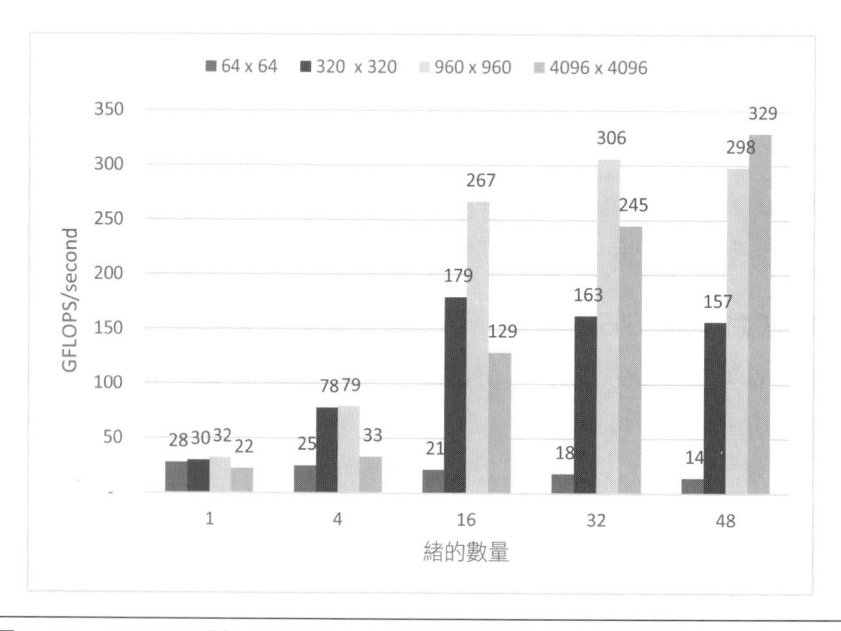

圖 6.33 DGEMM 對四種矩陣大小在不同數量的緒之下的效能。

相較於圖 2.43 中原始未經最佳化的程式對 960×960 的矩陣在使用 32 個緒時其效能改善是驚人的 150 倍快！

6.14 謬誤與陷阱

對並行處理大量攻擊已揭示出許多的謬論和缺陷。我們在這裡談論三個。

謬誤：Amdahl 定律不適用於平行計算機。

在 1987 年，一個研究機構的負責人稱 Amdahl 定律已經被一個多處理器計算機打破。要瞭解媒體報導的依據，讓我們先看看向我們給出的這段 Amdahl 定律引語 [1967 年，第 483 頁]：

> 可以在此得出的一個相當明顯的結論是，花費在實現高平行處理率的努力是白費的，除非它伴隨著取得非常接近等同數量的順序處理率。

這段敘述一定還是真實的；程式中被忽視的部分一定限制了效能。一種對此定律的解釋導致了以下引理：每個程式部分必須是循序的，因此，處理器數目必須有一個經濟的上限，比如說 100。經由顯示具有 1,000 個處理器的線性加速，該引理證明有誤；因此有人聲稱 Amdahl 定律被打破。

研究人員的方法是使用弱縮放：不是在同一資料集做快 1,000 倍的運算，而是在相當的時間裡，他們計算了 1,000 倍以上的工作。對於他們的演算法，程式的循序處理部分是不變的，與輸入資料量的大小無關，然而其餘部分完全可平行，因此可產生 1,000 個處理器的線性加速。

Amdahl 定律顯然適用於平行處理器。該研究確實指出的是，更快計算機的主要用途之一是執行更大的問題。要確定使用者真正注意到該等問題，而不會是只因為買了一個昂貴的計算機就因此去找能夠保持很多處理器忙碌的計算問題來執行。

謬誤：峰值效能反映觀察所得的效能。

超級計算機的工業曾經採用這個峰值效能量度，對平行處理機而言這個謬論更加嚴重。不僅營銷人員會使用這個幾乎無法實現的單處理器節點的峰值效能，而且基於完美加速的假設，他們還將其與處理器的

> 真正讓我感到沮喪的是，在 Illiac IV 上，為這個機器撰寫程式非常困難，而且這個架構並不非常適用於一些我們想要執行的應用。
>
> David Kuck，Illiac IV SIMD 計算機的唯一軟體架構師，大約在 1975

總數相乘！可悲的是，我們最近還聽到 DSAs 的研發人員對類神經網路說出同樣的話。Amdahl 定律表達了到達單處理器或是多處理器任何一個的峰值是多麼地困難；將兩個數相乘等於將罪惡相乘。屋頂線模型有助於對峰值效能的真實體認。

缺陷：不為創新的架構去開發軟體來善用它、或為它做最佳化。

有很長一段時期，平行軟體的發展落後於平行硬體的發展，這可能是因為軟體問題遠為困難。我們可以在很多例子中都看到這樣的現象！

一個經常遇到的問題發生在為單處理器設計的軟體要去適應多處理器的環境。例如，SGI 作業系統原先用一個單鎖來保護頁表，頁配置假設不常發生。在單一處理器中，這並不是效能問題。在一個多處理器中，它會成為某些程式的主要效能瓶頸。考慮一個使用大量的程式正在啟動初始化時，因為 UNIX 要處理許多靜態配置的頁。假設要將程式已被平行化時，因此多個程式都要配置頁。由於頁配置需要使用頁表，而其一旦被使用則都必須被鎖定，即使允許在作業系統執行多個緒的作業系統核心程式，在所有程式試著配置自己的頁時，都將循序處理 (而這正是我們在初始化時發生的可能情況！)。

這種頁表循序化喪失了初始化中的平行性，對整體平行效能有重大影響。即使在工作層級平行處理中，這樣的效能瓶頸仍然存在。例如，假設我們將平行處理程式分割成不同的工作並執行它們，每個處理器一個工作，因此不存在工作之間的共享 (這正是一個使用者所做的，因為他有理由相信，效能問題是由於不需要的共享或與他的應用中發生干擾所引起)。不幸的是，鎖依然使所有工作循序執行，所以即使是獨立工作的效能亦不佳亦如此。

這一陷阱指出了問題的複雜之處，但在一種軟體運行於多處理器上時，重大的效能缺陷還會出現。像許多其他關鍵的軟體一樣，在多處理器環境下，作業系統演算法和資料結構必須重新被思考。對頁表更小的部分加鎖能有效地消除問題。

一個這種陷阱的近期例證與為 DNNs 設計的 DSAs 有關。在 2020 年有超過一百家公司在發展這種設計，而設計有多麼成功則需經由 MLPerf 測試程式來確認。一個常見的失敗模式是發展創新硬體的同時卻沒有設計出能顯現它最好表現的軟體堆疊；這已經讓很多新創公司在成立沒有多少年之後就歇業了。

謬誤：你不必提供相應的記憶體頻寬即可獲得很好的向量效能。

如我們在使用屋頂線模型時所見，記憶體頻寬對所有架構都很重要。DAXPY 每個浮點運作需要用到 1.5 次記憶體存取，這個比例也見於許多科學計算中。

即使不計算浮點運作所需時間，Cray-1 也會因 DAXPY 是受限於記憶體而無法提高向量的 DAXPY 效能。Cray-1 對 Linpack 的效能在編譯器使用區塊分割來改變計算過程，以使得數值能以向量暫存器來保存時而大大躍升。這方法減少了每 FLOP 的記憶體存取數，使得效能提升近二倍！因此 Cray-1 上的記憶體頻寬對於之前需要更多頻寬的迴圈運算變成已經足夠，而這就是屋頂線模型所預測的。

陷阱：做了指令集架構 (ISA) 完全隱藏掉所有實體製作上的特性的假設。

時序通道至少在 1980 年之前就已知是個敏感的弱點，不過大部分架構師錯誤地認為它其實並不重要[1]。但是，製作上的特性，例如時間控制，會影響功能的正確性。這個陷阱明顯地在 2018 年揭露的 Spectre 中使用了微架構猜測的方法以透過使用者沙盒、核心程序、或是超級監督者 (hypervisor) 來洩露私有資訊給使用者層級的攻擊者。Spectre 利用以下三種微架構技術：

1. **指令的投機式執行**：處理器核心以猜測經過的分支指令的結果來希望同時執行數十道指令，並且在猜測正確時認可要對 ISA 中做下的改變，或是猜測不正確時回復正確的狀態。Spectre 會倔強地繼續執行它已知對 ISA 改變會被取消的那些錯誤猜測下的指令。它的細緻但困難的目標是把程式師認為是隱藏的秘密的那些事情留給像是「麵包外皮」那樣脆弱的微架構。
2. **運用快取**：快取對 ISA 而言是不可見的。特別是，根據傳統計算機架構的認知，在集合關聯式快取中哪一個區塊是最久沒被用到的不會影響正常的執行，所以在錯誤預測分支之後並不需要恢復這種狀態。Spectre 利用了這個令人意外的弱點來安排並於稍後找到這個會揭露一些秘密的「麵包外皮」。然後它利用快取的內容作為一個「側邊通道」來傳送出 (秘密相關的) 數據。

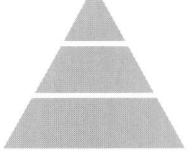

預測

階層

---
[1] 這個陷阱緣於 Mark Hill 在 Communications of the ACM, 2020, "Why 'Correct' Computers Can Leak Your Information," 中的觀點，並在其幫助下撰寫。

3. **硬體多緒執行**：如果攻擊程式可以緊密地與目標程式一起執行，將會更容易注意到這種時序上的細緻的變化。在硬體多緒執行中一個程式的指令可以和其他程式的指令互相混雜，使得這個工作更加容易。硬體的攻擊令人很擔憂，因此雲計算提供者現在也允許防止其他客戶和你共用伺服器的選項。例如，AWS 提供「專用的案例」，比傳統共用的案例要多花上 5% 成本。

6.15 總結評論

只要將一些處理器集中起來就能建造計算機的夢想，從一有從計算機技術的最初期就已經存在了。然而，建造和使用實用和有效率的平行處理器的進展一直很緩慢。進展速度受到軟體困難以及多處理器架構為提高可用性和改善效率的冗長發展過程的限制。我們在本章中討論了很多軟體的挑戰，包括編寫根據 Amdahl 定律獲得良好加速程式的困難。種類繁多的不同架構設計、少有的成功以及過去許多平行架構壽命短促的問題，加重了軟體的困難。我們將在線上的 ⊕6.16 節中討論這些微處理器發展的歷史。如欲更深入瞭解本章中的各主題，可參閱《Computer Architecture: A Quantitative Approach》第六版的第 4 章中更多有關 GPUs 與 GPUs、CPUs 間的比較，以及第 6 章中更多 WSCs 的內容，以及第 7 章中更多 DSAs 的內容。

正如我們在第 1 章所說，儘管經歷了這樣漫長和坎坷的過去，資訊技術產業已經投注在平行計算上。這裡列出現在已經和過去不同了的一些原因：

- 顯然，軟體作為一種服務 (SaaS) 變得愈來愈重要，叢集已被證明是提供這種服務非常成功的方式。經由在較高層次中提供冗餘性，包括按地理位置分佈的資料中心，這些服務已為世界各地的客戶提供了 24×7×365 小時可用的服務。
- 庫房規模計算機 WSCs 正在改變伺服器設計的目標與原則，有如移動型使用者的需要正在改變微處理器設計的目標與原則。兩者也正引起軟體工業的變革。每一塊錢能發揮的效能以及每一焦耳能發揮的效能影響著移動型使用者端硬體與庫房規模計算機硬體的發展，而平行性是在上述各種目標下能否發揮效能的關鍵。

平行性

「我們正在致力於將我們未來的產品開發全都投入到多核心設計上。我們相信這是業界的一個關鍵轉折點……。這不是一場比賽。這是在設計領域的一個翻天覆地的變化……」

Paul Otellini，Intel 公司總裁，Intel 開發者論壇，2004

- 在後個人電腦時代，SIMD 與向量運作是更形重要的、多媒體應用中的恰當處理與運作方式。它們共同的優點是讓程式師較之寫作一般 MIMD 平行程式時更為輕鬆，而且比 MIMD 更具有能源效率。
- 快速升高的機器學習普及性正在改變應用的本質，驅動機器學習的類神經網路模型本質上也是平行的。此外，像 PyTorch 和 TensorFlow 這些領域特定的軟體平台也是對陣列數據進行運作，也比以 C++ 編撰的程式更容易表示以及開發數據階層的平行性。
- 所有桌上型計算機和伺服器的微處理器製造商都在製造多處理器以達到更高的性能，所以再也不像過去，現在循序應用程式想要獲得更高的效能已經沒有簡單的方法了。
- 在過去，對微處理器和多處理器的成功有不同的定義。當改進單一處理器效能時，如果單緒效能依增加的矽面積的平方根上升，微處理器架構師就已經很高興了。因此，從資源的角度看，他們對低於一次線性的效能改善已能感到滿意。多處理器的成功過去是被定義為線性的加速，它的加速可以用一條處理器數量函示來表示，並且假設 n 個處理器的購買成本或管理費用是一個處理器的 n 倍。既然現在平行性以多核的形式在一個晶片上就可以出現，我們也可以採用傳統微處理器在次線性效能改進的情形下就算成功的定義了。
- 與以往不同的是，開放式原始程式碼浪潮已經成為軟體業的重要部分。這是一種唯能是薦與精英領導的浪潮，其使得更好的工程方法可以取代既有的重要想法並且贏得開發人員的共鳴。它也熱愛創新，歡迎對既有軟體的改變、也歡迎新的編程語言與軟體產品。這種開放的文化在這多變的時代裡，可能是極其有益的。

為了激勵讀者投入這個改革，我們在第 3 章到第 6 章中執行得更快的各節中，透過使用 Intel Core i7 (Skyelake) 計算矩陣乘法的例子來具體說明計算中存在的各種平行性：

- 第 3 章中介紹的數據階層平行性透過使用 AVX 指令的 512 個位元的運算元，以平行執行八個 64 位元浮點運作的方式來改善效能 7.8 倍，顯示出 SIMD 的價值。
- 第 4 章中介紹的指令階層平行性以展開迴圈四次、提供給亂序執行的硬體更多指令作排程來再次推升效能 1.8 倍。
- 第 5 章中介紹的快取最佳化使用快取區塊分割來降低快取錯失，

以改善無法完全容納於 L1 數據快取中的矩陣的執行效能額外的 1.5 倍。

- 本章中介紹的緒階層平行性利用幾個多核晶片中所有的 48 個核來改善無法完全容納於單一 L1 數據快取中的矩陣乘法又再高出 12 至 17 倍的效能,顯示出 MIMD 的價值。我們只以加入一行的 OpenMP pragma 就做到了這件事。

使用這本書裡的想法以及根據使用的計算機特性來修改軟體的結果,我們在 DGEMM 中新增了 21 行的碼。透過這 20 多行程式碼所實現的各種提升效能想法帶來的整體加速超過 150!

在這個 Dennard 縮放影響已經失效、摩爾定律放緩、安朵定律影響依舊的時代,將會見到通用型核中的效能增益僅剩每年幾個百分點。就像是工業界自 2005 年起花了十年嘗試開發平行處理的機會那樣,我們預測下一個十年中的挑戰會是開發和運用 DSAs。

這個巨大的變化會帶來許多資訊科技領域內以及領域外的研究與商業上的可能性,主導 DSA 時代的公司機構也未必與今天的市場主導者相同。在瞭解底層硬體的發展趨勢和你從本書中學到的如何為這些趨勢提供合適的軟體後,也許你會成為能掌握在這個不確定的時代中必然會出現的眾多機會的創導者之一。我們期待受惠於你的各項創新!

6.16 歷史觀點與進一步閱讀

這個在線上的節說明了多處理器在過去的 50 年豐富也多災難的歷史。

6.17 自我學習

DSAs 正在引領出更多計算形式上的可能性,與更高的比較各種不同形式本益的需求。例如,我們該如何衡量把程式執行在通用型 CPU 上、或是 GPU 上、或是 FPGA 上的成本?成本一向就不容易衡量,就像是定價不一定是消費者真正需要支付的價格,特別是在購買量大的時候。

雲的租用價格。雲是一個對每一個人的價錢都固定而且公開的市場。去找一個你喜愛的雲計算提供者，並且查出它現行的租用一個 CPU 或 GPU 或 FPGA 的每小時費用。在 Amazon 網際服務 (AWS) 上 FPGA 與 GPU 的租金和 CPU 比起來如何？

- CPU：r5.2×large
- FPGA：f1.2×large
- GPU：p3.2×large

強化的基因組定序。一個估計是在 2020 年已基因定序的人數是一百萬人。不斷降低的基因定序成本可能導致分析原始定序數據出現很大的需求。Wu 等人 [2019] 的論文採用實作在 FPGA 上的 DSA 來加速基因分析中一項關鍵的工作，因此可以從 CPU 上的需耗時 42 小時下降到 FPGA 上的僅需 31 分鐘。即便 Wu 等人懷疑因為緒之間的工作不平衡，這個程式是否可以在 GPU 上執行得更快，為了方便討論，我們姑且假設它在 GPU 上跑得比在 CPU 上快三倍。以你在雲租用的價格中得到的解答，在每一種平台上定序基因的成本分別是多少？FPGA 與 GPU 上的成本相對於 CPU 是多少？

真正強化的基因組定序。大致的經驗法則一般是一個客製的晶片至少會有做在 FPGA 上對等的設計快上十倍。問題是客製晶片需要用到比 FPGA 高出許多的開發費用 (「不可再利用的成本」或 Non-Recurring Costs, NRE)。Michael Taylor 和他的學生們做了一些創新的調查來得出這些成本 [Magaki et al., 2016; Khazraee et al., 2017]。ASIC 的 NRE 必須包含製作光罩的成本，這些光罩佔了全部成本比重不低的一部分，如同下表所示，在一些設計例子中的 2017 年的數字 [Khazraee et al., 2017]。作者指出 ASICs 比其他方式快上這麼多，所以主要的問題是要能支應 NRE。

半導體技術 (nm)	40	28	16
光罩成本 ($)	1,250,000	$2,250,000	$5,700,000
整體 NRE 中的佔比	38	52	66
總 NRE ($)	3,259,000	4,301,000	8,616,000

要彌補每個 ASIC 設計中的 NRE，你需要定序多少組基因？2020 年在濕式實驗室中定序一組基因的成本約略是 $700。你會用 FPGAs 或是 ASICs 來處理數據呢？

自我學習的解答

雲的租用價格在 2020 於 AWS US East。

- CPU r5.2×large：$0.504 每小時。
- GPU p3.2×large：$3.06 每小時。它是 CPU 費用的 6.1 倍。
- FPGA f1.2×large：$1.65 每小時。它是 CPU 費用的 3.3 倍。

強化的基因組定序。

- 42 小時 × $0.504 每小時 = $21.17 在 CPUs 上定序一組基因。
- 31 分 /60 分每小時 × $1.65 每小時 = $0.85。FPGAs 費用，CPUs 的 0.04 倍 (1/25th)。
- 42/3 小時 × $3.06 每小時 = $21.17 = $42.84。GPUs 費用，CPUs 的 2.0 倍。

真正強化的基因組定序。

半導體技術 (nm)	40	28	16
總 NRE ($)	3,259,000	4,301,000	8,616,000
在 FPGA 上每組基因成本 ($)	0.85	0.85	0.85
彌補 NRE 所需基因組數量	3,834,118	5,060,000	10,136,471

在這些假設之下，每基因組的數據處理費用比起濕式實驗室的費用已經是如此低廉，在每年每個地點的定序需求到達千萬以上之前，還難以合理化 ASICs 的開發。

6.18 習題

6.1 首先，寫出你在週間各日一般活動的表列。例如起床、淋浴、著裝、進早餐、吹乾頭髮、刷牙等。確認已詳細地列出了至少 10 項活動。

6.1.1 [5] <§6.2> 現在思考這中間哪些活動已利用了某種形式的平行性 (例如，同時刷很多顆牙齒或是一次一顆、一次帶一本書去學校或是多本同時放進背包然後「平行」地攜帶)。對每一種活動，說明其是否已平行地運作；若否，則又是為何？

6.1.2 [5] <§6.2> 接著，思考哪些活動可以彼此同時進行 (例如，吃

早餐且聽新聞廣播)。對每一種活動，說明哪種其他活動可與之同時進行。

6.1.3 [5] <§6.2>　根據習題 6.1.2 的答案，在目前的體系中我們可作哪些改變 (例如淋浴、著裝、看電視、開車)，以求可以同時從事更多項活動？

6.1.4 [5] <§6.2>　估計在你嘗試同時進行儘可能多項活動時，可以少耗費多少時間。

6.2　你正想烘焙三個藍莓枕頭蛋糕。蛋糕原料如下：

1 杯軟式牛油
1 杯糖
4 大顆蛋
1 茶匙香草精
1/2 茶匙鹽
1/4 茶匙肉豆蔻
1 1/2 杯麵粉
1 杯藍莓

一個蛋糕的食譜如下：

第一步：預熱烤箱至 325°F (160°C)。將蛋糕盤內壁塗上油和麵粉。
第二步：在大碗中，以攪拌器的中間速度攪和牛油和糖至均勻鬆軟。加入蛋、香草精、鹽和肉豆蔻。打到完全均勻。將攪拌器速度降至低速然後一次半杯地加入麵粉，再打到均勻即可。
第三步：小心地摻入藍莓。均勻地將材料鋪入備好的烤盤。烘烤 60 分鐘。

6.2.1 [5] <§6.2>　你的工作是以最有效率的方式烤好三個蛋糕。假設只有一個一次只能烤一個蛋糕的烤箱、一個大碗、一個烤盤和一個攪拌器，想出能最快做好三個蛋糕的排程。指出工作過程中的瓶頸所在。

6.2.2 [5] <§6.2>　現在假設你有了三個碗、三個烤盤和三個攪拌器。則在有了這些額外的資源後，整個過程可以快多少？

6.2.3 [5] <§6.2>　現在假設你有兩個朋友來幫忙，而且也有了可以放進三個烤盤的大烤箱。則這些將會如何改變你在 6.2.1 中所得的排程？

6.2.4 [5] <§6.2>　將這個製作蛋糕的工作與在平行計算機上計算迴圈中三次的反覆做對比。指出蛋糕製作的迴圈中存在的數據階層平行性與工作階層平行性。

6.3　在許多計算機的應用中牽涉到對一群數據的搜尋以及排序。在降低這些繁重工作的執行時間方面已有很多種很好的搜尋及排序演算法。本習題中我們思考如何最恰當地平行化這些工作。

6.3.1 [10] <§6.2>　考慮以下的可以在排序好的 N 個元素的陣列中搜尋 X 這個值，並傳回符合的元素的索引值的二分搜尋演算法 (binary search algorithm) [一種典型的分割然後征服 (divide and conquer) 演算法]：

```
BinarySearch(A[0..N-1].X){
    low=0
    high=N -1
    while (low<=high){
        mid=(low+high) / 2
        if (A[mid] > X)
            high=mid -1
        else if (A[mid] < X)
            low=mid+1
        else
            return mid // found
    }
    return -1 // not found
}
```

假設你有 Y 個在多核處理器上的核可用以執行 BinarySearch。又假設 Y 遠小於 N，以 Y 與 N 的值來表示預期可得到的加速因素。以圖形畫出這些值與加速因素的關係。

6.3.2 [5] <§6.2>　接著，假設 Y 值與 N 相等。這個事實會如何影響你在上一題的答案中所得的結論？如果你被要求要得到可能的最好的加速因素 (亦即，問題具很明確的強縮放性)，說明你可能會如何改變上述的程式碼來達到這個目的。

6.4 考慮下述的 C 程式片段：

```
for (j=2; j<1000; j++)
    D[j]=D[j-1]+D[j-2];
```

對應於這個 C 程式片段的 MIPS 碼則為：

```
         li    $s0,  8000
         add   $s1,  $a0, $s0
         addi  $s2,  $a0, 16
loop:    l.d   $f0,  -16($s2)
         l.d   $f2,  -8($s2)
         add.d $f4,  $f0, $f2
         s.d   $f4,  0($s2)
         addi  $s2,  $s2, 8
         bne   $s2,  $s1, loop
```

各種指令具有以下的相關延遲 (以週期數表示)：

add.d	l.d	s.d	addiu
4	6	1	2

6.4.1 [10] <§6.2> 上述迴圈執行一個反覆的話，所有指令共需耗費多少個週期？

6.4.2 [10] <§6.2> 將程式碼重新排序來減少停滯的次數。現在需要多少個週期來執行重新排序後的碼？(提示：你可以經由改變 fsd 指令的偏移量來移除額外的停滯指令。)

6.4.3 [10] <§6.2> 若有一個在之後的反覆中的指令相依於該迴圈的之前反覆中所產出的數據值，我們稱之為在迴圈的各反覆之間存在了一個迴圈帶來的相依性 (*loop carried dependency*)。在上述 (MIPS) 碼中指出所有的迴圈帶來的相依性關係。指出牽涉到的 (C) 程式中的變數，以及組合語言層次中的暫存器各為何。你可以忽略因迴圈而引起 (loop induction) 的控制變數 j。

6.4.4 [15] <§6.2> 重寫上方的碼來使用暫存器在迴圈中的不同反覆間傳遞數據 (而非存放數據於主記憶體中、之後再從其中重新載入)。指出在這個程式碼中哪裡會有停滯，並且計算執行它所需要用到的時脈週期數。注意在這個問題中你會需要用到組譯器中的假指令 "mov.d rd,rs"，它是用來將浮點暫存器 rs1 中的值寫入浮點暫存器 rd 中。

假設 mov.d 在一個週期內執行完畢。

6.4.5 [10] <§6.2>　迴圈展開已在第 4 章中說明。將上方的迴圈展開並做最佳化，使得每一個展開了的迴圈能夠處理原來迴圈中的三次反覆。指出這個碼在何處會停滯，然後計算執行它需要用到的時脈週期數。

6.4.6 [10] <§6.2>　習題 6.4.5 中的迴圈展開正好合用，因為我們本來正好要反覆 3 的倍數次。如果反覆的次數在編譯時是未知的話又會是怎樣？我們如何能夠有效率地處理原先迴圈反覆的次數並不是展開後迴圈中能夠處理的反覆次數的整數倍時的情況？

6.4.7 [15] <§6.2>　思考將這一個碼執行於兩個節點、分散式記憶體訊息傳遞系統中的情況。假設我們要使用 6.7 節中說明的訊息傳遞，因此作出了一個新的運作 send(x,y) 能夠將數值 y 送往節點 x，與另一個運作 receive( ) 能夠等待送往它這個節點的數值到達。假設 send 運作需時一個週期來發出 (也就是同一節點上的後續指令可以在下一個週期就繼續執行)，但是需時數個週期才能被接收的節點收取數據。接收指令會停頓它所屬節點上的指令執行直到訊息被接收到為止。你是否可以運用這樣的系統來加速這個習題中的程式碼？如果可以的話，那麼接收訊息能夠容忍的最大延遲是多少？如果不能，為什麼？

6.5　思考下述的遞迴式合併排序演算法 (mergesort algorithm)，另一種典型的分割然後征服 (divide and conquer) 演算法。Mergesort 最早在 1945 年由 John Von Neumann 提出。它的基本概念是將一個未排序好的包含 m 個元素的序列 x，分割成兩個大小各約為原序列大小一半的子序列。對每一個子序列繼續這種分割動作，直到我們得到許多長度為只包含一個元素的序列為止。然後由這些長度僅為 1 的序列開始，「合併」這兩個子序列使成為一個排序好的序列。

```
Mergesort(m)
    var list left, right, result
    if length(m)≤1
        return m
    else
        var middle=length(m) / 2
```

```
        for each x in m up to middle
            add x to left
        for each x in m after middle
            add x to right
        left=Mergesort(left)
        right=Mergesort(right)
        result=Merge(left, right)
        return result
```

合併的步驟由以下的碼來完成：

```
    Merge(left,right)
      var list result
      while length(left)>0 and length(right)>0
        if first(left)≤first(right)
          append first(left) to result
          left=rest(left)
        else
          append first(right) to result
          right=rest(right)
        if length(left)>0
          append rest(left) to result
        if length(right)>0
          append rest(right) to result
        return result
```

6.5.1 [10] <§6.2>　假設你有 Y 個在多核處理器上的核可用以執行 MergeSort。又假設 Y 遠小於長度 (m)，以 Y 與長度 (m) 的值來表示預期可得到的加速因素。以圖形畫出這些值與加速因素的關係。

6.5.2 [10] <§6.2>　接著，假設 Y 值與長度 (m) 相等。這個事實會如何影響你在上一題的答案中所得的結論？如果你被要求要得到可能的最好的加速因素 (亦即，問題具很明確的強縮放性)，說明你可能會如何改變上述的程式碼來達到這個目的。

6.6　矩陣乘法在很多應用中扮演重要的角色。兩個矩陣只有在第一個矩陣的行數目與第二個矩陣的列數目相等時才能相乘。

讓我們假設有一個 $m \times n$ 的矩陣 A，欲將之乘以一個 $n \times p$ 的矩陣 B。我們可以以一個 $m \times p$、稱為 AB (或 $A \cdot B$) 的矩陣來表示它們的乘

積。若指定 $C = AB$，則可以以 $c_{i,j}$ 表示 C 中位於 (i, j) 的項次，其中的每一個元素 i 及 j 的範圍是 $1 \leq i \leq m$ 且 $1 \leq j \leq p$，以及 $c_{i,j} = \sum (k = 1$ 至 $n)\ a_{i,k} \times b_{k,j}$ (譯註：原文課本中此處的文字不正確，姑改寫之。有興趣的讀者請自行翻閱原書原文比對之)。現在我們要看看是否能將 C 的計算作平行化。假設矩陣在記憶體中的擺置方式是如下地循序擺置：$a_{1,1}$、$a_{2,1}$、$a_{3,1}$、$a_{4,1}$、...。

6.6.1 [10] <§6.5> 假設我們想要在一個單核的共享記憶體機器或是一個四核的共享記憶體機器上計算 C。在忽略任何記憶體相關問題的假設下，計算在四核的機器上預期可得的加速。

6.6.2 [10] <§6.5> 假設對 C 的更新會因為當同一個列 (亦即，隨 i 索引值而變動者) 中連續的元素更新時，由於假共用 (false sharing) 而引發快取錯失的情況下，重複習題 6.6.1。

6.6.3 [10] <§6.5> 你應該如何改正這種可能會發生的假共用的問題？

6.7 思考下列兩個不同的程式中，同時在四個對稱式多核處理器 (symmetric multicore processor, SMP) 上執行的各個部分。假設在這些碼執行之前，x 及 y 二者均為 0。

Core 1: x = 2;
Core 2: y = 2;
Core 3: w = x + y + 1;
Core 4: z = x + y;

6.7.1 [10] <§6.5> 可能的產出的 w、x、y 及 z 值總共有哪些種？對每一種可能的結果，解釋為什麼我們可能得出這些值。你將需要檢視所有可能的指令交錯執行的情形。

6.7.2 [5] <§6.5> 你會怎樣去使得執行更具確定性，使得僅有一組結果值可以產生？

6.8 用餐的哲學家們問題 (The dining philosopher's problem) 是一個典型的同步與同時性 (synchronization and concurrency) 的問題。問題的大要敘述如下：哲學家們圍坐在一個圓桌邊上，做著以下兩件事情之一：吃東西或沈思。當他們任何一個人吃東西時，就並不沈思，而當其沈思時，就並不吃東西。有一碗義大利麵放在桌子中間。哲學家

們兩兩之間放了一支叉子。結果是每一位哲學家都有一支叉子放在其左手邊上以及一支叉子放在其右手邊上。由於取用義大利麵的特性，一位哲學家需要拿到兩支叉子才能取用，而且其只能使用放置在其左手邊上以及右手邊上的那兩支叉子。哲學家們彼此並不作交談。

6.8.1 [10] <§6.8>　說明在何種情況下沒有任何一位哲學家可以取用義大利麵，亦即飢餓 (starvation) 的情形 [譯註：starvation 也是在計算機研究領域中用以形容數個可同時執行的程序，卻由於有任一程序因為一直無法取得執行所需的任何一種資源而始終無法進行執行的情況；在目前這個問題中，指的必須是所有哲學家都無法開始進食，亦即所有哲學家都 starve，而這種 starve 的特例又稱為鎖死 (deadlock)]。是什麼樣的事件發生順序會導致這種問題？

6.8.2 [10] <§6.8>　說明我們如何可以導入一種優先權的觀念來解決這種問題？但是這樣做的話，我們可以保證能公平對待所有的哲學家嗎？試說明之。

現在假設我們僱用一位侍應生來負責指定這些叉子可以讓哪幾位哲學家取用。沒有人可以去拿叉子，除非這位侍應生允許他們這樣做。侍應生具有全域的瞭解。更進一步地，如果我們再加上這樣的規定：哲學家們一定要先要求拿取其左手邊上的叉子，之後才能再要求拿取其右手邊上的叉子，則我們可以避免鎖死的發生。

6.8.3 [10] <§6.8>　我們可以使用一個存放要求的貯列 (queue) 或是週期性地重新發出要求的方式來實作對侍應生發出要求的方式。如果使用貯列，貯列中的要求則會依其順序來被處理。使用貯列的問題在於我們可能不能夠總是處理完成處於貯列頂端的哲學家的要求 (這是由於資源未必已經備妥的緣故)。描述在有一貯列的情況下五位哲學家一起用餐、而即使有一位哲學家已經有兩支叉子可以使用，卻仍然無法允許其取用食物進食 (這是因為其要求仍位於貯列中的深處的緣故) 的情形。

6.8.4 [10] <§6.8>　如果我們以週期性地發出要求予侍應生、直到資源成為可用的方式來實作，這樣可以解決習題 6.8.3 中所述的問題嗎？試解釋之。

6.9　考慮以下三種 CPU 的組織方式：
CPU SS：一個二核超純量微處理器，其可於二個功能單元 (FUs) 上提

供亂序派發能力。同時間內一個核裡面只能有一個緒正在執行。

CPU MT：一個細粒度 (fine-grained) 多緒處理器，其可允許來自二個緒的各指令同時執行 (亦即，其中具有兩個功能單元)，然而在任一週期內僅有來自單一個緒的多道指令可被派發出來。

CPU SMT：一個同時多緒處理 (simultaneous multithreading, SMT) 的處理器，其可允許來自二個緒的各指令同時執行 (亦即，其中具有兩個功能單元)，而且在任一週期內來自任何單一個緒或兩個緒都可以的多道指令可被派發出來執行。

假設我們有兩個包含以下各種運作的緒 X 和 Y，要在這些個 CPU 上執行：

緒 X	緒 Y
A1──需時 3 個週期來執行	B1──需時 2 個週期來執行
A2──沒有相依關係	B2──與 B1 會對同一個功能單元發生使用上的衝突
A3──與 A1 會對同一個功能單元發生使用上的衝突	B3──需依賴 B2 的結果
A4──需依賴 A3 的結果	B4──沒有相依關係且需時 2 個週期來執行

假設所有指令都需時 1 個週期來執行，除非另作聲明或者是它們遭遇到危障。

6.9.1 [10] <§6.4>　假設你有了一個 SS CPU。需要多少個週期來執行這兩個緒？有多少個派發槽因為危障而浪費掉了？

6.9.2 [10] <§6.4>　現在假設你有了兩個 SS CPUs。需要多少個週期來執行這兩個緒？有多少個派發槽因為危障而浪費掉了？

6.9.3 [10] <§6.4>　假設你有了一個 MT CPU。需要多少個週期來執行這兩個緒？有多少個派發槽因為危障而浪費掉了？

6.9.4 [10] <§6.4>　假設你有了一個 SMT CPU。需要多少個週期來執行這兩個緒？有多少個派發槽因為危障而浪費掉了？

6.10　虛擬化的軟體邇來被積極地應用，以求降低管理當前各種高效能伺服器的成本。像是 VMWare、Microsoft 和 IBM 這些公司都發展出了一系列虛擬化相關的產品。在第 5 章中說明了的大體上的觀

念，就是可以在硬體和作業系統之間加入一個超管理器 (hypervisor；hyper 的原意是過度或過多；hypervisor 偶亦譯為超管理者) 層，來允許多個作業系統共享同樣的一份實體硬體。超管理器層於是負責配置 CPU 以及各記憶體等資源，也需要處理一般是由作業系統來處理的各種服務 (例如 I/O 等等)。

虛擬化提供了一種對下層硬體的抽象化模樣的看法給打算運行於其上的主作業系統 (hosted operating system) 以及應用程式。這件事讓我們需要重新思考未來應該怎樣設計多核以及多處理器系統來支援多個作業系統同時共享各個 CPUs 和各個記憶體。

6.10.1 [30] <§6.4> 選擇兩個目前市面上有的超處理器，然後比較並指出各種它們如何虛擬化以及管理下層硬體 (CPUs 以及記憶體) 的各種不同點。

6.10.2 [15] <§6.4> 討論在將來的多核 CPU 平台設計中，為了更便於符合這些系統所希望的資源需求，有哪些可能有需要作的改變。舉例來說，多緒處理在減輕計算資源的競爭上，是否可以扮演一個有效的角色？

6.11 我們希望能將下述的迴圈執行得越有效率越好。我們有 MIMD 和 SIMD 兩個不同的機器。

```
for (i=0; i< 2000; i++)
  for (j=0; j<3000; j++)
    X_array[i][j] = Y_array[j][i] + 200;
```

6.11.1 [10] <§6.3> 對一個 4 CPU 的 MIMD 機器，表示出你會在每一個 CPU 上執行的 MIPS 指令的順序。在這個 MIMD 機器上能夠得到的加速為若干？(譯註：可以用計算出指令平行度來作為答案。)

6.11.2 [20] <§6.3> 對一個寬度為 8 的 SIMD 機器 (亦即，具有 8 個平行的 SIMD 功能單元)，寫出一個使用了你自己設計的對 MIPS 作的 SIMD 指令集延伸來執行這個迴圈。比較 SIMD 機器上以及 MIMD 機器上各自需要執行的指令數。

6.12 心跳陣列 (systolic array) 是一個 MISD 機器的例子。一個心跳陣列是由許多數據處理單元以管道形成的網路或「波浪前緣 (或波

前，wavefront)」的形式構成。每一個這些單元並不需要用到程式計數器，因為執行的動作是由數據的到達來觸發。由時脈來控制的心跳陣列以「連鎖的步調 (lock-step)」進行計算，每個處理器都進行著交替的計算與通訊階段。

6.12.1 [10] <§6.3>　考慮各種已提出的心跳陣列的實作方式 (你可以在網際網路上或是技術性文獻發表中找到相關資訊)。然後嘗試以 MISD 的模式對習題 6.11 中的迴圈寫出各種實作方式上使用的程式。對你遭遇到的所有問題作討論。

6.12.2 [10] <§6.3>　討論 SIMD 機器與 MISD 機器之間的相似與相異之處。以數據階層平行性的角度來回答這個問題。

6.13　假設我們要在本章中所提到的 NVIDIA 8800 GTX GPU 上執行第 562~563 頁中所示的以 MIPS 組合語言程式表示的 DAXPY 迴圈。在本習題中，我們將假設所有的數學運作都是以單精確度浮點數字形態進行 (我們因此將稱呼該迴圈為 SAXPY)。假設各種指令需要以下的週期數來執行：

載入儲存	Stores	Add.S	Mult.S
5	2	3	4

6.13.1 [20] <§6.6>　說明你將如何對 SAXPY 迴圈建構各個緒排 (warps) 來發揮在單一個多處理器中的 8 個核的能力。

6.14　從 https://developer.nvidia.com/cuda 下載 CUDA Toolkit 以及 SDK。要確定使用的是該程式碼的 "emurelease" (Emulation Mode) 版本 (在這個習題中你將不必需要用到真正的 NVIDlA 硬體)。建構出 SDK 中提供的各個範例程式，並確認它們可以在模仿器上執行。

6.14.1 [90] <§6.6>　使用「模式樣版 (template)」的 SDK 樣本作為開始，寫出兩個能執行以下各向量運作的 CUDA 程式：
1) $a - b$ (向量－向量的減法)
2) $a \cdot b$ (向量的內積，dot product)
二個向量 $a = [a_1, a_2, \cdots, a_n]$ 和 $b = [b_1, b_2, \cdots, b_n]$ 的內積的定義如下：

$$a \cdot b = \sum_{i=1}^{n} a_1 b_1 + a_2 b_2 + \cdots + a_n b_n$$

將進行上述各運算的程式送交執行，並證實結果的正確性。

6.14.2 [90] <§6.6>　若你擁有可用的 GPU 硬體，進行你的程式的效能分析，並對該 GPU 的以及你的 CPU 版本的程式，以足夠範圍的向量大小來檢視相對的計算時間。解釋任何你看到的結果。

6.15　AMD 最近宣稱他們會將一個圖形處理單元和他們的多個 x86 核整合進一個封裝之內，雖然各個核將會執行於不同的時脈控制下。這會是我們將在不久的未來預期即將看到的商業產品中的一種例子。它們的關鍵設計因素之一會是如何在 CPU 以及 GPU 之間可以進行快速的數據通訊。目前的通訊必須在各別的 CPU 以及 GPU 晶片間進行。但是這個現象正在 AMD 的融合 (Fusion) 架構中發生改變。目前的計畫是使用多個 (至少 16 個)PCI Express 通道來提供便利的相互通訊。

6.15.1 [25] <§6.6>　比較這兩種互相聯結技術相關的頻寬以及延遲。

6.16　參考圖 6.15b，其表示了 n-cube (立方體) 互相聯結拓撲中一個具有 8 個互相聯結在一起的節點的 3 階 (order) n-cube。n-cube 互相聯結網路拓撲具有的一個優良特性是其忍受多條聯線斷掉、而仍然能夠保持各節點間互相聯通的能力。

6.16.1 [10] <§6.9>　推導出一條能計算出在 n-cube 中 (其中 n 表示這個立方體的階數) 能夠斷掉多少條聯線、而我們仍然可以保證至少存在一條沒有損壞的聯線形成的通路可以 (由任何節點) 聯接到在這個 n-cube 中的任何節點的式子。

6.16.2 [10] <§6.9>　比較 n-cube 與完全聯結網路 (fully connected interconnection network) 對故障的恢復力 (resiliency to failure)。對這兩種拓撲描繪可靠度相對於增加的聯結線數量的比較圖。

6.17　以測試實例做測試是一個牽涉到挑選具代表性的工作負載來執行於特定的計算平台上以求能夠客觀地比較各個系統之間的效能的研究領域。在本習題中我們將比較兩類的測試程式：Whetstone CPU 測試程式以及 PARSEC Benchmark 集。在 PARSEC 中挑選一個程式。所有程式應該都可以在網際網路上免費取得。考慮執行 Whetstone 的多份複本以及執行 PARSEC Benchmark 於 6.11 節中所提及的任何一個系統上。

6.17.1 [60] <§6.11>　當執行於這些多核系統上時，這兩類工作負載有什麼樣的本質上的不同？

6.17.2 [60] <§6.11> 以屋頂線模型而言，你執行這些測試程式所得到的結果會和各工作負載中使用到的共享以及同步的數量有多大的相關性？

6.18 當對疏鬆矩陣 (sparse matrix) 進行計算時，記憶體階層中的延遲變成非常重要的因素。疏鬆矩陣中缺乏矩陣運作中一般會具有的數據串流裡的空間區域性。因是之故，有一些新的矩陣表示法被提出來。

最早的疏鬆矩陣表示法中有一種稱為 Yale 疏鬆矩陣格式 (Yale Sparse Matrix Format)。其以列的形式使用三個一維陣列來儲存原本的疏鬆 $m \times n$ 矩陣，M。令 R 表示 M 中非零的項次的數目。我們建構一個長度為 R、包含所有 M 中 (依由左至右、從上到下的次序的) 非零項次的值的陣列 A。我們也建構第二個長度是 $m+1$ (亦即，對每列給予一個項次，再多上 1 個項次) 的陣列 IA。$IA(i)$ 內存放第 i 列裡第一個非零項次在陣列 A 中的索引值。因此原始矩陣中第 i 列的所有非零值項次的值可以在陣列 A 的位置 $A(IA(i))$ 至 $A(IA(i+1)-1)$ 之內找到。第三個陣列，JA，裡面存放 A 中每一個項次的行索引值，因此它的長度也是 R。

6.18.1 [15] <§6.11> 思考對下方的疏鬆矩陣 X，寫出可以將這個矩陣以 Yale 疏鬆矩陣格式來儲存的 C 程式。

```
Row 1  [1, 2, 0, 0, 0, 0]
Row 2  [0, 0, 1, 1, 0, 0]
Row 3  [0, 0, 0, 0, 9, 0]
Row 4  [2, 0, 0, 0, 0, 2]
Row 5  [0, 0, 3, 3, 0, 7]
Row 6  [1, 3, 0, 0, 0, 1]
```

6.18.2 [10] <§6.11> 以所需的儲存空間而言，假設矩陣 X 中每一個元素都是單精確度的浮點數字，計算上述矩陣以 Yale 疏鬆矩陣格式來儲存所需的儲存量為何。

6.18.3 [15] <§6.11> 進行矩陣 X 與下列的矩陣 Y 的矩陣乘法。

[2, 4, 1, 99, 7, 2]

以迴圈的方式進行運算，並計算執行所需的時間。請務必增加這個迴圈的執行次數以求提高你在測量上的精準度。對使用直接簡單的矩陣

表示法以及 Yale 疏鬆矩陣格式的表示法所需的不同執行時間作比較。

6.18.4 [15] <§6.11>　你可以找出一種 (就空間以及計算時的額外時間花費上而言) 更有效率的疏鬆矩陣表示法嗎？

6.19　在未來的系統中，我們預期會看到以異質的 CPU 群建構出的異質性的計算平台。我們也已經在嵌入式處理的市場中開始看到一些系統以多晶片模組的封裝形式出現，在其中包含了多個浮點數位訊號處理器 (DSPs，亦即 digital signal processors) 以及一個微控制器 CPU 群。

假設你有三種類型的 CPU：

CPU A——一種在每週期中可以執行多道指令的中等速度的多核 CPU (並具有浮點單元)。

CPU B——一種在每週期中只能執行一道指令的快速的單核 CPU (但是不具有浮點單元)。

CPU C——一種在每週期中可以執行同一道指令的多份工作的慢速的向量式 CPU (並具有浮點單元)。

假設我們的這些處理器以下述的頻率運作：

CPU A	CPU B	CPU C
1 GHz	3 GHz	250 MHz

CPU A 每週期中可以執行 2 道指令，CPU B 每週期中可以執行 1 道指令，而 CPU C 每週期中可以執行 8 道指令 (雖然是將一道向量指令想像成必須是一樣的 8 道指令)。假設所有運作都可以在一個週期的延遲中完成執行且不會造成任何危障。

所有三種 CPUs 都具有執行整數算術的能力，然而 CPU B 無法執行浮點算術。CPUs A 與 B 使用與 MIPS 處理器類似的指令集。CPU C 只能執行浮點數的加法和減法運算，以及記憶體的載入和儲存。假設所有的 CPUs 都可以存取共用的記憶體以及同步所需的成本 (指時間成本) 為零。

手上的任務是比較兩個分別包含了 1024×1024 個浮點數元素的矩陣 X 和 Y。輸出應該是一個代表在 X 中的元素其值較 Y 中相對元素為大或相等的數量的值。

6.19.1 [10] <§6.12> 說明你在三種 CPUs 上分別會怎樣分割問題以求獲得最佳的效能。

6.19.2 [10] <§6.12> 你會希望對 CPU C 加入什麼種類的指令以求獲得較高的效能？

6.20 假設一個四核的計算機系統可以以穩態 (steady state) 的、以要求數每秒來表示的速率來處理資料庫的查詢。又假設每筆交易 (transaction) 平均而言都需花費一個固定的時間量來處理。下列的表中列出一對對交易延遲與交易處理速率的關係。

平均的交易延遲	最大的交易處理速率
1 ms	5,000/sec
2 ms	5,000/sec
1 ms	10,000/sec
2 ms	10,000/sec

對表中的每一對數據，回答以下問題：

6.20.1 [10] <§6.12> 平均而言，在任何時刻有多少要求正在被處理中？

6.20.2 [10] <§6.12> 如果移到一個 8 核的系統上，理想上，系統的處理量 (throughput) 將發生什麼變化 (亦即，計算機每秒可以處理多少個要求)？

6.20.3 [10] <§6.12> 討論為什麼我們單單以增加核的數量時很少能獲得這樣的加速。

自我檢查的答案

§6.1，第 554 頁：偽。工作階層的平行性可以有助於循序的應用以及做成可以執行於平行的硬體上，雖然這樣並不容易。

§6.2，第 560 頁：偽。*弱縮放*可以彌補程式中前後連串而且否則會限制了可調適規模性的部分，但是對強縮放則並非完全如此。

§6.3，第 566 頁：真，但是它們缺乏類似聚攏-撒回和向量長度暫存器等的這些可改善向量架構效率的有用的向量功能 (如同這節中一個仔細深思中提到的，AVX2 的 SIMD 延伸提供了經由聚攏運作的索引的載入，但是卻沒有經由撒回的索引的儲存。Haswell 世代的 x86 處理器是第一個支援 AVX2 的)。

§6.4，第 571 頁：1. 真。2. 偽。

§6.5，第 575 頁：偽。由於共用的位址是一個**實體**位址，多個工作中的每一個在它們自己的**虛擬**位址空間中都可以順利地在共享記憶體的多處理器上執行。

§6.6，第 582 頁：偽。圖形 DRAM 晶片是由於它們的較高的頻寬而產生貢獻。

§6.7，第 588 頁：偽。GPUs 與 CPUs 內包含了額外的功能來提高晶粒在製造時的良率，加上它們的高產量，使得製造大尺寸的晶粒是負擔得起的，這一點與 DSAs 的情況不同。DSA 的優勢包括並不納入 CPUs 與 GPUs 中那些所不需要的特性，將省下來的面積用於加入更多算數單元與記憶空間於晶粒中。這兩者都可以根據問題領域來納入考慮。

§6.8，第 593 頁：1. 偽。傳送與接收訊息是一種隱喻的同步方式，同時也是一種共享數據的方式。2. 真。

§6.9，第 597 頁：真。

§6.11，第 609 頁：真。我們可能需要在所有層次的、硬體以及軟體層級的創新才能獲致平行計算的成功。

附錄

A

組譯器、聯結器與 SPIM 模擬器

James R. Larus
Microsoft Research, Microsoft

A.1　介紹
A.2　組譯器
A.3　聯結器
A.4　載入
A.5　記憶體的使用
A.6　程序呼叫慣例

A.7　例外與插斷
A.8　輸入與輸出
A.9　SPIM
A.10　MIPS R2000 組合語言
A.11　總結評論
A.12　習題

A.1 介紹

將指令編碼成二進數字對計算機而言是自然且有效率的。然而人類在瞭解以及處理這類數字上面則有很大的困難。人們對讀寫符號(字體)會遠較對讀寫長串的數字為擅長。第 2 章說明我們不需要就數字與文字之間做選擇,因為計算機指令可以用非常多不同的方式呈現。人類在計算機上可以書寫及閱讀符號,而計算機則可以透過對等的二進數字形式來執行。本附錄說明用以將以人類可閱讀的形式呈現的程式翻譯成計算機可執行的形式之過程,間亦提供一些寫作組合程式的建議,並解釋如何在 SPIM——一個可執行 MIPS 程式的模擬器上執行這些程式。

組合語言 (*assembly language*) 是計算機二進編碼——**機器語言** (machine language) 的符號呈現方式。組合語言因為使用符號而非一長串的位元,故較機器語言方便閱讀。組合語言名稱裡的符號通常反映一些位元樣式,例如運作碼及暫存器名稱,以便人們閱讀及記憶。另外,組合語言可以讓程式師使用標籤 (labels) 來標明及稱呼某些存放指令或數據的特別的記憶體位址。

一個稱為**組譯器** (assembler) 的工具將組合語言 (譯註:指組合語言寫成的程式) 翻譯成以二進制形式呈現的指令串。組譯器提供指令能以較計算機中的 0 與 1 形式更為友善的表示方式呈現,使得編寫與閱讀程式較為容易。以符號名稱來代表各種運作及位置就是這個呈現方式的一種形式。另一方面組譯器也提供能使程式看起來更簡捷清晰的編程便利工具。例如即將在 A.2 節中討論到的**巨集** (macros),其允許程式師定義出新的運作來對組合語言作延伸。

組譯器讀入一個組合語言的*來源檔* (*source file*) 並產出一個包含了機器指令,以及有助於合併數個*目的檔* (*object files*) 以成為一個完整程式的相關簿記資料的目的檔。圖 A.1.1 顯示程式是如何建構的。大多數程式包含數個個別被編寫、編譯及組譯的,稱為*模組* (*modules*) 的檔案。程式也可以使用預先寫好後存放在*程式程序庫* (*program library*) 裡的程序。模組一般會包含有參考 [或查詢 (references)] 到定義於其他模組中或是程式程序庫中的副程式以及數據的動作。模組若含有任何對其他目的檔案或程式庫裡的標籤的仍**未解決的參考** (unresolved references),則它的碼無法被執行。另有一項工具稱為

只是因為害怕受到嚴重的傷害這件事不足以作為放棄言論與集會自由的正當辯解。

Louis Brandeis
Whitney v. California, 1927

機器語言
用於計算機系統內部溝通的二進制表示方式。

組譯器
一個將符號形式的指令轉換成二進制形式的程式。

巨集
一個利用能夠將常用到的指令序列命名的簡單機制,透過程式中名稱的樣式比對並能將名稱置換成對應的指令序列的設計。

未解決的參考
一個需要由外部來源才能得到更多資訊以完成之的未完成的參考動作。

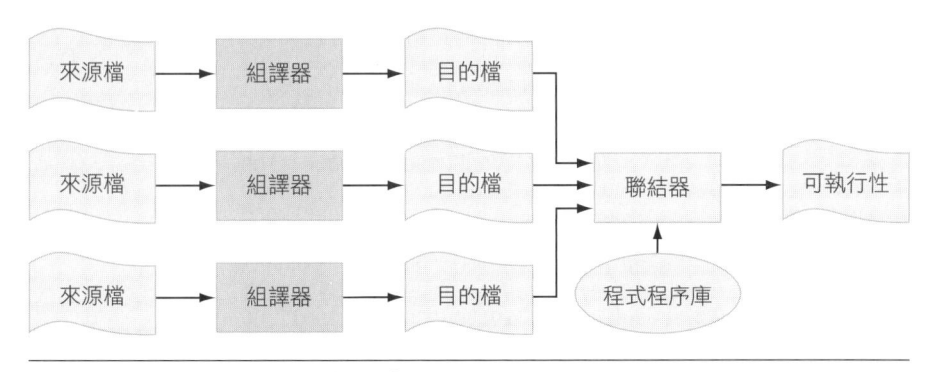

圖 A.1.1　產生一個可執行檔的處理過程。

組譯器將一個組合語言 (程式) 翻譯成一個目的檔案，並經過與其他檔案以及程序庫聯結 (linked) 而成為一個可執行檔。

聯結器 (linker)，其功能就是合併一群相關的目的檔案及程序庫檔案成為一個計算機可執行的可執行檔 (*executable file*)。

要瞭解組合語言的好處，請先參考以下一系列的圖：圖 A.1.2 至圖 A.1.5，所有的圖中都表示一個能夠計算以及印出從 0 到 100 各整數平方值的總和的副程式。圖 A.1.2 列出 MIPS 計算機能夠執行的機器語言 (程式)。經過相當的努力的話，你也可以使用第 2 章中的運作碼及指令格式表來翻譯這些指令成如同圖 A.1.3 中所示的符號形式的程式。這種形式的程序非常易於閱讀，因為運作與運算元都已寫成符號而非位元樣式。然而因為記憶體位置是以位址而不再是符號標籤表示，這個組合語言 (程式) 依然有點難以瞭解。

圖 A.1.4 顯示以助憶詞名稱標示記憶體位址的組合語言 (程式)。大部分程式師喜歡以這種形式來閱讀或寫作。以句點開始的名稱例如 .data 和 .global，是一些能夠告訴組譯器如何翻譯程式但是並不會產生任何機器指令的**組譯器指令** (assembler directives)。後面跟著冒號的名稱例如 str: 或 main: 是一些能夠指出下一個記憶體位置的標籤。這個程式與大部分的組合語言程式一樣易於閱讀 (除了很明顯地沒有註解之外)，但是因為一些簡單的工作就已經會需要許多簡單的運作來完成，以及因為組合語言缺乏控制流程的結構使人不易看出程式的運行，使得它還是不容易理解。

相對地，圖 A.1.5 中的 C 程序既簡潔又明瞭，因為變數都有容易記憶的名稱以及迴圈都很明顯地呈現而非以分支來建構。事實上這個 C 程序是我們唯一真正需要編寫的。程式的其他形式都是 C 編譯器以及組譯器所產生的。

聯結器
或稱**聯結編輯器**，一個能合併多個個別組譯完成的機器語言程式，並且釐清所有未定義的標籤使成為一個完整可執行檔的系統程式。

組譯器指令
一個告訴組譯器如何翻譯程式但是並不會產生與其對應的機器指令的運作；它們永遠是以句點做為開頭。

```
00100111101111011111111111100000
10101111101111110000000000010100
10101111101001000000000000100000
10101111101001010000000000100100
10101111101000000000000000011000
10101111101000000000000000011100
10001111101011100000000000011100
10001111101110000000000000011000
00000001110011100000000000011001
00100101110010000000000000000001
00101001000000010000000001100101
10101111101010000000000000011100
00000000000000000111100000010010
00000011000011111100100000100001
00010100001000001111111111110111
10101111101110010000000000011000
00111100000001000001000000000000
10001111101001010000000000011000
00001100000100000000000011101100
00100100100001000000010000110000
10001111101111110000000000010100
00100111101111101000000000100000
00000011111000000000000000001000
00000000000000000001000000100001
```

圖 A.1.2 一個計算並印出由 0 到 100 各整數平方值的和的程序其 MIPS 機器語言編碼。

```
addiu    $29, $29, -32
sw       $31, 20($29)
sw       $4, 32($29)
sw       $5, 36($29)
sw       $0, 24($29)
sw       $0, 28($29)
lw       $14, 28($29)
lw       $24, 24($29)
multu    $14, $14
addiu    $8, $14, 1
slti     $1, $8, 101
sw $8,   28($29)
mflo     $15
addu     $25, $24, $15
bne      $1, $0, -9
sw       $25, 24($29)
lui      $4, 4096
lw       $5, 24($29)
jal      1048812
addiu    $4, $4, 1072
lw       $31, 20($29)
addiu    $29, $29, 32
jr       $31
move     $2, $0
```

圖 A.1.3 以組合語言撰寫的同一個函式。

不過,這個函式的碼中並沒有包含暫存器慣用的名稱或是記憶體位址,也不包括註解。

```
        .text
        .align  2
        .globl  main
main:
        subu    $sp, $sp, 32
        sw      $ra, 20($sp)
        sd      $a0, 32($sp)
        sw      $0,  24($sp)
        sw      $0,  28($sp)
loop:
        lw      $t6, 28($sp)
        mul     $t7, $t6, $t6
        lw      $t8, 24($sp)
        addu    $t9, $t8, $t7
        sw      $t9, 24($sp)
        addu    $t0, $t6, 1
        sw      $t0, 28($sp)
        ble     $t0, 100, loop
        la      $a0, str
        lw      $a1, 24($sp)
        jal     printf
        move    $v0, $0
        lw      $ra, 20($sp)
        addu    $sp, $sp, 32
        jr      $ra

        .data
        .align  0
str:
        .asciiz "The sum from 0 .. 100 is %d\n"
```

圖 A.1.4 以組合語言撰寫、並且包括了暫存器標籤、但是仍不包括註解的同一個函式。

以句點 "." 作開頭的指令是組譯器指令 (參見附錄 A, 第 691~693 頁)。.text 表示以下的各行放的是指令。.data 表示它們放的是數據。.align n 表示以下各行中的各個項目應作 2^n 個位元組邊界的對齊。因此，.align 2 表示下一個項目應置於字組邊界上。.globl main 宣稱了 main 是一個全域的符號，應該可以被儲存於其他檔案中的碼看見。最後 .asciiz 儲存了一個以空字元作結束的串列於記憶體中。

```
    #include <stdio.h>
int
main (int argc, char *argv[])
{
    int i;
    int sum = 0;
    for (i = 0; i <= 100; i = i + 1) sum = sum + i * i;
    printf ("The sum from 0 .. 100 is %d\n", sum);
}
```

圖 A.1.5 以 C 程式語言撰寫的函式。

一般而言，組合語言擔任兩個角色 (見圖 A.1.6)。第一個角色是作為編譯器的輸出所使用的語言。編譯器 (*compiler*) 將高階語言 (*high-level language*，像是 C 或 Pascal) 所寫的程式翻譯成相對應的機器或組合語言程式。該高階語言稱為**來源語言** (source language)，而編譯器的輸出使用的則稱為是它的目標語言 (*target language*)。

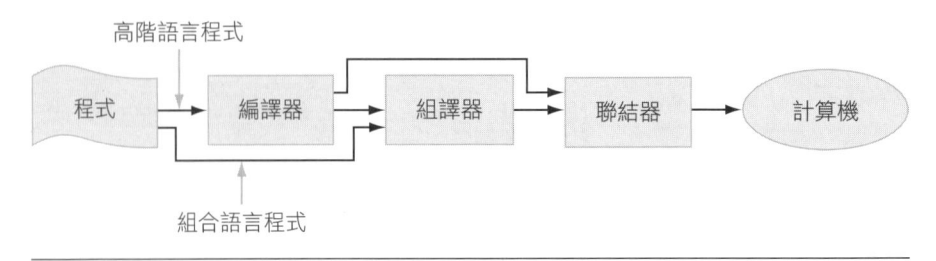

圖 A.1.6 組合語言（程式）是或是由程式師編寫出來，或是由編譯器來產出的。

組合語言的另一角色是它也是可用於編寫程式的語言。這個角色曾是它的主要角色。然而今天由於有了更大的主記憶體以及更好的編譯器技術，大部分程式師都已經使用高階語言來編程，並且即使有也很少有必要會看得見計算機執行的指令。不過組合語言在應用程式的執行速度以及所需的記憶體空間大小極為關鍵，或在要做到高階語言中沒有辦法做到的發揮相關的硬體特性的情況下仍然很重要。

雖然這個附錄只談論到在 MIPS 組合語言上的議題，大部分其他機器上的組合語言編程所面對的議題也非常類似。CISC 類的機器如 VAX 上的更多額外指令與定址模式雖然可以使組合程式變得簡短些，但並不會改變組合一個程式所需的過程，也仍然不會提供給組合語言類似型態檢查或是結構式的流程控制等高階語言中所能有的好處。

何時使用組合語言

相對於使用高階語言來編程，以組合語言編程的主要原因是發生在程式的執行速度和所需記憶體大小具關鍵重要性時。例如，假設計算機需要控制一個像是汽車剎車的重要機制。包含在另一個裝置如汽車中的計算機稱為嵌入式計算機（*embedded computer*）。這類型的計算機需要快速而且會以可以預期的方式可靠地對外界事件做反應。因為編譯器對運作所需的時間耗費會造成不確定性，程式師可能瞭解要確保高階語言程式在明確的時間區間限制內——譬如在感測器偵測到輪胎打滑的一毫秒內作出反應將會非常困難。另一方面，組合語言程式師對真正執行的指令有明確的控制能力。另外，在嵌入式的應用裡，縮減程式大小使它能容納於較少記憶體晶片中能夠降低嵌入式計算機的成本。

一個基於兩種語言個別的強項的混合式編程方法是：程式中的大部分都以高階語言進行編程、而速度很關鍵的部分則以組合語言來寫

作。程式一般都會花費大部分的執行時間在程式來源碼裡頭的一小部分上執行。這個觀察結果也就是支撐快取設計的所謂區域性原則 (見第 5 章中 5.1 節)。

程式側錄可以量測程式在哪裡耗費了它的多少時間，因此可以幫忙找出程式中關鍵耗時的部分。在許多情況下程式的這部分都可以經由或是較好的資料結構、或是較好的演算法來加速。然而在有些時候，可觀的效能改善只能經由以透過組合語言來重新編碼程式裡面的關鍵部分的方式來得到。

這種透過組合語言來重新編碼程式的改善方式，並不是就表示高階語言的編譯器不恰當或不好。以能夠對整個程式產出均勻且高品質的機器碼這方面而言，編譯器一般強於人類。反觀人類則是能夠比編譯器更深入瞭解程式的目的和所使用的演算法以及行為，因此能夠將足夠的努力與智慧用於改善程式的關鍵區域。特別是程式師在寫作程式時通常可以同時思考好幾個程序。編譯器一般對每一個程序在它個別單獨的狀態下編譯它們，並因此必須要在切換程序時嚴格地遵守暫存器使用上的慣用法。但是對程式師而言，程式在跨越程序邊界時程式師甚至於仍可以將常用的值保留在暫存器中，以使程式執行得更快。

直接使用組合語言來編程的另一個優勢是它可以方便運用特殊指令──如串列複製或樣式比對指令──的能力。編譯器在大部分情形下並無法決定程式的迴圈是否可以被單一的陣列指令或是類似的指令取代。然而設計寫作這個迴圈的程式師卻可以輕易以單一的該類指令取代之。

時至今日，程式師相較於編譯器的優勢，已因編譯技術的不斷進步，以及機器管道複雜度的大幅提高 (參見第 4 章)，而不再是那麼容易維持。

使用組合語言的最後一個重要理由是由於沒有任何一種高階語言是專為特定計算機而設計的。許多較舊的或特殊的計算機完全沒有編譯器，因此程式師的唯一選擇就是使用組合語言，甚至是機器語言。

組合語言的缺失

組合語言仍然具有許多不利之處使得它無法被廣泛使用。也許它主要的缺失就是：以組合語言寫作的程式本質上是只與特定機器相關的，如果想要在不同的計算機架構上執行相同的功能，則必須將組合

語言程式全部改寫。第 1 章中曾經提到的計算機的快速演進代表的是架構很快會過時。組合語言以及就其所寫成的程式與它原來設定的架構緊密聯結，甚至於在該計算機被更新穎的、快的和更划算的計算機掩蓋其光芒後也難以被以其他方式再作利用。

另一個不利點是組合語言程式一般較相對的高階語言程式要長。例如圖 A.1.5 中的 C 程式只有 11 行，而圖 A.1.4 的組合程式則有 31 行。在更複雜的程式中，組合程式與高階程式的大小比例 [其*擴張因素* (*expansion factor*)] 可以遠大於本例中的三。不幸的是，實驗性的研究結果顯示：程式師不論在使用組合語言或高階語言編程時，其每日完全的行數約略相等。這結果表示程式師使用高階語言編程時約略具有 x 倍的生產力，其中 x 即為組合語言的擴張因素。

綜合這些不利的條件之後，表示較長的程式會較難閱讀及瞭解，也會包含較多錯誤。組合語言因為它的完全缺乏結構性而更加劇了這些問題。常見的編程慣用法如 *if-then* 敘述以及迴圈都因而需透過使用分支與跳躍指令來建構。產出的程式難以閱讀，因為讀者必須由瑣碎的事實來重建所有的高階結構，而且每個高階敘述句中使用的情況可能都略有差異。例如，請參考圖 A.1.4 來回答以下這些問題：其中使用的是什麼型態的迴圈？以及其最低與最高的界限為何？

仔細深思 編譯器可以不需依靠組譯器而直接產出機器語言 (程式)。這些編譯器通常較之需要在編譯中呼叫組譯器者快上許多。然而直接產出機器語言 (程式) 的編譯器必須處理許多一般由組譯器執行的工作，如解決位址的問題與編碼指令成二進形式。其間的權衡在於編譯的速度與編譯器的簡潔性之間。

仔細深思 即使有以上所述的這些考慮，一些嵌入式應用仍以高階語言進行編程。許多這類的應用是必須極端可靠的大而且複雜的程式。記得：組合語言程式一般都較長而且也較高階語言程式難以編寫及閱讀。這些因素大大增加了寫作組合語言程式的成本，以及使得這類程式在正確性的驗證上極端困難。事實上這些考慮造成了需要使用到許多複雜嵌入式系統的美國國防部去發展出一個應用於嵌入式系統的新的高階語言 Ada。

A.2 組譯器

組譯器的功能是將一個包含組合語言敘述的檔案翻譯成一個包含二進制形式機器指令與數據的檔案。翻譯的過程包含兩個主要部分。第一步是先找出有標籤的記憶體位置，以便在翻譯指令時能先確認符號名稱與位置間的對映關係。第二步是透過組合數字型態的運作碼、暫存器名稱以及標籤成為有效的機器指令來翻譯每一句組合敘述。如圖 A.1.1 所示，組譯器產生一個稱為目的檔 (*object file*)，內含機器指令、數據與簿記資料的輸出檔案。

目的檔因為可能會參考到其他檔案中的程序和數據而一般是不能被執行的。一個**標籤** (label) 如果可以被用於從另一個不是定義該標籤的檔案中來參考所標示的物件，則稱為是**外部的** [external，或稱**全域的** (global)]。如果所標示的物件只能存在於定義該標籤的同一個檔案中，則稱該標籤為**區域的** (*local*)。在大部分組譯器中任何標籤都被預設為區域性的，因此必要時必須明確宣稱其為全域的。副程式與全域變數因為可能會被程式中許多檔案所參考到，故需具有外部標籤。**區域標籤** (local labels) 會將不需要被其他模組看到的名稱──例如 C 中只能被同一檔案中其他函式呼叫的靜態函式──對外部隱藏起來。另外，編譯器所產生的名稱、例如給迴圈中第一道指令命名的名稱，是屬於區域性的，也因此編譯器不必對每一個檔案在相同情況下刻意使用不同的名稱。

外部標籤
亦稱**全域標籤**。一個代表可在其被定義的檔案以外的地方參考到的物件之標籤。

區域標籤
一個代表僅能使用於其被定義的檔案以內的物件之標籤。

區域與全域標籤　　　　　　　　　　　　　　　　　　　　　　範例

參考圖 A.1.4 中的程式。副程式使用了一個外部 (全域) 標籤 main。其另外也包含了兩個只有該組合語言檔案自己可以看見的區域標籤 loop 與 str。以及該程序也包含了一個未解決的對外部的標籤 printf，一個可印出值的程序庫程序，的參考。在圖 A.1.4 的標籤中，哪一個是可以從其他檔案中參考的？

只有全域標籤可以從檔案外被參考，所以唯一可以從另一個檔案來參考的標籤是　解答
main。

因為組譯器以個別及獨立的方式來處理程式的所有檔案中的每一個檔案，其只能得知區域標籤的位址。組譯器必須依賴另一個工具──聯結器來協助解決外部標籤參考的問題，以便能夠合併一群目

的檔以及程式庫程序成為一個可執行檔。組譯器這一方面則以提供標籤以及未解決的參考的列表來協助聯結器進行聯結。

然而即使是區域標籤也會對組譯器造成有趣的困難。不似在大部分的高階語言中，組合語言中的標籤可以在它們被定義之前就先被使用。在圖 A.1.4 的例子中，可以看見標籤 str 在被定義前就已經被 la 指令使用。像這種**事前參考** (forward references) 的可能性造成組譯器必須以兩個步驟來翻譯程式：首先找出所有的標籤，然後才產出指令。在上述該例子中，當組譯器看到 la 指令時，它並不知道標示為 str 的字組位於哪裡、甚至於 str 所標示的標的物是指令或是數據。

事前參考
一個在被定義前即已被使用到的標籤。

組譯器在組譯的第一個階段讀入組合語言檔案中的每一行敘述並將之分割成各個組成部分。這些稱為**詞位** (*lexemes*) 的各個部分可能是各別的文字、數字、以及標點符號。例如這一行

```
ble  $t0, 100, loop
```

包含六個詞位：運作碼 ble、暫存器名稱 $t0、逗點、數字 100、逗點及符號 loop。

符號表
將標籤名稱對應到所標記指令佔用的記憶體字組之位址的表。

若一行敘述句以標籤做為開頭，則組譯器會在它的**符號表** (symbol table) 中記錄標籤名稱以及該指令所在記憶體字組的位址。組譯器接著計算該行指令會佔用記憶體中多少個字組。藉著知道指令的大小，組譯器可以知道下一道指令始於何處。為了要計算像 VAX 中的不定長度指令的大小，組譯器必須詳細檢視它們。然而對於 MIPS 等所使用的固定長度指令則僅需作粗略的檢視。組譯器也對數據的敘述句做類似的所需空間的計算。當組譯器到達組合語言檔案的結尾時，符號表也已記錄了檔案中定義了的所有標籤的位置。

組譯器處理該檔案時，在真正產生機器碼的第二個階段中將會使用符號表中的資訊。組譯器此時再次檢視檔案中的每一行。若該行含有指令，組譯器會合併運作碼及運算元 (暫存器名稱、記憶體位址或立即值) 的二進制表示法以成為一個有效的指令。這個過程與第 2 章 2.5 節中所使用者類似。若遇到參考到定義於其他檔案中外部符號的指令與數據字組，則它們還不能被完全組譯 (它們未被解決)，因為這些符號的位址並不存在這個檔案自己的符號表中。組譯器也不會因此受到未被解決的參考的困擾，因為相關的標籤可能是定義在其他檔案中。

> **大印象**　　　　　　　　　　　　　　　　*The BIG picture*
>
> 組合語言是一種程式語言。它與高階語言譬如 BASIC、Java 與 C 的主要不同在於組合語言一般只提供少量簡單型態的數據與流程控制功能。組合語言程式並不會也不需要指明變數中數值的型態。然而程式師必須要對數值施以適當的運作 (譬如應該作整數或是浮點的加法)。另外，在組合語言中程式必須以 *go tos* 來做到流程的控制。這兩種因素使得對於任何機器——MIPS 或 x86——而言，以組合語言來進行編程都較使用高階語言時更為困難與容易出錯。

仔細深思　如果在意組譯器的組譯速度，那麼這個對組合語言檔案的兩階段的處理過程也可以透過使用稱為**回頭修補** (backpatching) 的技術在一階段中完成。在它處理檔案時，組譯器先做出一個 (可能還不完整的) 每一道指令的二進制表示形式。若指令參考到一個到目前仍未被定義的標籤，則組譯器先將這個標籤與指令記錄於一個表中。每當一個標籤被新定義出來，組譯器就會查看該表來尋找所有之前參考到這個標籤的指令。之後組譯器回頭以該標籤的位址修正這些指令的二進制表示形式。使用回頭修補的方式可以因為組譯器僅需讀過它的輸入一次，而加速了組譯的過程。然而它需要組譯器將整個程式的二進制表示形式保持於記憶體中，才能夠回頭修補指令。這個需求可能會限制了可組譯程式的大小。如果機器中有好幾類不同的指令都各具有不同的分支型態與能力時，將會使這個過程變得更為複雜：當組譯器第一次在有分支指令需求時同時看到有一個未解決的標籤時，它必須或者是選擇使用允許的分支範圍為最大的指令，或者是冒著只好回頭調整許多道相關指令來騰出空間以容納更大的分支指令的風險。

回頭修補
組譯器將組合程式翻譯為機器指令的程式時，在一個階段中即完整地建構出所有指令的 (可能還不完整的) 二進制表示形式，之後再回頭補填之前未被定義的標籤之位址值的方法。

目的檔格式

組譯器會產出目的檔。UNIX 中的目的檔含有六個不同的部分 (參見圖 A.2.1)：

- 目的檔頭 (*object file header*) 說明該檔其餘部分的大小及位置。
- **文字部分** (text segment) 含有來源檔中各程序的機器語言碼。這些程序也許因為含有未解決的參考而可能無法執行。

文字部分
UNIX 物件檔案中含有來源檔中各程序的機器語言碼的部分。

| 目的檔頭 | 文字部分 | 數據部分 | 重置資訊 | 符號 | 除錯資訊 |

圖 A.2.1 目的檔案。
UNIX 組譯器會產出包含六個不同部分的目的檔案。

數據部分
UNIX 物件或可執行檔案中含有程式使用的已初始化數據之二進制表示形式的部分。

重置資訊
UNIX 物件檔案中指出以絕對位址定址之指令與數據字組的部分。

絕對位址
變數或程序在記憶體中的真正位址。

- **數據部分** (data segment) 含有來源檔中數據的二進制表示形式。數據也可能因為含有對其他檔案中標籤的未解決的參考而仍不完整。
- **重置資訊** (relocation information) 指明有哪些指令與數據字組是與**絕對位址** (absolute addresses) 有關的。如果程式的某些部分在記憶體中被移動了,則這些參考一定要做相對應的改變。
- 符號表 (*symbol table*) 將位址與來源檔中的外部標籤作聯結,並列出未解決的參考。
- 除錯資訊 (*debugging information*) 中含有對該程式的編譯方法的簡要說明,以便除錯器知道哪些指令的位址對應到來源檔中的哪些行,並以可閱讀的形式印出資料結構。

組譯器產出含有以二進制形式表示的程式、數據,以及能有助於將程式中各片段聯結起來的額外資訊的目的檔。其中的重置資訊由於組譯器並不知道某個程序或一筆數據在它與程式其他部分聯結後將被置放於記憶體中的何處而屬必要。雖然一個檔案中的程序或是數據在儲存於記憶體中的時候佔用的記憶體位置都是連續的,然而組譯器並不會知道這段記憶體將被安排在何處。組譯器也會將一些符號表的內容傳送給聯結器。尤其是,組譯器必須記錄住檔案中定義了哪些外部符號,以及發生過哪些未解決的參考。

仔細深思 為了方便起見,組譯器假設每一個檔案都是由相同的位址 (例如位置 0) 開始使用,並指望由聯結器在以多個檔案代表各個片段的程式碼與數據要被指定到記憶體位置時再恰當地重新配置它們的位置。組譯器會產出包含多筆項目的重置資訊 (*relocation information*),其中每一個項目會記載檔案中每一個使用到絕對位址的指令或數據字組。在 MIPS 中,只有副程式呼叫、載入與儲存指令參考到絕對位址。使用 PC-相對定址的指令如分支指令等並不需作重置。

額外的便利性 / 功能

組譯器提供許多可以使得組合語言程式更容易撰寫以及更簡短的便利功能，但基本上它並不去改變組合語言。例如，**數據擺置指令** (*data layout directives*) 可以讓程式師使用比使用二進制表示形式更為簡約且自然的形式來描述數據。在圖 A.1.4 中，指令

```
.asciiz "The sum from 0 .. 100 is %d\n"
```

將該串列的字母符號儲存於記憶體中。將這種形式與另一種必須寫出每個字母的 ASCII 值的方法做對照 (圖 2.15 說明 ASCII 對字母符號的編碼)：

```
.byte 84, 104, 101, 32, 115, 117, 109, 32
.byte 102, 114, 111, 109, 32, 48, 32, 46
.byte 46, 32, 49, 48, 48, 32, 105, 115
.byte 32, 37, 100, 10, 0
```

.asciiz 指令因為是以字母、而非二進數字來代表字母符號而較易閱讀。組譯器也可較人類更快且正確地將字母符號轉換成它們的二進制表示形式。數據擺置指令允許我們以人類可閱讀的形式來說明數據，而之後再由組譯器將之轉換成二進形式。其他擺置指令將於 **A.10 節**中再做說明。

String Directive

【範例】

定義這個指令產出的位元組序：

```
.asciiz "The quick brown fox jumps over the lazy dog"
```

【解答】

```
.byte  84, 104, 101,  32, 113, 117, 105,  99
.byte 107,  32,  98, 114, 111, 119, 110,  32
.byte 102, 111, 120,  32, 106, 117, 109, 112
.byte 115,  32, 111, 118, 101, 114,  32, 116
.byte 104, 101,  32, 108,  97, 122, 121,  32
.byte 100, 111, 103,   0
```

巨集是一種以簡單的機制對常用的指令串命以名稱來提供樣式比對，以及將名稱置換成對應指令串的便利功能。與其每次重複鍵入這些同樣的指令，程式師可呼叫巨集而組譯器則將該巨集呼叫代以對應的指令串。類似於副程式般，巨集可讓程式師寫作常用的動作並命之

正式變數
作為程序或巨集的參數的變數；該變數在巨集展開時即會被該參數取代。

以具象的名稱。然而不同於副程式的是，巨集在執行時不會造成如副程式所需的呼叫與返回，因為巨集呼叫在組譯程式的過程中即已經被置換成巨集名稱所對應的內容。置換之後的組合碼與沒有使用巨集的程式無異。

| 範例 | 巨集 |

今設以程式師需要印出許多數字為例。程式庫中的程序 printf 接受一個定義格式的字串，以及一或多個要印出的值做為它的參數。程式師可以用以下的指令印出在暫存器 $7 中的整數：

```
        .data
int_str: .asciiz "%d"
        .text
        la    $a0, int_str    #載入串列位址
                              #至第一個參數中
        mov   $a1, $7         #載入值至
                              #第二個參數中
        jal   printf          #呼叫 printf 程序
```

.data 指令告訴組譯器要將字串存於程式的數據部分中，然後 .text 指令告訴組譯器要將指令儲存於程式的文字部分中。

然而以這個方式印出許多數字會相當繁瑣而且會產出一個難以理解的冗長程式。另一種方式則是使用印出一個整數的巨集 print_int：

```
        .data
int_str: .asciiz "%d"
        .text
        .macro print_int($arg)
        la    $a0, int_str    #載入串列位址至
                              #第一個參數中
        mov   $a1, $arg       #載入巨集的參數
                              #($arg) 至第二個參數中
        jal   printf          #呼叫 printf 程序
        .end_macro
print_int($7)
```

該巨集有一個用來命名巨集的參數的**正式變數** (formal parameter) $arg。當巨集被展開時，呼叫中的參數就會取代巨集中所有的該正式變數。之後組譯器會以重新展開的巨集本體取代該呼叫。第一次呼叫 print_int 時使用的參數是 $7，因此巨集會被展開成這樣的碼

```
la    $a0, int_str
mov   $a1, $7
jal   printf
```

第二次呼叫 print_int 時，假設是 print_int($t0)，參數為 $t0，故巨集會被展開成

```
la    $a0, int_str
mov   $a1, $t0
jal   printf
```

那麼呼叫 print_int($a0) 的話，巨集將會被展開成什麼？

解答

```
la    $a0, int_str
mov   $a1, $a0
jal   printf
```

這個範例指出巨集的一個缺點。那就是在使用這個巨集時程式師必須要知道 print_int 已經先使用了暫存器 $a0，因而將無法正確印出原本預期在該暫存器中的值。

硬體 / 軟體介面

有一些組譯器也提供假指令 (*pseudoinstructions*) 的功能，其是由組譯器來提供但並非能夠於硬體上直接支援。第 2 章內有許多 MIPS 組譯器如何能夠以 spartan MIPS 硬體指令集來合成各種假指令與定址模式的例子。例如，第 2 章 2.7 節中說明了組譯器如何以兩道指令 slt 及 bne 來合成一道 blt 假指令。藉著這個方式來延伸指令集，MIPS 組譯器在不增加硬體複雜度的條件下即可簡化組合語言的編程。許多假指令也可以藉由使用巨集來模擬，然而 MIPS 組譯器因為可使用其專用的暫存器 ($at) 以及可做程式碼最佳化而能使用假指令來產出更好的程式碼。

仔細深思 組譯器可視需要來組譯一段段的碼，因此允許程式師在組

譯時能夠加入或剔除一群群的指令。這個特性在一個程式的不同版本間僅會有少量差異存在時會顯得特別有用。程式師通常會將不同的版本合併成一個檔案來儲存及處理，而不會將不同版本以各別的檔案保存——這將會大大增加了在共通部分除錯的複雜度。專屬於各別版本的碼即可視需要來組譯，因此組譯時所有不相干的碼均可輕易排除。

如果巨集及條件組譯確實是有用的話，那麼為什麼 UNIX 系統中的組譯器即使是有的話也極少提供該等功能？有一個理由是使用 UNIX 這類系統的程式師大都是以 C 之類的高階語言來作編程。大部分的組合碼都是由編譯器所產生，在這種環境中重複使用同樣的碼也較在組合語言中定義巨集為容易。另一理由是因為例如 cpp、C 前處理器，或普用形巨集處理器 m4 等的其他 UNIX 工具即可以為組合語言程式提供巨集與條件組譯的功能。

A.3 聯結器

分別的編譯

將程式分為多個不需知道其他部分中的內容即可將之獨立編譯的檔案（來進行編譯的方法）。

分別的編譯 (separate compilation) 允許程式被分開成儲存於不同檔案中的一段段。每一個檔案含有的是形成大程式中一個模組 (*module*) 的一群邏輯上相關的副程式與資料結構。檔案可彼此獨立地進行編譯或組譯，因此改動任一檔案時無需重新編譯整個程式。如前所論及，分別的編譯需要額外聯結的過程來合併來自不同模組的目的檔案，並釐清它們之間存在的未解決的參考。

用以合併這些檔案所用的工具稱為**聯結器** (*linker*) (見圖 A.3.1)。其執行的三項工作是：

- 搜尋該程式相關的程式庫以找到程式中所使用到的程序
- 決定每一模組中的碼在合併後要用到的記憶體位置，並據以調整指令中用到的絕對位址以妥善重置其中的指令
- 釐清檔案間的參考

聯結器的第一項任務是確保程式中沒有未定義的標籤。為了這個目的，聯結器對程式中各檔案的外部符號與未解決的參考作比對。檔案中的外部符號可滿足其他檔案中使用相同名稱標籤的參考。任何沒有找到匹配對象的參考就表示有個符號被使用了然而卻未在程式中定義。

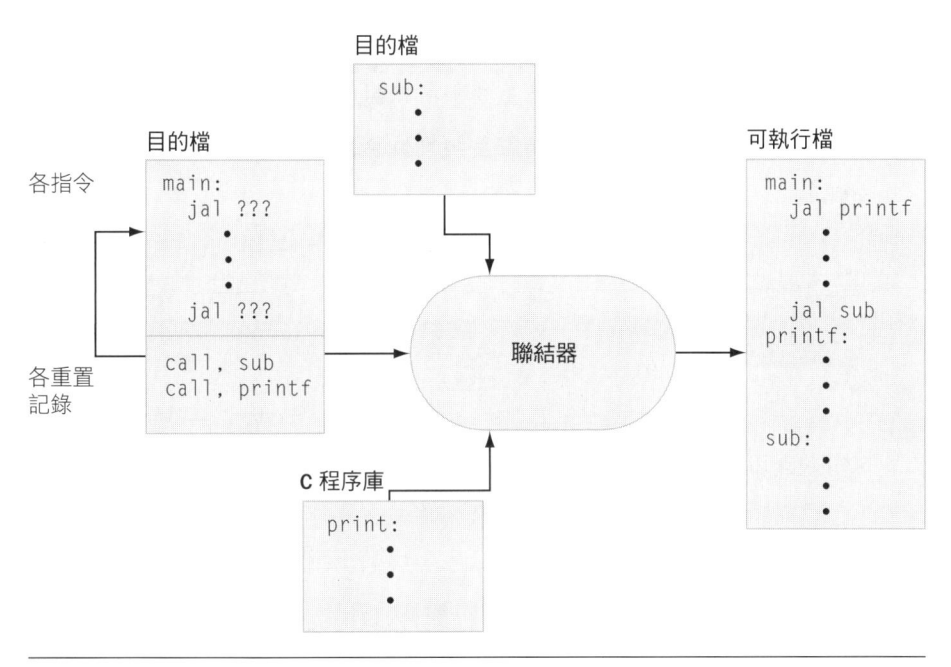

圖 A.3.1 聯結器搜尋一群目的檔案與程式庫程序來找出程式中使用到的非本地的程序，將它們合併成一個可執行檔，並且解決在不同檔案中的程序之間彼此參考的問題。

在聯結的過程中此階段中的未解決的參考並不一定表示程式師造成了錯誤。程式有可能參考到尚未存在於傳給聯結器的目的檔案中的程式庫程序。在比對程式中的符號後，聯結器會再搜尋程式使用到的系統程式庫來尋找程式參考到的那些事先定義的副程式及資料結構。基本的程式庫程序包含例如讀寫數據、配置及取消記憶體，以及數字運作等等。其他程式庫程序還包含存取資料庫、處理螢幕視窗等等。若程式參考到的未解決的符號並不存在任何程式庫中，則為錯誤且無法被成功聯結。若是程式使用了程式庫裡的程序，聯結器就會將該程序的碼摘錄出來合併入程式的文字部分中。這個新的程序可能又會使用到其他程式庫的程序，因此聯結器繼續擷取該等程式庫程序直到所有的外部參考都解決了，或是遇到找不到的程序為止。

在所有的外部參考都處理好了之後，聯結器的下一步將會決定每一個模組佔用哪些記憶體位置。由於檔案均各自獨立組譯，因此組譯器無法知道相對於其他模組而言某一模組中指令與數據的放置位置為何。當聯結器將模組置放於記憶體中時，所有的絕對參考地址都必須重新定位來反映它在程式中的真正位置。因為聯結器擁有識別所有可重新定位的參考的重新定位資訊，於是可以有效地尋找並回頭修補這

些參考。

聯結器產出可執行於計算機上的可執行檔。該檔案一般與目的檔具有相同的格式，只是它不會含有任何未解決的參考或是重新定位的資訊。

A.4 載入

聯結完成而且已無錯誤的程式即可執行。該程式在被執行前存在如磁碟等第二級儲存體的一個檔案中。在 UNIX 系統中，作業系統核心負責將這種程式置入記憶體來開始執行。作業系統會經過以下步驟來開始執行一個程式：

1. 其讀取可執行檔的檔頭以得知文字與數據部分的大小。
2. 其為該程式產生新的位址空間。該位址空間將大得足以容納文字與數據部分以及堆疊部分 (見 A.5 節)。
3. 其將指令與數據由可執行檔複製入該新的位址空間中。
4. 其將需要傳遞給該程式的參數複製入堆疊中。
5. 其初始化所有的機器暫存器。一般而言，大多數暫存器只須被清除，而堆疊指標則必須設定成第一個空的堆疊位置的位址 (見 A.5 節)。
6. 其跳躍至一個會將程式參數由堆疊複製至暫存器中，之後並呼叫程式中的 main 程序的起始程序。當 main 返回時，該起始程序將以 exit 系統呼叫來結束程式。

A.5 記憶體的使用

接下來的各節將詳述書中之前已介紹過的 MIPS 架構。之前的各章主要是注重硬體以及其與低階軟體間的關係。以下各節則主要注重在組合語言程式師應如何運用 MIPS 的硬體。其中並說明了在許多 MIPS 系統中都會遵循的一套慣用法。通常硬體並不會強制我們使用這些慣用法；硬體只不過配合著程式師們都應該遵循同樣一套慣用法規則的事實來幫助促成不同人寫的軟體都可以合併在一起執行並且有效使用 MIPS 的硬體的便利性。

```
7fffffff_hex ┌─────────────┐
             │   堆疊部分   │
             │      ↓      │
             │             │
             │      ↑      │
             │  動態數據   │  數據部分
             │─ ─ ─ ─ ─ ─ ─│
             │  靜態數據   │
10000000_hex │             │
             │   文字部分   │
400000_hex   │   保留的    │
             └─────────────┘
```

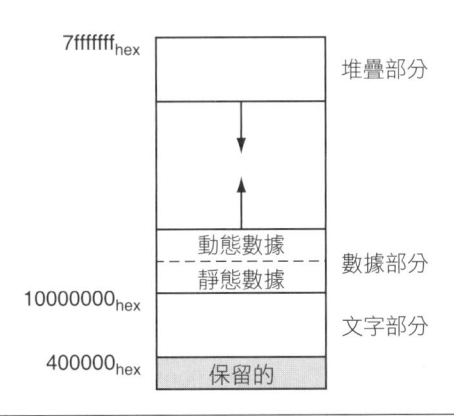

圖 A.5.1　記憶體中的佈局。

　　使用 MIPS 處理器的系統一般會將記憶體分成三個部分 (參見圖 A.5.1)。第一部分位於位址空間的最後 (並且始於位址 400000_hex)，稱為**文字部分** (*text segment*)，用於存放程式的指令。

　　第二部分位於文字部分之上，稱為**數據部分** (*data segment*)，其內再分成兩個小部分。**靜態數據** (static data，始於位址 10000000_hex) 這個小部分是用以存放編譯器已知其所佔空間大小而且其生命期——程式可對其作存取的期間——橫跨了整個程式執行期間的物件的部分。例如在 C 語言中，全域變數因為在程式執行的期間均可被存取，所以是配置成靜態的數據。聯結器負責指派靜態物件在數據部分中的位置並解決對這些物件的參考。

靜態數據
用於存放編譯器已知其大小且其生命期橫跨整個程式執行期間的數據的記憶體該部分。

　　直接位於靜態數據這個小部分上方的是**動態數據** (*dynamic data*) 這個小部分。如其名稱所示，這類數據是由程式在執行過程中所配置。C 程式中的 `malloc` 程序庫程序可以找出一塊新的記憶體區塊來使用之後並歸還回去。因為編譯器無法預知程式以這種方式取用的記憶體空間會有多少，於是由作業系統來負責延伸動態數據區域以滿足這種需求。如圖中向上指的箭頭所示，`malloc` 以 `sbrk` 系統呼叫來延伸動態區域，這樣做並將導致作業系統在程式的虛擬位址空間 (見第 5 章 5.4 節) 中緊接著動態數據部分的上方加入更多所需的頁數。

硬體 / 軟體介面

　　因為數據部分始於程式上方很遠的位址 10000000_hex，造成載入與儲存指令無法直接以它們的 16 位元的位址值欄位來對數據物件定址 (見第 2 章 2.5 節)。例如如果要在 $v0 中載入位於數據部分位址 10010020_hex 的字組則需要使用兩道指令：

```
lui  $s0,0x1001      #0x1001 表示的是以十六進制表示的數字
                                    1001
lw   $v0,0x0020($s0) #0×10010000+0×0020=0×10010020
```

(在數字前的 *0x* 表示該數字是以 16 進位的形式表示。例如 0×8000 就是 8000_{hex} 或是 $32,768_{ten}$。)

為了避免每次在載入、儲存時均需使用 lui 指令，MIPS 系統一般會以一個暫存器 ($gp) 作為專門用於指向靜態數據部分的**全域指標** (*global pointer*)。該暫存器存有位址 10008000_{hex}，於是載入與儲存指令即可透過其 16 位元的有號位移值來存取靜態數據部分第一個 64 KB 的區域。有了該全域指標的話，上方的舉例可以重寫成單一道指令：

```
lw  $v0, 0x8020($gp)
```

顯然地，全域指標暫存器使得對位置 $10000000_{hex} - 10010000_{hex}$ 的定址會較對其他堆積 (heap) 中的位址者更快。MIPS 編譯器通常將全域變數存於此區，因為這些變數具有固定位置且較其他類全域變數如陣列等更適合在此存放。

堆疊部分
程式用來存放程序呼叫框的記憶體該部分。

第三部分是位於虛擬位址空間最上方 (始於位址 $7fffffff_{hex}$) 的**堆疊部分** (stack segment)。類似於動態數據這個小部分，程式的堆疊部分其會用到的最大使用空間無法事前得知。隨著程式將更多的值推入堆疊中，作業系統會將堆疊部分漸漸向下朝數據部分延伸過去。

這種分成三部分的記憶體配置方法並不是唯一可能的方式。然而這種做法有兩個重要特性：兩個可動態延伸的部分被放得儘量分開，還有就是它們變大時可以充分地使用到程式的全部位址空間。

A.6 程序呼叫慣例

暫存器使用慣例
亦稱**程序呼叫慣例**，為一種規範程序如何使用各暫存器的軟體規約。

若程式中的各程序分別被獨自編譯，則要求各程序均遵循一個統一的暫存器使用慣例有其必要性。編譯器編譯某一程序時，需要知道程序可以使用的暫存器是哪些，以及哪些暫存器要保留來給其他程序使用。使用暫存器的規則稱為**暫存器使用** (register use) 或是**程序呼叫的慣例** (procedure call conventions)。如其名稱所示，這些規則通常都是軟體所應遵循的慣例，而非硬體所造成的規定。不過絕大部分

編譯器與程式師都非常慎重地遵守著這些慣例，因為任何對它的違反都可能造成潛在的錯誤。

本節所敘述的呼叫慣例即為 gcc 編譯器所使用者。MIPS 本身的編譯器使用的是較為複雜然而使程式執行起來能夠略快的慣例。

MIPS CPU 具有 32 個編號由 0 至 31 的通用型暫存器。暫存器 $0 永遠含有直接接線所造成的值 0。

- 暫存器 $at (1)、$k0 (26) 及 $k1 (27) 保留給組譯器及作業系統使用，因此不應被使用者程式或編譯器使用到。
- 暫存器 $a0-$a3 (4-7) 用於將前四個參數傳遞給各程序 (如有更多的參數則另外透過堆疊來傳遞)。而暫存器 $v0 及 $v1(2 及 3) 則用於將值由函數傳回。
- 暫存器 $t0-$t9 (8-15，24，25) 為用於放置不必在程序的範圍之外使用的暫時數值的，稱之為**呼叫者保存的暫存器** (caller-saved registers) (參見第 2 章 2.8 節)。
- 暫存器 $s0-$s7(16-23) 為用於放置需跨越呼叫的數值的，稱之為**被呼叫者保存的暫存器** (callee-saved registers)。
- 暫存器 $gp (28) 是一個指向靜態數據部分 64K 記憶體區塊的中間位置的全域指標。
- 暫存器 $sp (29) 是堆疊指標，其指向堆疊的最後位置。暫存器 $fp (30) 是框指標。jal 指令會將程式呼叫後的返回位址寫入暫存器 $ra (31)。下節中將對這兩個暫存器再作說明。

這些暫存器的兩個字母簡稱與名稱 —— 例如以 $sp 代表堆疊指標 —— 反映出該暫存器在程序呼叫慣例中我們希望它具有的用途。在慣例的說明中，我們將使用這些名稱而非暫存器的編號。圖 A.6.1 列出所有暫存器並說明我們希望它們具有的用途。

程序呼叫

本節說明在一個程序 [呼叫者 (caller)] 呼喚另一程序 [被呼叫者 (callee)] 時會引發的處理步驟。以高階語言 (如 C 或 Pascal) 編程的人無法看到程序呼叫過程的細節，因為編譯器會直接代為處理了這些低階的簿記工作。然而組合語言程式師則必須親自詳盡地處理每一個程序呼叫與返回的過程。

呼叫者保存的暫存器
由做程序呼叫的程序來保存的暫存器 (譯註：原書中這個名詞以及下一個名詞的定義錯置，應予互換)。

被呼叫者保存的暫存器
由被呼叫的程序來保存的暫存器。

暫存器名稱	編號	用途
$zero	0	constant 0
$at	1	reserved for assembler
$v0	2	expression evaluation and results of a function
$v1	3	expression evaluation and results of a function
$a0	4	argument 1
$a1	5	argument 2
$a2	6	argument 3
$a3	7	argument 4
$t0	8	temporary (not preserved across call)
$t1	9	temporary (not preserved across call)
$t2	10	temporary (not preserved across call)
$t3	11	temporary (not preserved across call)
$t4	12	temporary (not preserved across call)
$t5	13	temporary (not preserved across call)
$t6	14	temporary (not preserved across call)
$t7	15	temporary (not preserved across call)
$s0	16	saved temporary (preserved across call)
$s1	17	saved temporary (preserved across call)
$s2	18	saved temporary (preserved across call)
$s3	19	saved temporary (preserved across call)
$s4	20	saved temporary (preserved across call)
$s5	21	saved temporary (preserved across call)
$s6	22	saved temporary (preserved across call)
$s7	23	saved temporary (preserved across call)
$t8	24	temporary (not preserved across call)
$t9	25	temporary (not preserved across call)
$k0	26	reserved for OS kernel
$k1	27	reserved for OS kernel
$gp	28	pointer to global area
$sp	29	stack pointer
$fp	30	frame pointer
$ra	31	return address (used by function call)

圖 A.6.1　MIPS 中的暫存器與使用慣例。

程序呼叫框

一塊用於存放做為參數來傳給程序的值、保留程序可能會改動，但是程序的呼叫者並不想被改動的暫存器原值，以及提供程序的區域變數所需空間的記憶體。

與程序呼叫相關的簿記工作大部分都和一個稱為**程序呼叫框** (procedure call frame) 的記憶體區塊有密切關係。這塊記憶體用於以下的許多不同用途：

- 存放做為參數來傳給程序的各個值
- 保留程序可能會改動、但是程序的呼叫者並不想它們被改動的各個

暫存器的原值
- 提供程序要使用到的區域變數所需的空間

在大部分的程式語言中，程序呼叫與返回都是以嚴格的後進先出 (last-in, first-out, LIFO) 次序發生，因此相關的記憶體需求可經由堆疊結構的特性來恰當地配置，這也就是為何這些記憶體區塊偶亦稱為堆疊框的原因。

圖 A.6.2 顯示一個典型堆疊框的結構。框中含有處於指向框中第一個字組的框指標 ($fp)，以及指向框中最後一個字組的堆疊指標 ($sp) 間的記憶體區域。堆疊自高的記憶體位址向下延伸，因此框指標需指在堆疊指標的上方。

執行中的程序可經由框指標快速存取堆疊框中的值。例如堆疊框中的參數可以使用以下的指令載入暫存器 $v0 中

```
lw $v0, 0($fp)
```

堆疊框可以用許多不同的方法建構；不過呼叫者與被呼叫者都必須以彼此瞭解的順序來動作。以下的步驟說明大部分 MIPS 機器所使用的呼叫慣例。這慣例在程序呼叫的三個時間點上需要被遵守：呼叫者呼叫被呼叫者之前的瞬間，被呼叫者即將開始執行時，以及被呼叫者返回呼叫者之前的瞬間。在第一部分中，呼叫者經由做以下動作來將程序呼叫所用到的參數置入標準位置中，並呼喚被呼叫者：

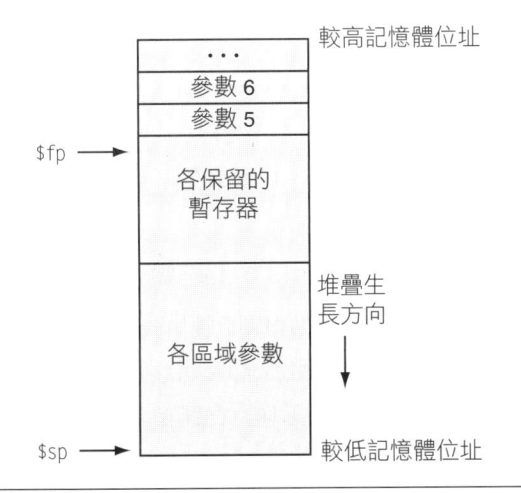

圖 A.6.2　堆疊框內的佈局。

框指標 ($fp) 指向目前正在執行中程序的堆疊框中第一個字組。堆疊指標 ($sp) 指向框中的最後一個字組。裡面前四個參數是傳送過來的暫存器值 (譯註：指的是 $a0~$a03 的值)，因此第五個參數是儲存在疊中的第一個參數。

1. 傳遞參數。依慣例，前四個參數以暫存器 $a0 至 $a3 來傳遞。任何額外的參數則需推入堆疊中，因此它們將會出現在被呼叫的程序的堆疊框開頭處。
2. 保存呼叫者保存的暫存器。做這件事的目的是為了能夠讓被呼叫的程序可以不必先保存其值而直接使用這些暫存器 ($a0 至 $a3 以及 $t0 至 $t9)。因此若呼叫者在它們裡頭存有呼叫之後欲使用的值，則其必須於呼叫前先保存該等值。
3. 執行 jal 指令 (見第 2 章 2.8 節) 以跳躍至被呼叫者的第一道指令，並保存返回位址於暫存器 $ra 中。

在被呼叫的程序開始執行前，其必須執行以下步驟來備妥其堆疊框：

1. 透過將框大小自堆疊指標中減去來完成配置框所需的記憶體空間。
2. 將被呼叫者 (callee) 保存的暫存器保存於框中。由於呼叫者預期在呼叫後這些暫存器 ($s0 至 $s7，$fp 以及 $ra) 的值不會改變，因此被呼叫者如果要用到這些暫存器，在改變這些暫存器的內容之前必須先保存其原有值。每一個要配置新堆疊框的程序都會要保存暫存器 $fp。然而被呼叫者只在它要呼叫別的程序時才需要保存暫存器 $ra。其他被呼叫者保存的暫存器若有需要用到則亦需先保存。
3. 堆疊框大小減 4 後加上 $sp，並將其和存入暫存器 $fp 來設定框指標的值。

瞭解程式效能　　MIPS 暫存器使用慣例中將有些暫存器區分為被呼叫者以及呼叫者負責保存的兩種，因為以被呼叫者或是呼叫者來負責保存暫存器的作法在不同的情況下各具優勢。被呼叫者保存的暫存器較適用於需長時期存在的數值，譬如使用者程式中的變數。這些暫存器只有在被呼叫者使需要用到它們時才需要於程序呼叫時保存其中的值。另一方面，呼叫者保存的暫存器較適用於短時期存在而不必在跨越呼叫時仍存活的那些數值，譬如位址計算中的立即值。呼叫期間被呼叫者也可以將該等暫存器用於暫存短時期存在的暫時性數值。

最後，被呼叫者透過執行以下步驟來返回呼叫者程序中：

1. 若呼叫者是會產出數值的函數，則將欲回覆的值置於暫存器 $v0 中。
2. 恢復所有進入程序時「被呼叫者保存的暫存器」的內容。
3. 經由將 $sp 加上堆疊框的大小來取消堆疊框。
4. 跳躍至暫存器 $ra 中的位址來返回。

仔細深思 不允許使用**遞迴程序** (recursive procedures)——程序可直接或間接地以鏈狀的方式呼叫自己者——的程式語言不需要在堆疊上為程序配置框。在非遞迴式的語言中，每一程序的框均可靜態地配置，這是由於在任何時間都只會有一份對某個程序的呼叫正在執行中。較早的 Fortran 版本不允許遞迴，因為靜態配置的框在較早的機器中可產生較快的碼。然而在採用載入儲存架構的如 MIPS 等機器中，使用堆疊框並不會較慢，因為存在有一個框指標暫存器直接指向動作中的堆疊框，使得存取框中數據時僅需使用一道載入或儲存的指令。而且遞迴是一種有用的編程手法。

遞迴程序
可直接或間接地以鏈狀的方式呼叫自己的程序。

程序呼叫範例

思考以下的 C 程序範例

```
main ()
{
    printf ("The factorial of 10 is %d\n", fact (10));
}
int fact (int n)
{
    if (n < 1)
        return (1);
    else
        return (n * fact (n - 1));
}
```

其工作是計算並印出 10! (10 的階乘，10! = 10×9×8×7×6×5×4×3×2×1)。fact 是一個以 n 乘以 $(n-1)!$ 的方式來計算 $n!$ 的遞迴程序。該程序的組合碼將可幫助說明程序是如何運用相關的堆疊框的。

開始時，main 程序產生其堆疊框並保存兩個它將使用到的「被呼叫者保存的暫存器」$fp 及 $ra。因為呼叫慣例要求最小的堆疊框需要有 24 個位元組的大小，因此該框大於儲存兩個暫存器之所需。

這個最小的框大小足可存放所有的參數暫存器 ($a0 至 $a3) 及返回位址，並以空位元補足至雙字組邊界 (因為框大小至少需為 24 個位元組)。由於 main 另需保存 $fp，其堆疊框必須再大上兩個字組 (記住：堆疊框指標以雙字組對齊的位置存放)。

```
        .text
        .globl main
main:
        subu    $sp,$sp,32      #堆疊框的長度是 32 個位元組
        sw      $ra,20($sp)     #保存返回位址
        sw      $fp,16($sp)     #保存舊有框指標
        addiu   $fp,$sp,28      #設定框指標
```

之後程序 main 呼叫階乘程序同時傳遞給它單一的參數 10。在 fact 返回後，main 即呼叫程序庫程序 printf 並傳遞給它格式敘述字串及由 fact 傳回的結果：

```
        li      $a0,10          #設置參數 (10) 於 $a0 中
        jal     fact            #呼叫階乘函數

        la      $a0,$LC         #放置格式串列於 $a0 處
        move    $a1,$v0         #移動 fact 的結果至 $a1 中
        jal     printf          #呼叫 print 函數
```

最終，在印出階乘結果後，main 即返回。但是其需先恢復所保存的各個暫存器並取消其堆疊框：

```
        lw      $ra,20($sp)     #恢復返回位址
        lw      $fp,16($sp)     #恢復框指標
        addiu   $sp,$sp,32      #爆出堆疊框
        jr      $ra             #返回至呼叫者

        .rdata
$LC:
        .ascii "The factorial of 10 is %d\n\000"
```

階乘程序的構造與 main 的構造類似。首先，它建立堆疊框並保存它會使用到的被呼叫者保存的暫存器。除了保存 $ra 與 $fp，fact 也保存了它將用於遞迴呼叫中的參數 ($a0)：

```
        .text
fact:
        subu    $sp,$sp,32      #堆疊框的長度是 32 個位元組
        sw      $ra,20($sp)     #保存返回位址
        sw      $fp,16($sp)     #保存框指標
        addiu   $fp,$sp,28      #設定框指標
        sw      $a0,0($fp)      #保存參數（n）
```

程序 fact 的主體執行 C 程式中所需進行的運算。它檢視參數是否大於 0，若否則程序傳回 1 並結束；若是，則程序遞迴地呼叫它自己來計算 fact(n-1) 並將該值乘以 n：

```
        lw      $v0,0($fp)      #載入 n
        bgtz    $v0,$L2         #若 n>0 則分支
        li      $v0,1           #回傳 1
        jr      $L1             #跳躍至返回處的碼

$L2:
        lw      $v1,0($fp)      #載入 n
        subu    $v0,$v1,1       #計算 n-1
        move    $a0,$v0         #移動值至 $a0 中

        lw      $v1,0($fp)      #載入 n
        mul     $v0,$v0,$v1     #計算 fact(n-1)*n
```

最後，階乘程序恢復「被呼叫者保存的暫存器」的原有值，並以暫存器 $v0 回傳計算所得的值：

```
$L1:                            #結果在 $v0 中
        lw      $ra,20($sp)     #恢復 $ra
        lw      $fp,16($sp)     #恢復 $fp
        addiu   $sp,$sp, 32     #爆出堆疊
        jr      $ra             #返回至呼叫者
```

遞迴程序中的堆疊

圖 A.6.3 表示在呼叫 fact(7) 時的堆疊。main 第一個執行，故其框在堆疊中最深處。main 呼叫 fact(10)，故其堆疊框在堆疊中下一個位置。每一個呼叫遞迴地啟動 fact 來計算下一個較小值的階乘。該等堆疊框依這些呼叫的 LIFO 次序產生。則當 fact(10) 返回時堆疊的內容為何？

範例

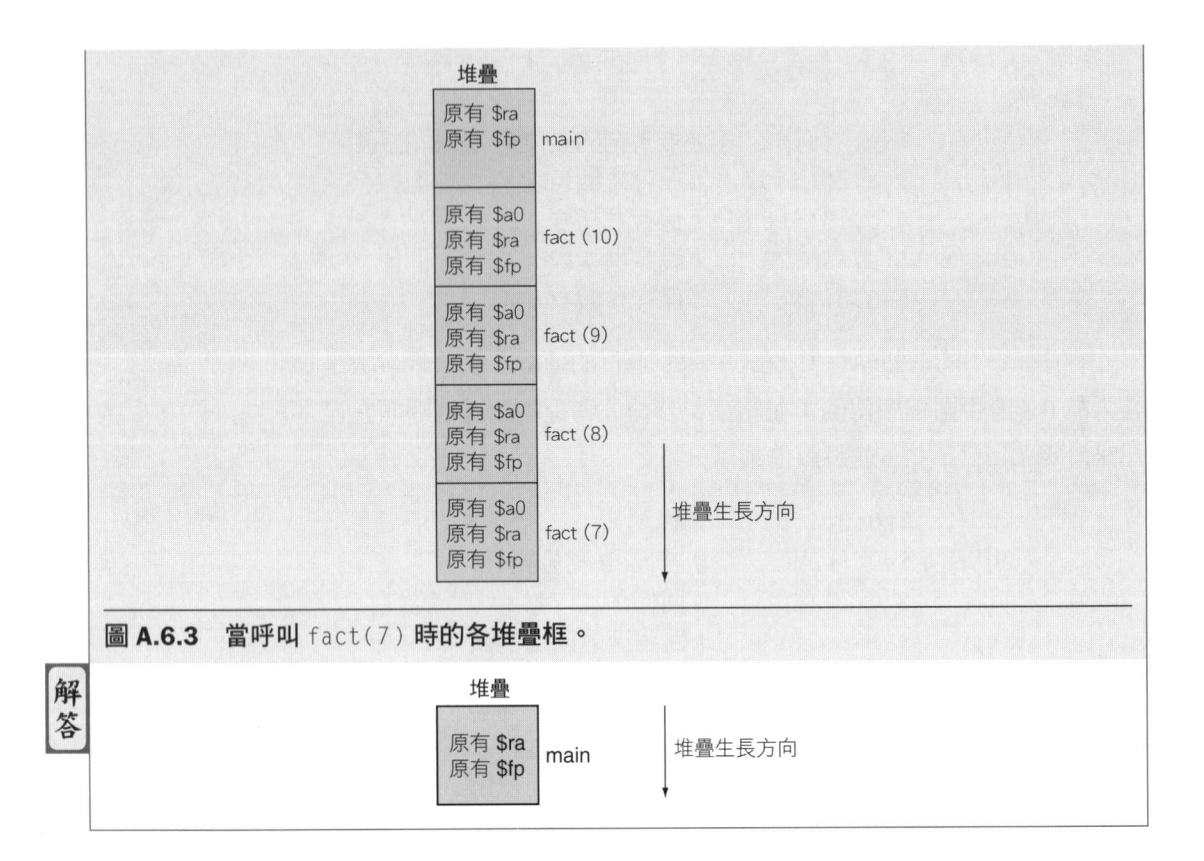

```
         堆疊
      ┌─────────┐
      │原有 $ra │
      │原有 $fp │ main
      ├─────────┤
      │原有 $a0 │
      │原有 $ra │ fact (10)
      │原有 $fp │
      ├─────────┤
      │原有 $a0 │
      │原有 $ra │ fact (9)
      │原有 $fp │
      ├─────────┤
      │原有 $a0 │
      │原有 $ra │ fact (8)
      │原有 $fp │
      ├─────────┤                 堆疊生長方向
      │原有 $a0 │                      │
      │原有 $ra │ fact (7)              ▼
      │原有 $fp │
      └─────────┘
```

圖 A.6.3 當呼叫 fact(7) 時的各堆疊框。

```
         堆疊
      ┌─────────┐
      │原有 $ra │ main          堆疊生長方向
      │原有 $fp │                    │
      └─────────┘                    ▼
```

仔細深思 MIPS 編譯器與 gcc 編譯器之間有一個差異在於 MIPS 編譯器通常不使用框指標，因此這個相關的暫存器可以被當成另一個被呼叫者保存的暫存器 $s8 來使用。這個變動可在程序呼叫及返回的過程中省去數道指令。然而其會使得碼的產出變得更複雜，因為此時程序必須透過 $sp 來存取其對應的堆疊框，而 $sp 的值在執行的過程中卻隨著堆疊的使用而持續會改變。

另一個程序呼叫範例

思考以下另一個計算 tak 函數的程序範例，其為 Ikuo Takeuchi 所提出的一個廣為大家使用的測試程式。本函數並不作任何有用的計算，然而它是一個高度遞迴、可以幫助瞭解 MIPS 呼叫慣例的程式。

```
int tak (int x, int y, int z)
{
    if (y<x)
        return 1+ tak (tak (x-1, y, z),
            tak (y-1, z, x),
            tak (z-1, x, y));
```

```
        else
            return z;
    }
    int main ( )
    {
        tak (18, 12, 6);
    }
```

以下說明這個程式的組合碼。tak 函數首先將返回位址存於堆疊框中、以及參數存於被呼叫者保存的暫存器中,因為該程序可能會呼叫需用到暫存器 $a0 至 $a2 以及 $ra 的其他程序。該函數使用被呼叫者保存的暫存器,因為這些暫存器是要用來保存在整個函數執行期間都需要存在的值,而這期間又含有許多個可能會改動這些暫存器的呼叫。

```
        .text
        .globl   tak

        tak:
        subu    $sp, $sp, 40
        sw      $ra, 32($sp)

        sw      $s0, 16($sp)        #x
        move    $s0, $a0
        sw      $s1, 20($sp)        #y
        move    $s1, $a1
        sw      $s2, 24($sp)        #z
        move    $s2, $a2
        sw      $s3, 28($sp)        #暫時值
```

該程序接著由測試 y < x 開始執行。若否,則其分支至標籤 L1 處,如下所示:

```
        bge     $s1, $s0, L1       #若(y<x)
```

若 y < x,則其執行程序的本體,其中含有四個遞迴呼叫。第一個呼叫使用幾乎與其呼叫者相同的各個參數:

```
        addiu   $a0, $s0, -1
        move    $a1, $s1
```

```
            move    $a2, $s2
            jal     tak             # tak (x-1, y, z)
            move    $s3, $v0
```

注意，第一個遞迴呼叫傳回來的結果是存於 $s3 中，因此其可於稍後被使用。

函數接著準備第二個遞迴呼叫要用到的參數：

```
            addiu   $a0, $s1, -1
            move    $a1, $s2
            move    $a2, $s0
            jal     tak             # tak (y-1, z, x)
```

在以下的指令中，由這個遞迴呼叫傳回來的結果是存於 $s0 中。但是首先我們要由這個暫存器中最後一次讀出存於此處的第一個參數的值：

```
            addiu $a0, $s2, -1
            move    $a1, $s0
            move    $a2, $s1
            move    $s0, $v0
            jal     tak             # tak (z-1, x, y)
```

在這三個內部的遞迴呼叫之後，我們已經準備好作最後的遞迴呼叫了。做完這個呼叫之後，函數的結果存在 $v0 中，而且控制跳躍至函數的結尾處：

```
            move    $a0, $s3
            move    $a1, $s0
            move    $a2, $v0
            jal     tak       # tak (tak(...), tak(...), tak(...))
            addiu   $v0, $v0, 1
            j       L2
```

這些在標籤 L1 處的碼對應的是 *if-then-else* 敘述執行的結果。其僅將參數 z 的值移動到返回暫存器中，然後進入函數的結尾：

```
            L1:
                move    $v0, $s2
```

以下的碼是函數的結尾，其恢復保存的暫存器原值並回傳函數結果予其呼叫者：

```
L2:
    lw    $ra, 32($sp)
    lw    $s0, 16($sp)
    lw    $s1, 20($sp)
    lw    $s2, 24($sp)
    lw    $s3, 28($sp)
    addiu $sp, $sp, 40
    jr    $ra
```

main 程序呼叫 tak 函數並給予其初始的參數,之後取回計算的結果 (7) 並以 SPIM 中能夠印出整數的系統呼叫來印出該結果:

```
    .global main
main:
    subu  $sp, $sp, 24
    sw    $ra, 16($sp)
    li    $a0, 18
    li    $a1, 12
    li    $a2, 6
    jal   tak              #tak(18, 12, 6)
    move  $a0, $v0
    li    $v0, 1            #print_int 系統呼叫
    syscall
    lw    $ra, 16($sp)
    addiu $sp, $sp, 24
    jr    $ra
```

A.7 例外與插斷

第 4 章的 4.9 節中說明了 MIPS 例外的功能,其能夠對指令執行時的錯誤產生的例外、以及外界的輸出入設施造成的插斷作出反應。本節將更深入說明例外與**插斷的處理** (interrupt handling)。在 MIPS 處理器中,CPU 內有一個稱為共處理器 0 (coprocessor 0) 的部分,記錄了軟體於處理例外與插斷時所需的資訊[1]。MIPS 模擬程式 SPIM 中

插斷處理器
一段在例外或插斷發生且被接受後會被執行的碼。

---

[1] 本節討論 MIPS-32 架構中的例外,其為 SPIM 版本 7.0 以及以上的版本所提供者。稍早的 SPIM 版本對應的是在例外處理上稍有不同的 MIPS-1 架構。將這些稍早版本上的程式轉換成可執行於 MIPS-32 上的形式應該不會太困難,因為彼此的相異處僅存在於 Status (狀態) 以及 Cause (筆因) 暫存器欄位中,以及將 rfe 指令以 eret 指令替換。

並不包含所有共處理器 0 具有的暫存器,因為它們之中有許多或者是在模擬程式中並無用處,或者是屬於 SPIM 並不涉及的記憶體的一部分。SPIM 中有提供的共處理器暫存器如下頁的表所示。

暫存器名稱	暫存器編號	用途
BadVAddr	8	造成錯誤記憶體參考的記憶體位址
Count	9	計時器
Compare	11	用於與計時器比較並在相同時引發插斷的值
Status	12	插斷遮罩與各致能位元
Cause	13	例外型態與各待處理插斷的位元
EPC	14	造成例外的指令之位址
Config	16	機器的組態

這七個暫存器是共處理器 0 暫存器集合中的一部分。它們可以經由 mfc0 與 mtc0 指令來存取。在例外發生後,暫存器 EPC 記錄了當例外發生時執行中指令的位址。若例外是肇因於外來的插斷,則該指令將尚未開始執行;否則除非造成例外的指令是位於分支或跳躍的延遲槽中的指令,則 EPC 中所示的指令即為執行時引發例外的指令。若該指令屬於延遲槽中的指令,則 EPC 會指向該分支或跳躍指令,而肇因暫存器中的 BD 位元會被設定。當該位元為設定狀態時,例外處理器必須在 EPC+4 處找出出錯的指令。然而在兩種情況之下例外處理器都可以經由返回 EPC 所指向的指令來恰當恢復程式的執行。

若是造成插斷的指令對記憶體作了存取,則 BadVAddr 暫存器會存有該記憶體位置的位址。

Count 暫存器是在 SPIM 執行期間以固定速率 (預設為每 10 毫秒) 遞增的計時器。當 Count 暫存器的值與 Compare 暫存器的值相等時,會造成一個優先度為 5 的硬體插斷。

圖 A.7.1 顯示 MIPS 模擬器 SPIM 所提供的狀態 Status 暫存器中的部分欄位。interrupt mask 欄位內對六種的硬體以及兩種的軟體插斷層次各以一位元來代表。遮罩位元為 1 則表示允許該層次的插斷請求來插斷處理器。遮罩位元為 0 則表示不允許該層次的插斷請求。當插斷來到時,不論對應的遮罩位元是否允許插斷,其都會將肇因 (Cause) 暫存器中對應自己的待處理位元設定。插斷在等待處理時,當其遮罩位元一旦被致能後,即可插斷處理器。

當處理器於核心模式執行時,使用者模式 (user mode) 位元的值會被設為 0,於使用者模式執行時該位元則會被設為 1。因為 SPIM

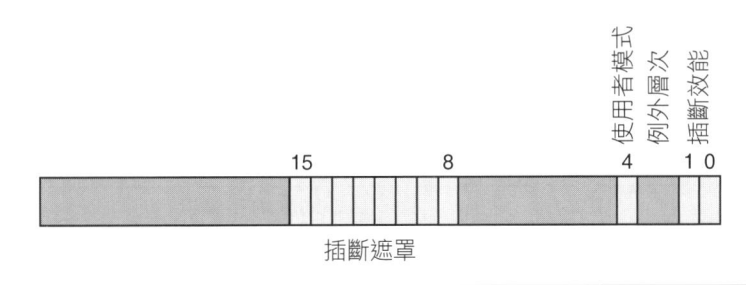

```
                                      使
                                      用   例   插
                                      者   外   斷
                                      模   層   效
                                      式   次   能
        15              8          4     1 0
   ┌──┬─┬─┬─┬─┬─┬──┬─┬─┬─┬─┐
   │  │ │ │ │ │ │  │ │ │ │ │
   └──┴─┴─┴─┴─┴─┴──┴─┴─┴─┴─┘
            插斷遮罩
```

圖 A.7.1 狀態 (Status) 暫存器。

不提供核心模式，因此在 SPIM 中該位元的值永遠固定為 1。正常執行的情況下，例外層次 (exception level) 位元值被設為 0，一旦例外發生後則被設為 1。當該位元值為 1 時，所有的插斷即不再被接受，而且即使另一個例外發生了，EPC 的值也不會改變；該位元可以防止例外處理器被其他插斷或例外干擾，而在例外處理完畢後該位元即需被重置。若插斷致能 (Interrupt enable) 位元值為 1，則若有插斷發生，其可被接受；若該位元為 0，則即使有插斷發生，也將不被接受。

圖 A.7.2 顯示 SPIM 所提供的肇因 (Cause) 暫存器中的部分欄位。若最近一個例外是來自處於分支延遲槽中執行的指令，則分支延遲位元 (Branch delay) 值被設為 1。當某一硬體或軟體層次的插斷發生，相對的插斷待處理 (Pending interrupts) 位元即被設為 1。暫存器中的例外碼 (Exception code) 則以下列編碼表示法來表示例外的肇因：

例外與插斷導致 MIPS 處理器跳至位於位址 80000180$_{hex}$，稱為*例外處理器* (*exception handler*) 的一段碼。該碼檢視例外的肇因，之後並跳躍至作業系統中的恰當位置。作業系統以將該導致例外的程序結束掉，或執行某些動作來回應一個例外。導致譬如執行不提供的 (也就是說不合法的) 指令等這類型錯誤的程序將被作業系統終止。另一方面，其他譬如頁錯誤等例外，則是程序對作業系統請求提供譬如由磁碟載入一個頁等的服務。作業系統在處理這些請求後即可恢復程序的執行。最後一類例外是外部裝置發出的插斷。這種例外一般會導致作業系統對輸出入裝置作數據搬移，之後則恢復被插斷程序的執行。

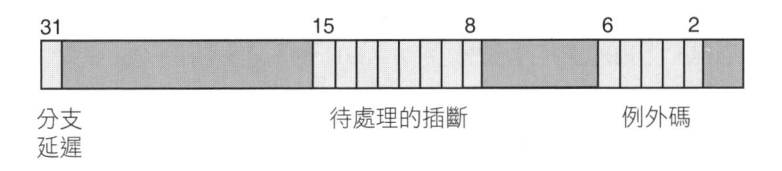

```
   31              15          8      6    2
   ┌─┬──────┬─┬─┬─┬─┬─┬──┬─┬─┬─┬─┐
   │ │      │ │ │ │ │ │  │ │ │ │ │
   └─┴──────┴─┴─┴─┴─┴─┴──┴─┴─┴─┴─┘
    分支        待處理的插斷      例外碼
    延遲
```

圖 A.7.2 肇因 (Cause) 暫存器。

編號	名稱	例外的肇因
0	Int	插斷 (硬體)
4	AdEL	位址錯誤例外 (載入或指令擷取)
5	AdES	位址錯誤例外 (儲存)
6	IBE	指令擷取時匯流排錯誤
7	DBE	數據載入或儲存時匯流排錯誤
8	Sys	系統呼叫錯誤
9	Bp	暫停點 (breakpoint) 例外
10	RI	保留的指令例外
11	CpU	共處理器並未提供
12	Ov	算術滿溢例外
13	Tr	設陷阱捕捉 (trap，呼叫系統功能之意)
15	FPE	浮點

以下的範例是一個簡易的例外處理器，其僅以呼叫程序印出訊息來回應例外 (但不包括插斷)。這段碼與 SPIM 模擬器使用的例外處理器 exceptions.s 類似。

範例

例外處理器

例外處理器首先保存其本身會用於假指令中的暫存器 $at 的值，之後保存稍後會用於傳遞參數的 $a0 及 $a1 的值。由於例外可能肇因於在記憶體參考中堆疊指標使用了不當的數值 (譬如 0)，因此例外處理器並不能像一般程序那樣以堆疊來保存暫存器的原有值。因此例外處理器將這些暫存器的原有值分別存於一個例外處理器暫存器 ($k1，因為此時它還不能使用 $at 因而不能存取記憶體) 以及二個記憶體位置 (save0 及 save1) 中。若例外處理器本身亦可被插斷，則僅僅使用二個記憶體位置將會因為下一個例外會覆蓋寫入該二位置、破壞第一個例外所保存的值而不敷使用。然而因為這個簡易例外處理器只有在結束執行時才會再度致能來允許之後的插斷，因此在此不會有這個問題。

```
.ktext 0x80000180
mov $k1, $at          #保存 $at 暫存器
sw $a0, save0         #處理器不是可重新進入的，因此不能使用堆疊來
sw $a1, save1         #保存 $a0, $a1 不需要保存 $k0/$k1
```

之後例外處理器將 Cause 及 EPC 暫存器的值置入 CPU 的暫存器中。Cause 及 EPC 暫存器並非屬於 CPU 的暫存器，而是 CPU 中處理例外的共處理器 0 中的暫存器。指令 mfc0 $k0, $13 將共處理器 0 的暫存器 13 (Cause 暫存器) 值置入 CPC 暫存器 $k0

中。注意由於一般使用者不應使用到暫存器 $k0 及 $k1，因此例外處理器不需保存它們的原有值。例外處理器根據 Cause 暫存器的內容來判斷該例外是否肇因於何種插斷 (見之前的表列)。若是，則此處忽略該例外；若例外並非肇因於插斷，則處理器呼叫 print_excp 來印出訊息：

```
    mfc0    $k0, $13        #移動肇因暫存器至 $k0 中
    srl     $a0, $k0, 2     #抽取出 ExcCode（例外碼）欄位
    andi    $a0, $a0, 0xf

    bgtz    $a0, done       #若 ExcCode 為 Int (0) 則分支

    mov     $a0, $k0        #移動肇因暫存器至 $a0 中
    mfc0    $a1, $14        #移動 EPC 至 $a1 中
    jal     print_excp      #印出例外的錯誤訊息
```

返回前，例外處理器會：清除 Cause 暫存器；重置 Status 暫存器以致能插斷、並清除 EXL 位元來允許之後的例外改動 EPC 暫存器；並恢復暫存器 $a0、$a1 及 $at 的原有內容。其接著執行 eret (exception return) 指令，來返回到 EPC 所指向的指令。這裡的簡易例外處理器會返回到造成例外的指令的再下一道指令，以避免再次執行會造成例外的指令、並造成再一次的相同的例外。

```
    done: mfc0  $k0, $14        #取出 EPC
          addiu $k0, $k0, 4     #不要重新執行出錯的指令
          mtc0  $k0, $14        #EPC

          mtc0  $0, $13         #清除肇因暫存器

          mfc0  $k0, $12        #修正狀態暫存器
          andi  $k0, 0xfffd     #清除 EXL 位元
          ori   $k0, 0x1        #致能插斷
          mtc0  $k0, $12

          lw    $a0, save0      #恢復各暫存器
          lw    $a1, save1
          mov   $at, $k1

          eret                  #返回至 EPC 所指處
          .kdata
    save0:.word 0
    save1:.word 0
```

仔細深思 在真的 MIPS 中，由例外處理器返回的考慮更為複雜。例外處理器不可以是一定要跳躍至 EPC 所指到指令的再下一道指令。例如，若造成例外的指令位於分支的延遲槽中 (參見第 4 章)，則下一道該被執行的指令未必是記憶體中緊接著的下一道。

A.8 輸入與輸出

SPIM 只模擬一種輸出入設備：一個能讓程式在其上讀取或寫出字母符號的記憶體映射的控制台。當程式執行時，SPIM 將其終端機 (或是在 X-window 版本的 xspim 或 Windows 版本的 PCSpim 中則是一個獨立的控制台視窗) 聯接至處理器。在 SPIM 中執行的 MIPS 程式能夠讀取你打入的字母符號。另外，若 MIPS 程式要寫出字母符號至終端機上，它們將會出現在 SPIM 的終端機上或控制台視窗中。在這個規則裡有一個有關 control-C 的例外情形：這個符號不會傳給程式，而是造成 SPIM 停止並返回至命令模式。當程式停止執行時 (例如因為你打了 control-C 或是程式執行時遇到了暫停點)，終端機會重新聯結至 SPIM 以便你可打入 SPIM 命令。

若要使用記憶體映射 I/O(見下方說明)，spim 或 xspim 必須於開始時設定 -mapped_io 旗標。PCSpim 可透過命令列旗標或 "Settings" 對話來啟動記憶體映射 I/O。

終端設備的內部含有兩個獨立的單元：*接收器 (receiver)* 及*傳送器 (transmitter)*。接收器從鍵盤讀取字母符號。傳送器在控制台上顯示字母符號。兩個單元完全獨立。這表示，舉例而言，鍵盤上鍵入的字母符號並非自動反映在顯示器上；而是有一個程式會由接收器讀取字母符號，之後再將之寫至傳送器上。

程式使用如圖 A.8.1 所示四個與記憶體映射裝置相關的暫存器來控制終端機。「記憶體映射」在此意為每一暫存器有如位於一特定的記憶體位置中。*接收器控制暫存器 (Receiver Control register)* 位於 ffff0000$_{hex}$。其內部僅有二個位元被使用到：位元 0 稱為「備妥」，若其為 1 則表示字母符號已由鍵盤送達然尚未由接收器的數據暫存器中被讀取。備妥位元屬唯讀性質：對其的寫入均會被忽略。其在鍵盤鍵入字母符號時由 0 變為 1，並於字母符號由接收器的數據暫存器中被讀取時由 1 變 0。

附錄 A 組譯器、聯結器與 SPIM 模擬器 **683**

接收器控制
(0xffff0000)　未使用　1　1
　　　　　　　　　　插斷致能↑　↑備妥

接收器數據
(0xffff0004)　未使用　8
　　　　　　　　　　接受到的位元組

傳送器控制
(0xffff0008)　未使用　1　1
　　　　　　　　　　插斷致能↑　↑備妥

傳送器數據
(0xffff000c)　未使用　8
　　　　　　　　　　要傳送的位元組

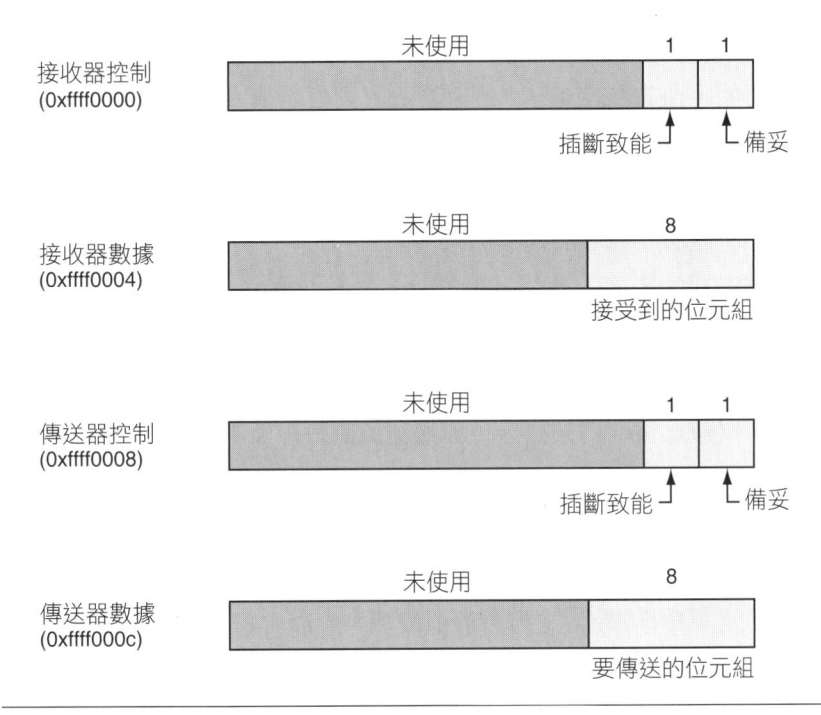

圖 A.8.1　終端機由四個裝置暫存器來控制，每個暫存器以給定位址的記憶體位置呈現。

這些暫存器中僅有少數位元真正被使用到。其他位元讀出時其值總是 0 且在寫入時動作會被忽略。

接收器控制暫存器的位元 1 是鍵盤的「插斷致能」。該位元可被程式讀或寫。插斷致能的初值為 0。若被程式設為 1，則終端機每於字母符號鍵入時即發出硬體層次 1 的插斷請求、且備妥位元轉變為 1。但是處理器只有在狀態暫存器中將插斷致能的情況下才能接收到該插斷請求 (參見 A.7 節)。接收器控制暫存器中所有其他的位元均未被使用。

第二個終端機裝置裡的暫存器是接收器數據暫存器 (*Receiver Data Register*) (位於位址 ffff0004$_{hex}$)。該暫存器的低位八位元表示鍵盤最近鍵入的字母符號。所有的其他位元均恆為 0。該暫存器為唯讀並只於鍵盤鍵入新字母符號時改變內容。讀取接收器數據暫存器的動作會重置接收器控制暫存器中的備妥位元。該暫存器的內容在接收器控制暫存器中的備妥位元值為 0 時並無意義，或可稱為是未被定義的。

第三個終端機裝置裡的暫存器是傳送器控制暫存器 (*Transmitter Control Register*) (位於位址 ffff0008$_{hex}$)。該暫存器僅使用到最低位的二個位元。它們非常類似於接收器控制暫存器中的對應位元般動作。位

元 0 稱為「備妥」且為唯讀。若該位元為 1，則表示傳送器已準備好接收新的字母符號來輸出。若其為 0，則表示傳送器仍忙於寫出之前的字母符號。位元 1 是「插斷致能」且為可讀寫。若該位元被設為 1，則一旦傳送器準備好接受新字母符號且備妥位元變成 1 時，終端機即會發出硬體層次為 0 的插斷請求。

裝置裡的最後一個暫存器是傳送器數據暫存器 (*Transmitter Data Register*) (位於位址 ffff000c$_{hex}$)。當值被寫入該位置時，其低位八位元 (亦即如第 2 章的圖 2.15 中的一個 ASCII 字母符號) 即被送往控制台。當傳送器數據暫存器被寫入，傳送器控制暫存器中的備妥位元即被重置為 0。該位元會維持 0 狀態直至足以將字母符號傳送至終端機為止；然後其再變為 1。傳送器數據暫存器只有在傳送器控制暫存器的備妥位元值為 1 時方能被寫入。若傳送器未備妥，則對傳送器數據暫存器的寫入將不發生作用 (該寫入看似成功，然而字母符號不會被輸出)。

在真實情況下計算機需要時間來傳送字母符號至控制台或終端機。SPIM 也模擬這種時間落差。例如，傳送器開始寫出一個字母符號後，一陣子後傳送器的備妥位元才會變成 1。SPIM 依所執行的指令而非真正的時鐘時間來估計經過時間。這表示傳送器要在處理器執行固定數量指令後才會再度成為備妥。若你停下機器來檢視備妥位元，此時它不會發生改變。然而若你讓機器繼續執行，該位元終將變回 1。

A.9 SPIM

SPIM 是一個可以執行為了 MIPS-32 架構，特別是具有固定記憶體映射、無快取、且僅有共處理器 0 及 1 的第一個發行版本所寫的組合語言程式的軟體模擬器[2]。SPIM 的命名不過是 MIPS 倒過來拼成的。SPIM 可讀取且隨即執行一個組合語言檔。SPIM 是一個可自行獨立執行 MIPS 程式的系統。其含有一個除錯器以及少許的類似作業系統所提供的服務。SPIM 的執行速度遠較真實計算機為慢 (慢上百倍或更

---

[2] 較早的 SPIM 版本 (7.0 版之前的版本) 是用以模擬使用在原始 MIPS R2000 處理器上的 MIPS-1 架構的。這個架構除了在例外的處理方式上稍有不同外，其餘與 MIPS-32 的架構是一樣的。MIPS-32 另外還增加了大約 60 道新指令，在 SPIM 中也給予支援。能在較早的 SPIM 版本上執行的程式如果也沒有使用到例外處理的話，應該不需任何更改即可執行於較新版本的 SPIM 上。而那些使用到例外處理的程式則僅需稍為的修改。

多)。然而其價格低廉且極易取得的優勢又遠非真實硬體所可比擬!

一個直覺的疑問是:「為什麼要在人人幾乎都有 PC 且其中的處理器速度又遠高於 SPIM 時還要使用模擬器?」理由之一是 PC 中的處理器是 Intel 80×86s,其架構較之 MIPS 處理器者遠為不規則以及不易瞭解和編程。MIPS 架構應是簡單、乾淨的 RISC 的一個典範。此外,模擬器較之真實機器因為其可偵測更多錯誤以及可提供更好的介面而可提供一個更佳的組合語言編程環境。

最後,模擬器是研讀計算機以及執行於其上的程式的有用工具。因為其由軟體作成而非半導體線路,故可輕易對其作檢視並便於作增刪指令、建構如多處理器等不同系統,或僅是各種數據的收集等的變化。

虛擬機器的模擬

基本的 MIPS 架構由於它的延遲的分支、延遲的載入以及有限的定址模式而不易於直接編程。因為這類計算機是設計成以高階語言來編程,並呈現出給編譯器而非組合語言程式師的介面,故而上述困難並不致困擾一般程式師。編程中的繁複特性有相當大的比例來自於具延遲特性的指令。延遲的分支 (*delayed branch*) 需要兩個週期來執行 (參見第 4 章中第 280 與 309 頁中的仔細深思)。在第二個週期中,緊接著分支的下一道指令進行執行。該指令可處理一般情況下在分支前應做的工作。它也可以是什麼都不做的 nop (no operation)。類似地,延遲的載入 (*delayed load*) 需要兩個週期來載入記憶體中的值,因此緊接其後的指令無法順利地使用到該值 (參見第 4 章 4.2 節)。

MIPS 聰明地選擇了將這種繁複特性以透過組譯器來實現**虛擬機器** (virtual machine) 的方式隱藏起來。在虛擬機器的計算中分支與載入看起來都不會有延遲,而且也比真的硬體有更豐富的指令集。組譯器會自行重新安排指令以填滿應有的延遲槽。虛擬的計算機也提供**假指令** (*pseudoinstructions*),其可以在組合語言程式中有如真實指令般地使用。然而硬體並不能真正處理假指令,因此組譯器必須將它們轉換成等效的真實機器指令串。例如,MIPS 的硬體只提供測試暫存器值是否為 0 的分支指令;其他的條件式分支如暫存器 A 的值大於 B 的值即分支等,是由比較兩個暫存器,並於比較的結果為真 (非零) 時即分支。

虛擬機器
一個看起來使用非延遲的分支指令以及載入指令、而且比真實的硬體擁有更為豐富的指令集的虛擬計算機。

SPIM 預設成可以模擬功能較之實際硬體更為豐富的虛擬機器，因為絕大多數程式師會認為虛擬機器更好用。不過 SPIM 也能模擬實際硬體所提供的延遲的分支與載入運作。以下我們說明虛擬機器，並且僅提到其中何等功能非屬真正硬體所提供者。這樣做的理由是：我們遵循的是 MIPS 組合語言程式師 (及編譯器) 的常態性地將這個擴充過的機器當成是真實地做在了矽晶片上一般的使用慣例。

開始使用 SPIM

本附錄之後的內容介紹 SPIM 以及 MIPS R2000 的組合語言。你不需要在意其中的許多細節；然而龐大的資訊量有時會模糊了 SPIM 其實是很簡單而且易於使用的事實。本節以如何使用 SPIM 的快速導引開始，應已足供載入、除錯及執行簡單 MIPS 程式之所需。

SPIM 有專為不同型式計算機系統所設計的不同版本。最基本簡單的版本稱為 spim，為一執行於控制台視窗中的命令列驅動 (command-line-driven) 程式。其與大部分此類程式運作的方式相同：你打入一行文字、按下 return 鍵，spim 就會執行該命令。雖然缺乏精美巧緻的介面，spim 已經可以做到它花俏的表親們可以做到的每一件事。

spim 有兩個花俏的表親：一個是可以在 UNIX 或 Linux 系統的 X-window 環境中執行的版本，稱為 xspim。使用 xspim 時所下的命令會一直顯示在螢幕上且會不斷顯示機器的暫存器以及記憶體內容，因此是個較 spim 更易學易用的程式。另一個是在 Microsoft Windows 上用的 PCspim。UNIX 及 Windows 版本的 SPIM ⊕ 可於本書原文版發行商提供的 CD 上 (點擊 "Tutorials") 取得。xspim、pcSpim、spim 以及 **SPIM command-line options** ⊕ 的相關教材也都置於該CD上 (點擊 "Software")。

如果你要在執行 Microsoft Windows 的 PC 上執行 SPIM，你應該先閱讀本書所附 CD 中的教材 **PCSpim** ⊕。如果你要在執行 UNIX 或 Linux 的計算機上執行 SPIM，你應該先閱讀 **xspim** ⊕ 的教材 (點擊 "Tutorials")。

令人意外的特性

SPIM 雖然忠實地模擬 MIPS 計算機，但它畢竟是個模擬器，因此有些地方與真實計算機並不會完全相同。最明顯的差異在於指令的

時間特性以及記憶體的系統均不相同。SPIM 並不模擬快取記憶體或是記憶體延遲，也不精確地反映浮點運作的或是乘除指令的延遲。以及，浮點指令也並不會偵測許多種會導致真實機器上發生例外的錯誤情形。

另一項令人意外的特性 (而且在真實機器上也會發生的) 與一道假指令可被展開成數道機器指令的事實有關。當你逐步 (或逐行，single-step) 執行指令或檢視記憶體時，你會看到的指令將與來源程式中所見的不同。兩組指令間的相關性也相當簡單，因為 SPIM 並不重排指令來填塞 (延遲) 槽。

位元組順序

處理器在對字組中各位元組編號時可以將最小的號碼指定給最左或是最右方的位元組。一個機器在這方面使用的慣例稱為它的**位元組順序** (*byte order*)。MIPS 處理器可依**大的端** (*big-endian*) 或**小的端** (*little-endian*) 的位元組順序運作。例如，在大的端機器中，指令 .byte 0, 1, 2, 3 將使得記憶體字組包含

位元組 #			
0	1	2	3

而在小的端機器中記憶體字組將包含

位元組 #			
3	2	1	0

SPIM 可對不同的位元組順序運作。SPIM 自己的位元組順序則是與執行這個模擬器的機器所使用者相同。例如，在 Intel 80 x 86 上，SPIM 就會使用小的端；而在 Macintosh 或 Sun SPARC 上，SPIM 就會使用大的端。

各個系統呼叫

SPIM 可透過系統呼叫 (syscall) 的指令提供一小套類似作業系統中所提供的服務。當要求一項服務時，程式則先將系統呼叫的編碼置入暫存器 $v0 中 (參見圖 A.9.1) 及參數置入暫存器 $a0 至 $a3 中 (或是浮點值則置於 $f12 中)。有回傳值的系統呼叫會將它們的結果置入暫存器 $v0 中 (或是浮點結果則置於 $f0 中)。例如，下方的碼會印出 "the answer = 5"：

服務	系統呼叫碼	參數	結果
print_int	1	$a0 = integer	
print_float	2	$f12 = float	
print_double	3	$f12 = double	
print_string	4	$a0 = string	
read_int	5		整數 (在 $v0 中)
read_float	6		浮點數 (在 $f0 中)
read_double	7		雙精確度浮點數 (在 $f0 中)
read_string	8	$a0 = buffer, $a1 = length	
sbrk	9	$a0 = amount	位址 (在 $v0 中)
exit	10		
print_char	11	$a0 = char	
read_char	12		字母符號 (在 $v0 中)
open	13	$a0 = filename (string), $a1 = flags, $a2 = mode	檔案描述符號 (在 $a0 中)
read	14	$a0 = file descriptor, $a1 = buffer, $a2 = length	讀入的字母符號數量 (在 $a0 中)
write	15	$a0 = file descriptor, $a1 = buffer, $a2 = length	寫出的字母符號數是 (在 $a0 中)
close	16	$a0 = file descriptor	
exit2	17	$a0 = result	

圖 A.9.1 系統的服務 (功能)。

```
        .data
str:
        .asciiz "the answer ="
        .text
        li      $v0, 4          #系統呼叫 print_str 的碼
        la      $a0, str        #要印出的串列的位址
        syscall                 #印出串列

        li      $v0, 1          #系統呼叫 print_int 的碼
        li      $a0, 5          #要印出的整數
        syscall                 #印出它
```

　　print_int 系統呼叫可接受一個傳來的整數並於控制台上將之印出。print_float 可印出單精確度浮點數；print_double 可印出雙精確度浮點數；print_string 可接受一個傳來的指向以 null 為結尾的串列的指標、並於控制台上將之印出。

　　系統呼叫 read_int、read_float 及 read_double 會讀入一整行包括跳行控制符號的輸入。數字後面跟著的字母符號會被忽略。

read_string 與 UNIX 程式庫程序 fgets 具有相同的語意：其會讀入多至 n-1 個字母符號到緩衝器中，並以位元組 null 來結束串列；若目前該行字母符號數少於 n-1，則 read_string 會連跳行符號也一併讀取並且之後也是以 null 來結束該串列。

注意：使用這些系統呼叫來從終端機讀取字母符號的程式不應使用記憶體映射 I/O (參見 A.8 節)。

sbrk 傳回一個指向一包含 n 個額外位元組的記憶體區塊的指標。exit 停止 SPIM 正在執行的程式。exit2 結束 SPIM 程式，並且 exit2 的參數會成為當 SPIM 模擬器本身結束時傳回的值。

print_char 及 read_char 寫出及讀入一個字母符號。open、read、write 及 close 就是標準的 UNIX 程序庫呼叫。

A.10 MIPS R2000 組合語言

MIPS 處理器含有一個整數處理單元 (CPU) 以及一組可執行輔助性的工作或於其他數據型態 —— 例如浮點數字 —— 上運作的共處理器 (參見圖 A.10.1)。SPIM 模擬兩個共處理器：共處理器 0 處理例外與插斷；以及共處理器 1 是一個浮點單元，而 SPIM 可以模擬該單元絕大部分的行為。

定址模式

MIPS 屬於載入儲存式的架構，意為該架構僅限定載入與儲存指令可以存取記憶體。計算類指令僅能對暫存器中的值作運作並僅能將結果置入暫存器中。最基本的機器僅提供一種記憶體定址模式：c(rx)，其以立即值 c 與暫存器 rx 的和做為記憶體位址。虛擬機器可以提供載入儲存指令下列的各種額外定址模式：

格式	位址計算
(register)	暫存器內容
imm	立即值
imm (register)	立即值 + 暫存器內容
lable	標籤的位址
label ± imm	標籤的位址 + 或 − 立即值
label ± imm (register)	標籤的位址 + 或 − (立即值 + 暫存器內容)

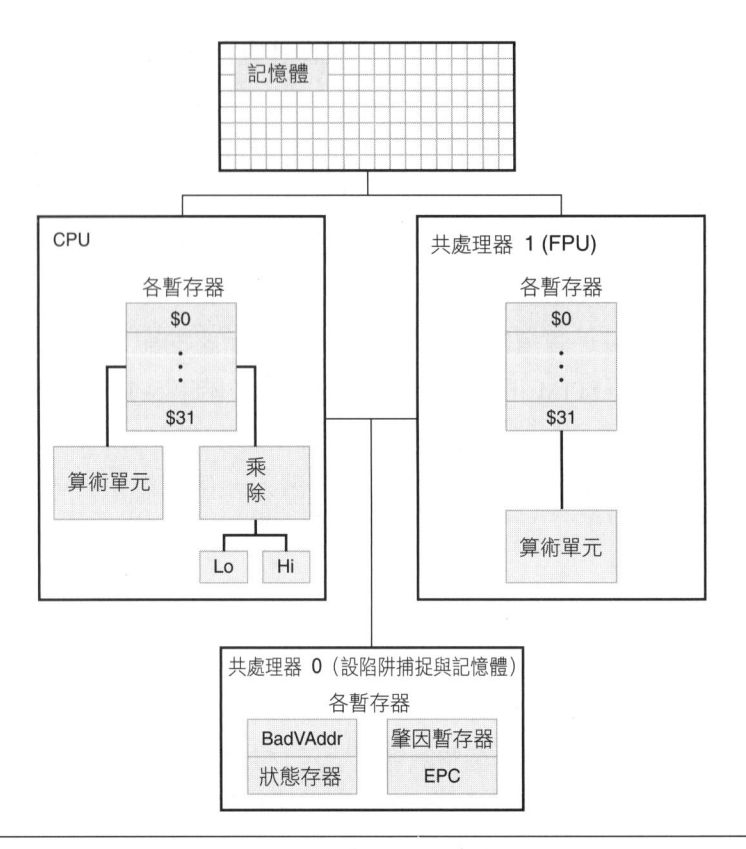

[圖：MIPS R2000 的 CPU 與 FPU 架構圖，包含記憶體、CPU（各暫存器 $0~$31、算術單元、乘除、Lo、Hi）、共處理器 1 (FPU)（各暫存器 $0~$31、算術單元）、共處理器 0（設陷阱捕捉與記憶體）（各暫存器：BadVAddr、肇因暫存器、狀態存器、EPC）]

圖 A.10.1　MIPS R2000 的 CPU 與 FPU (浮點單元)。

　　大部分載入與儲存指令只能對對齊了的數據做運作。一個數量若其記憶體位址是其以位元組表示的大小的整數倍，則稱為是**對齊的** (*aligned*)。因此，半字組必須存於偶數位址中，而完整字組則必須存於位址為四的倍數處。而 MIPS 中也提供了一些指令來處理非對齊的數據 (lwl、lwr、swl 及 swr)。

仔細深思　MIPS 組譯器 (以及 SPIM) 經由在載入或儲存指令之前增加一些指令來做複雜的位址計算以合成出較繁複的定址模式。例如，假設稱為 table 的標籤表示記憶體位置 0x1000 0004 且程式內有下列指令

```
ld $a0, table+4($a1)
```

則組譯器會將該指令轉換成以下指令：

```
lui $at, 4096
addu $at, $at, $a1
lw $a0, 8($at)
```

第一道指令載入標籤所代表的位址的半數高位位元於暫存器 $at 中，其中 $at 是組譯器保留給自己使用的暫存器。第二道指令將暫存器 $a1 的內容加到標籤的部分位址中。最後，載入指令以硬體能執行的定址模式將標籤位址的低位元以及原始指令中的位移值的和加到暫存器 $at 的值中。

組譯器語法 (Syntax)

組譯器檔案中的註解是以升半音符號 (sharp sign，#) 做起頭。從升半音符號到行尾的所有東西都會被組譯器忽略。

識別字 (identifiers) 是一串不以數字起頭的包含字母與數字的字母符號、底線 (_) 與點 (.) 的組合。指令運作碼是**不可用來做為識別字的保留字** (reserved words)。標籤則是以置於一行的開頭並跟著一個冒號來宣告，例如：

```
        .data
item:   .word 1
        .text
        .global main    #必須要是全域的 global
main:   lw              $t0, item
```

數字預設為以十進位的形式來表示。若其以 *0x* 開頭，則應該以十六進位的方式來解讀。因此，256 與 0x100 表示的是相同的值。

串列以置於兩個引號 (") 之間來表示。串列中的特殊符號則依 C 的慣例表示：

- 換行 (newline) \n
- 跳格 (tab) \t
- 引號 (quote) \"

SPIM 支援部分的 MIPS 組譯器指令：

.align n	將下一筆數據作 2^n 邊界的對齊。例如，.align 2 將下一數值作字組對齊。.align 0 關閉 .half、.word、.float 及 .double 等指令的自動對齊功能，直到出現下一個 .data 或 .kdata 指令。

.ascii str	將串列 str 存入記憶體，然不以零值 (null) 作為結尾。
.asciiz str	將串列 str 存入記憶體，然以零值 (null) 作為結尾。
.byte b1,..., bn	將 n 個值存入連續的記憶體位元組中。
.data <addr>	接下來的項目存於數據部分中。若使用了選用參數 addr，則接下來的項目由該位址 addr 處存起。
.double d1,..., dn	將 n 個浮點雙精確度數字存入連續的記憶體位置中。
.extern sym size	宣稱存於 sym 處的數據有 size 個位元組大且為全域標籤。這指令會讓組譯器將該數據存於數據部分中可以有效率地透過暫存器 $gp 存取的區域。
.float f1,..., fn	將 n 個浮點單精確度數字存入連續的記憶體位置中。
.global sym	宣稱標籤 sym 為全域，可從其他檔案中參考。
.half h1,..., hn	將 n 個 16 位元數值存入連續的記憶體半字組位置中。
.kdata <addr>	接下來的數據項目存於核心 (kernel) 的數據部分。若使用了選用參數 addr，則接下來的項目由該位址 addr 處存起。
.ktext <addr>	接下來的項目置於核心的文字部分。在 SPIM 中，這些項目可能只是指令或字組 (見以下的 .word 指令)。若使用了選用參數 addr，則接下來的項目由該位址 addr 處存起。
.set noat 以及 .set at	第一道指令防止 SPIM 在遇到之後的指令使用到 $at 時發出警告。第二道指令重啟該警告功能。由於假指令會被展開成可能會使用到暫存器 $at 的真實碼，程式師如果要用到該暫存器時需要非常小心。

.space n	在目前的部分中 (在 SPIM 中一定要是數據部分) 配置 n 個位元組的空間。
.text <addr>	接下來的項目置於使用者的文字部分。在 SPIM 中，這些項目可能只是指令或字組 (見以下的 .word 指令)。若使用了選用參數 addr，則接下來的項目由該位址 addr 處存起。
.word w1,..., wn	將 n 個 32 位元的數量儲存於連續的記憶體字組內。

SPIM 並不區別數據部分的不同區域 (.data、.rdata 及 .sdata)。

編碼 MIPS 指令

圖 A.10.2 說明如何將 MIPS 的一道指令編碼成二進數字。每一直行表示相關指令對一個欄位 (是為一組連續的位元) 的編碼。左方邊緣上的數字為欄位應有的值。例如，運作碼 j 的運作碼欄位值為 2。直行上方的文字指出該欄位的名稱及其在指令中所佔的位元位置。例如，op 欄位處於指令的位元 26-31 處。這欄位編碼出了大多數的指令。不過有些指令群用到額外的欄位來區別相關的指令。例如，不同浮點指令由位元 0-5 來進一步區別。由第一個直行出發的箭號表示哪些運作碼用到這些額外的欄位。

指令格式

本附錄在以下的部分中說明由真實 MIPS 硬體完成的指令以及由 MIPS 組譯器提供的假指令。這兩類指令相當易於分辨。真實指令以各欄位的二進制表示法呈現。例如，在

加（並偵測滿溢）

add rd, rs, rt

0	rd	rt	rd	0	0x20
6	5	5	5	5	6

中，add 指令包含了六個欄位。每一個欄位的位元數示於欄位下方。該指令以六個 0 位元開始。暫存器名稱以 r 起頭，因此下一個欄位是稱為 rs 的 5 位元暫存器名稱。其即為在同一行左方以符號式表示的組合指令中的第二個參數。另一個常用的欄位是 imm$_{16}$，其為一個 16 位元的立即值。

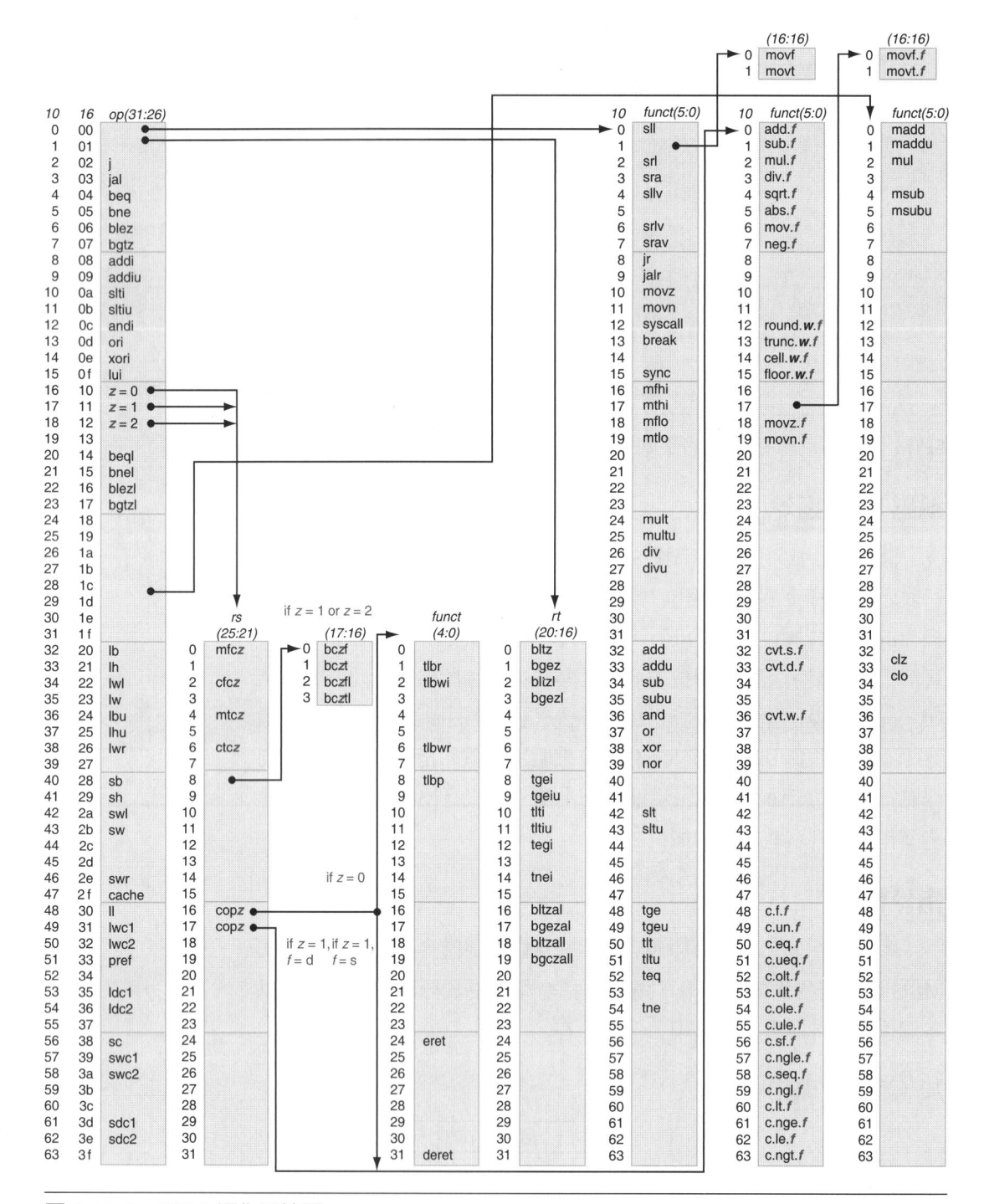

圖 A.10.2　MIPS 運作碼地圖。

每一個欄位對應的數值顯示於其左側。第一行的數值以十進制形式來表示，以及第二行以 16 進制形式來表示第三行中的運作欄位的內容（第 31 至 26 位元）。這個運作欄位除了六個運作值：0、1、16、17、18 和 19 以外，完全地規範了 MIPS 的運作。該六個值對應的運作還要由其他以箭頭標示出的欄位來決定。最後一個欄位（功能，funct）以 "f" 來表示在 rs=16 以及 op=17 時的 "s" 或是在 rs=17 以及 op=17 時的 "d"。第二個欄位 (rs) 以 "z" 來表示在 op=16、17、18 或 19 時分別是 "0"、"1"、"2" 或是 "3"。若 rs=16，則其運作在別處規範之；若 z=0，則各種運作在第四個欄位（第 4 至 0 位元）中規範；若 z=1，則各種運作示於最後一個欄位中且 f=s。若 rs=17 以及 z=1，則各種運作示於最後一個欄位中且 f=d。

假指令使用約略相同的表示法,然而不表示出其指令的編碼資訊。例如:

乘 (不偵測滿溢)

```
mill rdest, rsrc1, src2        假指令
```

在假指令中,rdest 及 rsrc1 為暫存器而 src2 可能是暫存器或立即值。通常組譯器及 SPIM 會把較一般化形式的指令 (譬如 add $v1, $a0, 0x55) 轉換成特定的形式 (譬如 addi $v1, $a0, 0x55)。

算術與邏輯指令

絕對值

```
abs rdest, rsrc                假指令
```

將暫存器 rsrc 內容的絕對值置入暫存器 rdest 中。

加 (並偵測滿溢)

```
add rd, rs, rt
```

0	rd	rt	rd	0	0x20
6	5	5	5	5	6

加 (不偵測滿溢)

```
addu rd, rs, rt
```

0	rd	rt	rd	0	0x21
6	5	5	5	5	6

將暫存器 rs 及 rt 的和置入暫存器 rd 中。

加立即值 (並偵測滿溢)

```
addi rt, rs, imm
```

8	rs	rt	imm
6	5	5	16

加立即值 (不偵測滿溢)

```
addiu rt, rs, imm
```

9	rs	rt	imm
6	5	5	16

將暫存器 rs 及作符號延伸之後的立即值的和置入暫存器 rt 中。

且

and rd, rs, rt

0	rs	rt	rd	0	0x24
6	5	5	5	5	6

將暫存器 rs 及 rt 的邏輯且置入暫存器 rd 中。

且立即值

addi rt, rs, immr

0xc	rs	rt	imm
6	5	5	16

將暫存器 rs 及作零延伸之後的立即值的邏輯且置入暫存器 rt 中。

計算開頭的 1 的個數

clo rd, rs

0x1c	rs	0	rd	0	0x21
6	5	5	5	5	6

計算開頭的 0 的個數

clz rd, rs

0x1c	rs	0	rd	0	0x20
6	5	5	5	5	6

計算暫存器 rs 中字組開頭的 1(0) 的個數並將結果置入暫存器 rd 中。若字組內均為 1(0)，則結果為 32。

除（並偵測滿溢）

div rs, rt

0	rs	rt	0	0x1a
6	5	5	10	6

除（不偵測滿溢）

divu rs, rt

0	rs	rt	0	0x1b
6	5	5	10	6

將暫存器 rs 除以暫存器 rt。商留置暫存器 lo 中以及餘數留置暫存器 hi 中。注意若有一運算元為負值，則 MIPS 架構對餘數無明確定義，端視 SPIM 於其上執行的機器採用何慣例而定。

除（並偵測滿溢）

div rdest, rsrc1, src2   假指令

除（不偵測滿溢）

    divu rdest, rsrc1, src2   假指令

將暫存器 rsrc1 及 src2 的商置入暫存器 rdest 中。

乘

    mult rs, rt

0	rs	rt	0	0x18
6	5	5	10	6

無號乘

    multu rs, rt

0	rs	rt	0	0x19
6	5	5	10	6

乘暫存器 rs 及 rt。積的低位字組留置暫存器 lo 中以及高位字組留置暫存器 hi 中。

乘（不偵測滿溢）

    mul rd, rs, rt

0x1c	rs	rt	rd	0	2
6	5	5	5	5	6

將 rs 及 rt 乘積的低位 32 位元置入暫存器 rd 中。

乘（並偵測滿溢）

    mulo rdest, rsrc1, src2   假指令

無號乘（並偵測滿溢）

    mulou rdest, rsrc1, src2   假指令

將暫存器 rsrc1 及 src2 乘積的低位 32 位元置入暫存器 rdest 中。

乘加

    madd rs, rt

0x1c	rs	rt	0	0
6	5	5	10	6

無號乘加

    maddu rs, rt

0x1c	rs	rt	0	1
6	5	5	10	6

乘暫存器 rs 及 rt 然後將產出的 64 位元的積加至由暫存器 lo 及 hi 串成的 64 位元的值中。

乘減

```
msub rs, rt
```

0x1c	rs	rt	0	4
6	5	5	10	6

無號乘減

```
msub rs, rt
```

0x1c	rs	rt	0	5
6	5	5	10	6

乘暫存器 rs 及 rt 然後將產出的 64 位元積自暫存器 lo 及 hi 串成的 64 位元的值中減去。

取負值（並偵測滿溢）

```
neg rdest, rsrc            假指令
```

取負值（不偵測滿溢）

```
negu rdest, rsrc           假指令
```

將暫存器 rsrc 的負值置入暫存器 rdest 中。

非或

```
nor rd, rs, rt
```

0	rs	rt	rd	0	0x27
6	5	5	5	5	6

將暫存器 rs 及 rt 的邏輯非或置入暫存器 rd 中。

非

```
not rdest, rsrc            假指令
```

將暫存器 rsrc 逐位元作邏輯非且置入暫存器 rdest 中。

或

```
or rd, rs, rt
```

0	rs	rt	rd	0	0x25
6	5	5	5	5	6

將暫存器 rs 及 rt 的邏輯或置入暫存器 rd 中。

或立即值

```
ori rt, rs, imm
```

0xd	rs	rt	imm
6	5	5	16

將暫存器 rs 及作零延伸之後的立即值的邏輯或置入暫存器 rt 中。

取餘數

```
rem rdest, rsrc1, rsrc2      假指令
```

取無號餘數

```
remu rdest, rsrc1, rsrc2     假指令
```

將暫存器 rsrc1 除以暫存器 rsrc2 的餘數置入暫存器 rdest 中。注意若有一運算元為負值，則 MIPS 架構對餘數無明確定義，端視 SPIM 於其上執行的機器採用何種慣例而定。

邏輯左移

```
sll rd, rt, shamt
```

0	rs	rt	rd	shamt	0
6	5	5	5	5	6

邏輯左移變數所示個位數

```
sllv rd, rt, rs
```

0	rs	rt	rd	0	4
6	5	5	5	5	6

算術右移

```
sra rd, rt, shamt
```

0	rs	rt	rd	shamt	3
6	5	5	5	5	6

算術右移變數所示個位數

```
srav rd, rt, rs
```

0	rs	rt	rd	0	7
6	5	5	5	5	6

邏輯右移

```
srl rd, rt, shamt
```

0	rs	rt	rd	shamt	2
6	5	5	5	5	6

邏輯右移變數所示個位數

```
srlv rd, rt, rs
```

0	rs	rt	rd	0	6
6	5	5	5	5	6

將暫存器 rt 向左 (右) 移立即值 shamt 或暫存器 rs 所示的距離並將結果置入暫存器 rd 中。注意參數 rs 在 sll、sra 及 srl 中會被忽略。

左旋

```
rol rdest, rsrc1, rsrc2        假指令
```

右旋

```
ror rdest, rsrc1, rsrc2        假指令
```

將暫存器 rsrc1 向左 (右) 旋轉 rsrc2 所示的距離並將結果置入暫存器 rdest 中。

減 (並偵測滿溢)

```
sub rd, rs, rt
```

0	rs	rt	rd	0	0x22
6	5	5	5	5	6

減 (不偵測滿溢)

```
subu rd, rs, rt
```

0	rs	rt	rd	0	0x23
6	5	5	5	5	6

將暫存器 rs 及 rt 的差置入暫存器 rd 中。

互斥或

```
xor rd, rs, rt
```

0	rs	rt	rd	0	0x26
6	5	5	5	5	6

將暫存器 rs 及 rt 的邏輯互斥置入暫存器 rd 中。

互斥或立即值

```
xori rt, rs, imm
```

0xe	rs	rt	imm
6	5	5	16

將暫存器 rs 及作零延伸之後的立即值的邏輯互斥置入暫存器 rt 中。

常數操控指令

載入高處立即值

```
lui rt, imm
```

0xf	0	rt	imm
6	5	5	16

將立即值 imm 的低位半字組置入暫存器 rt 的高位半字組位置中。rt 的低位元中則均放置 0。

載入立即值

    li rdest, imm   假指令

將立即值 imm 置入暫存器 rdest 中。

比較指令

小於則設定

    slt rd, rs, rt

0	rs	rt	rd	0	0x2a
6	5	5	5	5	6

無號小於則設定

    sltu rd, rs, rt

0	rs	rt	rd	0	0x2b
6	5	5	5	5	6

若暫存器 rs 小於暫存器 rt 則將暫存器 rd 設為 1，否則設為 0。

小於立即值則設定

    slti rt, rs, imm

0xa	rs	rt	imm
6	5	5	16

無號小於立即值則設定

    sltiu rt, rs, imm

0xb	rs	rt	imm
6	5	5	16

若暫存器 rs 小於作符號延伸 (譯註：原文是否應作零延伸？) 之後的立即值則將暫存器 rt 設為 1，否則設為 0。

等於則設定

    seq rdest, rsrc1, rsrc2   假指令

若暫存器 rsrc1 等於暫存器 rsrc2 則將暫存器 rdest 設為 1，否則設為 0。

大於等於則設定

    sge rdest, rsrc1, rsrc2   假指令

無號大於等於則設定

    sgeu rdest, rsrc1, rsrc2   假指令

若暫存器 rsrc1 大於等於暫存器 rsrc2 則將暫存器 rdest 設為 1，否則設為 0。

大於則設定

    sgt rdest, rsrc1, rsrc2   假指令

無號大於則設定

    sgtu rdest, rsrc1, rsrc2   假指令

若暫存器 rsrc1 大於暫存器 rsrc2 則將暫存器 rdest 設為 1，否則設為 0。

小於等於則設定

    sle rdest, rsrc1, rsrc2   假指令

無號小於等於則設定

    sleu rdest, rsrc1, rsrc2   假指令

若暫存器 rsrc1 小於等於暫存器 rsrc2 則將暫存器 rdest 設為 1，否則設為 0。

不等於則設定

    sne rdest, rsrc1, rsrc2   假指令

若暫存器 rsrc1 不等於暫存器 rsrc2 則將暫存器 rdest 設為 1，否則設為 0。

分支指令

    分支指令中使用了一個有號的 16 位元指令偏移值的欄位；因此他們可以向前跨越 $2^{15}-1$ 道指令 (並非以位元組為單位來計算) 或向後 2^{15} 道指令。跳躍指令中使用了一個 26 位元的位址欄位。在真實的 MIPS 處理器中，分支指令是延遲的分支，控制的轉移發生在分支之

後的指令 (為分支指令的「延遲槽」) 執行完成時 (參見第 4 章)。延遲的分支會影響偏移值的計算,其計算應相對於延遲槽中指令的位址 (PC+4)、亦即當分支要發生時的指令位址,為之。SPIM 除非在被指定了 -bare 或 -delay_branch 旗標的情形之下,否則並不會模擬延遲槽的存在。

在組合碼中,偏移值通常不以數字來表達。指令的分支目的地常常是以標籤來表示,之後再由組譯器負責計算分支到目的地的距離。

在 MIPS-32 中,所有真的 (非 pseudo 的) 條件分支指令都有「可能的 (likely)」,但是在分支條件不成立時,並不會去執行分支延遲槽中的指令的變形指令 (例如 beq 的可能的變形指令是 beql)。不要使用這些指令;它們可能會在這個架構的未來版本中被取消。SPIM 能處理該類指令,但這裡將不再對它們作進一步說明。

分支指令

    b label   假指令

無條件分支至標籤所指的指令。

共處理器旗標為偽則分支

    bc1f cc label

0x11	8	cc	0	Offset
6	5	3	2	16

共處理器旗標為真則分支

    bc1t cc lable

0x11	8	cc	1	Offset
6	5	3	2	16

若浮點共處理器中編號為 *cc* 的狀態旗標為偽 (真) 時則條件式地跨越偏移量所示的指令數。若指令中忽略 *cc*,則假設所檢視者為狀態旗標 0。

等於則分支

    beq rs, rt, label

4	rs	rt	Offset
6	5	5	16

若暫存器 rs 與 rt 的內容相等,則條件式地跨越偏移值所示的指令數。

大於等於 0 則分支

bgez rs, label

1	rs	1	Offset
6	5	5	16

若暫存器 rs 的內容大於等於 0 則條件式地跨越偏移值所示的指令數。

大於等於 0 則分支並鏈結

bgezal rs, label

1	rs	0x11	Offset
6	5	5	16

若暫存器 rs 的內容大於等於 0，則條件式地跨越偏移值所示的指令數。保存下一指令的位址於暫存器 31 中。

大於 0 則分支

bgtz rs, label

7	rs	0	Offset
6	5	5	16

若暫存器 rs 的內容大於 0 則條件式地跨越偏移值所示的指令數。

小於等於 0 則分支

blez rs, label

6	rs	0	Offset
6	5	5	16

若暫存器 rs 的內容小於等於 0 則條件式地跨越偏移值所示的指令數。

小於 0 則分支並鏈結

bltzal rs, label

1	rs	0x10	Offset
6	5	5	16

若暫存器 rs 的內容小於 0 則條件式地跨越偏移值所示的指令數。保存下一指令的位址於暫存器 31 中。

小於 0 則分支

bltz rs, label

1	rs	0	Offset
6	5	5	16

若暫存器 rs 的內容大於等於 0 則條件式地跨越偏移值所示的指令數。

不等於則分支

bne rs, rt, label

5	rs	rt	Offset
6	5	5	16

若暫存器 rs 與 rt 的內容不等則條件式地跨越偏移值所示的指令數。

等於 0 則分支

    beqz rsrc, label   假指令

若 rsrc 等於 0 則條件式地分支至標籤處的指令。

大於等於則分支

    bge rsrc1, rsrc2, label   假指令

無號大於等於則分支

    bgeu rsrc1, rsrc2, label 假指令

若 rsrc1 大於或等於 rsrc2 則條件式地分支至標籤處的指令。

大於則分支

    bgt rsrc1, src2, label   假指令

無號大於則分支小於等於則分支

    bgtu rsrc1, src2, label   假指令

若 rsrc1 大於 src2 則條件式地分支至標籤處的指令。

小於等於則分支

    ble rsrc1, src2, label   假指令

無號小於等於則分支

    bleu rsrc1, src2, label   假指令

若 rsrc1 小於或等於 src2 則條件式地分支至標籤處的指令。

小於則分支

    blt rsrc1, rsrc2, label   假指令

無號小於則分支

    bltu rsrc1, rsrc2, label 假指令

若 rsrc1 小於 rsrc2 則條件式地分支至標籤處的指令。

不等於 0 則分支

    bnez rsrc, label   假指令

若 rsrc 不等於 0 則條件式地分支至標籤處的指令。

跳躍指令

跳躍

    j target

2	target
6	26

無條件跳躍至目標處的指令。

跳躍並鏈結

    jal target

3	target
6	26

無條件跳躍至目標處的指令。保存本身的下一道指令的位址於暫存器 $ra 中。

跳躍並透過暫存器鏈結

    jalr rs, rd

0	rs	0	rd	0	9
6	5	5	5	5	6

無條件跳躍至其位址表示於暫存器 rs 中的指令。保存本身的下一道指令的位址於暫存器 rd (預設為暫存器 31) 中。

透過暫存器跳躍

    jr rs

0	rs	0	8
6	5	15	6

無條件跳躍至其位址表示於暫存器 rs 中的指令。

設陷阱捕捉 (Trap) 指令

等於則設陷阱捕捉

    teq rs, rt

0	rs	rt	0	0x34
6	5	5	10	6

若暫存器 rs 等於暫存器 rt，則發出 Trap 例外。

等於立即值則設陷阱捕捉

    teqi rs, imm

1	rs	0xc	imm
6	5	5	16

若暫存器 rs 等於符號延伸之後的 imm 值，則發出 Trap 例外。

不等於則設陷阱捕捉

    tne rs, rt

0	rs	rt	0	0x36
6	5	5	10	6

若暫存器 rs 不等於暫存器 rt，則發出 Trap 例外

不等於立即值則設陷阱捕捉

    tnei rs, imm

1	rs	0xe	imm
6	5	5	16

若暫存器 rs 不等於符號延伸之後的 imm 值，則發出 Trap 例外。

大於等於則設陷阱捕捉

    tge rs, rt

0	rs	rt	0	0x30
6	5	5	10	6

無號大於等於則設陷阱捕捉

    tgeu rs, rt

0	rs	rt	0	0x31
6	5	5	10	6

若暫存器 rs 大於等於暫存器 rt，則發出 Trap 例外。

大於等於立即值則設陷阱捕捉

    tgei rs, imm

1	rs	8	imm
6	5	5	16

無號大於等於立即值則設陷阱捕捉

    tgeiu rs, imm

1	rs	9	imm
6	5	5	16

若暫存器 rs 大於等於符號延伸之後的 imm 值，則發出 Trap 例外。

小於則設陷阱捕捉

    tlt rs, rt

0	rs	rt	0	0x32
6	5	5	10	6

無號小於則設陷阱捕捉

  tltu rs, rt

0	rs	rt	0	0x33
6	5	5	10	6

若暫存器 rs 小於暫存器 rt，則發出 Trap 例外。

小於立即值則設陷阱捕捉

  tlti rs, imm

1	rs	a	imm
6	5	5	16

無號小於立即值則設陷阱捕捉

  tltiu rs, imm

1	rs	b	imm
6	5	5	16

若暫存器 rs 小於符號延伸的 imm 值，則發出 Trap 例外。

載入指令

載入位址

  la rdest, address   假指令

將計算出來的位址 *address*——而不是該位置的內容——載入至暫存器 rdest。

載入位元組

  lb rt, address

0x20	rs	rt	Offset
6	5	5	16

載入無號位元組

  lbu rt, address

0x24	rs	rt	Offset
6	5	5	16

將位址 *address* 處的位元組載入至暫存器 rt 中。lb 將對位元組作符號延伸，lbu 則否。

載入半字組

  lh rt, address

0x21	rs	rt	Offset
6	5	5	16

載入無號半字組

　　　lhu rt, address

0x25	rs	rt	Offset
6	5	5	16

將位址 *address* 處的 16 位元值 (半字組) 載入至暫存器 rt 中。lh 將對半字組作符號延伸，lhu 則否。

載入字組

　　　lw rt, address

0x23	rs	rt	Offset
6	5	5	16

將位址 *address* 處的 32 位元值 (字組) 載入至暫存器 rt 中。

載入字組至共處理器 1

　　　lwc1 ft, address

0x31	rs	rt	Offset
6	5	5	16

將位址 *address* 處的字組載入至浮點單元暫存器 ft 中。

載入字組左側

　　　lwl rt, address

0x22	rs	rt	Offset
6	5	5	16

載入字組右側

　　　lwr rt, address

0x26	rs	rt	Offset
6	5	5	16

將可能非對齊的位址 *address* 處的字組之左 (右) 方各位元組載入至暫存器 rt 中。

載入雙字組

　　　ld rdest, address　　　　　假指令

將位址 *address* 處的 64 位元值載入至暫存器 rdest 及 rdest+1 中。

載入非對齊半字組

　　　ulh rdest, address　　　　假指令

載入無號非對齊半字組

　　　ulhu rdest, address　　　假指令

將可能非對齊的位址 *address* 處的 16 位元值 (半字組) 載入至暫存器 `rdest` 中。`ulh` 將對半字組作符號延伸，`ulhu` 則否。

載入非對齊字組

    `ulw rdest, address`　　　　假指令

將可能非對齊的位址 *address* 處的 32 位元值 (字組) 載入至暫存器 `rdest`。

載入後鏈結

    `ll rt, address`

0x30	rs	rt	Offset
6	5	5	16

將位址 *address* 處的 32 位元值 (字組) 載入至暫存器 `rt` 中，然後啟動不可切分的 (atomic) 讀-調整-寫 (read-modify-write) 運作。該運作會以一個在如果遇到其他處理器在這個載入之後寫入至之前載入字組所屬的區塊時就會失效的條件式儲存 (sc) 指令作結束。由於 SPIM 並不模擬多處理器，上述的條件式儲存運作結果均將成功。

儲存指令

儲存位元組

    `sb rt, address`

0x28	rs	rt	Offset
6	5	5	16

將暫存器 `rt` 中的低位元組儲存至位址 *address* 中。

儲存半字組

    `sh rt, address`

0x29	rs	rt	Offset
6	5	5	16

將暫存器 `rt` 中的低半字組儲存至位址 *address* 中。

儲存字組

    `sw rt, address`

0x2b	rs	rt	Offset
6	5	5	16

將暫存器 `rt` 中的字組儲存至位址 *address* 中。

儲存共處理器 1 的字組

    swc1 ft, address

0x31	rs	rt	Offset
6	5	5	16

將浮點共處理器暫存器 ft 中的浮點值儲存至位址 *address* 中。

儲存共處理器 1 的雙字組

    sdc1 ft, address

0x3d	rs	rt	Offset
6	5	5	16

將浮點共處理器暫存器 ft 及 ft+1 中的雙字組浮點值儲存至位址 *address* 中。暫存器 ft 的編號需為偶數。

儲存字組左側

    swl rt, address

0x2a	rs	rt	Offset
6	5	5	16

儲存字組右側

    swr rt, address

0x2e	rs	rt	Offset
6	5	5	16

將暫存器 rt 的左 (右) 側位元組儲存至可能非對齊的位址 *address* 中。

儲存雙字組

    sd rsrc, address   假指令

將暫存器 rsrc 及 rsrc+1 中 64 位元值儲存至位址 *address* 中。

非對齊儲存半字組

    ush rsrc, address   假指令

將暫存器 rsrc 的低半字組儲存至可能非對齊的位址 *address* 中。

非對齊儲存字組

    usw rsrc, address   假指令

將暫存器 rsrc 的字組儲存至可能非對齊的位址 *address* 中。

條件式儲存

sc rt, address

0x38	rs	rt	Offset
6	5	5	16

將暫存器 rt 中的 32 位元值 (字組) 儲存至記憶體的位址 *address* 處，來完成不可切分的 (atomic) 讀 - 調整 - 寫運作。若此不可切分的運作成功了，則記憶體中的字組被調整了且暫存器 rt 被設為 1。若此不可切分的運作因為遇到其他處理器在這個載入之後寫入至該字組所屬的區塊而失敗，則此指令並不調整記憶體中的內容且會將 0 寫入暫存器 rt。由於 SPIM 並不模擬多處理器，上述指令結果均將成功。

數據移動指令[3]

移動

move rdest, rsrc　　　　　假指令

將暫存器 rsrc 的內容移動至暫存器 rdest 中。

由 hi 移動

mfhi rd

0	0	rd	0	0x10
6	10	5	5	6

由 lo 移動

mflo rd

0	0	rd	0	0x12
6	10	5	5	6

乘法及除法單元將產出的結果置於兩個額外的暫存器 hi 及 lo 中。這幾道指令將值移出或移入此二暫存器。乘、除及取餘數等假指令使該單元看起來像是在對一般暫存器作運作，其實即是利用了這些指令在計算結束後來移動結果。

將 hi(lo) 暫存器 (的內容) 移動至暫存器 rd 中。

移動到 hi

mthi rs

0	rs	0	0x11
6	5	15	6

---

[3] 譯註：這些指令不同於數據傳遞指令類別中的載入指令；這些指令將數據在處理器中或是處理器和共處理器間的暫存器之間移動。

移動到 lo

    mtlo rs

0	rs	0	0x13
6	5	15	6

將暫存器 rs 移動至 hi(lo) 暫存器中。

由共處理器 0 移來

    mfc0 rt, rd

0x10	0	rt	rd	0
6	5	5	5	11

由共處理器 1 移來

    mfc1 rt, fs

0x11	0	rt	rd	0
6	5	5	5	11

各共處理器均擁有它們自己的暫存器組。這些指令在這些暫存器及 CPU 的暫存器間作值的移動。

將共處理器中的暫存器 rd (FPU 中的暫存器 fs) 移動至 CPU 的暫存器 rt 中。浮點單元即是共處理器 1。

由共處理器 1 移來雙字組

    mfc1.d rdest, frsrc1   假指令

將浮點暫存器 frsrc1 及 frsrc+1 移動至 CPU 暫存器 rdest 及 rdest+1 中。

移動到共處理器 0

    mtc0 rd, rt

0x10	4	rt	rd	0
6	5	5	5	11

移動到共處理器 1

    mtc1 rd, fs

0x11	4	rt	rd	0
6	5	5	5	11

將 CPU 暫存器 rt 移動至共處理器中的暫存器 rd (FPU 中的暫存器 fs) 中。

不等於 0 則移動

    movn rd, rs, rt

0	rs	rt	rd	0xb
6	5	5	5	11

若暫存器 rt 不等於 0 則將暫存器 rs 移動至暫存器 rd 中。

等於 0 則移動

movz rd, rs, rt

0	rs	rt	rd	0xa
6	5	5	5	11

若暫存器 rt 等於 0 則將暫存器 rs 移動至暫存器 rd 中。

浮點狀態為偽則移動

movf rd, rs, cc

0	rs	cc	0	rd	0	1
6	5	3	2	5	5	6

若 FPU 中編號為 cc 的狀態碼旗標為 0 則將暫存器 rs 移動至暫存器 rd 中。若指令中忽略 cc，則假設所檢視者為狀態碼旗標 0。

浮點狀態為真則移動

movt rd, rs, cc

0	rs	cc	1	rd	0	1
6	5	3	2	5	5	6

若 FPU 中編號為 cc 的狀態碼旗標為 1 則將暫存器 rs 移動至暫存器 rd 中。若指令中忽略 cc，則假設所檢視者為狀態碼位元 0。

浮點指令

MIPS 中擁有可對單精確度 (32 位元) 及雙精確度浮點數字運作的浮點共處理器 (編號為 1)。該共處理器有其自有的編號自 $f0 至 $f31 的暫存器。由於這些暫存器僅有 32 位元寬，需要用到兩個暫存器來容納雙精確度的值，因此我們只可使用偶數編號 (並加上高了一號) 的浮點暫存器來容納雙精確度的值。浮點共處理器也具有八個編號由 0 至 7 的狀態碼 (cc) 旗標，其經由比較類指令設定其狀態並由分支 (bclf 及 bclt) 及條件式移動指令進行檢視。

浮點數值會經由 lwc1、swc1、mtc1 及 mfc1 指令以一次一個字組 (32 個位元) 或前述 ldc1 及 sdc1 指令以一次一個雙字組 (64 個位元)、或下述的 l.s、l.d、s.s 及 s.d 假指令來移出或移入這些暫存器。

在以下的各個真實指令中，對單精確度運作者其位元 21-26 均為 0 而對雙精確度運作者則均為 1。在以下的假指令中，fdest 表浮點暫存器 (例如 $f2)。

浮點絕對值雙精確度

abs.d fd, fs

0x11	1	0	fs	fd	5
6	5	5	5	5	6

浮點絕對值單精確度

abs.s fd, fs

0x11	0	0	fs	fd	5
6	5	5	5	5	6

計算暫存器 fs 中以浮點雙 (單) 精確度表示值的絕對值並置入暫存器 fd 中。

浮點加雙精確度

add.d fd, fs, ft

0x11	0x11	ft	fs	fd	0
6	5	5	5	5	6

浮點加單精確度

add.s fd, fs, ft

0x11	0x10	ft	fs	fd	0
6	5	5	5	5	6

計算暫存器 fs 及 ft 中以浮點雙 (單) 精確度表示值的和並置入暫存器 fd 中。

浮點取最高限值 (ceiling) 字組整數

ceil.w.d fd, fs

0x11	0x11	0	fs	fd	0xe
6	5	5	5	5	6

ceil.w.s fd, fs

0x11	0x10	0	fs	fd	0xe
6	5	5	5	5	6

計算暫存器 fs 中以浮點雙 (單) 精確度表示值的最高限值、轉換為 32 位元定點值並將所得字組置入暫存器 fd 中。

比較等於雙精確度

c.eq.d cc fs, ft

0x11	0x11	ft	fs	cc	0	FC	2
6	5	5	5	3	2	2	4

比較等於單精確度

c.eq.s cc fs, ft

0x11	0x10	ft	fs	cc	0	FC	2
6	5	5	5	3	2	2	4

比較暫存器 fs 及 ft 中以浮點雙 (單) 精確度表示的值、若相等則將浮點狀態旗標 cc 設為 1。若未指明 cc，則假設將被設定者為狀態碼位元 0。

比較小於等於雙精確度

    c.le.d cc fs, ft

0x11	0x11	ft	fs	cc	0	FC	0xe
6	5	5	5	3	2	2	4

比較小於等於單精確度

    c.le.s cc fs, ft

0x11	0x10	ft	fs	cc	0	FC	0xe
6	5	5	5	3	2	2	4

比較暫存器 fs 及 ft 中以浮點雙 (單) 精確度表示的值、若前者小於等於後者則將浮點狀態旗標 cc 設為 1。若未指明 cc，則假設將被設定者為狀態碼位元 0。

比較小於雙精確度

    c.lt.d cc fs, ft

0x11	0x11	ft	fs	cc	0	FC	0xc
6	5	5	5	3	2	2	4

比較小於單精確度

    c.lt.s cc fs, ft

0x11	0x10	ft	fs	cc	0	FC	0xc
6	5	5	5	3	2	2	4

比較暫存器 fs 及 ft 中以浮點雙 (單) 精確度表示的值、若前者小於後者則將浮點狀態旗標 cc 設為 1。若未指明 cc，則假設將被設定者為狀態碼位元 0。

轉換單精確度至雙精確度

    cvt.d.s fd, fs

0x11	0x10	0	fs	fd	0x21
6	5	5	5	5	6

轉換整數至雙精確度

    cvt.d.w fd, fs

0x11	0x14	0	fs	fd	0x21
6	5	5	5	5	6

將暫存器 fs 中的單精確度浮點數或整數轉換成雙 (單) 精確度數字並置入暫存器 fd 中。

轉換雙精確度至單精確度

cvt.s.d fd, fs

0x11	0x11	0	fs	fd	0x20
6	5	5	5	5	6

轉換整數至單精確度

cvt.s.w fd, fs

0x11	0x14	0	fs	fd	0x20
6	5	5	5	5	6

將暫存器 fs 中的雙精確度浮點數或整數轉換成單精確度數字並置入暫存器 fd 中。

轉換雙精確度至整數

cvt.w.s fd, fs

0x11	0x11	0	fs	fd	0x24
6	5	5	5	5	6

轉換單精確度至整數

cvt.w.s fd, fs

0x11	0x10	0	fs	fd	0x24
6	5	5	5	5	6

將暫存器 fs 中的雙精確度或單精確度浮點數轉換成整數並置入暫存器 fd 中。

浮點除雙精確度

div.d fd, fs, ft

0x11	0x11	ft	fs	fd	3
6	5	5	5	5	6

浮點除單精確度

div.s fd, fs, ft

0x11	0x10	ft	fs	fd	3
6	5	5	5	5	6

計算暫存器 fs 及 ft 中浮點雙(單)精確度數字的商並置入暫存器 fd 中。

浮點取最低限值 (floor) 字組整數

floor.w.d fd, fs

0x11	0x11	0	fs	fd	0xf
6	5	5	5	5	6

floor.w.s fd, fs

0x11	0x10	0	fs	fd	0xf
6	5	5	5	5	6

計算暫存器 fs 中浮點雙(單)精確度數字的低限值並將結果字組置入暫存器 fd 中。

載入浮點雙精確度

```
l.d fdest, address          假指令
```

載入浮點單精確度

```
l.s fdest, address          假指令
```

將位址 address 處的浮點雙 (單) 精確度數字載入至暫存器 fdest 中。

移動浮點雙精確度

```
mov.d fd, fs
```

0x11	0x11	0	fs	fd	6
6	5	5	5	5	6

移動浮點單精確度

```
mov.s fd, fs
```

0x11	0x10	0	fs	fd	6
6	5	5	5	5	6

將暫存器 fs 的浮點雙 (單) 精確度數字移動至暫存器 fd 中。

浮點狀態為偽則移動雙精確度

```
movf.d fd, fs, cc
```

0x11	0x11	cc	0	fs	fd	0x11
6	5	3	2	5	5	6

浮點狀態為偽則移動單精確度

```
movf.s fd, fs, cc
```

0x11	0x10	cc	0	fs	fd	0x11
6	5	3	2	5	5	6

若狀態碼旗標 cc 為 0 則將暫存器 fs 的浮點雙 (單) 精確度數字移動至暫存器 fd 中。若未指明 cc，則假設所檢視者為狀態碼旗標 0。

浮點狀態為真則移動雙精確度

```
movt.d fd, fs, cc
```

0x11	0x11	cc	1	fs	fd	0x11
6	5	3	2	5	5	6

浮點狀態為真則移動單精確度

```
movt.s fd, fs, cc
```

0x11	0x10	cc	1	fs	fd	0x11
6	5	3	2	5	5	6

若狀態碼旗標 cc 為 1 則將暫存器 fs 的浮點雙 (單) 精確度數字移動至暫存器 fd 中。若未指明 cc，則假設所檢視者為狀態碼旗標 0。

不為 0 則移動浮點雙精確度

movn.d fd, fs, rt

0x11	0x11	rt	fs	fd	0x13
6	5	5	5	5	6

不為 0 則移動浮點單精確度

movn.s fd, fs, rt

0x11	0x10	rt	fs	fd	0x13
6	5	5	5	5	6

若處理器暫存器 rt 不為 0 則將暫存器 fs 的浮點雙 (單) 精確度數字移動至暫存器 fd 中。

為 0 則移動浮點雙精確度

movz.d fd, fs, rt

0x11	0x11	rt	fs	fd	0x12
6	5	5	5	5	6

為 0 則移動浮點單精確度

movz.s fd, fs, rt

0x11	0x10	rt	fs	fd	0x12
6	5	5	5	5	6

若處理器暫存器 rt 為 0 則將暫存器 fs 的浮點雙 (單) 精確度數字移動至暫存器 fd 中。

浮點乘雙精確度

mul.d fd, fs, ft

0x11	0x11	ft	fs	fd	2
6	5	5	5	5	6

浮點乘單精確度

mul.s fd, fs, ft

0x11	0x10	ft	fs	fd	2
6	5	5	5	5	6

計算暫存器 fs 及 ft 中浮點雙 (單) 精確度數字的積並置入暫存器 fd 中。

取負值雙精確度

neg.d fd, fs

0x11	0x11	0	fs	fd	7
6	5	5	5	5	6

取負值單精確度

　　　　neg.s fd, fs

0x11	0x10	0	fs	fd	7
6	5	5	5	5	6

將暫存器 fs 中浮點雙 (單) 精確度數字取負值並置入暫存器 fd 中。

浮點進位至定點字組

　　　　round.w.d fd, fs

0x11	0x11	0	fs	fd	0xc
6	5	5	5	5	6

　　　　round.w.s fd, fs

0x11	0x10	0	fs	fd	0xc
6	5	5	5	5	6

將暫存器 fs 中浮點雙 (單) 精確度數字進位、轉換為 32 位元定點值並將所得字組置入暫存器 fd 中。

平方根雙精確度

　　　　sqrt.d fd, fs

0x11	0x11	0	fs	fd	4
6	5	5	5	5	6

平方根單精確度

　　　　sqrt.s fd, fs

0x11	0x10	0	fs	fd	4
6	5	5	5	5	6

計算暫存器 fs 中浮點雙 (單) 精確度數字的平方根並置入暫存器 fd 中。

儲存浮點雙精確度

　　　　s.d fdest, address　　　　　　假指令

儲存浮點單精確度

　　　　s.s fdest, address　　　　　　假指令

將暫存器 fdest 中浮點雙 (單) 精確度數字儲存至位址 *address* 中。

浮點減雙精確度

　　　　sub.d fd, fs, ft

0x11	0x11	ft	fs	fd	1
6	5	5	5	5	6

浮點減單精確度

sub.s fd, fs, ft

0x11	0x10	ft	fs	fd	1
6	5	5	5	5	6

計算暫存器 fs 及 ft 中浮點雙 (單) 精確度數字的差並置入暫存器 fd 中。

浮點截短至定點字組

trunc.w.d fd,fs

0x11	0x11	0	fs	fd	0xd
6	5	5	5	5	6

trunc.w.s fd,fs

0x11	0x10	0	fs	fd	0xd
6	5	5	5	5	6

將暫存器 fs 中浮點雙 (單) 精確度數字截短、轉換為 32 位元定點值並將所得字組置入暫存器 fd 中。

例外與插斷指令

例外返回

eret

0x10	1	0	0x18
6	1	19	6

將共處理器 0 的狀態 (Status) 暫存器中 EXL 位元設為 0 並返回至共處理器 0 的 EPC 暫存器指向的指令。

系統呼叫

syscall

0	0	0xc
6	20	6

暫存器 $v0 中含有 SPIM 所提供的系統呼叫各種功能的編號 (見圖 A.9.1)。

暫停

break code

0	code	0xd
6	20	6

造成例外碼的執行。Exception 1 是保留來給除錯器使用的。

無運作

nop

0	0	0	0	0	0
6	5	5	5	5	6

什麼都不做。

A.11 總結評論

程式師以組合語言來進行編程時無法利用到高階語言提供的一些有用特性 —— 例如資料結構、型態檢查及結構化的控制方式等 —— 但是卻可以擁有對計算機執行的指令的充分控制能力。某些應用會受到如反應時間或程式大小等外在條件的限制，需要程式師在使用每一道指令時都非常小心。而這種小心的代價是相對於高階語言程式，組合語言程式一般會較長、編程較耗時，以及較難以維護 (譯註：高階語言程式雖然看起來較簡潔，但是其編譯出來的機器語言程式通常可能還會比程式師直接寫作出來的更長)。

另外有三個趨勢正在降低以組合語言編寫程式的必要性。第一個趨勢與編譯器的進步有關。新近的編譯器一般已可產出與最好的手寫碼相拎的碼，有時甚至更勝之。第二個趨勢是新的處理器不但更快、而且特別是可同時執行數道指令，因此也更不易手動進行編程。另外，新近計算機的快速推陳出新也使得不侷限於一種架構上的高階語言編程以及程式更具優勢。最後，我們正見證了較之前的應用使用了更複雜的圖形介面，以及多出許多許多新功能的越來越複雜應用的趨勢。大型應用則是由一個程式師團隊來合作編寫，並且非常需要使用到高階語言中提供的模組化能力以及語意檢查特性。

進一步閱讀

Aho, A., Sethi, R. & Ullman J. (1985). *Compilers: Principles, Techniques, and Tools.* Reading, MA: Addison-Wesley. *Slightly dated and lacking in coverage of modern architectures, but still the standard reference on compilers.*

Sweetman, D. (1999). *See MIPS Run*, San Francisco, CA: Morgan Kaufmann Publishers. *A complete, detailed, and engaging introduction to the MIPS instruction set and assembly language programmingon these machines.*

Detailed documentation on the MIPS-32 architecture is available on the Web:

MIPS32™ Architecture for Programmers Volume I: Introduction to the MIPS32™ Architecture

(http://mips.com/content/Documentation/MIPSDocumentation/ ProcessorArchitecture/ArchitectureProgrammingPublicationsforMIPS32/

MD00082-2B-MIPS32INT-AFP-02.00.pdf/getDownload)

MIPS32™ Architecture for Programmers Volume II: Th e MIPS32™ Instruction Set
(http://mips.com/content/Documentation/MIPSDocumentation/
ProcessorArchitecture/ArchitectureProgrammingPublicationsforMIPS32/
MD00086-2B-MIPS32BIS-AFP-02.00.pdf/getDownload)

MIPS32™ Architecture for Programmers Volume III: The MIPS32™ Privileged Resource Architecture
(http://mips.com/content/Documentation/MIPSDocumentation/
ProcessorArchitecture/ArchitectureProgrammingPublicationsforMIPS32/
MD00090-2B-MIPS32PRA-AFP-02.00.pdf/getDownload)

A.12 習題

A.1 [5] <§A.5>　A.5 節提及在大部分 MIPS 系統中記憶體如何作分配。提出為了相同目標的另一種切分記憶體的方法。

A.2 [20] <§A.6>　試以較少的指令重寫 fact 程序碼。

A.3 [5] <§A.7>　若使用者程式中使用到暫存器 $k0 以及 $k1，是否可以是安全可行的？

A.4 [25] <§A.7>　A.7 節中有一簡單的例外處理器碼。其重大缺失在於其會封鎖了插斷很長的一段時間。這表示由快速 I/O 設備傳來的插斷可能會被忽略。寫出一個可被插斷而且能儘快對插斷致能的例外處理器。

A.5 [15] <§A.7>　該簡單例外處理器總是跳回到發生例外的指令的下一道指令。這在造成例外的指令位於分支延遲槽中時會有問題。在上述情形中，下一道指令應該是分支的目標指令。寫出可利用 EPC 暫存器來判斷例外後應該執行哪一道指令的例外處理器。

A.6 [5] <§A.9>　使用 SPIM 寫出並測試加法的機器 (語言) 程式以重複讀取整數並將之加至目前的和中。程式應在讀到為 0 的輸入時印出當時的和並停止。利用第 687 及 690 頁中述及的 SPIM 系統呼叫。

A.7 [5] <§A.9>　使用 SPIM 寫出並測試程式以讀取三個整數並印出三個數中二個較大者的和。利用 687 及 690 頁中述及的 SPIM 系統呼叫。你在數字等大時可以以任意方式處理之。

A.8 [5] <§A.9>　使用 SPIM 寫出並測試程式以呼叫 SPIM 功能來讀取一個正整數。若整數為非正數，程式應送出訊息 "Invalid Entry" 並結束；否則程式應印出該整數各個位數的英文名稱，其間並明確地以一個空格隔開。例如，若使用者打入 "728"，輸出應為 "Seven Two Eight"。重複讀取整數並將之加至目前的和中。程式應在讀到為 0 的輸入時印出當時的和並停止。

A.9 [25] <§A.9>　寫出並測試可計算並印出前 100 個質數的 MIPS 組合語言程式。數字 n 若不能被 1 及自身整除則稱為質數。你需要寫出二個程序：

- `test_prime (n)`　若 n 為質數則回傳 1，否則回傳 0。
- `main ( )`　反覆依序測試整數是否為質數。印出前 100 個質數。

於 SPIM 上實測你的程式。

A.10 [10] <§§A.6, A.9>　使用 SPIM 寫出並測試解決古典數學遊戲—Towers of Hanoi puzzle 解謎遊戲的遞迴程式。(如此則將需用到多個堆疊框以支援遞迴呼叫。) 解謎遊戲中有三個柱體 (peg，編號 1、2 及 3) 和 n 個碟 (數字 n 可以是變動的；典型的值約在 1 至 8 的範圍內。) 碟 1 的大小小於碟 2，然後又小於碟 3，依序漸大，而以碟 n 為最大。開始時，所有碟都在柱體 peg1 上，碟 n 在底下，碟 $n-1$ 在其上，依序擺置，直至最頂上的碟 1。目標則是將所有碟移至柱體 peg2 上。你一次只能移動一個碟，亦即將三個 pegs 中任一者頂上的碟移置其他 peg 的頂上。但是有一個限制：任何碟都不可以置於較小的碟之上。以下的 C 程式應有助於你寫作該組合語言程式。

```
/* move n smallest disks from start to finish using
extra */

void hanoi(int n, int start, int finish, int extra){
    if(n != 0){
        hanoi(n-1, start, extra, finish);
        print_string("Move disk");
```

```c
            print_int(n);
            print_string("from peg");
            print_int(start);
            print_string("to peg");
            print_int(finish);
            print_string(".\n");
            hanoi(n-1, extra, finish, start);
        }
    }
main(){
    int n;
    print_string("Enter number of disks>");
    n=read_int();
    hanoi(n, 1, 2, 3);
    return 0;
}
```

附錄 B

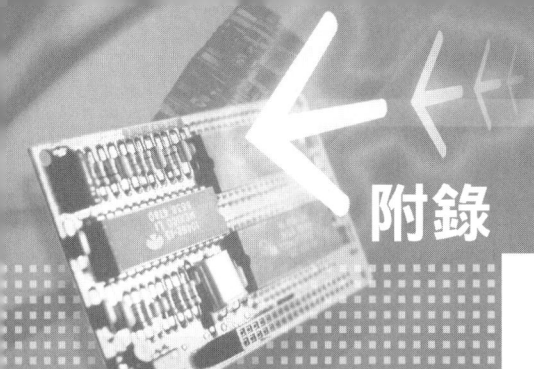

邏輯設計的基礎

B.1　介　紹
B.2　閘、真值表與邏輯方程式
B.3　組合邏輯
B.4　使用硬體描述語言
B.5　建構基本的算術邏輯單元
B.6　快些的加法運算：進位的向前看
B.7　各種時脈方法
B.8　記憶元件：正反器、閂鎖與暫存器
B.9　記憶元件：靜態隨機存取記憶體與動態隨機存取記憶體
B.10　有限狀態機
B.11　時序控制方法
B.12　現場可程式設備
B.13　總結評論
B.14　習　題

我永遠熱愛那個字，那個字就是布林Boolean。

Claude Shannon
IEEE Spectum 論文期刊，1992 年四月 (Claude Shannon 的碩士論文說明了 George Boole 在 1800 年代中發明的代數可以用來代表電子開關組成的電路工作的情形)。

B.1 介 紹

這個附錄提供邏輯設計基礎知識的簡要討論。它並非可用於取代邏輯設計的課程，也不足以使你因而具備設計出有意義的實用邏輯系統的能力。不過如果你僅有少量或完全沒有邏輯設計的瞭解，這個附錄可以提供瞭解本書中所有內容所需的足夠相關背景。如果你希望瞭解計算機是如何製作出來的一些背後動機，本章內容也可以作為有價值的介紹。如果你的好奇心被引起了，但是卻未能在研讀這個附錄後充分被滿足，本章內文最終處的參考文獻提供了數份進一步資訊的出處。

B.2 節介紹邏輯中的基本建構方塊，也就是所謂的各種邏輯閘 (logic *gates* 或 *gates*)。B.3 節中使用這些建構方塊來建構各種簡單的組合 (*combinational*) 邏輯系統，也就是不包含記憶體的系統。如果你曾經有過邏輯或是數位系統的稍微的瞭解，你也許會熟悉這開頭兩節中的內容。B.5 節說明如何使用 B.2 與 B.3 節介紹的觀念來設計 MIPS 處理器中適用的 ALU。B.6 節說明如何做出更快的加法器，如果對這個題目不感興趣，可以略過該節。B.7 節是對各種時脈方法這個主題的簡要介紹，這個主題在記憶元件如何工作的討論中是必備的知識。B.8 節介紹記憶元件，B.9 節則延續上一節來討論各種隨機存取記憶體；文中說明如第 4 章中討論到的、對瞭解它們應該如何使用相關的各項重要特性，以及如第 5 章中討論到的導致記憶體階層中許多設計方向的想法所根據的基礎。B.10 節說明在循序邏輯中作為基本邏輯方塊的有限狀態機 (finite-state machines) 的設計與用法。如果你計劃閱讀 ⊕**附錄** D，就需要充分瞭解 B.2 節至 B.10 節的內容。如果你只計劃閱讀第 4 章中有關控制部分的內容，則可以僅略讀這個附錄；不過你還是需要具備對除了 B.11 節以外的所有其他節內容的足夠熟悉度。B.11 節的目的是給予需要在各種時脈方法與時序控制方面有更深瞭解的人閱讀。它說明邊緣觸發時序控制 (edge-triggered clocking) 如何工作的基礎知識，介紹另外一種時序控制方法，並且簡要說明將不同步 (asynchronous) 的多個輸入同步起來的處理方法。

這個附錄通篇中，在恰當的地方我們也都加入如何可以用在 B.4 節中介紹的 Verilog 來表達邏輯線路的部分。更深入與完整的 Verilog 教材可在本書線上的伴隨的網站 (Companion Site) 中看到。

B.2 閘、真值表與邏輯方程式

現代計算機中的電子電路是**數位式** (*digital*) 的。數位電子以只有兩種的電壓準位運作：一個較高的準位和一個較低的準位。所有其他的準位都是暫態的並且只在前述兩個準位做變化時才會出現 (我們在本節稍後會討論到，數位設計中一個可能的陷阱就是在訊號並不明顯為高或低時對它應如何採樣解讀)。計算機在電路上以二個準位的數位方式運行的事實也是它們使用二進制數字的關鍵原因，因為二進制系統會與所用的實體電子本質的概念配合 (譯註：真正的來龍去脈是：二個值的數位電子電路是目前技術下整體而言最有效率的做法，因此我們以最能配合這種二進制電路的使用方式，來從應用需求一直到邏輯設計的各層次系統作出配套的發展。另外，二進制系統除了在數學領域上與任何其他數字系統相較絲毫沒有遜色之外，它竟然還帶來一些獨特的好處，例如在容錯改錯的 Hamming coding，在除法中的 non-restoring division，與在決策以及人工智慧中的邏輯推理上)。在不同的邏輯電路家族中，二個電位值以及它們之間的關係都未必相同。因此，與其明確使用兩個不同電路準位值，我們不如用兩個分別對應到 (邏輯上) 為真、或稱 1、或稱**設定了的** (asserted)；或 (邏輯上) 為偽、或稱 0、或稱**沒設定的** (deasserted)，的訊號來代替這兩個真實的訊號值。然後可以稱呼這兩個代表性的值 0 與 1 互為補值 [補數 (*complements*)] 或反值 [相反 (*inverses*)]。

邏輯電路根據它是否含有記憶功能而可以分類成兩類：沒有記憶功能的邏輯電路稱為**組合式的** (*combinational*)；組合式邏輯電路的輸出只受目前輸入的影響。而在具有記憶功能、稱為**循序式** (*sequential*) 的邏輯電路中，其輸出由目前的輸入，以及其中包含的稱為邏輯電路的**狀態** (*state*) 的一些值二者共同來決定。在本節與下節中，我們僅專注於**組合式邏輯** (combinational logic) 上。在 B.8 節中介紹完不同的記憶元件後，我們會說明具有「狀態」的**循序式邏輯** (sequential logic) 應如何設計。

真值表

因為在組合式邏輯電路中沒有記憶功能，它可以完全遵循：各項輸出值可以由任意一組可能的輸入值來定義。這個現象一般可以用一

設定了的訊號
一個 (邏輯上) 為真、或 1 的訊號。

沒設定的訊號
一個 (邏輯上) 為偽、或 0 的訊號。

組合式邏輯
一個在其方塊圖中不包含記憶功能因此在接受相同輸入訊號時會計算出相同輸出訊號的邏輯系統。

循序式邏輯
一組包含記憶功能因此其輸出結果與輸入訊號以及記憶功能中目前的內容均有關的邏輯元件。

個真值表 (*truth table*) 的形式來說明。對一個具有 n 個輸入的真值表，真值表中會有 2^n 個輸入所有可能組合情形的項次。每一項次即可指出對這樣的輸入組合所有輸出的值。

> **範例** **真值表**
>
> 思考一個具有三個輸入 A、B 與 C，以及三個輸出 D、E 與 F 的邏輯功能。這個功能的真值表定義如下：至少有一個輸入為真時 D 即為真；正好有兩個輸入為真時 E 即為真；所有輸入都為真時 F 即為真。為此功能劃出其真值表。
>
> **解答**
>
> 這個真值表內有 $2^3 = 8$ 個項次。其內容為：
>
> | 輸入 ||| 輸出 |||
> |---|---|---|---|---|---|
> | **A** | **B** | **C** | **D** | **E** | **F** |
> | 0 | 0 | 0 | 0 | 0 | 0 |
> | 0 | 0 | 1 | 1 | 0 | 0 |
> | 0 | 1 | 0 | 1 | 0 | 0 |
> | 0 | 1 | 1 | 1 | 1 | 0 |
> | 1 | 0 | 0 | 1 | 0 | 0 |
> | 1 | 0 | 1 | 1 | 1 | 0 |
> | 1 | 1 | 0 | 1 | 1 | 0 |
> | 1 | 1 | 1 | 1 | 0 | 1 |

真值表能夠完整地描述任何組合邏輯的功能。不過它的大小隨輸入數量的增加快速不斷倍增，也並不容易觀察出邏輯功能的特性。例如如果我們想建構出一個對許多種 (大部分) 輸入組合而言輸出會為 0 的邏輯功能，則我們可以採用只指出真值表中有哪些項次輸出會不為 0 的簡潔方式。這種方式在第 4 章與 ⊕**附錄** D 中會見到。

布林代數

另一種表示邏輯功能的方式是使用邏輯方程式。它採用的是布林邏輯 (*Boolean algebra*，以發明這種代數的十九世紀數學家 George Boole 而命名)。在布林代數中，所有變數的值都只能是 0 或 1，同時在所有典型的運算式中，具有三種運算子 (operators)：

- OR (或) 運算子以 + 表示，例如 A+B。OR 運算的結果在任一輸入值為 1 時輸出為 1。因為這個特性，運作也被稱為**邏輯上的加** (*sum*)。

- AND (且) 運算子以 · 表示,例如 $A \cdot B$。AND 運算的結果在兩個 (亦即一般情形下所有) 輸入值均為 1 時輸出為 1。因為這個特性,運作也被稱為**邏輯上的乘** (product)。
- 單一 (unary) 運算元 (operand) 的 NOT (否或反轉) 運算子以在變數或布林值上方加橫線表示,例如 $\overline{A}$。NOT 運作的輸出結果是輸入值的反轉。將運算子 NOT 運作於一個邏輯值上會造成對該值的反轉 (inversion) 或變換正負值 (negation) (也就是,如果輸入是 0 輸出就是 1,以及反之亦然)。

(譯註:還有一些其他可用的邏輯運算子,不過它們都是由以上三種組合衍生出來的;不過所有邏輯方程式都可以只用以上三個基本運算子來表達。)

以下介紹一些布林代數中有助於推演邏輯方程式的定律:

- 恆等 (Identity) 定律 (law,或簡稱律):$A + 0 = A$ 與 $A \cdot 1 = A$
- 零與壹 (Zero and One) 定律:$A + 1 = 1$ 與 $A \cdot 0 = 0$
- 反轉 (Inverse) 定律:$A + \overline{A} = 1$ 與 $A \cdot \overline{A} = 0$
- 互換 (Commutative) 定律:$A + B = B + A$ 與 $A \cdot B = B \cdot A$
- 結合 (Associative) 定律:$A + (B + C) = (A + B) + C$ 與 $A \cdot (B \cdot C) = (A \cdot B) \cdot C$
- 分配 (Distributive) 定律:$A \cdot (B + C) = (A \cdot B) + (A \cdot C)$ 與 $A + (B \cdot C) = (A + B) \cdot (A + C)$

此外,還有另外兩個稱為迪摩根 (DeMorgan's) 定律的有用的定理 (theorems),會在習題中再作深入的討論。

任何邏輯功能都可以將一個輸出變數置於方程式的等號左方,以及一條包括 0 與 1、任何數量的輸入變數與上述的三個運算子的式子置於方程式的等號右方的形式來表示。

邏輯方程式

表示出之前範例中邏輯功能 D、E 與 F 的邏輯方程式。

D 的表示式是:

$$D = A + B + C$$

F 也是同樣簡單:

$$F = A \cdot B \cdot C$$

E 有點複雜。試著把它分成兩個部分來思考：什麼情況之下才能使 E 為真 (三個輸入中有兩個為真)，以及什麼情況之下不能使 E 為真 (三個輸入均為真)。於是我們可以將 E 表示為

$$E = ((A \cdot B) + (A \cdot C) + (B \cdot C)) \cdot (\overline{A \cdot B \cdot C})$$

我們也可以基於只有在不多不少兩個輸入為真時 E 才為真的事實來推導 E 的方程式。於是我們可以採用 OR 這三種兩個為真一個為偽的可能條件的方式來表示：

$$E = (A \cdot B \cdot \overline{C}) + (A \cdot C \cdot \overline{B}) + (B \cdot C \cdot \overline{A})$$

如何證明這兩道 E 的方程式相等的內容將於之後述及。

在 Verilog 中，我們在可能的情形下可以用 assign (這是 Verilog 中的保留字，可以意譯為賦值) 敘述句來說明組合式邏輯的功能，相關說明在從 749 頁開始的地方。我們可以使用 Verilog 中的互斥-或 (exclusive-OR) 來表達 E 的定義如下：assign E=(A^B^C)*(A+B+C)*(A*B*C)，這是描述該功能的另一種形式。D 與 F 有更簡單的表示法，形式只不過像是在 C 語言中一樣：D=A|B|C 與 F=A&B&C。

閘

閘
一個能執行譬如 AND 或 OR 等基本邏輯功能的裝置。

邏輯方塊是由能執行基本邏輯功能的邏輯**閘** (logic gates，或簡稱 gates) 所建構出來的，例如 AND 閘可執行 AND 功能，OR 閘可執行 OR 功能。因為 AND 與 OR 二者都具有交換性與結合性，一個 AND 閘或一個 OR 閘可以有多個輸入，而且輸出即等於所有輸入 AND 或 OR 的結果。邏輯功能 NOT 由一個具有單一輸入的反轉電路構成。這三種邏輯建構方塊的標準示意圖形表示於圖 B.2.1 中。

我們並不需要明確地劃出反轉器 (inverters)；一個常見的做法是在輸入訊號線進入閘的地方或輸出訊號線離開閘的地方加上一個小圓圈 (俚稱 "bubbles ")，代表在該輸入線或輸出線上的訊號會被反轉。例如，圖 B.2.2 表示功能 $\overline{A} + B$ 的邏輯設計圖，左方明確顯示反轉器的使用而右圖中僅在輸出入線上以小圓圈表示。

任何邏輯功能一定可以使用 AND 閘、OR 閘與反轉閘來構成；好幾道習題會提供你嘗試以恰當的閘來建構常用邏輯功能的機會。下一節中我們會學到任何邏輯功能可以如何地建構出來。

圖 B.2.1 AND 閘、OR 閘與反轉閘的由左至右的標準圖示。

每個圖示左邊的訊號是輸入，輸出則位於圖示的右側。AND 閘與 OR 閘都具有兩個輸入，反轉閘則只有單一的輸入。

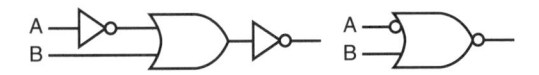

圖 B.2.2 $\overline{\overline{A}+B}$ 的使用明確劃出的反轉器的製作方法顯示於圖中左側，以及只以輸入輸出線上加上小圓圈來表示的圖顯示於圖中右側。

這個邏輯功能可以化簡成 $A \cdot \overline{B}$ 或者在 Verilog 中是 A&~B。

事實上，任何邏輯功能都可以完全使用單一種其中具有反轉功能的邏輯閘來建構。常見的兩種具有反轉功能的閘稱為**非或** (NOR) 與**非且** (NAND)，也就是輸出會反轉了的或 (OR) 閘與輸出會反轉了的且 (AND) 閘。NOR 閘與 NAND 閘稱為是通用的 (*universal*)，因為任何邏輯功能一定都能只用這一種閘就建構出來。有幾道習題會進一步探討這個觀念。

非或閘
一個反轉 OR 動作的閘。

非且閘
一個反轉 AND 動作的閘。

以下兩道邏輯表示式是否相等？如果不是，指出各個變數的一種輸入組合來說明它們不相等：

- $(A \cdot B \cdot \overline{C}) + (A \cdot C \cdot \overline{B}) + (B \cdot C \cdot \overline{A})$
- $B \cdot (A \cdot \overline{C} + C \cdot \overline{A})$

自我檢查

B.3 組合邏輯

本節中，我們檢視幾個常用的較大型的邏輯建構方塊，並討論如何可以從邏輯方程式或是真值表開始，經由一個翻譯程式就可以自動地製作出一種結構化的邏輯的設計方法。最後，我們討論以邏輯方塊組成陣列的概念。

解碼器

一種我們可以用來建構更大些組件的邏輯方塊稱為**解碼器** (decoder)。最常見的解碼器型態是具有 n 個位元的輸入與 2^n 個輸出，

解碼器
一個具有 n-位元輸入與 2^n 個輸出訊號，其中只有一個對應於輸入組合情形的輸出是設定了的，的邏輯區塊。

輸出中只有一個是根據輸入的組合而設定 (asserted) [譯註：或不設定 (deasserted)，總之就是與其他輸出不一樣] 的。這樣的解碼器將 n 個位元的輸入以「輸出代表了輸入以二進數字來解讀時的值」的方式來呈現。也因此輸出通常具有編號，例如 Out0、Out1、…、Out$2^n - 1$。如果輸入代表的數值是 i，則輸出 Out$i$ 會為真並且所有其他輸出均為偽。圖 B.3.1 表示一個 3-位元的解碼器與它的真值表。這個解碼器因為有 3 個邏輯輸入與 8 (2^3) 個輸出訊號而稱為 3-至-8 的解碼器。也存在著一種執行與解碼器相反的功能、稱為編碼器 (*encoder*) 的邏輯元件，接受 2^n 個輸入訊號並產生 n 個位元的輸出。

多工器

選擇訊號 (selector) 的值
亦稱為**控制訊號 (control) 的值**。是用來將多個輸入的值選擇其一作為多工器的輸出的控制訊號。

一個我們在第 4 章中很常用到的基本邏輯功能稱為多工器 (*multiplexor*)。多工器可能更常被稱為**選擇器** (*selector*)，因為它的輸出是多個輸入中被控制訊號所選擇到的其中一個。思考具有兩個數據輸入的多工器：圖 B.3.2 中左側部分顯示這個多工器具有三個輸入：兩個是數據訊號值的輸入，以及一個是**選擇** (selector) 或**控制** (control) **訊號值**的輸入。控制訊號的值決定了兩個輸入訊號中哪一個會被傳送到輸出訊號線上。我們可以將圖 B.3.2 中右側表示的、兩個輸入的多工器所執行的邏輯功能表示為 $C=(A \cdot \overline{S})+(B \cdot S)$。

多工器可以設計成具有更多個、任意數量的輸入訊號。在只有兩

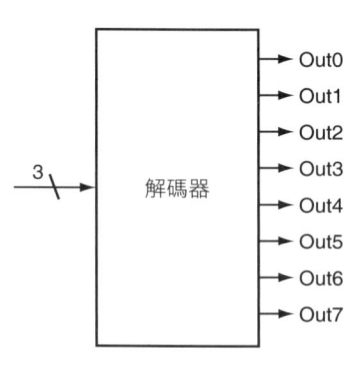

輸入			輸出							
I2	I1	I0	Out7	Out6	Out5	Out4	Out3	Out2	Out1	Out0
0	0	0	0	0	0	0	0	0	0	1
0	0	1	0	0	0	0	0	0	1	0
0	1	0	0	0	0	0	0	1	0	0
0	1	1	0	0	0	0	1	0	0	0
1	0	0	0	0	0	1	0	0	0	0
1	0	1	0	0	1	0	0	0	0	0
1	1	0	0	1	0	0	0	0	0	0
1	1	1	1	0	0	0	0	0	0	0

a. 3 個位元的解碼器　　　　　　　　b. 3 個位元解碼器的真值表

圖 B.3.1　3 個位元的解碼器具有三個輸入訊號，稱為 I2、I1 與 I0，以及 $2^3 = 8$ 個輸出訊號，分別稱為 Out0 到 Out7。
只有對應於輸入代表的值的輸出會為真，如真值表中所示。左圖中解碼器的輸入方線上標示的 3 代表輸入有 3 個位元。

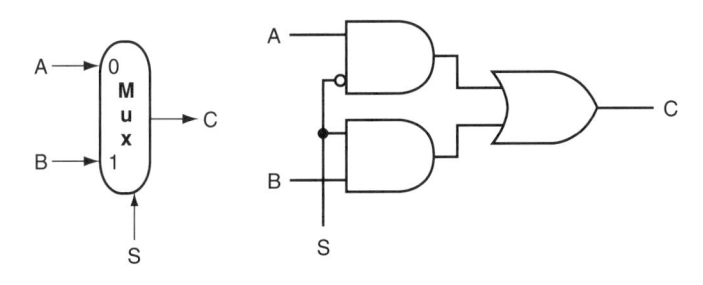

圖 B.3.2 圖中左側的是二個輸入的多工器，右側的是它以邏輯閘製作的方式。

上方的多工器具有兩個輸入訊號 (A 與 B)，在代表多工器的圖形內部相關位置分別以 0 與 1 標示，與一個選擇輸入 (S)；還有一個輸出訊號 C。以 Verilog 來描述多工器的製作需要多一些工夫，特別是在它的輸入訊號的數量更多時。我們在第 749 頁中開始說明如何以 Verilog 進行線路描述。

個輸入訊號時，選擇訊號僅需使用一個位元來以真 (1) 選擇兩個輸入之一、並以偽 (0) 來選擇另一個輸入。如果輸入的數量是 n，則會需要 $\lceil \log_2 n \rceil$ 個位元的選擇訊號。根據上述討論，多工器基本上包含三個部分：

1. 一個能產生至少 n 個輸出訊號的解碼器，解碼器的每一個輸出控制著對應的輸入訊號是否可以被送到輸出訊號線上去。
2. 一排 n 個的二輸入 AND 閘，每一個閘接受一個外部輸入訊號與另一個則是解碼器的輸出訊號。
3. 一個具有 n 個輸入的大 OR 閘，接受所有 n 個 AND 閘的輸出來產生多工器的輸出訊號。

為了要表達各輸入訊號與控制訊號間的關聯性，我們往往將輸入訊號的名稱中加入數字 (也就是 0、1、2、...、$n-1$)，並且直接將控制訊號以二進數字來看待。所以有時我們直接把多工器的選擇訊號以二進數字來表達。

多工器在 Verilog 中可以輕易地透過一組 *if* 表示式來描述。對較大規模的多工器，case 敘述句使用起來更為方便，但是在合成組合邏輯的電路時一定要謹慎。

兩層的邏輯與可程式化邏輯陣列 PLAs

如在前一節中指出的，任何邏輯功能都可以只用 AND、OR 與 NOT 三種功能做出來。事實上，還有一種更明確的說法。任何邏輯功能都能以一種正規的 (canonical) 形式來表達，在這種形式中，其中所有的輸入都是原本的輸入或是它的互補 (亦即反轉了的) 形式，並且線路中只使用兩層的閘──一層是 AND 而另一層是 OR，另外運算的結果可能還需要被反轉一次。配合這種結構的表示式稱為*兩層的表示法* (*two-level representation*)，並且可以有兩種形式，分別稱為*乘積之和* (sum-of-products) 與*和之乘積* (*product of sums*)。乘積之和表示式是多個乘積 (意思是使用 AND 運算子的多個項) 的和 (意思是使用 OR 運算子)；而和之乘積就是上述的相反形式。在稍早的範例中，見到過兩個不同的 E 這個輸出的表示式：

乘積之和
一種採用以許多乘積 (以 AND 運算子產生的項) 作邏輯加 (OR) 的邏輯表示法形式。

$$E = ((A \cdot B) + (A \cdot C) + (B \cdot C)) \cdot (\overline{A \cdot B \cdot C})$$

與

$$E = (A \cdot B \cdot \overline{C}) + (A \cdot C \cdot \overline{B}) + (B \cdot C \cdot \overline{A})$$

第二條表示式就是乘積之和的表示式：它具有兩層的邏輯以及唯一的反轉運作是作用在個別變數上。第一條表示式則具有三層的邏輯。

仔細深思 我們也可以將 *E* 表示成和之乘積的形式：

$$E = \overline{(\overline{A} + \overline{B} + C) \cdot (\overline{A} + \overline{C} + B) \cdot (\overline{B} + C + A)}$$

要推導成這個形式，需要用到習題中討論到的*迪摩根定理*。

在本文中我們原則上使用乘積之和。可以看出對任何邏輯功能而言，從它的真值表很容易就可以寫出代表這個功能的乘積之和表示式。真值表中這個功能為真的一個項次就代表表示式中的一個乘積項。一個乘積項中包含所有輸入變數、或是它的反轉形式，端視該項次在真值表中各變數對應的值是 1 還是 0 而定，的乘積。邏輯功能就是等於在輸出為真時對應的乘積項的邏輯和。從一個例題中更容易看出這個事實。

> **範例**
>
> **乘積之和**
>
> 根據以下 D 的真值表，以乘積之和表示該邏輯功能。
>
> | 輸入 | | | 輸出 |
> |---|---|---|---|
> | A | B | C | D |
> | 0 | 0 | 0 | 0 |
> | 0 | 0 | 1 | 1 |
> | 0 | 1 | 0 | 1 |
> | 0 | 1 | 1 | 0 |
> | 1 | 0 | 0 | 1 |
> | 1 | 0 | 1 | 0 |
> | 1 | 1 | 0 | 0 |
> | 1 | 1 | 1 | 1 |
>
> **解答**
>
> 因為邏輯功能對四個不同輸入組合其結果為真 (1)，該式子中會有四個乘積項。它們分別是：
>
> $$\overline{A} \cdot \overline{B} \cdot C$$
> $$\overline{A} \cdot B \cdot \overline{C}$$
> $$A \cdot \overline{B} \cdot \overline{C}$$
> $$A \cdot B \cdot C$$
>
> 因此，該 D 功能可以以下方這些項的乘積之和表示：
>
> $$D = (\overline{A} \cdot \overline{B} \cdot C) + (\overline{A} \cdot B \cdot \overline{C}) + (A \cdot \overline{B} \cdot \overline{C}) + (A \cdot B \cdot C)$$
>
> 注意：只有在 D 功能的真值表中項次的輸出為真的項次才具有表示式中對應的乘積項。

我們可以利用真值表與兩層表示法之間的這種關係來對任何邏輯功能做出閘層次的設計。如果有不止一個，而是一組邏輯功能呢？一組邏輯功能相當於是一個具有多個輸出欄位的真值表，有如我們在第 730 頁上所示的一般。每一個輸出欄位代表一個個別的邏輯功能，同時其也可以直接根據真值表就製作出來。

乘積之和的表示法對應到一種常用的稱為**可程式化邏輯陣列** (programmable logic array, PLA) 的結構式邏輯實作方式。接受的輸入是所有的個別輸入以及每一個輸入的互補訊號 (這些可以經由使用一組反轉器而得)，並內含兩個階段的邏輯。第一階段的邏輯是一

可程式化邏輯陣列
一種包含一組輸入與相對的互補訊號、與兩階段的邏輯：第一階段用以產出各輸入與其互補訊號組成的各個乘積項，以及第二階段用以產出各乘積項的和項，的結構式邏輯元件。所以，PLAs 可以做出邏輯功能的乘積之和的輸出。

```
                          ┌─────────────┐
                    輸入 ─┤  AND 閘陣列  │
                          └──────┬──────┘
                                 │
                              乘積項
                          ┌──────┴──────┐
                          │  OR 閘陣列   ├─ 輸出
                          └─────────────┘
```

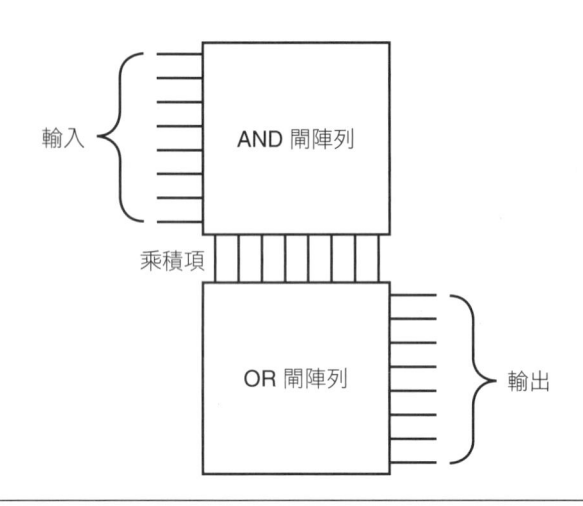

圖 B.3.3　PLA 的基本形式包含一個陣列的 AND 閘下接一個陣列的 OR 閘。

AND 閘陣列產出的每一個輸出訊號是包含任意數量的輸入或是反轉了的輸入的乘積項。OR 閘陣列產出的每一個輸出訊號是包含任意數量的上述乘積項的和項。

最小項

也稱為**乘積項**(譯註：應該說是包含所有輸入變數的原形或是它的互補訊號的乘積項，而非任何乘積項)。一組以交集 (conjunction) 聯結的邏輯輸入；處理乘積項的部分構成可程式化邏輯陣列中的第一階段。

個用以形成一組所需**乘積項** (products terms，有時也稱之為**最小項** minterms) 的 (一排) AND 閘陣列；每一個乘積項可以包含任意非零數量的各個輸入的原形或是它的互補訊號。第二階段則是一個由 OR 閘形成的 (一排) 陣列，每個 OR 閘對任意數量的所需乘積項做邏輯加來產生一個輸出訊號。圖 B.3.3 表示 PLA 的基本形式。

單一個 PLA 就可以直接實現真值表中表示的一組輸入和一組輸出代表的一組各不相干的邏輯功能。由於要能夠讓輸出為真一定需要有一條對應的乘積項，所以在 PLA 的 AND 閘陣列中也要存在一條對應的線路。而每一個輸出在第二階段中的 OR 閘陣列內也要有一條對應的線路。對每一個輸出而言，需要的 OR 閘的輸入數量等於能使得該輸出為真的真值表中的項次 (亦即乘積項的數量)。PLA 的整體大小，參考圖 B.3.3 可知，等於 AND 閘陣列 (也稱為 *AND 平面*) 的大小加上 OR 閘陣列 (也稱為 *OR 平面*) 的大小。參考圖 B.3.3，可以看出 *AND 平面*的大小等於輸入訊號的數量乘以 (對應於各邏輯功能的輸出為 1 時) 不同乘積項的數量，而 OR 平面的大小則是輸出訊號的數量乘以上述不同乘積項的數量。

PLA 具有兩個使得它成為實現一組邏輯功能時很有效率的方法的兩個特性。第一個是，在真值表中只有會導致任一輸出為真的乘積項次才會佔用相關的邏輯閘。第二，每一個不同的乘積項即便與多於一個輸出有關，只會在 PLA 中佔用一份線路。讓我們看一個範例。

> **範例**
>
> **PLAs**
>
> 參考在第 730 頁範例中的一組邏輯功能。說明該範例中 D、E 與 F 的 PLA 製作方法。
>
> **解答**
>
> 以下是之前製作出來的真值表：
>
> | 輸入 | | | 輸出 | | |
> |---|---|---|---|---|---|
> | **A** | **B** | **C** | **D** | **E** | **F** |
> | 0 | 0 | 0 | 0 | 0 | 0 |
> | 0 | 0 | 1 | 1 | 0 | 0 |
> | 0 | 1 | 0 | 1 | 0 | 0 |
> | 0 | 1 | 1 | 1 | 1 | 0 |
> | 1 | 0 | 0 | 1 | 0 | 0 |
> | 1 | 0 | 1 | 1 | 1 | 0 |
> | 1 | 1 | 0 | 1 | 1 | 0 |
> | 1 | 1 | 1 | 1 | 0 | 1 |
>
> 因為真值表中至少對應到輸出中一個「為真」的不同乘積項共有七個，因此 AND 平面中會有七行邏輯。AND 平面中列的數量是三 (因為輸入變數的數量是三)，同時 OR 平面中也有三個列 (因為輸出訊號的數量也是三)。圖 B.3.4 顯示導出的 PLA 設計，其中乘積項的次序安排是依據真值表中的次序。

如圖 B.3.4 中所示，設計者通常只表示 AND 閘與 OR 閘的位置，而不必劃出所有閘的真正線路。圖中的黑點表示輸入訊號線與 AND 閘的輸入線相交 (相接)、或是乘積項與 OR 的輸入線相交。圖 B.3.5 顯示圖 B.3.4 的 PLA 另一種表示法。PLA 的內部線路在生產時是固定的，設計師可以在使用時將自己需要的邏輯功能以電子的方式燒錄進去。另外也有一種類似的稱為可程式化陣列邏輯 (programmable array logics, PALs) 形式的元件 (譯註：以上幾行的中文譯文與原文稍有出入，有興趣的讀者可以參考原文；但是譯者認為他的內容不盡完善)。

唯讀記憶體 ROMs

另外一種可用以實現一組邏輯功能的結構化的邏輯形式稱為**唯讀記憶體** (read-only memory, ROM)。ROM 之所以稱為記憶體是因為它內部充滿一組可被讀取的位置；不過這一組位置的內容是固定的，通常在元件製造時就已固定下來。也有一種**可程式化的唯讀記憶體** (programmable ROMs, PROMs)，可以在思索確定內容應該是怎樣之

唯讀記憶體
一種其內容在製作當下就已確定下來、在此後內容只能被讀取的記憶體。ROM 可以用來作為結構化的邏輯來使用，以實現一組邏輯功能，作法是以位址線來當作邏輯功能的各輸入變數，而記憶字組中的每一個位元就代表了一種邏輯功能。

可程式化的唯讀記憶體
一種在設計師確知記憶體內容應該是什麼之後才將內容寫入的唯讀記憶體形式。

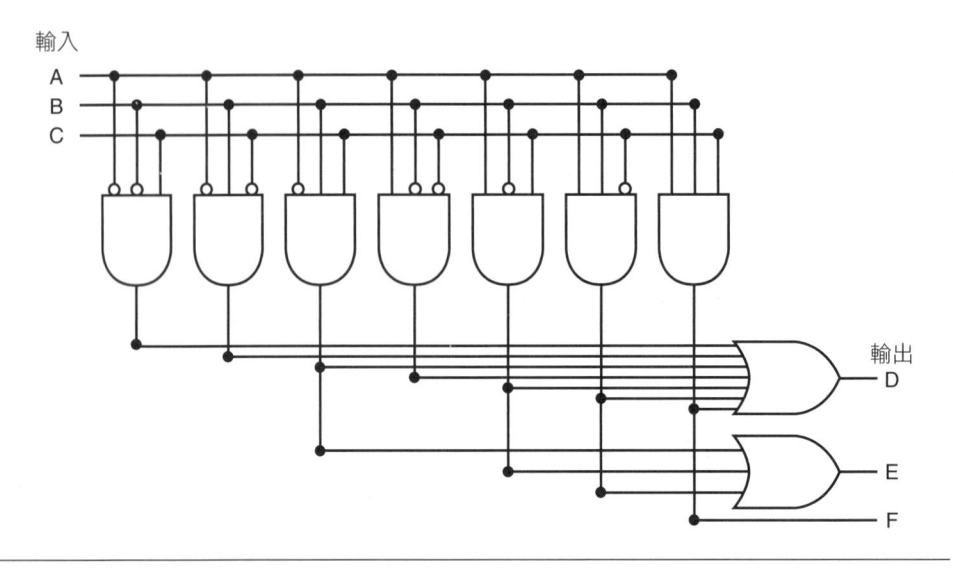

圖 B.3.4　PLA 實作出範例中的邏輯功能。

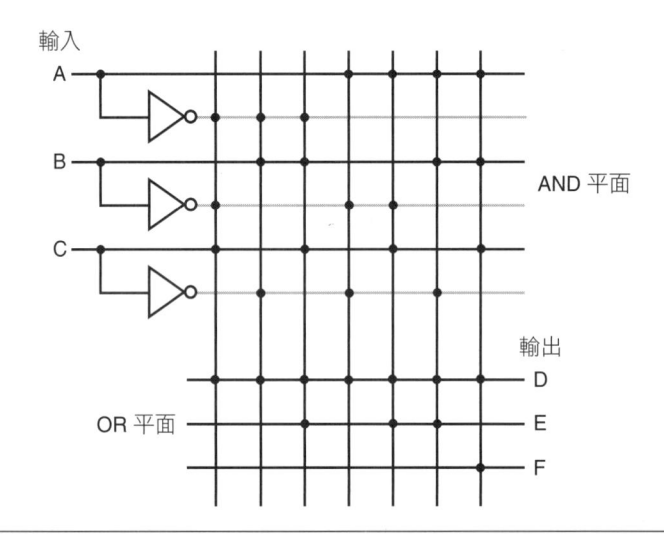

圖 B.3.5　以圓點表示乘積項中包含的輸入訊號，以及和項中包含的乘積項的 PLA。 通常所有輸入訊號會以正與反兩種形式橫過整個 AND 平面，而不是在每個 AND 閘進入處加上一個 NOT 閘。平面中的一個點表示某一輸入訊號或是其互補訊號包含於一個乘積項中。OR 平面中的一個點表示某一乘積項包含於一個有關的輸出訊號中。

後再以特殊的電子方式將內容寫進去。也有可抹除的可程式化唯讀記憶體 (erasable PROMs, EPROMs)；這種記憶體需要使用緩慢的紫外光照射抹除過程，所以除了在設計與除錯的過程中以外，一般用於作為唯讀記憶體 (譯註：其實可抹除的可程式化唯讀記憶體也可以採用電子的方式來抹除其中內容，例如各位經常使用的隨身碟採用的就是這

種所謂的 electronically erasable PROMs [EEPROMs] 的元件,它抹除內容的速度已經非常快速)。

ROM 具有一組位址輸入線與一組內容輸出線。記憶體中可定址的位置數量決定位址線的數量:例如如果 ROM 中有 2^m 個稱為高度 (*height*) 的可定址位置,則位址線有 *m* 條。每個可定址位置中的位元數則等於輸出的邏輯功能的數量,這個數量也可以稱為 ROM 的寬度 (*width*)。ROM 中能容納的位元總數就等於高度乘以寬度。高度與寬度這兩個數字也共同表示出 ROM 的形狀 (譯註:這個形狀只是觀念上的,與真正線路的外觀並不太有關)。

ROM 可以根據真值表直接以編碼的方式實作出一組邏輯功能。例如如果有 *n* 個功能一共使用了 *m* 個輸入變數,則我們需要使用一個具有 *m* 個位址線 (因此具有 2^m 個可定址的位置),每個位置中可容納 *n* 個位元的 ROM。真值表中每個項次的輸入部分代表該項次在 ROM 中的位址,而項次中的輸出部分的內容就代表 ROM 的內容。如果真值表安排成各項次的次序是依其輸入部分以二進數字的次序排列 (有如至此為止我們所有表示過的真值表那樣),則 ROM 的輸出部分在各位址中的內容也會是依位址順序排列。在從第 739 頁開始的範例中,分別有三個輸入與三個輸出訊號。所需的 ROM 於是要有 $2^3 = 8$ 個位置,而且每個儲存位置中有三個位元的容量。按漸增的位址的每個位置中內容就如第 739 頁的真值表中的輸出部分依序所示的內容一樣。

ROMs 與 PLAs 的關係密切。一個 ROM 是完全被解碼的 (譯註:意思是指輸入訊號代表的所有可能組合都可以對對應的輸出指定它對這樣的輸入時的狀態):它對每一種可能的輸入組合都具有一串完整的輸出位元。一個 PLA 則僅是部分被解碼的。這表示 ROM 永遠包含比較多的位置 (譯註:如果 PLA 中需要用到的乘積項多到一定程度,則我們不如採用 ROM 而不要採用 PLA)。在稍早第 739 頁的真值表中,使用 ROM 則對應所有輸入組合的所有位置都會存在,而使用 PLA 的話則用到的乘積項只有七項。在更多個輸入變數的情形下,ROM 中的可定址位置最以指數的形式增加。相對地,對所有真實的邏輯功能而言,有意義的乘積項隨之增加的情形卻緩慢得非常多 (參見 ⊕附錄 D 中的一些例子)。這個差異使得 PLAs 一般在製作組合式邏輯功能時效率更高些。ROMs 則具有可以實作出任何輸入變數數量

與輸出訊號數量相符時的任何邏輯功能。這種優勢使得當要實現的邏輯功能本身發生改變而需要改變 ROM 的內容時，因為 ROM 的大小不需要做改變而變得很方便。

除了使用 ROM 與 PLA，現在的邏輯合成系統也可以將不太大的組合式邏輯轉換成一群可以在晶片中妥善配置並且聯上接線的邏輯閘。雖然這樣處理一群不太多的閘一般並不具面積上的效率，但是較諸有固定結構的 ROM 與 PLA 與類似的元件還是較恰當的。

以非客製化或者非半客製化半導體積體電路以外的方法設計邏輯時，一個常見的選擇是現場可程式化裝置 (field programmable devices (譯註：一般使用的這類裝置稱為 field programmable gate arrays，簡稱 FPGAs)；我們會在 B.12 節中說明這類裝置。

無所謂的訊號

經常在製作一些組合式邏輯的時候，在有些輸入的情形下我們對有些輸出的值是什麼並不會在意，這或者是因為已有別的輸出的值使得這個輸出已無影響力、或者只有少數輸入變數的組合會使得這個輸出有意義。這些情況都可稱之為*無所謂* (*don't cares*) 的情況 (譯註：呈現的方式就是不必去規定輸出值是什麼)。無所謂的情況的重要性是因為它們能幫助化簡邏輯功能的製作。

無所謂的情況有兩種：輸出訊號的無所謂，以及輸入訊號的無所謂；兩者都可以透過真值表來表達。*輸出訊號的無所謂*發生在對某些輸入組合，其輸出訊號並不影響我們在乎的邏輯功能時；它們在真值表中以在該輸出欄位中的對應位置置入 X 來表達。在設計師或最佳化程式做設計時，這個輸出在這個無所謂位置可以被當成真或是偽來進行設計化簡。*輸入組合的無所謂*發生在當有些輸出訊號的結果不受某些輸入訊號影響時，此情況下這些輸入也是在它們的相關欄位中以一個個 X 標示。

範例 無所謂的訊號

思考一個接受 *A*、*B* 與 *C* 三個輸入的邏輯功能，其定義如下：

- 若 *A* 或 *C* 為真，則不論 *B* 為何，輸出 *D* 為真。
- 若 *A* 或 *B* 為真，則不論 *C* 為何，輸出 *E* 為真。
- 輸出 *F* 在恰好一個輸入為真時亦為真，而且在 *D* 與 *E* 同時為真時則 *F* 是無所謂。

表示這個功能的完整真值表與另一個使用了無所謂狀態的真值表。又每個表以 PLA 來製作時各需使用多少個乘積項？

先表示不使用無所謂狀態的完整真值表：

輸入			輸出		
A	B	C	D	E	F
0	0	0	0	0	0
0	0	1	1	0	1
0	1	0	0	1	1
0	1	1	1	1	0
1	0	0	1	1	1
1	0	1	1	1	0
1	1	0	1	1	0
1	1	1	1	1	0

這個真值表在不做最佳化時需要七個乘積項。如果可以將輸出訊號以無所謂來表示的話就會是像這樣：

輸入			輸出		
A	B	C	D	E	F
0	0	0	0	0	0
0	0	1	1	0	1
0	1	0	0	1	1
0	1	1	1	1	X
1	0	0	1	1	X
1	0	1	1	1	X
1	1	0	1	1	X
1	1	1	1	1	X

如果將輸入訊號也以無所謂表示的話，真值表可以進一步化簡成下方所示：

輸入			輸出		
A	B	C	D	E	F
0	0	0	0	0	0
0	0	1	1	0	1
0	1	0	0	1	1
X	1	1	1	1	X
1	X	X	1	1	X

簡化後的真值表需要具有四個乘積項的 PLA，或者它也可以使用個別的、一個二輸入的 AND 閘與三個 (兩個三輸入的與一個二輸入的) OR 閘來製作。這些相較於不經化簡的真值表，其需要用到七個最小項並且會用到四個 AND 閘。

邏輯 (功能表示式) 的最小化對於如何得出有效率的實作非常關鍵。一個在對任意邏輯功能做人工最小化時很有用的工具叫做**卡諾圖** (*Karnaugh maps*)。卡諾圖以圖形的形式表示真值表，可以使得能夠合併成一個更簡單乘積項的多個最小項能夠容易地看出。不過，以卡諾圖來做規模過大的邏輯功能的人工最佳化會因為圖形過大、特別是圖形的表達方法會過於複雜，而並不實際。在這種情形下，好在還有能夠根據很明確的邏輯化簡程序作自動化處理的設計工具可用。這些自動化工具在最小化的過程中會善用任何無所謂項，所以說明它們的存在是很重要的。在本附錄中最末列出的參考文獻建議了邏輯最小化、卡諾圖、以及這些最小化演算法的背景理論的更進一步探討。

邏輯元件陣列

許多組合式的運作在作用於數據上時必須對數據整個字組的所有位元 (譬如 32 個位元) 運作。因此我們經常需要建構一個陣列的邏輯元件，並可以簡潔地表示出某個運作是作用於所有輸入訊號之上。另外在一個機器中，我們經常需要在兩組**匯流排** (*buses*) 間作選擇。**匯流排** (bus) 是可以整體視之為一項邏輯訊號的一組數據訊號線 (匯流排、或英文 bus 這個字，也是因為想要指出這是由多個設備、基於不同用途的共用的一組訊號線而採用)。

匯流排

在邏輯設計中，被視為一個整體性邏輯訊號的一 數據線；也是被多個設備、基於不同用途的共用的一組線。

例如，在 MIPS 指令集中，要寫入暫存器中的指令產生的結果可以是來自兩個來源之一。於是可以使用一個多工器來選擇兩條匯流排 (均為 32 位元寬) 中哪一條上的數據會被寫入結果暫存器中。我們之前劃出來過的 1- 位元多工器就會被 32 個排放在一起來使用。

我們以在圖中使用一條 (斜的) 較粗的線並於旁邊標示數量的方式來表示訊號線是匯流排或是單一位元的線。許多匯流排是 32 位元寬的；於是寬度不是 32- 位元的才會加上明確的標示。如果我們表示邏輯單元的輸入與輸出是經由匯流排，這就表示該單元內部也有充分的、可能是複製多份的線路來配合訊號的寬度。圖 B.3.6 顯示我們如何劃出在兩個 32- 位元匯流排間做選擇的多工器，以及將它展開成以 1- 位元多工器來表示的圖形。又有時我們需要建構一個陣列的邏輯元件，其中一些元件的輸入會需要來自於前方的元件。例如，這就是多位元 ALU 的建構方式。在這種情況中，我們必須明確表示出如何建構這樣的陣列，因為陣列中各別元件已經並非互不相干，不同於它們

附錄 B 邏輯設計的基礎 **745**

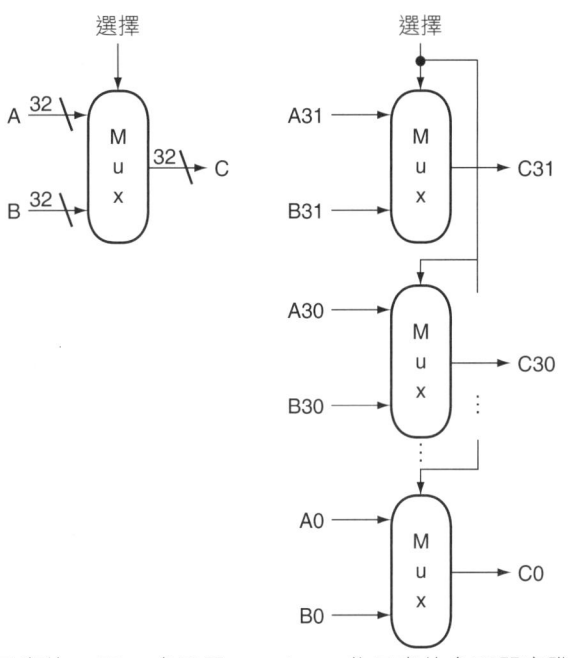

a. 32-位元寬的 2-至-1 多工器　　b. 32-位元寬的多工器實際上是 32 個 1-位元多工器組成的陣列

圖 B.3.6 將多工器排列出 **32** 個來從事在兩組 **32-**位元的輸入間做選擇。
注意這裡仍舊只以一個數據選擇訊號來控制所有 32 個 1-位元的多工器。

在 32-位元多工器中的情形。

> 同位 (parity) 是一個以輸入數據中 1 位元的數量來決定輸出位元值的功能。對於偶同位 (even parity) 功能而言，如果輸入中的 1 位元數量是偶數，則輸出為 1。假設以一個 ROM 用來實現 4-位元輸入的偶同位功能。A、B、C 或 D 何者表示該 ROM 的內容？

自我檢查

位址	A	B	C	D
0	0	1	0	1
1	0	1	1	0
2	0	1	0	1
3	0	1	1	0
4	0	1	0	1
5	0	1	1	0
6	0	1	0	1
7	0	1	1	0
8	1	0	0	1
9	1	0	1	0

位址	A	B	C	D
10	1	0	0	1
11	1	0	1	0
12	1	0	0	1
13	1	0	1	0
14	1	0	0	1
15	1	0	1	0

B.4 使用硬體描述語言

硬體描述語言
一個用以描述硬體的程式語言，用來產生硬體設計的模擬，也能作為能夠產出真正硬體設計的各種合成工具的輸入。

目前大部分處理器與相關的硬體系統的數位設計是通過**硬體描述語言** (hardware description language) 的方式來進行的。這樣的語言希望達成兩個目的：第一個，它可以用來作出硬體抽象化的描述，以方便模擬與除錯。第二個，藉由使用邏輯的合成與硬體編譯等工具，這樣的描述就可以被編譯成硬體的實作。

本節中，我們介紹 Verilog 硬體描述語言，並說明它如何可用於組合式邏輯的設計。在這個附錄接下來的部分中，我們延伸 Verilog 的用途來涵蓋循序式邏輯的設計。在第 4 章置於 CD 上的可選讀的各節中，我們還會以 Verilog 來描述處理器的製作。在第 5 章中線上內容裡的可選讀的節裡，我們使用系統 Verilog (system Verilog) 這種語言來描述快取控制器的製作。系統 Verilog 語言在 Verilog 語言中增加了結構 (structures) 以及一些其他有用的特性。

Verilog
兩個最常見的硬體描述語言之一。

VHDL
兩個最常見的硬體描述語言之另一。

行為上的規格
描述數位系統在功能上如何運作。

結構上的規格
採取以元件間階層式連結的方式來描述數位系統是如何組織的。

Verilog 是兩個主要的硬體描述語言之一；另外一個則是 VHDL。在工業界中似乎較常使用 Verilog，它是基於 C 語言發展出來的，相對地，VHDL 則是基於 Ada 發展出來的。大致上已經熟悉 C 的讀者會感覺 Verilog 的基本部分，就本附錄會用到的部分而言，不難理解與運用。已經熟習 VHDL 的讀者如果他們同時也接觸過 C 的語法的話，會感覺它的概念簡單明瞭。

Verilog 可以對一個數位系統描述其行為上的或是結構上的定義。**行為上的規格** (behavioral specification) 描述數位系統在功能上如何運作。**結構上的規格** (structural specification) 則是描述數位系統的詳細組織，通常會採取階層式的敘述。結構式的規格可以透過以基本元件 (例如閘與開關) 漸次形成階層的方式來描述硬體系統。於是，

我們可以使用 Verilog 來描述上節中提到的真值表與數據通道的具體內容。

隨著**硬體合成** (hardware synthesis) 工具的出現，現在大部分設計者只使用 Verilog 與 VHDL 來描述如數據通道等的結構，並倚賴邏輯合成工具來根據行為的指述而產生所需的控制機制。另外，大部分 CAD (Computer-Aided Design，計算機輔助設計) 工具系統提供大量標準組件如 ALUs、多工器、暫存器檔案、各式記憶體與可程式化邏輯陣列、甚至基本邏輯閘等相關的程序庫可供使用。

要想得到經由使用程序庫與邏輯合成產生的可用結果的話，就需要在書寫規格時同時注意到最後階段的合成以及結果是否符合期望。就我們的簡單設計而言，這主要就是表示必須清楚表達要製作的組合式邏輯是什麼，以及對循序式邏輯的需求是什麼。在本節中以及本附錄之後的內容中，我們使用的大部分例子都會在注意最後合成的恰當性之下來寫作 Verilog 碼。

硬體合成工具
計算機輔助設計軟體，可基於一個數位系統的行為上的描述來生成閘層次的設計。

Verilog 中的數據型態與運算子

Verilog 中有兩個主要的數據型態：

1. wire (**導線**) 代表一個組合式的訊號。
2. reg (register，暫存器) 保存一個數值，該數值可隨時間而不同。一個 reg 在製作中並不一定要對應到一個真正的暫存器，雖然大部分情況下的確是如此。

wire
在 Verilog 中, 代表一個組合式的訊號。

reg
在 Verilog 中, 代表一個暫存器。

稱為 X 的 32 位元寬的一個暫存器或是一條導線會被宣告為一個陣列 `reg [31:0] X` 或一個導線 `wire [31:0] X`，這也會將相關索引設定成 0 來指向暫存器等的最小意義的位元。由於我們常常需要存取暫存器或導線 (組) 中的子欄位，我們可以用這樣的表示法 `[starting bit: ending bit]` 表示暫存器或導線組中的連續一串位元，其中的兩個索引值一定要是常數。

一陣列的暫存器可用來表示如暫存器檔案或是記憶體的結構。因此，宣告

`reg [31:0] registerfile[0:31]`

說的是有一個相當於 MIPS 暫存器檔案的變數 register，其中暫存器 0 是第一個暫存器。在對陣列做存取時，我們可以像是在 C 語言中一

樣，以表示法 registerfile[regnum] 來表示其中的單一元素。

在 Verilog 中暫存器或是導線的可能值是

- 0 或 1，表示邏輯上的真或偽
- X，表示不知道，是給予所有暫存器以及未聯接上任何地方的導線的初值
- Z，表示我們在本附錄中不會討論到的，三態閘 (tristate gates) 的高阻抗狀態

常數值可以用十進制、以及二進制、八進制或十六進制的數字來表示。我們也經常需要表達一個常數的欄位包含多少個位元位置。例如：

- 4'b0100 說明這是一個 4- 位元的、值為 4 的常數；4'd4 也表達相同的意義
- - 8'h4 說明這是一個 8- 位元的值 −4 (以 2 的補數形式表示) 的常數

數值也可以經由把它們置於 {} 中，彼此間以逗號隔開，來把它們前後串接起來。表示法 {x {bit field}} 則複製 bit field x 次。例如：

- {16{2'b01}} 會產生如 0101 ⋯ 01 的 32- 位元的樣式。
- {A[31:16],B[15:0]} 會產生一個其高位 16 位元來自 A、低位 16 位元來自 B 的位元樣式。

Verilog 提供 C 語言中完整的單運算元與雙運算元的運算子，包括了算術運算子 (+，−，*，/)，邏輯運算子 (&，|，~)，比較運算子 (==，!=，>，<，<=，>=)，移位運算子 (<<，>>)，與 C 中的條件式運算子 (?，以 condition ? expr1:expr2 的形式來運用，並於條件成立時回以 expr1 而條件不成立時回以 expr2)。Verilog 加上了一組能對運算元中每一個位元施以邏輯運算來產出一個位元的結果的單運算元歸納化簡 (reduction) 類的運算子 (&，|，^)。例如，&A 會回以將 A 中所有位元 AND 起來得出的結果，而 ^A 會回以將 A 中所有位元 exclusive OR，XOR 起來歸納出的結果。

自我檢查

以下何者會定義出完全相同的值？

1. `8'bimoooo`
2. `8'hF0`
3. `8'd240`
4. `{{4{1'b1}},{4{1'b0}}}`
5. `{4'b1,4'b0}`

Verilog 程式的結構

一個 Verilog 程式以一組模組結構而成，可用來表示一群邏輯閘乃至於一個完整的系統。模組與 C++ 中的類別 classes 相似，雖然其功能上仍有不如。模組指出其輸入埠與輸出埠，各該埠則說明模組對外的進入訊號與送出訊號的各個聯結。模組也可以宣告額外的變數。一個模組的本體包含：

- `initial` 構造，可初始化暫存器變數 `reg`
- 連續的賦值 assignments，只定義組合式邏輯
- `always` 構造，可定義組合式邏輯還是循序式的邏輯
- 其他模組的實例 instances，用於實現出被指定的模組的功能

以 Verilog 表示複雜的組合式邏輯

一串連續的顯示為 `assign` 的賦值敘述表現得就像組合式邏輯的功能：輸出不斷地被賦予新值，而輸入值的改變立即就反映在輸出值上面。導線只能以連續的賦值來賦予新值。透過使用連續的賦值，我們可以定義出一個半加法器的模組，如圖 B.4.1 中所示。

`assign` 敘述是寫出實現組合式邏輯的 Verilog 的明確方法。不過對較複雜的結構，`assign` 敘述句用起來可能既不自然而且瑣碎。要描述一個組合式邏輯元件也可以使用一個模組的 `always` (永遠是) 區塊，

```
module half_adder (A,B,Sum,Carry);
    input A,B; // 兩個 1-位元的輸入
    output Sum, Carry; // 兩個 1-位元的輸出
    assign Sum=A ^ B; // Sum 是 A xor B
    assign Carry=A & B; // Carry 是 A and B
endmodule
```

圖 B.4.1 以連續的賦值來定義半加法器的 **Verilog** 模組。

不過要注意到一些事情。使用 always 區塊使得 Verilog 可以表達例如 *if-then-else*、*case* 敘述句、*for* 敘述句與 *repeat* 敘述句等的控制構造。這些敘述句與 C 中的除了稍有不同外，非常相像。

　　一個 always 區塊列出一個對區塊具敏感性、可選用的 (以 @ 開頭的) 訊號清單。always 區塊在任何一個這個清單中的訊號改變其值時會重新計算；如果移除這個清單，則 always 區塊會一直重新計算。如果 always 區塊是代表一個組合式邏輯，它的**敏感性清單** (sensitivity list) 應該包含所有的輸入。如果在 always 區塊中有多道 Verilog 敘述需要執行，則以 begin (開始) 與 end (結束) 來範圍它們，作用有如 C 語言中的 { 與 }。於是一個 *always* 區塊會看起來像是這樣：

```
always @ (會導致重新計算的訊號清單) begin
     包括賦值與其他控制敘述句的 Verilog
  敘述句 end
```

敏感性清單
列示出會使得 always 區塊重新作計算的訊號的清單。

變數 reg 只能在 always 區塊中使用程序化的賦值敘述句 (以與我們剛才見到的連續的賦值敘述句區分) 來賦值。不過也有兩種類型的程序化賦值。賦值運算子＝的作用如同它在 C 中一般；右方的式子作出運算，然後左方的變數被賦予這個新值。另外，它也如在 C 中一般賦值敘述般作運算：也就是說，它要執行完畢之後才會開始下一道敘述句的執行。因此之故，賦值運算子＝得到阻擋的**賦值** (blocking assignment) 這個名稱。阻擋的功能在循序式邏輯中在產生出循序的邏輯設計時可能很有用，我們會在稍後討論。另外一個類型的**非阻擋的** (nonblocking) 賦值以 <＝表示。在執行非阻擋的賦值時，在一個 always 區塊中的所有賦值敘述都會同時做右方表示式的計算和左方變數的賦值。作為組合式邏輯的第一個以 always 區塊來製作的例子，圖 B.4.2 表示如何製作一個 4-至-1 多工器，並採用 case 構造來簡化撰寫。case 構造類似於 C 語言中的 switch 敘述句。圖 B.4.3 表示 MIPS ALU 的定義，使用的也是 case 敘述句。

阻擋的賦值
在 Verilog 中，結束執行之後才會開始之後敘述句執行的賦值敘述句。

非阻擋的賦值
一句在完成右方表示式計算之後，要等到所有其他賦值敘述句完成右方表示式的計算後，才執行左方賦值動作的賦值敘述句。

　　由於只有 reg 變數可以在 always 區塊中被賦值，當我們要使用 always 區塊來描述組合式邏輯時，一定要小心確保 reg 不會被合成為一個暫存器。許多不同的陷阱會在以下的*仔細深思*中說明。

仔細深思 連續的賦值敘述句永遠是導出組合式邏輯，但是其他 Verilog 的結構，即便是在 always 區塊中，可以在邏輯合成中導出意

```
module Mult4to1 (In1,In2,In3,In4,Sel,Out);
    input [31:0] In1, In2, In3, In4; // 四個 32- 位元的輸入
    input [1:0] Sel; // 選擇訊號
    output reg [31:0] Out; // 32- 位元的輸出
    always @(In1, In2, IN3, In4, Sel)
        case (Sel) // 4->1 的多工器
            0: Out <= In1;
            1: Out <= In2;
            2: Out <= In3;
            default: Out <= In4;
        endcase
endmodule
```

圖 B.4.2 使用 case 敘述句的 32-位元輸入，4-至-1 多工器的 Verilog 定義。

case 敘述句作用有如 C 語言中的 switch 敘述句，不同處在於在 Verilog 中只有與發生的 case 有關的碼會被執行 (有如每一個狀態都在末尾有一個 break——跳出該狀態的指令)，於是並不會繼續往下走到下一行敘述句。

```
module MIPSALU (ALUctl, A, B, ALUOut, Zero);
    input [3:0] ALUctl;
    input [31:0] A,B;
    output reg [31:0] ALUOut;
    output Zero;
assign Zero=(ALUOut==0); // 若 ALUOut==0 則 Zero 為真；可置於
                                任何位置
    always @(ALUctl, A, B) // 若這些值改變則重新計算
        case (ALUctl)
            0: ALUOut <= A & B;
            1: ALUOut <= A | B;
            2: ALUOut <= A + B;
            6: ALUOut <= A - B;
            7: ALUOut <= A < B ? 1:0;
            12: ALUOut <= ~(A | B); // 結果是 nor
            default: ALUOut <= 0; // 預設為 0；不應發生
        endcase
endmodule
```

圖 B.4.3 MIPS ALU 的 Verilog 在行為上的定義。

上述定義可以使用一個包含基本算術與邏輯運作的模組程序庫來合成。

外的結果。最常見的問題是因為暗示了栓鎖 (latch) 或暫存器的存在而導出了循序的邏輯，因此產出了一個可能比預期中又較慢又更複雜的製作方式。為了確保你預期是組合式的邏輯會依照這個方向來合成，確認你會注意到以下事項：

1. 將組合式邏輯的所有相關部分放在連續的賦值中或是一個 always 區塊中。
2. 確認所有作為輸入訊號的訊號都在 always 區塊的敏感性清單中。
3. 確保 always 區塊中所有執行路徑都會賦予所有這一組位元一個值。

上述的最後一點最容易被疏忽；細讀圖 B.5.15 中的例子後要確認你自己會謹守這項提醒。

> **自我檢查**
>
> 假設所有變數值的初值均為 0，在 always 區塊中執行以下 Verilog 碼之後，A 與 B 的值分別為若干？
>
> ```
> C = 1;
> A <= C;
> B = C;
> ```

B.5 建構基本的算術邏輯單元

ALU，名詞 [Arthritic（關節炎）Logic（邏輯）Unit（單元）或（少用）Arithmetic（算術）Logic（邏輯）Unit（單元）]

作為所有計算機系統中標準配備的亂數產生器（戲謔語）。

Stan Kelly-Bootle，《魔鬼的數據處理辭典》(The Devil's DP Dictionary)，1981

算術邏輯單元 (arithmetic logic unit, ALU) 是計算機中的肌肉，一個執行如加與減等算術運算、或 AND 與 OR 等邏輯運算的設備。本節中將以四個硬體建構方塊 (AND 與 OR 閘、反轉器與多工器) 來建構一個 ALU，並說明組合式邏輯是如何運作的。下一節中，我們還會討論如何使用較聰明的設計來加速加法運算。

因為 MIPS 的字組是 32 位元寬，在此我們需要設計一個 32 位元寬的 ALU。我們先假設會聯接 32 個 1-位元的 ALUs 來做出所欲的 ALU。因此我們先說明如何建構一個 1-位元的 ALU。

1-位元的 ALU

邏輯運作是最簡單的，因為這些運作直接對應到圖 B.2.1 中的硬體組件。

1-位元的可執行 AND 與 OR 的邏輯單元如圖 B.5.1 所示。位於圖中右方的多工器根據 *Operation* 訊號是 0 或 1 來選擇 *a* AND *b* 或 *a* OR *b* 的結果。在圖中控制多工器的訊號線以灰色顯示，以與傳輸數據的訊號線作區別。注意在圖中我們重新命名了多工器的控制線與輸出線

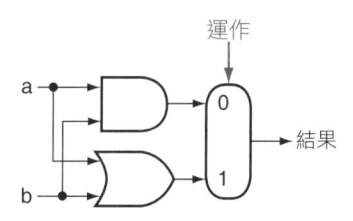

圖 B.5.1　1-位元的 AND 與 OR 邏輯單元。

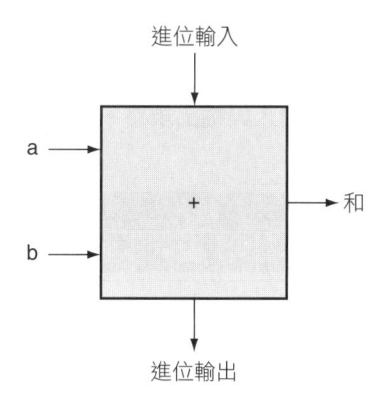

圖 B.5.2　1-位元的加法器。

這個加法器稱為全加法器（或全加器，full adder）；其亦因為有三個輸入與二個輸出而稱為 (3, 2) 加法器。僅有 a 與 b 輸入的加法器則稱為 (2, 2) 加法器或半加法器、半加器。

來反映它們在 ALU 中的功能。

下一項要加入的功能是加法。加法器一定要具有兩個輸入的運算元與一個位元的和 Sum 的輸出。另外也一定要有一個稱為 *CarryOut* 的輸出來傳遞進位位元。由於低位加法位元的 CarryOut 輸出一定要作為這個加法位元的輸入，所以加法器也必須加上第三個輸入位元；這個輸入位元稱為 *CarryIn*。圖 B.5.2 表示一個一位元加法器的各輸入與各輸出。因為我們知道加法要做的動作是什麼，所以我們可以用圖 B.5.3 來表示這個「黑箱」的輸出與輸入之間的關係。

我們可以用邏輯表示式來表示輸出功能 CarryOut 與 Sum，這兩個表示式又可以表示如何以邏輯閘來實現這兩個功能。先來看看 CarryOut：圖 B.5.4 表示當 CarryOut 為 1 時的各種輸入訊號的情況。

我們可以把這張真值表的圖表示為邏輯表示式：

CarryOut = (b · CarryIn) + (a · CarryIn) + (a · b) + (a · b · CarryIn)

若 a · b · CarryIn 為真，則所有其他三項一定亦均為真，所以我們可以

輸入			輸出		註解
a	b	進位輸入	進位輸出	和	
0	0	0	0	0	$0+0+0=00_{two}$
0	0	1	0	1	$0+0+1=01_{two}$
0	1	0	0	1	$0+1+0=01_{two}$
0	1	1	1	0	$0+1+1=10_{two}$
1	0	0	0	1	$1+0+0=01_{two}$
1	0	1	1	0	$1+0+1=10_{two}$
1	1	0	1	0	$1+1+0=10_{two}$
1	1	1	1	1	$1+1+1=11_{two}$

圖 B.5.3 1-位元加法器的輸入與輸出規格。

輸入		
a	b	進位輸入
0	1	1
1	0	1
1	1	0
1	1	1

圖 B.5.4 當 CarryOut 為 1 時的各輸入值的組合。

忽略相當於真值表中第四列的這個式子中的最後一項。於是表示式可以化簡成

$$CarryOut = (b \cdot CarryOut) + (a \cdot CarryOut) + (a \cdot b)$$

圖 B.5.5 表示在加法器這個黑盒子中的硬體對 CarryOut 部分包含了三個 AND 閘與一個 OR 閘。三個 AND 閘反映了 CarryOut 式子中的三個括號中的項，OR 閘則是將這三個項做 OR 處理。

Sum 位元在僅有一個輸入為 1 或所有三個輸入均為 1 時則被設定 (為 1)。Sum 的布林表示式較複雜 (記得 $\bar{a}$ 表示 NOT a)：

$$Sum = (a \cdot \bar{b} \cdot \overline{CarryIn}) + (\bar{a} \cdot b \cdot \overline{CarryIn}) + (\bar{a} \cdot \bar{b} \cdot CarryIn) + (a \cdot b \cdot CarryIn)$$

Sum 位元在加法器黑箱中的邏輯設計圖留作讀者的習題。

圖 B.5.6 表示將加法器與之前推導出來的元件合併起來得出的 1- 位元 ALU。偶爾設計師也希望 ALU 執行多一些簡單的運作，譬如產出一個 0 值。多加入一個運作最簡單的方法就是擴大由運作 (Operation) 訊號線控制的多工器，以這個例子而言，直接把 0 接上

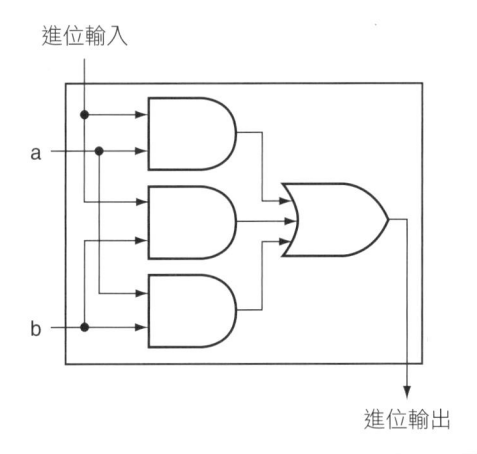

圖 B.5.5　加法器中 CarryOut 訊號部分的相關硬體。
加法器硬體的其餘部分則是表示於下方的 Sum 輸出表示式的相關邏輯。

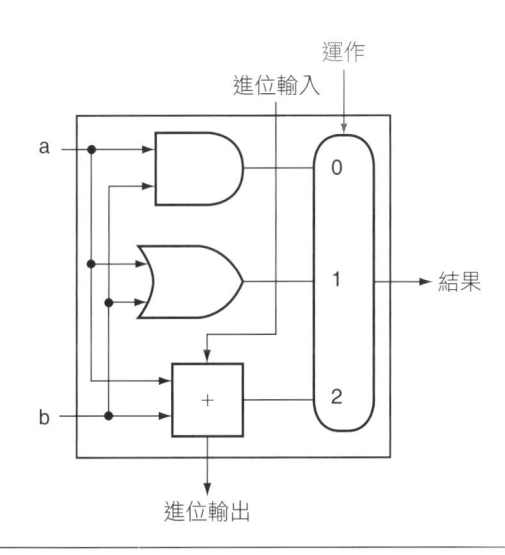

圖 B.5.6　能執行 AND、OR 與加法的 1-位元 ALU (參見圖 B.5.5)。

擴大了的多工器的新輸入即可。

32-位元的 ALU

　　現在我們已完成了 1-位元的 ALU，完整的 32-位元 ALU 可以經由連接相鄰的這種「黑箱」來得到。以 xi 表示 x 中的第 i 個位元的話，圖 B.5.7 表示一個 32-位元的 ALU。就如同一個小石塊就足以使漣漪擴散到寧靜湖面的岸邊，僅一個在最低位的進位輸出 0 (CarryOut0) 也能傳播過整個加法器，改變最高位的進位輸出 31 (CarryOut31)。因此之故，以這種直接鏈接多個 1-位元加法器的進位位元所形成的

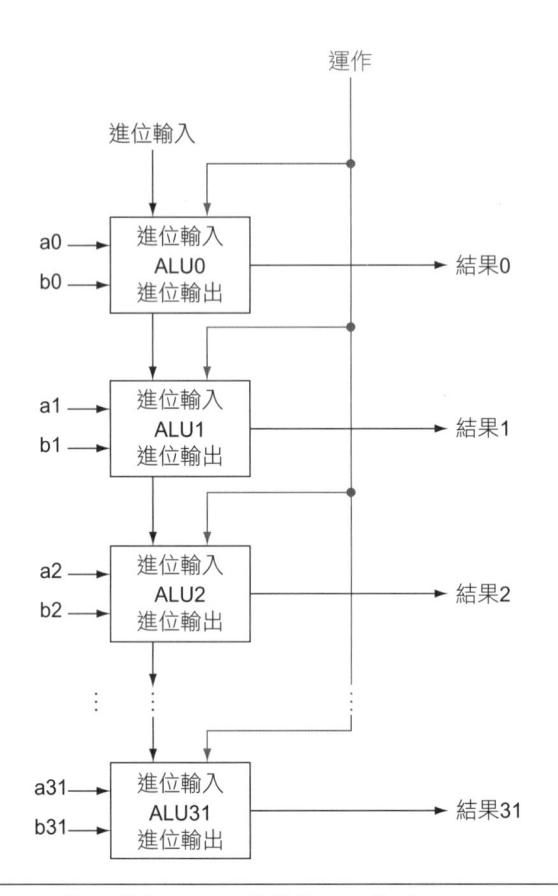

圖 B.5.7　由 32 個 1-位元 ALUs 建構的 32-位元 ALU。
最不重要位元位置的進位輸出聯接到較高位元位置的進位輸入。這種構造稱為漣波式進位。

加法器就稱之為漣波進位加法器 (*ripple carry adder*)。我們在第 764 頁的 B.6 節開始會討論聯接這些 1-位元加法器時可以使運算更快完成的方法。

　　減法和加上加數的負值結果是一樣的，這也正是加法器如何可用來做減法的方式。回憶取一個以 2 的補數表示的數值的負值的一個簡捷方法：就是反轉所有位元的值 (亦可稱為取 1 的補數)、並再加上 1。要反轉每一個位元的值，只要使用一個 2:1 的多工器來選擇 b 或 $\bar{b}$ 之一，如圖 B.5.8 中所示，即可。

　　假設我們串接 32 個這樣的 1-位元 ALUs，如圖 B.5.7 所示。新增的多工器提供以 Binvert (B 反轉) 選擇 b 或是其反轉值的能力；不過這只是對 2 的補數數字取負值的一部分工作。注意：即使是最低位的 ALU 也是具有進位輸入 CarryIn 的，雖然它在加法中並未用到。如果

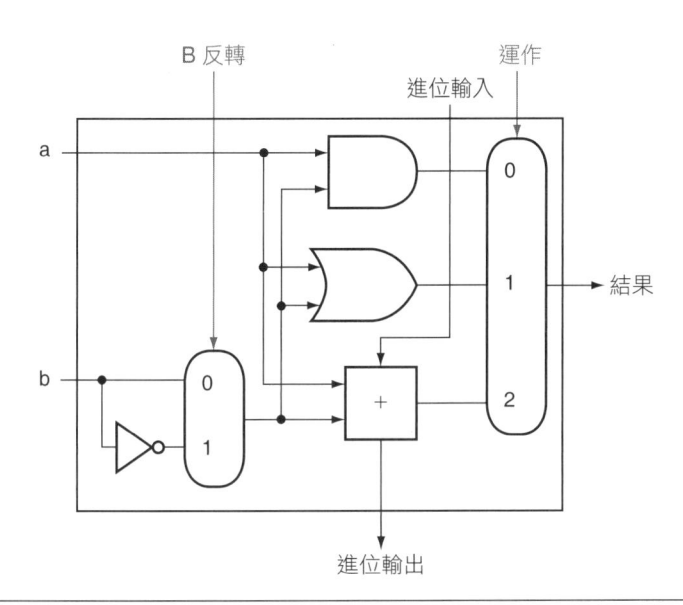

圖 B.5.8 能對 a 及 b 或 a 及 $\bar{b}$ 執行 AND、OR 與加的 1-位元 ALU。 經由選擇所有 ALU 位元的 $\bar{b}$ (B 反轉＝1) 並且設定最不重要位元的進位輸入為 1，即可得到 2 的補數的由 a 減去 b 而非將 b 加進 a。

我們將這個最低位的進位輸入設定為 1 而不是 0，會怎樣呢？加法器就會計算 $a+\bar{b}+1$。那如果此時我們將加數選擇為反轉了的 b，我們就得到了我們正想得到的：

$$a+\bar{b}+1=a+(\bar{b}+1)=a+(-b)=a-b$$

對 2 的補數作運算的加法器在做減法時硬體設計上的簡易性也說明了為什麼 2 的補數表示法在計算機的整數算術中已成為通用標準的原因。

　　MIPS 的 ALU 也需要執行 NOR 功能。與其加入一個個別的 NOR 閘，我們可以利用既有的 ALU 中硬體，有如我們加入減法時一般。這種看法得自於以下有關 NOR 的事實：

$$\overline{(a+b)}=\bar{a}\cdot\bar{b}$$

也就是，NOT (a OR b) 等同於 NOT a AND NOT b。這個事實稱為迪摩根定理並且在習題中會作更深入的探討。

　　因為我們已經有了 AND 與 NOT b，僅需在 ALU 中再加入 NOT a 即可。圖 B.5.9 表示還需要作的改變。

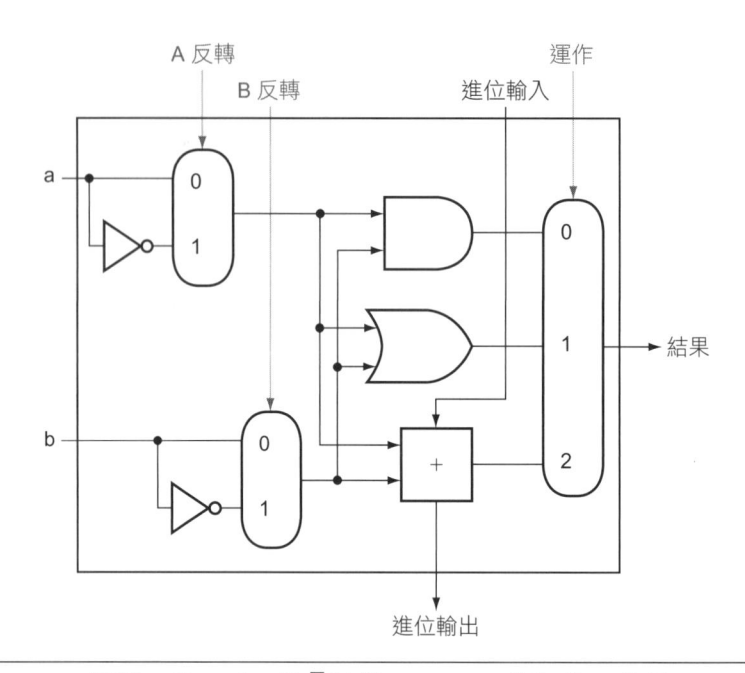

圖 B.5.9 能對 a 及 b 或 ā 及 b̄ 執行 AND、OR 與加的 1- 位元 ALU。
經由選擇 ā（A 反轉＝1）與 b̄（B 反轉＝1），即可利用 AND 閘得到 a NOR b 而非 a AND b。

修改這個 32- 位元的 ALU 來配合 MIPS

　　這四種運作──加、減、AND 與 OR──可見於幾乎所有計算機的 ALU 中，同時大部分 MIPS 指令所需的運作已經可以由這個 ALU 達成。然而這個 ALU 的設計仍不完整。

　　仍需額外支援的一道指令是在小於時設定 set on less than (slt)。回憶這個指令的運作會在 rs＜rt 時產出一個 1，否則產出一個 0。所以，slt 會將除了最不重要位元以外的所有位元設為 0，並且根據比較的結果來設定最不重要位元的值。為了要使 ALU 執行 slt，我們首先需要擴大圖 B.5.8 中三個輸入的多工器來增加一個提供 slt 結果的輸入。我們稱這個新的輸入為小於 *Less* 並將之只用於 slt 指令。

　　圖 B.5.10 中上方的線路表示出擴大了多工器後的 1- 位元 ALU。根據先前對 slt 的描述，我們必須將 ALU 較高位 31 個位元的 Less 接上 0，因為不論 slt 的結果為何，這 31 個位元的值都一定是 0。還需要思考和決定的則是如何為這道 set on less than 指令進行比較、以及根據比較的結果來設定結果中**最不重要位元**的值。

　　在我們將 a 減去 b 時會發生什麼事？如果差值為負，則表示

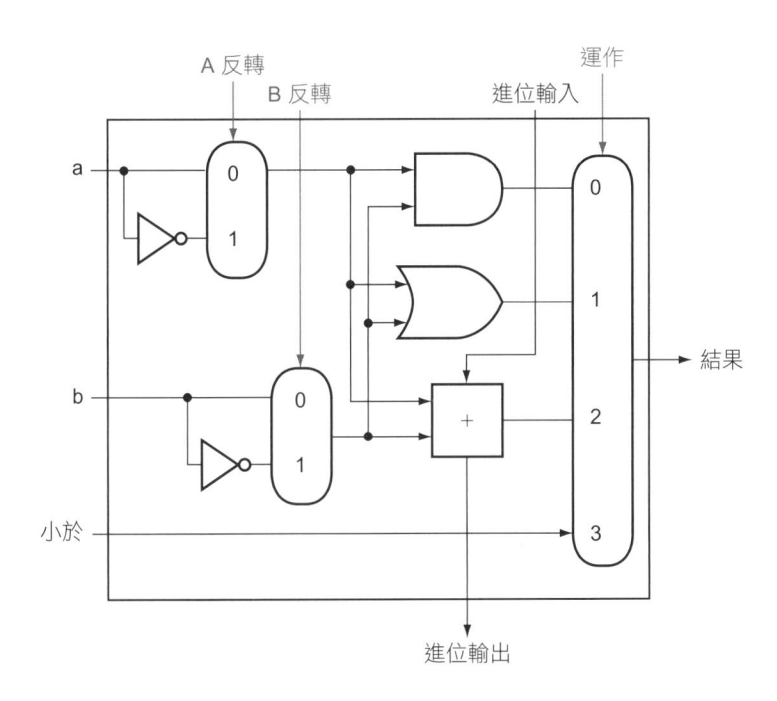

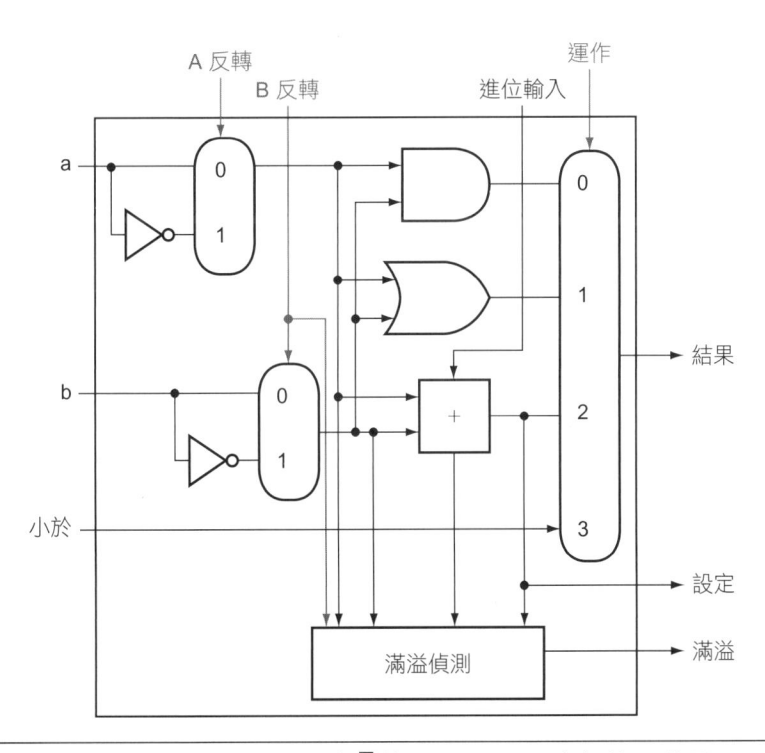

圖 B.5.10　(上方) 能對 a 及 b 或 $\overline{b}$ 執行 AND、OR 與加的 1-位元 ALU，與 (下方) 最重要位元位置的 1-位元 ALU。
上方的線路包含了一個聯接來執行 set on less than 運作的直接的輸入 (參見圖 B.5.11)；下方的線路中有一個為了小於的比較而由加法器送出的稱為設定 (Set) 的直接輸出 [參見本附錄後方習題 B.24 有關如何以較少位元數的數字計算 (判斷) 滿溢的方法]。

a<b，如下：

$$(a-b)<0 \Rightarrow ((a-b)+b)<(0+b)$$
$$\Rightarrow a<b$$

我們在 a<b 的情況下要將 set on less than 運作後的最不重要位元設為 1；也就是，若 a-b 為負則設為 1，若為正則設為 0。這個希望的結果正好與結果的正負號完全吻合：1 表示結果為負而 0 表示為正。根據這個論點，我們僅需將加法器輸出的符號位元接至最不重要位元的 Less 輸入即可完成 set on less than。

運氣不好的是，此時在圖 B.5.10 上方線路對 slt 運作結果的輸出在最重要的位元處卻並非是加法器產出的結果；ALU 在執行 slt 時的輸出明顯地是來自於 Less 的輸入訊號。

於是，我們需要一個新的、具有一個額外輸出位元：由加法器產生的輸出，的 ALU，來作為最重要位元位置的 1- 位元 ALU。圖 B.5.10 下方的線路表示這樣的設計，其中這個新加法器的輸出線稱為 *Set*，並且僅用於 slt 指令中。既然我們需要在這個最重要位元位置用到特殊的 ALU，我們也在此加入與這個位元位置有關的滿溢偵測的邏輯。

唉呀，小於的判斷比剛剛所描述的還要更複雜一點，因為還會有是否滿溢了的問題，這點我們將留在習題中探討。圖 B.5.11 描繪這個 32- 位元的 ALU。

注意每當我們以 ALU 執行減法時，會將進位輸入與 B 反轉二者設定為 1。對於加法與邏輯運作，則上述兩條訊號線應該設為 0。於是我們可以合併進位輸入與 B 反轉這兩條控制訊號線成一條稱為 *B 取負值* (*Bnegate*) 的控制訊號線來簡化控制。

為了更進一步修改 ALU 來配合 MIPS 指令集，我們還需要支援各種條件式分支指令。這些條件式指令或者在兩個暫存器的值相等時或者不相等時，會執行分支。以 ALU 測試兩數是否相等最單純的想法就是將 a 減去 b 然後判斷結果是否為 0，因為

$$(a-b=0) \Rightarrow a=b$$

所以，如果我們加進新的硬體來判斷結果是否為 0，即可作出是否相等的判斷。最簡單的方法是將所有結果位元 OR 起來再將輸出反轉一次：

$$\text{Zero} = \overline{(\text{Result31} + \text{Result30} + \cdots + \text{Result2} + \text{Result1} + \text{Result0})}$$

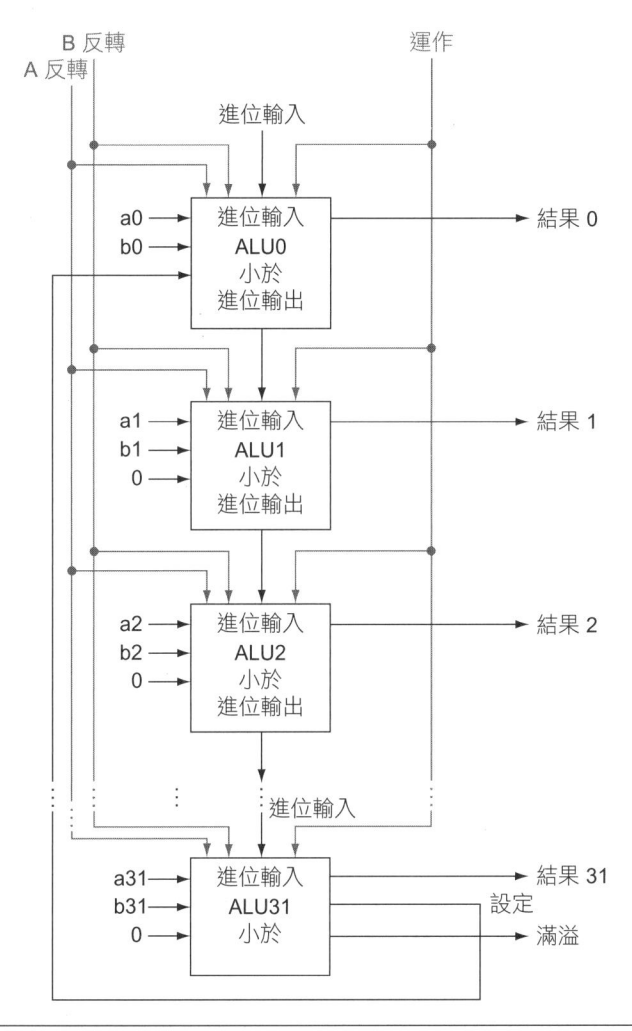

圖 B.5.11　由 31 份在圖 B.5.10 中上方 1-位元 ALU 線路與 1 份同一圖中下方 1-位元 ALU 線路組成的 32-位元 ALU。
除了最不重要位元位置的 Less 輸入是接到最重要位元位置 ALU 的 Set 輸出，以外的 31 個 Less 輸入都接至 0。在執行 slt 指令當下 ALU 進行 a－b 並且多工器選擇如圖 B.5.10 中的編號 3 輸入時，若 a＜b 則結果＝0...001，若否則結果＝0...000。

　　圖 B.5.12 顯示這個修改過的 32-位元 ALU。我們可以將 1-位元的 A 反轉、1-位元的 B 取負值和 2-位元的運作控制線合併視為 4-位元的 ALU 控制線，決定它要進行加、減、AND、OR 或是在小於時設定等各種不同運作。圖 B.5.13 列出 ALU 控制線與對應的 ALU 運作間的關係。

　　最後，既然我們瞭解了 32-位元 ALU 的內部構造，我們之後會採用代表完整 ALU 的圖形符號，如圖 B.5.14 所示。

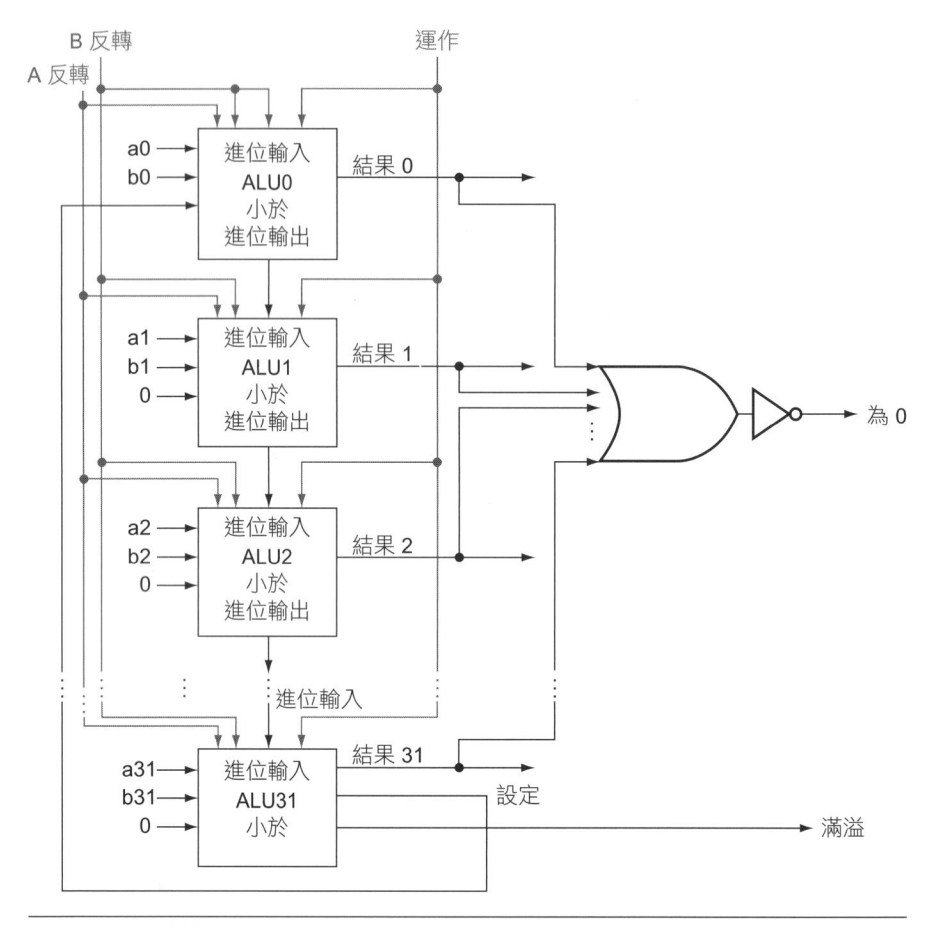

圖 B.5.12 最終的 32-位元 ALU。
本圖中對圖 B.5.11 加入了是否為 0 的偵測。

ALU 控制訊號線	功能
0000	AND
0001	OR
0010	加
0110	減
0111	小於則設定
1100	NOR

圖 B.5.13 三種 ALU 控制訊號：A 反轉、B 取負值與運作，以及對應的各項 ALU 運作。

以 Verilog 定義 MIPS 的 ALU

圖 B.5.15 表示組合式的 MIPS ALU 如何可以以 Verilog 來描述；這樣的描述可能就可以透過可提供例如一個加法器的標準元件庫來編

ALU 運作

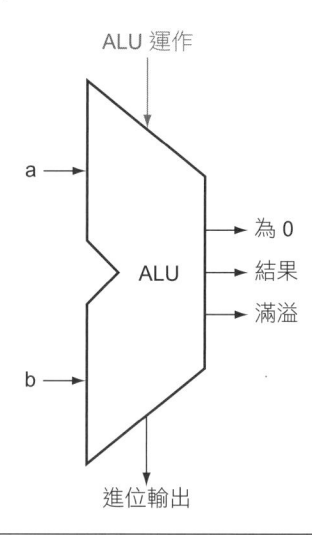

a →
ALU
→ 為 0
→ 結果
→ 滿溢
b →
進位輸出

圖 B.5.14 普遍用於代表如圖 B.5.12 中 ALU 的圖形符號。
這個圖形符號也經常用於代表 (譯註：接受兩個輸入運算元並產出一個結果的組合式邏輯功能，例如) 加法器，所以它經常也會標示上 ALU 或是加法器。

```
module MIPSALU (ALUctl, A, B, ALUout, Zero);
    input [3:0] ALUctl;
    input [31:0] A, B;
    output reg [31:0] ALUout;
    output Zero;
    assign Zero=(ALUout==0); //若 ALUout 為 0 則 Zero 為真
    always @(ALUctl, A, B) begin //若括號內訊號改變則重新計算
        case (ALUctl)
           0: ALUout<=A & B;
           1: ALUout<=A | B;
           2: ALUout<=A + B;
           6: ALUout<=A - B;
           7: ALUout<=A<B ? 1 : 0;
           12: ALUout<=~(A | B); //結果為 nor
           default: ALUout<=0;
        endcase
    end
endmodule
```

圖 B.5.15 MIPS ALU 在 Verilog 中行為上 behavioral 的定義。

譯成硬體線路。為求完整，我們在圖 B.5.16 中說明在第 4 章中使用的 MIPS 的 ALU 控制方法，我們在該章中也建構出了這個 Verilog 版本的 MIPS 數據通道。

下一個問題是：「這個 ALU 多快可以完成兩個 32-位元運算元

```
module ALUControl (ALUOp, FuncCode, ALUCtl);
   input [1:0] ALUOp;
   input [5:0] FuncCode
   output [3:0] reg ALUCtl;
   always case (FuncCode)
   32: ALUOp <= 2; // 加
   34: ALUOp <= 6; // 減
   36: ALUOp <= 0; // AND
   37: ALUOp <= 1; // OR
   39: ALUOp <= 12; // NOR
   42: ALUOp <= 7; // slt
   default: ALUOp <= 15; // 不應發生
   endcase
endmodule
```

圖 B.5.16　MIPS ALU 在 Verilog 中的控制部分：一個簡單的組合式控制邏輯。

的加運算？」加法中每個位元位置的 a 與 b 輸入雖然是已知，但是由下方位元位置傳來的進位輸入卻是由該位置的 1- 位元加法器決定。如果我們一路追蹤進位鏈的相依關係，最重要位元的結果與最不重要位元的運算也有關聯，所以最重要位元的結果必須要等待所有 32 個 1- 位元加法器的*循序的*運算次第完成。這樣的循序鏈結反應速度太慢，難以用於速度很關鍵的硬體中。下節中我們探討如何加速加法運算。這個主題對瞭解本附錄中的其餘部分並非必要，暫時忽略之亦無不可。

自我檢查　假如你要加上新的稱為 NAND，NOT (a AND b) 的功能。應該要如何變動 ALU 來支援它？

- 不必變動。現有的 ALU 可以立即計算 NAND，因為 $\overline{(a \cdot b)} = \overline{a} + \overline{b}$ 而且我們已經有了 NOT a、NOT b 與 OR。
- 你必須擴大那個大多工器來加上另一個輸入，並且加上計算 NAND 的額外邏輯。

B.6　快些的加法運算：進位的向前看

對加法加速的關鍵在於早一些決定進入高些位元位置的進位。已經存在許多如何預期進位位元的不同方法，使得最糟情況下的延遲是

加法器位元數的 $\log_2$ 的函數。在這些方法中,預期的訊號之所以可以較快得知,是因為它們僅需經過較少數的循序處理的邏輯閘,不過這種做法需要用到更多的閘來提早得知進位情形。

要瞭解快速進位方法的關鍵,在於要瞭解與軟體中執行次序嚴格受指令控制不同的是,在硬體中不論何處,一旦輸入訊號發生變化,處理即可任意地同時在多處進行。

使用「無限量」硬體的快速進位

如我們稍早提及的,任何邏輯方程式都可以表示為兩層的邏輯形式。由於僅有的外部輸入訊號就是兩個運算元、以及送到加法器中最不重要位元位置的進位輸入 CarryIn,所以理論上我們可以立即經由兩層式邏輯的計算方式即刻計算出應該送進加法器中所有其他位元位置的進位輸入。

例如,第二個位元位置的進位輸入 CarryIn2 也就等於第一個位元位置的進位輸出,相關的式子就是

$$CarryIn2 = (b1 \cdot CarryIn1) + (a1 \cdot CarryIn1) + (a1 \cdot b1)$$

同樣地,進位輸入 1 CarrIn1 可定義為

$$CarryIn1 = (b0 \cdot CarryIn0) + (a0 \cdot CarryIn0) + (a0 \cdot b0)$$

採用更簡短且更傳統的縮寫 ci 來取代 CarryIni,可改寫這兩條式子成

$$c2 = (b1 \cdot c1) + (a1 \cdot c1) + (a1 \cdot b1)$$
$$c1 = (b0 \cdot c0) + (a0 \cdot c0) + (a0 \cdot b0)$$

將 c1 的定義代入 c2 式子中即可得以下表示式:

$$c2 = (a1 \cdot a0 \cdot b0) + (a1 \cdot a0 \cdot c0) + (a1 \cdot b0 \cdot c0)$$
$$+ (b1 \cdot a0 \cdot b0) + (b1 \cdot a0 \cdot c0) + (b1 \cdot b0 \cdot c0) + (a1 \cdot b1)$$

你可以想像當逐漸寫出加法器中更高位元位置的 ci 表示式時式子將如何膨脹;它必將隨位元位置逐漸上移而快速膨脹。快速進位的複雜度充分反映在這樣的硬體花費上,使得這種單純直白的方法在位元數很多的加法器中花費過高不符實際。

使用上第一層抽象化方法的快速進位:傳導與生成

大部分快速進位的方法會在相較於漣波進位想要求取可觀的速度改善的同時,必須同時限制方程式的複雜度以求簡化硬體。其中有一

個這樣的方法稱為**進位前瞻** (*carry-lookahead*) **加法器**。在第 1 章中，我們說明計算機系統可以透過各種層次的抽象化來應對過高的複雜度。進位前瞻加法器也可以在它的設計中透過抽象化來幫助它的推演。

讓我們首先將原始式子以因式分解的方式列出：

$$c_{i+1} = (b_i \cdot c_i) + (a_i \cdot c_i) + (a_i \cdot b_i) = (a_i \cdot b_i) + (a_i + b_i) \cdot c_i$$

於是對 c_2 而言，完整列出其表示式時可以看出其中會有一些重複的樣式：

$$c_2 = (a_1 \cdot b_1) + (a_1 + b_1) \cdot ((a_0 \cdot b_0) + (a_0 + b_0) \cdot c_0)$$

注意上方式子中有重複出現的 $(a_i \cdot b_i)$ 與 $(a_i + b_i)$ 樣式。這兩個重要的因式一般即稱為**生成** (*generate*, g_i) 與**傳導** (*propagate*, p_i)：

$$g_i = a_i \cdot b_i$$
$$p_i = a_i + b_i$$

使用它們來定義 c_{i+1} 的話，可以得出

$$c_{i+1} = g_i + p_i \cdot c_i$$

要瞭解這兩個訊號如何得到它們的名稱，可假設 g_i 的值為 1，於是

$$c_{i+1} = g_i + p_i \cdot c_i = 1 + p_i \cdot c_i = 1$$

也就是，在這裡不論進位輸入 c_i 的值為何，該位置的 1- 位元加法器一定會生成進位輸出 c_{i+1}。接著假設 g_i 為 0 且 p_i 為 1，於是

$$c_{i+1} = g_i + p_i \cdot c_i = 0 + 1 \cdot c_i = c_i$$

也就是，該位置的 1- 位元加法器傳導進位輸入至進位輸出。綜合這兩項論點，我們得知在 g_i 為 1 或是 p_i 為 1 且 CarryIn$_i$ 亦為 1 時，CarryIn$_{i+1}$ 為 1。

再看一個類比的情況，是有一排骨牌站立成一列。如果骨牌間的距離都恰當、不會距離過大 (譯註：倒下的動作可繼續向前傳導之意)，則後面遠方的任意一張骨牌倒下之後前方末端的骨牌亦會倒下。類似地，加法器的最終進位輸出在後面遠方有一個生成訊號、而在其之後的前方傳導訊號也全部為真時，也將為真。

藉著對傳導與生成的定義做為我們的第一層抽象化，我們可以更簡便地表示 CarryIn 訊號。其 4 位元例子的表示式如下：

$$c1 = g0 + (p0 \cdot c0)$$
$$c2 = g1 + (p1 \cdot g0) + (p1 \cdot p0 \cdot c0)$$
$$c3 = g2 + (p2 \cdot g1) + (p2 \cdot p1 \cdot g0) + (p2 \cdot p1 \cdot p0 \cdot c0)$$
$$c4 = g3 + (p3 \cdot g2) + (p3 \cdot p2 \cdot g1) + (p3 \cdot p2 \cdot p1 \cdot g0)$$
$$+ (p3 \cdot p2 \cdot p1 \cdot p0 \cdot c0)$$

這些表示式代表的只不過是常識：如果某個後方的位元位置生成了一個進位訊號、而且在它前方有一些連續不間斷的傳導訊號，則進位訊號必然會傳遞到這裡。圖 B.6.1 用水管當例子來嘗試說明進位前瞻。

即使是這種簡單的加速形式也需要透過很長的方程式來表示，也因此在表示即使是 16-位元的加法器時，已經可以看出需要增加大量的硬體負擔。以下讓我們嘗試進入到使用兩層的抽象化。

使用第二層抽象方法的快速進位

首先，我們將上述 4-位元、已經加入進位前瞻邏輯的加法器視為一個基本建構方塊。如果我們像是在漣波進位方式般將它們串接成 16-位元的加法器，加法的速度已在增加不多硬體的情況下提高了。

如果想要更快，我們將需要在更高的層級上也做到進位前瞻。在想要做到 4-位元加法器之間的進位前瞻時，我們需要在這個更高的層次上再做一次傳導與生成。這個層次上的傳導與生成訊號，在四個 4-位元加法器方塊的情況下，是：

$$P0 = p3 \cdot p2 \cdot p1 \cdot p0$$
$$P1 = p7 \cdot p6 \cdot p5 \cdot p4$$
$$P2 = p11 \cdot p10 \cdot p9 \cdot p8$$
$$P3 = p15 \cdot p14 \cdot p13 \cdot p12$$

也就是，這些對 4-位元大小作基本單元的抽象化的「超級」傳導訊號 (Pi) 只有在整個群裡所有位元位置的傳導訊號均為真時方才為真。

就「超級」生成訊號 (Gi) 而言，我們在意的就只是有沒有一個從 4-位元加法器群組的方塊送出的進位輸出。這件事在其中最重要位元位置的 1-位元加法器中其生成訊號為真時顯然會發生；不過它也會發生在方塊中任何一個生成訊號為真、而且其前方如果仍有 1-位元加法器並且它們的傳導訊號也都為真時：

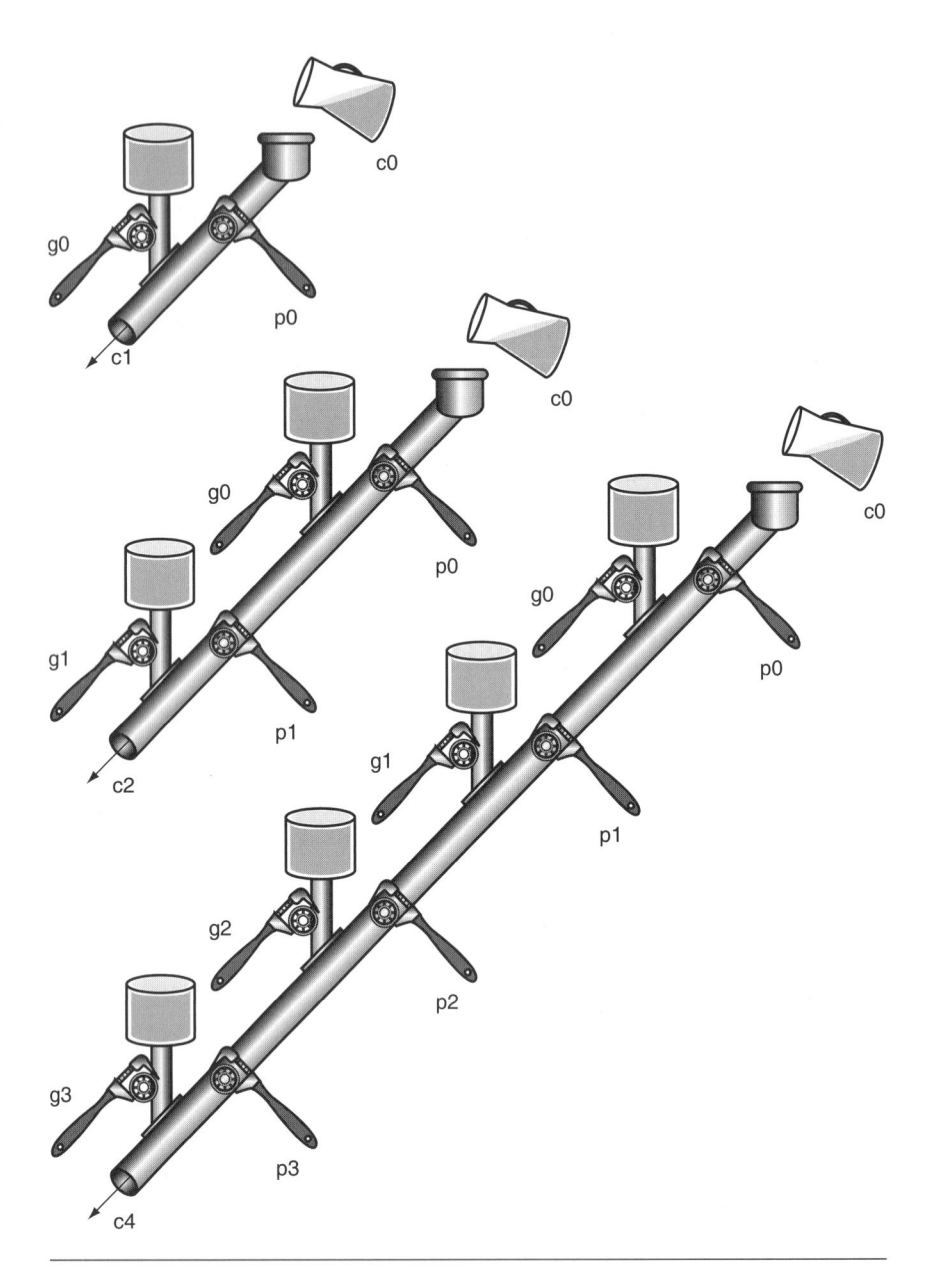

圖 B.6.1 進位前瞻對 1-位元、2-位元與 4-位元的使用水管與閥門的水管類比例。

扳手是用於打開、關上閥門。水則以淺灰色表示。水管的輸出 (亦即 c_i+1) 在或是最靠近的有水 (生成) 的閥打開了，或是第 p_i 個通過 (傳導) 的閥門打開了而且上方有水流下來時——不論其是來自上方的生成，或是上方的打開了的通過 (傳導) 並且其更上方有水流下，都會有水流出出口。進位輸入 (c_0) 可以不需倚賴任何一個生成訊號，僅需在所有的通過閥門都打開 (傳導訊號均為真) 時，使得進位輸出真。

$$G0 = g3 + (p3 \cdot g2) + (p3 \cdot p2 \cdot g1) + (p3 \cdot p2 \cdot p1 \cdot g0)$$
$$G1 = g7 + (p7 \cdot g6) + (p7 \cdot p6 \cdot g5) + (p7 \cdot p6 \cdot p5 \cdot g4)$$
$$G2 = g11 + (p11 \cdot g10) + (p11 \cdot p10 \cdot g9) + (p11 \cdot p10 \cdot p9 \cdot g8)$$
$$G3 = g15 + (p15 \cdot g14) + (p15 \cdot p14 \cdot g13) + (p15 \cdot p14 \cdot p13 \cdot g12)$$

圖 B.6.2 更新了水管類比例子中的圖來表示 P0 與 G0。

此時 16-位元加法器中對每一個 4-位元加法器的基本方塊的進位輸入 (圖 B.6.3 中的 C1，C2，C3，C4) 非常類似於第 761-762 頁中對

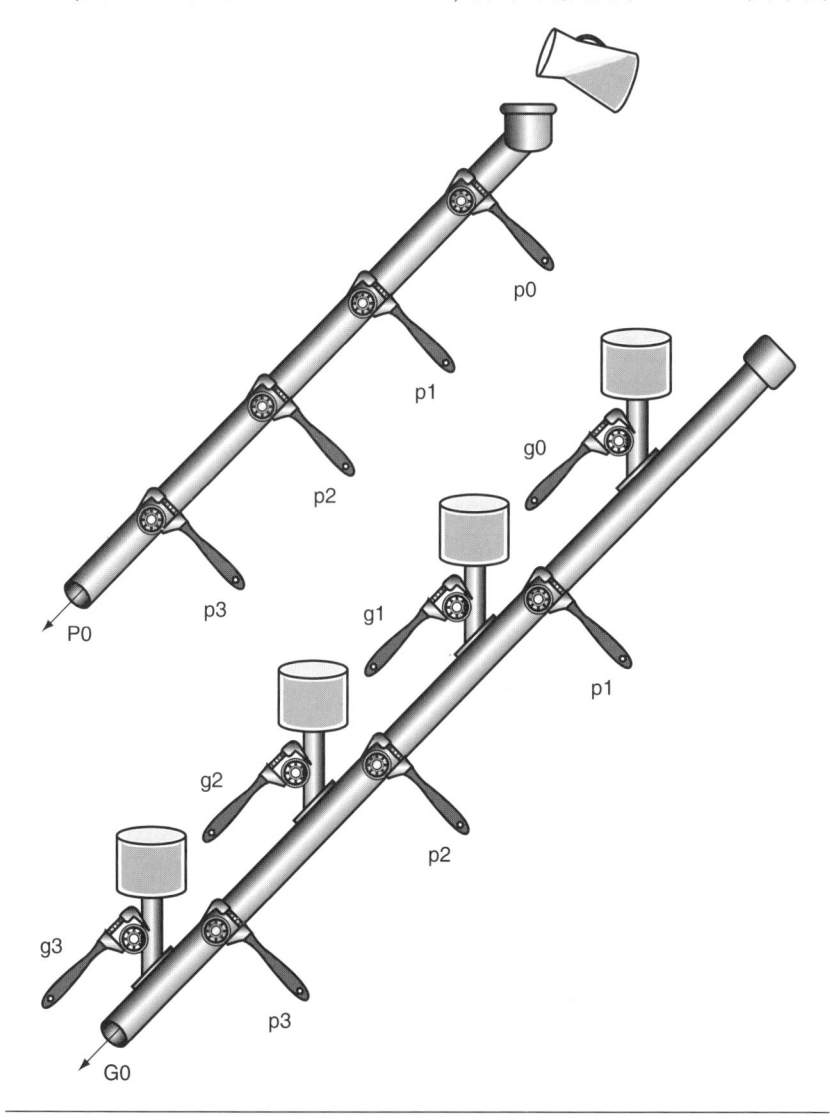

圖 B.6.2　更高一層進位前瞻抽象化的訊號 P0 與 G0 的水管類比例。

P0 只有在所有四個傳導訊號 (pi) 都「打開」時才會「打開」；而 G0 只有在至少有一個生成 (gi) 打開了而且其下如果有通過閘門 (傳導) 也都打開了的話，才會有水「流出」。

4-位元加法器中每一個位元位置加法器的進位輸出 (c1，c2，c3，c4) 方程式。

$$C1 = G0 + (P0 \cdot c0)$$
$$C2 = G1 + (P1 \cdot G0) + (P1 \cdot P0 \cdot c0)$$
$$C3 = G2 + (P2 \cdot G1) + (P2 \cdot P1 \cdot G0) + (P2 \cdot P1 \cdot P0 \cdot c0)$$
$$C4 = G3 + (P3 \cdot G2) + (P3 \cdot P2 \cdot G1) + (P3 \cdot P2 \cdot P1 \cdot G0) + (P3 \cdot P2 \cdot P1 \cdot P0 \cdot c0)$$

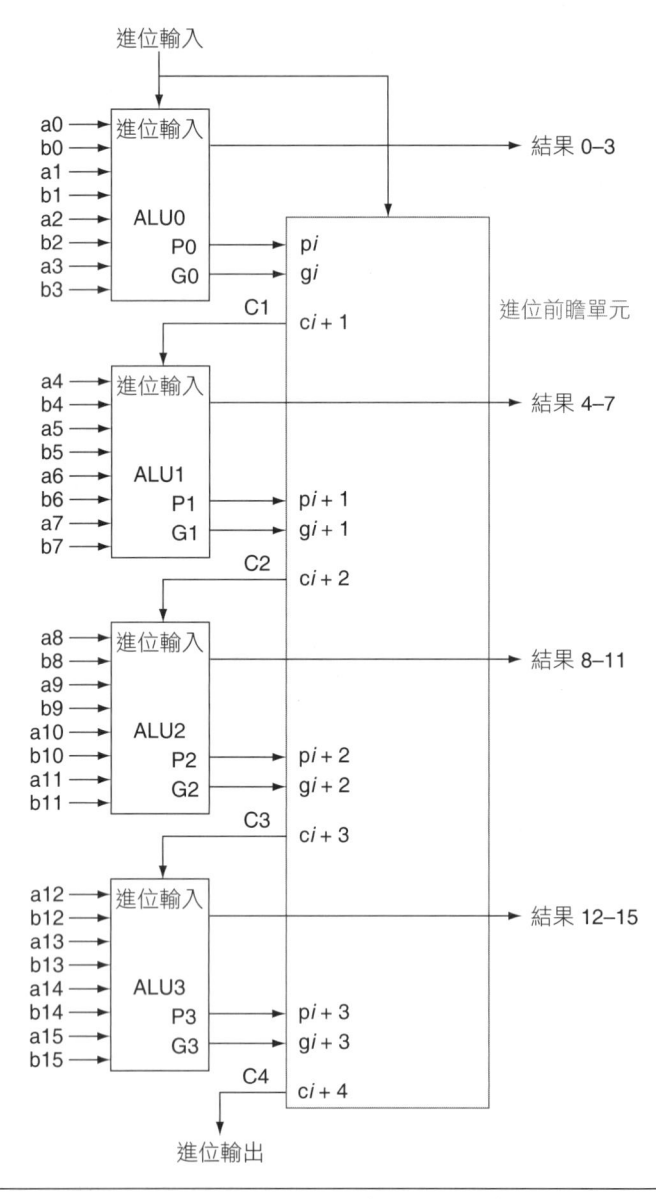

圖 B.6.3　以四個 4-位進元的 ALUs 透過進位前瞻形成的 16-位元加法器。

注意各個進位是由進位前瞻單元，並非是由 4-位元的 ALUs，來產出。

圖 B.6.3 表示聯接上了這樣的進位前瞻單元的一組 4- 位元加法器。一些習題會探討這些進位處理方式的速度差異、多位元傳導與生成訊號的表示法，與 64- 位元加法器的設計。

兩個抽象化層次的傳導與生成　　*範例*

計算下列兩個 16- 位元數字的 g_i、p_i、P_i 與 G_i：

a:　　0001 1010 0011 0011$_{two}$
b:　　1110 0101 1110 1011$_{two}$

另外，進位輸出 15 (CarryOut15，C4) 的值為何？

解答

對齊各個位元即可幫助看出生成 $g_i = (a_i \cdot b_i)$ 以及傳導 $p_i = (a_i + b_i)$ 的值：

a:　　 0001 1010 0011 0011
b:　　 1110 0101 1110 1011
g_i:　　0000 0000 0010 0011
p_i:　　1111 1111 1111 1011

其中位元的編號是由左而右從 15 到 0。接著，「超級」傳導 (P3，P2，P1，P0) 即是其下一層次相關傳導值的 AND：

$$P3 = 1 \cdot 1 \cdot 1 \cdot 1 = 1$$
$$P2 = 1 \cdot 1 \cdot 1 \cdot 1 = 1$$
$$P1 = 1 \cdot 1 \cdot 1 \cdot 1 = 1$$
$$P0 = 1 \cdot 0 \cdot 1 \cdot 1 = 0$$

「超級」生成較為複雜，應使用下列表示式來計算：

$$G0 = g3 + (p3 \cdot g2) + (p3 \cdot p2 \cdot g1) + (p3 \cdot p2 \cdot p1 \cdot g0)$$
$$= 0 + (1 \cdot 0) + (1 \cdot 0 \cdot 1) + (1 \cdot 0 \cdot 1 \cdot 1) = 0 + 0 + 0 + 0 = 0$$
$$G1 = g7 + (p7 \cdot g6) + (p7 \cdot p6 \cdot g5) + (p7 \cdot p6 \cdot p5 \cdot g4)$$
$$= 0 + (1 \cdot 0) + (1 \cdot 1 \cdot 1) + (1 \cdot 1 \cdot 1 \cdot 0) = 0 + 0 + 1 + 0 = 1$$
$$G2 = g11 + (p11 \cdot g10) + (p11 \cdot p10 \cdot g9) + (p11 \cdot p10 \cdot p9 \cdot g8)$$
$$= 0 + (1 \cdot 0) + (1 \cdot 1 \cdot 0) + (1 \cdot 1 \cdot 1 \cdot 0) = 0 + 0 + 0 + 0 = 0$$
$$G3 = g15 + (p15 \cdot g14) + (p15 \cdot p14 \cdot g13) + (p15 \cdot p14 \cdot p13 \cdot g12)$$
$$= 0 + (1 \cdot 0) + (1 \cdot 1 \cdot 0) + (1 \cdot 1 \cdot 1 \cdot 0) = 0 + 0 + 0 + 0 = 0$$

最後，進位輸出 15 的值是

$$C4 = G3 + (P3 \cdot G2) + (P3 \cdot P2 \cdot G1) + (P3 \cdot P2 \cdot P1 \cdot G0)$$
$$+ (P3 \cdot P2 \cdot P1 \cdot P0 \cdot c0)$$
$$= 0 + (1 \cdot 0) + (1 \cdot 1 \cdot 1) + (1 \cdot 1 \cdot 1 \cdot 0) + (1 \cdot 1 \cdot 1 \cdot 0 \cdot 0)$$
$$= 0 + 0 + 1 + 0 + 0 = 1$$

於是，將這二個 16- 位元數字相加時會產生進位輸出。

在進位前瞻方法中進位可以快些算出的理由，是由於在時脈週期開始的當下所有邏輯即開始運算，並且在每一個邏輯閘的輸出不再改變時開始結果即已不再變動。如果建立一些比較短的、經過比較少個必須循序運算的邏輯閘的路徑來處理進位輸入訊號，輸出即可早些確定下來，當然加法器需要的運算時間就降低了。

要瞭解進位前瞻的重大意義，我們來比較使用它或是單純漣波進位加法器之間在效能上的差異。

範例 **漣波進位與進位前瞻在速度上的比較**

對邏輯線路的耗時建構模型的一個簡化方法，是假設所有的 ANDs 或 ORs 閘處理運作的耗時都一樣。於是估計邏輯線路延遲的工作就可以簡化成計算線路中最長路徑上包含的閘數目即可。試比較這兩種 16- 位元加法器設計中所有路徑上需要的最大的閘延遲數。

解答 在圖 B-5.5 中可以看出每一個位元位置的進位輸出訊號需要耗時兩個閘延遲。所以由最不重要位元位置收到進位輸入開始到最重要位元位置送出進位輸出為止，需要耗用的閘延遲數是 $16 \times 2 = 32$。

對進位前瞻而言，由最重要位元位置送出的進位輸出即是上一個範例中定義的 C4。由 Pi 與 Gi 來求出 Ci 需要經過兩層的邏輯 (閘) (工作是將好幾個 ANDs 項 OR 起來)。由 Pi 經過一層邏輯 (AND) 以數個相關的 pi 得出，而 Gi 則是經過兩層邏輯以相關的 pi 與 gi 得出，所以這個高一層次的抽象化中在最糟情況下需要耗時兩個閘延遲。pi 與 gi 由 ai 與 bi 決定，各自需要耗用一個閘延遲。如果假設這些表示式中用到的邏輯閘耗時都是同樣的一個閘延遲，則最糟情況下的閘延遲數是 $2 + 2 + 1 = 5$。

因此，由最初進位輸入到最終進位輸出之間，以進位前瞻加法器執行 16- 位元加法運算，在使用這個非常簡化的估計下，會是 $32 \div 5 = $ 約 6 倍快。

總結

進位前瞻以一條較快的路徑處理進位位元而不是只等待進位位元漣波式地傳導過一個個位元位置的加法器中。這條比較快的路徑以兩種訊號，生成與傳導，鋪砌而成。前者表示不論輸入的進位為何，是否會生成進位；後者則是表示不論輸入的進位為何，是否會將進位輸入傳導至進位輸出。進位前瞻的例子也展現了抽象化的作法在計算機設計中應對複雜性時的重要性。

假設硬體速度以簡單的經過的閘延遲數來估計的話，以漣波進位做 8- 位元加法相對於以進位前瞻做 64- 位元加法的速度上相對關係是怎樣？

自我檢查

　　[譯註：要能精確回答本題，我們還需要明確指出是對多少個位元做一組進位前瞻；前例中是以 4 個位元做一組，因此我們不妨也做相同 (並且遞迴成更多個位元的進位前瞻加法器) 的假設。另補充說明：進位前瞻中以多少個位元為一組最好的數目是經過以下各個相關因素的函數來求得：(運算元的位元數，進位前瞻的階層數，電路的物理參數) 等。]

1. 64- 位元進位前瞻加法器是三倍快：8- 位元的加需要 16 個閘延遲，而 64- 元的加需要 7 個閘延遲。
2. 兩者速度約略相同，因為 64- 位元的加需要在 16- 位元的加法器中用到更多層的邏輯。
3. 8- 位元的加較之 64- 位元的加 (即使用上了進位前瞻)，還是較快。

仔細深思　行文至此，我們已經思考了除了一種之外的 MIPS 核心指令集中所有其他的算術與邏輯運作：圖 B.5.14 中的 ALU 忽略了對各種移位指令的支援。可以的一個方式是再次加寬在 ALU 中的多工器來增加一個向左移位一個位元位置與 / 或一個向右移位一個位元位置的輸入。不過硬體設計師已經設計出一種稱為**桶狀移位器** (*barrel shifter*) 的線路，可以在不比相加兩個 32- 位元數字更慢的時間 做出由 1 到 31 個位元位置的移位，所以移位一般是以 ALU 之外的另一個線路來完成。
(譯註：桶狀移位器的線路極為簡潔與規律，在移位時不論移位多遠或多近都可以在相較於 ALU 的極短時間內完成；因此在實際設計中我們經常將其置於 ALU 之前，並認為 [桶狀移位器延遲] + [ALU 延遲] 並不比只計算 [ALU 延遲] 慢上多少，仍可恰當地置入一個數據通道的管道階級中。)

仔細深思　在第 754 頁中全加器的和 (Sum) 輸出邏輯表示式可以使用一種比 AND 與 OR 更強大的邏輯閘來簡單地表達。一個二-輸入互斥或 (*exclusive OR*, XOR) 閘的輸出在兩個輸入不相同時將為真；亦即

$$x \neq y \Rightarrow 1 \quad 且 \quad x == y \Rightarrow 0$$

在某些製作工藝中，互斥 OR 的線路較之兩層式的 AND 與 OR 閘更有效率。以 ⊕ 符號來代表互斥 OR，新的表示法就是：

$$\text{Sum} = a \oplus b \oplus \text{CarryIn}$$

(譯註：注意上式中有三個輸入；簡而言之，根據定義，不論其輸入變數一共有多少個，互斥 OR 在各個輸入中有奇數個輸入為真時，其輸出為真。因此它有時候也被稱呼為奇數邏輯功能。)

另外，我們一直以邏輯閘規規矩矩地描繪 ALU。今天計算機是以基本上就是以開關組成的 CMOS (互補式金氧半導體；Complementary Metal Oxide Semiconductor) 電晶體來設計製造。CMOS 的 ALU 與桶狀移位器善用了這些開關的特性，因此比各種設計的圖解中減少了許多實際多工器的使用；不過設計的原則仍是相當一致的。

仔細深思 以英文字母的大小寫形式來標示生成與傳導訊號所處的層次在進位前瞻的層次多於兩層時已不管用。一個可以延展的不同的標示法是以 $g_{i..j}$ 與 $p_{i..j}$ 來標示由位元位置 i 到位置 j 的生成與傳導訊號。例如，$g_{1..1}$ 表示位元位置 1 的生成訊號，$g_{4..1}$ 表示位元位置 4 至 1 的生成訊號，$g_{16..1}$ 則表示位元位置 16 至 1 的生成訊號。

B.7 各種時脈方法

在我們討論記憶體元件與循序邏輯之前，先討論一下各種時脈控制的方式將會很有幫助。這個簡短的節介紹這個主題，其內容與 4.2 節中的討論非常接近。更詳細的時脈控制 (clocking) 與時序分析 (timing) 的方法論會在 B.11 節中討論。

時脈控制在循序邏輯的設計中要決定記錄著狀態的元件何時需作狀態更新時有其必要性。時脈 (*clock*) 一般就是一個不斷以固定週期時間 (*cycle time*) 作 0、1 (高、低訊號) 變化的訊號；時脈的頻率 (*frequency*) 就是其週期的倒數。如圖 B.7.1 中所示，時脈的一週時間 (*clock cycle time*) 或稱時脈週期 (*clock period*) 內可分為兩部分：當時脈訊號為高水位時與當時脈訊號為低時。在以下內容中，我們只採用**邊緣觸發的時脈控制方式** (edge-triggered clocking)。這個表示所有狀態的改變都只能在時脈訊號正在改變時的當下發生。我們採用這個方式的原因是因為這樣較容易作說明 (譯註：在實際電路中也較容易依照

邊緣觸發的時脈控制 一個所有狀態改變都發生在時脈訊號的變化緣的時脈控制方式。

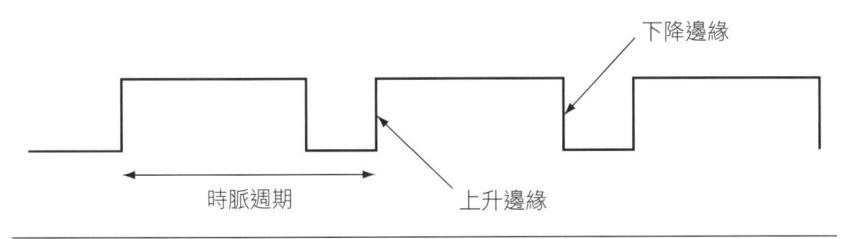

圖 B.7.1　時脈訊號在高與低的位置間振盪。
時脈週期是時脈一個完整循環所佔的時間。在一個邊緣觸發的設計中，時脈訊號的上升邊緣或是下降邊緣是線路的致動訊號，會導致線路的狀態改變。

需要來作好控制)。依據不同的製作工藝，邊緣觸發未必一定是最好的**時脈控制方式** (clocking methodology)。

　　在邊緣觸發的方式中，時脈訊號的上升邊緣或是下降邊緣是線路的致動訊號，會導致線路的狀態發生改變。我們將在下一節中看到，在邊緣觸發的設計中，**狀態元件** (state elements) 會被設計成其內容只會在致動的時脈訊號邊緣發生時作出變化 (被改變)。至於要選擇哪一個邊緣來致動則與製作的工藝有關，也不致於影響作邏輯設計時所用到的基本概念。

　　時脈邊緣的作用是一個採樣訊號，會造成狀態元件的數據輸入被處理並在狀態元件中儲存入新的內容。採取邊緣觸發的方式表示處理時採用的所有數據基本上是它們當下同一瞬間的值，消弭了不同輸入訊號可能會在不同時間被讀取來作處理的情況下可能引發的不易預期結果的困境。

　　一般稱為**同步系統** (synchronous system) 的時脈控制的系統在應用上一個主要的限制 (或應稱特色) 是：要寫入狀態元件的訊號一定要在致動的時脈邊緣發生時是*有效的* (*valid*) (意思是已經穩定下來、不再變動)。訊號稱為有效意思是它是穩定的 (亦即並非還在變動中)、而且除非輸入又有改變否則它的值是不會變的。由於組合式的邏輯中不會有回授的線路 (feedback)，如果進入組合式邏輯的輸入沒有作改變，輸出終究會變成有效、穩定下來。

　　圖 B.7.2 表示在同步的循序式邏輯系統設計中，各狀態元件與各組合式邏輯區塊間的關聯性。那些輸出訊號只有在時脈訊號致動邊緣發生之後才作改變的狀態元件為組合式邏輯區塊提供了穩定的有效輸入訊號。為了確保寫入狀態元件的數據要在致動的時脈邊緣發生時是有效的，時脈訊號一定要有足夠長的週期來等待組合式邏輯方塊中的

時脈控制方法
用於判斷數據在時脈訊號何種情況下需要為有效、穩定的方法。

狀態元件
一個記憶體元件。

同步系統
一個採用時脈控制而且數據訊號只有在時脈訊號表示訊號的值已經穩定時才會被讀取的具有記憶體的系統。

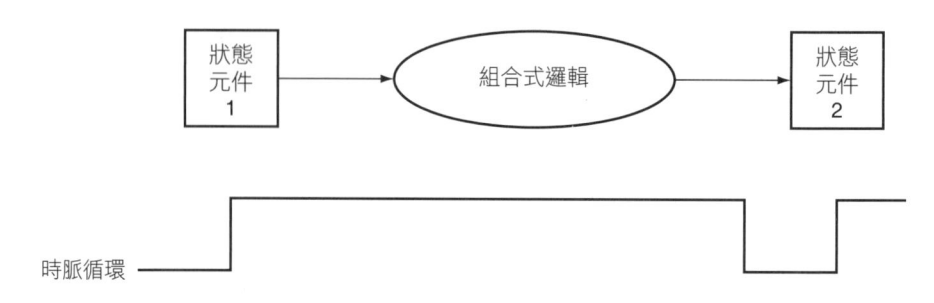

圖 B.7.2　組合式邏輯區塊的一些輸入可以是來自於狀態元件，其一些輸出又可以寫入狀態元件。
時脈訊號的上升緣決定了狀態元件內容更新的時機。

　　所有訊號穩定下來，然後才在這個時脈的致動邊緣發生時，讀取該等訊號來儲存在狀態元件中。這種要求訂下了足以讓所有狀態元件輸入訊號達到穩定、有效的最低的時脈週期限制 (lower bound on the length of the clock period)。

　　在這個附錄之後的部分，以及在第 4 章中，我們一般會忽略表示時脈訊號，因為我們作了所有狀態元件都會同時在致動的時脈邊緣更新狀態的假設。有一些狀態元件會在每個時脈邊緣之後都可以改變內容，但也有另一些只在某些條件成立時 (例如一個暫存器是否要寫入) 才能作改變。在這種情況下，我們會有一條明確的寫入訊號來控制那個狀態元件。寫入的動作仍應受時脈訊號控制以便寫入訊號要致動時，狀態元件內容的更新仍然只會發生在觸發的時脈邊緣上。我們會說明這事是如何達成的，以及在下一節中如何運用它。

　　邊緣觸發方式的另外一項優點是可以允許狀態元件既能提供內容作為線路中邏輯運作的變數之用、同時該狀態元件又能接受輸入以便準備好作該有的狀態更新，如圖 B.7.3 中的圖例所示。在實際設計中，一定要謹慎預防在這種情況下發生賽跑 (racing) 的現象，以及一定要保證時脈週期夠長到讓所有運作完成、訊號也都穩定下來；這些題材會在 B.11 節中再作討論。

　　既然我們討論過如何透過時脈訊號來更新狀態元件的內容，我們現在可以開始討論如何建構各種狀態元件。

仔細深思　偶爾，設計師會覺得讓 (少數) 一些狀態元件在與 (大部分) 其他狀態元件相反的致動時脈邊緣上被觸發會很有用。如果這麼做則需要極端地小心，因為這種做法對狀態元件的輸入訊號與輸出訊號兩方面都有影響。那為什麼設計師還會想要這麼做呢？思考如果在一個

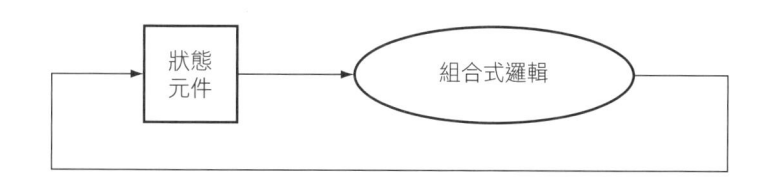

圖 B.7.3　邊緣觸發的方式容許一個狀態元件在同一個時脈週期中被讀取以及被寫入而不會造成會導致難以確定結果的賽跑現象。

當然，時脈週期仍然必須夠長到所有輸入數據在致動的時脈訊號邊緣發生時都已經穩定下來了。

狀態元件的之前與之後的組合式邏輯線路都很小，以致於都能在半個時脈週期內完成，並非如一般的需要完整的週期來運算。那樣就可以讓時脈訊號每半個週期時間作高低切換，並且以每半個時脈週期的邊緣來觸發那些輸出入訊號都可以在半個時脈週期內完成處理穩定下來的狀態元件。一個常見的可運用這個方法的地方是在**暫存器檔案**(register file) 中，在那裡只作讀取或寫入一個暫存器時往往都僅需一般時脈週期的不到一半的時間。第 4 章中會用到這個想法來降低管道化的額外負擔 (譯註：這一段敘述並不恰當，因為在第 4 章中暫存器仍是與其他狀態元件同時視需要做寫入；只不過其寫入與讀取都需時不長，因此寫入的內容在一個時脈周期內已經足以又被穩定地讀取到而已。其並非以不同的時脈訊號邊緣來觸發寫入，讀者宜深思)。

暫存器檔案
一種包含一組可以藉由給予其一個要存取的暫存器編號而被讀取或寫入的狀態元件。

B.8 記憶元件：正反器、閂鎖與暫存器

在本節以及下節中，我們將由正反器與閂鎖開始、漸次論及暫存器檔、最終以記憶體，來探討記憶元件運作的原理。所有記憶元件都能儲存狀態：由任一記憶元件送出的輸出都取決於對它的輸入以及它內部現有儲存著的狀態二者。因此所有包含了記憶元件的邏輯區塊都包含狀態，所以稱為循序式的。

最簡單的記憶元件是不採用時脈觸動的 (unclocked)；也就是說，它們沒有任何時脈輸入。雖然我們在本書內容中只採用時脈觸動的記憶元件，但是不採用時脈觸動的記憶元件是最簡單的形式，所以讓我們先來瞭解這個線路。圖 B.8.1 顯示了由一對 NOR 閘 (具有反轉了的輸出的 OR 閘) 構建的 S-R 閂鎖 (set-reset latch，設定 - 重置閂鎖)。輸出 Q 和 $\overline{Q}$ 表示儲存的狀態值及其互補的值。當 S 與 R 都不為設定時，

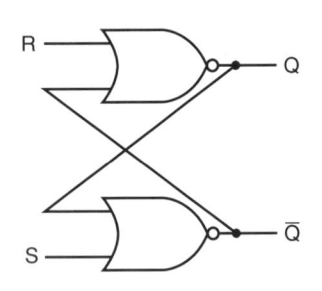

圖 B.8.1　一對交叉耦合的 NOR 閘可以儲存一個內部值。
反映在輸出 Q 上的內部值被繞送並反轉後得到 $\overline{Q}$，然後 $\overline{Q}$ 又被反轉而得到 Q。若 R 或 $\overline{Q}$ 二者的任一是被設定了的，則 Q 會成為不被設定的狀態；反之亦然：若 S 或 Q 二者的任一是被設定了的，則 $\overline{Q}$ 會成為不被設定的狀態。

　　交叉耦合的 NOR 閘功能有如反轉閘，並儲存 Q 和 $\overline{Q}$ 的先前值。
　　例如，如果輸出 Q 為真，那麼下方反轉閘 (即 NOR 閘) 會產生一個為偽的輸出（即 $\overline{Q}$ 的輸出為偽），然後它又成為上方反轉閘 (另一 NOR 閘) 的輸入，產生一個為真的輸出 (即 Q)，等等。如果 S 被設定 (意即為真)，則輸出 Q 亦將被設定 (為真) 並且 $\overline{Q}$ 將不被設定 (意即為偽)；而如果 R 被設定 (為真)，則輸出 $\overline{Q}$ 亦將被設定 (為真) 並且 Q 將不被設定 (為偽)。當 S 和 R 兩者都不被設定時，Q 和 $\overline{Q}$ 的最後值將持續儲存在這個交叉耦合結構中。同時設定 S 和 R 兩者可能會導致不正確的操作：(譯註：此情況下 Q 與 $\overline{Q}$ 均同時為偽，等於是喪失了之前的記憶) 之後根據 S 和 R 誰先變成不被設定 (成為偽) 而或者是 Q、$\overline{Q}$ 成為真及偽，又或者是 Q、$\overline{Q}$ 成為偽及真 (譯註：等於是重新儲存入新的狀態)。[以下是原文書中的原文及中譯，供各位讀者參考：depending on how S and R are deasserted, the latch may oscillate or become metastable (this is described in more detail in Section B.11)；根據 S 與 R 如何被不設定 (的次序)，閂鎖可能會振盪或變得亞穩態 (這在 B.11 節中進行了更詳細的描述)]。
　　這種交叉耦合的結構是更複雜的記憶體元件的基礎，這些元件讓我們能夠儲存數據訊號。這些更複雜的元件包含額外的閘，用於儲存訊號值，並使狀態僅在時脈訊號觸發時進行更新。下一節說明這些元件是如何構建的。

正反器與閂鎖

　　正反器 (flip-flops) 與**閂鎖** (latches) 是最簡單的記憶體元素。在正反器與閂鎖中，輸出等於元件內部儲存狀態的值。此外，與上述

正反器
一種記憶元件，其輸出等於儲存於該元件中狀態的值，並且其內部的狀態只在時脈訊號的致動邊緣發生時才會作更新。

閂鎖
一種記憶元件，其輸出等於儲存於其內的狀態的值，並且只有在相關的輸入訊號作變動以及時脈訊號被設定時內部狀態才會作更新。

S-R 閂鎖不同，我們從這裡開始使用到的所有閂鎖和正反器都是以時脈訊號觸發的，這表示它們會有一個時脈訊號輸入，狀態的變化是由該時脈訊號觸發的。正反器和閂鎖之間的區別在於時脈訊號如何導致狀態實際發生變化的情形。在時脈訊號觸發的閂鎖中，只要相關的輸入發生變化並且時脈訊號能夠致動閂鎖時，狀態就可以做出更新，而在正反器中，狀態只在時脈訊號的致動邊緣發生變化。由於在整篇文字中，我們採用了邊緣觸發的時序控制方法，其中狀態只在時脈訊號的致動邊緣更新，所以我們只需要使用正反器。正反器通常由閂鎖構成，因此我們首先說明一個簡單的時脈訊號觸發的閂鎖的操作，然後討論由該閂鎖構建的正反器的操作。

對於計算機中的應用，正反器和閂鎖的功能是儲存訊號。D 閂鎖或 D **正反器** (D flip-flop) 將其數據輸入訊號的值儲存在內部記憶中。雖然還有許多其他型別的閂鎖和正反器，但是 D 型的閂鎖和正反器是我們唯一需要用到的基本建構區塊。D 閂鎖有兩個輸入和兩個輸出。兩個輸入是要儲存的數據值 (稱為 D) 和表示閂鎖何時應讀取 D 輸入上的值並儲存它的時脈訊號 (稱為 C)。兩個輸出則只是內部狀態 (Q) 的值及其補值 ($\overline{Q}$)。當時脈輸入 C 為設定時，閂鎖被稱為*開啟的*，輸出 (Q) 的值成為輸入 D 的值。當時脈輸入 C 為不設定時，閂鎖被稱為*關閉的*，輸出 (Q) 的值則保持上次閂鎖開啟時儲存下來的任何值。

圖 B.8.2 顯示了如何在交叉耦合的 NOR 閘線路中新增兩個額外的閘來製作 D 閂鎖。由於當閂鎖開啟時，Q 的值會隨著 D 的變化而變化，這種結構有時也被稱為*透明的閂鎖*。圖 B.8.3 顯示了假設輸出 Q 最初為偽，並且 D 在圖中先開始發生變化，這個 D 閂鎖會如何動作。

如前所述，我們使用正反器作為基本構建區塊，而不是閂鎖。正反器不是透明的，表示：它們的輸出只在時脈訊號的致動邊緣發生時的一瞬間可以作變化。正反器可以構建成使其在上升 (正) 或下降 (負) 的時脈訊號邊緣觸發；對於我們的設計，我們可以使用任何一種型別。圖 B.8.4 顯示了下降邊緣觸發的 D 正反器是如何由一對 D 閂鎖構建的。在 D 正反器中，當時脈訊號致動邊緣出現時，輸入即被儲存。圖 B.8.5 顯示了此觸發器的工作情形。

以下是假設 C 是時鐘輸入，D 是資料輸入，對上升邊緣觸發的 D 正反器模組的 Verilog 描述：

D 正反器
一種只有一個數據輸入的正反器，當時脈訊號的致動邊緣發生時會將輸入訊號的值存入內部記憶中。

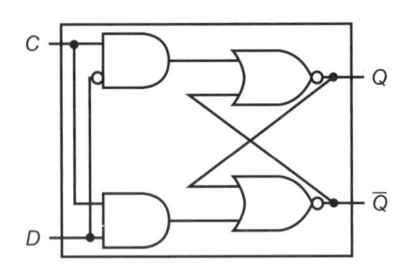

圖 B.8.2　用兩個 NOR 閘製作的 D 閂鎖。

如果另一個輸入為 0，則該 NOR 閘有如一個反向器。因此，除非時脈訊號輸入 C 為設定的，否則這一對交叉耦合的 NOR 閘的作用是儲存狀態值，而在這種 C 為設定的情況下，輸入 D 的值會取代 Q 的值並被儲存。當時脈控制訊號 C 從 asserted 變為 deasserted 時，輸入 D 的值必須保持穩定。

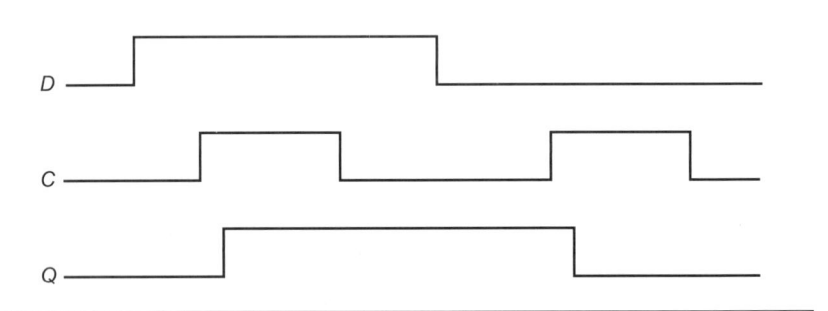

圖 B.8.3　假設輸出在開始時是不被設定時的 D 閂鎖的動作。

當時脈訊號 C 為設定了的時候，閂鎖是開啟的，因此 Q 輸出立即反應 D 輸入的值。

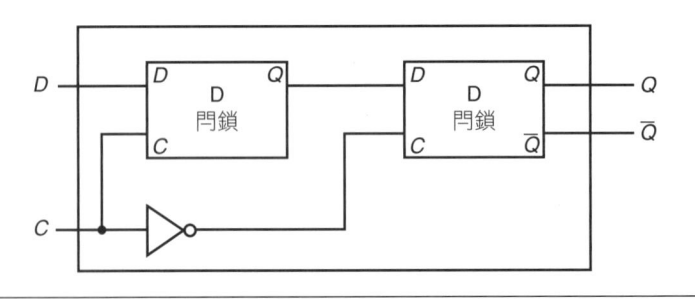

圖 B.8.4　以下降的時脈訊號邊緣觸發的 D 正反器。

第一個閂鎖，稱為主 (master) 閂鎖，在時脈訊號輸入 C 被設定時儲存輸入 D 的值。在時脈訊號輸入 C 下降後，第一個閂鎖會關閉上，但是第二個閂鎖，稱為僕 (slave) 閂鎖，會打開並且由主閂鎖的輸出取得其輸入值並儲存起來。

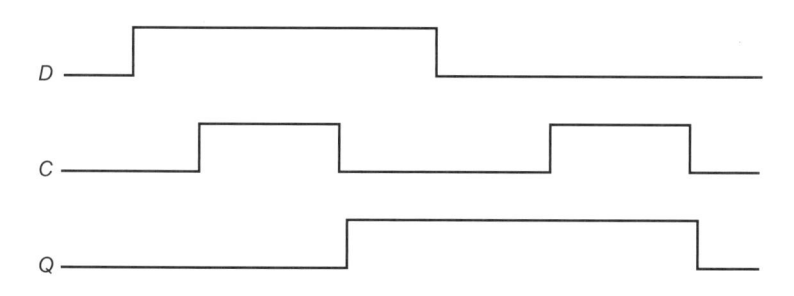

圖 B.8.5 假設輸出在開始時是不被設定時的以下降邊緣觸發的 D 門鎖的動作。

當時脈訊號輸入 (C) 從 asserted 變為 deasserted 時，Q 輸出儲存 D 輸入的值。將這個行為與圖 B.8.3 所示的時脈訊號控制的 D 門鎖進行比較。一者是在時脈訊號 C 為高時，儲存值和輸出 Q 都可以作改變，而另一者是只有在時脈訊號 C 作改變的一瞬間才能更動儲存值和輸出 Q。

```
module DFF(clock,D,Q,Qbar);
    input clock, D;
    output reg Q; // Q 因為是在always區塊中被賦予新值，所以是一個暫存器
    output Qbar;
    assign Qbar=~ Q: // Qbar 永遠是 Q 值的相反
    always @(posedge clock) // 每當時脈訊號上升時執行以下這些動作
    Q = D:
endmodule
```

由於 D 輸入是在時脈訊號的邊緣取樣的，所以它必須在時脈訊號邊緣之前和之後的一段時間內有效 (意即保持穩定)。在時脈訊號的致動邊緣之前，輸入必須有效的最小時間稱為**設定時間** (setup time)；在時脈訊號的致動邊緣之後，輸入必須有效的最小時間則稱為**保持時間** (hold time)。因此，任何正反器 (或使用正反器構建的任何線路) 的輸入必須在時脈訊號的致動邊緣之前 t_{setup} 開始、到時脈訊號的致動邊緣之後 t_{hold} 為止，的時間區段期間保持有效，如圖 B.8.6 中所示。B.11 節會更詳細地討論時脈訊號的致動和時序限制，其中包括透過正反器中線路的傳導延遲。

我們可以使用一陣列的 D 正反器來構建一個可以儲存一筆多位元數據的暫存器，例如一個位元組或一個字組。在第 4 章中，我們在所有數據通道中都會用上暫存器。

設定時間
記憶裝置的輸入在時脈訊號的致動邊緣發生之前必須開始保持有效的最小時間。

保持時間
記憶裝置的輸入訊號在時脈訊號的致動邊緣發生之後必須仍然保持有效的最小時間。

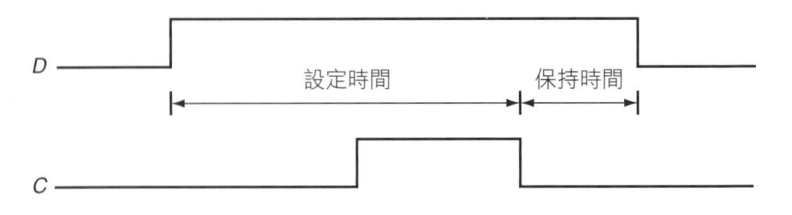

圖 B.8.6　以時脈訊號下降邊緣觸發的 D 正反器對設定和保持時間的要求。

輸入必須在時脈訊號下降邊緣之前和時脈訊號下降邊緣之後的一段時間內保持穩定。在時脈訊號下降邊緣之前，訊號必須保持穩定的最小時間稱為設定時間，而在時脈訊號下降邊緣之後，訊號必須保持穩定的最小時間稱為保持時間。如 B.11 節中所述，未能滿足這些最低時間要求可能會導致正反器輸出可能無法預測的情況。保持時間通常為 0 或非常小，因此不太令人擔憂。

暫存器檔案

在數據通道中的一個核心結構是暫存器檔案。暫存器檔案由一組暫存器組成，這些暫存器可以透過提供要存取的暫存器的編號來讀寫。暫存器檔案可以由每個讀寫埠所需的解碼器，和一個陣列的由 D 正反器構建的暫存器來製作的。由於讀取暫存器不會改變任何狀態，我們只需要提供暫存器編號作為輸入，而唯一的輸出則是該暫存器中所含的資料。要寫入暫存器時，我們需要提供三個輸入：暫存器編號、要寫入的數據，以及控制暫存器的寫入的時脈訊號。在第 4 章中，我們使用了一個具有兩個讀取埠和一個寫入埠的暫存器檔案。這個暫存器檔案如圖 B.8.7 所示。兩個讀取埠可以使用一對多工器來實現，每個多工器都與暫存器檔案中每個暫存器中的位元數一樣寬。圖 B.8.8 顯示了 32 位元寬暫存器檔案的兩個暫存器讀取埠的做法。

設計寫埠時會稍微複雜一些，因為我們只能對指定暫存器的內容做更改。我們可以透過使用解碼器產生一個訊號來做到這一點，該訊號可用於指定要寫入的暫存器。圖 B.8.9 顯示了如何設計暫存器檔案的寫入埠。很重要的是要記住，正反器只在時脈訊號的致動邊緣發生時一瞬間改變狀態。在第 4 章中，我們表示了為暫存器檔案接上寫訊號，並且假設圖 B.8.9 中表示的時脈訊號是隱喻的而不再表示出來。

如果在同一個時脈週期內讀取和寫入相同的暫存器結果會發生什麼？由於暫存器檔案的寫入發生在時脈訊號的致動邊緣，暫存器將正如我們早些時候在圖 B.7.2 中看到的那樣，在讀取期間內始終會更新有效值。讀取到的值在時脈週期內剛開始時將是之前時脈週期中寫入

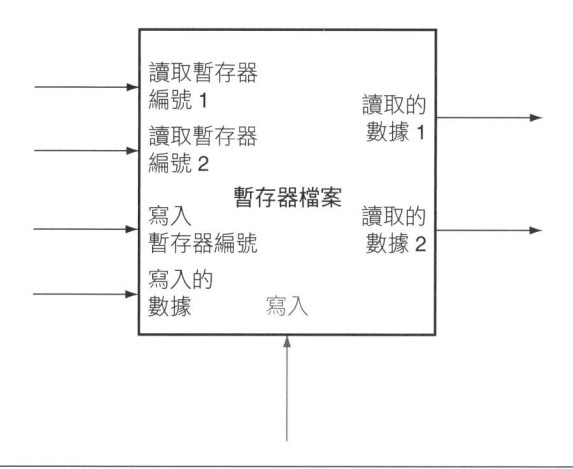

圖 B.8.7　具有兩個讀取埠和一個寫入埠的暫存器檔案具有五個輸入和兩個輸出。

稱為寫入的控制輸入以灰色顯示。

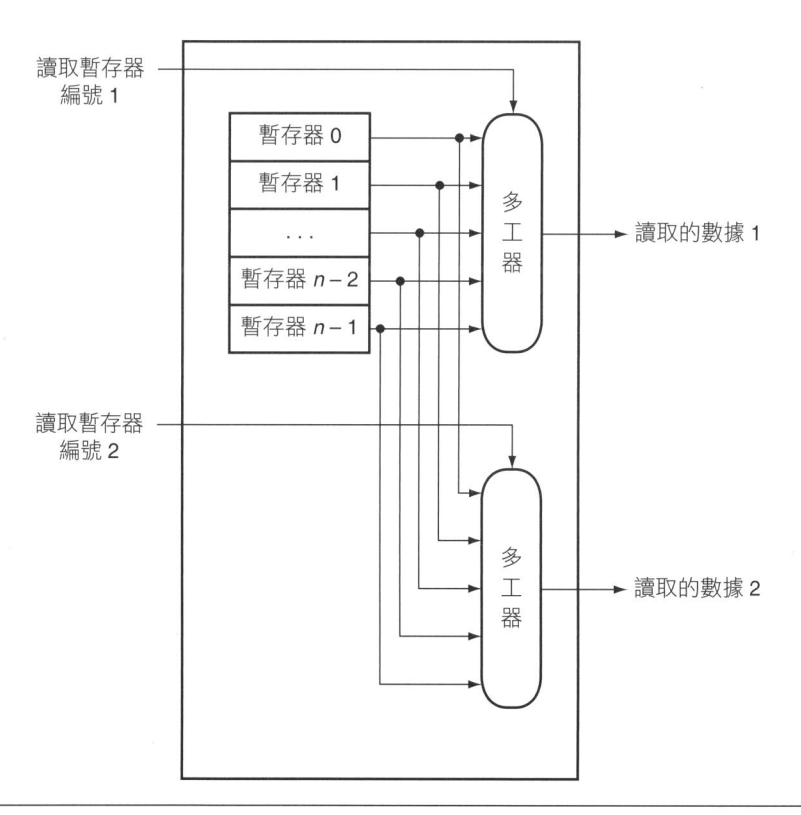

圖 B.8.8　具有 n 個暫存器的暫存器檔案兩個讀取埠的設計,可以透過一對 n-至-1 多工器,每個多工器的寬度為 32 位元,來完成。

要讀取的暫存器編號訊號即用作多工器的選擇器訊號。圖 B.8.9 顯示了寫入埠要如何設計。

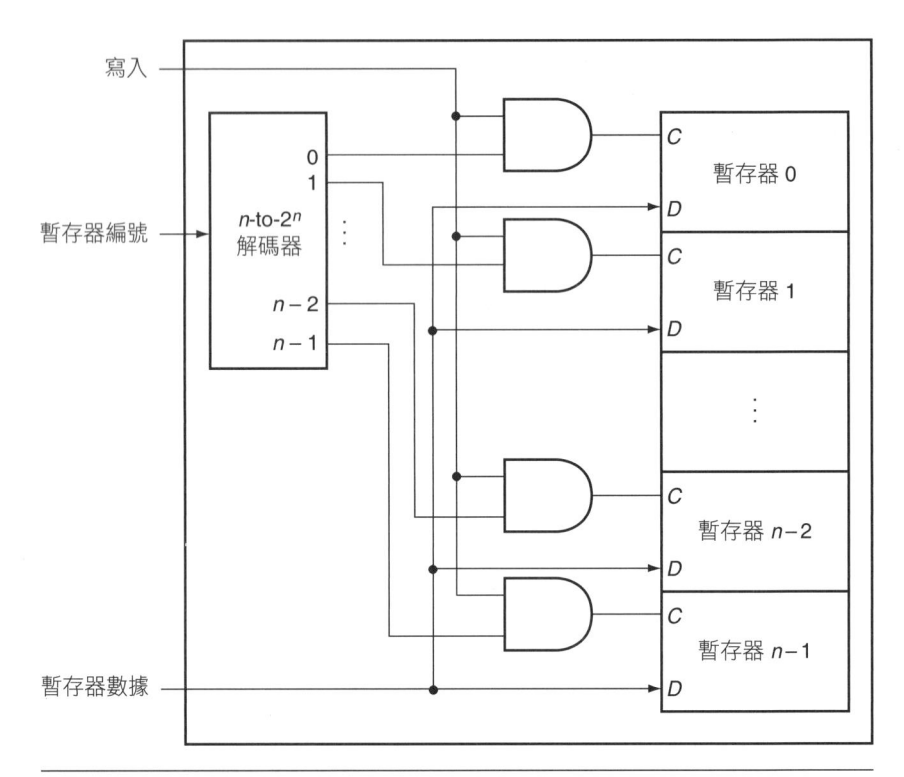

圖 B.8.9 暫存器檔案的寫入埠使用一個與寫入訊號一起工作的解碼器來設計，以產生控制暫存器的 C 輸入訊號。所有三個輸入(暫存器編號、數據和寫入訊號)都需要滿足設定和保持時間的限制，以確保能將正確的數據寫入暫存器檔案中。

的值；但是如果時脈週期夠長，則在讀取值要被儲存起來使用之前，將已經會是得到這個週期開始時寫入的新值。如果時脈週期不夠長而我們仍然想要讀取到當前正在寫入的值，則需要在暫存器檔案中或外部加上恰當的額外邏輯。第 4 章中廣泛地使用了這種假設 (譯註：以上數行譯文內容與原文稍有不同，讀者如有興趣，可以也閱讀一下原文)。

以 Verilog 描述循序式邏輯

如果要以 Verilog 描述循序式邏輯，我們必須瞭解如何生成時脈訊號、如何描述何時數據會被寫入暫存器中，以及如何說明循序控制的方法。讓我們從規範一個時脈訊號開始。時脈訊號不是 Verilog 中預先定義了的物件；因此之故，我們在敘述句之前使用 Verilog 的符號 #n 來產生時脈訊號；這樣做的效果是會導致在執行該敘述句之前先等待 n 個模擬過程中的時間步驟的延遲。在大多數 Verilog 模擬器

```
reg clock; // clock 是一個時脈訊號
always
#1 clock=1; #1 clock=0;
```

圖 B.8.10 一個時鐘的規範方式。

中,也可以產生一個外部輸入形式的時脈訊號,允許使用者在模擬過程中指定執行模擬使用的時脈訊號週期數。

圖 B.8.10 中的程式碼製作出了在一個模擬單位中值為高或低的簡單時脈訊號,之後就可以造成狀態的切換。我們使用延遲的能力和可被阻擋的賦值來實現時脈訊號的功能。

接下來,我們必須能夠規範邊緣觸發暫存器的操作。在 Verilog 中,這是經由使用 always 區塊中的敏感度表列,以及指定以一個二進制變數的正緣或負緣──分別以 posedge 或 negedge 表示──作為觸發訊號,來完成的。因此,以下的 Verilog 程式碼會使得暫存器 A 在時脈訊號的正緣發生時被寫入 b 這個值:

```
    reg [31:0] A;
    wire [31:0] b;
    always @(posedge clock) A<=b;
module registerfle (Read1,Read2,WriteReg,WriteData,RegWrite,Data1,Data2,clock);
    input [5:0] Read1,Read2,WriteReg; // 要讀取或寫入的暫存器編號
    input [31:0] WriteData: // 要寫入的數據
    input RegWrite, // 寫入控制訊號
        clock; // 觸發寫入的時脈訊號
    output [31:0] Data1, Data2; // 讀取到的暫存器值
    reg [31:0] RF [31:0]; // 每暫存器 32 個位元的 32 個暫存器的檔案
    assign Data1=RF[Read1];
    assign Data2=RF[Read2];
    always begin
        // 當 Regwrite 為高時將新的值寫入暫存器中
        @(posedge clock) if (RegWrite) RF[WriteReg]<=WriteData;
    end
endmodule
```

圖 B.8.11 以描寫行為的 **Verilog** 撰寫的 **MIPS** 暫存器檔案。
這個暫存器檔案在時脈訊號的上升緣發生時可以做寫入。

在本章與第 4 章的 Verilog 相關各節中,我們都假設時脈訊號採用的是上升緣致動的方式。圖 B.8.11 表示了假設有兩個讀取埠和一個寫入埠的 MIPS 暫存器檔案的 Verilog 描述,其中只有寫入需要被時脈訊號所控制。

> **自我檢查**
>
> 在圖 B.8.11 中的暫存器檔案 Verilog 碼中，對應於要被讀取的暫存器的輸出埠是以連續的賦值來賦予其值，然而要被寫入的暫存器是在 always 區塊中賦值的。以下何者是其原因？
>
> a. 沒有特別的理由。只是為了方便。
> b. 因為 Data 1 和 Data 2 是輸出埠，而 Write Data 是輸入埠。
> c. 因為讀取是一個組合式的事件，而寫入是一個循序式的事件。

B.9 記憶元件：靜態隨機存取記憶體與動態隨機存取記憶體

靜態隨機存取記憶體 (SRAM)
一種數據可以靜態 (亦即穩定) 地儲存於其中 (有如在正反器中)，而非動態地 (有如在 DRAM 中)，的記憶元件。SRAMs 較 DRAMs 為快，其每位元的線路也較大較貴。

暫存器和暫存器檔案為小容量的記憶體提供了基本的構建方塊，然而構建更大的記憶體時則要使用 SRAMs (static random access memory；**靜態隨機存取記憶體**) 或 *DRAMs* (*dynamic random access memory*；動態隨機存取記憶體)。我們首先討論較簡單的 SRAMs，然後再討論 DRAMs。

靜態隨機存取記憶體 (SRAMs)

靜態隨機存取記憶體 (SRAMs) 就是 (通常) 具有單一存取埠來進行讀與寫的一個陣列的記憶元件的積體電路。SRAMs 在存取其中任何一筆數據所需的耗時都是固定的，不過讀和寫二者的時序特性往往還是有差異。每個 SRAM 晶片有其各自可定址的位址數、與每個位置中的位元數等的不同形態。例如，一個 4M × 8 的 SRAM 具有 4M 個項次，每個項次內有 8 個位元寬。因此它會有 22 條位址線 (因為 4M = 2^{22})、內含 8 條位元線的一個數據輸出訊號、以及內含 8 條位元線的一個數據輸入訊號。如同在 ROMs 中的說法，可定址位置的數目往往被稱為高 (*height*)，以及每個位置內的位元數稱為寬 (*width*)。由於許多不同面向的技術原因，最新的與最快的 SRAMs 一般都做成很窄的形態：(位置數) × 1 或是 (位置數) × 4。圖 B.9.1 表示 2M × 16 的輸入與輸出訊號。

要開始一個讀取或寫入時，要先啟動晶片選擇訊號。讀取時，我們還需要啟動輸出致能訊號，來控制被選擇的位置中存放的數據是否會被送到輸出線上去。輸出致能的使用在將多個記憶元件以單一條輸出匯流排聯結時很有用，可以用來決定哪一個記憶元件可以使用輸出

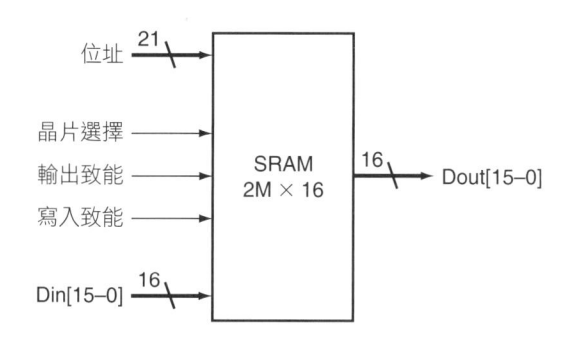

圖 B.9.1　2M × 16 的 SRAM 和它的 21 條位址線 (2M = 2^{21}) 與 16 條數據輸入線、3 條控制訊號線與 16 條數據輸出線。

匯流排。SRAM 的讀取時間一般是以從輸出致能啟動以及位址線都已穩定有效開始、一直到讀取的數據穩定地出現在輸出線上所經過的延遲。2004 年 SRAMs 的典型讀取時間是從最快的 CMOS 元件、一般做成小些窄些的 2-4 ns，到容量大於 32 百萬個位元的最大元件的 8-20 ns。過去五年來，對用於消費性產品和數位家電中的低功耗 SRAMs 需求大增；這些 SRAMs 有低很多的待機與存取功耗，不過速度也一般慢上 5~10 倍。最近，同步的 SRAMs ——類似於我們會在下節中討論的同步的 DRAMs——也已製作出來了。

　　對於寫入，我們需要提供要寫入的數據、寫入的位址，以及啟動寫入的訊號。當寫入致能與晶片選擇兩者都為真時，數據輸入線上的數據就會開始寫入位址所指定的位置中。對位址與數據線會有設置時間與保持時間的要求，原因一如在 D 正反器與閂鎖中所論述者。此外，寫入致能訊號並非時脈訊號緣，而是一個具有最小寬度要求的脈衝方波。完成一筆寫入所需的時間由設置時間、保持時間，以及寫入致能脈衝方波的寬度而定。

　　大型的 SRAMs 並不能像我們建構暫存器檔案那樣來建構，因為暫存器檔案中使用的 32- 至 -1 的多工器不難製作，然而即使對 64K × 1 的 SRAM 要用到的 64K- 至 -1 的多工器已經非常難以製作而且完全不實際了。與其採用巨型的多工器，大容量記憶元件採用的方式是使用稱為位元線 (*bit line*) 的共用的、許多記憶位置都可以對其輸出數據的輸出線。為了讓多個訊號源都能驅動同樣一條共用的訊號線，可以使用三態緩衝器 (*three-state buffer; tri-state buffer*) (譯註：亦稱三態閘，其並不需要具有儲存的功能)。三態緩衝器具有兩個輸入：一個數據訊號與一個輸出致能訊號；以及一個輸出訊號，可能的輸出有：設定

了的 (即為真)、沒有設定的 (即為偽) 或是高阻抗 (即為開路，等於從線路上斷開)。當它的輸出致能為真時，三態緩衝器的輸出即等於其輸入訊號；而輸出致能為偽時輸出則為高阻抗，等於其把自己從共用的輸出線上斷開，而任由其他聯接於共用輸出線上的三態緩衝器決定共用輸出線上的訊號值。

　　圖 B.9.2 表示一組以解碼後的輸入訊號控制的三態緩衝器聯接起來形成的多工器。關鍵是任一瞬間至多只有一個三態緩衝器的輸出致能可以為真；否則會有兩個或更多三態緩衝器同時想要設定共用輸出線的值，若要設定的方向不同，結果將難以判斷。對 SRAM 中各個位置使用一個三態緩衝器，這些位置就可以共用一條輸出線。使用一組分散在各位置的三態緩衝器是比一個集中式的大型多工器更有效率的製作方式。三態緩衝器是附加於形成 SRAM 的基本細胞中的正反器中的。圖 B.9.3 表示一個小型的，使用 D 閂鎖與稱為致能的、用於控制三態輸出的輸入訊號的 4 × 2 SRAM 可能構建方法。

　　圖 B.9.3 中的設計消彌了對極大數量多工器的需求；不過其仍然需要一個非常大的解碼器以及相對的大量的字組線。例如，在一個 4M × 8 的 SRAM 中，需要用到一個 22- 至 -4M 的解碼器以及 4M 條字組線 (這些是用來致能個別正反器存取的控制訊號線)！為了進一步

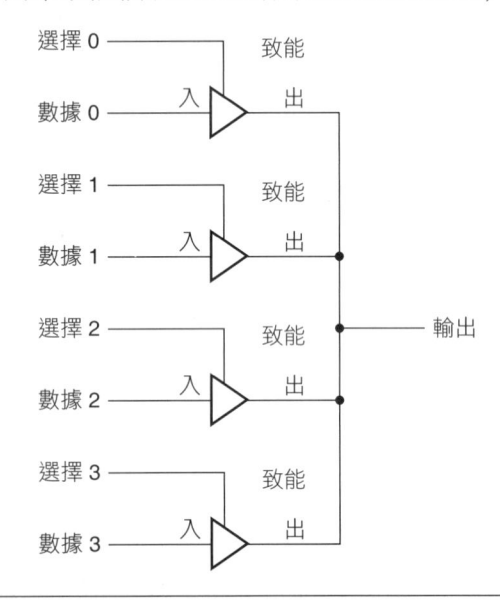

圖 B.9.2　以四個三態緩衝器來組成一個多工器。
四個選擇訊號中只有一個可以是被設定的。輸出致能沒有被設定的三態緩衝器的輸出會是高阻抗的狀態，並且因此讓另一個輸出致能為設定狀態的三態緩衝器來決定共用輸出線上的值。

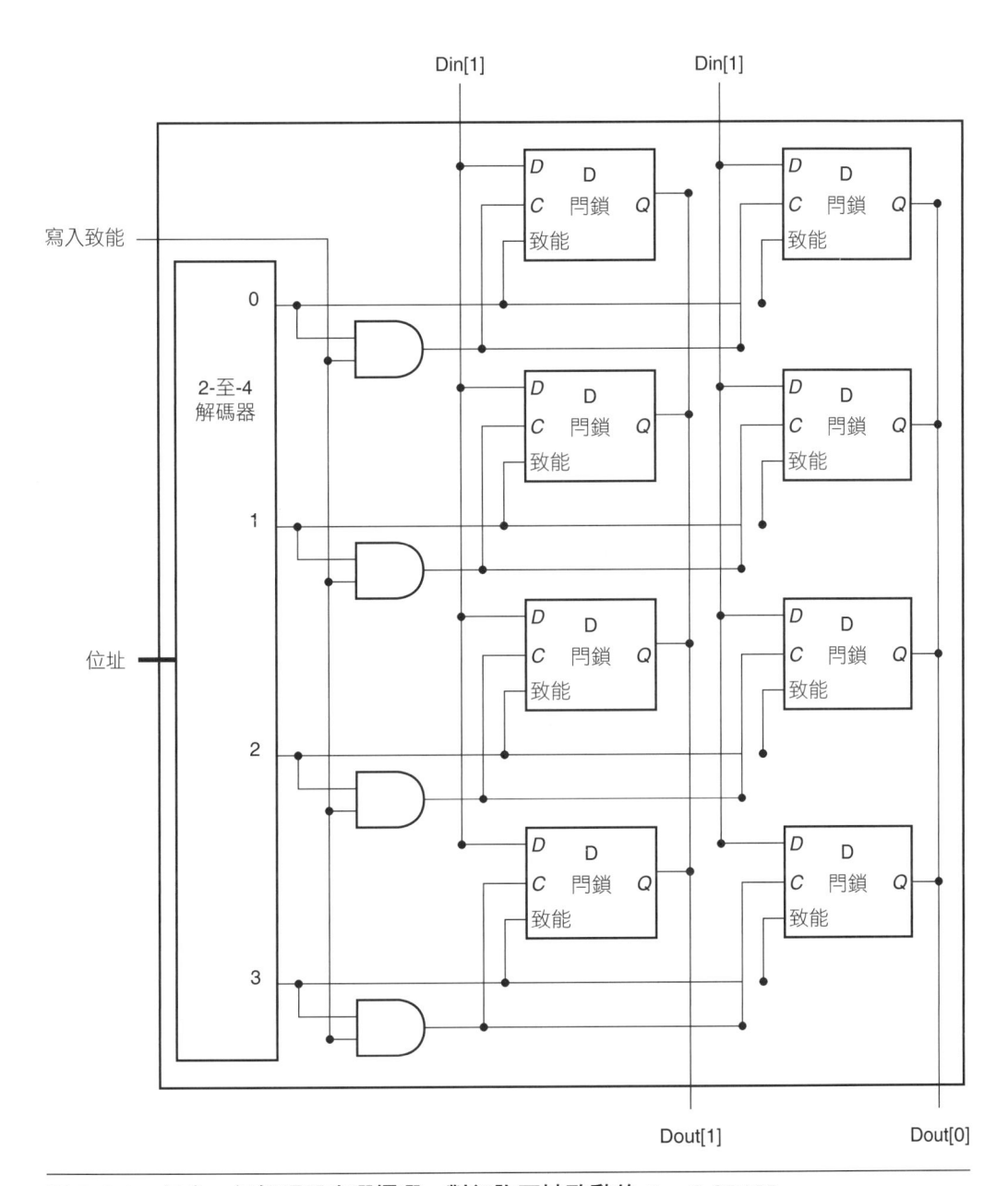

圖 B.9.3 包含一個解碼器來選擇哪一對細胞可被致動的 4 × 2 SRAM。
被致動的細胞透過一個三態緩衝器聯接到供應被讀取數據的垂直的位元線上。選擇細胞用的位址解碼後透過一組水平的，稱為字組線的控制線送至各細胞。為了簡潔，圖中並未劃出輸出致能與晶片選擇兩個訊號；它們可以很容易地以幾個 AND 閘來加入線路中。

避免這個問題，大型的記憶元件一般是安排成方型的細胞陣列、並採用二步驟的解碼方式。圖 B.9.4 顯示一個 4M × 8 的 SRAM 在採用二步驟解碼時內部可能是如何安排的。一如我們將會看到的，這種二階段的解碼過程對於瞭解 DRAMs 如何運作是非常重要的。

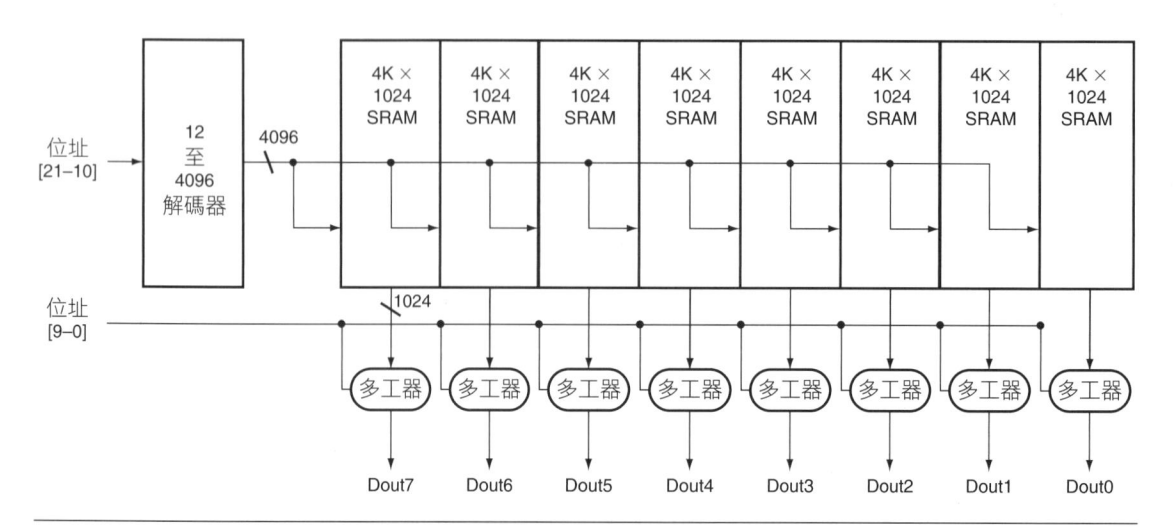

圖 B.9.4　典型的以一陣列 4K × 1024 記憶元件組成 4M × 8 SRAM 的構造。
第一個解碼器產生給八個 4K × 1024 記憶元件陣列使用的位址；之後有一組多工器用來選擇每一個傳下來的 1024-位元寬數據的陣列中的各一個位元。這種作法較之僅使用單一層的解碼而可能需要用到一個大到不得了的解碼器或是多工器要簡單得多。在實際情形中，現在的這種大小的 SRAMs 可能會使用更多個大小稍小些的內部建構區塊。

邇來我們見到了同步的靜態隨機存取記憶體 (synchronous static random access memories, SSRAMs) 與同步的動態隨機存取記憶體 (synchronous dynamic random access memories, SDRAMs) 二者的發展。這兩種同步 RAMs 提供我們的關鍵能耐是傳輸在一個陣列或是「列」中的一串循序位址的大量 (*burst*，或稱爆量) 數據時的速度。爆量的數據的定義方法是定義其啟始位址、方法如同在一般情形下，以及再加上這筆爆量的數量 (譯註：以及數據的型態和每筆位元數等必要資訊、甚至於還可以有步距 *stride* 等參數)。同步 RAMs 在傳輸速度上的優勢來自於其能夠在不需一再告知下一筆位址的情況下即可不斷傳輸整串爆量的數據位元。而時脈訊號則是用於表示爆量中連續的一筆筆數據。消除掉爆量中對下一筆位址的需求大大地提升了傳輸一連串數據的速度。由於這種能力，同步的 SRAMs 與 DRAMs 已經成為計算機建構記憶體系統時的優先選擇。我們將於下一節與第 5 章中更詳細討論同步 DRAMs 在記憶體系統中的用途。

動態隨機存取記憶體 DRAMs

在靜態隨機存取記憶體 SRAMs 中，一個細胞中儲存的狀態是由一對頭尾相接的反轉閘維持著，只要供電不中斷，狀態可以持續保持。在 DRAMs 中，細胞中的狀態則是以電容中電荷的形式來保持。

然後另有一個電晶體用來存取這個儲存的電荷，或是讀取其狀態或是覆寫儲存於其中的電荷。因為對每一個位元的儲存僅使用一個電晶體，它們較 SRAMs 在每一個位元上更緊緻與便宜。相較之下，SRAMs 每位元需要使用四到六個電晶體。由於 DRAMs 是以電容來儲存電荷，電荷無法永久保持而必須週期性地刷新 (periodically be refreshed)。這就是這種記憶元件的構造相較於在 SRAM 細胞中的靜態 (穩定) 儲存，之所以被稱為動態 (dynamic) 的原因。

刷新細胞的內容時，我們只不過是讀出其內容然後將它再寫回去。電容中的電荷可以保持數個毫秒 (milliseconds)，約略等於一至數百萬個時脈週期。目前單晶片的記憶體控制器往往可以不需要處理器介入，獨力處理刷新的功能。若是每個位元都需要各別從 DRAM 讀出然後寫回去做刷新，面對數百萬位元組以上容量的中大型 DRAMs，我們將窮於應付刷新，幾乎沒有時間讓 DRAM 做讀寫。幸好 DRAMs 也採用了兩層式的位址解碼構造，這樣會方便我們以一個讀週期之後立即接續一個寫週期來同時刷新 (共用一條字組線 word line 的) 整列的位元。一般而言，刷新動作佔用 DRAM 運作期間 1% 至 2% 的時間，留下其餘 98% 至 99% 的時間可以作需求性的讀寫。

仔細深思 DRAMs 如何讀取與寫入儲存於細胞中的訊號？位於細胞內的電晶體就是一個開關，稱為導通電晶體 (*pass transistor*)，來讓儲存於電容的電荷可以被讀寫動作做存取。圖 B.9.5 展示其單電晶體細胞的構造。導通電晶體的作用就是開關：當字組線上的訊號是設定時，開關就關上 (接通)，使電容器與位元線導通。如果進行的動作是寫入，則要寫入的值會被放置在位元線上；這個值如果是 1，則電容器會被充電；如果值是 0，則電容器會被放電。讀取比較複雜一些，因為此時 DRAM 要去偵測儲存在電容上的小量的電荷。在啟動字組線進行讀取之前，位元線會先被充電至高低電位之間的中間值。然後，啟動字組線以將電容中的電荷讀出至位元線上；這個動作會使位元線稍稍向高或低電位的方向移動，而這樣的變動可以被一個反應靈敏的感應放大器 (sense amplifier) 偵測出來。

DRAMs 採用包含列存取之後接著做行存取的兩層次的位址解碼器，如圖 B.9.6 中所示。列存取選擇出一個列並因此致動對應的字組線 (譯註：此處所謂的字組指的就是 DRAM 晶片中的一個列的內容；

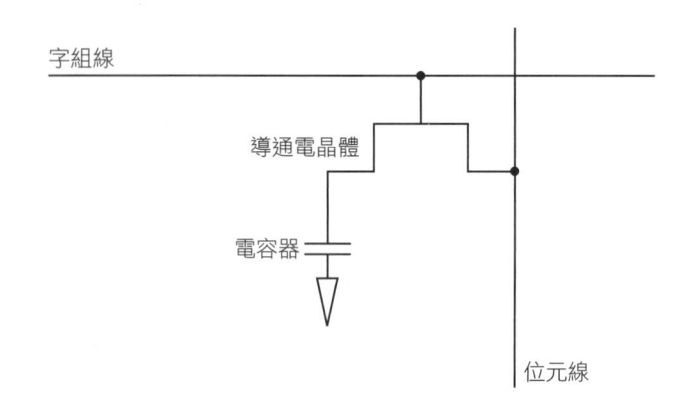

圖 B.9.5 包含一個可儲存細胞中電荷的電容、與一個用於存取該細胞內容的電晶體的單一電晶體 DRAM 細胞。

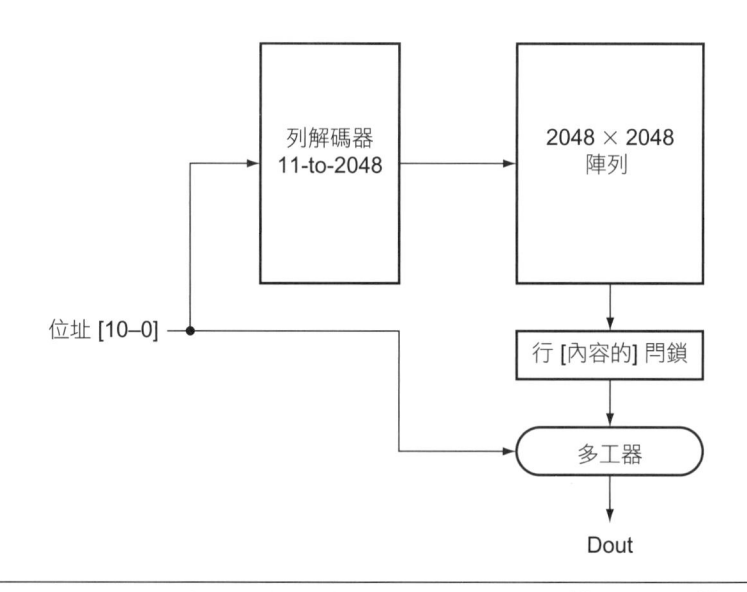

圖 B.9.6　4M × 1 的 DRAM 是以 2048 × 2048 的記憶細胞陣列構成。
列的存取用了 11 個位元來選擇一個列，並以 2048 個一位元的閂鎖來閂住這個列中所有行的內容。一個多工器再由這 2048 個位元閂鎖中選出要輸出的位元。RAS (譯註：Row Access Strobe) 與 CAS (譯註：Column Access Strobe) 訊號控制了目前這 11 個位元的部分 (一半) 位址位元何時應送往列解碼器或是行多工器。

圖利中的字組大小是 2048 個位元)。接著被致動的列中所有行的內容會被存入一組閂鎖中。之後行存取選擇行閂鎖中的所需數據 (一個位元)。為了減少接腳數以降低封裝的成本，一組位址線會在不同時間點分別用於傳送列位址與行位址；一對稱為列存取訊號 (RAS, row access strobe；strobe 的原意是閃光訊號，在真實 DRAM 應用中就是一個邏輯訊號) 與行存取訊號 (CAS, column access strobe) 的控制訊號

用來告知 DRAM 現在傳來的位址是列的位址還是行的位址。刷新的作法也就是經由讀取一個列中所有行的內容至閂鎖中然後再將它們寫回去來完成。所以一整個列的刷新可以在這樣的過程中完成。這樣的兩層次定址方式，加上內部的相關線路，造成 DRAM 的存取時間遠較 SRAM 為長 (至 5~10 倍)。在 2004 年，典型的 DRAM 存取時間範圍由 45 到 65 ns；256 Mbit 的 DRAMs 已經大量生產，而第一批 1 GB DRAMs 的客戶樣本也在 2004 年第一季備妥。DRAMs 遠低的每位元成本使得它成為構建主記憶體時的選項，而 SRAMs 較快的存取時間則使得它成為構建快取記憶體的選項。

你也許注意到了一個 64M × 4 的 DRAM 實際上在每次的列存取中會存取 8K 個位元，但是，然後在之後的行存取中丟棄除了 4 個位元以外的所有其他位元。DRAM 的設計師會利用 DRAM 的內部構造設計出讓 DRAM 能提供更高頻寬的一種方法。這個方法是讓行位址在列位址不變的情況下可以作改變，使得行閂鎖中的其他位元也可以因而被存取。為了使這個過程更快也更精確，位址的輸入是以時脈訊號來控制 (譯註：意思是不必再額外作同步確認)，形成了現在使用的 DRAM 的主流形式：同步 (synchronous) 的 DRAM 或稱 SDRAM。

從大約 1999 年起，SDRAMs 就成為大部分具有快取記憶體時主記憶體系統中記憶元件晶片的選擇。SDRAMs 可以在時脈訊號的控制下以爆量的方式循序傳輸一個列中的所有位元，提供快速的一連串位元的存取。在 2004 年，雙倍數據速率隨機存取記憶體 (DDRRAMs, Double Data Rate RAMs) 之所以被稱為雙倍數據速率是因為它們可以在外部送來的時脈訊號的上升緣和下降緣都傳輸數據，是 SDRAMs 中最多人採用的形式。我們將在第 5 章中討論這些高速的傳輸方法如何可以用來增益主記憶體的可用頻寬，來匹配處理器與快取的需求。

錯誤更正

由於大容量記憶元件中存在數據損壞的可能性，大多數計算機系統會使用某種錯誤檢查編碼 (error-checking code) 來檢測可能的數據損壞。一個廣泛使用的簡單編碼方式是同位編碼 (*parity code*)。在同位編碼中，先把一個字組中的位元值是 1 的位元數量點算出來；如果 1 的位元數量是奇數，則稱字組具有奇數同位，否則稱為偶數同位。當一個字組寫入記憶體時也會加入一個同位位元 (1 表示字組是奇數同位，0 則表示其為偶數同位)。然後，當字組被讀出時，同時會讀

取和檢查同位位元：如果記憶體讀取到的字組經點算後其同位位元和原本儲存於記憶體中的同位位元不同的話，則表示過程中發生了錯誤。

使用一個同位位元的方法可以檢測到一筆數據中的最多 1 個位元的錯誤 (譯註：應該是任何奇數個位元的錯誤都可以檢測出來)；如果有 2 個位元 (譯註：或任何偶數個位元) 的錯誤，那麼 1 個位元的同位位元檢測方法將檢測不出任何錯誤，因為同位檢查的結果會顯示並無錯誤 (實際上一個位元的同位方法可以偵測任何奇數個位元的錯誤；不過發生 3 個錯誤的機率遠比發生兩個錯誤的機率為低，所以在實際應用上 1 位元同位編碼是限制在偵測單一個位元的錯誤上)。當然，這樣的同位編碼方法沒有辦法指出在數據中發生錯誤的位元是哪一個。

一種讓我們能偵測出數據中發生錯誤，但是不能指出其明確位置因而不能更正這個錯誤的編碼。

一位元同位編碼方法是所謂的**錯誤偵測編碼方法** (error detection code)；另外還有各種稱為錯誤更正編碼 (*error correction codes*, ECCs) 的可以偵測以及允許更正數據中錯誤位元的方法。對大的主記憶體而言，許多系統使用允許偵測出多至兩個位元錯誤以及更正一個位元錯誤的編碼方法。這些編碼方法使用了更多個同位位元來編碼一筆數據；例如，典型的用於主記憶體中的編碼方法對於每 128 個位元的單筆數據需要用到 7 到 8 個同位位元。

仔細深思 1 個位元的同位編碼方法是一種距離為 2 (distance-2) 的編碼，表示如果我們觀察一筆數據以及它的同位位元，我們沒有辦法僅只改變任何一個位元就足以產生另外一個合法的數據加上同位位元的樣式。例如，如果我們改變數據中的任何一個位元，則同位檢查將無法通過；反之亦然。當然如果我們改變任何兩個數據中的位元、或者一個數據位元再加上同位位元，則同位檢查會通過而無法偵測到錯誤。因此這樣就表示在各種合法樣式之間的距離都會是 2 (或者 2 的倍數)。

為了能偵測多於一個錯誤或者更正一個錯誤，我們需要一個距離為 3 的編碼 (distance-3 code)，表示它必須具備：任何合法的「錯誤更正編碼與數據本身」彼此之間都至少有 3 個位元的差異的這種特性。假設我們有這種編碼方法，然後我們有了在數據中的一個錯誤。在這種情形下，錯誤更正編碼加上數據會和合法的編碼之間有一個位元的差異，因此我們可以將這筆資訊更正成合法的樣式。如果有兩個

錯誤發生，我們可以認定有了錯誤，但是卻無法更正這些錯誤。讓我們看一個範例：以下是 4 位元數據的數據字組與它們各自的距離為 3 的錯誤更正碼：

數據字組	編碼位元	數據字組	編碼位元
0000	000	1000	111
0001	011	1001	100
0010	101	1010	010
0011	110	1011	001
0100	110	1100	001
0101	101	1101	010
0110	011	1110	100
0111	000	1111	111

　　為了要瞭解它如何工作，我們先任意選定一個數據字組，例如 0110，它的錯誤更正編碼是 011。這筆數據中四種可能的 1 位元錯誤分別是：1110、0010、0100 與 0111。接著看看與原先數據具有相同錯誤更正編碼的其他數據還有哪些，我們找到了 0001。於是如果錯誤更正的解碼器接收到上述 4 種可能發生錯誤的字組其中之一，它就需要在更正成 0110 或是 0001 間作選擇。這四個發生了錯誤的字組與正確的字組 0110 之間都有一個位元的差異，但是它們與另外一個可能是正確的字組 0001 之間卻各自都有兩個位元的差異，因此錯誤更正機制可以簡單地決定將字組更改成 0110，因為發生單一位元錯誤的機率是遠遠為高的。要瞭解如何可以偵測兩個位元的錯誤，我們只要注意到所有發生兩個位元改變的結果都會具有不同的錯誤更正碼。唯一具有相同錯誤更正碼的數據是有 3 個位元的差異，但是如果我們只更改兩位元的錯誤，我們仍舊會得到錯誤的數據，因為編碼的方法已經假設了只有一個錯誤會發生。如果我們想要更正一個位元的錯誤並且偵測而不是錯誤地更改兩個位元的錯誤，那麼我們需要的是一個距離為 4 的編碼。

　　在以上的討論中雖然我們將數據位元與錯誤更正編碼位元視為不同來分別討論，事實上錯誤更正編碼只會將兩者合併起來看待成一個更大些的字組 (在本例中是 7 個位元)。因此它看待糾錯編碼位元中的錯誤與數據位元中的錯誤的方法是一樣的。

　　在以上範例中對於 n 個位元的一筆數據需要用到 $n-1$ 個位元的錯誤更正編碼。不過錯誤更正編碼所需的位元數隨著數據位元數的增

加其成長漸趨緩慢,所以對一個距離為 3 的編碼而言,64 位元的數據只需要用到 7 個位元的錯誤更正編碼,而 128 位元的數據則僅需 8 個位元。這種編碼方式稱為漢明碼 (*Hamming code*),是以提出這種編碼方式的 R. Hamming 而命名。

B.10 有限狀態機

有限狀態機
一種包含了一組輸入訊號、一組輸出訊號、一個下一狀態函數用來將目前的狀態與輸入訊號對應到新的狀態,以及一個輸出函數將目前的狀態與輸入訊號對應到 1 組輸出訊號,的一種循序式邏輯功能。

下一狀態函數
根據輸入訊號與目前狀態決定有限狀態機的下一狀態的組合式函數。

我們之前曾經看到,數位邏輯系統可以區分成組合式的或者循序式的兩大類。循序式的系統包含儲存於系統內部記憶元件中的狀態。它們的行為由一組送進來的輸入訊號、與內部記憶體的內容或稱系統的狀態,兩者共同決定。所以一個循序式的系統不能以真值表來描述。取而代之的是,一個循序式的系統是由**有限狀態機** (finite-state machine) 或僅稱呼為狀態機 (*state machine*) 來描述的。有限狀態機有一組可能的狀態與兩種功能,分別稱為**下一個狀態的功能** (next-state function) 與輸出的功能 (*output function*)。該組狀態相當於所有的內部儲存的可能值。因此如果內部有 n 個位元的儲存空間,就會有 2^n 個可能的狀態 (譯註:雖然這些狀態其中的某些組合可能並不需要被用到,甚至永遠不會出現)。下一個狀態的功能是一種組合式的功能,在已知輸入與目前狀態的情況下,決定系統被觸發之後的下一個狀態是什麼。輸出的功能也是根據目前的狀態與輸入訊號來產生 1 組輸出訊號。圖 B.10.1 以圖形的方式表示這些關係。

我們在這裡以及第 4 章中討論的狀態機僅限於同步式 (*synchronous*) 的。意思是狀態的改變是由時脈訊號觸發,並且每個時脈週期都會重新計算出新的狀態。所以狀態元件會在每個時脈週期被觸發來做更新,而且觸發的方式是選擇邊緣觸發。我們在本節以及整個第 4 章中都採用這種時脈控制的方式,同時我們通常並不談論到或表示出時脈訊號的存在。在整個第 4 章中我們都使用狀態機來控制處理器的執行過程、以及數據通道中的各種運作。

為了說明有限狀態機如何運作以及設計,讓我們看一個簡單而典型的範例:控制交通號誌 (第 4 章與第 5 章中包含更多詳細的如何使用有限狀態機來控制處理器運作的範例)。當有限狀態機當作控制器使用時,輸出函數往往被限制成僅與目前的狀態有關。這樣的有限狀態機稱為摩爾機 (*Moore machine*)。這是我們在整本教科書中會使

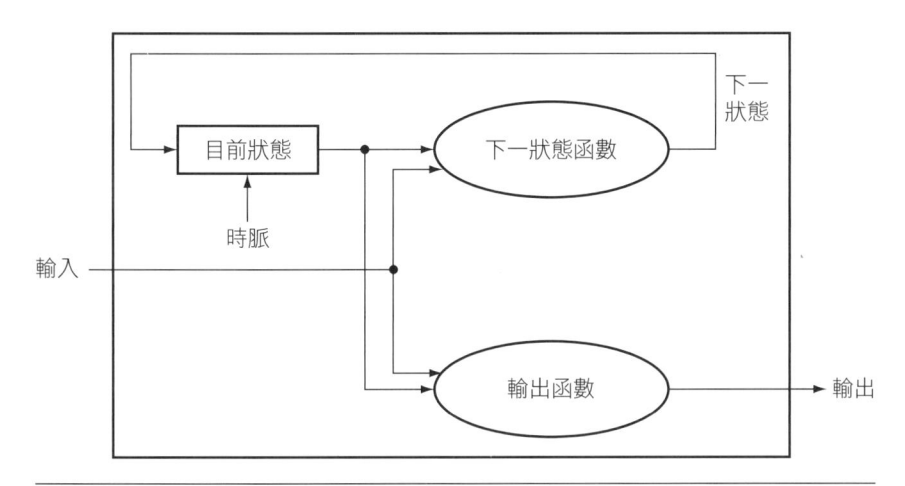

圖 B.10.1 一個狀態機包含了儲存狀態的內部儲存位置、以及兩個組合式的函數：下一狀態函數與輸出函數。

經常，輸出函數會被限制成只以目前狀態作為它的輸入參數；這並不影響循序式機器的能耐，只不過是它內部的構造稍有不同。

用的有限狀態機的類型。另一種可能性是如果輸出函數與目前狀態以及目前的外部輸入兩者都有關，這樣的機器就稱為米利機 (*Mealy machine*)。這兩種類型的機器在它們的能耐方面是相同的，其中任何一種也都能夠被改造成另外一種。摩爾機的基本好處是它可以快些，而米利機的線路可以小些，因為它可能只需要用到比摩爾機少一些數量的狀態。在第 5 章中我們會詳細討論這些差異，並且以 Verilog 來描寫一個米利型的有限狀態控制方法。

我們的範例是有關於一條南北向道路與一條東西向道路交叉口的交通號誌控制。為了簡單起見，我們只考慮紅燈與綠燈；加上黃燈這件事就先放在習題中。我們希望燈號在每個方向不要在 30 秒之內就改變，所以會採用一個 0.033 Hz 的時脈訊號，因此狀態之間的機器週期不會快於每 30 秒變換一次。有兩個輸出訊號：

- *NSlite* 南北向燈號：當這個訊號被設定時，南北向道路的號誌是綠燈；當這個訊號不被設定時，南北向道路的號誌是紅燈。
- *EWlite* 東西向燈號：當這個訊號被設定時，東西向道路的號誌是綠燈；當這個訊號不被設定時，東西向道路的號誌是紅燈。

另外，有兩個輸入訊號：

- *NScar* 南北向有車：表示在南北向的道路上有一輛車通過埋設在號誌前的路基底下的偵測器 (不論車行是向北或向南)。

- *EWcar* 東西向有車：表示在東西向的道路上有一輛車通過埋設在號誌前的路基底下的偵測器 (不論車行是向東或向西)。

交通號誌只有在有車子要在紅燈方向通過交叉口時才應該改變紅綠燈的方向；否則燈號在最後一輛車通過交叉路口後仍然應該維持在同樣方向表示綠燈。

要做出這樣的簡單交通號誌我們需要用到兩個狀態：

- *NSgreen*：交通號誌在南北向顯示綠燈。
- *EWgreen*：交通號誌在東西向顯示綠燈。

我們還需要設計一個如下表所示的下一狀態函數：

	輸入		
	NScar	**EWcar**	**Next state**
NSgreen	0	0	NSgreen
NSgreen	0	1	EWgreen
NSgreen	1	0	NSgreen
NSgreen	1	1	EWgreen
EWgreen	0	0	EWgreen
EWgreen	0	1	EWgreen
EWgreen	1	0	NSgreen
EWgreen	1	1	NSgreen

注意：在設計中我們並沒有規範當兩個方向都有車子要通行時演算法會怎麼處理。在我們的例子中下一狀態函數會改變狀態以確保：同一個道路方向上連續的車流並不會阻斷不同道路方向上的車行。

有限狀態機在規範好輸出函數後就完備了。

在我們檢視如何製作這個有限狀態機之前，讓我們先看看經常用來表示有限狀態機的圖形表示法。在這種表示法中，節點用來表示各個狀態。在節點中我們放進了那些在這個狀態中會被致動的所有輸出訊號。有向的弧線用來表示下一狀態函數，弧線上的標示則表示造成這個狀態改變的輸入訊號對應的邏輯函數。圖 B.10.2 表示這個有限狀態機的圖形表示法。

	輸出	
	NSlite	**EWlite**
NSgreen	1	0
EWgreen	0	1

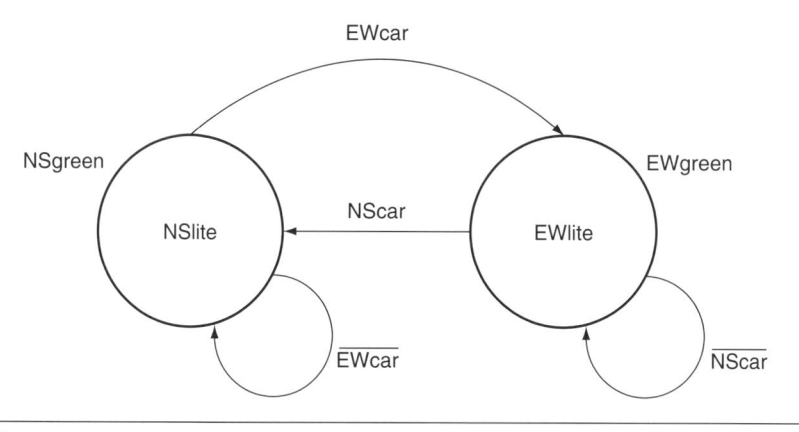

圖 **B.10.2** 包含兩個狀態的交通號誌控制器的圖形表示法。
我們化簡了狀態轉變的邏輯函數。例如在下一狀態表中從 NSgreen 到 EWgreen 的轉變是由 $(\overline{\text{NScar}} \cdot \text{EWcar}) + (\text{NScar} \cdot \text{EWcar})$ 引起的，該函數也等於 EWcar。

　　有限狀態機可以使用一個暫存器來記錄目前狀態以及一個組合式邏輯區塊來計算下一個狀態函數與輸出函數，來製作。圖 B.10.3 表示一個 4 位元的有限狀態機、也就是可以有多至 16 種狀態的狀態機的模樣。以這種方式來製作有限狀態機時，我們一定要首先對需要用到的狀態各自指派一個獨立的狀態號碼；這個過程稱為狀態指派 (*state assignment*)。例如，我們可以指派 NSgreen 為狀態 0 以及 EWgreen 為

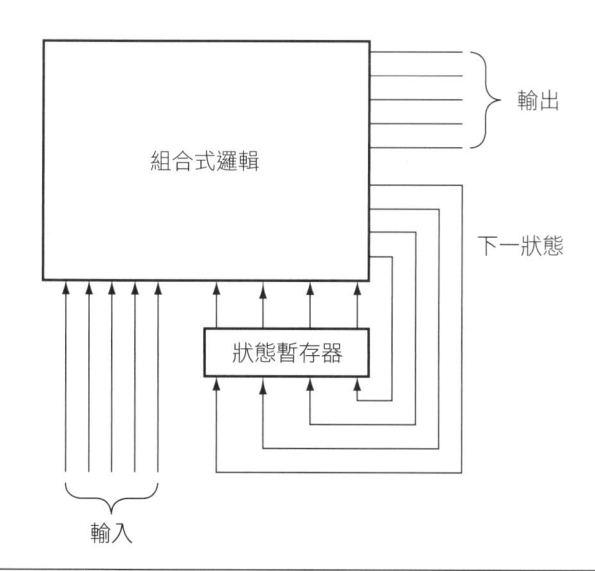

圖 **B.10.3** 有限狀態機是以一個能夠保存目前狀態的狀態暫存器，和能夠計算下一狀態和輸出這兩個函數的組合式邏輯區塊來製作的。
後面提到的這兩個函數通常會被分開做成兩個各自的邏輯區塊，這樣也許會用到比較少的邏輯閘。

狀態 1。如此則狀態暫存器可以只包含 1 個位元。下一狀態函數則會是

$$\text{NextState} = (\overline{\text{CurrentState} \cdot \text{EWcar}}) + (\text{CurrentState} \cdot \overline{\text{NScar}})$$

其中 CurrentState 是狀態暫存器的內容 (0 或 1) 而 NextState 是下一狀態函數的輸出並且將會在這個時脈週期結束時被寫入狀態暫存器中。輸出函數也很簡單：

$$\text{NSlight} = \overline{\text{CurrentState}}$$
$$\text{EWlight} = \text{CurrentState}$$

組合式的邏輯區塊通常都是使用結構性的邏輯，比如說 PLA，來製作的。PLA 可以根據下一狀態與輸出這兩個函數的功能表來自動建構出來。事實上，有一些計算機輔助設計 (computer-aided design, CAD) 的程式可以接受或者是圖像式的或者是文字式的有限狀態機的表示法，來自動產出最佳化的製作。在第 4 章與第 5 章中，有限狀態機是用來控制處理器的執行過程。◉**附錄 D** 中會討論使用 PLAs 以及 ROMs 的這些控制器的詳細製作方式。

要說明我們可能怎樣寫出在 verilog 中的控制功能，圖 B.10.4 展示了一個 Verilog 的為了作合成而設計的版本。注意就這一個簡單的控制功能而言，米利機並不非常適用，但是這一種控制方法還是用於

```
module TrafficLite (EWCar,NSCar,EWLite,NSLite,clock);
    input EWCar,NSCar,clock;
output EWLite,NSLite;
reg state;
initial state=0; // 設定初始狀態
// 以下兩道賦值指令僅只根據狀態變數來設定輸出
assign NSLite=~ state; // 若 state=0 則打開 NSLite
assign EWLite=state;  // 若 state=1 則打開 EWLite
always @(posedge clock) // 所有狀態的更新都發生在時脈訊號的上升緣
clock edge
    case (state)
       0: state=EWCar; // 只有在 EWCar 的時候變換狀態
       1: state=NSCar; // 只有在 NSCar 的時候變換狀態
    endcase
endmodule
```

圖 B.10.4 交通號誌控制器的 **Verilog** 版本。

第 5 章中來製作一個米利機類型的控制功能，以使用到較摩爾機少一些數量的狀態。

在米利機可以有更少狀態數時的摩爾機的最少狀態數是多少？

a. 2，因為可能會有一個狀態的米利機而可以達成相同的目的。

b. 3，因為可能會有一個簡單的摩爾機能夠進入兩個不同的狀態，然後之後一定會回到最初的那個狀態。對這樣子的簡單機器，兩個狀態的米利機可能就夠用了。

c. 你需要至少 4 個狀態來利用到米利機相對於摩爾機的優勢。

自我檢查

B.11 時序控制方法

在本附錄通篇以及本書的其他部分中，我們都使用邊緣觸動 (edge-triggered) 的時序控制方法。這種時序控制方法具有比準位觸動方法 (level-triggered) 較為容易理解與說明的優勢。在本節中，我們更深入一步說明這種時序控制方法，並且介紹準位敏感 (level-sensitive) 的時脈控制。最後我們以簡短討論非同步 (asynchronous) 訊號與同步器 (synchronizer) 等議題、這些對數位設計師非常重要的議題，來結束本節。

本節的目的是介紹時脈控制方法裡的主要觀念。在本節中我們做了一些重要的簡化假設；如果你想要更瞭解時序控制方法，可以參閱本附錄最後面列出的參考文獻。

我們採用邊緣觸發的時脈控制方法是因為它比較容易瞭解，也在維持正確性上有比較少的規定需要遵守。特別是，如果我們假設所有時脈訊號都能在同一時間到達線路上的不同位置，那麼我們就可以保證只要這個時脈週期夠長的話，使用邊緣觸發的系統中所有在組合式邏輯區塊之間的暫存器都可以正確運作，不會有賽跑的問題。**賽跑** (*race*) 會發生在當狀態元件儲存的內容隨著不同邏輯區塊或元件的速度不同而不同時。在邊緣觸發的設計中，時脈週期一定要夠長到能夠容納從一個正反器經過各種組合式邏輯到達另外一個正反器的延遲時間，其中還必須包含設置時間。圖 B.11.1 表示使用上升邊緣觸發的系統中的這種要求。在這樣的系統中時脈週期一定要至少是以下三種延

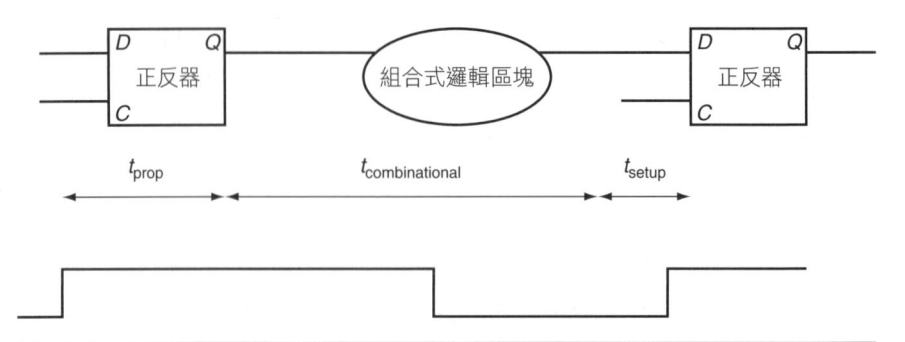

圖 B.11.1 在一個邊緣觸發的設計中，時脈訊號一定要夠長來允許正反器的輸入訊號在訊號邊緣發生之前已經先穩定了一段設置時間。

訊號從正反器的輸入傳導到正反器的輸出所需時間是 t_{prop}；然後訊號需要時間 $t_{combinational}$ 來走過組合式邏輯，之後並且一定要在下一個時脈訊號緣發生之前維持 t_{setup} 的穩定。

遲時間的最糟情況值的和

$$t_{prop} + t_{combinational} + t_{setup}$$

三種延遲時間的定義分別如下：

- t_{prop} 是訊號在通過一個正反器中傳導所需的時間；它也偶爾被稱為時脈-至-Q 的時間。
- $t_{combinational}$ 是系統中任何一塊 (根據定義，在兩個正反器之間的) 組合式邏輯的最長延遲。
- t_{setup} 是對一個正反器的輸入訊號在時脈的上升緣之前就必須要維持有效的時間。

在這裡我們做了一個簡化的假設：維持時間一定會被滿足，因為它在新近的邏輯線路中幾乎從來不是問題。

時脈扭曲

兩個狀態元件看見時脈邊緣的時間點之間的絕對時間差。

一個我們不能忽視的在邊緣觸發式設計中的額外複雜性，是**時脈扭曲** (clock skew)。時脈扭曲指的是兩個狀態元件看到時脈訊號邊緣的絕對時間差。時脈扭曲會發生是因為：時脈訊號通常會經過延遲時間各自不同的不同路徑送往不同的狀態元件上。當時脈扭曲夠大時，可能會發生一個狀態元件更新狀態之後，還會來得及導致另外一個狀態元件在相同的時脈邊緣到達之前、其輸入又已經被改變而更新成不是預期中的結果的現象。

圖 B.11.2 表示這種問題，其中忽略了設置時間與正反器的傳導延遲。如果要避免不正確的運作，時脈週期需要拉長到允許最大的時脈

圖 B.11.2 時脈扭曲如何可以造成賽跑，導致不正確運作的說明。
由於兩個正反器看見時脈訊號的時間差異，儲存進第一個正反器中的訊號可以向前賽跑，在時脈到達第二個正反器之前改變第二個正反器的輸入訊號。

扭曲。因此，時脈週期需要大於

$$t_{\text{prop}} + t_{\text{combinational}} + t_{\text{setup}} + t_{\text{skew}}$$

在這種時脈週期的限制之下，兩個時脈訊號也可以以相反的次序到達正反器，其中第二個時脈可以在早 t_{skew} 的時間到達，那麼這個線路也可以正常運作。設計師以小心為時脈訊號做繞徑的方法，來把它到達各個正反器的時間差降到最低，以降低時脈扭曲的問題。除此之外，聰明的設計師也會給予時脈訊號稍長一點的週期來提供多一些容忍度；這樣的話可以容忍一些元件的差異性以及供應電源的稍微波動。因為時脈扭曲也會影響保持時間的要求，儘可能降低時脈扭曲是非常重要的。

邊緣觸發的設計有兩個缺陷：它們需要用到額外的邏輯，以及它們有時候會比較緩慢。只要看看 D 正反器以及用來構建這種正反器的準位敏感的閂鎖，就可以知道邊緣觸發的設計用到較多的邏輯。另一種可能是使用**準位敏感的時脈控制方法** (level-sensitive clocking)。不過由於準位敏感方法中的狀態改變並非一瞬間發生的，準位敏感的方法稍微複雜一些、並且需要更多謹慎來使它正確運作。

準位敏感的時序控制

在準位敏感的時序控制 (level-sensitive timing) 中，狀態的改變都發生在時脈訊號或者為高或者為低時，而並非如同它們在邊緣觸發的方法中發生於一瞬間。由於狀態的並非於一瞬間改變，賽跑很容易發生。在時脈訊號很慢時，為了確保準位敏感的設計也能正確工作，設計師也會採用一種兩相的時脈控制 (*two-phase clocking*)。兩相的時脈控制是利用兩個不重疊的時脈訊號的方法。因為這兩個一般稱為 Φ_1 與 Φ_2 的時脈訊號是不重疊的，任何時候只有至多一個時脈訊號處於高準位，如圖 B.11.3 所示。我們可以使用這兩個時脈訊號來建構一個

準位敏感的時脈控制方法
狀態元件的狀態改變發生於時脈訊號處於高準位或低準位，但是並非如邊緣觸發的設計中發生在某一瞬間的時序控制方法。

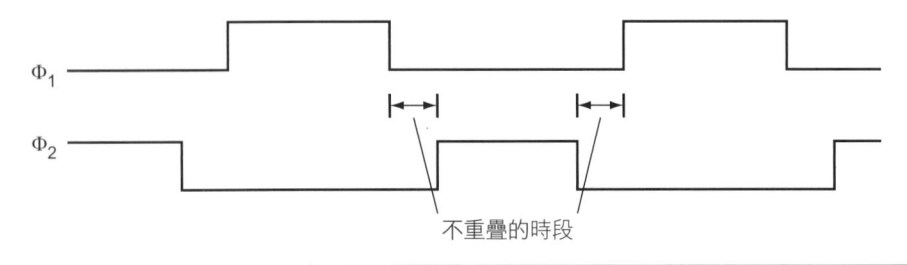

圖 B.11.3 顯示每一個時脈的週期與不重疊的時段的兩相時脈控制方法。

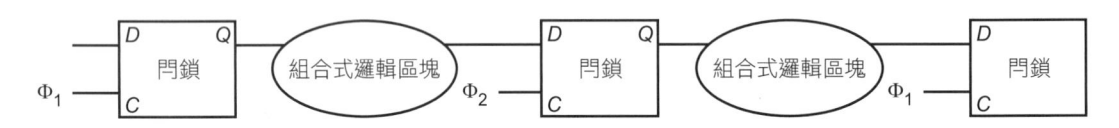

圖 B.11.4 一個以交錯著用不同時脈訊號控制的閂鎖來表示系統如何在兩個反相的時脈上運作的兩相時序控制方法。

閂鎖的輸出會在它的 C 輸入的反向期間保持穩定。於是第一個組合邏輯區塊的輸入在 Φ_2 時得到穩定的訊號，同時它的輸出也會在 Φ_2 期間鎖入閂鎖。第二個(右邊的)組合式邏輯區塊正好用相反的方式運作，在 Φ_1 期間得到穩定的輸入。因此，走過這一個組合式區塊需要的延遲時間決定了相對時脈訊號必須保持為高準位的最短時間。不重疊期間的大小取決於最大的時脈扭曲與任何一個邏輯區塊的最小延遲。

包含準位敏感閂鎖、而且不會發生賽跑情況的系統，就好像那些邊緣觸發的設計一樣。

設計這樣的系統的一個簡單方法是交替放置被 Φ_1 致動的閂鎖以及被 Φ_2 致動的閂鎖。因為兩個時脈訊號不會同時為高，賽跑不可能發生。如果對組合式區塊的輸入是在 Φ_1 時脈中產生，那這個區塊的輸出會在 Φ_2 時脈中被栓鎖住，這個閂鎖只會在輸入閂鎖已經關上因此具有穩定輸出而且在 Φ_2 期間打開。圖 B.11.4 表示兩相時序控制與交錯擺放的閂鎖的系統如何運作。如同在邊緣觸發的設計中一樣，我們必須謹慎看待時脈扭曲，特別是在這兩相的時脈之間。加寬不重疊的期間可以降低發生錯誤的機會。因此，如果兩個時脈訊號的週期都足夠長、而且不重疊的期間也足夠寬的話，系統可以保證運作正確。

不同步的輸入與同步器

在使用單一時脈訊號或者兩相的時脈訊號時，如果時脈扭曲的問題已經避免了的話，我們就可以消除賽跑情況的發生。但是如果整個系統都在一個時脈訊號的控制下運作的話，要將時脈扭曲降到很小卻是非常困難的。雖然 CPU 可能只使用單一時脈，I/O 設備卻很可能各自會有各自的時脈訊號。這種與 CPU 不同步的設備可能和 CPU 通

過一系列握手 (handshake) 的步驟來通訊。要將一個不同步的輸入訊號轉換成同步的訊號來使它能夠被用在一個循序式的系統裡，我們需要使用一個接受非同步的輸入訊號與時脈訊號、並且將輸入訊號變成與時脈訊號同步的輸出訊號的同步器 (*synchronizer*)。

在我們建構同步器的第一個嘗試中使用的是邊緣觸發的 D 正反器，輸入則是一個非同步訊號，如圖 B.11.5 所示。由於我們是透過一個握手規約 (handshake protocol) 來進行訊號的認定，所以是在這個時脈週期中還是下一個中偵測到一個非同步訊號的被設定並無所謂，因為這個非同步訊號會保持被設定、直到它被通知已收到訊號。所以你可以認為這樣一個簡單的構造已經足以正確的採認非同步訊號；事實上除了一個小小的問題之外，也的確是如此。

問題出在一種稱為**亞穩定** (metastability) 的情況 (譯註：meta 的原意是「變動中的、不穩定的、在之間的」)。假設這個非同步訊號在時脈邊緣到達時正在高與低準位之間轉變。明顯地，這個訊號會被記錄成高或低難以判斷。這個問題我們還能忍受。但是情況其實更糟：當採認的訊號無法在需要的設置時間與保持時間內維持穩定，正反器可能會進入**亞穩定**的狀態。在這種狀態中輸出不具有合法的高或低準位、而是會在一種兩者之間、不確定的準位值。並且，正反器不保證在多久的時間限制一定可以脫離這種狀態。於是有一些邏輯區塊會將這個正反器的輸出認做是 0、而其他的可能會認作是 1。這種情況稱為**同步器失效** (synchronizer failure)。

在一個純粹的同步系統中，同步器失效可以經由確保正反器或閂鎖的設置時間與維持時間一定會滿足來避免，不過這在輸入訊號是非同步時難以保證。於是，唯一的可行方法是在查看正反器的輸出前等待足夠久的時間，來確保它即使進入過亞穩定的狀態，也已經脫離亞穩定狀態，輸出穩定。但是多久才夠久？唔，正反器會停留在亞穩定狀態的機率隨著時間呈現指數式的下降，所以在一段非常短的時間後

亞穩定
發生在當一個訊號在必須要經過的設置時間與維持時間期間不穩定的時候被採樣的情況，可能導致訊號的值落在高準位與低準位之間的不可判斷的區間時被採樣。

同步器失效
正反器進入亞穩定狀態，以致於有些邏輯區塊將其輸出讀取成 0、另外一些讀取成 1 的情況。

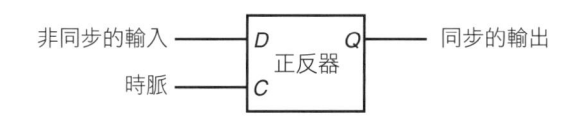

圖 B.11.5　由 D 正反器構建的同步器用來採認非同步的輸入訊號並產出與時脈同步的輸出。

這個「同步器」並不能恰當動作！

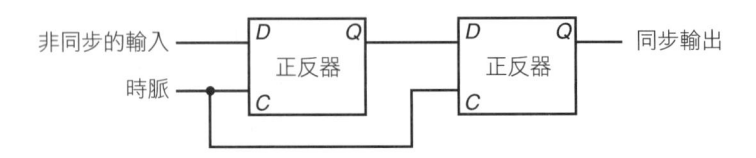

非同步的輸入 ──▶ │D Q│ 正反器 │C│ ──▶ │D Q│ 正反器 │C│ ──▶ 同步輸出
時脈 ──●──────────────────────┘

圖 B.11.6　如果我們想要避免過早採樣造成亞穩定狀態的期間短於時脈週期，則這個同步器會正確運作。

雖然第一個 D 正反器的輸出可能處於亞穩定狀態，但是直到第二個時脈訊號之前、當第二個 D 正反器採樣訊號、在那個時候亞穩定狀態應該已經結束之後，它不會被任何其他邏輯元件看見。

正反器在亞穩定狀態中的機率已經非常低；不過這個機率永遠不會低到 0！所以設計師等到同步器失效的機率已經非常低時就繼續進行處理，這種情形下發生同步器失效的時間間隔可以長到數年、甚至於數千年之久。

對大部分正反器的設計而言，等待數倍於設置時間那麼久就可以使得同步失效的機率非常低。如果時脈週期大於可能的亞穩定期間 (現況大致就是如此)，則可靠的同步器可以以兩個 D 正反器來建構，如圖 B.11.6 所示。如果你想知道更多相關的問題，可以參閱後附的參考文獻。

> **自我檢查**
>
> 假設我們有一個具有非常大時脈扭曲——比暫存器**傳導時間** (propagation time) 還大——的設計。對這樣的設計，是否一定可以經由降低時脈速率到一定程度來保證邏輯恰當運作？
>
> a. 是的，如果時脈夠慢，訊號一定能夠完成傳導，即使時脈扭曲很大，這樣的設計是可行的。
>
> b. 不行，因為可能兩個暫存器看到同一個時脈邊緣的時間差異很大，以至於第一個暫存器被觸發更新內容後，它的輸出經過傳導後，在同一個時脈邊緣觸發第二個暫存器時被第二個暫存器當成輸入接受了，而更新成錯誤的值。

傳導時間
正反器的一個輸入傳導到正反器輸出需要的時間。

B.12　現場可程式化設備

在客製化或半客製化的晶片中，設計師可以善用半導體技術提供的設計彈性來任意製作出組合式或循序式的邏輯。如果設計師不希望

用客製化或半客製化積體電路的製作方法來製作複雜邏輯時，卻仍然能夠利用到製程能提供的非常高度整合的好處？除了客製化和半客製化積體電路以外，最常用於製作組合式與循序式邏輯設計的組件就是**現場可程式化設備** (field programmable device, FPD)。FPD 是包含了組合式邏輯、也許還有記憶元件，可以被終端使用者來組態 (configurable，這是一個領域中的慣用術語，意思不過就是組織、聯結) 的積體電路。

FPDs 一般可分為兩大類：**可程式化邏輯設備** (programmable logic devices, PLDs)，是完全組合式的，以及**現場可程式化閘陣列** (field programmable gate arrays, FPGAs)，能提供組合式邏輯與正反器兩類元件。PLDs 存在兩種形式：**簡單的 PLDs** (simple PLDs, SPLDs)，一般就是 PLA 或者是**可程式化陣列邏輯** (programmable array logic, PAL) 以及複雜的 PLDs，它的內部可以有多個邏輯區塊以及各區塊間的可供組態的互聯聯線。當我們談到 PLD 中的 PLA，我們的意思是指能夠具有讓使用者程式化的 AND-平面與 OR-平面的 PLA。PAL 與 PLA 很相像，只不過它裡頭的 OR-平面是固定住的。

在我們討論 FPGAs 之前，先談一下 FPDs 是如何被組態的會有幫助。進行組態的工作基本上就是決定哪裡要放上或者打斷那些聯線。邏輯閘與儲存元件的排列放置構造是固定的，但是聯線是可以被組態的。注意在處理這些聯線的時候使用者其實是在決定要做出什麼邏輯功能。思考一個可組態的 PLA：經由決定在 AND-平面與 OR-平面中的各條聯線，使用者就決定了這個 PLA 執行的邏輯功能。FPDs 中的聯線或者是永久的或者是可組態的。永久的聯線是有關於產生或者破壞掉兩根線之間的聯結。目前的 FPLDs 都使用**反保險絲** (antifuse) 技術，允許一個聯結在程式化時間的期間放上，之後成為永久性的。另外一個組態 CMOS FPLDs 的方法是經由使用 SRAM。先在 SRAM 中下載線路的聯結，然後用它的內容來控制開關的設定，因而決定了哪些金屬線會聯接在一起。使用 SRAM 來控制的好處是 FPD 的可以通過改變 SRAM 的內容來重新組態。SRAM 控制的方法缺點有兩方面：組態的內容會隨著電源關閉而揮發掉，必須在重新開啟電源之後再次下載；以及使用電晶體的啟閉當成開關時這樣的聯線會有稍高的電阻值。

FPGAs 中含有邏輯與記憶元件兩者，通常是排列成二維的陣列

現場可程式化設備
包含了組合式邏輯、也許還有記憶元件，可以被終端使用者來組態的積體電路。

可程式化邏輯設備
包含了功能可以被終端使用者做組態的組合式邏輯的積體電路。

現場可程式化閘陣列
包含了組合式邏輯區塊與正反器的可組態的積體電路。

簡單的可程式化邏輯設備
可程式化的邏輯設備，一般就是包含了單一個 PAL 或者是 PLA。

可程式化陣列邏輯
包含了一個可程式化的 AND-平面後面接著一個固定的 OR-平面。

反保險絲
當被程式化之後會在兩根導線之間生成一個永久性聯結的積體電路中的構造。

並且在列與行之間留下陣列中各細胞的全域性互聯線路的廊道。每一個細胞就是可以被程式化來執行某種功能的一群邏輯閘與正反器的組合。因為它們基本上就是小小的可程式化的 RAMs，它們也被稱呼為**查找表** (lookup tables, LUTs)。新近的 FPGAs 包含較複雜的，譬如一些加法器與可用來建構暫存器檔案的 RAMs 區塊的，建構方塊。只要幾個大型的 FPGAs 甚至於可以容納好幾個 32-位元的 RISC 核！

查找表
在現場可程式化設備中，給予一些包含了少量邏輯與 RAM 的細胞的名稱。

除了對每個細胞做程式化來執行特定的功能，在細胞間的聯線也可以被程式化，讓含有數百個區塊與數十萬個邏輯閘的現代的 FPGAs 能夠用來處理複雜的邏輯功能。在客製化的晶片中，繞徑與聯結各區塊 / 細胞是重大的挑戰，而這點在 FPGAs 中更是如此，因為在結構性的設計中細胞難以完美代表很恰當地分解後的單元。在許多 FPGAs 中 90% 的面積是用於互相聯結，而只有 10% 是用於邏輯與記憶區塊。

就像是你在設計客製化或半客製化的晶片時不能夠沒有 CAD 工具，對 FPDs 也不能夠不使用它們。為 FPGAs 設計的邏輯合成工具已經發展出來，使得使用 FPGAs 的系統可以經由結構性的與行為性的 verilog 描述產生出來。

B.13 總結評論

本附錄介紹邏輯設計的基礎。在學習了這個附錄中的教材之後，你已經準備好去研讀第 4 章與第 5 章的內容。這兩章都大量使用了本附錄介紹的觀念。

進一步閱讀

在邏輯設計領域有很多很好的教材。以下是一些你可能想要閱讀的教本：

Ciletti, M. D. (2002). *Advanced Digital Design with the Verilog HDL* . Englewood Cliff s, NJ: Prentice Hall. *A thorough book on logic design using Verilog.*

Katz, R. H. (2004). *Modern Logic Design* (2nd ed.). Reading, MA : Addison-Wesley. *A general text on logic design.*

Wakerly, J. F. (2000). *Digital Design: Principles and Practices* (3rd ed.). Englewood Cliffs, NJ : Prentice Hall. *A general text on logic design.*

B.14 習題

B.1 [10] <§B.2> 除了本節中我們談到的基本定律以外，還有兩個稱為迪摩根定理 (DeMorgan's Theorems) 的重要定理：

$$\overline{A + B} = \overline{A} \cdot \overline{B} \text{ and } \overline{A \cdot B} = \overline{A} + \overline{B}$$

以下列的真值表形式證明迪摩根定理：

A	B	$\overline{A}$	$\overline{B}$	$\overline{A+B}$	$\overline{A} \cdot \overline{B}$	$\overline{A \cdot B}$	$\overline{A} + \overline{B}$
0	0	1	1	1	1	1	1
0	1	1	0	0	0	1	1
1	0	0	1	0	0	1	1
1	1	0	0	0	0	0	0

B.2 [15] <§B.2> 以迪摩根定理以及第 731 頁中的公理、原理證明在第 731 頁範例中的兩道 E 的函式相等。

B.3 [10] <§B.2> 說明具有 n 個輸入變數的函數其真值表具有 2^n 個項次。

B.4 [10] <§B.2> 一個具有多種用途 (包括用於加法器中以及計算同位關係時) 的邏輯功能稱為*互斥或* (exclusive OR)。兩個輸入的「互斥或」功能只有在正好一個輸入為真時其輸出為真。表示兩個輸入的互斥或的真值表，並且以 AND 閘、OR 閘以及反轉閘製作該閘。

B.5 [15] <§B.2> 以表示如何使用二個輸入的 NOR 閘製作出且、或、以及反轉的功能來證明 NOR 閘是通用型 (universal) 的閘。

B.6 [15] <§B.2> 以表示如何使用二個輸入的 NAND 閘製作出且、或、以及反轉的功能來證明 NAND 閘是通用型 (universal) 的閘。

B.7 [10] <§§B.2, B.3> 建構四-輸入、奇同位功能的真值表 (參見第 75 頁中對同位的說明)。

B.8 [10] <§§B.2, B.3> 任意以正為真或反為真的輸入與輸出使用且閘與或閘製作四個輸入的奇同位功能。

B.9 [10] <§§B.2, B3> 以 PLA 製作四個輸入的奇同位功能。

B.10 [15] <§§B.2, B.3> 以表示如何能以多工器做出 NAND 功能 (或 NOR 功能) 來證明兩個輸入的多工器也是通用型的。

B.11 [5] <§§4.2, B.2, B.3> 假設 X 中包含三個位元 x_2、x_1 與 x_0。寫出四道邏輯函數使其為真若且唯若

- X 中僅含有一個 0
- X 中含有偶數個 0
- X 以無號二進制數字解讀時小於 4
- X 以有號 (二的補數) 數字解讀時是負數

B.12 [5] <§§4.2, B.2, B3 > 以 PLA 製作習題 B-11 中的四個函數。

B.13 [5] <§§4.2, B.2, B.3> 假設 X 中包含三個位元 x_2、x_1 與 x_0，而 Y 中包含三個位元 y_2、y_1 與 y_0。寫出邏輯函數使其為真若且唯若

- X < Y，其中 X 與 Y 視為無號的二進制數字
- X < Y，其中 X 與 Y 視為有號 (二的補數) 數字
- X = Y

採用階層式的方法以便擴展成可以處理更多位元的數字。表示你如何可以擴展成可以處理 6-位元的數字。

B.14 [5] <§§B.2, B.3> 製作一個接受兩個數據輸入 (*A* 與 *B*) 並且產生兩個數據輸出 (*C* 與 *D*)，以及一個控制輸入 (*S*) 的切換網路。當 *S* 等於 1，網路處於通過 (pass-through) 模式，此時 *C* 應等於 *A* 並且 *D* 應等於 *B*。當 *S* 等於 0，網路處於交叉 (crossing) 模式，此時 *C* 應等於 *B* 並且 *D* 應等於 *A*。

B.15 [15] <§§B.2, B.3> 從乘積之和 (sum-of-products) 的表示式開始，將 736 頁中的 *E* 表示為和之乘積 (product-of-sums) 的表示式。你會需要用到迪摩根定理。

B.16 [30] <§§B.2, B.3>　設計可以將包含了 AND、OR 與 NOT 的任意邏輯表示式轉換成積之和 (sum-of-products) 表示式的演算法。演算法需為遞迴式 (recursive) 的而且在過程中不應建構真值表。

B.17 [5] <§§B.2, B.3>　表示一個多工器 (輸入有 A、B 與 S；輸出是 C) 的真值表，並儘可能使用不在乎項來簡化這個表。

B.18 [5] <§B.3>　下列 Verilog 模組的功能是什麼：

```
module FUNC1 (I0, I1, S, out);
    input I0, I1;
    input S;
    output out;
    out = S? I1: I0;
endmodule

module FUNC2 (out,ctl,clk,reset);
    output [7:0] out;
    input ctl, clk, reset;
    reg [7:0] out;
    always @(posedge clk)

    if (reset) begin
            out <= 8'b0 ;
    end
    else if (ctl) begin
            out <= out + 1;
    end
    else begin
            out <= out - 1;
    end
endmodule
```

B.19 [5] <§B.4>　第 779~781 頁中的 Verilog 碼描述的是 D 正反器 (flip-flop)。寫出 D 閂鎖 (latch) 的 Verilog 碼。

B.20 [10] <§§B.3, B.4>　寫出描述 2- 至 -4 解碼器 (與 / 或編碼器) 的 Verilog 模組。

B.21 [10] <§§B.3, B.4>　已知下方所示累加器的邏輯圖，寫出描述它的 Verilog 模組。假設暫存器是正緣觸發的以及 Rst 是非同步的。

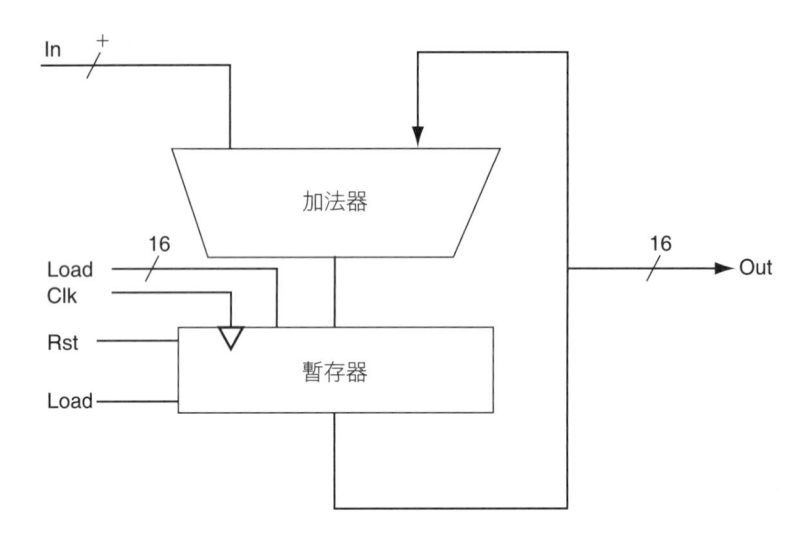

[圖：加法器與暫存器電路,輸入 In、Load、Clk、Rst、Load,輸出 Out,資料寬度 16 位元]

B.22 [20] <§§C.3, B.4, B.5> 3.3 節介紹了乘法器的基本運作與可能的製作方法。在這些製作方法中,一個基本的單元是「移位-與-加」單元。寫出這個單元的 Verilog 描述。表示你如何能夠使用這個單元來建構一個 32-位元的乘法器。

B.23 [20] <§§C.3, B.4, B.5> 重複習題 B.22 來設計製作一個無號的除法器,而不是乘法器。

B.24 [15] <§B.5> ALU 經由判斷加法器產生的符號位元來支援「在小於時設定 (slt)」指令。讓我們以數值 -7_{ten} 與 6_{ten} 來試試「在小於時設定」的運作。為了簡化以下說明,我們限制二進制的表示法為 4 位元的:1001_{two} 與 0110_{two}。

$$1001_{two} - 0110_{two} = 1001_{two} + 1010_{two} = 0011_{two}$$

結果似乎表示 7 大於 6,而這顯然是錯的。所以我們一定要將滿溢納入考慮。將在圖 B.5.10 的 1 位元 ALU 修改來正確處理 slt。在影印的這張圖上做設計修改來節省時間。

B.25 [20] <§B.6> 在做加法時,判斷是否發生滿溢的簡單方法是檢查進入最重要位元的進位輸入是否與最重要位元送出的進位輸出相等。證明這個檢查的結果與圖 3.2 所得結果是一樣的。

B.26 [5] <§B.6> 對於在第 769 頁中的 16-位元加法器進位前瞻邏輯設計,以新的標示法重新寫出相關表示式。也就是,使用 c4、c8、c12、... 而非 C1、C2、C3、...。另外,以 Pi,j; 表示由位元 i 位置到位

元 j 位置的傳導訊號，以及 $G_{i,j}$; 表示由位元 i 到位元 j 的產生訊號。例如，表示式

$$C2 = G1 + (P1 \cdot G0) + (P1 \cdot P0 \cdot c0)$$

可以改寫成

$$c8 = G_{7,4} + (P_{7,4} \cdot G_{3,0}) + (P_{7,4} \cdot P_{3,0} \cdot c0)$$

這樣的更通用的標示法在建構更寬的加法器時會有幫助。

B.27 [15] <§B.6> 使用習題 B.26 中的標示法，並以 16 位元的加法器當作基本建構區塊，寫出進位前瞻邏輯中 64 位元加法器的相關表示式。在你的解答中請包含一個類似於圖 B.6.3 的邏輯設計圖。

B.28 [10] <§B.6> 現在來計算加法器的相對效能。假設相當於只包含 OR 或 AND 項的任意表示式相對的硬體，譬如在第 766~767 頁中的 pi 與 gi 表示式，耗時是一個時間單位，T。包含好幾個 AND 項 OR 在一起的表示式，譬如在第 766~767 頁中的 c1、c2、c3 與 c4，於是就會耗時兩個時間單位，2T。理由是它會先花費 T 的時間來產出 AND 項、然後再一個 T 時間來產出 OR 的結果。對漣波進位與進位前瞻的 4- 位元加法器，分別計算它們的耗時與效能的比例。如果表示式中的項次又更進一步由其他的表示式來代表，那就請針對那一些中間的表示式加記恰當的延遲時間；並且繼續採用這種方法直到真正的輸入位元被直接使用在表示式中為止。在解答中對兩種加法器都加入它們的邏輯設計圖，並且標註計算過程中得到的各個延遲時間；特別應該要強調出哪一條路徑是最糟情況延遲的路徑。

B.29 [15] <§B.6> 這個習題相似於習題 B.28，但是這一次要計算 16- 位元加法器在 1) 只使用漣波進位、2) 漣波進位但是每 4 位元一組使用進位前瞻、以及 3) 在第 766 頁上的進位前瞻方法，三者的相對速度。

B.30 [15] <§B.6> 這個習題相似於習題 B.28 與 B.29，但是這次計算 64- 位元加法器在 1) 只使用漣波進位、2) 漣波進位以及每 4- 位元一組使用進位前瞻、3) 漣波進位以及每 16- 個位元一組使用進位前瞻、與 4) 在習題 B.27 中的進位前瞻方式，四者的相對速度。

B.31 [10] <§B.6> 我們可以不要把加法器想成是一個能夠加兩個數

字、並且把進位位元聯繫起來的設備;而是把加法器想成一個能夠把三個輸入訊號 (ai, bi, ci) 加在一起、並且產出兩個輸出訊號 (s, ci+1) 的硬體。在只要將兩個運算元相加的時候,這樣的觀察並派不上用場。但是如果要加在一起的數字超過兩個,這樣做就可能可以降低進位處理的耗時。它的觀念就是將三個要相加的數字處理之後,產生兩個獨立的結果,分別稱為和 S′ (和的位元)、與進位 C′ (進位的位元)。在這項處理過程結束後,我們還需要把 S′ 與 C′ 再用一個正常的加法器加在一起來得到真正的和。這個把進位位元的傳導處理延遲到最後我們把這兩個數字相加的時候的技術,就稱為**進位保留 (到最後) 的加法 (carry save addition)**。在下方的圖 B.14.1 中的右下角表示這樣的構造的方塊圖,其中表示了 4 個運算元經過兩層進位保留加法器之

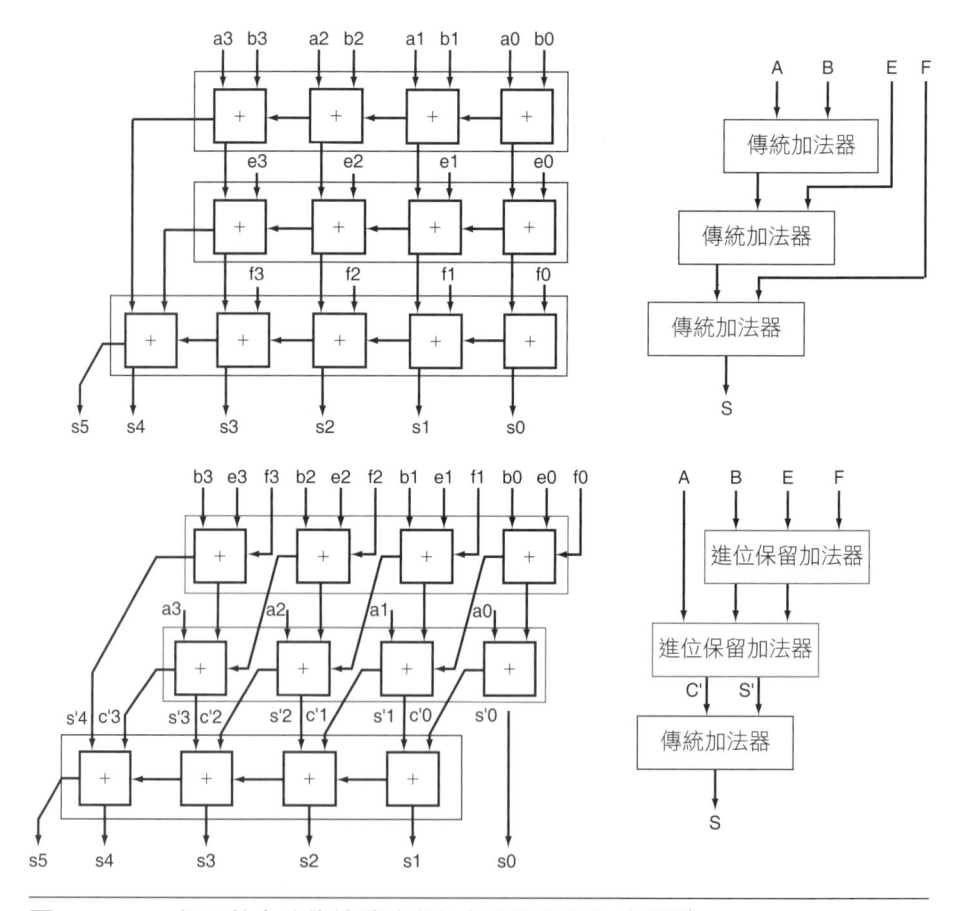

圖 B.14.1　4 位元數字的傳統漣波進位與進位保留加法運算。
詳細的過程顯示於左方,其中各別位元的訊號以小寫的字母顯示;對應的高階方塊圖顯示於右方,其中整個數字的訊號以大寫字母表示。注意四個 n 位元數字的和可能需佔用到 $n+2$ 個位元。

後，再連接上一個正常加法器。

計算要將 4 個 16 位元的數字相加時，1) 完全使用進位前瞻的加法器，以及 2) 使用進位保留加法器與最後使用一個進位前瞻加法器來產出最終結果時，所需耗時各為多少個 T？(使用習題 B.28 中的時間單位 T。)

B.32 [20] <§B.6>　在計算機中，也許最可能希望使用許多加法器來將許多數字在一個時脈週期內立刻相加的情況，就是當我們想要快速地執行乘法時。與在第 3 章中介紹的乘法演算法相較，使用進位保留方法與許多加法器的方式可以在執行乘法上快上超過 10 倍。這個習題要估計組合式的乘法器在將兩個 16 位元的正數相乘時的硬體成本與速度。假設你有 16 個稱為部分積 (partial products)、也就是被乘數與乘數中的位元 m15、m14、...、m0 做 AND 結果的中間項 M15、M14、...、M0。想法就是使用足夠數量的進位保留加法器來將 n 個運算元每 3 個一組同時把它們縮減成 $2n/3$ 個運算元、並且重複這樣做直到最後剩下兩個大的運算元為止，然後再用一個傳統加法器把它們加出最後的乘積。

首先，做出如圖 B.14.1 右方的方塊圖構造來將這 16 個項次以 16 位元的進位保留加法器相加。然後計算加這 16 個數字需要的耗時。接著將這個耗時與第 3 章中反覆的乘法方法，但是現在假設只反覆 16 次時，使用習題 B.29 中已計算過其速度的、具有完全進位前瞻的 16 位元加法器的耗時作比較。

B.33 [10] <§B.6>　有的時候我們想把許多數字加總起來。假設你想要使用 1 位元的全加器加總四個 4 位元的數字 (A, B, E, F)。先不要考慮進位前瞻。你很可能把 1 位元的加法器以圖 B.14.1 上方的方式建構起來。在這個傳統建構方式的下方表示的是比較有創意的建構方法。嘗試以這兩種不同的建構方法來加總這四個數字，並說明你會得到相同的答案。

B.34 [5] <§B.6>　首先，劃出如圖 B.14.1 的能將 16 個項次相加的 16 位元進位保留加法器方塊圖。假設經過每一個 1 位元加法器的延遲是 2T。計算將四個 4 位元數字相加時，圖 B.14.1 上方構造與下方構造分別所需的時間。

B.35 [5] <§B.8>　經常，你會預期在給定的、包含一個數值輸入 D 與一個時脈輸入 C 的變化描述的，時序圖中 (有如分別在圖 B.8.3 中以及圖 B.8.6 中)，兩者的輸出波形 (Q) 對 D 閂鎖與 D 正反器會有所不同。用一或兩句話，說明在什麼情況 (也就是譬如輸入訊號的本質)下，這兩個輸出的波形將不會有任何不同。

B.36 [5] <§B.8>　在圖 B.8.8 顯示了 MIPS 數據通道中暫存器檔案的製作方法。假設要設計一個新的暫存器檔案，但是其中只有兩個暫存器與單一的讀取埠，以及每一個暫存器只有兩個數據位元。重新劃出圖 B.8.8 並以每一條線來僅代表一個位元的數據 (不同於圖 B.8.8 中的有一些線代表 5 個位元以及一些線代表 32 個位元)。以 D 正反器來劃出這些暫存器。圖中不需要表示出如何製作 D 正反器或是多工器的細節。

B.37 [10] <§B.10>　一位朋友希望你幫他設計一個「電子眼」("electronic eye") 用來假裝成一個安保設備。這個設備包含三個排成一列的燈光，由三個每當設定時就會使對應的燈光亮起的左、中、右輸出訊號來控制。任何一瞬間只有一個燈光會亮起，同時這些燈光會由左向右移動、然後再由右向左移動，希望因此嚇退那些相信這個設計是在監視他們動作的竊賊。劃出規範這個電子眼行為的有限狀態機的圖示。注意這個電子眼的閃動速率會被時脈速率所控制 (其不應該太快) 並且這個設備基本上是沒有輸入訊號的。

B.38 [10] <§B.10>　為你在習題 B.37 中建構的有限狀態機指定狀態編號，並對每個輸出與下一狀態的各個位元寫出一組各別的邏輯方程式。

B.39 [15] <§§B.2, B.8, B.10>　使用三個 D 正反器與必須的邏輯閘建構一個 3 位元的計數器。輸入應該包含一個能夠重置計數器到 0，稱為 *reset* 的訊號，與一個能夠遞增計數器輸出，稱為 *inc* 的訊號。輸出則是計數器內含的值。當計數器的值是 7 而且繼續遞增時，則應該會繞回頭成為 0。

B.40 [20] <§B.10>　格雷碼 (*Gray code*) 是一系列具有從一個編碼轉換到下一個編碼時只會有一個位元會改變這種特性的二進制數字編碼。例如以下是一種三位元二進制的格雷碼：000、001、011、010、

110、111、101 與 100。使用三個 D 正反器與一個 PLA，建構一個 3 位元、具有兩個輸入：重置 (*reset*) 會將計數器的值設為 0、以及遞增 (*inc*) 會將計數器的值變成其下一個接續的值，的格雷碼計數器。注意這個碼是循環式的，所以在 100 之後接續的值會是 000。

B.41 [25] <§B.10> 我們希望在第 797 頁的交通號誌範例中加入一個黃燈。為了這樣做，我們改變時脈訊號為在 0.25 赫茲運行 (每 1 個時脈週期的時間是 4 秒鐘)，這也是黃燈持續的時間。為了避免綠燈與紅燈變換太快，我們加入一個 30 秒的計時器。這個計時器有一個輸入訊號稱為計時器重置 (*TimerReset*)，其能夠重新開始計時器的計時；與一個輸出訊號稱為計時器訊號 (*TimerSignal*)，其表示 30 秒的期間已經結束。另外，我們必須重新定義包含黃燈的各種交通訊號。我們以定義兩個燈號的輸出訊號：green 與 yellow 來達成這個目的。如果輸出 NSgreen 被設定了，則綠燈亮起；如果輸出 NSyellow 被設定了，則黃燈亮起；如果兩個訊號都是關閉的，則紅燈亮起。不要同時設定綠燈與黃燈這兩個訊號，因為在美國的駕駛人一定會感到困惑，即便是歐洲的駕駛人可能會瞭解這代表的意思！為這個改善後的交通號誌控制器劃出其有限狀態機的圖形表示。選用一些不同於輸出訊號的狀態名稱。

B.42 [15] <§B.10> 製作出習題 B.41 中交通號誌控制器的下一狀態與輸出功能的表。

B.43 [15] <§§B.2, B.10> 為習題 B.41 中的交通號誌控制器各個狀態指定狀態編號，並利用習題 B.42 中的表列出每一個輸出訊號與下一狀態輸出的邏輯方程式。

B.44 [15] <§§B.3, B.10> 以 PLA 的形式製作習題 B.43 中的邏輯方程式。

自我檢查的解答

§B.2，第 733 頁：否。若 $A=1$，$C=1$，$B=0$，第一式為真，然而第二式為偽。

§B.3，第 745 頁：C。

§B.4，第 749 頁：它們都完全相同。

§B.4，第 752 頁：A＝0，B＝1。
§B.5，第 764 頁：2。
§B.6，第 773 頁：1。
§B.8，第 786 頁：c。
§B.10，第 801 頁：b。
§B.11，第 806 頁：b。

索引

1 的補數　one's complement　87
D 正反器　D flip-flop　779
Java 位元組碼　Java bytecode　141
Java 虛擬機器　Java virtual machine, JVM　141
MIMD　560
MIPS 百萬指令每秒　million instructions per second　53
PC 相對定址法　PC-relative addressing　123

1 劃

一致的記憶體存取　uniform memory access, UMA　572

2 劃

二進制數元　binary digit　13, 80
十六進位　hexadecimal　88

3 劃

下一狀態函數　next-state function　503
下一個狀態的功能　next-state function　796
工作負載　workload　46
工作階層平行性　task-level parallelism　552

4 劃

不做對映　unmapped　492
不被設定　deasserted　273
不精確的例外　imprecise exceptions　358
不精確的插斷　imprecise interrupts　358
中央處理器時間　CPU time　32
中央處理器執行時間　CPU execution time　32
中央處理器單元　central processor unit　19
內儲程式的觀念　stored-program concept　69
分支不發生　branch not taken　278
分支目標位址　branch target address　277

分支目標緩衝器　branch target buffer　350
分支延遲槽　branch delay slot　348
分支指令是被延遲的　delayed　280
分支發生　branch taken　278
分支預測　branch prediction　308
分支預測緩衝器　branch prediction buffer　347
分支歷程表　branch history table　347
分別的編譯　separate compilation　662
分區段法　segmentation　471
分開式快取　split cache　435
分數　fraction　215
及時編譯器　Just In Time compiler, JIT　142
反保險絲　antifuse　807
反相依性　antidependence　364
反應時間　response time　29
文字部分　text segment　111, 657

5 劃

主記憶體　main memory 或 primary memory　22
主動式矩陣　active matrix　17
半導體　semiconductor　24
可重新啟動　restartable　489
可執行檔　executable file　136
可程式化的唯讀記憶體　programmable ROMs, PROMs　739
可程式化的唯讀記憶體　read-only memory, ROM　739
可程式化陣列邏輯　programmable array logic, PAL　807
可程式化邏輯陣列　programmable logic array, PLA　737
可程式化邏輯設備　programmable logic devices, PLDs　807

外部的　external　655
巨集　macros　648
平行處理程式　parallel processing program
　553
必須(發生)的錯失　compulsory misses　500
未解決的參考　unresolved references　648
正反器　flip-flops　778
正式變數　formal parameter　661

6 劃

交換空間　swap space　474
全域的　global　655
全域指標　global pointer　109
全連接　fully connected　595
全關聯式　fully associative　440
共享記憶體多處理器　Shared Memory
　Processors, SMPs　553
同步　synchronization　572
同步系統　synchronous system　775
同步器失效　synchronizer failure　805
同時多緒處理　simultaneous multithreading,
　SMT　569
名稱相依性　name dependence　364
向量的插斷　vectored interrupts　353
向量通道　vector lanes　565
回頭修補　backpatching　657
多重派發　multiple issue　359
多核微處理器　multicore microprocessors　7,
　553
多級網路　multistage networks　595
多處理器　multiprocessor　552
多層級快取　multilevel cache　449
字組　word　73
安朵定律　Amdahl's Law　51
有限狀態機　finite-state machine　503, 796
有效位元　valid bit　424
次級記憶體　secondary memory　22
行　line　412
行為上的規格　behavioral specification　746

7 劃

伺服器　servers　3
位元　bit　13
位元組　terabytes　4
位址　address　75
位址轉換　address translation　468
作業系統　operating system　12
冷啟動錯失　cold-start misses　500
別名　aliasing　484
完全連接網路　fully connected networks　595
快取記憶體　cache memory　20
快取錯失　cache miss　430
快閃記憶體　flash memory　22
每指令時脈數　clock cycles per instruction　35
沒設定的　deasserted　729
系統中央處理器時間　system CPU time　32
系統呼叫　system call　485
系統軟體　systems software　12
良率　yield　26

8 劃

事前參考　forward references　656
亞穩定　metastability　805
使用位元　use bit　475
使用延遲　use latency　362
使用的最久沒被用到　least recently used, LRU
　447
使用者中央處理器時間　user CPU time　32
例外　exception　197, 352
例外致能　enable exception　488
依序認可　in-order commit　368
呼叫者　caller　105
呼叫者保存的暫存器　caller-saved registers
　667
命中時間　hit time　413
命中率　hit rate　412
定址模式　addressing modes　125
延遲的判斷　delayed decision　309
物件導向語言　Object oriented language　156

索引 **821**

狀態元件　state elements　271, 775
直接對映　direct mapped　422
矽　silicon　24
矽晶磊　silicon crystal ingot　25
空間區域性　spatial locality　411
返回位址　return address　104
非一致的記憶體存取　nonuniform memory access, NUMA　572
非阻擋的　nonblocking　750
非阻斷式快取　nonblocking cache　513
非揮發性記憶體　nonvolatile memory　22

9 劃

保持時間　hold time　781
保護　protection　468
保護位元　guard　236
前饋　forwarding　303
很長指令字　Very Long Instruction Word, VLIW　361
指令延遲　instruction latency　386
指令格式　instruction format　88
指令混合比　instruction mix　38
指令階層平行性　instruction-level parallelism, ILP　358
指令集　instruction set　68
指令集架構　instruction set architecture　21
指令數　instruction count　36
指數　exponent　215
架構　architecture　21
查找表　lookup tables, LUTs　808
派發封包　issue packet　361
派發槽　issue slots　359
科學記號法　scientific notation　214
軌道　tracks　420
重序緩衝器　reorder buffer　366
重置資訊　relocation information　658
閂鎖　latches　778
頁表　page table　472
頁錯失　page fault　468

10 劃

乘積之和　sum-of-products　736
乘積項　products terms　738
個人行動裝置　personal mobile device, PMD　5
個人型計算機　Personal computers, PCs　3
容量錯失　capacity misses　500
弱縮放　weak scaling　558
扇區　sectors　420
時脈　clocks　33
時脈扭曲　clock skew　802
時脈致動方法　clocking methodology　272
時脈控制方式　clocking methodology　775
時脈週期　clock cycles　33
時脈週期　clock periods　33
時間區域性　temporal locality　411
框指標　frame pointer　110
浮點　floating point　214
缺陷　defects　25
訊息傳遞　message passing　588
記憶體　memory　20
記憶體階層　memory hierarchy　22, 411
迴圈展開　loop unrolling　364
除數　divisor　206
高階程式語言　high-level programming languages　13
氣泡　bubble　304

11 劃

假共用　false sharing　510
偏移表示法　biased notation　87
動態分支預測　dynamic branch prediction　347
動態多重派發　dynamic multiple issue　359
動態管道排程　dynamic pipeline scheduling　365
動態隨機存取記憶體　dynamic random access memory　20

動態聯結的函式庫　dynamically linked libraries, DLLs　139
區域網路　local area network　23
區域標籤　local labels　655
區域錯失率　local miss rate　454
區塊　block　412
參照位元　reference bit　475
商　quotient　206
啟動記錄　activation record　110
執行時間　execution time　30
基本區塊　basic block　100
堆疊　stack　105
堆疊指標　stack pointer　105
堆疊部分　stack segment　666
常規化　normalized　214
強調　highlighted　8
強縮放　strong scaling　558
接收　receive　588
控制　control　19, 734
控制危障　control hazard　306
控制訊號　control signal　273
推入　push　105
敏感性清單　sensitivity list　750
旋轉延遲　rotational delay　420
旋轉潛因　rotational latency　420
條件式分支指令　conditional branches　98
液晶顯示器　liquid crystal displays, LCDs　16
清除　flush　344
猜測　speculation　360
現場可程式化設備　field programmable device, FPD　807
現場可程式化閘陣列　field programmable gate arrays, FPGAs　807
符號延伸　sign-extend　277
符號表　symbol table　135, 656
粗粒度多緒處理　coarse-grained multithreading　568
細粒度多緒處理　fine-grained multithreading　568
組合　combinational　271

組合式邏輯　combinational logic　729
組合語言　assembly language　13, 133
組譯器　assembler　13, 648
組譯器指令　assembler directives　649
處理程序　handler　489
處理量　throughput　30
被呼叫者　callee　105
被呼叫者保存的暫存器　callee-saved registers　667
被除數　dividend　206
被設定　asserted　273
設定了的　asserted　729
設定時間　setup time　781
軟體即服務　Software as a Service, SaaS　5, 591
通用型暫存器　general-purpose register, GPR　163

12 劃

單一程式多資料　Single Program Multiple Data, SPMD　561
單一週期製作　single-cycle implementation　294
單精確度　single precision　216
尋找　seek　420
嵌入式計算機　embedded computers　4
循序式邏輯　sequential logic　729
插斷　interrupt　197, 352
插斷的處理　interrupt handling　677
揮發性的　volatile　22
晶片　chips　19, 26
晶粒　dies　25
晶圓　wafers　25
最小項　minterms　738
最不重要位元　least significant bit　81
最後位置的單元數　units in the last place, ulp　237
最重要位元　most significant bit　81
測試程式　benchmarks　46
無所謂項　don't care terms　285

發送　send　588
短值　underflow　216
硬體合成　hardware synthesis　747
硬體多緒處理　hardware multithreading　568
硬體描述語言　hardware description language　746
程式計數器　program counter, PC　105, 274
程序　procedure　103
程序　processes　568
程序框　procedure frame　110
程序切換　context switch; process switch　486
程序呼叫的慣例　procedure call conventions　666
程序階層平行性　process-level parallelism　552
結構上的規格　structural specification　746
結構危障　structural hazard　302
絕對位址　absolute addresses　658
虛擬位址　virtual address　468
虛擬定址快取　virtually addressed cache　484
虛擬指令　pseudoinstructions　134
虛擬記憶體　virtual memory　467
虛擬機器　virtual machine　685
超大型積體電路　very large-scale integrated circuit　24
超純量　superscalar　365
超級電腦　supercomputers　3
週期　cycles　33
進位位元　round　236
集合關聯式　set associative　441
雲計算　Cloud Computing　5

13 劃

亂序執行　out-of-order execution　367
傳導時間　propagation time　806
匯流排　bus　744
準位敏感的時脈控制方法　level-sensitive clocking　803
碰撞錯失　collision misses　500

解碼器　decoder　733
資料層級平行性　data-level parallelism　561
資料轉移指令　data transfer instrutions　75
跳躍位址表　jump address table　102
跳躍並鏈結　jump-and-link, jal　104
跳躍表　jump table　102
載入 - 使用數據危障　load-use data hazard　304
載入器　loader　138
運作碼　opcode　89, 286
電晶體　transistor　24
預先提取　prefetching　525
預約站　reservation stations　366

14 劃

像素　pixels　17
實現　implementation　21
實體位址　physical address　468
實體定址快取　physically addressed cache　484
對分頻寬　bisection bandwidth　594
對齊限制　alignment restriction　76
滴嗒　ticks, clock ticks　33
滿溢　overflow　215
熔合的乘加　fused multiply add　238
監督者　supervisor　485
磁碟　magnetic disks　22
算術強度　arithmetic intensity　602
算術邏輯單元　Arithmetic Logic Unit　197
管道化處理　pipelining　297
管道停滯　pipeline stall　304
精確的例外　precise exceptions　358
精確的插斷　precise interrupts　358
網路頻寬　network bandwidth　594
緒　threads　568
認可單元　commit unit　366
遞迴程序　recursive procedures　671
領域特定的架構　domain specific architectures, DSAs　584

15 劃

寫入緩衝器　write buffer　432
寫回　write-back　432
寫透　write-through　431
廣域網路　wide area network　23
數據危障　data hazards　303
數據通道　datapath　19
數據通道元件　datapath elements　274
數據部分　data segment　658
數據競速　data race　129
暫存器使用　register use　666
暫存器重命名　register renaming　364
暫存器檔案　register file　276, 777
標籤　label　655
標籤　tags　423
編譯器　compilers　12
衝突錯失　conflict misses　500
賦值　blocking assignment　750

16 劃

機器語言　machine language　13, 88, 648
積體電路　integrated circuits　19
輸入裝置　input devices　15
輸出裝置　output devices　15
選擇　selector　734
錯失率　miss rate　413
錯失懲罰　miss penalty　413
錯誤偵測碼　error detection code　458
錯誤偵測編碼方法　error detection code　794
靜態多重派發　static multiple issue　359
靜態數據　static data　665
靜態隨機存取記憶體　static random access memory, SRAM　21, 786
頭字詞　acronyms　7

18 劃

應用的二進式介面　application binary interface, ABI　21
縱橫網路　crossbar network　595

19 劃

歸納化簡　reduction　573
簡單的 PLDs　simple PLDs, SPLDs　807
繞送　bypassing　303
轉譯側查緩衝器　translation-lookaside buffer, TLB　478
鎖　lock　573
雙精確度　double precision　216
爆出　pop　105
邊緣觸發　edge-triggered　272
邊緣觸發的時脈控制方式　edge-triggered clocking　774
關聯式預測器　correlating predictor　350

20 劃

競賽型預測器　tournament predictors　350

聯結編輯器　link editor　135
聯結器　linker　135, 649
黏的位元　sticky bit　238
叢集　cluster　553
叢集系統　clusters　589